T0192637

Springer-Lehrbuch

Dirk Werner

Funktionalanalysis

8., vollständig überarbeitete Auflage

 Springer Spektrum

Dirk Werner
Fachbereich Mathematik und Informatik
Freie Universität Berlin
Berlin
Deutschland

Die Darstellung von manchen Formeln und Strukturelementen war in einigen elektronischen Ausgaben nicht korrekt, dies ist nun korrigiert. Wir bitten damit verbundene Unannehmlichkeiten zu entschuldigen und danken den Lesern für Hinweise.

Springer-Lehrbuch
ISBN 978-3-662-55406-7   ISBN 978-3-662-55407-4 (eBook)
https://doi.org/10.1007/978-3-662-55407-4

Die Deutsche Nationalbibliothek verzeichnet diese Publikation in der Deutschen Nationalbibliografie; detaillierte bibliografische Daten sind im Internet über http://dnb.d-nb.de abrufbar.

Springer Spektrum
© Springer-Verlag GmbH Deutschland, ein Teil von Springer Nature 1995, 1997, 2000, 2002, 2005, 2007, 2011, 2018

Planung: Iris Ruhmann

Gedruckt auf säurefreiem und chlorfrei gebleichtem Papier

Springer Spektrum ist ein Imprint der eingetragenen Gesellschaft Springer-Verlag GmbH, DE und ist ein Teil von Springer Nature.
Die Anschrift der Gesellschaft ist: Heidelberger Platz 3, 14197 Berlin, Germany

Für Irina, Felix und Nina

Vorwort zur achten Auflage

Alice was beginning to get very tired of sitting by her sister on the bank, and of having nothing to do: once or twice she had peeped into the book her sister was reading, but it had no pictures or conversations in it, "and what is the use of a book," thought Alice, "without pictures or conversations?"

L. CARROLL, Alice in Wonderland

Die Grundidee der Funktionalanalysis ist es, Folgen oder Funktionen als Punkte in einem geeigneten Vektorraum zu interpretieren und Probleme der Analysis durch Abbildungen auf einem solchen Raum zu studieren. Zu nichttrivialen Aussagen kommt man aber erst, wenn man Vektorräume mit einer Norm versieht und analytische Eigenschaften wie Stetigkeit etc. der Abbildungen untersucht. Es ist dieses Zusammenspiel von analytischen und algebraischen Phänomenen, das die Funktionalanalysis auszeichnet und reizvoll macht.

Der Ursprung der Funktionalanalysis liegt Anfang des 20. Jahrhunderts in Arbeiten von Hilbert, Schmidt, Riesz und anderen; später wurde sie durch Banach und von Neumann, die die heute geläufigen Begriffe des normierten Raums und des Hilbertraums prägten, kanonisiert. Funktionalanalytische Kenntnisse sind mittlerweile in vielen Disziplinen der Mathematik wie Differentialgleichungen, Numerik, Wahrscheinlichkeitstheorie oder Approximationstheorie sowie in der theoretischen Physik unabdingbar.

Dieses Buch bietet eine Einführung in Methoden und Ergebnisse der Funktionalanalysis. Seine ersten sieben Kapitel widmen sich den normierten Räumen und den zwischen ihnen wirkenden linearen Abbildungen; die letzten beiden Kapitel studieren allgemeinere Situationen. Wie jede ausgereifte Theorie entwickelt auch die Funktionalanalysis eine Fülle nichttrivialer Resultate aus ganz wenigen Grundbegriffen. Es ist ein Anliegen dieses Textes, diese Resultate ausführlich darzustellen und an vielen Beispielen zu veranschaulichen. Im Einzelnen werden in den Kap. I und II Beispiele und elementare Eigenschaften normierter Räume und stetiger sowie kompakter linearer Abbildungen vorgestellt, Kap. III enthält Existenzsätze für stetige Funktionale, und Kap. IV bringt die Hauptsätze über Operatoren auf vollständigen normierten Räumen. Kap. V studiert den für die Anwendungen besonders wichtigen Fall der Räume mit Skalarprodukt (Hilberträume), und die nächsten beiden Kapitel widmen sich der Eigenwerttheorie. Schließlich kommt in Kap. VIII mit den lokalkonvexen Räumen eine allgemeinere Raumklasse zur Sprache; die Notwendigkeit hierfür wird sowohl von der Theorie als auch von den Anwendungen diktiert. Das abschließende Kap. IX behandelt Banachalgebren.

Vieles, was hier dargestellt wird, ist klassischer Bestand aller Funktionalanalysisvorlesungen. Darüber hinaus wird noch manches speziellere Thema angesprochen, z.B. das Problem der Approximation kompakter Operatoren durch endlichdimensionale und der Interpolationssatz von Riesz und Thorin in Kap. II, Existenz und Nichtexistenz stetiger Projektionen auf Banachräumen in Kap. IV, die Einbettungssätze von Sobolev und Rellich in Kap. V, eine Einführung in die Theorie der nuklearen und Hilbert-Schmidt-Operatoren in Kap. VI, ein Abriss der Schwartzschen Distributionentheorie auf der Basis der lokalkonvexen Räume in Kap. VIII oder die GNS-Konstruktion für nichtkommutative C^*-Algebren in Kap. IX.

Seit dem ersten Erscheinen ist das Buch in verschiedenen Neuauflagen erweitert worden: In Kap. III findet sich mittlerweile ein Abschnitt über Differentiation nichtlinearer Abbildungen und die Anfangsgründe der Variationsrechnung, in Kap. IV einer über Fixpunktsätze, Kap. VII enthält einen Abschnitt über Operatorhalbgruppen, und Kap. VIII wurde um Abschnitte über schwache Kompaktheit ergänzt.

Zu jedem Kapitel gibt es Aufgaben (viele mit Lösungshinweisen) und eine Rubrik namens „Bemerkungen und Ausblicke"; dort habe ich neben historischen Anmerkungen noch diverse weitere Ergebnisse aufgenommen, die mit dem dargestellten Material verwandt sind, jedoch nicht bewiesen werden. So bleibt dem Gesamtleser (hoffentlich) auch beim wiederholten Aufschlagen noch etwas Neues und Interessantes zu entdecken. Übrigens ist die Geschichte der Funktionalanalysis in viel größerem Detail in den Büchern von Dieudonné [1981], Monna [1973] und Pietsch [2007] nachzulesen.

Das vorliegende Buch wendet sich an Studierende der Mathematik und Physik, die die Vorlesungen über Analysis und lineare Algebra absolviert haben, womit im Wesentlichen die erwarteten Vorkenntnisse definiert sind. Zum Verständnis des Textes ist etwas Erfahrung mit dem Begriff des metrischen Raums hilfreich; metrische Räume werden heute ja üblicherweise schon in der Analysisvorlesung behandelt, und im Anhang B sind die notwendigen Informationen dazu noch einmal zusammengestellt. Den Begriff des topologischen Raums braucht man erst in Kap. VIII; auch hierzu findet man eine Einführung im Anhang B. Wünschenswert sind Grundkenntnisse der Maß- und Integrationstheorie etwa im Umfang des Anhangs A. An ganz wenigen Stellen werden funktionentheoretische Kenntnisse herangezogen.

Die erste Auflage der *Funktionalanalysis* erschien 1995; mittlerweile liegt sie – inzwischen volljährig – in der 8. Auflage mit dem dritten Einbanddesign sowie neuem Layout vor. In diesen über 20 Jahren habe ich von Kommentaren zahlreicher Leserinnen und Leser profitiert, die mir geholfen haben, mathematische Ungenauigkeiten und Tippfehler zu korrigieren. Dafür möchte ich allen, die mir geschrieben oder mich angesprochen haben, herzlich danken.

Wenn auch Sie auf etwaige Umgereimtheiten stoßen, informieren Sie mich bitte. Die schwerwiegenderen Fälle werde ich wie bisher auf meiner Homepage

$$\texttt{http://page.mi.fu-berlin.de/werner99/}$$

dokumentieren.

Berlin, im Januar 2018   Dirk Werner

Inhaltsverzeichnis

Normierte Räume

I.1   Beispiele normierter Räume

Im Folgenden werden Vektorräume über den Körpern $\mathbb{K} = \mathbb{R}$ oder $\mathbb{K} = \mathbb{C}$ betrachtet. Außerdem wird stillschweigend gelegentlich der triviale Vektorraum $\{0\}$ ausgeschlossen. Wir verwenden die Bezeichnung $\mathbb{K}$-Vektorraum, um anzudeuten, dass sowohl ein reeller als auch ein komplexer Vektorraum gemeint sein kann.

▶ **Definition I.1.1** Sei X ein $\mathbb{K}$-Vektorraum. Eine Abbildung $p\colon X \to [0,\infty)$ heißt *Halbnorm*, falls

(a) $p(\lambda x) = |\lambda| p(x) \quad \forall \lambda \in \mathbb{K}, \, x \in X$,
(b) $p(x + y) \leq p(x) + p(y) \quad \forall x, y \in X$

gilt. ((b) heißt *Dreiecksungleichung*.) Gilt zusätzlich

(c) $p(x) = 0 \Rightarrow x = 0$,

so heißt p eine *Norm*. Normen werden üblicherweise mit dem Symbol $\|\,.\,\|$ (statt p) bezeichnet. Man nennt das Paar (X, p) einen *halbnormierten* bzw. gegebenenfalls einen *normierten Raum*. Ist es aus dem Zusammenhang klar oder selbstverständlich, welche (Halb-)Norm gemeint ist, spricht man von X selbst als (halb-)normiertem Raum.

Man beachte, dass aus (a) allein bereits $p(0) = 0$ folgt; dazu wende (a) mit $\lambda = 0$ und $x = 0$ an:

$$p(0) = p(0 \cdot 0) = 0 \cdot p(0) = 0.$$

© Springer-Verlag GmbH Deutschland, ein Teil von Springer Nature 2018
D. Werner, *Funktionalanalysis*, Springer-Lehrbuch,
https://doi.org/10.1007/978-3-662-55407-4_1

Auf einem normierten Raum $(X, \| \cdot \|)$ wird in natürlicher Weise eine Metrik induziert; setze nämlich

$$d(x, y) = \|x - y\| \qquad \forall x, y \in X.$$

In der Tat verifiziert man leicht die Axiome $(x, y, z \in X$ beliebig$)$

(a) $d(x, y) \geq 0$,
(b) $d(x, y) = d(y, x)$,
(c) $d(x, z) \leq d(x, y) + d(y, z)$,
(d) $d(x, y) = 0 \iff x = y$.

(Z. B. folgt (c) aus

$$\begin{aligned} d(x, z) = \|x - z\| &= \|(x - y) + (y - z)\| \\ &\leq \|x - y\| + \|y - z\| = d(x, y) + d(y, z).) \end{aligned}$$

In einem halbnormierten Raum erhält man bloß eine Halbmetrik, d. h., in (d) gilt nur die Implikation $\Leftarrow$.

Damit sind in einem (halb-)normierten Raum topologische Begriffe wie konvergente Folge, Cauchyfolge, Stetigkeit, Kompaktheit etc. definiert, mit denen wir uns demnächst näher beschäftigen werden. (Die wichtigsten Tatsachen über metrische Räume sind im Anhang B zusammengestellt.) Einstweilen sei daran erinnert, dass eine Folge (x_n) von Elementen eines (halb-)normierten Raums X eine Cauchyfolge ist, falls

$$\forall \varepsilon > 0 \; \exists N(\varepsilon) \in \mathbb{N} \; \forall n, m \geq N(\varepsilon) \quad \|x_n - x_m\| < \varepsilon$$

gilt. Ferner konvergiert (x_n) gegen $x \in X$ (in Zeichen $\lim_{n \to \infty} x_n = x$), falls

$$\forall \varepsilon > 0 \; \exists N(\varepsilon) \in \mathbb{N} \; \forall n \geq N(\varepsilon) \quad \|x_n - x\| < \varepsilon$$

gilt (wobei jeweils auch „$\leq \varepsilon$" hätte stehen dürfen).

Für Folgen des $\mathbb{K}^n$ mit seiner natürlichen Metrik gilt bekanntlich die Äquivalenz von Cauchy-Eigenschaft und Konvergenz; in allgemeinen normierten Räumen ist das jedoch nicht mehr richtig (siehe S. 6). Natürlich sind konvergente Folgen stets Cauchyfolgen.

▶ **Definition I.1.2** Ein metrischer Raum, in dem jede Cauchyfolge konvergiert, heißt *vollständig*. Ein vollständiger normierter Raum heißt *Banachraum*.

Ein nicht vollständiger normierter Raum X kann stets in einen Banachraum „eingebettet" werden. Dazu betrachte die Menge $CF(X)$ aller Cauchyfolgen in X, erkläre eine Äquivalenzrelation $\sim$ auf $CF(X)$ durch

$$(x_n) \sim (y_n) \iff \|x_n - y_n\| \to 0,$$

und definiere $\widehat{X}$ als Menge aller Äquivalenzklassen. Man zeigt dann, dass $\widehat{X}$ die Struktur eines Vektorraums trägt, auf dem

$$\left\| [(x_n)] \right\| = \lim_{n \to \infty} \|x_n\|$$

eine vollständige Norm induziert. Identifiziert man X mit den konstanten Folgen in $\widehat{X}$, so wird X in natürlicher Weise in $\widehat{X}$ dicht eingebettet. $\widehat{X}$ wird Vervollständigung von X genannt; man kann außerdem zeigen, dass eine solche Vervollständigung im Wesentlichen (d. h. bis auf „Isometrie") eindeutig bestimmt ist. Dieses Verfahren erinnert an eine der Konstruktionen von $\mathbb{R}$ als Vervollständigung von $\mathbb{Q}$. In Kap. III wird eine elegantere Methode vorgestellt, die Vervollständigung eines normierten Raums zu definieren.

Wir werden im weiteren Verlauf sehen, dass die Vollständigkeit zum Beweis vieler nichttrivialer Aussagen wesentlich ist (vgl. Kap. IV).

Im Rest dieses Abschnitts diskutieren wir einige Beispiele normierter Räume.

Beispiele

(a) In der Analysis werden auf $\mathbb{K}^n$ die Normen ($x = (x_1, \ldots, x_n)$)

$$\|x\|_1 = \sum_{i=1}^{n} |x_i|,$$

$$\|x\|_2 = \left(\sum_{i=1}^{n} |x_i|^2 \right)^{1/2},$$

$$\|x\|_\infty = \max_{i=1,\ldots,n} |x_i|$$

betrachtet. Diese Normen sind insofern gleichwertig, als eine Folge genau dann bezüglich einer dieser Normen konvergiert, wenn sie auch bezüglich der übrigen Normen konvergiert.

(b) T sei eine Menge. $\ell^\infty(T)$ sei der Vektorraum (!) aller beschränkten Funktionen von T nach $\mathbb{K}$. Für $x \in \ell^\infty(T)$ setze

$$\|x\|_\infty = \sup_{t \in T} |x(t)| \ (< \infty).$$

Man nennt $\| \cdot \|_\infty$ die *Supremumsnorm*. Es gilt:

- $(\ell^\infty(T), \| \cdot \|_\infty)$ *ist ein Banachraum.*

Um das einzusehen, überzeugen wir uns zuerst, dass $\| \cdot \|_\infty$ in der Tat eine Norm ist. Nur die Dreiecksungleichung ist hier eventuell nicht ganz offensichtlich. Seien also $x, y \in \ell^\infty(T)$, $t_0 \in T$. Dann ist

$$|x(t_0) + y(t_0)| \leq |x(t_0)| + |y(t_0)| \leq \sup_{t \in T} |x(t)| + \sup_{t \in T} |y(t)|$$
$$= \|x\|_\infty + \|y\|_\infty.$$

Nach Übergang zum Supremum über alle $t_0 \in T$ folgt

$$\|x + y\|_\infty \leq \|x\|_\infty + \|y\|_\infty.$$

Wir kommen jetzt zur behaupteten Vollständigkeit. Sei (x_n) eine Cauchyfolge in $\ell^\infty(T)$. Es ist die Existenz eines Elements $x \in \ell^\infty(T)$ mit $\|x_n - x\|_\infty \to 0$ zu zeigen. Dazu beachte die Ungleichung $|y(t)| \leq \|y\|_\infty$ für alle $t \in T$, $y \in \ell^\infty(T)$. Sie impliziert, dass bei beliebigem $t \in T$ die Zahlenfolge $\big(x_n(t)\big)$ eine Cauchyfolge ist, die auf Grund der Vollständigkeit des Skalarenkörpers einen Limes besitzt, den wir mit $x(t)$ bezeichnen. Auf diese Weise wird eine Funktion $x: T \to \mathbb{K}$ definiert. Wir zeigen jetzt, dass x beschränkt ist und dass (x_n) bezüglich der Supremumsnorm gegen x konvergiert. Zunächst wähle bei gegebenem $\varepsilon > 0$ eine natürliche Zahl N mit

$$\|x_n - x_m\|_\infty \leq \varepsilon \qquad \forall n, m \geq N.$$

Sei $t \in T$. Wegen $x_n(t) \to x(t)$ existiert $m_0 = m_0(\varepsilon, t)$ mit

$$|x_{m_0}(t) - x(t)| \leq \varepsilon.$$

Ohne Einschränkung darf $m_0 \geq N$ angenommen werden, es gilt also für alle $n \geq N$

$$|x_n(t) - x(t)| \leq |x_n(t) - x_{m_0}(t)| + |x_{m_0}(t) - x(t)|$$
$$\leq \|x_n - x_{m_0}\|_\infty + \varepsilon$$
$$\leq 2\varepsilon.$$

Für beliebiges $t \in T$ ergibt sich nun zum einen

$$|x(t)| \leq |x_N(t)| + |x(t) - x_N(t)| \leq \|x_N\|_\infty + 2\varepsilon,$$

d. h., x ist beschränkt, zum anderen folgt

$$\|x_n - x\|_\infty \leq 2\varepsilon \qquad \forall n \geq N,$$

d. h., $\lim_{n \to \infty} x_n = x$.

Konvergenz bzgl. der Supremumsnorm ist gleichbedeutend mit gleichmäßiger Konvergenz. Später werden auch noch weitere Konvergenzbegriffe behandelt, die mit anderen Normen zusammenhängen.

$\ell^\infty(T)$ ist der größte Raum von Funktionen auf T, auf dem die Supremumsnorm definiert ist. Es überrascht daher nicht, dass $\ell^\infty(T)$ vollständig ist (denn was sollte fehlen?). Wir werden als nächstes einige Untervektorräume betrachten. Dabei wird sich das folgende Lemma als nützlich erweisen.

Lemma I.1.3

(a) *Ist X ein Banachraum und U ein abgeschlossener Untervektorraum von X, so ist U vollständig.*

(b) *Ist X ein normierter Raum und U ein vollständiger Untervektorraum von X, so ist U abgeschlossen.*

Beweis. (a) Sei (x_n) eine Cauchyfolge in U. Da X vollständig ist, existiert $\lim_{n\to\infty} x_n =:$ $x \in X$. Wegen der Abgeschlossenheit von U muss x sogar in U liegen.

(b) Seien $x_n \in U$ und gelte $\lim_{n\to\infty} x_n = x \in X$. Wir werden $x \in U$ zeigen. Als konvergente Folge ist (x_n) insbesondere eine Cauchyfolge in U. U ist vollständig, weshalb (x_n) einen Grenzwert in U besitzt. Dieser ist jedoch eindeutig bestimmt, also ist $x \in U$, wie behauptet. $\qquad\square$

Das Lemma gestattet es, die Vollständigkeitsbeweise für normierte Räume U, die als Unterräume von Banachräumen X erkannt sind, zu vereinfachen: Statt die *Existenz* von $\lim_{n\to\infty} x_n$ für eine Cauchyfolge in U zu beweisen, braucht nur die Abgeschlossenheit von U gezeigt zu werden, d. h., *wenn* $\lim_{n\to\infty} x_n$ in X existiert, so liegt der Grenzwert bereits in U. Wir illustrieren dieses Prinzip in den folgenden Beispielen (c)–(f).

Beispiel

(c) Räume stetiger Funktionen.

Sei T ein metrischer (oder auch bloß topologischer) Raum. (Als einfachstes Beispiel denke man an Teilmengen von $\mathbb{R}$.) $C^b(T)$ bezeichne die Menge der stetigen beschränkten Funktionen von T nach $\mathbb{K}$. Da Summen und Vielfache stetiger Funktionen wieder stetig sind, ist $C^b(T)$ ein Untervektorraum von $\ell^\infty(T)$. Wir zeigen nun:

- $C^b(T)$, *versehen mit der Supremumsnorm, ist ein Banachraum.*

Nach Lemma I.1.3(a) ist nur zu zeigen, dass $C^b(T)$ abgeschlossen in $\ell^\infty(T)$ ist. Zu zeigen ist also: Konvergiert die Folge (x_n) stetiger beschränkter Funktionen gleichmäßig gegen die beschränkte Funktion x, so ist x ebenfalls stetig. Das ist jedoch ein bekannter Satz der Analysis! Der Vollständigkeit halber folgt hier der Beweis, es handelt sich um ein sog. $\frac{\varepsilon}{3}$-Argument.

Zu $\varepsilon > 0$ wähle $N \in \mathbb{N}$ mit $\|x_N - x\|_\infty \leq \frac{\varepsilon}{3}$. Sei $t_0 \in T$. Wegen der Stetigkeit von x_N existiert $\delta > 0$ mit (d bezeichne die Metrik von T)

$$d(t, t_0) < \delta \quad \Rightarrow \quad |x_N(t) - x_N(t_0)| \leq \frac{\varepsilon}{3}.$$

Dann gilt für t mit $d(t, t_0) < \delta$

$$\begin{aligned}
|x(t) - x(t_0)| &\leq |x(t) - x_N(t)| + |x_N(t) - x_N(t_0)| + |x_N(t_0) - x(t_0)| \\
&\leq 2\,\|x - x_N\|_\infty + |x_N(t) - x_N(t_0)| \\
&\leq 2\frac{\varepsilon}{3} + \frac{\varepsilon}{3} = \varepsilon,
\end{aligned}$$

also ist x stetig bei t_0.

Ist T sogar ein kompakter metrischer (oder kompakter topologischer) Raum, so ist jede stetige Funktion von T nach $\mathbb{K}$ beschränkt; man schreibt in diesem Fall $C(T)$ statt $C^b(T)$. Das Symbol C leitet sich übrigens von dem französischen Wort für stetig, *continu*, her.

Des weiteren ist der Raum $C_0(T)$ (speziell $C_0(\mathbb{R}^n)$) von Interesse, der aus den „im Unendlichen verschwindenden" stetigen Funktionen f auf einem lokalkompakten Raum T besteht. Damit ist gemeint, dass für alle $\varepsilon > 0$ die Menge $\{t \in T : |f(t)| \geq \varepsilon\}$ kompakt ist. Es ist leicht zu sehen, dass $C_0(T)$ in $C^b(T)$ abgeschlossen, also mit der Supremumsnorm versehen ein Banachraum ist.

Beispiel

(d) Räume differenzierbarer Funktionen.

$C^1[a, b]$ sei der Vektorraum der stetig differenzierbaren Funktionen auf dem kompakten Intervall $[a, b]$; $C^1[a, b]$ ist also ein Untervektorraum von $C[a, b]$. $C^1[a, b]$ ist aber nicht abgeschlossen in der Supremumsnorm, nach Lemma I.1.3(b) ist $(C^1[a, b], \|\cdot\|_\infty)$ *kein* Banachraum. (In der Tat definiert – etwa für $a = -1$, $b = 1$ – die Vorschrift $x_n(t) = (t^2 + \frac{1}{n})^{1/2}$ eine Folge stetig differenzierbarer Funktionen, die gleichmäßig gegen die nicht differenzierbare Funktion $|\cdot|$ konvergiert.) Betrachte nun jedoch für $x \in C^1[a, b]$ die Normen

$$\|x\| = \sup_{t \in [a,b]} \max\{|x(t)|, |x'(t)|\} = \max\{\|x\|_\infty, \|x'\|_\infty\},$$

$$\||x|\| = \|x\|_\infty + \|x'\|_\infty.$$

Es ist leicht zu sehen, dass $\|\cdot\|$ und $\||\cdot|\|$ Normen sind; z.B. sieht man die Dreiecksungleichung für $\||\cdot|\|$ so:

$$\||x + y\|| = \|x + y\|_\infty + \|(x + y)'\|_\infty$$

$$= \|x + y\|_\infty + \|x' + y'\|_\infty$$

$$\leq \|x\|_\infty + \|y\|_\infty + \|x'\|_\infty + \|y'\|_\infty$$

$$= \||x\|| + \||y\||.$$

Außerdem sieht man sofort die Ungleichung

$$\|x\| \leq \||x\|| \leq 2\|x\| \qquad \forall x \in C^1[a,b]; \tag{I.1}$$

man sagt, $\|.\|$ und $\||.\||$ seien „äquivalente" Normen (mehr dazu in Abschn. I.2). Die Ungleichung (I.1) zeigt, dass eine Folge genau dann eine Cauchyfolge bzgl. $\|.\|$ ist (bzw. konvergiert), wenn sie bzgl. $\||.\||$ eine Cauchyfolge ist (bzw. konvergiert). Deshalb ist die Vollständigkeit von $(C^1[a,b], \|.\|)$ äquivalent zur Vollständigkeit von $(C^1[a,b], \||.\||)$, und Konvergenz bzgl. $\|.\|$ oder $\||.\||$ ist jeweils äquivalent zur gleichmäßigen Konvergenz sowohl der Funktionenfolge (x_n) als auch der Folge der Ableitungen (x_n'). Ist daher (x_n) eine $\|.\|$- (oder $\||.\||$-)Cauchyfolge, so sind (x_n) und (x_n') $\|.\|_\infty$-Cauchyfolgen, die wegen der Vollständigkeit von $C[a,b]$ jeweils Limiten x bzw. y besitzen. Ein bekannter Satz der Analysis besagt nun, dass dann x differenzierbar ist mit $x' = y$. Es folgt also in der Tat $x \in C^1[a,b]$ und $\|x_n - x\| \to 0$.

Wir fassen zusammen:

- $C^1[a,b]$ *ist bzgl. der Normen* $\|.\|$ *und* $\||.\||$ *ein Banachraum, jedoch nicht bzgl. der Supremumsnorm.*

Analoges gilt für

$$C^r[a,b] := \{x \in C[a,b]: x \text{ ist } r\text{-mal stetig differenzierbar}\}.$$

- $C^r[a,b]$, *versehen mit der Norm* $\||x\|| = \sum_{i=0}^r \|x^{(i)}\|_\infty$, *ist ein Banachraum.*

Es sollen noch Räume von Funktionen mehrerer Veränderlicher besprochen werden. Dazu führen wir die Multiindexschreibweise ein. Sei $\Omega \subset \mathbb{R}^n$ offen und $\varphi \in C^r(\Omega)$, d. h., $\varphi \colon \Omega \to \mathbb{K}$ ist r-mal stetig differenzierbar. Für $\alpha = (\alpha_1, \ldots, \alpha_n) \in \mathbb{N}_0^n$ mit $|\alpha| := \alpha_1 + \cdots + \alpha_n \leq r$ existiert dann die partielle Ableitung

$$D^\alpha \varphi = \frac{\partial^{\alpha_1} \cdots \partial^{\alpha_n}}{\partial t_1^{\alpha_1} \cdots \partial t_n^{\alpha_n}} \varphi$$

der Ordnung $|\alpha|$ und ist stetig; dabei ist die Differentiationsreihenfolge unerheblich.

Sei nun $\Omega \subset \mathbb{R}^n$ offen und *beschränkt*. Man setzt

$$C^r(\overline{\Omega}) = \left\{ \varphi\colon \Omega \to \mathbb{K}\colon \begin{array}{l} \varphi \text{ ist } r\text{-mal stetig differenzierbar,} \\ \text{und für jeden Multiindex } \alpha \text{ mit } |\alpha| \le r \\ \text{kann } D^\alpha\varphi \text{ stetig auf } \overline{\Omega} \text{ fortgesetzt werden} \end{array} \right\}.$$

Insbesondere ist für $|\alpha| \le r$ die Ableitung $D^\alpha\varphi$ beschränkt und deshalb

$$\|\|\varphi\|\| := \sum_{|\alpha| \le r} \|D^\alpha\varphi\|_\infty$$

endlich. Wie im Eindimensionalen zeigt man:

- $C^r(\overline{\Omega})$, *versehen mit der Norm* $\|\| . \|\|$, *ist ein Banachraum.*

Beispiel

(e) Räume holomorpher (= analytischer) Funktionen.

Sei $\mathbb{D} = \{z \in \mathbb{C}\colon |z| < 1\}$ die offene Einheitskreisscheibe in $\mathbb{C}$. Wir bezeichnen mit H^∞ den Vektorraum aller beschränkten holomorphen Funktionen von $\mathbb{D}$ nach $\mathbb{C}$. Wir können H^∞ mit der Supremumsnorm versehen und H^∞ als Unterraum von $\ell^\infty(\mathbb{D})$ oder $C^b(\mathbb{D})$ ansehen. Ein Satz der Funktionentheorie besagt, dass gleichmäßige Limiten holomorpher Funktionen wieder holomorph sind; daher ist H^∞ abgeschlossen.

Ein verwandter Raum ist die sog. Disk-Algebra $A(\mathbb{D}) := \{f \in C(\overline{\mathbb{D}})\colon f|_{\mathbb{D}}$ ist holomorph$\}$. Auch hier sieht man, dass $A(\mathbb{D})$ in $C(\overline{\mathbb{D}})$ $\| . \|_\infty$-abgeschlossen ist. Also erhält man:

- H^∞ *und* $A(\mathbb{D})$ *sind mit der Supremumsnorm Banachräume.*

Dieses Resultat steht in schroffem Gegensatz zu Beispiel (d), wo wir gesehen haben, dass der Raum C^1 der reell-differenzierbaren Funktionen bzgl. $\| . \|_\infty$ *nicht* vollständig ist.

Beispiel

(f) Die Folgenräume d, c_0, c, ℓ^∞.

Wir betrachten die Vektorräume

$$d = \{(t_n)\colon t_n \in \mathbb{K},\ t_n \ne 0 \text{ für höchstens endlich viele } n\}$$
$$c_0 = \{(t_n)\colon t_n \in \mathbb{K},\ \lim_{n \to \infty} t_n = 0\}$$
$$c = \{(t_n)\colon t_n \in \mathbb{K},\ (t_n) \text{ konvergiert}\}$$
$$\ell^\infty = \ell^\infty(\mathbb{N}) = \{(t_n)\colon t_n \in \mathbb{K},\ (t_n) \text{ beschränkt}\}$$

und verwenden jeweils die Supremumsnorm

$$\|(t_n)\|_\infty = \sup_{n \in \mathbb{N}} |t_n|.$$

(Der Raum d der abbrechenden Folgen kann als diskretes Analogon zu dem später zu diskutierenden Raum $\mathscr{D}$ der „Testfunktionen" angesehen werden.) Für diese Vektorräume gilt

$$d \subset c_0 \subset c \subset \ell^\infty.$$

Dabei sind c_0 und c in ℓ^∞ abgeschlossen, nicht jedoch d.

Um das zu beweisen, müssen wir Folgen von Folgen betrachten; die Verwendung von Doppelindizes ist also unvermeidlich. Sei nun (x_n) eine Folge in c, und es gelte $\|x_n - x\|_\infty \to 0$ für ein $x \in \ell^\infty$. Wir haben $x \in c$ zu zeigen und verwenden dazu ein $\frac{\varepsilon}{3}$-Argument wie auf S. 6. Wir schreiben

$$x_n = \left(t_m^{(n)}\right)_{m \in \mathbb{N}}, \; x = (t_m)_{m \in \mathbb{N}}, \; t_\infty^{(n)} = \lim_{m \to \infty} t_m^{(n)}.$$

Wegen $|\lim_{m \to \infty} s_m| \le \|(s_m)\|_\infty$ für $(s_m) \in c$ ist $\left(t_\infty^{(n)}\right)_{n \in \mathbb{N}}$ eine Cauchyfolge in $\mathbb{K}$ (denn (x_n) ist eine Cauchyfolge in c). Folglich existiert $t_\infty := \lim_{n \to \infty} t_\infty^{(n)}$. Um $x \in c$ zu zeigen, genügt es, $\lim_{m \to \infty} t_m = t_\infty$ zu beweisen.

Zum Beweis hierfür wähle zu $\varepsilon > 0$ eine natürliche Zahl N mit

$$\|x_N - x\|_\infty \le \frac{\varepsilon}{3}, \quad |t_\infty^{(N)} - t_\infty| \le \frac{\varepsilon}{3}.$$

Dann bestimme $m_0 \in \mathbb{N}$ mit

$$m \ge m_0 \quad \Rightarrow \quad |t_m^{(N)} - t_\infty^{(N)}| \le \frac{\varepsilon}{3}.$$

Folglich ist für $m \ge m_0$

$$|t_m - t_\infty| \le |t_m - t_m^{(N)}| + |t_m^{(N)} - t_\infty^{(N)}| + |t_\infty^{(N)} - t_\infty|$$
$$\le \|x_N - x\|_\infty + \frac{\varepsilon}{3} + \frac{\varepsilon}{3} \le \varepsilon.$$

Jetzt zur Abgeschlossenheit von c_0. Gelte wieder $\|x_n - x\|_\infty \to 0$ für ein $x \in \ell^\infty$. Nach dem bereits Bewiesenen ist $x \in c$, d. h., in den obigen Bezeichnungen existiert $t_\infty = \lim_{m \to \infty} t_m$, und es ist $t_\infty = 0$ zu zeigen. Das ist jedoch im obigen Beweis schon geschehen, denn $t_\infty = \lim_{n \to \infty} t_\infty^{(n)} = 0$, da $x_n \in c_0$.

Betrachten wir zum Schluss d. Dass d nicht abgeschlossen ist, kann man so sehen: Zu $n \in \mathbb{N}$ setze

$$x_n = (1, \tfrac{1}{2}, \ldots, \tfrac{1}{n}, 0, 0, \ldots), \; x = (1, \tfrac{1}{2}, \ldots, \tfrac{1}{n}, \tfrac{1}{n+1}, \ldots) = (\tfrac{1}{n})_{n \in \mathbb{N}}.$$

Dann gilt $x_n \in d$, $\|x_n - x\|_\infty = \frac{1}{n+1} \to 0$, aber $x \notin d$.

Zusammengefasst gilt:

- *Die Folgenräume c_0, c und ℓ^∞ sind bzgl. der Supremumsnorm Banachräume, d ist kein Banachraum.*

Übrigens ist c_0 nichts anderes als der Raum $C_0(\mathbb{N})$ aus Beispiel (c).
Wir behandeln jetzt von der Supremumsnorm wesentlich verschiedene Normen.

Beispiel

(g) Die Folgenräume ℓ^p ($1 \le p < \infty$).

Man setzt

$$\ell^p = \left\{ (t_n) : t_n \in \mathbb{K}, \ \sum_{n=1}^\infty |t_n|^p < \infty \right\}$$

sowie für $x = (t_n) \in \ell^p$

$$\|x\|_p = \left(\sum_{n=1}^\infty |t_n|^p \right)^{1/p} ;$$

dabei sei $1 \le p < \infty$ (diese Einschränkung ist wesentlich, um zu zeigen, dass $\| \cdot \|_p$ tatsächlich eine Norm ist). Wir werden sehen, dass $(\ell^p, \| \cdot \|_p)$ ein Banachraum ist.

Fürs erste ist jedoch nicht einmal klar, dass ℓ^p überhaupt ein Vektorraum ist! Zum Beweis dieser Tatsache seien $x = (s_n)$ und $y = (t_n)$ zwei ℓ^p-Folgen. Dann ist

$$\sum_{n=1}^\infty |s_n + t_n|^p \le \sum_{n=1}^\infty \big(|s_n| + |t_n| \big)^p$$

$$\le \sum_{n=1}^\infty \big(2 \max\{ |s_n|, |t_n| \} \big)^p$$

$$= 2^p \sum_{n=1}^\infty \max\{ |s_n|^p, |t_n|^p \}$$

$$\le 2^p \sum_{n=1}^\infty \big(|s_n|^p + |t_n|^p \big)$$

$$= 2^p \left(\sum_{n=1}^\infty |s_n|^p + \sum_{n=1}^\infty |t_n|^p \right),$$

also $x + y \in \ell^p$. Dass mit $\lambda \in \mathbb{K}$ und $x \in \ell^p$ auch $\lambda x \in \ell^p$ ist, ist klar; mithin ist ℓ^p ein Vektorraum.

Als nächstes weisen wir die Normeigenschaften für $\|\,.\,\|_p$ nach. Hier macht (außer im Fall $p = 1$) die Dreiecksungleichung Schwierigkeiten. Wir beweisen zuerst eine wichtige Ungleichung. Für zwei Folgen $x = (s_n)$ und $y = (t_n)$ setzen wir dabei $xy = (s_n t_n)$.

Satz I.1.4 (Höldersche Ungleichung, Version für Folgen)

(a) *Für $x \in \ell^1$ und $y \in \ell^\infty$ ist $xy \in \ell^1$, und es gilt*

$$\|xy\|_1 \leq \|x\|_1 \|y\|_\infty.$$

(b) *Sei $1 < p < \infty$ und $q = \frac{p}{p-1}$ (also $\frac{1}{p} + \frac{1}{q} = 1$). Für $x \in \ell^p$ und $y \in \ell^q$ ist $xy \in \ell^1$, und es gilt*

$$\|xy\|_1 \leq \|x\|_p \|y\|_q.$$

Man kann beide Teile gleichzeitig formulieren, indem man für $p = 1$ den „konjugierten Exponenten" $q = \infty$ definiert; auf diese Weise erscheint die Bezeichnung ℓ^∞ für den Raum der beschränkten Folgen natürlich. (Ein weiteres Indiz dafür: Es gilt $\lim_{p \to \infty} \|x\|_p = \|x\|_\infty$, siehe Aufgabe I.4.11.)

Beweis. (a) ist trivial. Um (b) zu beweisen, erinnern wir zunächst an die „gewichtete Ungleichung vom geometrischen und arithmetischen Mittel":

$$\sigma^r \tau^{1-r} \leq r\sigma + (1-r)\tau \qquad \forall \sigma, \tau \geq 0, \ 0 < r < 1 \tag{I.2}$$

[Beweis hierfür: Die Behauptung ist klar, falls $\sigma = 0$ oder $\tau = 0$. Für $\sigma, \tau > 0$ ist sie jedoch äquivalent zur Konkavität der Logarithmusfunktion (Abb. I.1):

$$\log(\sigma^r \tau^{1-r}) = r \log \sigma + (1-r) \log \tau \leq \log\big(r\sigma + (1-r)\tau\big)$$

Abb. I.1 Konkavität der Logarithmusfunktion

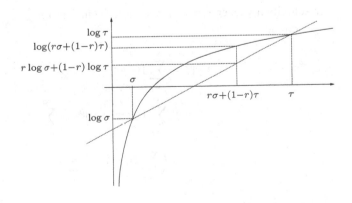

Eine C^2-Funktion f ist aber genau dann konkav, wenn $f'' \leq 0$ gilt; und die zweite Ableitung von log ist $t \mapsto -t^{-2}$, also in der Tat negativ.]

Zum Beweis der Hölderschen Ungleichung setzen wir zur Abkürzung $A = \|x\|_p^p$, $B = \|y\|_q^q$. O.E. darf $A, B > 0$ angenommen werden (sonst ist nichts zu zeigen). Wir schreiben nun $x = (s_n)$, $y = (t_n)$ und setzen in (I.2) bei beliebigem $n \in \mathbb{N}$

$$r = \frac{1}{p}, \text{ also } 1 - r = \frac{1}{q}, \ \sigma = \frac{|s_n|^p}{A}, \ \tau = \frac{|t_n|^q}{B}$$

und erhalten

$$\left(\frac{|s_n|^p}{A}\right)^{1/p} \left(\frac{|t_n|^q}{B}\right)^{1/q} \leq \frac{1}{p}\frac{|s_n|^p}{A} + \frac{1}{q}\frac{|t_n|^q}{B}.$$

Summieren über n liefert

$$\frac{\sum |s_n t_n|}{A^{1/p} B^{1/q}} \leq \frac{1}{p}\frac{\sum |s_n|^p}{A} + \frac{1}{q}\frac{\sum |t_n|^q}{B} = \frac{1}{p} + \frac{1}{q} = 1.$$

Folglich gilt

$$\|xy\|_1 = \sum |s_n t_n| \leq A^{1/p} B^{1/q} = \|x\|_p \|y\|_q. \qquad \square$$

Als Korollar erhalten wir die Dreiecksungleichung für $\| . \|_p$, die einen eigenen Namen trägt.

Korollar I.1.5 (Minkowskische Ungleichung, Version für Folgen)
Für $x, y \in \ell^p$, $1 \leq p < \infty$, gilt

$$\|x + y\|_p \leq \|x\|_p + \|y\|_p.$$

Beweis. Der Fall $p = 1$ ist trivial, daher nehmen wir $p > 1$ an. Statt der Minkowskischen zeigen wir die dazu äquivalente Ungleichung

$$\|x + y\|_p^p \leq (\|x\|_p + \|y\|_p)\|x + y\|_p^{p-1}.$$

Wir schreiben wieder $x = (s_n)$, $y = (t_n)$. Dann gilt mit $\frac{1}{p} + \frac{1}{q} = 1$ nach der Hölderschen Ungleichung

$$\|x + y\|_p^p = \sum_{n=1}^{\infty} |s_n + t_n|^p$$

$$\leq \sum_{n=1}^{\infty} |s_n| \, |s_n + t_n|^{p-1} + \sum_{n=1}^{\infty} |t_n| \, |s_n + t_n|^{p-1}$$

$$\leq \left(\sum_{n=1}^{\infty} |s_n|^p\right)^{1/p} \left(\sum_{n=1}^{\infty} \left(|s_n + t_n|^{p-1}\right)^q\right)^{1/q}$$

$$+ \left(\sum_{n=1}^{\infty} |t_n|^p \right)^{1/p} \left(\sum_{n=1}^{\infty} \left(|s_n + t_n|^{p-1} \right)^q \right)^{1/q}$$

$$= (\|x\|_p + \|y\|_p) \|x + y\|_p^{p-1},$$

denn $(p-1)q = p$ und $\frac{1}{q} = \frac{p-1}{p}$. $\qquad\qquad\qquad\qquad\qquad\qquad$ $\square$

Es gibt noch einen *alternativen Beweis* für die Minkowskische Ungleichung, der ohne eine Anwendung der Hölderschen Ungleichung auskommt; stattdessen wird die Konvexität der Funktion $\varphi_p\colon t \mapsto |t|^p$ für $p \geq 1$ benutzt. Zuerst wird folgender Spezialfall gezeigt: Wenn $\|x\|_p = \|y\|_p = 1$ und $0 \leq \lambda \leq 1$ ist, so gilt $\|\lambda x + (1-\lambda)y\|_p \leq 1$. Zum Beweis hierfür schreiben wir wieder $x = (s_n)$, $y = (t_n)$ und schätzen mit Hilfe der Konvexität von φ_p ab

$$\|\lambda x + (1-\lambda)y\|_p^p = \sum_{n=1}^{\infty} |\lambda s_n + (1-\lambda)t_n|^p$$

$$\leq \sum_{n=1}^{\infty} (\lambda |s_n|^p + (1-\lambda)|t_n|^p)$$

$$= \lambda \|x\|_p^p + (1-\lambda)\|y\|_p^p = 1.$$

Der allgemeine Fall ergibt sich daraus so. Offenbar kann $x \neq 0$, $y \neq 0$ angenommen werden. Setze dann

$$\tilde{x} = \frac{x}{\|x\|_p}, \quad \tilde{y} = \frac{y}{\|y\|_p}, \quad \lambda = \frac{\|x\|_p}{\|x\|_p + \|y\|_p}, \quad 1 - \lambda = \frac{\|y\|_p}{\|x\|_p + \|y\|_p}.$$

Der bereits bewiesene Spezialfall liefert

$$1 \geq \|\lambda \tilde{x} + (1-\lambda)\tilde{y}\|_p = \frac{\|x+y\|_p}{\|x\|_p + \|y\|_p},$$

was zu zeigen war.

Da $\|\lambda x\|_p = |\lambda| \|x\|_p$ und $\|x\|_p = 0 \Leftrightarrow x = 0$ offensichtlich gelten, ist $(\ell^p, \|\cdot\|_p)$ ein normierter Raum. Wir beweisen jetzt die Vollständigkeit von ℓ^p. Ähnlich wie im Fall ℓ^∞ versucht man, die Vollständigkeit von $\mathbb{K}$ an entscheidender Stelle im Beweis heranzuziehen.

Sei (x_n) eine Cauchyfolge in ℓ^p. Wir schreiben $x_n = \left(t_m^{(n)} \right)_{m \in \mathbb{N}}$. Da für alle $x = (t_m) \in \ell^p$ und alle $m \in \mathbb{N}$ die Ungleichung $|t_m| \leq \|x\|_p$ gilt, sind bei beliebigem m die $\left(t_m^{(n)} \right)_{n \in \mathbb{N}}$ skalare Cauchyfolgen. Sei $t_m = \lim_{n \to \infty} t_m^{(n)}$ und $x = (t_m)_{m \in \mathbb{N}}$. Es ist nun noch $x \in \ell^p$ und $\|x_n - x\|_p \to 0$ nachzuweisen. Zu $\varepsilon > 0$ wähle $N = N(\varepsilon)$ mit

$$\|x_n - x_{n'}\|_p \leq \varepsilon \qquad \forall n, n' \geq N.$$

Insbesondere folgt für alle $M \in \mathbb{N}$

$$\left(\sum_{m=1}^{M} \left| t_m^{(n)} - t_m^{(n')} \right|^p \right)^{1/p} \leq \|x_n - x_{n'}\|_p \leq \varepsilon \qquad \forall n, n' \geq N.$$

Mache nun den Grenzübergang $n' \to \infty$, um für alle $M \in \mathbb{N}, n \geq N$

$$\left(\sum_{m=1}^{M} \left| t_m^{(n)} - t_m \right|^p \right)^{1/p} \leq \varepsilon$$

zu erhalten. Da M beliebig war, impliziert das

$$\left(\sum_{m=1}^{\infty} \left| t_m^{(n)} - t_m \right|^p \right)^{1/p} \leq \varepsilon \qquad \forall n \geq N,$$

und daraus folgt zunächst $x - x_N \in \ell^p$ und deshalb $x = (x - x_N) + x_N \in \ell^p$ sowie $\|x_n - x\|_p \to 0$.
Zusammengefasst gilt:

- $(\ell^p, \| \cdot \|_p)$ *ist für* $1 \leq p < \infty$ *ein Banachraum.*

Man kann natürlich die ℓ^p-Normen auch auf dem endlichdimensionalen Raum $\mathbb{K}^n$ einführen; so normiert, wird $\mathbb{K}^n$ mit $\ell^p(n)$ bezeichnet.

Beispiel

(h) Die L^p-Räume ($1 \leq p < \infty$).

Bei dem Versuch, analog zu den ℓ^p-Folgenräumen Banachräume integrierbarer Funktionen zu definieren, stößt man auf große Schwierigkeiten. Wir werden sie jedoch alle in diesem Abschnitt überwinden.

Betrachte zunächst auf $C[a, b]$ die Norm $\|f\|_1 = \int_a^b |f(t)| \, dt$. In dieser Norm ist $C[a, b]$ nicht vollständig. O.E. nehmen wir $a = 0$, $b = 2$ an und setzen $f_n(t) = t^n$ für $0 \leq t \leq 1$, $f_n(t) = 1$ für $1 < t \leq 2$. Dann ist (f_n) eine Cauchyfolge in $C[0, 2]$ bzgl. $\| \cdot \|_1$, denn für $n \geq m$ ist

$$\|f_n - f_m\|_1 = \int_0^1 (t^m - t^n) \, dt \leq \frac{1}{m+1}.$$

Die Folge (f_n) scheint nun gegen f, definiert durch $f(t) = 0$ für $0 \leq t < 1, f(t) = 1$ für $1 \leq t \leq 2$ zu konvergieren, und f ist nicht stetig. (In der Tat ist $\int_0^2 |f_n(t) - f(t)| \, dt = \frac{1}{n+1} \to 0$.) Mit dem gleichen Recht könnte man $\tilde{f}$ mit $\tilde{f}(t) = 0$ für $0 \leq t \leq 1, \tilde{f}(t) = 1$ für $1 < t \leq 2$ als (freilich ebenfalls unstetigen) Limes von (f_n) ansehen. Könnte man vielleicht doch einen Limes in $C[0,2]$ finden, wenn man nur lange genug sucht? Wir werden uns überlegen, dass das nicht möglich ist.

Zunächst könnte man $\|\,.\,\|_1$ auf $R[0,2]$, dem Raum der Riemann-integrierbaren Funktionen, betrachten. Dort definiert $\|\,.\,\|_1$ aber nur noch eine Halbnorm, so dass konvergente Folgen keinen eindeutig bestimmten Limes mehr besitzen. (Oben hatten wir f und $\tilde{f}$ als Limiten von (f_n) ausgemacht!) Wir betrachten deshalb die lineare Hülle von $\{f\}$ und $C[0,2]$ und bezeichnen diesen Untervektorraum von $R[0,2]$ mit X. Auf X ist $\|\,.\,\|_1$ aber eine Norm: Seien nämlich $g \in C[0,2]$ und $\lambda \in \mathbb{K}$ mit $\|g + \lambda f\|_1 = 0$. Dann ist

$$\int_0^1 |g(t)|\, dt = 0 = \int_1^2 |g(t) + \lambda|\, dt.$$

Wegen der Stetigkeit von g folgt nun $g(t) = 0$ für $0 \le t \le 1$ und $g(t) = -\lambda$ für $1 \le t \le 2$. Also ist $\lambda = 0$ und $g = 0$. Jetzt schließen wir, dass $C[0,2]$ kein bzgl. $\|\,.\,\|_1$ abgeschlossener Unterraum des normierten Raums X ist (in der Tat hat die Folge (f_n) den in X eindeutig bestimmten Grenzwert $f \notin C[0,2]$), und erhalten mit Lemma I.1.3(b):

- $C[0,2]$ *(und allgemeiner $C[a,b]$) ist bezüglich $\|\,.\,\|_1$ kein Banachraum.*

Man könnte nun abstrakt die Vervollständigung definieren (vgl. S. 3), das liefert jedoch wenig Aufschluss über die konkrete Gestalt des so erhaltenen Banachraums. Z. B. ist nicht klar, ob dessen Elemente als Funktionen aufgefasst werden können, und wenn ja, als welche. Eine andere Idee wäre es, $\|\,.\,\|_1$ auf $R[a,b]$ zu definieren, evtl. auch uneigentlich Riemann-integrierbare Funktionen zuzulassen. Wie bereits festgestellt, erhält man so nur einen halbnormierten Raum. Schlimmer noch: die gewünschte Vollständigkeit stellt sich immer noch nicht ein. (Der erstgenannte Defekt lässt sich in der Tat auch bei dem jetzt vorzustellenden Weg nicht vermeiden.) Man muss sich also etwas gänzlich Neues einfallen lassen.

Die wesentliche Neuerung besteht darin, die Lebesguesche Integrationstheorie zu verwenden, deren Grundzüge im Anhang A dargestellt sind. Wir betrachten zunächst ein Intervall $I \subset \mathbb{R}$, das offen, halboffen oder abgeschlossen, beschränkt oder unbeschränkt sein darf, die σ-Algebra Σ der Borelmengen und das Lebesguemaß λ. Für $1 \le p < \infty$ setzt man (beachte: wenn f messbar ist, ist $|f|^p$ messbar)

$$\mathscr{L}^p(I) = \left\{ f \colon I \to \mathbb{K} \colon f \text{ messbar}, \int_I |f|^p\, d\lambda < \infty \right\},$$

$$\|f\|_p^* = \left(\int_I |f|^p\, d\lambda \right)^{1/p} \qquad \text{für } f \in \mathscr{L}^p(I).$$

(Wer möchte, kann das Symbol $\int f\, d\lambda$ durch das traditionellere $\int f(t)\, dt$ ersetzen; das wird im Laufe des Texts des öfteren geschehen.) Wir werden zeigen, dass $\mathscr{L}^p(I)$ ein vollständiger *halbnormierter* Raum ist. Genau wie im Fall der ℓ^p-Räume wird zuerst begründet, dass $\mathscr{L}^p(I)$ ein Vektorraum ist (das ist ja nicht offensichtlich), anschließend werden die Höldersche und die Minkowskische Ungleichung gezeigt und zum Schluss die Vollständigkeit von $\mathscr{L}^p(I)$ bewiesen.

Seien also $f, g \in \mathscr{L}^p(I)$. Dann ist $f + g$ als Summe messbarer Funktionen selbst messbar. Außerdem gilt

$$
\begin{aligned}
\int_I |f + g|^p \, d\lambda &\leq \int_I (|f| + |g|)^p \, d\lambda \\
&\leq \int_I \left(2 \max\{|f(t)|, |g(t)|\} \right)^p \, dt \\
&= 2^p \int_I \max\{|f(t)|^p, |g(t)|^p\} \, dt \\
&\leq 2^p \int_I \left(|f(t)|^p + |g(t)|^p \right) dt \\
&= 2^p \left(\int_I |f|^p \, d\lambda + \int_I |g|^p \, d\lambda \right) < \infty
\end{aligned}
$$

Damit ist $f + g \in \mathscr{L}^p(I)$. Schließlich ist trivialerweise $\alpha f \in \mathscr{L}^p(I)$ für alle $\alpha \in \mathbb{K}$, und $\mathscr{L}^p(I)$ ist ein Vektorraum.

Als nächstes zeigen wir die Höldersche Ungleichung im Kontext der Funktionenräume; wie im Fall von ℓ^p werden wir daraus die Dreiecksungleichung für $\| \cdot \|_p^*$ ableiten.

Satz I.1.6 (Höldersche Ungleichung, Version für $\mathscr{L}^p(I)$)
Sei $1 < p < \infty$ und $q = \frac{p}{p-1}$, also $\frac{1}{p} + \frac{1}{q} = 1$. Für $f \in \mathscr{L}^p(I)$ und $g \in \mathscr{L}^q(I)$ ist $fg \in \mathscr{L}^1(I)$, und es gilt

$$
\|fg\|_1^* \leq \|f\|_p^* \|g\|_q^*.
$$

Beweis. Wir verwenden wieder (I.2), vgl. S. 11. Setze $A = \left(\|f\|_p^* \right)^p$, $B = \left(\|g\|_q^* \right)^q$, und nimm ohne Einschränkung $A, B > 0$ an. (Ist etwa $A = 0$, so ist $f = 0$ fast überall und deshalb auch $fg = 0$ fast überall.) Sei $t \in I$ beliebig. Dann folgt aus (I.2) mit $r = \frac{1}{p}$

$$
\left(\frac{|f(t)|^p}{A} \right)^{1/p} \left(\frac{|g(t)|^q}{B} \right)^{1/q} \leq \frac{1}{p} \frac{|f(t)|^p}{A} + \frac{1}{q} \frac{|g(t)|^q}{B},
$$

und Integration liefert (wie die Summation im Beweis von Satz I.1.4) die Behauptung. $\square$

Korollar I.1.7 (Minkowskische Ungleichung, Version für $\mathscr{L}^p(I)$)
Für $1 \leq p < \infty$ und $f, g \in \mathscr{L}^p(I)$ gilt

$$
\|f + g\|_p^* \leq \|f\|_p^* + \|g\|_p^*.
$$

Beweis. Der Fall $p = 1$ ist trivial, und für $p > 1$ gilt mit $\frac{1}{p} + \frac{1}{q} = 1$ wegen der Hölderschen Ungleichung

$$
\begin{aligned}
\left(\|f + g\|_p^*\right)^p &= \int_I |f(t) + g(t)|^p \, dt \\
&\leq \int_I |f(t)| \left(|f(t) + g(t)|^{p-1}\right) dt \\
&\quad + \int_I |g(t)| \left(|f(t) + g(t)|^{p-1}\right) dt \\
&\leq \|f\|_p^* \left\||f + g|^{p-1}\right\|_q^* + \|g\|_p^* \left\||f + g|^{p-1}\right\|_q^* \\
&= \left(\|f\|_p^* + \|g\|_p^*\right)\left(\|f + g\|_p^*\right)^{p-1},
\end{aligned}
$$

woraus die Behauptung folgt. $\qquad\square$

Auch für die Minkowskische Ungleichung für Funktionen lässt sich das alternative Argument für Korollar I.1.5 durchführen, wenn man Summen durch Integrale ersetzt.

Im Gegensatz zu den ℓ^p-Räumen ist $\|\,.\,\|_p^*$ auf $\mathscr{L}^p(I)$ nur eine Halbnorm, denn $\|f\|_p^* = 0 \Leftrightarrow f = 0$ fast überall. (Dazu später mehr.) Als nächstes wird die Vollständigkeit von $\mathscr{L}^p(I)$ gezeigt; dabei verwenden wir die Begriffe „vollständig" und „Cauchyfolge" wie für normierte Räume.

Wollte man analog zum ℓ^p-Fall vorgehen, würde man eine Cauchyfolge (f_n) in $\mathscr{L}^p(I)$ und anschließend für festes $t \in I$ die skalare Folge $(f_n(t))$ betrachten. Im Allgemeinen braucht $(f_n(t))$ jedoch nicht zu konvergieren, und man muss einen anderen Weg einschlagen. Das folgende Lemma wird von Nutzen sein.

Lemma I.1.8 *Für einen halbnormierten Raum $(X, \|\,.\,\|)$ sind äquivalent:*

(i) *X ist vollständig.*
(ii) *Jede absolut konvergente Reihe konvergiert. (Ausführlich: Für jede Folge in X mit $\sum_{n=1}^\infty \|x_n\| < \infty$ existiert ein Element $x \in X$ mit $\lim_{N\to\infty} \|x - \sum_{n=1}^N x_n\| = 0$.)*

Beweis. (i) $\Rightarrow$ (ii): Das ist klar, denn $(\sum_{n=1}^N x_n)_{N\in\mathbb{N}}$ ist eine Cauchyfolge.

(ii) $\Rightarrow$ (i): Sei (x_n) eine Cauchyfolge. Wähle zu $\varepsilon_k = 2^{-k}$ ein $N_k \in \mathbb{N}$ mit

$$
\|x_n - x_m\| \leq 2^{-k} \qquad \forall n, m \geq N_k.
$$

Daraus ergibt sich die Existenz einer Teilfolge $(x_{n_k})_{k\in\mathbb{N}}$ mit

$$
\|x_{n_{k+1}} - x_{n_k}\| \leq 2^{-k} \qquad \forall k \in \mathbb{N}.
$$

Für $y_k = x_{n_{k+1}} - x_{n_k}$ ist also $\sum_k \|y_k\| < \infty$. Nach (ii) existiert $y \in X$ mit (Teleskopsumme!)

$$\left\| y - \sum_{k=1}^{K} y_k \right\| = \| y - (x_{n_{K+1}} - x_{n_1}) \| \to 0 \quad \text{für } K \to \infty.$$

Eine Teilfolge von (x_n) konvergiert daher. Da eine Cauchyfolge, die eine konvergente Teilfolge besitzt, selbst konvergiert (Beweis?), folgt die Konvergenz von (x_n), und der Beweis ist vollständig. $\square$

Beweis der Vollständigkeit von $\mathscr{L}^p(I)$:

Wir benutzen Lemma I.1.8. Seien $f_1, f_2, \ldots \in \mathscr{L}^p(I)$ mit $a := \sum_{n=1}^{\infty} \|f_n\|_p^* < \infty$. Betrachte die (evtl. ∞-wertige) nichtnegative Funktion $t \mapsto \widehat{g}(t) = \sum_{i=1}^{\infty} |f_i(t)|$. Als Summe messbarer Funktionen ist $\widehat{g}$ messbar. Ferner sei $\widehat{g}_n(t) = \sum_{i=1}^{n} |f_i(t)|$. Es folgt dann $\widehat{g}_n \in \mathscr{L}^p(I)$, da $\mathscr{L}^p(I)$ ein Vektorraum ist, sowie

$$\|\widehat{g}_n\|_p^* \leq \sum_{i=1}^{n} \|f_i\|_p^* \leq a < \infty$$

wegen der Minkowskischen Ungleichung. Nach Konstruktion konvergiert $(\widehat{g}_n^p)$ monoton gegen $\widehat{g}^p$; der Satz von Beppo Levi (Satz A.3.1) liefert daher

$$\int_I \widehat{g}^p \, d\lambda = \lim_{n \to \infty} \int_I \widehat{g}_n^p \, d\lambda \leq a^p.$$

Insbesondere ist $\widehat{g}^p$ (und daher auch $\widehat{g}$) fast überall endlich; d. h., nach Abänderung von $\widehat{g}$ auf einer Nullmenge $N \in \Sigma$ erhält man eine reellwertige messbare Funktion g mit

$$g(t) = \sum_{i=1}^{\infty} |f_i(t)| \quad \text{fast überall}$$

(nämlich für $t \in I \setminus N$). Es folgt (*jetzt* geht die Vollständigkeit von $\mathbb{K}$ ein!), dass

$$f(t) := \sum_{i=1}^{\infty} f_i(t) \quad \text{für } t \notin N$$

existiert. Setzt man noch $f(t) = 0$ für $t \in N$, so hat man eine messbare Funktion $f: I \to \mathbb{K}$ definiert. Es bleibt $f \in \mathscr{L}^p(I)$ und $\sum_{i=1}^{\infty} f_i = f$ bzgl. $\| . \|_p^*$, d. h. $\int_I \left| \sum_{i=n}^{\infty} f_i \right|^p d\lambda \to 0$ für $n \to \infty$, zu zeigen.

Nach Konstruktion ist $|f| \leq \widehat{g}$, also (s.o.)

$$\int_I |f|^p \, d\lambda \leq \int_I \widehat{g}^p \, d\lambda < \infty,$$

folglich $f \in \mathscr{L}^p(I)$. Um schließlich $\sum_{n=1}^{\infty} f_n = f$ zu zeigen, benutzen wir den Lebesgueschen Konvergenzsatz (Satz A.3.2): Sei $h_n = \left| \sum_{i=n}^{\infty} f_i \right|^p$; dann gilt $h_n \to 0$ fast überall und

$$0 \le h_n \le \left(\sum_{i=n}^{\infty} |f_i| \right)^p \le \widehat{g}^p.$$

Wegen $\int_I \widehat{g}^p \, d\lambda \le a^p$ ist $\widehat{g}^p$ integrierbar. Also impliziert der Lebesguesche Konvergenzsatz

$$\int_I h_n \, d\lambda \to 0,$$

was zu zeigen war.

$\mathscr{L}^p(I)$ ist damit als vollständiger halbnormierter Raum ausgewiesen. Limiten sind in diesem Raum nicht mehr eindeutig bestimmt, sondern nur noch modulo Elementen des Kerns der Halbnorm $\| . \|_p^*$, nämlich $N_p = \{ f : f = 0 \text{ fast überall} \}$. (Beachte, dass N_p in Wirklichkeit gar nicht von p abhängt!) Es liegt daher nahe, Funktionen zu identifizieren, die fast überall übereinstimmen. Das angemessene mathematische Verfahren besteht darin, statt Funktionen f ihre Äquivalenzklassen $[f]$ in dem zugehörigen Quotientenvektorraum

$$L^p(I) := \mathscr{L}^p(I)/N_p$$

zu betrachten. Dieses Verfahren schildert das folgende Lemma.

Lemma I.1.9 $(X, \| . \|^*)$ *sei ein halbnormierter Raum.*

(a) $N := \{ x : \|x\|^* = 0 \}$ *ist ein Untervektorraum von X.*

(b) $\|[x]\| := \|x\|^*$ *definiert eine Norm auf X/N.*

(c) *Ist X vollständig, so ist X/N ein Banachraum.*

Beweis. (a) ist trivial.

(b) Zunächst mache man sich klar, dass $\|[x]\| = \|x\|^*$ wohldefiniert ist, d. h. nicht vom Repräsentanten der Äquivalenzklasse $[x]$ abhängt. Homogenität und Dreiecksungleichung folgen dann unmittelbar aus den entsprechenden Eigenschaften von $\| . \|^*$. Schließlich gilt $\|[x]\| = 0 \Leftrightarrow x \in N \Leftrightarrow [x] = [0]$.

(c) Bemerke nur: Bildet die Folge der Klassen $([x_n])$ eine Cauchy- bzw. konvergente Folge, so gilt dies auch für die Folge (x_n) der Repräsentanten – und umgekehrt. $\square$

Die Quotientennorm auf $L^p(I)$ bezeichnen wir mit $\| . \|_p$ (endlich kann das Sternchen verschwinden) oder mit $\| . \|_{L^p}$. Insgesamt haben wir gezeigt:

- *Die Räume $\left(L^p(I), \| . \|_p \right)$ sind Banachräume für $p \ge 1$.*

Obwohl die L^p-Räume eigentlich keine Räume von Funktionen, sondern von Äquivalenzklassen von Funktionen sind, behandelt man ihre Elemente, als wären es Funktionen. Man schreibt also $f \in L^p$ statt $[f] \in L^p$ usw. In der Regel treten dadurch keine Komplikationen auf. Beispielsweise ist $f \mapsto \int_I f \, d\lambda$ eine wohldefinierte Abbildung auf $L^1(I)$, *nicht* jedoch $f \mapsto f(t_0)$. Ferner brauchen die Repräsentanten der $f \in L^p$ nur fast überall definiert zu sein; in diesem Sinn ist etwa $t \mapsto 1/\sqrt{t}$ in $L^1[0, 1]$.

Wir haben oben die L^p-Räume über reellen Intervallen für das Lebesguemaß betrachtet; alles ließe sich genauso für messbare Teilmengen $\Omega \subset \mathbb{R}^n$ (mit der entsprechenden Borel-σ-Algebra und dem n-dimensionalen Lebesguemaß) durchführen. Noch allgemeiner können beliebige Maßräume (Ω, Σ, μ) behandelt werden. Die entstehenden L^p-Räume werden mit dem Symbol $L^p(\Omega, \Sigma, \mu)$ oder kürzer mit $L^p(\mu)$ bezeichnet. Die Notation L^p geht auf Riesz zurück (siehe Abschn. I.5); L erinnert hier an *Lebesgue* und p an *Potenz* oder *puissance*. Jedesmal gilt:

- *Die Räume $\left(L^p(\mu), \|\cdot\|_p\right)$ sind Banachräume für $p \geq 1$.*

Im Fall $\Omega = \mathbb{N}$, $\Sigma =$ Potenzmenge von $\mathbb{N}$, $\mu =$ zählendes Maß erhält man übrigens $L^p(\Omega, \Sigma, \mu) = \ell^p$.

Von besonderer Bedeutung sind die Räume $L^2(\mu)$; sie sind sogenannte *Hilberträume* und werden in Kap. V detailliert untersucht.

Beispiel

(i) Die L^∞-Räume.

Der Anschaulichkeit halber führen wir zunächst $L^\infty(I)$ für ein Intervall I, später $L^\infty(\mu)$ für beliebige Maßräume ein.

Vergleicht man die Hölderschen Ungleichungen in den Sätzen I.1.4 und I.1.6, so fällt auf, dass der Fall $p = 1$ in der Integralversion noch nicht behandelt wurde. Der Grund ist, dass der entsprechende Raum beschränkter Funktionen auf I noch nicht eingeführt wurde. (Der Raum $\ell^\infty(I)$ ist dazu *nicht* angemessen.) Man setzt

$$\mathscr{L}^\infty(I) = \left\{ f \colon I \to \mathbb{K} \colon \begin{array}{l} f \text{ messbar,} \\ \exists N \in \Sigma, \lambda(N) = 0 \colon \ f|_{I \setminus N} \text{ beschränkt} \end{array} \right\},$$

$$\|f\|_{L^\infty}^* = \inf_{\substack{N \in \Sigma \\ \lambda(N) = 0}} \ \sup_{t \in I \setminus N} |f(t)| = \inf_{\substack{N \in \Sigma \\ \lambda(N) = 0}} \|f|_{I \setminus N}\|_\infty.$$

Es ist klar, dass $\|f\|_{L^\infty}^* < \infty$ für $f \in \mathscr{L}^\infty(I)$ gilt. Es ist diesmal recht leicht zu sehen, dass $\mathscr{L}^\infty(I)$ ein Vektorraum und $\|\cdot\|_{L^\infty}^*$ eine Halbnorm ist.

Zum Beweis bemerken wir zuerst, dass es zu $f \in \mathscr{L}^\infty(I)$ eine messbare Nullmenge $N = N(f)$ mit $\|f\|_{L^\infty}^* = \|f|_{I \setminus N}\|_\infty$ gibt. Denn zu $r \in \mathbb{N}$ wähle eine Nullmenge N_r mit

$\||f|_{I\setminus N_r}\|_\infty \leq \|f\|^*_{L^\infty} + \frac{1}{r}$. $N := \bigcup_r N_r$ ist dann eine messbare Nullmenge, und es gilt

$$\|f\|^*_{L^\infty} \leq \||f|_{I\setminus N}\|_\infty \leq \||f|_{I\setminus N_r}\|_\infty \leq \|f\|^*_{L^\infty} + \frac{1}{r}$$

für alle $r \in \mathbb{N}$, also leistet N das Geforderte.

Sind nun $f_1, f_2 \in \mathscr{L}^\infty(I)$ und dazu N_1 und N_2 nach der Vorbemerkung gewählt, so folgt

$$
\begin{aligned}
\|f_1 + f_2\|^*_{L^\infty} &\leq \|(f_1 + f_2)|_{I\setminus(N_1\cup N_2)}\|_\infty \\
&\leq \||f_1|_{I\setminus(N_1\cup N_2)}\|_\infty + \||f_2|_{I\setminus(N_1\cup N_2)}\|_\infty \\
&\leq \||f_1|_{I\setminus N_1}\|_\infty + \||f_2|_{I\setminus N_2}\|_\infty \\
&= \|f_1\|^*_{L^\infty} + \|f_2\|^*_{L^\infty}.
\end{aligned}
$$

Die übrigen behaupteten Eigenschaften sind klar.

Als nächstes wird die Vollständigkeit von $\mathscr{L}^\infty(I)$ gezeigt. Sei (f_n) eine Cauchyfolge in $\mathscr{L}^\infty(I)$. Nach der obigen Bemerkung können wir messbare Nullmengen $N_{n,m}$ mit

$$\|f_n - f_m\|^*_{L^\infty} = \|(f_n - f_m)|_{I\setminus N_{n,m}}\|_\infty$$

wählen. Sei $N = \bigcup_{n,m=1}^\infty N_{n,m}$. Da $\mathbb{N} \times \mathbb{N}$ abzählbar ist, ist auch N eine messbare Nullmenge, und es gilt

$$\|f_n - f_m\|^*_{L^\infty} = \|(f_n - f_m)|_{I\setminus N}\|_\infty.$$

Da man ohne Einschränkung $f_1 = 0$ annehmen darf, ist $(f_n|_{I\setminus N})$ eine $\|\cdot\|_\infty$-Cauchyfolge im Banachraum $\ell^\infty(I \setminus N)$, ergo konvergent, etwa gegen g. Setzt man noch $f(t) = g(t)$ für $t \notin N$, $f(t) = 0$ für $t \in N$, so ist f messbar und beschränkt (als gleichmäßiger Limes der messbaren und beschränkten Funktionen $f_n \chi_{I\setminus N}$, wo $\chi_A(t) = 1$ für $t \in A$, $\chi_A(t) = 0$ für $t \notin A$), und es gilt

$$\|f_n - f\|^*_{L^\infty} \leq \|(f_n - f)|_{I\setminus N}\|_\infty \to 0.$$

Wie bei den L^p-Räumen geht man nun zum normierten Quotienten

$$L^\infty(I) := \mathscr{L}^\infty(I)/N_\infty$$

nach dem Kern N_∞ der Halbnorm $\|\cdot\|^*_{L^\infty}$ über; wieder besteht dieser Kern aus den messbaren Funktionen, die fast überall verschwinden. Die entsprechende Norm werde mit $\|\cdot\|_{L^\infty}$ bezeichnet, sie heißt *wesentliche Supremumsnorm*. Die Elemente von $L^\infty(I)$ werden wir im Allgemeinen wieder als Funktionen (statt als Äquivalenzklassen von Funktionen, wie es eigentlich korrekt wäre) ansehen, die bzgl. fast überall bestehender Gleichheit identifiziert werden.

Zusammengefasst ist gezeigt:

- $L^\infty(I)$, *versehen mit der wesentlichen Supremumsnorm, ist ein Banachraum.*

Statt des Lebesguemaßes auf I hätte auch das n-dimensionale Lebesguemaß auf einem Gebiet $\Omega \subset \mathbb{R}^n$ oder ein abstrakter Maßraum (Ω, Σ, μ) behandelt werden können; auch dann gilt:

- $L^\infty(\mu)$, *versehen mit der wesentlichen Supremumsnorm, ist ein Banachraum.*

Wir bringen nun noch die abschließende Version der Hölderschen Ungleichung; der Spezialfall $p = q = 2$ wird *Cauchy-Schwarz-Ungleichung* genannt.

Satz I.1.10 (Höldersche Ungleichung, allgemeine Version)
Sei $1 \le p \le \infty$ und sei $\frac{1}{p} + \frac{1}{q} = 1$ (mit der Konvention $\frac{1}{\infty} = 0$). (Ω, Σ, μ) sei ein Maßraum, und es seien $f \in L^p(\mu)$, $g \in L^q(\mu)$. Dann ist $fg \in L^1(\mu)$, und es gilt

$$\|fg\|_{L^1} \le \|f\|_{L^p} \|g\|_{L^q}.$$

Beweis. Der Fall $1 < p < \infty$ ist im Wesentlichen (nämlich für $\Omega = I$) in Satz I.1.6 behandelt worden. Wir betrachten nun $p = 1$, $q = \infty$; der Fall $p = \infty$, $q = 1$ ist natürlich dazu symmetrisch. f und g können als messbare Funktionen angesehen werden, so dass fg jedenfalls messbar ist. Es folgt für alle Nullmengen N

$$\int_\Omega |fg| \, d\mu = \int_{\Omega \setminus N} |f| \, |g| \, d\mu$$

$$\le \int_{\Omega \setminus N} |f| \, d\mu \, \sup_{t \notin N} |g(t)|$$

$$= \int_\Omega |f| \, d\mu \, \|g|_{\Omega \setminus N}\|_\infty.$$

Nach Definition der L^∞-Norm heißt das aber

$$\|fg\|_{L^1} \le \|f\|_{L^1} \|g\|_{L^\infty}. \qquad \square$$

Beispiel

(j) Räume von Maßen.

Ist T eine Menge und Σ eine σ-Algebra auf T, so heißt eine Abbildung $\mu \colon \Sigma \to \mathbb{R}$ (bzw. $\mathbb{C}$) *signiertes* bzw. *komplexes Maß*, falls für jede Folge paarweiser disjunkter $A_i \in \Sigma$

$$\mu\left(\bigcup_{i=1}^{\infty} A_i\right) = \sum_{i=1}^{\infty} \mu(A_i) \qquad\qquad (I.3)$$

gilt. Hier wird also nicht $\mu(A) \geq 0$ gefordert. Da μ nur endliche Werte annimmt (nicht aber $+\infty$ oder $-\infty$), folgt $\mu(\emptyset) = 0$, denn $\mu(\emptyset) = \mu(\emptyset \cup \emptyset \cup \ldots) = \mu(\emptyset) + \mu(\emptyset) + \cdots$. In diesem Beispiel werden wir kurz Maß statt signiertes oder komplexes Maß sagen. (Vergleiche zu diesen Begriffen auch Anhang A.4.)

Beispiele für Maße sind die *Punktmaße* $\mu = \lambda_1 \delta_{t_1} + \cdots + \lambda_n \delta_{t_n}$, wo $t_i \in T$ und $\lambda_i \in \mathbb{K}$. (Zur Erinnerung: $\delta_t(A) = 1$, falls $t \in A$, und $\delta_t(A) = 0$ sonst.) Weitere Beispiele sind die absolutstetigen Maße auf $\mathbb{R}$, das sind Maße der Form $\mu(A) = \int_A f(t)\,dt$ für ein $f \in L^1(\mathbb{R})$. Da Summen und Vielfache von Maßen wieder Maße sind, trägt die Menge $M(T, \Sigma)$ aller Maße auf Σ die Struktur eines Vektorraums. Ist T ein metrischer (oder topologischer Raum), wird in der Regel die von den offenen Mengen erzeugte σ-Algebra, die sog. Borel-σ-Algebra, betrachtet.

Jedem Maß μ wird durch die Vorschrift

$$|\mu|(A) = \sup_{\mathscr{Z}} \sum_{E \in \mathscr{Z}} |\mu(E)|,$$

wobei das Supremum über alle Zerlegungen von A in endlich viele paarweise disjunkte Mengen aus Σ zu bilden ist, ein positives Maß $|\mu|$ zugeordnet, die sog. Variation von μ. Man kann außerdem zeigen, dass $|\mu|(T) < \infty$ ist (siehe z. B. Rudin [1986], S. 117). Im Beispiel der Punktmaße ist $|\mu| = |\lambda_1| \delta_{t_1} + \cdots + |\lambda_n| \delta_{t_n}$, wenn die δ_{t_j} verschieden sind, und im Beispiel der absolutstetigen Maße ist $|\mu|(A) = \int_A |f(t)|\,dt$.

Nun assoziieren wir zu einem Maß μ seine *Variationsnorm*

$$\|\mu\| = |\mu|(T)$$

und behaupten:

- $M(T, \Sigma)$, *versehen mit der Variationsnorm, ist ein Banachraum.*

Von den Normeigenschaften von $\|\cdot\|$ ist nur die Dreiecksungleichung nicht ganz offensichtlich. Seien $\mu_1, \mu_2 \in M(T, \Sigma)$, und sei $\mathscr{Z}$ eine Zerlegung von T, wie oben beschrieben. Dann ist

$$\sum_{E \in \mathscr{Z}} |(\mu_1 + \mu_2)(E)| \leq \sum_{E \in \mathscr{Z}} |\mu_1(E)| + \sum_{E \in \mathscr{Z}} |\mu_2(E)| \leq \|\mu_1\| + \|\mu_2\|.$$

Wenn man jetzt das Supremum über alle $\mathscr{Z}$ nimmt, erhält man $\|\mu_1 + \mu_2\| \leq \|\mu_1\| + \|\mu_2\|$.

Nun zur Vollständigkeit. Sei (μ_n) eine Cauchyfolge in $M(T, \Sigma)$. Für $A \in \Sigma$ und $\mu \in M(T, \Sigma)$ gilt stets $|\mu(A)| \leq \|\mu\|$ (betrachte die Zerlegung $\mathscr{Z} = \{A, T \backslash A\}$). Also existiert für alle $A \in \Sigma$

$$\mu(A) := \lim_{n \to \infty} \mu_n(A).$$

Es ist klar, dass μ additiv ist, d. h. $\mu(A \cup B) = \mu(A) + \mu(B)$ für paarweise disjunkte A und B ist, und deshalb eine zu (I.3) analoge Gleichung für endliche Folgen gilt. Sei jetzt $\varepsilon > 0$ vorgegeben, und sei $\mathscr{Z} = \{E_1, \ldots, E_r\}$ eine Zerlegung von T in paarweise disjunkte Mengen aus Σ. Wähle $N_0 = N_0(\varepsilon)$ mit

$$\|\mu_n - \mu_m\| \leq \varepsilon \qquad \forall n, m \geq N_0.$$

Alsdann wähle $m = m(\varepsilon, \mathscr{Z})$ mit $m \geq N_0$ und

$$\sum_{i=1}^{r} \left| \mu_m(E_i) - \mu(E_i) \right| \leq \varepsilon.$$

Für $n \geq N_0$ ist dann

$$\sum_{i=1}^{r} \left| \mu_n(E_i) - \mu(E_i) \right| \leq \sum_{i=1}^{r} \left| \mu_n(E_i) - \mu_m(E_i) \right| + \sum_{i=1}^{r} \left| \mu_m(E_i) - \mu(E_i) \right|$$

$$\leq \|\mu_n - \mu_m\| + \varepsilon \leq 2\varepsilon.$$

Akzeptiert man für den Moment das Symbol $\| \, . \, \|$ auch für bloß additive Mengenfunktionen (wir haben noch nicht gezeigt, dass μ ein Maß ist), so ergibt sich jedenfalls $\|\mu\| < \infty$ und $\|\mu_n - \mu\| \to 0$.

Es bleibt, (I.3) für μ zu zeigen. Seien $A_1, A_2, \ldots \in \Sigma$ paarweise disjunkt, und sei $\varepsilon > 0$. Wähle k mit $\|\mu_k - \mu\| \leq \varepsilon$. Dann folgt

$$\left| \mu\left(\bigcup_{i=1}^{\infty} A_i \right) - \sum_{i=1}^{n} \mu(A_i) \right| = \left| \mu\left(\bigcup_{i>n} A_i \right) \right|$$

$$\leq \left| (\mu - \mu_k)\left(\bigcup_{i>n} A_i \right) \right| + \left| \mu_k\left(\bigcup_{i>n} A_i \right) \right|$$

$$\leq \|\mu - \mu_k\| + \left| \sum_{i>n} \mu_k(A_i) \right|$$

$$\leq 2\varepsilon$$

für hinreichend großes n, da μ_k ein Maß ist.

I.2   Eigenschaften normierter Räume

Wir beginnen mit einem einfachen Satz, der besagt, dass Addition, Skalarmultiplikation und $\| \cdot \|$ stetige Abbildungen auf normierten Räumen sind.

Satz I.2.1 *Sei X ein normierter Raum.*

(a) *Aus $x_n \to x$ und $y_n \to y$ folgt $x_n + y_n \to x + y$.*
(b) *Aus $\lambda_n \to \lambda$ in $\mathbb{K}$ und $x_n \to x$ folgt $\lambda_n x_n \to \lambda x$.*
(c) *Aus $x_n \to x$ folgt $\|x_n\| \to \|x\|$.*

Beweis. Wörtlich wie im Endlichdimensionalen, also:

(a) Klar wegen $\|(x_n + y_n) - (x + y)\| \leq \|x_n - x\| + \|y_n - y\| \to 0$.
(b) Klar wegen

$$\|\lambda_n x_n - \lambda x\| \leq \|\lambda_n x_n - \lambda_n x\| + \|\lambda_n x - \lambda x\|$$
$$= |\lambda_n| \, \|x_n - x\| + |\lambda_n - \lambda| \, \|x\| \to 0.$$

(c) Zuerst überlegen wir, dass die *umgekehrte Dreiecksungleichung* gilt:

$$\big| \, \|x\| - \|y\| \, \big| \leq \|x - y\| \qquad \forall x, y \in X;$$

diese folgt aus der Ungleichung $\|x\| - \|y\| \leq \big(\|x - y\| + \|y\|\big) - \|y\| = \|x - y\|$ und der dazu symmetrischen Ungleichung $\|y\| - \|x\| \leq \|y - x\|$. Die umgekehrte Dreiecksungleichung impliziert sofort

$$\big| \, \|x_n\| - \|x\| \, \big| \leq \|x_n - x\| \to 0. \qquad \square$$

Insbesondere ist eine konvergente Folge (x_n) beschränkt, d. h., die Folge $\big(\|x_n\|\big)$ der Normen ist beschränkt.

Korollar I.2.2 *Ist U ein Untervektorraum des normierten Raums X, so ist sein Abschluss $\overline{U}$ ebenfalls ein Untervektorraum.*

Beweis. Seien $x, y \in \overline{U}$. Dann existieren $x_n, y_n \in U$ mit $x_n \to x$ und $y_n \to y$. Es folgt

$$U \ni x_n + y_n \to x + y,$$

so dass $x + y \in \overline{U}$ gilt. Für $\lambda \in \mathbb{K}$ konvergiert (λx_n) gegen (λx), also liegt auch λx in $\overline{U}$. $\square$

In Beispiel (d) von Abschn. I.1 hatten wir auf $C^1[a, b]$ die beiden Normen $\|x\| = \max\{\|x\|_\infty, \|x'\|_\infty\}$ und $\|\|x\|\| = \|x\|_\infty + \|x'\|_\infty$ eingeführt und als „äquivalent" erkannt. Diesen Begriff werden wir nun eingehender studieren.

▶ **Definition I.2.3** Zwei Normen $\| \, . \, \|$ und $\|\| \, . \, \|\|$ auf einem Vektorraum X heißen *äquivalent*, falls es Zahlen $0 < m \le M$ mit

$$m\|x\| \le \|\|x\|\| \le M\|x\| \qquad \forall x \in X \tag{I.4}$$

gibt.

Satz I.2.4 *Seien* $\| \, . \, \|$ *und* $\|\| \, . \, \|\|$ *zwei Normen auf* X. *Dann sind folgende Aussagen äquivalent:*

(i) $\| \, . \, \|$ *und* $\|\| \, . \, \|\|$ *sind äquivalent.*
(ii) *Eine Folge ist bzgl.* $\| \, . \, \|$ *konvergent genau dann, wenn sie es bzgl.* $\|\| \, . \, \|\|$ *ist; außerdem stimmen die Limiten überein.*
(iii) *Eine Folge ist* $\| \, . \, \|$*-Nullfolge genau dann, wenn sie eine* $\|\| \, . \, \|\|$*-Nullfolge ist.*

Beweis. Die Implikationen (i) $\Rightarrow$ (ii) $\Rightarrow$ (iii) sind klar.

(iii) $\Rightarrow$ (i): Nehmen wir etwa an, dass für kein $M > 0$ die Ungleichung $\|\|x\|\| \le M\|x\|$ für alle $x \in X$ gilt. Für jedes $n \in \mathbb{N}$ gibt es dann $x_n \in X$ mit $\|\|x_n\|\| > n\|x_n\|$. Setze $y_n = x_n/(n\|x_n\|)$; dann ist $\|y_n\| = \frac{1}{n} \to 0$, also (y_n) eine $\| \, . \, \|$-Nullfolge, aber $\|\|y_n\|\| > 1$ für alle n, folglich (y_n) keine $\|\| \, . \, \|\|$-Nullfolge, was (iii) widerspricht. Die Existenz von m zeigt man entsprechend. $\qquad\qquad\square$

Äquivalente Normen erzeugen also vom topologischen Standpunkt denselben metrischen Raum. Es folgt außerdem aus der Definition, dass dann $(X, \| \, . \, \|)$ und $(X, \|\| \, . \, \|\|)$ dieselben Cauchyfolgen besitzen. Daher sind die Räume $(X, \| \, . \, \|)$ und $(X, \|\| \, . \, \|\|)$ entweder beide vollständig oder beide unvollständig.

Versieht man jedoch eine Menge T mit zwei Metriken derart, dass (T, d_1) dieselben konvergenten Folgen wie (T, d_2) besitzt, so brauchen diese Metriken nicht dieselben Cauchyfolgen zu besitzen. Ein Beispiel ist $\mathbb{R}$ mit den Metriken $d_1(s, t) = |s - t|$, $d_2(s, t) = |\arctan s - \arctan t|$; hier ist die Folge (n) der natürlichen Zahlen eine d_2-Cauchyfolge, und $(\mathbb{R}, d_2)$ ist nicht vollständig. Dieses Gegenbeispiel wird dadurch ermöglicht, dass die identische Abbildung von (T, d_2) nach (T, d_1) zwar stetig ist, aber nicht gleichmäßig stetig. Hingegen impliziert (I.4), dass $\|\| \, . \, \|\|$ auf $(X, \| \, . \, \|)$ sogar gleichmäßig stetig ist.

Geometrisch bedeutet Definition I.2.3, dass die $\|\| \, . \, \|\|$-Einheitskugel $\{x: \|\|x\|\| \le 1\}$ eine $\| \, . \, \|$-Kugel vom Radius $\frac{1}{M}$ enthält und in einer solchen vom Radius $\frac{1}{m}$ enthalten ist (siehe Abb. I.2):

$$\{x: \|x\| \le \tfrac{1}{M}\} \subset \{x: \|\|x\|\| \le 1\} \subset \{x: \|x\| \le \tfrac{1}{m}\}.$$

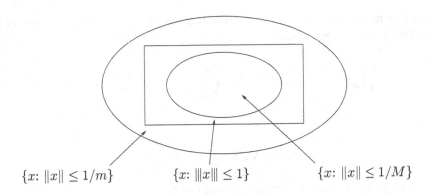

$$\{x\colon \|x\| \le 1/m\} \qquad \{x\colon \|\|x\|\| \le 1\} \qquad \{x\colon \|x\| \le 1/M\}$$

Abb. I.2 Einheitskugeln äquivalenter Normen

Beispiel

(a) In Beispiel I.1(d) wurde gezeigt, dass $\|\,.\,\|$ und $\|\,.\,\|_\infty$ auf $C^1[a,b]$ nicht äquivalent sind.

(b) Ebensowenig sind $\|\,.\,\|_\infty$ und $\|\,.\,\|_1$ auf $C[0,1]$ äquivalent. Zwar gilt die Ungleichung $\|x\|_1 \le \|x\|_\infty$ für alle x (d. h., gleichmäßig konvergente Folgen konvergieren im Mittel), aber $x_n(t) = t^n$ definiert eine $\|\,.\,\|_1$-Nullfolge, die nicht gleichmäßig konvergiert. Man könnte auch argumentieren, dass $C[0,1]$ in der Supremumsnorm vollständig ist, bzgl. $\|\,.\,\|_1$ jedoch nicht.

(c) Betrachte nun für $\alpha > 0$ die Norm

$$\|\|x\|\|_\alpha = \sup_{0 \le t \le 1} |x(t)| e^{-\alpha t}$$

auf $C[0,1]$. Dann sind $\|\,.\,\|_\infty$ und $\|\|\,.\,\|\|_\alpha$ äquivalent, denn es gilt

$$\|\|x\|\|_\alpha \le \|x\|_\infty \le e^\alpha \|\|x\|\|_\alpha.$$

Der Übergang zu einer äquivalenten Norm gestattet es häufig, Eigenschaften der gegebenen Norm zu verbessern, etwa Abbildungen zu Kontraktionen zu machen, die es ursprünglich nicht waren, und so den Banachschen Fixpunktsatz anzuwenden. Zu diesem Zweck werden die Normen des Beispiels (c) in der Theorie der gewöhnlichen Differentialgleichungen verwandt.

Bekanntlich sind die euklidische, die Maximums- und die Summennorm auf $\mathbb{K}^n$ äquivalent. Tatsächlich gilt:

Satz I.2.5 *Auf einem endlichdimensionalen Raum sind je zwei Normen äquivalent.*

Beweis. Gelte etwa $\dim X = n$. Sei $\{e_1, \ldots, e_n\}$ eine Basis von X und $\|\,.\,\|$ eine Norm auf X. Wir werden zeigen, dass $\|\,.\,\|$ zur euklidischen Norm $\|\sum_{i=1}^n \alpha_i e_i\|_2 = \left(\sum_{i=1}^n |\alpha_i|^2\right)^{1/2}$ äquivalent ist.

Setze $K = \max\{\|e_1\|, \ldots, \|e_n\|\} > 0$. Dann folgt aus der Dreiecksungleichung für $\| \cdot \|$ und der Hölderschen Ungleichung

$$\left\| \sum_{i=1}^{n} \alpha_i e_i \right\| \leq \sum_{i=1}^{n} |\alpha_i| \, \|e_i\| \leq \left(\sum_{i=1}^{n} |\alpha_i|^2 \right)^{1/2} \left(\sum_{i=1}^{n} \|e_i\|^2 \right)^{1/2},$$

so dass

$$\|x\| \leq K\sqrt{n}\|x\|_2 \qquad \forall x \in X.$$

Damit ist $\| \cdot \|$ bzgl. $\| \cdot \|_2$ stetig, da aus $\|x_k - x\|_2 \to 0$

$$\big| \, \|x_k\| - \|x\| \, \big| \leq \|x_k - x\| \leq K\sqrt{n}\|x_k - x\|_2 \to 0$$

folgt. Ferner ist $S := \{x\colon \|x\|_2 = 1\}$ in $(X, \| \cdot \|_2)$ abgeschlossen, denn S ist abgeschlossenes Urbild $\| \cdot \|_2^{-1}(\{1\})$ der abgeschlossenen Menge $\{1\}$ unter der stetigen Abbildung $\| \cdot \|_2$ (vgl. Lemma I.2.1(c)), und S ist beschränkt bzgl. $\| \cdot \|_2$, also kompakt nach dem Satz von Heine-Borel. (Beachte, dass $\| \cdot \|_2$ die übliche Topologie auf dem endlichdimensionalen Raum X erzeugt.) Die stetige Funktion $\| \cdot \|$ nimmt daher auf S ihr Minimum $m \geq 0$ an, und da $\| \cdot \|$ eine Norm und nicht nur eine Halbnorm ist, muss $m > 0$ gelten. Also folgt

$$m\|x\|_2 \leq \|x\| \qquad \forall x \in X,$$

denn $x/\|x\|_2 \in S$ für $x \neq 0$.

Damit ist jede Norm zu $\| \cdot \|_2$ äquivalent, und das zeigt die Behauptung des Satzes. $\quad\square$

Wir werden uns in Korollar II.2.7 noch mit der Frage beschäftigen, „wie äquivalent" zwei Normen auf $\mathbb{K}^n$ sind.

Speziell erhält man aus Satz I.2.5 und Lemma I.1.3 folgende Aussagen.

Korollar I.2.6 *In jedem endlichdimensionalen normierten Raum sind abgeschlossene und beschränkte Mengen kompakt; alle endlichdimensionalen Räume sind vollständig, und endlichdimensionale Unterräume von normierten Räumen sind abgeschlossen.*

Als nächstes zeigen wir, dass die erstgenannte Eigenschaft endlichdimensionale Räume charakterisiert. Dazu benutzen wir das folgende Lemma, das von unabhängigem Interesse ist.

Lemma I.2.7 (Rieszsches Lemma)
Sei U ein abgeschlossener Unterraum des normierten Raums X, und sei $U \neq X$. Ferner sei $0 < \delta < 1$. Dann existiert $x_\delta \in X$ mit $\|x_\delta\| = 1$ und

$$\|x_\delta - u\| \geq 1 - \delta \qquad \forall u \in U.$$

Beweis. Sei $x \in X \setminus U$. Da U abgeschlossen ist, gilt $d := \inf\{\|x - u\|\colon u \in U\} > 0$, denn andernfalls gäbe es eine Folge (u_n) in U mit $\|u_n - x\| \to 0$, und x läge in $\overline{U} = U$. Deshalb ist $d < \frac{d}{1-\delta}$, und es existiert $u_\delta \in U$ mit $\|x - u_\delta\| < \frac{d}{1-\delta}$. Setze

$$x_\delta := \frac{x - u_\delta}{\|x - u_\delta\|},$$

so dass $\|x_\delta\| = 1$.

Sei nun $u \in U$ beliebig. Dann ist

$$
\begin{aligned}
\|x_\delta - u\| &= \left\| \frac{x}{\|x - u_\delta\|} - \frac{u_\delta}{\|x - u_\delta\|} - u \right\| \\
&= \frac{1}{\|x - u_\delta\|} \left\| x - (u_\delta + \|x - u_\delta\| u) \right\| \\
&\geq \frac{d}{\|x - u_\delta\|} \quad (\text{denn } u_\delta + \|x - u_\delta\| u \in U) \\
&> 1 - \delta
\end{aligned}
$$

nach Wahl von u_δ. $\square$

Satz I.2.8 *Für einen normierten Raum X sind äquivalent:*

(i) $\dim X < \infty$.

(ii) $B_X := \{x \in X\colon \|x\| \leq 1\}$ *ist kompakt.*

(iii) *Jede beschränkte Folge in X besitzt eine konvergente Teilfolge.*

Beweis. (i) $\Rightarrow$ (ii): Das haben wir bereits im Anschluss an Satz I.2.5 bemerkt.

(ii) $\Rightarrow$ (iii): In einem kompakten metrischen Raum besitzt jede Folge eine konvergente Teilfolge, vgl. Satz B.1.7.

(iii) $\Rightarrow$ (i): Wir nehmen $\dim X = \infty$ an. Sei $x_1 \in X$ mit $\|x_1\| = 1$ beliebig. Setze $U_1 = \text{lin}\{x_1\}$; dann ist U_1 endlichdimensional, folglich abgeschlossen und von X verschieden. Nach dem Rieszschen Lemma (Lemma I.2.7), angewandt mit $\delta = \frac{1}{2}$, existiert $x_2 \in X$ mit $\|x_2\| = 1$ und $\|x_2 - x_1\| \geq \frac{1}{2}$. Nun betrachte $U_2 = \text{lin}\{x_1, x_2\}$ und wende das Rieszsche Lemma erneut an, um x_3 mit $\|x_3\| = 1$, $\|x_3 - x_1\| \geq \frac{1}{2}$, $\|x_3 - x_2\| \geq \frac{1}{2}$ zu erhalten. Dann betrachte $U_3 = \text{lin}\{x_1, x_2, x_3\}$, etc. Auf diese Weise wird induktiv eine Folge (x_n) mit $\|x_n\| = 1$ und $\|x_n - x_m\| \geq \frac{1}{2}$ für alle $m, n \in \mathbb{N}$, $m \neq n$ definiert. Die Folge (x_n) ist beschränkt, hat aber keine Cauchy-, erst recht keine konvergente Teilfolge. $\square$

Es gibt noch einen hübschen direkten Beweis für die Implikation (ii) $\Rightarrow$ (i) in Satz I.2.8: Zu $x \in B_X$ betrachte die offene Kugel U_x um x mit dem Radius $\frac{1}{2}$. Wenn B_X kompakt ist, existieren endlich viele $x_1, \ldots, x_n$ mit $B_X \subset \bigcup_{i=1}^n U_{x_i}$. Dann muss $X = \text{lin}\{x_1, \ldots, x_n\}$, also endlichdimensional, sein. Wäre nämlich $U := \text{lin}\{x_1, \ldots, x_n\}$ von X verschieden, so existierte nach dem Rieszschen Lemma $x \in B_X$ mit $\|x - x_i\| > \frac{1}{2}$ für $i = 1, \ldots, n$ im Widerspruch zur Wahl der x_i.

Gilt das Rieszsche Lemma auch für $\delta = 0$? Das folgende Gegenbeispiel zeigt, dass das nicht zutrifft. Setze $X = \{x \in C[0, 1]: x(1) = 0\}$ und $U = \{x \in X: \int_0^1 x(t)\, dt = 0\}$. Versieht man X mit der Supremumsnorm, so ist U ein echter abgeschlossener Unterraum. Gäbe es ein Element $x \in X$ mit $\|x - u\|_\infty \geq \|x\|_\infty = 1$ für alle $u \in U$, so erhielte man folgendermaßen einen Widerspruch. Setze $x_n(t) = 1 - t^n$. Dann ist $x_n \in X$, $\|x_n\|_\infty = 1$, und $\int_0^1 x_n(t)\, dt = 1 - \frac{1}{n+1}$. Mit

$$\lambda_n = \frac{\int_0^1 x(t)\, dt}{1 - \frac{1}{n+1}}, \quad u_n = x - \lambda_n x_n \in U$$

gilt dann nach Annahme $\|x - u_n\|_\infty \geq 1$, d. h. $|\lambda_n| \geq 1$. Es folgt $\left| \int_0^1 x(t)\, dt \right| \geq 1$. Da jedoch x stetig und $x(1) = 0$ ist, ergibt sich aus $\|x\|_\infty = 1$ der Widerspruch $\left| \int_0^1 x(t)\, dt \right| < 1$. Zu der hier aufgeworfenen Frage siehe auch Aufgabe I.4.21 und Aufgabe II.5.20.

Als nächstes diskutieren wir die Separabilität normierter Räume. Die Definition lautet:

▶ **Definition I.2.9** Ein metrischer (oder topologischer) Raum heißt *separabel*, wenn er eine abzählbare dichte Teilmenge besitzt.

Dabei heißt D *dicht* in T, wenn $\overline{D} = T$ gilt; also ist eine Menge D genau dann dicht, wenn jede nichtleere offene Menge einen Punkt von D enthält. Eine äquivalente Formulierung im Fall metrischer Räume ist: Jeder Punkt von T ist Limes einer Folge aus D. Die Separabilität eines Raums erleichtert dessen Analyse oft erheblich.

Es ist nicht schwer zu zeigen, dass jede Teilmenge eines separablen metrischen Raums selbst separabel ist, siehe Aufgabe I.4.26. Da $\mathbb{R}^n$ separabel ist ($\mathbb{Q}^n$ liegt dicht), sind alle $T \subset \mathbb{R}^n$ separable Räume. Zur Entscheidung der Separabilität normierter Räume ist das folgende Kriterium nützlich.

Lemma I.2.10 *Für einen normierten Raum X sind äquivalent:*

(i) *X ist separabel.*
(ii) *Es gibt eine abzählbare Menge A mit $X = \overline{\lin} A := \overline{\lin A}$.*

Beweis. (i) $\Rightarrow$ (ii) ist klar, denn $X = \overline{A}$ impliziert $X = \overline{\lin} A$.

(ii) $\Rightarrow$ (i): Wir betrachten zuerst den Fall $\mathbb{K} = \mathbb{R}$. Setze

$$B = \left\{ \sum_{i=1}^n \lambda_i x_i : n \in \mathbb{N}, \ \lambda_i \in \mathbb{Q}, \ x_i \in A \right\}.$$

Dann ist B abzählbar, und wir werden $\overline{B} = X$, genauer

- $\forall x \in X \; \forall \varepsilon > 0 \; \exists y \in B \quad \|x - y\| < \varepsilon$

zeigen. Zunächst wähle $y_0 \in \operatorname{lin} A$, also $y_0 = \sum_{i=1}^{n} \lambda_i x_i$ mit $\lambda_i \in \mathbb{R}$, $x_i \in A$, so dass $\|x - y_0\| \leq \varepsilon/2$. Wähle dann $\lambda_i' \in \mathbb{Q}$ mit $|\lambda_i - \lambda_i'| \leq \varepsilon / \big(2 \sum_{i=1}^{n} \|x_i\| \big)$. Dann gilt für $y = \sum_{i=1}^{n} \lambda_i' x_i \in B$

$$\|x - y\| \leq \|x - y_0\| + \|y_0 - y\| \leq \varepsilon/2 + \max_i |\lambda_i - \lambda_i'| \sum_{i=1}^{n} \|x_i\| \leq \varepsilon.$$

Im Fall $\mathbb{K} = \mathbb{C}$ verwende $\mathbb{Q} + i\mathbb{Q}$ statt $\mathbb{Q}$. $\qquad\square$

Beispiel

(a) ℓ^p ist separabel für $1 \leq p < \infty$. Sei nämlich e_n der n-te Einheitsvektor

$$e_n = (0, \ldots, 0, 1, 0, \ldots) \quad (1 \text{ an der } n\text{-ten Stelle})$$

und $A = \{e_n \colon n \in \mathbb{N}\}$. Dann ist $\ell^p = \overline{\operatorname{lin}} A = \overline{d}$, wo der Abschluss natürlich bzgl. $\| \cdot \|_p$ zu bilden ist. Für $x = (t_n)_n \in \ell^p$ gilt nämlich

$$\left\| x - \sum_{i=1}^{n} t_i e_i \right\|_p = \left(\sum_{i=n+1}^{\infty} |t_i|^p \right)^{1/p} \to 0.$$

(b) Genauso zeigt man die Separabilität von c_0.

(c) Hingegen ist ℓ^∞ nicht separabel. (Man mache sich klar, dass die Methode aus (a) für $p = \infty$ nicht funktioniert!) Für $M \subset \mathbb{N}$ betrachte nämlich die Folge $\chi_M \in \ell^\infty$, wo $\chi_M(n) = 1$ für $n \in M$ und $\chi_M(n) = 0$ sonst. Dann ist $\Delta := \{ \chi_M \colon M \subset \mathbb{N} \}$ überabzählbar, und es gilt $\|\chi_M - \chi_{M'}\|_\infty = 1$ für $M \neq M'$. Ist nun A irgendeine abzählbare Teilmenge von ℓ^∞, so kann für jedes $x \in A$ die Menge $\{ y \in \ell^\infty \colon \|x - y\|_\infty \leq \frac{1}{4} \}$ wegen der Dreiecksungleichung höchstens ein $y \in \Delta$ enthalten, so dass A nicht dicht liegen kann.
Ein ähnliches Argument zeigt die Inseparabilität von $L^\infty[0, 1]$.

Zum Nachweis der Separabilität der Räume $C[a, b]$ und $L^p[a, b]$, $1 \leq p < \infty$, benötigen wir einen wichtigen Satz der Analysis.

Satz I.2.11 (Weierstraßscher Approximationssatz)
Der Unterraum $P[a, b]$ der Polynomfunktionen auf $[a, b]$, $a, b \in \mathbb{R}$, liegt dicht in $(C[a, b], \| \cdot \|_\infty)$.

Beweis. O.E. sei $a = 0$, $b = 1$; ferner reicht es, sich mit reellwertigen Funktionen zu beschäftigen.

Sei $x \in C[0, 1]$ beliebig. Wir betrachten das n-te *Bernsteinpolynom*

$$p_n(s) := B_n(s; x) := \sum_{i=0}^{n} \binom{n}{i} s^i (1-s)^{n-i} x(i/n).$$

Wir werden $\|p_n - x\|_\infty \to 0$ zeigen.

Da x gleichmäßig stetig ist, existiert zu $\varepsilon > 0$ ein $\delta > 0$ mit

$$|s - t| \leq \sqrt{\delta} \quad \Rightarrow \quad |x(s) - x(t)| \leq \varepsilon. \tag{I.5}$$

Daraus ergibt sich mit $\alpha = 2\|x\|_\infty / \delta$ die Ungleichung

$$|x(s) - x(t)| \leq \varepsilon + \alpha(t - s)^2 \qquad \forall s, t \in [0, 1]; \tag{I.6}$$

denn falls $|t - s| \leq \sqrt{\delta}$, folgt das aus (I.5), und sonst ist

$$\varepsilon + \alpha(t - s)^2 > \varepsilon + 2\|x\|_\infty > |x(s)| + |x(t)| \geq |x(s) - x(t)|.$$

Setze $y_t(s) = (t - s)^2$. Dann kann (I.6) in der Form

$$-\varepsilon - \alpha y_t \leq x - x(t) \leq \varepsilon + \alpha y_t \qquad \forall t \in [0, 1] \tag{I.7}$$

geschrieben werden. Um die diesen Funktionen assoziierten Bernsteinpolynome zu bestimmen, berechnen wir zuerst $B_n(\,.\,; x_j)$ für $x_j(s) = s^j, j = 0, 1, 2$, mit Hilfe des binomischen Satzes:

$$B_n(s; x_0) = \sum_{i=0}^{n} \binom{n}{i} s^i (1-s)^{n-i}$$

$$= \bigl(s + (1-s)\bigr)^n$$

$$= 1;$$

$$B_n(s; x_1) = \sum_{i=0}^{n} \binom{n}{i} s^i (1-s)^{n-i} \frac{i}{n}$$

$$= \sum_{i=1}^{n} \binom{n-1}{i-1} s^i (1-s)^{n-i}$$

$$\text{da } \binom{n}{i} \frac{i}{n} = \binom{n-1}{i-1}$$

$$= \sum_{i=0}^{n-1} \binom{n-1}{i} s^{i+1} (1-s)^{n-(i+1)}$$

$$= \left(s + (1-s)\right)^{n-1} s$$

$$= s;$$

$$B_n(s; x_2) = \sum_{i=0}^{n} \binom{n}{i} s^i (1-s)^{n-i} \left(\frac{i}{n}\right)^2$$

$$= \sum_{i=0}^{n-1} \binom{n-1}{i} s^{i+1} (1-s)^{n-(i+1)} \frac{i+1}{n}$$

$$= \frac{s}{n} + \sum_{i=0}^{n-1} \binom{n-1}{i} s^i (1-s)^{(n-1)-i} \frac{i}{n} s$$

(wie oben)

$$= \frac{s}{n} + \frac{n-1}{n} s^2$$

$$= \frac{s(1-s)}{n} + s^2.$$

Bilden wir nun zu den in (I.7) auftauchenden Funktionen die Bernsteinpolynome, so ergibt sich

$$-B_n(\, . \, ; \varepsilon + \alpha y_t) = B_n(\, . \, ; -\varepsilon - \alpha y_t) \le B_n(\, . \, ; x - x(t)) \le B_n(\, . \, ; \varepsilon + \alpha y_t).$$

Daher folgt für alle $s, t \in [0, 1]$

$$|p_n(s) - x(t)| \le B_n(s; \varepsilon + \alpha y_t)$$

$$\le \varepsilon + \alpha t^2 - 2\alpha t s + \alpha \left(\frac{s(1-s)}{n} + s^2 \right),$$

und setzt man $s = t$, so erhält man

$$|p_n(t) - x(t)| \le \varepsilon + \alpha \frac{t(1-t)}{n} \le \varepsilon + \frac{\alpha}{n} \qquad \forall t \in [0, 1],$$

woraus die gleichmäßige Konvergenz von (p_n) gegen x folgt. $\qquad \square$

Dieselbe Methode wird zum Beweis von Satz IV.2.6 herangezogen werden. In Kap. VIII werden wir eine weitreichende Verallgemeinerung des Weierstraßschen Approximationssatzes kennenlernen, den Satz von Stone-Weierstraß (Satz VIII.4.7).

Korollar I.2.12 $C[a, b]$ *ist separabel.*

Beweis. Nach Satz I.2.11 ist $C[a, b] = \overline{\mathrm{lin}}\{x_n : n \in \mathbb{N}_0\}$, wo $x_n(t) = t^n$. $\qquad \square$

Nun zu den L^p-Räumen.

Satz I.2.13 *Für* $1 \leq p < \infty$ *ist* $C[a,b]$ *dicht in* $L^p[a,b]$.

Zum Beweis benötigen wir:

▶ **Definition I.2.14** Sei T ein metrischer (oder auch topologischer) Raum, Σ die σ-Algebra der Borelmengen (also die von den offenen Mengen erzeugte σ-Algebra). Ein Maß μ auf Σ heißt *Borelmaß*. Ein positives Borelmaß μ heißt *regulär*, falls

(a) $\mu(C) < \infty$ für alle kompakten C,
(b) für alle $A \in \Sigma$ gilt

$$\mu(A) = \sup\{\mu(C) \colon C \subset A, \ C \text{ kompakt}\},$$
$$= \inf\{\mu(O) \colon A \subset O, \ O \text{ offen}\}.$$

Ein signiertes oder komplexes Borelmaß heißt regulär, wenn seine Variation (vgl. Beispiel I.1(j)) regulär ist. $M(T)$ bezeichnet die Gesamtheit der signierten oder komplexen regulären Borelmaße.

Für nicht endliche Maße ist der Regularitätsbegriff in der Literatur nicht einheitlich. Die obige Definition werden wir jedoch im Wesentlichen nur für endliche Maße benötigen. Einige wichtige Tatsachen über reguläre Maße werden im folgenden Satz zitiert.

Satz I.2.15

(a) *Ist T ein kompakter metrischer Raum oder allgemeiner ein vollständiger separabler metrischer Raum oder eine offene Teilmenge des $\mathbb{R}^n$, so ist jedes endliche Borelmaß auf T regulär. Auch das Lebesguemaß auf $\mathbb{R}^n$ ist regulär.*
(b) *Ist T ein kompakter topologischer Raum, so ist $M(T)$ ein (im Allgemeinen echter) abgeschlossener Untervektorraum von $M(T, \Sigma)$.*

Zum Beweis von (a) sei etwa auf Rudin [1986], S. 50, oder Behrends [1987], S. 200, verwiesen. Die in (a) genannten Räume sind allesamt sog. *polnische Räume*. Für ein Beispiel eines nicht regulären Maßes auf einem kompakten Raum siehe Cohn [1980], S. 215. Der Beweis von (b) sei zur Übung überlassen.

Wir können nun den *Beweis* von Satz I.2.13 führen. Sei Σ die Borel-σ-Algebra von $[a,b]$. In der Maßtheorie wird gezeigt, dass $\text{lin}\{\chi_A \colon A \in \Sigma\}$, der Raum der Treppenfunktionen, dicht in L^p liegt. Aus der Regularität des Lebesguemaßes folgt, dass $\text{lin}\{\chi_O \colon O \text{ offen}\}$ bereits dicht liegt; denn es ist ja

$$\|\chi_A - \chi_O\|_p = \lambda(O \backslash A)^{1/p} < \varepsilon$$

für geeignetes offenes $O \supset A$. Eine offene Menge O ist abzählbare Vereinigung von paarweise disjunkten offenen Intervallen I_j; wegen $\lambda(O) = \sum_{j=1}^{\infty} \lambda(I_j)$ gilt $\chi_O \in \overline{\text{lin}}\{\chi_I \colon I \text{ ein}$

Abb. I.3 L^p-Approximation
von χ_I durch stetige
Funktionen

offenes Intervall}. Daher reicht es für den Beweis des Satzes I.2.13 zu zeigen, dass es für alle offenen Intervalle $I \subset [a,b]$ und alle $\varepsilon > 0$ eine stetige Funktion f mit $\|f - \chi_I\|_p < \varepsilon$ gibt. Und das sieht man natürlich wie in Abb. I.3.

Damit ist die Dichtheit von $C[a,b]$ in $L^p[a,b]$ bewiesen.   □

Wegen Satz I.2.13 kann man $L^p[a,b]$ als Vervollständigung des Raums $(C[a,b], \| \cdot \|_p)$ ansehen. Für Erweiterungen und Beweisalternativen dieses Satzes siehe Aufgabe II.5.6 und Lemma V.1.10.

Korollar I.2.16 $L^p[a,b]$ *ist separabel für* $1 \leq p < \infty$.

Beweis. Es reicht zu zeigen, dass die Polynomfunktionen dicht in $L^p[a,b]$ sind. Sei dazu $f \in L^p[a,b]$. Zunächst existiert nach Satz I.2.13 eine Folge stetiger Funktionen (f_n) mit $\|f_n - f\|_p \to 0$. Nach Satz I.2.11 gibt es Polynomfunktionen g_n mit $\|f_n - g_n\|_\infty \leq \frac{1}{n}$. Wegen $\|g\|_p \leq (b-a)^{1/p}\|g\|_\infty$ für alle $g \in C[a,b]$ folgt $\|f_n - g_n\|_p \to 0$ und daher $\|g_n - f\|_p \to 0$. Damit ist die Behauptung gezeigt.   □

Hier noch eine kleine Sammlung weiterer Aussagen über Räume vom Typ C oder L^p:

- Für einen kompakten metrischen Raum T ist $(C(T), \| \cdot \|_\infty)$ separabel.
- Definiert man $C(T)$ auch für kompakte topologische (Hausdorff-) Räume T, so ist $C(T)$ genau dann separabel, wenn T metrisierbar ist.
- Ist μ ein endliches reguläres Borelmaß auf dem kompakten metrischen (oder auch nur topologischen) Raum T, so liegt $C(T)$ dicht in $L^p(\mu)$ für $1 \leq p < \infty$.
- Ist T ein kompakter metrischer Raum oder eine offene Teilmenge des $\mathbb{R}^n$ sowie μ ein reguläres Borelmaß auf T, so ist $L^p(\mu)$ separabel für $1 \leq p < \infty$. (Diese Aussage gilt nicht mehr für kompakte topologische Räume.) Speziell ist $L^p(\mathbb{R}^n)$ separabel für diese p.

Die Beweise sind zum Teil erheblich aufwändiger als im Fall eines kompakten Intervalls; der Fall des Raums $L^p(\mathbb{R}^n)$ wird in Lemma V.1.10 (siehe auch Aufgabe II.5.6) behandelt.

I.3   Quotienten und Summen von normierten Räumen

In diesem Abschnitt beschreiben wir die Konstruktion neuer normierter Räume aus bereits gegebenen. Wir wenden uns zuerst den normierten Quotienten zu.

▶ **Definition I.3.1** Sei X ein normierter Raum und $A \subset X$. Der *Abstand* von $x \in X$ zu A ist

$$d(x, A) := \inf\{\|x - y\| : y \in A\}.$$

Es folgt stets $d(x, A) = 0 \iff x \in \overline{A}$.

Satz I.3.2 *Sei X ein normierter Raum und $U \subset X$ ein Unterraum. Für $x \in X$ bezeichne mit $[x] = x + U \in X/U$ die entsprechende Äquivalenzklasse.*

(a) *$\|[x]\| := d(x, U)$ definiert eine Halbnorm auf X/U.*
(b) *Ist U abgeschlossen, so ist $\| . \|$ eine Norm.*
(c) *Ist X vollständig und U abgeschlossen, so ist X/U ein Banachraum.*

Beweis. (a) Zunächst ist $\| . \|$ wohldefiniert, denn $[x_1] = [x_2]$ impliziert $x_1 = x_2 + u$ für ein $u \in U$, und deshalb gilt $d(x_1, U) = d(x_2, U)$. Die Gleichung $\|\lambda[x]\| = |\lambda| \|[x]\|$ folgt für $\lambda \neq 0$ sofort daraus, dass mit u auch λu den Unterraum U durchläuft, und für $\lambda = 0$ ist sie trivial. Um schließlich die Dreiecksungleichung zu beweisen, betrachten wir $x_1, x_2 \in X$. Wähle zu $\varepsilon > 0$ Elemente $u_1, u_2 \in U$ mit $\|x_i - u_i\| \leq \|[x_i]\| + \varepsilon$ $(i = 1, 2)$. Es folgt

$$\begin{aligned}
\|[x_1] + [x_2]\| &= \|[x_1 + x_2]\| \\
&\leq \|(x_1 + x_2) - (u_1 + u_2)\| \\
&\leq \|x_1 - u_1\| + \|x_2 - u_2\| \\
&\leq \|[x_1]\| + \|[x_2]\| + 2\varepsilon,
\end{aligned}$$

denn $u_1 + u_2 \in U$. Da $\varepsilon > 0$ beliebig war, folgt die Dreiecksungleichung.

(b) $\|[x]\| = 0 \iff d(x, U) = 0 \iff x \in \overline{U} = U \iff [x] = [0]$.

(c) Wir verwenden Lemma I.1.8. Seien $x_k \in X$ mit $\sum_{k=1}^{\infty} \|[x_k]\| < \infty$. Nach Definition der Quotientennorm darf man ohne Beschränkung der Allgemeinheit $\|x_k\| \leq \|[x_k]\| + 2^{-k}$ für alle $k \in \mathbb{N}$ annehmen. Dann ist $\sum_{k=1}^{\infty} \|x_k\| < \infty$, und nach Voraussetzung existiert $x := \sum_{k=1}^{\infty} x_k$. Es folgt

$$\left\| [x] - \sum_{k=1}^{n} [x_k] \right\| = \left\| \left[x - \sum_{k=1}^{n} x_k \right] \right\| \leq \left\| x - \sum_{k=1}^{n} x_k \right\| \to 0,$$

denn stets gilt $\|[z]\| \leq \|z\|$. Also existiert $\sum_{k=1}^{\infty} [x_k]$ in X/U, was zu zeigen war. $\qquad \square$

Beispiel

Sei $D \subset [0, 1]$ abgeschlossen, und betrachte den Quotientenraum $C[0, 1]/U$, wo $U = \{x \in C[0, 1] : x|_D = 0\}$. Die Quotientenbildung bedeutet, dass Funktionen, die auf D übereinstimmen, identifiziert werden. Es liegt daher nahe, die Elemente von $C[0, 1]/U$

als Funktionen auf D anzusehen. Im nächsten Kapitel wird ausgeführt werden, dass $C[0, 1]/U$ und $C(D)$ in der Tat „isometrisch isomorph" sind (Satz II.1.11).

Beachte, dass Lemma I.1.9 als Spezialfall von Satz I.3.2 aufgefasst werden kann, wenn man diesen auch für halbnormierte Räume formuliert.

Die Summenbildung normierter Räume gestaltet sich wesentlich einfacher. Im Folgenden werden wir sowohl die Norm des Raums X als auch die Norm des Raums Y mit demselben Symbol $\| \, . \, \|$ bezeichnen.

Satz I.3.3 *Seien X und Y normierte Räume.*

(a) *Sei $1 \leq p \leq \infty$. Dann definiert*

$$\|(x,y)\|_p = \begin{cases} \left(\|x\|^p + \|y\|^p \right)^{1/p} & \text{für } p < \infty \\ \max\{\|x\|, \|y\|\} & \text{für } p = \infty \end{cases}$$

eine Norm auf der direkten Summe $X \oplus Y$. Die so normierte direkte Summe wird mit $X \oplus_p Y$ bezeichnet.

(b) *All diese Normen sind äquivalent und erzeugen die Produkttopologie auf $X \times Y$, d. h., $(x_n, y_n) \to (x, y)$ bzgl. $\| \, . \, \|_p$ genau dann, wenn $x_n \to x$ und $y_n \to y$.*

(c) *Mit X und Y ist auch $X \oplus_p Y$ vollständig.*

Der einfache *Beweis* sei allen Leserinnen und Lesern zur Übung überlassen.

I.4 Aufgaben

Aufgabe I.4.1

(a) In einem metrischen Raum (M, d) sind die Mengen ($x \in M$, $\varepsilon > 0$)

$$U(x, \varepsilon) := \{y \in M : d(x, y) < \varepsilon\} \qquad \text{offen,}$$
$$B(x, \varepsilon) := \{y \in M : d(x, y) \leq \varepsilon\} \qquad \text{abgeschlossen,}$$
$$S(x, \varepsilon) := \{y \in M : d(x, y) = \varepsilon\} \qquad \text{abgeschlossen.}$$

(b) In einem normierten Raum $(X, \| \, . \, \|)$ gilt ($x \in X$, $\varepsilon > 0$)

$$\overline{\{y \in X : \|x - y\| < \varepsilon\}} = \{y \in X : \|x - y\| \leq \varepsilon\}.$$

Geben Sie ein Beispiel eines metrischen Raums mit $\overline{U(x, \varepsilon)} \neq B(x, \varepsilon)$ für geeignete $x \in X$, $\varepsilon > 0$.

Aufgabe I.4.2 Ein kompakter metrischer Raum ist vollständig.

Aufgabe I.4.3

(a) Sei (B_n) eine Folge abgeschlossener Kugeln in einem Banachraum mit $B_1 \supset B_2 \supset \dots$. Folgt dann $\bigcap_{n=1}^{\infty} B_n \neq \emptyset$?
(Hinweis: Falls $B(x, r) \subset B(y, s)$, was kann man dann über $\|x - y\|$ sagen?)
(b) Beantworten Sie die gleiche Frage für eine absteigende Folge abgeschlossener Kugeln in einem vollständigen metrischen Raum.
(Hinweis: Versuchen Sie $M = \{x_1, x_2, \dots\} \subset c_0$ mit $x_n = \sum_{j=1}^{n} a_j e_j$ und passenden a_j.)

Aufgabe I.4.4 Sei X ein Vektorraum über $\mathbb{R}$ oder $\mathbb{C}$ und $p\colon X \to [0, \infty)$ eine Abbildung mit

(a) $p(x) = 0 \iff x = 0$,
(b) $\forall \lambda \in \mathbb{K} \; \forall x \in X \quad p(\lambda x) = |\lambda| p(x)$.

Dann ist p eine Norm genau dann, wenn $\{x \in X \colon p(x) \leq 1\}$, die „$p$-Einheitskugel", konvex ist.

Aufgabe I.4.5 Konvergiert die Reihe $\sum_{n=1}^{\infty} (-t)^n / n$ in der Norm von $C[0, 1]$?

Aufgabe I.4.6 Sei X der Vektorraum (!) aller Lipschitz-stetigen Funktionen von $[0, 1]$ nach $\mathbb{R}$. Für $x \in X$ setze

$$\|x\|_{\mathrm{Lip}} = |x(0)| + \sup_{s \neq t} \left| \frac{x(s) - x(t)}{s - t} \right|.$$

(a) $\| \cdot \|_{\mathrm{Lip}}$ ist eine Norm, und es gilt $\|x\|_\infty \leq \|x\|_{\mathrm{Lip}}$ für $x \in X$.
(b) $(X, \| \cdot \|_{\mathrm{Lip}})$ ist ein Banachraum.

Aufgabe I.4.7 Für $x = (s_n) \in \ell^1$ setze

$$\|x\| = \sup_n \left| \sum_{j=1}^{n} s_j \right|.$$

Zeigen Sie, dass $(\ell^1, \| \cdot \|)$ ein normierter Raum ist. Ist es ein Banachraum?

Aufgabe I.4.8 Für $x = (s_n) \in c_0$ setze

$$\|x\|_J := \sup_{n_1 < n_2 < \dots < n_r} \left(\sum_{k=1}^{r-1} |s_{n_{k+1}} - s_{n_k}|^2 + |s_{n_r} - s_{n_1}|^2 \right)^{1/2} \in [0, \infty].$$

Betrachten Sie nun

$$J := \{x \in c_0 \colon \|x\|_J < \infty\}.$$

Zeigen Sie, dass $(J, \|\cdot\|_J)$ ein Banachraum ist. [Dieser Banachraum wurde 1951 von R. C. James konstruiert als ein Beispiel eines nichtreflexiven Banachraums, der zu seinem Bidual isometrisch isomorph ist. Diese Begriffe werden in Kap. III erklärt.]

Aufgabe I.4.9 Für welche $s, t \in \mathbb{R}$ gilt $(n^s) \in \ell^p$ bzw. $(n^s(\log(n+1))^t) \in \ell^p$?

Aufgabe I.4.10

(a) Zeigen Sie für $1 \le p \le q < \infty$ die Inklusion $\ell^p \subset \ell^q$, genauer

$$\|x\|_q \le \|x\|_p \qquad \forall x \in \ell^p.$$

(Hinweis: Behandeln Sie zunächst den Fall $\|x\|_p = 1$!)

(b) $\bigcup_{p < \infty} \ell^p \subset c_0$, und diese Inklusion ist echt.

Aufgabe I.4.11 Für alle $x \in \ell^1$ gilt $\lim_{p \to \infty} \|x\|_p = \|x\|_\infty$.

Aufgabe I.4.12 Gelte $\frac{1}{p} + \frac{1}{q} + \frac{1}{r} = 1$ sowie $x \in \ell^p$, $y \in \ell^q$, $z \in \ell^r$. xyz sei punktweise definiert, also $(xyz)_n = x_n y_n z_n$. Dann ist $xyz \in \ell^1$ mit $\|xyz\|_1 \le \|x\|_p \|y\|_q \|z\|_r$.

Aufgabe I.4.13

(a) Sei $1 < p < \infty$, seien ferner $x_1, x_2 \in \ell^p$ oder $\in L^p(\mu)$ mit $\|x_i\|_p = 1$. Zeigen Sie:

$$\left\| \frac{x_1 + x_2}{2} \right\|_p = 1 \quad \Longrightarrow \quad x_1 = x_2.$$

(Diese Eigenschaft nennt man *strikte Konvexität*. Was bedeutet sie für die Gestalt der Einheitskugel?)

(b) Folgende Räume sind nicht strikt konvex (in ihrer üblichen Norm): $\ell^1, \ell^\infty, c_0, C[0,1]$, $L^1[0,1], L^\infty[0,1]$.

(Hinweis zu (a): Studieren Sie genau die Beweise der Minkowski- und Hölderungleichungen!)

Aufgabe I.4.14

(a) Seien $a, b \in \mathbb{R}$ und $1 \le p \le q < \infty$. Dann ist $L^q[a,b] \subset L^p[a,b]$; genauer gilt für $f \in L^q[a,b]$

$$\frac{\|f\|_p}{(b-a)^{1/p}} \le \frac{\|f\|_q}{(b-a)^{1/q}}.$$

(Tipp: Höldersche Ungleichung!)

(b) Sei I ein unbeschränktes Intervall. Für $1 \le p < q < \infty$ gilt weder $L^p(I) \subset L^q(I)$ noch $L^q(I) \subset L^p(I)$.

Aufgabe I.4.15

(a) Für $a, b \in \mathbb{R}$ und $1 \le p < \infty$ gilt $L^\infty[a, b] \subset L^p[a, b]$, genauer

$$\|f\|_{L^p} \le (b - a)^{1/p} \|f\|_{L^\infty} \qquad \forall f \in L^\infty[a, b].$$

(b) $L^\infty[a, b] \subset \bigcap_{p<\infty} L^p[a, b]$, und diese Inklusion ist echt.
(c) Für $1 \le p < \infty$ gilt weder $L^p(\mathbb{R}) \subset L^\infty(\mathbb{R})$ noch $L^\infty(\mathbb{R}) \subset L^p(\mathbb{R})$.
(d) Für $f \in C[0, 1]$ ist $\|f\|_\infty = \|f\|_{L^\infty}$.

Aufgabe I.4.16 (Lyapunovsche Ungleichung)
Seien $1 \le p_0, p_1 < \infty$ und $0 < \theta < 1$, und sei p durch $\frac{1}{p} = \frac{1-\theta}{p_0} + \frac{\theta}{p_1}$ definiert. Dann ist $L^{p_0}(\mathbb{R}) \cap L^{p_1}(\mathbb{R}) \subset L^p(\mathbb{R})$, genauer gilt

$$\|f\|_p \le \|f\|_{p_0}^{1-\theta} \cdot \|f\|_{p_1}^{\theta} \qquad \forall f \in L^{p_0}(\mathbb{R}) \cap L^{p_1}(\mathbb{R}).$$

(Tipp: Höldersche Ungleichung!)

Aufgabe I.4.17 Betrachten Sie die durch $x_n(t) = t^n - t^{n+1}$, $y_n(t) = n(t^n - t^{n+1})$ und $z_n(t) = n^{3/2}(t^n - t^{n+1})$ auf $[0, 1]$ definierten Funktionen. Prüfen Sie die Folgen (x_n), (y_n) und (z_n) auf Beschränktheit und Konvergenz in $C[0, 1]$ sowie in $L^p[0, 1]$.
(Tipp für (z_n): Behandeln Sie zunächst die Fälle $p = 1$ und $p = 2$ und benutzen Sie Aufgabe I.4.16.)

Aufgabe I.4.18 In dieser Aufgabe soll die sog. *gleichmäßige Konvexität* der L^p-Räume für $2 \le p < \infty$ bewiesen werden. Sei $2 \le p < \infty$ und $L^p := L^p(I)$, wo I irgendein Intervall ist.

(a) Zeigen Sie die folgenden Ungleichungen für nichtnegative reelle Zahlen:

$$a^p + b^p \le (a^2 + b^2)^{p/2}$$
$$\left(\frac{c^2}{2} + \frac{d^2}{2}\right)^{p/2} \le \frac{1}{2}(c^p + d^p)$$

(Hinweis: Für welche α ist $t \mapsto t^\alpha$ konvex? Bedenken Sie auch Aufgabe I.4.10.)
(b) Folgern Sie die *Clarksonsche Ungleichung*

$$\left\|\frac{f + g}{2}\right\|_p^p + \left\|\frac{f - g}{2}\right\|_p^p \le \frac{1}{2}\left(\|f\|_p^p + \|g\|_p^p\right)$$

für $f, g \in L^p$.

(c) Für alle $0 < \varepsilon < 2$ existiert ein $\delta > 0$, so dass für alle $f, g \in L^p$ mit $\|f\| = \|g\| = 1$ gilt:

$$\left\|\frac{f+g}{2}\right\|_p > 1 - \delta \quad \Rightarrow \quad \|f - g\|_p < \varepsilon$$

Was bedeutet das für die Gestalt der Einheitskugel?

Ein normierter Raum mit der in (c) beschriebenen Eigenschaft heißt *gleichmäßig konvex*. Es ist ebenfalls richtig (aber schwieriger zu beweisen), dass L^p für $1 < p < 2$ gleichmäßig konvex ist; siehe Satz IV.7.11. Die gleiche Schlussfolgerung gilt für ℓ^p, jedoch ist keiner der Räume ℓ^1, ℓ^∞, L^1 oder L^∞ gleichmäßig konvex. Man mache sich klar, dass die gleichmäßige Konvexität die strikte Konvexität (Aufgabe I.4.13) impliziert, jedoch gilt die Umkehrung nicht (Aufgabe IV.8.36).

Aufgabe I.4.19 Für $x \in C^1[0,1]$ setze

$$\|\|x\|\|_1 = |x(0)| + \|x'\|_\infty,$$

$$\|\|x\|\|_2 = \max\left\{\left|\int_0^1 x(t)\,dt\right|, \|x'\|_\infty\right\},$$

$$\|\|x\|\|_3 = \left(\int_0^1 |x(t)|^2\,dt + \int_0^1 |x'(t)|^2\,dt\right)^{1/2}.$$

(a) $\|\|\cdot\|\|_j$ ist jeweils eine Norm auf $C^1[0,1]$ $(j = 1, 2, 3)$.

(b) Welche $\|\|\cdot\|\|_j$ sind äquivalent zu $\|\|\cdot\|\|$, definiert durch $\|\|x\|\| = \|x\|_\infty + \|x'\|_\infty$?
    (Hinweis: Hauptsatz der Differential- und Integralrechnung)

Aufgabe I.4.20 (Orliczräume)
Sei $M \colon [0, \infty) \to [0, \infty)$ stetig und konvex, und es gelte $M(t) = 0 \iff t = 0$. Die Menge $\mathscr{L}_M(\mathbb{R})$ ist als die Menge aller messbaren Funktionen $f \colon \mathbb{R} \to \mathbb{R}$ definiert, für die ein $c > 0$ mit

$$\int_\mathbb{R} M(|f(t)|/c)\,dt < \infty$$

existiert. Zeigen Sie, dass $\mathscr{L}_M(\mathbb{R})$ ein Vektorraum ist, und betrachten Sie dann den Quotientenvektorraum

$$L_M(\mathbb{R}) := \mathscr{L}_M(\mathbb{R}) / \{f \colon f = 0 \text{ fast überall}\}.$$

$L_M(\mathbb{R})$ heißt *Orliczraum*. Als nächstes definiere man für $f \in L_M(\mathbb{R})$

$$\|f\|_M := \inf\left\{c > 0 \colon \int_\mathbb{R} M(|f(t)|/c)\,dt \leq 1\right\}.$$

Zeigen Sie, dass das eine Norm ist (begründen Sie insbesondere, warum $\|f\|_M < \infty$ gilt) und dass $(L_M(\mathbb{R}), \| . \|_M)$ ein Banachraum ist.

Betrachten Sie nun

$$H_M(\mathbb{R}) := \left\{ f \in L_M(\mathbb{R}) \colon \int_{\mathbb{R}} M(|f(t)|/c)\, dt < \infty \quad \forall c > 0 \right\}.$$

Zeigen Sie, dass $H_M(\mathbb{R})$ ein abgeschlossener Unterraum von $L_M(\mathbb{R})$ ist. Überlegen Sie, ob $H_M(\mathbb{R}) = L_M(\mathbb{R})$ gilt in den Fällen $M(t) = t^p$, $1 \le p < \infty$, bzw. $M(t) = \exp(t^2) - 1$.

Aufgabe I.4.21 Setze $d(x, A) = \inf_{a \in A} \|x - a\|$ für eine abgeschlossene Teilmenge A eines normierten Raums X (Definition I.3.1).

(a) $x \mapsto d(x, A)$ ist stetig auf X, und $A = \{x \in X \colon d(x, A) = 0\}$.
(b) Ist $\dim X < \infty$, so darf im Rieszschen Lemma $\delta = 0$ zugelassen werden.
(c) Zeigen Sie, dass X genau dann endlichdimensional ist, wenn es zu jeder nichtleeren kompakten Teilmenge $K \subset X$ und jeder nichtleeren abgeschlossenen Teilmenge $A \subset X$ Elemente $x \in K$ und $y \in A$ mit $\|x - y\| = \inf\{ \|k - a\| \colon k \in K, a \in A \}$ gibt.

Aufgabe I.4.22 In einem unendlichdimensionalen normierten Raum sei O eine offene beschränkte Menge mit kompaktem Rand. Was kann man über O aussagen?

Aufgabe I.4.23 Betrachten Sie die Unterräume $U := \{(s_n) \in \ell^1 \colon s_{2n} = 0 \ \forall n \in \mathbb{N}\}$, $V := \{(s_n) \in \ell^1 \colon s_{2n-1} = n s_{2n} \ \forall n \in \mathbb{N}\}$. Zeigen Sie, dass U und V abgeschlossen sind, aber dass die direkte Summe $U \oplus V$ nicht abgeschlossen ist.
(Tipp: Zeigen Sie zuerst, dass $d \subset U \oplus V$ gilt.)

Aufgabe I.4.24 Ist X ein unendlichdimensionaler separabler normierter Raum, so enthält X eine linear unabhängige abzählbare dichte Teilmenge.
Hinweise: (a) Kein echter Unterraum von X enthält eine offene Kugel. (b) Falls $\overline{\{x_n \colon n \in \mathbb{N}\}} = X$ und $\|x_n - y_n\| \le 1/n$ für alle n, so gilt auch $\overline{\{y_n \colon n \in \mathbb{N}\}} = X$.
(c) Konstruieren Sie die gewünschte Menge induktiv.

Aufgabe I.4.25 Sei X ein normierter Raum und $Y \subset X$ ein abgeschlossener Unterraum. Zeigen Sie, dass X genau dann separabel ist, wenn es Y und X/Y sind.

Aufgabe I.4.26

(a) M sei ein separabler metrischer Raum, und es sei $A \subset M$. Dann ist auch A separabel. (Achtung: Diese Aussage gilt nicht mehr, wenn M ein separabler topologischer Raum ist.)
(b) Für einen normierten Raum X sind äquivalent:
   (i) X ist separabel.

(ii) B_X (= $\{x: \|x\| \leq 1\}$) ist separabel.

(iii) S_X (= $\{x: \|x\| = 1\}$) ist separabel.

Aufgabe I.4.27 Geben Sie jeweils eine beschränkte Folge ohne eine konvergente Teilfolge in den Banachräumen $C[0,1]$ und $L^p[0,1]$ an!

Aufgabe I.4.28 Sei $x_n(t) = t^n$, $n \geq 1$. Gehören die konstanten Funktionen zur abgeschlossenen linearen Hülle von $x_1, x_2, \ldots$ in $L^p[0,1]$?

Aufgabe I.4.29 Für $x = (s_n) \in \ell^\infty$ sei $[x]$ die zugehörige Äquivalenzklasse in ℓ^∞/c_0. Zeigen Sie $\|[x]\| = \limsup |s_n|$, wenn ℓ^∞ die Supremumsnorm trägt.

I.5   Bemerkungen und Ausblicke

Der letzte Abschnitt eines jeden Kapitels versucht unter anderem, die historische Entwicklung der Funktionalanalysis nachzuvollziehen. Die an diesem Aspekt interessierten Leserinnen und Leser seien hierzu auf die Bücher von Dieudonné [1981] und Monna [1973] sowie die umfassende Darstellung von Pietsch [2007] hingewiesen.

Der Begriff des Banachraums hat sich Anfang der zwanziger Jahre herausgeschält; hier sind Arbeiten von Helly (*Monatshefte f. Math. u. Physik* 31 (1921) 60–91), Hahn (*Monatshefte f. Math. u. Physik* 32 (1922) 3–88), Wiener (*Fund. Math.* 4 (1923) 136–143) sowie Banachs Dissertation (*Fund. Math.* 3 (1922) 133–181) zu nennen.[1] Diese Autoren stützen sich u. a. auf Arbeiten von Hilbert und Schmidt, über die in Kap. V und VI zu sprechen sein wird, und F. Riesz. Während Hilbert und Schmidt sich den Räumen ℓ^2 und L^2 widmen, ist es Riesz, der 1910 (*Math. Ann.* 69 (1910) 449–497) die Funktionenräume $L^p[a,b]$ und wenig später die Folgenräume ℓ^p für $p \neq 2$ studiert. Er zeigt die Sätze I.1.6 und I.1.7, deren endlichdimensionale Varianten auf Hölder und Minkowski zurückgehen, und insbesondere die Vollständigkeit von L^p. Das war natürlich erst möglich, nachdem Lebesgue Anfang des Jahrhunderts seine Integrationstheorie entwickelt hatte. Riesz benutzt zunächst noch nicht das heute übliche Normsymbol $\|.\|$, das man zuerst bei Schmidt findet (*Rend. Circ. Mat. Palermo* 25 (1908) 53–77) und es nahelegt, $\|x - y\|$ als Abstand zwischen den Punkten x und y zu interpretieren. (Fréchet hatte 1906 metrische Räume eingeführt.) Eine solche Interpretation gestattet es, zur Lösung analytischer Probleme geometrische Intuition einzusetzen, was typisch für die Methoden der Funktionalanalysis ist.

Diese Sichtweise war damals jedoch noch nicht weit verbreitet; in der Tat war der Begriff des Vektorraums, mit dessen Hilfe ja Funktionen oder Folgen als Punkte eines

---

[1]Die Arbeiten der bedeutenden Mathematiker aus der ersten Hälfte dieses Jahrhunderts sind manchmal im Original schwer erhältlich; sie sind jedoch häufig in Gesammelten Werken dieser Autoren erneut publiziert worden. So gibt es Gesammelte Werke von Banach, von Neumann, Riesz, Wiener und vielen anderen Mathematikern, die uns noch begegnen werden.

abstrakten Ensembles angesehen werden können, praktisch unbekannt. Der Vektorraumbegriff setzte sich erst in den zwanziger Jahren durch.

In einer 1918 erschienenen[2] Arbeit von Riesz (*Acta Math.* 41 (1918) 71–98; wir kommen darauf in Kap. VI zurück) treten die Banachraumaxiome schon klar zu Tage, auch wenn Riesz sich weigert, diese abstrakt zu formulieren, und stets im Rahmen der Supremumsnorm auf $C[a, b]$ argumentiert, für die jetzt systematisch das Symbol $\| . \|$ verwandt wird. Er schreibt nämlich:

> Die in der Arbeit gemachte Einschränkung auf stetige Funktionen ist nicht von Belang. Der in den neueren Untersuchungen über diverse Funktionalräume bewanderte Leser wird die allgemeinere Verwendbarkeit der Methode sofort erkennen [. . .].

(Ebd. S. 71.) Diese Arbeit enthält auch das „Rieszsche Lemma" I.2.7.

Während sich Hellys bereits genannte Arbeit Folgenräumen widmet, geben Banach, Hahn und Wiener die heute übliche Definition eines Banachraums als vollständigen normierten Vektorraum, wobei sie sich allerdings der Mühe unterziehen müssen, diesen letzteren Begriff zu erklären. Bemerkenswert ist, dass Wiener gleich komplexe Banachräume zulässt, während sie bei Banach nur reell sein dürfen. Das ist mehr als eine Marginalie, da für bestimmte Aussagen der Funktionalanalysis, insbesondere in der Spektraltheorie (siehe Kap. VI und IX), komplexe Skalare notwendig sind; außerdem sind funktionalanalytische Techniken in der Funktionentheorie bedeutsam geworden. In seiner Autobiographie findet Wiener übrigens wenig schmeichelhafte Worte für die Banachsche Schule:

> It is thus in an aesthetic rather than in any strictly logical sense that, in those years after Strasbourg, Banach space did not seem to have the physical and mathematical texture I wanted for a theory on which I was to stake a large part of my future reputation. Nowadays it seems to me that some aspects of the theory of Banach space are taking on a sufficiently rich texture and have been endowed with a sufficiently unobvious body of theorems to come closer to satisfying me in these respects.
>
> At that time, however, the theory seemed to me to contain for the immediate future nothing but some decades of rather formal and thin work. By this I do not mean to reproach the work of Banach himself but rather that of the many inferior writers, hungry for easy doctors' theses, who were drawn to it. As I foresaw, it was this class of writers that was first attracted to the theory of Banach spaces.

(Wiener [1956], S. 63f.)

Stefan Banach (1892–1945) ist sicherlich eine der schillerndsten Gestalten der Mathematik des 20. Jahrhunderts. Er wurde in Krakau geboren, verbrachte jedoch sein wissenschaftliches Leben in Lemberg (poln. Lwów, frz. Léopol, ukrain. Lwiw), das jetzt in der Ukraine liegt. Mathematisch war er im Wesentlichen Autodidakt, aber heute sind Dutzende Begriffe und Sätze mit seinem Namen verknüpft. Ein von H. Steinhaus, Banachs

---

[2]Die Arbeit wurde zwar bereits am 5.12.1916 gedruckt, der Band 41 von *Acta Math.* wurde wegen des I. Weltkriegs jedoch erst 1918 abgeschlossen.

Entdecker, verfasster biographischer Abriss ist in Banachs Gesammelten Werken (Band 1, S. 13–22) zu finden (siehe auch Heuser [1992], S. 661ff.), und kürzlich ist eine Biographie Stefan Banachs erschienen (Kałuża [1996]). Weiteres biographisches Material ist in den Artikeln von K. Ciesielski, *Banach J. Math. Anal.* 1 (2007) 1–10, und R. Duda, *Jahresber. DMV* 112 (2010) 3–24, sowie den Monographien Duda [2014], Jakimowicz/Miranowicz [2011] und Steinhaus [2015/2016] enthalten. Es gibt auch eine Internetseite, die Banach gewidmet ist: http://kielich.amu.edu.pl/Stefan_Banach.

Auch Ulam, einer von Banachs Schülern, hat über ihn geschrieben und ihn so geschildert (Mauldin [1981], S. 5):

> Banach, by the way, was a very eccentric person in his habits and his personal life. He would not take any examinations at all, disliking them intensely. But he wrote so many original papers and proposed so many new ideas that he was granted a doctor's degree several years later without passing any of the regular exams.

Die Umstände, wie Banach seinen Doktortitel erlangte, sind kurios. Schon am Anfang seiner Karriere zeigte er wenig Neigung, seine neuen Resultate auch aufzuschreiben. Als die Lemberger Professoren den Eindruck hatten, er habe genügend Material für eine Dissertation beisammen, schickten sie einen Assistenten aus, um Banach diskret nach dem Stand seiner Forschungen auszuhorchen. Dieser Assistent musste dann die Sätze und Beweise, die Banach ihm erklärt hatte, zu Papier bringen, und nach geraumer Zeit blieb für Letzteren nur noch die Aufgabe, den gesammelten Text zu redigieren; im Juni 1920 wurde die Dissertation eingereicht, und zwei Jahre später erschien die eingangs zitierte französische Fassung in *Fundamenta Mathematicae*. Aber es gab noch eine mündliche Prüfung, und wieder mussten die Professoren zu einem Trick greifen. Eines Tages bat einer von ihnen Banach in einen Seminarraum unter dem Vorwand, es seien gerade ein paar auswärtige Mathematiker da, die bei einem bestimmten Problem nicht weiterkämen; ob er mit ihnen vielleicht ein paar Fragen diskutieren wolle? Das tat Banach nur zu gerne, und als nach einiger Zeit alle Fragen zur Zufriedenheit der Gäste – man ahnt es bereits, es handelte sich um die Prüfungskommission – beantwortet waren, stand der Promotion nichts mehr im Wege. 1922 folgte die Habilitation; die prüfungstechnischen Details sind leider nicht überliefert.

Teil der Banachschen Exzentrizität war gewiss seine Vorliebe, im Café zu arbeiten statt in der Universität, und zwar zuerst im Café Roma („He used to spend hours, even days there, especially towards the end of the month before the university salary was paid." (Mauldin [1981], S. 7)) und dann, als die Kreditsituation im Roma prekär wurde, im Schottischen Café direkt gegenüber. Dort haben endlose mathematische Diskussionen stattgefunden, hauptsächlich zwischen Banach, Mazur und Ulam („It was hard to outlast or outdrink Banach during these sessions", schreibt Letzterer), deren wesentliche Punkte in einer vom Kellner des Schottischen Cafés verwahrten Kladde festgehalten wurden; bevor sie angeschafft wurde, schrieb man – sehr zum Ärger des Personals – direkt auf die Marmortische. Diese Kladde ist heute allgemein als „das Schottische Buch" bekannt; es ist, mit einleitenden Artikeln und Kommentaren versehen, von Mauldin als Buch herausgegeben worden (Mauldin [1981]). Im Schottischen Buch werden Probleme der Funktionalanalysis, der Theorie der reellen Funktionen und der Maßtheorie diskutiert; manche sind bis heute ungelöst geblieben. Für einige Probleme wurden Preise ausgesetzt, die von einem kleinen Glas Bier über eine Flasche Wein (siehe S. 274) bis zu einem kompletten Abendessen und einer lebenden Gans (siehe S. 99) reichten. Zu den Schülern von Banach zählen außer Mazur und Ulam u. a. Auerbach, Eidelheit, Orlicz und Schauder, die uns im Laufe des Buches noch begegnen werden. Das Ende der Lemberger Schule kam 1941 mit dem Einmarsch der deutschen Truppen. Viele ihrer Mitglieder wurden von SS oder Gestapo ermordet; eine Liste getöteter polnischer Mathematiker findet man in *Fund. Math.* 33 (1945). Banach starb kurz nach Kriegsende an Lungenkrebs.

1932 erschien Banachs Monographie *Théorie des Opérations Linéaires* (Banach [1932]), die die Erkenntnisse der Lemberger und anderer Mathematiker zusammenfasst. Banach spricht dort übrigens von „Räumen vom Typ (B)" statt von Banachräumen; dieser Terminus wurde zuerst 1928 von Fréchet gebraucht.

Nun noch eine Ergänzung im Zusammenhang mit dem Beweis des Satzes I.2.8. Dort wurde im Prinzip gezeigt, dass es in der Einheitskugel eines unendlichdimensionalen Banachraums zu jedem $\delta > 0$ eine Folge mit $\|x_n - x_m\| \geq 1 - \delta$ für $n \neq m$ gibt. (Wer den Beweis genau analysiert und Aufgabe I.4.21 beachtet, stellt fest, dass solch eine Folge selbst für $\delta = 0$ existiert.) Elton und Odell (*Coll. Math.* 44 (1981) 105–109) haben mit modernen kombinatorischen Methoden bewiesen, dass es sogar zu jedem unendlichdimensionalen Banachraum eine Konstante $\eta > 1$ und eine Folge (x_n) in der Einheitskugel mit $\|x_n - x_m\| \geq \eta$ für $n \neq m$ gibt. Der Beweis dieser Aussage ist hochgradig nichttrivial.

Der Weierstraßsche Approximationssatz legt folgendes Problem nahe. Setzt man $x_n(t) = t^n$, so gilt ja $C[0, 1] = \overline{\text{lin}}\{x_n : n \geq 0\}$. Kann man auf einige dieser Monome verzichten, ohne diese Eigenschaften zu verlieren? (Sicherlich braucht man x_0, da ja $x_n(0) = 0$ für $n \geq 1$ ist.) Mit anderen Worten: Wie muss eine Teilfolge (n_k) der natürlichen Zahlen beschaffen sein, damit die lineare Hülle der x_{n_k} in $C[0, 1]$ dicht liegt? Diese Frage wird auf höchst einfache Weise im *Satz von Müntz-Szász* beantwortet:

- *Ist $0 = n_0 < n_1 < n_2 < \dots$ eine Teilfolge von $\mathbb{N}_0$, so gilt $C[0, 1] = \overline{\text{lin}}\{x_{n_k} : k \geq 0\}$ genau dann, wenn $\sum_{k=1}^{\infty} 1/n_k = \infty$ ist.*

Rudin [1986], S. 313, gibt einen funktionalanalytischen Beweis, der auf dem in Kap. III zu diskutierenden Satz von Hahn-Banach sowie auf Aussagen über die Nullstellenlage beschränkter analytischer Funktionen beruht. Direktere Argumente findet man bei Cheney [1982], S. 198, oder bei von Golitschek, *J. Approximation Theory* 39 (1983) 394–395, der einen sehr einfachen Beweis der Hinlänglichkeit der Bedingung $\sum 1/n_k = \infty$ vorschlägt. Übrigens kann man auch nicht ganze Exponenten und die Frage der Approximation in L^p betrachten. In diesem Kontext wurden entsprechende Müntz-Szász-Theoreme von Borwein und Erdélyi (*J. London Math. Soc.* 54 (1996) 102–110), Operstein (*J. Approximation Theory* 85 (1996) 233–235), Erdélyi und Johnson (*J. d'Analyse Math.* 84 (2001) 145–172) und Erdélyi (*Studia Math.* 155 (2003) 145–152 und *Constr. Appr.* 21 (2005) 319–335) bewiesen.

Ein anderes Problem ist die quantitative Untersuchung der Güte der Approximation einer stetigen Funktion durch Polynome bestimmten Grades, d. h., man möchte die Größenordnung des Fehlers

$$E_n(f) = \inf\{ \|f - p\|_\infty : p \text{ ein Polynom vom Grad } < n \}$$

für $f \in C[a, b]$ abschätzen. (Das ist nichts anderes als die Quotientennorm der Äquivalenzklasse von f, wenn nach dem n-dimensionalen Unterraum der Polynome vom Grad $< n$ gefasert wird.) Es gilt hier der *Satz von Jackson*, wonach für eine k-mal stetig differenzierbare Funktion

$$E_n(f) \leq \frac{C(k)}{n^k} \|f^{(k)}\|_\infty \qquad \forall n \in \mathbb{N}$$

mit einer nur von k abhängigen Konstanten $C(k)$ ist.

Abschließend sei auf einen Überblicksartikel zum Weierstraßschen Approximationssatz von Lubinsky hingewiesen (*Quaest. Math.* 18 (1995) 91–130).

Funktionale und Operatoren

II.1 Beispiele und Eigenschaften stetiger linearer Operatoren

In diesem Kapitel beginnen wir die Untersuchung linearer Abbildungen zwischen normierten Räumen. Die folgende Sprechweise ist üblich.

▶ **Definition II.1.1** Eine stetige lineare Abbildung zwischen normierten Räumen heißt stetiger *Operator*. Ist der Bildraum der Skalarenkörper, sagt man *Funktional* statt Operator.

Ein stetiger Operator $T: X \to Y$ erfüllt also eine der äquivalenten Bedingungen:

(i) Falls $\lim_{n \to \infty} x_n = x$, so gilt $\lim_{n \to \infty} Tx_n = Tx$.
(ii) Für alle $x_0 \in X$ und alle $\varepsilon > 0$ existiert $\delta > 0$ mit

$$\|x - x_0\| \leq \delta \quad \Rightarrow \quad \|Tx - Tx_0\| \leq \varepsilon.$$

(iii) Für alle offenen $O \subset Y$ ist $T^{-1}(O) = \{x \in X: Tx \in O\}$ offen in X.

Wir haben hier, einer verbreiteten Konvention folgend, Tx statt $T(x)$ geschrieben. Die folgende Charakterisierung stetiger Operatoren ist zwar elementar zu beweisen, aber von größter Bedeutung. Zur Erinnerung: Wir haben es in diesem Buch (fast) stets mit *linearen* Abbildungen zu tun.

Satz II.1.2 *Seien X und Y normierte Räume, und sei $T: X \to Y$ linear. Dann sind folgende Aussagen äquivalent:*

© Springer-Verlag GmbH Deutschland, ein Teil von Springer Nature 2018
D. Werner, *Funktionalanalysis*, Springer-Lehrbuch,
https://doi.org/10.1007/978-3-662-55407-4_2

(i) T *ist stetig.*

(ii) T *ist stetig bei* 0.

(iii) *Es existiert* $M \geq 0$ *mit*

$$\|Tx\| \leq M\|x\| \qquad \forall x \in X.$$

(iv) T *ist gleichmäßig stetig.*

Beweis. (iii) $\Rightarrow$ (iv) $\Rightarrow$ (i) $\Rightarrow$ (ii) ist trivial; in der Tat folgt aus (iii) die Lipschitzstetigkeit von T, denn

$$\|Tx - Tx_0\| = \|T(x - x_0)\| \leq M\|x - x_0\|.$$

(ii) $\Rightarrow$ (iii) (vgl. den Beweis von Satz I.2.4): Wäre (iii) falsch, so existierte zu jedem $n \in \mathbb{N}$ ein $x_n \in X$ mit $\|Tx_n\| > n\|x_n\|$. Setze $y_n = x_n/(n\|x_n\|)$ (warum ist $\|x_n\| \neq 0$?), dann ist $\|y_n\| = \frac{1}{n}$, aber

$$\|Ty_n\| = \frac{\|Tx_n\|}{n\|x_n\|} > 1.$$

Mit anderen Worten: (y_n) ist eine Nullfolge, ohne dass (Ty_n) gegen $T(0) = 0$ konvergiert, was (ii) widerspricht. $\qquad\square$

▶ **Definition II.1.3** Die kleinste in (iii) von Satz II.1.2 auftauchende Konstante wird mit $\|T\|$ bezeichnet, d. h.

$$\|T\| := \inf\{M \geq 0 \colon \|Tx\| \leq M\|x\| \; \forall x \in X\}.$$

Zur Rechtfertigung dieser Bezeichnung siehe den folgenden Satz. Es gilt offensichtlich:

$$\|T\| = \sup_{x \neq 0} \frac{\|Tx\|}{\|x\|} = \sup_{\|x\|=1} \|Tx\| = \sup_{\|x\|\leq 1} \|Tx\|$$

sowie die fundamentale Ungleichung

$$\|Tx\| \leq \|T\|\,\|x\| \qquad \forall x \in X. \tag{II.1}$$

Die erste Gleichung ergibt sich sofort aus der Definition eines Supremums als kleinster oberer Schranke, und der Rest ist dann klar.

Da stetige Operatoren nach Satz II.1.2 die Einheitskugel $\{x \in X \colon \|x\| \leq 1\}$ auf eine beschränkte Menge abbilden, spricht man auch von *beschränkten Operatoren*.

Wir betrachten nun

$$L(X, Y) := \{T \colon X \to Y \colon T \text{ ist linear und stetig}\}.$$

Da Summen und skalare Vielfache von Nullfolgen wieder Nullfolgen sind, ist $L(X, Y)$ bezüglich der algebraischen Operationen

$$(S + T)(x) = Sx + Tx$$
$$(\lambda T)(x) = \lambda Tx$$

ein Vektorraum. (Stets liegt der Nulloperator $x \mapsto 0$ in $L(X, Y)$, also ist $L(X, Y) \neq \emptyset$.) Wir setzen noch $L(X) = L(X, X)$.

Satz II.1.4

(a) $\|T\| = \sup_{\|x\| \leq 1} \|Tx\|$ *definiert eine Norm auf* $L(X, Y)$, *die sog.* Operatornorm.
(b) *Falls* Y *vollständig ist, ist – unabhängig von der Vollständigkeit von* X – *der Operatorraum* $L(X, Y)$ *vollständig.*

Beweis. (a) Scharfes Hinsehen liefert $\|\lambda T\| = |\lambda| \, \|T\|$ und $\|T\| = 0 \Rightarrow T = 0$. Nun zur Dreiecksungleichung. Sei $\|x\| \leq 1$. Dann gilt

$$\|(S + T)x\| = \|Sx + Tx\| \leq \|Sx\| + \|Tx\| \leq \|S\| + \|T\|.$$

Der Übergang zum Supremum zeigt $\|S + T\| \leq \|S\| + \|T\|$.

(b) Sei (T_n) eine Cauchyfolge in $L(X, Y)$. Für alle $x \in X$ ist dann $(T_n x)$ eine Cauchyfolge im Banachraum Y. Wir bezeichnen ihren Limes mit Tx. Die so definierte Abbildung T: $X \to Y$ ist linear, denn

$$T(\lambda x_1 + \mu x_2) = \lim_{n \to \infty} T_n(\lambda x_1 + \mu x_2) = \lim_{n \to \infty} (\lambda T_n x_1 + \mu T_n x_2)$$
$$= \lambda \lim_{n \to \infty} T_n x_1 + \mu \lim_{n \to \infty} T_n x_2 = \lambda Tx_1 + \mu Tx_2.$$

Wir zeigen jetzt $T \in L(X, Y)$ (also $\|T\| < \infty$) und $\|T_n - T\| \to 0$. Zu $\varepsilon > 0$ wähle $n_0 \in \mathbb{N}$ mit

$$\|T_n - T_m\| \leq \varepsilon \qquad \forall n, m \geq n_0.$$

Sei $x \in X$, $\|x\| \leq 1$. Wähle $m_0 = m_0(\varepsilon, x) \geq n_0$ mit

$$\|T_{m_0} x - Tx\| \leq \varepsilon.$$

Es folgt für alle $n \geq n_0$, dass $\|T_n - T\| \leq 2\varepsilon$, denn

$$\|T_n x - Tx\| \leq \|T_n x - T_{m_0} x\| + \|T_{m_0} x - Tx\|$$
$$\leq \|T_n - T_{m_0}\| + \varepsilon \leq 2\varepsilon.$$

Daher gilt $\|T\| < \infty$ und $\|T_n - T\| \to 0$. $\qquad \square$

Es ist an der Zeit, eine Bezeichnung einzuführen. Für einen normierten Raum X setze

$$B_X = \{x \in X \colon \|x\| \leq 1\},$$
$$S_X = \{x \in X \colon \|x\| = 1\}.$$

B_X wird *Einheitskugel*, S_X *Einheitssphäre* genannt. Die Konvergenz $T_n \to T$ bzgl. der Operatornorm ist dann äquivalent zur gleichmäßigen Konvergenz $T_n x \to Tx$ auf B_X; das ist natürlich stärker als die punktweise Konvergenz. (Ist etwa T_n das Funktional $(t_m)_m \mapsto t_n$ auf c_0, so gilt $T_n x \to 0$ für alle $x \in c_0$, aber $\|T_n\| = 1$.)

Das nächste Ergebnis zeigt, dass stetige Operatoren von dichten Teilräumen auf den Abschluss fortgesetzt werden können.

Satz II.1.5 *Ist D ein dichter Unterraum des normierten Raums X, Y ein Banachraum und $T \in L(D, Y)$, so existiert genau eine stetige Fortsetzung $\widehat{T} \in L(X, Y)$, d. h. ein stetiger Operator mit $\widehat{T}|_D = T$. Zusätzlich gilt $\|\widehat{T}\| = \|T\|$.*

Beweis. Sei $x \in X$. Wähle eine Folge (x_n) in D mit $x_n \to x$. (x_n) ist dann eine Cauchyfolge, und da T nach Satz II.1.2 gleichmäßig stetig ist, ist auch (Tx_n) eine Cauchyfolge. Bezeichnet man deren Limes mit $\widehat{T}x$, so ist es leicht zu beweisen, dass $\widehat{T}$ wohldefiniert ist und die geforderten Eigenschaften hat. Umgekehrt ist klar, dass jede stetige Fortsetzung S die Eigenschaft $Sx = \lim Sx_n = \lim Tx_n = \widehat{T}x$ hat, so dass die behauptete Eindeutigkeit folgt. $\square$

Bevor einige Beispiele besprochen werden, bemerken wir noch ein einfaches Lemma.

Lemma II.1.6 *Für $S \in L(X, Y)$ und $T \in L(Y, Z)$ gilt $TS \in L(X, Z)$ mit*

$$\|TS\| \leq \|T\|\,\|S\|.$$

Beweis. Die Linearität von TS ist klar, und die Stetigkeit folgt sofort aus Satz II.1.2:

$$\|T(Sx)\| \leq \|T\|\,\|Sx\| \leq \|T\|\,\|S\|\,\|x\| \qquad \forall x \in X,$$

also $\|TS\| \leq \|T\|\,\|S\|$. $\square$

Einfache Beispiele zeigen, dass im Allgemeinen $\|TS\| < \|T\|\,\|S\|$ gilt (etwa $S \colon (s, t) \mapsto (s, 0)$ und $T \colon (s, t) \mapsto (0, t)$ auf $\mathbb{R}^2$).

Beispiele

Es ist in allen folgenden Beispielen trivial oder elementar, die Linearität der untersuchten Abbildung zu zeigen; Linearität wird daher stillschweigend als erwiesen angenommen.

(a) Ist $X = Y$ und $T = \mathrm{Id}$, der identische Operator, so gilt $\|T\| = 1$.

(b) Ist X endlichdimensional und Y ein beliebiger normierter Raum, so ist jede lineare Abbildung $T: X \to Y$ stetig. Zum Beweis mache zunächst die wichtige Bemerkung, dass die Stetigkeit von T erhalten bleibt, wenn man zu einer äquivalenten Norm auf X oder Y übergeht; die Größe der Zahl $\|T\|$ hängt hingegen sehr wohl von der konkreten Wahl der Normen ab. Nach Satz I.2.5 dürfen wir annehmen, dass X mit der Norm $\|\sum_{i=1}^{n} \alpha_i e_i\| = \sum_{i=1}^{n} |\alpha_i|$ versehen ist, wo $\{e_1, \ldots, e_n\}$ irgendeine Basis von X ist. Es folgt

$$\left\| T\left(\sum_{i=1}^{n} \alpha_i e_i\right) \right\| = \left\| \sum_{i=1}^{n} \alpha_i T e_i \right\| \leq \sum_{i=1}^{n} |\alpha_i| \, \|T e_i\|$$

$$\leq \max_{i=1,\ldots,n} \|T e_i\| \, \left\| \sum_{i=1}^{n} \alpha_i e_i \right\|.$$

(c) Sind $\| \cdot \|$ und $\| | \cdot \| |$ zwei Normen auf dem Vektorraum X, so sind $\| \cdot \|$ und $\| | \cdot \| |$ genau dann äquivalent, wenn

$$\mathrm{Id}: (X, \| \cdot \|) \to (X, \| | \cdot \| |)$$

und

$$\mathrm{Id}: (X, \| | \cdot \| |) \to (X, \| \cdot \|)$$

stetig sind (vgl. Satz I.2.4). Gilt nur die obere Stetigkeit, also $\| | x \| | \leq M \|x\|$, so nennt man $\| \cdot \|$ *feiner* und $\| | \cdot \| |$ *gröber*.

(d) Setze $T: C[0, 1] \to \mathbb{K}$, $Tx = x(0)$. Dann ist T stetig mit $\|T\| = 1$. (Dabei wird auf $C[0, 1]$ die Supremumsnorm betrachtet.) Um das einzusehen, überlege zunächst, dass

$$|Tx| = |x(0)| \leq \sup_{t \in [0,1]} |x(t)| = \|x\|_\infty \qquad \forall x \in C[0, 1]$$

und daher $\|T\| \leq 1$ gilt. Andererseits betrachte die konstante Funktion $\mathbf{1}$, für die $\|\mathbf{1}\|_\infty = 1 = T\mathbf{1}$ ist; es folgt $\|T\| = 1$.

(e) Setze $T: C^1[0, 1] \to \mathbb{K}$, $x \mapsto x(0) + x'(1)$. Dann ist T stetig (bzgl. $\|x\|_{C^1} = \|x\|_\infty + \|x'\|_\infty$) mit $\|T\| = 1$. Denn es gilt

$$|Tx| = |x(0) + x'(1)| \leq |x(0)| + |x'(1)| \leq \|x\|_\infty + \|x'\|_\infty = \|x\|_{C^1},$$

daher $\|T\| \leq 1$. Andererseits gilt $\|\mathbf{1}\|_{C^1} = 1$ sowie $|T\mathbf{1}| = 1$, also $\|T\| \geq 1$.

Betrachtet man aber jetzt auf $C^1[0, 1]$ die durch $\| | x \| | = \max\{\|x\|_\infty, \|x'\|_\infty\}$ definierte äquivalente Norm, so ist $\|T\| = 2$: Zum einen zeigt nämlich

$$|Tx| \leq \|x\|_\infty + \|x'\|_\infty \leq 2\| | x \| |,$$

dass $\|T\| \leq 2$. Andererseits sieht man für $x(t) = (t - \frac{1}{2})^2 + \frac{3}{4}$ sofort $|Tx| = 2$ und $\|x\|_\infty = \|x'\|_\infty = 1$, d.h. $\| | x \| | = 1$; also ist $\|T\| \geq 2$.

(f) Es ist einfach zu sehen, dass $T\colon C[0,1] \to \mathbb{K}$, $Tx = \int_0^1 x(t)\,dt$, stetig ist mit $\|T\| = 1$. Wir betrachten nun $X := \{x \in C[0,1]\colon x(1) = 0\}$, ebenfalls mit $\|\,.\,\|_\infty$ versehen, und $S := T|_X$. Dann gilt $\|S\| = 1$: Die Ungleichung $\|S\| \leq \|T\|$ ist offensichtlich, da S eine Restriktion von T ist. Sei andererseits $x_n(t) = 1 - t^n$, also $x_n \in X$ mit $\|x_n\|_\infty = 1$. Es ist $|Sx_n| = 1 - \frac{1}{n+1}$, d. h. $\|S\| \geq 1$. Dieses Beispiel zeigt, dass in der Formel $\|S\| = \sup\{\|Sx\|\colon \|x\| \leq 1\}$ das *Supremum nicht angenommen* zu werden braucht, denn kein $x \in B_X$ erfüllt $|Sx| = 1$. (Siehe dazu auch Aufgabe II.5.20.)

(g) Allgemeiner als in (f) betrachte zu $g \in C[0,1]$ das Funktional $T_g\colon C[0,1] \to \mathbb{K}$ mit

$$T_g(x) = \int_0^1 x(t)g(t)\,dt.$$

Dann gilt $\|T_g\| = \int_0^1 |g(t)|\,dt$. In der Tat ergibt sich „$\leq$" aus

$$|T_g(x)| = \left| \int_0^1 x(t)g(t)\,dt \right| \leq \int_0^1 |x(t)|\,|g(t)|\,dt \leq \int_0^1 |g(t)|\,dt\,\|x\|_\infty.$$

Umgekehrt setze zu $\varepsilon > 0$

$$x_\varepsilon(t) = \frac{\overline{g(t)}}{|g(t)| + \varepsilon}.$$

Dann gilt $x_\varepsilon \in C[0,1]$, $\|x_\varepsilon\|_\infty \leq 1$ sowie

$$|T_g(x_\varepsilon)| = \int_0^1 \frac{|g(t)|^2}{|g(t)| + \varepsilon}\,dt \geq \int_0^1 \frac{|g(t)|^2 - \varepsilon^2}{|g(t)| + \varepsilon}\,dt = \int_0^1 |g(t)|\,dt - \varepsilon,$$

daher erhalten wir

$$\|T_g\| = \sup_{\|x\|_\infty \leq 1} |T_g(x)| \geq \sup_{\varepsilon > 0} |T_g(x_\varepsilon)| \geq \int_0^1 |g(t)|\,dt.$$

(h) Betrachte $T\colon c \to \mathbb{K}$, $Tx = \lim_{n\to\infty} t_n$ für $x = (t_n)$. Man sieht leicht, dass $\|T\| = 1$. Da $c_0 = T^{-1}(\{0\})$ gilt, liefert die Stetigkeit von T einen eleganten Beweis für die Abgeschlossenheit von c_0 in c, denn die einpunktige Menge $\{0\}$ ist abgeschlossen.

(i) Auf d (vgl. Beispiel I.1(f)) betrachte die lineare Abbildung $Tx = \sum_{n=1}^\infty n t_n$ für $x = (t_n)$. Da die Folge (t_n) abbricht, ist die Summe eine endliche Summe, und T ist wohldefiniert. Betrachtet man die Supremumsnorm auf d, so ist T unstetig: Setzt man nämlich $e_n = (0,\ldots,0,1,0,\ldots)$, wo die 1 an der n-ten Stelle steht, so ist $\|e_n\|_\infty = 1$, aber $Te_n = n$, so dass T auf B_d unbeschränkt ist. Dasselbe Argument zeigt, dass T auf $(d, \|\,.\,\|_p)$ unstetig ist.

Es ist nicht ganz einfach zu zeigen, dass es auf einem *vollständigen* normierten Raum unstetige Funktionale gibt (siehe Aufgabe II.5.2); bemerke, dass d in keiner der Normen $\|\,.\,\|_p$ vollständig ist.

(j) Die Höldersche Ungleichung I.1.10 zeigt, dass für $g \in L^q(\mu)$ durch

$$T_g \colon L^p(\mu) \to \mathbb{K}, \quad T_g(f) = \int fg \, d\mu,$$

ein stetiges Funktional mit $\|T_g\| \le \|g\|_{L^q}$ definiert wird; hier ist $1 \le p \le \infty$ und $\frac{1}{p} + \frac{1}{q} = 1$ mit der Konvention $\frac{1}{\infty} = 0$. Es gilt sogar $\|T_g\| = \|g\|_{L^q}$, denn für

$$f = \frac{\overline{g}}{|g|} \left(\frac{|g|}{\|g\|_{L^q}} \right)^{q/p}$$

gilt $\|f\|_{L^p} = 1$ und $\int fg \, d\mu = \|g\|_{L^q}$; dieses Argument ist für $p = 1$ und $p = \infty$ entsprechend zu modifizieren. In Satz II.2.4 wird gezeigt, dass für $p < \infty$ jedes stetige lineare Funktional auf L^p auf diese Weise entsteht, wenn μ ein σ-endliches Maß ist.

(k) Eine bedeutende Klasse linearer Abbildungen der Analysis besteht aus den Differentialoperatoren und den Integraloperatoren. Zunächst zu den Differentialoperatoren.

Wir betrachten den Ableitungsoperator $D \colon C^1[0,1] \to C[0,1]$, der wohldefiniert und linear ist. Wir betrachten die Supremumsnorm auf $C[0,1]$ und $C^1[0,1]$. Dann ist D *nicht stetig*; denn für $x_n(t) = t^n$ gilt $\|x_n\|_\infty = 1$, aber $\|Dx_n\|_\infty = \sup_t nt^{n-1} = n$.

Versehen wir $C^1[0,1]$ jedoch mit der Norm $\|x\|_{C^1} = \|x\|_\infty + \|x'\|_\infty$, so ist D wegen $\|Dx\|_\infty \le \|x\|_{C^1}$ stetig.

Allgemeiner ist auf $C^r(\overline{\Omega})$, $\Omega \subset \mathbb{R}^n$ offen und beschränkt, versehen mit der in Beispiel I.1(d) diskutierten Norm $\|\cdot\|_{C^r}$, jeder partielle Differentialoperator $\sum_{|\alpha| \le r} a_\alpha D^\alpha$ mit $a_\alpha \in C(\overline{\Omega})$ ein stetiger Operator von $C^r(\overline{\Omega})$ nach $C(\overline{\Omega})$.

(l) Es sei $k \colon [0,1] \times [0,1] \to \mathbb{K}$ stetig und $x \in C[0,1]$. Betrachte die durch

$$(T_k x)(s) := \int_0^1 k(s,t)x(t) \, dt$$

definierte Funktion. Aus der gleichmäßigen Stetigkeit von k folgt die Stetigkeit von $T_k x$. Wähle nämlich zu $\varepsilon > 0$ eine positive Zahl $\delta = \delta(\varepsilon)$ mit

$$\|(s,t) - (s',t')\| \le \delta \quad \Rightarrow \quad |k(s,t) - k(s',t')| \le \varepsilon,$$

wo $\|\cdot\|$ die euklidische Norm auf $\mathbb{R}^2$ ist. Dann gilt für $|s - s'| \le \delta$

$$
\begin{aligned}
|(T_k x)(s) - (T_k x)(s')| &\le \int_0^1 |k(s,t) - k(s',t)| \, |x(t)| \, dt \\
&\le \varepsilon \int_0^1 |x(t)| \, dt \le \varepsilon \|x\|_\infty.
\end{aligned}
\tag{II.2}
$$

T_k definiert also eine lineare Abbildung von $C[0, 1]$ in sich. Diese Abbildung ist bzgl. der Supremumsnorm stetig, denn

$$
\begin{aligned}
\|T_k\| &= \sup_{\|x\|_\infty \le 1} \|T_k x\|_\infty \\
&= \sup_{\|x\|_\infty \le 1} \sup_{s \in [0,1]} |(T_k x)(s)| \\
&= \sup_{s \in [0,1]} \sup_{\|x\|_\infty \le 1} \left| \int_0^1 k(s, t) x(t)\, dt \right| \\
&= \sup_{s \in [0,1]} \int_0^1 |k(s, t)|\, dt
\end{aligned}
$$

nach Beispiel (g) mit $g(t) = k(s, t)$, s fest. Wir erhalten daher eine explizite Formel für die Norm von T_k:

$$
\|T_k\| = \sup_{s \in [0,1]} \int_0^1 |k(s, t)|\, dt \le \|k\|_\infty \tag{II.3}
$$

Der Operator T_k heißt *Fredholmscher Integraloperator* und k sein *Kern*.

(m) Integraloperatoren können auf diversen Funktionenräumen definiert werden; z. B. zeigt das Argument unter (l), dass ein Fredholmscher Integraloperator mit stetigem Kern auch von $L^1[0, 1]$ nach $C[0, 1]$ und von $L^p[0, 1]$ in sich wohldefiniert und stetig ist. Besonders wichtig ist die L^2-Theorie.

Seien $k \in L^2([0, 1]^2)$ und $f \in L^2([0, 1])$. (Genau genommen sind in den folgenden Bemerkungen f und k beliebige Repräsentanten der entsprechenden Äquivalenzklassen.) Aus dem Satz von Fubini (Satz A.2.4) folgt, dass $k(s, .) \in L^2([0, 1])$ für fast alle s, und nach der Hölderschen Ungleichung existieren die Integrale $\int k(s, t) f(t)\, dt$ für fast alle s. Man erhält so eine messbare Funktion

$$
(T_k f)(s) := \int_0^1 k(s, t) f(t)\, dt,
$$

die zunächst nur fast überall definiert ist und auf der fehlenden Nullmenge $= 0$ gesetzt wird. Wir werden zeigen, dass T_k ein stetiger Operator von $L^2([0, 1])$ in sich ist. Es gilt nämlich nach der Hölderschen Ungleichung (mit $p = q = 2$) und dem Satz von Fubini

$$
\begin{aligned}
\|T_k f\|_{L^2}^2 &= \int_0^1 \left| \int_0^1 k(s, t) f(t)\, dt \right|^2 ds \\
&\le \int_0^1 \left(\int_0^1 |k(s, t)|\, |f(t)|\, dt \right)^2 ds \\
&\le \int_0^1 \left(\int_0^1 |k(s, t)|^2\, dt \right) \left(\int_0^1 |f(t)|^2\, dt \right) ds \\
&= \int_0^1 \int_0^1 |k(s, t)|^2\, ds\, dt\, \|f\|_{L^2}^2,
\end{aligned}
$$

also

$$\|T_k\| \leq \|k\|_{L^2([0,1]^2)}.$$

(Im Allgemeinen gilt keine Gleichheit in dieser Abschätzung.)

Analog definiert ein Kern $k \in L^2(\mu \otimes \nu)$ einen stetigen Integraloperator T_k: $L^2(\nu) \to L^2(\mu)$; solche Kerne heißen *Hilbert-Schmidt-Kerne*, denn sie erzeugen Hilbert-Schmidt-Operatoren (vgl. Abschn. VI.6).

(n) Manche unstetige Kerne geben trotzdem Anlass zu stetigen Operatoren auf Räumen stetiger Funktionen. Als Beispiel betrachten wir den Kern

$$k(s,t) = \begin{cases} |s-t|^{-\alpha} & \text{für } s \neq t \\ 0 & \text{sonst} \end{cases}$$

auf $[0,1] \times [0,1]$. Wir werden zeigen, dass k für $0 < \alpha < 1$ zu einem stetigen Integraloperator T_k: $C[0,1] \to C[0,1]$ führt. Operatoren mit Kernen des obigen Typs werden *schwach singulär* genannt.

Sei $x \in C[0,1]$. Wegen $\alpha < 1$ ist die Funktion $t \mapsto k(s,t)x(t)$ für alle s integrierbar, also ist

$$(T_k x)(s) = \int_0^1 \frac{x(t)}{|s-t|^\alpha}\, dt$$

stets wohldefiniert. Ferner ist $T_k x$ beschränkt, denn

$$|(T_k x)(s)| \leq \|x\|_\infty \sup_s \int_0^1 \frac{dt}{|s-t|^\alpha}$$

$$\leq 2\|x\|_\infty \int_0^1 \frac{dt}{t^\alpha}$$

$$\leq \frac{2}{1-\alpha}\|x\|_\infty.$$

Daher ist T_k: $C[0,1] \to \ell^\infty[0,1]$ stetig mit $\|T_k\| \leq \frac{2}{1-\alpha}$. Es bleibt zu zeigen, dass mit x auch $T_k x$ stetig ist.

Wir werden beweisen, dass es zu jedem $\varepsilon > 0$ ein $\delta = \delta(\varepsilon) > 0$ mit der Eigenschaft

$$|(T_k x)(s) - (T_k x)(s')| \leq \|x\|_\infty \varepsilon \qquad \forall x \in C[0,1],\ |s-s'| \leq \delta \tag{II.4}$$

gibt. Zunächst ist

$$|(T_k x)(s) - (T_k x)(s')| \leq \|x\|_\infty \int_0^1 |k(s,t) - k(s',t)|\, dt,$$

und es reicht, das letzte Integral abzuschätzen. Sei $\eta > 0$ mit $\frac{4}{1-\alpha}(3\eta)^{1-\alpha} \leq \varepsilon/2$; wir zerlegen alsdann das Integral in

$$\int\limits_{\{t:\ |t-s|\geq 2\eta\}} |k(s,t) - k(s',t)|\, dt + \int\limits_{\{t:\ |t-s|<2\eta\}} |k(s,t) - k(s',t)|\, dt. \tag{II.5}$$

Da k auf $D_\eta := \{(s,t) \in [0,1]^2 : |t-s| \geq \eta\}$ gleichmäßig stetig ist, existiert $0 < \delta \leq \eta$, so dass für $|s-s'| \leq \delta$ und $(s,t), (s',t) \in D_\eta$

$$|k(s,t) - k(s',t)| \leq \varepsilon/2$$

gilt. Da aus $|s-s'| \leq \eta$ und $|t-s| \geq 2\eta$ auch $|t-s'| \geq \eta$, d.h. $(s',t) \in D_\eta$, folgt, lässt sich das erste Integral in (II.5) durch $\varepsilon/2$ abschätzen. Für das zweite Integral hat man für $|s-s'| \leq \delta\ (\leq \eta)$

$$\int\limits_{\{t:\ |t-s|<2\eta\}} |k(s,t) - k(s',t)|\, dt \leq \int_{\{\ldots\}} \frac{dt}{|s-t|^\alpha} + \int_{\{\ldots\}} \frac{dt}{|s'-t|^\alpha}$$

$$\leq 4 \int_0^{3\eta} \frac{dt}{t^\alpha} = \frac{4}{1-\alpha}(3\eta)^{1-\alpha} \leq \frac{\varepsilon}{2}$$

nach Wahl von η. Damit ist (II.4) gezeigt.

Wir definieren nun einige Klassen von Operatoren.

▶ **Definition II.1.7** Seien X und Y normierte Räume. Eine lineare Abbildung $T: X \to Y$ heißt *Quotientenabbildung*, wenn T die offene Kugel $\{x \in X: \|x\| < 1\}$ auf die offene Kugel $\{y \in Y: \|y\| < 1\}$ abbildet.

Speziell ist eine Quotientenabbildung surjektiv und stetig mit $\|T\| = 1$. Quotienten-abbildungen brauchen übrigens abgeschlossene Kugeln nicht auf abgeschlossene Kugeln abzubilden, vgl. Aufgabe II.5.20. Der Ursprung des Namens Quotientenabbildung wird im Anschluss an Satz II.1.11 erklärt; einstweilen wird gezeigt:

Satz II.1.8 *Sei U ein abgeschlossener Unterraum des normierten Raums X. Dann ist die natürliche Abbildung $\omega: X \to X/U$, $x \mapsto [x]$, eine Quotientenabbildung.*

Beweis. Sei $[x] \in X/U$ mit $\|[x]\| < 1$. Nach Definition der Quotientennorm existiert $u \in U$ mit $\|x-u\| < 1$, und es gilt $\omega(x-u) = [x]$. Ist umgekehrt $\|x\| < 1$, so folgt sofort $\|[x]\| \leq \|x\| < 1$. $\qquad\qquad\square$

Bemerke, dass Satz II.1.8 und sein Beweis nur eine abstrakte Umformulierung des Rieszschen Lemmas I.2.7 sind.

Als nächstes betrachten wir das Problem der Invertierbarkeit von Operatoren. Sind X und Y normierte Räume und ist $T\colon X \to Y$ eine bijektive stetige lineare Abbildung, so existiert die Umkehrabbildung $T^{-1}\colon Y \to X$, und T^{-1} ist linear. T^{-1} braucht jedoch nicht stetig zu sein; betrachte z. B. den identischen Operator $\mathrm{Id}\colon \big(C[0,1], \|\cdot\|_\infty\big) \to \big(C[0,1], \|\cdot\|_1\big)$. Die Stetigkeit von T^{-1} ist jedoch von größter Bedeutung. Ist nämlich etwa x_1 Lösung der Gleichung $Tx_1 = y_1$ und x_2 Lösung der Gleichung $Tx_2 = y_2$ (mit anderen Worten $x_i = T^{-1}y_i$), so ist in Anwendungen die Eigenschaft $y_1 \approx y_2 \Rightarrow x_1 \approx x_2$, d. h. die Stetigkeit von T^{-1}, höchst wünschenswert (stetige Abhängigkeit der Lösung von den Daten). In Kap. IV werden Sätze bewiesen, die unter recht allgemeinen Voraussetzungen die Stetigkeit der Inversen garantieren (Korollar IV.3.4, Satz IV.4.4); dabei wird sich die Vollständigkeit der beteiligten Räume als entscheidend herausstellen.

Die Stetigkeit der Inversen kann man so charakterisieren.

Satz II.1.9 *Sei $T\colon X \to Y$ eine lineare Abbildung zwischen normierten Räumen. Genau dann existiert T^{-1}, aufgefasst als Operator von $\mathrm{ran}(T)$ nach X, und ist stetig, wenn es ein $m > 0$ mit*

$$\|Tx\| \geq m\|x\| \qquad \forall x \in X \tag{II.6}$$

gibt.

Beweis. Gilt (II.6), so ist T injektiv (denn aus $Tx = 0$ folgt $x = 0$), also existiert die inverse (lineare!) Abbildung $T^{-1}\colon \mathrm{ran}(T) \to X$. Da (II.6) die Ungleichung

$$\|T^{-1}y\| \leq \frac{1}{m}\|y\| \qquad \forall y \in \mathrm{ran}(T)$$

impliziert, ist T^{-1} stetig.

Umgekehrt folgt aus der Existenz und Stetigkeit von T^{-1} sofort (II.6) mit $m = \|T^{-1}\|^{-1}$. $\qquad \square$

Operatoren, die eine Ungleichung der Form (II.6) erfüllen, nennt man *nach unten beschränkt*.

Die Existenz von stetigen und stetig invertierbaren Operatoren zwischen normierten Räumen X und Y ist auch unter strukturellen Aspekten von Interesse, da in diesem Fall X und Y im Wesentlichen identifiziert werden können. Man setzt daher:

▶ **Definition II.1.10** Ein stetiger linearer Operator $T\colon X \to Y$ heißt *Isomorphismus*, falls T bijektiv und T^{-1} stetig ist. Gilt für einen linearen Operator $\|Tx\| = \|x\|$ für alle $x \in X$, so heißt T *isometrisch*. Normierte Räume, zwischen denen ein (isometrischer) Isomorphismus existiert, heißen *(isometrisch) isomorph*, in Zeichen $X \simeq Y$ (bzw. $X \cong Y$).

Isomorphismen sind also lineare Surjektionen, die die Bedingung

$$\exists m, M > 0 \; \forall x \in X \quad m\|x\| \le \|Tx\| \le M\|x\|$$

erfüllen. Ferner ist klar, dass Isometrien injektiv sind.

Zur Illustration zeigen wir:

Satz II.1.11

(a) $c \simeq c_0$.

(b) *Ist* $D \subset [0,1]$ *abgeschlossen und* $J_D := \{x \in C[0,1]: x|_D = 0\}$, *so gilt* $C(D) \cong C[0,1]/J_D$.

Beweis. (a) Zu $x = (s_n) \in c$ assoziieren wir $\ell(x) = \lim_{n\to\infty} s_n$ und eine Folge $y = (t_n)$ gemäß $t_1 = \ell(x)$ und $t_n = s_{n-1} - \ell(x)$ für $n \ge 2$. Es ist klar, dass die Abbildung $T: x \mapsto y$ linear ist und Werte in c_0 annimmt. Der Operator $T: c \to c_0$ ist stetig wegen

$$\|Tx\|_\infty = \sup_n |t_n| \le \sup_n |s_n| + |\ell(x)| \le 2\|x\|_\infty,$$

denn $\|\ell\| = 1$ nach Beispiel II.1(h).

Umgekehrt assoziiere zu $y = (t_n) \in c_0$ eine Folge $x = (s_n)$ gemäß $s_n = t_{n+1} + t_1$ für $n \ge 1$. Die Abbildung $S: y \mapsto x$ nimmt Werte in c an, und der Operator $S: c_0 \to c$ ist stetig mit $\|S\| \le 2$, denn

$$\|Sy\|_\infty = \sup_n |t_{n+1} + t_1| \le 2\|y\|_\infty.$$

Man bestätigt schließlich durch scharfes Hinsehen, dass $TS = \mathrm{Id}_{c_0}$ und $ST = \mathrm{Id}_c$ gelten. Daher ist $S = T^{-1}$, und T ist ein Isomorphismus.

(b) Betrachte die Abbildung $T: C[0,1]/J_D \to C(D)$, $T[x] = x|_D$. Dann ist T wohldefiniert, denn für $[x_1] = [x_2]$ gilt $x_1 - x_2 \in J_D$, daher $x_1|_D = x_2|_D$. Es ist klar, dass T linear ist, und die Stetigkeit von T sieht man so: Seien $x \in C[0,1]$, $y \in J_D$. Dann gilt

$$\|T[x]\|_\infty = \sup_{t \in D} |x(t)| = \sup_{t \in D} |x(t) - y(t)| \le \|x - y\|_\infty;$$

nach Definition der Quotientennorm folgt $\|T[x]\|_\infty \le \|[x]\|$, d.h. $\|T\| \le 1$.

Als nächstes wird die Surjektivität von T bewiesen. Sei $z \in C(D)$. Wähle $y \in C[0,1]$ mit $\|y\|_\infty = \|z\|_\infty$ und $y|_D = z$. Die Existenz einer solchen Funktion y ist im Fall eines abgeschlossenen Intervalls D klar; im Allgemeinen folgt sie aus dem Satz von Tietze-Urysohn (Korollar B.1.6 bzw. B.2.6). Nach Konstruktion gilt $T[y] = z$.

Es bleibt zu zeigen, dass T isometrisch ist. Sei $x \in C[0,1]$. Es ist noch $\|T[x]\|_\infty \ge \|[x]\|$ zu zeigen, denn wir wissen bereits, dass $\|T\| \le 1$ gilt. Wie oben wähle $y \in C[0,1]$, welches $z := T[x] = x|_D$ normerhaltend fortsetzt. Insbesondere ist $[x] = [y]$, da $x - y \in J_D$, und es gilt

$$\|T[x]\|_\infty = \|T[y]\|_\infty = \|z\|_\infty = \|y\|_\infty \ge \|[y]\| = \|[x]\|. \qquad \square$$

Eine Analyse des Beweises von Teil (b) zeigt die folgenden Aussagen:

- *Ist K ein kompakter metrischer (oder topologischer) Raum sowie $D \subset K$ abgeschlossen, so ist die Einschränkungsabbildung $C(K) \to C(D)$, $x \mapsto x|_D$, eine Quotientenabbildung.*
- *Für eine Quotientenabbildung $T \colon X \to Y$ ist $X/\ker(T) \cong Y$.*

Die letzte Aussage erklärt den Namen Quotientenabbildung.

Zum Schluss behandeln wir eine Methode, mit der inverse Operatoren in einigen Spezialfällen explizit berechnet werden können. Die im folgenden Satz auftauchende Reihe wird die *Neumannsche Reihe* genannt. Für einen Operator $T \in L(X)$ setzt man $T^0 = \mathrm{Id}$ und $T^n = T \circ \cdots \circ T$ (n Faktoren).

Satz II.1.12 *Sei X ein normierter Raum und $T \in L(X)$. Konvergiert $\sum_{n=0}^{\infty} T^n$ in $L(X)$, so ist $\mathrm{Id} - T$ invertierbar mit*

$$(\mathrm{Id} - T)^{-1} = \sum_{n=0}^{\infty} T^n.$$

Speziell ist die Voraussetzung erfüllt, falls X ein Banachraum und $\|T\| < 1$ ist. In diesem Fall ist $\|(\mathrm{Id} - T)^{-1}\| \leq (1 - \|T\|)^{-1}$.

Beweis. Setze $S_m = \sum_{n=0}^{m} T^n$. Dann ist (Teleskopreihe)

$$(\mathrm{Id} - T)S_m = S_m(\mathrm{Id} - T) = \mathrm{Id} - T^{m+1}.$$

Nun bemerke, dass in jedem normierten Raum die Glieder einer konvergenten Reihe eine Nullfolge bilden (Beweis wie im skalaren Fall) und dass für festes R die linearen Abbildungen $S \mapsto RS$ und $S \mapsto SR$ nach Lemma II.1.6 stetig auf $L(X)$ sind. Es folgt

$$\mathrm{Id} = \lim_{m \to \infty} (\mathrm{Id} - T^{m+1}) = \lim_{m \to \infty} (\mathrm{Id} - T)S_m = (\mathrm{Id} - T) \lim_{m \to \infty} S_m$$

und genauso

$$\mathrm{Id} = \lim_{m \to \infty} S_m(\mathrm{Id} - T),$$

also $(\mathrm{Id} - T)^{-1} = \sum_{n=0}^{\infty} T^n$.

Für $\|T\| < 1$ gilt $\sum_{n=0}^{\infty} \|T^n\| \leq \sum_{n=0}^{\infty} \|T\|^n < \infty$, also ist dann $\sum_{n=0}^{\infty} T^n$ absolut konvergent. Ist X vollständig, so folgt daraus wegen Lemma I.1.8 und Satz II.1.4(b) die Konvergenz von $\sum_{n=0}^{\infty} T^n$. Aus

$$\left\| \sum_{n=0}^{\infty} T^n \right\| \leq \sum_{n=0}^{\infty} \|T\|^n = (1 - \|T\|)^{-1}$$

ergibt sich die behauptete Normabschätzung. $\qquad\square$

Beispiel

Wir betrachten eine Integralgleichung

$$x(s) - \int_0^1 k(s,t)x(t)\,dt = y(s) \qquad (s \in [0,1]),$$

wo $y \in C[0,1]$ und $k \in C([0,1]^2)$ gegeben sind. Gesucht ist eine Lösung $x \in C[0,1]$. (Dieses Problem ist einem Randwertproblem für eine gewöhnliche Differentialgleichung äquivalent.) Wir führen den Integraloperator

$$T_k\colon C[0,1] \to C[0,1], \quad T_k x = \int_0^1 k(\,.\,,t)x(t)\,dt$$

ein, für den ja

$$\|T_k\| = \sup_s \int_0^1 |k(s,t)|\,dt$$

gilt, vgl. Beispiel II.1(l). Die Integralgleichung kann dann als Operatorgleichung

$$(\mathrm{Id} - T_k)x = y$$

geschrieben werden. Wir setzen nun $\|T_k\| < 1$ voraus. Nach Satz II.1.12 existiert dann der inverse Operator $(\mathrm{Id} - T_k)^{-1}$, und es gilt

$$x = (\mathrm{Id} - T_k)^{-1}y = \left(\mathrm{Id} + \sum_{n=1}^{\infty} T_k^n\right)y.$$

In diesem Fall besitzt die gegebene Integralgleichung für jede rechte Seite y genau eine Lösung x. Diese kann durch genauere Analyse von $\sum_{n=1}^{\infty} T_k^n$ explizit bestimmt werden. Dazu definiert man induktiv die *iterierten Kerne*

$$k_1(s,t) = k(s,t)$$
$$k_n(s,t) = \int_0^1 k(s,u)k_{n-1}(u,t)\,du.$$

Man zeigt nun ohne große Mühe, dass die k_n stetige Funktionen sind (dazu benutze die gleichmäßige Stetigkeit von k und k_{n-1}) und dass $T_k^n = T_{k_n}$ ist (benutze den Satz von Fubini). Ferner gilt die Abschätzung

$$|k_n(s,t)| \le \int_0^1 |k(s,u)|\,du \cdot \|k_{n-1}\|_\infty,$$

woraus induktiv mit (II.3)

$$\|k_n\|_\infty \le \|T_k\|^{n-1}\,\|k\|_\infty$$

folgt. Wegen $\|T_k\| < 1$ konvergiert also die Reihe

$$h(s,t) = \sum_{n=1}^{\infty} k_n(s,t)$$

gleichmäßig auf $[0,1]^2$; es folgt $h \in C([0,1]^2)$. Da die Abbildung $f \mapsto T_f$, die einer stetigen Kernfunktion den zugehörigen Integraloperator auf $C[0,1]$ zuordnet, linear und nach (II.3) stetig ist, erhält man

$$T_h = \sum_{n=1}^{\infty} T_{k_n} = \sum_{n=1}^{\infty} T_k^n.$$

Die Funktion h heißt der *auflösende Kern*, und die Lösung der Integralgleichung ist von der Form

$$x = (\mathrm{Id} + T_h)y.$$

II.2 Dualräume und ihre Darstellungen

Es stellt sich als ein wesentliches Prinzip der Funktionalanalysis heraus, Informationen über normierte Räume mittels der auf ihnen definierten linearen stetigen Funktionale zu gewinnen. Deshalb wird der folgende Begriff eingeführt.

▶ **Definition II.2.1** Der Raum $L(X, \mathbb{K})$ der stetigen linearen Funktionale auf einem normierten Raum X heißt der *Dualraum* von X und wird mit X' bezeichnet.

Als Spezialfall von Satz II.1.4 erhält man sofort:

Korollar II.2.2 *Der Dualraum eines normierten Raums, versehen mit der Norm* $\|x'\| = \sup_{\|x\| \leq 1} |x'(x)|$, *ist stets ein Banachraum.*

Bevor wir in Kap. III nichttriviale Existenzsätze für Funktionale beweisen, sollen in diesem Abschnitt konkrete Darstellungen der Dualräume einiger Banachräume angegeben werden. Die Elemente eines Dualraums werden wir mit x', y' etc. bezeichnen, was nicht mit dem Ableitungsstrich bei differenzierbaren Funktionen zu verwechseln ist.

Satz II.2.3

(a) *Sei* $1 \leq p < \infty$ *und* $\frac{1}{p} + \frac{1}{q} = 1$ *(mit* $\frac{1}{\infty} = 0$*). Dann ist die Abbildung*

$$T: \ell^q \to (\ell^p)', \quad (Tx)(y) = \sum_{n=1}^{\infty} s_n t_n$$

(wo $x = (s_n) \in \ell^q$, $y = (t_n) \in \ell^p$*) ein isometrischer Isomorphismus.*

(b) *Dieselbe Abbildungsvorschrift vermittelt einen isometrischen Isomorphismus zwischen ℓ^1 und $(c_0)'$.*

Beweis. Wir betrachten nur $1 < p < \infty$ in (a). Der Fall $p = 1$ und Teil (b) lassen sich ähnlich beweisen.

Zunächst folgt aus der Hölderschen Ungleichung I.1.4, dass $\sum_{n=1}^{\infty} s_n t_n$ tatsächlich konvergiert (sogar absolut) und dass

$$|(Tx)(y)| \leq \|x\|_q \|y\|_p$$

ist. Da die Linearität von Tx und T klar ist, folgt die Wohldefiniertheit von T sowie $\|Tx\| \leq \|x\|_q$. Außerdem ist T injektiv, denn aus $Tx = 0$ folgt $s_n = (Tx)(e_n) = 0$ für alle $n \in \mathbb{N}$ (wo e_n wie üblich den n-ten Einheitsvektor bezeichnet) und deshalb $x = 0$.

Wir zeigen jetzt die Surjektivität von T und – en passant – die Isometrie. Sei $y' \in (\ell^p)'$. Zu $n \in \mathbb{N}$ setze $s_n := y'(e_n)$ und $x = (s_n)$. Es ist zu zeigen:

$$x \in \ell^q, \quad Tx = y', \quad \|x\|_q \leq \|y'\|.$$

Zu diesem Zweck definiere

$$t_n = \begin{cases} |s_n|^q/s_n & \text{für } s_n \neq 0, \\ 0 & \text{für } s_n = 0. \end{cases}$$

Nun gilt für alle $N \in \mathbb{N}$

$$\sum_{n=1}^{N} |t_n|^p = \sum_{n=1}^{N} |s_n|^{p(q-1)} = \sum_{n=1}^{N} |s_n|^q$$

sowie

$$\sum_{n=1}^{N} |s_n|^q = \sum_{n=1}^{N} s_n t_n = \sum_{n=1}^{N} t_n y'(e_n) = y'\left(\sum_{n=1}^{N} t_n e_n\right)$$

$$\leq \|y'\| \left(\sum_{n=1}^{N} |t_n|^p\right)^{1/p} = \|y'\| \left(\sum_{n=1}^{N} |s_n|^q\right)^{1/p}.$$

Es folgt

$$\left(\sum_{n=1}^{N} |s_n|^q\right)^{1/q} \leq \|y'\| \qquad \forall N \in \mathbb{N},$$

daher $x \in \ell^q$ und $\|x\|_q \leq \|y'\|$. Um schließlich $Tx = y'$ einzusehen, beachte, dass nach Konstruktion $(Tx)(e_n) = y'(e_n)$ für alle $n \in \mathbb{N}$ gilt. Da Tx und y' linear sind, stimmen sie auch auf $\text{lin}\{e_n : n \in \mathbb{N}\} = d$ überein, und da sie stetig sind, auf $\overline{d} = \ell^p$ (vgl. Beispiel I.2(a) auf Seite 31). Daher gilt $Tx = y'$. $\square$

Kurz gesagt behauptet Satz II.2.3

$$\left(\ell^p\right)' \cong \ell^q \qquad \text{für } 1 \leq p < \infty,$$
$$\left(c_0\right)' \cong \ell^1.$$

Hingegen wird in Satz III.1.11 gezeigt, dass $(\ell^\infty)'$ echt größer als ℓ^1 ist.

Der obige Beweis funktioniert auch für die n-dimensionalen ℓ^p-Räume $\ell^p(n)$. In diesem Kontext gilt $\left(\ell^p(n)\right)' \cong \ell^q(n)$ selbst für $p = \infty$, $q = 1$.

Wir wollen als nächstes den Dualraum der L^p-Räume bestimmen. Dazu benötigen wir ein wichtiges Resultat der Maßtheorie, den Satz von Radon-Nikodým (Satz A.4.6). Wir formulieren den folgenden Satz für abstrakte Maßräume (σ-endliche Maßräume werden in Definition A.2.1 erklärt); wer in der abstrakten Maßtheorie nicht so bewandert ist, betrachte statt μ beim ersten Lesen das Lebesguemaß.

Satz II.2.4 *Sei $1 \leq p < \infty$ und (Ω, Σ, μ) ein σ-endlicher Maßraum. Ferner gelte $\frac{1}{p} + \frac{1}{q} = 1$. Dann definiert*

$$T \colon L^q(\mu) \to \left(L^p(\mu)\right)', \quad (Tg)(f) = \int_\Omega fg \, d\mu$$

einen isometrischen Isomorphismus.

Beweis. In Beispiel II.1(j) ist T bereits als wohldefiniert und isometrisch erkannt worden. Um die Surjektivität zu zeigen, sei $y' \in \left(L^p(\mu)\right)'$ gegeben. Um maßtheoretischen Komplikationen aus dem Weg zu gehen, werden wir nur den Fall eines endlichen Maßes im Detail untersuchen, woraus sich der allgemeine Fall ergibt; siehe Aufgabe II.5.30.

Betrachte die Funktion

$$\nu \colon \Sigma \to \mathbb{K}, \quad \nu(E) = y'(\chi_E).$$

Da μ momentan als endlich angenommen wurde, liegt die Indikatorfunktion χ_E in $L^p(\mu)$, und ν ist wohldefiniert. Es ist klar, dass ν additiv ist, und die Voraussetzung $p < \infty$ impliziert, dass ν sogar σ-additiv ist. ν ist also ein signiertes (oder komplexes) Maß. Aus der Konstruktion von ν folgt, dass ν absolutstetig bzgl. μ ist, denn aus $\mu(E) = 0$ ergibt sich $\chi_E = 0$ μ-fast überall, also $\chi_E = 0 \in L^p(\mu)$ und $\nu(E) = y'(\chi_E) = 0$. Nach dem Satz von Radon-Nikodým existiert eine μ-integrierbare Dichte g mit

$$\nu(E) = \int_E g \, d\mu = \int_\Omega \chi_E g \, d\mu \qquad \forall E \in \Sigma.$$

Als nächstes beweisen wir

$$y'(f) = \int fg \, d\mu \qquad \forall f \in L^\infty(\mu). \tag{II.7}$$

Nach Konstruktion ist nämlich $y'(f) = \int fg\,d\mu$ für alle Indikatorfunktionen f und daher auch für Linearkombinationen von Indikatorfunktionen, da y' linear ist. Deshalb gilt diese Formel auch für Treppenfunktionen. Da schließlich die identische Abbildung von $L^\infty(\mu)$ nach $L^p(\mu)$ stetig ist, ist y' bzgl. $\|\cdot\|_{L^\infty}$ stetig; und $f \mapsto \int fg\,d\mu$ ist stetig auf $L^\infty(\mu)$, da $g \in L^1(\mu)$. Folglich gilt $y'(f) = \int fg\,d\mu$ auch auf dem $\|\cdot\|_{L^\infty}$-Abschluss der Treppenfunktionen, d. h. auf $L^\infty(\mu)$.

Jetzt kann mit einer ähnlichen Methode wie im ℓ^p-Fall $g \in L^q(\mu)$ gezeigt werden, so dass Tg definiert ist. Falls $q < \infty$, definiere hierzu (mit der Vereinbarung $\frac{0}{0} = 0$)

$$f(\omega) = \frac{|g(\omega)|^q}{g(\omega)}.$$

Die Funktion f ist messbar, und es gilt

$$|g|^q = fg = |f|^p.$$

Nun betrachte zu $n \in \mathbb{N}$ die messbare Menge $E_n = \{\omega\colon |g(\omega)| \le n\}$. Dann ist $\chi_{E_n}f \in L^\infty(\mu)$, und ferner liefert (II.7)

$$\int_{E_n} |g|^q\,d\mu = \int_\Omega (\chi_{E_n}f)g\,d\mu = y'(\chi_{E_n}f) \le \|y'\| \, \|\chi_{E_n}f\|_{L^p}$$

$$= \|y'\| \left(\int_{E_n} |f|^p\,d\mu \right)^{1/p} = \|y'\| \left(\int_{E_n} |g|^q\,d\mu \right)^{1/p},$$

folglich

$$\left(\int_{E_n} |g|^q\,d\mu \right)^{1/q} \le \|y'\| \qquad \forall n \in \mathbb{N}.$$

Da nach dem Satz von Beppo Levi (Satz A.3.1) $\sup_n \left(\int_{E_n} |g|^q\,d\mu \right)^{1/q} = \|g\|_{L^q}$ gilt, ist damit $g \in L^q(\mu)$ bewiesen.

Im Fall $q = \infty$ (also $p = 1$) betrachte $E = \{\omega\colon |g(\omega)| > \|y'\|\}$ und setze $f = \chi_E|g|/g \in L^\infty(\mu)$. Wäre $\mu(E) > 0$, folgte

$$\mu(E)\|y'\| < \int_E |g|\,d\mu = \int_\Omega fg\,d\mu = y'(f) \le \|y'\| \, \|f\|_{L^1}$$

im Widerspruch zu $\mu(E) = \|f\|_{L^1}$. Also gilt $|g| \le \|y'\|$ fast überall, d. h. $g \in L^\infty(\mu)$.

Da beide Funktionale y' und Tg auf Indikatorfunktionen und daher auf deren linearer Hülle, den Treppenfunktionen, übereinstimmen und die Treppenfunktionen in $L^p(\mu)$ dicht liegen, gilt schließlich $y' = Tg$.   □

Man kann zeigen, dass im Fall $p > 1$ die Voraussetzung der σ-Endlichkeit unerheblich ist; siehe z. B. Behrends [1987], S. 175.

Hängen p und q gemäß $\frac{1}{p}+\frac{1}{q} = 1$ zusammen, nennt man q übrigens den zu p *konjugierten* Exponenten.

Wie im Fall der Folgenräume sind $(L^\infty)'$ und L^1 nicht isomorph (es sei denn, sie sind endlichdimensional).

Nun beschreiben wir den Dualraum eines Raums stetiger Funktionen. Der Raum $M(K)$ der regulären Borelmaße mit der Variationsnorm wurde in Beispiel I.1(j) und Definition I.2.14 eingeführt.

Theorem II.2.5 (Rieszscher Darstellungssatz)
Sei K ein kompakter metrischer (oder topologischer Hausdorff-) Raum. Dann ist $C(K)'$ $\cong M(K)$ unter der Abbildung

$$T: M(K) \to C(K)', \quad (T\mu)(x) = \int_K x \, d\mu.$$

Beweis. Da stetige Funktionen Borel-messbar sind, ist wegen der Ungleichung

$$\left| \int_K x \, d\mu \right| \leq \int_K |x| \, d|\mu| \leq \|x\|_\infty \|\mu\|$$

T wohldefiniert. Nach einfachen Sätzen der Integrationstheorie ist T linear, und die obige Ungleichung zeigt $\|T\| \leq 1$.

Die Beweise für die Isometrie und die Surjektivität von T sind im Kern maßtheoretisch; wir skizzieren sie im Fall $\mathbb{K} = \mathbb{R}$. Für eine vollständige Darstellung sei z. B. auf Rudin [1986], S. 40ff. und S. 129ff. verwiesen. Zunächst zur Isometrie. Sei $\mu \in M(K)$. Wir betrachten die Hahn-Jordan-Zerlegung von μ, schreiben also $\mu = \mu_+ - \mu_-$ mit positiven Maßen μ_+, μ_- und $K = E_+ \cup E_-$ mit disjunkten Borelmengen E_+, E_-, für die $\mu_\pm(F) = 0$ für alle Borelmengen $F \subset E_\mp$ gilt; siehe Satz A.4.4. Da μ und daher μ_+ und μ_- regulär sind, existieren zu $\varepsilon > 0$ kompakte Mengen $C_+ \subset E_+$, $C_- \subset E_-$ mit

$$\mu(E_+) - \varepsilon \;\; \leq \;\; \mu(C_+) \;\; \leq \;\; \mu(E_+),$$
$$\mu(E_-) + \varepsilon \;\; \geq \;\; \mu(C_-) \;\; \geq \;\; \mu(E_-).$$

Da C_+ und C_- disjunkt sind (E_+ und E_- sind es nämlich), ist die Funktion

$$y(t) = \begin{cases} 1 & \text{falls } t \in C_+ \\ -1 & \text{falls } t \in C_- \end{cases}$$

stetig auf $C_+ \cup C_-$. Nach dem Satz von Tietze-Urysohn (Satz B.1.5 bzw. Theorem B.2.4) existiert eine Fortsetzung $x \in C(K)$ mit $\|x\|_\infty = 1$.

Für dieses x gilt

$$\left|\int_K x\,d\mu\right| = \left|\int_{C_+} d\mu + \int_{C_-}(-1)\,d\mu + \int_{K\setminus(C_+\cup C_-)} x\,d\mu\right|$$

$$\geq \mu(C_+) - \mu(C_-) - \left|\int_{K\setminus(C_+\cup C_-)} x\,d\mu\right|$$

$$\geq \mu(E_+) - \varepsilon - \mu(E_-) - \varepsilon - |\mu|\big(K\setminus(C_+\cup C_-)\big)$$

$$= |\mu|(K) - 2\varepsilon - \big(|\mu|(K) - |\mu|(C_+) - |\mu|(C_-)\big)$$

$$= \mu(C_+) - \mu(C_-) - 2\varepsilon$$

$$\geq \mu(E_+) - \varepsilon - \mu(E_-) - \varepsilon - 2\varepsilon$$

$$= |\mu|(K) - 4\varepsilon.$$

Daher gilt $\|T\mu\| \geq \|\mu\| - 4\varepsilon$ für alle $\varepsilon > 0$ und folglich $\|T\mu\| \geq \|\mu\|$. Da $\|T\mu\| \leq \|\mu\|$ bereits gezeigt ist, ist der Beweis für die Isometrie von T vollständig.

Um die Surjektivität von T zu zeigen, betrachten wir ein Funktional $x' \in C(K)'$ und setzen zunächst zusätzlich voraus, dass x' positiv in dem Sinn ist, dass $x'(x) \geq 0$ gilt, falls $x \geq 0$, d. h., falls $x(t) \geq 0$ für alle t gilt. Wir skizzieren, wie ein reguläres Borelmaß mit $T\mu = x'$ konstruiert werden kann. Man strebt natürlich die Definition $\mu(E) = x'(\chi_E)$ an; aber da χ_E im Allgemeinen nicht stetig ist, kann man nicht so vorgehen. Statt dessen setzt man für eine offene Menge O

$$\mu^*(O) = \sup\{x'(x)\colon 0 \leq x \leq 1,\ \overline{\{t\colon x(t) \neq 0\}} \subset O\}$$

sowie anschließend für beliebiges $E \subset K$

$$\mu^*(E) = \inf\{\mu^*(O)\colon E \subset O,\ O \text{ offen}\}.$$

Als nächstes beweist man, dass μ^* ein *äußeres Maß* ist, d. h., $\mu^*(E) \geq 0$ für alle $E \subset K$, $\mu^*(\emptyset) = 0$, $\mu^*(E) \leq \mu^*(F)$ für $E \subset F$ und schließlich $\mu^*(\bigcup_{n=1}^\infty E_n) \leq \sum_{n=1}^\infty \mu^*(E_n)$. Für offene Mengen V bestätigt man

$$\mu^*(V \cap F) + \mu^*(\complement V \cap F) \leq \mu^*(F) \qquad \forall F \subset K. \tag{II.8}$$

Setze nun $\Sigma_\mu = \{V \subset K\colon V \text{ erfüllt (II.8)}\}$. Nach dem Fortsetzungssatz von Carathéodory (siehe z. B. Behrends [1987], S. 19, oder Cohn [1980], S. 18) ist Σ_μ eine σ-Algebra und $\mu^*|_{\Sigma_\mu}$ ein Maß. Da nach (II.8) offene Mengen in Σ_μ liegen, ist $\Sigma \subset \Sigma_\mu$ und $\mu := \mu^*|_\Sigma$ ein positives Borelmaß; nach Konstruktion ist μ regulär. Abschließend kann $x'(x) = \int x\,d\mu$ für alle $x \in C(K)$ gezeigt werden.

Der allgemeine Fall eines beliebigen $x' \in C(K)'$ kann auf den eines positiven Funktionals zurückgeführt werden. Dazu definiere man zu $x \in C(K)$ die Funktionen $x_+(t) = \max\{0, x(t)\}$, $x_-(t) = \max\{0, -x(t)\}$. Ferner setze für $x \geq 0$

$$x'_+(x) = \sup\{x'(y)\colon 0 \leq y \leq x\}$$

sowie für beliebiges $x \in C(K)$

$$x'_+(x) = x'_+(x_+) - x'_+(x_-).$$

Dann ist x'_+ linear und stetig, und es gilt $x'_+ \geq 0$ sowie $x'_- := x'_+ - x' \geq 0$. Wendet man das soeben Bewiesene auf die positiven Funktionale x'_+ und x'_- an, so erhält man positive reguläre Borelmaße μ_+, μ_- mit

$$x'(x) = x'_+(x) - x'_-(x) = \int_K x \, d\mu_+ - \int_K x \, d\mu_- \qquad \forall x \in C(K).$$

Für $\mu = \mu_+ - \mu_-$ gilt daher $T\mu = x'$. $\qquad\square$

Im Fall eines kompakten Intervalls $K = [a, b]$ existiert eine äquivalente Formulierung von Theorem II.2.5, die stetige Funktionale auf $C[a, b]$ mit Stieltjes-Integralen $\int_a^b x(t) \, dg(t)$ identifiziert; das ist die Originalfassung des Rieszschen Satzes. (Siehe dazu Aufgabe III.6.8.)

Abschließend soll ein quantitativer Aspekt der Theorie endlichdimensionaler Räume und ihrer Dualräume behandelt werden. Für einen n-dimensionalen normierten Raum $(X, \| . \|)$ haben wir in Satz I.2.5 gezeigt, dass es für jede Basis $\{e_1, \ldots, e_n\}$ mit $\|e_i\| = 1$ eine Konstante m mit

$$m \sum_{i=1}^n |\alpha_i| \leq \left\| \sum_{i=1}^n \alpha_i e_i \right\| \leq \sum_{i=1}^n |\alpha_i| \qquad \forall (\alpha_1, \ldots, \alpha_n) \in \mathbb{K}^n$$

gibt. Wir werden jetzt zeigen, dass man durch geschickte Wahl der Basis $m = \frac{1}{n}$ erreichen kann. Dazu benötigen wir das folgende Resultat, das von eigenem Interesse ist. Mit δ_{ij} wird wie üblich das Kroneckersymbol bezeichnet:

$$\delta_{ij} = 1 \text{ für } i = j, \qquad \delta_{ij} = 0 \text{ für } i \neq j.$$

Satz II.2.6 *Ist X ein n-dimensionaler normierter Raum, so existieren Basen $\{b_1, \ldots, b_n\}$ von X und $\{b'_1, \ldots, b'_n\}$ von X' mit $b'_j(b_i) = \delta_{ij}$, $\|b_i\| = \|b'_j\| = 1$ für alle $i, j = 1, \ldots, n$.*

Beweis. Nach Wahl irgendeiner Basis können wir X mit $\mathbb{K}^n$ identifizieren. Sei $V: X^n \to \mathbb{K}$ die Abbildung, die der Matrix mit den Spaltenvektoren $x_1, \ldots, x_n$ ihre Determinante zuordnet. Die Abbildung $|V|$ ist nach Konstruktion stetig, denn sie setzt sich aus Summen von Produkten von Linearformen zusammen (beachte noch Beispiel II.1(b)), und nimmt daher auf der kompakten Menge $\{(x_1, \ldots, x_n): \|x_i\| = 1 \; \forall i\}$ ihr Supremum an, etwa bei $(b_1, \ldots, b_n)$. Die Vektoren $b_1, \ldots, b_n$ sind dann linear unabhängig und bilden deshalb eine Basis. Definiere nun

$$b'_j(x) = \frac{V(b_1, \ldots, b_{j-1}, x, b_{j+1}, \ldots, b_n)}{V(b_1, \ldots, b_n)}.$$

Es ist klar, dass die $b'_1, \ldots, b'_n$ die gewünschten Eigenschaften haben.   □

Eine Basis wie in Satz II.2.6 wird nach ihrem Entdecker *Auerbachbasis* genannt.

Korollar II.2.7 *Ist* $\{b_1, \ldots, b_n\}$ *eine Auerbachbasis des n-dimensionalen Raums X, so gilt*

$$\frac{1}{n} \sum_{i=1}^{n} |\alpha_i| \leq \left\| \sum_{i=1}^{n} \alpha_i b_i \right\| \leq \sum_{i=1}^{n} |\alpha_i| \qquad \forall (\alpha_1, \ldots, \alpha_n) \in \mathbb{K}^n. \tag{II.9}$$

Beweis. Die rechte Ungleichung ist eine triviale Konsequenz der Dreiecksungleichung. Zum Beweis der linken schreibe mit b'_j wie in Satz II.2.6

$$\sum_{i=1}^{n} |\alpha_i| = \left(\sum_{j=1}^{n} \frac{|\alpha_j|}{\alpha_j} b'_j \right) \left(\sum_{i=1}^{n} \alpha_i b_i \right)$$

$$\leq \left\| \sum_{j=1}^{n} \frac{|\alpha_j|}{\alpha_j} b'_j \right\| \left\| \sum_{i=1}^{n} \alpha_i b_i \right\|$$

$$\leq n \left\| \sum_{i=1}^{n} \alpha_i b_i \right\|,$$

was zu zeigen war.   □

Eine andere Art, (II.9) auszudrücken, ist, dass der Operator $T: \ell^1(n) \rightarrow X, (\alpha_i) \mapsto \sum_i \alpha_i b_i$ ein Isomorphismus mit

$$\|T\| \leq 1, \quad \|T^{-1}\| \leq n \tag{II.10}$$

ist; mehr dazu in Abschn. II.6.

II.3   Kompakte Operatoren

In Satz I.2.8 wurde gezeigt, dass nur in endlichdimensionalen Räumen die Aussage „Jede beschränkte Folge besitzt eine konvergente Teilfolge" gilt. Dieser Mangel an kompakten Mengen kann in gewissen Fällen dadurch kompensiert werden, dass die betrachteten Operatoren stärkere Eigenschaften als die bloße Stetigkeit besitzen. Das erklärt die Bedeutung der folgenden Definition.

▶ **Definition II.3.1** Eine lineare Abbildung T zwischen normierten Räumen X und Y heißt *kompakt*, wenn $T(B_X)$ relativkompakt ist (d. h., wenn $\overline{T(B_X)}$ kompakt ist). Die Gesamtheit der kompakten Operatoren wird mit $K(X, Y)$ bezeichnet; ferner setzen wir $K(X) = K(X, X)$.

Offenbar ist eine lineare Abbildung $T: X \to Y$ genau dann kompakt, wenn T beschränkte Mengen auf relativkompakte Mengen abbildet, bzw. wenn für jede beschränkte Folge (x_n) in X die Folge $(Tx_n) \subset Y$ eine konvergente Teilfolge enthält; vgl. Satz B.1.7. Da kompakte Mengen beschränkt sind (Beweis?), sind kompakte Operatoren stetig; es gilt also stets $K(X, Y) \subset L(X, Y)$.

Üblicherweise werden kompakte Operatoren zwischen *Banachräumen* betrachtet. Der Grund ist, dass dann der Abschluss von $T(B_X)$ im „richtigen" Raum gebildet wird. Die Vollständigkeit von Y ist in Teil (a) des nächsten Satzes wesentlich; für X und Teil (b) würde es reichen, normierte Räume vorauszusetzen.

Satz II.3.2

(a) *Seien X und Y Banachräume. Dann ist $K(X, Y)$ ein abgeschlossener Teilraum von $L(X, Y)$. Speziell ist $K(X, Y)$ selbst ein Banachraum.*

(b) *Sei Z ein weiterer Banachraum. Sind $T \in L(X, Y)$ und $S \in L(Y, Z)$ und ist T oder S kompakt, so ist ST kompakt.*

Beweis. (a) Es ist klar, dass mit T auch λT kompakt ist ($\lambda \in \mathbb{K}$). Seien nun $S, T \in K(X, Y)$, und sei (x_n) eine beschränkte Folge in X. Wähle eine Teilfolge (x_{n_k}), so dass $(Sx_{n_k})_{k \in \mathbb{N}}$ konvergiert, und wähle dann eine Teilteilfolge $(x_{n_{k_l}})_{l \in \mathbb{N}}$, die wir kurz als $(x_n)_{n \in M}$ notieren, so dass $(Tx_n)_{n \in M}$ konvergiert. Dann konvergiert auch $(Sx_n + Tx_n)_{n \in M}$, und $S + T$ ist kompakt. $K(X, Y)$ ist also ein Untervektorraum von $L(X, Y)$.

Zum Beweis der Abgeschlossenheit verwenden wir ein Diagonalfolgenargument. Seien $T_n \in K(X, Y)$ und $T \in L(X, Y)$ mit $\|T_n - T\| \to 0$. Sei (x_n) eine beschränkte Folge in X. Da T_1 kompakt ist, existiert eine konvergente Teilfolge

$$(T_1 x_{n_1}, T_1 x_{n_2}, T_1 x_{n_3}, \ldots).$$

Schreibe $x_i^{(1)} = x_{n_i}$. Da T_2 kompakt ist, gibt es eine konvergente Teilfolge

$$\left(T_2 x_{m_1}^{(1)}, T_2 x_{m_2}^{(1)}, T_2 x_{m_3}^{(1)}, \ldots\right).$$

Beachte, dass

$$\left(T_1 x_{m_1}^{(1)}, T_1 x_{m_2}^{(1)}, T_1 x_{m_3}^{(1)}, \ldots\right)$$

nach wie vor konvergiert. Nun schreibe $x_i^{(2)} = x_{m_i}^{(1)}$. Nochmalige Ausdünnung liefert eine konvergente Teilfolge

$$\left(T_3 x_{p_1}^{(2)}, T_3 x_{p_2}^{(2)}, T_3 x_{p_3}^{(2)}, \ldots\right);$$

und auch $\left(T_1 x_{p_i}^{(2)}\right)_i$ und $\left(T_2 x_{p_i}^{(2)}\right)_i$ konvergieren. So fortfahrend, erhält man $\mathbb{N} \supset N_1 \supset N_2 \supset \ldots$, so dass $(T_k x_i)_{i \in N_r}$ für $k \leq r$ konvergiert. Betrachte nun die Diagonalfolge, also in der obigen Bezeichnung

$$\xi_1 = x_{n_1}, \ \xi_2 = x_{m_2}^{(1)}, \ \xi_3 = x_{p_3}^{(2)}, \text{ etc.}$$

Da die Folge der ξ_i vom k-ten Glied an Teilfolge der k-ten Ausdünnung ist, haben wir erreicht:

$$(T_n\xi_i)_{i\in\mathbb{N}} \text{ konvergiert für alle } n \in \mathbb{N}.$$

Wir werden jetzt die Konvergenz von $(T\xi_i)_{i\in\mathbb{N}}$ und dazu die Cauchyeigenschaft für diese Folge nachweisen.

Sei $\varepsilon > 0$. O.E. nehmen wir $\|x_n\| \leq 1$ für alle n und folglich $\|\xi_i\| \leq 1$ für alle i an. Wähle $n \in \mathbb{N}$ mit $\|T_n - T\| \leq \varepsilon$. Wähle nun i_0 mit

$$\|T_n\xi_i - T_n\xi_j\| \leq \varepsilon \qquad \forall i,j \geq i_0.$$

Für diese i und j gilt dann

$$\|T\xi_i - T\xi_j\| \leq \|T\xi_i - T_n\xi_i\| + \|T_n\xi_i - T_n\xi_j\| + \|T_n\xi_j - T\xi_j\|$$
$$\leq \|T - T_n\| + \varepsilon + \|T - T_n\| \leq 3\varepsilon.$$

(b) Ist (x_n) eine beschränkte Folge und ist S kompakt, so ist auch (Tx_n) beschränkt, und (STx_n) besitzt eine konvergente Teilfolge. Ist S stetig, T kompakt und (Tx_{n_k}) konvergent, so ist auch (STx_{n_k}) konvergent.   □

Beispiele

(a) Ist X endlichdimensional, so ist jede lineare Abbildung $T\colon X \to Y$ kompakt. T ist nämlich stetig (Beispiel II.1(b)) und bildet deshalb die kompakte Menge B_X auf eine kompakte Menge ab.

(b) Ist $T \in L(X, Y)$ und der Bildraum $\mathrm{ran}(T)$ endlichdimensional, so ist T kompakt, denn $T(B_X)$ ist beschränkt, und beschränkte Teilmengen endlichdimensionaler Räume sind relativkompakt.

Diese Bemerkung führt zusammen mit Satz II.3.2(a) zu folgendem Korollar.

Korollar II.3.3 *Seien X und Y Banachräume, und sei $T \in L(X, Y)$. Falls eine Folge (T_n) stetiger linearer Operatoren mit endlichdimensionalem Bild und $\|T_n - T\| \to 0$ existiert, ist T kompakt.*

Es war lange Zeit ein offenes Problem der Funktionalanalysis, ob die Umkehrung von Korollar II.3.3 gilt, bis 1973 ein Gegenbeispiel gefunden wurde. Wir kommen in Satz II.3.6 und Korollar II.3.7 noch einmal auf diese Frage zurück.

Beispiele

(c) Betrachte den Fredholmschen Integraloperator

$$T_k\colon L^2(\mathbb{R}) \to L^2(\mathbb{R}), \quad (T_k f)(s) = \int_{\mathbb{R}} k(s, t) f(t)\, dt$$

mit einem Hilbert-Schmidt-Kern $k \in L^2(\mathbb{R}^2)$; vgl. Beispiel II.1(m). Dort wurde bereits

$$\|T_k\| \leq \|k\|_{L^2}$$

gezeigt. In der Maßtheorie wird bewiesen, dass man k durch Treppenfunktionen, deren Stufen messbare „Rechtecke" sind, approximieren kann. Genauer heißt das, dass messbare Funktionen der Gestalt

$$k_n(s,t) = \sum_{i,j=1}^{N^{(n)}} \alpha_{ij}^{(n)} \chi_{E_i^{(n)}}(s) \chi_{F_j^{(n)}}(t)$$

mit $\|k_n - k\|_{L^2} \to 0$ existieren. Es folgt

$$\|T_{k_n} - T_k\| = \|T_{k-k_n}\| \leq \|k - k_n\|_{L^2} \to 0.$$

Aber T_{k_n} hat die Gestalt (den Index $^{(n)}$ lassen wir der Übersichtlichkeit halber weg)

$$(T_{k_n} f)(s) = \sum_{i=1}^{N} \left(\sum_{j=1}^{N} \alpha_{ij} \int_{F_j} f(t)\, dt \right) \chi_{E_i}(s),$$

also gilt

$$T_{k_n} f \in \lin\{\chi_{E_1}, \ldots, \chi_{E_N}\} \qquad \forall f \in L^2(\mathbb{R}).$$

Daher haben alle T_{k_n} endlichdimensionales Bild, und nach Korollar II.3.3 ist T_k kompakt.

Mit ähnlichen Methoden kann man die Kompaktheit eines Fredholmschen Integraloperators mit stetigem Kern auf $C[a,b]$ beweisen. Wir werden dieses Resultat jedoch als Konsequenz des folgenden nützlichen Kompaktheitskriteriums erhalten.

Satz II.3.4 (Satz von Arzelà-Ascoli)
Sei (S,d) ein kompakter metrischer Raum, und sei $M \subset C(S)$, wobei $C(S)$ wie üblich mit der Supremumsnorm versehen wird. Die Teilmenge M habe die Eigenschaften

(a) *M ist beschränkt,*
(b) *M ist abgeschlossen,*
(c) *M ist gleichgradig stetig, d. h.*

$$\forall \varepsilon > 0 \; \exists \delta > 0 \; \forall x \in M \qquad d(s,t) \leq \delta \;\Rightarrow\; |x(s) - x(t)| \leq \varepsilon.$$

Dann ist M kompakt.

Beweis. Zuerst wird gezeigt, dass S separabel ist. Da S kompakt ist, besitzt – bei gegebenem $\varepsilon > 0$ – die Überdeckung $\bigcup_{s \in S} \{t \in S : d(s,t) < \varepsilon\}$ eine endliche Teilüberdeckung. Es existieren also zu $n \in \mathbb{N}$ endlich viele $s_1^{(n)}, \ldots, s_{m_n}^{(n)} \in S$ mit $S = \bigcup_{k=1}^{m_n} \{t \in S : d(s_k^{(n)}, t) < \frac{1}{n}\}$. Es folgt, dass die abzählbare Menge $\{s_k^{(n)} : 1 \leq k \leq m_n, n \in \mathbb{N}\}$ dicht liegt.

Nun zum eigentlichen Beweis, der wie der Beweis von Satz II.3.2 ein Diagonalfolgen-
argument benutzt. Wir betrachten eine dichte abzählbare Menge $\{s_1, s_2, \ldots\} \subset S$ und eine
Folge (x_n) in M. Wir zeigen, dass es eine gleichmäßig konvergente Teilfolge gibt.

Da M beschränkt ist, ist die Folge $(x_n(s_1))$ in $\mathbb{K}$ beschränkt und besitzt daher eine
konvergente Teilfolge

$$\left(x_{n_1}(s_1), x_{n_2}(s_1), x_{n_3}(s_1), \ldots \right).$$

Auch die Folge $\left(x_{n_i}(s_2) \right)$ ist beschränkt, und eine geeignete Teilfolge dieser Folge, etwa

$$\left(x_{m_1}(s_2), x_{m_2}(s_2), x_{m_3}(s_2), \ldots \right)$$

konvergiert. Nochmalige Ausdünnung beschert uns eine konvergente Teilfolge

$$\left(x_{p_1}(s_3), x_{p_2}(s_3), x_{p_3}(s_3), \ldots \right),$$

etc. Die Diagonalfolge $y_1 = x_{n_1}$, $y_2 = x_{m_2}$, $y_3 = x_{p_3}$, $\ldots$ hat daher die Eigenschaft

$$\left(y_i(s_n) \right)_{i \in \mathbb{N}} \text{ konvergiert für alle } n \in \mathbb{N}.$$

Wir werden nun die gleichgradige Stetigkeit benutzen, um die gleichmäßige Konver-
genz von $(y_i)_{i \in \mathbb{N}}$ zu zeigen. Dazu beweisen wir, dass (y_i) bzgl. der Supremumsnorm eine
Cauchyfolge bildet.

Sei $\varepsilon > 0$, und wähle $\delta > 0$ gemäß (c). Dann existieren endlich viele offene Kugeln
vom Radius $\delta/2$, etwa $U_1, \ldots, U_p$, die S überdecken (siehe oben). Jede Kugel enthält dann
eines der s_n, sagen wir $s_{n_k} \in U_k$. Nun wähle $i_0 = i_0(\varepsilon)$ mit

$$|y_i(s_{n_k}) - y_j(s_{n_k})| \leq \varepsilon \qquad \forall i, j \geq i_0, \ k = 1, \ldots, p. \tag{II.11}$$

Jetzt betrachte ein beliebiges $s \in S$; s liegt dann in einer der überdeckenden Kugeln, etwa
$s \in U_\kappa$. Es folgt $d(s, s_{n_\kappa}) < \delta$ und daher nach (c)

$$|y_i(s) - y_i(s_{n_\kappa})| \leq \varepsilon \qquad \forall i \in \mathbb{N}. \tag{II.12}$$

Also implizieren (II.11) und (II.12) für $i, j \geq i_0$

$$|y_i(s) - y_j(s)| \leq |y_i(s) - y_i(s_{n_\kappa})| + |y_i(s_{n_\kappa}) - y_j(s_{n_\kappa})| + |y_j(s_{n_\kappa}) - y_j(s)| \leq 3\varepsilon.$$

Das zeigt $\|y_i - y_j\|_\infty \leq 3\varepsilon$ für $i, j \geq i_0$, und (y_i) ist eine Cauchyfolge. Da M abgeschlossen
ist, liegt ihr Limes in M, und die Kompaktheit von M ist bewiesen. $\qquad \square$

Derselbe Beweis liefert:

- *(a) & (c) $\Rightarrow$ M relativkompakt.*

Der Satz von Arzelà-Ascoli gilt auch für allgemeine kompakte topologische Räume, siehe Dunford/Schwartz [1958], S. 266; gleichgradige Stetigkeit wird dann punktweise erklärt.

Beispiele

(d) Betrachte den Integraloperator

$$T_k: C[0,1] \to C[0,1], \quad (T_k x)(s) = \int_0^1 k(s,t)x(t)\,dt$$

mit $k \in C([0,1]^2)$. Dann ist T_k kompakt. In der Tat ist $M := T_k(B_{C[0,1]})$ beschränkt (Beispiel II.1(l)), und (II.2) auf S. 55 zeigt die gleichgradige Stetigkeit von M. Nach dem Satz von Arzelà-Ascoli (bzw. der ihm folgenden Bemerkung) ist M relativkompakt. Genauso sieht man, dass ein Integraloperator

$$T_k: C(S) \to C(S), \quad (T_k x)(s) = \int_S k(s,t)x(t)\,d\mu(t)$$

mit $k \in C(S \times S)$ kompakt ist, wenn S ein mit einem endlichen Borelmaß μ versehener kompakter metrischer Raum ist.

(e) Auch der schwach singuläre Integraloperator aus Beispiel II.1(n) ist kompakt; dieses Mal können wir den Satz von Arzelà-Ascoli wegen (II.4) anwenden.

Als Gegenstück zum Satz von Arzelà-Ascoli diskutieren wir jetzt ein Kompaktheitskriterium für den Raum $L^p(\mathbb{R})$, das auf Kolmogorov zurückgeht.

Satz II.3.5 *Sei* $1 \le p < \infty$, *und sei* $M \subset L^p(\mathbb{R})$ *eine Teilmenge mit den Eigenschaften*

(a) *M ist beschränkt, d. h.* $\sup_{f \in M} \|f\|_p < \infty$,

(b) *M ist abgeschlossen,*

(c) $\displaystyle \lim_{\tau \to 0} \sup_{f \in M} \int_{\mathbb{R}} |f(t-\tau) - f(t)|^p\,dt = 0$,

(d) $\displaystyle \lim_{A \to \infty} \sup_{f \in M} \int_{\{|t| \ge A\}} |f(t)|^p\,dt = 0$.

Dann ist M kompakt.

Bedingung (c) kann man als integrierte Form der der gleichgradigen Stetigkeit verstehen; mit Hilfe des Translationsoperators $T_\tau: L^p(\mathbb{R}) \to L^p(\mathbb{R})$, $(T_\tau f)(t) = f(t-\tau)$, kann man (c) auch durch

$$\sup_{f \in M} \|T_\tau f - f\|_p \to 0 \quad \text{für } \tau \to 0,$$

ausdrücken, d. h.

$$\lim_{\tau \to 0} T_\tau f = f \quad \text{gleichmäßig bzgl. } f \in M.$$

(In Aufgabe II.5.5 ist $T_\tau f \to f$ für jedes $f \in L^p(\mathbb{R})$ zu zeigen.)

Beweis. Wir werden Satz B.1.7 anwenden und zeigen, dass M totalbeschränkt ist. Zu diesem Zweck führen wir als erstes den Mittelungsoperator V_r, $r > 0$, ein:

$$(V_r f)(s) = \frac{1}{2r} \int_{-r}^{r} f(s-t)\, dt;$$

wir zeigen, dass $V_r(M) = \{V_r f : f \in M\}$ eine gleichgradig stetige Menge von Funktionen auf $\mathbb{R}$ ist. Um das einzusehen, definiere $\chi_r(t) = \frac{1}{2r}$ für $|t| \le r$ und $\chi_r(t) = 0$ sonst. Dann ist

$$|(V_r f)(s_1) - (V_r f)(s_2)| = \left| \int_{\mathbb{R}} \chi_r(t)(f(s_1 - t) - f(s_2 - t))\, dt \right|$$

$$\le \|\chi_r\|_q \left(\int_{\mathbb{R}} |f(s_1 - t) - f(s_2 - t)|^p \, dt \right)^{1/p}$$

nach der Hölderschen Ungleichung mit $1/p + 1/q = 1$, und es gilt

$$\int_{\mathbb{R}} |f(s_1 - t) - f(s_2 - t)|^p \, dt = \int_{\mathbb{R}} |f(t' - (s_2 - s_1)) - f(t')|^p \, dt',$$

was nach Bedingung (c) mit $s_2 - s_1 \to 0$ gleichmäßig in $f \in M$ gegen 0 strebt. Daher ist $V_r(M)$ gleichgradig stetig.

Für $f \in L^p(\mathbb{R})$ gilt ferner (Höldersche Ungleichung, vgl. Aufgabe I.4.14)

$$|(V_r f)(s)| \le \frac{1}{2r} \int_{-r}^{r} |f(s-t)|\, dt \le \frac{1}{(2r)^{1/p}} \left(\int_{-r}^{r} |f(s-t)|^p \, dt \right)^{1/p} \le \frac{1}{(2r)^{1/p}} \|f\|_p,$$

also ist $V_r f$ stets eine beschränkte Funktion, und $V_r(M)$ ist eine beschränkte Teilmenge von $(C^b(\mathbb{R}), \| \cdot \|_\infty)$, da M in $L^p(\mathbb{R})$ beschränkt ist.

Als nächstes zeigen wir für $f \in L^p(\mathbb{R})$

$$\|V_r f - f\|_p \le \sup_{|t| \le r} \|T_t f - f\|_p. \tag{II.13}$$

Es ist ja nach der Hölderschen Ungleichung und dem Satz von Fubini

$$\|V_r f - f\|_p^p \leq \int_{\mathbb{R}} \left| \frac{1}{2r} \int_{-r}^{r} (f(s-t) - f(s)) \, dt \right|^p ds$$

$$\leq \int_{\mathbb{R}} \left(\frac{1}{(2r)^p} (2r)^{p/q} \int_{-r}^{r} |f(s-t) - f(s)|^p \, dt \right) ds$$

$$= \frac{1}{2r} \int_{-r}^{r} \int_{\mathbb{R}} |f(s-t) - f(s)|^p \, ds \, dt$$

$$= \frac{1}{2r} \int_{-r}^{r} \|T_t f - f\|_p^p \, dt$$

$$\leq \sup_{|t| \leq r} \|T_t f - f\|_p^p.$$

Aus (II.13) folgt

$$\sup_{f \in M} \|V_r f - f\|_p \leq \sup_{|t| \leq r} \sup_{f \in M} \|T_t f - f\|_p. \tag{II.14}$$

Sei nun $\varepsilon > 0$. Wegen (II.14) und Bedingung (c) kann man $r > 0$ so wählen, dass

$$\sup_{f \in M} \|V_r f - f\|_p \leq \frac{\varepsilon}{6}.$$

Außerdem wählen wir nach (d) $A > 0$ so, dass

$$\sup_{f \in M} \left(\int_{\{|t| \geq A\}} |f(t)|^p \, dt \right)^{1/p} \leq \frac{\varepsilon}{6}.$$

Nun betrachten wir die Restriktionen $(V_r f)|_{[-A,A]}$; diese bilden nach dem oben Bewiesenen eine gleichgradig stetige und beschränkte Teilmenge $M_{r,A}$ des Banachraums $(C[-A,A], \|\cdot\|_\infty)$; nach dem Satz von Arzelà-Ascoli ist $M_{r,A}$ relativkompakt und insbesondere totalbeschränkt. Es existieren also endlich viele Funktionen $f_1, \ldots, f_n \in M$ mit

$$\forall f \in M \; \exists j \in \{1, \ldots, n\} \quad \sup_{|s| \leq A} |(V_r f)(s) - (V_r f_j)(s)| \leq \frac{\varepsilon}{3 \cdot (2A)^{1/p}}. \tag{II.15}$$

Wir schließen den Beweis des Satzes ab, indem wir zeigen, dass die $f_1, \ldots, f_n$ ein ε-Netz von M bilden, d. h.

$$\forall f \in M \; \exists j \in \{1, \ldots, n\} \quad \|f - f_j\|_p \leq \varepsilon.$$

Zu $f \in M$ wähle nämlich f_j gemäß (II.15); dann ist dank der Minkowskischen Ungleichung

$$\|f - f_j\|_p \leq \left(\int_{-A}^{A} |f(t) - f_j(t)|^p \, dt \right)^{1/p} + \left(\int_{\{|t| \geq A\}} |f(t) - f_j(t)|^p \, dt \right)^{1/p}.$$

Der zweite Summand kann durch

$$\left(\int_{\{|t|\geq A\}} |f(t)|^p \, dt\right)^{1/p} + \left(\int_{\{|t|\geq A\}} |f_j(t)|^p \, dt\right)^{1/p} \leq \frac{\varepsilon}{3}$$

nach Wahl von A abgeschätzt werden. Für den ersten Summanden hat man

$$\left(\int_{-A}^{A} |f(t) - f_j(t)|^p \, dt\right)^{1/p} = \|f - f_j\|_{L^p[-A,A]}$$
$$\leq \|f - V_r f\|_{L^p[-A,A]} + \|V_r f - V_r f_j\|_{L^p[-A,A]} + \|V_r f_j - f_j\|_{L^p[-A,A]}.$$

Hier sind die äußeren Summanden zuerst durch die $L^p(\mathbb{R})$-Norm und dann nach Wahl von r jeweils durch $\varepsilon/6$ abzuschätzen. Für den mittleren Term ergibt sich

$$\|V_r f - V_r f_j\|_{L^p[-A,A]} \leq (2A)^{1/p} \sup_{|s| \leq A} |(V_r f)(s) - (V_r f_j)(s)| \leq \frac{\varepsilon}{3}$$

nach Wahl von j, vgl. (II.15). Insgesamt haben wir $\|f - f_j\|_p \leq \varepsilon$ gezeigt. Damit ist M totalbeschränkt und wegen Satz B.1.7 kompakt.   □

Derselbe Beweis liefert:

- (a), (c) & (d) $\Rightarrow$ M relativkompakt.

Die Bedingungen (a)–(d) sind auch notwendig für die Kompaktheit von M. Ferner lässt sich Satz II.3.5 zu einem Kompaktheitskriterium für $L^p[a,b]$ umformulieren, wenn man jede L^p-Funktion auf $[a,b]$ zu einer L^p-Funktion auf $\mathbb{R}$ fortsetzt, indem man außerhalb von $[a,b]$ den Wert 0 vorschreibt; die Bedingung (d) ist dann überflüssig, weil automatisch erfüllt.

Das Kolmogorovsche Kriterium ist nicht so leicht anwendbar wie der Satz von Arzelà-Ascoli; z. B. ist es nicht trivial, dass eine einpunktige Menge $\{f\}$ die Bedingung (c) erfüllt – das ist der Inhalt von Aufgabe II.5.5.

Wir wollen Satz II.3.5 benutzen, um die Kompaktheit gewisser Integraloperatoren zwischen L^p-Räumen zu beweisen.

Beispiel

(f) Sei $k: \mathbb{R} \times \mathbb{R} \to \mathbb{R}$ messbar, und es seien $1 \leq p, r < \infty$. Sei ferner $1/p + 1/q = 1$. Die Kernfunktion k erfülle

$$\|k\|_{p,r} := \left(\int_{\mathbb{R}} \left(\int_{\mathbb{R}} |k(s,t)|^p \, dt\right)^{r/p} ds\right)^{1/r} < \infty; \tag{II.16}$$

man spricht von einem *Hille-Tamarkin-Kern* (der Fall $p = r = 2$ entspricht den Hilbert-Schmidt-Kernen aus Beispiel (c)). Aus der Maßtheorie im Umfeld des Satzes von Tonelli übernehmen wir, dass die Funktion $s \mapsto \int_{\mathbb{R}} |k(s,t)|^p\, dt$ messbar ist, so dass das $\|k\|_{p,r}$ definierende Integral wohldefiniert ist. Wir wollen zeigen, dass der zugehörige Fredholmsche Integraloperator, also

$$(T_k f)(s) = \int_{\mathbb{R}} k(s,t) f(t)\, dt,$$

ein kompakter Operator von $L^q(\mathbb{R})$ nach $L^p(\mathbb{R})$ ist (*Hille-Tamarkin-Operator*).

Zunächst ist für $f \in L^q(\mathbb{R})$

$$\int_{\mathbb{R}} |(T_k f)(s)|^r\, ds \le \int_{\mathbb{R}} \left(\int_{\mathbb{R}} |k(s,t)|\,|f(t)|\, dt \right)^r ds$$

$$\le \int_{\mathbb{R}} \left(\int_{\mathbb{R}} |k(s,t)|^p\, dt \right)^{r/p} \left(\int_{\mathbb{R}} |f(t)|^q\, dt \right)^{r/q} ds$$

$$= \|k\|_{p,r}^r \|f\|_q^r;$$

also ist $T_k\colon L^q(\mathbb{R}) \to L^r(\mathbb{R})$ stetig mit $\|T_k\| \le \|k\|_{p,r}$.

Nun zeigen wir mit Hilfe von Satz II.3.5, dass $M = T_k(B_{L^q(\mathbb{R})})$ relativkompakt in $L^r(\mathbb{R})$ ist. Da T_k stetig ist, ist M jedenfalls beschränkt. Um Bedingung (c) aus Satz II.3.5 zu zeigen, schätzen wir für $\|f\|_q \le 1$ ab

$$\int_{\mathbb{R}} |(T_k f)(s - \sigma) - (T_k f)(s)|^r\, ds = \int_{\mathbb{R}} \left| \int_{\mathbb{R}} (k(s - \sigma, t) - k(s,t)) f(t)\, dt \right|^r ds$$

$$\le \int_{\mathbb{R}} \left(\int_{\mathbb{R}} |k(s - \sigma, t) - k(s,t)|^p\, dt \right)^{r/p} \|f\|_q\, ds$$

$$\le \int_{\mathbb{R}} \left(\int_{\mathbb{R}} |k(s - \sigma, t) - k(s,t)|^p\, dt \right)^{r/p} ds.$$

Es ist nun zu zeigen, dass dieser Term mit $\sigma \to 0$ ebenfalls gegen 0 konvergiert. Dazu muss man die Überlegungen von Aufgabe II.5.5 (die auf Satz I.2.13 basieren) für den zweidimensionalen Fall und für die $\| \cdot \|_{p,r}$-Norm durchführen; die maßtheoretischen Einzelheiten sollen hier übergangen werden.

Es bleibt, (d) zu überprüfen. Hierzu ist es praktisch, die Funktion $K\colon \mathbb{R} \to L^p(\mathbb{R})$, $K(s) = k(s,.)$ einzuführen. Für $\|f\|_q \le 1$ gilt

$$\int_{\{|s| \ge A\}} |(T_k f)(s)|^r\, ds = \int_{\{|s| \ge A\}} \left| \int_{\mathbb{R}} k(s,t) f(t)\, dt \right|^r ds$$

$$\le \int_{\{|s| \ge A\}} \|K(s)\|_p^r \|f\|_q^r\, ds$$

$$\le \int_{\{|s| \ge A\}} \|K(s)\|_p^r\, ds \to 0 \quad \text{mit } A \to \infty,$$

da ja nach (II.16) $s \mapsto \|K(s)\|_p$ eine L^r-Funktion ist (dass sie messbar ist, wurde oben bereits bemerkt).

Zum Schluss dieses Abschnitts soll die Umkehrung von Korollar II.3.3 untersucht werden. Bezeichnet man mit $F(X, Y)$ den Raum der stetigen linearen Operatoren von X nach Y mit endlichdimensionalem Bild (F steht für „finite rank"), so besagt Korollar II.3.3 $\overline{F(X, Y)} \subset K(X, Y)$ für alle Banachräume X und Y. Wir zeigen jetzt, dass für die bis jetzt diskutierten separablen Banachräume Y sogar stets Gleichheit gilt. Zunächst ein allgemeiner Satz.

Satz II.3.6 *Sei X ein beliebiger Banachraum und Y ein (separabler) Banachraum mit der Eigenschaft:*
Es existiert eine beschränkte Folge (S_n) in $F(Y)$ mit

$$\lim_{n \to \infty} S_n y = y \qquad \forall y \in Y. \tag{II.17}$$

Dann gilt $\overline{F(X, Y)} = K(X, Y)$.

Beweis. Sei $T \in K(X, Y)$. Dann ist $S_n T \in F(X, Y)$, und es reicht,

$$\|S_n T - T\| \to 0$$

zu zeigen. Zum Beweis hierfür sei $\varepsilon > 0$ gegeben. Setze $K = \sup \|S_n\| < \infty$. Wegen der Kompaktheit von T existieren endlich viele $y_1, \dots, y_r$ mit

$$\overline{T(B_X)} \subset \bigcup_{i=1}^{r} \{y \in Y : \|y - y_i\| < \varepsilon\}.$$

Auf Grund von (II.17) gibt es $N \in \mathbb{N}$ mit

$$\|S_n y_i - y_i\| \le \varepsilon \qquad \forall n \ge N, \ i = 1, \dots, r.$$

Wir zeigen jetzt $\|S_n Tx - Tx\| \le (K+2)\varepsilon$ für alle $x \in B_X$, $n \ge N$. Für $x \in B_X$ wähle nämlich $j \in \{1, \dots, r\}$ mit $\|Tx - y_j\| < \varepsilon$. Dann gilt für $n \ge N$

$$\|S_n Tx - Tx\| \le \|S_n(Tx - y_j)\| + \|S_n y_j - y_j\| + \|y_j - Tx\|$$
$$\le K\varepsilon + \varepsilon + \varepsilon = (K+2)\varepsilon,$$

was den Beweis abschließt. $\qquad\qquad\qquad\qquad\qquad\qquad\qquad\qquad\qquad\qquad\qquad\qquad$ $\square$

Hier noch einige Bemerkungen:

(1) Es ist nicht schwer zu sehen, dass ein Raum Y mit der in (II.17) genannten Eigenschaft separabel sein muss.

(2) (II.17) ist natürlich schwächer als $\|S_n - \mathrm{Id}\| \to 0$; nach Satz I.2.8 und Korollar II.3.3 würde daraus $\dim Y < \infty$ folgen.

(3) Wir werden in Kap. IV sehen, dass (II.17) automatisch die Beschränktheit der Folge (S_n) impliziert (Satz von Banach-Steinhaus, Theorem IV.2.1).

Korollar II.3.7 *Sei X ein beliebiger Banachraum und Y einer der separablen Banachräume c_0, ℓ^p, $C[0,1]$, $L^p[0,1]$ ($1 \le p < \infty$). Dann gilt $\overline{F(X,Y)} = K(X,Y)$.*

Beweis. Es ist nur (II.17) zu verifizieren. Für $Y = c_0$ oder ℓ^p betrachte

$$S_n(t_1, t_2, \ldots) = (t_1, \ldots, t_n, 0, 0, \ldots),$$

und für $Y = C[0,1]$ setze

$$(S_n y)(t) = \sum_{i=0}^{n} \binom{n}{i} t^i (1-t)^{n-i} y(i/n).$$

S_n ordnet y also das n-te Bernsteinpolynom zu, vgl. den Beweis des Weierstraßschen Approximationssatzes I.2.11. Dort wurde auch $S_n y \to y$ gezeigt. Im Fall $Y = L^p[0,1]$ sei S_n ein *bedingter Erwartungsoperator* der Form

$$S_n y = \sum_{i=0}^{2^n - 1} \frac{1}{2^{-n}} \int_{i 2^{-n}}^{(i+1) 2^{-n}} y(t)\, dt \; \chi_{[i 2^{-n}, (i+1) 2^{-n}]}.$$

Es ist allen Leserinnen und Lesern überlassen zu prüfen, dass die S_n jeweils (II.17) erfüllen. $\square$

Die Aussage von Korollar II.3.7 gilt auch für die nichtseparablen Banachräume ℓ^∞ und L^∞. Es ist hingegen ein offenes Problem, ob sie für H^∞ (Beispiel I.1(e)) gilt.

II.4 Interpolation von Operatoren auf L^p-Räumen

Es sei $p_0 < p_1$ und $T: L^{p_0}[0,1] \to L^{q_0}[0,1]$ eine stetige lineare Abbildung. Da $L^{p_1}[0,1] \subset L^{p_0}[0,1]$ (Aufgabe I.4.14), ist Tf insbesondere für $f \in L^{p_1}[0,1]$ definiert. Wir wollen annehmen, dass dann $Tf \in L^{q_1}[0,1]$ gilt und so ein stetiger Operator von $L^{p_1}[0,1]$ nach $L^{q_1}[0,1]$ erklärt ist. Die Aufgabenstellung der Interpolationstheorie ist es, den Operator T auf den L^p-Räumen zwischen L^{p_0} und L^{p_1} zu studieren. Insbesondere sollen Normabschätzungen für T auf L^p aus den Normen $\|T: L^{p_0} \to L^{q_0}\|$ und $\|T: L^{p_1} \to L^{q_1}\|$ hergeleitet werden.

In diesem Abschnitt werden wir einen allgemeinen Interpolationssatz für die Skala der L^p-Räume beweisen, den Satz von Riesz-Thorin (Theorem II.4.2). Dabei werden wir auch unendliche Maßräume zulassen. Da jedoch dann die L^p-Räume nicht mehr der Inklusion nach angeordnet sind (vgl. Aufgabe I.4.14), darf die Vorstellung, $L^p(\mu)$ liege zwischen $L^{p_0}(\mu)$ und $L^{p_1}(\mu)$, falls p zwischen p_0 und p_1 liegt, sicher nicht wörtlich genommen werden. Trotzdem spricht einiges für diese Idee, z.B. die Lyapunovsche Ungleichung aus Aufgabe I.4.16.

Diese Ungleichung soll hier – etwas allgemeiner formuliert – noch einmal wiederholt werden, da wir sie in der folgenden Diskussion benötigen.

Lemma II.4.1 (Lyapunovsche Ungleichung)
Sei $1 \leq p_0, p_1 \leq \infty$ und $0 \leq \theta \leq 1$. Definiere p durch $\frac{1}{p} = \frac{1-\theta}{p_0} + \frac{\theta}{p_1}$. Dann gilt $L^{p_0}(\mu) \cap L^{p_1}(\mu) \subset L^p(\mu)$; genauer ist

$$\|f\|_{L^p} \leq \|f\|_{L^{p_0}}^{1-\theta} \|f\|_{L^{p_1}}^{\theta} \qquad \forall f \in L^{p_0}(\mu) \cap L^{p_1}(\mu).$$

Ferner liegt $L^{p_0}(\mu) \cap L^{p_1}(\mu)$ dicht in $L^p(\mu)$, falls $p < \infty$.

Beweis. Die Ungleichung folgt aus der Hölderschen Ungleichung. Für die Dichtheitsaussage beachte, dass $L^{p_0}(\mu) \cap L^{p_1}(\mu)$ die integrierbaren Treppenfunktionen enthält. $\square$

Dass eine lineare Abbildung als stetiger Operator von $L^{p_0}(\mu)$ nach $L^{q_0}(\nu)$ und von $L^{p_1}(\mu)$ nach $L^{q_1}(\nu)$ wirkt, kann man allgemein so formulieren. Die Abbildung figuriert einerseits als $T_0 \in L(L^{p_0}(\mu), L^{q_0}(\nu))$, andererseits als $T_1 \in L(L^{p_1}(\mu), L^{q_1}(\nu))$, und dass es sich um „dieselbe" Abbildung handelt, wird durch die Forderung $T_0|_{L^{p_0}(\mu) \cap L^{p_1}(\mu)} = T_1|_{L^{p_0}(\mu) \cap L^{p_1}(\mu)}$ ausgedrückt.

Die soeben beschriebene Situation werden wir schlichter damit umschreiben, dass wir sagen, ein Operator T sei stetig als Operator $T\colon L^{p_0}(\mu) \to L^{q_0}(\nu)$ und als Operator $T\colon L^{p_1}(\mu) \to L^{q_1}(\nu)$. Nun können wir das Hauptergebnis dieses Abschnitts formulieren.

Theorem II.4.2 (Interpolationssatz von Riesz-Thorin)
Seien $1 \leq p_0, p_1, q_0, q_1 \leq \infty$. Ferner sei $0 < \theta < 1$, und es seien p und q definiert durch

$$\frac{1}{p} = \frac{1-\theta}{p_0} + \frac{\theta}{p_1}, \qquad \frac{1}{q} = \frac{1-\theta}{q_0} + \frac{\theta}{q_1}. \tag{II.18}$$

Es seien μ und ν σ-endliche Maße. Ist dann T eine lineare Abbildung mit

$$T\colon L^{p_0}(\mu) \to L^{q_0}(\nu) \quad \text{stetig mit Norm } M_0,$$
$$T\colon L^{p_1}(\mu) \to L^{q_1}(\nu) \quad \text{stetig mit Norm } M_1,$$

so gilt

$$\|Tf\|_{L^q} \leq M_0^{1-\theta} M_1^{\theta} \|f\|_{L^p} \qquad \forall f \in L^{p_0}(\mu) \cap L^{p_1}(\mu) \tag{II.19}$$

Abb. II.1 Konvexität der
Menge C

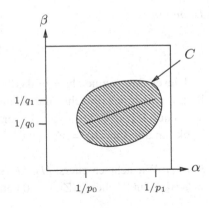

für $\mathbb{K} = \mathbb{C}$ *und*

$$\|Tf\|_{L^q} \le 2M_0^{1-\theta} M_1^\theta \|f\|_{L^p} \qquad \forall f \in L^{p_0}(\mu) \cap L^{p_1}(\mu) \qquad \text{(II.20)}$$

für $\mathbb{K} = \mathbb{R}$. *Der Operator lässt sich also zu einer stetigen linearen Abbildung*

$$T \colon L^p(\mu) \to L^q(\nu) \quad \text{mit Norm} \le cM_0^{1-\theta} M_1^\theta$$

($c = 1$ für $\mathbb{K} = \mathbb{C}$ und $c = 2$ für $\mathbb{K} = \mathbb{R}$) ausdehnen.

Beachte, dass auch ℓ^p ein $L^p(\mu)$-Raum ist (mit μ = zählendes Maß auf $\mathbb{N}$), so dass der obige Interpolationssatz ebenfalls auf Folgenräume anwendbar ist.

Denkt man sich die L^p-Räume als „Funktion" von $\frac{1}{p}$ statt von p, so sagt der Satz von Riesz-Thorin, dass $C := \{(\alpha, \beta)\colon T\colon L^{1/\alpha} \to L^{1/\beta}$ stetig$\}$ eine konvexe Menge ist (Abb. II.1), denn mit zwei Punkten liegt auch die Verbindungsstrecke darin. Ferner besagt (II.19), dass die Funktion

$$(\alpha, \beta) \mapsto \log \|T\colon L^{1/\alpha} \to L^{1/\beta}\|$$

eine konvexe Funktion auf C ist.

Wir beweisen Theorem II.4.2 zuerst für den komplexen Fall; anschließend wird der reelle daraus durch Komplexifizierung gewonnen. Der Beweis beruht auf folgendem funktionentheoretischen Resultat. Wir bezeichnen mit S den Streifen

$$S = \{z \in \mathbb{C}\colon 0 \le \operatorname{Re} z \le 1\}. \qquad \text{(II.21)}$$

Satz II.4.3 (Drei-Geraden-Satz)
Es sei $F\colon S \to \mathbb{C}$ *eine beschränkte stetige Funktion, die auf* int$S$ *analytisch ist. Für* $0 \le \theta \le 1$ *setze*

$$M_\theta = \sup_{y \in \mathbb{R}} |F(\theta + iy)|.$$

Dann gilt

$$M_\theta \leq M_0^{1-\theta} M_1^\theta.$$

Dieser Satz vergleicht also das Supremum von $|F|$ auf den drei Geraden $\operatorname{Re} z = 0$, $\operatorname{Re} z = \theta$, $\operatorname{Re} z = 1$. Beachte, dass die Beschränktheit von F gefordert wurde; sie folgt nicht allein aus $M_0 < \infty$, $M_1 < \infty$. (In der Tat ist $z \mapsto \exp\bigl(\exp((z - \tfrac{1}{2})\pi i)\bigr)$ eine unbeschränkte Funktion auf S mit $M_0 = M_1 = 1$.)

Beweis. Wir nehmen zuerst M_0, $M_1 \leq 1$ an und zeigen in diesem Fall $M_\theta \leq 1$. Sei $z_0 = x_0 + iy_0 \in \operatorname{int} S$ beliebig. Zu $\varepsilon > 0$ betrachte die Hilfsfunktion

$$F_\varepsilon(z) = \frac{F(z)}{1 + \varepsilon z}.$$

Die Funktion F_ε ist ebenfalls beschränkt und stetig auf S sowie analytisch auf $\operatorname{int} S$. Ferner gilt $\lim_{|y| \to \infty} |F_\varepsilon(x + iy)| = 0$ gleichmäßig für $0 \leq x \leq 1$, da $|F_\varepsilon(x + iy)| \leq |F(x + iy)|/(\varepsilon |y|)$ und da F beschränkt ist. Wähle nun $r > |y_0|$, so dass $|F_\varepsilon(x + iy)| \leq 1$ für $0 \leq x \leq 1$ und $|y| = r$. Bezeichnet R das kompakte Rechteck $[0, 1] \times i[-r, r]$, so gilt $|F_\varepsilon(z)| \leq 1$ auf ∂R. Das Maximumprinzip für analytische Funktionen (siehe etwa Rudin [1986], S. 253) liefert $|F_\varepsilon(z)| \leq 1$ für alle $z \in R$; insbesondere $|F_\varepsilon(z_0)| \leq 1$ und folglich

$$|F(z_0)| = \lim_{\varepsilon \to 0} |F_\varepsilon(z_0)| \leq 1,$$

was zu zeigen war.

Im Fall beliebiger M_0 und M_1 betrachte $G(z) = F(z)/(\alpha^{1-z}\beta^z)$, wo $\alpha > M_0$ und $\beta > M_1$ beliebig sind. Dann ist G stetig und beschränkt auf S sowie analytisch auf $\operatorname{int} S$, und es gilt $|G(z)| \leq 1$ auf ∂S. Nach dem gerade Bewiesenen gilt $|G(z)| \leq 1$ auch auf S. Das heißt $M_\theta \leq \alpha^{1-\theta}\beta^\theta$ und folglich $M_\theta \leq M_0^{1-\theta}M_1^\theta$. ($\alpha$ und β wurden nur eingeführt, um Schwierigkeiten im Fall $M_0 = 0$ oder $M_1 = 0$ aus dem Wege zu gehen. A posteriori zeigt sich, dass dann $F = 0$ gewesen sein muss.) $\square$

Kommen wir nun zum *Beweis* des Satzes von Riesz-Thorin im komplexen Fall. Zunächst gilt nach Voraussetzung $Tf \in L^{q_0}(\nu) \cap L^{q_1}(\nu)$ für $f \in L^{p_0}(\mu) \cap L^{p_1}(\mu)$, also ist nach Lemma II.4.1 $Tf \in L^q(\nu)$ für solche f.

Wir nehmen zuerst $p < \infty$ und $q > 1$ an; dann reicht es, (II.19) für integrierbare Treppenfunktionen nachzuweisen, denn diese liegen dicht. Dazu werden wir

$$\left| \int (Tf)g \, d\nu \right| \leq M_0^{1-\theta} M_1^\theta \tag{II.22}$$

für alle integrierbaren Treppenfunktionen f, g mit $\|f\|_{L^p} = 1 = \|g\|_{L^{q'}}$ beweisen, wo q' der zu q konjugierte Exponent, also $\frac{1}{q} + \frac{1}{q'} = 1$ ist. Das reicht aus, da (II.22) für das Funktional

$\ell(g) = \int (Tf)g \, d\nu$ auf $L^{q'}(\nu)$ die Abschätzung $\|\ell\| \leq M_0^{1-\theta} M_1^\theta$ impliziert (wegen $q' < \infty$ liegen die in (II.22) auftauchenden g dicht); und nach Satz II.2.4 ist $\|\ell\| = \|Tf\|_{L^q}$.

Wir können nun die Treppenfunktionen f und g als

$$f = \sum_{j=1}^J a_j \chi_{A_j}, \quad g = \sum_{k=1}^K b_k \chi_{B_k} \qquad \text{(II.23)}$$

mit

$$\|f\|_{L^p}^p = \sum_{j=1}^J |a_j|^p \mu(A_j) = 1, \quad \|g\|_{L^{q'}}^{q'} = \sum_{k=1}^K |b_k|^{q'} \nu(B_k) = 1, \qquad \text{(II.24)}$$

und paarweise disjunkten A_j bzw. B_k darstellen.

Für eine komplexe Zahl z definiere $p(z)$ und $q'(z)$ durch

$$\frac{1}{p(z)} = \frac{1-z}{p_0} + \frac{z}{p_1}, \quad \frac{1}{q'(z)} = \frac{1-z}{q_0'} + \frac{z}{q_1'};$$

also ist $p(0) = p_0$, $p(\theta) = p$ und $p(1) = p_1$ sowie $q'(0) = q_0'$, $q'(\theta) = q'$, $q'(1) = q_1'$. Mit der Konvention $\frac{0}{0} = 0$ setze nun

$$f_z = |f|^{p/p(z)} \frac{f}{|f|}, \quad g_z = |g|^{q'/q'(z)} \frac{g}{|g|};$$

f_z und g_z sind integrierbare Treppenfunktionen, insbesondere ist Tf_z erklärt. Schließlich definieren wir

$$F: \mathbb{C} \to \mathbb{C}, \quad F(z) = \int (Tf_z) g_z \, d\nu.$$

Nach (II.23) gilt die Darstellung

$$F(z) = \sum_{j=1}^J \sum_{k=1}^K |a_j|^{p/p(z)} \frac{a_j}{|a_j|} |b_k|^{q'/q'(z)} \frac{b_k}{|b_k|} \int_{B_k} T\chi_{A_j} \, d\nu.$$

Sie zeigt, dass F eine Linearkombination von Termen der Form γ^z mit $\gamma > 0$ ist; F ist also analytisch. F erfüllt die Voraussetzungen des Drei-Geraden-Satzes II.4.3, denn jede Funktion γ^z ist im Streifen S beschränkt:

$$|\gamma^{x+iy}| = \gamma^x \leq \max\{1, \gamma\} \qquad \forall x + iy \in S.$$

Als nächstes werden wir $|F(iy)|$ und $|F(1+iy)|$ abschätzen. Es gilt nach der Hölderschen Ungleichung und nach Voraussetzung über T

$$|F(iy)| \leq \|Tf_{iy}\|_{L^{q_0}} \|g_{iy}\|_{L^{q'_0}} \leq M_0 \|f_{iy}\|_{L^{p_0}} \|g_{iy}\|_{L^{q'_0}},$$

und (II.24) liefert (beachte $|\gamma^z| = \gamma^{\operatorname{Re} z}$ für $\gamma > 0$)

$$\|f_{iy}\|_{L^{p_0}}^{p_0} = \sum_{j=1}^{J} \left| |a_j|^{(p/p(iy))p_0} \right| \mu(A_j) = \sum_{j=1}^{J} |a_j|^p \mu(A_j) = 1,$$

und analog ist

$$\|g_{iy}\|_{L^{q'_0}}^{q'_0} = 1.$$

Daher erhält man

$$\sup_{y \in \mathbb{R}} |F(iy)| \leq M_0$$

und entsprechend

$$\sup_{y \in \mathbb{R}} |F(1 + iy)| \leq M_1.$$

Nun liefert Satz II.4.3

$$\left| \int (Tf)g \, d\nu \right| = |F(\theta)| \leq \sup_{y \in \mathbb{R}} |F(\theta + iy)| \leq M_0^{1-\theta} M_1^{\theta}.$$

Damit ist (II.22) und folglich (II.19) im Fall $p < \infty$, $q > 1$ bewiesen.

Nehmen wir nun den Fall $p = \infty$ an. Dann muss auch $p_0 = p_1 = \infty$ sein. Im Fall $q = q_0 = q_1 = 1$ ist nichts zu zeigen. Im Fall $q > 1$ argumentiere wie oben (f braucht nun nicht mehr integrierbar zu sein), setze aber $f_z = f$ für alle z. Analog wird der Fall $q = 1$, $p < \infty$ behandelt.

Nun zum reellen Fall. Dieser ergibt sich aus (II.19) und der folgenden Überlegung. Sei $U: L_{\mathbb{R}}^r \to L_{\mathbb{R}}^s$ ein stetiger Operator zwischen reellen Funktionenräumen. U hat vermöge $U_{\mathbb{C}}(f + ig) = Uf + i\,Ug$ eine kanonische Fortsetzung zu einer $\mathbb{C}$-linearen Abbildung $U_{\mathbb{C}}$: $L_{\mathbb{C}}^r \to L_{\mathbb{C}}^s$, für die $\|U_{\mathbb{C}}\| \leq 2\|U\|$ gilt (Aufgabe II.5.4).

Die behauptete Ausdehnbarkeit auf $L^p(\mu)$ ist wegen Satz II.1.5 trivial. Damit ist der Satz von Riesz-Thorin vollständig bewiesen. $\square$

Das folgende Beispiel zeigt, dass im reellen Fall (II.19) nicht zu gelten braucht. Wir betrachten auf $\mathbb{R}^2$ die lineare Abbildung $T(s, t) = (s + t, s - t)$. Man bestätigt schnell, dass

$\|T\colon \ell^\infty(2) \to \ell^1(2)\| = 2$ und $\|T\colon \ell^2(2) \to \ell^2(2)\| = 2^{1/2}$ ist. (II.19) würde dann für $p_0 = \infty$, $q_0 = 1$, $p_1 = q_1 = 2$, $\theta = \frac{1}{2}$ (also $p = 4$, $q = \frac{4}{3}$)

$$\|(s+t, s-t)\|_{4/3} \leq 2^{3/4} \|(s,t)\|_4$$

lauten, was aber nicht stimmt (setze etwa $s = 2$, $t = 1$).

Nun beschreiben wir eine Anwendung des Satzes von Riesz-Thorin; eine weitere wird in Satz V.2.10 gegeben. Es sei $\mathbb{T} = \{z \in \mathbb{C}\colon |z| = 1\} = \{e^{it}\colon 0 \leq t \leq 2\pi\}$; wir betrachten auf $\mathbb{T}$ das normalisierte Lebesguemaß $\frac{dt}{2\pi}$. Für zwei komplexwertige Funktionen $f, g \in L^1(\mathbb{T})$ setze

$$(f * g)(e^{is}) = \int_0^{2\pi} f(e^{it}) g(e^{i(s-t)}) \frac{dt}{2\pi}.$$

Die Funktion $f * g$ heißt *Faltung* (engl. *convolution*) von f und g. Sie ist messbar, und die Abschätzung

$$\begin{aligned}
\int_0^{2\pi} |(f*g)(e^{is})| \frac{ds}{2\pi} &\leq \int_0^{2\pi}\int_0^{2\pi} |f(e^{it})|\,|g(e^{i(s-t)})| \frac{dt}{2\pi}\frac{ds}{2\pi} \\
&= \int_0^{2\pi} |f(e^{it})| \int_0^{2\pi} |g(e^{i(s-t)})| \frac{ds}{2\pi}\frac{dt}{2\pi} \qquad \text{(Fubini)} \\
&\leq \int_0^{2\pi} |f(e^{it})| \frac{dt}{2\pi} \|g\|_{L^1} \\
&= \|f\|_{L^1} \|g\|_{L^1}
\end{aligned}$$

zeigt $f * g \in L^1(\mathbb{T})$.

Satz II.4.4 (Youngsche Ungleichung)
Seien $1 \leq p, q \leq \infty$ und $\frac{1}{r} := \frac{1}{p} + \frac{1}{q} - 1 \geq 0$. Falls $f \in L^p(\mathbb{T})$ und $g \in L^q(\mathbb{T})$, so ist $f * g \in L^r(\mathbb{T})$, und es gilt

$$\|f * g\|_{L^r} \leq \|f\|_{L^p} \|g\|_{L^q}.$$

Beweis. Bemerke zuerst, dass $f * g$ wegen $L^p(\mathbb{T}), L^q(\mathbb{T}) \subset L^1(\mathbb{T})$ wohldefiniert ist. Sei nun $f \in L^1(\mathbb{T})$ fest. Dann gilt (siehe oben)

$$\|f * g\|_{L^1} \leq \|f\|_{L^1} \|g\|_{L^1},$$

mit anderen Worten, der Operator $Tg = f * g$ genügt der Ungleichung

$$\|T\colon L^1 \to L^1\| \leq \|f\|_{L^1}.$$

Es ist klar, dass außerdem

$$\|T: L^\infty \to L^\infty\| \leq \|f\|_{L^1}$$

gilt. Also impliziert (II.19) für $\theta = \frac{1}{q'}$, wo q' den zu q konjugierten Exponenten bezeichnet, dass

$$\|T: L^q \to L^q\| \leq \|f\|_{L^r}.$$

Das bedeutet

$$\|f * g\|_{L^q} \leq \|f\|_{L^1}\|g\|_{L^q} \qquad \forall f \in L^1(\mathbb{T}),\ g \in L^q(\mathbb{T}). \tag{II.25}$$

Nun halten wir $g \in L^q(\mathbb{T})$ fest und variieren f. Die Höldersche Ungleichung liefert für $f \in L^{q'}(\mathbb{T})$ und $e^{is} \in \mathbb{T}$

$$
\begin{aligned}
|(f * g)(e^{is})| &\leq \int_0^{2\pi} |f(e^{it})|\, |g(e^{i(s-t)})|\, \frac{dt}{2\pi} \\
&\leq \left(\int_0^{2\pi} |f(e^{it})|^{q'}\, \frac{dt}{2\pi} \right)^{1/q'} \left(\int_0^{2\pi} |g(e^{it})|^{q}\, \frac{dt}{2\pi} \right)^{1/q} \\
&= \|f\|_{L^{q'}}\|g\|_{L^q}.
\end{aligned}
$$

Für den Operator $Sf = f * g$ gilt daher nach (II.25) und der obigen Abschätzung

$$\|S: L^1 \to L^q\| \leq \|g\|_{L^q},$$
$$\|S: L^{q'} \to L^\infty\| \leq \|g\|_{L^q}.$$

Wähle θ so, dass sich $\frac{1}{p} = \frac{1-\theta}{1} + \frac{\theta}{q'}$ ergibt; Auflösen liefert $\theta = \frac{q}{p'}$. Es ist $0 \leq \theta \leq 1$, da $\frac{1}{p} + \frac{1}{q} \geq 1$. Mit dieser Wahl von θ ist dann

$$\frac{1-\theta}{q} + \frac{\theta}{\infty} = \frac{1}{q} - \frac{1}{p'} = \frac{1}{r}.$$

Daher liefert der Satz von Riesz-Thorin

$$\|S: L^p \to L^r\| \leq \|g\|_{L^q},$$

das heißt

$$\|f * g\|_{L^r} \leq \|f\|_{L^p}\|g\|_{L^q} \qquad \forall f \in L^p(\mathbb{T}),\ g \in L^q(\mathbb{T}). \qquad \square$$

Abschließend wird die Frage erörtert, ob durch Interpolation kompakter Operatoren wieder kompakte Operatoren entstehen. Es zeigt sich, dass es in der Tat ausreicht, dass einer der Operatoren, zwischen denen interpoliert wird, kompakt ist.

Satz II.4.5 *Es seien die Voraussetzungen und Bezeichnungen des Satzes von Riesz-Thorin angenommen. Zusätzlich sei $T\colon L^{p_0}(\mu) \to L^{q_0}(\nu)$ kompakt. Dann ist $T\colon L^p(\mu) \to L^q(\nu)$ kompakt.*

Beweis. Wir geben den Beweis nur für den Spezialfall, dass ν das Lebesguemaß auf $[0, 1]$ oder $\mathbb{R}$ ist, und wir nehmen noch $q_0 < \infty$ an. Für den allgemeinen Fall sei z. B. auf Bennett/Sharpley [1988] oder Persson (*Arkiv Mat.* 5 (1964) 215–219) verwiesen, wo die Idee ähnlich wie in unserem Spezialfall, technisch aber etwas verwickelter ist.

Unter den gemachten Zusatzvoraussetzungen wissen wir nämlich, dass es eine Folge (S_n) linearer Abbildungen mit endlichdimensionalem Bild gibt, die simultan auf allen L^r-Räumen definiert sind und

$$\sup_{n\in\mathbb{N}} \|S_n\colon L^{q_1} \to L^{q_1}\| < \infty, \tag{II.26}$$

$$\|S_n T - T\colon L^{p_0} \to L^{q_0}\| \to 0$$

erfüllen (siehe Korollar II.3.7 und Aufgabe II.5.31). Interpolieren wir nun die Operatoren $S_n T - T$, so erhält man aus (II.19) bzw. (II.20)

$$\begin{aligned} \|S_n T - T&\colon L^p \to L^q\| \\ &\leq 2\|S_n T - T\colon L^{p_0} \to L^{q_0}\|^{1-\theta} \|S_n T - T\colon L^{p_1} \to L^{q_1}\|^{\theta} \\ &\leq 2\|S_n T - T\colon L^{p_0} \to L^{q_0}\|^{1-\theta} \|T\colon L^{p_1} \to L^{q_1}\|^{\theta} \\ &\qquad \times \|S_n - \mathrm{Id}\colon L^{q_1} \to L^{q_1}\|^{\theta} \\ &\to 0, \end{aligned}$$

da der letzte Faktor wegen (II.26) beschränkt bleibt. Weil $S_n T$ ein Operator mit endlichdimensionalem Bild ist, ist $T \in \overline{F(L^p, L^q)}$; nach Korollar II.3.3 ist T deshalb kompakt. $\square$

II.5 Aufgaben

Aufgabe II.5.1 Sei $\mathscr{P}$ der Vektorraum aller reellwertigen Polynome auf $\mathbb{R}$. Für ein Polynom $p(t) = \sum_{k=0}^n a_k t^k$ setze $\|p\| = \sum_{k=0}^n |a_k|$.

(a) $(\mathscr{P}, \|\cdot\|)$ ist ein normierter Raum. Ist er vollständig?

(b) Untersuchen Sie, ob folgende lineare Abbildungen $\ell\colon \mathscr{P} \to \mathbb{R}$ stetig sind, und bestimmen Sie gegebenenfalls $\|\ell\|$:

$$\ell(p) = \int_0^1 p(t)\,dt, \quad \ell(p) = p'(0), \quad \ell(p) = p'(1).$$

(c) Untersuchen Sie, ob folgende lineare Abbildungen $T\colon \mathscr{P} \to \mathscr{P}$ stetig sind, und bestimmen Sie gegebenenfalls $\|T\|$:

$$(Tp)(t) = p(t+1), \quad (Tp)(t) = \int_0^t p(s)\,ds.$$

Aufgabe II.5.2 Auf jedem unendlichdimensionalen normierten Raum existiert eine unstetige lineare Abbildung nach $\mathbb{K}$.
(Hinweis: Man muss mit einer Basis des Vektorraums (im Sinn der linearen Algebra) arbeiten.)

Aufgabe II.5.3 Sei X ein normierter Raum, und seien $S, T\colon X \to X$ lineare Abbildungen mit $ST - TS = \mathrm{Id}$. Dann ist S oder T unstetig.
(Hinweis: Zeigen Sie zuerst $ST^{n+1} - T^{n+1}S = (n+1)T^n$. Fortgeschrittene Leser können die Aussage auch aus Lemma IX.1.5 herleiten.)
Ist X der Raum der C^∞-Funktionen auf einem Intervall (mit irgendeiner Norm) und $(Sf)(t) = f'(t)$, $(Tf)(t) = tf(t)$, so ist die Voraussetzung erfüllt; für diese Wahl von S und T ist $ST - TS = \mathrm{Id}$ eine Umformulierung der Heisenbergschen Unschärferelation. Die typischen Operatoren der Quantenmechanik sind daher unbeschränkt.

Aufgabe II.5.4 Sei $U\colon L_{\mathbb{R}}^p(\mu) \to L_{\mathbb{R}}^q(\mu)$ ein stetiger linearer Operator zwischen den Räumen reellwertiger Funktionen $L_{\mathbb{R}}^p$ und $L_{\mathbb{R}}^q$. Man definiere $U_{\mathbb{C}}\colon L_{\mathbb{C}}^p(\mu) \to L_{\mathbb{C}}^q(\mu)$ durch $U_{\mathbb{C}}(f+ig) = Uf + iUg$. Zeigen Sie $\|U_{\mathbb{C}}\| \le 2\|U\|$. Geben Sie ein Beispiel, wo $\|U_{\mathbb{C}}\| > \|U\|$.

Aufgabe II.5.5

(a) Sei

$$\mathscr{K}(\mathbb{R}) = \left\{ f\colon \mathbb{R} \to \mathbb{K}\colon f \text{ stetig, } \mathrm{supp}(f) := \overline{\{t\colon f(t) \neq 0\}} \text{ kompakt} \right\}$$

der Vektorraum aller stetigen Funktionen mit kompaktem Träger. (Die abgeschlossene Menge $\mathrm{supp}(f)$ heißt der *Träger* von f.) Dann ist $\mathscr{K}(\mathbb{R})$ dicht in $L^p(\mathbb{R})$ für $1 \le p < \infty$.

(b) Für $f \in L^p(\mathbb{R})$ ($1 \le p \le \infty$) und $s \in \mathbb{R}$ setze

$$(T_s f)(t) = f(t-s).$$

Es ist leicht zu glauben (und auch nicht schwer, mit den Ergebnissen des Anhangs zu zeigen), dass stets

$$\|T_s f\|_{L^p} = \|f\|_{L^p}$$

für $f \in L^p(\mathbb{R})$ gilt. Offensichtlich sind die T_s lineare Operatoren auf $L^p(\mathbb{R})$. Zeigen Sie: Für $p < \infty$ ist

$$\lim_{s \to 0} \|T_s f - f\|_{L^p} = 0 \qquad \forall f \in L^p(\mathbb{R}), \tag{II.27}$$

aber es gilt nicht

$$\lim_{s \to 0} \|T_s - \mathrm{Id}\| = 0.$$

(Hier ist $\| \, . \, \|$ natürlich die Operatornorm.) Für $p = \infty$ gilt nicht einmal

$$\lim_{s \to 0} \|T_s f - f\|_{L^\infty} = 0 \qquad \forall f \in L^\infty(\mathbb{R}).$$

Wegen der Bedingung $T_{s+t} = T_s \circ T_t$, $T_0 = \mathrm{Id}$ bilden die T_s eine Gruppe von linearen Operatoren. Bedingung (II.27) wird *starke Stetigkeit* genannt. Solche Operatorgruppen bzw. -halbgruppen sind von großer Bedeutung in der Theorie der Evolutionsgleichungen; siehe Abschn. VII.4.
(Hinweis: Zum Beweis von (II.27) verwende man (a)!)

Aufgabe II.5.6 (Friedrichsscher Glättungsoperator)
In dieser Aufgabe sei $1 \le p < \infty$. Setze

$$\mathscr{D}(\mathbb{R}) = \{\varphi \in C^\infty(\mathbb{R}) \colon \mathrm{supp}(\varphi) \text{ kompakt}\}.$$

(Hier ist $C^\infty(\mathbb{R}) = \bigcap_n C^n(\mathbb{R})$; $\mathrm{supp}(\varphi)$ wurde in Aufgabe II.5.5 definiert.) Man definiere Funktionen ψ, φ, φ_ε zu $\varepsilon > 0$ durch

$$\psi(t) = \begin{cases} e^{-1/t} & \text{falls } t > 0, \\ 0 & \text{falls } t \le 0, \end{cases} \qquad \varphi(t) = a\,\psi(1 - t^2), \qquad \varphi_\varepsilon(t) = \frac{1}{\varepsilon}\varphi(t/\varepsilon),$$

wobei $a = \left(\int_\mathbb{R} \psi(1 - s^2)\,ds\right)^{-1}$; siehe Abb. II.2.

(a) $\psi \in C^\infty(\mathbb{R})$, folglich $\varphi_\varepsilon \in \mathscr{D}(\mathbb{R})$ mit $\int_\mathbb{R} \varphi_\varepsilon(s)\,ds = 1$ und $\mathrm{supp}(\varphi_\varepsilon) \subset [-\varepsilon, \varepsilon]$.
    (Hinweis: Zeigen Sie induktiv $\psi^{(n)}(t) = P_{2n}(1/t)e^{-1/t}$ für $t > 0$, wo P_{2n} ein Polynom vom Grade $\le 2n$ ist.)

Abb. II.2 Die Funktionen φ_ε

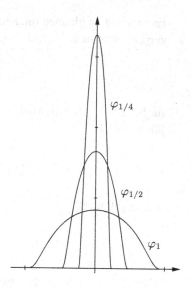

(b) Für $f \in L^p(\mathbb{R})$ setze

$$(T_\varepsilon f)(t) = \int_{\mathbb{R}} f(s)\varphi_\varepsilon(t-s)\,ds.$$

(Man nennt $T_\varepsilon f$ die *Faltung* von f und φ_ε.) Die Maßtheorie lehrt, dass $T_\varepsilon f$ wohldefiniert und messbar ist und dass ebenfalls die Darstellung

$$(T_\varepsilon f)(t) = \int_{\mathbb{R}} f(t-s)\varphi_\varepsilon(s)\,ds$$

gilt. Zeigen Sie durch Anwendung der Hölderschen Ungleichung (man beachte $\varphi_\varepsilon = \varphi_\varepsilon^{1/p}\varphi_\varepsilon^{1/q}$)

$$\|T_\varepsilon f\|_{L^p} \leq \|f\|_{L^p} \qquad \forall f \in L^p(\mathbb{R}).$$

(c) $\displaystyle\lim_{\varepsilon \to 0} \|T_\varepsilon f - f\|_\infty = 0$ für alle $f \in \mathscr{K}(\mathbb{R})$ und $\displaystyle\lim_{\varepsilon \to 0} \|T_\varepsilon f - f\|_{L^p} = 0$ für alle $f \in L^p(\mathbb{R})$.
(Hinweis: Aufgabe II.5.5(a).)
(d) Für $f \in L^p(\mathbb{R})$ ist $T_\varepsilon f \in C^\infty(\mathbb{R})$, und gilt zusätzlich

$$\exists N > 0 \quad f(t) = 0 \text{ für fast alle } t \text{ mit } |t| \geq N$$

(z. B. $f \in \mathscr{K}(\mathbb{R})$), so ist sogar $T_\varepsilon f \in \mathscr{D}(\mathbb{R})$.
(e) $\mathscr{D}(\mathbb{R})$ liegt dicht in $L^p(\mathbb{R})$, falls $1 \leq p < \infty$.

Aufgabe II.5.7 Betrachten Sie eine 2×2-Matrix (a_{ij}) als lineare Abbildung auf $\mathbb{K}^2$. Wenn $\mathbb{K}^2$ die euklidische Norm trägt, gilt

$$\|(a_{ij})\| = \frac{1}{2} \left(\sqrt{\tau + 2\delta} + \sqrt{\tau - 2\delta} \right),$$

wo $\tau := |a_{11}|^2 + |a_{12}|^2 + |a_{21}|^2 + |a_{22}|^2$, $\delta := |a_{11}a_{22} - a_{12}a_{21}|$.

Aufgabe II.5.8 Eine lineare Abbildung $A \colon \mathbb{K}^m \to \mathbb{K}^n$ werde als $(n \times m)$-Matrix (a_{ij}) dargestellt.

(a) Tragen $\mathbb{K}^m$ und $\mathbb{K}^n$ die Summennorm $\|(t_i)\|_1 = \sum |t_i|$, so ist

$$\|A\| = \max_{j \leq m} \sum_{i=1}^{n} |a_{ij}| \qquad \text{(Spaltensummennorm)}.$$

(b) Tragen $\mathbb{K}^m$ und $\mathbb{K}^n$ die Maximumsnorm $\|(t_i)\|_\infty = \max |t_i|$, so ist

$$\|A\| = \max_{i \leq n} \sum_{j=1}^{m} |a_{ij}| \qquad \text{(Zeilensummennorm)}.$$

Aufgabe II.5.9 Sei $A \in \mathbb{R}^{n \times n}$ eine symmetrische Matrix, und es sei $r(A) = \max\{|\lambda| \colon \lambda \text{ Eigenwert von } A\}$. Betrachten Sie A als eine lineare Abbildung auf $\mathbb{R}^n$.

(a) Sei $\|\,.\,\|$ eine Norm auf $\mathbb{R}^n$, und sei $\|A\|$ die zugehörige Operatornorm. Zeigen Sie, dass $\|A\| \geq r(A)$ und $\|A\|_2 = r(A)$ für die euklidische Norm $\|\,.\,\|_2$.

(b) $A^n \to 0$ (bzgl. irgendeiner Norm) genau dann, wenn $r(A) < 1$.

Aufgabe II.5.10 Betrachten Sie den identischen Operator $\mathrm{Id}_{p,q} \colon \ell^p(n) \to \ell^q(n)$ und zeigen Sie $\|\mathrm{Id}_{p,q}\| = n^{\frac{1}{q} - \frac{1}{p}}$, falls $q \leq p$.

Aufgabe II.5.11

(a) Zu $z \in \ell^\infty$ betrachte man $T_z \colon \ell^p \to \ell^p$, $(T_z x)(n) = z(n)x(n)$. Berechnen Sie $\|T_z\|$.

(b) Seien $0 \leq t_1 < \ldots < t_n \leq 1$ und $\alpha_1, \ldots, \alpha_n \in \mathbb{K}$. Man betrachte $\ell \colon C[0,1] \to \mathbb{K}$, $\ell(x) = \sum_{i=1}^{n} \alpha_i x(t_i)$. Berechnen Sie $\|\ell\|$.

Aufgabe II.5.12 Zeigen Sie $\ell^p \cong \ell^p / U$, wo $U = \{(s_n) \in \ell^p \colon s_{2k-1} = 0 \ \forall k \in \mathbb{N}\}$.

Aufgabe II.5.13 Zeigen Sie, dass die zweidimensionalen Räume $\ell^1(2)$ und $\ell^\infty(2)$ isometrisch isomorph sind, wenn der Skalarenkörper $\mathbb{R}$ ist, und dass diese Räume nicht isometrisch isomorph sind, wenn der Skalarenkörper $\mathbb{C}$ ist.

(Hinweis zum komplexen Fall: Gibt es Vektoren mit $\|x\| = \|y\| = 1$ und $\|x + \lambda y\| \leq 1$ für alle $|\lambda| \leq 1$?)

Aufgabe II.5.14

(a) Seien X und Y normierte Räume, $E \subset X$ ein dichter Unterraum und $T \in L(X, Y)$. Falls $T|_E$ eine Isometrie ist, ist T ebenfalls eine Isometrie.
(a) Betrachten Sie insbesondere $X = L^1[0, 1]$, $Y = (C[0, 1])'$ sowie $(Tf)(x) = \int_0^1 x(t)f(t)\, dt$. Berechnen Sie $\|Tf\|$.
    (Hinweis: Beispiel II.1(g).)

Aufgabe II.5.15 Seien $g_1, g_2, \ldots$ unabhängige standardnormalverteilte Zufallsvariablen auf einem Wahrscheinlichkeitsraum $(\Omega, \Sigma, \mathbb{P})$. Zeigen Sie, dass für $1 \leq p < \infty$ und eine geeignete Konstante c_p der durch $(a_n) \mapsto c_p \sum_{n=1}^{\infty} a_n g_n$ definierte Operator $J \colon \ell^2 \to L^p(\mathbb{P})$ wohldefiniert und isometrisch ist.
[Hinweis: Diese Aufgabe setzt Grundkenntnisse der Wahrscheinlichkeitstheorie voraus; nutzen Sie aus, dass die Verteilung des Zufallsvektors $(g_1, \ldots, g_n)$ rotationsinvariant ist. Übrigens sind $L^p(\mathbb{P})$, $L^p[0, 1]$ und $L^p(\mathbb{R}^d)$ isometrisch isomorph (siehe etwa Guerre-Delabrière [1992], S. 134), so dass jeder dieser L^p-Räume einen zu ℓ^2 isometrischen abgeschlossenen Unterraum enthält.]

Aufgabe II.5.16 $\|\,.\,\|_1$ und $\|\,.\,\|_2$ seien Normen auf dem Vektorraum X.

(a) Sind $\|\,.\,\|_1$ und $\|\,.\,\|_2$ äquivalent, so sind $(X, \|\,.\,\|_1)$ und $(X, \|\,.\,\|_2)$ isomorph.
(b) Die Umkehrung gilt nicht. Betrachten Sie dazu den Vektorraum d der abbrechenden Folgen und die Normen

$$\|(s_n)\|_1 = \sup\{|s_1|, 2|s_2|, |s_3|, 4|s_4|, |s_5|, \ldots\},$$

$$\|(s_n)\|_2 = \sup\{|s_1|, |s_2|, 3|s_3|, |s_4|, 5|s_5|, \ldots\}.$$

Aufgabe II.5.17 (Satz von Mazur-Ulam)
Sei X ein reeller normierter Raum und $\Phi \colon X \to X$ eine surjektive Funktion mit $\Phi(0) = 0$ und $\|\Phi(x) - \Phi(y)\| = \|x - y\|$ für alle $x, y \in X$. Dann ist Φ linear. Beweisen Sie diese Aussage unter der Zusatzvoraussetzung, dass X strikt konvex ist (vgl. Aufgabe I.4.13); dazu zeigen Sie zuerst, dass in diesem Fall $z = \frac{1}{2}(x + y)$ der einzige Punkt mit $\|z - x\| = \|z - y\| = \frac{1}{2}\|x - y\|$ ist. [Der Beweis des Satzes von Mazur-Ulam im allgemeinen Fall ist schwieriger und bei Banach [1932], S. 166, oder Väisälä (*Amer. Math. Monthly* 110 (2003) 633–635) oder Nica (*Expo. Math.* 30 (2012) 397–398) zu finden.]

Aufgabe II.5.18 Lösen Sie die Integralgleichung

$$x(s) - \int_0^1 2st\, x(t)\, dt = \sin \pi s, \qquad s \in [0, 1],$$

(a) mit der Methode der Neumannschen Reihe (begründen Sie insbesondere, warum diese konvergiert, obwohl hier $\|T_k\| = 1$ ist),

(b) durch „scharfes Hinsehen".

Aufgabe II.5.19 Seien X und Y normierte Räume, und sei $T \in L(X, Y)$.

(a) Es existiert ein wohldefinierter linearer Operator $\widehat{T}$, so dass das folgende Diagramm kommutiert (d. h. $T = \widehat{T} \circ \omega$):

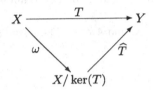

Hier ist ω die kanonische Abbildung $x \mapsto [x]$ von X auf $X/\ker(T)$.

(b) $\|T\| = \|\widehat{T}\|$, und $\widehat{T}$ ist injektiv.

(c) T ist genau dann kompakt, wenn $\widehat{T}$ kompakt ist.

(d) Falls T eine Quotientenabbildung ist, ist $\widehat{T}$ eine Isometrie. Also gilt in diesem Fall $Y \cong X/\ker(T)$.

Aufgabe II.5.20

(a) Sei $\ell \in X'$ mit $\|\ell\| = 1$. Dann ist ℓ eine Quotientenabbildung.

(b) Schließen Sie mit Hilfe von Aufgabe II.5.19 die *Formel von Ascoli*:

$$|\ell(x)| = d(x, \ker(\ell)) \qquad \forall \ell \in X', \ \|\ell\| = 1.$$

(c) Teil (b) gestattet es, leicht Beispiele zu konstruieren, um zu zeigen, dass im Rieszschen Lemma I.2.7 im Allgemeinen $\delta = 0$ nicht zulässig ist. Sei nämlich ℓ wie oben, und setze $U = \ker(\ell)$. Dann ist $\delta = 0$ genau dann zulässig, wenn es ein $x_0 \in B_X$ mit $\|\ell\| = |\ell(x_0)|$ gibt. (In diesem Fall sagt man, dass ℓ seine Norm annimmt.)

(d) Folgende Funktionale ℓ nehmen ihre Norm nicht an:

- $X = c_0$, $\ell((s_n)) = \sum_{n=1}^{\infty} 2^{-n} s_n$
- $X = C[0,1]$, $\ell(x) = \int_0^{1/2} x(t)\,dt - \int_{1/2}^1 x(t)\,dt$

Aufgabe II.5.21 Zeigen Sie Satz II.2.3(a) für $p = 1$ und Satz II.2.3(b).

Aufgabe II.5.22 Sei $1 < p < \infty$ und $k \in C([0,1]^2)$. Zeigen Sie, dass der Integraloperator

$$T_k f(s) = \int_0^1 k(s,t) f(t)\,dt$$

ein stetiger Operator von $L^p[0, 1]$ in sich ist, für dessen Norm

$$\|T_k\| \leq \sup_s \left(\int_0^1 |k(s,t)| \, dt \right)^{1/q} \sup_t \left(\int_0^1 |k(s,t)| \, ds \right)^{1/p}$$

gilt, wo $1/p + 1/q = 1$. Ferner ist $T_k \colon L^p[0, 1] \to L^p[0, 1]$ kompakt.
(Tipp: Betrachten Sie $\int (T_k f)(s) g(s) \, ds$ für $g \in L^q[0, 1]$, oder benutzen Sie (II.2).)

Aufgabe II.5.23 Sei $M \subset C[a, b]$ relativkompakt. Dann ist M gleichgradig stetig.

Aufgabe II.5.24 Sei $1 \leq p < \infty$ und $A \subset \ell^p$. Dann sind äquivalent:

(i) A ist relativkompakt.
(ii) A ist beschränkt und

$$\lim_{n \to \infty} \sup_{x \in A} \left(\sum_{i=n}^{\infty} |x(i)|^p \right)^{1/p} = 0.$$

(Hinweise: (i) $\Rightarrow$ (ii): Versuchen Sie einen Widerspruchsbeweis.
(ii) $\Rightarrow$ (i): Benutzen Sie die Beschränktheit, um aus einer Folge in A eine punktweise konvergente Teilfolge auszusondern (Diagonalfolgentrick!); zeigen Sie mit Hilfe der Limesbedingung, dass die Teilfolge auch in ℓ^p konvergiert.)

Aufgabe II.5.25

(a) Sei $z \in \ell^\infty$ und $T_z \colon \ell^p \to \ell^p$, $T_z(x) = z \cdot x$ (vgl. Aufgabe II.5.11). T_z ist kompakt dann und nur dann, wenn $z \in c_0$ ist.
(b) $C^1[0, 1]$ trage (wie üblich) die Norm $\|f\| = \|f\|_\infty + \|f'\|_\infty$. Dann ist die Inklusionsabbildung $(C^1[0, 1], \| \cdot \|) \to (C[0, 1], \| \cdot \|_\infty)$ kompakt.
(Tipp: Arzelà-Ascoli!)

Aufgabe II.5.26 Betrachten Sie die Kernfunktion $k(s, t) = |s-t|^{-\alpha}$ für $s \neq t$ bzw. $k(s, s) = 0$ auf $[0, 1]^2$.

(a) Sei $0 < \alpha < 1/2$. Dann ist der zugehörige Integraloperator T_k ein kompakter Operator von $L^2[0, 1]$ nach $L^2[0, 1]$.
(b) Was passiert im Fall $1/2 \leq \alpha < 1$?
(Tipp: Höldersche Ungleichung.)

Aufgabe II.5.27 Sei $k \in C([0, 1]^2)$. Der Integraloperator $T_k \colon C[0, 1] \to C[0, 1]$,

$$(T_k x)(s) = \int_0^s k(s, t) x(t) \, dt,$$

heißt dann *Volterrascher Integraloperator*. Zeigen Sie, dass T_k wohldefiniert und kompakt ist.

Aufgabe II.5.28 Zeigen Sie, dass die Bedingungen (a)–(d) aus Satz II.3.5 notwendig für die Kompaktheit von $M \subset L^p(\mathbb{R})$ sind.

Aufgabe II.5.29 Betrachten Sie die normierte Summe $Z = X \oplus_p Y$ zweier normierter Räume X und Y, wo $1 \leq p \leq \infty$. Beschreiben Sie den Dualraum von Z mit Hilfe der Dualräume von X und Y.

Aufgabe II.5.30 Sei $E_1, E_2, \dots$ eine Folge von Banachräumen, und sei $1 \leq p \leq \infty$. Man setzt

$$\bigoplus_p E_n = \left\{ (x_n) \colon x_n \in E_n, \ \|(x_n)\|_p = \left(\sum_{n=1}^{\infty} \|x_n\|^p \right)^{1/p} < \infty \right\}$$

für $p < \infty$ und

$$\bigoplus_\infty E_n = \left\{ (x_n) \colon x_n \in E_n, \ \|(x_n)\|_\infty = \sup_n \|x_n\| < \infty \right\}.$$

(a) $\left(\bigoplus_p E_n, \| \cdot \|_p \right)$ ist ein Banachraum.

(b) Für $1 \leq p < \infty$ und $\frac{1}{p} + \frac{1}{q} = 1$ ist $\left(\bigoplus_p E_n \right)' \cong \bigoplus_q E_n'$.

(c) Sei (Ω, Σ, μ) ein Maßraum, und sei $\Omega = \bigcup_{n=1}^{\infty} \Omega_n$ mit paarweise disjunkten $\Omega_n \subset \Sigma$. Dann gilt (mit naheliegenden Bezeichnungen)

$$\bigoplus_p L^p(\Omega_n) \cong L^p(\Omega).$$

(d) Im Text wurde Satz II.2.4 nur für endliche Maßräume bewiesen. Mit Hilfe von (b) und (c) komplettiere man den Beweis für den σ-endlichen Fall.

Aufgabe II.5.31 Zeigen Sie $\overline{F(X, L^p(\mathbb{R}))} = K(X, L^p(\mathbb{R}))$ für alle Banachräume X und $1 \leq p < \infty$.

Aufgabe II.5.32 (Approximationszahlen)
Seien X und Y Banachräume sowie $T \in L(X, Y)$. Die n-te *Approximationszahl* von T ist definiert als

$$a_n(T) := \inf\{ \|T - A\| \colon A \in F(X, Y), \ \dim(\mathrm{ran}\, A) < n \}.$$

Zeigen Sie (W und Z bezeichnen weitere Banachräume):

(a) $\|T\| = a_1(T) \geq a_2(T) \geq \dots.$

(b) $a_{n+k-1}(T_1 + T_2) \leq a_n(T_1) + a_k(T_2)$, $\quad \forall k, n \in \mathbb{N}$, $T_1, T_2 \in L(X, Y)$.

(c) $a_{n+k-1}(ST) \leq a_n(S)a_k(T)$, $\quad \forall k, n \in \mathbb{N}$, $T \in L(X, Y)$, $S \in L(Y, Z)$.

(d) $a_n(RTS) \leq \|R\| a_n(T) \|S\|$ $\quad \forall S \in L(W, X)$, $R \in L(Y, Z)$.

(e) $a_n(\mathrm{Id}_X) = 1$, falls $\dim X \geq n$.

   (Tipp: $A = \mathrm{Id}_X - (\mathrm{Id}_X - A)$; beachten Sie die Neumannsche Reihe.)

(f) Falls $a_n(T) \to 0$, ist T kompakt.

Aufgabe II.5.33 (Lemma von Ehrling)

Seien X, Y und Z Banachräume und $T \in K(X, Y)$ sowie $J \in L(Y, Z)$; J sei injektiv. Dann existiert für alle $\varepsilon > 0$ eine Konstante C_ε mit

$$\|Tx\| \leq \varepsilon \|x\| + C_\varepsilon \|JTx\| \qquad \forall x \in X.$$

(Hinweis: Versuchen Sie einen Widerspruchsbeweis!)

Aufgabe II.5.34 Sei X ein Banachraum und $T \in K(X)$.

(a) Dann ist der Kern von $\mathrm{Id} - T$ endlichdimensional.

(b) Ist $\mathrm{Id} - T$ bijektiv, so ist $(\mathrm{Id} - T)^{-1}$ stetig.

   (Bemerkung: Das gilt auch für bloß stetige T, ist aber wesentlich schwieriger zu beweisen; siehe Korollar IV.3.4.)

(c) Falls X unendlichdimensional ist, ist $d(\mathrm{Id}, K(X)) = 1$.

   (Tipp: $K = \mathrm{Id} - (\mathrm{Id} - K)$; beachten Sie die Neumannsche Reihe.)

Aufgabe II.5.35 Sei $(a_{mn})_{m,n \in \mathbb{N}}$ eine unendliche Matrix über $\mathbb{C}$ mit

$$\alpha := \sup_{m,n} |a_{mn}| < \infty,$$

$$\sum_{n=1}^{\infty} a_{mn}\overline{a_{pn}} = \delta_{mp} = \left\{ \begin{array}{ll} 1 & m = p. \\ 0 & m \neq p. \end{array} \right.$$

Sei $1 \leq p \leq 2$ und $\frac{1}{p} + \frac{1}{p'} = 1$. Dann definiert A: $(s_n)_n \mapsto (\sum_n a_{mn}s_n)_m$ einen stetigen Operator von ℓ^p nach $\ell^{p'}$ mit

$$\|A: \ell^p \to \ell^{p'}\| \leq \alpha^{1/p - 1/p'}.$$

(Tipp: Betrachten Sie zuerst A: $\ell^1 \to \ell^\infty$, A: $\ell^2 \to \ell^2$ und interpolieren Sie.)

Aufgabe II.5.36 Sei Y ein Banachraum und T eine lineare Abbildung, die stetig als Operator T: $L^1(\mu) \to Y$ mit Norm M_0 und als Operator T: $L^\infty(\mu) \to Y$ mit Norm M_1 wirkt. Dann ist T: $L^p(\mu) \to Y$ stetig mit Norm $\leq M_0^{1/p} M_1^{1-1/p}$.

Anleitung: Betrachten Sie eine Treppenfunktion f mit $\|f\|_{L^p} = 1$. Sei $\lambda > 0$ ein noch freier Parameter. Setze $g = f\chi_{\{|f| \leq \lambda\}} \in L^\infty(\mu)$ und $h = f - g \in L^1(\mu)$. Schließen Sie

$\|Tf\| \leq M_1\lambda + M_0\|h\|_{L^1}$ und $\|h\|_{L^1} = \int_{\{|f|>\lambda\}} |f|^{1-p}|f|^p \, d\mu \leq \lambda^{1-p}$. Durch geschickte Wahl von λ kann man $\|Tf\| \leq M_0^{1/p} M_1^{1-1/p}$ erzielen.

II.6 Bemerkungen und Ausblicke

Die Untersuchung von Integraloperatoren stand von Anfang an im Zentrum der Funktionalanalysis. Hilbert und Schmidt befassten sich – im Prinzip – in ihren im Kap. VI genauer vorgestellten Arbeiten mit Operatoren auf $L^2[a, b]$. F. Riesz studierte 1918 (*Acta Math.* 41 (1918) 71–98) kompakte Operatoren – pars pro toto – auf $C[a, b]$; aber er erkannte bereits, dass die „in der Arbeit gemachte Einschränkung [...] auf stetige Funktionen ohne Belang" ist, wie bereits in Abschn. I.5 zitiert wurde. Die Arbeit von Riesz kann also als Ausgangspunkt der Theorie kompakter Operatoren auf Banachräumen angesehen werden. Die ältere Nomenklatur für kompakte Operatoren lautet übrigens *vollstetige Operatoren*; mehr dazu in den Bemerkungen zum nächsten Kapitel.

Das Problem, ob kompakte Operatoren stets durch endlichdimensionale approximiert werden können, mit anderen Worten, ob Korollar II.3.7 für jeden Banachraum Y gilt, wurde erst 1973 von Enflo (*Acta Math.* 130 (1973) 309–317) durch ein Gegenbeispiel gelöst. Es ist dazu äquivalent, ob für $k \in C([0, 1]^2)$ stets

$$\int_0^1 k(s, t)k(t, u) \, dt = 0 \ \forall s, u \in [0, 1] \quad \Rightarrow \quad \int_0^1 k(s, s) \, ds = 0 \tag{II.28}$$

gilt. (Ist k ein Gegenbeispiel hierzu, so ist $Y = \overline{\lim}\{k(s, .): s \in [0, 1]\} \subset C[0, 1]$ ein Gegenbeispiel zum Approximationsproblem, siehe Lindenstrauss/Tzafriri [1977], S. 35.) Die Frage nach (II.28) wurde schon im Schottischen Buch aufgeworfen (Problem 153, datiert vom 6. November 1936; Mauldin [1981], S. 231); als Preis für die Antwort war „eine lebende Gans" ausgesetzt worden. In der Tat wurde Enflo sein Preis 1972 in Warschau überreicht, das Ereignis ist auf einem Foto in Kałuża [1996] abgebildet. Gilt Korollar II.3.7 für einen Banachraum Y, so sagt man nach Grothendieck[1] (*Mem. Amer. Math. Soc.* 16 (1955)), Y habe die *Approximationseigenschaft*. Alle „klassischen" Funktionen- und Folgenräume besitzen diese Eigenschaft, wie in Korollar II.3.7 festgestellt wurde, und es ist auch heute nicht einfach, Gegenbeispiele zu produzieren; man vergleiche dazu etwa Lindenstrauss/Tzafriri [1977], S. 87–90. Es ist ein außerordentlich bemerkenswertes

---

[1] Eine Biographie über diesen wahrlich bemerkenswerten Mathematiker von W. Scharlau ist in Vorbereitung; siehe www.math.uni-muenster.de/math/u/scharlau/scharlau oder https://webusers.imj-prg.fr/~leila.schneps/mitanni/grothendieckcircle/. Band 1 und 3 sind bereits erschienen (Scharlau [2007] und [2010]); für eine Kurzfassung siehe das Septemberheft 2008 der *Notices of the American Mathematical Society*. Ein ebenfalls sehr informativer biographischer Artikel von A. Jackson wurde im Oktober- bzw. Novemberheft des Jahrgangs 2004 der *Notices of the American Mathematical Society* veröffentlicht; Weiteres zu Grothendieck, der am 13.11.2014 gestorben ist, im März- bzw. Aprilheft der *Notices* 2016.

Resultat von Szankowski (*Acta Math.* 147 (1981) 89–108), dass der nicht separable Raum $Y = L(\ell^2)$ *nicht* die Approximationseigenschaft besitzt; Pisiers Darstellung des sehr schwierigen Beweises im Séminaire Bourbaki (Lecture Notes in Math. 770, S. 312–327) ist die einzige mir bekannte mathematische Arbeit, die mit dem Ausruf „Uff!" endet.

Die Neumannsche Reihe ist nach C. Neumann (nicht J. von Neumann) benannt, der eine solche Reihe im Jahre 1877 in der Potentialtheorie verwandte (Dieudonné [1981], S. 43). Die im Text skizzierte Anwendung auf Integralgleichungen verdankt man E. Schmidt (*Math. Ann.* 64 (1907) 161–174). Eine allgemeinere Variante der Neumannschen Reihe zeigt, dass Id − T nicht nur für einen Banachraumoperator T mit $\|T\| < 1$ ein Isomorphismus ist, sondern auch, wenn bloß ein $\lambda < 1$ mit $\|Tx\| \leq \lambda(\|x\| + \|x - Tx\|)$ für alle x existiert (Hilding, *Ann. Math.* 49 (1948) 953–955; dazu siehe auch Casazza/Kalton, *Proc. Amer. Math. Soc.* 127 (1999) 519–527).

Riesz war es auch, der bemerkte, dass man es in der L^p-Theorie, die er in *Math. Ann.* 69 (1910) 449–497 initiierte, für $p \neq 2$ nicht nur mit *einem* Funktionenraum zu tun hat, sondern der Raum L^q mit dem konjugierten Exponenten $q = \frac{p}{p-1}$ auf vollkommen natürliche Weise ebenfalls ins Spiel kommt; im Fall $p = 2$ wird diese Tatsache dadurch verschleiert, dass L^2 zu sich selbst dual ist. Insbesondere bewies er $(L^p[a,b])' \cong L^q[a,b]$, wodurch die Grundlage der Dualitätstheorie gelegt wurde, die allerdings erst in dem Moment wirklich befriedigend wird, wo der Dualraum eines allgemeinen normierten Raums als hinreichend umfassend erkannt wird. Das werden wir in Kap. III mit dem Satz von Hahn-Banach erreichen. Wieder stellt Riesz fest, dass der von ihm diskutierte partikuläre Fall der L^p-Räume über kompakten Intervallen im Kern den allgemeinen enthält:

> Unsere Resultate gelten für alle entsprechenden Klassen von Funktionen, die für eine messbare Menge beliebiger Dimension von nicht verschwindendem Inhaltsmaße erklärt werden; es ist natürlich auch der Begriff des Inhaltsmaßes entsprechend zu deuten.

(Ebd., S. 496.)

Dass $L^\infty[a,b]$ zu $L^1[a,b]$ dual ist, ist ein Resultat von Steinhaus (*Math. Zeitschrift* 5 (1919) 186–221). Um allgemein $(L^1(\mu))'$ als $L^\infty(\mu)$ darstellen zu können, muss man wirklich eine Endlichkeitsvoraussetzung an den Maßraum stellen; wie im Text bereits bemerkt, ist das für $p > 1$ überflüssig. Hier ein Beispiel: Sei $\Omega = [0,1]$, Σ die σ-Algebra aller Teilmengen von $[0,1]$, die selbst oder deren Komplemente höchstens abzählbar sind, und μ das zählende Maß. Dann ist $\ell(f) = \int_0^1 f(t)t \, d\mu(t)$ ein wohldefiniertes stetiges lineares Funktional auf $L^1(\mu)$. Es kann aber nicht durch ein $g \in L^\infty(\mu)$ dargestellt werden; dazu käme nämlich als einziges die Funktion $g(t) = t$ in Frage, aber die ist nicht messbar. (Gleichwohl definieren die Produkte $f(t)t$ für $f \in L^1(\mu)$ messbare Funktionen, denn dann ist $f(t) \neq 0$ für höchstens abzählbar viele t.) Eine genaue Untersuchung von $(L^1(\mu))'$ findet man bei Behrends [1987], S. 184ff.

Man kann auch für die Dualräume von ℓ^∞ und L^∞ konkrete Darstellungen angeben, nämlich durch Räume additiver (aber nicht σ-additiver) Mengenfunktionen; siehe Dunford/Schwartz [1958], S. 296. Diese Darstellungen sind aber bei weitem nicht so nützlich wie die in Abschn. II.2 vorgestellten.

Der Rieszsche Darstellungssatz II.2.5 wurde von ihm zunächst für $K = [0, 1]$ bewiesen (*C. R. Acad. Sc. Paris* 149 (1909) 1303–1305), wobei er die Funktionale durch Stieltjes-Integrale darstellte; die endgültige Fassung stammt von Kakutani (*Ann. of Math.* 42 (1941) 994–1024). Der Satz gilt genauso, wenn K bloß lokalkompakt ist und statt $C(K)$ der Raum der „im Unendlichen verschwindenden" stetigen Funktionen

$$C_0(K) = \big\{f: K \to \mathbb{K}: f \text{ stetig}; \{t: |f(t)| \geq \varepsilon\} \text{ kompakt } \forall \varepsilon > 0\big\}$$

mit der Supremumsnorm betrachtet wird. Eine andere Variante des Rieszschen Darstellungssatzes stellt die *positiven* linearen Funktionale auf

$$\mathcal{K}(K) = \{f: K \to \mathbb{K}: f \text{ stetig, supp}(f) \text{ kompakt}\},$$

K lokalkompakt, durch positive reguläre Borelmaße, die aber nicht endlich zu sein brauchen, dar; Beweise findet man bei Rudin [1986], S. 40ff., oder Behrends [1987], S. 217ff. Dies ist umgekehrt der Ausgangspunkt für die Integrationstheorie à la Bourbaki. Für Bourbaki *ist* ein Maß ein Funktional auf $\mathcal{K}(K)$ und keine σ-additive Mengenfunktion; eine konzise Darstellung gibt Pedersen [1989].

Korollar II.2.7 motiviert folgendes quantitative Konzept zur Untersuchung der Isomorphie von Banachräumen. Der *Banach-Mazur-Abstand* zwischen zwei isomorphen Banachräumen X und Y ist erklärt als

$$d(X, Y) = \inf\{\|T\| \, \|T^{-1}\|: \; T: X \to Y \text{ Isomorphismus}\}.$$

Die Funktion d erfüllt die multiplikative Dreiecksungleichung $d(X, Z) \leq d(X, Y) d(Y, Z)$; eigentlich sollte also $\log d$ „Abstand" genannt werden. Das Argument von Satz II.1.11(a) zeigt in dieser Sprechweise, dass $d(c, c_0) \leq 4$ gilt; der präzise Wert ist $d(c, c_0) = 3$ (Cambern, *Studia Math.* 30 (1968) 73–77). Insbesondere ist es wichtig, den Banach-Mazur-Abstand zwischen endlichdimensionalen Räumen als Funktion ihrer Dimension abzuschätzen. (II.10) zeigt $d\big(X, \ell^1(n)\big) \leq n$ für alle n-dimensionalen Räume, also $d(X, Y) \leq n^2$, falls $\dim X = \dim Y = n$. Ein wesentlich schärferes Resultat stellt der *Satz von F. John* aus dem Jahre 1948 dar, der z. B. in Bollobás [1990] bewiesen wird. Er lautet:

- *Für alle n-dimensionalen Räume gilt $d\big(X, \ell^2(n)\big) \leq \sqrt{n}$; also folgt $d(X, Y) \leq n$, falls $\dim X = \dim Y = n$.*

Erst Anfang der 80er Jahre zeigte Gluskin (*Funct. Anal. Appl.* 15 (1981) 72–73) mit wahrscheinlichkeitstheoretischen Methoden, dass der Satz optimal ist, indem er die Existenz einer Skala von n-dimensionalen Räumen mit $\inf d(X_n, Y_n)/n > 0$ nachwies; bemerkenswerterweise ist $d\big(\ell^1(n), \ell^\infty(n)\big)$ nur von der Größenordnung $\sqrt{n}$ und nicht n.

In den Beispielen II.1(n) und II.3(e) wurde ein schwach singulärer Integraloperator diskutiert. Allgemeiner sei $\Omega \subset \mathbb{R}^n$ offen (oder eine n-dimensionale Mannigfaltigkeit). Eine Kernfunktion auf $\overline{\Omega} \times \overline{\Omega}$ der Gestalt

$$
k(s,t) = \begin{cases} \dfrac{r(s,t)}{|s-t|^\alpha} & \text{falls } s \neq t, \\[2mm] 0 & \text{falls } s = t \end{cases}
$$

mit einer auf $(\overline{\Omega} \times \overline{\Omega}) \setminus \{(t,t): t \in \overline{\Omega}\}$ stetigen und beschränkten Funktion r gibt Anlass zu einem *schwach singulären Integraloperator*, falls $\alpha < n$ ist. Solche Operatoren sind auf den meisten Funktionenräumen kompakt, wenn Ω beschränkt ist. Im Fall $\alpha = n$ spricht man von *singulären* Integraloperatoren; sie sind in der Regel nicht kompakt, schlimmer noch, sie brauchen nicht einmal stetig oder auch nur wohldefiniert zu sein. Paradebeispiel ist die *Hilberttransformation*

$$
(Hf)(s) = \int_{-\infty}^{\infty} \frac{f(t)}{s-t}\, dt, \qquad f \in L^2(\mathbb{R}).
$$

Dieses Integral konvergiert im Allgemeinen nicht, da $t \mapsto t^{-1}$ in einer Umgebung von 0 nicht integrierbar ist. Es existiert jedoch im Sinn des Cauchyschen Hauptwerts

$$
\text{CH-}\int_{-\infty}^{\infty} \frac{f(t)}{s-t}\, dt = \lim_{\varepsilon \to 0} \int_{\{|s-t| \geq \varepsilon\}} \frac{f(t)}{s-t}\, dt;
$$

und in diesem Sinn ist H ein beschränkter, aber nicht kompakter Operator auf $L^2(\mathbb{R})$ (siehe etwa Bennett/Sharpley [1988], S. 139).

Das Kompaktheitskriterium in L^p, Satz II.3.5, geht auf Kolmogorovs Arbeit in *Nachr. Wiss. Gesellsch. Göttingen* 9 (1931) 60–63 zurück, wo er kompakte Teilmengen von $L^p[a,b]$ charakterisiert hat. Durch Arbeiten verschiedener Mathematiker, insbesondere von F. Riesz' Bruder M. Riesz (*Acta Szeged Sect. Math.* 6 (1933) 136–142), wurde die Ausdehnung auf $L^p(\mathbb{R})$ bzw. analog $L^p(\mathbb{R}^d)$ erreicht; deswegen spricht man auch vom Satz von Kolmogorov-Riesz. Ein interessanter Überblicksartikel stammt von Hanche-Olsen und Holden (*Expositiones Math.* 28 (2010) 385–394, Addendum *Expositiones Math.* 34 (2016) 243–245).

Theorem II.4.2 wurde von M. Riesz im Fall $p_k \leq q_k$ bewiesen (*Acta Math.* 49 (1926) 465–497). Er verwendete dazu nichts als die Höldersche Ungleichung, und es stellt sich heraus, dass in diesem Fall (II.19) auch für reelle Skalare gilt. Geometrisch im Sinn der Skizze von S. 83 bedeutet die Einschränkung $p_k \leq q_k$, dass man nur im unteren Teildreieck $\{(\alpha, \beta): 0 \leq \beta \leq \alpha \leq 1\}$ statt im gesamten Quadrat $[0,1]^2$ interpolieren darf. Der Rieszsche Satz wurde von Thorin (*Kungl. Fys. Saell. i Lund For.* 8 (1939) #14) in voller Allgemeinheit gezeigt; sein Beweis führt den Interpolationssatz auf den Drei-Geraden-Satz II.4.3, der von Hadamard stammt, zurück. Dieser Beweisansatz wurde laut Bennett/Sharpley [1988], S. 195, von Littlewood bewundernd die „frechste Idee in der

Analysis" genannt. Im reellen Fall wurde ein elementarer Beweis von Kruglyak (*Contemp. Math.* 445 (2007) 179–182) gefunden.

Eine andere Interpolationsmethode wurde von Marcinkiewicz ersonnen, um ein qualitativ allgemeineres Resultat zu erzielen. Um es zu formulieren, führen wir ein paar Vokabeln ein. Eine lineare Abbildung zwischen Räumen messbarer Funktionen heißt vom *starken Typ* (p, q), falls für eine geeignete Konstante c_{pq}

$$\|Tf\|_{L^q} \le c_{pq} \|f\|_{L^p} \qquad \forall f \in L^p \tag{II.29}$$

gilt, mit anderen Worten, falls $\|T: L^p \to L^q\| < \infty$ ist. Der Satz von Riesz-Thorin impliziert also mit den dortigen Bezeichnungen, dass ein Operator vom starken Typ (p_0, q_0) und vom starken Typ (p_1, q_1) auch vom starken Typ (p, q) ist. Nun gilt trivialerweise für $g \in L^q(\nu)$

$$\|g\|_{L^q}^q = \int |g|^q \, d\nu \ge \int_{\{|g| \ge \lambda\}} |g|^q \, d\nu \ge \nu\{|g| \ge \lambda\} \lambda^q$$

für alle $\lambda \ge 0$ (das ist die *Chebyshev-Ungleichung*), daher impliziert (II.29)

$$\sup_{\lambda \ge 0} \lambda \, \nu\{|Tf| \ge \lambda\}^{1/q} \le c_{pq} \|f\|_{L^p} \qquad \forall f \in L^p. \tag{II.30}$$

Nun erfüllen diverse Operatoren der Analysis für geeignete Exponenten zwar (II.30), aber nicht (II.29). Erfüllt T die Ungleichung (II.30), so wird T vom *schwachen Typ* (p, q) genannt; schwacher Typ (p, ∞) werde als starker Typ (p, ∞) verstanden. Ein einfaches Beispiel ist der Operator

$$(Tf)(s) = \frac{1}{s} \int_0^s f(t) \, dt \tag{II.31}$$

auf $L^1[0, 1]$, der vom schwachen Typ $(1, 1)$, aber nicht vom starken Typ $(1, 1)$ ist, wie man leicht überprüft. Es gilt nun der folgende Satz.

- (Interpolationssatz von Marcinkiewicz)
  Seien $1 \le p_0 \le q_0 \le \infty$, $1 \le p_1 \le q_1 \le \infty$ und $q_0 \ne q_1$. Sei T ein Operator vom schwachen Typ (p_0, q_0) und vom schwachen Typ (p_1, q_1). Ist $0 < \theta < 1$ und sind p und q wie in (II.18), so ist T vom starken Typ (p, q).

Beachte die einschränkende Voraussetzung $p_k \le q_k$, die hier wirklich wesentlich ist. Da der in (II.31) definierte Operator trivialerweise vom starken Typ (∞, ∞) ist, schließt man aus dem Interpolationssatz von Marcinkiewicz, dass T für alle $1 < p < \infty$ ein stetiger Operator von $L^p[0, 1]$ in sich ist. Dies folgt nicht aus dem Satz von Riesz-Thorin, und die Aussage direkt zu beweisen ist nicht offensichtlich.

Ein weiterer Vorzug des Marcinkiewiczschen Interpolationssatzes gegenüber dem Riesz-Thorinschen ist, dass er auch auf *quasilineare* Operatoren anwendbar ist, d. h. solche Abbildungen, die bloß

$$|T(f+g)| \leq c(|Tf| + |Tg|), \quad |T(\lambda f)| = |\lambda|\,|Tf|$$

erfüllen. Sein Nachteil ist, dass er schwieriger zu beweisen ist, siehe Zygmund [1959], vol. II, S. 112ff., oder für eine etwas allgemeinere Version Bennett/Sharpley [1988], S. 225ff.

Sowohl die Methode von Thorin als auch die von Marcinkiewicz haben zu abstrakten Interpolationsverfahren zwischen Paaren von Banachräumen Anlass gegeben, nämlich zur komplexen bzw. reellen Interpolationsmethode. So kann man etwa zwischen $C[0,1]$ und $C^1[0,1]$ interpolieren und auf diese Weise Räume hölderstetiger Funktionen gewinnen, Interpolation zwischen Soboleväumen (siehe Abschn. V.2) liefert die sog. Besoväume, Interpolation zwischen $K(H)$ und $N(H)$ (siehe Abschn. VI.5) liefert die Schattenklassen etc. Die Interpolationstheorie wird umfassend in Bennett/Sharpley [1988], Bergh/Löfström [1976] und Triebel [1978] dargestellt.

Der Satz von Hahn-Banach und seine Konsequenzen

III.1 Fortsetzungen von Funktionalen

Im letzten Kapitel wurde die Darstellung von stetigen linearen Funktionalen für eine Reihe normierter Räume angegeben. Es ist jedoch bis jetzt nicht klar, ob es überhaupt auf jedem normierten Raum ein stetiges lineares Funktional $\neq 0$ gibt (versuche z. B. den Quotientenraum ℓ^∞/c_0). Die Existenz von Funktionalen mit vorgeschriebenen Eigenschaften zu beweisen ist das Thema dieses Kapitels.

Der grundlegende Existenzsatz III.1.2 gehört von der Aussage her in die lineare Algebra. Wir formulieren ihn zunächst für *reelle* Vektorräume. Die folgende Definition bezieht sich jedoch auf reelle oder komplexe Vektorräume.

▶ **Definition III.1.1** Sei X ein Vektorraum. Eine Abbildung $p\colon X \to \mathbb{R}$ heißt *sublinear*, falls

(a) $p(\lambda x) = \lambda p(x)$ für alle $\lambda \geq 0$, $x \in X$,
(b) $p(x + y) \leq p(x) + p(y)$ für alle $x, y \in X$.

Beachte, dass diese Definition rein algebraisch ist (es ist nicht von einem normierten Raum die Rede) und dass sublineare Abbildungen negative Werte annehmen dürfen. Hingegen sind sie auch für komplexe Vektorräume reellwertig.

Beispiele

(a) Jede Halbnorm ist sublinear.

(b) Jede lineare Abbildung auf einem reellen Vektorraum ist sublinear.

© Springer-Verlag GmbH Deutschland, ein Teil von Springer Nature 2018
D. Werner, *Funktionalanalysis*, Springer-Lehrbuch,
https://doi.org/10.1007/978-3-662-55407-4_3

(c) $(t_n) \mapsto \limsup t_n$ ist sublinear auf dem reellen Raum ℓ^∞; $(t_n) \mapsto \limsup \operatorname{Re} t_n$ ist sublinear auf dem komplexen Raum ℓ^∞.

Weitere Beispiele (Minkowskifunktionale) werden im nächsten Abschnitt vorgestellt.

Satz III.1.2 (Satz von Hahn-Banach; Version der linearen Algebra)
Sei X ein reeller Vektorraum, und sei U ein Untervektorraum von X. Ferner seien $p\colon X \to \mathbb{R}$ sublinear und $\ell\colon U \to \mathbb{R}$ linear mit

$$\ell(x) \le p(x) \qquad \forall x \in U.$$

Dann existiert eine lineare Fortsetzung $L\colon X \to \mathbb{R}$, $L|_U = \ell$, mit

$$L(x) \le p(x) \qquad \forall x \in X.$$

Beweis. Der Beweis besteht aus zwei Teilen. Zuerst wird gezeigt, wie man so ein L findet, wenn X eine Dimension mehr als U hat, wenn also $\dim X/U = 1$ ist. Dann folgt ein Induktionsschritt. Von U ausgehend nimm eine Dimension zu U hinzu und löse das Fortsetzungsproblem nach Schritt 1, nimm eine weitere Dimension hinzu und löse das Fortsetzungsproblem usw. Die mathematische Präzisierung des „usw."-Schritts besteht in der Verwendung des Zornschen Lemmas.

Im ersten Schritt zeigen wir also, dass das Fortsetzungsproblem lösbar ist, wenn $\dim X/U = 1$ ist. Sei $x_0 \in X \setminus U$ beliebig. Jedes $x \in X$ lässt sich dann eindeutig als

$$x = u + \lambda x_0 \qquad (u \in U, \ \lambda \in \mathbb{R})$$

schreiben. Sei $r \in \mathbb{R}$ ein noch freier Parameter. Der Ansatz

$$L_r(x) = \ell(u) + \lambda r$$

definiert dann eine lineare Abbildung, die ℓ fortsetzt. Durch passende Wahl von r werden wir $L_r \le p$ sicherstellen.

In der Tat gilt $L_r \le p$ genau dann, wenn

$$\ell(u) + \lambda r \le p(u + \lambda x_0) \qquad \forall u \in U, \ \lambda \in \mathbb{R} \tag{III.1}$$

gilt. Nach Voraussetzung gilt (III.1) für $\lambda = 0$ und alle $u \in U$. Sei $\lambda > 0$. Dann gilt (III.1) genau dann, wenn

$$\lambda r \le p(u + \lambda x_0) - \ell(u) \qquad \forall u \in U$$
$$\Leftrightarrow \qquad r \le p\left(\frac{u}{\lambda} + x_0\right) - \ell\left(\frac{u}{\lambda}\right) \qquad \forall u \in U$$
$$\Leftrightarrow \qquad r \le \inf_{v \in U}\bigl(p(v + x_0) - \ell(v)\bigr).$$

Analog ist im Fall $\lambda < 0$ die Bedingung (III.1) äquivalent zu

$$\lambda r \leq p(u + \lambda x_0) - \ell(u) \qquad \forall u \in U$$

$$\Leftrightarrow \qquad -r \leq p\left(\frac{u}{-\lambda} - x_0\right) - \ell\left(\frac{u}{-\lambda}\right) \qquad \forall u \in U$$

$$\Leftrightarrow \qquad r \geq \sup_{w \in U}\left(\ell(w) - p(w - x_0)\right).$$

Daher existiert $r \in \mathbb{R}$ mit $L_r \leq p$ genau dann, wenn

$$\ell(w) - p(w - x_0) \leq p(v + x_0) - \ell(v) \qquad \forall v, w \in U$$

gilt, also dann und nur dann, wenn

$$\ell(v) + \ell(w) \leq p(v + x_0) + p(w - x_0) \qquad \forall v, w \in U \qquad \text{(III.2)}$$

gilt. Da die Abschätzung

$$\ell(v) + \ell(w) = \ell(v + w) \leq p(v + w) \leq p(v + x_0) + p(w - x_0)$$

(III.2) beweist, ist der erste Schritt gezeigt.

Im zweiten Schritt wenden wir das *Zornsche Lemma* an. Es lautet:

Sei $(A, \leq)$ eine teilweise geordnete nichtleere Menge, in der jede Kette (das ist eine total geordnete Teilmenge, also eine Teilmenge, für deren Elemente stets $a \leq b$ oder $b \leq a$ gilt) eine obere Schranke besitzt. Dann liegt jedes Element von A unter einem maximalen Element von A, also einem Element m mit $m \leq a \Rightarrow a = m$.

Wir verwenden

$$A := \left\{ (V, L_V): \begin{array}{l} V \text{ Unterraum von } X \text{ mit } U \subset V; \\ L_V: V \to \mathbb{R} \text{ linear mit } L_V \leq p|_V, L_V|_U = \ell \end{array} \right\}$$

mit der Ordnung

$$(V_1, L_{V_1}) \leq (V_2, L_{V_2}) \quad \Leftrightarrow \quad V_1 \subset V_2, \ L_{V_2}|_{V_1} = L_{V_1}.$$

Es ist $A \neq \emptyset$, da $(U, \ell) \in A$. Ist $\left((V_i, L_{V_i})_{i \in I}\right)$ total geordnet, so ist in der Tat (V, L_V) mit

$$V = \bigcup_{i \in I} V_i, \qquad L_V(x) = L_{V_i}(x) \text{ für } x \in V_i$$

eine obere Schranke; L_V ist wohldefiniert, da $\left((V_i, L_{V_i})_{i \in I}\right)$ total geordnet ist.

Sei nun $m = (X_0, L_{X_0})$ ein maximales Element. Wäre $X_0 \neq X$, so gäbe es nach dem ersten Schritt eine echte Majorante von m, und m könnte nicht maximal sein. Es folgt $X_0 = X$, und $L := L_{X_0}$ löst das Fortsetzungsproblem.

Damit ist Satz III.1.2 bewiesen. $\square$

Beachte, dass der Parameter r im ersten Beweisschritt im Allgemeinen nicht eindeutig bestimmt ist. Daher ist auch L im Allgemeinen nicht eindeutig bestimmt.

Als nächstes formulieren wir Satz III.1.2 für komplexe Vektorräume. Für $\mathbb{C}$-wertige Abbildungen ergibt „$\ell(x) \leq p(x)$" jedoch keinen Sinn. Ein $\mathbb{C}$-Vektorraum X ist aber natürlich auch ein $\mathbb{R}$-Vektorraum; beachte, dass für $x \neq 0$ dann x und ix linear unabhängig über $\mathbb{R}$ sind. Satz III.1.2 kann daher auf X sowie $\mathbb{R}$-lineare Funktionale angewandt werden. Es gibt nun einen engen Zusammenhang zwischen $\mathbb{R}$-linearen und $\mathbb{C}$-linearen Funktionalen, den wir zuerst beschreiben.

Lemma III.1.3 *Sei X ein $\mathbb{C}$-Vektorraum.*

(a) *Ist $\ell \colon X \to \mathbb{R}$ ein $\mathbb{R}$-lineares Funktional, d. h.*

$$\ell(\lambda_1 x_1 + \lambda_2 x_2) = \lambda_1 \ell(x_1) + \lambda_2 \ell(x_2) \qquad \forall \lambda_i \in \mathbb{R},\ x_i \in X,$$

und setzt man

$$\tilde{\ell}(x) := \ell(x) - i\,\ell(ix),$$

so ist $\tilde{\ell} \colon X \to \mathbb{C}$ ein $\mathbb{C}$-lineares Funktional und $\ell = \operatorname{Re} \tilde{\ell}$.

(b) *Ist $h \colon X \to \mathbb{C}$ ein $\mathbb{C}$-lineares Funktional, $\ell = \operatorname{Re} h$ und $\tilde{\ell}$ wie unter (a), so ist ℓ $\mathbb{R}$-linear und $\tilde{\ell} = h$.*

(c) *Ist $p \colon X \to \mathbb{R}$ eine Halbnorm und $\ell \colon X \to \mathbb{C}$ $\mathbb{C}$-linear, so gilt die Äquivalenz*

$$|\ell(x)| \leq p(x) \quad \forall x \in X \qquad \Leftrightarrow \qquad |\operatorname{Re} \ell(x)| \leq p(x) \quad \forall x \in X.$$

(d) *Ist X ein normierter Raum und $\ell \colon X \to \mathbb{C}$ $\mathbb{C}$-linear und stetig, so ist $\|\ell\| = \|\operatorname{Re} \ell\|$.*

Mit anderen Worten ist $\ell \mapsto \operatorname{Re} \ell$ eine bijektive $\mathbb{R}$-lineare Abbildung zwischen dem Raum der $\mathbb{C}$-linearen und dem der $\mathbb{R}$-wertigen $\mathbb{R}$-linearen Funktionale. Im normierten Fall ist sie isometrisch.

Beweis. (a) Als Kompositum $\mathbb{R}$-linearer Abbildungen (auch $x \mapsto ix$ ist $\mathbb{R}$-linear) ist $\tilde{\ell}$ $\mathbb{R}$-linear, und $\operatorname{Re} \tilde{\ell} = \ell$ gilt nach Konstruktion. Es ist nur noch $\tilde{\ell}(ix) = i\,\tilde{\ell}(x)$ zu zeigen:

$$\begin{aligned} \tilde{\ell}(ix) &= \ell(ix) - i\,\ell(i\,ix) = \ell(ix) - i\,\ell(-x) \\ &= i\big(\ell(x) - i\,\ell(ix)\big) = i\,\tilde{\ell}(x). \end{aligned}$$

(b) Natürlich ist $\ell = \operatorname{Re} h$ $\mathbb{R}$-linear. Beachte nun $\operatorname{Im} z = -\operatorname{Re} iz$ für alle $z \in \mathbb{C}$. Daher ist für $x \in X$

$$
\begin{aligned}
h(x) &= \operatorname{Re} h(x) + i \operatorname{Im} h(x) \\
&= \operatorname{Re} h(x) - i \operatorname{Re} ih(x) \\
&= \operatorname{Re} h(x) - i \operatorname{Re} h(ix) \qquad (h \text{ ist } \mathbb{C}\text{-linear}) \\
&= \ell(x) - i\,\ell(ix) \ = \ \tilde{\ell}(x).
\end{aligned}
$$

(c) Wegen $|\operatorname{Re} z| \leq |z|$ für alle $z \in \mathbb{C}$ gilt „$\Rightarrow$". Für die andere Implikation schreibe $\ell(x) = \lambda |\ell(x)|$ für ein $\lambda = \lambda_x$ mit $|\lambda| = 1$. Dann gilt für alle $x \in X$:

$$
|\ell(x)| = \lambda^{-1}\ell(x) = \ell(\lambda^{-1}x) = |\operatorname{Re} \ell(\lambda^{-1}x)| \leq p(\lambda^{-1}x) = p(x).
$$

(d) ist eine unmittelbare Konsequenz von (c). $\qquad\square$

Satz III.1.4 (Satz von Hahn-Banach; Version der linearen Algebra; komplexe Fassung)
Sei X ein komplexer Vektorraum, und sei U ein Untervektorraum von X. Ferner seien p:
X $\to$ $\mathbb{R}$ sublinear und ℓ: U $\to$ $\mathbb{C}$ linear mit

$$
\operatorname{Re} \ell(x) \leq p(x) \qquad \forall x \in U.
$$

Dann existiert eine lineare Fortsetzung L: X $\to$ $\mathbb{C}$, $L|_U = \ell$, mit

$$
\operatorname{Re} L(x) \leq p(x) \qquad \forall x \in X.
$$

Beweis. Wende Satz III.1.2 auf $\operatorname{Re} \ell$ an, um ein $\mathbb{R}$-lineares Funktional $F: X \to \mathbb{R}$ mit $F|_U = \operatorname{Re} \ell$ und $F(x) \leq p(x)$ für alle $x \in X$ zu erhalten. Nach Lemma III.1.3(a) ist $F = \operatorname{Re} L$ für ein gewisses $\mathbb{C}$-lineares Funktional $L: X \to \mathbb{C}$. Dass ℓ von L fortgesetzt wird, folgt aus Lemma III.1.3(b). $\qquad\square$

Wir wenden nun die algebraischen Hahn-Banach-Sätze auf normierte Räume an.

Theorem III.1.5 (Satz von Hahn-Banach; Fortsetzungsversion)
Sei X ein normierter Raum und U ein Untervektorraum. Zu jedem stetigen linearen Funktional u': U $\to$ $\mathbb{K}$ existiert dann ein stetiges lineares Funktional x': X $\to$ $\mathbb{K}$ mit

$$
x'|_U = u', \qquad \|x'\| = \|u'\|.
$$

Jedes stetige Funktional kann also normgleich fortgesetzt werden.

Beweis. Wir unterscheiden, ob X ein reeller oder komplexer Raum ist. Im reellen Fall setze $p(x) = \|u'\| \, \|x\|$ für $x \in X$. Dann folgt aus Satz III.1.2 die Existenz einer linearen Abbildung $x' : X \to \mathbb{R}$ mit $x'|_U = u'$ und

$$x'(x) \leq p(x) \qquad \forall x \in X.$$

Da auch $x'(-x) \leq p(-x) = p(x)$ ist, folgt

$$|x'(x)| \leq \|u'\| \, \|x\| \qquad \forall x \in X,$$

d. h. $\|x'\| \leq \|u'\|$. Umgekehrt gilt trivialerweise

$$\|u'\| = \sup_{u \in B_U} |u'(u)| = \sup_{u \in B_U} |x'(u)| \leq \sup_{x \in B_X} |x'(x)| = \|x'\|.$$

Im komplexen Fall kombiniere den ersten Beweisschritt mit Satz III.1.4, um ein lineares Funktional $x' : X \to \mathbb{C}$ mit $x'|_U = u'$ und $\|\mathrm{Re}\, x'\| = \|u'\|$ zu erhalten. Nach Lemma III.1.3(d) gilt $\|\mathrm{Re}\, x'\| = \|x'\|$. $\qquad \square$

Es sollte wieder bemerkt werden, dass eine solche Fortsetzung x' im Allgemeinen nicht eindeutig bestimmt ist und dass das Analogon von Theorem III.1.5 für Operatoren im Allgemeinen falsch ist. So werden wir im Anschluss an Satz IV.6.5 bemerken, dass es *keinen* stetigen Operator $T \colon \ell^\infty \to c_0$ gibt, der die Identität Id$\colon c_0 \to c_0$ fortsetzt. Für ein positives Resultat in dieser Richtung siehe Aufgabe III.6.23(a); vgl. auch Satz II.1.5 für den Fall, dass U dicht liegt.

Die folgenden Korollare besagen, dass der Dualraum eines normierten Raums X umfassend genug ist, um Eigenschaften von X und seinen Elementen kodieren zu können. Dadurch werden Probleme über Vektoren letztendlich auf Probleme über Zahlen zurückgespielt; die $x'(x)$, wo x' den Dualraum von X durchläuft, können somit als „Koordinaten" von x angesehen werden.

Korollar III.1.6 *In jedem normierten Raum X existiert zu jedem $x \in X$, $x \neq 0$, ein Funktional $x' \in X'$ mit*

$$\|x'\| = 1 \quad \text{und} \quad x'(x) = \|x\|.$$

Speziell trennt X' die Punkte von X; d. h., zu $x_1, x_2 \in X$, $x_1 \neq x_2$, existiert $x' \in X'$ mit $x'(x_1) \neq x'(x_2)$.

Beweis. Setze das Funktional $u' \colon \mathrm{lin}\{x\} \to \mathbb{K}$, $u'(\lambda x) = \lambda \|x\|$, normgleich auf X fort. Zum Beweis des Zusatzes betrachte einfach $x = x_1 - x_2$. $\qquad \square$

Korollar III.1.7 *In jedem normierten Raum gilt*

$$\|x\| = \sup_{x' \in B_{X'}} |x'(x)| \qquad \forall x \in X. \tag{III.3}$$

Beweis. „$\geq$" gilt nach Definition von $\|x'\|$, und „$\leq$" nach Korollar III.1.6 (der Fall $x = 0$ ist trivial). $\qquad\square$

Bemerke die Symmetrie der Formel (III.3) zur Definition

$$\|x'\| = \sup_{x \in B_X} |x'(x)| \qquad \forall x' \in X'.$$

Im Gegensatz hierzu wird das Supremum in (III.3) sogar stets angenommen.

Korollar III.1.8 *Seien X ein normierter Raum, U ein abgeschlossener Unterraum und $x \in X$, $x \notin U$. Dann existiert $x' \in X'$ mit*

$$x'|_U = 0 \quad und \quad x'(x) \neq 0.$$

Beweis. Sei $\omega\colon X \to X/U$ die kanonische Quotientenabbildung. Dann ist $\omega(u) = 0$ für alle $u \in U$ und $\omega(x) \neq 0$. Wahle nach Korollar III.1.6 $\ell \in (X/U)'$ mit $\ell(\omega(x)) \neq 0$. Das Funktional $x' := \ell \circ \omega$ leistet dann das Gewünschte. $\qquad\square$

Unmittelbar aus Korollar III.1.8 und Satz II.1.5 folgt:

Korollar III.1.9 *Ist X ein normierter Raum und U ein Untervektorraum, so sind äquivalent:*

(i) *U ist dicht in X.*
(ii) *Falls $x' \in X'$ und $x'|_U = 0$, so gilt $x' = 0$.*

Es folgen noch einige weitere Anwendungen. Zunächst eine Bezeichnung. Ist X ein normierter Raum und sind Teilmengen $U \subset X$ und $V \subset X'$ gegeben, so setzen wir

$$U^\perp := \{x' \in X'\colon x'(x) = 0 \quad \forall x \in U\}, \tag{III.4}$$

$$V_\perp := \{x \in X\colon x'(x) = 0 \quad \forall x' \in V\}. \tag{III.5}$$

$U^\perp$ und $V_\perp$ sind stets abgeschlossene Unterräume von X' bzw. X. $U^\perp$ heißt der *Annihilator* von U in X' und $V_\perp$ der Annihilator von V in X.

Satz III.1.10 *Sei X ein normierter Raum und U ein abgeschlossener Unterraum. Es existieren kanonische isometrische Isomorphismen*

$$(X/U)' \cong U^\perp, \tag{III.6}$$

$$U' \cong X'/U^\perp. \tag{III.7}$$

Beweis. Wir begnügen uns damit, die fraglichen Isomorphismen anzugeben, und überlassen die Verifikation der Details zur Übung. Für (III.6) ordne $\ell \in (X/U)'$ das Funktional $x' = \ell \circ \omega$, $\omega \colon X \to X/U$ die Quotientenabbildung, zu; und für (III.7) betrachte $x' + U^\perp \mapsto x'|_U$. □

Satz III.1.11 *Die Abbildung $T \colon \ell^1 \to (\ell^\infty)'$, $(Tx)(y) = \sum_{n=1}^\infty s_n t_n$ für $x = (s_n)$, $y = (t_n)$, ist isometrisch, aber nicht surjektiv.*

Beweis. Der Beweis der Isometrie ist einfach und wird den Lesern überlassen. Um zu zeigen, dass T nicht surjektiv ist, betrachte das Funktional lim$\colon c \to \mathbb{K}$ und setze es mit dem Satz von Hahn-Banach zu einem stetigen Funktional $x' \colon \ell^\infty \to \mathbb{K}$ fort. Hätte x' eine Darstellung $x'(y) = \sum_{n=1}^\infty s_n t_n$, so wäre ($e_k = k$-ter Einheitsvektor)

$$s_k = x'(e_k) = \lim e_k = 0 \qquad \forall k \in \mathbb{N},$$

also $x' = 0$. Widerspruch! □

Dass es überhaupt keinen Isomorphismus zwischen ℓ^1 und $(\ell^\infty)'$ geben kann, zeigt der folgende Satz. (Zur Erinnerung: ℓ^1 ist separabel, ℓ^∞ aber nicht; Beispiel I.2(a) und (c).)

Satz III.1.12 *Ein normierter Raum X mit separablem Dualraum ist selbst separabel.*

Beweis. Mit X' ist $S_{X'} = \{x' \in X' \colon \|x'\| = 1\}$ separabel (Aufgabe I.4.26). Sei also die Menge $\{x'_1, x'_2, \ldots\}$ dicht in $S_{X'}$. Wähle $x_i \in S_X$ mit $|x'_i(x_i)| \geq \frac{1}{2}$. Wir setzen $U := \text{lin}\{x_1, x_2, \ldots\}$ und werden zeigen, dass U dicht in X liegt.

Sei $x' \in X'$ mit $x'|_U = 0$. Wäre $x' \neq 0$, könnte ohne Einschränkung $\|x'\| = 1$ angenommen werden. Dann existiert x'_{i_0} mit $\|x' - x'_{i_0}\| \leq \frac{1}{4}$. Es folgt

$$\frac{1}{2} \leq |x'_{i_0}(x_{i_0})| = |x'_{i_0}(x_{i_0}) - x'(x_{i_0})| \leq \|x'_{i_0} - x'\| \, \|x_{i_0}\| \leq \frac{1}{4}.$$

Also muss $x' = 0$ sein, und wegen Korollar III.1.9 liegt U dicht. Nach Lemma I.2.10 ist X separabel. □

Satz III.1.13 *Sei X ein normierter Raum und I eine Indexmenge. Seien $x_i \in X$ und $c_i \in \mathbb{K}$ für $i \in I$. Dann sind folgende Bedingungen äquivalent:*

(i) *Es existiert $x' \in X'$ mit $x'(x_i) = c_i$ für alle $i \in I$.*

(ii) *Es existiert $M \geq 0$ derart, dass für alle endlichen Teilmengen $F \subset I$ die Ungleichung*

$$\left| \sum_{i \in F} \lambda_i c_i \right| \leq M \left\| \sum_{i \in F} \lambda_i x_i \right\| \tag{III.8}$$

erfüllt ist.

Beweis. (i) $\Rightarrow$ (ii) ist klar; wähle $M = \|x'\|$.

(ii) $\Rightarrow$ (i): (III.8) impliziert, dass

$$\ell\left(\sum_{i \in F} \lambda_i x_i \right) = \sum_{i \in F} \lambda_i c_i$$

ein wohldefiniertes stetiges lineares Funktional auf $\mathrm{lin}\{x_i: i \in I\}$ definiert. Wähle nun eine Hahn-Banach-Fortsetzung x' von ℓ. □

III.2 Trennung konvexer Mengen

In diesem Abschnitt wird die geometrische Version des Satzes von Hahn-Banach vorgestellt. Ziel ist die Trennung konvexer Mengen eines normierten Raums durch stetige lineare Funktionale.

Das Trennungsproblem ist also folgendes (siehe Abb. III.1):

Existiert zu konvexen U und $V \subset X$ ein Funktional $x' \in X'$, $x' \neq 0$, mit

$$\sup_{x \in U} x'(x) \leq \inf_{x \in V} x'(x) \qquad (\mathbb{K} = \mathbb{R})$$

Abb. III.1 Trennung konvexer Mengen

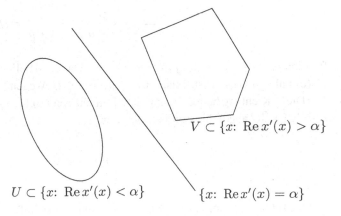

$V \subset \{x: \operatorname{Re} x'(x) > \alpha\}$

$U \subset \{x: \operatorname{Re} x'(x) < \alpha\}$

$\{x: \operatorname{Re} x'(x) = \alpha\}$

bzw.

$$\sup_{x \in U} \operatorname{Re} x'(x) \le \inf_{x \in V} \operatorname{Re} x'(x) \qquad (\mathbb{K} = \mathbb{C})?$$

Zur Erinnerung: U heißt *konvex*, wenn $\lambda x + (1 - \lambda)y \in U$ für alle $x, y \in U, 0 \le \lambda \le 1$. Die folgende Definition ist rein algebraisch, wie der Konvexitätsbegriff auch.

▶ **Definition III.2.1**   Sei X ein Vektorraum und $A \subset X$ eine Teilmenge mit $\{\lambda a \colon 0 \le \lambda \le 1,$ $a \in A\} \subset A$. Das *Minkowskifunktional* $p_A \colon X \to [0, \infty]$ wird durch

$$p_A(x) := \inf \left\{ \lambda > 0 \colon \frac{x}{\lambda} \in A \right\}$$

definiert. A heißt *absorbierend*, falls $p_A(x) < \infty$ für alle $x \in X$.

Ist z. B. A die offene Einheitskugel eines normierten Raums, so ist $p_A(x) = \|x\|$.

Lemma III.2.2   *Sei X ein normierter Raum und $U \subset X$ eine konvexe Teilmenge mit $0 \in$ int U. Dann gilt:*

(a) *U ist absorbierend, genauer: Falls $\{x \colon \|x\| < \varepsilon\} \subset U$, so gilt $p_U(x) \le \frac{1}{\varepsilon}\|x\|$.*
(b) *p_U ist sublinear.*
(c) *Ist U offen, so gilt $U = p_U^{-1}\big([0, 1)\big)$.*

Beweis. (a) ist klar.

(b) $p_U(\lambda x) = \lambda p_U(x)$ für $\lambda \ge 0$ ist auch klar. Zum Beweis der Ungleichung $p_U(x + y) \le p_U(x) + p_U(y)$ sei $\varepsilon > 0$ gegeben. Wähle $\lambda, \mu > 0$ mit $\lambda \le p_U(x) + \varepsilon$, $\mu \le p_U(y) + \varepsilon$, so dass $\frac{x}{\lambda} \in U$, $\frac{y}{\mu} \in U$. Da U konvex ist, folgt

$$\frac{\lambda}{\lambda + \mu} \frac{x}{\lambda} + \frac{\mu}{\lambda + \mu} \frac{y}{\mu} = \frac{x + y}{\lambda + \mu} \in U,$$

folglich $p_U(x+y) \le \lambda + \mu \le p_U(x) + p_U(y) + 2\varepsilon$. Da $\varepsilon > 0$ beliebig war, folgt die Behauptung.

(c) Falls $p_U(x) < 1$ ist, existiert $\lambda < 1$ mit $\frac{x}{\lambda} \in U$. Wegen $0 \in U$ folgt $x = \lambda \frac{x}{\lambda} + (1-\lambda)0 \in U$. (Diese Richtung benutzt nicht die Offenheit von U.) Ist $p_U(x) \ge 1$, so ist $\frac{x}{\lambda} \notin U$ für alle $\lambda < 1$. Da $\complement U$ abgeschlossen ist, folgt nun

$$x = \lim_{\substack{\lambda \to 1 \\ \lambda < 1}} \frac{x}{\lambda} \in \complement U. \qquad \square$$

Das folgende Lemma ist die Basis der Hahn-Banach-Trennungssätze.

Lemma III.2.3 *Ist X ein normierter Raum und $V \subset X$ konvex und offen mit $0 \notin V$, so existiert $x' \in X'$ mit*

$$\operatorname{Re} x'(x) < 0 \qquad \forall x \in V.$$

Im Beweis verwenden wir die suggestive Schreibweise

$$A \pm B := \{a \pm b \colon a \in A,\ b \in B\}$$

für Teilmengen $A, B \subset X$. Mit A und B ist dann auch $A + B$ bzw. $A - B$ konvex, wie unmittelbar aus der Definition folgt.

Beweis. Betrachte zunächst den Fall $\mathbb{K} = \mathbb{R}$.

Abb. III.2 Zum Beweis von
Lemma III.2.3

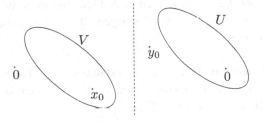

Sei $x_0 \in V$ beliebig. Setze $y_0 = -x_0$ und $U = V - \{x_0\}$. Dann ist U offen (warum?) und konvex, und es gilt $y_0 \notin U$, $0 \in U$ (siehe Abb. III.2). Betrachte das Minkowskifunktional p_U zu U. Nach Lemma III.2.2 ist p_U $\mathbb{R}$-wertig, sublinear, und es gilt $p_U(y_0) \geq 1$.

Auf dem Unterraum $Y - \operatorname{lin}\{y_0\}$ definiere das Funktional

$$y'(ty_0) = t\, p_U(y_0) \qquad (t \in \mathbb{R}).$$

Es folgt

$$y'(y) \leq p_U(y) \qquad \forall y \in Y,$$

denn für $t \leq 0$ ist $y'(ty_0) \leq 0 \leq p_U(ty_0)$, und für $t > 0$ ist $y'(ty_0) = p_U(ty_0)$.

Wähle nun mit Satz III.1.2 eine lineare Fortsetzung x' von y' mit $x' \leq p_U$. Lemma III.2.2(a) impliziert, dass x' stetig ist, denn mit den dortigen Bezeichnungen gilt für $x \in X$

$$|x'(x)| = \max\{x'(x), x'(-x)\} \leq \max\{p_U(x), p_U(-x)\} \leq \frac{1}{\varepsilon}\|x\|.$$

Insbesondere ist $x'(y_0) = p_U(y_0) \geq 1$, und für $x \in V$, das ja als $x = u - y_0$ mit $u \in U$ dargestellt werden kann, folgt

$$x'(x) = x'(u) - x'(y_0) \leq p_U(u) - 1 < 0,$$

Letzteres nach Lemma III.2.2(c). Daher leistet x' das Gewünschte.
Der Fall $\mathbb{K} = \mathbb{C}$ folgt aus dem ersten Teil und Lemma III.1.3. $\square$

Auf die Offenheit von V kann in Lemma III.2.3 im Allgemeinen nicht verzichtet werden. Als Beispiel betrachte den normierten Raum $(d, \| . \|_\infty)$ über $\mathbb{R}$. Setze

$$V = \big\{(s_n) \in d \backslash \{0\}: s_N > 0 \text{ für } N := \max\{i: s_i \neq 0\}\big\}.$$

Es ist leicht zu sehen, dass V konvex ist, und es gilt $0 \notin V$. Trotzdem existiert kein $x' \in d'$ mit $x'|_V < 0$. Identifiziert man nämlich x' mit einer Folge $(t_n) \in \ell^1$ (Satz II.1.5 und Satz II.2.3), so können zwei Fälle eintreten. Ist $t_k \geq 0$ für ein k, so gilt $e_k \in V$, aber $x'(e_k) = t_k \geq 0$. Sind hingegen alle $t_n < 0$, so betrachte $x = -\frac{t_2}{t_1}e_1 + e_2 \in V$; es gilt dann $x'(x) = -\frac{t_2}{t_1}t_1 + t_2 = 0$.

Theorem III.2.4 (Satz von Hahn-Banach; Trennungsversion I)
Sei X ein normierter Raum, $V_1, V_2 \subset X$ seien konvex und V_1 offen. Es gelte $V_1 \cap V_2 = \emptyset$. Dann existiert $x' \in X'$ mit

$$\mathrm{Re}\, x'(v_1) < \mathrm{Re}\, x'(v_2) \qquad \forall v_1 \in V_1, \ v_2 \in V_2.$$

Beweis. Wir führen Theorem III.2.4 auf Lemma III.2.3 zurück. Sei $V = V_1 - V_2$. Als Differenzmenge konvexer Mengen ist V konvex, und aus der Darstellung $V = \bigcup_{x \in V_2}(V_1 - \{x\})$ erkennt man die Offenheit von V. Wegen $V_1 \cap V_2 = \emptyset$ ist $0 \notin V$. Nach Lemma III.2.3 existiert ein Funktional $x' \in X'$ mit $\mathrm{Re}\, x'(v_1 - v_2) < 0$ für alle $v_i \in V_i$, also gilt $\mathrm{Re}\, x'(v_1) < \mathrm{Re}\, x'(v_2)$. $\square$

Theorem III.2.5 (Satz von Hahn-Banach; Trennungsversion II)
Sei X ein normierter Raum, $V \subset X$ sei abgeschlossen und konvex, und sei $x \notin V$. Dann existiert $x' \in X'$ mit

$$\mathrm{Re}\, x'(x) < \inf\{\mathrm{Re}\, x'(v): v \in V\}.$$

Es existiert also ein $\varepsilon > 0$ mit

$$\mathrm{Re}\, x'(x) < \mathrm{Re}\, x'(x) + \varepsilon \leq \mathrm{Re}\, x'(v) \qquad \forall v \in V;$$

man sagt, x könne von V strikt getrennt werden.

Beweis. Da V abgeschlossen ist, existiert eine offene Nullumgebung U mit $(\{x\} + U) \cap V = \emptyset$; U kann und soll als Kugel mit dem Radius r gewählt werden. Nach Theorem III.2.4 existiert $x' \in X'$ mit

$$\operatorname{Re} x'(x + u) < \operatorname{Re} x'(v) \qquad \forall u \in U,\ v \in V.$$

Es ergibt sich nacheinander

$$\operatorname{Re} x'(x) + \operatorname{Re} x'(u) < \operatorname{Re} x'(v) \qquad \forall u \in U,\ v \in V,$$

$$\operatorname{Re} x'(x) + \|\operatorname{Re} x'\| r \le \operatorname{Re} x'(v) \qquad \forall v \in V,$$

$$\operatorname{Re} x'(x) + r\|x'\| \le \inf\{\operatorname{Re} x'(v): v \in V\},$$

was zu zeigen war. $\qquad\qquad\square$

Nach Übergang von x' zu $-x'$ kann in den Trennungssätzen jeweils „>" erzielt werden (mit sup statt inf in Theorem III.2.5).

Die Korollare III.1.6–III.1.9 können auch aus den Trennungssätzen hergeleitet werden (versuchen Sie es!). Eine weitere Anwendung folgt im nächsten Abschnitt in Satz III.3.8.

III.3 Schwache Konvergenz und Reflexivität

Sei X ein normierter Raum, X' sein Dualraum und $X'' := (X')'$ dessen Dualraum. Man nennt X'' den *Bidualraum* von X.

Ist $x \in X$, so kann auf kanonische Weise eine Abbildung

$$i(x): X' \to \mathbb{K}, \qquad \big(i(x)\big)(x') = x'(x)$$

definiert werden; man betrachtet also im Ausdruck $x'(x)$ diesmal x' als variabel und hält x fest. Es ist klar, dass $i(x)$ linear ist. Auch die Stetigkeit von $i(x)$ ist klar, sie folgt aus $|x'(x)| \le \|x'\|\,\|x\|$. Insbesondere ist $\|i(x)\| \le \|x\|$. Der Satz von Hahn-Banach liefert die weitaus schärfere Aussage $\|i(x)\| = \|x\|$, siehe Korollar III.1.7. Da die so definierte Abbildung $i: X \to X''$ offensichtlich linear ist, haben wir gezeigt:

Satz III.3.1 *Die Abbildung $i: X \to X''$, $\big(i(x)\big)(x') = x'(x)$, ist eine (im Allgemeinen nicht surjektive) lineare Isometrie.*

Wir nennen i die *kanonische Abbildung* eines normierten Raums X in seinen Bidualraum; um die Abhängigkeit von X zu betonen, schreibt man bisweilen auch i_X. Auf diese Weise wird X mit einem Unterraum von X'' identifiziert. Mit X ist auch $i(X)$ vollständig; also wird ein Banachraum X mit einem abgeschlossenen Unterraum von X'' identifiziert. Auf jeden Fall ist für einen normierten Raum X der Unterraum $\overline{i(X)}$ im Banachraum

X'' abgeschlossen und ergo vollständig. Daher gilt folgendes Korollar, das eine elegante Konstruktion der Vervollständigung eines normierten Raums liefert.

Korollar III.3.2 *Jeder normierte Raum ist isometrisch isomorph zu einem dichten Unterraum eines Banachraums.*

Beispiele

(a) Sei $X = c_0$. Nach Satz II.2.3 gibt es kanonische Isomorphismen $X' \cong \ell^1$ und $X'' \cong \ell^\infty$; zu $y = (t_n) \in \ell^1$ wird nämlich das Funktional $l_y \in (c_0)'$, $l_y \colon x = (s_n) \mapsto \sum_n s_n t_n$, und zu $z = (u_n) \in \ell^\infty$ wird das Funktional $L_z \in (c_0)''$, $L_z \colon l_y = l_{(t_n)} \mapsto \sum_n t_n u_n$, assoziiert. Nach Definition ist für $x \in c_0$

$$\big(i_{c_0}(x)\big)(l_y) = l_y(x) = \sum_n s_n t_n = L_x(l_y),$$

also $i_{c_0}(x) = L_x \in (c_0)''$. Wenn man $(c_0)''$ mit ℓ^∞ und L_x mit x identifiziert, erhält man $i_{c_0}(x) = x$. Insbesondere ist i_{c_0} nicht surjektiv.

(b) Nach Satz III.1.11 ist auch i_{ℓ^1} nicht surjektiv.

(c) Wie unter (a) sieht man, dass für $1 < p < \infty$ die kanonische Einbettung i_{ℓ^p} mit dem identischen Operator Id: $\ell^p \to \ell^p$ übereinstimmt und deswegen surjektiv ist. Die gleichen Überlegungen gelten für $L^p(\mu)$.

▶ **Definition III.3.3** Ein Banachraum X heißt *reflexiv*, wenn i_X surjektiv ist.

(Natürlich hat ein unvollständiger Raum keine Chance, reflexiv zu sein.) Für reflexive Räume gilt nach Definition $X \cong X''$, aber diese Bedingung ist *nicht* hinreichend: Der in Aufgabe I.4.8 beschriebene Banachraum J hat die Eigenschaft $J \cong J''$, aber i_J ist nicht surjektiv. Dieses Phänomen wurde 1950 von James entdeckt, zum Beweis siehe z. B. Lindenstrauss/Tzafriri [1977], S. 25.

Aus den obigen Beispielen folgt:

- ℓ^p und $L^p(\mu)$ *sind für* $1 < p < \infty$ *reflexiv.*
- c_0 und ℓ^1 *sind nicht reflexiv.*
- *Ferner sind endlichdimensionale Räume X trivialerweise reflexiv, da nach Beispiel II.1(b)* $\dim X = \dim X' = \dim X''$.

Satz III.3.4

(a) *Abgeschlossene Unterräume reflexiver Räume sind reflexiv.*
(b) *Ein Banachraum X ist genau dann reflexiv, wenn X' reflexiv ist.*

Beweis. (a) Sei X reflexiv und $U \subset X$ ein abgeschlossener Unterraum. Sei nun $u'' \in U''$. Dann liegt die Abbildung $x' \mapsto u''(x'|_U)$ in X'', denn

$$|u''(x'|_U)| \leq \|u''\| \, \|x'|_U\| \leq \|u''\| \, \|x'\|.$$

Da X reflexiv ist, existiert $x \in X$ mit

$$x'(x) = u''(x'|_U) \qquad \forall x' \in X'. \tag{III.9}$$

Wäre $x \notin U$, so gäbe es nach Korollar III.1.8 ein Funktional $x' \in X'$ mit $x'(x) = 1$ und $x'|_U = 0$. Im Widerspruch zu (III.9) würde $u''(x'|_U) = 0$ folgen. Es muss also $x \in U$ sein, und aus notationstechnischen Gründen werden wir u statt x schreiben. Es ist noch

$$u''(u') = u'(u) \qquad \forall u' \in U'$$

zu zeigen. In der Tat: Sei $u' \in U'$ gegeben, und sei $x' \in X'$ irgendeine Hahn-Banach-Fortsetzung gemäß Theorem III.1.5. Dann gilt

$$u''(u') = u''(x'|_U) \overset{(III.9)}{=} x'(u) = u'(u).$$

Daher ist $u'' = i_U(u)$, und U ist reflexiv. (Wo ging die Abgeschlossenheit von U in diesem Beweis ein?)

(b) Sei X reflexiv. Wir müssen zeigen, dass $i_{X'}\colon X' \to X'''$ surjektiv ist. Sei also $x''' \in X'''$. Dann ist $x'\colon X \to \mathbb{K}, \; x \mapsto x'''(i_X(x))$, linear und stetig, also $x' \in X'$. Wir beweisen jetzt, dass $x''' = i_{X'}(x')$ gilt. Da X reflexiv ist, hat jedes $x'' \in X''$ die Gestalt $x'' = i_X(x)$. Also gilt

$$x'''(x'') = x'''(i_X(x)) = x'(x) = (i_X(x))(x') = x''(x'),$$

was zu zeigen war.

Sei X' reflexiv. Nach dem gerade Gezeigten ist X'' reflexiv, nach Teil (a) auch der abgeschlossene Unterraum $i_X(X)$ und deshalb X. $\qquad\square$

Aus Satz III.3.4 folgt, dass auch ℓ^∞, $L^1[0,1]$, $L^\infty[0,1]$ und $C[0,1]$ nicht reflexiv sind (Aufgabe III.6.16).

Wir notieren noch eine unmittelbare Konsequenz von Satz III.1.12.

Korollar III.3.5 *Ein reflexiver Raum ist genau dann separabel, wenn es sein Dualraum ist.*

Als nächstes wird der Begriff der schwachen Konvergenz einer Folge eingeführt und anschließend insbesondere in reflexiven Räumen studiert.

▶ **Definition III.3.6** Eine Folge (x_n) in einem normierten Raum X heißt *schwach konvergent* gegen x, wenn

$$\lim_{n \to \infty} x'(x_n) = x'(x) \qquad \forall x' \in X'$$

gilt.

Da X' die Punkte von X trennt (Korollar III.1.6), ist der schwache Limes, falls überhaupt existent, eindeutig bestimmt. Schreibweise:

$$x_n \xrightarrow{\sigma} x \qquad \text{oder} \qquad \sigma\text{-}\lim_{n \to \infty} x_n = x.$$

Selbstverständlich sind konvergente Folgen schwach konvergent. Die Umkehrung gilt nicht: Betrachte etwa die Folge (e_n) der Einheitsvektoren in ℓ^p für $1 < p < \infty$ oder in c_0. Dann gilt $\sigma\text{-}\lim_{n \to \infty} e_n = 0$, aber $\|e_n\| = 1$. In Korollar IV.2.3 werden wir die nicht offensichtliche Tatsache beweisen, dass schwach konvergente Folgen notwendig beschränkt sind.

Beispiel

Für beschränkte Folgen (x_n) in $C[0, 1]$ sind folgende Aussagen äquivalent:

  (i) (x_n) konvergiert schwach gegen 0.
  (ii) (x_n) konvergiert punktweise gegen 0, d. h. $\lim_{n \to \infty} x_n(t) = 0$ für alle $t \in [0, 1]$.

Beweis. (i) $\Rightarrow$ (ii): Nach Voraussetzung gilt $\int x_n \, d\mu \to 0$ für alle $\mu \in M[0, 1]$; vgl. Theorem II.2.5. Ist $\mu = \delta_t$ ein Diracmaß, so zeigt das die punktweise Konvergenz.
    (ii) $\Rightarrow$ (i): Das folgt unmittelbar aus dem Rieszschen Darstellungssatz II.2.5 und dem Lebesgueschen Konvergenzsatz A.3.2.   □

Im nächsten Satz wird eine Form der „schwachen Kompaktheit" bewiesen. (Zur Erinnerung: Genau in endlichdimensionalen Räumen ist die abgeschlossene Einheitskugel kompakt; Satz I.2.8.)

Theorem III.3.7 *In einem reflexiven Raum X besitzt jede beschränkte Folge eine schwach konvergente Teilfolge.*

Beweis. Wir nehmen zunächst zusätzlich an, dass X separabel ist; nach Korollar III.3.5 ist dann auch X' separabel, etwa $X' = \overline{\{x_1', x_2', \ldots\}}$. Sei nun (x_n) eine beschränkte Folge in X. Mit Hilfe des Diagonalfolgentricks (siehe den Beweis des Satzes von Arzelà-Ascoli II.3.4) findet man eine Teilfolge, genannt (y_n), so dass $\big(x_i'(y_n)\big)_{n \in \mathbb{N}}$ für alle i konvergiert. Als nächstes wird gezeigt, dass $\big(x'(y_n)\big)_{n \in \mathbb{N}}$ für alle $x' \in X'$ konvergiert.

Sei $\varepsilon > 0$ und $x' \in X'$. Wähle $i \in \mathbb{N}$ mit $\|x'_i - x'\| \le \varepsilon$. Es folgt (mit $M := \sup_n \|x_n\|$)

$$|x'(y_n) - x'(y_m)| \le 2M\|x'_i - x'\| + |x'_i(y_n) - x'_i(y_m)| \le (2M + 1)\varepsilon$$

für hinreichend große m und n. Daher ist $\big(x'(y_n)\big)_{n \in \mathbb{N}}$ eine Cauchyfolge und ergo konvergent.

Es ist noch nicht gezeigt, dass (y_n) schwach konvergiert; es muss noch der Grenzwert angegeben werden. Betrachte dazu die Abbildung

$$\ell \colon x' \mapsto \lim_{n \to \infty} x'(y_n)$$

auf X', die nach dem ersten Beweisschritt wohldefiniert und linear ist. Wegen (M wie oben)

$$|\ell(x')| = \left| \lim_{n \to \infty} x'(y_n) \right| = \lim_{n \to \infty} |x'(y_n)| \le \|x'\| M$$

liegt ℓ in X''. Da X reflexiv ist, existiert $x \in X$ mit $\ell = i(x)$, also tatsächlich

$$x'(x) = \lim_{n \to \infty} x'(y_n) \qquad \forall x' \in X',$$

und (y_n) konvergiert schwach gegen x.

Im Fall eines beliebigen reflexiven Raumes betrachte wieder eine beschränkte Folge (x_n) und $Y := \overline{\mathrm{lin}}\{x_1, x_2, \dots\}$. Dann ist Y separabel (Lemma I.2.10) und reflexiv (Satz III.3.4). Nach dem soeben Bewiesenen existieren eine Teilfolge (y_n) und $y \in Y$ mit $\lim_{n \to \infty} y'(y_n) = y'(y)$ für alle $y' \in Y'$. Sei $x' \in X'$. Dann ist $x'|_Y \in Y'$ und deshalb auch $\lim_{n \to \infty} x'(y_n) = x'(y)$. Das zeigt, dass (y_n) schwach gegen y konvergiert. $\qquad \square$

Wir haben bereits bemerkt, dass für die Einheitsvektoren in ℓ^2 $e_n \overset{\sigma}{\to} 0$ gilt. Die e_n liegen in der abgeschlossenen Einheitssphäre S_{ℓ^2}, der schwache Limes jedoch nicht! Abgeschlossene Mengen brauchen also nicht „schwach abgeschlossen" zu sein. Für konvexe Mengen gilt jedoch der folgende Satz.

Satz III.3.8 *Sei X ein normierter Raum und $V \subset X$ eine abgeschlossene konvexe Teilmenge. Ist dann (x_n) eine schwach konvergente Folge in V mit $x_n \overset{\sigma}{\to} x$, so gilt $x \in V$.*

Beweis. Wäre $x \notin V$, so könnte x nach dem Satz von Hahn-Banach (Theorem III.2.5) strikt von V getrennt werden. Es existierten also $x' \in X'$ und $\varepsilon > 0$ mit

$$\mathrm{Re}\, x'(x) < \mathrm{Re}\, x'(x) + \varepsilon \le \inf_{v \in V} \mathrm{Re}\, x'(v).$$

Speziell wäre $\mathrm{Re}\, x'(x_n - x) \ge \varepsilon$ für alle n, im Widerspruch zu $x'(x) = \lim_{n \to \infty} x'(x_n)$. $\qquad \square$

Korollar III.3.9 *Gilt $x_n \overset{\sigma}{\to} x$, so existiert eine Folge von Konvexkombinationen*

$$y_n = \sum_{i=n}^{N^{(n)}} \lambda_i^{(n)} x_i \qquad \left(\lambda_i^{(n)} \geq 0,\ \textstyle\sum_i \lambda_i^{(n)} = 1\right)$$

mit $\|y_n - x\| \to 0$.

Beweis. Wende Satz III.3.8 auf $V = V_n = \overline{\mathrm{co}}\{x_n, x_{n+1}, \dots\}$ an: Es ist x als schwacher Grenzwert von $(x_n, x_{n+1}, \dots)$ nach Satz III.3.8 in V_n; also existiert ein Element y_n von der gewünschten Form mit $\|y_n - x\| \leq 1/n$. $\qquad\qquad\qquad\square$

Die Untersuchung der schwachen Konvergenz (sowie allgemeiner der *schwachen Topologien*) wird in Kap. VIII fortgesetzt.

III.4   Adjungierte Operatoren

Ähnlich wie einem normierten Raum mit dem Dualraum kanonisch ein zweiter normierter Raum zugeordnet wird, soll nun zu einem stetigen linearen Operator ein weiterer Operator assoziiert werden.

▶ **Definition III.4.1** Seien X und Y normierte Räume und $T \in L(X, Y)$. Der *adjungierte Operator* $T': Y' \to X'$ ist durch $(T'y')(x) = y'(Tx)$ definiert.

Man bestätigt unmittelbar, dass wirklich $T'y' \in X'$ gilt und dass $T' \in L(Y', X')$ ist.

> **Beispiele**

(a) Sei $1 \leq p < \infty$ und $X = Y = \ell^p$. Betrachte den *Shiftoperator* (genauer Linksshift)

$$T: (s_1, s_2, \dots) \mapsto (s_2, s_3, \dots).$$

Was ist T'? Wir identifizieren X' und Y' mit ℓ^q gemäß Satz II.2.3, so dass T' ein Operator auf ℓ^q ist. Mit der Identifizierung $y' = (t_n) \in \ell^q$, nämlich $y'\big((s_n)\big) = \sum_n s_n t_n$, können wir nun schreiben:

$$y'(Tx) = \sum_{n=1}^{\infty} s_{n+1} t_n = \sum_{n=2}^{\infty} s_n \tilde{t}_n$$

mit $\tilde{t}_n = t_{n-1}$ für $n \geq 2$. Daher ist T' der Rechtsshift

$$T': (t_1, t_2, \dots) \mapsto (0, t_1, t_2, \dots).$$

Beachte im Fall $p = 2$, dass $TT' = \mathrm{Id}$, aber $T'T \neq \mathrm{Id}$.

(b) Sei $1 \leq p < \infty$ und $X = Y = L^p[0,1]$. Zu $h \in L^\infty[0,1]$ betrachten wir den Multiplikationsoperator $f \mapsto hf$ auf $L^p[0,1]$ und bezeichnen ihn, um die Abhängigkeit von p zu betonen, mit $T_{(p)}$. Wieder identifizieren wir X' mit dem Funktionenraum $L^q[0,1]$, $\frac{1}{p} + \frac{1}{q} = 1$, (Satz II.2.4). Dann gilt $T'_{(p)} = T_{(q)}$; in der Tat ist

$$(T'_{(p)}g)(f) = \int_0^1 (T_{(p)}f)(t)\, g(t)\, dt = \int_0^1 f(t)g(t)h(t)\, dt$$

$$= \int_0^1 f(t)(T_{(q)}g)(t)\, dt = (T_{(q)}g)(f)$$

für $f \in L^p[0,1]$, $g \in L^q[0,1]$.

(c) Betrachte den Integraloperator T mit L^2-Kern k auf $L^2[0,1]$:

$$(Tf)(s) = \int_0^1 k(s,t)f(t)\, dt \qquad \text{(fast überall).}$$

Wie unter (b) sieht man, dass T' ein Integraloperator mit dem Kern $k'(s,t) = k(t,s)$ ist.

(d) Zu einem normierten Raum X betrachte die kanonische Einbettung $i\colon X \to X''$. Was ist i'? Nach Definition gilt

$$i'\colon X''' \to X', \quad \left(i'(x''')\right)(x) = x'''(i(x)),$$

d. h., i' ist die Einschränkungsabbildung $x''' \mapsto x'''|_{i(X)}$.

In der amerikanischen Literatur ist die Bezeichnung T^* statt T' vorherrschend; wir werden jedoch mit T^* den in Kap. V zu diskutierenden Hilbertraum-Adjungierten bezeichnen.

Satz III.4.2

(a) *Die Abbildung* $T \mapsto T'$ *von* $L(X,Y)$ *nach* $L(Y',X')$ *ist linear und isometrisch, d. h.* $\|T\| = \|T'\|$. *Sie ist im Allgemeinen nicht surjektiv.*
(b) $(ST)' = T'S'$ *für* $T \in L(X,Y)$, $S \in L(Y,Z)$.

Beweis. (a) Die Linearität ist klar, und aus der Definition ergibt sich sofort

$$\|T'y'\| = \|y' \circ T\| \leq \|y'\|\, \|T\|,$$

also $\|T'\| \leq \|T\|$. Die Gleichheit ergibt sich aus dem Satz von Hahn-Banach:

$$\|T\| = \sup_{\|x\| \leq 1} \|Tx\| = \sup_{\|x\| \leq 1} \sup_{\|y'\| \leq 1} |y'(Tx)| \qquad \text{(Korollar III.1.7)}$$

$$= \sup_{\|y'\| \leq 1} \sup_{\|x\| \leq 1} |y'(Tx)|$$

$$= \sup_{\|y'\| \leq 1} \|T'y'\| = \|T'\|.$$

Ein Gegenbeispiel zur Surjektivität folgt im Anschluss an Lemma III.4.3.

(b) Nachrechnen!   □

Lemma III.4.3 *Für $T \in L(X, Y)$ gilt*

$$T'' \circ i_X = i_Y \circ T.$$

Beweis. Einfaches Nachrechnen:

$$\left[T'' \big(i_X(x) \big) \right](y') = \big(i_X(x) \big)(T'y') = (T'y')(x) = y'(Tx) = \left[i_Y(Tx) \right](y').\qquad\square$$

Fasst man also X (bzw. Y) als Unterraum von X'' (bzw. Y'') auf, so ist T'' eine Fortsetzung von $T \in L(X, Y)$, allerdings mit Werten in dem größeren Raum Y''.

$$
\begin{array}{ccc}
X & \xrightarrow{\ T\ } & Y \\
\downarrow{\scriptstyle i_X} & & \downarrow{\scriptstyle i_Y} \\
X'' & \xrightarrow[\ T''\ ]{} & Y''
\end{array}
$$

Des weiteren ergibt sich (unter Beibehaltung der Identifizierung $X \subset X''$, $Y \subset Y''$):

- $S \in L(Y', X')$ *ist genau dann ein adjungierter Operator, wenn $S'(X) \subset Y$ gilt.*

Mit dieser Beobachtung lässt sich leicht ein Gegenbeispiel zur Surjektivität in Satz III.4.2(a) finden. Sei $X = Y = c_0$, also (Satz II.2.3) $X' = Y' = \ell^1$, $X'' = Y'' = \ell^\infty$, und sei $S \in L(\ell^1)$ durch $(t_n) \mapsto (\sum_{n=1}^\infty t_n, 0, 0, \ldots)$ definiert. Man bestätigt für $(u_n) \in \ell^\infty$, dass

$$S'\big((u_n) \big) = (u_1, u_1, u_1, \ldots).$$

Also gilt $S'(c_0) \not\subset c_0$, und S kann kein adjungierter Operator sein.

Satz III.4.4 (Satz von Schauder)
Seien X und Y Banachräume und $T\colon X \to Y$ ein stetiger linearer Operator. Dann ist T genau dann kompakt, wenn T' kompakt ist.

Beweis. Sei T kompakt und (y'_n) eine beschränkte Folge in Y'. Dann ist $K := \overline{T(B_X)} \subset Y$ ein kompakter metrischer Raum. Die Folge (f_n), $f_n := y'_n|_K \in C(K)$, ist beschränkt und gleichgradig stetig; letzteres folgt aus

$$|f_n(y_1) - f_n(y_2)| \leq \sup_k \|y'_k\| \, \|y_1 - y_2\|.$$

Nach dem Satz von Arzelà-Ascoli (Satz II.3.4) existiert eine gleichmäßig konvergente Teilfolge (f_{n_k}). Es folgt

$$\|T'y'_{n_k} - T'y'_{n_l}\| = \sup_{x \in B_X} |y'_{n_k}(Tx) - y'_{n_l}(Tx)| = \|f_{n_k} - f_{n_l}\|_\infty;$$

die letzte Gleichheit gilt, weil $T(B_X)$ dicht in K liegt. Also konvergiert $(T'y'_{n_k})_{k \in \mathbb{N}}$ im Banachraum X', und T' ist kompakt.

Ist T' kompakt, so ist nach dem ersten Beweisteil auch T'' kompakt, also auch $T''i_X$. Aber nach Lemma III.4.3 gilt $T''i_X = i_Y T$, daher ist der Operator $i_Y T : X \to Y''$ kompakt. Da Y in Y'' abgeschlossen ist, ist auch T kompakt. $\qquad\square$

Wir verwenden nun adjungierte Operatoren, um die Lösbarkeit von Operatorgleichungen zu diskutieren. Für einen Operator $T : X \to Y$ bezeichnen wir mit $\ker T := \{x \in X: Tx = 0\}$ seinen Kern und mit $\operatorname{ran} T := \{Tx : x \in X\}$ sein Bild. Die Annihilatoren $U^\perp$ und $V_\perp$ sind in (III.4) und (III.5) eingeführt worden.

Für lineares T sind $\ker T$ und $\operatorname{ran} T$ stets Untervektorräume; für stetiges T ist $\ker T = T^{-1}(\{0\})$ stets abgeschlossen. Hingegen braucht $\operatorname{ran} T$ nicht abgeschlossen zu sein; betrachte zum Beispiel die identische Abbildung von $C[0,1]$ nach $L^1[0,1]$. Es gilt jedoch folgender Satz.

Satz III.4.5 $\qquad\qquad \overline{\operatorname{ran} T} = (\ker T')_\perp.$

Beweis. „$\subset$": Sei $y = Tx \in \operatorname{ran} T$. Ist $y' \in \ker T'$, so folgt

$$y'(y) = y'(Tx) = (T'y')(x) = 0$$

wegen $T'y' = 0$. Daher ist $\operatorname{ran} T \subset (\ker T')_\perp$. Da $(\ker T')_\perp$ abgeschlossen ist, gilt „$\subset$".

„$\supset$": Setze $U := \overline{\operatorname{ran} T}$; dies ist ein abgeschlossener Unterraum von Y. Sei $y \notin U$; wir werden dann $y \notin (\ker T')_\perp$ zeigen. Nach dem Satz von Hahn-Banach (genauer Korollar III.1.8) existiert $y' \in Y'$ mit $y'|_U = 0$ und $y'(y) \neq 0$. Insbesondere ist $y'(Tx) = 0$ für alle $x \in X$, d.h. $y' \in \ker T'$. Daher ist $y \notin (\ker T')_\perp$, da ja sonst $y'(y) = 0$ gelten müsste. $\qquad\square$

Korollar III.4.6 *Sei $T : X \to Y$ ein stetiger Operator mit abgeschlossenem Bild. Dann ist die Operatorgleichung $Tx = y$ genau dann lösbar, wenn die Implikation*

$$T'y' = 0 \quad \Rightarrow \quad y'(y) = 0$$

gilt.

In Kap. VI wird gezeigt, dass Operatoren der Gestalt $T = \operatorname{Id} - S$ mit $S \in K(X)$ ein abgeschlossenes Bild haben (Satz VI.2.1).

Der Vorzug des Korollars III.4.6 besteht darin, dass die Existenz einer Lösung durch eine Bedingung an den Kern von T' garantiert wird; und der Kern eines Operators ist häufig relativ leicht zu bestimmen. Insbesondere ist die obige Implikation stets erfüllt, wenn T' injektiv ist.

III.5   Differentiation nichtlinearer Abbildungen

In diesem Abschnitt soll ein kurzer Abstecher in die nichtlineare Funktionalanalysis unternommen werden. Zuerst beschäftigen wir uns mit dem Begriff der Ableitung. Wir werden im Folgenden nur reelle Vektorräume betrachten, und h steht für eine (hinreichend kleine) reelle Zahl.

▶ **Definition III.5.1**   Seien X und Y normierte Räume, $U \subset X$ offen und $f: U \to Y$ eine Abbildung.

(a) f heißt *Gâteaux-differenzierbar* bei $x_0 \in U$, falls ein stetiger linearer Operator $T \in L(X, Y)$ mit

$$\lim_{h \to 0} \frac{f(x_0 + hv) - f(x_0)}{h} = Tv \qquad \forall v \in X \tag{III.10}$$

existiert. (Es ist klar, dass $f(x_0 + hv)$ für betragsmäßig hinreichend kleine $h \in \mathbb{R}$ erklärt ist, nämlich für $|h| \leq \alpha/\|v\|$, falls $\{x: \|x - x_0\| \leq \alpha\} \subset U$.)

(b) f heißt *Fréchet-differenzierbar* bei $x_0 \in U$, falls die Konvergenz in (III.10) gleichmäßig bezüglich $v \in B_X$ ist.

(c) f heißt Gâteaux- bzw. Fréchet-differenzierbar auf U, falls f an jeder Stelle $x_0 \in U$ Gâteaux- bzw. Fréchet-differenzierbar ist. Der Grenzwert in (III.10) hängt dann von x_0 ab; wir schreiben $Df(x_0)$ statt T. Df heißt die Gâteaux- bzw. Fréchet-Ableitung von f.

Beachte: Die Ableitung von f an einer Stelle ist ein linearer Operator, die Ableitung von f als Funktion ist eine operatorwertige Abbildung $Df: U \to L(X, Y)$.

Die Fréchet-Ableitung reflektiert die Idee der linearen Approximation, wie das nächste Lemma zeigt.

Lemma III.5.2   *Mit den Bezeichnungen von Definition III.5.1 ist eine Abbildung $f: U \to Y$ genau dann Fréchet-differenzierbar bei $x_0 \in U$, falls ein stetiger linearer Operator $T \in L(X, Y)$ mit*

$$f(x_0 + u) = f(x_0) + Tu + r(u), \quad wo \quad \lim_{\|u\| \to 0} \frac{r(u)}{\|u\|} = 0, \tag{III.11}$$

existiert. In diesem Fall ist $Df(x_0) = T$.

Ausführlich lautet die Grenzwertbeziehung in (III.11)

$$\forall \varepsilon > 0 \; \exists \delta > 0 \;\; \|u\| \leq \delta \Rightarrow \|r(u)\| \leq \varepsilon \|u\|.$$

Beweis. Gelte gleichmäßige Konvergenz in (III.10). Setze dann $r(u) = f(x_0 + u) - f(x_0) - Tu$; mit $v = u/\|u\|$ und $\|u\| \to 0$ folgt

$$\frac{r(u)}{\|u\|} = \frac{f(x_0 + u) - f(x_0)}{\|u\|} - T\Big(\frac{u}{\|u\|}\Big) = \frac{f(x_0 + \|u\|v) - f(x_0)}{\|u\|} - Tv \to 0.$$

Gelte umgekehrt (III.11). Für $v \in B_X$ und $h \to 0$ hat man dann

$$\left\| \frac{f(x_0 + hv) - f(x_0)}{h} - Tv \right\| = \|v\| \left\| \frac{f(x_0 + hv) - f(x_0) - T(hv)}{h\|v\|} \right\|$$

$$= \|v\| \frac{\|r(hv)\|}{\|hv\|} \to 0,$$

und zwar gleichmäßig in $v \in B_X$. $\qquad\square$

In Worten ist die Aussage von (III.11), dass man $f(x_0 + u)$ durch $f(x_0) + Df(x_0)(u)$ mit einem Fehler $\leq \varepsilon \|u\|$ approximieren kann, wenn nur $\|u\| \leq \delta$ ist. Sind X und Y endlichdimensional, ist die Fréchet-Differenzierbarkeit also nichts anderes als die totale Differenzierbarkeit, während die Gâteaux-Differenzierbarkeit mit der Existenz der Richtungsableitungen verwandt ist. (Manche Autoren verlangen nicht die Linearität der Gâteaux-Ableitung.) Wie im Endlichdimensionalen impliziert die Fréchet-Differenzierbarkeit die Stetigkeit, die Gâteaux-Differenzierbarkeit jedoch nicht (Beispiel?).

Beispiele

(a) Ist f konstant, so ist klar, dass f Fréchet-differenzierbar mit Ableitung $Df(x_0) = 0$ für alle x_0 ist.

(b) Ist $f: X \to Y$ eine lineare Abbildung, so ist f genau dann Gâteaux-differenzierbar, wenn f stetig ist, da ja für lineares f

$$\frac{f(x_0 + hv) - f(x_0)}{h} = f(v).$$

In diesem Fall ist f auch Fréchet-differenzierbar mit $Df(x_0) = f$ für alle x_0; Df ist also eine konstante operatorwertige Abbildung.

(c) Sei $f: C[0,1] \to C[0,1]$ durch $f(x) = x^2$ definiert. Dann ist

$$\frac{f(x_0 + hv) - f(x_0)}{h} = \frac{x_0^2 + 2hx_0v + h^2v^2 - x_0^2}{h} = 2x_0v + hv^2.$$

Es folgt, dass der Grenzwert für $h \to 0$ gleichmäßig in $v \in B_{C[0,1]}$ existiert, und zwar ist

$$\lim_{h \to 0} \frac{f(x_0 + hv) - f(x_0)}{h} = 2x_0 v =: M_{2x_0} v.$$

f ist daher Fréchet-differenzierbar mit Ableitung $Df(x_0) = M_{2x_0} =$ Multiplikationsoperator mit $2x_0$.

(d) Die gleiche Rechnung funktioniert für den Quadratoperator $f: L^2 \to L^1, f(x) = x^2$; f ist wohldefiniert. Auch hier ist $Df(x_0) = M_{2x_0}$, aber der Multiplikationsoperator wird diesmal als Operator von L^2 nach L^1 aufgefasst.

(e) Sei $f: L^p(\mu) \to \mathbb{R}$ durch $f(x) = \int_\Omega |x(t)|^p \, d\mu(t)$ definiert. Wir untersuchen die Differenzierbarkeit dieses nichtlinearen Funktionals im Fall $1 < p < \infty$ und setzen wie üblich $1/p + 1/q = 1$. Sei $x_0 \in L^p(\mu)$ fest. Zu $v \in L^p(\mu)$ assoziiere die Hilfsfunktion $\varphi(h) = f(x_0 + hv)$; wir zeigen, dass φ differenzierbar ist. Differenziert man formal unter dem Integral, erhält man

$$\varphi'(h) = \frac{d}{dh} \int_\Omega |x_0(t) + hv(t)|^p \, d\mu(t)$$
$$\overset{(*)}{=} \int_\Omega \frac{\partial}{\partial h} |x_0(t) + hv(t)|^p \, d\mu(t)$$
$$= \int_\Omega p |x_0(t) + hv(t)|^{p-1} \operatorname{sgn}(x_0(t) + hv(t)) v(t) \, d\mu(t);$$

beachte, dass für $p > 1$ die reelle Funktion $s \mapsto |s|^p$ differenzierbar ist mit der Ableitung $s \mapsto p|s|^{p-1} \operatorname{sgn}(s)$. Wenn man $(*)$ legitimieren kann, folgt die Gâteaux-Differenzierbarkeit von f mit

$$Df(x_0)(v) = \varphi'(0) = p \int_\Omega |x_0(t)|^{p-1} \operatorname{sgn}(x_0(t)) v(t) \, d\mu(t);$$

$Df(x_0)$ ist also das durch $p|x_0|^{p-1} \operatorname{sgn}(x_0) \in L^q(\mu) \cong (L^p(\mu))'$ dargestellte lineare Funktional.

Zur Begründung von $(*)$ verwenden wir Korollar A.3.3; für $|h| \le 1$ hat man nämlich die Abschätzung

$$\left| \frac{\partial}{\partial h} |x_0(t) + hv(t)|^p \right| = p|x_0(t) + hv(t)|^{p-1} |v(t)| \le p(|x_0(t)| + |v(t)|)^{p-1} |v(t)|;$$

und das ist nach der Hölderschen Ungleichung eine L^1-Funktion, denn $w := |x_0| + |v| \in L^p(\mu)$ impliziert wegen $(p-1)q = p$, dass $w^{p-1} \in L^q(\mu)$.

f ist sogar Fréchet-differenzierbar. Dazu sei (v_n) eine Folge in der Einheitskugel von $L^p(\mu)$ und $h_n \to 0$, dann ist

$$\int_\Omega \left(\frac{|x_0(t) + h_n v_n(t)|^p - |x_0(t)|^p}{h_n} - p|x_0(t)|^{p-1} \operatorname{sgn}(x_0(t)) v_n(t) \right) d\mu(t) \to 0$$

zu zeigen. Stellt man den Bruch an jeder Stelle t mit Hilfe des Mittelwertsatzes dar, lautet die Aufgabe,

$$p \int_\Omega \left(\left|x_0(t) + \vartheta_n(t)h_n v_n(t)\right|^{p-1} \operatorname{sgn}\left(x_0(t) + \vartheta_n(t)h_n v_n(t)\right) - \right.$$
$$\left. |x_0(t)|^{p-1} \operatorname{sgn}(x_0(t)) \right) v_n(t)\, d\mu(t) \to 0$$

zu beweisen, wo $0 < \vartheta_n(t) < 1$. Nach der Hölderschen Ungleichung kann dieser Ausdruck nach oben durch

$$p \left\| |x_0 + h_n \vartheta_n v_n|^{p-1} \operatorname{sgn}(x_0 + h_n \vartheta_n v_n) - |x_0|^{p-1} \operatorname{sgn}(x_0) \right\|_q \|v_n\|_p$$

abgeschätzt werden; beachte, dass ϑ aufgrund seiner Konstruktion messbar ist. Schreibe nun $x_n = x_0 + h_n \vartheta_n v_n$ und $\Phi(x) = |x|^{p-1} \operatorname{sgn}(x)$ für $x \in L^p(\mu)$. Es gilt dann $x_n \to x_0$ in der Norm von $L^p(\mu)$, und es muss $\Phi(x_n) \to \Phi(x_0)$ in der Norm von $L^q(\mu)$ geschlossen werden. Eine Teilfolge (x_{n_k}) konvergiert fast überall gegen x_0 (vgl. z. B. Rudin [1986], Theorem 3.12); es folgt $\Phi(x_{n_k}) \to \Phi(x_0)$ fast überall sowie $\|\Phi(x_{n_k})\|_q = \|x_{n_k}\|_p \to \|x_0\|_p = \|\Phi(x_0)\|_q$, und die Integrationstheorie lehrt, dass dann $\|\Phi(x_{n_k}) - \Phi(x_0)\|_q \to 0$ (siehe Rudin [1986], S. 73). Daraus ergibt sich die gewünschte Konvergenz, und die Fréchet-Differenzierbarkeit von f ist gezeigt.

(f) Wir untersuchen die kanonische Norm des Folgenraums ℓ^1 auf Differenzierbarkeit, betrachten also $f(x_0) = \|x_0\|_1 = \sum_{n=1}^\infty |s_n|$ für $x_0 = (s_n) \subset \ell^1$. Sei e_k der k-te Einheitsvektor in ℓ^1. Die Frage, ob der Grenzwert in (III.10) für $v = e_k$ existiert, läuft dann darauf hinaus,

$$\lim_{h \to 0} \frac{f(x_0 + h e_k) - f(x_0)}{h} = \lim_{h \to 0} \frac{|s_k + h| - |s_k|}{h}$$

zu bestimmen; und man erkennt, dass der Grenzwert genau dann existiert, wenn $s_k \neq 0$ ist, und dann beträgt er $\operatorname{sgn} s_k$. Daraus folgt als notwendige Bedingung für die Differenzierbarkeit der Norm bei $x_0 = (s_n)$, dass alle $s_n \neq 0$ sind. Diese Bedingung ist auch hinreichend für die Gâteaux-Differenzierbarkeit; als Kandidat für die Ableitung kommt nach unseren Vorüberlegungen nämlich nur das durch $(\operatorname{sgn} s_n) \in \ell^\infty \cong (\ell^1)'$ dargestellte lineare Funktional ℓ in Frage, und in der Tat gilt für jedes $v = (t_n) \in \ell^1$

$$\lim_{h \to 0} \sum_{n=1}^\infty \frac{|s_n + h t_n| - |s_n|}{h} = \ell(v) = \sum_{n=1}^\infty (\operatorname{sgn} s_n) t_n.$$

Zunächst hat man nämlich für jedes n die Abschätzung

$$\left| \frac{|s_n + h t_n| - |s_n| - h(\operatorname{sgn} s_n) t_n}{h} \right| = \left| \frac{|1 + h t_n/s_n| - 1 - h t_n/s_n}{h/|s_n|} \right| \leq 2|t_n|,$$

da $|1 + x| - (1 + x) = 0$ für $x \geq -1$ und $= -2 - 2x$ für $x < -1$. Wählt man nun zu $\varepsilon > 0$ eine natürliche Zahl N so, dass $\sum_{n>N} |t_n| \leq \varepsilon$ ausfällt, erhält man

$$\left| \sum_{n=1}^{\infty} \frac{|s_n + ht_n| - |s_n| - h(\operatorname{sgn} s_n)t_n}{h} \right| \leq \sum_{n=1}^{N} |\ldots| + \sum_{n=N+1}^{\infty} |\ldots|,$$

und die erste, endliche Summe strebt mit $h \to 0$ gegen 0, da alle $s_n \neq 0$ sind, wohingegen die zweite Summe unabhängig von h durch 2ε majorisiert wird.

Andererseits ist die ℓ^1-Norm nach Lemma III.5.2 an keiner Stelle Fréchet-differenzierbar, da für $x_0 = (s_n)$ und $v_k = -2s_k e_k$

$$\frac{\|x_0 + v_k\|_1 - \|x_0\|_1 - \ell(v_k)}{\|v_k\|_1} = 1.$$

Es ist häufig wichtig zu wissen, ob die Norm eines normierten Raums differenzierbar ist. Dies kann folgendermaßen geometrisch charakterisiert werden.

Satz III.5.3 *Die Normfunktion $f: x \mapsto \|x\|$ auf einem normierten Raum X ist bei x_0 mit $\|x_0\| = 1$ genau dann Gâteaux-differenzierbar, wenn es genau ein stetiges lineares Funktional $x_0' \in X'$ mit $\|x_0'\| = x_0'(x_0) = 1$ gibt; in diesem Fall ist $Df(x_0) = x_0'$. Die Normfunktion ist bei x_0 genau dann Fréchet-differenzierbar, wenn das obige x_0' zusätzlich die Eigenschaft*

$$x_n' \in X', \ \|x_n'\| \leq 1, \ x_n'(x_0) \to 1 \quad \Rightarrow \quad \|x_n' - x_0'\| \to 0 \qquad \text{(III.12)}$$

besitzt.

Beweis. Sei zunächst f bei x_0 Gâteaux-differenzierbar mit Ableitung $x_0' \in X'$. Aus (III.10) ergibt sich dann sofort $x_0'(x_0) = 1$ und $\|x_0'\| \leq 1$ wegen der umgekehrten Dreiecksungleichung, also sogar $\|x_0'\| = 1$. Sei x_1' ein weiteres Funktional mit diesen Eigenschaften. Für $v \in X$ und $h > 0$ gilt dann

$$x_0'(v) - x_1'(v) = \frac{x_0'(x_0 + hv) + x_1'(x_0 - hv) - 2}{h}$$

$$\leq \frac{\|x_0 + hv\| - 1}{h} + \frac{\|x_0 - hv\| - 1}{h},$$

was mit $h \to 0$ gegen $x_0'(v) + x_0'(-v) = 0$ konvergiert. Daher ist $x_0'(v) - x_1'(v) \leq 0$ für alle $v \in X$ und deshalb (ersetze v durch $-v$) $x_0' = x_1'$.

Ist f bei x_0 Fréchet-differenzierbar und ist (x_n) eine Folge wie in (III.12), gilt nach Lemma III.5.2

$$x_0'(v) - x_n'(v) = x_0'(x_0 + v) + x_n'(x_0 - v) - 1 - x_n'(x_0)$$

$$\leq \|x_0 + v\| - \|x_0\| + \|x_0 - v\| - \|x_0\| + 1 - x_n'(x_0)$$

$$= x_0'(v) + r(v) + x_0'(-v) + r(-v) + 1 - x_n'(x_0)$$

$$= r(v) + r(-v) + 1 - x_n'(x_0).$$

Mit $\|r(v)\| / \|v\| \to 0$ erhält man zu $\varepsilon > 0$ ein $\delta > 0$, so dass

$$\|r(v)\| \leq \varepsilon \|v\| \qquad \forall \|v\| \leq \delta.$$

Wählt man n_0 so, dass

$$1 - x_n'(x_0) \leq \delta\varepsilon \qquad \forall n \geq n_0,$$

so folgt für diese n und alle $\|v\| = \delta$

$$x_0'(v) - x_n'(v) \leq 3\delta\varepsilon$$

und deshalb

$$\|x_n' - x_0'\| = \frac{1}{\delta} \sup_{\|v\|=1} \left(x_0'(\delta v) - x_n'(\delta v) \right) \leq 3\varepsilon \qquad \forall n \geq n_0.$$

Wir beweisen jetzt die Umkehrungen. Sei $\|x_0\| = 1$. Als erstes beobachten wir, dass für jedes $v \in X$ die einseitigen Grenzwerte

$$p^+(v) = \lim_{h \to 0^+} \frac{\|x_0 + hv\| - 1}{h}$$

$$p^-(v) = \lim_{h \to 0^-} \frac{\|x_0 + hv\| - 1}{h}$$

existieren. Die auf $\mathbb{R} \setminus \{0\}$ erklärte Funktion $\varphi\colon h \mapsto (\|x_0+hv\|-1)/h$ ist nämlich monoton wachsend: Für $0 < h_1 < h_2$ zeigt eine Anwendung der Dreiecksungleichung, dass

$$\begin{aligned}
\|x_0 + h_1 v\| - 1 &= \left\| \frac{h_1}{h_2}(x_0 + h_2 v) + \left(1 - \frac{h_1}{h_2}\right)x_0 \right\| - 1 \\
&\leq \frac{h_1}{h_2} \|x_0 + h_2 v\| + \left(1 - \frac{h_1}{h_2}\right) - 1 \\
&= h_1 \frac{\|x_0 + h_2 v\| - 1}{h_2},
\end{aligned}$$

weswegen φ auf $(0, \infty)$ monoton wächst. Analog sieht man die Monotonie auf $(-\infty, 0)$, und schließlich gilt $\varphi(-h) \leq \varphi(h)$ für positive h, denn diese Ungleichung ist zu $2 \leq \|x_0 + hv\| + \|x_0 - hv\|$ äquivalent, was nach der Dreiecksungleichung richtig ist. Damit ist die Existenz der obigen Grenzwerte gezeigt, und außerdem sieht man, dass

$$p^-(v) \leq p^+(v) \qquad \forall v \in X.$$

Ferner ergibt sich – wieder aus der Dreiecksungleichung –, dass p^+ sublinear ist; beachte noch $p^+(v) = -p^-(-v)$ nach Definition dieser Größen.

Um die Gâteaux-Differenzierbarkeit der Norm bei x_0 zu beweisen, muss man nur $p^- = p^+$ zeigen. Sei dazu $v_0 \in X$ fest gewählt. Für $p^-(v_0) \leq \alpha \leq p^+(v_0)$ definiert $\lambda v_0 \mapsto \lambda \alpha$ ein lineares Funktional ℓ auf $\mathrm{lin}\{v_0\}$, das dort von p^+ majorisiert wird; beachte

$$\ell(-v_0) = -\alpha \leq -p^-(v_0) = p^+(-v_0).$$

Mit dem Satz von Hahn-Banach (Satz III.1.2) existiert ein lineares Funktional $x' \leq p^+$, das ℓ fortsetzt. Dieses ist stetig mit Norm ≤ 1, da nach der umgekehrten Dreiecksungleichung

$$x'(v) \leq p^+(v) \leq |p^+(v)| \leq \|v\| \qquad \forall v \in X.$$

Schließlich ist

$$-x'(x_0) = x'(-x_0) \leq p^+(-x_0) = -1,$$

so dass sich aus $\|x'\| \leq 1$ auch $x'(x_0) = 1$ ergibt. Wenn es nur ein Funktional mit diesen Eigenschaften gibt, muss notwendig $p^-(v_0) = \alpha = p^+(v_0)$ gewesen sein; da v_0 beliebig war, ist $p^- = p^+$ und damit die Gâteaux-Differenzierbarkeit bei x_0 gezeigt.

Wir kommen zum Schluss zur Fréchet-Differenzierbarkeit unter der Bedingung (III.12). Sei (v_n) eine Nullfolge; es ist nach Lemma III.5.2

$$\frac{\|x_0 + v_n\| - 1 - x_0'(v_n)}{\|v_n\|} \to 0$$

zu zeigen. Da $x_0'(x_0) = 1 = \|x_0'\|$, ist der Ausdruck ≥ 0. Wähle gemäß Korollar III.1.6 Funktionale $x_n' \in B_{X'}$ mit $x_n'(x_0 + v_n) = \|x_0 + v_n\|$. Da dann wegen $v_n \to 0$

$$x_n'(x_0) = x_n'(x_0 + v_n) - x_n'(v_n) = \|x_0 + v_n\| - x_n'(v_n) \to 1,$$

folgt nach Voraussetzung (III.12) $\|x_n' - x_0'\| \to 0$ und deshalb

$$\begin{aligned}
0 &\leq \frac{\|x_0 + v_n\| - 1 - x_0'(v_n)}{\|v_n\|} \\
&= \frac{(x_n' - x_0')(v_n) + x_n'(x_0) - 1}{\|v_n\|} \\
&\leq \frac{(x_n' - x_0')(v_n)}{\|v_n\|} \leq \|x_n' - x_0'\| \to 0,
\end{aligned}$$

was zu beweisen war. $\square$

In Abb. III.3 sind die Einheitskugeln zweier Normen sowie einige „Stützhyperebenen" $\{x: x_0'(x) = 1 = \|x_0'\|\}$ skizziert; die linke Norm ist an jeder Stelle $\neq 0$ Gâteaux-differenzierbar (eine solche Norm nennt man *glatt*), die rechte nicht, wie man aus Satz III.5.3

Abb. III.3 Glatte und nicht glatte Normen

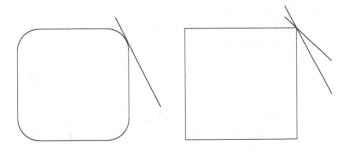

schließt; man kann regelrecht fühlen, dass sie nicht glatt ist. Zur Dualität von Konvexitäts- und Glattheitseigenschaften vgl. Aufgabe III.6.33.

Beispiel

(g) Die kanonische Norm von $L^2(\mu)$ ist an jeder Stelle $x_0 \neq 0$ Fréchet-differenzierbar. Wegen der positiven Homogenität der Norm reicht es, den Fall $\|x_0\|_2 = 1$ zu betrachten. Nach Satz II.2.4 kann jedes Funktional durch ein normgleiches y_0 gemäß $\ell_{y_0}(x) = \int xy_0 \, d\mu$ dargestellt werden. Das durch x_0 dargestellte Funktional hat dann die Eigenschaft $\ell_{x_0}(x_0) = 1 = \|\ell_{x_0}\|$, und aus Aufgabe I.4.13 folgt, dass es bzgl. dieser Eigenschaften eindeutig bestimmt ist. Seien nun $x_n \in L^2(\mu)$ mit $\|x_n\|_2 \leq 1$, $\ell_{x_n}(x_0) \to 1$. Dann folgt

$$\|x_n - x_0\|_2^2 = \int_\Omega (x_n^2 - 2x_n x_0 + x_0^2) \, d\mu \leq 1 - 2\ell_{x_n}(x_0) + 1 \to 0.$$

Nach Satz III.5.3 ist die L^2-Norm an der Stelle x_0 Fréchet-differenzierbar mit Ableitung ℓ_{x_0}.

Wer sich mit dem abstrakten Begriff des Hilbertraums aus Kap. V bereits vertraut gemacht hat, sollte mit allgemeinen Hilbertraummethoden beweisen, dass jede Hilbertraumnorm außer bei 0 Fréchet-differenzierbar ist; vgl. Aufgabe V.6.29.

Auch die Norm von $L^p(\mu)$ ist im Fall $1 < p < \infty$ an jeder von 0 verschiedenen Stelle Fréchet-differenzierbar, siehe Aufgabe III.6.34.

Als nächstes werden einige Sätze über differenzierbare Abbildungen zusammengestellt.

Satz III.5.4 *Seien X, Y, Z normierte Räume und $U \subset X$ sowie $V \subset Y$ offene Teilmengen.*

(a) *Sind $f, g: U \to Y$ Gâteaux- bzw. Fréchet-differenzierbar bei $x_0 \in U$, so sind es auch $f + g$ sowie λf ($\lambda \in \mathbb{R}$) mit Ableitungen*

$$D(f + g)(x_0) = Df(x_0) + Dg(x_0), \quad D(\lambda f)(x_0) = \lambda \, Df(x_0).$$

(b) (Mittelwertsatz)

$Sei f: U \to Y$ *Gâteaux-differenzierbar; das „Intervall"* $I = \{x_0 + \lambda u: 0 \leq \lambda \leq 1\}$ *liege in der offenen Menge U. Dann gilt*

$$\|f(x_0 + u) - f(x_0)\| \leq \sup_{\xi \in I} \|Df(\xi)\| \, \|u\|.$$

(c) *Ist* $f: U \to Y$ *Gâteaux-differenzierbar und ist* $Df: U \to L(X, Y)$ *stetig, so ist* f *sogar Fréchet-differenzierbar; man sagt,* f *sei stetig differenzierbar, und schreibt* $f \in C^1(U, Y)$.

(d) (Kettenregel)

Seien $f: U \to Y$ *und* $g: V \to Z$, *wo* $f(U) \subset V$, *Fréchet-differenzierbar bei* $x_0 \in U$ *bzw.* $f(x_0) \in V$; *dann ist* $g \circ f$ *Fréchet-differenzierbar bei* x_0 *mit Ableitung*

$$D(g \circ f)(x_0) = Dg(f(x_0)) \circ Df(x_0).$$

(e) (Satz über implizite Funktionen)

Es seien X, Y *und* Z *vollständig und* $F: X \oplus Y \supset U \times V \to Z$ *stetig differenzierbar mit* $F(x_0, y_0) = 0$. *Die Ableitung der Funktion* $y \mapsto F(x_0, y)$ *bei* y_0 *sei ein Isomorphismus von* Y *auf* Z. *Dann existieren Umgebungen* U_0 *von* x_0 *und* V_0 *von* y_0, *so dass für jedes* $x \in U_0$ *die Gleichung* $F(x, y) = 0$ *genau eine Lösung* $y =: f(x) \in V_0$ *besitzt, und die so definierte Funktion* $f: U_0 \to Y$ *ist stetig differenzierbar.*

Beweis. (a), (d) und (e) beweist man genauso wie im Endlichdimensionalen; im Satz über implizite Funktionen wird die Vollständigkeit benötigt, da man im Beweis den Banachschen Fixpunktsatz anwendet.

(b) Wähle mit Korollar III.1.6 ein lineares Funktional $y' \in B_{Y'}$ mit $y'(f(x_0+u) - f(x_0)) = \|f(x_0 + u) - f(x_0)\|$, und wende den klassischen Mittelwertsatz auf die Hilfsfunktion φ: $[0, 1] \to \mathbb{R}$, $\varphi(\lambda) = y'(f(x_0 + \lambda u) - f(x_0))$ mit der Ableitung $\varphi'(\lambda) = y'(Df(x_0 + \lambda u)(u))$ an. Das liefert sofort die gewünschte Abschätzung.

(c) Seien $x_0 \in U$ und $\varepsilon > 0$. Dann existiert ein $\delta > 0$ mit $\|Df(x_0 + y) - Df(x_0)\| \leq \varepsilon$ für $\|y\| \leq \delta$. Seien nun $\|u\| \leq \delta$ und $y' \in B_{Y'}$ so, dass

$$y'(f(x_0 + u) - f(x_0) - Df(x_0)(u)) = \|f(x_0 + u) - f(x_0) - Df(x_0)(u)\|.$$

Wendet man den Mittelwertsatz auf die gleiche Hilfsfunktion wie unter (b) an, folgt für ein $\vartheta \in (0, 1)$

$$\begin{aligned}
\|f(x_0 + u) - f(x_0) - Df(x_0)(u)\| &= y'(f(x_0 + u) - f(x_0) - Df(x_0)(u)) \\
&\leq \|y'\| \, \|Df(x_0 + \vartheta u)(u) - Df(x_0)(u)\| \\
&\leq \varepsilon \|u\|.
\end{aligned}$$

Lemma III.5.2 zeigt die Fréchet-Differenzierbarkeit bei x_0. $\square$

Mit der Kettenregel lässt sich die Fréchet-Differenzierbarkeit der Norm von $L^2(\mu)$ erneut begründen: Setze

$$f: L^2(\mu) \to L^1(\mu), \quad x \mapsto x^2,$$
$$g: L^1(\mu) \to \mathbb{R}, \quad y \mapsto \int y\, d\mu,$$
$$h: (0, \infty) \to \mathbb{R}, \quad z \mapsto \sqrt{z}.$$

Ist $0 \neq x_0 \in L^2(\mu)$, so ist $\| \, . \, \|_2 = h \circ g \circ f$ bei x_0 Fréchet-differenzierbar mit Ableitung

$$x \mapsto \left[Dh\big(g(f(x_0))\big) \circ Dg(f(x_0)) \circ Df(x_0) \right](x)$$
$$= \left[\frac{1}{2\sqrt{g(f(x_0))}} \cdot g \circ M_{2x_0} \right](x) = \frac{\int x_0 x\, d\mu}{\left(\int x_0^2\, d\mu \right)^{1/2}};$$

benutze Beispiel (b) und (d) und die dortigen Bezeichnungen.

Man kann auch höhere Ableitungen einführen. Ist $f: X \supset U \to Y$ Fréchet-differenzierbar, so ist Df eine Funktion von U nach $L(X, Y)$. Falls diese Fréchet-differenzierbar ist, nennt man f zweimal Fréchet-differenzierbar; die zweite Ableitung ist eine Abbildung

$$D^2 f: U \to L(X, L(X, Y)).$$

Dieser monströse normierte Raum lässt sich als ein Raum bilinearer Abbildungen darstellen. Ist nämlich $T \in L(X, L(X, Y))$, kann man eine Abbildung

$$\phi_T: X \times X \to Y, \quad \phi_T(x_1, x_2) = (Tx_1)(x_2)$$

assoziieren. Diese ist bilinear (also linear in x_1, wenn man x_2 festhält, und umgekehrt) und beschränkt in dem Sinn, dass

$$\|\phi_T\| := \sup_{x_1, x_2 \in B_X} \|\phi_T(x_1, x_2)\| < \infty$$

ist. Auf diese Weise wird der Raum $L^{(2)}(X, Y)$ der beschränkten bilinearen Abbildungen von $X \times X$ nach Y zu einem normierten Raum, der zu $L(X, L(X, Y))$ isometrisch isomorph ist; denn offensichtlich ist $\|\phi_T\| = \|T\|$, und eine gegebene beschränkte bilineare Abbildung ϕ kann durch den gemäß $(Tx_1)(x_2) = \phi(x_1, x_2)$ wohldefinierten Operator $T \in L(X, L(X, Y))$ als $\phi = \phi_T$ dargestellt werden. Mit dieser Identifikation operiert die zweite Ableitung als

$$D^2 f: U \to L^{(2)}(X, Y).$$

Induktiv können jetzt höhere Ableitungen als Abbildungen

$$D^n f: U \to L^{(n)}(X, Y) \cong L(X, L^{(n-1)}(X, Y))$$

definiert werden; $D^n f(x_0)$ ist also eine n-fach multilineare Abbildung. Damit kann man den Satz von Taylor formulieren, der wie im Endlichdimensionalen auf den reellen Fall zurückgeführt werden kann; nur die Notation ist etwas komplizierter.

Satz III.5.5 (Satz von Taylor)
Sei $f: X \supset U \to \mathbb{R}$ $(n+1)$-mal Fréchet-differenzierbar; es liege $\{x_0 + \lambda v: 0 \le \lambda \le 1\}$ in der offenen Menge U. Dann existiert ein $\vartheta \in (0, 1)$ mit

$$f(x_0 + v) = f(x_0) + Df(x_0)(v) + \frac{D^2 f(x_0)}{2}(v, v) + \cdots$$
$$+ \frac{D^n f(x_0)}{n!}(v, \ldots, v) + \frac{D^{n+1} f(x_0 + \vartheta v)}{(n+1)!}(v, \ldots, v, v).$$

Das klassische Anwendungsfeld der Differentialrechnung ist das Lösen von Extremwertaufgaben. Das ist im unendlichdimensionalen Fall nicht anders; das Teilgebiet der Mathematik, das sich dem Studium von Extremalproblemen auf unendlichdimensionalen Räumen widmet, wird traditionell *Variationsrechnung* genannt. Ein fundamentales Problem, das sich im Endlichdimensionalen nicht stellt, ist das der fehlenden Kompaktheit abgeschlossener beschränkter Mengen; daher ist die Existenz einer Lösung eines unendlichdimensionalen Extremalproblems eine wesentlich heiklere Sache.

Als Beispiel betrachte das Problem, das Minimum des Funktionals

$$f(x) = \int_{-1}^{1} (t\dot{x}(t))^2 \, dt$$

auf der Menge $A = \{x \in C^1[-1, 1]: x(-1) = -1, x(1) = 1\}$ zu bestimmen; $\dot{x}$ bezeichnet die Ableitung dx/dt. Es ist klar, dass f durch 0 nach unten beschränkt ist, und mit Hilfe der Funktionen $x_\varepsilon(t) = \arctan(t/\varepsilon)/\arctan(1/\varepsilon)$ erkennt man $\inf_{x \in A} f(x) = 0$. Da $f(x) = 0$ nur für konstante Funktionen gilt und diese in A nicht zugelassen sind, hat das Minimumproblem keine Lösung.

Es ist jedoch leicht, eine notwendige Bedingung für das Vorliegen eines Extremums aufzustellen.

Satz III.5.6 *Ist $U \subset X$ offen, $f: U \to \mathbb{R}$ Gâteaux-differenzierbar und besitzt f bei $x_0 \in U$ ein lokales Extremum, so gilt notwendig $Df(x_0) = 0$.*

Beweis. Sei $v \in X$. Auf einem hinreichend kleinen Intervall $(-\alpha, \alpha)$ ist die Hilfsfunktion $\varphi(h) = f(x_0 + hv)$ definiert und differenzierbar. Sie besitzt nach Voraussetzung bei $h = 0$ ein lokales Extremum, also folgt $\varphi'(0) = 0$, was $Df(x_0)(v) = 0$ impliziert. Da v beliebig war, folgt die Behauptung. $\qquad\Box$

In der klassischen Variationsrechnung studiert man die notwendige Bedingung $Df(x_0) = 0$, die in vielen Anwendungen in eine Differentialgleichung transformiert werden kann, die *Euler-Gleichung* oder *Euler-Lagrange-Gleichung* des Problems genannt wird. Dazu ein einfaches Beispiel.

Was ist die kürzeste Verbindung zwischen den Punkten mit den Koordinaten $(0, 0)$ und $(1, 0)$ in der Ebene? Die Antwort lautet natürlich: die Gerade. Um dieses Problem mit Hilfe von Satz III.5.6 anzugehen, definieren wir das Funktional

$$f(x) = \int_0^1 \sqrt{1 + \dot{x}(t)^2} \, dt$$

auf dem Banachraum $C_0^1[0, 1] = \{x \in C^1[0, 1]: x(0) = x(1) = 0\}$; dieses Integral gibt bekanntlich die Bogenlänge der Kurve $\{(t, x(t)): 0 \leq t \leq 1\}$ an. Notwendig für eine Minimalstelle ist $Df(x_0) = 0$, das heißt hier (verwende Beispiel (c) und die Kettenregel)

$$Df(x_0)(v) = \int_0^1 \frac{\dot{x}_0(t)\dot{v}(t)}{(1 + \dot{x}_0(t)^2)^{1/2}} \, dt = 0 \qquad \forall v \in C_0^1[0, 1].$$

Falls x_0 sogar zweimal stetig differenzierbar ist, kann man partiell integrieren und erhält, da die Randterme verschwinden,

$$\int_0^1 \frac{\ddot{x}_0(t)}{(1 + \dot{x}_0(t)^2)^{3/2}} v(t) \, dt = 0 \qquad \forall v \in C_0^1[0, 1].$$

Nun gilt für stetige Funktionen w

$$\int_0^1 w(t)v(t) \, dt = 0 \ \forall v \in C_0^1[0, 1] \quad \Rightarrow \quad w = 0$$

(Beweis?); diese obwohl einfache, doch äußerst nützliche Aussage wird *Fundamentallemma der Variationsrechnung* genannt. Hier ergibt sich als Euler-Gleichung des Variationsproblems deshalb $\ddot{x}_0 = 0$. Mit anderen Worten: Die einzigen zweimal stetig differenzierbaren Kandidaten für unser Minimalproblem sind die Geraden. In diesem speziellen Beispiel ist die notwendige Bedingung auch hinreichend. Über allgemeine hinreichende Bedingungen für Extrema kann man z. B. in den Monographien von Troutman [1996], Buttazzo/Giaquinta/Hildebrandt [1998] und Jost/Li-Jost [1999] nachlesen; vgl. jedoch Aufgabe III.6.37.

Für Extremalprobleme, die mit mehrdimensionalen Integralen zusammenhängen, führt der Weg über die Euler-Gleichung auf partielle Differentialgleichungen. Insbesondere hier ist ein anderer Zugang, die sog. *direkte Methode der Variationsrechnung*, nützlich. Die Idee, eine Minimalstelle für ein Funktional f zu finden, ist einfach: Wähle eine Folge (x_n) mit $f(x_n) \to \inf f$. Unter geeigneten Voraussetzungen existiert eine Teilfolge (x_{n_k}), die in einem adäquaten Sinn gegen einen Punkt x_0 konvergiert. Wenn auch $(f(x_n))$ gegen $f(x_0)$ konvergiert, hat man die Existenz einer Minimalstelle bewiesen.

Um die Funktionale, für die dieses Programm funktioniert, zu beschreiben, führen wir einige Begriffe ein.

▶ **Definition III.5.7** Sei $f\colon X \to \mathbb{R}$ ein Funktional auf einem normierten Raum X.

(a) f heißt [*schwach*] *halbstetig von unten*, falls stets

$$x_n \to x \text{ [schwach]}, \ f(x_n) \leq c \quad \Rightarrow \quad f(x) \leq c.$$

(b) f heißt *koerzitiv*, falls

$$\|x_n\| \to \infty \quad \Rightarrow \quad f(x_n) \to \infty.$$

(c) f heißt *konvex*, falls

$$f(\lambda x + (1-\lambda)y) \leq \lambda f(x) + (1-\lambda)f(y) \qquad \forall x, y \in X, \ 0 \leq \lambda \leq 1.$$

Die so definierte Halbstetigkeit müsste eigentlich „Folgenhalbstetigkeit" genannt werden; im Fall der Normkonvergenz ist sie zur topologischen Definition aus Lemma B.2.5 äquivalent.

Manchmal ist es sinnvoll, diese Definitionen auf Funktionale mit Werten in $\mathbb{R} \cup \{\infty\}$ auszudehnen; die folgenden Resultate gelten dann entsprechend.

Satz III.5.8 *Sei X ein reflexiver Banachraum, und sei $f\colon X \to \mathbb{R}$ schwach halbstetig von unten und koerzitiv. Dann existiert eine Stelle x_0 mit $f(x_0) = \inf_{x \in X} f(x)$.*

Beweis. Sei $m = \inf_{x \in X} f(x)$, der Fall $m = -\infty$ ist an dieser Stelle (noch) nicht ausgeschlossen. Wähle eine Folge (x_n) in X mit $f(x_n) \to m$. Da f koerzitiv ist, ist (x_n) beschränkt, und da X reflexiv ist, besitzt (x_n) nach Theorem III.3.7 eine schwach konvergente Teilfolge, etwa $x_{n_k} \to x_0$ schwach.

Wir zeigen jetzt $f(x_0) = m \ (> -\infty)$. Sei $c > m$. Dann existiert ein $k_0 \in \mathbb{N}$ mit $f(x_{n_k}) \leq c$ für $k \geq k_0$. Da f schwach halbstetig von unten ist, folgt auch $f(x_0) \leq c$. Weil $c > m$ beliebig war, muss $m \leq f(x_0) \leq m$ sein. $\qquad\square$

Das nächste Lemma liefert ein hinreichendes Kriterium für die schwache Halbstetigkeit von unten.

Lemma III.5.9 *Ist X ein normierter Raum und $f\colon X \to \mathbb{R}$ konvex und stetig oder bloß halbstetig von unten, so ist f schwach halbstetig von unten.*

Beweis. Die Voraussetzung impliziert, dass für jedes c die Menge $\{x\colon f(x) \leq c\}$ konvex und abgeschlossen ist. Die Behauptung folgt dann sofort aus Satz III.3.8. $\qquad\square$

Beispiel

Sei $F: \mathbb{R}^2 \to \mathbb{R}$ stetig. Es mögen $a \in L^1(\mathbb{R})$, $b \in \mathbb{R}$ und $p > 1$ mit $F(t,u) \geq a(t) + b|u|^p$ existieren. Dann definiert

$$f(x) = \int_{\mathbb{R}} F(t, x(t))\, dt$$

ein Funktional auf $L^p(\mathbb{R})$ mit Werten in $\mathbb{R} \cup \{\infty\}$, da

$$f(x) \geq \int_{\mathbb{R}} a(t)\, dt + b\|x\|_p^p;$$

diese Abschätzung zeigt auch die Koerzitivität von f. Für alle t sei $u \mapsto F(t,u)$ eine konvexe Funktion; dann ist auch f ein konvexes Funktional, wie man durch Einsetzen unmittelbar erkennt. Zeigen wir noch die Halbstetigkeit von f: Sei (x_n) eine Folge in $L^p(\mathbb{R})$ mit $x_n \to x$ in $L^p(\mathbb{R})$ und $f(x_n) \leq c$. Nach Übergang zu einer Teilfolge dürfen wir annehmen, dass (x_n) auch fast überall gegen x konvergiert[1]. Wegen der Stetigkeit von F folgt $F(t, x_n(t)) \to F(t, x(t))$ fast überall und weiter nach dem Lemma von Fatou[2] $f(x) \leq \liminf f(x_n) \leq c$. Nach Lemma III.5.9 und Satz III.5.8 besitzt f eine Minimalstelle in $L^p(\mathbb{R})$.

III.6 Aufgaben

Aufgabe III.6.1 Geben Sie die Details des Beweises von Satz III.1.10.

Aufgabe III.6.2 Sei X ein normierter Raum und U ein abgeschlossener Unterraum. Sei $x \in X \setminus U$. Dann existiert ein Funktional $x' \in U^\perp$ mit $\|x'\| \leq 1$ und $x'(x) = d(x, U)$. (Hinweis: Benutzen Sie Satz III.1.10!)

Aufgabe III.6.3 Sei X ein normierter Raum und $K \subset X$ konvex.

(a) Die Mengen $\overline{K}$ und int K sind ebenfalls konvex.
(b) Ist int $K \neq \emptyset$, so gilt $\overline{K} = \overline{\text{int } K}$.

Aufgabe III.6.4 Seien K und L konvexe absorbierende Teilmengen des normierten Raums X, und seien p_K und p_L die zugehörigen Minkowski-Funktionale.

(a) Zeigen Sie $p_K \geq p_L$, falls $K \subset L$.
(b) p_K ist genau dann stetig, wenn $0 \in$ int K gilt.

---

[1] Siehe z. B. Theorem 3.12 in Rudin [1986].
[2] Siehe z. B. Lemma 1.28 in Rudin [1986].

(c) Wenn p_K stetig ist, gelten $\overline{K} = p_K^{-1}([0, 1])$ und int $K = p_K^{-1}([0, 1))$.

(d) Gilt zusätzlich $\lambda K \subset K$, falls $|\lambda| \leq 1$ (d. h. ist K „kreisförmig"), so ist p_K eine Halbnorm, und p_K ist eine Norm dann und nur dann, wenn K keinen nichttrivialen Unterraum von X enthält.

(e) Gilt für eine konvexe Menge K „K absorbierend $\Rightarrow 0 \in$ int K"?

Aufgabe III.6.5 (Banachlimiten)

Wir betrachten $\mathbb{K} = \mathbb{R}$. Eine lineare Abbildung $\ell \colon \ell^\infty \to \mathbb{R}$ heißt *Banachlimes*, falls

- $\ell(Tx) = \ell(x)$ für alle $x \in \ell^\infty$, wo T der Shiftoperator ist, der die Folge $x = (x(1), x(2), x(3), \ldots) \in \ell^\infty$ auf $(x(2), x(3), x(4), \ldots)$ abbildet.
- Falls $x(n) \geq 0$ für alle $n \in \mathbb{N}$, so gilt $\ell(x) \geq 0$.
- $\ell(\mathbf{1}) = 1$, wo $\mathbf{1} = (1, 1, 1, \ldots)$.

(a) Sei ℓ ein Banachlimes. Dann gelten:
  - $\ell \in (\ell^\infty)'$ und $\|\ell\| = 1$,
  - $\liminf x(n) \leq \ell(x) \leq \limsup x(n)$ für $x = (x(n)) \in \ell^\infty$, speziell $\ell(x) = \lim_{n \to \infty} x(n)$ für $x \in c$,
  - ℓ ist nicht multiplikativ, d. h., es gilt *nicht* $\ell(x \cdot y) = \ell(x)\,\ell(y)$ für alle $x, y \in \ell^\infty$.

(b) Es existiert ein Banachlimes ℓ.

(Hinweis: Variante I: Betrachten Sie $p(x) = \sup_n x(n)$, zeigen Sie dann $0 \leq p|_U$, wo $U = \{Tx - x \colon x \in \ell^\infty\}$, und setzen Sie mit Hahn-Banach fort. Variante II: Betrachten Sie $p(x) = \limsup \frac{1}{n} \sum_{j=1}^{n} x(j)$. Zeigen Sie die Sublinearität von p und beachten Sie (Analysis I!) $p|_c = \lim$. Setzen Sie mit Hahn-Banach fort.)

Aufgabe III.6.6 Sei $\ell \in (\ell^\infty)'$. Zeigen Sie, dass ℓ eindeutig als Summe zweier Funktionale ℓ_1 und ℓ_2 geschrieben werden kann, wo $\ell_1((s_n)) = \sum_{n=1}^{\infty} s_n t_n$ und $\ell_2|_{c_0} = 0$ ist. Zeigen Sie ferner, dass $\|\ell\| = \|\ell_1\| + \|\ell_2\|$ gilt. Schließen Sie, dass jedes Funktional auf c_0 *eindeutig* zu einem normgleichen Funktional auf ℓ^∞ fortgesetzt werden kann. (Hinweise: (1) Betrachten Sie $\ell(e_n)$. (2) Wählen Sie $x, y \in \ell^\infty$ mit $\|x\|_\infty = \|y\|_\infty = 1$, so dass $\ell_1(x) \approx \|\ell_1\|$ und $\ell_2(y) \approx \|\ell_2\|$. Sei z die Folge mit $z(n) = x(n)$ für $n \leq N$ und $z(n) = y(n)$ für $n > N$. Für passendes N versuchen Sie $\ell(z) \approx \|\ell_1\| + \|\ell_2\|$ zu zeigen.)

Aufgabe III.6.7 Sei X' strikt konvex (Aufgabe I.4.13). Dann gilt Eindeutigkeit im Fortsetzungssatz von Hahn-Banach.

Aufgabe III.6.8 (Rieszscher Darstellungssatz für $(C[0, 1])'$)

Sei $\ell \in (C[0, 1])'$ und L eine Hahn-Banach-Fortsetzung zu einem Funktional $L \in (\ell^\infty[0, 1])'$. Für $y_t = \chi_{[0,t]} \in \ell^\infty[0, 1]$ zeigen Sie $C[0, 1] \subset \overline{\mathrm{lin}}\{y_t \colon t \in [0, 1]\}$. Betrachten Sie $g(t) = L(y_t)$ und zeigen Sie, dass g von beschränkter Variation ist. Beweisen Sie schließlich die Darstellung des Funktionals ℓ als Stieltjes-Integral

$$\ell(x) = \int_0^1 x(t)\, dg(t) \qquad \forall x \in C[0, 1].$$

(Zum Begriff des Stieltjes-Integrals siehe z. B. Rudin [1976], S. 122.) Dieser Beweis stammt von Banach.

Aufgabe III.6.9 Seien V_1 und V_2 konvexe Teilmengen des normierten Raums X, und es gelte int $V_1 \neq \emptyset$, int $V_1 \cap V_2 = \emptyset$. Dann existiert $x' \in X'$, $x' \neq 0$, mit

$$\operatorname{Re} x'(v_1) \leq \operatorname{Re} x'(v_2) \qquad \forall v_1 \in V_1,\ v_2 \in V_2.$$

Aufgabe III.6.10 Seien K und L disjunkte abgeschlossene konvexe Teilmengen eines normierten Raums X, zusätzlich sei eine von beiden kompakt. Zeigen Sie, dass ein stetiges Funktional $x' \in X'$ existiert, für das gilt

$$\sup_{x \in K} \operatorname{Re} x'(x) < \inf_{x \in L} \operatorname{Re} x'(x).$$

(Es gibt Beispiele, die zeigen, dass diese Aussage ohne die vorausgesetzte Kompaktheit falsch ist, selbst, wenn man nur $\leq$ (aber $x' \neq 0$) fordert.)

Aufgabe III.6.11 Seien U und V disjunkte abgeschlossene beschränkte konvexe Teilmengen eines reflexiven Banachraums X. Dann können U und V strikt getrennt werden. (Tipp: Zeigen Sie zuerst $\inf\{\|u - v\|\colon u \in U,\ v \in V\} > 0$; dazu beachten Sie Theorem III.3.7 und Satz III.3.8.)

Aufgabe III.6.12 Sei K eine konvexe Menge. Eine Funktion $f\colon K \to \mathbb{R}$ heißt *konvex* (bzw. *affin* bzw. *konkav*), wenn $f(\lambda x + (1 - \lambda)y) \leq \lambda f(x) + (1 - \lambda)f(y)$ für alle $x, y \in K$, $0 \leq \lambda \leq 1$ (bzw. $=$ bzw. $\geq$). Sei nun $f\colon \mathbb{R}^n \to \mathbb{R}$ eine konkave stetige Funktion sowie $g\colon \mathbb{R}^n \to \mathbb{R}$ eine konvexe stetige Funktion mit $f \leq g$. Dann existiert eine affine stetige Funktion $h\colon \mathbb{R}^n \to \mathbb{R}$ mit $f \leq h \leq g$.
(Hinweis: Betrachten Sie die Teilmengen $\{(x, r)\colon x \in \mathbb{R}^n,\ r < f(x)\}$ und $\{(x, r)\colon x \in \mathbb{R}^n,\ r > g(x)\}$ von $\mathbb{R}^{n+1}$.)

Aufgabe III.6.13 Sei $\mathscr{P}[0, 1]$ (bzw. $\mathscr{P}_n[0, 1]$) der Vektorraum aller Polynomfunktionen (höchstens n-ten Grades) auf $[0,1]$. Existiert ein signiertes bzw. komplexes Borelmaß μ auf $[0,1]$ mit

(a) $p'(0) = \int_0^1 p\, d\mu$ für alle $p \in \mathscr{P}[0, 1]$?
(b) $p'(0) = \int_0^1 p\, d\mu$ für alle $p \in \mathscr{P}_n[0, 1]$?

Aufgabe III.6.14 Ist X ein Banachraum und $A \subset X$ kompakt, so auch $\overline{\operatorname{co}}\, A$.
(Hinweis: Satz B.1.7.)

Aufgabe III.6.15 Sei (x_n) eine schwach konvergente Folge in einem endlichdimensionalen Raum. Dann ist (x_n) normkonvergent.

Aufgabe III.6.16 Keiner der Räume ℓ^∞, $C[0,1]$, $L^1[0,1]$, $L^\infty[0,1]$ ist reflexiv.

Aufgabe III.6.17 Seien X und Y Banachräume.

(a) $x_n \overset{\sigma}{\to} x$, $T \in L(X,Y)$ $\Rightarrow$ $Tx_n \overset{\sigma}{\to} Tx$.

(b) $x_n \overset{\sigma}{\to} x$, $T \in K(X,Y)$ $\Rightarrow$ $Tx_n \to Tx$.

(Hinweis: Benutzen Sie hier im Vorgriff die in Kap. IV bewiesene Tatsache, dass (x_n) beschränkt ist.)

(c) X sei reflexiv, und $T \in L(X,Y)$ erfülle

$$x_n \overset{\sigma}{\to} x   \Rightarrow   Tx_n \to Tx.$$

Dann ist T kompakt.

Aufgabe III.6.18 Zeigen Sie, dass eine beschränkte Folge (x_n) in einem normierten Raum X genau dann gegen $x \in X$ schwach konvergiert, wenn es eine Teilmenge $D \subset X'$ mit $\overline{\text{lin}}\, D = X'$ und $\lim_{n\to\infty} x'(x_n) = x'(x)$ für alle $x' \in D$ gibt.

Aufgabe III.6.19 Sei X ein separabler normierter Raum und (x'_n) eine beschränkte Folge in X'. Dann existieren eine Teilfolge (x'_{n_k}) und ein Funktional $x' \in X'$ mit $\lim_{k\to\infty} x'_{n_k}(x) = x'(x)$ für alle $x \in X$. Kann man auf die Separabilität verzichten?
(Tipp: Imitieren Sie den Beweis von Theorem III.3.7.)

Aufgabe III.6.20 Sei X ein reflexiver Banachraum, und sei $K \subset X$ abgeschlossen, konvex und nicht leer. Dann gibt es zu jedem $x \in X$ eine „beste Approximation" in K, d.h. ein $y \in K$ mit

$$\|x - y\| = d(x, K) := \inf_{z \in K} \|x - z\|.$$

Aufgabe III.6.21 Sei $1 < p < \infty$ und e_n der n-te Einheitsvektor in ℓ^p.

(a) Es gilt $e_n \overset{\sigma}{\to} 0$.

(b) Aus Korollar III.3.9 folgt die Existenz einer Folge (y_n) von Konvexkombinationen der e_n mit $y_n \to 0$. Geben Sie solche Konvexkombinationen explizit an!

Aufgabe III.6.22

(a) Ist $T: X \to Y$ ein [isometrischer] Isomorphismus zwischen normierten Räumen, so ist $T': Y' \to X'$ ebenfalls ein [isometrischer] Isomorphismus. Sind X und Y Banachräume, so gilt auch die Umkehrung.

(b) Ist ein normierter Raum Y isomorph zu einem reflexiven Banachraum X, so ist Y ebenfalls ein reflexiver Banachraum.

Aufgabe III.6.23 Seien X und Y Banachräume, und sei $U \subset X$ ein abgeschlossener Unterraum. Sei $S \in L(U, Y)$.

(a) Im Fall $Y = \ell^\infty$ gestattet S eine normerhaltende Fortsetzung zu einem Operator auf X, d. h., es existiert $T \in L(X, Y)$ mit $T|_U = S$ und $\|S\| = \|T\|$.
(Hinweis: Wenden Sie den Satz von Hahn-Banach auf die Funktionale $\ell_n: u \mapsto (Su)(n)$ an!)

(b) Falls $U = Y = c_0$, $X = c$ und $S = \mathrm{Id}_{c_0}$, so hat jede Fortsetzung T von S auf X eine Norm ≥ 2. Um das zu beweisen, zeigen Sie zuerst für $M = \{x \in c_0: |x(n) - 1| \leq 1 \; \forall n \in \mathbb{N}\}$, dass der Radius jeder abgeschlossenen Kugel in c_0, die M enthält, mindestens 2 ist.

(c) Falls $U = Y = \{(x, y, z) \in \mathbb{R}^3: x + y + z = 0\}$, $X = \ell^\infty(3)$ und $S = \mathrm{Id}_U$, dann hat jede Fortsetzung T von S auf X eine Norm $\geq 4/3$.
(Hinweis: Die Matrix von T muss die Gestalt

$$\begin{pmatrix} a & a-1 & a-1 \\ b & b+1 & b \\ -a-b & -a-b & -a-b+1 \end{pmatrix}$$

haben. Nun benutzen Sie Aufgabe II.5.8.)

Aufgabe III.6.24 Sei X ein separabler Banachraum. Dann existiert ein isometrischer linearer Operator von X nach ℓ^∞. Jeder separable Banachraum ist also isometrisch isomorph zu einem abgeschlossenen Teilraum von ℓ^∞.
(Tipp: Sei $\{x_n: n \in \mathbb{N}\}$ dicht in X. Definieren Sie den gesuchten Operator durch $x \mapsto (x_n'(x))$ für passend zu wählende Funktionale $x_n' \in X'$. Übrigens ist jeder separable Banachraum sogar zu einem abgeschlossenen Teilraum von $C[0, 1]$ isometrisch isomorph. Dieser Satz von Banach und Mazur ist aber weit schwieriger zu zeigen.)

Aufgabe III.6.25 Geben Sie die Details des Beispiels III.4(c).

Aufgabe III.6.26 (Momentenoperator)
Zu $f \in L^1[0, 1]$ betrachten Sie die Folge der *Momente* $(f_n^\#)_{n \geq 0}$, wo

$$f_n^\# = \int_0^1 f(t) t^n \, dt.$$

Zeigen Sie, dass die Abbildung $T: f \mapsto (f_n^\#)$ ein stetiger linearer Operator von $L^1[0, 1]$ nach c_0 ist. Geben Sie die Darstellung des adjungierten Operators $T': \ell^1 \to L^\infty[0, 1]$.

Aufgabe III.6.27 Sei $k: [0, 1] \times [0, 1] \to \mathbb{R}$ stetig. Untersuchen Sie das Funktional f: $L^p[0, 1] \to L^p[0, 1]$, $(f(x))(s) = \int_0^1 k(s, t) \sin(x(t)) \, dt$, auf Differenzierbarkeit.

Aufgabe III.6.28 Untersuchen Sie die Abbildung $F: L^2[0, 1] \to L^2[0, 1]$, $(F(x))(t) = \sin x(t)$, auf Gâteaux- bzw. Fréchet-Differenzierbarkeit an der Stelle $x = 0$.

Aufgabe III.6.29 Sei $U = \{x \in C[0,1]: x(t) \neq 0 \; \forall t\}$. Untersuchen Sie die Abbildung f: $U \to C[0,1], f(x) = 1/x$, auf Differenzierbarkeit.

Aufgabe III.6.30 An welchen Stellen ist die Supremumsnorm auf $C[0,1]$ bzw. c_0 Gâteaux- oder Fréchet-differenzierbar?

Aufgabe III.6.31 Seien $f, g: U \to Y$ Gâteaux-differenzierbar und $\phi: Y \times Y \to Z$ bilinear und beschränkt. Bestimmen Sie die Ableitung von $x \mapsto \phi(f(x), g(x))$.

Aufgabe III.6.32 Finden Sie Beispiele für

(a) eine Abbildung $f: X \to Y$, die an einer Stelle Gâteaux-differenzierbar, aber nicht stetig ist;
(b) eine Abbildung $f: X \to Y$, die an einer Stelle x_0 Gâteaux-differenzierbar ist, und eine Abbildung $g: Y \to Z$, die bei $f(x_0)$ Gâteaux-differenzierbar ist, so dass $g \circ f: X \to Z$ bei x_0 nicht Gâteaux-differenzierbar ist;
(c) eine Funktion $f: \mathbb{R}^2 \to \mathbb{R}$, für die an einer Stelle sämtliche Richtungsableitungen existieren, die dort aber nicht Gâteaux-differenzierbar ist.

Aufgabe III.6.33 Eine Norm heißt *lokal gleichmäßig konvex*, wenn es zu jedem x mit $\|x\| = 1$ und jedem $\varepsilon > 0$ ein $\delta = \delta(x, \varepsilon) > 0$ gibt, so dass

$$\|y\| \leq 1, \quad \left\|\frac{x+y}{2}\right\| > 1 - \delta \quad \Rightarrow \quad \|x - y\| < \varepsilon.$$

(a) Ist die Norm von X' lokal gleichmäßig konvex, so ist die Norm von X an jeder Stelle $x_0 \neq 0$ Fréchet-differenzierbar.
(b) Ist die Norm von X' strikt konvex (siehe Aufgabe I.4.13), so ist die Norm von X an jeder Stelle $x_0 \neq 0$ Gâteaux-differenzierbar.
(c) Ist die Norm von X' an jeder Stelle $x'_0 \neq 0$ Gâteaux-differenzierbar, so ist die Norm von X strikt konvex. [Bemerkung: Die entsprechende Umkehrung von (a) gilt nicht.]

Aufgabe III.6.34 Zeigen Sie, dass die kanonische Norm von $L^p(\mu)$ an jeder Stelle $x_0 \neq 0$ Fréchet-differenzierbar ist,

(a) mit Hilfe von Beispiel III.5(e),
(b) im Fall $p \geq 2$ mittels der Aufgaben III.6.33 und I.4.18.

Aufgabe III.6.35 Wenn die Norm eines normierten Raums X auf $X \setminus \{0\}$ Fréchet-differenzierbar ist, ist die Ableitung dort stetig.

Aufgabe III.6.36 Sei $f: X \to \mathbb{R}$ ein Funktional auf einem normierten Raum. Der *Epigraph* von f ist die Teilmenge $\mathrm{epi}(f) := \{(x,t): f(x) \leq t\}$ von $X \oplus \mathbb{R}$.

(a) f ist genau dann konvex, wenn epi(f) konvex ist.

(b) f ist genau dann halbstetig von unten, wenn epi(f) abgeschlossen ist.

Aufgabe III.6.37 Sei $f\colon X \to \mathbb{R}$ ein Gâteaux-differenzierbares konvexes Funktional und $x_0 \in X$ mit $Df(x_0) = 0$. Dann besitzt f bei x_0 ein globales Minimum.
[Bemerkung: Nichtkonvexe Probleme lassen sich gelegentlich durch einfache Transformationen auf konvexe Probleme zurückführen. Für das klassische *Brachistochronenproblem* wird das von Kosmol (*Abh. Math. Sem. Univ. Hamburg* 54 (1984) 91–94) durchgeführt.]

Aufgabe III.6.38 Bestimmen Sie das Minimum des Funktionals

$$f\colon x \mapsto f(x) = \int_0^1 \left(x(t)^4 + e^t x(t) \right) dt$$

auf $C[0, 1]$.

III.7 Bemerkungen und Ausblicke

Der Satz von Hahn-Banach ist eines der fundamentalen Prinzipien der Funktionalanalysis; wie Pedersen ([1979], S. 25) in ähnlichem Zusammenhang sagt, „it can be used every day, and twice on Sundays". Theorem III.1.5 wurde unabhängig voneinander von Hahn (*J, f, reine u. angew. Math.* 157 (1927) 214–229) und Banach (*Studia Math.* 1 (1929) 211–216) für reelle Räume bewiesen, und kurze Zeit darauf bemerkte Banach (*Studia Math.* 1 (1929) 223–239) die allgemeinere Version des Satzes III.1.2. Es dauerte jedoch vier weitere Jahre, bis Mazur (*Studia Math.* 4 (1933) 70–84) diese geschmeidigere Variante erfolgreich anwendete, um damit die Trennungssätze zu beweisen. Die komplexen Hahn-Banach-Sätze wurden unabhängig voneinander von Soukhomlinov (*Mat. Sbornik* 3 (1938) 353–358) und jenseits des Atlantiks von Murray (*Trans. Amer. Math. Soc.* 39 (1936) 83–100; für L^p) und Bohnenblust/Sobczyk (*Bull. Amer. Math. Soc.* 44 (1938) 91–93) gefunden.

Satz III.1.13, den wir auf simple Weise aus dem Hahn-Banachschen Fortsetzungssatz abgeleitet haben, ist historisch als Katalysator bei der Entwicklung des Satzes von Hahn-Banach anzusehen. Er beinhaltet die Lösung des allgemeinen Momentenproblems. Diese Bezeichnung stammt aus der Wahrscheinlichkeitstheorie, wo man die Zahlen $\int t^n \, d\mu(t)$ die *Momente* der Verteilung μ nennt; die Wahrscheinlichkeitstheorie hat sie ihrerseits aus der Mechanik entlehnt. Für $X = C[a, b]$ und $x_n(t) = t^n$ gibt also (III.8) eine notwendige und hinreichende Bedingung für die Existenz eines signierten (oder komplexen) Maßes mit vorgeschriebenen Momenten. In dieser Form stammt Satz III.1.13 von F. Riesz (*Ann. Sci. École Norm. Sup.* 28 (1911) 33–62); ein anderer Beweis stammt von Helly (*Sitzungsber. math. nat. Kl. Akad. Wiss. Wien* 121 (1912) 265–297). Ein weiterer Vorgänger von Satz III.1.13 ist der Fischer-Rieszsche Satz V.4.14, der besagt, dass für $X = L^2$ und „orthonormale" Elemente x_i die Bedingung $\sum |c_i|^2 < \infty$ notwendig und hinreichend für

(III.8) ist. Riesz bewies III.1.13 auch für $L^p[0, 1]$ und ℓ^p (*Math. Ann.* 69 (1910) 449–497; „Les systèmes d'équations linéaires à une infinité d'inconnues", Paris 1913); er argumentierte, ohne eine Verbindung zu einem Fortsetzungsproblem zu ziehen, mit Hilfe des Theorems III.3.7, das er für diese Räume aufstellte. Diese Verbindung zieht Helly in seiner bereits in Kap. I genannten Arbeit (*Monatshefte f. Math. u. Physik* 31 (1921) 60–91), und er geht einen entscheidenden Schritt weiter, indem er Satz III.1.13 für *abstrakte* Folgenräume herleitet, bevor Hahn darauf aufbauend 1927 die endgültige Version findet und den Fortsetzungssatz III.1.5 beweist. Hahn führt in seiner Arbeit explizit den Begriff des Dualraums (unter der Bezeichnung „polarer Raum") und des reflexiven Raums („regulärer Raum") ein; zur Erinnerung sei noch einmal erwähnt, dass sich erst 1922 der abstrakte Begriff des normierten Raums herausschälte, siehe Abschn. I.5. Banach formuliert Satz III.1.13 in seiner Arbeit ebenfalls explizit.

Auch in der Lemberger Schule gab es Vorarbeiten zum Hahn-Banachschen Satz. Banach selbst bewies 1923 einen speziellen Fortsetzungssatz, um ein maßtheoretisches Problem (siehe Fußnote auf S. 541) zu lösen, und Mazur 1927 einen weiteren, um die Existenz von Banachlimiten (Aufgabe III.6.5) zu zeigen, die also eigentlich Mazurlimiten heißen sollten. Sowohl Hahn als auch Banach benutzten in ihren Beweisen für den Fortsetzungssatz die Methode der transfiniten Induktion; diese Technik ist heute in der Analysis etwas aus der Mode gekommen und wird durch das Zornsche Lemma ersetzt. Ironischerweise verwendet man mit dem Zornschen Lemma dasselbe Beweismittel, um im Satz von Hahn-Banach allgemein die Existenz stetiger Funktionale auf normierten Räumen zu zeigen, das man – via Existenz einer Vektorraumbasis – heranziehen muss, um die Existenz unstetiger Funktionale zu begründen, siehe Aufgabe II.5.2.

Im Lauf der Zeit sind verschiedene alternative Beweise für den Satz von Hahn-Banach gefunden worden; z. B. führt ihn Kakutani auf einen von ihm gezeigten Fixpunktsatz zurück (*Proc. Acad. Japan* 14 (1938) 242–245). Eine Beweisvariante des Satzes von Hahn-Banach in der Version der linearen Algebra (Satz III.1.2) verwendet das Zornsche Lemma auf andere Weise als im Text. Man benutzt es, um zu zeigen, dass auf jedem reellen Vektorraum X unterhalb eines sublinearen Funktionals p stets ein lineares Funktional existiert, nämlich ein minimales Element der Menge $\{q\colon X \to \mathbb{R}\colon q \le p, q \text{ sublinear}\}$. (Der Beweis, dass solch ein minimales Element linear ist, ist nicht ganz offensichtlich.) Um den Beweis von Satz III.1.2 zu erbringen, assoziiert man zu dem dort gegebenen sublinearen Funktional p zunächst das Hilfsfunktional $\tilde{p}$ auf X gemäß $\tilde{p}(x) = \inf\{p(x - u) + \ell(u)\colon u \in U\}$, zeigt, dass $\tilde{p}$ sublinear ist, und betrachtet dann eine lineare Abbildung $L \le \tilde{p}$ gemäß dem ersten Schritt. Das ist die gesuchte Fortsetzung.

Eine Reihe von Anwendungen, unter anderem auf Differentialgleichungen, in der Approximationstheorie und der Maßtheorie, wird bei Heuser [1992], S. 272ff., und Mukherjea/Pothoven [1986], S. 24, genannt. Ein Übersichtsartikel von Buskes zum Satz von Hahn-Banach ist in *Dissertationes Math.* 327 (1993) erschienen, und ein weiterer von Narici in M.V. Velasco et al. (Hg.), *Advanced Courses of Mathematical Analysis 2*, World Scientific 2007, S. 87–122. Es sei außerdem auf die Arbeiten von König und seinen Schülern hingewiesen; als erste Orientierung diene sein Artikel „On some basic theorems in convex analysis" in B. Korte (Hg.), *Modern Applied Mathematics – Optimization and Operations Research*, North-Holland 1982, S. 107–144.

Wie bereits erwähnt, stammen die Hahn-Banach-Trennungssätze von Mazur; einige der Sätze in Abschn. III.2 sind auf Eidelheit (*Studia Math.* 6 (1936) 104–111) zurückgehende Varianten, die eine im Schottischen Buch gestellte Frage beantworten (Problem 64, Mauldin [1981], S. 136). Wichtiger noch als für normierte Räume sind die Trennungssätze für die in Kap. VIII studierten lokalkonvexen Räume. Dieudonné hat Beispiele für disjunkte abgeschlossene konvexe beschränkte Teilmengen von ℓ^1, die nicht durch ein stetiges Funktional getrennt werden können, konstruiert, was natürlich viel stärker als das auf S. 116 gegebene Beispiel ist; selbstverständlich kann keine der beiden Mengen einen inneren Punkt haben. Tatsächlich gibt es solche Gegenbeispiele in allen nichtreflexiven Banachräumen (siehe Köthe [1966], S. 325), während in reflexiven Räumen die Trennung disjunkter abgeschlossener konvexer beschränkter Teilmengen immer möglich ist (Aufgabe III.6.11).

Der Begriff der schwachen Konvergenz gehörte von Anfang an zu den Eckpfeilern der Funktionalanalysis, ist sie doch ein Hilfsmittel, die fehlende Kompaktheit der Kugeln im Unendlichdimensionalen zu kompensieren. Hilbert (für ℓ^2) (*Nachr. Kgl. Gesellsch. Wiss. Göttingen, Math.-phys. Kl.* (1906) 157–227) und Riesz (für ℓ^p und L^p; a.a.O.) haben die Aussage von Theorem III.3.7 als erste bewiesen und auf Integralgleichungen angewandt; die allgemeine Fassung stammt von Banach. In der Tat werden reflexive Räume durch die in Theorem III.3.7 ausgesprochenen Eigenschaft *charakterisiert*; dies ist ein Satz von Eberlein, siehe Abschn. VIII.7. Satz III.3.8 wurde von Mazur bewiesen.

Der Folgenraum ℓ^1 zeigt ein merkwürdiges Phänomen, was die schwache Konvergenz angeht, nämlich:

• (Lemma von Schur)
  In ℓ^1 ist jede schwach konvergente Folge konvergent.

Der Beweis kann mit der Methode des gleitenden Buckels geführt werden (Banach [1932], S. 137). In Kap. VIII werden wir noch einmal von einem allgemeineren Standpunkt, nämlich dem der schwachen Topologie, auf die schwache Konvergenz zurückkommen. Dort (Satz VIII.6.11) wird dann ein anderer Beweis für das Schursche Lemma geführt, der auf dem Baireschen Kategoriensatz aus Abschn. IV.1 beruht.

Hilbert nannte solche Operatoren auf ℓ^2 *vollstetig*, die schwach konvergente Folgen auf konvergente Folgen abbilden. Aufgabe III.6.17 zeigt, dass diese Operatoren auf reflexiven Banachräumen genau die kompakten sind, und Riesz (*Acta Math.* 41 (1918) 71–98) nennt in der Folge unsere kompakten Operatoren vollstetig. Das Lemma von Schur impliziert aber, dass jeder stetige Operator auf ℓ^1 vollstetig im Hilbertschen Sinn ist. Achtung: Manche Autoren benutzen auch heute noch die Begriffe „vollstetig" und „kompakt" synonym, ohne die obige Differenzierung zu treffen.

Adjungierte Operatoren wurden auf L^p zuerst von Riesz (wem sonst?) betrachtet, die allgemeine Definition konnte sinnvoll erst mit der Erkenntnis getroffen werden, dass der

Dualraum eines normierten Raums hinreichend reichhaltig ist, also nachdem der Satz von Hahn-Banach bewiesen wurde. Diese allgemeine Definition stammt von Banach (*Studia Math.* 1 (1929) 223–239). Schauder (*Studia Math.* 2 (1930) 185–196) bewies Satz III.4.4 und wandte ihn in der Potentialtheorie an; wir kommen in Kap. VI darauf zurück.

Im Zusammenhang mit Aufgabe III.6.22 ist bemerkenswert, dass es sehr wohl nicht isomorphe Banachräume gibt, deren Dualräume isomorph sind; der Isomorphismus der Dualräume kann dann natürlich kein adjungierter Operator sein. Prominentestes Beispiel ist das Paar ℓ^1, $L^1[0,1]$. Dass diese Räume nicht isomorph sind, lässt sich aus dem Lemma von Schur oder folgendem auch für sich interessanten Ergebnis ableiten (siehe Köthe [1979], S. 208, oder Fabian/Zizler, *Proc. Amer. Math. Soc.* 131 (2003) 3693–3694):

- (Satz von Pitt)
  Für $1 \leq q < p < \infty$ ist jeder stetige Operator von ℓ^p nach ℓ^q kompakt; ferner ist jeder stetige Operator von c_0 nach ℓ^q kompakt.

Speziell ist jeder stetige Operator von ℓ^2 nach ℓ^1 kompakt, aber $(Tx)(t) = \sum_{n=1}^{\infty} x(n) \sin 2\pi nt$ definiert einen nicht kompakten stetigen Operator von ℓ^2 nach $L^1[0,1]$. Andererseits hat Pełczyński das überraschende Resultat bewiesen, dass ℓ^∞ und $L^\infty[0,1]$ isomorph sind (Lindenstrauss/Tzafriri [1977], S. 111). Auf der isometrischen Seite sei das wesentlich einfachere Gegenbeispiel $c' \cong (c_0)'$, obwohl $c \not\cong c_0$, erwähnt. Übrigens impliziert der Satz von Pitt die Reflexivität von $L(\ell^p, \ell^q)$ für $1 < q < p < \infty$; Kaltons Arbeit *Math. Ann.* 208 (1974) 267–278 enthält dieses Resultat als Spezialfall.

In Aufgabe III.6.23(a) war die Operatorversion des Satzes von Hahn-Banach für $Y = \ell^\infty$ zu zeigen. Solch ein Satz gilt ebenfalls für $Y = L^\infty(\mu)$, μ σ-endlich, und kann für $\mathbb{K} = \mathbb{R}$ nach Nachbin (*Trans. Amer. Math. Soc.* 68 (1950) 28–46) so gezeigt werden. Wie im skalaren Fall besteht der Kern des Beweises darin, um eine einzige Dimension fortzusetzen. Sei also $X = U \oplus \mathbb{R}\{x_0\}$. Wir müssen $y_0 \in Y$ finden, so dass der Operator $T(u + \lambda x_0) = Su + \lambda y_0$ dieselbe Norm wie S besitzt, die o.E. = 1 sei. Der Vektor y_0 muss also $\|Su + \lambda y_0\| \leq \|u + \lambda x_0\|$ für alle $u \in U$, $\lambda \in \mathbb{R}$ erfüllen, was man unschwer als äquivalent zu

$$\|Su - y_0\| \leq \|u - x_0\| \qquad \forall u \in U \tag{III.13}$$

erkennt. (III.13) verlangt daher, dass y_0 in allen abgeschlossenen Kugeln K_u mit Mittelpunkt Su und Radius $\|u - x_0\|$ liegt; solch ein y_0 kann genau dann gefunden werden, wenn $\bigcap_{u \in U} K_u \neq \emptyset$ ist. Um den Beweis abzuschließen, genügt es nun zu bemerken, dass (1) je zwei der K_u sich schneiden, da $\|S\| = 1$, und (2) dem Raum L^∞ die Eigenschaft zukommt, dass jedes System abgeschlossener Kugeln, die sich paarweise schneiden, einen gemeinsamen Punkt besitzt. Zum Nachweis von (2) benutzt Nachbin den in Kap. VIII bewiesenen Satz von Alaoglu. Für komplexe Skalare ist das Argument nicht so einfach; Weiteres zu diesem Themenkreis findet man bei Lacey [1974], §11, und in einem Übersichtsartikel von Fuchssteiner und Horváth (Jahrbuch Überblicke Mathematik 1979, S. 107–122).

Der in Abschn. III.5 präsentierte Zugang zur Differentiation in normierten Räumen ist vom heutigen Standpunkt aus sehr natürlich; vor ca. 100 Jahren war diese Sichtweise freilich revolutionär. Volterra schlug 1887 zum ersten Mal die Idee vor, z. B. die Bogenlänge als Funktion der Kurve aufzufassen, er sprach in diesem Zusammenhang von „Funktionen, die von anderen Funktionen abhängen"; der Begriff des Funktionals taucht erst 1903 bei Hadamard auf. Die abstrakte Differentialrechnung wurde um 1910 von Fréchet vorgestellt und in zwei postum veröffentlichten fundamentalen Arbeiten (1919, 1922) von Gâteaux, der im I. Weltkrieg getötet wurde, weiterentwickelt. Dass die „elementaren" Resultate über differenzierbare Funktionen nichts weiter als ein Abziehbild der Beweise aus der Analysisvorlesung sind, liegt natürlich daran, dass wir heute den „richtigen" Begriff der Differenzierbarkeit für Funktionen von $\mathbb{R}^n$ nach $\mathbb{R}^m$ besitzen. Aber die Idee der linearen Approximation als Definition der Differenzierbarkeit, selbst für Funktionen von $\mathbb{R}^2$ nach $\mathbb{R}$, verdankt man ebenfalls erst Fréchet (1911) sowie unabhängig von ihm Young (1909), und von dort zur Differentialrechnung in normierten Räumen ist es nur ein vergleichsweise kleiner Schritt. Zum Satz über implizite Funktionen ist noch anzumerken, dass der Version im Text „harte" Sätze über implizite Funktionen gegenüberstehen, die auf raffinierteren Abschätzungen beruhen und viel schwächere Voraussetzungen haben; siehe etwa Schwartz [1969]. Detaillierte historische Kommentare finden sich in Nasheds Übersichtsartikel „Differentiability and related properties of nonlinear operators", in L. B. Rall, *Nonlinear Functional Analysis and Applications* (Academic Press 1971), S. 103–309.

Die geometrische Charakterisierung der Fréchet-Differenzierbarkeit der Norm in Satz III.5.3 stammt von Shmulyan (1940), der außerdem unter Zusatzvoraussetzungen bewies, dass ein Banachraum, dessen Dualraumnorm Fréchet-differenzierbar ist[3], notwendig reflexiv sein muss. Tatsächlich gilt diese Aussage ohne weitere Zusatzvoraussetzungen, wie in den fünfziger Jahren gezeigt werden konnte. Umgekehrt zeigte Troyanski (*Studia Math.* 37 (1971) 173–180), dass jeder reflexive Banachraum eine äquivalente Fréchet-differenzierbare Norm besitzt, und M. Kadets (*Uspekhi Mat. Nauk* 20.3 (1965) 183–187) und Klee (*Fund. Math.* 49 (1960) 25–34) erhielten unabhängig voneinander das Resultat, dass ein separabler Banachraum genau dann eine äquivalente Fréchet-differenzierbare Norm besitzt, wenn sein Dualraum separabel ist. Da jeder separable Banachraum eine äquivalente Gâteaux-differenzierbare Norm besitzt (Day 1955), ist die Existenz einer Fréchet-differenzierbaren Norm eine erhebliche Einschränkung, die jedoch weitreichende Konsequenzen hat. So gilt etwa:

- *Besitzt ein Banachraum X eine äquivalente Fréchet-differenzierbare Norm, so ist jedes stetige konvexe Funktional auf X auf einer dichten Teilmenge Fréchet-differenzierbar.*

Dieses Resultat geht im wesentlichen auf Asplunds bahnbrechende Arbeit in *Acta Math.* 121 (1968) 31–47 zurück. Banachräume, in denen die Aussage dieses Satzes gilt, werden

---

[3] Hier wie im Folgenden ist „an jeder Stelle $\neq 0$ Fréchet-differenzierbar" gemeint.

heute *Asplundräume* genannt; sie können auf vielfältige Art charakterisiert werden. Z.B. ist X genau dann ein Asplundraum, wenn jeder separable Unterraum einen separablen Dualraum hat. Ersetzt man im Satz von Asplund „Fréchet" durch „Gâteaux", erhält man ebenfalls eine wahre Aussage – dies ist ein tiefliegender Satz von Preiss (*Israel J. Math.* 72 (1990) 257–279), der eine jahrzehntealte Frage beantwortet. (Dass auf separablen Banachräumen stetige konvexe Funktionale auf einer dichten Teilmenge Gâteaux-differenzierbar sind, wurde schon 1933 von Mazur gezeigt.)

Ein weiteres gefeiertes Resultat von Preiss bezieht sich auf Lipschitz-stetige Funktionen. Nach einem Satz von Rademacher ist jede Lipschitz-stetige Funktion $f\colon \mathbb{R}^n \to \mathbb{R}$ fast überall bzgl. des Lebesguemaßes und insbesondere auf einer dichten Teilmenge differenzierbar. Es war lange Zeit ein offenes Problem, ob eine analoge Aussage auf unendlichdimensionalen Räumen Bestand hat. In der Literatur waren verschiedene Beispiele von Lipschitz-stetigen Funktionalen $f\colon \ell^2 \to \mathbb{R}$ angegeben worden, die angeblich nirgends Fréchet-differenzierbar waren; leider waren all diese Beispiele inkorrekt. So blieb das Problem offen, bis Preiss zeigen konnte (*J. Funct. Anal.* 91 (1990) 312–345):

- *Ist X ein Asplundraum (z. B. reflexiv), so ist jedes Lipschitz-stetige Funktional $f\colon X \to \mathbb{R}$ auf einer dichten Teilmenge Fréchet-differenzierbar.*

Detaillierte Informationen zu diesem Themenkreis findet man bei Deville/Godefroy/Zizler [1993], Habala/Hájek/Zizler [1996] und Phelps [1993].

Das vor Satz III.5.6 beschriebene Beispiel eines Minimumproblems ohne Lösung wurde 1870 von Weierstraß zur Kritik des *Dirichletschen Prinzips* konstruiert. Das ist die von Riemann benutzte Methode, das Dirichletproblem ($\Omega \subset \mathbb{R}^n$ ein beschränktes Gebiet)

$$-\Delta u = h \text{ in } \Omega, \quad u = 0 \text{ auf } \partial\Omega \tag{III.14}$$

zu lösen, indem man das (nach unten beschränkte) Dirichletintegral

$$J(u) = \frac{1}{2} \int_\Omega \|\operatorname{grad} u\|^2 \, dx - \int_\Omega u(x) h(x) \, dx$$

unter allen C^2-Funktionen, die die Randbedingung erfüllen, minimiert. Riemann war ohne weitere Begründung von der Existenz des Minimums ausgegangen; seine Schlussweise war nun durch Weierstraß' Beispiel ins Wanken geraten. Das Dirichletsche Prinzip wurde erst nach 1900 von Hilbert in zwei Arbeiten (*Math. Ann.* 59 (1904) 161–186, *J. Reine Angew. Math.* 129 (1905) 63–67) rehabilitiert, in denen er die direkte Methode der Variationsrechnung entwickelt; er schreibt (a.a.O., S. 65):

Eine jede reguläre Aufgabe der Variationsrechnung besitzt eine Lösung, sobald hinsichtlich der Natur der gegebenen Grenzbedingungen geeignete einschränkende Annahmen erfüllt sind und nötigenfalls der Begriff der Lösung eine sinngemäße Erweiterung erfährt.

Die moderne Fassung des Dirichletschen Prinzips fußt auf der Theorie der Hilbert- und insbesondere der Sobolevräume; siehe Kap. V und speziell Aufgabe V.6.20. Damit werden in (III.14) die „einschränkenden Annahmen hinsichtlich der Grenzbedingungen" durch die Zugehörigkeit von u zu einem Sobolevraum formuliert, und der „erweiterte Lösungsbegriff" ist der der schwachen Lösung, vgl. S. 248f. Zum Umfeld des Dirichletschen Prinzips ist Monna [1975] lesenswert.

Die Hauptsätze für Operatoren auf Banachräumen

IV.1 Vorbereitung: Der Bairesche Kategoriensatz

Die Resultate über Operatoren auf Banachräumen, die in diesem Kapitel vorgestellt werden, beruhen auf einem Prinzip über vollständige metrische Räume, das 1899 von R. Baire (im Fall des $\mathbb{R}^n$) entdeckt wurde. Dieses *Bairesche Kategorienprinzip* wird nun als erstes vorgestellt.

Es ist leicht zu sehen, dass in jedem metrischen Raum der Schnitt zweier offener und dichter Mengen dicht ist. Baire zeigte, dass für $\mathbb{R}^n$ mehr gilt.

Satz IV.1.1 (Satz von Baire)
Sei (T, d) ein vollständiger metrischer Raum und $(O_n)_{n \in \mathbb{N}}$ eine Folge offener und dichter Teilmengen. Dann ist $\bigcap_{n \in \mathbb{N}} O_n$ dicht.

Beweis. Setze $D = \bigcap_{n \in \mathbb{N}} O_n$. Es ist zu zeigen, dass jede offene ε-Kugel in T ein Element von D enthält.

Sei $U_\varepsilon(x_0) = \{x \in T : d(x, x_0) < \varepsilon\}$ eine solche Kugel. Da O_1 offen und dicht ist, ist $O_1 \cap U_\varepsilon(x_0)$ offen und nicht leer. Es existieren also $x_1 \in O_1$, $\varepsilon_1 > 0$ (o.E. $\varepsilon_1 < \frac{1}{2}\varepsilon$) mit

$$U_{\varepsilon_1}(x_1) \subset O_1 \cap U_\varepsilon(x_0).$$

Nach eventueller weiterer Verkleinerung von ε_1 erhält man sogar

$$\overline{U_{\varepsilon_1}(x_1)} \subset O_1 \cap U_\varepsilon(x_0).$$

© Springer-Verlag GmbH Deutschland, ein Teil von Springer Nature 2018
D. Werner, *Funktionalanalysis*, Springer-Lehrbuch,
https://doi.org/10.1007/978-3-662-55407-4_4

Betrachte nun O_2. Auch O_2 ist offen und dicht, daher ist $O_2 \cap U_{\varepsilon_1}(x_1)$ offen und nicht leer. Wie oben existieren $x_2 \in O_2$, $\varepsilon_2 < \frac{1}{2}\varepsilon_1$ mit

$$\overline{U_{\varepsilon_2}(x_2)} \subset O_2 \cap U_{\varepsilon_1}(x_1) \subset O_1 \cap O_2 \cap U_\varepsilon(x_0).$$

Auf diese Weise werden induktiv Folgen (ε_n) und (x_n) mit folgenden Eigenschaften definiert:

(a) $\varepsilon_n < \frac{1}{2}\varepsilon_{n-1}$, folglich $\varepsilon_n < 2^{-n}\varepsilon$.
(b) $\overline{U_{\varepsilon_n}(x_n)} \subset O_n \cap U_{\varepsilon_{n-1}}(x_{n-1}) \subset \cdots \subset O_1 \cap \ldots \cap O_n \cap U_\varepsilon(x_0).$

Es folgt insbesondere

$$x_n \in U_{\varepsilon_N}(x_N) \subset U_{2^{-N}\varepsilon}(x_N) \qquad \forall n > N, \tag{IV.1}$$

d. h., (x_n) ist eine Cauchyfolge. Da T vollständig ist, existiert der Grenzwert $x :=$ $\lim_{n \to \infty} x_n$. Eine unmittelbare Konsequenz von (IV.1) ist dann

$$x \in \overline{U_{\varepsilon_N}(x_N)} \qquad \forall N \in \mathbb{N}.$$

Mit Hilfe von (b) ergibt sich daraus $x \in D \cap U_\varepsilon(x_0)$.   □

Dass die vorausgesetzte Vollständigkeit wesentlich für die Gültigkeit von Satz IV.1.1 ist, sieht man an folgendem Beispiel. Betrachte eine Aufzählung $\{x_1, x_2, \ldots\}$ von $\mathbb{Q}$ und die in $\mathbb{Q}$ offenen und dichten Mengen $O_n = \mathbb{Q} \setminus \{x_n\}$. Dann ist $\bigcap_{n \in \mathbb{N}} O_n = \emptyset$.

Bemerke, dass nicht die Offenheit von $\bigcap_{n \in \mathbb{N}} O_n$ in Satz IV.1.1 behauptet wurde, die i. Allg. auch gar nicht gilt. (Beispiel?) Nennt man einen abzählbaren Schnitt von offenen Mengen eine G_δ-Menge (wobei G an „Gebiet" und δ an „Durchschnitt" erinnern soll), so lässt sich Satz IV.1.1 so formulieren:

- *In einem vollständigen metrischen Raum ist der abzählbare Schnitt von dichten G_δ-Mengen eine dichte G_δ-Menge.*

Häufig ist eine weitere Umformulierung von Nutzen. Dazu wird folgende Terminologie benötigt; sie stammt von Baire und ist leider etwas unanschaulich, hat sich aber in der Literatur fest eingebürgert.

▶ **Definition IV.1.2**

(a) Eine Teilmenge M eines metrischen Raums heißt *nirgends dicht*, wenn $\overline{M}$ keinen inneren Punkt besitzt.
(b) M heißt *von 1. Kategorie*, wenn es eine Folge (M_n) nirgends dichter Mengen mit $M = \bigcup_{n \in \mathbb{N}} M_n$ gibt.
(c) M heißt *von 2. Kategorie*, wenn M nicht von 1. Kategorie ist.

Nirgends dichte Mengen liegen in der Tat in keiner nicht leeren offenen Menge („nirgends") dicht. Einfaches Beispiel: $\mathbb{Q}$ ist von 1. Kategorie in $\mathbb{R}$.

Durch Komplementbildung, nämlich $C(\bigcup_n M_n) = \bigcap_n C M_n \supset \bigcap_n \overline{C M_n}$, erhält man aus Satz IV.1.1:

Korollar IV.1.3 (Bairescher Kategoriensatz)
In einem vollständigen metrischen Raum liegt das Komplement einer Menge 1. Kategorie dicht.

Häufig wird nur folgende schwächere Form benötigt.

Korollar IV.1.4 *Ein nicht leerer vollständiger metrischer Raum ist von 2. Kategorie in sich.*

Der Bairesche Kategoriensatz gestattet häufig relativ einfache (aber nichtkonstruktive) Beweise für Existenzaussagen. Das geschieht nach folgendem Muster: Gesucht ist ein Objekt mit einer gewissen Eigenschaft (E). Zeige dann, dass die Gesamtheit der zu untersuchenden Objekte einen vollständigen metrischen Raum bildet, worin die Objekte ohne Eigenschaft (E) eine Teilmenge 1. Kategorie formen. Folglich gibt es Objekte mit Eigenschaft (E), und diese liegen sogar dicht!

Der Beweis des nächsten Satzes veranschaulicht diese Methode.

Satz IV.1.5 *Es gibt stetige Funktionen auf $[0, 1]$, die an keiner Stelle differenzierbar sind.*

Beweis. Zu $n \subset \mathbb{N}$ setze

$$O_n = \left\{ x \in C[0,1]: \sup_{0 < |h| \leq 1/n} \left| \frac{x(t+h) - x(t)}{h} \right| > n \quad \forall t \in [0,1] \right\}.$$

(Um Definitionslücken zu vermeiden, setze x rechts von 1 und links von 0 konstant stetig fort.) Wir versehen $C[0,1]$ mit der Supremumsnorm. Dann sind alle O_n offen und dicht (Beweis folgt). Nach Satz IV.1.1 ist $D := \bigcap_n O_n$ dicht, und jedes $x \in D$ ist an keiner Stelle differenzierbar.

Zeigen wir zunächst die Offenheit der O_n. Sei $x \in O_n$. Wähle zu $t \in [0, 1]$ eine Zahl $\delta_t > 0$ mit

$$\sup_{0 < |h| \leq 1/n} \left| \frac{x(t+h) - x(t)}{h} \right| > n + \delta_t.$$

Folglich existiert h_t mit $0 < |h_t| \leq 1/n$ und

$$\left| \frac{x(t + h_t) - x(t)}{h_t} \right| > n + \delta_t.$$

Da x stetig ist, gilt noch für $s \in U_t$, einer hinreichend kleinen Umgebung von t,

$$\left| \frac{x(s + h_t) - x(s)}{h_t} \right| > n + \delta_t.$$

Überdecke nun das kompakte Intervall $[0, 1]$ durch endlich viele $U_{t_1}, \ldots, U_{t_r}$; setze noch $\delta = \min\{\delta_{t_1}, \ldots, \delta_{t_r}\}$, $h = \min\{|h_{t_1}|, \ldots, |h_{t_r}|\}$. Es folgt für $s \in U_{t_i}$

$$\left| \frac{x(s + h_{t_i}) - x(s)}{h_{t_i}} \right| > n + \delta.$$

Seien nun $0 < \varepsilon < \frac{1}{2} h \delta$ und $\|y - x\|_\infty < \varepsilon$. Wir werden $y \in O_n$ zeigen. Sei dazu $t \in [0, 1]$, etwa $t \in U_{t_i}$. Dann ist

$$\left| \frac{y(t + h_{t_i}) - y(t)}{h_{t_i}} \right| \geq \left| \frac{x(t + h_{t_i}) - x(t)}{h_{t_i}} \right| - 2 \frac{\|x - y\|_\infty}{|h_{t_i}|}$$
$$> n + \delta - 2\frac{\varepsilon}{h}$$
$$> n.$$

Daher ist O_n offen.

Es bleibt zu zeigen, dass O_n dicht ist. Sei dazu $O \neq \emptyset$ eine offene Menge. Nach dem Weierstraßschen Approximationssatz (Satz I.2.11) existieren ein Polynom p und $\varepsilon > 0$ mit

$$\|x - p\|_\infty \leq \varepsilon \quad \Rightarrow \quad x \in O.$$

Sei y_m eine Sägezahnfunktion, die $[0, 1]$ auf $[0, \varepsilon]$ abbildet und deren auf- (bzw. ab-)steigende Zacken die Steigung $+m$ bzw. $-m$ aufweisen (siehe Abb. IV.1).

Dann ist stets $x_m := p + y_m \in O$. Für $m > n + \|p'\|_\infty$ erhält man jedoch für alle $t \in [0, 1]$, $0 < |h| \leq 1/n$

$$\left| \frac{x_m(t + h) - x_m(t)}{h} \right| \geq \left| \frac{y_m(t + h) - y_m(t)}{h} \right| - \left| \frac{p(t + h) - p(t)}{h} \right|,$$

wo der letzte Term wegen des Mittelwertsatzes $\leq \|p'\|_\infty$ ausfällt. Daher gilt

$$\sup_{0 < |h| \leq 1/n} \left| \frac{x_m(t + h) - x_m(t)}{h} \right| \geq m - \|p'\|_\infty > n,$$

d. h., $x_m \in O_n$, und $O_n \cap O \neq \emptyset$. Daher ist O_n dicht, und der Beweis ist vollständig. $\quad\square$

Abb. IV.1 Sägezahnfunktion

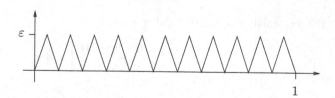

IV.2   Das Prinzip der gleichmäßigen Beschränktheit

In diesem und den folgenden Abschnitten wenden wir den Baireschen Kategoriensatz im funktionalanalytischen Kontext an. Das erste Resultat in dieser Richtung wird „Prinzip der gleichmäßigen Beschränktheit" genannt oder auch als Satz von Banach-Steinhaus bezeichnet (zur Berechtigung dieser Nomenklatur siehe die Bemerkungen am Schluss des Kapitels).

Theorem IV.2.1 (Satz von Banach-Steinhaus)
Seien X ein Banachraum, Y ein normierter Raum, I eine Indexmenge und $T_i \in L(X, Y)$ für $i \in I$. Falls

$$\sup_{i \in I} \|T_i x\| < \infty \qquad \forall x \in X$$

gilt, so gilt sogar

$$\sup_{i \in I} \|T_i\| < \infty.$$

Beweis. Zu $n \in \mathbb{N}$ setze $E_n = \{x \in X : \sup_{i \in I} \|T_i x\| \leq n\}$. Die Voraussetzung besagt dann $X = \bigcup_{n \in \mathbb{N}} E_n$. Da die T_i stetig sind, ist jedes $E_n = \bigcap_{i \in I} \|T_i(\,\cdot\,)\|^{-1}([0, n])$ abgeschlossen. Nach dem Baireschen Kategoriensatz (es reicht sein Korollar IV.1.4) enthält mindestens eine der Mengen E_n einen inneren Punkt.

Es existieren also $N \in \mathbb{N}$, $y \in E_N$ und $\varepsilon > 0$ mit

$$\|x - y\| \leq \varepsilon \quad \Rightarrow \quad x \in E_N.$$

Da E_N symmetrisch ist (d.h., $z \in E_N \Leftrightarrow -z \in E_N$), hat $-y$ dieselbe Eigenschaft; es folgt nun aus der Konvexität von E_N die Implikation

$$\|u\| \leq \varepsilon \quad \Rightarrow \quad u = \frac{1}{2}\big((u + y) + (u - y)\big) \in \frac{1}{2}(E_N + E_N) \subset E_N.$$

Das heißt: Wenn $\|u\| \leq \varepsilon$ ist, dann gilt $\|T_i u\| \leq N$ für alle $i \in I$; also folgt

$$\sup_{i \in I} \|T_i\| \leq \frac{N}{\varepsilon} < \infty. \qquad \square$$

Beachte, dass der Beweis keinen Aufschluss über die Größe von $\sup_i \|T_i\|$ gibt, nur die Endlichkeit dieser Zahl wird bewiesen.

Dass die Vollständigkeit von X wesentlich für die Gültigkeit von Theorem IV.2.1 ist, sieht man an folgendem Beispiel. Betrachte den normierten Raum $(d, \|\,.\,\|_\infty)$ und T_n:

$d \to \mathbb{K}$, $(s_m)_{m \in \mathbb{N}} \mapsto n s_n$. Da nur endlich viele s_m von 0 verschieden sind, erfüllt (T_n) die Voraussetzungen des Satzes von Banach-Steinhaus; aber es ist $\| T_n \| = n$.

Korollar IV.2.2 *Für eine Teilmenge M eines normierten Raums X sind äquivalent:*

(i) *M ist beschränkt.*

(ii) *Für alle $x' \in X'$ ist $x'(M) \subset \mathbb{K}$ beschränkt.*

Beweis. (i) $\Rightarrow$ (ii): Klar!

(ii) $\Rightarrow$ (i): Betrachte die Funktionale $i_X(x)$ für $x \in M$, die auf dem Banachraum X' definiert sind. Nach Voraussetzung gilt

$$\sup_{x \in M} |x'(x)| = \sup_{x \in M} |i_X(x)(x')| < \infty \qquad \forall x' \in X'.$$

Theorem IV.2.1 liefert nun

$$\sup_{x \in M} \|x\| = \sup_{x \in M} \|i_X(x)\| < \infty. \qquad \square$$

Insbesondere gilt:

Korollar IV.2.3 *Schwach konvergente Folgen sind beschränkt.*

Beweis. Konvergiert (x_n) schwach, so ist für $x' \in X'$ die Folge $(x'(x_n))$ beschränkt, da konvergent. $\qquad \square$

Für die duale Version von Korollar IV.2.2 muss die Vollständigkeit gefordert werden.

Korollar IV.2.4 *Sei X ein Banachraum und $M \subset X'$. Dann sind folgende Aussagen äquivalent:*

(i) *M ist beschränkt.*

(ii) *Für alle $x \in X$ ist $\{ x'(x) \colon x' \in M \}$ beschränkt.*

Beweis. (i) $\Rightarrow$ (ii) ist klar, und die Umkehrung ein Spezialfall von Theorem IV.2.1. $\qquad \square$

Wir behandeln nun die punktweise Konvergenz von Operatorfolgen. Bekanntlich reicht die punktweise Konvergenz einer Folge stetiger Funktionen nicht aus, um die Stetigkeit der Grenzfunktion zu garantieren. Deshalb ist das folgende Resultat bemerkenswert.

Korollar IV.2.5 *Sei X ein Banachraum und Y ein normierter Raum, ferner seien $T_n \in L(X, Y)$ für $n \in \mathbb{N}$. Für $x \in X$ existiere $Tx := \lim_{n \to \infty} T_n x$. Dann ist $T \in L(X, Y)$.*

Beweis. Die Linearität von T ist klar, siehe den Beweis von Satz II.1.4(b). Nun zur Stetigkeit von T. Da $(T_n x)$ für alle $x \in X$ konvergiert, ist stets $\sup_n \|T_n x\| < \infty$. Der Satz von Banach-Steinhaus liefert $\sup_n \|T_n\| =: M < \infty$. Es folgt

$$\|Tx\| = \lim_{n \to \infty} \|T_n x\| \leq M\|x\|. \qquad \square$$

In bestimmten Fällen folgt die punktweise Konvergenz einer Operatorfolge aus relativ schwachen Voraussetzungen. Der nächste Satz behandelt Operatoren auf dem reellen Banachraum $C[0,1]$, die positive Funktionen auf positive Funktionen abbilden, und zeigt die punktweise Konvergenz $T_n \to \mathrm{Id}$, falls sie nur an drei Stellen vorliegt.

Satz IV.2.6 (Erster Korovkinscher Satz)
Sei $T_n \in L(C[0,1])$, und T_n sei positiv (d. h., $T_n x \geq 0$ für $x \geq 0$). Setze $x_i(t) = t^i$, $i = 0,1,2$. Gilt dann $T_n x_i \to x_i$ für $i = 0,1,2$, so gilt $T_n x \to x$ für alle $x \in C[0,1]$.

Beweis. Sei $x \in C[0,1]$ beliebig. Da x gleichmäßig stetig ist, existiert zu $\varepsilon > 0$ ein $\delta > 0$ mit

$$|s-t| \leq \sqrt{\delta} \quad \Rightarrow \quad |x(s) - x(t)| \leq \varepsilon. \tag{IV.2}$$

Daraus ergibt sich mit $\alpha = 2\|x\|_\infty / \delta$ die Ungleichung

$$|x(s) - x(t)| \leq \varepsilon + \alpha(t-s)^2 \qquad \forall s, t \in [0,1]; \tag{IV.3}$$

denn falls $|t-s| \leq \sqrt{\delta}$, folgt das aus (IV.2), und sonst ist

$$\varepsilon + \alpha(t-s)^2 > \varepsilon + 2\|x\|_\infty > |x(s)| + |x(t)| \geq |x(s) - x(t)|.$$

Setze $y_t(s) = (t-s)^2$. Dann kann (IV.3) in der Form

$$-\varepsilon - \alpha y_t \leq x - x(t) \leq \varepsilon + \alpha y_t \qquad \forall t \in [0,1]$$

geschrieben werden; die Positivität von T_n liefert dann

$$-\varepsilon T_n x_0 - \alpha T_n y_t \leq T_n x - x(t) T_n x_0 \leq \varepsilon T_n x_0 + \alpha T_n y_t \qquad \forall t \in [0,1],$$

d. h., für alle $t \in [0,1]$ gilt

$$|T_n x - x(t) T_n x_0| \leq \varepsilon T_n x_0 + \alpha T_n y_t;$$

insbesondere

$$|(T_n x)(t) - x(t)(T_n x_0)(t)| \leq \varepsilon(T_n x_0)(t) + \alpha(T_n y_t)(t) \qquad \forall t \in [0,1].$$

Wegen $y_t \in \text{lin}\{x_0, x_1, x_2\}$ konvergiert die rechte Seite gegen $\varepsilon x_0(t) + \alpha y_t(t) = \varepsilon$, und zwar gleichmäßig in t, denn

$$T_n y_t - y_t = (T_n x_2 - x_2) - 2t(T_n x_1 - x_1) + t^2(T_n x_0 - x_0).$$

Eine weitere Anwendung der Voraussetzung $T_n x_0 \to x_0$ liefert daher, dass $\|T_n x - x\|_\infty \leq 2\varepsilon$ für hinreichend große n, und es folgt $T_n x \to x$.   □

Der Approximationssatz von Weierstraß folgt offenbar aus dem Satz von Korovkin, wenn man $T_n x = n$-tes Bernsteinpolynom von x setzt (vgl. die Rechnung auf S. 32). Andererseits ist der Beweis des Weierstraßschen Satzes im Text nichts anderes als eine Kopie des obigen Beweises.

Wir benötigen noch die trigonometrische Version des Satzes von Korovkin. Betrachte den reellen Banachraum (unter $\| \cdot \|_\infty$) der 2π-periodischen stetigen Funktionen auf $\mathbb{R}$. Dieser kann mit

$$C_{2\pi} = \{x \in C[-\pi, \pi]: x(-\pi) = x(\pi)\}$$

identifiziert werden.

Satz IV.2.7 (Zweiter Korovkinscher Satz)
Für $n \in \mathbb{N}$ sei $T_n \in L(C_{2\pi})$, und T_n sei positiv. Setze $x_0(t) = 1$, $x_1(t) = \cos t$, $x_2(t) = \sin t$. Gilt $T_n x_i \to x_i$ für $i = 0, 1, 2$, so folgt $T_n x \to x$ für alle $x \in C_{2\pi}$.

Beweis. Der Beweis verläuft analog zum vorherigen, wenn man von der Hilfsfunktion $y_t(s) = \sin^2 \frac{t-s}{2}$ ausgeht und zu $x \in C_{2\pi}$ und $\varepsilon > 0$ ein $\delta > 0$ mit

$$y_t(s) \leq \delta \qquad \Rightarrow \qquad |x(s) - x(t)| \leq \varepsilon$$

wählt; bemerke, dass wegen

$$y_t(s) = \frac{1}{2}(1 - \cos s \cos t - \sin s \sin t)$$

wieder $y_t \in \text{lin}\{x_0, x_1, x_2\}$ gilt.   □

Wir werden den zweiten Satz von Korovkin zum Beweis von Satz IV.2.11 benutzen.

Zum Schluss dieses Abschnitts folgen noch einige Anwendungen. Zunächst geht es um Quadraturformeln. Um das Integral $\int_0^1 x(t)\, dt$ für eine stetige Funktion x angenähert zu berechnen, bedient man sich häufig Näherungsformeln der Gestalt

$$Q_n(x) = \sum_{i=0}^{n} \alpha_i^{(n)} x(t_i^{(n)})$$

und fragt nach der Konvergenz $Q_n(x) \to \int_0^1 x(t)\, dt$ für $x \in C[0, 1]$. In der Regel kann man für genügend oft differenzierbare x diese Konvergenz beweisen (z. B. Sehnentrapezregel für $x \in C^2$, Simpsonregel für $x \in C^4$). Allgemein gilt der folgende Satz, dessen funktionalanalytisch interessantester Aspekt die Notwendigkeit von (ii) ist.

Satz IV.2.8 (Satz von Szegő)
Sei Q_n wie oben. Dann sind äquivalent:

(i) $Q_n(x) \to \int_0^1 x(t)\,dt$ *für alle $x \in C[0,1]$.*

(ii) $Q_n(x) \to \int_0^1 x(t)\,dt$ *für alle Polynome und* $\sup\limits_n \sum\limits_{i=0}^{n} |\alpha_i^{(n)}| < \infty$.

Beweis. Der Schlüssel zum Verständnis des Satzes von Szegő liegt in der Gleichheit

$$\|Q_n\| = \sum_{i=0}^{n} |\alpha_i^{(n)}|,$$

wo wir $Q_n \in (C[0,1])'$ aufgefasst haben. (i) $\Rightarrow$ (ii) folgt dann aus dem Satz von Banach-Steinhaus und die umgekehrte Implikation aus dem Satz von Weierstraß mit Hilfe eines einfachen Approximationsarguments (vgl. Aufgabe III.6.18 für einen ähnlichen Schluss).   □

Für die Trapezregel gilt beispielsweise

$$Q_n(x) = \frac{1}{n}\left(\frac{x(t_0) + x(t_n)}{2} + x(t_1) + \ldots + x(t_{n-1})\right)$$

mit $t_i = \frac{i}{n}$, also $\|Q_n\| = 1$. Da $Q_n(x) \to \int_0^1 x(t)\,dt$ für $x \in C^2$ gilt, also insbesondere für Polynome, gilt nach (der einfachen Hälfte von) Satz IV.2.8 die Konvergenz für alle stetigen Funktionen auf $[0,1]$. Satz IV.2.8 gibt allerdings keinen Aufschluss über eine Fehlerabschätzung.

Abschließend diskutieren wir die Konvergenz von Fourierentwicklungen. Sei $x \colon \mathbb{R} \to \mathbb{R}$ eine 2π-periodische und über $[-\pi, \pi]$ integrierbare Funktion. Die Fourierreihe von x ist dann die (formale) Reihe

$$\frac{a_0}{2} + \sum_{k=1}^{\infty}(a_k \cos kt + b_k \sin kt) \tag{IV.4}$$

mit

$$a_k = \frac{1}{\pi}\int_{-\pi}^{\pi} x(t)\cos kt\,dt \qquad (k = 0, 1, 2, \ldots),$$

$$b_k = \frac{1}{\pi}\int_{-\pi}^{\pi} x(t)\sin kt\,dt \qquad (k = 1, 2, \ldots).$$

Die a_k und b_k heißen die *Fourierkoeffizienten* von x. Die Fourierreihe (IV.4) ist insofern zunächst eine formale Reihe, als noch nichts über ihre Konvergenz ausgesagt ist, geschweige denn, dass sie gegen $x(t)$ konvergiert. (Vergleiche mit dem Vorgehen bei Taylorreihen!) *Wenn* aber eine Reihe der Form (IV.4) *gleichmäßig* gegen x konvergiert, folgt durch Multiplikation mit $\cos k_0 t$ bzw. $\sin k_0 t$ und gliedweise Integration, dass die Koeffizienten a_k und b_k notwendig die angegebene Form haben.

Das Konvergenzproblem von Fourierreihen werden wir mit Hilfe der Sätze von Banach-Steinhaus und Korovkin näher analysieren. Als erstes bringen wir eine hinreichende Bedingung für die gleichmäßige Konvergenz. Dazu benötigen wir eine Integraldarstellung der n-ten Partialsumme

$$s_n(x,t) = \frac{a_0}{2} + \sum_{k=1}^{n}(a_k \cos kt + b_k \sin kt)$$

mit a_k und b_k wie oben. Funktionalanalytische Methoden kommen dann durch die Untersuchung der Funktionale $x \mapsto s_n(x,t)$ (t fest) ins Spiel. Durch Einsetzen der Integrale für a_k und b_k erhält man

$$
\begin{aligned}
s_n(x,t) &= \frac{1}{\pi}\int_{-\pi}^{\pi} x(s)\left[\frac{1}{2} + \sum_{k=1}^{n}(\cos ks \cos kt + \sin ks \sin kt)\right] ds \\
&= \frac{1}{\pi}\int_{-\pi}^{\pi} x(s)\left[\frac{1}{2} + \sum_{k=1}^{n}\cos k(s-t)\right] ds \\
&= \frac{1}{\pi}\int_{-\pi}^{\pi} x(s+t)\left[\frac{1}{2} + \sum_{k=1}^{n}\cos ks\right] ds \\
&= \frac{1}{\pi}\int_{-\pi}^{\pi} x(s+t)\frac{\sin(n+\frac{1}{2})s}{2\sin\frac{s}{2}} ds,
\end{aligned}
$$

wo nacheinander die Definition der a_k und b_k, die Additionstheoreme der trigonometrischen Funktionen sowie die 2π-Periodizität von x ausgenutzt wurden. Die letzte Gleichheit sieht man, indem man ins Komplexe geht und die Formeln $e^{it} = \cos t + i\sin t$, $e^{it} - e^{-it} = 2i\sin t$ sowie die Summenformel für die (endliche) geometrische Reihe verwendet:

$$
\begin{aligned}
\left[\frac{1}{2} + \sum_{k=1}^{n}\cos ks\right] &= \frac{1}{2}\sum_{k=-n}^{n}\cos ks \\
&= \frac{1}{2}\sum_{k=-n}^{n} e^{iks} \\
&= \frac{1}{2}e^{-ins}\frac{e^{(2n+1)is} - 1}{e^{is} - 1} \\
&= \frac{1}{2}\frac{e^{(n+\frac{1}{2})is} - e^{-(n+\frac{1}{2})is}}{e^{\frac{1}{2}is} - e^{-\frac{1}{2}is}} \\
&= \frac{1}{2}\frac{\sin(n+\frac{1}{2})s}{\sin\frac{s}{2}}.
\end{aligned}
$$

Man nennt die hier auftauchende Funktion

$$D_n(s) := \frac{1}{2} \frac{\sin(n + \frac{1}{2})s}{\sin \frac{s}{2}},$$

die man durch $D_n(0) = n + \frac{1}{2}$ an der Stelle $s = 0$ stetig ergänzt, den n-ten *Dirichletkern*. Die obige Darstellung für s_n lässt sich also kurz als

$$s_n(x, t) = \frac{1}{\pi} \int_{-\pi}^{\pi} x(s + t) D_n(s) \, ds$$

schreiben.

Satz IV.2.9 *Ist $x: \mathbb{R} \to \mathbb{R}$ 2π-periodisch und stetig differenzierbar, so konvergiert die Fourierreihe von x gleichmäßig gegen x.*

Beweis. Da für $x = 1$ alle Partialsummen $= 1$ sind, folgt aus der obigen Darstellung

$$1 = \frac{1}{\pi} \int_{-\pi}^{\pi} D_n(s) \, ds.$$

Damit ist für alle x und alle $0 \leq h \leq \pi$

$$|s_n(x, t) - x(t)| = \left| \frac{1}{\pi} \int_{-\pi}^{\pi} \big(x(s + t) - x(t)\big) D_n(s) \, ds \right|$$

$$\leq \frac{1}{\pi} \left\{ \left| \int_{-\pi}^{-h} (\ldots) \right| + \left| \int_{-h}^{h} (\ldots) \right| + \left| \int_{h}^{\pi} (\ldots) \right| \right\}.$$

Sei $\varepsilon > 0$ gegeben. Wähle $h < \pi$ mit $0 < h \leq \varepsilon / (\pi \|x'\|_\infty)$. Dann ist nach dem Mittelwertsatz

$$\left| \int_{-h}^{h} (\ldots) \right| \leq \int_{-h}^{h} \frac{|x(s + t) - x(t)|}{2 \sin \frac{|s|}{2}} |\sin(n + \tfrac{1}{2})s| \, ds$$

$$\leq \int_{-h}^{h} \frac{\|x'\|_\infty |s|}{2 \sin \frac{|s|}{2}} \, ds$$

$$\leq 2h \|x'\|_\infty \frac{\pi}{2},$$

denn $\sin u \geq \frac{2}{\pi} u$ für alle $0 \leq u \leq \frac{\pi}{2}$. Folglich gilt

$$\left| \int_{-h}^{h} (\ldots) \right| \leq \varepsilon \qquad \forall t.$$

Betrachten wir nun $\int_h^\pi (\ldots)$. Wir setzen

$$f_t(s) = \frac{x(s+t) - x(t)}{2 \sin \frac{s}{2}}, \quad m = n + \tfrac{1}{2}$$

und bemerken, dass $f_t \in C^1[h,\pi]$ mit $\sup_{t \in \mathbb{R}} \|f_t\|_\infty < \infty$, $\sup_{t \in \mathbb{R}} \|f_t'\|_\infty < \infty$. Durch partielle Integration folgt

$$\left| \int_h^\pi f_t(s) \sin ms \, ds \right| = \left| f_t(s) \frac{-1}{m} \cos ms \Big|_{s=h}^{s=\pi} - \int_h^\pi f_t'(s) \frac{-1}{m} \cos ms \, ds \right| \leq \frac{c}{m},$$

wo die Konstante c von t unabhängig ist. Also existiert $n_0(\varepsilon)$ mit

$$\left| \int_h^\pi (\ldots) \right| \leq \frac{c}{n + \frac{1}{2}} < \varepsilon \qquad \forall n \geq n_0(\varepsilon), \ \forall t.$$

Zusammen ergibt sich für hinreichend große n (das Integral $\int_{-\pi}^{-h}(\ldots)$ wird genauso behandelt)

$$|x(t) - s_n(x,t)| \leq \frac{1}{\pi} \{\varepsilon + \varepsilon + \varepsilon\} < \varepsilon \qquad \forall t,$$

und das zeigt die Behauptung. $\qquad\qquad\qquad\qquad\qquad\qquad\qquad\qquad\qquad\qquad\qquad$ $\square$

Die Stetigkeit von x ist allerdings nicht hinreichend, um auch nur die punktweise Konvergenz der Fourierreihe gegen x zu erzwingen. Dies werden wir nun mit Hilfe des Satzes von Banach-Steinhaus zeigen.

Satz IV.2.10 *Es gibt stetige 2π-periodische Funktionen, deren Fourierreihen nicht in jedem Punkt konvergieren.*

Beweis. Eine 2π-periodische stetige Funktion kann mit einem Element des Raums

$$C_{2\pi} = \{x \in C[-\pi, \pi]: x(\pi) = x(-\pi)\}$$

identifiziert werden. Versieht man $C_{2\pi}$ mit der Supremumsnorm, erhält man einen Banachraum. Hätten alle $x \in C_{2\pi}$ überall konvergente Fourierreihen, so wäre für jedes $t \in [-\pi, \pi]$ die Folge $\big(s_n(x,t)\big)_{n \in \mathbb{N}}$ für alle $x \in C_{2\pi}$ beschränkt. Der Satz von Banach-Steinhaus liefert dann für alle t

$$\sup_{n \in \mathbb{N}} \|s_n(\cdot, t)\| < \infty; \tag{IV.5}$$

hier ist $s_n(\cdot, t) \in C_{2\pi}'$ aufzufassen.

Betrachte nun $t = 0$ (jedes andere t würde es auch tun). Die Norm von $s_n(\,\cdot\,, 0) \in C[-\pi, \pi]'$ hatten wir in Beispiel (g) von Abschn. II.1 ausgerechnet. Eine leichte Modifikation liefert auch hier

$$\|s_n(\,\cdot\,, 0)\|_{C'_{2\pi}} = \frac{1}{\pi} \int_{-\pi}^{\pi} |D_n(s)| \, ds =: l_n.$$

(Das folgt auch aus der im Rieszschen Darstellungssatz II.2.5 behaupteten Isometrie.) (IV.5) ist daher im Fall $t = 0$ äquivalent zu

$$\sup_n l_n < \infty. \tag{IV.6}$$

Andererseits ist

$$l_n = \frac{1}{\pi} \int_{-\pi}^{\pi} \frac{|\sin(n + \frac{1}{2})s|}{|2 \sin \frac{s}{2}|} \, ds \geq \frac{1}{\pi} \int_{-\pi}^{\pi} |\sin(n + \tfrac{1}{2})s| \, \frac{ds}{|s|}.$$

Mit der Variablensubstitution $\sigma = (n + \frac{1}{2})s$ ergibt sich nun

$$l_n \geq \frac{2}{\pi} \int_0^{(n+\frac{1}{2})\pi} |\sin \sigma| \frac{d\sigma}{\sigma}$$

$$\geq \frac{2}{\pi} \sum_{k=1}^{n} \int_{(k-1)\pi}^{k\pi} |\sin \sigma| \frac{d\sigma}{\sigma}$$

$$\geq \frac{2}{\pi} \sum_{k=1}^{n} \frac{1}{k\pi} \int_{(k-1)\pi}^{k\pi} |\sin \sigma| \, d\sigma$$

$$= \left(\frac{2}{\pi}\right)^2 \sum_{k=1}^{n} \frac{1}{k},$$

also folgt $l_n \to \infty$ im Widerspruch zu (IV.6). Daher kann $\big(s_n(x, 0)\big)_{n \in \mathbb{N}}$ nicht für alle $x \in C_{2\pi}$ konvergieren. $\square$

Damit ist natürlich noch kein solches x *konstruiert*. Das erste konkrete Beispiel einer stetigen Funktion x mit bei $t = 0$ divergierender Fourierreihe wurde 1876 von DuBois-Reymond angegeben; man kann Funktionen der Gestalt $x(t) = A(t) \sin\big(\omega(t)t\big)$ mit geeigneten $A(t) \to 0$ und $\omega(t) \to \infty$ für $t \to 0$ wählen.

Im Unterschied zur Theorie der Taylorreihen gilt für Fourierreihen übrigens: Wenn die Folge $\big(s_n(x, t)\big)$ konvergiert, ist ihr Limes notwendig $= x(t)$ für stetiges x. Außerdem gilt der sehr tiefliegende *Satz von Carleson*:

- *Für $x \in L^2[-\pi, \pi]$ konvergiert die Fourierreihe fast überall.*

Für stetige Funktionen gilt stets folgendes Resultat. Wir betrachten $s_n(x, t)$ wie oben und dazu die arithmetischen Mittel

$$T_n x = \frac{1}{n} \sum_{k=0}^{n-1} s_k(x, \cdot).$$

Satz IV.2.11 (Satz von Fejér)
Für $x \in C_{2\pi}$ ist $(T_n x)$ gleichmäßig gegen x konvergent. Mit anderen Worten: Die Fourierreihe von x konvergiert gleichmäßig gegen x im Sinn von Cesàro.

Beweis. Wir verwenden den zweiten Satz von Korovkin, Satz IV.2.7. Der Diskussion von S. 162 entnehmen wir die Darstellung

$$(T_n x)(t) = \frac{1}{n} \sum_{k=0}^{n-1} s_k(x, t)$$

$$= \frac{1}{n} \frac{1}{\pi} \int_{-\pi}^{\pi} x(s+t) \frac{\sum_{k=0}^{n-1} \sin(k+\frac{1}{2})s}{2 \sin \frac{s}{2}} \, ds,$$

und es gilt (geometrische Reihe!)

$$\sum_{k=0}^{n-1} \sin(k+\tfrac{1}{2})s = \operatorname{Im} \sum_{k=0}^{n-1} e^{i(k+\frac{1}{2})s}$$

$$= \operatorname{Im} \left(e^{is/2} \frac{e^{ins} - 1}{e^{is} - 1} \right)$$

$$= \operatorname{Im} \frac{e^{ins} - 1}{e^{is/2} - e^{-is/2}}$$

$$= \operatorname{Im} \frac{\cos ns - 1 + i \sin ns}{2i \sin \frac{s}{2}}$$

$$= \frac{1 - \cos ns}{2 \sin \frac{s}{2}}$$

$$= \frac{\sin^2 n \frac{s}{2}}{\sin \frac{s}{2}}.$$

Setzt man

$$F_n(s) = \frac{1}{2n} \frac{\sin^2 n \frac{s}{2}}{\sin^2 \frac{s}{2}}$$

für $s \neq 0$ und $F_n(0) = \frac{1}{2}n$, so erhält man den stetigen *Fejérkern* und die Integraldarstellung

$$(T_n x)(t) = \frac{1}{\pi} \int_{-\pi}^{\pi} x(s+t) F_n(s) \, ds,$$

und da $F_n(s) \geq 0$ für $-\pi \leq s \leq \pi$ gilt, ist T_n ein positiver linearer Operator auf $C_{2\pi}$. Für $x_0(t) = 1$, $x_1(t) = \cos t$, $x_2(t) = \sin t$ gilt schließlich

$$s_k(x_0, \cdot) = x_0 \qquad \forall k \geq 0,$$
$$s_0(x_1, \cdot) = s_0(x_2, \cdot) = 0,$$
$$s_k(x_1, \cdot) = x_1, \quad s_k(x_2, \cdot) = x_2 \qquad \forall k \geq 1;$$

folglich

$$T_n x_0 = x_0, \quad T_n x_1 = \frac{n-1}{n} x_1, \quad T_n x_2 = \frac{n-1}{n} x_2.$$

Somit sind alle Voraussetzungen von Satz IV.2.7 erfüllt, und es folgt, dass $\|T_n x - x\|_\infty \to 0$ für alle $x \in C_{2\pi}$. □

Ein *trigonometrisches Polynom* ist eine Funktion der Bauart

$$\sum_{n=0}^{N} (a_n \cos nt + b_n \sin nt) \qquad (N \in \mathbb{N}).$$

Korollar IV.2.12 (Zweiter Approximationssatz von Weierstraß)
Die trigonometrischen Polynome liegen dicht in $(C_{2\pi}, \|\cdot\|_\infty)$.

Beweis. Für $x \in C_{2\pi}$ ist $T_n x$ ein trigonometrisches Polynom, wo T_n gemäß Satz IV.2.11 definiert ist. Es bleibt, diesen Satz anzuwenden. □

IV.3 Der Satz von der offenen Abbildung

Wir beginnen mit einer Definition.

▶ **Definition IV.3.1** Eine Abbildung zwischen metrischen Räumen heißt *offen*, wenn sie offene Mengen auf offene Mengen abbildet.

Im Gegensatz zur analogen Definition der Stetigkeit kann man hier offene Mengen nicht durch abgeschlossene Mengen ersetzen; mit anderen Worten, eine offene Abbildung braucht abgeschlossene Mengen nicht auf abgeschlossene Mengen abzubilden. Hier ein Beispiel: Die Abbildung $p\colon \mathbb{R}^2 \to \mathbb{R}$, $(s,t) \mapsto s$, ist offen, bildet aber die abgeschlossene Menge $\{(s,t)\colon s \geq 0, st \geq 1\}$ auf $(0, \infty)$ ab.

Die obige Definition ist maßgeschneidert, um die Stetigkeit von inversen Abbildungen zu untersuchen, denn es ist klar, dass eine bijektive Abbildung genau dann offen ist, wenn ihre Inverse stetig ist.

Wir sind an der Offenheit linearer Abbildungen zwischen normierten Räumen interessiert. Dafür ist das folgende Kriterium nützlich.

Lemma IV.3.2 *Für eine lineare Abbildung* $T\colon X \to Y$ *zwischen normierten Räumen* X *und* Y *sind äquivalent:*

(i) T *ist offen.*

(ii) T *bildet offene Kugeln um* 0 *auf Nullumgebungen ab; m.a.W., mit* $U_r := \{x \in X\colon \|x\| < r\}$, $V_\varepsilon := \{y \in Y\colon \|y\| < \varepsilon\}$ *gilt*

$$\forall r > 0 \; \exists \varepsilon > 0 \quad V_\varepsilon \subset T(U_r).$$

(iii)
$$\exists \varepsilon > 0 \quad V_\varepsilon \subset T(U_1).$$

Beweis. (i) $\Rightarrow$ (ii) folgt aus $0 \in T(U_r)$ und der vorausgesetzten Offenheit dieser Menge.

(ii) $\Rightarrow$ (i): Sei $O \subset X$ offen und $x \in O$, also $Tx \in T(O)$. Da O offen ist, existiert $r > 0$ mit $x + U_r \subset O$, folglich $Tx + T(U_r) \subset T(O)$. Mit (ii) folgt $Tx + V_\varepsilon \subset T(O)$. Da x beliebig war, muss $T(O)$ offen sein.

(ii) $\Leftrightarrow$ (iii): Das ist klar. $\square$

Beispiele

(a) Jede Quotientenabbildung (Definition II.1.7) ist offen.

(b) Die Abbildung $T\colon \ell^\infty \to c_0$, $(t_n) \mapsto (\frac{1}{n}t_n)$, ist nicht offen, denn $T(U_1) = \{(t_n) \in c_0\colon |t_n| < \frac{1}{n} \; \forall n \in \mathbb{N}\}$, und diese Menge ist keine Nullumgebung.

Offensichtlich ist eine offene lineare Abbildung surjektiv. Der folgende Satz von Banach, der bei vollständigen Räumen die Umkehrung garantiert, ist einer der wichtigsten Sätze der Funktionalanalysis, wie aus seinen zahlreichen Korollaren deutlich werden wird.

Theorem IV.3.3 (Satz von der offenen Abbildung)
Seien X *und* Y *Banachräume und* $T \in L(X, Y)$ *surjektiv. Dann ist* T *offen.*

Beweis. Wir zeigen (iii) aus Lemma IV.3.2. Der Beweis hierfür zerfällt in zwei Teile.

1. Teil. Zunächst wird mit Hilfe der Vollständigkeit von Y gezeigt:

$$\exists \varepsilon_0 > 0 \quad V_{\varepsilon_0} \subset \overline{T(U_1)} \tag{IV.7}$$

(Die Bezeichnungen sind wie in Lemma IV.3.2.) Zum Beweis schreiben wir $Y = \bigcup_{n \in \mathbb{N}} T(U_n)$; dies ist möglich, da T surjektiv ist. Nach dem Baireschen Kategoriensatz (Satz IV.1.3 bzw. IV.1.4) existiert $N \in \mathbb{N}$ mit $\mathrm{int}\big(\overline{T(U_N)}\big) \neq \emptyset$. Es existieren also $y_0 \in \overline{T(U_N)}$ und $\varepsilon > 0$ mit

$$\|z - y_0\| < \varepsilon \quad \Rightarrow \quad z \in \overline{T(U_N)}.$$

Nun ist $\overline{T(U_N)}$ symmetrisch, d. h., diese Menge enthält mit z auch $-z$, denn $T(U_N)$ ist symmetrisch und daher auch der Abschluss. Deshalb hat $-y_0$ dieselbe Eigenschaft.

Sei nun $\|y\| < \varepsilon$. Dann gilt $\|(y_0 + y) - y_0\| < \varepsilon$, also $y_0 + y \in \overline{T(U_N)}$. Analog zeigt man $-y_0 + y \in \overline{T(U_N)}$. Daraus folgt

$$y = \frac{1}{2}(y_0 + y) + \frac{1}{2}(-y_0 + y) \in \overline{T(U_N)},$$

denn $\overline{T(U_N)}$ ist als Abschluss einer konvexen Menge konvex. Es ist damit $V_\varepsilon \subset \overline{T(U_N)}$ gezeigt, woraus $V_{\varepsilon/N} \subset \overline{T(U_1)}$ folgt.

2. Teil. Sei ε_0 wie in (IV.7). Mit Hilfe der Vollständigkeit von X werden wir nun sogar

$$V_{\varepsilon_0} \subset T(U_1) \tag{IV.8}$$

schließen, woraus wegen Lemma IV.3.2 die Offenheit von T folgt.

Zum Beweis sei $\|y\| < \varepsilon_0$. Wähle $\varepsilon > 0$ mit $\|y\| < \varepsilon < \varepsilon_0$ und betrachte $\bar{y} := \frac{\varepsilon_0}{\varepsilon} y$. Dann ist $\|\bar{y}\| < \varepsilon_0$, und nach (IV.7) gilt $\bar{y} \in \overline{T(U_1)}$. Es existiert also $y_0 = Tx_0 \in T(U_1)$ mit

$$\|\bar{y} - y_0\| < \alpha \varepsilon_0,$$

wobei wir $0 < \alpha < 1$ so klein gewählt haben, dass

$$\frac{\varepsilon}{\varepsilon_0} \frac{1}{1 - \alpha} < 1$$

ausfällt. Betrachte als nächstes $(\bar{y} - y_0)/\alpha \in V_{\varepsilon_0}$. Es existiert wieder nach (IV.7) $y_1 = Tx_1 \in T(U_1)$ mit

$$\left\| \frac{\bar{y} - y_0}{\alpha} - y_1 \right\| < \alpha \varepsilon_0,$$

das heißt

$$\|\bar{y} - (y_0 + \alpha y_1)\| < \alpha^2 \varepsilon_0.$$

Jetzt behandle $(\bar{y} - (y_0 + \alpha y_1))/\alpha^2$ nach derselben Methode, um $y_2 = Tx_2 \in T(U_1)$ mit

$$\|\bar{y} - (y_0 + \alpha y_1 + \alpha^2 y_2)\| < \alpha^3 \varepsilon_0$$

zu erhalten. Auf diese Weise wird induktiv eine Folge $(x_n)_{n \geq 0}$ in U_1 mit

$$\left\| \bar{y} - T\left(\sum_{i=0}^{n} \alpha^i x_i \right) \right\| < \alpha^{n+1} \varepsilon_0$$

definiert. Wegen $\alpha < 1$ konvergiert $\sum_{i=0}^{\infty} \alpha^i x_i$ absolut, daher (Lemma I.1.8) existiert $\bar{x} :=$ $\sum_{i=0}^{\infty} \alpha^i x_i \in X$, und nach Konstruktion ist $T\bar{x} = \bar{y}$. Setze noch $x := \frac{\varepsilon}{\varepsilon_0}\bar{x}$; dann ist $Tx = y$ und

$$\|x\| = \frac{\varepsilon}{\varepsilon_0}\|\bar{x}\| \le \frac{\varepsilon}{\varepsilon_0} \sum_{i=0}^{\infty} \alpha^i \|x_i\| < \frac{\varepsilon}{\varepsilon_0} \sum_{i=0}^{\infty} \alpha^i = \frac{\varepsilon}{\varepsilon_0} \frac{1}{1-\alpha} < 1$$

nach Wahl von α. Es folgt $y \in T(U_1)$. $\square$

Aus der obigen Bemerkung über inverse Abbildungen ergibt sich sofort eine wichtige Konsequenz.

Korollar IV.3.4 *Sind X und Y Banachräume und ist $T \in L(X, Y)$ bijektiv, so ist der inverse Operator T^{-1} stetig.*

Korollar IV.3.5 *Sind $\| \cdot \|$ und $\|| \cdot \||$ zwei Normen auf dem Vektorraum X, die beide X zu einem Banachraum machen, und gilt für ein $M > 0$*

$$\|x\| \le M\||x\|| \qquad \forall x \in X,$$

so sind $\| \cdot \|$ und $\|| \cdot \||$ äquivalent.

Beweis. Wende Korollar IV.3.4 auf die stetige Identität

$$\mathrm{Id}: (X, \|| \cdot \||) \to (X, \| \cdot \|)$$

an. $\square$

Korollar IV.3.6 *X und Y seien Banachräume, und $T \in L(X, Y)$ sei injektiv. Genau dann ist T^{-1} als Operator von $\mathrm{ran}(T)$ nach X stetig, wenn $\mathrm{ran}(T)$ abgeschlossen ist.*

Beweis. Ist $\mathrm{ran}(T)$ abgeschlossen, so ist $\mathrm{ran}(T)$ ein Banachraum, und T kann als bijektive Abbildung zwischen den Banachräumen X und $\mathrm{ran}(T)$ angesehen werden. Nach Korollar IV.3.4 ist T^{-1} stetig. Ist umgekehrt T^{-1} stetig, so ist T ein Isomorphismus zwischen X und $\mathrm{ran}(T)$. Mit X ist dann auch $\mathrm{ran}(T)$ vollständig, also abgeschlossen (Lemma I.1.3). $\square$

Die Resultate der folgenden Abschnitte können ebenfalls als Korollare des Satzes von der offenen Abbildung angesehen werden.

IV.4   Der Satz vom abgeschlossenen Graphen

Die in diesem Abschnitt besprochenen Operatoren besitzen viele Eigenschaften, die stetigen linearen Abbildungen zukommen, ohne selbst stetig zu sein.

▶ **Definition IV.4.1** Seien X und Y normierte Räume, $D \subset X$ sei ein Untervektorraum, T: $D \to Y$ sei eine lineare Abbildung. Dann heißt T *abgeschlossen*, falls gilt: Konvergiert die Folge (x_n), $x_n \in D$, gegen $x \in X$ und konvergiert (Tx_n), etwa gegen $y \in Y$, so folgt $x \in D$ und $Tx = y$.

Ist T auf $D \subset X$ definiert, schreibt man $\mathrm{dom}(T) = D$ bzw. $T: X \supset \mathrm{dom}(T) \to Y$.

Beachte, wie sich die Abgeschlossenheit von der Stetigkeit von T unterscheidet: Für den Spezialfall $\mathrm{dom}(T) = X$ betrachte die Aussagen

(a) $x_n \to x$,
(b) (Tx_n) konvergiert, etwa $Tx_n \to y$,
(c) $Tx = y$.

Dann gilt:

- T ist stetig, falls „(a) $\Rightarrow$ (b) & (c)".
- T ist abgeschlossen, falls „(a) & (b) $\Rightarrow$ (c)".

Eine Bemerkung zur Bezeichnung: Definition IV.4.1 ist nicht als Analogon zu Definition IV.3.1 zu verstehen; ein im Sinne von Definition IV.4.1 abgeschlossener Operator bildet abgeschlossene Mengen i. Allg. nicht auf abgeschlossene Mengen ab. Präziser wäre der Begriff „graphenabgeschlossen", vgl. Lemma IV.4.2.

Für eine lineare Abbildung $T: X \supset D \to Y$ ($D \subset X$ Untervektorraum) ist der *Graph* von T definiert als

$$\mathrm{gr}(T) := \{(x, Tx): x \in D\} \subset X \times Y.$$

Lemma IV.4.2 *Seien X, Y, D und T wie in Definition IV.4.1.*

(a) $\mathrm{gr}(T)$ *ist ein Untervektorraum von $X \times Y$.*
(b) *T ist genau dann abgeschlossen, wenn $\mathrm{gr}(T)$ in $X \oplus_1 Y$ abgeschlossen ist.*

Beweis. (a) ist trivial, und (b) ist es letztendlich auch: $\mathrm{gr}(T)$ ist genau dann abgeschlossen, wenn

$$(x_n, Tx_n) \to (x, y) \quad \Rightarrow \quad (x, y) \in \mathrm{gr}(T)$$

gilt, und das ist äquivalent zu

$$x_n \to x, \; Tx_n \to y \quad \Rightarrow \quad x \in D, \; Tx = y,$$

d. h. zur Abgeschlossenheit von T.   □

Beispiele für abgeschlossene Operatoren sind viele Differentialoperatoren. Wir behandeln den einfachsten Fall, den Ableitungsoperator für Funktionen einer reellen Veränderlichen. Wir bezeichnen Ableitungen hier mit $\dot{x}$ statt x'.

(a) Sei $X = Y = C[-1, 1]$ und $D = C^1[-1, 1]$. Der Operator $T\colon X \supset D \to Y$ sei durch $Tx = \dot{x}$ definiert. Ein bekannter Satz der Analysis über die Vertauschbarkeit von Differentiation und Limesbildung zeigt, dass T abgeschlossen ist.

(b) Seien jetzt $X = Y = L^2[-1, 1]$ und D und T wie oben. Dann ist T nicht abgeschlossen. Betrachte nämlich $x_n(t) = (t^2 + \frac{1}{n})^{1/2}$, $x(t) = |t|$ und $y(t) = 1, 0, -1$, je nachdem, ob $t > 0$, $t = 0$ oder $t < 0$. Dann konvergiert (x_n) gleichmäßig gegen x, also erst recht in $L^2[-1, 1]$, und (Tx_n) konvergiert gegen y in $L^2[-1, 1]$ (aber nicht gleichmäßig), jedoch $x \notin D$.

(c) Dass T in Beispiel (b) nicht abgeschlossen ist, liegt weniger an dem Operator als an seinem Definitionsbereich. Betrachten wir statt $D = C^1$ den Definitionsbereich

$$D_0 := \{x \in L^2[-1, 1]\colon x \text{ ist absolutstetig und } \dot{x} \in L^2[-1, 1]\}.$$

Zur Definition der Absolutstetigkeit sei auf Definition A.1.9 verwiesen. Nach dem Hauptsatz der Differential- und Integralrechnung in der Lebesgueversion, Satz A.1.10, existiert für absolutstetige Funktionen x die Ableitung $\dot{x}$ fast überall und kann als Element von $L^1[-1, 1]$ aufgefasst werden.

Wir werden zeigen, dass $T\colon X \supset D_0 \to Y$ abgeschlossen ist. Seien dazu $x_n \in D_0$, $x, y \in L^2[-1, 1]$ mit $x_n \to x$ und $\dot{x}_n \to y$ in $L^2[-1, 1]$. Für alle $t \in [-1, 1]$ gilt (vgl. Satz A.1.10)

$$x_n(t) = x_n(-1) + \int_{-1}^{t} \dot{x}_n(s)\, ds.$$

Daraus werden wir schließen, dass (x_n) gleichmäßig konvergiert. Für $t \in [-1, 1]$ ist nämlich (der dritte Schritt benutzt die Höldersche Ungleichung)

$$
\begin{aligned}
\left| \int_{-1}^{t} \dot{x}_n(s)\, ds - \int_{-1}^{t} y(s)\, ds \right| &\le \int_{-1}^{t} |\dot{x}_n(s) - y(s)|\, ds \\
&\le \int_{-1}^{1} |\dot{x}_n(s) - y(s)|\, ds \\
&\le \left(\int_{-1}^{1} |\dot{x}_n(s) - y(s)|^2\, ds \right)^{\frac{1}{2}} \left(\int_{-1}^{1} 1^2\, ds \right)^{\frac{1}{2}} \\
&= \sqrt{2}\, \|Tx_n - y\|_{L^2} \\
&\to 0.
\end{aligned}
$$

Also gilt

$$\int_{-1}^{t} \dot{x}_n(s)\, ds \to \int_{-1}^{t} y(s)\, ds$$

gleichmäßig in t. Außerdem ist

$$x_n(-1) - x_m(-1) = x_n(t) - x_m(t) + \int_{-1}^{t} \big(\dot{x}_m(s) - \dot{x}_n(s) \big)\, ds,$$

also (einsetzen und Dreiecksungleichung für $\| \cdot \|_{L^2}$)

$$
\begin{aligned}
|x_n(-1) - x_m(-1)| &= \frac{1}{\sqrt{2}} \left(\int_{-1}^{1} |x_n(-1) - x_m(-1)|^2\, dt \right)^{\frac{1}{2}} \\
&\le \frac{1}{\sqrt{2}} \left[\left(\int_{-1}^{1} |x_n(t) - x_m(t)|^2\, dt \right)^{\frac{1}{2}} \right. \\
&\quad \left. + \left(\int_{-1}^{1} \left| \int_{-1}^{t} \big(\dot{x}_n(s) - \dot{x}_m(s) \big)\, ds \right|^2 dt \right)^{\frac{1}{2}} \right],
\end{aligned}
$$

so dass $\big(x_n(-1) \big)$ eine Cauchyfolge ist; denn die Folge $\big(\int_{-1}^{t} \dot{x}_n(s)\, ds \big)$ ist nach dem ersten Teil eine Cauchyfolge, und zwar gleichmäßig in t.

Setze $\alpha = \lim_{n \to \infty} x_n(-1)$ sowie $z(t) = \alpha + \int_{-1}^{t} y(s)\, ds$. Die Funktion z ist absolutstetig als Integralfunktion einer L^1-Funktion, und es gilt $\dot{z}(t) = y(t)$ fast überall, vgl. Satz A.1.10. Also gilt $z \in D_0$ sowie $Tz = y$. Da jedoch $x_n \to z$ gleichmäßig und $x_n \to x$ in $L^2[-1,1]$, ist $x(t) = z(t)$ fast überall, also $x = z$ als Äquivalenzklassen in $L^2[-1,1]$. Deshalb ist T abgeschlossen.

Den Zusammenhang zwischen stetigen und abgeschlossenen Operatoren stellt das folgende Lemma her. Die dort auftauchende Norm wird auch *Graphennorm* genannt.

Lemma IV.4.3 *Seien X und Y Banachräume, $D \subset X$ ein Untervektorraum und $T: X \supset D \to Y$ abgeschlossen. Dann gilt:*

(a) *D, versehen mit der Norm $\||x\|| = \|x\| + \|Tx\|$, ist ein Banachraum.*
(b) *T ist als Abbildung von $(D, \|| \cdot \||)$ nach Y stetig.*

Beweis. (a) Ist $(x_n) \subset D$ eine $\|| \cdot \||$-Cauchyfolge, so sind (x_n) und (Tx_n) jeweils $\| \cdot \|$-Cauchyfolgen, und die Limiten $x = \lim x_n$ und $y = \lim Tx_n$ existieren. Da T abgeschlossen ist, gilt $x \in D$ und $y = Tx$. Daraus folgt $\||x_n - x\|| \to 0$. Also ist $(D, \|| \cdot \||)$ vollständig.

(b) Das ist klar, da $\|Tx\| \le \|x\| + \|Tx\| = \||x\||$ für alle $x \in D$. $\qquad\square$

Der folgende Satz ist das Analogon zum Satz von der offenen Abbildung für abgeschlossene Operatoren. Er zeigt insbesondere die Stetigkeit des inversen Operators eines abgeschlossenen Operators zwischen Banachräumen.

Satz IV.4.4 *Seien X und Y Banachräume, $D \subset X$ ein Untervektorraum und $T \colon X \supset D \to$*
Y abgeschlossen und surjektiv. Dann ist T offen. Ist T zusätzlich injektiv, so ist T^{-1} stetig.

Beweis. Nach Lemma IV.4.3 und Theorem IV.3.3 ist $T \colon (D, \|\| . \|\|) \to Y$ offen. Wegen
$\|x\| \leq \|\|x\|\|$ für alle $x \in D$ ist jede $\| . \|$-offene Teilmenge von D auch $\|\| . \|\|$-offen. Also ist
T offen bezüglich der Originalnormen, und T^{-1} ist stetig bezüglich der Originalnormen. $\square$

Nun beweisen wir den Hauptsatz dieses Abschnitts.

Theorem IV.4.5 (Satz vom abgeschlossenen Graphen)
Es seien X und Y Banachräume, und $T \colon X \to Y$ sei linear und abgeschlossen. Dann ist T
stetig.

Beweis. Nach Lemma IV.4.3 ist T stetig bezüglich der Graphennorm $\|\| . \|\|$ auf X. Nach
Korollar IV.3.5 sind $\| . \|$ und $\|\| . \|\|$ äquivalent, denn $\| . \| \leq \|\| . \|\|$, und beide erzeugen
Banachräume (nach Voraussetzung bzw. Lemma IV.4.3). Also ist T stetig bezüglich der
Originalnorm. $\square$

Kurz formuliert besagt der Satz vom abgeschlossenen Graphen, dass ein auf einem
ganzen Banachraum definierter abgeschlossener Operator automatisch stetig ist. Dieser
Satz und Korollar IV.2.5 illustrieren, warum es praktisch unmöglich ist, einen unstetigen
linearen Operator auf einem Banachraum *explizit* anzugeben.

Als Anwendung soll nun ein Satz von Toeplitz über Summierbarkeitsmethoden gezeigt
werden. Gegeben sei eine unendliche Matrix $(a_{ij})_{i\in\mathbb{N},j\in\mathbb{N}}$. Einer Folge $(s_i)_{i\in\mathbb{N}}$ kann dann
eine Folge $(\sigma_i)_{i\in\mathbb{N}}$ gemäß

$$\sigma_i = \sum_{j=1}^{\infty} a_{ij}s_j \qquad (IV.9)$$

zugeordnet werden, vorausgesetzt, die Reihen in (IV.9) konvergieren. Das bekannteste
Beispiel ist die Cesàro-Methode, wo $a_{ij} = \frac{1}{i}$ für $j \leq i$ und $a_{ij} = 0$ für $j > i$. (Diese
Summierbarkeitsmethode ist uns im Satz IV.2.11 bereits begegnet.) Toeplitz zeigte 1911
folgenden Satz, für den Banach später einen funktionalanalytischen Beweis gab.

Satz IV.4.6 *Dafür, dass mittels (a_{ij}) konvergente Folgen (s_i) auf zum selben Limes*
konvergente Folgen (σ_i) abgebildet werden, sind folgende Bedingungen notwendig und
hinreichend:

(a) $\lim_{i\to\infty} a_{ij} = 0$ *für alle j,*
(b) $\sup_i \sum_{j=1}^{\infty} |a_{ij}| < \infty,$
(c) $\lim_{i\to\infty} \sum_{j=1}^{\infty} a_{ij} = 1.$

Beweis. Wir schreiben $Ax = (\sigma_i)$ für eine Folge $x = (s_i)$.

Zuerst wird gezeigt, dass (a), (b) und (c) zusammen hinreichend sind. Aus (b) folgt nämlich unmittelbar, dass A eine stetige lineare Abbildung von ℓ^∞ in sich definiert. Ferner zeigen (a) und (b), dass A Nullfolgen auf Nullfolgen abbildet (für die Cesàro-Methode ist das eine klassische Übungsaufgabe der Analysis), und (c) liefert die Konvergenz von $A\mathbf{1}$ gegen 1, wo $\mathbf{1} = (1, 1, 1, \dots)$. Daraus ergibt sich die Hinlänglichkeit.

Als nächstes wird die Notwendigkeit von (a) und (c) bewiesen. Das ist klar, da (a) äquivalent dazu ist, dass $Ae_j \in c_0$ für alle $j \in \mathbb{N}$ ist ($e_j = j$-ter Einheitsvektor), und da (c) äquivalent zu $A\mathbf{1} \in c$ mit $\lim A\mathbf{1} = 1$ ist. Kommen wir nun zur Notwendigkeit von (b), die der interessanteste Aspekt dieses Satzes ist. Nach Voraussetzung kann A als lineare Abbildung von c_0 nach c_0 aufgefasst werden. Wegen der Isometrie $c_0' \cong \ell^1$ ist (b) zur Stetigkeit von A äquivalent; diese ist also zu zeigen. Nach Theorem IV.4.5 genügt es, die Abgeschlossenheit von A zu zeigen, die ihrerseits folgt, sobald die Implikation

$$x_n \to 0, \; Ax_n \to y \quad \Rightarrow \quad y = 0$$

bewiesen ist. Zum Beweis hierfür sei i fixiert. Für alle Nullfolgen $x = (s_j)$ konvergiert die Reihe $\sum_{j=1}^\infty a_{ij}s_j =: \ell(x)$ nach Voraussetzung. Das lineare Funktional $\ell\colon c_0 \to \mathbb{K}$ ist punktweiser Limes der stetigen linearen Funktionale $\ell_n(x) := \sum_{j=1}^n a_{ij}s_j$, also selbst stetig (Korollar IV.2.5). Es folgt $(a_{ij})_{j \in \mathbb{N}} \in \ell^1$, d. h. $\sum_{j=1}^\infty |a_{ij}| < \infty$. Deshalb gilt für festes $i \in \mathbb{N}$ und $x_n = (s_j^{(n)})_{j \in \mathbb{N}} \to 0$

$$\sigma_i^{(n)} = \sum_{j=1}^\infty a_{ij}s_j^{(n)} \to 0.$$

Daher konvergiert (Ax_n) komponentenweise gegen 0. Falls also (Ax_n) bezüglich $\|\cdot\|$ konvergiert, muss der Limes = 0 sein, was nur zu zeigen war.   □

IV.5   Der Satz vom abgeschlossenen Bild

In Korollar III.4.6 wurde ein Kriterium für die Lösbarkeit der Operatorgleichung $Tx = y$ für stetige lineare Operatoren mit abgeschlossenem Bild angegeben. Das folgende Kriterium ist nützlich, um diese Voraussetzung zu überprüfen.

Theorem IV.5.1 (Satz vom abgeschlossenen Bild)
X und Y seien Banachräume, und es sei $T \in L(X, Y)$. Dann sind folgende Aussagen äquivalent.

   (i) $\operatorname{ran}(T)$ *ist abgeschlossen.*
  (ii) $\operatorname{ran}(T) = \ker(T')_\perp$.

(iii) $\mathrm{ran}(T')$ *ist abgeschlossen.*
(iv) $\mathrm{ran}(T') = \ker(T)^{\perp}$

Die Bezeichnungen $U^{\perp}$ und $V_{\perp}$ wurden in (III.4) und (III.5) eingeführt. Zum Beweis werden zwei Lemmata benötigt, die von eigenem Interesse sind.

Lemma IV.5.2 *X und Y seien Banachräume, und $T \in L(X, Y)$ habe abgeschlossenes Bild. Dann existiert $K \geq 0$ mit:*

$$\forall y \in \mathrm{ran}(T) \; \exists x \in X \colon Tx = y \text{ und } \|x\| \leq K\|y\|$$

Beweis. Betrachte die kanonische Faktorisierung

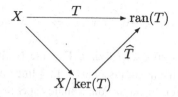

Hier ist $\widehat{T}$ bijektiv und stetig zwischen den Banachräumen (!) $X/\ker(T)$ und $\mathrm{ran}(T)$. Nach Korollar IV.3.4 ist $\widehat{T}^{-1}$ stetig; nach Definition der Quotientennorm gilt daher die Aussage für alle K mit $K > \|\widehat{T}^{-1}\|$. $\square$

Lemma IV.5.3 *X und Y seien Banachräume, und es sei $T \in L(X, Y)$. Es existiere $c > 0$ mit*

$$c\|y'\| \leq \|T'y'\| \qquad \forall y' \in Y'.$$

Dann ist T offen und insbesondere surjektiv.

Beweis. Setze wie in Abschn. IV.3

$$U_{\varepsilon} = \{x \in X \colon \|x\| < \varepsilon\},$$
$$V_{\varepsilon} = \{y \in Y \colon \|y\| < \varepsilon\}.$$

Es reicht nach Lemma IV.3.2, $V_c \subset T(U_1)$ zu zeigen. Dazu genügt es, $V_c \subset \overline{T(U_1)} =: D$ zu zeigen, wie der zweite Teil des Beweises von Theorem IV.3.3 klarmacht.

Sei also $y_0 \in V_c$, d. h. $\|y_0\| < c$. Wäre $y_0 \notin D$, so existierten nach dem Trennungssatz von Hahn-Banach (Satz III.2.5) $y' \in Y'$ und $\alpha \in \mathbb{R}$ mit

$$\mathrm{Re}\, y'(y) \leq \alpha < \mathrm{Re}\, y'(y_0) \qquad \forall y \in D.$$

Insbesondere gilt für alle $x \in U_1$

$$\mathrm{Re}(T'y')(x) = \mathrm{Re}\, y'(Tx) \leq \alpha < \mathrm{Re}\, y'(y_0)$$

und deshalb

$$\|T'y'\| = \|\mathrm{Re}\, T'y'\| = \sup_{x \in U_1}(T'y')(x) < \mathrm{Re}\, y'(y_0)$$

$$\leq |y'(y_0)| \leq \|y'\|\|y_0\| < c\|y'\|$$

im Widerspruch zur vorausgesetzten Ungleichung. Also muss $y_0 \in D$ sein, womit das Lemma bewiesen ist.   □

Beachte, wie Lemma IV.5.3 die Aussage von Satz III.4.5

$$T \text{ hat dichtes Bild} \iff T' \text{ ist injektiv}$$

verschärft.

Beweis von Theorem IV.5.1:

(i) ⇔ (ii): Das ist Satz III.4.5 (⇒) bzw. trivial (⇐).

(i) ⇒ (iv): Zunächst gilt (auch ohne Voraussetzung (i)) $\mathrm{ran}(T') \subset \ker(T)^{\perp}$, denn $T'y'(x) = y'(Tx) = 0$ für $x \in \ker(T)$. Sei nun $x' \in \ker(T)^{\perp}$. Betrachte die wohldefinierte lineare Abbildung

$$z'\colon \mathrm{ran}(T) \to \mathbb{K}, \quad y \mapsto x'(x) \text{ falls } Tx = y.$$

z' ist stetig: Sei nämlich K wie in Lemma IV.5.2. Dann ist für $y \in \mathrm{ran}(T)$ und geeignetes x mit $Tx = y$

$$|z'(y)| = |x'(x)| \leq \|x'\|\,\|x\| \leq \|x'\|K\|y\|.$$

Sei $y' \in Y'$ eine Hahn-Banach-Fortsetzung von z'; dann ist $x' = T'y'$, da

$$x'(x) = z'(Tx) = y'(Tx) = (T'y')(x) \qquad \forall x \in X.$$

Das zeigt $\ker(T)^{\perp} \subset \mathrm{ran}(T')$.

(iv) ⇒ (iii): Klar, da Annihilatoren abgeschlossen sind.

(iii) ⇒ (i): Betrachte den abgeschlossenen Unterraum $Z = \overline{\mathrm{ran}(T)}$ von Y und $S \in L(X, Z)$, definiert durch $Sx = Tx$. Für $y' \in Y'$ und $x \in X$ ist dann

$$(T'y')(x) = y'(Tx) = y'|_Z(Sx) = \big[S'(y'|_Z)\big](x),$$

d. h. $T'(y') = S'(y'|_Z)$; folglich gilt $\mathrm{ran}(T') \subset \mathrm{ran}(S')$. Ist umgekehrt $S'(z') \in \mathrm{ran}(S')$, so gilt nach dem obigen Argument $S'z' = T'y'$ für jede Hahn-Banach-Fortsetzung $y' \in Y'$ von $z' \in Z'$, zusammen also $\mathrm{ran}(T') = \mathrm{ran}(S')$. Insbesondere ist nach Voraussetzung $\mathrm{ran}(S')$ abgeschlossen. Da S dichtes Bild hat, ist nach Satz III.4.5 S' injektiv; S' ist daher eine stetige Bijektion zwischen den Banachräumen Z' und $\mathrm{ran}(S')$. Zwischen diesen Räumen wirkt S' als Isomorphismus (Korollar IV.3.4), insbesondere gilt für ein $c > 0$

$$c\|z'\| \leq \|S'z'\| \qquad \forall z' \in Z'.$$

Nach Lemma IV.5.3 ist $\mathrm{ran}(S) = Z$, also $\mathrm{ran}(T) = Z$, und T hat abgeschlossenes Bild. $\square$

In Abschn. VIII.9 wird der Satz vom abgeschlossenen Bild erneut von einem allgemeineren Standpunkt aus analysiert; außerdem sei auf Aufgabe VII.5.19 verwiesen.

IV.6   Projektionen auf Banachräumen

Eine *Projektion* auf einem Vektorraum ist eine Abbildung mit $P^2 = P$. In der linearen Algebra wird gezeigt, dass es zu jedem Untervektorraum U eines Vektorraums X einen Komplementärraum V derart gibt, dass X algebraisch isomorph zur direkten Summe $U \oplus V$ ist. Die zugehörige Projektion von X auf U ist dann linear. (All das folgt aus dem Basisergänzungssatz.)

Ist X zusätzlich normiert, ist man an der Existenz stetiger linearer Projektionen interessiert. Außerdem möchte man wissen, ob der normierte Raum X nicht nur algebraisch, sondern auch topologisch isomorph zu $U \oplus V$, wie üblich versehen mit einer der Normen aus Satz I.3.3, ist, mit anderen Worten, ob $(u_n + v_n)$ genau dann konvergiert, wenn es (u_n) und (v_n) tun. Man spricht dann von einer *topologisch direkten Zerlegung*.

Zunächst eine einfache Beobachtung.

Lemma IV.6.1 *Sei P eine stetige lineare Projektion auf dem normierten Raum X.*

(a) *Entweder ist $P = 0$ oder $\|P\| \geq 1$.*

(b) *Der Kern $\ker(P)$ und das Bild $\mathrm{ran}(P)$ sind abgeschlossen.*

(c) *Es gilt $X \simeq \ker(P) \oplus \mathrm{ran}(P)$.*

Beweis. (a) Aus $\|P\| = \|P^2\| \leq \|P\|^2$ folgt sofort $P = 0$ oder $\|P\| \geq 1$.

(b) Der Kern $\ker(P) = P^{-1}(\{0\})$ ist abgeschlossen, da P stetig ist. Auch $\mathrm{Id} - P$ ist eine stetige Projektion, und $\mathrm{ran}(P) = \ker(\mathrm{Id} - P)$ ist ebenfalls abgeschlossen.

(c) Es ist klar, dass X algebraisch mit der direkten Summe $\ker(P) \oplus \mathrm{ran}(P)$ identifiziert werden kann, denn jedes Element x lässt sich als $x = (\mathrm{Id} - P)(x) + P(x)$ schreiben. Dass die Summe topologisch direkt ist, folgt aus der Stetigkeit von P. $\square$

Beispiele

(a) Auf $L^p(\mathbb{R})$, $1 \le p \le \infty$, definiert $f \mapsto \chi_{[0,1]}f$ eine stetige lineare Projektion mit $\|P\| = 1$. Das Bild von P ist zu $L^p[0,1]$ isometrisch isomorph.

(b) Die im Beweis von Korollar II.3.7 definierten Operatoren auf $L^p[0,1]$ sind ebenfalls kontraktive lineare Projektionen.

(c) In Satz IV.6.5 wird gezeigt, dass es keine stetige lineare Projektion von ℓ^∞ auf c_0 gibt.

Satz IV.6.2 *Ist U ein endlichdimensionaler Unterraum des normierten Raums X, so existiert eine stetige lineare Projektion P von X auf U mit $\|P\| \le \dim U$.*

Beweis. Sei $\{b_1, \ldots, b_n\}$ eine Auerbachbasis von U, d. h., eine Basis wie in Satz II.2.6. Setze die Funktionale b_i' aus diesem Satz normerhaltend zu Funktionalen $x_i' \in X'$ fort; die Abbildung $P(x) = \sum_{i=1}^n x_i'(x)b_i$ leistet dann das Geforderte. $\square$

Im nächsten Satz zeigen wir eine Umkehrung von Lemma IV.6.1 im Fall eines Banachraums X.

Satz IV.6.3 *Sei X ein Banachraum und U ein abgeschlossener Unterraum. Es existiere ein abgeschlossener Komplementärraum V zu U; X ist also algebraisch isomorph zur direkten Summe $U \oplus V$. Dann gelten:*

(a) *X ist topologisch (d. h., als Banachraum) isomorph zu $U \oplus_1 V$.*
(b) *Es existiert eine stetige lineare Projektion von X auf U.*
(c) *Es gilt $V \simeq X/U$.*

Beweis. (a) Da U und V abgeschlossen im Banachraum X sind, sind es selbst Banachräume, und deshalb ist die normierte Summe $U \oplus_1 V$ ein Banachraum. Ferner ist die Abbildung

$$U \oplus_1 V \to X, \quad (u,v) \mapsto u + v$$

linear, bijektiv nach Voraussetzung und stetig wegen der Dreiecksungleichung. Nach Korollar IV.3.4 folgt die Behauptung.

(b) Nach Teil (a) existiert $M \ge 0$ mit $\|u\| + \|v\| \le M\|u + v\|$ für alle $u \in U$, $v \in V$. Die wohldefinierte lineare Projektion $u + v \mapsto u$ ist also stetig.

(c) Die Abbildung $V \to X/U$, $v \mapsto [v]$, ist linear, bijektiv und stetig. Da X/U ein Banachraum ist (Satz I.3.2), folgt die Behauptung wieder aus Korollar IV.3.4. $\square$

In Kap. V wird gezeigt, dass abgeschlossene Unterräume von L^2 oder ℓ^2 stets abgeschlossene Komplementärräume besitzen. Abschließend zeigen wir nun, dass das im Fall eines beliebigen Banachraums nicht zu gelten braucht. Zur Formulierung des Gegenbeispiels führen wir eine neue Sprechweise ein.

▶ **Definition IV.6.4** Ein abgeschlossener Teilraum U eines Banachraums X heißt *komplementiert*, falls es eine stetige lineare Projektion von X auf U gibt.

Satz IV.6.5 *Der Unterraum c_0 von ℓ^∞ ist nicht komplementiert.*

Zum Beweis benötigen wir ein kombinatorisches Lemma.

Lemma IV.6.6 *Es gibt überabzählbar viele unendliche Teilmengen N_i von $\mathbb{N}$, so dass $N_i \cap N_j$ für $i \neq j$ endlich ist.*

Beweis. Sei $\{q_1, q_2, \ldots\}$ eine Aufzählung von $\mathbb{Q}$ und $I = \mathbb{R} \setminus \mathbb{Q}$. Zu $i \in I$ wähle eine Folge rationaler Zahlen, die gegen i konvergiert. Setze dann $N_i = \{n \in \mathbb{N}: q_n$ ist in dieser Folge$\}$. Das System der N_i hat die gewünschten Eigenschaften.   □

Kommen wir nun zum *Beweis* von Satz IV.6.5. Wäre c_0 komplementiert, gäbe es einen abgeschlossenen Komplementärraum V zu c_0, und nach Satz IV.6.3 wäre $V \simeq \ell^\infty/c_0$. Insbesondere wäre ℓ^∞/c_0 isomorph zu einem abgeschlossenen Unterraum von ℓ^∞. Wir werden zeigen, dass diese Annahme zu einem Widerspruch führt.

Auf ℓ^∞ gibt es eine punktetrennende abzählbare Menge von Funktionalen, etwa die Auswertungen $\delta_n \colon x \mapsto x(n)$, also lässt auch V so eine Menge zu und der nach Annahme dazu isomorphe Banachraum $X := \ell^\infty/c_0$ ebenfalls. Es existiert also eine Folge von Funktionalen $x_n' \in X'$ mit

$$x_n'(x) = 0 \ \forall n \in \mathbb{N} \quad \Rightarrow \quad x = 0. \tag{IV.10}$$

Wir wählen nun Teilmengen $N_i \subset \mathbb{N}$, wo i eine überabzählbare Indexmenge I durchläuft, gemäß Lemma IV.6.6 und betrachten die Äquivalenzklassen $x_i := [\chi_{N_i}] \in X$. Hier bezeichnet χ_N die Folge mit $\chi_N(n) = 1$ für $n \in N$ und $\chi_N(n) = 0$ sonst. Es sind dann alle $x_i \neq 0$. Als erstes zeigen wir jetzt:

- *Für alle $x' \in X'$ ist $\{i \in I: x'(x_i) \neq 0\}$ abzählbar.*   (IV.11)

Sei $x' \in X'$. Zum Beweis von (IV.11) ist nur zu zeigen, dass $I_0 := \{i \in I: |x'(x_i)| \geq \varepsilon\}$ für jedes $\varepsilon > 0$ endlich ist. In der Tat: Seien $i_1, \ldots, i_r \in I_0$. Wähle α_k mit $|\alpha_k| = 1$ und $x'(\alpha_k x_{i_k}) = |x'(x_{i_k})|$. Nach Konstruktion der x_i ist $\|\sum_{k=1}^r \alpha_k x_{i_k}\| \leq 1$, da die N_i „fast" disjunkt sind. Also gilt

$$\varepsilon r \leq \sum_{k=1}^r |x'(x_{i_k})| = x'\left(\sum_{k=1}^r \alpha_k x_{i_k}\right) \leq \|x'\|,$$

daher enthält I_0 höchstens $\|x'\|/\varepsilon$ Elemente.

Nach (IV.11) gilt nun für die oben gewählte Folge (x_n'):

- $\{i \in I : x_n'(x_i) \neq 0$ für ein $n \in \mathbb{N}\}$ *ist abzählbar.*

Folglich existiert x_{i_0} ($\neq 0$!) mit $x_n'(x_{i_0}) = 0$ für alle $n \in \mathbb{N}$ im Widerspruch zu (IV.10). □

Die Aussage von Satz IV.6.5 kann auch so interpretiert werden, dass es keine stetige Fortsetzung des identischen Operators Id: $c_0 \to c_0$ zu einem stetigen Operator $P: \ell^\infty \to c_0$ gibt; in der Tat wäre eine solche Fortsetzung eine stetige Projektion von ℓ^∞ auf c_0. Daher ist im Allgemeinen kein Fortsetzungssatz vom Hahn-Banach-Typ für Operatoren statt Funktionale zu erwarten.

IV.7 Fixpunktsätze

Unter einem Fixpunktsatz versteht man eine Aussage, die für gewisse Klassen von Selbstabbildungen $F: M \to M$ auf gewissen (nicht leeren!) Mengen die Existenz von Fixpunkten garantiert, also von Punkten $\xi \in M$ mit $F(\xi) = \xi$. Viele Gleichungen der reinen und angewandten Mathematik können in ein äquivalentes Fixpunktproblem überführt werden (siehe z. B. Korollar IV.7.19); daher sind Fixpunktmethoden zu einem universellen Mittel zum Beweis der Lösbarkeit solcher Gleichungen geworden.

In den Analysisvorlesungen begegnet man dem Banachschen Fixpunktsatz und dem Brouwerschen Fixpunktsatz. In diesem Abschnitt wollen wir funktionalanalytische Verallgemeinerungen dieser Sätze kennenlernen; wir werden hier in der Regel auf konvexen Teilmengen von Banachräumen definierte nichtlineare Abbildungen studieren. Beginnen wir mit Ausdehnungen des Banachschen Fixpunktsatzes; doch zuerst soll an diesen Satz selbst erinnert werden.

- (Banachscher Fixpunktsatz)
  Sei (M, d) ein nicht leerer vollständiger metrischer Raum, und sei $F: M \to M$ eine strikte[1] Kontraktion; d. h., es existiert eine Zahl $q < 1$ mit

$$d(F(x), F(y)) \leq q \, d(x, y) \qquad \forall x, y \in M. \tag{IV.12}$$

Dann besitzt F genau einen Fixpunkt. Genauer gilt: Ist $x_0 \in M$ beliebig, so konvergiert die durch

$$x_{n+1} = F(x_n), \quad n \geq 0, \tag{IV.13}$$

definierte Iterationsfolge gegen den eindeutig bestimmten Fixpunkt ξ, und zwar ist

---

[1]In der Literatur spricht man häufig bloß von einer Kontraktion, was jedoch mit der Nomenklatur der linearen Funktionalanalysis nicht immer kompatibel ist, wo man lineare Operatoren mit Norm ≤ 1 kontraktiv nennt.

$$d(x_n, \xi) \leq \frac{q^n}{1-q} d(x_1, x_0).$$

Die Grundidee des Beweises, der in praktisch allen Analysisbüchern zu finden ist, soll kurz in Erinnerung gerufen werden. Durch einen Teleskopsummentrick schätzt man $d(x_{n+k}, x_n) \leq \sum_{j=0}^{k-1} d(x_{n+j+1}, x_{n+j}) \leq \sum_{j=0}^{k-1} q^{n+j} d(x_1, x_0)$ ab. Das zeigt, dass (x_n) eine Cauchyfolge ist; der Grenzwert ξ muss dann ein Fixpunkt sein. Durch Grenzübergang $k \to \infty$ folgt die behauptete a-priori-Abschätzung für $d(x_n, \xi)$, und die Eindeutigkeit des Fixpunkts ist eine unmittelbare Konsequenz von (IV.12).

Als nächstes soll es darum gehen, Abbildungen, die (IV.12) mit $q = 1$ erfüllen, auf Fixpunkte zu untersuchen. Solche Abbildungen tragen einen speziellen Namen.

▶ **Definition IV.7.1**   Eine Abbildung $F: M \to M$ auf einem metrischen Raum (M, d) heißt *nichtexpansiv*, wenn

$$d(F(x), F(y)) \leq d(x, y) \qquad \forall x, y \in M.$$

Mit anderen Worten ist eine solche Abbildung eine Lipschitzabbildung mit Lipschitzkonstante ≤ 1; insbesondere ist sie stetig.

Sehr einfache Beispiele zeigen, dass der Banachsche Fixpunktsatz nicht für nichtexpansive Abbildungen zu gelten braucht: Weder die Existenz bleibt gewährleistet (z. B. $F(x) = 1 - x$ auf $M = \{0, 1\}$), noch die Eindeutigkeit (z. B. $F(x) = x$ auf $M = \{0, 1\}$), noch die Konvergenz der Iterationsfolge (z. B. $F(x) = 1 - x$ auf $M = [0, 1]$; hier konvergiert die Iterationsfolge aus (IV.13) genau dann, wenn der Startpunkt der Fixpunkt $1/2$ ist).

Der Vergleich des ersten Beispiels mit dem dritten legt die Vermutung nahe, dass die mangelnde Konvexität von $\{0, 1\}$ etwas mit der Nichtexistenz von Fixpunkten zu tun hat. In der Tat werden wir positive Resultate für nichtexpansive Abbildungen, die auf konvexen Teilmengen gewisser Banachräume wie L^p für $1 < p < \infty$ definiert sind, erzielen. Dass die Konvexität allein nicht weiterhilft, zeigt jedoch das folgende Beispiel.

Seien $C = \{f \in C[0, 1]: 0 \leq f \leq 1, f(1) = 1\}$ und $F: C \to C$, $(Ff)(t) = t f(t)$. Versieht man $C[0, 1]$ mit der Supremumsnorm, so ist C abgeschlossen, beschränkt und konvex, und F ist nichtexpansiv. Der einzige Kandidat für einen Fixpunkt ist aber die Nullfunktion, und die gehört nicht zu C. Also ist F fixpunktfrei.

Wir werden im nächsten Satz sehen, dass solche fixpunktfreien Abbildungen im Raum $L^2 = L^2(\Omega, \Sigma, \mu)$ nicht auftreten können. Zuerst formulieren wir ein Lemma, das stets die Existenz von „approximativen Fixpunkten" garantiert.

Lemma IV.7.2   *Sei C eine nicht leere, abgeschlossene, konvexe Teilmenge eines Banachraums, und es sei $F: C \to C$ nichtexpansiv sowie $F(C)$ beschränkt. Dann existiert eine Folge (x_n) in C mit $\|F(x_n) - x_n\| \to 0$.*

Beweis. Sei $p \in C$ beliebig, und betrachte zu $0 < \lambda \leq 1$ die Abbildung

$$F_\lambda: C \to C, \qquad F_\lambda(x) = \lambda p + (1 - \lambda) F(x);$$

da C konvex ist, bildet F_λ die Menge C wirklich in sich ab. Offensichtlich ist F_λ strikt kontraktiv mit der Konstanten $q = 1 - \lambda$; nach dem Banachschen Fixpunktsatz besitzt F_λ genau einen Fixpunkt ξ_λ. Macht man diese Überlegung für $\lambda = 1/n$ und setzt man $x_n = \xi_{1/n}$, so erhält man

$$\|F(x_n) - x_n\| = \|F(x_n) - F_{1/n}(x_n)\| = \frac{1}{n}\|p - F(x_n)\| \to 0,$$

da $F(x_n)$ in der beschränkten Menge $F(C)$ liegt. $\qquad\square$

Hieraus ergibt sich ein sehr einfacher Fixpunktsatz.

Lemma IV.7.3 *Sei C eine nicht leere, abgeschlossene, konvexe Teilmenge eines Banachraums, und sei $F\colon C \to C$ stetig. Existiert eine Folge mit $\|F(x_n) - x_n\| \to 0$ und ist $F(C)$ relativkompakt, so besitzt F einen Fixpunkt. Insbesondere besitzt eine nichtexpansive Abbildung $F\colon C \to C$ mit relativkompaktem Bild einen Fixpunkt.*

Beweis. Wähle eine Teilfolge von (x_n), für die $(F(x_{n_k}))$ konvergiert, etwa gegen ξ. Dann konvergiert auch (x_{n_k}) gegen ξ, und da C abgeschlossen ist, folgt $\xi \in C$. Die Stetigkeit von F liefert $F(x_{n_k}) \to F(\xi)$, und das zeigt $F(\xi) = \xi$, da der Grenzwert eindeutig ist.

Der Zusatz folgt aus Lemma IV.7.2. $\qquad\square$

Eine tiefliegende Verallgemeinerung werden wir im Schauderschen Fixpunktsatz (Theorem IV.7.18) kennenlernen.

Nun zu dem bereits angekündigten Satz über nichtexpansive Abbildungen in $L^2 = L^2(\Omega, \Sigma, \mu)$. Im folgenden Beweis schreiben wir

$$\langle f, g \rangle = \int_\Omega f\overline{g}\, d\mu;$$

wer mit dem Begriff des Hilbertraums aus Kap. V bereits vertraut ist, wird erkennen, dass sich der nächste Satz samt Beweis wörtlich auf den Fall eines beliebigen Hilbertraums statt L^2 übertragen lässt.

Satz IV.7.4 *Sei $\emptyset \ne C \subset L^2$ abgeschlossen, konvex und beschränkt, und sei $F\colon C \to C$ nichtexpansiv. Dann besitzt F einen Fixpunkt.*

Beweis. Wähle mit Lemma IV.7.2 eine Folge (x_n) in C mit $\|F(x_n) - x_n\|_2 \to 0$. Da L^2 reflexiv und (x_n) beschränkt ist, existiert nach Theorem III.3.7 eine schwach konvergente Teilfolge; ohne Einschränkung nehmen wir an, dass (x_n) selbst schwach konvergiert, etwa gegen ξ. Nach Satz III.3.8 gilt $\xi \in C$; wir werden ξ als Fixpunkt von F erkennen.

Zunächst hat man

$$\begin{aligned}\|x_n - F(\xi)\|_2^2 &= \|(x_n - \xi) + (\xi - F(\xi))\|_2^2 \\ &= \|x_n - \xi\|_2^2 + 2\operatorname{Re}\langle x_n - \xi, \xi - F(\xi)\rangle + \|\xi - F(\xi)\|_2^2.\end{aligned}$$

Da $(x_n - \xi)$ eine schwache Nullfolge ist, strebt der mittlere Term gegen 0; also folgt

$$\|x_n - F(\xi)\|_2^2 - \|x_n - \xi\|_2^2 \to \|\xi - F(\xi)\|_2^2. \tag{IV.14}$$

Andererseits gilt

$$\|x_n - F(\xi)\|_2 \leq \|x_n - F(x_n)\|_2 + \|F(x_n) - F(\xi)\|_2$$
$$\leq \|x_n - F(x_n)\|_2 + \|x_n - \xi\|_2,$$

da F nichtexpansiv ist. Weil der vorletzte Summand gegen 0 strebt, folgt

$$\lim\sup(\|x_n - F(\xi)\|_2 - \|x_n - \xi\|_2) \leq 0$$

und deshalb auch

$$\lim\sup(\|x_n - F(\xi)\|_2^2 - \|x_n - \xi\|_2^2) \leq 0. \tag{IV.15}$$

Vergleicht man (IV.14) mit (IV.15), erkennt man $F(\xi) = \xi$, wie behauptet.   □

Im Hinblick auf eine weitere Anwendung formulieren wir den Kern des vorstehenden Beweises separat als Lemma.

Lemma IV.7.5 *Sei $\emptyset \neq C \subset L^2$ abgeschlossen, konvex und beschränkt, und sei $F: C \to C$ nichtexpansiv. Ist (x_n) eine schwach konvergente Folge in C mit $F(x_n) - x_n \to 0$, so ist ihr schwacher Grenzwert ein Fixpunkt von F.*

Da man diese Aussage auch durch die Implikation

$$x_n \to \xi \text{ schwach}, (\mathrm{Id} - F)(x_n) \to 0 \quad \Rightarrow \quad \xi \in C, (\mathrm{Id} - F)(\xi) = 0$$

ausdrücken kann, wird deutlich, dass es sich hier um eine Variante der Abgeschlossenheit eines Operators handelt; vergleiche mit Definition IV.4.1. Man nennt diese Eigenschaft die *Demiabgeschlossenheit* des nichtlinearen Operators $\mathrm{Id} - F$.

Wir haben bereits oben bemerkt, dass die Iterationsfolge $x_{n+1} = F(x_n)$ für nichtexpansives F nicht zu konvergieren braucht. Die Situation verbessert sich, wenn man statt F die ebenfalls nichtexpansive Abbildung $G = \frac{1}{2}(\mathrm{Id} + F)$ betrachtet, die ja dieselben Fixpunkte wie F besitzt. (Ist $F: C \to C$ auf einer konvexen Menge definiert, so bildet auch G die Menge C in sich ab.) Wir wollen nun die durch

$$x_{n+1} = G(x_n) = \frac{x_n + F(x_n)}{2} \tag{IV.16}$$

definierte Iteration auf L^2 studieren.

Satz IV.7.6 *Sei $\emptyset \neq C \subset L^2$ abgeschlossen, konvex und beschränkt, und sei $F: C \rightarrow C$ nichtexpansiv sowie $x_0 \in C$ beliebig. Dann konvergiert die durch* (IV.16) *definierte Folge* (x_n) *schwach gegen einen Fixpunkt von F.*

Wieder kann ein erfahrener Leser statt L^2 einen beliebigen Hilbertraum einsetzen. Dem Beweis schicken wir ein Lemma voraus.

Lemma IV.7.7 *Unter den obigen Voraussetzungen gilt $\|F(x_n) - x_n\|_2 \rightarrow 0$.*

Beweis. Wir benutzen die unmittelbar zu verifizierende „Parallelogrammgleichung" (vgl. Satz V.1.7)

$$\|u + v\|_2^2 + \|u - v\|_2^2 = 2\|u\|_2^2 + 2\|v\|_2^2$$

für $u, v \in L^2$. Sei nun ξ ein beliebiger Fixpunkt von F, dessen Existenz nach Satz IV.7.4 gesichert ist. Wir setzen

$$u = F(x_n) - F(\xi), \quad v = x_n - \xi,$$

so dass

$$u + v = 2(x_{n+1} - \xi), \quad u - v = F(x_n) - x_n.$$

Die Parallelogrammgleichung liefert

$$4\|x_{n+1} - \xi\|_2^2 + \|F(x_n) - x_n\|_2^2 = 2\|F(x_n) - F(\xi)\|_2^2 + 2\|x_n - \xi\|_2^2$$
$$\leq 4\|x_n - \xi\|_2^2.$$

Es folgt

$$\|F(x_n) - x_n\|_2^2 \leq 4(\|x_n - \xi\|_2^2 - \|x_{n+1} - \xi\|_2^2).$$

Durch Aufsummieren erhält man dann (Teleskopsumme)

$$\sum_{n=0}^{N} \|F(x_n) - x_n\|_2^2 \leq 4(\|x_0 - \xi\|_2^2 - \|x_{N+1} - \xi\|_2^2) \leq 4\|x_0 - \xi\|_2^2.$$

Daher konvergiert die Summe $\sum_{n=0}^{\infty} \|F(x_n) - x_n\|_2^2$, und die Behauptung ist gezeigt. $\qquad\square$

Wegen $F(x_n) - x_n = 2(x_{n+1} - x_n) = 2(G^{n+1}(x_0) - G^n(x_0))$ gilt also stets $G^{n+1}(x_0) - G^n(x_0) \rightarrow 0$; diese Eigenschaft von G wird *asymptotische Regularität* genannt.

Beweis von Satz IV.7.6. Es sei $\Phi \subset C$ die Menge aller Fixpunkte von F. Dann ist $\Phi \neq \emptyset$ nach Satz IV.7.4, Φ ist abgeschlossen, da F stetig ist, und Φ ist gemäß Aufgabe IV.8.33 konvex, denn L^2 ist strikt konvex. Für alle $y \in \Phi$ ist

$$\|x_{n+1} - y\|_2 = \|G(x_n) - G(y)\|_2 \leq \|x_n - y\|_2,$$

denn mit F ist auch G nichtexpansiv. Daher kann man eine Funktion $\varphi: \Phi \rightarrow \mathbb{R}$ durch

$$\varphi(y) = \lim_{n \rightarrow \infty} \|x_n - y\|_2 = \inf_n \|x_n - y\|_2$$

definieren. Die umgekehrte Dreiecksungleichung zeigt, dass φ stetig ist, und die Dreiecksungleichung impliziert, dass φ eine konvexe Funktion in dem Sinn ist, dass die Mengen $\Phi_r = \{y \in \Phi \colon \varphi(y) \leq r\}$ konvex (und wegen der Stetigkeit abgeschlossen) sind.

Wir wollen begründen, dass φ sein Infimum ρ auf Φ annimmt. Das folgt im Prinzip aus Satz III.5.8 und Lemma III.5.9; wir wollen das Argument noch einmal ausführen: Wähle eine Folge (y_n) in Φ mit $\varphi(y_n) \to \rho$. Da L^2 reflexiv und Φ als Teilmenge von C beschränkt ist, existiert eine schwach konvergente Teilfolge (y_{n_k}), etwa mit schwachem Grenzwert ξ. Da die Φ_r für jedes $r > \rho$ abgeschlossen und konvex sind und (y_{n_k}) für große k in Φ_r liegt, folgt mit Satz III.3.8 $\xi \in \Phi_r$ und deshalb $\xi \in \bigcap_{r > \rho} \Phi_r = \Phi_\rho$. Daher gilt $\varphi(\xi) = \rho$.

Sei nun (x_{n_k}) eine schwach konvergente Teilfolge von (x_n) mit Grenzwert z. Da nach Lemma IV.7.7 $\|F(x_n) - x_n\|_2 \to 0$ gilt, zeigt Lemma IV.7.5 $z \in \Phi$. Wir beweisen nun $z = \xi$. Es ist ja

$$\|x_{n_k} - \xi\|_2^2 = \|x_{n_k} - z\|_2^2 + 2\operatorname{Re}\langle x_{n_k} - z, z - \xi \rangle + \|z - \xi\|_2^2,$$

wo der mittlere Term gegen 0 strebt. Deshalb ist

$$\varphi(\xi)^2 = \varphi(z)^2 + \|z - \xi\|_2^2 \geq \varphi(\xi)^2 + \|z - \xi\|_2^2$$

und in der Tat $z = \xi$.

Das letzte Argument impliziert, dass jede Teilfolge von (x_n) eine weitere Teilfolge hat, die schwach gegen ξ konvergiert; daraus erhält man aber (wie?) die schwache Konvergenz von (x_n) gegen ξ. $\square$

Korollar IV.7.8 *Hat zusätzlich zu den Voraussetzungen des letzten Satzes F relativkompaktes Bild, so ist (x_n) sogar normkonvergent.*

Beweis. Man muss im obigen Beweis nur schwach konvergente Teilfolgen durch normkonvergente Teilfolgen ersetzen; beachte, dass Φ als abgeschlossene Teilmenge von $\overline{F(C)}$ kompakt ist. $\square$

Argumentativ ist bei den letzten beiden Resultaten zu bemerken, dass hier ein konstruktives Verfahren zur Bestimmung eines Fixpunkts angegeben wird, der Konvergenzbeweis jedoch auf der zuvor bewiesenen Existenz von Fixpunkten basiert. Die Kenntnis der bloßen Existenz der Lösung eines Problems kann also bisweilen hilfreich sein, um die Konvergenz eines Lösungsverfahrens zu zeigen.

Das nächste Ziel dieses Abschnitts wird es sein, einen Satz IV.7.4 entsprechenden Fixpunktsatz für eine größere Klasse von Banachräumen zu beweisen, zu der auch die L^p- und ℓ^p-Räume für $1 < p < \infty$ gehören, nämlich für die gleichmäßig konvexen Räume, die wie folgt definiert sind.

▶ **Definition IV.7.9** Ein Banachraum $(X, \| \cdot \|)$ heißt *gleichmäßig konvex*, wenn es zu jedem $\varepsilon > 0$ ein $\delta > 0$ mit der Eigenschaft

$$\|x\|, \|y\| \leq 1, \ \|x-y\| \geq \varepsilon \quad \Rightarrow \quad \left\|\frac{x+y}{2}\right\| \leq 1-\delta$$

gibt. Man nennt

$$\delta_X \colon \varepsilon \mapsto \inf\left\{1 - \left\|\frac{x+y}{2}\right\| \colon \|x\|, \|y\| \leq 1, \ \|x-y\| \geq \varepsilon\right\}$$

den *Konvexitätsmodul* von X.

Beachte, dass diese Eigenschaft isometrischer Natur ist und sich auf die gegebene Norm von X bezieht; die gleichmäßige Konvexität bleibt beim Übergang zu einer äquivalenten Norm in der Regel nicht erhalten.

Offensichtlich ist X genau dann gleichmäßig konvex, wenn für alle $\varepsilon > 0$ auch $\delta_X(\varepsilon) > 0$ ist, und offensichtlich ist ein gleichmäßig konvexer Raum *strikt konvex* (vgl. Aufgabe I.4.13), d. h.

$$\|x\|, \|y\| \leq 1, \ x \neq y \quad \Rightarrow \quad \left\|\frac{x+y}{2}\right\| < 1; \tag{IV.17}$$

die Umkehrung gilt jedoch nicht (Aufgabe IV.8.36). Die strikte Konvexität eines Raums bedeutet, dass keine Strecken im Rand der Einheitskugel liegen (sie ist also „rund"); die gleichmäßige Konvexität bietet zudem eine quantitative Version dieser Idee: In der Nähe des Randes können nur kurze Strecken liegen.

Ein Beispiel eines gleichmäßig konvexen Raums ist der Raum L^2 (oder allgemeiner ein Hilbertraum, siehe Kap. V), denn dort gilt nach der bereits erwähnten Parallelogrammgleichung

$$\|x+y\|_2^2 + \|x-y\|_2^2 = 2\|x\|_2^2 + 2\|y\|_2^2 \tag{IV.18}$$

und deshalb

$$\|x\|_2, \|y\|_2 \leq 1, \ \|x-y\|_2 \geq \varepsilon \quad \Rightarrow \quad \left\|\frac{x+y}{2}\right\|_2 \leq \sqrt{1-\left(\frac{\varepsilon}{2}\right)^2}$$

sowie

$$\delta_{L^2}(\varepsilon) = 1 - \sqrt{1-\left(\frac{\varepsilon}{2}\right)^2} > 0.$$

Wir werden nun zeigen, dass die Räume reell- oder komplexwertiger Funktionen $L^p = L^p(\Omega, \Sigma, \mu)$ für $1 < p < \infty$ gleichmäßig konvex sind. Für $2 \leq p < \infty$ findet man ein Argument in Aufgabe I.4.18; der Fall $1 < p < 2$ ist aber nicht so einfach. Im Folgenden wird eine Beweismethode dargestellt, die für alle $p \in (1, \infty)$ einheitlich funktioniert. Wir benötigen ein Lemma.

Lemma IV.7.10 *Es sei* $1 < p < \infty$. *Für jedes* $\varepsilon > 0$ *existiert dann eine Zahl* $\tau_p(\varepsilon) > 0$
mit

$$\left|\frac{w+z}{2}\right|^p \leq (1 - \tau_p(\varepsilon))\frac{|w|^p + |z|^p}{2} \tag{IV.19}$$

für alle $w, z \in \mathbb{C}$ *mit* $|w|, |z| \leq 1$ *und* $|w - z| \geq \varepsilon$.

Beweis. Es reicht, ein solches $\tau_p(\varepsilon)$ zu finden, so dass (IV.19) für $z = 1$ und alle $w \in \mathbb{C}$ mit
$|w| \leq 1$ und $|w - 1| \geq \varepsilon$ erfüllt ist.

Für alle $w \in \mathbb{C}$ gilt

$$\left|\frac{w+1}{2}\right|^p \leq \left(\frac{|w|+1}{2}\right)^p \leq \frac{|w|^p + 1}{2};$$

hier ist die zweite Ungleichung eine Folge der (strikten) Konvexität der Funktion $t \mapsto t^p$
für $1 < p < \infty$. Es gilt Gleichheit in der ersten Ungleichung genau dann, wenn w eine
positive reelle Zahl ist, und wegen der strikten Konvexität gilt Gleichheit in der zweiten
Ungleichung genau dann, wenn $|w| = 1$ ist. Daher ist für $|w| \leq 1$ und $w \neq 1$

$$\left|\frac{w+1}{2}\right|^p \bigg/ \frac{|w|^p + 1}{2} < 1,$$

und da die linke Seite stetig von w abhängt, folgt auf der kompakten Menge $\{w \in \mathbb{C}:$
$|w| \leq 1, \ |w-1| \geq \varepsilon\}$ eine Abschätzung

$$\left|\frac{w+1}{2}\right|^p \bigg/ \frac{|w|^p + 1}{2} \leq 1 - \tau_p(\varepsilon) < 1,$$

was zu zeigen war.   □

Satz IV.7.11 *Sei* (Ω, Σ, μ) *ein beliebiger Maßraum und* $1 < p < \infty$. *Dann ist* $L^p =$
$L^p(\Omega, \Sigma, \mu)$, *versehen mit der üblichen* L^p-*Norm, gleichmäßig konvex.*

Beweis. Seien $f, g \in L^p$ mit $\|f\|_p, \|g\|_p \leq 1$ und $\|f - g\|_p \geq \varepsilon$. Leider ergibt sich daraus
keine punktweise Abschätzung für $|f(\omega) - g(\omega)|$; daher setze

$$\Omega_0 = \left\{\omega \in \Omega: |f(\omega) - g(\omega)|^p \geq \frac{\varepsilon^p}{4}(|f(\omega)|^p + |g(\omega)|^p)\right\}$$

und $\Omega_1 = \Omega \setminus \Omega_0$. Da f und g eigentlich Äquivalenzklassen von Funktionen sind, ist Ω_0 nur
bis auf eine Menge vom Maß 0 eindeutig bestimmt, was aber für das folgende Argument
(wie üblich) unerheblich ist. Weil $f(\omega)/(|f(\omega)|^p + |g(\omega)|^p)^{1/p}$ und $g(\omega)/(|f(\omega)|^p + |g(\omega)|^p)^{1/p}$
Zahlen vom Betrag ≤ 1 sind (mit der Konvention $0/0 = 0$), liefert Lemma IV.7.10 für alle
$\omega \in \Omega_0$

$$\left|\frac{f(\omega) + g(\omega)}{2}\right|^p \leq \left(1 - \tau_p(\varepsilon/4^{1/p})\right)\frac{|f(\omega)|^p + |g(\omega)|^p}{2}. \tag{IV.20}$$

Weiter gilt

$$\int_{\Omega_1} |f-g|^p \, d\mu \leq \int_{\Omega_1} \frac{\varepsilon^p}{4}(|f|^p + |g|^p) \, d\mu$$

$$\leq \int_{\Omega} \frac{\varepsilon^p}{4}(|f|^p + |g|^p) \, d\mu$$

$$= \frac{\varepsilon^p}{4}\big(\|f\|_p^p + \|g\|_p^p\big) \leq \frac{\varepsilon^p}{2}.$$

Wegen $\|f-g\|_p \geq \varepsilon$ folgt

$$\int_{\Omega_0} |f-g|^p \, d\mu \geq \frac{\varepsilon^p}{2}.$$

Diese Ungleichung kann auch als $\|\chi_{\Omega_0}f - \chi_{\Omega_0}g\|_p \geq \varepsilon 2^{-1/p}$ geschrieben werden, und eine Anwendung der Dreiecksungleichung zeigt

$$2\max\{\|\chi_{\Omega_0}f\|_p, \|\chi_{\Omega_0}g\|_p\} \geq \|\chi_{\Omega_0}f\|_p + \|\chi_{\Omega_0}g\|_p \geq \varepsilon 2^{-1/p},$$

so dass

$$\max\left\{\int_{\Omega_0} |f|^p \, d\mu, \int_{\Omega_0} |g|^p \, d\mu\right\} \geq \frac{\varepsilon^p}{2 \cdot 2^p}.$$

Diese Abschätzung sowie (IV.20) implizieren dann

$$1 - \left\|\frac{f+g}{2}\right\|_p^p \geq \int_{\Omega}\left(\frac{|f|^p + |g|^p}{2} - \left|\frac{f+g}{2}\right|^p\right) d\mu$$

$$\geq \int_{\Omega_0}\left(\frac{|f|^p + |g|^p}{2} - \left|\frac{f+g}{2}\right|^p\right) d\mu$$

$$\geq \int_{\Omega_0} \tau_p(\varepsilon/4^{1/p}) \frac{|f|^p + |g|^p}{2} \, d\mu$$

$$\geq \tau_p(\varepsilon/4^{1/p}) \cdot \frac{1}{2} \max\left\{\int_{\Omega_0} |f|^p \, d\mu, \int_{\Omega_0} |g|^p \, d\mu\right\}$$

$$\geq \tau_p(\varepsilon/4^{1/p}) \frac{\varepsilon^p}{2^{p+2}},$$

woraus

$$\left\|\frac{f+g}{2}\right\|_p \leq 1 - \delta(\varepsilon)$$

für ein geeignetes $\delta(\varepsilon) > 0$ folgt.   □

Dieser Satz schließt die ℓ^p-Folgenräume ein; wähle nämlich μ als zählendes Maß auf der Potenzmenge von $\mathbb{N}$.

Dass $L^1(\mu)$, $L^\infty(\mu)$ und $C(K)$ in ihren natürlichen Normen nicht gleichmäßig konvex (nicht einmal strikt konvex) sind, wurde für das Lebesguemaß und das Einheitsintervall in Aufgabe I.4.13 beobachtet. Der nächste Satz impliziert, dass diese Räume auch keine äquivalenten gleichmäßig konvexen Normen besitzen, wenn sie unendlichdimensional sind.

Satz IV.7.12 *Jeder gleichmäßig konvexe Raum ist reflexiv.*

Der Beweis dieses Satzes wird am einfachsten mit den Methoden aus Kap. VIII geführt und wird auf Seite 447 dargestellt. Einen Beweis, der auf den bislang entwickelten Hilfsmitteln beruht, findet man bei Yosida [1980], Seite 127.

Jetzt können wir den bereits angekündigten Fixpunktsatz formulieren und beweisen; der Beweis benutzt übrigens nicht Satz IV.7.12.

Theorem IV.7.13 (Fixpunktsatz von Browder-Göhde-Kirk)
Seien X ein gleichmäßig konvexer Banachraum, $\emptyset \neq C \subset X$ abgeschlossen, beschränkt und konvex sowie $F\colon C \to C$ nichtexpansiv. Dann besitzt F einen Fixpunkt.

Beweis. Im ersten Schritt des Beweises zeigen wir die Existenz einer Funktion φ mit $\varphi(\varepsilon) \to 0$ für $\varepsilon \to 0$, so dass für $x, y \in C$

$$\|x - F(x)\| \leq \varepsilon, \ \|y - F(y)\| \leq \varepsilon \quad \Rightarrow \quad \left\| \frac{x+y}{2} - F\left(\frac{x+y}{2}\right) \right\| \leq \varphi(\varepsilon) \qquad (\text{IV.21})$$

gilt. Beachte, dass $z := (x+y)/2 \in C$, da C konvex ist. (IV.21) besagt, dass sich F zwischen „Beinahe-Fixpunkten" fast wie ein linearer Operator verhält.

Zum Beweis beobachten wir als erstes, dass

$$\|F(z) - x\| \leq \|F(z) - F(x)\| + \|F(x) - x\| \leq \|z - x\| + \varepsilon$$

nach Voraussetzung über x, und weil F nichtexpansiv ist. Setzt man

$$\rho := \rho(x, y, \varepsilon) := \frac{1}{2}\|x - y\| + \varepsilon = \|z - x\| + \varepsilon,$$

so gilt also

$$\|F(z) - x\| \leq \rho, \quad \|F(z) - y\| \leq \rho,$$

letzteres aus Symmetriegründen. Setze

$$x_1 = \frac{F(z) - x}{\rho}, \quad y_1 = \frac{F(z) - y}{\rho};$$

dann sind

$$\|x_1\| \le 1, \quad \|y_1\| \le 1, \quad \|x_1 - y_1\| = \frac{1}{\rho}\|x - y\|$$

und deshalb

$$\frac{\|F(z) - z\|}{\rho} = \left\|\frac{x_1 + y_1}{2}\right\| \le 1 - \delta_X\left(\frac{\|x - y\|}{\rho}\right).$$

Nach Definition ist $\|x - y\| = 2\rho - 2\varepsilon$, und es folgt

$$\|F(z) - z\| \le \rho\left(1 - \delta_X\left(2 - 2\frac{\varepsilon}{\rho}\right)\right).$$

Ist $\rho \le \sqrt{\varepsilon}$, so ist auch die rechte Seite in dieser Abschätzung $\le \sqrt{\varepsilon}$; ist $\rho > \sqrt{\varepsilon}$, so ist die rechte Seite wegen der Monotonie von δ_X durch

$$\rho\left(1 - \delta_X(2 - 2\sqrt{\varepsilon})\right) \le \left(\tfrac{1}{2}\operatorname{diam}(C) + \varepsilon\right)\left(1 - \delta_X(2 - 2\sqrt{\varepsilon})\right)$$

abzuschätzen. Hier bezeichnet

$$\operatorname{diam}(C) = \sup_{u,v \in C} \|u - v\|$$

den Durchmesser von C.

Damit ist gezeigt, dass (IV.21) mit

$$\varphi(\varepsilon) = \sqrt{\varepsilon} + \left(\tfrac{1}{2}\operatorname{diam}(C) + \varepsilon\right)\left(1 - \delta_X(2 - 2\sqrt{\varepsilon})\right)$$

gilt, und es bleibt zu begründen, dass $\lim_{\varepsilon \to 0} \varphi(\varepsilon) = 0$. Dazu reicht es,

$$\lim_{\alpha \to 2} \delta_X(\alpha) = \sup_{\alpha < 2} \delta_X(\alpha) = 1$$

einzusehen. Wegen der Monotonie von δ_X ist klar, dass Grenzwert und Supremum übereinstimmen. Wäre Letzteres < 1, gäbe es ein $\beta > 0$ mit $\delta_X(\alpha) < 1 - \beta$ für alle $\alpha < 2$, und dann existierten zu jedem $n \in \mathbb{N}$ Punkte $x_n, y_n \in B_X$ mit

$$\|x_n - y_n\| \ge 2 - \frac{1}{n}, \qquad 1 - \left\|\frac{x_n + y_n}{2}\right\| \le 1 - \beta.$$

Setzt man $y_n^* = -y_n$, erhält man daraus

$$1 - \left\|\frac{x_n + y_n^*}{2}\right\| \le \frac{1}{2n}, \qquad \|x_n - y_n^*\| \ge 2\beta.$$

Die zweite Ungleichung impliziert $1 - \|(x_n + y_n^*)/2\| \geq \delta_X(2\beta) > 0$, und dann liefert die erste Ungleichung für große n einen Widerspruch.

Damit ist der Beweis des ersten Schrittes abgeschlossen; kommen wir zum eigentlichen Beweis der Existenz eines Fixpunkts. Wir setzen

$$\eta(r) = \inf\{\,\|F(x) - x\| : x \in C,\ \|x\| \leq r\},$$
$$s_0 = \inf\{r \geq 0 : \eta(r) = 0\}.$$

Weil C beschränkt ist, ist für hinreichend großes r nach Lemma IV.7.2 $\eta(r) = 0$; also ist $s_0 < \infty$.

Wähle eine Folge (x_n) in C mit $\|x_n\| \to s_0$ und $\|F(x_n) - x_n\| \to 0$; wir werden zeigen, dass (x_n) konvergiert. Dann folgt sofort, dass $\xi := \lim_n x_n$ ein Fixpunkt von F ist, denn $0 = \lim_n (F(x_n) - x_n) = F(\xi) - \xi$.

Wäre (x_n) nicht konvergent, wäre notwendig $s_0 > 0$, und es gäbe eine Teilfolge (y_n) von (x_n), für die mit einem geeigneten $\tau > 0$ stets $\|y_{n+1} - y_n\| \geq \tau$ gilt. Wähle nun $s_0 < s_1 < 2s_0$ mit $s_2 := s_1(1 - \delta_X(\tau/(2s_0))) < s_0$. Für hinreichend große n gilt $\|y_n\| \leq s_1$ und daher

$$\left\|\frac{y_n}{s_1}\right\| \leq 1, \quad \left\|\frac{y_{n+1}}{s_1}\right\| \leq 1, \quad \left\|\frac{y_{n+1}}{s_1} - \frac{y_n}{s_1}\right\| \geq \frac{\tau}{s_1}.$$

Eine Anwendung der gleichmäßigen Konvexität liefert dann die Abschätzung

$$\left\|\frac{y_n + y_{n+1}}{2}\right\| \leq s_1(1 - \delta_X(\tau/s_1)) \leq s_2 < s_0$$

für große n. Aber $\|F(y_n) - y_n\| \to 0$ und (IV.21) implizieren

$$\left\|F\!\left(\frac{y_n + y_{n+1}}{2}\right) - \frac{y_n + y_{n+1}}{2}\right\| \to 0,$$

so dass $\eta(s_2) = 0$ im Widerspruch zur Minimalität von s_0 folgt.

Damit ist Theorem IV.7.13 vollständig bewiesen. $\square$

In den „Bemerkungen und Ausblicken" dieses Kapitels werden wir kurz auf die Frage eingehen, ob und wann Fixpunkte nichtexpansiver Abbildungen durch Iterationsverfahren gewonnen werden können.

Der zweite allgemeine Fixpunktsatz, der häufig in den Anfängervorlesungen behandelt wird, ist der Brouwersche Fixpunktsatz. Er lautet:

- (Brouwerscher Fixpunktsatz)
  Sei $B_d = \{x \in \mathbb{R}^d : \|x\| \leq 1\}$ die Einheitskugel im $\mathbb{R}^d$ für die euklidische Norm, und sei $F: B_d \to B_d$ stetig. Dann besitzt F einen Fixpunkt.

Der Beweis dieses Satzes liegt ungleich tiefer als der des Banachschen Fixpunktsatzes und kann aus Platzgründen hier nicht geführt werden. In den „Bemerkungen und Ausblicken" sind jedoch ein paar Literaturhinweise gesammelt.

Es ist nicht schwierig, den Brouwerschen Fixpunktsatz auf Funktionen, die auf konvexen Teilmengen des $\mathbb{R}^d$ definiert sind, auszudehnen. Der erste Schritt dazu ist das folgende Lemma, das im nächsten Kapitel noch einmal in allgemeinerer Form behandelt wird (Satz V.3.2 und Aufgabe V.6.15).

Lemma IV.7.14 *Sei $C \subset \mathbb{R}^d$ eine kompakte konvexe Menge. Dann gibt es eine stetige Retraktion von $\mathbb{R}^d$ auf C, d. h. eine stetige Abbildung $R: \mathbb{R}^d \to C$ mit $R(x) = x$ für alle $x \in C$.*

Beweis. Sei $x_0 \in \mathbb{R}^d$; dann existiert ein eindeutig bestimmtes Element $y_0 \in C$ mit

$$\|x_0 - y_0\| = d(x_0, C) = \inf_{y \in C} \|x_0 - y\|.$$

Wähle nämlich eine Folge (y_n) in C mit $\|x_0 - y_n\| \to d(x_0, C)$. Da C kompakt ist, existiert eine konvergente Teilfolge mit Grenzwert (sagen wir) $y_0 \in C$; also gilt $\|x_0 - y_0\| = d(x_0, C)$. Gäbe es ein von y_0 verschiedenes y_0^* mit derselben Eigenschaft, so erhielte man, da $\frac{1}{2}(y_0 + y_0^*)$ ebenfalls in der konvexen Menge C liegt, den Widerspruch

$$d(x_0, C) \leq \left\| x_0 - \frac{y_0 + y_0^*}{2} \right\| = \left\| \frac{(x_0 - y_0) + (x_0 - y_0^*)}{2} \right\|$$
$$< \frac{1}{2}\big(\|x_0 - y_0\| + \|x_0 - y_0^*\| \big) = d(x_0, C);$$

hier gilt die $<$-Beziehung wegen der strikten Konvexität der euklidischen Norm (siehe Aufgabe I.4.13).

Daher definiert $R: x_0 \mapsto y_0$ eine Abbildung von $\mathbb{R}^d$ auf C, die auf C identisch operiert. Es ist nun noch die Stetigkeit von R zu zeigen. Träfe sie nicht zu, gäbe es eine konvergente Folge $x_n \to x_\infty$, für die $(R(x_n))$ nicht gegen $R(x_\infty)$ konvergiert. Da $(R(x_n))$ in der kompakten Menge C liegt, dürfen wir nach Übergang zu einer Teilfolge annehmen, dass $R(x_n) \to y_\infty \neq R(x_\infty)$. Weil $x \mapsto d(x, C)$ stetig ist (Aufgabe I.4.21), ergibt sich nun einerseits

$$\lim_{n \to \infty} \|x_n - R(x_n)\| = \lim_{n \to \infty} d(x_n, C) = d(x_\infty, C)$$

und andererseits $\|x_n - R(x_n)\| \to \|x_\infty - y_\infty\|$; daraus folgt $\|x_\infty - y_\infty\| = d(x_\infty, C)$ und deshalb nach Definition von R doch $R(x_\infty) = y_\infty$: Widerspruch!   □

Jetzt können wir den allgemeinen Brouwerschen Fixpunktsatz für endlichdimensionale Räume formulieren.

Satz IV.7.15 *Sei $C \neq \emptyset$ eine kompakte konvexe Teilmenge eines endlichdimensionalen normierten Raums X, und sei $F\colon C \to C$ stetig. Dann besitzt F einen Fixpunkt.*

Beweis. Da alle Normen auf einem endlichdimensionalen Raum äquivalent sind (Satz I.2.5) und Stetigkeit und Kompaktheit nicht von der Wahl einer äquivalenten Norm abhängen, dürfen wir $X = \mathbb{R}^d$ mit der euklidischen Norm annehmen. Die Menge C liegt dann in einer Kugel $B = \{x \in \mathbb{R}^d\colon \|x\| \leq r\}$. Sei $R\colon \mathbb{R}^d \to C$ eine stetige Retraktion wie im vorigen Lemma und $F_0\colon B \to B$, $F_0 = F \circ R$. Nach der Originalversion des Brouwerschen Fixpunktsatzes[2] hat F_0 einen Fixpunkt ξ, der wegen $\xi = F(R(\xi))$ in C liegt. Da ja dann $R(\xi) = \xi$ gilt, ist ξ auch ein Fixpunkt von F. $\qquad\Box$

Diese Form des Brouwerschen Fixpunktsatzes überträgt sich auf unendlichdimensionale normierte Räume, und man erhält so die erste Version des Schauderschen Fixpunktsatzes, der eines der wichtigsten Resultate der nichtlinearen Funktionalanalysis ist.

Theorem IV.7.16 (Schauderscher Fixpunktsatz; 1. Version)
Sei $C \neq \emptyset$ eine kompakte konvexe Teilmenge eines normierten Raums X, und sei $F\colon C \to C$ stetig. Dann besitzt F einen Fixpunkt.

Beweis. Zu $\varepsilon > 0$ wähle endlich viele Punkte $x_1, \dots, x_n$ in C, so dass C von den offenen ε-Kugeln $U_\varepsilon(x_j)$ um x_j überdeckt wird, was die Kompaktheit von C ermöglicht:

$$C \subset \bigcup_{j=1}^{n} U_\varepsilon(x_j). \tag{IV.22}$$

Definiere stetige Funktionen $\varphi_j\colon C \to \mathbb{R}$ durch

$$\varphi_j(x) = \begin{cases} \varepsilon - \|x - x_j\| & \text{falls } \|x - x_j\| < \varepsilon \\ 0 & \text{falls } \|x - x_j\| \geq \varepsilon \end{cases}$$

und setze

$$\varphi(x) = \sum_{j=1}^{n} \varphi_j(x).$$

Wegen (IV.22) ist $\varphi(x) > 0$ auf C, und deshalb sind $\lambda_j := \varphi_j/\varphi$, $j = 1, \dots, n$, wohldefinierte stetige Funktionen auf C mit $0 \leq \lambda_j(x) \leq 1$ und $\sum_{j=1}^{n} \lambda_j(x) = 1$ für alle $x \in C$.

Es sei $E = \mathrm{lin}\{x_1, \dots, x_n\}$ und $C' = C \cap E$. Als endlichdimensionaler Unterraum ist E abgeschlossen und deshalb C' eine nicht leere, kompakte, konvexe Teilmenge von E. Für jedes $x \in C$ liegt die Konvexkombination

$$\Phi(x) = \sum_{j=1}^{n} \lambda_j(x) x_j$$

---

[2]Offensichtlich spielt es keine Rolle, dass die Kugel B den Radius r statt 1 hat.

in C', deshalb ist $\Phi \circ F|_{C'}: C' \to C'$ eine stetige Selbstabbildung, die nach Satz IV.7.15 einen Fixpunkt ξ_ε besitzt.

Da stets

$$\|\Phi(x) - x\| = \left\| \sum_{j=1}^n \lambda_j(x)x_j - \sum_{j=1}^n \lambda_j(x)x \right\| \leq \sum_{j=1}^n \lambda_j(x)\|x_j - x\| < \varepsilon$$

gilt (in der letzten Summe ist ja $\lambda_j(x) = 0$, wenn $\|x_j - x\| \geq \varepsilon$), folgt $\|F(\xi_\varepsilon) - \xi_\varepsilon\| < \varepsilon$, wenn man insbesondere $x = F(\xi_\varepsilon)$ einsetzt. Eine Anwendung von Lemma IV.7.3 zeigt, dass F einen Fixpunkt besitzt. □

Wie das folgende Beispiel zeigt, braucht der Schaudersche Fixpunktsatz nicht für bloß abgeschlossene und beschränkte statt kompakte Mengen C zu gelten. Dazu sei C die abgeschlossene Einheitskugel von ℓ^2, und $F: C \to C$ sei durch

$$F: x = (s_n) \mapsto \left(\sqrt{1 - \|x\|_2^2}, s_1, s_2, \dots \right)$$

definiert; beachte, dass stets $\|F(x)\|_2^2 = 1 - \|x\|_2^2 + |s_1|^2 + |s_2|^2 + \cdots = 1$ ist und F daher tatsächlich C in sich abbildet und dass F stetig ist. Besäße F einen Fixpunkt $\xi = (t_n)$, so müsste notwendig $t_1 = t_2 = \dots$ sein; die einzige konstante Folge in ℓ^2 ist aber 0, und $F(0) \neq 0$. Also ist F eine fixpunktfreie Abbildung.

Man kann ohne große Mühe eine flexiblere Version des Schauderschen Fixpunktsatzes beweisen. Dazu benötigt man den folgenden Begriff.

▶ **Definition IV.7.17** Seien X und Y normierte Räume, $M \subset X$ sowie $F: M \to Y$ eine Abbildung. Dann heißt F eine *kompakte Abbildung*, wenn F stetig ist und beschränkte Teilmengen von M auf relativkompakte Teilmengen von Y abbildet.

Wie im linearen Fall betrachtet man in der Regel kompakte Abbildungen zwischen (Teilmengen von) Banachräumen.

Beispiele

(a) Sei $k: [0, 1] \times [0, 1] \times \mathbb{R}$ eine stetige Funktion. Zu $\varphi \in C[0, 1]$ setze

$$(F\varphi)(s) = \int_0^1 k(s, t, \varphi(t))\, dt.$$

Wir zeigen, dass so eine kompakte Abbildung von $C[0, 1]$ in sich definiert ist. Zunächst beobachten wir, dass $F\varphi$ stetig ist: Da k auf der kompakten Menge $[0, 1] \times [0, 1] \times [-R, R]$ gleichmäßig stetig ist, kann man zu $\varepsilon > 0$ ein $\delta = \delta(\varepsilon, R) > 0$ so wählen, dass

$$\max\{|s_1 - s_2|, |t_1 - t_2|, |u_1 - u_2|\} \leq \delta, \quad |u_1|, |u_2| \leq R \quad \Rightarrow$$
$$|k(s_1, t_1, u_1) - k(s_2, t_2, u_2)| \leq \varepsilon$$

gilt. Ist nun $\|\varphi\|_\infty \leq R$ und $|s_1 - s_2| \leq \delta$, so folgt sofort

$$|(F\varphi)(s_1) - (F\varphi)(s_2)| \leq \int_0^1 |k(s_1, t, \varphi(t)) - k(s_2, t, \varphi(t))| \, dt \leq \varepsilon.$$

In der Tat zeigt dieses Argument, dass F beschränkte Teilmengen von $C[0, 1]$ auf gleichgradig stetige Teilmengen abbildet. Da k auf $[0, 1] \times [0, 1] \times [-R, R]$ beschränkt ist, folgt auch sofort, dass F beschränkte Mengen auf beschränkte Mengen abbildet. Daher impliziert der Satz von Arzelà-Ascoli (Satz II.3.4), dass F beschränkte Mengen auf relativkompakte Mengen abbildet.

Zum Beweis der Kompaktheit von F bleibt, die Stetigkeit dieser Abbildung nachzuweisen. Dazu seien $\varphi \in C[0, 1]$ und $\varepsilon > 0$ vorgelegt. Wir wählen $R \geq 0$ so groß, dass $\|\varphi\|_\infty \leq R - 1$ ist. Ist dann $\delta = \delta(\varepsilon, R)$ wie oben und $\delta' = \min\{\delta, 1\}$ sowie $\|\varphi - \psi\|_\infty \leq \delta'$, so ergibt sich für jedes $s \in [0, 1]$

$$|(F\varphi)(s) - (F\psi)(s)| \leq \int_0^1 |k(s, t, \varphi(t)) - k(s, t, \psi(t))| \, dt \leq \varepsilon,$$

da die dritten Argumente um weniger als δ differieren und $\leq R$ sind. Weil s beliebig war, folgt $\|F\varphi - F\psi\|_\infty \leq \varepsilon$, was die Stetigkeit von F zeigt.

(b) Eine Abbildung der Gestalt

$$(F\varphi)(s) = \int_0^1 k(s, t) f(t, \varphi(t)) \, dt$$

wird *Hammerstein-Operator* genannt. Sind $k: [0, 1] \times [0, 1] \to \mathbb{R}$ und $f: [0, 1] \times \mathbb{R} \to \mathbb{R}$ stetig, handelt es sich um einen Spezialfall von Beispiel (a). In diesem Fall kann man jedoch auch folgendermaßen unter Rückgriff auf die lineare Theorie argumentieren, dass F kompakt ist. Es ist nicht schwer zu sehen, dass der durch

$$(\Phi\varphi)(t) = f(t, \varphi(t))$$

definierte Superpositionsoperator (auch *Nemytskiĭ-Operator* genannt) stetig von $C[0, 1]$ in sich operiert und beschränkte Mengen auf beschränkte Mengen abbildet (Aufgabe IV.8.41). Da F die Komposition $L \circ \Phi$ von Φ mit dem kompakten linearen Operator (vgl. Beispiel II.3(d))

$$L: C[0, 1] \to C[0, 1], \quad (L\varphi)(s) = \int_0^1 k(s, t) \varphi(t) \, dt$$

ist, erkennt man die Kompaktheit der Abbildung F.

Jetzt können wir eine weitere Version des Schauderschen Fixpunktsatzes formulieren.

Theorem IV.7.18 (Schauderscher Fixpunktsatz; 2. Version)
Sei $C \neq \emptyset$ eine abgeschlossene, konvexe und beschränkte Teilmenge eines Banachraums, und sei $F\colon C \to C$ eine kompakte Abbildung. Dann besitzt F einen Fixpunkt.

Beweis. Nach Aufgabe III.6.14 (siehe auch Lemma IV.7.21 unten) ist $C' := \overline{co}\, F(C)$ eine kompakte konvexe Menge, und es ist $C' \subset C$, da C konvex und abgeschlossen sowie $F(C) \subset C$ ist. Ferner ist $F(C') \subset F(C) \subset C'$; nach Theorem IV.7.16 besitzt $F|_{C'}$ einen Fixpunkt und folglich auch F. $\qquad\square$

Wir wollen den Schauderschen Fixpunktsatz auf ein Differentialgleichungsproblem anwenden. Es seien $f\colon \mathbb{R}^2 \to \mathbb{R}$ eine stetige Funktion und $y_0 \in \mathbb{R}$. Gesucht ist eine auf einem Intervall $[-T, T]$ definierte differenzierbare Funktion y, die dort das Anfangswertproblem

$$y'(t) = f(t, y(t)), \qquad y(0) = y_0 \qquad\qquad \text{(IV.23)}$$

erfüllt. Man kann dieses Problem lösen, indem man es in ein äquivalentes Fixpunktproblem überführt. Dazu bemerken wir, dass jede Lösung von (IV.23) automatisch stetig differenzierbar ist, da die rechte Seite stetig von t abhängt, und Integration liefert dann

$$y(t) = y_0 + \int_0^t f(\tau, y(\tau))\, d\tau \qquad\qquad \text{(IV.24)}$$

für alle $t \in [-T, T]$. Umgekehrt impliziert der Hauptsatz der Differential- und Integralrechnung für ein $y \in C[-T, T]$, das (IV.24) erfüllt, die Differenzierbarkeit und (IV.23).

Die Gleichung (IV.24) ist nun ein Fixpunktproblem im Banachraum $C[-T, T]$. Bezeichnet man die rechte Seite von (IV.24) mit $(Fy)(t)$, so kann man wie in Beispiel (b) zeigen, dass $F\colon C[-T, T] \to C[-T, T]$ eine kompakte Abbildung ist (vgl. Aufgabe II.5.27). Um den Schauderschen Fixpunktsatz anwenden zu können, müssen wir eine abgeschlossene, beschränkte, konvexe, F-invariante Teilmenge C produzieren. Das gelingt aber nur, wenn man T klein genug wählt. Macht man nämlich den Ansatz

$$C = \{y \in C[-T, T]\colon |y(t) - y_0| \leq 1 \text{ für alle } |t| \leq T\}$$

und $T \leq 1$, so gilt $|(Fy)(t) - y_0| \leq T \cdot M$ für $y \in C$, wenn f auf $[-1, 1] \times [y_0 - 1, y_0 + 1]$ durch M beschränkt ist und $|t| \leq T \leq 1$ ist. Daher gilt in der Tat $F(y) \in C$, wenn T klein genug ist.

Man sieht schnell, dass sich dieses Argument modifizieren lässt, wenn f nur in einer Umgebung von $(0, y_0)$ definiert und stetig ist. Damit haben wir bewiesen:

Korollar IV.7.19 (Existenzsatz von Peano)
Unter den obigen Voraussetzungen besitzt das Anfangswertproblem (IV.23) auf einem hinreichend kleinen Intervall $[-T, T]$ eine Lösung.

Das Beispiel $y'(t) = y(t)^2$, $y(0) = 1$ zeigt, dass man im Allgemeinen keine globale Lösbarkeit erwarten kann.

Wie in jeder Vorlesung über gewöhnliche Differentialgleichungen bewiesen wird, kann man mit denselben Ideen wie oben für hinreichend kleines T den Banachschen Fixpunktsatz anwenden, falls f zusätzlich eine lokale Lipschitzbedingung bzgl. des zweiten Arguments erfüllt; in diesem Fall ist (IV.23) sogar lokal eindeutig lösbar (*Satz von Picard-Lindelöf*). Ferner übertragen sich diese Sätze unmittelbar auf endlichdimensionale Systeme, d. h. f und y nehmen Werte im $\mathbb{R}^n$ an. Ersetzt man jedoch $\mathbb{R}^n$ durch einen unendlichdimensionalen Banachraum X, so wird der Satz von Peano für jedes solche X falsch (Godunov, *Funct. Anal. Appl.* 9 (1975) 53–55).

Im letzten Teil dieses Abschnitts studieren wir Fixpunktsätze für nicht kompakte Abbildungen. Wir werden Abbildungen untersuchen, für die „das Bild kompakter als das Urbild" ist. Um diese Idee zu präzisieren, müssen wir die Nichtkompaktheit einer Menge quantifizieren. Das geschieht in der nächsten Definition.

▶ **Definition IV.7.20** Das *Kuratowskische Nichtkompaktheitsmaß* $\alpha(A)$ einer Teilmenge A eines normierten Raumes ist erklärt als das Infimum der Zahlen $\varepsilon > 0$, so dass A mit endlich vielen Mengen vom Durchmesser $\leq \varepsilon$ überdeckt werden kann. Gibt es kein solches ε, setzt man $\alpha(A) = \infty$.

Da jede Menge denselben Durchmesser wie ihr Abschluss hat, darf man bei Bedarf in dieser Definition annehmen, dass die überdeckenden Mengen abgeschlossen sind.

Offensichtlich ist für eine kompakte Menge $\alpha(A) = 0$, denn die offene Überdeckung $\bigcup_{x \in A} U_{\varepsilon/2}(x)$ besitzt eine endliche Teilüberdeckung. Hinter Definition IV.7.20 steckt die Idee, dass eine Menge A um so weniger kompakt ist, je größer $\alpha(A)$ ist.

Beispielsweise ist für die abgeschlossene Einheitskugel B_X eines unendlichdimensionalen Banachraums $\alpha(B_X) = 2$: Da stets $\alpha(A) \leq \operatorname{diam}(A)$ gilt (jede Menge überdeckt sich selbst), gilt trivialerweise $\alpha(B_X) \leq 2$. Zum Beweis der Gleichheit benötigt man ein Resultat aus der algebraischen Topologie, den Satz von Lyusternik-Shnirelman-Borsuk. Wenn man nämlich annimmt, dass $\alpha(B_X) < 2$ ist, gibt es endlich viele abgeschlossene Mengen $M_1, \ldots, M_n$ vom Durchmesser < 2, so dass $B_X \subset M_1 \cup \cdots \cup M_n$. Betrachte nun einen beliebigen n-dimensionalen Unterraum E des unendlichdimensionalen Raums X und setze $M_j' = M_j \cap S_E$. Dann sind $M_1', \ldots, M_n'$ abgeschlossene Teilmengen der Sphäre S_E von E, die S_E überdecken. Der angesprochene Satz von Lyusternik-Shnirelman-Borsuk[3] liefert jetzt aber, dass eine dieser Mengen, etwa M_{j_0}', einen Punkt x_0 samt seiner „Antipode" $-x_0$ enthält, und das liefert den Widerspruch

$$2 = \|x_0 - (-x_0)\| \leq \operatorname{diam}(M_{j_0}') \leq \operatorname{diam}(M_{j_0}) < 2.$$

Es folgen einige Eigenschaften des Nichtkompaktheitsmaßes.

---

[3]Beweise dieses Satzes findet man z. B. in Granas/Dugundji [2003], S. 91, oder Zeidler [1986], S. 708.

Lemma IV.7.21 *Für Teilmengen eines Banachraums X gilt:*

(a) $\alpha(A) \leq \alpha(B)$ *für $A \subset B$;*

(b) $\alpha(A) = \alpha(\overline{A})$;

(c) $\alpha(A \cup B) = \max\{\alpha(A), \alpha(B)\}$;

(d) $\alpha(A + B) \leq \alpha(A) + \alpha(B)$*, wobei $A + B = \{a + b : a \in A,\ b \in B\}$;*

(e) $\alpha(cA) = |c|\alpha(A)$ *für $c \in \mathbb{K}$, wobei $cA = \{ca : a \in A\}$;*

(f) $\alpha(A) = 0$ *genau dann, wenn A relativkompakt ist;*

(g) $\alpha(A) = \alpha(\operatorname{co} A) = \alpha(\overline{\operatorname{co}} A)$;

(h) *für eine absteigende Folge abgeschlossener Mengen $A_1 \supset A_2 \supset \ldots \neq \emptyset$ mit $\alpha(A_n) \to 0$ ist $\bigcap_{n=1}^{\infty} A_n$ kompakt und nicht leer.*

Beweis. Die Teile (a) bis (e) ergeben sich direkt aus der Definition; für (b) beachte die auf Definition IV.7.20 folgende Bemerkung. Weiter folgt (f) aus Satz B.1.7.

Wegen (a) und (b) ist für den Beweis von (g) nur $\alpha(\operatorname{co} A) \leq \alpha(A)$ zu zeigen. Sei dazu $\varepsilon_0 > \alpha(A)$; dann gibt es eine endliche Überdeckung $A \subset \bigcup_{j=1}^{n} M_j$ durch Mengen vom Durchmesser $\operatorname{diam}(M_j) \leq \varepsilon_0$. Weil die konvexe Hülle einer Menge M denselben Durchmesser wie M hat, denn für Konvexkombinationen $x = \sum_{i=1}^{p} \lambda_i x_i$ und $y = \sum_{k=1}^{r} \mu_k y_k$ gilt

$$\|x - y\| = \left\| \sum_{i=1}^{p} \lambda_i (x_i - y) \right\| = \left\| \sum_{i=1}^{p} \lambda_i \sum_{k=1}^{r} \mu_k (x_i - y_k) \right\|$$

$$\leq \sum_{i=1}^{p} \lambda_i \sum_{k=1}^{r} \mu_k \|x_i - y_k\| \leq \sum_{i=1}^{p} \lambda_i \sum_{k=1}^{r} \mu_k \operatorname{diam}(M) = \operatorname{diam}(M),$$

darf man $M_1, \ldots, M_n$ auch als konvex annehmen. Nun beachte

$$\operatorname{co} A \subset \operatorname{co}\left(M_1 \cup \bigcup_{j=2}^{n} M_j\right) \subset \operatorname{co}\left(M_1 \cup \operatorname{co} \bigcup_{j=2}^{n} M_j\right)$$

$$\subset \operatorname{co}\left(M_1 \cup \operatorname{co}\left(M_2 \cup \operatorname{co} \bigcup_{j=3}^{n} M_j\right)\right) \subset \text{etc.}$$

Wenn für konvexe Mengen C_1 und C_2 sowie deren konvexe Hülle $C = \operatorname{co}(C_1 \cup C_2)$

$$\alpha(C) \leq \max\{\alpha(C_1), \alpha(C_2)\} \tag{IV.25}$$

gezeigt ist, folgt aus der obigen Darstellung (von unten nach oben gelesen) $\alpha(\operatorname{co} A) \leq \varepsilon_0$ und deshalb $\alpha(\operatorname{co} A) \leq \alpha(A)$.

Zum Beweis von (IV.25) dürfen wir C_1 und C_2 als beschränkt voraussetzen, etwa $\|x\| \leq R$ für $x \in C_1 \cup C_2$. Jedes $x \in C$ kann als

$$x = \lambda x_1 + (1 - \lambda) x_2$$

mit geeigneten $x_1 \in C_1$, $x_2 \in C_2$ und $0 \leq \lambda \leq 1$ dargestellt werden (Beweis?). Sei nun $N \in \mathbb{N}$ beliebig und $\lambda_k = k/N$; wähle zu λ ein λ_k mit $|\lambda_k - \lambda| \leq 1/N$. Dann kann x als

$$x = \lambda_k x_1 + (1 - \lambda_k) x_2 + z$$

mit einem Element z mit $\|z\| \leq 2R/N$ geschrieben werden. Das bedeutet, dass

$$C \subset \bigcup_{k=0}^{N} \left(\lambda_k C_1 + (1 - \lambda_k) C_2 \right) + \frac{2R}{N} B_X,$$

und eine Anwendung der Teile (a), (d), (c), (e) zusammen mit $\alpha(B_X) \leq 2$ liefert

$$\alpha(C) \leq \max_{0 \leq k \leq n} \left(\lambda_k \alpha(C_1) + (1 - \lambda_k) \alpha(C_2) \right) + \frac{4R}{N}$$

$$\leq \max\{\alpha(C_1), \alpha(C_2)\} + \frac{4R}{N}.$$

Da $N \in \mathbb{N}$ beliebig war, ist (IV.25) und damit auch (g) gezeigt.

(h) Nach (a) und (f) ist klar, dass $\bigcap_n A_n$ kompakt ist. Um zu zeigen, dass diese Menge nicht leer ist, wähle zu $n \in \mathbb{N}$ Punkte $x_n \in A_n$. Wegen $\{x_n : n \geq m\} \subset A_m$ gilt

$$\alpha(\{x_n : n \geq 1\}) = \alpha(\{x_n : n \geq m\}) \leq \alpha(A_m) \to 0,$$

und deshalb ist $\{x_n : n \geq 1\}$ relativkompakt. Aber jeder Häufungspunkt der Folge (x_n) liegt in $\bigcap_n A_n$; daher ist diese Menge nicht leer.   □

Die bereits angesprochene Klasse von Abbildungen kann nun wie folgt definiert werden.

▶ **Definition IV.7.22** Seien X und Y Banachräume, $M \subset X$ und $F: M \to Y$ eine stetige Abbildung. Dann heißt F *kondensierend* (oder *verdichtend*), wenn $\alpha(F(A)) < \alpha(A)$ für alle beschränkten $A \subset M$ mit $\alpha(A) \neq 0$.

Beispiel

(c) Offenbar sind jede kompakte Abbildung F_1 und jede strikt kontrahierende Abbildung F_2 kondensierend; im ersten Fall ist ja $\alpha(F_1(A)) = 0$ für alle beschränkten Mengen A, und im zweiten gilt $\alpha(F_2(A)) \leq q\,\alpha(A)$, wenn q die Kontraktionskonstante bezeichnet (Beweis?). Aber auch $F = F_1 + F_2$ ist kondensierend, denn

$$\alpha(F(A)) \leq \alpha(F_1(A)) + \alpha(F_2(A)) \leq q\,\alpha(A)$$

nach Lemma IV.7.21(d). Solche Linearkombinationen zählen zu den wichtigsten Beispielen kondensierender Abbildungen.

Für kondensierende Abbildungen gilt der folgende Fixpunktsatz.

Satz IV.7.23 (Fixpunktsatz von Darbo-Sadovskiĭ)
Sei X ein Banachraum, und sei $C \subset X$ nicht leer, abgeschlossen, beschränkt und konvex sowie $F: C \to C$ kondensierend. Dann besitzt F einen Fixpunkt.

Beweis. Die Idee des Beweises ist es, eine kompakte konvexe Teilmenge C' von C zu finden, auf die der Schaudersche Fixpunktsatz angewandt werden kann. Zu diesem Zweck fixieren wir einen Punkt $p \in C$ und betrachten das System $\mathscr{K}$ aller abgeschlossenen konvexen Teilmengen K von C, die p enthalten und F-invariant sind (d. h. $F(K) \subset K$); z. B. ist $C \in \mathscr{K}$. Es sei C' der Durchschnitt aller $K \in \mathscr{K}$. Als Schnitt abgeschlossener und konvexer Mengen ist C' natürlich auch abgeschlossen und konvex, und C' ist nicht leer, denn $p \in C'$. Da für alle $K \in \mathscr{K}$ aus $C' \subset K$ auch $F(C') \subset F(K) \subset K$ folgt, schließen wir $F(C') \subset C'$; mithin ist C' das kleinste Element von $\mathscr{K}$.

Um den Schauderschen Fixpunktsatz auf die Einschränkung $F|_{C'}$ anwenden zu können, müssen wir jetzt noch die Kompaktheit von C' zeigen. Dazu beobachten wir, dass

$$C'' := \overline{\mathrm{co}}(F(C') \cup \{p\}) = C'$$

ist; hier folgt $C'' \subset C'$ aus den obigen Eigenschaften von C', und andererseits ist $C'' \in \mathscr{K}$ (die F-Invarianz von C'' ergibt sich wegen $C'' \subset C'$ aus $F(C'') \subset F(C') \subset C''$) und deshalb $C' \subset C''$. Aus Lemma IV.7.21 erhält man jetzt

$$\alpha(C') = \alpha(C'') = \alpha(F(C') \cup \{p\}) = \alpha(F(C')),$$

und da F kondensierend ist, muss $\alpha(C') = 0$ und deswegen C' kompakt sein.

Der Schaudersche Fixpunktsatz liefert daher einen Fixpunkt für $F|_{C'}$ und deshalb erst recht einen Fixpunkt für F. $\qquad \square$

Formal schließt der Darbo-Sadovskiĭsche Fixpunktsatz sowohl den Banachschen als auch den Schauderschen als Spezialfälle ein (ersteren modulo der Voraussetzung über den Definitionsbereich), aber letzterer ging ja im Beweis ein. Das nächste Korollar kann man unter demselben Vorbehalt als Kombination dieser beiden Sätze verstehen.

Korollar IV.7.24 (Fixpunktsatz von Krasnoselskiĭ)
Seien X ein Banachraum und $C \subset X$ abgeschlossen, konvex, beschränkt und nicht leer. Ferner seien $F_1: C \to X$ kompakt und $F_2: C \to X$ eine strikte Kontraktion, und $F := F_1 + F_2$ bilde C in C ab. Dann besitzt F einen Fixpunkt.

Beweis. In Beispiel (c) wurde gezeigt, dass F kondensierend ist. $\qquad \square$

IV.8   Aufgaben

Aufgabe IV.8.1 (Das Banach-Mazur- oder Choquet-Spiel)
Sei T ein topologischer Raum, der, um unliebsame Überraschungen zu vermeiden, hier
wie im Folgenden stillschweigend als nicht leer angenommen wird. Zwei Spieler, A und
B, spielen folgendes Spiel: Abwechselnd wird eine nichtleere offene Menge gewählt, die
in der soeben vom Kontrahenten gewählten Menge liegen muss; den ersten Zug macht A
und hat dabei die freie Wahl. Bei einem Spieldurchgang entsteht so eine absteigende Folge
offener nichtleerer Teilmengen von T: $V_1 \supset V_2 \supset V_3 \supset \dots$. Falls $\bigcap V_n \neq \emptyset$, gewinnt B,
andernfalls A. Wir sagen, dass B eine Gewinnstrategie hat, wenn eine Abbildung $\Phi\colon \tau \to$
τ auf der Familie τ aller nichtleeren offenen Mengen existiert, so dass stets $\Phi(V) \subset V$ gilt
und für jede Folge $V_1, V_3, V_5, \dots \in \tau$ mit $V_1 \supset V_2 = \Phi(V_1) \supset V_3 \supset V_4 = \Phi(V_3) \supset \dots$ der
Schnitt $\bigcap_{n=1}^{\infty} V_n$ nicht leer ist.

(a) Ist T ein vollständiger metrischer Raum, so hat B eine Gewinnstrategie.
(b) Auch in lokalkompakten Hausdorffräumen hat B eine Gewinnstrategie.
(c) Ist T ein topologischer Raum, in dem B eine Gewinnstrategie hat, so gilt in T der Satz
von Baire.

Aufgabe IV.8.2 Sei $\mathscr{P}$ der Vektorraum aller Polynome auf $\mathbb{R}$ und $\| \cdot \|$ eine Norm auf $\mathscr{P}$.
Dann ist $(\mathscr{P}, \| \cdot \|)$ kein Banachraum.
(Tipp: Bairescher Kategoriensatz!)

Aufgabe IV.8.3 Es sei $f\colon [0, \infty) \to \mathbb{R}$ eine stetige Funktion, so dass für alle $t \geq 0$ die
Bedingung $\lim_{n \to \infty} f(nt) = 0$ gilt. Dann gilt auch $\lim_{t \to \infty} f(t) = 0$.

Aufgabe IV.8.4 Eine Teilmenge M eines metrischen (oder auch topologischen) Raums
heißt G_δ-Menge (bzw. F_σ-Menge), wenn M als abzählbarer Schnitt offener Mengen (bzw.
als abzählbare Vereinigung abgeschlossener Mengen) geschrieben werden kann.

(a) $\mathbb{Q}$ ist keine G_δ-Menge in $\mathbb{R}$.
   (Tipp: Benutzen Sie den Satz von Baire!)
(b) Sei $f\colon \mathbb{R} \to \mathbb{R}$ eine Funktion. Dann ist $\{t \in \mathbb{R} \colon f$ ist stetig bei $t\}$, die Menge der
   Stetigkeitspunkte, eine G_δ-Menge.
(c) Es gibt keine Funktion $f\colon \mathbb{R} \to \mathbb{R}$, die bei allen rationalen Zahlen stetig, aber bei allen
   irrationalen Zahlen unstetig ist. Wohl aber gibt es eine Funktion $f\colon \mathbb{R} \to \mathbb{R}$, die bei
   allen irrationalen Zahlen stetig, jedoch bei allen rationalen Zahlen unstetig ist.

Aufgabe IV.8.5 (Funktionen der 1. Baireschen Klasse)
Sei (f_n) eine Folge von stetigen Funktionen von $\mathbb{R}$ nach $\mathbb{R}$, so dass $\lim_{n \to \infty} f_n(t) =: f(t)$
für alle $t \in \mathbb{R}$ existiert. (Man sagt, eine Funktion gehöre zur 1. Baireschen Klasse, wenn

sie punktweiser Limes einer Folge stetiger Funktionen ist.) Zeigen Sie, dass f mindestens einen Stetigkeitspunkt besitzt. Anleitung:

(a) Seien $\omega(t, \delta) = \sup\{|f(s_1) - f(s_2)|: |s_i - t| \leq \delta\}$, $\omega(t) = \inf_{\delta > 0} \omega(t, \delta)$ und $A_\varepsilon = \{t \in \mathbb{R}: \omega(t) < \varepsilon\}$. Für alle $\varepsilon > 0$ ist dann A_ε offen.

(b) A_ε ist auch stets dicht. Um das zu zeigen, nehmen Sie an, dass $B_\varepsilon := \mathbb{R} \backslash A_\varepsilon$ ein abgeschlossenes Intervall J positiver Länge enthält. Betrachten Sie dann

$$E_n = \bigcap_{i,j \geq n} \{t \in J: |f_i(t) - f_j(t)| \leq \varepsilon/5.\}$$

Schließen Sie, dass für ein n_0 die Menge E_{n_0} ein nichttriviales Intervall I enthält. Nun folgern Sie, dass $|f_{n_0}(t) - f(t)| \leq \varepsilon/5$ für alle $t \in I$ gilt, und leiten Sie den Widerspruch $I \cap A_\varepsilon \neq \emptyset$ ab.

(c) Zum Schluss wende man den Satz von Baire an.

Geben Sie mit der Aussage dieser Aufgabe einen neuen Beweis von Korollar IV.2.5.

Aufgabe IV.8.6 Sei N eine Teilmenge eines Banachraums X, deren Komplement von 1. Kategorie ist. Zeigen Sie $N + N = X$. Schließen Sie, dass jede stetige Funktion auf $[0, 1]$ als Summe von zwei stetigen, nirgends differenzierbaren Funktionen dargestellt werden kann.

Aufgabe IV.8.7

(a) Für $1 \leq p < q \leq \infty$ ist ℓ^p von 1. Kategorie in ℓ^q.

(b) $\bigcup_{1 \leq p < q} \ell^p$ ist eine echte Teilmenge von ℓ^q.

Aufgabe IV.8.8 Für eine reelle Folge (s_n) sind äquivalent:

(i) $\sum_{n=1}^\infty s_n$ konvergiert absolut.

(ii) Für alle Nullfolgen (t_n) konvergiert $\sum_{n=1}^\infty s_n t_n$.

(Tipp: Verwenden Sie Korollar IV.2.5 und Satz II.2.3.)
Geben Sie auch eine „elementare" Lösung, die mit Mitteln der Analysis I auskommt!

Aufgabe IV.8.9

(a) Sei T eine lineare Abbildung zwischen den normierten Räumen X und Y. T genüge der Bedingung

$$x_n \to 0 \text{ schwach} \quad \Rightarrow \quad T x_n \to 0 \text{ schwach}.$$

Dann ist T stetig.

(Zusammen mit Aufgabe III.6.17(a) liefert diese Aussage, dass Stetigkeit zur „schwachen Stetigkeit" äquivalent ist. Der Begriff der schwachen Stetigkeit wird in Kap. VIII präzisiert.)

(b) Finden Sie Gegenbeispiele, die zeigen, dass die Vollständigkeit von X in den Korollaren IV.2.4 und IV.2.5 wesentlich ist.

Aufgabe IV.8.10 Geben Sie notwendige und hinreichende Bedingungen für die schwache Konvergenz einer Folge in ℓ^p, $1 < p < \infty$, oder c_0.

Aufgabe IV.8.11

(a) Sei $1 \leq p < \infty$. Für eine Folge (x_n) in $L^p[0, 1]$ sind äquivalent:
  (i) $x_n \to 0$ schwach.
  (ii) $\sup_n \|x_n\|_{L^p} < \infty$ und $\int_A x_n(t)\,dt \to 0$ für alle Borelmengen A.
(b) Gilt diese Äquivalenz auch für $p = \infty$?
  (Hinweis: Betrachten Sie $x_n(t) = t^n$.)

Aufgabe IV.8.12 Eine Folge (x_n) in einem normierten Raum X heißt *schwache Cauchyfolge*, falls für alle $x' \in X'$ die skalare Folge $\big(x'(x_n)\big)$ eine Cauchyfolge ist.

(a) Geben Sie in c_0 und $C[0, 1]$ Beispiele für schwache Cauchyfolgen, die nicht schwach konvergieren! (Man kann übrigens beweisen, dass jede schwache Cauchyfolge in $L^1[0, 1]$ schwach konvergiert; siehe Satz VIII.6.10.)
(b) Eine schwache Cauchyfolge ist beschränkt.
(c) In einem reflexiven Banachraum ist eine schwache Cauchyfolge schwach konvergent.

Aufgabe IV.8.13 Seien X und Y Banachräume und $B: X \times Y \to \mathbb{K}$ bilinear. B sei partiell stetig, d. h., für alle $x \in X$ ist $y \mapsto B(x, y)$ stetig, und für alle $y \in Y$ ist $x \mapsto B(x, y)$ stetig. Dann ist B stetig.
(Tipp: Satz von Banach-Steinhaus!)

Aufgabe IV.8.14 Seien X und Y Banachräume. Ist $T: X \supset \operatorname{dom}(T) \to Y$ abgeschlossen, so ist sein Kern, d. h. $\{x \in \operatorname{dom}(T): Tx = 0\}$, ein abgeschlossener Unterraum von X.

Aufgabe IV.8.15

(a) Sei $X = Y = \ell^2$. Betrachten Sie $T: X \supset D \to Y$, definiert durch $T\big((s_n)\big) = (ns_n)$, wo
  (i) $D = \{(s_n) \in \ell^2: (ns_n) \in \ell^2\}$,
  (ii) $D = d$.
  Untersuchen Sie, ob T abgeschlossen ist.

(b) Seien X und Y normierte Räume, $D \subset X$ ein Untervektorraum, und sei $T: X \supset D \to Y$ durch $Tx = 0$ definiert. Ist T abgeschlossen?

Aufgabe IV.8.16

(a) Seien U, V, W Banachräume, $D \subset V$ ein Untervektorraum, und sei $T: V \supset D \to W$ linear. Zeigen Sie:
- Wenn T injektiv und abgeschlossen ist, dann ist $T^{-1}: W \supset \operatorname{ran}(T) \to V$ abgeschlossen. Ferner ist $\operatorname{ran}(T)$ abgeschlossen, falls T^{-1} stetig ist.
- Ist T abgeschlossen, $S \in L(U,V)$ mit $\operatorname{ran}(S) \subset D$, so gilt $TS \in L(U,W)$.
- Ist T abgeschlossen, $S \in L(V,W)$, so ist $S + T: V \supset D \to W$ abgeschlossen.
(b) Seien X, Y, Z Banachräume, seien $K \in K(X,Z)$ und $T \in L(Y,Z)$ mit $\operatorname{ran}(T) \subset \operatorname{ran}(K)$. Dann ist T kompakt.
(Hinweis: Verwenden Sie Aufgabe II.5.19(c) und Teil (a).)

Aufgabe IV.8.17 Seien X, Y und Z Banachräume, $T: X \to Y$ sei linear, $J: Y \to Z$ linear, injektiv und stetig und $JT: X \to Z$ stetig. Zeigen Sie, dass auch T stetig ist.

Aufgabe IV.8.18 Ein kompakter Operator zwischen Banachräumen hat genau dann abgeschlossenes Bild, wenn sein Wertebereich endlichdimensional ist.

Aufgabe IV.8.19 Sei $\Omega \subset \mathbb{R}^N$ offen und beschränkt. Betrachten Sie den Banachraum (!)

$$C^{1,b}(\Omega) = \left\{ f \in C^1(\Omega): \begin{array}{l} f \text{ und alle partiellen Ableitungen} \\ D_i f = \frac{\partial f}{\partial x_i} \text{ sind beschränkt} \end{array} \right\}$$

unter der Norm $\|f\| = \|f\|_\infty + \sum_{i=1}^{N} \|D_i f\|_\infty$. Sei nun $N \geq 3$ und $g: \Omega \times \Omega \to \mathbb{R}$ eine Funktion, so dass $|g(x,y)| \leq \text{const.} \cdot |x-y|^{2-N}$ falls $x \neq y$ und $\int_\Omega g(.,y)f(y)\,dy$ für alle $f \in C^b(\Omega)$ existiert und in $C^{1,b}(\Omega)$ ist. Dann existiert eine Konstante A, derart dass für $i = 1, \ldots, N$

$$\left| \frac{\partial}{\partial x_i} \int_\Omega g(x,y)f(y)\,dy \right| \leq A \cdot \|f\|_\infty \qquad \forall f \in C^b(\Omega),\ x \in \Omega$$

gilt.
(Hinweis: Benutzen Sie Aufgabe IV.8.17.)

Aufgabe IV.8.20 Eine Folge (b_n) in einem Banachraum X heißt *Schauderbasis*, falls jedes $x \in X$ *eindeutig* als konvergente Reihe $x = \sum_{n=1}^{\infty} \xi_n b_n, \xi_n \in \mathbb{K}$, dargestellt werden kann.

(a) Die Einheitsvektoren (e_n) bilden eine Schauderbasis in ℓ^p ($1 \leq p < \infty$) bzw. c_0, nicht jedoch in ℓ^∞.

(b) Wenn X eine Schauderbasis besitzt, ist X separabel.
     (Die Umkehrung gilt nicht, wie P. Enflo 1973 gezeigt hat, denn Banachräume
     mit einer Schauderbasis besitzen die Approximationseigenschaft, vgl. S. 99 und
     Aufgabe IV.8.21(a).)
(c) Die Abbildungen b_n^*: $x \mapsto \xi_n$ (die sog. *Koeffizientenfunktionale*) sind wohldefiniert
     und linear.
(d) Es ist stets $b_n^* \in X'$. Beweisen Sie diesen Satz von Banach nach folgender Anleitung:
     Man setze $\||x\|| = \sup_N \| \sum_{n=1}^{N} b_n^*(x)b_n \|$. Das ist eine Norm. Zeigen Sie $b_n^* \in (X, \||\, . \,\||)'$
     und dass $\||\, . \,\||$ zu $\|\, . \,\|$ äquivalent ist. Dazu beweisen Sie die Vollständigkeit von
     $(X, \||\, . \,\||)$ und benutzen Sie den Satz von der offenen Abbildung.

Aufgabe IV.8.21

(a) Sei X ein Banachraum mit einer Schauderbasis (b_n) und Koeffizientenfunktionalen
     (b_n^*) (vgl. Aufgabe IV.8.20). Betrachten Sie die Operatoren $P_n(x) = \sum_{k=1}^{n} b_k^*(x)b_k$.
     Dann gelten:
     (1) $P_n \in L(X)$ und dim ran $P_n = n$ für alle n,
     (2) $P_n P_m = P_m P_n = P_{\min\{m,n\}}$ für alle m und n (insbesondere sind die P_n Projektionen),
     (3) $P_n(x) \to x$ für alle $x \in X$.
(b) Ist umgekehrt (P_n) eine Folge von Projektionen mit den Eigenschaften (1)–(3), so
     existiert eine Schauderbasis, zu der die P_n wie unter (a) assoziiert sind.
(c) Sei (t_n) die Folge $0, 1, \frac{1}{2}, \frac{1}{4}, \frac{3}{4}, \frac{1}{8}, \frac{3}{8}, \dots$ in $[0,1]$. Man definiere Projektionen P_n:
     $C[0,1] \to C[0,1]$ wie folgt: $(P_1 f)(t) = f(0)$ für alle t, und für $n \geq 2$ sei $P_n f$ die
     stückweise lineare stetige Funktion mit Knoten bei t_j, für die $(P_n f)(t_j) = f(t_j)$ gilt
     $(j = 1, \dots, n)$. Zeigen Sie, dass die P_n die Bedingungen (1)–(3) erfüllen, und skizzie-
     ren Sie die ersten Funktionen einer so erzeugten Schauderbasis von $C[0,1]$. (Hierbei
     handelt es sich um „die" Schauderbasis, die von Schauder selbst konstruiert wurde.)
(d) Hingegen bilden die Funktionen $\mathbf{t}_n$: $t \mapsto t^n$, $n \geq 0$, *keine* Schauderbasis von $C[0,1]$.
     (Tipp: Ist $\sum_{k=0}^{n} a_k \mathbf{t}_k \mapsto a_1$ stetig?)
(e) Es gibt auch keine Umordnung $(\mathbf{t}_{\pi(n)})$, π eine Bijektion von $\{0,1,2,\dots\}$ auf sich, die
     eine Schauderbasis bildet.

Aufgabe IV.8.22 (Das Prinzip der Verdichtung der Singularitäten)

(a) Sei X ein Banachraum und seien $Y_1, Y_2, \dots$ normierte Räume. Für jedes $n \in \mathbb{N}$ sei
     $G_n \subset L(X, Y_n)$ eine unbeschränkte Teilmenge. Zeigen Sie, dass es ein $x \in X$ mit

$$\sup_{T \in G_n} \|Tx\| = \infty \quad \forall n \in \mathbb{N}$$

gibt. In der Tat bilden diese x das Komplement einer Menge 1. Kategorie.

(b) Als Anwendung zeige man, dass es eine stetige 2π-periodische Funktion gibt, deren Fourierreihe an überabzählbar vielen Stellen divergiert.

(Anleitung: Wir wissen bereits, dass es zu jeder Stelle $t \in [0, 2\pi]$ eine Funktion $x \in C_{2\pi}$ gibt, deren Fourierreihe bei t divergiert, vgl. den Beweis von Satz IV.2.10. Sei nun $\{t_1, t_2, \ldots\}$ dicht in $[0, 2\pi]$. Wenden Sie (a) auf $G_n = \{s_m(. , t_n): m \geq 0\} \subset C'_{2\pi}$ an ($s_m(x, t) = m$-te Partialsumme der Fourierreihe von x bei t), um für das laut (a) existente x zu erhalten, dass $D_k = \{t: |s_m(x, t)| \leq k \; \forall m \geq 0\}$ für jedes $k \in \mathbb{N}$ abgeschlossen und von 1. Kategorie ist. Schließen Sie daraus die Behauptung.)

Aufgabe IV.8.23

(a) Zeigen Sie durch ein Gegenbeispiel, dass der Satz vom abgeschlossenen Graphen nicht mehr zu gelten braucht, wenn nur Y als vollständig vorausgesetzt ist.
(b) Zeigen Sie durch ein Gegenbeispiel, dass der Satz vom abgeschlossenen Graphen nicht mehr zu gelten braucht, wenn nur X als vollständig vorausgesetzt ist.

(Anleitung: Sei $X = \ell^2$ und $(b_i)_{i \in I}$ eine algebraische Basis des Vektorraums ℓ^2 mit $\|b_i\| = 1$ für alle i. Jedes $x \in X$ kann also eindeutig in eine Summe $x = \sum \alpha_i b_i$ entwickelt werden, wobei nur endlich viele Summanden nicht verschwinden. Setze $\||x\|| = \sum |\alpha_i|$ (endliche Summe!). Y bezeichne den mit der Norm $\|| \cdot \||$ versehenen Vektorraum ℓ^2. Betrachten Sie nun den identischen Operator Id: $X \to Y$.)

Aufgabe IV.8.24 Sei $1 \leq p < \infty$ und $f \in L^p[0, 2\pi]$. Sei $\sigma_n(f)$ das arithmetische Mittel der Partialsummen der Fourierreihe von f. Zeigen Sie, dass $(\sigma_n(f))$ in $L^p[0, 2\pi]$ gegen f konvergiert.
(Tipp: Vgl. Satz IV.2.11. Übrigens kann man im Fall $1 < p < \infty$ zeigen, dass die Partialsummen selbst gegen f konvergieren; für $p = 1$ ist das jedoch falsch. Der Fall $p = 2$ wird in Kap. V abgehandelt.)

Aufgabe IV.8.25 Seien V und W abgeschlossene Unterräume eines Banachraums X. Zeigen Sie durch folgendes Gegenbeispiel, dass $V + W$ nicht abgeschlossen zu sein braucht: $X = \ell^1 \oplus \ell^2$, $V = \ell^1 \oplus \{0\}$, $W = \mathrm{gr}(T)$, wo $T: \ell^1 \to \ell^2$, $Tx = x$.

Aufgabe IV.8.26 Sei X ein separabler Banachraum. Konstruieren Sie eine Quotientenabbildung von ℓ^1 auf X. Konstruieren Sie anschließend eine Quotientenabbildung von $L^1(\mathbb{R})$ auf X.
(Tipp: Imitieren Sie den 2. Teil des Beweises des Satzes von der offenen Abbildung.)

Aufgabe IV.8.27 Sei X ein Banachraum und U ein zu ℓ^∞ isomorpher Unterraum. Schließen Sie mit Hilfe von Aufgabe III.6.23(a), dass U komplementiert ist.

Aufgabe IV.8.28 Zeigen Sie, dass $C[0, 1]$ einen zu c_0 isometrischen komplementierten Unterraum und $L^p[0, 1]$ einen zu ℓ^p isometrischen komplementierten Unterraum besitzt.

Aufgabe IV.8.29 (Strikt singuläre Operatoren)
Ein stetiger linearer Operator $T\colon X \to Y$ zwischen Banachräumen heißt *strikt singulär*, wenn $\inf\{\|Tx\|\colon x \in U,\ \|x\| = 1\} = 0$ auf jedem unendlichdimensionalen Unterraum $U \subset X$ gilt.

(a) T ist genau dann strikt singulär, wenn die einzigen abgeschlossenen Unterräume $U \subset X$, für die die Restriktion $T|_U\colon U \to T(U)$ ein Isomorphismus ist, endlichdimensional sind.

(b) Ein kompakter Operator ist strikt singulär.

(c) Der identische Inklusionsoperator von ℓ^2 nach c_0 ist strikt singulär, aber nicht kompakt.

(d) Ein Operator ist strikt singulär, wenn zu jedem unendlichdimensionalen abgeschlossenen Unterraum $U \subset X$ ein weiterer unendlichdimensionaler abgeschlossener Unterraum $V \subset U$ existiert, so dass $T|_V$ kompakt ist. [Es gilt auch die Umkehrung; vgl. Pietsch [1980], Theorem 1.9.3.]

Aufgabe IV.8.30 (Lemma von Zabreĭko)
Sei p eine Halbnorm auf einem Banachraum X mit

$$p\left(\sum_{k=1}^{\infty} x_k\right) \le \sum_{k=1}^{\infty} p(x_k)\ (\le \infty)$$

für alle konvergenten Reihen $\sum_{k=1}^{\infty} x_k$. Dann existiert $M \ge 0$ mit

$$p(x) \le M\|x\| \qquad \forall x \in X.$$

(a) Beweisen Sie dieses Lemma.
(Tipp: Betrachten Sie $\overline{\{x\colon p(x) \le n\}}$ und imitieren Sie den Beweis des Satzes von der offenen Abbildung.)

(b) Zeigen Sie mit Hilfe des Lemmas von Zabreĭko den Satz von Banach-Steinhaus.
(Tipp: $p(x) = \sup_i \|T_i x\|$.)

(c) Zeigen Sie mit Hilfe des Lemmas von Zabreĭko den Satz vom inversen Operator (Korollar IV.3.4).
(Tipp: $p(y) = \|T^{-1}y\|$.)

(d) Zeigen Sie mit Hilfe des Lemmas von Zabreĭko den Satz vom abgeschlossenen Graphen.
(Tipp: $p(x) = \|Tx\|$.)

Aufgabe IV.8.31 Sei (M, d) ein (nicht leerer) vollständiger metrischer Raum, und sei $F\colon M \to M$ eine Abbildung, für die es eine strikt kontraktive Potenz $F^n = F \circ \cdots \circ F$ gibt. (Man beachte, dass eine solche Abbildung nicht stetig zu sein braucht.) Zeigen Sie, dass F einen Fixpunkt besitzt.

Aufgabe IV.8.32 Es gibt unvollständige metrische Räume, in denen der Banachsche Fixpunktsatz gilt.
(Tipp: Der Graph von $\sin(1/x)$ mit der Metrik des $\mathbb{R}^2$.)

Aufgabe IV.8.33 Sei C eine abgeschlossene, beschränkte, konvexe Teilmenge eines strikt konvexen Banachraums; ferner sei $F\colon C \to C$ nichtexpansiv. Zeigen Sie, dass die Menge der Fixpunkte von F konvex ist, und geben Sie ein Gegenbeispiel zu dieser Aussage in einem nicht strikt konvexen Raum.

Aufgabe IV.8.34 Ein Banachraum $(X, \| . \|)$ ist genau dann gleichmäßig konvex, wenn

$$\|x_n\| \to 1, \quad \|y_n\| \to 1, \quad \left\| \frac{x_n + y_n}{2} \right\| \to 1 \quad \Rightarrow \quad \|x_n - y_n\| \to 0$$

gilt.

Aufgabe IV.8.35 In einem gleichmäßig konvexen Raum folgt aus $\|x_n\| \to \|x\|$ und der schwachen Konvergenz $x_n \overset{\sigma}{\to} x$ die Normkonvergenz $x_n \to x$.

Aufgabe IV.8.36 Der Raum ℓ^1, versehen mit der Norm $\|\|x\|\| = \|x\|_{\ell^1} + \|x\|_{\ell^2}$, ist strikt konvex, aber nicht gleichmäßig konvex.

Aufgabe IV.8.37 Es sei $X = \ell^2$ (oder allgemeiner ein Hilbertraum (siehe Kap. V)), und es sei $F\colon B_X \to X$ nichtexpansiv.

(a) Sei $R\colon X \to B_X$ die *radiale Retraktion*

$$R(x) = x \text{ für } \|x\| \leq 1, \quad R(x) = x/\|x\| \text{ für } \|x\| > 1.$$

Dann ist R nichtexpansiv. (Aufgabe V.6.15 enthält eine allgemeinere Aussage.) Zeigen Sie auch, dass die radiale Retraktion auf anderen normierten Räumen nicht nichtexpansiv zu sein braucht.

(b) Entweder hat F einen Fixpunkt, oder es existieren ein $x \in S_X$ und ein $\lambda > 1$ mit $F(x) = \lambda x$.

(c) Falls $F(S_X) \subset B_X$, hat F einen Fixpunkt.

Aufgabe IV.8.38 Finden Sie eine stetige Abbildung $F\colon \ell^2 \to \mathbb{R}$, die auf der Einheitskugel unbeschränkt ist.
(Hinweis: $\|e_n - e_m\| \geq 1$.)

Aufgabe IV.8.39 Sei X ein Banachraum, $K \subset X$ kompakt sowie $F\colon B_X \to X$ eine kompakte Abbildung. Dann ist auch $(\mathrm{Id} - F)^{-1}(K)$ kompakt.

Aufgabe IV.8.40 Seien X und Y Banachräume und $F: B_X \to Y$ eine kompakte Abbildung. Dann gibt es eine Folge (F_n) von kompakten Abbildungen mit endlichdimensionalem Bild (d. h. $\dim \operatorname{lin} F_n(B_X) < \infty$ für alle n), die auf B_X gleichmäßig gegen F konvergiert.

Aufgabe IV.8.41 Sei $f: [0,1] \times \mathbb{R} \to \mathbb{R}$ stetig und $\Phi: C[0,1] \to C[0,1]$ der durch $(\Phi\varphi)(t) = f(t, \varphi(t))$ definierte Superpositionsoperator. Zeigen Sie, dass Φ stetig ist und beschränkte Mengen auf beschränkte Mengen abbildet. Unter welchen Bedingungen an f ist Φ kompakt?

Aufgabe IV.8.42 (Leray-Schauder-Prinzip)
Sei $F: X \to X$ eine kompakte Abbildung auf einem Banachraum. Es existiere eine Zahl $r > 0$ mit folgender Eigenschaft: *Falls $0 < t < 1$ und $x_0 = t\,F(x_0)$ für ein $x_0 \in X$, dann ist notwendig $\|x_0\| \le r$.* (Beachten Sie, dass nicht vorausgesetzt ist, dass $x = t\,F(x)$ wirklich eine Lösung besitzt.) Dann hat F einen Fixpunkt.
(Anleitung: Betrachten Sie die durch $G(x) = F(x)$ für $\|F(x)\| \le 2r$ und $G(x) = 2r\,F(x)/\|F(x)\|$ sonst definierte Abbildung.)

Aufgabe IV.8.43 Sei X ein Banachraum, und sei $F: B_X \to X$ eine kompakte Abbildung.

(a) Dann hat F einen Fixpunkt, oder es existieren ein $x \in S_X$ und ein $\lambda > 1$ mit $F(x) = \lambda x$.
(b) Falls $F(S_X) \subset B_X$, hat F einen Fixpunkt.

Aufgabe IV.8.44 Sei C eine nicht leere, abgeschlossene, konvexe, beschränkte Teilmenge eines Banachraums, und sei $\varphi: [0,\infty) \to [0,\infty)$ eine stetige Funktion mit $\varphi(r) < r$ für alle $r > 0$. Es sei $F: C \to C$ eine Abbildung, die

$$\|F(x) - F(y)\| \le \varphi(\|x - y\|) \qquad \forall x, y \in C$$

erfüllt. Zeigen Sie, dass F einen Fixpunkt besitzt.

IV.9 Bemerkungen und Ausblicke

Die Resultate dieses Kapitels gehören zu den wichtigsten und nützlichsten Sätzen der Funktionalanalysis; ebenso zählt die Beweismethode des Kategorienarguments zu den elegantesten Hilfsmitteln der abstrakten Analysis. (Übrigens bilden die kompakten topologischen Hausdorffräume eine weitere Raumklasse, für die der Bairesche Kategoriensatz gilt.) In gewisser Weise können Mengen 1. Kategorie als das topologische Äquivalent zu Mengen vom Maß Null angesehen werden. Über Gemeinsamkeiten und Unterschiede dieser Konzepte gibt Oxtoby [1980] Auskunft.

Die Existenz stetiger, aber nirgends differenzierbarer Funktionen kann auch wahrscheinlichkeitstheoretisch begründet werden, weil ein Pfad der Brownschen Bewegung mit Wahrscheinlichkeit 1 diese Eigenschaften besitzt (siehe Bauer [1991], S. 424). Natürlich kann man solche Funktionen auch konkret hinschreiben; das einfachste Beispiel einer stetigen nirgends differenzierbaren Funktion auf $\mathbb{R}$ scheint durch $f(t) = \sum_{n=0}^{\infty} 2^{-n} \varphi(2^n t)$ gegeben zu sein, wo φ zunächst auf $[-1, 1]$ durch $t \mapsto |t|$ definiert ist und dann periodisch mit der Periode 2 auf $\mathbb{R}$ fortgesetzt wird. Die abstrakten Existenzbeweise liefern jedoch, dass „so gut wie jede" stetige Funktion an keiner einzigen Stelle differenzierbar ist – eine sicherlich überraschende Konsequenz!

Theorem IV.2.1 – in diesem und vielen anderen Texten Satz von Banach-Steinhaus genannt – wurde zuerst von Hahn (*Monatshefte f. Math. u. Physik* 32 (1922) 3–88) für Funktionale und von Banach (*Fund. Math.* 3 (1922) 133–181) für Operatoren bewiesen, und zwar mit der Methode des gleitenden Buckels. 1927 zeigten Banach und Steinhaus (*Fund. Math.* 9 (1927) 50–61) eine Verschärfung, das Prinzip der Verdichtung der Singularitäten, siehe Aufgabe IV.8.22. Offenbar hat Saks vorgeschlagen, den Beweis statt mit der Buckelmethode mit einem Kategorienargument zu führen (vgl. Dieudonné [1981], S. 141), und so hielt die Bairesche Technik in die Funktionalanalysis Einzug. Korollar IV.2.5 findet sich mit dem heutigen Beweis ebenfalls in dieser Arbeit. Ein sehr elementarer, kurzer Beweis von Theorem IV.2.1 wurde kürzlich von Sokal (*Amer. Math. Monthly* 118 (2011) 450–457) veröffentlicht.

Auch der Satz von der offenen Abbildung wurde von Banach zunächst ohne einen Kategorienschluss gezeigt (*Studia Math.* 1 (1929) 223–239) – in der Tat beweist er das dazu äquivalente Korollar IV.3.4 –, indem er den Satz von Hahn-Banach und Korollar IV.2.3 benutzt und en passant den Satz vom abgeschlossenen Bild zeigt. Der heute übliche Kategorienbeweis wurde von Schauder (*Studia Math.* 2 (1930) 1–6) entdeckt. Der Satz vom abgeschlossenen Graphen stammt ebenfalls von Banach und findet sich erstmals in seinen *Opérations Linéaires*, S. 41. Der Begriff des abgeschlossenen Operators geht hingegen auf von Neumann (*Math. Ann.* 102 (1929) 49–131) zurück. Für die Stetigkeit eines Operators zwischen Banachräumen reicht es sogar, dass der Graph eine Borelmenge des Produkts ist; das wurde von L. Schwartz (sogar für weitaus allgemeinere Räume) bewiesen (*C. R. Acad. Sc. Paris* A 263 (1966) 602–605).

Es ist schon im Text bemerkt worden, dass die Hauptsätze dieses Kapitels deutlich machen, warum es so schwierig ist, auf Banachräumen definierte, aber unstetige Funktionale und Operatoren zu konstruieren. In den Aufgaben II.5.2 und IV.8.23(b) etwa wurde eine Basis des zugrundeliegenden Vektorraums benutzt und damit implizit das Zornsche Lemma verwendet. Es stellt sich die Frage, ob dieses Hilfsmittel wirklich notwendig ist. J. D. M. Wright diskutiert in seinem Artikel „Functional analysis for the practical man" (in: K. D. Bierstedt, B. Fuchssteiner (Hg.), *Functional Analysis*, North Holland 1977, S. 283–290) Modelle der Mengenlehre, in denen das Zornsche Lemma nicht mehr gilt, aber die (in unserem Standardmodell der Mengenlehre falsche) Aussage „Jede lineare Abbildung zwischen Banachräumen ist stetig" ein beweisbarer Satz wird.

Auch die Anwendungen auf die Theorie der Fourierreihen waren Banach und seiner Schule bereits bekannt. Fejér bewies seinen Satz (Satz IV.2.11) im Jahre 1900, freilich ohne die Korovkinschen Sätze zu benutzen, die erst 1953 bewiesen wurden. Der Beweis dafür im Text folgt H. Bauer, *Amer. Math. Monthly* 85 (1978) 632–647; siehe auch Uchiyamas Note in *Amer. Math. Monthly* 110 (2003) 334–336. Die elementare Theorie der Fourierreihen ist glänzend bei Körner [1988] beschrieben; der Klassiker der Theorie der trigonometrischen Reihen ist Zygmunds gleichnamige Monographie (Zygmund [1959]). Der im Text erwähnte Satz von Carleson erschien in *Acta Math.* 116 (1966) 135–157. Kurze Zeit darauf übertrug Hunt den Beweis auf L^p-Funktionen für $p > 1$ und zeigte, dass auch für solche Funktionen die Fourierreihe fast überall konvergiert; siehe dazu Jørsboe/Mejlbro [1982] oder Arias de Reyna [2002]. Für $p = 1$ gilt diese Aussage jedoch nicht, denn Kolmogorov hat 1926 das bemerkenswerte Gegenbeispiel einer integrierbaren Funktion konstruiert, deren Fourierreihe an keinem einzigen Punkt konvergiert (Zygmund [1959], vol. I, S. 310).

In Satz IV.6.2 wurde festgestellt, dass endlichdimensionale Unterräume komplementiert sind. Hier ist es von Interesse, Projektionen von minimaler Norm zu finden. Z.B. existiert eine Projektion P_n mit $\|P_n\| \le c \log n$ von $C_{2\pi}$ auf den Unterraum aller trigonometrischen Polynome vom Grad $\le n$, wo c eine Konstante ist (Wojtaszczyk [1991], S. 124). Schärfer als Satz IV.6.2 ist die Aussage des *Satzes von Kadets/Snobar* aus dem Jahr 1971, wonach für einen beliebigen n-dimensionalen Unterraum stets eine Projektion P mit $\|P\| \le \sqrt{n}$ existiert; zum Beweis siehe wieder Wojtaszczyk [1991], S. 116. Diese Abschätzung kann noch weiter zu $\|P\| \le \sqrt{n} - c/\sqrt{n}$, c eine universelle Konstante, verbessert werden (König/Tomczak-Jaegermann, *Trans. Amer. Math. Soc.* 320 (1990) 799–823).

Satz IV.6.5 stammt von Phillips (*Trans. Amer. Math. Soc.* 48 (1940) 516–541), der dargestellte Beweis jedoch von Whitley (*Amer. Math. Monthly* 73 (1966) 285–286). Lemma IV.6.6 geht auf Sierpiński zurück (*Monatshefte f. Math. u. Physik* 35 (1928) 239–242). In Aufgabe IV.8.27 war zu zeigen, dass ein zu ℓ^∞ isomorpher Unterraum stets komplementiert ist. Im separablen Fall gilt folgendes Analogon (siehe Lindenstrauss/Tzafriri [1977], S. 106, oder den Übersichtsartikel von Cabello Sánchez, Castillo und Yost in *Extracta Math.* 15 (2000) 391–420):

- (Satz von Sobczyk)
  Ein zu c_0 isomorpher Unterraum eines separablen Banachraums ist komplementiert.

Beispiele unkomplementierter Teilräume in ℓ^p und $L^p[0, 1]$, $1 < p < \infty$, $p \ne 2$, werden in Köthe [1966], S. 431ff., vorgestellt. Darüber hinaus weiß man heute, dass jeder unendlichdimensionale komplementierte Teilraum von ℓ^p zu ℓ^p isomorph ist. Dies hat Pełczyński 1960 für $p < \infty$ gezeigt, und Lindenstrauss hat 1967 den Fall $p = \infty$ hinzugefügt, siehe Lindenstrauss/Tzafriri [1977], S. 53–57. Im Allgemeinen braucht ein Banachraum keine nichttrivialen komplementierten Unterräume zu besitzen, denn Gowers und Maurey haben kürzlich (*J. Amer. Math. Soc.* 6 (1993) 851–874) ein spektakuläres Beispiel eines Banachraums X produziert, bei dem bei jeder Zerlegung $X = U \oplus V$ in abgeschlossene Unterräume entweder U oder V endlichdimensional ist. In der anderen Richtung ist der auf S. 275 zitierte Satz von Lindenstrauss und Tzafriri zu beachten, auf den bereits an dieser Stelle hingewiesen sei. Über komplementierte Unterräume sind Übersichtsartikel von Mascioni in *Expositiones Math.* 7 (1989) 3–47 und von Plichko und Yost in *Extracta Math.* 15 (2000) 335–371 erschienen.

Es gibt wohl nur wenige mathematische Sätze mit einem derart günstigen Preis-Leistungs-Verhältnis wie beim Banachschen Fixpunktsatz[4]; bei fast trivialem Beweis ist er praktisch universell anwendbar, vom Newtonverfahren bis zu den Fraktalen. Ursprünglich stammt der Satz aus Banachs Dissertation (*Fund. Math.* 3 (1922) 133–181), wo er unter der Annahme formuliert ist, dass M eine abgeschlossene Teilmenge eines Banachraums ist. Mit diesem Satz hat Banach der im 19. Jahrhundert von Cauchy, Liouville, Picard und anderen entwickelten Methode der sukzessiven Approximationen einen systematischen Rahmen gegeben. Etwas später hat Caccioppoli beobachtet, dass der Banachsche Satz bei gleichem Beweis auch auf abstrakten vollständigen metrischen Räumen funktioniert (*Atti Accad. Naz. Lincei Rend.*, Ser. 6, 11 (1930) 794–799), weswegen manche Autoren vom Satz von Banach-Caccioppoli sprechen. [Tatsächlich ist diese Version gar nicht allgemeiner: Ist (M, d) ein vollständiger metrischer Raum und $C^b(M)$ der Banachraum der stetigen beschränkten Funktionen auf M mit der Supremumsnorm sowie f_x die Funktion $y \mapsto d(x, y)$ auf M, so ist bei festem $x_0 \in M$ die Abbildung $x \mapsto f_x - f_{x_0}$ eine Isometrie von M auf eine abgeschlossene Teilmenge von $C^b(M)$.]

Es ist kein Wunder, dass es zu einem solchen Satz Hunderte von Variationen gibt, wovon aber nur wenige tatsächlich von Bedeutung sind. Dazu zählt sicher der *Fixpunktsatz von Weissinger*, der unter der Voraussetzung, dass die Iterierten F^n Abschätzungen der Form $d(F^n(x), F^n(y)) \leq \alpha_n d(x, y)$ mit $\sum_n \alpha_n < \infty$ genügen, dieselbe Aussage wie der Banachsche Fixpunktsatz macht; er wird auch genauso bewiesen. Eine weitere, auf den ersten Blick wenig naheliegende Variante setzt die Existenz einer positiven Funktion φ mit

$$d(x, F(x)) \leq \varphi(x) - \varphi(F(x)) \qquad \forall x \in M \qquad (\text{IV}.26)$$

voraus. (Für eine strikte Kontraktion kann man $\varphi(x) = d(x, F(x))/(1 - q)$ wählen.) Der *Fixpunktsatz von Caristi* besagt dann, dass eine beliebige Selbstabbildung F eines vollständigen metrischen Raums, ob stetig oder nicht, die (IV.26) mit einer positiven stetigen Funktion φ erfüllt, einen Fixpunkt besitzt. Dieser Satz hat einige überraschende Anwendungen gefunden.

Der Fixpunktsatz von Browder, Göhde und Kirk wurde von diesen Autoren unabhängig voneinander im Jahre 1965 gefunden; Browder hat mit diesem Satz die Existenz periodischer Lösungen gewisser Differentialgleichungen bewiesen. Kirks Version ist sogar

---

[4] Aus Anlass des 120. Geburtstags von Banach hat die polnische Staatsbank 2012 drei Sondermünzen herausgegeben: die mit dem Nennwert 2 zł. zeigt die Formel $\|T(x)\| \leq \|T\| \cdot \|x\|$, die mit dem Nennwert 10 zł. zeigt die Formel $\|S \circ T\| \leq \|S\| \cdot \|T\|$ und versucht, den Satz von Hahn-Banach abzubilden, und die mit dem Nennwert 200 zł. dokumentiert den Banachschen Fixpunktsatz. (Die Münzen sind auf der in Kap. I erwähnten Seite http://kielich.amu.edu.pl/Stefan_Banach zu sehen.) Wie zum Beweis des konstatierten Preis-Leistungs-Verhältnisses ist der Sammlerwert der 200 zł.-Münze inzwischen das 20-fache des Nominalwerts!

noch etwas allgemeiner als die im Text. Er behandelt abgeschlossene beschränkte konvexe Mengen C mit *normaler Struktur*. Das bedeutet Folgendes: In jeder konvexen Teilmenge C' von C, die mindestens zwei Elemente besitzt, gibt es einen Punkt x_0 mit $\sup_{y \in C'} \|x_0 - y\| < \operatorname{diam}(C')$. In einem gleichmäßig konvexen Raum haben alle solche Mengen C normale Struktur, aber in c_0 hat $\{(s_n) \in c_0 \colon 0 \le s_n \le 1 \text{ für alle } n\}$ keine normale Struktur. Der Satz von Kirk besagt, dass jede nichtexpansive Abbildung $F \colon C \to C$ einen Fixpunkt hat, wenn die abgeschlossene beschränkte konvexe Menge C normale Struktur hat und jede Folge in C eine schwach konvergente Teilfolge besitzt („C ist schwach kompakt").

Unser Beweis von Theorem IV.7.13 folgt Ideen von Goebel (*Michigan Math. J.* 16 (1969) 381–383). Eines der größten offenen Probleme in der Theorie der nichtexpansiven Abbildungen ist, ob der Satz von Browder-Göhde-Kirk tatsächlich in *jedem* reflexiven Banachraum gilt. Maurey hat gezeigt, dass das für reflexive Unterräume von $L^1[0, 1]$ stimmt. Die umgekehrte Frage, ob ein Raum, in dem der Satz von Browder-Göhde-Kirk gilt, notwendig reflexiv ist, wurde kürzlich von Lin (*Nonlinear Anal.* 68 (2008) 2303–2308) durch eine raffinierte Umnormierung von ℓ^1 negativ beantwortet, wenngleich die Antwort für Unterräume von $L^1[0, 1]$ (in der kanonischen Norm) positiv ist (Dowling und Lennart).

Die Idee, statt der nichtexpansiven Abbildung F die Abbildung $G = \frac{1}{2}(\operatorname{Id} + F)$ zu iterieren, stammt von Krasnoselskiĭ (*Uspekhi Mat. Nauk* 10(1) (1955) 123–127), der gezeigt hat, dass auf einem gleichmäßig konvexen Raum X für eine kompakte nichtexpansive Abbildung F bei beliebigem Startwert die durch $x_{n+1} = G(x_n)$ definierte Folge gegen einen Fixpunkt von F konvergiert; unser Korollar IV.7.8 ist der Spezialfall, dass X ein Hilbertraum ist. Später hat Ishikawa (*Proc. Amer. Math. Soc.* 59 (1976) 65–71) diese Aussage für einen beliebigen Banachraum bewiesen; aber auf die Kompaktheit von F kann man nicht verzichten, selbst nicht in ℓ^2, wie Genel und Lindenstrauss mittels eines raffinierten Gegenbeispiels gezeigt haben (*Israel J. Math.* 22 (1975) 81–86). Satz IV.7.6 über die schwache Konvergenz dieser Folge stammt von Opial (*Bull. Amer. Math. Soc.* 73 (1967) 591–597); er bleibt auch in gewissen gleichmäßig konvexen Räumen wie $L^p(\mu)$, $1 < p < \infty$, gültig. Der Beweis im Text lässt sich von Reinermanns Argumenten leiten (*Arch. Math.* 20 (1969) 59–64), der auch allgemeinere Iterationsverfahren betrachtet.

Ein anderes konstruktives Verfahren besteht in der Berechnung der Mittelwerte $z_n = \frac{1}{n} \sum_{k=1}^{n} F^k(x)$; hier kann man die schwache Konvergenz der Folge (z_n) gegen einen Fixpunkt der nichtexpansiven Abbildung F z. B. auf L^p-Räumen, $1 < p < \infty$, zeigen.

Der Begriff der gleichmäßigen Konvexität wurde von Clarkson eingeführt (*Trans. Amer. Math. Soc.* 40 (1936) 396–414), der auch die gleichmäßige Konvexität der L^p-Räume gezeigt hat. Sein Argument fußt auf den *Clarksonschen Ungleichungen* ($1/p + 1/q = 1$)

$$\left\| \frac{f+g}{2} \right\|_p^q + \left\| \frac{f-g}{2} \right\|_p^q \le \left(\frac{\|f\|_p^p + \|g\|_p^p}{2} \right)^{q/p} \qquad \text{für } 1 < p \le 2,$$

$$\left\| \frac{f+g}{2} \right\|_p^p + \left\| \frac{f-g}{2} \right\|_p^p \le \frac{\|f\|_p^p + \|g\|_p^p}{2} \qquad \text{für } 2 \le p < \infty,$$

die für $p = q = 2$ in die „Parallelogrammgleichung" (IV.18) übergehen. Ein einfacher Beweis der gleichmäßigen Konvexität von L^p, der auch die korrekte Größenordnung von δ_{L^p} wiedergibt, nämlich

$$\delta_{L^p}(\varepsilon) = \frac{p-1}{8}\varepsilon^2 + o(\varepsilon^2) \qquad \text{für } 1 < p \leq 2,$$

$$\delta_{L^p}(\varepsilon) = \frac{1}{p2^p}\varepsilon^p + o(\varepsilon^p) \qquad \text{für } 2 \leq p < \infty,$$

stammt von Meir (*Illinois J. Math.* 28 (1984) 420–424); der Beweis im Text geht auf McShane zurück. Ein weiterer Beweis der gleichmäßigen Konvexität der L^p-Räume wurde kürzlich von Hanche-Olsen veröffentlicht (*Proc. Amer. Math. Soc.* 134 (2006) 2359–2362). Die Reflexivität gleichmäßig konvexer Räume wurde 1938 unabhängig voneinander von Milman und Pettis gefunden, unser Beweis in Kap. VIII stammt von N. Kalton.

Brouwer[5] veröffentlichte seinen Fixpunktsatz im Jahre 1912; jedoch hatten Poincaré (1886) und der lettische Mathematiker Bohl (1904) bereits vorher Resultate bewiesen, die sich a posteriori als äquivalent zum Brouwerschen Fixpunktsatz erwiesen haben. Der Beweis des Brouwerschen Satzes ist alles andere als offensichtlich, und es gibt verschiedene Zugänge. Analytische Beweise findet man z. B. in Dunford/Schwartz [1958], S. 467–470, Ružička [2004], S. 11–17, und Heusers *Lehrbuch der Analysis, Teil 2* (Teubner 1981), § 228, siehe auch Werner [2009], S. 273–276[6]. Königsberger bringt in der 4. Auflage seiner *Analysis 2* (Springer 2002) in Abschn. 13.9 den Beweis, der auf dem Differentialformenkalkül basiert, und Bollobás [1990] in Kap. 15 den kombinatorischen Beweis, dessen Grundlage das Spernersche Lemma ist. Schließlich findet man in Büchern über algebraische Topologie wie z. B. Rotmans *An Introduction To Algebraic Topology* (Springer 1988) eine Herleitung, die die Maschinerie der Homologietheorie verwendet; in der Tat ist in diesem Buch der Brouwersche Fixpunktsatz eine wesentliche Motivation, die Homologietheorie zu entwickeln.

All diesen Beweisen ist gemein, dass sie nicht konstruktiv sind. Der erste konstruktive Beweis stammt von Scarf (*SIAM J. Appl. Math.* 15 (1967) 1328–1343), der mit einem kombinatorischen Algorithmus zu jedem $\varepsilon > 0$ Punkte x_ε mit $\|F(x_\varepsilon) - x_\varepsilon\| \leq \varepsilon$, also approximative Fixpunkte, findet. Dieser Algorithmus wurde von Eaves mittels Homotopiemethoden verbessert (*Math. Programming* 3 (1972) 1–22); ein anderer Algorithmus, der auf analytischen Methoden beruht, wurde von Kellogg, Li und Yorke (*SIAM J. Num. Anal.* 13 (1976) 473–483) vorgeschlagen.

---

[5]Die Mathematiker L.E.J. Brouwer und F. Browder sind zu unterscheiden!

[6]Dieser Beweis erscheint auch in der 1. Auflage von Heuser [1992] aus dem Jahre 1975 sowie in Noten von Milnor (*Amer. Math. Monthly* 85 (1978) 521–524), Rogers (*Amer. Math. Monthly* 87 (1980) 525–527) und Gröger (*Math. Nachr.* 102 (1981) 293–295).

Der Schaudersche Fixpunktsatz stammt aus seiner Arbeit in *Studia Math.* 2 (1930) 171–180. Fast gleichzeitig hatte Caccioppoli (loc. cit.) einen Spezialfall entdeckt und damit den Existenzsatz von Peano neu bewiesen. Wenige Jahre später dehnte Tikhonov den Schauderschen Satz (in der Version von Theorem IV.7.16) auf lokalkonvexe Hausdorffräume (siehe Kap. VIII) aus; aber erst vor Kurzem konnte Cauty zeigen, dass der Satz sogar in allen hausdorffschen topologischen Vektorräumen gilt, was bereits von Schauder vermutet worden war (siehe Problem 54 im *Schottischen Buch*). Seine Arbeit in *Fund. Math.* 170 (2001) 231–246, die in der 6. Auflage an dieser Stelle zitiert worden war, hat jedoch eine entscheidende Lücke. Inzwischen hat Cauty den Satz mit einem ganz anderen Ansatz bewiesen (*Serdica Math. J.* 31 (2005) 308–354), gegen den noch kein Protest angemeldet wurde. Einen Übersichtsartikel von Cauty findet man in `arXiv:1010.2401`.

Im Unterschied zum Banachschen Fixpunktsatz folgt beim Schauderschen natürlich nicht die Eindeutigkeit des Fixpunkts. Browder hat jedoch 1970 die Eindeutigkeit unter der Voraussetzung bewiesen, dass C der Abschluss einer offenen konvexen beschränkten Menge in einem komplexen Banachraum und die kompakte Abbildung $F: C \to C$ analytisch ist und keinen Fixpunkt auf ∂C besitzt. Wie in der Funktionentheorie kann man analytisch hier als im komplexen Sinn Fréchet-differenzierbar (Definition III.5.1) erklären.

Man kann die Brouwerschen und Schauderschen Sätze auch als Nebenprodukt der Theorie des Abbildungsgrads erhalten, die von Brouwer im endlichdimensionalen und von Leray und Schauder (*Ann. Sci. École Norm. Sup.* 51 (1934) 45–78) im unendlichdimensionalen Fall entwickelt worden ist. Es sei X ein Banachraum, $O \subset X$ offen und beschränkt sowie $y \in X$; ferner sei $F: \overline{O} \to X$ eine kompakte Abbildung und $G := \text{Id} - F$ (im endlichdimensionalen Fall ist G also einfach eine stetige Abbildung auf $\overline{O}$). Leray und Schauder haben gezeigt, dass man jedem solchen Tripel mit $y \notin G(\partial O)$ auf genau eine Weise eine ganze Zahl $d(G, O, y)$, den *Abbildungsgrad*, zuordnen kann, so dass gelten:

(1) $d(\text{Id}, O, y) = 1$ für $y \in O$.

(2) $d(G, O, y) = d(G, O_1, y) + d(G, O_2, y)$, falls O_1 und O_2 disjunkte offene Teilmengen von O sind und $y \notin G(\overline{O} \setminus (O_1 \cup O_2))$ ist.

(3) Ist $h: [0, 1] \times \overline{O} \to X$ kompakt und $G_t(x) = x - h(t, x)$, so gilt $d(G_0, O, y) = d(G_1, O, y)$, falls $y \notin \bigcup_t G_t(\partial O)$.

Dann folgt, dass die Gleichung $G(x) = y$ in O lösbar ist, wenn $d(G, O, y) \neq 0$ ist; im Fall $y = 0$ geht es also um die Fixpunkte von F. Die Abbildungsgradtheorie ist, insbesondere dank der Homotopieinvarianz (3), ein mächtiges Werkzeug zur Lösung nichtlinearer Gleichungen.

Theorem IV.7.23 wurde 1955 von Darbo für Abbildungen mit $\alpha(F(A)) \leq q\alpha(A)$ für ein $q < 1$ bewiesen; der allgemeine Fall kondensierender Abbildungen stammt aus Sadovskiĭs Arbeit in *Russian Math. Surveys* 27(1) (1972) 85–155, die viele Beispiele und Anwendungen enthält. Der Beweis im Text folgt Väths Überblicksartikel in *Jahresber. DMV* 106 (2004) 129–147. Sadovskiĭ hat in seiner Arbeit auch eine Abbildungsgradtheorie für kondensierende Abbildungen entworfen. Viele singuläre Integraloperatoren führen übrigens auf kondensierende Operatoren, die weder kompakt noch strikt kontraktiv sind. Dann ist weder der Schaudersche noch der Banachsche Fixpunktsatz anwendbar, und der Satz von Darbo-Sadovskiĭ ist das einzige Mittel, das weiterhilft. Konkrete Beispiele solcher Operatoren werden von Appell, de Pascale und Zabreĭko (*Z. Anal. Anwend.* 6 (1987) 193–208) diskutiert.

Außer dem Kuratowskischen Nichtkompaktheitsmaß ist das *Hausdorffsche Nichtkompaktheitsmaß* β von Bedeutung; man definiert $\beta(A)$, indem man in Definition IV.7.20 „Mengen vom Durchmesser $\leq \varepsilon$" durch „Kugeln vom Radius $\leq \varepsilon$" ersetzt. Es ist also stets $\beta(A) \leq \alpha(A) \leq 2\beta(A)$. In diesem Kontext gilt der Satz von Darbo-Sadovskiĭ entsprechend.

Die Monographien von Aksoy/Khamsi [1990], Goebel/Kirk [1990], Granas/Dugundji [2003] und Zeidler [1986] informieren umfassend aus sehr unterschiedlichen Blickwinkeln über fast alle Aspekte der Fixpunkttheorie.

Hilberträume

V

V.1 Definitionen und Beispiele

Hilberträume sind Banachräume, die – wie der $\mathbb{K}^n$ – als zusätzliche Struktur ein Skalarprodukt zulassen. Sie gehören zu den wichtigsten Räumen der Analysis.

▶ **Definition V.1.1** Sei X ein $\mathbb{K}$-Vektorraum. Eine Abbildung $\langle\,.\,,.\,\rangle\colon X \times X \to \mathbb{K}$ heißt *Skalarprodukt* (oder *inneres Produkt*), falls

(a) $\langle x_1 + x_2, y \rangle = \langle x_1, y \rangle + \langle x_2, y \rangle \quad \forall x_1, x_2, y \in X$,

(b) $\langle \lambda x, y \rangle = \lambda \langle x, y \rangle \quad \forall x, y \in X,\ \lambda \in \mathbb{K}$,

(c) $\langle x, y \rangle = \overline{\langle y, x \rangle} \quad \forall x, y \in X$,

(d) $\langle x, x \rangle \geq 0 \quad \forall x \in X$,

(e) $\langle x, x \rangle = 0 \Leftrightarrow x = 0$.

Eine unmittelbare Konsequenz von (a), (b) und (c) ist

(a′) $\langle x, y_1 + y_2 \rangle = \langle x, y_1 \rangle + \langle x, y_2 \rangle \quad \forall x, y_1, y_2 \in X$,

(b′) $\langle x, \lambda y \rangle = \overline{\lambda} \langle x, y \rangle \quad \forall x, y \in X,\ \lambda \in \mathbb{K}$.

Für $\mathbb{K} = \mathbb{R}$ ist $\langle\,.\,,.\,\rangle$ also bilinear, für $\mathbb{K} = \mathbb{C}$ müssen Skalare aus dem zweiten Faktor konjugiert komplex herausgezogen werden; man nennt $\langle\,.\,,.\,\rangle$ sesquilinear (sesqui $= 1\frac{1}{2}$). Die Eigenschaften (d) und (e) zusammen nennt man *positive Definitheit* des Skalarproduktes, nach (c) ist stets $\langle x, x \rangle \in \mathbb{R}$.

Wie in der linearen Algebra (oder Analysis) zeigt man die folgende wichtige Ungleichung.

© Springer-Verlag GmbH Deutschland, ein Teil von Springer Nature 2018
D. Werner, *Funktionalanalysis*, Springer-Lehrbuch,
https://doi.org/10.1007/978-3-662-55407-4_5

Satz V.1.2 (Cauchy-Schwarzsche Ungleichung)
Ist X ein Vektorraum mit Skalarprodukt $\langle\,.\,,\,.\,\rangle$, so gilt

$$|\langle x, y\rangle|^2 \leq \langle x, x\rangle \cdot \langle y, y\rangle \qquad \forall x, y \in X.$$

Gleichheit gilt genau dann, wenn x und y linear abhängig sind.

Beweis. Sei $\lambda \in \mathbb{K}$ beliebig. Dann gilt

$$0 \leq \langle x + \lambda y, x + \lambda y\rangle \qquad\qquad\qquad (V.1)$$
$$= \langle x, x\rangle + \langle \lambda y, x\rangle + \langle x, \lambda y\rangle + \langle \lambda y, \lambda y\rangle$$
$$= \langle x, x\rangle + \lambda\overline{\langle x, y\rangle} + \overline{\lambda}\langle x, y\rangle + |\lambda|^2\langle y, y\rangle.$$

Setze nun $\lambda = -\frac{\langle x, y\rangle}{\langle y, y\rangle}$, falls $y \neq 0$ ist. Man erhält

$$0 \leq \left\langle x - \frac{\langle x, y\rangle}{\langle y, y\rangle}y,\ x - \frac{\langle x, y\rangle}{\langle y, y\rangle}y\right\rangle = \langle x, x\rangle - \frac{|\langle x, y\rangle|^2}{\langle y, y\rangle} - \frac{|\langle x, y\rangle|^2}{\langle y, y\rangle} + \frac{|\langle x, y\rangle|^2}{\langle y, y\rangle}$$

und daraus die Cauchy-Schwarzsche Ungleichung, die im übrigen für $y = 0$ trivial ist. Gleichheit gilt genau dann, wenn Gleichheit in (V.1) gilt, was den Zusatz zeigt. $\qquad\square$

Setzt man zur Abkürzung

$$\|x\| = \langle x, x\rangle^{1/2},$$

so lautet Satz V.1.2

$$|\langle x, y\rangle| \leq \|x\| \cdot \|y\|.$$

Dass die Bezeichnung $\|x\|$ gerechtfertigt ist, zeigt das nächste Lemma.

Lemma V.1.3 $x \mapsto \|x\| := \langle x, x\rangle^{1/2}$ *definiert eine Norm.*

Beweis. $\|\lambda x\| = |\lambda|\,\|x\|$ folgt aus (b) und (b'), und $\|x\| = 0 \Leftrightarrow x = 0$ folgt aus (d) und (e). Die Dreiecksungleichung ergibt sich so:

$$\|x + y\|^2 = \langle x + y, x + y\rangle$$
$$= \langle x, x\rangle + \langle x, y\rangle + \langle y, x\rangle + \langle y, y\rangle$$
$$= \|x\|^2 + 2\operatorname{Re}\langle x, y\rangle + \|y\|^2$$
$$\overset{(*)}{\leq} \|x\|^2 + 2\,\|x\|\,\|y\| + \|y\|^2$$
$$= (\|x\| + \|y\|)^2;$$

bei (∗) gehen die Cauchy-Schwarz-Ungleichung und die elementare Ungleichung $\operatorname{Re} z \leq |z|$ ein. □

▶ **Definition V.1.4** Ein normierter Raum $(X, \| . \|)$ heißt *Prähilbertraum*, wenn es ein Skalarprodukt $\langle . , . \rangle$ auf $X \times X$ mit $\langle x, x \rangle^{1/2} = \|x\|$ für alle $x \in X$ gibt. Ein vollständiger Prähilbertraum heißt *Hilbertraum*.

Wir werden das Skalarprodukt, das die Norm des Prähilbertraums X erzeugt, stets mit $\langle . , . \rangle$ bezeichnen. $\| . \|$ wird stets die in Lemma V.1.3 beschriebene Norm sein. (Ist $(X, \| . \|)$ ein Prähilbertraum und $\| | . \| |$ eine äquivalente Norm auf X, so braucht $(X, \| | . \| |)$ kein Prähilbertraum zu sein!)

Die Cauchy-Schwarz-Ungleichung impliziert, dass auf einem Prähilbertraum die Abbildungen $x \mapsto \langle x, y \rangle$ und $y \mapsto \langle x, y \rangle$ stetig sind. Als weitere Konsequenz halten wir ein Lemma fest, das später (Korollar V.3.5) noch verallgemeinert wird.

Lemma V.1.5 *Ist X ein Prähilbertraum, $U \subset X$ ein dichter Unterraum und $x \in X$ mit $\langle x, u \rangle = 0$ für alle $u \in U$, so ist $x = 0$.*

Beweis. Die Menge $Y = \{ y \in X : \langle x, y \rangle = 0 \}$ ist wegen der Stetigkeit von $y \mapsto \langle x, y \rangle$ abgeschlossen und enthält den dichten Unterraum U, also muss $Y = X$ sein. Speziell ist $x \in Y$, und das liefert $\|x\|^2 = \langle x, x \rangle = 0$ sowie $x = 0$. □

In einem Prähilbertraum kann nicht nur die Norm durch das Skalarprodukt ausgedrückt werden, sondern auch das Skalarprodukt durch die Norm; eine einfache Rechnung zeigt nämlich für $\mathbb{K} = \mathbb{R}$

$$\langle x, y \rangle = \frac{1}{4}(\|x + y\|^2 - \|x - y\|^2) \tag{V.2}$$

und für $\mathbb{K} = \mathbb{C}$

$$\langle x, y \rangle = \frac{1}{4}(\|x + y\|^2 - \|x - y\|^2 + i\|x + iy\|^2 - i\|x - iy\|^2). \tag{V.3}$$

Lemma V.1.6 *Das Skalarprodukt eines Prähilbertraums X ist eine stetige Abbildung von $X \times X$ nach $\mathbb{K}$.*

Beweis. Die Behauptung folgt aus

$$\begin{aligned} |\langle x_1, y_1 \rangle - \langle x_2, y_2 \rangle| &= |\langle x_1 - x_2, y_1 \rangle + \langle x_2, y_1 - y_2 \rangle| \\ &\leq \|x_1 - x_2\| \cdot \|y_1\| + \|x_2\| \cdot \|y_1 - y_2\|. \end{aligned}$$

□

Satz V.1.7 (Parallelogrammgleichung)
Ein normierter Raum X ist genau dann ein Prähilbertraum, wenn

$$\|x+y\|^2 + \|x-y\|^2 = 2\|x\|^2 + 2\|y\|^2 \qquad \forall x, y \in X \qquad\qquad (V.4)$$

gilt.

Beweis. In einem Prähilbertraum gilt (V.4), wie man sofort sieht. (Der Name Parallelogrammgleichung erklärt sich aus dem Spezialfall $X = \mathbb{R}^2$, versehen mit der euklidischen Norm.)

Gelte nun (V.4). Wir behandeln $\mathbb{K} = \mathbb{R}$. Setze wie in (V.2)

$$\langle x, y \rangle = \frac{1}{4}(\|x+y\|^2 - \|x-y\|^2).$$

Auf jeden Fall ist $\|x\| = \langle x, x \rangle^{1/2}$. Wir werden (V.4) benutzen, um die Skalarprodukteigenschaften von $\langle \, . \, , . \, \rangle$ zu zeigen:

(a) Für $x_1, x_2, y \in X$ gilt gemäß (V.4)

$$\|x_1 + x_2 + y\|^2 = 2\|x_1 + y\|^2 + 2\|x_2\|^2 - \|x_1 - x_2 + y\|^2 =: \alpha,$$
$$\|x_1 + x_2 + y\|^2 = 2\|x_2 + y\|^2 + 2\|x_1\|^2 - \|-x_1 + x_2 + y\|^2 =: \beta.$$

Folglich ist

$$\|x_1 + x_2 + y\|^2 = \frac{\alpha + \beta}{2}$$
$$= \|x_1 + y\|^2 + \|x_1\|^2 + \|x_2 + y\|^2 + \|x_2\|^2$$
$$- \frac{1}{2}\left(\|x_1 - x_2 + y\|^2 + \|-x_1 + x_2 + y\|^2\right).$$

Analog erhält man

$$\|x_1 + x_2 - y\|^2 = \|x_1 - y\|^2 + \|x_1\|^2 + \|x_2 - y\|^2 + \|x_2\|^2$$
$$- \frac{1}{2}\left(\|x_1 - x_2 - y\|^2 + \|-x_1 + x_2 - y\|^2\right).$$

Es folgt

$$\langle x_1 + x_2, y \rangle = \frac{1}{4}\left(\|x_1 + x_2 + y\|^2 - \|x_1 + x_2 - y\|^2\right)$$
$$= \frac{1}{4}\left(\|x_1 + y\|^2 + \|x_2 + y\|^2 - \|x_1 - y\|^2 - \|x_2 - y\|^2\right)$$
$$= \langle x_1, y \rangle + \langle x_2, y \rangle.$$

(b) Nach (a) gilt (b) für $\lambda \in \mathbb{N}$; und nach Konstruktion gilt (b) für $\lambda = 0$ und $\lambda = -1$, also auch für $\lambda \in \mathbb{Z}$. Deshalb gilt (b) auch für $\lambda = \frac{m}{n} \in \mathbb{Q}$:

$$n\langle \lambda x, y\rangle = n\left\langle m\frac{x}{n}, y\right\rangle = m\langle x, y\rangle = n\lambda\langle x, y\rangle$$

Die (wegen der Stetigkeit von $\|\,.\,\|$) stetigen Funktionen (von $\mathbb{R}$ nach $\mathbb{R}$)

$$\lambda \mapsto \langle \lambda x, y\rangle, \qquad \lambda \mapsto \lambda\langle x, y\rangle$$

stimmen auf $\mathbb{Q}$ daher überein und sind deshalb gleich. Das zeigt (b).

(c) ist klar.

(d) und (e) folgen aus $\langle x, x\rangle = \|x\|^2$.

Für $\mathbb{K} = \mathbb{C}$ argumentiere ähnlich mit Hilfe der in (V.3) definierten Abbildung! $\qquad\square$

Satz V.1.8

(a) *Ein normierter Raum ist genau dann ein Prähilbertraum, wenn alle zweidimensionalen Unterräume Prähilberträume (d. h. $\cong \ell^2(2)$) sind.*

(b) *Unterräume von Prähilberträumen sind Prähilberträume.*

(c) *Die Vervollständigung eines Prähilbertraums ist ein Hilbertraum.*

Beweis. (a) ist eine Konsequenz aus Satz V.1.7.

(b) ist trivial (schränke das Skalarprodukt ein!).

(c) $\widehat{X}$ sei die Vervollständigung des Prähilbertraums X (siehe Korollar III.3.2). Die Parallelogrammgleichung gilt in X und überträgt sich aus Stetigkeitsgründen auf den Abschluss, d. h. auf $\widehat{X}$. Nach Satz V.1.7 ist $\widehat{X}$ ein Hilbertraum. $\qquad\square$

Beispiele

(a) Aus der linearen Algebra sind die Hilberträume $\mathbb{C}^n$ mit dem Skalarprodukt

$$\langle (s_i), (t_i)\rangle = \sum_{i=1}^{n} s_i \overline{t_i}$$

bekannt.

(b) ℓ^2 ist ein Hilbertraum, dessen Norm vom Skalarprodukt

$$\langle (s_i), (t_i)\rangle = \sum_{i=1}^{\infty} s_i \overline{t_i}$$

induziert wird. (Die Konvergenz der Reihe folgt aus der Hölderschen Ungleichung.)

(c) Ist $\Omega \subset \mathbb{R}$ ein Intervall oder $\Omega \subset \mathbb{R}^n$ offen (oder allgemeiner messbar), so ist $L^2(\Omega)$ ein Hilbertraum, wobei das Skalarprodukt durch

$$\langle f, g \rangle = \int_\Omega f\overline{g}\, d\lambda$$

definiert ist; hier bezeichnet λ das Lebesguemaß. (Dass $f\overline{g}$ integrierbar ist, folgt wieder aus der Hölderschen Ungleichung.) Allgemeiner sind alle Räume $L^2(\mu)$ Hilberträume.

(d) In der numerischen Mathematik treten häufig Maße der Form $\mu = w \cdot \lambda$ auf. Hier ist $w \geq 0$ eine messbare Funktion auf einem Intervall I und λ wie oben das Lebesguemaß.

$$\langle f, g \rangle = \int_I f\overline{g}w\, d\lambda$$

definiert das Skalarprodukt auf $L^2(\mu)$.

(e) Einen weiteren Spezialfall erhält man für das zählende Maß auf einer beliebigen Indexmenge I. Den entsprechenden L^2-Raum bezeichnet man mit $\ell^2(I)$. (Für $I = \mathbb{N}$ erhält man ℓ^2.) Eine äquivalente Beschreibung lautet

$$\ell^2(I) = \left\{ f\colon I \to \mathbb{K}\colon \begin{array}{l} f(s) \neq 0 \text{ für höchstens abzählbar viele } s \\ \text{und } \sum_{s\in I} |f(s)|^2 < \infty \end{array} \right\}$$

Dabei ist die Summe „$\sum_{s\in I} \ldots$" im folgenden Sinn zu verstehen. Sei etwa $\{s_1, s_2, \ldots\}$ eine Aufzählung von $\{s\colon f(s) \neq 0\}$. Man setzt

$$\sum_{s\in I} |f(s)|^2 = \sum_{i=1}^{\infty} |f(s_i)|^2;$$

beachte, dass wegen der absoluten Konvergenz die Summationsreihenfolge keine Rolle spielt. Für $f, g \in \ell^2(I)$ ist

$$\langle f, g \rangle = \sum_{s\in I} f(s)\overline{g(s)}$$

ein wohldefiniertes Skalarprodukt, die induzierte Norm

$$\|f\| = \left(\sum_{s\in I} |f(s)|^2 \right)^{1/2}$$

macht $\ell^2(I)$ zu einem vollständigen Raum. (Diese Aussagen können auf dieselbe Weise gezeigt werden wie für ℓ^2.)

(f) Zu $\lambda \in \mathbb{R}$ betrachte die Funktion $f_\lambda \colon \mathbb{R} \to \mathbb{C}, f_\lambda(s) = e^{i\lambda s}$. Setze $X = \mathrm{lin}\{f_\lambda \colon \lambda \in \mathbb{R}\}$. Durch den Ansatz

$$\langle f, g \rangle = \lim_{T \to \infty} \frac{1}{2T} \int_{-T}^{T} f(s)\overline{g(s)}\, ds \qquad (V.5)$$

wird ein Skalarprodukt auf X definiert (Aufgabe V.6.4). Die Vervollständigung von X unter der Norm $\|x\| = \langle x, x \rangle^{1/2}$ ist ein Hilbertraum, den wir mit $AP^2(\mathbb{R})$ bezeichnen. Da (Aufgabe V.6.4)

$$\|f_\lambda - f_{\lambda'}\| = \sqrt{2} \qquad \forall \lambda \neq \lambda'$$

gilt, ist $AP^2(\mathbb{R})$ nicht separabel (vgl. den Beweis der Inseparabilität von ℓ^∞, S. 31); darin liegt die Bedeutung dieses Beispiels. Aus den Resultaten des Abschn. V.4 wird $AP^2(\mathbb{R}) \cong \ell^2(\mathbb{R})$ folgen. (AP steht für *almost periodic*, siehe die Bemerkungen und Ausblicke.)

(g) Sehr wichtige Beispiele von Hilberträumen sind die Sobolevräume, die jetzt definiert werden sollen.

▶ **Definition V.1.9** Sei $\Omega \subset \mathbb{R}^n$ offen. Dann sei

$$\mathscr{D}(\Omega) = \{\varphi \in C^\infty(\Omega) \colon \mathrm{supp}(\psi) := \overline{\{x \colon \psi(x) \neq 0\}} \subset \Omega \text{ ist kompakt}\}.$$

(Hier ist $C^\infty(\Omega) = \bigcap_{m \in \mathbb{N}} C^m(\Omega)$.) $\mathrm{supp}(\varphi)$ heißt der *Träger* von φ; Elemente von $\mathscr{D}(\Omega)$ heißen C^∞-Funktionen mit kompaktem Träger oder *Testfunktionen*. Warum Testfunktionen so genannt werden, wird auf S. 460 erklärt.

Beispiel

$|\,.\,|$ sei die euklidische Norm auf $\mathbb{R}^n$, $c \in \mathbb{R}$ und

$$\varphi(x) = \begin{cases} c \cdot \exp((|x|^2 - 1)^{-1}) & \text{für } |x| < 1 \\ 0 & \text{für } |x| \geq 1. \end{cases}$$

Dann ist $\varphi \in \mathscr{D}(\mathbb{R}^n)$ (vgl. Aufgabe II.5.6). (In der Regel wählt man c so, dass $\int \varphi(x)\, dx = 1$ ist.)

Lemma V.1.10 $\mathscr{D}(\Omega)$ *liegt dicht in* $L^p(\Omega)$ *für* $1 \leq p < \infty$.

Beweis. Der Beweis dieser Aussage ist im Fall $n = 1$, $\Omega = \mathbb{R}$ in Aufgabe II.5.6 skizziert worden, und für $\Omega = \mathbb{R}^n$ argumentiert man genauso; man muss jetzt $\varphi_\varepsilon(x) = \frac{1}{\varepsilon^n}\varphi(x/\varepsilon)$ setzen. Wir betrachten nun den Fall einer beliebigen offenen Menge $\Omega \subset \mathbb{R}^n$. Sei

$f \in L^p(\Omega)$ und $K_m = \{x \in \Omega\colon |x| \leq m,\ d(x, \partial\Omega) \geq \frac{2}{m}\}$. Dann sind die K_m kompakt, es gilt $\bigcup_m K_m = \Omega$ und $\int_{K_m} |f(x)|^p\,dx \to \int_\Omega |f(x)|^p\,dx$ nach dem Satz von Beppo Levi (Satz A.3.1). Setzt man

$$f_m(x) = \int_{K_m} f(y)\varphi_{1/m}(x-y)\,dy, \tag{V.6}$$

so ist (vgl. Aufgabe II.5.6) $f_m \in \mathscr{D}(\Omega)$, und es gilt $\|f - f_m\|_{L^p(\Omega)} \to 0$.

Um das einzusehen, setze $g_m(x) = \int_\Omega f(y)\varphi_{1/m}(x-y)\,dy$ für $x \in \mathbb{R}^n$. Indem man $\chi_\Omega f$ kanonisch als Funktion auf $\mathbb{R}^n$ auffasst (χ_Ω ist die Indikatorfunktion der Menge Ω), kann man aus dem bereits bewiesenen Fall $\|g_m - f\|_{L^p(\Omega)} \leq \|g_m - f\|_{L^p(\mathbb{R}^n)} \to 0$ schließen. Ferner gilt (vgl. Aufgabe II.5.6(b)) $\|g_m - f_m\|_{L^p(\Omega)} \leq \|\chi_{\Omega\setminus K_m} f\|_{L^p(\Omega)} \to 0$, also in der Tat $\|f_m - f\|_{L^p(\Omega)} \to 0$.

Man beachte, dass diese Konstruktion eine simultane Approximation in allen L^p-Räumen liefert: Ist $f \in L^p(\Omega) \cap L^q(\Omega)$, so gilt $\|f - f_m\|_{L^p} \to 0$ und $\|f - f_m\|_{L^q} \to 0$. $\qquad\square$

Als nächstes soll das Konzept der *schwachen Ableitungen* behandelt werden. Sei zunächst $\Omega \subset \mathbb{R}$ ein offenes Intervall. Für $f \in C^1(\overline{\Omega})$ und $\varphi \in \mathscr{D}(\Omega)$ gilt dann

$$\int_\Omega f'(x)\overline{\varphi(x)}\,dx = -\int_\Omega f(x)\overline{\varphi'(x)}\,dx$$

nach der Regel der partiellen Integration. (Die Randterme verschwinden, weil der Träger von φ eine kompakte Teilmenge von Ω ist.) Diese Gleichung schreiben wir mit Hilfe des $L^2(\Omega)$-Skalarproduktes als

$$\langle f', \varphi \rangle = -\langle f, \varphi' \rangle.$$

Nun sei $\Omega = (-1, 1)$, $f(x) = |x|$ und $g(x) = x/|x|$ für $x \neq 0$ sowie $g(0) = 0$. Obwohl $f \notin C^1(\overline{\Omega})$ ist, gilt eine ähnliche Gleichung, nämlich

$$\langle g, \varphi \rangle = -\langle f, \varphi' \rangle \qquad \forall \varphi \in \mathscr{D}(\Omega).$$

Wir fassen g als „schwache" oder „verallgemeinerte" Ableitung von f auf. Analog gilt für offenes $\Omega \subset \mathbb{R}^n$ und $f \in C^1(\overline{\Omega})$, $\varphi \in \mathscr{D}(\Omega)$

$$\left\langle \frac{\partial}{\partial x_i} f, \varphi \right\rangle = -\left\langle f, \frac{\partial}{\partial x_i} \varphi \right\rangle$$

als Folge des Gaußschen Integralsatzes (siehe auch Aufgabe V.6.6); hier ist $\langle f, \varphi \rangle = \int_\Omega f\overline{\varphi}$. Entsprechend erhält man für m-mal stetig differenzierbares f und Multiindizes α, $|\alpha| \leq m$

$$\langle D^\alpha f, \varphi \rangle = (-1)^{|\alpha|} \langle f, D^\alpha \varphi \rangle \qquad \forall \varphi \in \mathscr{D}(\Omega).$$

(Die Multiindexschreibweise wurde in Beispiel I.1(d) eingeführt.)

▶ **Definition V.1.11** Sei $\Omega \subset \mathbb{R}^n$ offen, α ein Multiindex und $f \in L^2(\Omega)$. $g \in L^2(\Omega)$ heißt *schwache* oder *verallgemeinerte α-te Ableitung* von f, falls

$$\langle g, \varphi \rangle = (-1)^{|\alpha|} \langle f, D^\alpha \varphi \rangle \qquad \forall \varphi \in \mathscr{D}(\Omega)$$

gilt.

Ein solches g ist eindeutig bestimmt: Ist nämlich h ebenfalls schwache Ableitung von f, so ist $\langle g - h, \varphi \rangle = 0$ für alle $\varphi \in \mathscr{D}(\Omega)$, und mit Lemma V.1.5 sowie Lemma V.1.10 folgt $g = h$.

Wir bezeichnen die in Definition V.1.11 eindeutig erklärte Funktion g mit $D^{(\alpha)}f$. Es gilt also

$$\langle D^{(\alpha)}f, \varphi \rangle = (-1)^{|\alpha|} \langle f, D^\alpha \varphi \rangle \qquad \forall \varphi \in \mathscr{D}(\Omega).$$

▶ **Definition V.1.12** Sei $\Omega \subset \mathbb{R}^n$ offen.

(a) $W^m(\Omega) = \{ f \in L^2(\Omega) : D^{(\alpha)}f \in L^2(\Omega)$ existiert $\forall |\alpha| \leq m \}$
(b) $\langle f, g \rangle_{W^m} = \sum_{|\alpha| \leq m} \langle D^{(\alpha)}f, D^{(\alpha)}g \rangle_{L^2}$
(c) $H^m(\overline{\Omega}) = \overline{C^m(\overline{\Omega}) \cap W^m(\Omega)}$, der Abschluss bezieht sich auf die von $\langle \,.\,,.\, \rangle_{W^m}$ induzierte Norm.
(d) $H_0^m(\Omega) = \overline{\mathscr{D}(\Omega)}$

Diese Räume werden *Sobolevräume* genannt. Es ist klar, dass es sich dabei um Vektorräume handelt, und es ist klar, dass $\langle \,.\,,.\, \rangle_{W^m}$ ein Skalarprodukt ist. Für beschränkte Gebiete mit genügend glattem Rand ist übrigens $W^m(\Omega) = H^m(\overline{\Omega})$ (Adams [1975], S. 54). Hingegen liegt $C^m(\Omega) \cap W^m(\Omega)$ für alle Ω dicht in $W^m(\Omega)$ (Adams [1975], S. 52).

Satz V.1.13 $W^m(\Omega), H^m(\overline{\Omega})$ *und* $H_0^m(\Omega)$ *sind Hilberträume.*

Beweis. Es ist nur die Vollständigkeit von $W^m(\Omega)$ zu zeigen. Sei (f_n) eine $\| \cdot \|_{W^m}$-Cauchyfolge. Wegen

$$\|f\|_{W^m}^2 = \sum_{|\alpha| \leq m} \|D^{(\alpha)}f\|_{L^2}^2 \qquad \forall f \in W^m$$

sind alle $(D^{(\alpha)}f_n)$ $\| \cdot \|_{L^2}$-Cauchyfolgen. Es existieren also $f_\alpha \in L^2(\Omega)$ mit

$$\|D^{(\alpha)}f_n - f_\alpha\|_{L^2} \to 0.$$

Wir bezeichnen jetzt $f_{(0,...,0)}$ einfach mit f_0 und zeigen $D^{(\alpha)}f_0 = f_\alpha$; dann folgt $f_0 \in W^m$ und $f_n \to f_0$ bzgl. $\|.\|_{W^m}$ nach Definition dieser Norm. In der Tat ist für $\varphi \in \mathscr{D}(\Omega)$

$$
\begin{aligned}
\langle f_\alpha, \varphi \rangle_{L^2} &= \left\langle \lim_{n \to \infty} D^{(\alpha)}f_n, \varphi \right\rangle_{L^2} && (\text{lim bzgl. } \|.\|_{L^2}) \\
&= \lim_{n \to \infty} \langle D^{(\alpha)}f_n, \varphi \rangle_{L^2} && (\text{Stetigkeit von } \langle\,.\,, \varphi \rangle) \\
&= \lim_{n \to \infty} (-1)^{|\alpha|} \langle f_n, D^\alpha \varphi \rangle_{L^2} && (\text{Definition von } D^{(\alpha)}) \\
&= (-1)^{|\alpha|} \left\langle \lim_{n \to \infty} f_n, D^\alpha \varphi \right\rangle_{L^2} && (\text{Stetigkeit von } \langle\,.\,, D^\alpha \varphi \rangle) \\
&= (-1)^{|\alpha|} \langle f_0, D^\alpha \varphi \rangle_{L^2}.
\end{aligned}
$$

Daher folgt

$$
f_\alpha = D^{(\alpha)}f_0. \qquad \qquad \square
$$

Es ist klar, dass $W^m(\Omega) \subset W^{m-1}(\Omega)$ gilt und der identische Operator $W^m(\Omega) \to W^{m-1}(\Omega)$ stetig ist.

Mit Hilfe der Sobolevtheorie können Existenzprobleme für Lösungen (insbesondere elliptischer) partieller Differentialgleichungen behandelt werden. Folgende Resultate sind häufig von Nutzen:

- *Lemma von Sobolev: Für* $f \in W^m(\Omega)$ *und* $m > k + \frac{n}{2}$ *existiert* $g \in C^k(\Omega)$ *mit* $f = g$ *fast überall.*
- *Satz von Rellich: Für eine beschränkte offene Menge* $\Omega \subset \mathbb{R}^n$ *ist die Einbettung* $H_0^m(\Omega) \to H_0^{m-1}(\Omega)$ *kompakt.*

Diese Sätze werden im nächsten Abschnitt bewiesen.

V.2   Fouriertransformation und Sobolevräume

Das Ziel dieses Abschnitts ist es, in einem Exkurs die soeben genannten Sätze von Sobolev und Rellich zu beweisen. Als technisches Hilfsmittel werden wir dazu die Fouriertransformation benötigen, die auch im Folgenden noch eine wesentliche Rolle spielen wird.

Wir werden folgende Bezeichnungen verwenden. Sind $x, \xi \in \mathbb{R}^n$, so setzen wir

$$
x\xi = \sum_{j=1}^n x_j \xi_j, \quad x^2 = \sum_{j=1}^n x_j^2, \quad |x| = \left(\sum_{j=1}^n x_j^2 \right)^{1/2}.
$$

In diesem Abschnitt werden wir stets komplexwertige Funktionen betrachten.

▶ **Definition V.2.1** Für $f \in L^1(\mathbb{R}^n)$ setze

$$(\mathscr{F}f)(\xi) = \frac{1}{(2\pi)^{n/2}} \int_{\mathbb{R}^n} f(x)e^{-ix\xi}\,dx \qquad \forall \xi \in \mathbb{R}^n. \tag{V.7}$$

Die Funktion $\mathscr{F}f$ heißt *Fouriertransformierte* von f und die Abbildung $\mathscr{F}$ *Fouriertransformation*.

Offensichtlich ist $\mathscr{F}f$ wohldefiniert und messbar, und die Abbildung $\mathscr{F}$ ist linear. Wir halten nun einfache Eigenschaften von $\mathscr{F}$ fest; der gleich auftauchende Raum $\big(C_0(\mathbb{R}^n), \|\,.\,\|_\infty\big)$ wurde in Beispiel I.1(c) definiert.

Satz V.2.2 *Für $f \in L^1(\mathbb{R}^n)$ ist $\mathscr{F}f \in C_0(\mathbb{R}^n)$. Ferner ist $\mathscr{F}: L^1(\mathbb{R}^n) \to C_0(\mathbb{R}^n)$ ein stetiger linearer Operator mit $\|\mathscr{F}\| \le (2\pi)^{-n/2}$.*

Beweis. Da die Abschätzung $\|\mathscr{F}f\|_\infty \le (2\pi)^{-n/2}\|f\|_{L^1}$ klar ist und $\mathscr{F}f$ messbar ist, ist $\mathscr{F}$ ein stetiger Operator von $L^1(\mathbb{R}^n)$ nach $L^\infty(\mathbb{R}^n)$ mit der gewünschten Norm. Es bleibt zu zeigen, dass die $\mathscr{F}f$ stetig sind und im Unendlichen verschwinden.

Sei also $(\xi^{(k)})$ eine Folge in $\mathbb{R}^n$ mit $\xi^{(k)} \to \xi$. Dann gilt für jedes x

$$|e^{-ix\xi^{(k)}} - e^{-ix\xi}| \to 0$$

und deshalb nach dem Lebesgueschen Konvergenzsatz A.3.2

$$|(\mathscr{F}f)(\xi^{(k)}) - (\mathscr{F}f)(\xi)| \le \frac{1}{(2\pi)^{n/2}} \int_{\mathbb{R}^n} |f(x)|\,|e^{-ix\xi^{(k)}} - e^{-ix\xi}|\,dx \to 0,$$

da die Integranden durch die L^1-Funktion $2|f|$ majorisiert werden. Also ist $\mathscr{F}f$ stetig.

Um nun ran $\mathscr{F} \subset C_0(\mathbb{R}^n)$ zu zeigen, reicht es wegen der Dichtheit von $\mathscr{D}(\mathbb{R}^n)$ in $L^1(\mathbb{R}^n)$ (Lemma V.1.10),

$$\lim_{|\xi| \to \infty} |(\mathscr{F}f)(\xi)| = 0 \qquad \forall f \in \mathscr{D}(\mathbb{R}^n)$$

zu beweisen. Seien also $f \in \mathscr{D}(\mathbb{R}^n)$, $R > 0$ und $|\xi| \ge R$. Dann existiert eine Koordinate ξ_j mit $|\xi_j| \ge R/\sqrt{n}$. Es folgt durch partielle Integration (beachte, dass die Randterme verschwinden)

$$|(\mathscr{F}f)(\xi)| = \left| \frac{-1}{(2\pi)^{n/2}} \int_{\mathbb{R}^n} \frac{\partial}{\partial x_j} f(x) \frac{1}{-i\xi_j} e^{-ix\xi}\,dx \right|$$

$$\le \frac{1}{(2\pi)^{n/2}} \left\| \frac{\partial}{\partial x_j} f \right\|_{L^1} \frac{\sqrt{n}}{R} \to 0 \quad \text{mit } R \to \infty,$$

was zu zeigen war. $\qquad\qquad\qquad\qquad\qquad\qquad\qquad\qquad\qquad\qquad\qquad\square$

Aus funktionalanalytischer Sicht ist es günstig, $\mathscr{F}$ auf einen geeigneten Teilraum von $L^1(\mathbb{R}^n)$, der aus glatten Funktionen besteht, einzuschränken. Optimal ist dabei die Wahl des als nächstes definierten Schwartzraums $\mathscr{S}(\mathbb{R}^n)$.

▶ **Definition V.2.3** Eine Funktion $f\colon \mathbb{R}^n \to \mathbb{C}$ heißt *schnell fallend*, falls

$$\lim_{|x|\to\infty} x^\alpha f(x) = 0 \qquad \forall \alpha \in \mathbb{N}_0^n; \tag{V.8}$$

hier ist x^α durch $x_1^{\alpha_1} \cdots x_n^{\alpha_n}$ erklärt. Der Raum

$$\mathscr{S}(\mathbb{R}^n) = \{f \in C^\infty(\mathbb{R}^n)\colon D^\beta f \text{ schnell fallend } \forall \beta \in \mathbb{N}_0^n\}$$

heißt *Schwartzraum*, seine Elemente *Schwartzfunktionen*.

Ein Beispiel einer Schwartzfunktion ist $\gamma(x) = e^{-x^2}$. Statt (V.8) kann man auch äquivalenterweise

$$\lim_{|x|\to\infty} P(x)f(x) = 0 \qquad \forall \text{Polynome } P\colon \mathbb{R}^n \to \mathbb{C} \tag{V.9}$$

oder

$$\lim_{|x|\to\infty} |x|^m f(x) = 0 \qquad \forall m \in \mathbb{N}_0 \tag{V.10}$$

fordern. (Offensichtlich impliziert (V.8) die Bedingung (V.9), und (V.9) liefert (V.10), da man sich auf gerade m beschränken kann und dann das Polynom $P(x) = (x_1^2 + \cdots + x_n^2)^{m/2}$ betrachtet. Schließlich zeigt $|x^\alpha| \leq |x|^{|\alpha|}$ die noch fehlende Implikation.)

Nach Definition verschwinden Schwartzfunktionen und ihre sämtlichen Ableitungen im Unendlichen schneller als das Reziproke jeden Polynoms. Daher ist $\mathscr{S}(\mathbb{R}^n) \subset L^p(\mathbb{R}^n)$ für alle $p \geq 1$, da für $mp - (n-1) > 1$ und $f \in \mathscr{S}(\mathbb{R}^n)$

$$\int_{\mathbb{R}^n} |f(x)|^p \, dx \leq \int_{\mathbb{R}^n} \left(\frac{c}{1+|x|^m}\right)^p dx$$

$$= c^p \omega_{n-1} \int_0^\infty \left(\frac{1}{1+r^m}\right)^p r^{n-1} \, dr \; < \; \infty,$$

wo ω_{n-1} die Oberfläche der Sphäre $\{x \in \mathbb{R}^n\colon |x| = 1\}$ und c eine geeignete Konstante bezeichnet. Offensichtlich ist $\mathscr{S}(\mathbb{R}^n)$ ein Vektorraum, der $\mathscr{D}(\mathbb{R}^n)$ umfasst; also liegt $\mathscr{S}(\mathbb{R}^n)$ dicht in $L^p(\mathbb{R}^n)$ für $1 \leq p < \infty$.

Eine C^∞-Funktion f ist genau dann eine Schwartzfunktion, wenn

$$\sup_{x\in\mathbb{R}^n}(1 + |x|^m)|D^\beta f(x)| < \infty \qquad \forall m \in \mathbb{N}_0,\ \beta \in \mathbb{N}_0^n. \tag{V.11}$$

Zum Beweis beachte, dass (V.11)

$$|x|^m |D^\beta f(x)| \leq \frac{(|x|^m + |x|^{m+1})|D^\beta f(x)|}{1 + |x|} \leq \frac{c}{1 + |x|} \to 0$$

impliziert. Man verwendet hier $1 + |x|^m$ statt des Vorfaktors $|x|^m$, da man dann stets durch diesen Faktor dividieren kann, was sich häufig als nützlich herausstellt.

Die Bedeutung des Schwartzraums liegt darin, dass die Fouriertransformation $\mathscr{F}$ eine Bijektion von $\mathscr{S}(\mathbb{R}^n)$ auf $\mathscr{S}(\mathbb{R}^n)$ vermittelt (Satz V.2.8), was für $L^1(\mathbb{R}^n)$ nicht der Fall ist. Um diesen Satz zu beweisen, sind einige Vorbereitungen notwendig. Im Folgenden wird die Funktion $x \mapsto x^\alpha$ ebenfalls mit dem Symbol x^α bezeichnet; das ist zwar nicht ganz präzise, gestattet aber, einige Aussagen leichter zu formulieren.

Ist $f \in \mathscr{S}(\mathbb{R}^n)$, so ergibt sich unmittelbar aus der Definition

$$x^\alpha f \in \mathscr{S}(\mathbb{R}^n), \quad D^\alpha f \in \mathscr{S}(\mathbb{R}^n) \qquad \forall \alpha \in \mathbb{N}_0^n.$$

Im nächsten Lemma studieren wir die Wirkung von Differentiation und Fouriertransformation.

Lemma V.2.4 *Sei $f \in \mathscr{S}(\mathbb{R}^n)$ und α ein Multiindex. Dann gelten:*

(a) $\mathscr{F}f \in C^\infty(\mathbb{R}^n)$ *und* $D^\alpha(\mathscr{F}f) = (-i)^{|\alpha|} \mathscr{F}(x^\alpha f)$.
(b) $\mathscr{F}(D^\alpha f) = i^{|\alpha|} \xi^\alpha \mathscr{F}f$.

Beweis. (a) Die formale Rechnung lautet:

$$D^\alpha(\mathscr{F}f)(\xi) = \frac{\partial^\alpha}{\partial \xi^\alpha} \frac{1}{(2\pi)^{n/2}} \int_{\mathbb{R}^n} f(x) e^{-ix\xi} \, dx$$

$$\overset{(*)}{=} \frac{1}{(2\pi)^{n/2}} \int_{\mathbb{R}^n} f(x) \frac{\partial^\alpha}{\partial \xi^\alpha} e^{-ix\xi} \, dx$$

$$= (-i)^{|\alpha|} \frac{1}{(2\pi)^{n/2}} \int_{\mathbb{R}^n} f(x) x^\alpha e^{-ix\xi} \, dx$$

$$= (-i)^{|\alpha|} \mathscr{F}(x^\alpha f)(\xi).$$

Es ist noch zu begründen, warum in $(*)$ die Differentiation unter dem Integral erlaubt ist. Da $x^\alpha f \in \mathscr{S}(\mathbb{R}^n) \subset L^1(\mathbb{R}^n)$ ist, folgt das aus dem Konvergenzsatz von Lebesgue; siehe Korollar A.3.3.

(b) Durch partielle Integration erhält man (beachte, dass wegen $x^\beta f \in \mathscr{S}(\mathbb{R}^n)$) alle Randterme verschwinden)

$$\mathscr{F}(D^\alpha f)(\xi) = \frac{1}{(2\pi)^{n/2}} \int_{\mathbb{R}^n} (D^\alpha f)(x) e^{-ix\xi}\, dx$$

$$= \frac{(-1)^{|\alpha|}}{(2\pi)^{n/2}} \int_{\mathbb{R}^n} f(x) \frac{\partial^\alpha}{\partial x^\alpha} e^{-ix\xi}\, dx$$

$$= (-1)^{|\alpha|}(-i)^{|\alpha|}\xi^\alpha (\mathscr{F}f)(\xi),$$

was zu zeigen war. $\square$

Lemma V.2.4 drückt die wichtige Eigenschaft der Fouriertransformation aus, Ableitungen in Multiplikationen zu verwandeln, also analytische Operationen zu algebraischen zu machen.

Lemma V.2.5 *Wenn $f \in \mathscr{S}(\mathbb{R}^n)$ ist, ist auch $\mathscr{F}f \in \mathscr{S}(\mathbb{R}^n)$.*

Beweis. In Lemma V.2.4(a) wurde $\mathscr{F}f \in C^\infty(\mathbb{R}^n)$ festgestellt. Es ist zu zeigen, dass $\xi^\alpha D^\beta(\mathscr{F}f)(\xi) \to 0$ für $|\xi| \to \infty$ strebt. Nach Lemma V.2.4 ist

$$\xi^\alpha D^\beta(\mathscr{F}f)(\xi) = (-i)^{|\beta|}(-i)^{|\alpha|}\mathscr{F}(D^\alpha x^\beta f)(\xi),$$

und da $D^\alpha(x^\beta f) \in \mathscr{S}(\mathbb{R}^n)$, also integrierbar, ist, folgt die Behauptung aus Satz V.2.2. $\square$

Wir berechnen nun die Fouriertransformierte der Funktion

$$\gamma(x) = e^{-x^2/2} \qquad \forall x \in \mathbb{R}^n.$$

Dies ist (bis auf einen Faktor) die Dichte der Standardnormalverteilung der Wahrscheinlichkeitstheorie. Wir setzen noch $\gamma_a(x) = \gamma(ax)$ für $a > 0$. Bekanntlich gilt

$$\frac{1}{(2\pi)^{n/2}} \int_{\mathbb{R}^n} \gamma(x)\, dx = 1.$$

Lemma V.2.6 *Es gilt*

$$(\mathscr{F}\gamma)(\xi) = e^{-\xi^2/2}, \quad (\mathscr{F}\gamma_a)(\xi) = \frac{1}{a^n}(\mathscr{F}\gamma)\Big(\frac{\xi}{a}\Big).$$

Beweis. Die zweite Behauptung ist klar. Wir berechnen jetzt $\mathscr{F}\gamma$ für den Fall $n = 1$. Dann erfüllt γ die gewöhnliche Differentialgleichung

$$y' + xy = 0 \tag{V.12}$$

mit dem Anfangswert $y(0) = 1$. Nun gilt nach Lemma V.2.4

$$0 = \mathscr{F}(\gamma' + x\gamma) = i\xi\mathscr{F}\gamma + \left(\frac{1}{-i}\mathscr{F}\gamma\right)',$$

d. h. $\mathscr{F}\gamma$ erfüllt ebenfalls (V.12) mit demselben Anfangswert

$$(\mathscr{F}\gamma)(0) = \frac{1}{\sqrt{2\pi}}\int_{-\infty}^{\infty} e^{-x^2/2}\,dx = 1.$$

Da Anfangswertprobleme für lineare gewöhnliche Differentialgleichungen eindeutig lösbar sind, folgt $\gamma = \mathscr{F}\gamma$.

Der Fall $n > 1$ wird auf $n = 1$ zurückgeführt, nämlich

$$(\mathscr{F}\gamma)(\xi) = \frac{1}{(2\pi)^{n/2}}\int_{-\infty}^{\infty}\cdots\int_{-\infty}^{\infty}\prod e^{-x_k^2/2}\prod e^{ix_k\xi_k}\,dx_1\ldots dx_n$$
$$= e^{-\xi_1^2/2}\cdots e^{-\xi_n^2/2} = e^{-\xi^2/2}. \qquad\qquad \square$$

Lemma V.2.7 *Für $f \in \mathscr{S}(\mathbb{R}^n)$ gilt*

$$(\mathscr{F}\mathscr{F}f)(x) = f(-x) \qquad \forall x \in \mathbb{R}^n.$$

Beweis. Es gilt $\mathscr{F}f \in \mathscr{S}(\mathbb{R}^n)$ (Lemma V.2.5), so dass die linke Seite wohldefiniert ist. Versucht man, das Doppelintegral $(\mathscr{F}\mathscr{F}f)(x)$ mittels des Satzes von Fubini direkt auszuwerten, stößt man auf Schwierigkeiten, da ein nicht konvergentes Integral entsteht. Daher arbeitet man mit den „konvergenzerzeugenden" Funktionen γ_a.

Wir beobachten zunächst als unmittelbare Konsequenz des Satzes von Fubini

$$\int_{\mathbb{R}^n}(\mathscr{F}f)(x)g(x)\,dx = \int_{\mathbb{R}^n} f(x)(\mathscr{F}g)(x)\,dx \qquad \forall f, g \in \mathscr{S}(\mathbb{R}^n); \qquad (V.13)$$

hier ist die Integralvertauschung wirklich erlaubt, da $(x, \xi) \mapsto f(\xi)g(x)e^{-ix\xi}$ integrierbar ist. Das impliziert für $g(x) = e^{-ix\xi_0}\gamma(ax)$, wo $\xi_0 \in \mathbb{R}^n$ und $a > 0$ fest sind, wegen

$$(\mathscr{F}g)(\xi) = \frac{1}{(2\pi)^{n/2}}\int_{\mathbb{R}^n} e^{-ix\xi_0}\gamma(ax)e^{-ix\xi}\,dx = (\mathscr{F}\gamma_a)(\xi + \xi_0)$$

und Lemma V.2.6 mit der Variablensubstitution $u = \frac{x+\xi_0}{a}$

$$\frac{1}{(2\pi)^{n/2}}\int_{\mathbb{R}^n}(\mathscr{F}f)(x)e^{-ix\xi_0}\gamma(ax)\,dx$$
$$= \frac{1}{(2\pi)^{n/2}}\int_{\mathbb{R}^n} f(x)\frac{1}{a^n}(\mathscr{F}\gamma)\left(\frac{x+\xi_0}{a}\right)dx$$
$$= \frac{1}{(2\pi)^{n/2}}\int_{\mathbb{R}^n} f(au-\xi_0)\gamma(u)\,du.$$

Lässt man $a \to 0$ streben, so zeigt der Lebesguesche Konvergenzsatz, dass der erste Term gegen $(\mathscr{F}\mathscr{F}f)(\xi_0)$ und der letzte gegen $f(-\xi_0)$ konvergiert. (Im ersten Term ist $|\mathscr{F}f|$ und im letzten $\|f\|_\infty \gamma$ eine integrierbare Majorante.)

Damit ist das Lemma bewiesen. $\square$

Satz V.2.8 *Die Fouriertransformation ist eine Bijektion von $\mathscr{S}(\mathbb{R}^n)$ auf $\mathscr{S}(\mathbb{R}^n)$; der inverse Operator ist durch*

$$(\mathscr{F}^{-1}f)(x) = \frac{1}{(2\pi)^{n/2}} \int_{\mathbb{R}^n} f(\xi)e^{ix\xi}\, d\xi \qquad \forall x \in \mathbb{R}^n \tag{V.14}$$

gegeben. Ferner gilt

$$\langle \mathscr{F}f, \mathscr{F}g \rangle_{L^2} = \langle f, g \rangle_{L^2} \qquad \forall f, g \in \mathscr{S}(\mathbb{R}^n).$$

Beweis. Nach Lemma V.2.7 gilt $\mathscr{F}^4 = \mathrm{Id}_{\mathscr{S}(\mathbb{R}^n)}$. Daraus folgt, dass $\mathscr{F}$ bijektiv und $\mathscr{F}^{-1} = \mathscr{F}^3$ ist, und das liefert sofort

$$(\mathscr{F}^{-1}f)(x) = \big(\mathscr{F}^2(\mathscr{F}f)\big)(x) = (\mathscr{F}f)(-x),$$

was (V.14) zeigt. Ferner gilt nach (V.13)

$$\int_{\mathbb{R}^n} (\mathscr{F}f)(\xi)\overline{(\mathscr{F}g)(\xi)}\, d\xi = \int_{\mathbb{R}^n} f(x)\big(\mathscr{F}(\overline{\mathscr{F}g})\big)(x)\, dx.$$

Setzt man abkürzend $h = \mathscr{F}g$, so erhält man

$$\begin{aligned}
(\mathscr{F}\overline{h})(x) &= \frac{1}{(2\pi)^{n/2}} \int_{\mathbb{R}^n} \overline{h(\xi)} e^{-ix\xi}\, d\xi \\
&= \frac{1}{(2\pi)^{n/2}} \overline{\int_{\mathbb{R}^n} h(\xi)e^{ix\xi}\, d\xi} \\
&= \overline{(\mathscr{F}^{-1}h)(x)} = \overline{g(x)}
\end{aligned}$$

und daraus

$$\langle \mathscr{F}f, \mathscr{F}g \rangle_{L^2} = \int_{\mathbb{R}^n} f(x)\overline{g(x)}\, dx = \langle f, g \rangle_{L^2}. \qquad \square$$

Insbesondere gilt

$$\|\mathscr{F}f\|_{L^2} = \|f\|_{L^2} \qquad \forall f \in \mathscr{S}(\mathbb{R}^n).$$

Der Operator $\mathscr{F}$ ist also auf dem Teilraum $\mathscr{S}(\mathbb{R}^n)$ von $L^2(\mathbb{R}^n)$ wohldefiniert, bijektiv und bzgl. $\|\,.\,\|_{L^2}$ isometrisch. Da $\mathscr{S}(\mathbb{R}^n)$ nach Lemma V.1.10 dicht in $L^2(\mathbb{R}^n)$ liegt, kann $\mathscr{F}$ zu einem isometrischen Operator auf $L^2(\mathbb{R}^n)$ fortgesetzt werden; diese Fortsetzung, genannt

Fourier-Plancherel-Transformation, soll einstweilen mit $\mathscr{F}_2$ bezeichnet werden. Wegen Satz V.2.8 ist $\mathscr{F}_2\colon L^2(\mathbb{R}^n) \to L^2(\mathbb{R}^n)$ ein isometrischer Isomorphismus, und es gilt die *Plancherel-Gleichung*

$$\langle \mathscr{F}_2 f, \mathscr{F}_2 g \rangle_{L^2} = \langle f, g \rangle_{L^2} \qquad \forall f, g \in L^2(\mathbb{R}^n). \tag{V.15}$$

Es ist wichtig zu bemerken, dass $\mathscr{F}_2 f$ für $f \in L^2(\mathbb{R}^n)$ nicht durch (V.7) gegeben ist; ist $f \in L^2(\mathbb{R}^n)$, so braucht das Integral in (V.7) nicht zu existieren. Ferner ist $\mathscr{F}_2 f$ nach Konstruktion eine Äquivalenzklasse von Funktionen, während (V.7) wirklich eine Funktion definiert.

Hier ist der Zusammenhang zwischen $\mathscr{F}$ und $\mathscr{F}_2$. Wir setzen $B_R = \{x \in \mathbb{R}^n\colon |x| \leq R\}$ und für $f \in L^2(\mathbb{R}^n)$

$$g_R(\xi) = \frac{1}{(2\pi)^{n/2}} \int_{B_R} f(x) e^{-ix\xi}\, dx.$$

Satz V.2.9

(a) *Für $f \in L^1(\mathbb{R}^n) \cap L^2(\mathbb{R}^n)$ gilt*

$$(\mathscr{F}_2 f)(\xi) = \frac{1}{(2\pi)^{n/2}} \int_{\mathbb{R}^n} f(x) e^{-ix\xi}\, dx \qquad \text{fast überall.}$$

(b) *Für $f \in L^2(\mathbb{R}^n)$ gilt*

$$\mathscr{F}_2 f = \lim_{R \to \infty} g_R,$$

wo die Konvergenz im Sinn von $\|\,.\,\|_{L^2}$ vorliegt.

Beweis. (a) Der Beweis von Lemma V.1.10 zeigt, dass es eine Folge (f_k) in $\mathscr{D}(\mathbb{R}^n)$ mit $\|f_k - f\|_{L^1} \to 0$ und $\|f_k - f\|_{L^2} \to 0$ gibt. Satz V.2.2 impliziert die gleichmäßige Konvergenz von $(\mathscr{F} f_k)$ gegen $\mathscr{F} f$, und diese liefert

$$\int_{B_R} |\mathscr{F} f_k(\xi) - \mathscr{F} f(\xi)|^2\, d\xi \to 0 \qquad \forall R > 0.$$

Andererseits gilt nach der Plancherel-Gleichung (V.15)

$$\|\mathscr{F} f_k - \mathscr{F}_2 f\|_{L^2} = \|\mathscr{F}_2(f_k - f)\|_{L^2} = \|f_k - f\|_{L^2} \to 0,$$

also

$$\int_{B_R} |\mathscr{F} f_k(\xi) - \mathscr{F}_2 f(\xi)|^2\, d\xi \to 0 \qquad \forall R > 0.$$

Daraus folgt $\mathscr{F}_2 f(\xi) = \mathscr{F} f(\xi)$ fast überall.

(b) Nach Definition und (a) ist $g_R = \mathscr{F}(\chi_{B_R} f) = \mathscr{F}_2(\chi_{B_R} f)$ fast überall (beachte, dass $\chi_{B_R} f$ wegen $L^2(B_R) \subset L^1(B_R)$ integrierbar ist). Weil $(\chi_{B_R} f)$ nach dem Konvergenzsatz von Lebesgue in $L^2(\mathbb{R}^n)$ gegen f konvergiert, liefert die Stetigkeit von $\mathscr{F}_2$, dass $g_R \to \mathscr{F}_2 f$ in $L^2(\mathbb{R}^n)$ gilt.   □

Die Aussage von (b) drückt man auch durch die Formel

$$(\mathscr{F}_2 f)(\xi) = \underset{R \to \infty}{\text{l.i.m.}} \frac{1}{(2\pi)^{n/2}} \int_{B_R} f(x) e^{-ix\xi} \, dx$$

aus; hierbei ist *nicht* die punktweise Konvergenz, sondern die Konvergenz im quadratischen Mittel gemeint. l.i.m. steht für „Limes im Mittel".

Wie in Theorem II.4.2 werden wir ab jetzt $\mathscr{F}$ und $\mathscr{F}_2$ als „dieselben" Operatoren ansehen; das ist durch Satz V.2.9(a) gerechtfertigt. Wir schreiben daher $\mathscr{F}$ statt $\mathscr{F}_2$, und die Plancherel-Gleichung lautet nun

$$\langle \mathscr{F}f, \mathscr{F}g \rangle_{L^2} = \langle f, g \rangle_{L^2} \qquad \forall f, g \in L^2(\mathbb{R}^n). \tag{V.16}$$

Nun untersuchen wir die Fouriertransformation auf $L^p(\mathbb{R}^n)$ für $1 \leq p \leq 2$.

Satz V.2.10 (Hausdorff-Young-Ungleichung)
Seien $1 \leq p \leq 2$ und $\frac{1}{p} + \frac{1}{q} = 1$. Für $f \in \mathscr{S}(\mathbb{R}^n)$ ist $\mathscr{F}f \in L^q(\mathbb{R}^n)$, und es gilt

$$\|\mathscr{F}f\|_{L^q} \leq \frac{1}{(2\pi)^{n/p - n/2}} \|f\|_{L^p}. \tag{V.17}$$

Die Fouriertransformation $\mathscr{F}$ hat eine Ausdehnung zu einem stetigen Operator $\mathscr{F} \colon L^p(\mathbb{R}^n) \to L^q(\mathbb{R}^n)$, der durch

$$(\mathscr{F}f)(\xi) = \underset{R \to \infty}{\text{l.i.m.}} \frac{1}{(2\pi)^{n/2}} \int_{B_R} f(x) e^{-ix\xi} \, dx$$

beschrieben wird; l.i.m. steht hier für die Konvergenz in $L^q(\mathbb{R}^n)$.

Beweis. Die Aussage ist richtig für $p = 1$, $q = \infty$ (Satz V.2.2) und für $p = 2$, $q = 2$ (V.16):

$$\|\mathscr{F} \colon L^1 \to L^\infty\| \leq (2\pi)^{-n/2},$$
$$\|\mathscr{F} \colon L^2 \to L^2\| \leq 1.$$

Für $1 < p < 2$ folgt sie aus dem Satz von Riesz-Thorin (Theorem II.4.2). Wählt man dort nämlich θ mit $\frac{1}{p} = \frac{1-\theta}{1} + \frac{\theta}{2}$, d. h. $\theta = 2 - \frac{2}{p}$, so ist $\frac{1}{q} = \frac{1-\theta}{\infty} + \frac{\theta}{2}$, und (II.19) liefert (V.17).

Dass die Ausdehnung die beschriebene Gestalt hat, beweist man wie Satz V.2.9(b).   □

Für $f \in L^p(\mathbb{R}^n)$ mit $p > 2$ kann $\mathscr{F}f$ nicht mehr als Funktion dargestellt werden, sondern nur noch als Distribution; siehe dazu Abschn. VIII.5.

Als nächstes beweisen wir das Analogon zu Lemma V.2.4 für schwache Ableitungen (Definition V.1.11).

Lemma V.2.11 *Sei $f \in W^m(\mathbb{R}^n)$. Dann gilt für $|\alpha| \leq m$*

$$\mathscr{F}(D^{(\alpha)}f) = i^{|\alpha|}\xi^\alpha \mathscr{F}f.$$

Beweis. Sei $\varphi \in \mathscr{S}(\mathbb{R}^n)$. Dann gilt nach der Plancherel-Gleichung (V.16) und Lemma V.2.4

$$
\begin{aligned}
\langle \mathscr{F}(D^{(\alpha)}f), \mathscr{F}\varphi \rangle &= \langle D^{(\alpha)}f, \varphi \rangle \\
&= (-1)^{|\alpha|} \langle f, D^\alpha \varphi \rangle \\
&= (-1)^{|\alpha|} \langle \mathscr{F}f, \mathscr{F}D^\alpha \varphi \rangle \\
&= (-1)^{|\alpha|} \langle \mathscr{F}f, i^{|\alpha|}\xi^\alpha \mathscr{F}\varphi \rangle \\
&= i^{|\alpha|} \int_{\mathbb{R}^n} \xi^\alpha (\mathscr{F}f)(\xi)\overline{(\mathscr{F}\varphi)(\xi)}\,d\xi;
\end{aligned}
$$

im zweiten Schritt muss man sich klarmachen, dass die partielle Integration auch mit Schwartzfunktionen klappt (Aufgabe V.6.7). Da die Fouriertransformation den Schwartz-raum auf sich abbildet, gilt für die Funktion $h = \mathscr{F}(D^{(\alpha)}f) - i^{|\alpha|}\xi^\alpha \cdot \mathscr{F}f$ daher insbesondere

$$\int_{\mathbb{R}^n} h(\xi)\overline{\psi(\xi)}\,d\xi = 0 \qquad \forall \psi \in \mathscr{D}(\mathbb{R}^n). \tag{V.18}$$

Die Crux ist nun, dass nicht a priori klar ist, dass h in $L^2(\mathbb{R}^n)$ liegt. Gewiss ist aber die Einschränkung von h auf jede Kugel $\Omega_R = \{x\colon |x| < R\}$ quadratisch integrierbar, und (V.18) liefert

$$\langle h, \psi \rangle_{L^2(\Omega_R)} = 0 \qquad \forall \psi \in \mathscr{D}(\Omega_R).$$

Da $\mathscr{D}(\Omega_R)$ dicht in $L^2(\Omega_R)$ liegt, folgt nach Lemma V.1.5 $h = 0$ fast überall auf Ω_R und deshalb $h = 0$ fast überall. Das war zu zeigen. $\qquad\square$

Jetzt stehen alle Hilfsmittel bereit, um die Sätze von Sobolev und Rellich zu beweisen. Wir erinnern daran, dass $C^k(\Omega)$ den Vektorraum aller k-mal stetig differenzierbaren Funktionen von Ω nach $\mathbb{C}$ bezeichnet.

Satz V.2.12 (Lemma von Sobolev)
Sei $\Omega \subset \mathbb{R}^n$ offen, und seien $m, k \in \mathbb{N}_0$ mit $m > k+\frac{n}{2}$. Ist $f \in W^m(\Omega)$, so existiert eine k-mal stetig differenzierbare Funktion auf Ω, die mit f fast überall übereinstimmt. Mit anderen Worten, die Äquivalenzklasse $f \in W^m(\Omega)$ hat einen Repräsentanten in $C^k(\Omega)$.

Beweis. Wir betrachten zuerst den Fall $\Omega = \mathbb{R}^n$. Im Beweis von Lemma V.2.4(a) wurde folgende Aussage mitbewiesen:

- Falls $g \in L^1(\mathbb{R}^n)$ und $x^\alpha g \in L^1(\mathbb{R}^n)$ für $|\alpha| \leq k$, so ist $\mathscr{F}g$ k-mal stetig differenzierbar.

Die Idee ist hier, dieses Kriterium für $g = \mathscr{F}f$ zu benutzen. Wir werden also zeigen:

- Falls $f \in W^m(\mathbb{R}^n)$, $m > k + \frac{n}{2}$ und $|\alpha| \leq k$, so ist $\xi^\alpha \mathscr{F}f \in L^1(\mathbb{R}^n)$.

Dazu beobachten wir zunächst, dass Lemma V.2.11 $\xi^\alpha \mathscr{F}f \in L^2(\mathbb{R}^n)$ für $|\alpha| \leq m$ impliziert. Insbesondere gelten

$$\int_{\mathbb{R}^n} \xi_j^{2m} |\mathscr{F}f(\xi)|^2 \, d\xi < \infty \qquad \forall j = 1, \ldots, n$$

und

$$\int_{\mathbb{R}^n} |\mathscr{F}f(\xi)|^2 \, d\xi < \infty.$$

Wegen

$$1 + \xi^2 = \|(1, \xi_1^2, \ldots, \xi_n^2)\|_{\ell^1(n+1)}$$

$$\leq \|(1, \ldots, 1)\|_{\ell^p(n+1)} \|(1, \xi_1^2, \ldots, \xi_n^2)\|_{\ell^m(n+1)}$$

$$= (n+1)^{1/p} (1 + \xi_1^{2m} + \cdots + \xi_n^{2m})^{1/m},$$

wo $\frac{1}{p} + \frac{1}{m} = 1$ (Höldersche Ungleichung I.1.4), folgt

$$\int_{\mathbb{R}^n} (1 + \xi^2)^m |\mathscr{F}f(\xi)|^2 \, d\xi < \infty.$$

Ferner gilt trivialerweise $|\xi^\alpha| \leq |\xi|^{|\alpha|}$. Diese Abschätzungen und die Cauchy-Schwarz-Ungleichung implizieren nun für $|\alpha| \leq k$

$$\int_{\mathbb{R}^n} |\xi^\alpha \mathscr{F}f(\xi)| \, d\xi \leq \int_{\mathbb{R}^n} (1 + \xi^2)^{|\alpha|/2} |\mathscr{F}f(\xi)| \, d\xi$$

$$\leq \int_{\mathbb{R}^n} (1 + \xi^2)^{m/2} |\mathscr{F}f(\xi)| (1 + \xi^2)^{-(m-k)/2} \, d\xi$$

$$\leq \left(\int_{\mathbb{R}^n} (1 + \xi^2)^m |\mathscr{F}f(\xi)|^2 \, d\xi \right)^{1/2} \left(\int_{\mathbb{R}^n} \frac{1}{(1 + \xi^2)^{m-k}} \, d\xi \right)^{1/2}$$

$$< \infty,$$

denn mit ω_{n-1} = Oberfläche der Einheitssphäre in $\mathbb{R}^n$ gilt

$$\int_{\mathbb{R}^n} \frac{1}{(1+\xi^2)^{m-k}} \, d\xi = \omega_{n-1} \int_0^\infty \frac{1}{(1+r^2)^{m-k}} r^{n-1} \, dr < \infty$$

für $2(m-k) - (n-1) > 1$, d. h. $m > k + \frac{n}{2}$.

Daher ist $\xi^\alpha \mathscr{F} f \in L^1(\mathbb{R}^n)$ und deshalb $\mathscr{F}\mathscr{F} f \in C^k(\mathbb{R}^n)$. Andererseits gilt mit $(\sigma g)(x) = g(-x)$ die Gleichung $\sigma g = \mathscr{F}\mathscr{F} g$ für $g \in \mathscr{S}(\mathbb{R}^n)$ (Lemma V.2.7); da σ und $\mathscr{F}$ stetig sind und $\mathscr{S}(\mathbb{R}^n)$ dicht liegt, gilt diese Gleichung auch für $g \in L^2(\mathbb{R}^n)$. Es folgt, dass f mit der C^k-Funktion $\sigma(\mathscr{F}\mathscr{F} f)$ fast überall übereinstimmt. Das zeigt die Behauptung des Satzes im Fall $\Omega = \mathbb{R}^n$.

Sei nun $\Omega \subset \mathbb{R}^n$ eine beliebige offene Teilmenge und $f \in W^m(\Omega)$. Seien $y \in \Omega$, $r > 0$ und $B(y,r) = \{x \in \mathbb{R}^n : |x - y| < r\}$. Es sei r so klein, dass $K := \overline{B(y,r)} \subset \Omega$ gilt. Wähle jetzt $\varphi \in \mathscr{D}(\Omega)$ mit $\varphi|_K = 1$. (Setzt man φ_ε wie im Beweis von Lemma V.1.10, so ist für hinreichend kleines ε

$$\varphi(x) = \int_{B(y,r+\varepsilon)} \varphi_\varepsilon(x - z) \, dz$$

solch eine Funktion.) Nach Aufgabe V.6.8 ist $\varphi f \in W^m(\Omega)$, und da diese Funktion in einer Umgebung von $\partial\Omega$ verschwindet, können wir sie durch 0 zu einer Funktion in $W^m(\mathbb{R}^n)$ fortsetzen. Der erste Teil des Beweises zeigt die Existenz einer k-mal stetig differenzierbaren Funktion $g_{y,r}$ mit $g_{y,r} = \varphi f$ fast überall, insbesondere ist

$$g_{y,r}(x) = f(x) \quad \text{für fast alle } x \in B(y,r).$$

Ist für zwei solche Parameterpaare (y,r) bzw. (z,s) die Menge $B := B(y,r) \cap B(z,s) \neq \emptyset$, so folgt insbesondere $g_{y,r} = g_{z,s}$ fast überall auf B. Da es sich um stetige Funktionen handelt, ist $\{x \in B : g_{y,r}(x) \neq g_{z,s}(x)\}$ eine offene Nullmenge, also leer. Das zeigt $g_{y,r} = g_{z,s}$ überall auf B. Daher ist durch

$$g(x) = g_{y,r}(x) \quad \text{falls } x \in B(y,r)$$

eine wohldefinierte C^k-Funktion auf Ω erklärt, die fast überall mit f übereinstimmt. □

Grob gesagt impliziert das Sobolevlemma, dass m-mal schwach differenzierbare Funktionen pro halber Raumdimension eine Differenzierbarkeitsordnung gegenüber klassisch differenzierbaren Funktionen verlieren. Das Sobolevlemma gilt nicht mehr für den Grenzexponenten $m = k + \frac{n}{2}$; siehe Aufgabe V.6.9.

Satz V.2.13 (Rellichscher Einbettungssatz)
Ist $\Omega \subset \mathbb{R}^n$ beschränkt und offen, so ist der identische Operator von $H_0^m(\Omega)$ nach $H_0^{m-1}(\Omega)$ kompakt.

Beweis. Es reicht, sich auf den Fall $m = 1$ zu beschränken. Ist dieser Fall nämlich bewiesen und (f_j) eine beschränkte Folge in $H_0^m(\Omega)$, so sind alle $(D^{(\alpha)} f_j)$, $0 \leq |\alpha| \leq m-1$, beschränkt in $H_0^1(\Omega)$ und besitzen daher $\|\,.\,\|_{L^2}$-Cauchyteilfolgen. Durch sukzessive Anwendung dieses Schlusses auf alle solche Multiindizes erhält man eine in $H_0^{m-1}(\Omega)$ konvergente Teilfolge von (f_j), da $H_0^{m-1}(\Omega)$ vollständig ist.

Daher genügt es zu zeigen, dass die identische Einbettung von $H_0^1(\Omega)$ nach $L^2(\Omega)$ kompakt ist. Wir geben zwei Beweise dieser Tatsache. Der erste Beweis benutzt Techniken der schwachen Konvergenz und die Fouiertransformation, um zu zeigen, dass eine beschränkte Folge (f_j) in $H_0^1(\Omega)$ eine $\|\,.\,\|_{L^2}$-konvergente Teilfolge hat. Weil $\mathscr{D}(\Omega)$ nach Definition dicht in $H_0^1(\Omega)$ liegt, darf man $f_j \in \mathscr{D}(\Omega)$ annehmen; diese Funktionen dürfen wir dann auch als Elemente von $\mathscr{D}(\mathbb{R}^n)$ ansehen. Wegen Theorem III.3.7 (beachte, dass die Folge (f_j) trivialerweise auch in $L^2(\Omega)$ beschränkt ist) besitzt (f_j) eine in $L^2(\Omega)$ schwach konvergente Teilfolge. Ohne Einschränkung nehmen wir an, dass (f_j) selbst schwach konvergiert, und zeigen nun, dass (f_j) eine $\|\,.\,\|_{L^2}$-Cauchyfolge ist.

Nach der Plancherel-Gleichung gilt

$$\|f_k - f_j\|_{L^2}^2 = \|\mathscr{F}f_k - \mathscr{F}f_j\|_{L^2}^2 = \int_{\mathbb{R}^n} |\mathscr{F}f_k(\xi) - \mathscr{F}f_j(\xi)|^2 \, d\xi.$$

Dieses Integral zerlegen wir in

$$\int_{\{|\xi| \leq R\}} |\mathscr{F}f_k(\xi) - \mathscr{F}f_j(\xi)|^2 \, d\xi + \int_{\{|\xi| > R\}} |\mathscr{F}f_k(\xi) - \mathscr{F}f_j(\xi)|^2 \, d\xi.$$

Nun ist nach Lemma V.2.11 für $l = 1, \ldots, n$ und $f \in W^1(\mathbb{R}^n)$

$$\|\xi_l \mathscr{F}f\|_{L^2(\mathbb{R}^n)} = \left\|\mathscr{F}\left(\frac{\partial}{\partial x_l}f\right)\right\|_{L^2(\mathbb{R}^n)} = \left\|\frac{\partial}{\partial x_l}f\right\|_{L^2(\mathbb{R}^n)} \leq \|f\|_{W^1(\mathbb{R}^n)}$$

(die Ableitungen sind hier im verallgemeinerten Sinn zu verstehen), also ist die Folge $\left(|\xi|\mathscr{F}f_j\right)$ beschränkt in $L^2(\mathbb{R}^n)$. Zu gegebenem $\varepsilon > 0$ wähle jetzt $R > 0$ mit

$$\int_{\{|\xi| > R\}} |\mathscr{F}f_k(\xi) - \mathscr{F}f_j(\xi)|^2 \, d\xi \leq \frac{1}{R^2} \int_{\{|\xi| > R\}} |\xi|^2 |\mathscr{F}f_k(\xi) - \mathscr{F}f_j(\xi)|^2 \, d\xi$$
$$< \varepsilon \qquad \forall j, k \in \mathbb{N}. \qquad\qquad (V.19)$$

Mit $e_\xi(x) = e^{ix\xi}$ ist, da Ω beschränkt ist, $e_\xi \in L^2(\Omega)$. Folglich definiert

$$f \mapsto \langle f, e_\xi \rangle = \int_\Omega f(x)e^{-ix\xi} \, dx$$

eine nach der Cauchy-Schwarz-Ungleichung stetige Linearform auf $L^2(\Omega)$. Weil (f_j) in $L^2(\Omega)$ schwach konvergiert, ist daher $\left((\mathscr{F}f_j)(\xi)\right)$ für alle $\xi \in \mathbb{R}^n$ konvergent. Wir möchten daraus

$$\int_{\{|\xi|\leq R\}} |\mathscr{F}f_k(\xi)-\mathscr{F}f_j(\xi)|^2\,d\xi \to 0 \qquad \text{für } j,k\to\infty \tag{V.20}$$

schließen.

Nun ist (f_j) beschränkt in $L^2(\Omega)$, daher auch in $L^1(\Omega)$, da Ω beschränkt ist. Satz V.2.2 zeigt, dass $(\mathscr{F}f_j)$ in der Supremumsnorm beschränkt ist; deshalb folgt (V.20) aus dem Lebesgueschen Konvergenzsatz.

Mit (V.19) und (V.20) ist dieser Beweis des Satzes vollständig.

Der zweite Beweis der Kompaktheit der Einbettung von $H_0^1(\Omega)$ in $L^2(\Omega)$ basiert auf dem Kolmogorovschen Kompaktheitskriterium, Satz II.3.5, dessen wortgleiche n-dimensionale Version wir jetzt anwenden wollen. Da $\mathscr{D}(\Omega)$ definitionsgemäß dicht in $H_0^1(\Omega)$ liegt, ist die relative Kompaktheit der in $L^2(\Omega)$ beschränkten Menge $M = \{f \in \mathscr{D}(\Omega): \|f\|_{W^1(\Omega)} \leq 1\}$ in $L^2(\Omega)$ zu zeigen. Weil Ω beschränkt ist, ist also nur Bedingung (c) dieses Satzes zu überprüfen, d. h.

$$\lim_{h\to 0} \int_\Omega |f(x-h)-f(x)|^2\,dx = 0 \quad \text{gleichmäßig in } f \in M. \tag{V.21}$$

Dafür schreiben wir mit Hilfe des Hauptsatzes, angewandt auf $t \mapsto f(x-th)$,

$$f(x-h)-f(x) = \int_0^1 \langle(\operatorname{grad}f)(x-th),-h\rangle\,dt,$$

also erhält man aus der Hölderschen Ungleichung

$$|f(x-h)-f(x)|^2 \leq \int_0^1 |\langle(\operatorname{grad}f)(x-th),-h\rangle|^2\,dt$$
$$\leq \int_0^1 \|(\operatorname{grad}f)(x-th)\|^2\|h\|^2\,dt$$

sowie, indem man alle $f \in M$ als Funktionen auf $\mathbb{R}^n$ auffasst und den Satz von Fubini benutzt,

$$\int_{\mathbb{R}^n} |f(x-h)-f(x)|^2\,dx \leq \int_{\mathbb{R}^n}\int_0^1 \|(\operatorname{grad}f)(x-th)\|^2\|h\|^2\,dt\,dx$$
$$= \int_0^1\int_{\mathbb{R}^n} \|(\operatorname{grad}f)(x-th)\|^2\,dx\,dt \cdot \|h\|^2$$
$$= \int_0^1\int_{\mathbb{R}^n} \|(\operatorname{grad}f)(x)\|^2\,dx\,dt \cdot \|h\|^2$$
$$\leq \|f\|_{W^1(\Omega)}\|h\|^2 \leq \|h\|^2.$$

Daraus folgt (V.21), und auch der zweite Beweis ist abgeschlossen. $\qquad\square$

Der Einbettungssatz von Rellich braucht für die Räume $W^m(\Omega)$ nicht zu gelten; ein Gegenbeispiel findet man bei Courant/Hilbert [1968], Band 2, S. 522. Wenn es jedoch einen stetigen linearen Fortsetzungsoperator von $W^m(\Omega)$ nach $W^m(\mathbb{R}^n)$ gibt, folgt aus Satz V.2.13 leicht, dass auch $W^m(\Omega)$ kompakt in $W^{m-1}(\Omega)$ eingebettet ist. Ein solcher Fortsetzungsoperator existiert, wenn Ω glatt berandet ist oder allgemeiner die „gleichmäßige Kegelbedingung" erfüllt (Adams [1975], S. 91).

Zum Schluss dieses Abschnitts sollen die Sobolevräume $W^m(\mathbb{R}^n)$ mittels der Fouriertransformation beschrieben werden.

Satz V.2.14 *Es gilt*

$$W^m(\mathbb{R}^n) = \{f \in L^2(\mathbb{R}^n): (1 + |\xi|^2)^{m/2} \mathscr{F} f \in L^2(\mathbb{R}^n)\}. \tag{V.22}$$

Beweis. Die Inklusion „$\subset$" folgt unmittelbar aus Lemma V.2.11, und „$\supset$" praktisch auch: Der Beweis des Lemmas zeigt nämlich für $f \in L^2(\mathbb{R}^n)$, $\varphi \in \mathscr{D}(\mathbb{R}^n)$ und $|\alpha| \leq m$

$$(-1)^{|\alpha|} \langle f, D^\alpha \varphi \rangle = i^{|\alpha|} \langle \xi^\alpha \mathscr{F} f, \mathscr{F} \varphi \rangle = \langle g, \varphi \rangle,$$

wo $g := i^{|\alpha|} (\mathscr{F}^{-1} \xi^\alpha \mathscr{F}) f \in L^2(\mathbb{R}^n)$, falls $(1 + |\xi|^2)^{m/2} \mathscr{F} f \in L^2(\mathbb{R}^n)$. $\square$

Satz V.2.14 eröffnet die Möglichkeit, die Sobolevräume $W^m(\mathbb{R}^n)$ für beliebige Exponenten $m > 0$ zu erklären; (V.22) dient dann als Definition.[1] Traditionell bezeichnet man reelle Exponenten mit s statt mit m.

V.3 Orthogonalität

Wir kehren nun zur Untersuchung allgemeiner Hilberträume zurück. Mit Hilfe des Begriffs des Skalarprodukts kann das elementargeometrische Konzept der Orthogonalität abstrakt gefasst werden.

▶ **Definition V.3.1** Sei X ein Prähilbertraum. Zwei Vektoren $x, y \in X$ heißen *orthogonal*, in Zeichen $x \perp y$, falls $\langle x, y \rangle = 0$ gilt. Zwei Teilmengen $A, B \subset X$ heißen orthogonal, in Zeichen $A \perp B$, falls $x \perp y$ für alle $x \in A$, $y \in B$ gilt. Die Menge

$$A^\perp := \{y \in X: x \perp y \; \forall x \in A\}$$

heißt *orthogonales Komplement* von A.

---

[1]Auch im Fall negativer Exponenten kann man $W^m(\mathbb{R}^n)$ mittels (V.22) definieren, wenn man als Grundmenge der betrachteten f statt des Raums L^2 den Raum der temperierten Distributionen (Abschn. VIII.5) nimmt.

Die folgenden Eigenschaften ergeben sich direkt aus den Definitionen:

- (Satz des Pythagoras)

$$x \perp y \implies \|x\|^2 + \|y\|^2 = \|x + y\|^2. \tag{V.23}$$

- $A^\perp$ ist stets ein abgeschlossener Unterraum von X.
- $A \subset (A^\perp)^\perp$
- $A^\perp = (\overline{\mathrm{lin}}\, A)^\perp$

Es wird aus Theorem V.3.6 folgen, dass die Bezeichnung $A^\perp$ aus Definition V.3.1 mit der aus (III.4) konsistent ist.

Der nächste Satz ist zentral für die Hilbertraumtheorie; dabei ist die Vollständigkeit wesentlich.

Satz V.3.2 (Projektionssatz)
Sei H ein Hilbertraum, $K \subset H$ sei abgeschlossen und konvex, und es sei $x_0 \in H$. Dann existiert genau ein $x \in K$ mit

$$\|x - x_0\| = \inf_{y \in K} \|y - x_0\|.$$

Beweis. Die Aussage ist trivial, falls $x_0 \in K$; dann wähle einfach $x = x_0$. Also dürfen wir $x_0 \notin K$ annehmen, und es ist keine Einschränkung, $x_0 = 0$ anzunehmen (sonst verschiebe alles um $-x_0$).

Zur Existenz: Setze $d = \inf_{y \in K} \|y\|$. Dann existiert eine Folge (y_n) in K mit $\|y_n\| \to d$. Wir zeigen, dass (y_n) eine Cauchyfolge ist. In der Tat folgt aus der Parallelogrammgleichung (Satz V.1.7)

$$\left\| \frac{y_n + y_m}{2} \right\|^2 + \left\| \frac{y_n - y_m}{2} \right\|^2 = \frac{1}{2} \left(\|y_n\|^2 + \|y_m\|^2 \right) \to d^2 \text{ für } n, m \to \infty,$$

und wegen $\frac{1}{2}(y_n + y_m) \in K$ ist $\|\frac{1}{2}(y_n + y_m)\|^2 \geq d^2$. Daraus ergibt sich die Cauchy-Eigenschaft von (y_n). Da H vollständig ist, existiert $x := \lim y_n$, und da K abgeschlossen ist, ist $x \in K$. Wegen $\|y_n\| \to d$ folgt $\|x\| = d$.

Zur Eindeutigkeit: Erfüllen x und $\tilde{x}$

$$\|x\| = \|\tilde{x}\| = \inf_{y \in K} \|y\| = d$$

und gilt $x \neq \tilde{x}$, so folgt aus der Parallelogrammgleichung

$$\left\| \frac{x + \tilde{x}}{2} \right\|^2 < \left\| \frac{x + \tilde{x}}{2} \right\|^2 + \left\| \frac{x - \tilde{x}}{2} \right\|^2 = \frac{1}{2} \left(d^2 + d^2 \right) = d^2$$

im Widerspruch zur Definition von d, denn $\frac{1}{2}(x + \tilde{x}) \in K$. $\qquad \square$

Durch Satz V.3.2 wird eine (im Allgemeinen nichtlineare) Abbildung $P\colon H \to K$, $P(x_0) = x$, beschrieben. Sie lässt sich so charakterisieren:

Lemma V.3.3 *Sei K eine abgeschlossene konvexe Teilmenge des Hilbertraums H, und sei $x_0 \in H$. Dann sind für $x \in K$ äquivalent:*

(i) $\|x_0 - x\| = \inf_{y \in K} \|x_0 - y\|$
(ii) $\operatorname{Re}\langle x_0 - x, y - x\rangle \leq 0 \quad \forall y \in K$.

Anschaulich besagt (ii), dass der Winkel zwischen $x_0 - x$ und $y - x$ stets stumpf ist (siehe Abb. V.1; Kosinussatz!):

Beweis. (ii) $\Rightarrow$ (i) folgt aus

$$
\begin{aligned}
\|x_0 - y\|^2 &= \|(x_0 - x) + (x - y)\|^2 \\
&= \|x_0 - x\|^2 + 2\operatorname{Re}\langle x_0 - x, x - y\rangle + \|x - y\|^2 \\
&\geq \|x_0 - x\|^2.
\end{aligned}
$$

(i) $\Rightarrow$ (ii): Zu $t \in [0, 1]$ setze $y_t = (1 - t)x + ty \in K$, falls $y \in K$. Dann gilt wegen (i)

$$
\begin{aligned}
\|x_0 - x\|^2 &\leq \|x_0 - y_t\|^2 \\
&= \langle x_0 - x + t(x - y), x_0 - x + t(x - y)\rangle \\
&= \|x_0 - x\|^2 + 2\operatorname{Re}\langle x_0 - x, t(x - y)\rangle + t^2\|x - y\|^2.
\end{aligned}
$$

Folglich

$$
\operatorname{Re}\langle x_0 - x, y - x\rangle \leq \frac{t}{2}\|x - y\|^2 \qquad \forall t \in (0, 1].
$$

Daraus folgt (ii). $\qquad\qquad\qquad\qquad\qquad\qquad\qquad\qquad\qquad\qquad\qquad\qquad\qquad\square$

Abb. V.1 Zu Lemma V.3.3

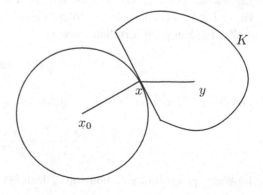

Der Fall eines abgeschlossenen Unterraums für K ist von allergrößter Bedeutung. Eine Projektion ist, wie in Abschn. IV.6 erklärt, eine Abbildung P mit $P^2 = P$.

Theorem V.3.4 (von der Orthogonalprojektion)
Sei $U \neq \{0\}$ ein abgeschlossener Unterraum des Hilbertraums H. Dann existiert eine lineare Projektion P_U von H auf U mit $\|P_U\| = 1$ und $\ker(P_U) = U^\perp$. $\mathrm{Id} - P_U$ ist Projektion von H auf $U^\perp$ mit $\|\mathrm{Id} - P_U\| = 1$ (es sei denn, $U = H$), und es ist $H = U \oplus_2 U^\perp$. (P_U wird Orthogonalprojektion *auf U genannt.)*

Beweis. Zu $x_0 \in H$ bezeichne mit $P_U(x_0) \in U$ denjenigen gemäß Satz V.3.2 eindeutig bestimmten Punkt x in U, der die Bedingungen (i) bzw. (ii) in Lemma V.3.3 erfüllt. Dann ist natürlich P_U eine Projektion auf U. Nach Lemma V.3.3 gilt also

$$\mathrm{Re}\langle x_0 - P_U(x_0), y - P_U(x_0)\rangle \leq 0 \qquad \forall y \in U.$$

Da mit y auch $y - P_U(x_0)$ den Unterraum U durchläuft, ist

$$\mathrm{Re}\langle x_0 - P_U(x_0), y\rangle \leq 0 \qquad \forall y \in U$$

und schließlich (betrachte $-y$ sowie iy)

$$\langle x_0 - P_U(x_0), y\rangle = 0 \qquad \forall y \in U. \tag{V.24}$$

Umgekehrt folgt aus (V.24) Bedingung (ii) aus Lemma V.3.3 für einen Unterraum U. Also ist $P_U(x_0)$ der eindeutig bestimmte Punkt $x \in U$, für den

$$x_0 - x \perp U^\perp \tag{V.25}$$

gilt. Da $U^\perp$ ein Unterraum ist, folgt

$$\left(\lambda_1 x_1 - \lambda_1 P_U(x_1)\right) + \left(\lambda_2 x_2 - \lambda_2 P_U(x_2)\right) \in U^\perp$$

für $x_1, x_2 \in H$, $\lambda_1, \lambda_2 \in \mathbb{K}$. Also

$$P_U(\lambda_1 x_1 + \lambda_2 x_2) = \lambda_1 P_U(x_1) + \lambda_2 P_U(x_2),$$

und P_U ist linear. Nach Konstruktion ist $\mathrm{ran}(P_U) = U$, und es ist $\ker(P_U) = U^\perp$, denn nach (V.25) gilt

$$P_U(x_0) = 0 \quad \Leftrightarrow \quad x_0 \in U^\perp.$$

Daher ist $\mathrm{Id} - P_U$ eine Projektion mit $\mathrm{ran}(\mathrm{Id} - P_U) = U^\perp$, $\ker(\mathrm{Id} - P_U) = U$. Aus dem Satz des Pythagoras (V.23) folgt schließlich

$$\|x_0\|^2 = \|P_U x_0 + (x_0 - P_U x_0)\|^2 = \|P_U x_0\|^2 + \|(\mathrm{Id} - P_U) x_0\|^2,$$

da $P_U x_0 \in U$ und $x_0 - P_U x_0 \in U^\perp$. Das zeigt

$$H = U \oplus_2 U^\perp$$

und $\|P_U\| \leq 1$, $\|\mathrm{Id} - P_U\| \leq 1$, nach Lemma IV.6.1(a) also $= 1$ (falls $U \neq \{0\}$ bzw. $U \neq H$). Damit ist Theorem V.3.4 bewiesen. $\square$

Korollar V.3.5 *Für einen Unterraum U eines Hilbertraums H ist*

$$\overline{U} = (U^\perp)^\perp$$

Beweis. Aus Theorem V.3.4 folgt $\mathrm{Id} - P_V = P_{V^\perp}$ für abgeschlossene Unterräume V. Speziell gilt für $V = \overline{U}$

$$U^\perp = V^\perp \quad \text{sowie} \quad \mathrm{Id} - P_{V^\perp} = P_{V^{\perp\perp}}.$$

Es folgt $P_V = P_{V^{\perp\perp}}$, d. h. $\overline{U} = U^{\perp\perp}$. $\square$

Der folgende wichtige Satz wird mit Hilfe des Satzes von der Orthogonalprojektion bewiesen.

Theorem V.3.6 (Darstellungssatz von Fréchet-Riesz)
Sei H ein Hilbertraum. Dann ist die Abbildung $\Phi\colon H \to H'$, $y \mapsto \langle\,.\,, y\rangle$ bijektiv, isometrisch und konjugiert linear (d. h.: $\Phi(\lambda y) = \overline{\lambda}\Phi(y)$). Mit anderen Worten, zu $x' \in H'$ existiert genau ein $y \in H$ mit $x'(x) = \langle x, y\rangle$ für $x \in H$, und es gilt $\|x'\| = \|y\|$.

Beweis. Offensichtlich ist Φ konjugiert linear. Aus der Cauchy-Schwarz-Ungleichung folgt $\|\Phi(y)\| \leq \|y\|$, und für $x = \frac{y}{\|y\|}$ ($y = 0$ ist trivial) ist

$$\Phi(y)(x) = \frac{\langle y, y\rangle}{\|y\|} = \|y\|.$$

Deshalb ist Φ isometrisch und folglich injektiv.

Sei nun $x' \in H'$ gegeben, ohne Einschränkung sei $\|x'\| = 1$. Sei U der Kern von x'. Dann gilt nach Theorem V.3.4 $H = U \oplus_2 U^\perp$, wo $U^\perp$ eindimensional[2] ist. Es existiert daher $y \in H$ mit $x'(y) = 1$ und $U^\perp = \lin\{y\}$. Für $x = u + \lambda y \in U \oplus_2 U^\perp$ ist $x'(x) = \lambda x'(y) = \lambda$ sowie

---

[2]Die Begründung dafür fußt auf bekannten Aussagen der linearen Algebra: Einerseits existiert ein Vektorraumisomorphismus zwischen H/U und $U^\perp$, andererseits sind $H/\ker x'$ und $\mathrm{ran}\,x'$ als Vektorräume isomorph; also ist $U^\perp$ zum eindimensionalen Raum $\mathrm{ran}\,x'$ isomorph.

$\langle x, y \rangle = \lambda \|y\|^2$. Daher gilt $\Phi(y/\|y\|^2) = x'$, und Φ ist auch surjektiv. Übrigens liefert die Isometrie von Φ sogar $\|y\| = 1$, so dass man tatsächlich $\Phi(y) = x'$ erhält.

Damit ist das Theorem bewiesen. □

. Schwach konvergente Folgen und reflexive Banachräume wurden in Definition III.3.6 bzw. Definition III.3.3 eingeführt.

Korollar V.3.7 *Sei H ein Hilbertraum.*

(a) *Eine Folge (x_n) in H konvergiert genau dann schwach gegen $x \in H$, wenn*

$$\langle x_n - x, y \rangle \to 0 \qquad \forall y \in H.$$

(b) *H ist reflexiv.*

(c) *Jede beschränkte Folge in H enthält eine schwach konvergente Teilfolge.*

Beweis. (a) folgt aus Theorem V.3.6 und (c) aus (b) und Theorem III.3.7. Um (b) einzusehen, betrachte die Abbildung $\Phi: H \to H'$ aus Theorem V.3.6, die bijektiv ist. Man bestätigt sofort, dass auch H', versehen mit dem Skalarprodukt

$$\langle \Phi(x), \Phi(y) \rangle_{H'} = \langle y, x \rangle_H,$$

ein Hilbertraum ist. Wende nun Theorem V.3.6 auf H' an und bezeichne die kanonische Abbildung von H' auf H'' mit Ψ. Es ist dann leicht zu verifizieren, dass die kanonische Einbettung $i_H: H \to H''$ als $i_H = \Psi \circ \Phi$ darstellbar und folglich surjektiv ist. □

Schärfer als (c) ist der folgende Satz.

Satz V.3.8 (Satz von Banach-Saks)
Ist H ein Hilbertraum und (x_n) eine beschränkte Folge in H, so existiert eine schwach konvergente Teilfolge (y_n) derart, dass die Folge der arithmetischen Mittel

$$\left(\frac{1}{n} \sum_{k=1}^{n} y_k \right)$$

bzgl. der Norm konvergiert.

Beweis. Man darf erstens annehmen, dass (x_n) selbst schwach konvergiert (Korollar V.3.7(c)), und zweitens, dass der schwache Limes $= 0$ ist (warum?). Wähle M mit $\|x_n\| \le M$ für alle $n \in \mathbb{N}$, und setze $y_1 = x_1$. Da $(x_n)_{n \ge 1}$ schwach gegen 0 konvergiert, existiert $n_2 > 1$ mit

$$|\langle x_{n_2}, y_1 \rangle| \le 1;$$

setze $y_2 = x_{n_2}$. Als nächstes wähle $n_3 > n_2$ mit

$$|\langle x_{n_3}, y_1 \rangle| \leq \frac{1}{2} \quad \text{und} \quad |\langle x_{n_3}, y_2 \rangle| \leq \frac{1}{2};$$

setze dann $y_3 = x_{n_3}$. Auf diese Weise wird induktiv eine Teilfolge (y_n) mit

$$|\langle y_{k+1}, y_i \rangle| \leq \frac{1}{k} \quad \forall i = 1, \ldots, k, \ k \in \mathbb{N}$$

definiert. Daraus folgt

$$\sum_{i=1}^{k} |\langle y_{k+1}, y_i \rangle| \leq 1 \quad \forall k \in \mathbb{N}$$

sowie

$$\sum_{k=2}^{n} \sum_{i=1}^{k-1} |\langle y_k, y_i \rangle| \leq n - 1 \quad \forall n \in \mathbb{N}.$$

Folglich

$$\left\| \frac{1}{n} \sum_{k=1}^{n} y_k \right\|^2 \leq \frac{1}{n^2} \sum_{k=1}^{n} \sum_{i=1}^{n} |\langle y_k, y_i \rangle|$$

$$= \frac{1}{n^2} \left(\sum_{k=1}^{n} \|y_k\|^2 + 2 \sum_{k=2}^{n} \sum_{i=1}^{k-1} |\langle y_k, y_i \rangle| \right)$$

$$\leq \frac{n \cdot M^2 + 2n - 2}{n^2} \to 0,$$

wie gewünscht.   □

Als *Anwendung* wird jetzt gezeigt, wie Hilbertraummethoden bei der Lösung partieller Differentialgleichungen verwandt werden können; dabei treten die Soboleväume aus Definition V.1.12 auf. Sei $\Omega \subset \mathbb{R}^n$ ein beschränktes Gebiet und $f: \Omega \to \mathbb{R}$ stetig. Betrachte folgendes Randwertproblem:

- Finde $u \in C^2(\Omega) \cap C(\overline{\Omega})$ mit

$$\left. \begin{array}{rcl} -\Delta u & = & f \quad \text{in } \Omega \\ u & = & 0 \quad \text{in } \partial\Omega \end{array} \right\} \tag{V.26}$$

Durch partielle Integration folgt für eine Lösung u der Differentialgleichung aus

$$-\sum_{i=1}^{n} \langle D_i^2 u, \varphi \rangle_{L^2} = \langle f, \varphi \rangle_{L^2} \quad \forall \varphi \in \mathscr{D}(\Omega)$$

die Gleichung

$$\sum_{i=1}^{n} \langle D_i u, D_i \varphi \rangle_{L^2} = \langle f, \varphi \rangle_{L^2} \qquad \forall \varphi \in \mathscr{D}(\Omega).$$

Zur Abkürzung führen wir nun auf $H_0^1(\Omega)$ die Sesquilinearform

$$[u, v] := \sum_{i=1}^{n} \langle D_i u, D_i v \rangle_{L^2}$$

(mit D_i = schwache Ableitung) ein, und statt des ursprünglichen Randwertproblems betrachte folgende Abschwächung:

- Finde $u \in H_0^1(\Omega)$ mit

$$[u, \varphi] = \langle f, \varphi \rangle_{L^2} \qquad \forall \varphi \in \mathscr{D}(\Omega). \qquad (\text{V}.27)$$

Die Randbedingung „$u|_{\partial\Omega} = 0$" wird hierbei durch die Forderung $u \in H_0^1(\Omega) \ (= \overline{\mathscr{D}(\Omega)}$ bzgl. $\| \, . \, \|_{W^1})$ ausgedrückt.

Das Problem (V.27) hat eine Lösung nach dem Satz von Fréchet-Riesz. Um das zu zeigen, beachte zunächst, dass für $f \in L^2(\Omega)$ wegen

$$|\langle f, \varphi \rangle_{L^2}| \leq \|f\|_{L^2} \|\varphi\|_{L^2} \leq \|f\|_{L^2} \|\varphi\|_{W^1}$$

das lineare Funktional $\varphi \mapsto \langle \varphi, f \rangle$ stetig auf $(\mathscr{D}(\Omega), \| \, . \, \|_{W^1})$ ist und daher eine Fortsetzung auf den Abschluss $H_0^1(\Omega)$ zulässt. Um den Zusammenhang von $[\, . \, , . \,]$ mit dem Sobolev-Skalarprodukt $\langle \, . \, , . \, \rangle_{W^1}$ zu klären, benötigen wir die wichtige *Ungleichung von Poincaré-Friedrichs*:

- *Ist $\Omega \subset \mathbb{R}^n$ beschränkt, etwa $\Omega \subset (-s, s)^n$, so gilt*

$$\|u\|_{L^2} \leq 2s[u, u]^{1/2} \qquad \forall u \in H_0^1(\Omega).$$

Beweis hierfür. Da die rechte und die linke Seite der Ungleichung stetig bzgl. der $\| \, . \, \|_{W^1}$-Norm von u abhängen, reicht es, diese für $u \in \mathscr{D}(\Omega)$ zu zeigen. Indem man solch ein u außerhalb von Ω durch 0 fortsetzt, erhält man eine ebenfalls u genannte Funktion in $\mathscr{D}\big((-s, s)^n\big)$, und es gilt für $x = (x_1, \dots, x_n) \in (-s, s)^n$

$$u(x) = \int_{-s}^{x_1} \frac{\partial u}{\partial x_1}(t, x_2, \dots, x_n)\, dt = \int_{-s}^{s} \mathbf{1}_{(-s, x_1]}(t) \frac{\partial u}{\partial x_1}(t, x_2, \dots, x_n)\, dt.$$

Die Cauchy-Schwarz-Ungleichung liefert

$$|u(x)|^2 \leq \int_{-s}^{s} \left(\mathbf{1}_{(-s,x_1]}(t)\right)^2 dt \int_{-s}^{s} \left| \frac{\partial u}{\partial x_1}(t, x_2, \ldots, x_n) \right|^2 dt,$$

und da das erste Integral durch $2s$ abgeschätzt werden kann, folgt

$$\begin{aligned}
\int_{\Omega} |u(x)|^2 dx &= \int_{-s}^{s} dx_1 \ldots \int_{-s}^{s} dx_n |u(x)|^2 \\
&\leq 2s \int_{-s}^{s} dx_1 \ldots \int_{-s}^{s} dx_n \int_{-s}^{s} \left| \frac{\partial u}{\partial x_1}(t, x_2, \ldots, x_n) \right|^2 dt \\
&= (2s)^2 \int_{-s}^{s} dx_2 \ldots \int_{-s}^{s} dx_n \int_{-s}^{s} dt \left| \frac{\partial u}{\partial x_1}(t, x_2, \ldots, x_n) \right|^2 \\
&= 4s^2 \int_{\Omega} \left| \frac{\partial u}{\partial x_1}(x) \right|^2 dx \leq 4s^2 [u, u].
\end{aligned}$$

Eine Konsequenz dieser Ungleichung ist, dass auf $H_0^1(\Omega)$ die Sesquilinearform $[\,.\,,\,.\,]$ ein Skalarprodukt ist, dessen abgeleitete Norm $\|\|u\|\| = [u, u]^{1/2}$ zur W^1-Norm äquivalent ist, denn

$$\|\|u\|\| \leq \|u\|_{W^1} \leq (4s^2 + 1)^{1/2} \|\|u\|\| \qquad \forall u \in H_0^1(\Omega).$$

Nach dem Satz von Fréchet-Riesz lässt sich das stetige Funktional $\varphi \mapsto \langle f, \varphi \rangle_{L^2}$ auf dem Hilbertraum $(H_0^1(\Omega), [\,.\,,\,.\,])$ gemäß (V.27) durch ein eindeutig bestimmtes $u \in H_0^1(\Omega)$ darstellen. Zusammengefasst ergibt sich:

- *Für alle $f \in L^2(\Omega)$ existiert genau eine „schwache Lösung" $u \in H_0^1$ des Randwertproblems (V.26), d. h. des Problems (V.27).*

Man kann zeigen, dass für $f \in C^\infty(\Omega)$ auch $u \in C^\infty(\Omega)$ ist (*Weylsches Lemma*); dazu kann man das Lemma von Sobolev (Satz V.2.12) verwenden.

V.4   Orthonormalbasen

In diesem Abschnitt ist H stets ein Hilbertraum. (Einige der folgenden Aussagen – in der Regel die weniger wichtigen – gelten auch für Prähilberträume.)

▶ **Definition V.4.1** Eine Teilmenge $S \subset H$ heißt *Orthonormalsystem*, falls $\|e\| = 1$ und $\langle e, f \rangle = 0$ für $e, f \in S$, $e \neq f$, gelten. Ein Orthonormalsystem S heißt *Orthonormalbasis*, falls

$$S \subset T, \; T \text{ Orthonormalsystem} \quad \Rightarrow \quad T = S$$

gilt. Eine Orthonormalbasis wird auch *vollständiges Orthonormalsystem* genannt.

Warum eine Orthonormalbasis Basis heißt, erklärt Satz V.4.9. (Es sei bereits jetzt betont, dass eine Orthonormalbasis keine Vektorraumbasis ist.)

Beispiele

(a) In $H = \ell^2$ ist die Menge $S = \{e_n : n \in \mathbb{N}\}$ der Einheitsvektoren ein Orthonormalsystem.

(b) Sei $H = L^2[0, 2\pi]$ und

$$S = \left\{ \frac{1}{\sqrt{2\pi}} \mathbf{1} \right\} \cup \left\{ \frac{1}{\sqrt{\pi}} \cos n \cdot : n \in \mathbb{N} \right\} \cup \left\{ \frac{1}{\sqrt{\pi}} \sin n \cdot : n \in \mathbb{N} \right\}.$$

Dann ist S ein Orthonormalsystem, wie unschwer durch partielle Integration gezeigt werden kann.

(c) In $H = L^2_{\mathbb{C}}[0, 2\pi]$ ist

$$S = \left\{ \frac{1}{\sqrt{2\pi}} e^{in \cdot} : n \in \mathbb{Z} \right\}$$

ein Orthonormalsystem.

(d) In $H = \mathrm{AP}^2(\mathbb{R})$ (Beispiel V.1(f)) ist $S = \{f_\lambda : \lambda \in \mathbb{R}\}$ ein Orthonormalsystem.

All diese Orthonormalsysteme sind sogar Orthonormalbasen, wie gleich gezeigt werden wird.

Satz V.4.2 (Gram-Schmidt-Verfahren)
Sei $\{x_n : n \in \mathbb{N}\}$ eine linear unabhängige Teilmenge von H. Dann existiert ein Orthonormalsystem S mit $\overline{\mathrm{lin}}\, S = \overline{\mathrm{lin}}\{x_n : n \in \mathbb{N}\}$.

Beweis. Setze $e_1 = \frac{x_1}{\|x_1\|}$. Betrachte $f_2 = x_2 - \langle x_2, e_1 \rangle e_1$ und $e_2 = \frac{f_2}{\|f_2\|}$. (Es ist $f_2 \neq 0$, da $\{x_1, x_2\}$ linear unabhängig ist.) Dann ist $e_1 \perp e_2$. Durch die Vorschrift

$$f_{k+1} = x_{k+1} - \sum_{i=1}^{k} \langle x_{k+1}, e_i \rangle e_i$$

und

$$e_{k+1} = \frac{f_{k+1}}{\|f_{k+1}\|}$$

(beachte $f_{k+1} \neq 0$) wird so eine Folge (e_k) definiert. Nach Konstruktion ist $S := \{e_1, e_2, \ldots\}$ ein Orthonormalsystem mit

$$x_n \in \mathrm{lin}\, S, \quad e_n \in \mathrm{lin}\{x_r : r \in \mathbb{N}\} \qquad \forall n \in \mathbb{N}.$$

(Letzteres folgt durch Induktion.) Daher ist auch

$$\overline{\mathrm{lin}}\, S = \overline{\mathrm{lin}}\{x_n\colon n \in \mathbb{N}\}. \qquad \Box$$

(e) Wendet man das Gram-Schmidt-Verfahren auf $H = L^2[-1, 1]$ und x_n mit $x_n(t) = t^n$, $n \geq 0$, an, erhält man (vgl. Aufgabe V.6.2)

$$e_n(t) = \sqrt{n + \tfrac{1}{2}}\, P_n(t),$$

wo

$$P_n(t) = \frac{1}{2^n n!} \left(\frac{d}{dt}\right)^n (t^2 - 1)^n.$$

Die P_n heißen *Legendrepolynome*. Auch dieses Orthonormalsystem ist eine Orthonormalbasis.

Satz V.4.3 (Besselsche Ungleichung)
Ist $\{e_n\colon n \in \mathbb{N}\}$ ein Orthonormalsystem und $x \in H$, so ist

$$\sum_{n=1}^{\infty} |\langle x, e_n \rangle|^2 \leq \|x\|^2.$$

Beweis. Sei $N \in \mathbb{N}$ beliebig. Setze $x_N = x - \sum_{n=1}^{N} \langle x, e_n \rangle e_n$, so dass $x_N \perp e_k$ für $k = 1, \ldots, N$ gilt. Es folgt aus dem Satz von Pythagoras (V.23)

$$\|x\|^2 = \|x_N\|^2 + \left\| \sum_{n=1}^{N} \langle x, e_n \rangle e_n \right\|^2$$

$$= \|x_N\|^2 + \sum_{n=1}^{N} |\langle x, e_n \rangle|^2$$

$$\geq \sum_{n=1}^{N} |\langle x, e_n \rangle|^2.$$

Da N beliebig war, folgt die Behauptung. $\qquad \Box$

Wir werden die folgenden unmittelbaren Konsequenzen benötigen.

Lemma V.4.4 *Sei $\{e_n\colon n \in \mathbb{N}\}$ ein Orthonormalsystem, und seien $x, y \in H$. Dann gilt*

$$\sum_{n=1}^{\infty} |\langle x, e_n \rangle \langle e_n, y \rangle| < \infty.$$

Beweis. Das folgt aus der Hölderschen Ungleichung ($p = q = 2$ in Satz I.1.4) und Satz V.4.3. ☐

Lemma V.4.5 *Sei $S \subset H$ ein Orthonormalsystem, und sei $x \in H$. Dann ist $S_x := \{e \in S: \langle x, e \rangle \neq 0\}$ höchstens abzählbar.*

Beweis. Nach der Besselschen Ungleichung ist jede der Mengen

$$S_{x,n} := \left\{e \in S: |\langle x, e \rangle| \geq \frac{1}{n}\right\}$$

endlich und daher $S_x = \bigcup_{n \in \mathbb{N}} S_{x,n}$ abzählbar (oder endlich). ☐

Um auch nichtseparable Hilberträume behandeln zu können, ist es notwendig, das Konzept der unbedingten Konvergenz einer Familie von Vektoren einzuführen.

▶ **Definition V.4.6** Sei X ein normierter Raum und I eine unendliche Indexmenge. Seien $x_i \in X$ für $i \in I$. Man sagt, die Reihe $\sum_{i \in I} x_i$ konvergiere *unbedingt* gegen $x \in X$, falls

(a) $I_0 = \{i: x_i \neq 0\}$ höchstens abzählbar ist,
(b) für jede Aufzählung $I_0 = \{i_1, i_2, \ldots\}$ die Gleichung $\sum_{n=1}^{\infty} x_{i_n} = x$ gilt.

Der Wert der Reihe $\sum_{n=1}^{\infty} x_{i_n}$ hängt also nicht von der Reihenfolge der x_{i_n} ab. Schreibweise:

$$\sum_{i \in I} x_i = x$$

(vgl. Beispiel V.1(e)).

Selbst für $I = \mathbb{N}$ sind die Symbole $\sum_{n \in \mathbb{N}}$ und $\sum_{n=1}^{\infty}$ in diesem Abschnitt zu unterscheiden.

Für $X = \mathbb{K}$ (bzw. $\mathbb{K}^n$) gilt bekanntlich die Äquivalenz von absoluter und unbedingter Konvergenz. Im Unendlichdimensionalen fallen diese Begriffe hingegen auseinander, denn der *Satz von Dvoretzky-Rogers* besagt:

- *In jedem unendlichdimensionalen Banachraum existiert eine unbedingt konvergente Reihe, die nicht absolut konvergiert.*

Aus Lemma V.4.5 und Satz V.4.3 folgt nun:

Korollar V.4.7 (allgemeine Besselsche Ungleichung für Orthonormalsysteme)
Ist $S \subset H$ ein Orthonormalsystem und $x \in H$, so ist

$$\sum_{e \in S} |\langle x, e \rangle|^2 \leq \|x\|^2.$$

Satz V.4.8 *Sei $S \subset H$ ein Orthonormalsystem.*

(a) *Für alle $x \in H$ konvergiert $\sum_{e \in S} \langle x, e \rangle e$ unbedingt.*
(b) *$P: x \mapsto \sum_{e \in S} \langle x, e \rangle e$ ist die Orthogonalprojektion auf $\overline{\lin} S$.*

Beweis. (a) Sei $\{e_1, e_2, \ldots\}$ eine Aufzählung von $\{e \in S : \langle x, e \rangle \neq 0\}$. Wir zeigen zuerst, dass $\sum_{n=1}^{\infty} \langle x, e_n \rangle e_n$ eine Cauchyreihe ist. Es gilt nämlich nach dem Satz von Pythagoras und nach Satz V.4.3

$$\left\| \sum_{n=N}^{M} \langle x, e_n \rangle e_n \right\|^2 = \sum_{n=N}^{M} |\langle x, e_n \rangle|^2 \to 0$$

für $N, M \to \infty$. Damit existiert $y := \sum_{n=1}^{\infty} \langle x, e_n \rangle e_n$ in H und analog für eine Permutation $\pi: \mathbb{N} \to \mathbb{N}$ die umgeordnete Reihe

$$y_\pi := \sum_{n=1}^{\infty} \langle x, e_{\pi(n)} \rangle e_{\pi(n)}.$$

Es ist $y = y_\pi$ zu zeigen. Sei dazu $z \in H$ beliebig. Wegen

$$\langle y, z \rangle = \sum_{n=1}^{\infty} \langle x, e_n \rangle \langle e_n, z \rangle = \sum_{n=1}^{\infty} \langle x, e_{\pi(n)} \rangle \langle e_{\pi(n)}, z \rangle = \langle y_\pi, z \rangle$$

gilt $y - y_\pi \in H^\perp = \{0\}$; für den mittleren Schritt haben wir die absolute und ergo unbedingte Konvergenz dieser Reihe (Lemma V.4.4) ausgenutzt.

(b) Nach Theorem V.3.4 (insbesondere (V.25)) ist $x - Px \in (\overline{\lin} S)^\perp = S^\perp$ zu zeigen, d. h., dass

$$\left\langle x - \sum_{n=1}^{\infty} \langle x, e_n \rangle e_n, e \right\rangle = 0 \qquad \forall e \in S$$

gilt. Das ist jedoch klar für $\langle x, e \rangle = 0$, d. h. $\langle e, e_n \rangle = 0$ für alle n, sowie für $e = e_{n_0}$.   □

Wir behandeln jetzt Orthonormalbasen.

Satz V.4.9 *Sei $S \subset H$ ein Orthonormalsystem.*

(a) *Es existiert eine Orthonormalbasis S' mit $S \subset S'$.*
(b) *Die folgenden Aussagen sind äquivalent:*
   (i) *S ist eine Orthonormalbasis.*
   (ii) *Ist $x \in H$ und $x \perp S$, so ist $x = 0$.*
   (iii) *Es gilt $H = \overline{\lin} S$.*

(iv) $x = \sum_{e \in S} \langle x, e \rangle e \quad \forall x \in H.$

(v) $\langle x, y \rangle = \sum_{e \in S} \langle x, e \rangle \langle e, y \rangle \quad \forall x, y \in H.$

(vi) (Parsevalsche Gleichung)

$$\|x\|^2 = \sum_{e \in S} |\langle x, e \rangle|^2 \quad \forall x \in H.$$

Beweis. (a) ist eine unmittelbare Konsequenz des Zornschen Lemmas. (Ist H separabel, kann eine Orthonormalbasis konstruktiv aus dem Gram-Schmidt-Verfahren gewonnen werden.)

(b) (i) $\Rightarrow$ (ii): Wäre $x \neq 0$, so wäre $S \cup \{x/\|x\|\}$ ein Orthonormalsystem.

(ii) $\Rightarrow$ (iii): Korollar V.3.5.

(iii) $\Rightarrow$ (iv): Satz V.4.8.

(iv) $\Rightarrow$ (v): Einsetzen, beachte Korollar V.4.7 und Lemma V.4.4.

(v) $\Rightarrow$ (vi): Setze $x = y$.

(vi) $\Rightarrow$ (i): Sonst existierte x mit $\|x\| = 1$, so dass $S \cup \{x\}$ ein Orthonormalsystem ist; folglich ergäbe sich der Widerspruch $\sum_{e \in S} |\langle x, e \rangle|^2 = 0.$ $\qquad \square$

Die Bedingung (iv) legt die Bezeichnung „Basis" nahe. Es kann sich natürlich nicht um eine Vektorraumbasis handeln (es sei denn dim $H < \infty$), da bei einer solchen alle Summen endlich viele Summanden haben müssen. Wir kommen nun zu den obigen Beispielen zurück.

Beispiele

(a) Hier ist nach Definition $\ell^2 = \overline{\text{lin}}\, S$, also ist S eine Orthonormalbasis. Allgemeiner ist $\{e_i : i \in I\}$ eine Orthonormalbasis von $\ell^2(I)$, wo $e_i(j) = \delta_{ij}$ ist (δ_{ij} = Kronecker-Symbol).

(b) Wir zeigen auch hier $\overline{\text{lin}}\, S = L^2[0, 2\pi]$. Ohne Einschränkung (warum?) sei $\mathbb{K} = \mathbb{R}$. lin S ist die Menge der trigonometrischen Polynome, und die liegt nach Korollar IV.2.12 dicht in $V = \{f \in C[0, 2\pi]: f(0) = f(2\pi)\}$ bzgl. $\|.\|_\infty$, also erst recht bzgl. $\|.\|_{L^2}$, und V liegt dicht in $L^2[0, 2\pi]$, denn $C[0, 2\pi]$ tut es (Satz I.2.13). Deshalb liegt lin S dicht in $L^2[0, 2\pi]$. (Dass V L^2-dicht in $L^2[0, 2\pi]$ liegt, folgt auch aus Lemma V.1.10.)

Wir skizzieren jetzt noch einen elementaren Beweis der Vollständigkeit des trigonometrischen Systems nach Lebesgue, der ohne den Weierstraßschen Approximationssatz auskommt. Es ist zu zeigen, dass die einzige L^2-Funktion, die auf allen trigonometrischen Polynomen senkrecht steht, die Nullfunktion ist. Das soll zuerst für stetige Funktionen getan werden. Es sei $f \neq 0$ eine stetige 2π-periodische Funktion; dann existieren ein $t_0 \in (0, 2\pi)$ und ein Intervall $I = [t_0 - \delta, t_0 + \delta] \subset [0, 2\pi]$, auf dem f nicht verschwindet; o.E. gelte $f(t) > 0$ auf I. Auf folgende Weise kann ein trigonometrisches Polynom mit $\langle f, P \rangle \neq 0$ produziert werden: Setze $p(t) = 1 + \cos(t - t_0) - \cos(\delta)$.

Dann ist $p(t) \geq 1$ auf I und $|p(t)| \leq 1$ sonst; setzt man $I' = [t_0 - \delta/2, t_0 + \delta/2]$, so ist $\inf_{t \in I'} p(t) > 1$. Ferner ist $P_n = p^n$ ein trigonometrisches Polynom, wie man an der Formel $\cos ks = \operatorname{Re} e^{iks}$ abliest. Schließlich gelten

$$\sup_n \left| \int_{[0,2\pi]\setminus I} f(t) P_n(t)\, dt \right| < \infty, \qquad \int_I f(t) P_n(t)\, dt \to \infty;$$

daher ist $\langle f, P_n \rangle \neq 0$ für hinreichend große n.

Nun sei $F \in L^2[0, 2\pi]$ eine Funktion mit verschwindenden Fourierkoeffizienten, d. h. $\langle F, P \rangle = 0$ für alle trigonometrischen Polynome P. Sei $f(t) = \int_0^t F(s)\, ds$; dies ist eine stetige 2π-periodische Funktion. Durch partielle Integration findet man, dass mit der möglichen Ausnahme von a_0 alle Fourierkoeffizienten von f verschwinden. Nach dem bereits Bewiesenen ist f konstant, und mit Hilfe von Satz A.1.10 folgt $F = 0$.

(c) Da $\cos nt = \frac{1}{2}\left(e^{int} + e^{-int}\right)$, $\sin nt = \frac{1}{2i}\left(e^{int} - e^{-int}\right)$ und $e^{int} = \cos nt + i \sin nt$ gilt, ist

$$\operatorname{lin} S = \{f : f \text{ ist } \mathbb{C}\text{-wertiges trigonometrisches Polynom}\}.$$

Nach (b) liegt $\operatorname{lin} S$ dicht, und S ist eine Orthonormalbasis.

(d) Nach Definition ist $\overline{\operatorname{lin}}\, S = \mathrm{AP}^2(\mathbb{R})$.

(e) Es ist $L^2[-1, 1] = \overline{\operatorname{lin}}\{x_n : n \geq 0\} = \overline{\operatorname{lin}}\, S$ nach den Sätzen I.2.11, I.2.13 und V.4.2.

Wir kommen noch einmal auf (b) zurück. Ist S wie dort und $x \in L^2[0, 2\pi]$, so sind die $\langle x, e \rangle$ genau die in (IV.4) vorkommenden Fourierkoeffizienten von x, $\sum_{e \in S} \langle x, e \rangle e$ ist die Fourierreihe von x, und Bedingung (iv) in Satz V.4.9(b) besagt, dass für $x \in L^2[0, 2\pi]$ die Fourierreihe im quadratischen Mittel gegen x konvergiert. In der Fourieranalysis ist es häufig bequemer, mit der Entwicklung in die Orthonormalbasis aus Beispiel (c) zu arbeiten; so soll im Folgenden unter der Fourierreihe einer integrierbaren Funktion f die Reihe

$$\sum_{n=-\infty}^{\infty} c_n e^{int}$$

mit

$$c_n = \frac{1}{2\pi} \int_0^{2\pi} f(t) e^{-int}\, dt$$

verstanden werden.

Manche Autoren verwenden die Bezeichnung Fourierreihe bei beliebigen Orthonormalbasen in allgemeinen Hilberträumen.

Korollar V.4.10 *Für einen unendlichdimensionalen Hilbertraum H sind folgende Bedingungen äquivalent:*

  (i) *H ist separabel.*
 (ii) *Alle Orthonormalbasen sind abzählbar.*
(iii) *Es gibt eine abzählbare Orthonormalbasis.*

Beweis. (i) $\Rightarrow$ (ii): Sei S eine Orthonormalbasis von H. Da $\|e-f\| = \sqrt{2}$ für alle $e,f \in S$, $e \neq f$, gilt, kann S nicht überabzählbar sein (vgl. den Beweis der Inseparabilität von ℓ^∞, S. 31).

    (ii) $\Rightarrow$ (iii): Das ist klar (beachte noch Satz V.4.9(a)).

    (iii) $\Rightarrow$ (i) folgt aus Satz V.4.9(b)(iii) und Lemma I.2.10. $\qquad\square$

Allgemeiner gilt, wenn $|S|$ die Kardinalzahl von S bezeichnet:

Lemma V.4.11 *Sind S und T Orthonormalbasen von H, so ist $|S| = |T|$.*

Beweis. Für endliche S ist das aus der linearen Algebra klar. Sei also $|S| \geq |\mathbb{N}|$. Zu $x \in S$ setze $T_x = \{y \in T: \langle x,y \rangle \neq 0\}$. Dann ist (Lemma V.4.5) $|T_x| \leq |\mathbb{N}|$. Nach Satz V.4.9(b)(ii) gilt $T \subset \bigcup_{x \in S} T_x$, daher $|T| \leq |S|\,|\mathbb{N}| = |S|$. Aus Symmetriegründen gilt auch $|S| \leq |T|$, daher ist nach dem Satz von Schröder-Bernstein aus der Mengenlehre $|S| = |T|$. $\qquad\square$

Man nennt die Kardinalzahl $|S|$ einer Orthonormalbasis die *Hilbertraumdimension* von H; sie ist nach Lemma V.4.11 wohldefiniert.

Satz V.4.12 *Ist S eine Orthonormalbasis von H, so ist $H \cong \ell^2(S)$.*

Beweis. Zu $x \in H$ definiere $Tx \in \ell^2(S)$ durch $(Tx)(e) = \langle x,e \rangle$. (Aus der Besselschen Ungleichung folgt $Tx \in \ell^2(S)$.) $T: H \to \ell^2(S)$ ist linear und nach der Parsevalschen Gleichung isometrisch. Ist $(f_e)_{e \in S} \in \ell^2(S)$, so definiert $x = \sum_{e \in S} f_e e$ ein Element von H (der Beweis von Satz V.4.8(a) zeigt das), und es gilt $Tx = (f_e)_{e \in S}$. Daher ist T ein isometrischer Isomorphismus. $\qquad\square$

Beachte, dass T sogar $\langle Tx, Ty \rangle = \langle x,y \rangle$ erfüllt (Satz V.4.9(b)(v)), d. h. T ist „unitär" (siehe Abschn. V.5).

Korollar V.4.13 *Ist H separabel und unendlichdimensional, so ist $H \cong \ell^2$.*

Korollar V.4.14 (Satz von Fischer-Riesz)

$$L^2[0,1] \cong \ell^2.$$

V.5   Operatoren auf Hilberträumen

Auch in diesem Abschnitt bezeichnet H (oder H_i) immer einen Hilbertraum.

▶ **Definition V.5.1** Sei $T \in L(H_1, H_2)$, und sei $\Phi_i : H_i \to H_i'$ der kanonische konjugiert lineare isometrische Isomorphismus aus Theorem V.3.6. Der zu T *(im Hilbertraumsinn) adjungierte Operator* T^* ist $T^* = \Phi_1^{-1} T' \Phi_2$. Mit anderen Worten gilt

$$\langle Tx, y \rangle_{H_2} = \langle x, T^* y \rangle_{H_1} \qquad \forall x \in H_1, \ y \in H_2.$$

Satz V.5.2 *Seien* $S, T \in L(H_1, H_2)$, $R \in L(H_2, H_3)$, $\lambda \in \mathbb{K}$.

(a) $(S + T)^* = S^* + T^*$.
(b) $(\lambda S)^* = \bar{\lambda} S^*$.
(c) $(RS)^* = S^* R^*$.
(d) $S^* \in L(H_2, H_1)$ *und* $\|S\| = \|S^*\|$.
(e) $S^{**} = S$.
(f) $\|SS^*\| = \|S^*S\| = \|S\|^2$.
(g) $\ker S = (\operatorname{ran} S^*)^{\perp}$, $\ker S^* = (\operatorname{ran} S)^{\perp}$; *insbesondere ist* S *genau dann injektiv, wenn* $\operatorname{ran} S^*$ *dicht liegt.*

Die Abbildung $S \mapsto S^*$ ist also eine konjugiert lineare surjektive Isometrie zwischen $L(H_1, H_2)$ und $L(H_2, H_1)$. Beachte die Ähnlichkeit dieser Abbildung mit $\lambda \mapsto \bar{\lambda}$ auf $\mathbb{C}$.

Beweis. (a)–(d) folgen sofort aus den entsprechenden Eigenschaften von $S \mapsto S'$, und (e) ist klar.

(f) Es gilt

$$\|Sx\|^2 = \langle Sx, Sx \rangle = \langle x, S^* Sx \rangle \leq \|x\| \, \|S^* Sx\|,$$

also

$$\|S\|^2 = \sup_{\|x\| \leq 1} \|Sx\|^2 \leq \sup_{\|x\| \leq 1} \|x\| \, \|S^* Sx\| \leq \|S^* S\| \leq \|S^*\| \, \|S\| = \|S\|^2,$$

(Letzteres nach (d)). Daher ist $\|S\|^2 = \|S^* S\|$ und folglich

$$\|S\|^2 = \|S^*\|^2 = \|S^{**} S^*\| = \|SS^*\|.$$

(g) Es gilt $\ker S = (\operatorname{ran} S^*)^{\perp}$, denn

$$
\begin{aligned}
Sx = 0 \quad &\Leftrightarrow \quad \langle Sx, y \rangle = 0 \ \forall y \in H_2 \\
&\Leftrightarrow \quad \langle x, S^* y \rangle = 0 \ \forall y \in H_2 \\
&\Leftrightarrow \quad x \in (\operatorname{ran} S^*)^{\perp},
\end{aligned}
$$

und daher auch ker $S^* = (\text{ran } S^{**})^\perp = (\text{ran } S)^\perp$. $\qquad\qquad\qquad\qquad\quad$ $\square$

Wir definieren jetzt wichtige Klassen von Hilbertraumoperatoren.

▶ **Definition V.5.3** Sei $T \in L(H_1, H_2)$.

(a) T heißt *unitär*, falls $TT^* = \text{Id}_{H_2}$, $T^*T = \text{Id}_{H_1}$; mit anderen Worten, falls T invertierbar ist mit $T^{-1} = T^*$.

(b) Sei $H_1 = H_2$. T heißt *selbstadjungiert* (oder *hermitesch*), falls $T = T^*$.

(c) Sei $H_1 = H_2$. T heißt *normal*, falls $TT^* = T^*T$.

Unitäre Operatoren sind also durch

- T ist surjektiv und $\langle Tx, Ty \rangle = \langle x, y \rangle \quad \forall x, y \in H_1$,

selbstadjungierte durch

- $\langle Tx, y \rangle = \langle x, Ty \rangle \quad \forall x, y \in H_1$,

normale durch

- $\langle Tx, Ty \rangle = \langle T^*x, T^*y \rangle \quad \forall x, y \in H_1$

gekennzeichnet. Offensichtlich sind selbstadjungierte und (im Fall $H_1 = H_2$) unitäre Operatoren normal.

Beispiele

(a) Sei $H = \mathbb{K}^n$. Wird $T \in L(H)$ durch die Matrix $(a_{ij})_{i,j}$ dargestellt, so wird T^* durch $(\overline{a_{ji}})_{i,j}$ dargestellt. Definition V.5.3 verallgemeinert also bekannte Begriffe der linearen Algebra.

(b) Sei $H = L^2[0, 1]$ und $T_k \in L(H)$ der Integraloperator

$$(T_k x)(s) = \int_0^1 k(s, t)\, x(t)\, dt$$

(Beispiel II.1(m)). Dann ist $T_k^* = T_{k^*}$ mit $k^*(s, t) = \overline{k(t, s)}$. (Vgl. Beispiel III.4(c), beachte das Komplexkonjugieren!) Dies kann als kontinuierliches Analogon von Beispiel (a) aufgefasst werden.

T_k ist genau dann selbstadjungiert, wenn $k(s, t) = \overline{k(t, s)}$ fast überall gilt; man nennt k dann einen symmetrischen Kern.

(c) Sei $T\colon \ell^2 \to \ell^2$ der Shiftoperator $(s_1, s_2, \dots) \mapsto (s_2, s_3, \dots)$. Dann ist $T^*\big((t_1, t_2, \dots)\big) = (0, t_1, t_2, \dots)$ (vgl. Beispiel III.4(a)). T ist nicht normal, denn $TT^* = \mathrm{Id}$, $T^*T = P_U$ mit $U = \{(s_i)\colon s_1 = 0\}$.

(d) T^*T und TT^* sind stets selbstadjungiert.

(e) Die in Abschn. V.2 studierte Fouriertransformation $\mathscr{F}\colon L^2(\mathbb{R}^n) \to L^2(\mathbb{R}^n)$ ist nach der Plancherel-Gleichung (V.16) ein unitärer Operator, denn $\mathscr{F}$ ist surjektiv.

Lemma V.5.4 *Für $T \in L(H_1, H_2)$ sind äquivalent:*

(i) *T ist eine Isometrie.*
(ii) *$\langle Tx, Ty \rangle = \langle x, y \rangle \qquad \forall x, y \in H_1$.*

Beweis. (ii) $\Rightarrow$ (i): Setze $x = y$.
(i) $\Rightarrow$ (ii): Das folgt sofort aus (V.2) bzw. (V.3). $\qquad\qquad\square$

Das Lemma besagt geometrisch, dass ein längenerhaltender Operator winkelerhaltend ist.

Im Weiteren werden selbstadjungierte Operatoren etwas näher untersucht, nichttriviale Resultate folgen (mit Ausnahme von Satz V.5.5) erst in Kap. VI.

Satz V.5.5 (Satz von Hellinger-Toeplitz)
Erfüllt eine lineare Abbildung $T\colon H \to H$ die Symmetriebedingung

$$\langle Tx, y \rangle = \langle x, Ty \rangle \qquad \forall x, y \in H,$$

so ist T stetig und folglich selbstadjungiert.

Beweis. Nach dem Satz vom abgeschlossenen Graphen (Theorem IV.4.5) ist zu zeigen:

$$x_n \to 0, \ Tx_n \to z \quad \Rightarrow \quad z = 0.$$

In der Tat ist

$$\langle z, z \rangle = \langle \lim Tx_n, z \rangle = \lim \langle Tx_n, z \rangle = \lim \langle x_n, Tz \rangle = 0. \qquad\square$$

Satz V.5.6 *Sei $\mathbb{K} = \mathbb{C}$. Dann sind für $T \in L(H)$ äquivalent:*

(i) *T ist selbstadjungiert.*
(ii) *$\langle Tx, x \rangle \in \mathbb{R} \qquad \forall x \in H$.*

Beweis. (i) $\Rightarrow$ (ii) gilt wegen

$$\langle Tx, x \rangle = \langle x, T^*x \rangle = \langle x, Tx \rangle = \overline{\langle Tx, x \rangle}.$$

(ii) $\Rightarrow$ (i): Für $\lambda \in \mathbb{C}$ betrachte die reelle Zahl

$$\langle T(x + \lambda y), x + \lambda y \rangle = \langle Tx, x \rangle + \overline{\lambda}\langle Tx, y \rangle + \lambda \langle Ty, x \rangle + |\lambda|^2 \langle Ty, y \rangle.$$

Durch Bilden des konjugiert Komplexen erhält man

$$\langle T(x + \lambda y), x + \lambda y \rangle = \langle Tx, x \rangle + \lambda \langle y, Tx \rangle + \overline{\lambda}\langle x, Ty \rangle + |\lambda|^2 \langle Ty, y \rangle.$$

Indem man $\lambda = 1$ und $\lambda = -i$ einsetzt, folgt

$$\langle Tx, y \rangle + \langle Ty, x \rangle = \langle y, Tx \rangle + \langle x, Ty \rangle$$
$$\langle Tx, y \rangle - \langle Ty, x \rangle = -\langle y, Tx \rangle + \langle x, Ty \rangle$$

und daraus $\langle Tx, y \rangle = \langle x, Ty \rangle$, wie gewünscht. $\qquad\square$

Die im Beweis angewandte Technik, $x + \lambda y$ zu betrachten, nennt man *Polarisierung*.

Satz V.5.7 *Für selbstadjungiertes $T \in L(H)$ ist*

$$\|T\| = \sup_{\|x\| \leq 1} |\langle Tx, x \rangle|.$$

Beweis. „$\geq$" ist klar. Umgekehrt setze $M := \sup_{\|x\| \leq 1} |\langle Tx, x \rangle|$. Aus $T = T^*$ folgt durch simples Ausrechnen

$$\begin{aligned}
\langle T(x + y), x + y \rangle - \langle T(x - y), x - y \rangle &= 2\langle Tx, y \rangle + 2\langle Ty, x \rangle \\
&= 2\langle Tx, y \rangle + 2\overline{\langle x, Ty \rangle} \\
&= 4\,\mathrm{Re}\langle Tx, y \rangle.
\end{aligned}$$

Daher gilt wegen der Parallelogrammgleichung

$$4\,\mathrm{Re}\langle Tx, y \rangle \leq M(\|x + y\|^2 + \|x - y\|^2) = 2M(\|x\|^2 + \|y\|^2)$$

und folglich

$$\mathrm{Re}\langle Tx, y \rangle \leq M \qquad \forall \|x\|, \|y\| \leq 1.$$

Nach Multiplikation mit einem geeigneten λ, $|\lambda| = 1$, erhält man

$$|\langle Tx, y \rangle| \leq M \qquad \forall \|x\|, \|y\| \leq 1$$

und deshalb $\|T\| \leq M$. $\qquad\square$

Korollar V.5.8 *Ist $T \in L(H)$ selbstadjungiert und gilt $\langle Tx, x \rangle = 0$ für alle $x \in H$, so ist $T = 0$.*

Für $\mathbb{K} = \mathbb{C}$ folgt die Selbstadjungiertheit automatisch aus der zweiten Voraussetzung und Satz V.5.6. Im Fall $\mathbb{K} = \mathbb{R}$ kann man auf $T = T^*$ im Allgemeinen nicht verzichten: Für $H = \mathbb{R}^2$ und

$$T = \begin{pmatrix} 0 & -1 \\ 1 & 0 \end{pmatrix}$$

(= Drehung um $90°$) ist stets $\langle Tx, x \rangle = 0$.

Abschließend sollen die selbstadjungierten Projektionen charakterisiert werden.

Satz V.5.9 *Sei $P \in L(H)$ eine Projektion mit $P \neq 0$. Dann sind folgende Bedingungen äquivalent:*

(i) *P ist eine Orthogonalprojektion (d. h. $\operatorname{ran}(P) \perp \ker(P)$).*

(ii) *$\|P\| = 1$.*

(iii) *P ist selbstadjungiert.*

(iv) *P ist normal.*

(v) *$\langle Px, x \rangle \geq 0 \quad \forall x \in H$.*

Beweis. (i) $\Rightarrow$ (ii): Theorem V.3.4.

(ii) $\Rightarrow$ (i): Seien $x \in \ker(P)$, $y \in \operatorname{ran}(P)$, $\lambda \in \mathbb{K}$; dann gilt $P(x + \lambda y) = \lambda y$. Folglich ist

$$\|\lambda y\|^2 = \|P(x + \lambda y)\|^2 \leq \|x + \lambda y\|^2 = \|x\|^2 + 2 \operatorname{Re} \overline{\lambda} \langle x, y \rangle + \|\lambda y\|^2$$

und deshalb

$$-2\lambda \operatorname{Re} \langle x, y \rangle \leq \|x\|^2 \qquad \forall \lambda \in \mathbb{R}.$$

Also erhält man $\operatorname{Re} \langle x, y \rangle = 0$ und genauso, indem man $\lambda \in i\mathbb{R}$ betrachtet, $\operatorname{Im} \langle x, y \rangle = 0$. Daher folgt (i).

(i) $\Rightarrow$ (iii): Es ist

$$\langle Px, y \rangle = \langle Px, Py + (y - Py) \rangle = \langle Px, Py \rangle,$$

denn $y - Py \in \ker P$, und

$$\langle x, Py \rangle = \langle Px + (x - Px), Py \rangle = \langle Px, Py \rangle.$$

(iii) $\Rightarrow$ (iv): Das ist klar.

(iv) $\Rightarrow$ (i): Es ist

$$0 = \langle (P^*P - PP^*)x, x \rangle = \|Px\|^2 - \|P^*x\|^2 \qquad \forall x \in H,$$

also $\ker(P) = \ker(P^*) = \operatorname{ran}(P)^{\perp}$ (Satz V.5.2(g)).

(iii) $\Rightarrow$ (v): $\langle Px, x \rangle = \langle P^2 x, x \rangle = \langle Px, Px \rangle = \|Px\|^2 \geq 0$.

(v) $\Rightarrow$ (i): Für $x \in \ker(P)$, $y \in \operatorname{ran}(P)$, $\lambda \in \mathbb{R}$ gilt

$$0 \leq \langle P(x + \lambda y), x + \lambda y \rangle = \langle \lambda y, x + \lambda y \rangle = \lambda^2 \|y\|^2 + \lambda \langle y, x \rangle,$$

daher

$$\langle y, x \rangle \geq -\lambda \|y\|^2 \quad \forall \lambda > 0, \qquad \langle y, x \rangle \leq -\lambda \|y\|^2 \quad \forall \lambda < 0,$$

woraus $\langle x, y \rangle = 0$ folgt. $\qquad\square$

Im Beweis von (iv) $\Rightarrow$ (i) haben wir folgende Aussage mitbewiesen, die in Kap. VI von Nutzen sein wird.

Lemma V.5.10 *Ist* $T \in L(H)$ *ein normaler Operator, so gilt*

$$\|Tx\| = \|T^* x\| \qquad \forall x \in H.$$

Speziell ist $\ker T = \ker T^*$.

V.6 Aufgaben

Aufgabe V.6.1 Sei $w \in C_{\mathbb{R}}[0, 1]$. Betrachten Sie auf $C[0, 1] \times C[0, 1]$ die Abbildung

$$\langle \,.\,,\,.\, \rangle_w \colon (x, y) \mapsto \int_0^1 x(t)\overline{y(t)}w(t)\, dt.$$

Geben Sie notwendige und hinreichende Bedingungen an w dafür an, dass $\langle \,.\,,\,.\, \rangle_w$ ein Skalarprodukt ist. Wann ist die von $\langle \,.\,,\,.\, \rangle_w$ abgeleitete Norm äquivalent zur vom üblichen Skalarprodukt $(x, y) \mapsto \int_0^1 x(t)\overline{y(t)}\, dt$ abgeleiteten Norm?

Aufgabe V.6.2 Geben Sie die Details des Beispiels V.4(e) über Legendrepolynome (S. 252) nach folgender Anleitung. Zeigen Sie nacheinander die folgenden Aussagen für $t \in [-1, 1]$ und $n = 0, 1, 2, \ldots$:

(a) $P_n(1) = 1$.

(b) $P'_{n+1}(t) = \dfrac{1}{2^n n!} \dfrac{d^{n+1}}{dt^{n+1}} \left(t(t^2 - 1)^n \right)$.

(c) $P'_{n+1}(t) = (2n + 1)P_n(t) + P'_{n-1}(t)$.

(d) $P'_{n+1}(t) = tP'_n(t) + (n + 1)P_n(t)$.

(e) $nP_n(t) = tP'_n(t) - P'_{n-1}(t)$.

(f) $(1 - t^2)P'_n(t) = nP_{n-1}(t) - ntP_n(t)$.

(Verwenden Sie (d) mit $n - 1$ statt n und eliminieren Sie P'_{n-1} mit Hilfe von (e).)

(g) $Q_n(t) := \dfrac{d}{dt}\big((1-t^2)P_n'(t)\big) + n(n+1)P_n(t) = 0$.
(Differenzieren Sie (f) und benutzen Sie (e).)

(h) Für $n \neq m$ sind P_n und P_m orthogonal in $L^2[-1,1]$.
(Betrachten Sie $Q_n P_m - Q_m P_n$ und integrieren Sie partiell.)

(i) $R_n(t) := (n+1)P_{n+1}(t) - (2n+1)tP_n(t) + nP_{n-1}(t) = 0$.
(Verwenden Sie (c), (e) und (a).)

(j) $\displaystyle\int_{-1}^{1} P_n(t)^2\, dt = \frac{2n-1}{2n+1}\int_{-1}^{1} P_{n-1}(t)^2\, dt$ für $n = 2,3,\ldots$.
(Betrachten Sie $(2n+1)R_{n-1}P_n - (2n-1)R_nP_{n-1}$, integrieren Sie partiell und beachten Sie (h).)

(k) $\sqrt{n+\tfrac{1}{2}}\,P_n$ ist eine Orthonormalbasis von $L^2[-1,1]$, die durch Orthonormalisierung der Funktionen x_n, $x_n(t) = t^n$, entsteht.

Aufgabe V.6.3 Die lineare Hülle der durch $f_n(x) = x^n e^{-x^2/2}$, $n \geq 0$, definierten Funktionen liegt dicht in $L^2(\mathbb{R})$. (Hinweis: Zeigen Sie dazu, dass die Fouriertransformierte von $x \mapsto \overline{f(x)}e^{-x^2/2}$ verschwindet, wenn f zu allen f_n orthogonal ist.) Durch Orthonormalisierung erhält man also eine Orthonormalbasis von $L^2(\mathbb{R})$, die aus Funktionen der Gestalt $H_n(x) = P_n(x)e^{-x^2/2}$ besteht, wo P_n ein Polynom vom Grad n ist. Die P_n heißen *Hermitepolynome*, die H_n *Hermitefunktionen*. Berechnen Sie die ersten Hermitefunktionen.

Aufgabe V.6.4 Zeigen Sie, dass in Beispiel V.1(f) durch (V.5) ein Skalarprodukt auf X definiert wird, und zeige $\|f_\lambda - f_{\lambda'}\| = \sqrt{2}$ für $\lambda \neq \lambda'$.

Aufgabe V.6.5 In einem Hilbertraum gilt die Äquivalenz

$$x_n \to x \iff \begin{cases} x_n \overset{\sigma}{\to} x \\ \|x_n\| \to \|x\| \end{cases}$$

Aufgabe V.6.6 (Partielle Integration)

(a) Sei $f\colon \mathbb{R}^n \to \mathbb{C}$ stetig differenzierbar mit kompaktem Träger. Dann gilt

$$\int_{\mathbb{R}^n} \frac{\partial f}{\partial x_j}(x)\, dx = 0 \qquad \forall j = 1,\ldots,n.$$

(Tipp: Satz von Fubini.)

(b) Seien $f, g\colon \mathbb{R}^n \to \mathbb{C}$ stetig differenzierbar, und eine der Funktionen besitze einen kompakten Träger. Dann gilt

$$\int_{\mathbb{R}^n} \frac{\partial f}{\partial x_j}(x)\overline{g(x)}\, dx = -\int_{\mathbb{R}^n} f(x)\overline{\frac{\partial g}{\partial x_j}(x)}\, dx \qquad \forall j = 1,\ldots,n.$$

(c) Sei $\Omega \subset \mathbb{R}^n$ offen, seien $f, g \colon \Omega \to \mathbb{C}$ stetig differenzierbar, und eine der Funktionen besitze einen kompakten Träger (in Ω!). Dann gilt

$$\int_\Omega \frac{\partial f}{\partial x_j}(x)\overline{g(x)}\,dx = -\int_\Omega f(x)\overline{\frac{\partial g}{\partial x_j}(x)}\,dx \qquad \forall j = 1,\ldots,n.$$

(Tipp: Setzen Sie die Funktion fg kanonisch auf $\mathbb{R}^n$ fort.)

Aufgabe V.6.7 Sei $f \in W^m(\mathbb{R}^n)$. Dann gilt für $|\alpha| \le m$

$$\langle D^{(\alpha)}f, \varphi \rangle = (-1)^{|\alpha|}\langle f, D^\alpha \varphi \rangle$$

für alle Schwartzfunktionen φ.

Aufgabe V.6.8 Seien $\Omega \subset \mathbb{R}^n$ offen, $f \in W^m(\Omega)$ und $\varphi \in \mathscr{D}(\Omega)$. Dann ist $\varphi f \in W^m(\Omega)$, und es gilt die *Leibnizformel*

$$D^{(\alpha)}(\varphi f) = \sum_{\beta \le \alpha} \binom{\alpha}{\beta} D^\beta \varphi D^{(\alpha-\beta)}f;$$

hier bedeutet $\beta \le \alpha$, dass alle $\beta_j \le \alpha_j$ sind, und $\binom{\alpha}{\beta} = \binom{\alpha_1}{\beta_1} \cdots \binom{\alpha_n}{\beta_n}$.

Aufgabe V.6.9 Sei $\Omega = \{x \in \mathbb{R}^2 \colon |x| < \frac{1}{2}\}$, $f(x) = \big|\log|x|\big|^\alpha$. Für welche $\alpha \in \mathbb{R}$ ist $f \in L^2(\Omega)$ bzw. $f \in L^\infty(\Omega)$ bzw. $f \in W^1(\Omega)$? Im letzten Fall bestimme man die schwachen Ableitungen $\frac{\partial}{\partial x_1}f$ und $\frac{\partial}{\partial x_2}f$. Durch passende Wahl von α geben Sie ein Gegenbeispiel für das Sobolevlemma im Fall des Grenzexponenten $m = k + \frac{n}{2}$ an.

Aufgabe V.6.10 Zeigen Sie die Stetigkeit des verallgemeinerten Differentiationsoperators $D^{(\alpha)}\colon W^{m+|\alpha|}(\Omega) \to W^m(\Omega)$.

Aufgabe V.6.11 Sei $\Omega \subset \mathbb{R}^n$ offen, $H = H_0^m(\Omega)$. Dann ist für jedes $f \in L^2(\Omega)$ die Abbildung $g \mapsto \langle g, f \rangle_{L^2(\Omega)}$ ein stetiges lineares Funktional auf H. Definieren Sie $\|f\|_{-m}$ als Norm dieses Funktionals und zeigen Sie, dass die Vervollständigung von $(L^2(\Omega), \|\cdot\|_{-m})$ isometrisch isomorph zu H' ist.

Aufgabe V.6.12 $W^m(\mathbb{R}^n) = H_0^m(\mathbb{R}^n)$
[Zeigen Sie zuerst wie in Lemma V.1.10, dass $W^m(\mathbb{R}^n) \cap C^\infty(\mathbb{R}^n)$ dicht liegt.]

Aufgabe V.6.13 Sei $\Omega \subset \mathbb{R}^n$ beschränkt [diese Voraussetzung wird nur der Einfachheit halber gemacht] und f eine reellwertige Funktion in $H_0^1(\Omega)$.

(a) Ist $h \colon \mathbb{R} \to \mathbb{R}$ eine C^∞-Funktion mit beschränkter Ableitung, $h(0) = 0$ und $\sup |h(t)/t| < \infty$, so ist $h \circ f \in H_0^1(\Omega)$ mit schwachen Ableitungen $D^j(h \circ f) = (h' \circ f) \cdot D^j f$.

(Hinweis: Es ist hilfreich zu wissen, dass jede L^2-konvergente Folge eine fast überall konvergente Teilfolge zulässt.)
(b) Es ist $|f| \in H_0^1(\Omega)$ mit schwachen Ableitungen $D^j(|f|) = (\mathbf{1}_{\{f>0\}} - \mathbf{1}_{\{f<0\}}) \cdot D^j f$. Ferner gilt $\| \, |f| \, \|_{W^1} = \|f\|_{W^1}$.
(Tipp: Approximieren Sie die Betragsfunktion durch Funktionen h wie in (a).)

[Ein Banachraum X von Funktionen $f \colon \Omega \to \mathbb{R}$ mit $f \in X \Rightarrow |f| \in X$ & $\| \, |f| \, \| = \|f\|$ heißt ein *Banachverband*. Auch $W^1(\Omega)$ und $L^p(\Omega)$ sind Banachverbände.]

Aufgabe V.6.14 Geben Sie Beispiele für Prähilberträume X und Unterräume $U \subset X$ mit

(a) $\overline{U} \neq U^{\perp\perp}$,
(b) $\overline{U} \oplus U^\perp \neq X$.

Aufgabe V.6.15 Sei H ein Hilbertraum, und sei $K \subset H$ abgeschlossen und konvex. P_K bezeichne die Abbildung, die $x_0 \in H$ die beste Approximation $x \in K$ gemäß Satz V.3.2 zuordnet, die sog. *metrische Projektion*. Zeigen Sie

$$\|P_K(x) - P_K(y)\| \leq \|x - y\| \qquad \forall x, y \in H.$$

(Tipp: Lemma V.3.3.)

Aufgabe V.6.16 Zeigen Sie den Trennungssatz von Hahn-Banach (Theorem III.2.5) in einem Hilbertraum mittels des Projektionssatzes.

Aufgabe V.6.17 Seien U und V abgeschlossene Unterräume des Hilbertraums H und P_U und P_V die entsprechenden Orthogonalprojektionen. Zeigen Sie

$$U \subset V \iff P_U = P_V P_U = P_U P_V.$$

Aufgabe V.6.18 (Satz von Lax-Milgram) Sei H ein komplexer Hilbertraum mit Skalarprodukt $\langle \, . \, , \, . \, \rangle$, und sei $B \colon H \times H \to \mathbb{C}$ sesquilinear.

(a) Die folgenden Bedingungen sind äquivalent:
   (i) B ist stetig.
   (ii) B ist partiell stetig, d. h. $y \mapsto B(x, y)$ ist stetig für alle $x \in H$ und $x \mapsto B(x, y)$ ist stetig für alle $y \in H$.
   (iii) $\exists M \geq 0 \; \forall x, y \in H \; |B(x, y)| \leq M \|x\| \, \|y\|$.
   (Tipp: Satz von Banach-Steinhaus!)
(b) Falls B stetig ist, existiert $T \in L(H)$ mit

$$B(x, y) = \langle Tx, y \rangle \qquad \forall x, y \in H.$$

(c) Gilt zusätzlich

$$\exists m > 0 \; \forall x \in H \qquad B(x,x) \geq m \, \|x\|^2,$$

so ist T invertierbar mit $\|T^{-1}\| \leq \frac{1}{m}$.

Aufgabe V.6.19 Sei H ein Hilbertraum, der aus auf einer Menge S definierten Funktionen besteht. Ein *reproduzierender Kern* für H ist eine Funktion $k: S \times S \to \mathbb{K}$ mit folgenden Eigenschaften, wobei $k_t(s) = k(s,t)$:

$$k_t \in H, \quad f(t) = \langle f, k_t \rangle \qquad \forall t \in S, f \in H.$$

(a) Wenn ein reproduzierender Kern existiert, ist er eindeutig bestimmt.
(b) Genau dann existiert ein reproduzierender Kern, wenn alle Funktionale $f \mapsto f(t)$ ($t \in S$) stetig auf H sind.
(c) Wenn k ein reproduzierender Kern ist, liegt die lineare Hülle der k_t, $t \in S$, dicht in H.
(d) Bestimmen Sie den reproduzierenden Kern für den zweidimensionalen Unterraum H von $L^2[0,1]$, der aus allen Funktionen der Form $f(t) = a + bt$ besteht.

Aufgabe V.6.20 Es sei H ein reeller Hilbertraum, $\ell \in H'$ und $B: H \times H \to \mathbb{R}$ eine symmetrische, beschränkte und koerzitive Bilinearform; es gelte also für geeignete Konstanten $M, m > 0$ und alle $x, y \in H$

$$|B(x,y)| \leq M \|x\| \, \|y\|, \quad B(x,x) \geq m \|x\|^2.$$

Setze $J: H \to \mathbb{R}$, $J(x) = B(x,x) - 2\ell(x)$.

(a) J ist stetig und nach unten beschränkt.
(b) Für ein $u \in H$ gilt die Äquivalenz

$$J(u) \leq J(x) \; \forall x \in H \;\; \Leftrightarrow \;\; B(u,x) = \ell(x) \; \forall x \in H.$$

(c) J nimmt sein Minimum an genau einer Stelle an.

[Dies ist die abstrakte Fassung des *Dirichletschen Prinzips*, mit dessen Hilfe elliptische partielle Differentialgleichungen gelöst werden können; siehe etwa Jost [1998].]

Aufgabe V.6.21

(a) Die *Rademacherfunktionen* $r_n(t) = \operatorname{sign} \sin(2^n \pi t)$, $n = 0, 1, 2, \ldots$, bilden ein Orthonormalsystem, aber keine Orthonormalbasis von $L^2[0,1]$.
(b) $\lim_{n \to \infty} \frac{1}{n} \sum_{k=0}^{n-1} r_k(t) = 0$ für fast alle $t \in [0,1]$.
(Hinweis: Betrachten Sie $\int_0^1 \left[\frac{1}{n} \sum_{k=0}^{n-1} r_k(t) \right]^4 dt$ und verwenden Sie den Satz von Beppo Levi.)

Aufgabe V.6.22 Zu $\psi = \chi_{[0,1/2)} - \chi_{(1/2,1]}$ setze $\psi_{j,k}(t) = 2^{k/2}\psi(2^k t - j), j, k \in \mathbb{Z}$. Die *Haarschen Funktionen* $h_n\colon [0,1] \to \mathbb{R}$ sind wie folgt definiert: Für $n = 2^k + j \geq 1$ ($k = 0, 1, 2, \ldots,$ $j = 1, \ldots, 2^k - 1$) setze man $h_n(t) = \psi_{j,k}(t)$ auf $[0,1)$ und ergänze diese Funktionen stetig bei $t = 1$; ferner sei $h_0(t) = 1$ auf $[0,1]$. (Skizze!)

(a) $\{h_n\colon n \geq 0\}$ ist ein Orthonormalsystem in $L^2[0,1]$, und $\{\psi_{j,k}\colon j, k \in \mathbb{Z}\}$ ist ein Orthonormalsystem in $L^2(\mathbb{R})$.

(b) $f \mapsto \sum_{n=0}^{2^m-1} \langle f, h_n \rangle h_n$ ist die Orthogonalprojektion auf den Unterraum der auf den Intervallen $[r2^{-m}, (r+1)2^{-m})$ konstanten Funktionen in $L^2[0,1]$.

(c) Für $f \in C[0,1]$ konvergiert die Reihe $\sum_{n=0}^{\infty} \langle f, h_n \rangle h_n$ gleichmäßig gegen f.

(d) Die h_n bilden eine Orthonormalbasis von $L^2[0,1]$.

(e) Die $\psi_{j,k}$ bilden eine Orthonormalbasis von $L^2(\mathbb{R})$.

Aufgabe V.6.23 In einem normierten Raum X sind äquivalent:

(i) $\sum_{i \in I} x_i$ konvergiert unbedingt gegen x (Definition V.4.6).

(ii) Für alle $\varepsilon > 0$ existiert eine endliche Teilmenge $F \subset I$ derart, dass für alle $F \subset G \subset I$, G endlich, gilt:

$$\left\| \sum_{i \in G} x_i - x \right\| \leq \varepsilon.$$

Aufgabe V.6.24 Geben Sie Beispiele für unbedingt, aber nicht absolut konvergente Reihen in den Banachräumen ℓ^p für $1 < p \leq \infty$.

Aufgabe V.6.25 Betrachten Sie die Funktion $f\colon [0,1] \to \mathbb{R}, f(t) = \log(1 + t)$.

(a) Die Taylorreihe von f um $t_0 = 0$ konvergiert gegen f in der Norm von $C[0,1]$.

(b) Jede in $C[0,1]$ konvergente Umordnung der Taylorreihe konvergiert ebenfalls gegen f.

(c) Die Taylorreihe ist in $C[0,1]$ nicht unbedingt konvergent.

(d) Gelten die Aussagen (a)–(c) auch in $L^2[0,1]$?

Aufgabe V.6.26 Sei $f_{j,k}$ die Indikatorfunktion des Intervalls $(j2^{-k}, (j+1)2^{-k})$, $k = 0, 1, 2, \ldots,$ $j = 0, \ldots, 2^k - 1$, und sei $g_{j,k} = -f_{j,k}$.

(a) Die Reihe

$$\sum_{n=1}^{\infty} x_n = f_{0,0} + g_{0,0} + f_{0,1} + g_{0,1} + f_{1,1} + g_{1,1} + f_{0,2} + \cdots$$

konvergiert in $L^2[0,1]$ gegen 0.

(b) Die Umordnung

$$f_{0,0} + f_{0,1} + f_{1,1} + g_{0,0} + f_{0,2} + f_{1,2} + g_{0,1} + f_{2,2} + f_{3,2} + g_{1,1} + \cdots$$

konvergiert gegen die konstante Funktion **1**.

(c) Die Menge $\{x \in L^2[0,1]$: es gibt eine Umordnung mit $x = \sum_{n=1}^{\infty} x_{\pi(n)}\}$ ist nicht konvex.

(Tipp: Alle x_n sind $\mathbb{Z}$-wertig.)

Aufgabe V.6.27 Sei $(x_n)_{n \in \mathbb{N}}$ eine Folge paarweise orthogonaler Elemente eines Hilbertraums H. Dann sind die folgenden Behauptungen äquivalent:

(i) $\sum_{n=1}^{\infty} x_n$ ist konvergent.

(ii) $\sum_{n=1}^{\infty} \|x_n\|^2$ ist konvergent.

(iii) $\sum_{n=1}^{\infty} x_n$ ist schwach konvergent (d. h., die Folge der Partialsummen ist schwach konvergent).

Aufgabe V.6.28 Seien H ein Hilbertraum, $\{x_1, \ldots, x_n\}$ ein Orthonormalsystem und $x \in H$. Finden Sie Zahlen $\alpha_1, \ldots, \alpha_n$, so dass $\|x - \sum_{k=1}^{n} \alpha_k x_k\|$ minimal ist.

Aufgabe V.6.29 Die Norm eines Hilbertraums ist an jeder Stelle $x_0 \neq 0$ Fréchet-differenzierbar.
(Tipp: Verwenden Sie Satz III.5.3.)

Aufgabe V.6.30 (Hardyraum) Sei $\mathbb{D} = \{z \in \mathbb{C}: |z| < 1\}$ ($\mathbb{D}$ wie „disk"), und sei

$$H^2(\mathbb{D}) = \left\{ f: \mathbb{D} \to \mathbb{C}: f \text{ analytisch, } \sup_{0 \leq r < 1} \int_0^{2\pi} |f(re^{it})|^2 \, \frac{dt}{2\pi} < \infty \right\}.$$

$H^2(\mathbb{D})$ heißt *Hardyraum* (nicht mit dem Sobolevraum H^2 zu verwechseln).

(a) Die analytische Funktion $f(z) = \sum_{k=0}^{\infty} a_k(f) z^k$ gehört genau dann zu $H^2(\mathbb{D})$, wenn die Folge $(a_k(f))_{k \geq 0}$ der Taylorkoeffizienten von f zu ℓ^2 gehört.

(b) Für $f, g \in H^2(\mathbb{D})$ existiert

$$\langle f, g \rangle := \lim_{r \to 1} \int_0^{2\pi} f(re^{it}) \overline{g(re^{it})} \, \frac{dt}{2\pi},$$

und es ist

$$\langle f, g \rangle = \langle (a_k(f)), (a_k(g)) \rangle_{\ell^2}.$$

(c) $(H^2(\mathbb{D}), \langle\,.\,,.\,\rangle)$ ist ein Hilbertraum, und mit $e_k(z) := z^k$ ist $(e_k)_{k\geq 0}$ eine Orthonormal-basis von $H^2(\mathbb{D})$.

(d) Sei $z_0 \in \mathbb{D}$. Die Abbildung $f \mapsto f(z_0)$ gehört dann zu $(H^2(\mathbb{D}))'$. (Tipp: Cauchyfor-mel aus der Funktionentheorie!) Finden Sie die nach dem Satz von Fréchet-Riesz existierende Funktion $g \in H^2(\mathbb{D})$, so dass $\langle f, g \rangle = f(z_0)$ für alle $f \in H^2(\mathbb{D})$ gilt.

Aufgabe V.6.31 (Bergmanraum) Sei $\mathbb{D} = \{z \in \mathbb{C}: |z| < 1\}$ und

$$L_a^2(\mathbb{D}) := \left\{ f: \mathbb{D} \to \mathbb{C}: f \text{ analytisch, } \int_{\mathbb{D}} |f(x + iy)|^2 \, dxdy < \infty \right\}.$$

$L_a^2(\mathbb{D})$ heißt *Bergmanraum*. Zeigen Sie, dass $L_a^2(\mathbb{D})$ ein abgeschlossener Unterraum von $L^2(\mathbb{D})$ und damit ein Hilbertraum ist.

Aufgabe V.6.32 Sei H ein Hilbertraum. Für $T \in L(H)$ sind äquivalent:

(i) T ist normal.

(ii) $\|Tx\| = \|T^*x\| \quad \forall x \in H$.

Aufgabe V.6.33 Sei $k \in L^2([0, 1]^2)$ und $T_k: L^2[0, 1] \to L^2[0, 1]$, wie üblich, der Integral-operator $(T_k x)(s) = \int_0^1 k(s, t)x(t) \, dt$. Finden Sie Bedingungen an den Kern k, so dass T_k normal ist.

Aufgabe V.6.34

(a) Sei $h: [0, 1] \to \mathbb{C}$ stetig differenzierbar mit $h(0) = h(1) = 0$. Zeigen Sie $h \in H_0^1(0, 1)$.

(b) Finden Sie durch Lösen eines Randwertproblems für eine gewöhnliche Differential-gleichung zu $g \in \mathscr{D}(0, 1)$ eine Funktion $h \in H_0^1(0, 1)$ mit

$$\langle f', g \rangle_{L^2} = \langle f, h \rangle_{W^1} \qquad \forall f \in \mathscr{D}(0, 1).$$

(c) Betrachten Sie den verallgemeinerten Ableitungsoperator auf dem Sobolevraum $H_0^1(0, 1)$, $D: H_0^1(0, 1) \to L^2[0, 1]$. Was ist D^*?

Aufgabe V.6.35 Sei H ein Hilbertraum. Auf $\mathbf{S} = \{T \in L(H): T \text{ selbstadjungiert}\}$ definiere man durch

$$S \leq T \iff \langle Sx, x \rangle \leq \langle Tx, x \rangle \quad \forall x \in H$$

eine Ordnung. Zeigen Sie: Jede monoton wachsende beschränkte Folge in $\mathbf{S}$ konvergiert punktweise gegen einen Operator in $\mathbf{S}$.
(Hinweis: $T \in \mathbf{S}$ heiße positiv, falls $\langle Tx, x \rangle \geq 0$ für alle $x \in H$ gilt. Zeigen Sie zuerst für positive T die Ungleichung $|\langle Tx, y \rangle|^2 \leq \langle Tx, x \rangle \langle Ty, y \rangle$.)

Aufgabe V.6.36 Sei H ein komplexer Hilbertraum, und sei $T \in L(H)$ selbstadjungiert.

(a) Die Abbildungen $T + i\,\mathrm{Id}$ und $T - i\,\mathrm{Id}$ sind bijektiv und haben stetige Inverse.

(b) $U_T := (T + i\,\mathrm{Id})(T - i\,\mathrm{Id})^{-1}$ ist unitär. U_T heißt die Cayley-Transformierte von T.

(c) $\mathrm{Id} - U_T$ hat eine stetige Inverse, und es gilt

$$T = -i(\mathrm{Id} + U_T)(\mathrm{Id} - U_T)^{-1}.$$

(Tipp: Zeigen Sie zuerst $\|(T \pm i\,\mathrm{Id})x\|^2 = \|Tx\|^2 + \|x\|^2$.)

Aufgabe V.6.37 Sei H ein Hilbertraum, U ein dichter Teilraum, $T \in K(H)$ selbstadjungiert, und es gelte $T(H) \subset U$. Zeigen oder widerlegen Sie: Falls $T|_U$ injektiv ist, ist auch T injektiv.

Aufgabe V.6.38 (von Neumannscher Ergodensatz) Sei H ein Hilbertraum, $T \in L(H)$ mit $\|T\| \leq 1$, U der Kern von $\mathrm{Id} - T$ und $S_n := \frac{1}{n} \sum_{k=0}^{n-1} T^k$. Ferner bezeichne P_U den Orthogonalprojektor auf U. Dann gilt

$$\lim_{n \to \infty} S_n x = P_U x \quad \forall x \in H.$$

Dazu beweisen Sie:

(a) Für $x \in H$ gilt $Tx = x$ genau dann, wenn $T^*x = x$.

(b) $U^\perp = \overline{\mathrm{ran}(\mathrm{Id} - T)}$.

(c) $S_n x \to x$ für $x \in U$, und $S_n x \to 0$ für $x \in U^\perp$.

Aufgabe V.6.39 (Diskrete Hausdorff-Young-Ungleichung) Sei $1 \leq p \leq 2$ und $1/p + 1/q = 1$.

(a) Sei $\widehat{f}_n = \frac{1}{2\pi} \int_0^{2\pi} f(t) e^{-int} dt$ der n-te komplexe Fourierkoeffizient der Funktion f. Dann ist der Operator

$$f \mapsto (\widehat{f}_n)_{n \in \mathbb{Z}}$$

stetig von $L^p[0, 2\pi]$ nach $\ell^q(\mathbb{Z})$.

(b) Sei $\gamma_n(t) = e^{int}$. Dann ist der Operator

$$(a_n)_{n \in \mathbb{Z}} \mapsto \sum_{n \in \mathbb{Z}} a_n \gamma_n$$

stetig von $\ell^p(\mathbb{Z})$ nach $L^q[0, 2\pi]$.

(Tipp: Behandeln Sie zunächst $p = 1$ und $p = 2$ und benutzen Sie den Satz von Riesz-Thorin.)

V.7   Bemerkungen und Ausblicke

Zwischen 1904 und 1910 veröffentlichte D. Hilbert in den *Nachr. Wiss. Gesellsch. Göttingen, Math.-phys. Kl.*, sechs Mitteilungen unter dem Titel „Grundzüge einer allgemeinen Theorie der linearen Integralgleichungen", in denen er eine Theorie der quadratischen Formen von unendlich vielen Unbekannten entwirft und auf die Lösungstheorie von Differential- und Integralgleichungen anwendet. Die ideengeschichtlich bedeutendste ist die 4. Mitteilung aus dem Jahre 1906. Im Kern wird hier die Theorie der selbstadjungierten Operatoren auf Hilberträumen entwickelt, die uns in den nächsten beiden Kapiteln beschäftigen wird. Aber weder Hilberts Formulierungen noch seine Methoden benutzen die heute übliche Sprache der Hilberträume. Der einzige Hilbertraum, der bei Hilbert vorkommt, ist der Folgenraum ℓ^2, und von dem taucht eigentlich auch nur die Einheitskugel auf. (Es wird die Geschichte kolportiert, Hilbert habe Weyl nach einem Vortrag gefragt:

> Weyl, eine Sache müssen Sie mir erklären: Was ist das, ein Hilbertscher Raum? Das habe ich nicht verstanden.

Siehe L. Young, *Mathematicians and their Times*, North-Holland 1981, S. 312.)

Der Zusammenhang zwischen Integralgleichungen und dem Raum ℓ^2 (oder seiner Einheitskugel) wird von Hilbert mittels der Fourierentwicklung hergestellt. (Dies geschieht in der 5. Mitteilung.) Statt einer stetigen Funktion f betrachtet Hilbert die Folge ihrer Fourierkoeffizienten, und die liegt in ℓ^2; und statt eines Integraloperators wird der assoziierte Operator auf ℓ^2 betrachtet. Die Darstellung bei Hilbert wird nun dadurch verkompliziert, dass er tatsächlich *nicht* Operatoren $(s_n) \mapsto (\sum_m k_{nm} s_m)_n$, sondern die unendlichen Matrizen (k_{nm}) als quadratische Formen $\sum k_{nm} s_m t_n$ untersucht, und er versucht, Eigenschaften der unendlichen quadratischen Formen durch Übergang zum Limes aus dem endlichdimensionalen Fall herzuleiten. Hilberts Argumentation wird von Weyl „laborious" genannt, und Pietsch zieht in diesem Zusammenhang den Vergleich mit einer „Brechstange" heran (Nachwort zu Hilbert/Schmidt [1989]).

Es war nun Hilberts Schüler E. Schmidt, der dessen Resultate vom Kopf auf die Füße stellte, indem er sie in einer geometrischen Sprache formulierte und sie so auf eine sehr durchsichtige und elegante Weise zeigen konnte (*Math. Ann.* 63 (1907) 433–476, *Rend. Circ. Mat. Palermo* 25 (1908) 53–77). Das erste Kapitel seiner Arbeit von 1908 trägt die Überschrift „Geometrie in einem Functionenraum"; insbesondere studiert Schmidt dort den Folgenraum ℓ^2 und seine abgeschlossenen Untervektorräume („lineare Funktionengebilde"), er erklärt das Skalarprodukt des ℓ^2 und spricht explizit von Orthogonalität, und er interpretiert $\|x\|$ (dieses Symbol wird hier eingeführt) als Länge des Vektors $x \in \ell^2$. Außerdem beweist er den Projektionssatz V.3.4 und beschreibt das Orthogonalisierungsverfahren aus Satz V.4.2; in diesem Zusammenhang zitiert er eine Arbeit des dänischen Mathematikers Gram aus dem Jahre 1883. Die wichtigsten Arbeiten von Hilbert und Schmidt sind, kommentiert von A. Pietsch, erneut aufgelegt worden (Hilbert/Schmidt [1989]).

F. Riesz gelang es, die Dinge noch transparenter zu machen, indem er in seinen Arbeiten den weitaus einfacher zu handhabenden Begriff des Operators an die Spitze stellt. Die Beschränkung auf stetige Funktionen bei Hilbert und Schmidt rührt übrigens daher, dass sie nur mit dem Riemannintegral operierten. Auch hier ging Riesz einen Schritt weiter, indem er zeigte, dass bei Verwendung des Lebesgueschen Integrals (Lebesgues Doktorarbeit erschien 1902) *jede* ℓ^2-Folge die Fourierkoeffizientenfolge einer quadratisch integrierbaren Funktion ist (*C. R. Acad. Sc. Paris* 144 (1907) 615–619). Das ist genau die Aussage von Korollar V.4.14. Der dazu äquivalente Satz, dass $L^2[0, 1]$ vollständig ist, wurde von Fischer in derselben Ausgabe der *Comptes Rendus* veröffentlicht. Auch Riesz' und Fréchets Beweise, dass $L^2[0, 1]$ zu sich selbst dual ist, finden sich in dieser Nummer. Die Beweise des Darstellungssatzes von Fréchet-Riesz und des Projektionssatzes im Text stammen ebenfalls von Riesz, jedoch aus einer späteren Zeit (*Acta Sci. Math. Szeged* 7 (1934–35) 34–38). Bemerkenswerterweise hat Riesz viele seiner grundlegenden funktionalanalytischen Arbeiten geschrieben, während er Gymnasiallehrer in Lőcse, dem heute slowakischen Levoča, und Budapest war; er wurde erst 1912 zum Professor in Kolozsvár, dem heute in Rumänien liegenden Cluj, berufen.

Zwar spricht Riesz in seinen frühen Arbeiten vom Raum ℓ^2 als dem „Hilbertschen Raum", die abstrakte Definition eines Hilbertraums im Sinn von V.1.4 wurde jedoch erst 1929, angeregt vom Problem der mathematischen Axiomatisierung der Quantenmechanik, von J. von Neumann (*Math. Ann.* 102 (1929) 49–131) gegeben. Wenig später erfindet auch M. H. Stone den Hilbertraum, und 1932 erscheint dessen Monographie *Linear Transformations in Hilbert Space*. Beide fordern noch die Separabilität, die in Arbeiten von Rellich (*Math. Ann.* 110 (1934) 342–356) und Löwig (*Acta Sci. Math. Szeged* 7 (1934) 1–33) fallengelassen wird. So ergibt sich die kuriose Situation, dass abstrakte Hilberträume erst nach den abstrakten normierten Räumen definiert wurden.

Dixmier (*Acta Sci. Math. Szeged* 15 (1953) 29–30) hat einen nichtseparablen Prähilbertraum konstruiert, in dem jedes Orthonormalsystem abzählbar oder endlich ist. Der Raum $AP^2(\mathbb{R})$ aus Beispiel V.1(f) ist eines der wenigen „natürlichen" Beispiele eines nichtseparablen Hilbertraums; Rellich war wesentlich durch diesen Raum motiviert, die Hilbertraumtheorie auf nichtseparable Situationen auszudehnen. Dieses Beispiel ist eng mit der Theorie der fastperiodischen Funktionen verwandt (engl. *almost periodic*, daher die Bezeichnung AP). H. Bohr (Bohr [1932]) zeigte, dass der Abschluss von X aus Beispiel V.1(f) in $C^b(\mathbb{R})$ (bzgl. der Supremumsnorm) aus genau den stetigen komplexwertigen Funktionen auf $\mathbb{R}$ besteht, für die gilt

$$\underset{\varepsilon>0}{\forall} \; \underset{L>0}{\exists} \; \underset{a\in\mathbb{R}}{\forall} \; \underset{a<\tau\leq a+L}{\exists} \; \underset{t\in\mathbb{R}}{\forall} \; |f(t+\tau)-f(t)| \leq \varepsilon. \tag{V.28}$$

Funktionen mit dieser Eigenschaft heißen *fastperiodisch*. (Periodische Funktionen erfüllen (V.28) mit $\varepsilon = 0$ und $L =$ Periode von f.) Jede fastperiodische Funktion gehört zu $AP^2(\mathbb{R})$; die Elemente dieses Raums sind von Besicovitch [1932] charakterisiert worden.

Der Satz von Hellinger-Toeplitz wurde von ihnen ursprünglich mit der Methode des gleitenden Buckels begründet. Hilberts „Auswahlsatz", Korollar V.3.7(c), findet sich in etwas verklausulierter Form in seiner 4. Mitteilung, S. 164ff., für $H = \ell^2$. Banach und

Saks bewiesen ihren Satz sogar für $L^p[0,1]$, $1 < p < \infty$ (*Studia Math.* 2 (1930) 51–57); der Beweis für den L^p-Fall ist natürlich schwieriger. Für $p = 1$ gilt der folgende Satz von Komlós, dessen Beweis man in Wojtaszczyk [1991], S. 102, findet.

- *Jede beschränkte Folge* (f_n) *in* L^1 *enthält eine Teilfolge* (g_n), *so dass*

$$\left(\frac{1}{n} \sum_{k=1}^{n} g_k \right)$$

    fast überall gegen eine Grenzfunktion $g \in L^1$ *konvergiert.*

Im Text wurde bereits der Satz von Dvoretzky-Rogers aus dem Jahre 1950 zitiert, wonach in jedem unendlichdimensionalen Banachraum stets unbedingt, aber nicht absolut konvergente Reihen existieren; der Beweis kann heute mittels der Theorie der absolut summierenden Operatoren geführt werden, siehe Lindenstrauss/Tzafriri [1977], S. 65. Solch eine Reihe in ℓ^p zu finden ist für $p > 1$ sehr einfach. Für $p = 1$ liegt ihre Konstruktion aber nicht auf der Hand; wer einen Hinweis sucht, lese Macphails Arbeit im *Bull. Amer. Math. Soc.* 53 (1947) 121–123. Andererseits gilt für unbedingt konvergente Reihen $\sum f_n$ in L^p noch $\sum \|f_n\|^2 < \infty$ für $1 \le p \le 2$ und $\sum \|f_n\|^p < \infty$ für $2 < p < \infty$. Dieser Satz wurde 1930 von Orlicz gefunden, ein moderner Beweis reduziert die Aussage auf die sog. Kotypeigenschaft der L^p-Räume (Wojtaszczyk [1991], S. 97).

Konvergiert eine (konvergente) Reihe $\sum x_n$ reeller Zahlen nicht unbedingt, so kann man bekanntlich zu jeder reellen Zahl x eine Umordnung mit $\sum x_{\pi(n)} = x$ finden. Anders ausgedrückt können bei konvergenten reellen Reihen $\sum x_n$ für die Menge $\Sigma = \{x: \exists \pi \sum x_{\pi(n)} = x\}$ nur die Fälle $\Sigma = \{x_0\}$ oder $\Sigma = \mathbb{R}$ auftreten. Für konvergente Reihen komplexer Zahlen gibt es drei Möglichkeiten: $\Sigma = \{x_0\}$, $\Sigma = \mathbb{C}$, oder Σ ist eine Gerade in der komplexen Ebene. Allgemeiner besagt der *Satz von Steinitz* für Reihen im $\mathbb{R}^n$, dass Σ stets ein affiner Unterraum ist; ein Beweis dieses Satzes wird von P. Rosenthal in *Amer. Math. Monthly* 94 (1987) 342–351 dargestellt. Im Unendlichdimensionalen liegen die Dinge viel komplizierter. Im Problem 106 des Schottischen Buches (Mauldin [1981], S. 188) fragte Banach, ob Σ stets konvex sei; als Preis setzte er eine Flasche Wein aus. Wie aus Aufgabe V.6.26 hervorgeht, ist das im Allgemeinen falsch; das Gegenbeispiel dieser Aufgabe (von Marcinkiewicz) ist ebenfalls im Schottischen Buch verzeichnet. Ein weit drastischeres Gegenbeispiel stammt von Kadets und Woźniakowski (*Bull. Pol. Acad. Sci.* 37 (1989) 15–21): In jedem unendlichdimensionalen Banachraum existiert eine nur bedingt konvergente Reihe, so dass Σ aus genau zwei Punkten besteht; siehe auch [J. O.] Wojtaszczyk, *Studia Math.* 171 (2005) 261–281. Mehr zu diesem Problemkreis kann man bei Kadets/Kadets [1997] nachlesen.

Mit der Parallelogrammgleichung liegt ein einfaches notwendiges und hinreichendes Kriterium (es stammt von Jordan und von Neumann, *Ann. Math.* 36 (1935) 719–723) vor, um zu überprüfen, ob die Norm eines Banachraums von einem Skalarprodukt abgeleitet werden kann, mit anderen Worten, ob ein gegebener Banachraum zu einem Hilbertraum isometrisch isomorph ist. Ca. 350 weitere findet man bei Amir [1989]. Wesentlich heikler ist die Frage, ob ein gegebener Banachraum zu einem Hilbertraum isomorph ist, d. h., ob es eine *äquivalente* Norm gibt, die von einem Skalarprodukt abstammt. Ein tiefliegendes Ergebnis in dieser Richtung ist das Theorem über komplementierte Unterräume (vgl. Definition IV.6.4 wegen dieses Begriffs) von Lindenstrauss und Tzafriri (*Israel J. Math.* 9 (1971) 263–269).

- *Wenn jeder abgeschlossene Unterraum eines Banachraums X komplementiert ist, ist X zu einem Hilbertraum isomorph.*

(Die Umkehrung folgt natürlich aus Theorem V.3.4.) Eine weitere Charakterisierung wird in den Bemerkungen zu Kap. VI genannt.

Prähilberträume glatter Funktionen (etwa $C^2(\overline{\Omega})$ mit der Sobolevnorm $\|\cdot\|_{W^2}$) wurden schon in den dreißiger Jahren in Göttingen betrachtet (siehe Courant/Hilbert [1968], Band 1, Kap. V, und Band 2, Kap. VII), und in diesem Zusammenhang bewies Rellich 1930 seinen Einbettungssatz. Sobolev (*Mat. Sbornik* 46 (1938) 471–496, engl. Übersetzung *Amer. Math. Soc. Transl.* 34 (1963) 39–68) führte den verallgemeinerten Ableitungsbegriff ein und gelangte so zu Hilberträumen (schwach) differenzierbarer Funktionen. (Einen noch schwächeren Ableitungsbegriff vermittelt die Distributionentheorie; siehe Abschn. VIII.5.) Er bewies dort auch das Sobolevlemma. Sobolevräume werden auch über den Räumen $L^p(\Omega)$ gebildet; man verlangt dann, dass alle schwachen Ableitungen der Ordnung $\leq m$ zu $L^p(\Omega)$ gehören, und bezeichnet die Gesamtheit dieser Funktionen mit $W^{m,p}(\Omega)$. Dann gilt der Einbettungssatz $W^{m,p}(\Omega) \subset C^k(\Omega)$, falls $m > k + \frac{n}{p}$ und $\Omega \subset \mathbb{R}^n$. Bezeichnet man mit $H_0^{m,p}$ den Abschluss von $\mathscr{D}$ in $W^{m,p}$, kann man folgenden auf Kondrachev (1945) zurückgehenden Kompaktheitssatz für beschränktes $\Omega \subset \mathbb{R}^n$ zeigen.

- *Falls $mp < n$ und $q < np/(n-mp)$ sind, ist $H_0^{m,p}(\Omega)$ kompakt in $L^q(\Omega)$ eingebettet.*
- *Falls $mp > n + kp$ ist, ist $H_0^{m,p}(\Omega)$ kompakt in $C^k(\overline{\Omega})$ eingebettet.*

Unter geeigneten geometrischen Voraussetzungen an Ω (z. B., wenn Ω einen Lipschitzrand hat), darf man $H_0^{m,p}$ durch $W^{m,p}$ ersetzen. Die Standardreferenz zu Sobolevräumen ist Adams [1975]; siehe auch Marti [1986] und Wloka [1982] für Anwendungen auf die Theorie partieller Differentialgleichungen.

Die klassische Fourieranalyse wurde in Fouriers „Théorie analytique de la chaleur" von 1822 entwickelt; moderne Darstellungen sind Körner [1988] und natürlich Zygmund [1959]. Plancherel bewies seine Gleichung ursprünglich im Jahre 1910. Der Aufbau der Theorie über den Raum $\mathscr{S}(\mathbb{R}^n)$ wurde von L. Schwartz vorgeschlagen (*Annales Univ. Grenoble* 23 (1947–1948) 7–24); dieses Vorgehen ist fundamental für die Fouriertransformation von Distributionen (Abschn. VIII.5). Den gemeinsamen Hintergrund der Fourierreihen und der Fouriertransformation kann man mit Hilfe der abstrakten harmonischen Analyse formulieren, was im Folgenden skizziert werden soll. Dazu sei $(G, +)$ eine abelsche Gruppe. Gleichzeitig sei G mit einer Topologie versehen, so dass die Gruppen-operation und die Inversenbildung stetig sind, und G sei lokalkompakt; man nennt G dann kurz eine lokalkompakte abelsche Gruppe. Man kann beweisen, dass es – bis auf eine multiplikative Konstante – genau ein reguläres translationsinvariantes Borelmaß m auf G gibt, also ein Maß mit $m(a + E) = m(E)$ für alle Borelmengen E. So ein Maß heißt *Haar-maß*. Ist $G = \mathbb{R}^n$, so ist m ein Vielfaches des Lebesguemaßes. Sei $\mathbb{T} = \{z \in \mathbb{C}: |z| = 1\}$; $\mathbb{T}$ ist in natürlicher Weise eine kompakte abelsche Gruppe mit dem (eindimensionalen) Lebesguemaß als Haarmaß. Als nächstes definiert man den Begriff des Charakters. Ein *Charakter* auf G ist ein stetiger Gruppenhomomorphismus von G nach $\mathbb{T}$; die Menge aller Charaktere bildet ihrerseits eine abelsche Gruppe Γ, die, versehen mit der Topologie der gleichmäßigen Konvergenz auf kompakten Teilmengen von G, zu einer lokalkompakten abelschen Gruppe wird und daher ein Haarmaß $\widehat{m}$ zulässt. Γ heißt die zu G *duale Gruppe*. Ist $G = \mathbb{R}^n$, so hat jeder Charakter die Form $\gamma(x) = e^{ix\xi}$ für ein $\xi \in \mathbb{R}^n$; ergo ist Γ isomorph zu $\mathbb{R}^n$. Ist $G = \mathbb{T}$, so lauten die Charaktere $\gamma(z) = z^n$ für ein $n \in \mathbb{Z}$, und Γ ist isomorph zu $\mathbb{Z}$. Sei nun $f \in L^1(G, dm)$. Die Fouriertransformierte von f ist die Funktion

$$\widehat{f}: \Gamma \to \mathbb{C}, \quad \widehat{f}(\gamma) = \int_G f(x)\overline{\gamma(x)}\, dm(x).$$

Es ist stets $\widehat{f} \in C_0(\Gamma)$, und gilt auch $\widehat{f} \in L^1(\Gamma, d\widehat{m})$, so hat man die Fourierinversionsformel (c bezeichnet eine Konstante)

$$f(x) = c \int_\Gamma \widehat{f}(\gamma)\gamma(x)\, d\widehat{m}(\gamma) \qquad \text{fast überall.}$$

Wenn man $G = \mathbb{R}^n = \Gamma$ betrachtet, erhält man so die Formeln für die Fouriertransformation und die inverse Fouriertransformation. Für $G = \mathbb{T}$ und $\Gamma = \mathbb{Z}$ wird $\int_\Gamma$ einfach $\sum_{n\in\mathbb{Z}}$, und man erhält eine Fourierreihe. Warum man es in den klassischen Fällen einmal mit einem Integral und einmal mit einer Reihe zu tun hat, lässt sich vor diesem abstrakten Hintergrund so beantworten. Ist G kompakt (wie $\mathbb{T}$), so ist Γ eine diskrete Gruppe, und das Haarmaß auf Γ ist das zählende Maß. Auch das Beispiel V.4(c) ist der Spezialfall eines allgemeinen Sachverhalts:

- (Satz von Peter-Weyl)
  Wenn G kompakt ist, ist Γ eine Orthonormalbasis von $L^2(G, dm)$.

Zu all diesen Dingen siehe z. B. Rudin [1962] und Loomis [1953].

Eine moderne Weiterentwicklung der Fourieranalyse auf $\mathbb{R}$ (und in mancher Hinsicht ein Gegenstück dazu) ist die Theorie der Wavelets. Ein *orthogonales Wavelet* (frz. *ondelette*) ist eine Funktion $\psi: \mathbb{R} \to \mathbb{C}$, für die die Funktionen

$$\psi_{j,k}(t) = 2^{k/2}\psi(2^k t - j), \qquad j, k \in \mathbb{Z}$$

eine Orthonormalbasis von $L^2(\mathbb{R})$ bilden. (Eigentlich sind die $\psi_{j,k}$ die Wavelets, und ψ wird auch *Mutterwavelet* genannt.) Ein einfaches Beispiel ist die Haarbasis, wo man von $\psi = \chi_{[0,1/2)} - \chi_{[1/2,1)}$ ausgeht, vgl. Aufgabe V.6.22. Meyer hat 1985 Wavelets $\psi \in \mathscr{S}(\mathbb{R})$ konstruiert, und Daubechies hat 1988 für jedes $m \in \mathbb{N}$ orthogonale Wavelets der Klasse C^m mit kompaktem Träger gefunden, die gleichzeitig Schauderbasen (Aufgabe IV.8.20) der Räume $L^p(\mathbb{R})$, $1 < p < \infty$, bilden, die die wichtige Eigenschaft besitzen, dass für $\sum_{j,k}\langle f, \psi_{j,k}\rangle\psi_{j,k} \in L^p(\mathbb{R})$ auch bei jeder Vorzeichenwahl $\sum_{j,k}\pm\langle f, \psi_{j,k}\rangle\psi_{j,k} \in L^p(\mathbb{R})$ gilt. Diese Eigenschaft ist zur unbedingten Konvergenz der Reihe äquivalent, und man spricht dann von einer *unbedingten* Schauderbasis; das trigonometrische System ist zwar eine Schauderbasis von $L^p[0, 2\pi]$ für $1 < p < \infty$, aber keine unbedingte Basis, wenn $p \neq 2$ ist. Zu Wavelets und ihren Anwendungen siehe Daubechies [1992], Meyer [1992] und Wojtaszczyk [1997].

Spektraltheorie kompakter Operatoren

VI

VI.1 Das Spektrum eines beschränkten Operators

Die Spektraltheorie verallgemeinert die Eigenwerttheorie für Matrizen auf Operatoren auf unendlichdimensionalen Banachräumen. Für Operatoren (= Matrizen) auf endlichdimensionalen Räumen ist ein Eigenwert bekanntlich durch die Forderung definiert, dass $\lambda \operatorname{Id} - T$ nicht injektiv ist, was dazu äquivalent ist, dass $\lambda \operatorname{Id} - T$ nicht surjektiv ist. Auf unendlichdimensionalen Räumen braucht diese Äquivalenz nicht mehr zu gelten. Man muss daher ein allgemeineres Konzept als das des Eigenwerts zulassen.

Im Folgenden bezeichnet X stets einen Banachraum und $T \in L(X)$ einen stetigen linearen Operator. Statt $\lambda \operatorname{Id} - T$ schreiben wir $\lambda - T$.

▶ **Definition VI.1.1** Sei $T \in L(X)$.

(a) Die *Resolventenmenge* von T ist

$$\rho(T) = \{\lambda \in \mathbb{K}: (\lambda - T)^{-1} \text{ existiert in } L(X)\}.$$

(b) Die Abbildung

$$R: \rho(T) \to L(X), \quad R_\lambda := R_\lambda(T) := (\lambda - T)^{-1}$$

heißt *Resolventenabbildung*.

(c) Das *Spektrum* von T ist

$$\sigma(T) = \mathbb{K} \setminus \rho(T).$$

© Springer-Verlag GmbH Deutschland, ein Teil von Springer Nature 2018
D. Werner, *Funktionalanalysis*, Springer-Lehrbuch,
https://doi.org/10.1007/978-3-662-55407-4_6

Man definiert noch folgende Teilmengen des Spektrums:

$$\sigma_p(T) = \{\lambda: \lambda - T \text{ nicht injektiv}\},$$

$$\sigma_c(T) = \{\lambda: \lambda - T \text{ injektiv, nicht surjektiv, mit dichtem Bild}\},$$

$$\sigma_r(T) = \{\lambda: \lambda - T \text{ injektiv, ohne dichtes Bild}\}.$$

Man nennt $\sigma_p(T)$ das *Punktspektrum*, $\sigma_c(T)$ das *stetige Spektrum* und $\sigma_r(T)$ das *Restspektrum*.

Aus dem Satz von der offenen Abbildung (genauer Korollar IV.3.4) folgt $\sigma(T) = \sigma_p(T) \cup \sigma_c(T) \cup \sigma_r(T)$, denn $(\lambda - T)^{-1}$ ist automatisch stetig, falls $\lambda - T$ bijektiv ist. (Zur Erinnerung: der Raum X ist in diesem Kapitel stets ein Banachraum.) Die Elemente von $\sigma_p(T)$ heißen *Eigenwerte*; ein $x \neq 0$ mit $Tx = \lambda x$ heißt *Eigenvektor* (oder *Eigenfunktion*, wenn X ein Funktionenraum ist). Typischerweise (freilich nicht immer, vgl. die folgenden Beispiele) besteht $\sigma_p(T)$ aus isolierten Punkten, $\sigma_c(T)$ aus einer Vereinigung von Intervallen, und $\sigma_r(T)$ kommt nicht vor. Dies erklärt die Nomenklatur.

Als erstes machen wir eine einfache Beobachtung.

Satz VI.1.2 *Es gilt* $\sigma(T) = \sigma(T')$. *Ist X ein Hilbertraum, so ist* $\sigma(T^*) = \{\bar{\lambda}: \lambda \in \sigma(T)\}$.

Beweis. Im Banachraumfall folgt die Aussage aus der Tatsache, dass ein Operator genau dann ein Isomorphismus ist, wenn es sein Adjungierter ist (Aufgabe III.6.22). Für den Hilbertraumfall beachte $\big((\lambda - T)^{-1}\big)^* = \big((\lambda - T)^*\big)^{-1} = (\bar{\lambda} - T^*)^{-1}$. □

Beispiele

(a) Für $\dim X < \infty$ stimmt $\sigma(T)$ mit der Menge der Eigenwerte überein und kann im Fall $\mathbb{K} = \mathbb{R}$ durchaus leer sein.

(b) Ist X ein Hilbertraum und T ein selbstadjungierter Operator, so gilt $\sigma(T) \subset \mathbb{R}$. Das wird in Korollar VII.1.2 gezeigt. Daher muss nach Satz V.5.2(g) $\sigma_r(T) = \emptyset$ sein.

(c) Sei $X = C[0, 1]$ und $(Tx)(s) = \int_0^s x(t)\, dt$. Dann ist $\sigma(T) = \sigma_r(T) = \{0\}$. Um das einzusehen, betrachte zuerst $\lambda = 0$. Nach dem Hauptsatz der Differential- und Integralrechnung ist T injektiv, und T hat kein dichtes Bild, da stets $(Tx)(0) = 0$ gilt. Also ist $0 \in \sigma_r(T)$. Sei nun $\lambda \neq 0$. Es ist zu zeigen, dass für alle $y \in C[0, 1]$ die Gleichung

$$\lambda x - Tx = y \tag{VI.1}$$

eindeutig nach x auflösbar ist; denn dann ist $\lambda - T$ bijektiv, und die Stetigkeit des inversen Operators ergibt sich automatisch aus dem Satz von der offenen Abbildung. Schreibt man $z = Tx$, so ist (VI.1) dem Anfangswertproblem

$$\dot{z}(t) - \frac{1}{\lambda} z(t) = \frac{1}{\lambda} y(t), \quad z(0) = 0 \tag{VI.2}$$

äquivalent. (Wir verwenden hier die Physikernotation $\dot{y}$ statt y', um nicht mit der Bezeichnung für Funktionale zu kollidieren.) Für $y = 0$ hat (VI.2) nur die triviale Lösung, also ist $\lambda - T$ injektiv. Die eindeutig bestimmte Lösung von (VI.2) kann mit der Methode der Variation der Konstanten ermittelt werden (siehe z. B. Walter [1993], S. 25); sie lautet

$$z(t) = e^{t/\lambda} \cdot \frac{1}{\lambda} \int_0^t e^{-s/\lambda} y(s)\, ds.$$

Daher ist

$$x(t) = \dot{z}(t) = \frac{1}{\lambda}(z(t) + y(t)) = \frac{1}{\lambda^2} \int_0^t e^{(t-s)/\lambda} y(s)\, ds + \frac{1}{\lambda} y(t).$$

Deshalb ist $\lambda - T$ bijektiv. Übrigens kann man die Stetigkeit von $(\lambda - T)^{-1}$ direkt aus der obigen Formel ablesen.

(d) Betrachtet man den Operator T aus Beispiel (c) auf $X = \{x \in C[0, 1]: x(0) = 0\}$, so gilt $\sigma(T) = \sigma_c(T) = \{0\}$. In der Tat gilt wie oben $\lambda \in \rho(T)$ für $\lambda \neq 0$, und wieder ist T injektiv. Wegen $\operatorname{ran} T = \{y \in C^1[0, 1]: y(0) = 0,\ \dot{y}(0) = 0\}$ gilt $\operatorname{ran} T \neq \overline{\operatorname{ran} T} = X$, also ist diesmal $0 \in \sigma_c(T)$.

(e) Das folgende etwas künstliche Beispiel zeigt, dass alle Typen von Spektralpunkten vorkommen können. Sei $X = \{x \in \ell^\infty([0, 1]): x$ stetig bei 0 und 1, $x(0) = 0\}$ und $T: X \to X$, $(Tx)(t) = tx(t)$. X wird mit der Supremumsnorm versehen und ist dann ein abgeschlossener Unterraum von $\ell^\infty([0, 1])$. Es gilt $\sigma(T) = [0, 1]$; genauer

$$\sigma_p(T) = (0, 1), \quad \sigma_c(T) = \{0\}, \quad \sigma_r(T) = \{1\}.$$

Zum Beweis sei zuerst $\lambda \notin [0, 1]$. Dann definiert

$$\big((\lambda - T)^{-1}x\big)(t) = \frac{1}{\lambda - t} x(t)$$

den Umkehroperator, also gilt $\lambda \in \rho(T)$. Ist $\lambda \in (0, 1)$, so betrachte $x_\lambda = \chi_{\{\lambda\}} \in X$. Wegen $Tx_\lambda = \lambda x_\lambda$ liegt λ im Punktspektrum. Schließlich betrachten wir $\lambda = 1$ und $\lambda = 0$. $\mathrm{Id} - T$ ist injektiv, denn $Tx = x$ impliziert $tx(t) = x(t)$ für alle $t \in [0, 1]$, also $x(t) = 0$ für alle $t \in [0, 1)$. Da x bei 1 stetig ist, folgt $x = 0$. Ferner hat $\mathrm{Id} - T$ kein dichtes Bild, da $\operatorname{ran}(\mathrm{Id} - T) \subset \{x \in X: x(1) = 0\}$. Zu $\lambda = 0$ bemerke, dass T injektiv ist (Beweis wie oben), aber nicht surjektiv (die Wurzelfunktion gehört nicht zu $\operatorname{ran} T$). T hat jedoch dichtes Bild. Sei nämlich $y \in X$. Zu $\varepsilon > 0$ wähle $\delta > 0$ mit $|y(t)| \leq \varepsilon$ für alle $t \leq \delta$. Setze $x_\varepsilon(t) = 0$ für $t \leq \delta$ und $x_\varepsilon(t) = y(t)/t$ sonst. Dann ist $x_\varepsilon \in X$ und $\|Tx_\varepsilon - y\|_\infty \leq \varepsilon$.

Der folgende Satz ist grundlegend; besonders wichtig ist Teil (d).

Satz VI.1.3

(a) $\rho(T)$ *ist offen.*
(b) *Die Resolventenabbildung ist analytisch, d. h., sie wird lokal durch eine Potenzreihe mit Koeffizienten in $L(X)$ beschrieben.*
(c) $\sigma(T)$ *ist kompakt, genauer gilt $|\lambda| \leq \|T\|$ für alle $\lambda \in \sigma(T)$.*
(d) *Ist $\mathbb{K} = \mathbb{C}$, so ist $\sigma(T) \neq \emptyset$.*

Beweis. (a) Sei $\lambda_0 \in \rho(T)$ und $|\lambda - \lambda_0| < \|(\lambda_0 - T)^{-1}\|^{-1}$. Dann ist

$$\lambda - T = (\lambda_0 - T) + (\lambda - \lambda_0) = (\lambda_0 - T)\big[\mathrm{Id} - (\lambda_0 - \lambda)(\lambda_0 - T)^{-1}\big].$$

Nach Wahl von λ konvergiert die Neumannsche Reihe

$$\sum_{n=0}^{\infty} \big((\lambda_0 - \lambda)(\lambda_0 - T)^{-1}\big)^n,$$

und nach Satz II.1.12 ist $\big[\mathrm{Id} - (\lambda_0 - \lambda)(\lambda_0 - T)^{-1}\big]$ invertierbar. Daher ist auch $\lambda - T$ invertierbar.
(b) Mit Satz II.1.12 kann jetzt $(\lambda - T)^{-1}$ als Reihe geschrieben werden:

$$\begin{aligned} R_\lambda &= (\lambda - T)^{-1} = \big[\mathrm{Id} - (\lambda_0 - \lambda)(\lambda_0 - T)^{-1}\big]^{-1}(\lambda_0 - T)^{-1} \\ &= \sum_{n=0}^{\infty} (\lambda_0 - \lambda)^n \big((\lambda_0 - T)^{-1}\big)^{n+1} \end{aligned}$$

Das ist die gewünschte Potenzreihenentwicklung für die Resolvente R_λ mit den Koeffizienten $\big((\lambda_0 - T)^{-1}\big)^{n+1}$.
(c) Nach (a) ist $\sigma(T)$ abgeschlossen, und für $|\lambda| > \|T\|$ ist wieder

$$(\lambda - T)^{-1} = \lambda^{-1}\left(\mathrm{Id} - \frac{T}{\lambda}\right)^{-1} = \lambda^{-1} \sum_{n=0}^{\infty} \lambda^{-n} T^n \tag{VI.3}$$

konvergent. Es folgt

$$\sigma(T) \subset \{\lambda \in \mathbb{K} : |\lambda| \leq \|T\|\},$$

und $\sigma(T)$ ist beschränkt, folglich kompakt.
   (d) Wir nehmen $\sigma(T) = \emptyset$ an. Dann ist die Resolventenabbildung auf ganz $\mathbb{C}$ definiert und analytisch. Sei nun $\ell \in L(X)'$ beliebig. Die Funktion $\lambda \mapsto \ell(R_\lambda)$ hat dann lokal die Gestalt (siehe oben)

$$\ell(R_\lambda) = \sum_{n=0}^{\infty} (-1)^n \ell(R_{\lambda_0}^{n+1})(\lambda - \lambda_0)^n. \tag{VI.4}$$

Diese Funktion ist daher selbst analytisch. Sie ist aber auch beschränkt. Für $|\lambda| > 2\|T\|$ gilt nämlich nach (VI.3)

$$|\ell(R_\lambda)| \leq \|\ell\| \, |\lambda^{-1}| \sum_{n=0}^{\infty} \left\| \frac{T}{\lambda} \right\|^n \leq \|\ell\| \, \frac{1}{2\|T\|} \, 2 = \frac{\|\ell\|}{\|T\|},$$

und auf der kompakten Menge $\{\lambda \colon |\lambda| \leq 2\|T\|\}$ ist sie aus Stetigkeitsgründen beschränkt. Der *Satz von Liouville* der Funktionentheorie besagt, dass eine auf ganz $\mathbb{C}$ definierte beschränkte analytische Funktion konstant ist (siehe z. B. Rudin [1986], S. 212). Betrachten wir nun (VI.4) für $\lambda_0 = 0$, so sieht man, dass alle Koeffizienten der Potenzreihe (bis auf den nullten) verschwinden müssen. Insbesondere ist $\ell(T^{-2}) = \ell(R_0^2) = 0$, und zwar für jedes $\ell \in L(X)'$. Der Satz von Hahn-Banach impliziert $T^{-2} = 0$, was absurd ist, da der Operator 0 nicht zu T^2 invers ist. Also war die ursprüngliche Annahme falsch, und $\sigma(T)$ ist nicht leer. $\qquad\square$

Die Abschätzung in Teil (c) des Satz VI.1.3 kann verschärft werden. Als Vorbereitung auf den dabei auftretenden Begriff des Spektralradius (Definition VI.1.5) benötigen wir ein Lemma aus der Analysis.

Lemma VI.1.4 *Die reelle Zahlenfolge* (a_n) *erfülle* $0 \leq a_{n+m} \leq a_n a_m$ *für alle* $n, m \in \mathbb{N}$. *Dann konvergiert* $\left(\sqrt[n]{a_n}\right)$ *gegen* $a := \inf \sqrt[n]{a_n}$.

Beweis. Sei $\varepsilon > 0$. Wähle N mit $\sqrt[N]{a_N} < a + \varepsilon$. Setze $b = b(\varepsilon) = \max\{a_1, \ldots, a_N\}$, und schreibe eine natürliche Zahl n in der Form $n = kN + r$ mit $1 \leq r \leq N$. Dann folgt

$$\sqrt[n]{a_n} = a_{kN+r}^{1/n} \leq (a_N^k a_r)^{1/n} \leq (a + \varepsilon)^{kN/n} b^{1/n}$$
$$= (a + \varepsilon)(a + \varepsilon)^{-r/n} b^{1/n} \leq a + 2\varepsilon,$$

falls n groß genug ist. Das zeigt die Behauptung. $\qquad\square$

▶ **Definition VI.1.5** $r(T) := \inf \|T^n\|^{1/n} = \lim_{n \to \infty} \|T^n\|^{1/n}$ wird der *Spektralradius* von $T \in L(X)$ genannt.

Dass der Limes existiert und gleich dem Infimum ist, zeigt Lemma VI.1.4 mit $a_n = \|T^n\|$.

Satz VI.1.6

(a) $|\lambda| \leq r(T)$ *für* $\lambda \in \sigma(T)$.

(b) *Falls* $\mathbb{K} = \mathbb{C}$ *ist, existiert* $\lambda \in \sigma(T)$ *mit* $|\lambda| = r(T)$.

Teil (b) sagt also

$$r(T) = \max\{|\lambda|: \lambda \in \sigma(T)\},$$

was den Namen Spektralradius erklärt.

Beweis. (a) Es ist nur zu zeigen, dass die Reihe $\lambda^{-1} \sum_{n=0}^{\infty} (T/\lambda)^n$ für $|\lambda| > r(T)$ konvergiert; vgl. den Beweis zu Satz VI.1.3(c). Dafür ist offenbar $\limsup \|(T/\lambda)^n\|^{1/n} < 1$ hinreichend, und in der Tat ist

$$\limsup \left\| \left(\frac{T}{\lambda}\right)^n \right\|^{1/n} = \lim \frac{\|T^n\|^{1/n}}{|\lambda|} = \frac{r(T)}{|\lambda|} < 1.$$

(b) Sei $r_0 = \sup\{|\lambda|: \lambda \in \sigma(T)\}$. Teil (a) zeigt $r_0 \leq r(T)$. Sei nun $|\mu| > r_0$; wir werden dann $|\mu| \geq r(T)$ zeigen, woraus $r_0 = r(T)$ und wegen der Kompaktheit des Spektrums Teil (b) folgt. Zu $\ell \in L(X)'$ betrachte die in $\{\lambda: |\lambda| > r_0\}$ analytische Funktion

$$f_\ell(\lambda) = \ell\big((\lambda - T)^{-1}\big).$$

Sie kann nach (a) für $|\lambda| > r(T)$ durch die konvergente Reihe

$$f_\ell(\lambda) = \sum_{n=0}^{\infty} \ell(T^n) \lambda^{-(n+1)}$$

dargestellt werden. Da diese Reihe nach einem Satz der Funktionentheorie im größten offenen Kreisring konvergiert, in dem f_ℓ analytisch ist, konvergiert sie insbesondere bei μ; speziell ist $\lim_{n \to \infty} \ell(T^n/\mu^{n+1}) = 0$. Weil ℓ ein beliebiges stetiges lineares Funktional war, ist daher (T^n/μ^{n+1}) eine schwache Nullfolge und folglich (Korollar IV.2.3) beschränkt. Für ein geeignetes $K > 0$ ist also

$$\|T^n\|^{1/n} \leq K^{1/n} |\mu|^{(n+1)/n} \to |\mu|.$$

Das zeigt $r(T) \leq |\mu|$. $\square$

Im Allgemeinen ist $r(T) < \|T\|$, siehe etwa Beispiel VI.1(c), wo $r(T) = 0$ ist. Für normale Operatoren auf Hilberträumen gilt jedoch stets die Gleichheit.

Satz VI.1.7 *Ist H ein Hilbertraum und $T \in L(H)$ normal, so ist $r(T) = \|T\|$.*

Beweis. Für normales T ist $\|T\|^2 = \|T^2\|$, denn nach Satz V.5.2(f) ist

$$\|T^2\|^2 = \|(T^2)(T^2)^*\| \overset{(*)}{=} \|(TT^*)^2\| = \|TT^*\|^2 = \big(\|T\|^2\big)^2;$$

bei (∗) wurde ausgenutzt, dass T normal ist. Da alle T^n ebenfalls normal sind, gilt für alle $k \in \mathbb{N}$ die Gleichung $\|T\|^{2^k} = \|T^{2^k}\|$, daher

$$r(T) = \lim_{n \to \infty} \|T^n\|^{1/n} = \lim_{k \to \infty} \|T^{2^k}\|^{1/2^k} = \|T\|. \qquad \square$$

VI.2   Die Theorie von Riesz

In diesem Abschnitt wird das Spektrum eines kompakten Operators qualitativ vollständig beschrieben. Im großen und ganzen zeigen die Resultate große Ähnlichkeit mit den entsprechenden Ergebnissen der linearen Algebra.

Mit X wird nach wie vor ein Banachraum bezeichnet. Im folgenden Satz werden Operatoren der Form $\mathrm{Id} - T$, T kompakt, analysiert. Der entstehende Operator hat dann, wie sich zeigt, qualitativ ähnliche Eigenschaften wie der identische Operator. Also kann man $\mathrm{Id} - T$ für kompaktes T als qualitativ „kleine" Störung der Identität ansehen.

Wir erinnern an den Satz von Schauder (Satz III.4.4), wonach ein Operator auf einem Banachraum genau dann kompakt ist, wenn sein Adjungierter kompakt ist.

Satz VI.2.1 (Satz von Riesz-Schauder)
Sei $T \in K(X)$ und $S := \mathrm{Id} - T$.

(a) *Der Kern von S ist endlichdimensional.*
(b) *Der Operator S hat abgeschlossenes Bild, und $X/\mathrm{ran}\, S$ ist endlichdimensional.*
(c) $\dim(X/\mathrm{ran}\, S) = \dim(\ker S) = \dim(X'/\mathrm{ran}\, S') = \dim(\ker S').$

Ein Operator mit den Eigenschaften aus (a) und (b) wird *Fredholmoperator* und die Zahl

$$\mathrm{ind}(S) = \dim(\ker S) - \dim(X/\mathrm{ran}\, S)$$

sein *Index* genannt. Satz VI.2.1 besagt also, dass ein Operator der Form $S = \mathrm{Id} - T$, T kompakt, ein Fredholmoperator mit Index 0 ist; das impliziert insbesondere, dass solch ein Operator S genau dann surjektiv ist, wenn er injektiv ist. Mit anderen Worten besitzt die Operatorgleichung $Sx = y$ für jede rechte Seite y eine Lösung, falls die homogene Gleichung $Sx = 0$ nur die triviale Lösung $x = 0$ besitzt, was sehr viel einfacher zu überprüfen ist als die Lösbarkeit der ursprünglichen Gleichung. Ferner besitzt $Sx = y$ dann genau eine Lösung. (Genaueres zu diesem Ideenkreis siehe Satz VI.2.4.)

Beweis. (a) Sei (x_n) eine beschränkte Folge in $\ker S$. Da T kompakt ist, konvergiert eine geeignete Teilfolge (Tx_{n_k}). Wegen $0 = Sx_{n_k} = x_{n_k} - Tx_{n_k}$ konvergiert (x_{n_k}) in X, und da $\ker S$ abgeschlossen ist, auch in $\ker S$. Nach Satz I.2.8 ist $\ker S$ endlichdimensional.

(b) Zuerst zeigen wir, dass ran S abgeschlossen ist. Betrachte den induzierten Operator $\widehat{S}$

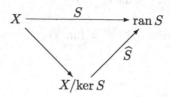

der bijektiv und stetig ist. Wir beweisen, dass $\widehat{S}^{-1}$ stetig ist; dann ist nämlich $\widehat{S}$ ein Isomorphismus zwischen $X/\ker S$ und ran S. Da $X/\ker S$ vollständig ist, muss dann auch ran S vollständig und folglich (Lemma I.1.3) abgeschlossen sein.

Wäre $\widehat{S}^{-1}$ nicht stetig, so existierten $x_n \in X$ mit

$$\|[x_n]\|_{X/\ker S} = 1, \quad Sx_n \to 0.$$

Nach Definition der Quotientennorm darf ohne Einschränkung $\|x_n\| \leq 2$ für alle n angenommen werden. Nach Übergang zu einer Teilfolge ist (Tx_{n_k}) konvergent, deshalb ist auch $(x_{n_k}) = (Tx_{n_k} + Sx_{n_k})$ konvergent, etwa gegen x. Es folgt $Sx = 0$, also $\|[x]\|_{X/\ker S} = 0$; andererseits gilt

$$\|[x]\|_{X/\ker S} = \lim_{k\to\infty} \|[x_{n_k}]\|_{X/\ker S} = 1.$$

Dieser Widerspruch beweist die behauptete Stetigkeit von $\widehat{S}^{-1}$.

Des weiteren gilt nach Satz III.1.10 $(X/U)' \cong U^{\perp}$ für abgeschlossene Unterräume $U \subset X$. Wendet man das auf $U = \operatorname{ran} S$ an und beachtet man noch $(\operatorname{ran} S)^{\perp} = \ker S'$, was direkt zu verifizieren ist, so ergibt sich $(X/\operatorname{ran} S)' \cong \ker S'$, also

$$\dim(X/\operatorname{ran} S) = \dim(X/\operatorname{ran} S)' = \dim(\ker S') < \infty, \tag{VI.5}$$

denn (a) ist auf S' anwendbar, weil T' ebenfalls kompakt ist.

(c) Aus der Isometrie $U' \cong X'/U^{\perp}$ (Satz III.1.10) ergibt sich für $U = \ker S$ mit Hilfe von $(\ker S)^{\perp} = \operatorname{ran} S'$ (Theorem IV.5.1)

$$\dim(X'/\operatorname{ran} S') = \dim(\ker S)' = \dim(\ker S),$$

so dass dank (VI.5) nur noch

$$\dim(X/\operatorname{ran} S) = \dim(\ker S) \tag{VI.6}$$

zu zeigen ist. Dazu bedarf es einiger Vorbereitungen, die im folgenden Lemma getroffen werden.

Zu $m \in \mathbb{N}$ setze

$$N_m = \ker S^m, \; N_0 = \{0\}, \; R_m = \operatorname{ran} S^m, \; R_0 = X.$$

Dann gilt

$$N_0 \subset N_1 \subset N_2 \subset \ldots, \quad R_0 \supset R_1 \supset R_2 \supset \ldots.$$

Da S^m von der Form

$$S^m = (\operatorname{Id} - T)^m = \operatorname{Id} - \sum_{k=1}^{m} \binom{m}{k}(-1)^{k+1} T^k = \operatorname{Id} - \tilde{T}$$

mit kompaktem $\tilde{T}$ ist, sind alle N_m endlichdimensional, sind alle R_m abgeschlossen, und es gilt stets $\dim X/R_m < \infty$ nach dem bereits Bewiesenen. Nun formulieren wir das entscheidende Lemma.

Lemma VI.2.2

(a) *Es existiert eine kleinste Zahl $p \in \mathbb{N}_0$ mit $N_p = N_{p+1}$.*
(b) *Es gilt $N_{p+r} = N_p$ für alle $r > 0$.*
(c) *$N_p \cap R_p = \{0\}$.*
(d) *Es existiert eine kleinste Zahl $q \in \mathbb{N}_0$ mit $R_q = R_{q+1}$.*
(e) *Es gilt $R_{q+r} = R_q$ für alle $r > 0$.*
(f) *$N_q + R_q = X$.*
(g) *$p = q$.*

Bevor wir Lemma VI.2.2 beweisen, sollen einige Konsequenzen gezogen und der Beweis von Satz VI.2.1 abgeschlossen werden.

Korollar VI.2.3 *Ist $T \in K(X)$ und $S = \operatorname{Id} - T$, so existieren abgeschlossene Unterräume $\widehat{N}$ und $\widehat{R}$ mit*

(a) *$\dim \widehat{N} < \infty$,*
(b) *$X = \widehat{N} \oplus \widehat{R}$ ist eine topologisch direkte Zerlegung (im Sinn von Abschn. IV.6),*
(c) *$S(\widehat{N}) \subset \widehat{N}, \; S(\widehat{R}) \subset \widehat{R}$,*
(d) *$S|_{\widehat{R}} \colon \widehat{R} \to \widehat{R}$ ist ein Isomorphismus.*

Beweis. Wähle p und q ($= p$) wie in Lemma VI.2.2, und setze $\widehat{N} = N_p$, $\widehat{R} = R_p$. Nach Konstruktion ist $\widehat{N}$ endlichdimensional und $\widehat{R}$ abgeschlossen. Die Zerlegung $X = \widehat{N} \oplus \widehat{R}$ gilt nach Lemma VI.2.2(c) und (f); sie ist topologisch nach Satz IV.6.3. Ferner ist

$$S(\widehat{N}) = S(N_p) \subset N_{p-1} \subset N_p = \widehat{N},$$
$$S(\widehat{R}) = S(R_p) = R_{p+1} = R_p = \widehat{R}.$$

Speziell ist $\tilde{S}\colon \widehat{R} \to \widehat{R}, x \mapsto Sx$, surjektiv. Ist schließlich $Sy = 0$ für ein $y \in \widehat{R}$, so folgt, wenn man $y = S^p x$ schreibt, $S^{p+1}x = 0$, d. h. $x \in N_{p+1} = N_p = \widehat{N}$. Daher gilt auch $y = S^p x = 0$. Folglich ist $\tilde{S}$ bijektiv, also nach dem Satz von der offenen Abbildung ein Isomorphismus.

□

Nun schließen wir den Beweis von Satz VI.2.1(c) ab, indem wir (VI.6) zeigen. Betrachte die Zerlegung $X = \widehat{N} \oplus \widehat{R}$ aus Korollar VI.2.3 und setze $\widehat{S} = S|_{\widehat{N}}$. (VI.6) folgt nun aus folgenden drei Tatsachen.

(1) Es existiert ein kanonischer Vektorraumisomorphismus zwischen $X/\mathrm{ran}\, S$ und $\widehat{N}/\mathrm{ran}\,\widehat{S}$,
(2) $\dim(\widehat{N}/\mathrm{ran}\,\widehat{S}) = \dim(\ker\widehat{S})$,
(3) $\ker\widehat{S} = \ker S$.

Zu (1). Definiere $\Phi\colon \widehat{N}/\mathrm{ran}\,\widehat{S} \to X/\mathrm{ran}\, S$ durch $x + \mathrm{ran}\,\widehat{S} \mapsto x + \mathrm{ran}\, S$. Wegen $\mathrm{ran}\,\widehat{S} \subset \mathrm{ran}\, S$ ist Φ wohldefiniert und linear. Φ ist auch injektiv. Sei nämlich $x \in \widehat{N}$ mit $\Phi([x]) = [0]$, d. h. $x \in \mathrm{ran}\, S$; zu zeigen ist dann $x \in \mathrm{ran}\,\widehat{S}$. Schreibe $x = Sy$ für ein $y \in X$ und $y = y_1 + y_2 \in \widehat{N} \oplus \widehat{R}$. Es folgt $Sy_2 = Sy - Sy_1 = x - Sy_1 \in \widehat{N}$, und da $Sy_2 \in \widehat{R}$, ergibt sich $Sy_2 = 0$ und weiter, da $y_2 \in \widehat{R}$, $y_2 = 0$. Daher ist $x = Sy_1 \in S(\widehat{N}) = \mathrm{ran}\,\widehat{S}$. Schließlich ist Φ surjektiv. Denn sei $x = x_1 + x_2 \in X = \widehat{N} \oplus \widehat{R} = \widehat{N} \oplus S(\widehat{R})$. Dann gilt $x + \mathrm{ran}\, S = x_1 + \mathrm{ran}\, S$, also $\Phi(x_1 + \mathrm{ran}\,\widehat{S}) = x + \mathrm{ran}\, S$.

Zu (2). Weil $\widehat{N}$ endlichdimensional ist, ist (2) eine wohlbekannte Aussage der linearen Algebra.

Zu (3). Dies folgt aus der nachstehenden Äquivalenz.

$$x \in \ker S \Leftrightarrow x = x_1 + x_2 \in \widehat{N} \oplus \widehat{R} \text{ und } Sx = 0$$
$$\Leftrightarrow Sx_2 = -Sx_1 \in \widehat{N} \cap \widehat{R}$$
$$\Leftrightarrow Sx_2 = Sx_1 = 0$$
$$\Leftrightarrow x_2 = Sx_1 = 0$$
$$\Leftrightarrow x \in \widehat{N} \text{ und } Sx = 0$$
$$\Leftrightarrow x \in \ker\widehat{S}$$

Damit ist Satz VI.2.1 vollständig bewiesen.

□

Satz VI.2.1 gestattet sofort eine wichtige Folgerung. Dazu sei an die Bezeichnung $V_\perp$ aus (III.5) erinnert.

Satz VI.2.4 (Fredholmsche Alternative)
Sei $T \in K(X)$ und sei $\lambda \in \mathbb{K}$, $\lambda \neq 0$. Dann hat entweder die homogene Gleichung

$$\lambda x - Tx = 0$$

nur die triviale Lösung, und in diesem Fall ist die inhomogene Gleichung

$$\lambda x - Tx = y$$

für jedes $y \in X$ eindeutig lösbar, oder es existieren $n = \dim \ker(\lambda - T)$ $(< \infty)$ linear unabhängige Lösungen der homogenen Gleichung, und auch die adjungierte Gleichung

$$\lambda x' - T'x' = 0$$

hat genau n linear unabhängige Lösungen; in diesem Fall ist die inhomogene Gleichung genau dann lösbar, wenn $y \in (\ker(\lambda - T'))_\perp$ ist.

Beweis. Das folgt aus Satz VI.2.1 und Satz III.4.5; beachte nur $\lambda - T = \lambda(\mathrm{Id} - T/\lambda)$. □

Dieser Satz lässt sich in der Theorie der Integralgleichungen anwenden, wo T ein kompakter Integraloperator ist (Beispiele II.3(c) und (d)). Als einfaches *Beispiel* betrachten wir einen Operator vom Volterra-Typ

$$T \cdot C[0,1] \to C[0,1], \quad Tx(s) = \int_0^s k(s,t)x(t)\,dt$$

mit $k \in C([0,1]^2)$. (Beispiel VI.1(c) diskutiert ein einfaches Exemplar eines Volterraschen Integraloperators.) In Aufgabe II.5.27 war die Kompaktheit eines solchen Operators nachzuweisen. Wir betrachten nun eine Operatorgleichung

$$\lambda x - Tx = 0,$$

wo $\lambda \neq 0$, eine Integralgleichung *zweiter Art*. (Integralgleichungen erster Art haben die Form $Tx = 0$ bzw. $Tx = y$ und sind wesentlich komplizierter zu analysieren.) Für $\lambda \neq 0$ ist nun $\lambda - T$ injektiv. Ohne Einschränkung sei nämlich $\lambda = 1$ angenommen; sonst betrachte T/λ. Falls $Tx = x$ gilt, erhält man die Abschätzung

$$|x(s)| = |Tx(s)| \leq \int_0^s |k(s,t)|\,|x(t)|\,dt \leq s\|k\|_\infty \|x\|_\infty.$$

Daraus ergibt sich

$$|x(s)| = |Tx(s)| \leq \int_0^s |k(s,t)|\,t\|k\|_\infty \|x\|_\infty\,dt \leq \frac{s^2}{2}\|k\|_\infty^2 \|x\|_\infty.$$

Durch wiederholtes Einsetzen erhält man

$$|x(s)| \leq \frac{s^n \|k\|_\infty^n}{n!} \|x\|_\infty \to 0 \quad \text{mit } n \to \infty;$$

folglich ist $x = 0$ und $\lambda - T$ injektiv.

Aus der *Eindeutigkeit* der Lösung der homogenen Gleichung folgt nach Satz VI.2.4 die *Existenz* der Lösung der inhomogenen Gleichung

$$\lambda x - Tx = y$$

für alle $y \in C[0, 1]$.

In Abschn. VI.4 diskutieren wir eine tieferliegende Anwendung, nämlich wie man mittels der Fredholm-Alternative die Lösbarkeit des Dirichletproblems beweist.

Kommen wir nun zum *Beweis* von Lemma VI.2.2.

(a) Gäbe es so ein p nicht, wäre

$$N_0 \subsetneq N_1 \subsetneq N_2 \subsetneq \cdots .$$

Da alle N_n abgeschlossen sind, existiert nach dem Rieszschen Lemma I.2.7 zu $n \in \mathbb{N}$ ein $x_n \in N_n$ mit $d(x_n, N_{n-1}) > \frac{1}{2}$ und $\|x_n\| = 1$. Für $n > m \geq 1$ ist aber

$$\|Tx_n - Tx_m\| = \|x_n - (Sx_n + x_m - Sx_m)\| > \frac{1}{2},$$

denn $Sx_n + x_m - Sx_m \in N_{n-1}$, weil $S(N_n) \subset N_{n-1}$ ist. Also besitzt (Tx_n) keine konvergente Teilfolge im Widerspruch zu $T \in K(X)$.

(b) Nur „$\subset$" ist zu zeigen. Ist $r > 0$ und $x \in N_{p+r}$, so ist $S^{r-1}(x) \in N_{p+1} = N_p$, daher ist $x \in N_{p+r-1}$. Dieses Argument wende wiederholt an, um zuletzt $x \in N_p$ zu erhalten.

(c) Ist $x \in N_p \cap R_p$, so gelten $S^p x = 0$ und $x = S^p y$ für ein $y \in X$. Daher ist $S^{2p} y = 0$, also $y \in N_{2p}$. Aber $N_{2p} = N_p$ nach (b), also folgt $S^p y = 0$ und $x = 0$.

(d) Wie in (a) nimm

$$R_0 \supsetneq R_1 \supsetneq R_2 \supsetneq \cdots$$

an, und wähle $x_n \in R_n$ mit $d(x_n, R_{n+1}) > \frac{1}{2}$ und $\|x_n\| = 1$; dies ist nach dem Rieszschen Lemma möglich, weil die R_n abgeschlossen sind. Für $m > n \geq 1$ ist aber

$$\|Tx_n - Tx_m\| = \|x_n - (Sx_n + x_m - Sx_m)\| > \frac{1}{2},$$

denn $Sx_n + x_m - Sx_m \in R_{n+1}$, weil $S(R_n) = R_{n+1}$ ist, und wie oben folgt ein Widerspruch zur Kompaktheit von T.

(e) Nur „$\supset$" ist zu zeigen, was sukzessive aus $R_{q+r+1} \supset R_{q+r}$ folgt. Sei also $x \in R_{q+r}$, d. h. $x = S^{q+r}y$. Wegen $S^q y \in R_q = R_{q+1}$ ergibt sich, wie behauptet, $x = S^r(S^q y) \in R_{q+r+1}$.

(f) Sei $x \in X$. Dann gilt nach (e) $S^q x \in R_q = R_{2q}$, d. h. $S^q x = S^{2q}y$ für ein $y \in X$. Also kann x als $x = (x - S^q y) + S^q y \in N_q + R_q$ zerlegt werden.

(g) Wäre $p > q$, so wäre nach (e) $R_p = R_q$, und es gäbe andererseits ein $x \in N_p \setminus N_q$. Schreibe gemäß (f) $x = y + z \in N_q + R_q$. Dann folgt $z = x - y \in N_p + N_q = N_p$, da $p > q$, und $z \in R_q = R_p$. (c) zeigt nun $z = 0$, und folglich liegt x doch in N_q. Es muss also $p \leq q$ gelten.

Wäre $p < q$, so wäre nach (b) $N_p = N_q$, und es gäbe ein $x \in R_p \setminus R_q$. Wieder schreiben wir gemäß (f) $x = y + z \in N_q + R_q$. Es folgt $y = x - z \in R_p + R_q = R_p$, da $p < q$, und $y \in N_q = N_p$. (c) zeigt nun $y = 0$, und folglich liegt x doch in R_q.

Damit ist der Beweis von Lemma VI.2.2 komplett. $\square$

Jetzt können wir das Hauptergebnis der Spektraltheorie kompakter Operatoren auf Banachräumen beweisen.

Theorem VI.2.5 *Sei $T \subset K(X)$.*

(a) *Ist X unendlichdimensional, so ist $0 \in \sigma(T)$.*

(b) *Die (eventuell leere) Menge $\sigma(T) \setminus \{0\}$ ist höchstens abzählbar.*

(c) *Jedes $\lambda \in \sigma(T) \setminus \{0\}$ ist ein Eigenwert von T, und der zugehörige Eigenraum $\ker(\lambda - T)$ ist endlichdimensional. Ferner existiert eine topologisch direkte Zerlegung $X = N(\lambda) \oplus R(\lambda)$ mit $T(N(\lambda)) \subset N(\lambda)$, $T(R(\lambda)) \subset R(\lambda)$, wobei $N(\lambda)$ endlichdimensional ist und $\ker(\lambda - T)$ umfasst sowie $(\lambda - T)|_{R(\lambda)}$ ein Isomorphismus von $R(\lambda)$ auf $R(\lambda)$ ist.*

(d) *$\sigma(T)$ besitzt keinen von 0 verschiedenen Häufungspunkt.*

Beweis. (a) Ist $0 \in \rho(T)$, so ist T stetig invertierbar, und nach Satz II.3.2(b) ist $\mathrm{Id} = TT^{-1}$ kompakt. Aus Satz I.2.8 folgt $\dim X < \infty$.

(c) Das folgt wegen $\lambda - T = \lambda(\mathrm{Id} - T/\lambda)$ aus Satz VI.2.1, Korollar VI.2.3 und Satz VI.2.4; beachte noch $(\lambda - T)(U) \subset U \Leftrightarrow T(U) \subset U$ für einen Unterraum U.

(b) & (d) Es reicht, die folgende Behauptung zu zeigen.

- *Für alle $\varepsilon > 0$ ist $\{\lambda \in \sigma(T): |\lambda| \geq \varepsilon\}$ endlich.*

Nimm das Gegenteil an. Dann existieren $\varepsilon > 0$, eine Folge (λ_n) in $\mathbb{K}$ und eine Folge (x_n) in X mit (nach (c))

$$|\lambda_n| \geq \varepsilon, \quad x_n \neq 0, \quad Tx_n = \lambda_n x_n, \quad \lambda_n \neq \lambda_m \text{ für } n \neq m.$$

Die Menge $\{x_n: n \in \mathbb{N}\}$ ist dann linear unabhängig. Wäre das nämlich nicht so, gäbe es $N \in \mathbb{N}$, linear unabhängige $x_1, \ldots, x_N$ und Skalare $\alpha_1, \ldots, \alpha_N$ mit $x_{N+1} = \sum_{i=1}^{N} \alpha_i x_i$, wo nicht alle α_i verschwinden. Es folgt

$$Tx_{N+1} = \sum_{i=1}^{N} \alpha_i Tx_i = \sum_{i=1}^{N} \lambda_i \alpha_i x_i$$

sowie andererseits

$$Tx_{N+1} = \lambda_{N+1} x_{N+1} = \sum_{i=1}^{N} \lambda_{N+1} \alpha_i x_i.$$

Es folgt $\lambda_i = \lambda_{N+1}$ für ein i im Widerspruch zur Wahl der λ_n.

Setzt man $E_n = \mathrm{lin}\{x_1, \ldots, x_n\}$, so folgt nun

$$E_1 \subsetneq E_2 \subsetneq E_3 \subsetneq \cdots.$$

Beachte, dass stets $T(E_n) \subset E_n$ gilt. Das Rieszsche Lemma I.2.7 gestattet es, $y_n = \sum_{i=1}^{n} \alpha_i^{(n)} x_i \in E_n$ mit

$$\|y_n\| = 1, \quad d(y_n, E_{n-1}) > \frac{1}{2}$$

zu finden. Dann folgt für $n > m$

$$\|Ty_n - Ty_m\| = \|\lambda_n y_n - (Ty_m + \lambda_n y_n - Ty_n)\|.$$

Hier ist $Ty_m \in E_m \subset E_{n-1}$ sowie $\lambda_n y_n - Ty_n = \sum_{i=1}^{n} (\lambda_n - \lambda_i) \alpha_i^{(n)} x_i \in E_{n-1}$; daher existiert $z_{n-1} \in E_{n-1}$ mit

$$\|Ty_n - Ty_m\| = |\lambda_n| \, \|y_n - z_{n-1}\| \geq \varepsilon \cdot \frac{1}{2},$$

was der Kompaktheit von T widerspricht.

Damit ist der Beweis von Theorem VI.2.5 abgeschlossen.   □

Das Spektrum eines kompakten Operators T besteht also bis auf $\lambda = 0$ aus einer Nullfolge (oder endlichen Menge) von Eigenwerten λ, und der Operator $\lambda - T$ kann laut Teil (c) in zwei einfachere Bestandteile zerlegt werden, nämlich in einen endlichdimensionalen Anteil (der durch eine Matrix beschrieben werden kann) und einen Isomorphismus. Leider kann es vorkommen, dass es überhaupt keine Spektralwerte $\neq 0$ gibt, siehe etwa Beispiel VI.1(c) oder (d); in diesem Fall gibt Theorem VI.2.5 keinerlei Aufschluss über den Operator. (Diese Beispiele zeigen auch, dass $\lambda = 0$ kein Eigenwert zu sein braucht.) Im nächsten Abschnitt zeigen wir, dass kompakte selbstadjungierte Operatoren auf Hilberträumen stets durch ihr Spektrum analysiert werden können.

VI.3 Kompakte Operatoren auf Hilberträumen

Im Hilbertraumfall kann die Darstellung in Theorem VI.2.5 noch wesentlich verbessert werden. Die weitreichendsten Resultate lassen sich für selbstadjungierte Operatoren erzielen.

In diesem Abschnitt bezeichnet H einen Hilbertraum; beachte, dass $T \in L(H)$ genau dann kompakt ist, wenn T^* kompakt ist. Das folgt aus dem Satz von Schauder III.4.4 und der Definition von T^*.

Lemma VI.3.1 *Sei $T \in L(H)$.*

(a) $\lambda \in \sigma(T)$ *genau dann, wenn* $\bar{\lambda} \in \sigma(T^*)$.

(b) *Ist T selbstadjungiert und kompakt, so ist $\sigma(T) \subset \mathbb{R}$.*[1]

(c) *Ist T normal und x Eigenvektor von T zum Eigenwert λ, so ist x auch Eigenvektor von T^* zum Eigenwert $\bar{\lambda}$.*

(d) *Ist T normal, so haben verschiedene Eigenwerte orthogonale Eigenvektoren.*

(e) *Ist $\mathbb{K} = \mathbb{C}$ und T normal, so existiert $\lambda \in \sigma(T)$ mit $|\lambda| = \|T\|$.*

(f) *Ist $\mathbb{K} = \mathbb{R}$ oder $\mathbb{C}$ und T selbstadjungiert und kompakt, so ist $\|T\|$ oder $-\|T\|$ Eigenwert von T.*

Beweis. (a) ist bereits in Satz VI.1.2 gezeigt.

(b) Sei $\lambda \in \sigma(T) \backslash \{0\}$. Dann ist λ nach Theorem VI.2.5(c) ein Eigenwert von T. Es gilt also für ein $x \neq 0$

$$\lambda \langle x, x \rangle = \langle Tx, x \rangle = \langle x, Tx \rangle = \overline{\langle Tx, x \rangle} = \bar{\lambda} \langle x, x \rangle.$$

Daher ist λ reell.

(c) Aus der Normalität von T folgt die von $\lambda - T$ und deshalb $\ker(\lambda - T) = \ker(\lambda - T)^* = \ker(\bar{\lambda} - T^*)$ (Lemma V.5.10).

(d) Gelte $Tx = \lambda x$ und $Ty = \mu y$ mit $\lambda \neq \mu$. Dann folgt wegen (c)

$$\lambda \langle x, y \rangle = \langle \lambda x, y \rangle = \langle Tx, y \rangle$$
$$= \langle x, T^* y \rangle = \langle x, \bar{\mu} y \rangle = \mu \langle x, y \rangle,$$

also $\langle x, y \rangle = 0$.

(e) ist eine unmittelbare Konsequenz von Satz VI.1.7 und Satz VI.1.6(b).

(f) Nach Satz V.5.7 existiert eine Folge (x_n) in B_H mit $|\langle Tx_n, x_n \rangle| \to \|T\|$. Nach evtl. Übergang zu einer Teilfolge darf die Existenz der Limiten

$$\lambda := \lim_{n \to \infty} \langle Tx_n, x_n \rangle, \quad y := \lim_{n \to \infty} Tx_n$$

angenommen werden, weil T kompakt ist. Nun gilt

---

[1]Diese Aussage gilt für *alle* selbstadjungierten stetigen Operatoren, ist jedoch in dieser allgemeineren Situation etwas schwieriger zu beweisen; siehe Korollar VII.1.2.

$$\|Tx_n - \lambda x_n\|^2 = \langle Tx_n - \lambda x_n, Tx_n - \lambda x_n \rangle$$
$$= \|Tx_n\|^2 - 2\lambda \langle Tx_n, x_n \rangle + \lambda^2 \|x_n\|^2$$
$$\leq 2\lambda^2 - 2\lambda \langle Tx_n, x_n \rangle \to 0.$$

Daher ist $y = \lim_{n \to \infty} \lambda x_n$ und $Ty = \lambda \lim_n Tx_n = \lambda y$. Wegen $|\lambda| = \|T\|$ ist damit die Behauptung gezeigt, wenn $y \neq 0$ ist. Wäre aber $y = 0$, so wäre (Tx_n) eine Nullfolge, und es folgte $\|T\| = \lim \langle Tx_n, x_n \rangle = 0$. In diesem Fall ist die Behauptung von (f) trivial. $\qquad \square$

Theorem VI.3.2 (Spektralsatz für kompakte normale Operatoren)
Sei $T \in K(H)$ normal (falls $\mathbb{K} = \mathbb{C}$) bzw. selbstadjungiert (falls $\mathbb{K} = \mathbb{R}$). Dann existieren ein (evtl. endliches) Orthonormalsystem $e_1, e_2, \ldots$ sowie eine (evtl. abbrechende) Nullfolge $(\lambda_1, \lambda_2, \ldots)$ in $\mathbb{K} \setminus \{0\}$, so dass

$$H = \ker T \oplus_2 \overline{\mathrm{lin}}\{e_1, e_2, \ldots\}$$

sowie

$$Tx = \sum_k \lambda_k \langle x, e_k \rangle e_k \qquad \forall x \in H;$$

und zwar sind die λ_k die von 0 verschiedenen Eigenwerte, und e_k ist ein Eigenvektor zu λ_k. Ferner gilt $\|T\| = \sup_k |\lambda_k|$.

Ergänzt man das Orthonormalsystem $\{e_1, e_2, \ldots\}$ zu einer Orthonormalbasis B von H, so muss man eine Orthonormalbasis von $\ker T$, also Eigenvektoren zum Eigenwert 0 hinzunehmen. $\ker T$ kann im Gegensatz zu den Eigenräumen $\ker(\lambda - T)$ für $\lambda \neq 0$ unendlichdimensional, ja sogar nichtseparabel sein. Entwickelt man in eine solche Orthonormalbasis, so nimmt der Operator T eine „Diagonalgestalt" an; es gilt nämlich

$$x = \sum_{e \in B} \langle x, e \rangle e \quad \Rightarrow \quad Tx = \sum_{e \in B} \lambda_e \langle x, e \rangle e.$$

Daher ist der Spektralsatz das Analogon zur Hauptachsentransformation der linearen Algebra.

Beweis. Es sei $\mu_1, \mu_2, \ldots$ die Folge der paarweise verschiedenen Eigenwerte von T, die nicht verschwinden; vgl. Theorem VI.2.5. Die zugehörigen Eigenräume $\ker(\mu_i - T)$ sind dann endlichdimensional, ihre Dimension, die sog. *geometrische Vielfachheit* von μ_i, sei mit d_i bezeichnet. Die Folge der λ_k entsteht durch Wiederholung der μ_i:

$$(\lambda_k) = (\mu_1, \ldots, \mu_1, \mu_2, \ldots, \mu_2, \mu_3, \ldots, \mu_3, \ldots),$$

und zwar tauche jedes μ_i genau d_i-mal auf. Wegen $\mu_i \to 0$ (Theorem VI.2.5) gilt dann auch $\lambda_k \to 0$. Ferner wähle in jedem Eigenraum $\ker(\mu_i - T)$ eine Orthonormalbasis $\{e_1^i, \dots, e_{d_i}^i\}$ und definiere die e_k durch

$$(e_k) = (e_1^1, \dots, e_{d_1}^1, e_1^2, \dots, e_{d_2}^2, e_1^3, \dots, e_{d_3}^3, \dots).$$

Nach Lemma VI.3.1(d) bilden die e_k ein Orthonormalsystem, und es gilt

$$Te_k = \lambda_k e_k \qquad \forall k \in \mathbb{N}.$$

Ferner ist nach dem gleichen Argument $\ker T \perp e_k$ für alle k, daher $H_1 := \ker T \oplus_2 \overline{\mathrm{lin}}\{e_1, e_2, \dots\}$ ein abgeschlossener Unterraum von H.

Es ist nun $H = H_1$ zu zeigen. Betrachte dazu $H_2 = H_1^\perp$. Es gilt $T(H_2) \subset H_2$, da für $y \perp e_k$

$$\langle Ty, e_k \rangle = \langle y, T^* e_k \rangle = \langle y, \overline{\lambda_k} e_k \rangle = \lambda_k \langle y, e_k \rangle = 0$$

folgt und ähnlich $Ty \perp \ker T$, falls $y \perp \ker T$, gezeigt werden kann. Wir können daher $T_2 = T|_{H_2}$ als kompakten Operator von H_2 in sich auffassen. Wäre $T_2 \neq 0$, so existierten nach Lemma VI.3.1(e) und (f) sowie nach Theorem VI.2.5(c) $\lambda \neq 0$ und $x \in H_2$, $x \neq 0$, mit $T_2 x = \lambda x$. Es wäre dann $\lambda \in \sigma(T)$ und $x \in \overline{\mathrm{lin}}\{e_1, e_2, \dots\} \subset H_2^\perp$, folglich $x \in H_2 \cap H_2^\perp = \{0\}$: Widerspruch! Also ist $T_2 = 0$, daher $H_2 \subset \ker T \subset H_2^\perp$ und ergo $H_2 = \{0\}$. Das zeigt die behauptete Darstellung von H.

Jedes $x \subset H$ kann deshalb in der Form

$$x = y + \sum_k \langle x, e_k \rangle e_k$$

mit $y \in \ker T$ geschrieben werden; vgl. Satz V.4.9. Die Stetigkeit von T ergibt nun

$$Tx = Ty + \sum_k \langle x, e_k \rangle Te_k = \sum_k \lambda_k \langle x, e_k \rangle e_k.$$

Schließlich ist nach Konstruktion

$$\|T\| = \max |\mu_k| = \max |\lambda_k|;$$

vgl. Lemma VI.3.1(e) und (f).

Damit ist der Spektralsatz bewiesen.   □

Wir werden noch eine Umformung des Spektralsatzes angeben und dabei die Bezeichnungen des obigen Beweises benutzen. Sei E_k die Orthogonalprojektion auf den zu μ_k gehörenden Eigenraum $\ker(\mu_k - T)$; es ist also

$$E_k x = \sum_{i=1}^{d_k} \langle x, e_i^k \rangle e_i^k.$$

Der Spektralsatz zeigt dann

$$Tx = \sum_{k=1}^{\infty} \mu_k E_k x \qquad \forall x \in H.$$

Diese Reihe konvergiert aber nicht nur punktweise, sondern auch in der Operatornorm.

Korollar VI.3.3 (Spektralsatz; Projektionsversion)
Unter den Voraussetzungen von Theorem VI.3.2 und mit den obigen Bezeichnungen konvergiert

$$T = \sum_{k=1}^{\infty} \mu_k E_k$$

in der Operatornorm.

Beweis. Sei $S_n = \sum_{k=1}^{n} \mu_k E_k$; diese Operatoren bilden wegen

$$\|S_n - S_m\| = \left\| \sum_{k=m+1}^{n} \mu_k E_k \right\| = \max_{k=m+1,\dots,n} |\mu_k| \to 0 \quad \text{für } n > m \to \infty$$

eine Cauchyfolge. (Hier wurde benutzt, dass die Norm eines normalen kompakten Operators gleich dem betragsgrössten Eigenwert ist.) Ihr Grenzwert muss T sein, da die Reihe ja punktweise gegen T konvergiert.   □

Korollar VI.3.3 kann so interpretiert werden, dass ein kompakter normaler bzw. selbstadjungierter Operator aus den einfachsten Operatoren dieses Typs, nämlich (Satz V.5.9) den endlichdimensionalen Orthogonalprojektionen, zusammengesetzt werden kann.

Als nächstes soll der Spektralsatz benutzt werden, um Quadratwurzeln aus Operatoren zu ziehen. Wir nennen einen Operator $T \in L(H)$ *positiv* (in Zeichen $T \geq 0$), wenn

$$\langle Tx, x \rangle \geq 0 \qquad \forall x \in H \tag{VI.7}$$

gilt. Im Fall komplexer Skalare folgt daraus automatisch die Selbstadjungiertheit (Satz V.5.6).

Satz VI.3.4 *Sei $T \in K(H)$ selbstadjungiert und positiv. Dann existiert genau ein positiver selbstadjungierter Operator $S \in K(H)$ mit $S^2 = T$. Man schreibt $S = T^{1/2}$.*

Beweis. Um die Existenz zu beweisen, schreibe $Tx = \sum_k \lambda_k \langle x, e_k \rangle e_k$ gemäß Theorem VI.3.2. Da T positiv ist, sind alle $\lambda_k \geq 0$. Setze

$$Sx = \sum_k \sqrt{\lambda_k} \langle x, e_k \rangle e_k.$$

Direktes Nachrechnen zeigt, dass S selbstadjungiert und positiv ist. Die Kompaktheit folgt aus

$$\left\| S - \sum_{k=1}^{N} \sqrt{\lambda_k} \langle \,.\,, e_k \rangle e_k \right\| \leq \sup_{k>N} \sqrt{\lambda_k} \to 0$$

und Korollar II.3.3.

Zur Eindeutigkeit: Gelte $R \geq 0$, $R^2 = T$ und $R = R^* \in K(H)$. Schreibt man $R = \sum_{k=1}^{\infty} \nu_k F_k$ wie in Korollar VI.3.3, so folgt $T = \sum_{k=1}^{\infty} \nu_k^2 F_k$ und $\nu_k \geq 0$, da $R \geq 0$. Ferner schließt man, dass die Folge (ν_k^2) die Folge der Eigenwerte von T und F_k die Orthogonalprojektion auf den entsprechenden Eigenraum ist (siehe Aufgabe VI.7.9). Es muss daher $S = R$ sein, da die entsprechenden Reihen punktweise unbedingt konvergieren. □

Man kann außerdem zeigen, dass die Gleichung $S^2 = T$ auch in $L(H)$ nur eine positive selbstadjungierte Lösung besitzt (Korollar VII.1.16). Das folgt nicht automatisch aus Satz VI.3.4, da das Quadrat eines nichtkompakten Operators durchaus kompakt sein kann.

Ist nun $T \colon H_1 \to H_2$ ein beliebiger kompakter Operator zwischen zwei Hilberträumen, so ist $T^*T \colon H_1 \to H_1$ positiv, selbstadjungiert und kompakt. Die eindeutig bestimmte positive Wurzel wird mit

$$|T| = (T^*T)^{1/2}$$

bezeichnet.

Satz VI.3.5 (Polarzerlegung)
Zu $T \in K(H_1, H_2)$ existiert ein Operator $U \in L(H_1, H_2)$ mit $T = U|T|$, so dass $U|_{(\ker U)^\perp}$ isometrisch ist und daher ein unitärer Operator zwischen $(\ker U)^\perp$ und ran U *ist. U ist durch die Forderung* $\ker U = \ker T$ *eindeutig bestimmt.*

Beweis. Da $|T|$ selbstadjungiert ist, gilt zunächst

$$\big\| |T|x \big\|^2 = \langle x, |T|^2 x \rangle = \langle x, T^*Tx \rangle = \|Tx\|^2. \tag{VI.8}$$

Daher definiert $U(|T|x) = Tx$ einen isometrischen Operator von ran $|T|$ nach ran T, der zu einer ebenfalls mit U bezeichneten Isometrie $U \colon \overline{\text{ran}\,|T|} \to \overline{\text{ran}\,T}$ fortgesetzt werden kann. Setze noch $U = 0$ auf $(\text{ran}\,|T|)^\perp = \ker |T|$ (Satz V.5.2(g)). Das zeigt die Existenz von U. Die Eindeutigkeit folgt aus $\ker |T| = \ker T$, siehe (VI.8). □

Ein Operator U mit den Eigenschaften aus Satz VI.3.5 wird *partielle Isometrie* genannt.

Obwohl die Gleichung $T = U|T|$ an die Polarzerlegung $\lambda = e^{it}|\lambda|$ komplexer Zahlen erinnert, gibt es entscheidende Unterschiede; so ist z. B. $|S+T| \leq |S|+|T|$ im Allgemeinen *falsch*.

Zum Abschluss dieses Abschnitts geben wir die allgemeine Form eines kompakten, nicht notwendig normalen Operators an.

Satz VI.3.6 (Singulärwertzerlegung)
Zu $T \in K(H_1, H_2)$ existieren Orthonormalsysteme $\{e_1, e_2, \dots\}$ von H_1 und $\{f_1, f_2, \dots\}$ von H_2 sowie Zahlen $s_1 \geq s_2 \geq \dots \geq 0$ mit $s_k \to 0$, so dass

$$Tx = \sum_{k=1}^{\infty} s_k \langle x, e_k \rangle f_k \qquad \forall x \in H_1.$$

Die Zahlen s_k^2 sind die in ihrer Vielfachheit gezählten Eigenwerte von T^*T, die s_k selbst heißen die singulären Zahlen *von T.*

Beweis. Schreibe $T = U|T|$ wie in Satz VI.3.5 und zerlege $|T|$ wie in Theorem VI.3.2:

$$|T|x = \sum_k s_k \langle x, e_k \rangle e_k;$$

dann haben die s_k die behaupteten Eigenschaften. Setze $f_k = U(e_k)$. Da U nach (VI.8) auf $\operatorname{ran}|T|$ isometrisch und folglich (Lemma V.5.4) skalarprodukterhaltend ist, bilden die f_k ein Orthonormalsystem. $\qquad\qquad\square$

Entwickelt man $|T| = \sum \mu_k E_k$ wie in Korollar VI.3.3, so erhält man $T = \sum \mu_k U E_k$ und daher:

Korollar VI.3.7 *Die Operatoren mit endlichdimensionalem Bild liegen dicht in $K(H_1, H_2)$.*

Vergleiche hierzu noch einmal Satz II.3.6 und Korollar II.3.7.

VI.4 Anwendungen auf Integralgleichungen

Eine Gleichung der Form

$$\lambda x(s) - \int_0^1 k(s, t) x(t)\, dt = y(s), \qquad s \in [0, 1]$$

mit $\lambda \neq 0$ heißt *Fredholmsche Integralgleichung zweiter Art.* (Gleichungen erster Art entstehen, wenn $\lambda = 0$ ist.) Ist der Kern k quadratisch integrierbar, lassen sich solche Gleichungen mit Hilfe des Spektralsatzes studieren.

Im Folgenden betrachten wir eine Fredholmsche Integralgleichung zweiter Art mit quadratisch integrierbarem symmetrischen Kern. Es sei also $H = L^2[0, 1]$ und

$$Tx(s) = \int_0^1 k(s, t)x(t)\, dt$$

für fast alle s; dabei gelte $k \in L^2([0, 1]^2)$ und $k(s, t) = \overline{k(t, s)}$ fast überall. Dann ist der Operator T kompakt (Beispiel II.3(c)) und selbstadjungiert (Beispiel V.5(b)). Gesucht ist die (!) Lösung von

$$\lambda x - Tx = y$$

mit $\lambda \in \rho(T)$, $y \in L^2[0, 1]$.

Wähle dazu λ_k und e_k wie in Theorem VI.3.2 sowie eine Orthonormalbasis S von $\ker T$. Dann gilt $\lambda x - Tx = y$ genau dann, wenn

$$\lambda \sum_k \langle x, e_k \rangle e_k + \lambda \sum_{e \in S} \langle x, e \rangle e - \sum_k \lambda_k \langle x, e_k \rangle e_k = \sum_k \langle y, e_k \rangle e_k + \sum_{e \in S} \langle y, e \rangle e$$

gilt, was wiederum zu

$$\langle x, e \rangle = \frac{1}{\lambda} \langle y, e \rangle \qquad \forall e \in S$$

$$\langle x, e_k \rangle = \frac{1}{\lambda - \lambda_k} \langle y, e_k \rangle \qquad \forall k \in \mathbb{N}$$

äquivalent ist, und man kann die Lösung in der Form

$$x = \sum_k \frac{1}{\lambda - \lambda_k} \langle y, e_k \rangle e_k + \frac{1}{\lambda} \sum_{e \in S} \langle y, e \rangle e$$

angeben. Mit Hilfe des Orthonormalsystems $\{e_1, e_2, \dots\}$ lässt sich jedoch auch der Kern entwickeln, was interessante Konsequenzen hat. Es ist nämlich

$$(Te_k)(s) = \lambda_k e_k(s) \qquad \text{fast überall}$$

sowie

$$(Te_k)(s) = \int_0^1 k(s, t)e_k(t)\, dt = \int_0^1 e_k(t)\overline{k(t, s)}\, dt$$

$$= \langle e_k, k(\,.\,, s) \rangle \qquad \text{fast überall}.$$

Für fast alle s gilt daher

$$k(\,.\,,s) = \sum_n \langle k(\,.\,,s), e_n \rangle e_n + \sum_{e \in S} \langle k(\,.\,,s), e \rangle e = \sum_n \lambda_n \overline{e_n(s)} e_n;$$

beachte dazu $\lambda_n \in \mathbb{R}$ (Lemma VI.3.1(b)) und $\langle k(\,.\,,s), e \rangle = 0$ für $e \in S$ (Beweis wie oben). Nach der Parsevalschen Gleichung (Satz V.4.9(b)) folgt für fast alle s

$$\int_0^1 |k(t,s)|^2 \, dt = \sum_n \lambda_n^2 |e_n(s)|^2,$$

und der Satz von Beppo Levi (Satz A.3.1) zeigt

$$\int_0^1 \int_0^1 |k(t,s)|^2 \, dt \, ds = \int_0^1 \sum_n \lambda_n^2 |e_n(s)|^2 \, ds$$

$$= \sum_n \lambda_n^2 \int_0^1 |e_n(s)|^2 \, ds = \sum_n \lambda_n^2.$$

Daraus ergibt sich die Orthogonalentwicklung

$$k = \sum_n \lambda_n e_n \otimes \overline{e_n} \tag{VI.9}$$

(wo $(g \otimes h)(t,s) = g(t)h(s)$), die in $L^2([0,1]^2)$ konvergiert, nebst

$$\|k\|_{L^2} = \left(\sum_n \lambda_n^2 \right)^{1/2} = \|(\lambda_n)\|_{\ell^2} < \infty. \tag{VI.10}$$

Sind der Kern und die rechte Seite der Integralgleichung stetige Funktionen, ist man natürlich an der Existenz von stetigen Lösungen interessiert. Hierzu ist es nützlich, eine Version des Spektralsatzes in Prähilberträumen zur Verfügung zu haben.

Satz VI.4.1 *Es sei H_0 ein Prähilbertraum, und $T_0 \in K(H_0)$ erfülle die Symmetriebedingung $\langle T_0 x, y \rangle = \langle x, T_0 y \rangle$ für alle $x, y \in H_0$. Dann existieren ein Orthonormalsystem $\{e_n: n \in \mathbb{N}\}$ in H_0 und eine Nullfolge (λ_n) mit*

$$T_0 x = \sum_{n=1}^{\infty} \lambda_n \langle x, e_n \rangle e_n \qquad \forall x \in H_0.$$

Beweis. Es sei H die Vervollständigung von H_0, die ja (Satz V.1.8) ein Hilbertraum ist, und es sei T die eindeutig bestimmte Fortsetzung von T_0 zu einem Operator von H nach H (Satz II.1.5). Wir werden sehen, dass T ebenfalls kompakt ist und ran $T \subset H_0$ gilt.

Um zu zeigen, dass T kompakt ist, sei mit (x_n) eine beschränkte Folge in H gegeben. Wähle $y_n \in H_0$ mit $\|x_n - y_n\| \leq \frac{1}{n}$ und anschließend eine Teilfolge, so dass $\lim_k T y_{n_k} = \lim_k T_0 y_{n_k} =: z$ existiert. Aus der Stetigkeit von T folgt dann auch $\lim_k T x_{n_k} = z$, und T ist kompakt. Ein ähnliches Argument zeigt $\operatorname{ran} T \subset H_0$: Zu $x \in H$ wähle eine Folge (y_n) in H_0 mit $\lim_n y_n = x$, für die o.B.d.A. $(T_0 y_n)$ konvergiert, etwa gegen $z \in H_0$ (sic!). Wieder liefert die Stetigkeit $Tx = z \in H_0$.

Nun ist T selbstadjungiert, und für $x \in H_0$ gilt nach Theorem VI.3.2

$$T_0 x = Tx = \sum_{n=1}^{\infty} \lambda_n \langle x, e_n \rangle e_n,$$

und der Eigenvektor e_n liegt wegen $\lambda_n \neq 0$ und $T e_n = \lambda_n e_n$ in $\operatorname{ran} T_0 \subset H_0$. $\square$

Wir wollen Satz VI.4.1 auf einen Integraloperator mit stetigem symmetrischen Kern k anwenden. Setze $H_0 = C[0, 1]$ mit dem Skalarprodukt $\langle x, y \rangle = \int_0^1 x(t) \overline{y(t)} \, dt$. Dann ist der zu k assoziierte Integraloperator $T_k \colon H_0 \to (C[0, 1], \| \cdot \|_\infty)$ wohldefiniert und kompakt (verwende den Satz von Arzelà-Ascoli und in Abschätzung (II.2) auf S. 55 die Cauchy-Schwarz-Ungleichung). Damit ist T_k auch als Operator von H_0 nach H_0 kompakt, denn die Identität $(C[0, 1], \| \cdot \|_\infty) \to H_0$ ist stetig. Die in Satz VI.4.1 beschriebenen Eigenfunktionen sind daher stetig. Auch für die Orthogonalentwicklung (VI.9) lässt sich mehr sagen; sind nämlich alle $\lambda_n > 0$, so konvergiert $\sum_n \lambda_n e_n \otimes \overline{e_n}$ nicht nur im quadratischen Mittel, sondern sogar absolut und gleichmäßig. Diese Verschärfung von (VI.9) ist der Inhalt des *Satzes von Mercer*, den wir als nächstes beweisen werden. Es sei an die Definition eines positiven Hilbertraumoperators in (VI.7) erinnert.

Satz VI.4.2 (Satz von Mercer)
Sei $k \in C([0, 1]^2)$ und $T_k \colon L^2[0, 1] \to L^2[0, 1]$ der zugehörige Integraloperator. Es gelte $k(s, t) = \overline{k(t, s)}$ für alle $s, t \in [0, 1]$, so dass T_k selbstadjungiert ist. Es seien $\lambda_1, \lambda_2, \ldots$ die gemäß ihrer geometrischen Vielfachheit gezählten Eigenwerte von T_k mit zugehörigen Eigenfunktionen $e_1, e_2, \ldots$. Falls T_k positiv ist, gilt

$$k(s, t) = \sum_{j=1}^{\infty} \lambda_j e_j(s) \overline{e_j(t)} \qquad \forall s, t \in [0, 1],$$

wobei die Konvergenz absolut und gleichmäßig ist.

Der Beweis bedarf einiger Vorbereitungen. Zunächst ist zu beachten, dass wegen der Stetigkeit von k auch die e_j stetig sind, wie soeben beobachtet wurde. Ferner benötigen wir folgende Verbesserung des Spektralsatzes.

Satz VI.4.3 *Es mögen die Voraussetzungen des Satzes von Mercer gelten, jedoch braucht diesmal T_k nicht positiv zu sein. Ferner sei $x \in C[0, 1]$. Dann gilt*

$$(T_k x)(s) = \sum_{j=1}^{\infty} \lambda_j \langle x, e_j \rangle e_j(s) \qquad \forall s \in [0, 1],$$

wobei die Konvergenz absolut und gleichmäßig ist.

Beweis. Wir fassen hier T_k als kompakten Operator auf dem Prähilbertraum $C[0, 1]$ auf, vgl. die obige Diskussion. Da die behauptete Gleichheit stets im Sinn der L^2-Konvergenz gilt (Theorem VI.3.2), ist nur die gleichmäßige Konvergenz der Reihe $\sum_{j=1}^{\infty} |\lambda_j \langle x, e_j \rangle e_j(s)|$ für alle s zu zeigen. Zunächst gilt für alle s

$$\sum_{j=1}^{\infty} |\lambda_j e_j(s)|^2 = \sum_{j=1}^{\infty} |(T_k e_j)(s)|^2$$

$$= \sum_{j=1}^{\infty} |\langle k(s, .), \overline{e_j} \rangle|^2$$

$$\leq \|k(s, .)\|_{L^2}^2 \qquad \text{(Besselsche Ungleichung)}$$

$$= \int_0^1 |k(s, t)|^2 \, dt$$

$$\leq \|k\|_{\infty}^2.$$

Wählt man zu $\varepsilon > 0$ ein $N \in \mathbb{N}$, so dass

$$\sum_{j=N}^{\infty} |\langle x, e_j \rangle|^2 \leq \varepsilon^2$$

ist, folgt aus der Cauchy-Schwarz-Ungleichung für alle s

$$\sum_{j=N}^{\infty} |\lambda_j \langle x, e_j \rangle e_j(s)| \leq \left(\sum_{j=N}^{\infty} |\lambda_j e_j(s)|^2 \right)^{1/2} \left(\sum_{j=N}^{\infty} |\langle x, e_j \rangle|^2 \right)^{1/2}$$

$$\leq \|k\|_{\infty} \varepsilon,$$

was die behauptete gleichmäßige Konvergenz zeigt. $\Box$

Lemma VI.4.4 *Für einen selbstadjungierten Operator $T \in K(H)$ sind äquivalent:*

(i) *Alle Eigenwerte von T sind ≥ 0.*
(ii) *T ist positiv.*

Beweis. (i) $\Rightarrow$ (ii) folgt aus dem Spektralsatz, und (ii) $\Rightarrow$ (i) ist klar, denn $\langle Tx, x \rangle = \lambda \|x\|^2$ für einen Eigenvektor. $\qquad\square$

Lemma VI.4.5 *Unter den Voraussetzungen des Satzes von Mercer gilt*

$$k(t, t) \geq 0 \qquad \forall t \in [0, 1].$$

Beweis. Sei $0 < t_0 < 1$. Setze $x_n(s) = \frac{n}{2} \chi_{[t_0 - 1/n, t_0 + 1/n]}$. Bezeichnet ferner Q_n das Quadrat mit dem Mittelpunkt (t_0, t_0) und der Seitenlänge $\frac{2}{n}$ (beachte, dass $Q_n \subset [0, 1]^2$ für große n) und $F(Q_n)$ dessen Flächeninhalt, so gilt

$$
\begin{aligned}
0 \leq \langle T_k x_n, x_n \rangle \\
= \int_{t_0 - 1/n}^{t_0 + 1/n} \frac{dt}{2/n} \int_{t_0 - 1/n}^{t_0 + 1/n} \frac{ds}{2/n} \, k(s, t) \\
= \frac{1}{F(Q_n)} \iint_{Q_n} k(s, t) \, ds \, dt,
\end{aligned}
$$

und der letzte Term ist nach dem Mittelwertsatz der Integralrechnung $= k(s_n, t_n)$ für geeignete $(s_n, t_n) \in Q_n$. Mit $n \to \infty$ gilt $s_n \to t_0$, $t_n \to t_0$ und daher $k(t_0, t_0) \geq 0$, da k stetig ist. Daraus folgt die Behauptung. $\qquad\square$

Jetzt fehlt noch ein wichtiges Ingrediens zum Beweis des Satzes von Mercer, der *Satz von Dini*. Beachte, dass die Stetigkeit der Grenzfunktion eine *Voraussetzung* im folgenden Satz ist.

Satz VI.4.6 (Satz von Dini)
Sei T ein kompakter metrischer (oder topologischer) Raum, $f, f_1, f_2, \ldots : T \to \mathbb{R}$ seien stetig. Es gelte $f_1 \leq f_2 \leq \ldots$ und $f = \sup f_n$ punktweise. Dann konvergiert (f_n) gleichmäßig gegen f.

Beweis. Zu $t \in T$ und $\varepsilon > 0$ wähle N_t mit

$$f(t) - \varepsilon < f_{N_t}(t).$$

Da f und f_{N_t} stetig sind, gilt auch in einer Umgebung U_t von t

$$f(s) - \varepsilon < f_{N_t}(s) \qquad \forall s \in U_t.$$

Überdecke T durch endlich viele solcher Umgebungen, und sei N das größte der dabei vorkommenden N_t; das ist möglich, da T kompakt ist. Dann gilt für alle $n \geq N$ und alle $t \in T$

$$f(t) - \varepsilon < f_N(t) \leq f_n(t) \leq f(t),$$

was zu zeigen war. $\qquad\square$

Nun können wir Satz VI.4.2 beweisen. Sei k_n der stetige Kern

$$k_n(s, t) = \sum_{j=1}^{n} \lambda_j e_j(s) \overline{e_j(t)}.$$

Dann gilt nach dem Spektralsatz

$$
\begin{aligned}
\langle T_{k-k_n} x, x \rangle &= \langle T_k x, x \rangle - \langle T_{k_n} x, x \rangle \\
&= \sum_{j>n} \lambda_j \langle x, e_j \rangle \langle e_j, x \rangle \\
&= \sum_{j>n} \lambda_j |\langle x, e_j \rangle|^2 \\
&\geq 0,
\end{aligned}
$$

da alle $\lambda_j \geq 0$ sind. Lemma VI.4.5 liefert daher

$$k(t, t) - k_n(t, t) \geq 0 \qquad \forall t \in [0, 1],$$

d. h.

$$\sum_{j=1}^{n} \lambda_j |e_j(t)|^2 \leq k(t, t) \leq \|k\|_\infty \qquad \forall n \in \mathbb{N}. \tag{VI.11}$$

Es folgt, dass die Reihe $\sum_{j=1}^{\infty} \lambda_j |e_j(t)|^2$ für jedes t konvergiert.
    Die Cauchy-Schwarz-Ungleichung liefert

$$
\begin{aligned}
\sum_{j=1}^{\infty} |\lambda_j e_j(s) \overline{e_j(t)}| &= \sum_{j=1}^{\infty} \left| \sqrt{\lambda_j} e_j(s) \sqrt{\lambda_j} \, \overline{e_j(t)} \right| \\
&\leq \left(\sum_{j=1}^{\infty} \lambda_j |e_j(s)|^2 \right)^{1/2} \left(\sum_{j=1}^{\infty} \lambda_j |e_j(t)|^2 \right)^{1/2} \\
&\leq \|k\|_\infty;
\end{aligned}
$$

für den letzten Schritt verwende (VI.11). Deshalb konvergiert die Reihe

$$\sum_{j=1}^{\infty} \lambda_j e_j(s) \overline{e_j(t)}$$

für alle $s, t \in [0, 1]$ absolut. Die folgende Überlegung zeigt, dass bei festem s gleichmäßige Konvergenz in t vorliegt. Wähle $N = N(s) \in \mathbb{N}$, so dass $\sum_{j=N}^{\infty} \lambda_j |e_j(s)|^2 \leq \varepsilon^2$ ist; dann gilt für alle t wegen (VI.11)

$$\sum_{j=N}^{\infty} |\lambda_j e_j(s) \overline{e_j(t)}| \leq \left(\sum_{j=N}^{\infty} \lambda_j |e_j(s)|^2 \right)^{1/2} \left(\sum_{j=N}^{\infty} \lambda_j |e_j(t)|^2 \right)^{1/2} \leq \varepsilon \|k\|_{\infty}^{1/2}. \qquad \text{(VI.12)}$$

Betrachte nun den Kern

$$\tilde{k}(s, t) = \sum_{j=1}^{\infty} \lambda_j e_j(s) \overline{e_j(t)}.$$

Dann ist $\tilde{k} \in L^2([0, 1]^2)$, da die $e_j \otimes \overline{e_j}$ ein Orthonormalsystem in $L^2([0, 1]^2)$ bilden und da $(\lambda_j) \in \ell^2$, vgl. (VI.10). Wir werden als nächstes $k = \tilde{k}$ zeigen. Sei dazu $s \in [0, 1]$ fest. Betrachte

$$h(t) = k(s, t) - \tilde{k}(s, t).$$

Wegen der in (VI.12) bewiesenen gleichmäßigen Konvergenz in t ist h stetig. Für jedes $x \in C[0, 1]$ gilt nun

$$\int_0^1 h(t)x(t)\,dt = \int_0^1 k(s, t)x(t)\,dt - \int_0^1 \tilde{k}(s, t)x(t)\,dt$$

$$= (T_k x)(s) - \sum_{j=1}^{\infty} \lambda_j e_j(s) \int_0^1 x(t)\overline{e_j(t)}\,dt$$

$$\text{(gleichmäßige Konvergenz)}$$

$$- \sum_{j=1}^{\infty} \lambda_j \langle x, e_j \rangle e_j(s) - \sum_{j=1}^{\infty} \lambda_j e_j(s) \langle x, e_j \rangle$$

$$\text{(Satz VI.4.3)}$$

$$= 0.$$

Speziell ist $\int_0^1 h(t)\overline{h(t)}\,dt = 0$, also $h = 0$. Daher ist für jedes s

$$k(s, t) = \tilde{k}(s, t) \qquad \forall t \in [0, 1], \qquad \text{(VI.13)}$$

insbesondere

$$k(s, s) = \tilde{k}(s, s) = \sum_{j=1}^{\infty} \lambda_j |e_j(s)|^2.$$

Wegen des Satzes von Dini ist die Konvergenz dieser Reihe gleichmäßig, und es folgt, dass in (VI.12) N unabhängig von s gewählt werden kann. (VI.12) zeigt dann, dass

$\sum_{j=1}^{\infty} \lambda_j e_j(s)\overline{e_j(t)}$ absolut und gleichmäßig in s und t konvergiert, und zwar wegen (VI.13) gegen $k(s, t)$.

Damit ist der Satz von Mercer komplett bewiesen.   □

Es ist nicht ganz einfach, einer gegebenen (symmetrischen) Kernfunktion k anzusehen, ob sie den Voraussetzungen des Satzes von Mercer genügt; vgl. jedoch Aufgabe VI.7.16. Insbesondere ist die Positivität von k nicht hinreichend für die Positivität von T_k. Das zeigt das Gegenbeispiel $k(s, t) = |s - t|$. Wäre der Operator T_k positiv, so wäre wegen der nach dem Satz von Mercer dann vorliegenden gleichmäßigen Konvergenz

$$\int_0^1 |k(s, s)|\, ds = \sum_{j=1}^{\infty} \lambda_j \int_0^1 e_j(s)\overline{e_j(s)}\, ds = \sum_{j=1}^{\infty} \lambda_j;$$

es ist jedoch $k(s, s) = 0$ für alle s, und deshalb wäre $\sum_{j=1}^{\infty} \lambda_j = 0$. Die Annahme $T_k \geq 0$ impliziert aber $\lambda_j \geq 0$ für alle j (Lemma VI.4.4), so dass dann alle Eigenwerte verschwinden. Da T_k selbstadjungiert ist, folgt nach dem Spektralsatz der Widerspruch $T_k = 0$.

Hingegen ist Satz VI.4.2 auf den Kern $k(s, t) = \min\{s, t\}$ anwendbar. Dazu zeigen wir $\langle T_k x, x \rangle \geq 0$ für alle $x \in L^2([0, 1])$:

$$\begin{aligned}
\langle T_k x, x \rangle &= \int_0^1 dt \int_0^1 ds\, \min\{s, t\} x(s)\overline{x(t)} \\
&= \int_0^1 dt \int_0^1 ds \int_0^{\min\{s,t\}} du\, x(s)\overline{x(t)} \\
&= \int_0^1 dt \int_0^t ds \int_0^s du\, x(s)\overline{x(t)} + \int_0^1 dt \int_t^1 ds \int_0^t du\, x(s)\overline{x(t)} \\
&= \int_0^1 dt \int_0^t du \int_u^t ds\, x(s)\overline{x(t)} + \int_0^1 dt \int_0^t du \int_t^1 ds\, x(s)\overline{x(t)} \\
&= \int_0^1 dt \int_0^t du \int_u^1 ds\, x(s)\overline{x(t)} \\
&= \int_0^1 du \int_u^1 ds\, x(s) \int_u^1 dt\, \overline{x(t)} \\
&= \int_0^1 du \left| \int_u^1 ds\, x(s) \right|^2 \\
&\geq 0.
\end{aligned}$$

Die vorstehenden Überlegungen bleiben gültig, wenn man statt des Einheitsintervalls einen mit einem endlichen Borelmaß versehenen kompakten metrischen Raum betrachtet.

Zum Abschluss dieses Abschnitts diskutieren wir, wie man die Fredholm-Alternative zur Lösung des Dirichletproblems heranziehen kann. Dies geschieht, indem man es auf eine Integralgleichung mit nicht symmetrischer Kernfunktion zurückführt.

Sei $\Omega \subset \mathbb{R}^d$ ein beschränktes Gebiet, und sei $\varphi \in C(\partial\Omega)$. (Ein *Gebiet* ist eine offene und zusammenhängende Teilmenge.) Das *Dirichletproblem* besteht darin, eine Funktion $u \in C(\overline{\Omega})$ zu finden, die in Ω zweimal stetig differenzierbar ist und

$$\Delta u = 0 \quad \text{in } \Omega$$
$$u|_{\partial\Omega} = \varphi$$

(VI.14)

erfüllt. (Δ ist natürlich der Laplaceoperator.) Wir betrachten im Folgenden der Einfachheit halber $d = 3$, und wir setzen voraus, dass Ω einen C^2-Rand hat und der Außenraum $\Omega_a :=$ $\mathbb{R}^3 \setminus \overline{\Omega}$ ebenfalls zusammenhängend ist. Es sei $\gamma(x) = 1/(4\pi|x|)$ das Newtonpotential, und es bezeichne n_y den äußeren Normalenvektor an Ω im Punkt $y \in \partial\Omega$. Setze

$$k(x,y) = \frac{\partial}{\partial n_y}\gamma(x-y) = \langle -(\operatorname{grad}\gamma)(x-y), n_y \rangle = \frac{\langle x-y, n_y \rangle}{4\pi|x-y|^3}$$

für $x \notin \partial\Omega$, $y \in \partial\Omega$. Wendet man den Laplaceoperator auf die Funktion $k(\,.\,,y)$ bei festem y an, stellt man

$$\Delta_x k(x,y) = 0 \qquad \forall x \in \Omega \cup \Omega_a, \ y \in \partial\Omega$$

fest. Zur Lösung von (VI.14) sollen nun die Funktionen $k(\,.\,,y)$ „überlagert" werden. Für eine Funktion $g \in C(\partial\Omega)$ definieren wir das *Doppelschichtpotential* (diese Bezeichnung ist physikalisch motiviert)

$$u_g(x) = \int_{\partial\Omega} g(y)k(x,y)\,d\sigma(y) \qquad \forall x \in \Omega \cup \Omega_a.$$

(VI.15)

(Hier ist σ das Oberflächenmaß.) Diese Funktion erfüllt stets $\Delta u_g(x) = 0$ außerhalb von $\partial\Omega$, und es bleibt, g so zu wählen, dass die Randbedingung

$$\lim_{\substack{x\to z \\ x\in\Omega}} u_g(x) = \varphi(z) \qquad \forall z \in \partial\Omega$$

(VI.16)

erfüllt ist.

Wir werden zeigen, dass das unter den eingangs gemachten Voraussetzungen stets möglich ist. Dazu benötigen wir einige Eigenschaften von Doppelschichtpotentialen, die ohne Beweis angegeben werden sollen (Beweise findet man in vielen Lehrbüchern der Potentialtheorie, etwa Sobolev [1964], S. 202ff.). Da Ω einen C^2-Rand hat, ist $\langle x-y, n_y \rangle$ von der Größenordnung const.$|x-y|^2$ für $x \to y$, also $|k(x,y)|$ von der Größenordnung const.$|x-y|^{-1}$ für $x \to y$. Insbesondere ist der Kern k nicht stetig, aber man überprüft, dass trotzdem (VI.15) selbst für $x \in \partial\Omega$ noch sinnvoll ist. Tatsächlich definiert

$$(Tg)(x) = \int_{\partial\Omega} g(y)k(x,y)\,d\sigma(y), \qquad x \in \partial\Omega$$

einen stetigen Operator $T\colon C(\partial\Omega) \to C(\partial\Omega)$, und mehr noch, da der Kern im Sinn von S. 102 schwach singulär ist (der Grad der Singularität (= 1) ist kleiner als die Dimension der Mannigfaltigkeit, über die integriert wird (= 2)), ist T kompakt; der Beweis ist analog zu Beispiel II.1(n) und II.3(e) zu führen. Es ist aus der Potentialtheorie bekannt, dass ein Doppelschichtpotential beim Durchgang durch $\partial\Omega$ einen Sprung macht, genauer gilt

$$\lim_{\substack{x \to z \\ x \in \Omega}} u_g(x) + \frac{1}{2}g(z) = (Tg)(z) \qquad \forall z \in \partial\Omega, \tag{VI.17}$$

$$\lim_{\substack{x \to z \\ x \in \Omega_a}} u_g(x) - \frac{1}{2}g(z) = (Tg)(z) \qquad \forall z \in \partial\Omega. \tag{VI.18}$$

Daher ist (VI.16) äquivalent zur Fredholmschen Integralgleichung zweiter Art

$$Tg - \frac{1}{2}g = \varphi. \tag{VI.19}$$

Nach der Fredholm-Alternative existiert entweder für alle $\varphi \in C(\partial\Omega)$ eine eindeutig bestimmte Lösung dieser Gleichung und deshalb eine Lösung des Dirichletproblems, oder $\frac{1}{2}$ ist ein Eigenwert von T. Nehmen wir also an, es sei $g_0 \in C(\partial\Omega)$ mit

$$Tg_0 - \frac{1}{2}g_0 = 0.$$

Unser Ziel ist es, $g_0 = 0$ zu zeigen. Zunächst folgt aus der obigen Diskussion, dass u_{g_0}, definiert durch (VI.15) mit g_0 statt g, das Dirichletproblem mit Randdatum 0 statt φ löst. Das impliziert aber bekanntermaßen $u_{g_0} = 0$ auf Ω. Weiter lehrt die Potentialtheorie, dass die Normalableitung eines Doppelschichtpotentials stetig ist; daher folgt $\frac{\partial}{\partial n}u_{g_0}(y) = 0$ für alle $y \in \partial\Omega$. Nun benutzen wir die Greensche Formel

$$-\int_{\Omega_a} \langle \operatorname{grad} u_{g_0}, \operatorname{grad} u_{g_0}\rangle \, dx = \int_{\partial\Omega} u_{g_0} \frac{\partial}{\partial n} u_{g_0} \, d\sigma = 0$$

und schließen, da Ω_a zusammenhängend ist, dass u_{g_0} auf Ω_a konstant ist. Wegen $u_{g_0}(x) \to 0$ für $|x| \to \infty$ ergibt sich auch $u_{g_0} = 0$ auf Ω_a. Schließlich liefern (VI.17) und (VI.18) $g_0 = 0$, wie behauptet.

Zusammenfassend haben wir folgendes Resultat bewiesen.

Satz VI.4.7 *Sei $\Omega \subset \mathbb{R}^3$ ein beschränktes Gebiet mit C^2-Rand, für das $\Omega_a := \mathbb{R}^3 \setminus \overline{\Omega}$ zusammenhängend ist. Für jedes $\varphi \in C(\partial\Omega)$ existiert dann genau eine Lösung des Dirichletproblems*

$$\begin{aligned} \Delta u &= 0 \quad in\ \Omega \\ u|_{\partial\Omega} &= \varphi. \end{aligned}$$

Der Satz gilt auch, wenn Ω_a nicht zusammenhängend ist (siehe Jörgens [1970], S. 136). Hingegen sind nicht glatt berandete beschränkte Gebiete bekannt, für die das Dirichletproblem nicht immer lösbar ist, das erste solche Beispiel stammt von Lebesgue. Abschließend sei bemerkt, dass man Satz VI.4.7 für beliebige Dimensionen aussprechen kann.

VI.5 Nukleare Operatoren

In diesem Abschnitt bezeichnen X und Y (etc.) stets Banachräume und H, H_i (etc.) Hilberträume. Der Skalarenkörper kann zunächst $\mathbb{R}$ oder $\mathbb{C}$ sein.

Es soll nun eine neue Klasse von linearen Operatoren betrachtet werden.

▶ **Definition VI.5.1** Ein Operator $T \in L(X, Y)$ heißt *nuklear*, falls es Folgen (x_n') in X' und (y_n) in Y mit $\sum_{n=1}^{\infty} \|x_n'\| \, \|y_n\| < \infty$ gibt, so dass

$$Tx = \sum_{n=1}^{\infty} x_n'(x) y_n \qquad \forall x \in X \tag{VI.20}$$

gilt.

Zunächst einige Bemerkungen zu dieser Definition. Wir bezeichnen den Operator

$$x \mapsto x'(x) y,$$

wo $x' \in X'$, $y \in Y$, mit

$$x' \otimes y.$$

Offensichtlich ist das die allgemeine Darstellung einer stetigen linearen Abbildung mit (höchstens) eindimensionalem Bild. Genauso offensichtlich ist die Gleichung

$$\|x' \otimes y\| = \|x'\| \, \|y\|,$$

so dass T genau dann nuklear ist, wenn T als im Sinn der Operatornorm absolut konvergente Reihe

$$T = \sum_{n=1}^{\infty} x_n' \otimes y_n$$

geschrieben werden kann. Eine solche Darstellung ist selbstverständlich nicht eindeutig; z. B. ist

$$x_1' \otimes y_1 - x_2' \otimes y_2 = x_1' \otimes (y_1 - y_2) + (x_1' - x_2') \otimes y_2. \tag{VI.21}$$

Hat $T \in L(X, Y)$ endlichdimensionales Bild, so kann T als endliche Reihe

$$T = \sum_{n=1}^{N} x_n' \otimes y_n$$

dargestellt werden und ist trivialerweise nuklear. Nach Definition ist ein nuklearer Operator Limes (in der Operatornorm) von Operatoren mit endlichdimensionalem Bild, nämlich

$$\lim_{N \to \infty} \left\| T - \sum_{n=1}^{N} x_n' \otimes y_n \right\| = 0, \tag{VI.22}$$

wo T gemäß (VI.20) mit $\sum_{n=1}^{\infty} \|x_n'\| \, \|y_n\| < \infty$ dargestellt ist. Es folgt, dass nukleare Operatoren kompakt sind (Korollar II.3.3); wir werden bald sehen (Beispiel VI.5(a)), dass die Umkehrung nicht gilt.

Manchmal ist folgende Charakterisierung nuklearer Operatoren praktisch.

- *Ein Operator $T \in L(X, Y)$ ist genau dann nuklear, wenn es Folgen (x_n') in X', (y_n) in Y und $(a_n) \in \ell^1$ mit $\|x_n'\| = \|y_n\| = 1$ für alle $n \in \mathbb{N}$ sowie*

$$Tx = \sum_{n=1}^{\infty} a_n x_n'(x) y_n \qquad \forall x \in X$$

  gibt.

Die Äquivalenz dieser Umschreibung zu Definition VI.5.1 ist offensichtlich; in der Tat kann man offenbar zusätzlich auch $a_n \geq 0$ verlangen.

Nun zur nächsten Definition, die es uns gestattet zu messen, „wie nuklear" ein nuklearer Operator ist.

▶ **Definition VI.5.2** Es sei $N(X, Y)$ die Menge aller nuklearer Operatoren von X nach Y; $N(X) := N(X, X)$. Für $T \in N(X, Y)$ setze

$$\|T\|_{\mathrm{nuk}} = \inf \sum_{n=1}^{\infty} \|x_n'\| \, \|y_n\|,$$

wo sich das Infimum über alle Darstellungen von T als $T = \sum_{n=1}^{\infty} x_n' \otimes y_n$ mit $\sum_{n=1}^{\infty} \|x_n'\| \, \|y_n\| < \infty$ erstreckt. (Eine solche Darstellung heiße *nukleare Darstellung*.) $\|T\|_{\mathrm{nuk}}$ heißt die *nukleare Norm* von T.

Es wird in Satz VI.5.3 nachgewiesen werden, dass $N(X, Y)$ stets ein Vektorraum und $\| \cdot \|_{\mathrm{nuk}}$ eine Norm ist. Die nukleare Norm eines Operators ist im Allgemeinen nur schwer exakt zu berechnen, häufig muss man sich mit Abschätzungen zufriedengeben. Ein einfaches Beispiel: Ist $T = x_1' \otimes y_1 - x_2' \otimes y_2$ mit $\|x_i'\| = \|y_i\| = 1$, so zeigt diese Darstellung nur $\|T\|_{\mathrm{nuk}} \leq 2$, die Darstellung aus (VI.21) liefert jedoch die im Allgemeinen bessere Abschätzung $\|T\|_{\mathrm{nuk}} \leq \|y_1 - y_2\| + \|x_1' - x_2'\|$. Beachte noch folgende Subtilität bei der Berechnung von $\|T\|_{\mathrm{nuk}}$ für einen Operator T endlichen Rangs: Obwohl T eine nukleare

Darstellung als endliche Reihe besitzt, gehen in die Berechnung von $\|T\|_{\mathrm{nuk}}$ auch die nicht abbrechenden Darstellungen $\sum_{n=1}^{\infty} x_n' \otimes y_n$ ein! (Besitzt X' oder Y die Approximationseigenschaft, vgl. S. 99, kann man sich aber wirklich auf die abbrechenden nuklearen Darstellungen beschränken.)

Satz VI.5.3

(a) $N(X, Y)$ *ist ein linearer Raum.*

(b) $\|\,.\,\|_{\mathrm{nuk}}$ *ist eine Norm auf* $N(X, Y)$, *und es gilt* $\|T\| \le \|T\|_{\mathrm{nuk}}$ *für alle* $T \in N(X, Y)$. *Ferner ist*

$$\|x' \otimes y\|_{\mathrm{nuk}} = \|x' \otimes y\| = \|x'\|\,\|y\|.$$

(c) $\big(N(X, Y), \|\,.\,\|_{\mathrm{nuk}}\big)$ *ist vollständig.*

(d) *Die Operatoren endlichen Ranges liegen dicht in* $N(X, Y)$ *bzgl.* $\|\,.\,\|_{\mathrm{nuk}}$.

Hier wie im Folgenden bezeichnet $\|T\|$ die Operatornorm von T, sie ist von der nuklearen Norm $\|T\|_{\mathrm{nuk}}$ zu unterscheiden. Beachte, dass (d) stärker ist als (VI.22).

Beweis. (a) ist klar.

(b) Wir zeigen zuerst $\|T\| \le \|T\|_{\mathrm{nuk}}$ für alle nuklearen Operatoren T. Ist nämlich T dargestellt als $T = \sum_{n=1}^{\infty} x_n' \otimes y_n$, so zeigt die Dreiecksungleichung für die Operatornorm

$$\|T\| \le \sum_{n=1}^{\infty} \|x_n' \otimes y_n\| = \sum_{n=1}^{\infty} \|x_n'\|\,\|y_n\|.$$

Da die Darstellung von T beliebig war, heißt das $\|T\| \le \|T\|_{\mathrm{nuk}}$ nach Definition der nuklearen Norm.

Daraus folgt sofort

$$\|T\|_{\mathrm{nuk}} = 0 \quad \Rightarrow \quad \|T\| = 0 \quad \Rightarrow \quad T = 0.$$

Scharfes Hinsehen zeigt die Bedingung $\|\lambda T\|_{\mathrm{nuk}} = |\lambda|\,\|T\|_{\mathrm{nuk}}$, so dass nur noch die Dreiecksungleichung zu zeigen ist, um zu beweisen, dass $\|\,.\,\|_{\mathrm{nuk}}$ wirklich eine Norm ist. Seien also $T_1, T_2 \in N(X, Y)$. Wähle zu $\varepsilon > 0$ nukleare Darstellungen

$$T_i = \sum_{n=1}^{\infty} x_{i,n}' \otimes y_{i,n}, \qquad \sum_{n=1}^{\infty} \|x_{i,n}'\|\,\|y_{i,n}\| \le \|T_i\|_{\mathrm{nuk}} + \varepsilon.$$

Dann ist

$$T_1 + T_2 = x_{1,1}' \otimes y_{1,1} + x_{2,1}' \otimes y_{2,1} + x_{1,2}' \otimes y_{1,2} + x_{2,2}' \otimes y_{2,2} + \cdots,$$

also nach Definition der nuklearen Norm

$$\|T_1 + T_2\|_{\text{nuk}} \leq \|x'_{1,1}\| \, \|y_{1,1}\| + \|x'_{2,1}\| \, \|y_{2,1}\|$$
$$+ \|x'_{1,2}\| \, \|y_{1,2}\| + \|x'_{2,2}\| \, \|y_{2,2}\| + \cdots$$
$$\leq \|T_1\|_{\text{nuk}} + \|T_2\|_{\text{nuk}} + 2\varepsilon.$$

Da $\varepsilon > 0$ beliebig war, folgt die Dreiecksungleichung.

Es bleibt, $\|x' \otimes y\|_{\text{nuk}} = \|x' \otimes y\|$ zu begründen. Oben wurde bereits „$\geq$" gezeigt. Andererseits ist $x' \otimes y$ eine nukleare Darstellung von $x' \otimes y$, die freilich nur aus einem einzigen Summanden besteht; also gilt nach Definition

$$\|x' \otimes y\|_{\text{nuk}} \leq \|x'\| \, \|y\| = \|x' \otimes y\|.$$

(c) Wir verwenden das Kriterium aus Lemma I.1.8. Seien also $T_m \in N(X, Y)$ mit $\sum_{m=1}^{\infty} \|T_m\|_{\text{nuk}} < \infty$. Wähle nukleare Darstellungen mit

$$T_m = \sum_{n=1}^{\infty} x'_{m,n} \otimes y_{m,n}, \qquad \sum_{n=1}^{\infty} \|x'_{m,n}\| \, \|y_{m,n}\| \leq \|T_m\|_{\text{nuk}} + 2^{-m}.$$

Es folgt

$$\sum_{m,n=1}^{\infty} \|x'_{m,n}\| \, \|y_{m,n}\| \leq \sum_{m=1}^{\infty} (\|T_m\|_{\text{nuk}} + 2^{-m}) < \infty, \tag{VI.23}$$

so dass die (Doppel-) Reihe $\sum_{m,n=1}^{\infty} x'_{m,n} \otimes y_{m,n}$ im Banachraum (Satz II.1.4) $L(X, Y)$ konvergiert. Daher existiert $T \in L(X, Y)$ mit

$$T = \sum_{m,n=1}^{\infty} x'_{m,n} \otimes y_{m,n}$$

(absolute Konvergenz im Sinn der Operatornorm). (VI.23) zeigt, dass T nuklear ist, und es ist wirklich $T = \sum_{m=1}^{\infty} T_m$ im Sinn der nuklearen Norm, denn

$$\left\| T - \sum_{m=1}^{M} T_m \right\|_{\text{nuk}} \leq \sum_{m>M} \sum_{n=1}^{\infty} \|x'_{m,n}\| \, \|y_{m,n}\|$$
$$\leq \sum_{m>M} (\|T_m\|_{\text{nuk}} + 2^{-m}) \rightarrow 0.$$

(d) Sei $\sum_{n=1}^{\infty} x'_n \otimes y_n$ eine beliebige nukleare Darstellung von $T \in N(X, Y)$. Dann ist

$$\left\| T - \sum_{n=1}^{N} x'_n \otimes y_n \right\|_{\text{nuk}} \leq \sum_{n>N} \|x'_n\| \, \|y_n\| \rightarrow 0. \qquad \square$$

Für (d) haben wir gezeigt, dass die Reihe $T = \sum_{n=1}^{\infty} x'_n \otimes y_n$ nicht nur bzgl. der Operatornorm, sondern auch bzgl. der nuklearen Norm konvergiert.

Die im folgenden Satz ausgedrückte Eigenschaft nennt man die Idealeigenschaft des Raums der nuklearen Operatoren, obwohl $L(X, Y)$ für $X \neq Y$ kein Ring ist.

Satz VI.5.4 *Seien $R \in L(W, X)$, $S \in N(X, Y)$, $T \in L(Y, Z)$. Dann ist $TSR \in N(W, Z)$ mit* $\|TSR\|_{\text{nuk}} \leq \|T\| \, \|S\|_{\text{nuk}} \, \|R\|$.

Beweis. Sei $S = \sum_{n=1}^{\infty} x'_n \otimes y_n$. Man verifiziert leicht, dass

$$TSR = \sum_{n=1}^{\infty} R' x'_n \otimes T y_n,$$

also

$$\|TSR\|_{\text{nuk}} \leq \sum_{n=1}^{\infty} \|R' x'_n\| \, \|T y_n\| \leq \|R'\| \, \|T\| \sum_{n=1}^{\infty} \|x'_n\| \, \|y_n\|$$

gilt. Indem man zum Infimum über alle nuklearen Darstellungen von S übergeht und $\|R\| = \|R'\|$ beachtet, erhält man die Behauptung. $\qquad\square$

Beispiele

(a) Sei $1 \leq p < \infty$ und $X = Y = \ell^p$. T_a sei der Multiplikationsoperator mit einer Folge $a = (a_n) \in \ell^1$, also $T_a((s_n)) = (a_n s_n)$. Der Operator $T_a\colon \ell^p \to \ell^p$ ist stetig mit $\|T_a\| = \max_n |a_n|$ (Aufgabe II.5.11). Bezeichnet nun e_n (bzw. e'_n) den n-ten Einheitsvektor in ℓ^p (bzw. in $\ell^q \cong (\ell^p)'$, $\frac{1}{p} + \frac{1}{q} = 1$), so gilt offenbar

$$T_a = \sum_{n=1}^{\infty} a_n e'_n \otimes e_n. \tag{VI.24}$$

Daher ist T_a nuklear mit $\|T_a\|_{\text{nuk}} \leq \sum_{n=1}^{\infty} |a_n|$. Wir werden im Fall $p = 2$ sogar die Gleichheit zeigen (Satz VI.5.5), so dass man für $(a_n) = (\frac{1}{n}) \notin \ell^1$ einen kompakten, aber nicht nuklearen Operator auf ℓ^2 erhält.

(b) Seien $X = \ell^\infty$, $Y = \ell^1$, $(a_n) \in \ell^1$, und sei $T_a\colon \ell^\infty \to \ell^1$ wie oben durch $T_a((s_n)) = (a_n s_n)$ definiert. Es ist leicht zu sehen, dass T_a stetig ist mit $\|T_a\| = \sum_{n=1}^{\infty} |a_n| = \|a\|_{\ell^1}$. Wie unter (a) erkennt man die Darstellung (VI.24), wobei diesmal $e'_n \in \ell^1 \subset (\ell^\infty)'$ aufgefasst wird. Dies zeigt $T_a \in N(\ell^\infty, \ell^1)$ und $\|T_a\|_{\text{nuk}} \leq \sum_{n=1}^{\infty} |a_n| = \|T_a\|$. Satz VI.5.3(b) liefert nun sogar $\|T_a\|_{\text{nuk}} = \sum_{n=1}^{\infty} |a_n|$.

(c) Sei $X = Y = L^\infty[0, 1]$, und sei $k \in C([0, 1]^2)$. Wir betrachten den Integraloperator

$$(T_k x)(s) = \int_0^1 k(s, t) x(t) \, dt.$$

Der Operator $T_k \colon L^\infty[0,1] \to L^\infty[0,1]$ ist kompakt; das Argument ist dasselbe wie bei Beispiel II.3(d), wo wir T_k auf $C[0,1]$ aufgefasst haben, denn (II.2) zeigt $T_k x \in C[0,1]$ für $x \in L^\infty[0,1]$. Wir werden $T_k \in N(L^\infty[0,1])$ mit

$$\|T_k\|_{\mathrm{nuk}} \le \int_0^1 \sup_s |k(s,t)| \, dt \qquad\qquad (VI.25)$$

zeigen.

Wir beginnen mit einer Vorüberlegung. Sei $n \in \mathbb{N}$ beliebig. Zerlege $[0,1]$ in die 2^n Teilintervalle $I_j = [(j-1)2^{-n}, j2^{-n}]$, $j = 1, \dots, 2^n$, die (bis auf die Randpunkte) disjunkt sind. Seien $a_{ij}^{(n)} \in \mathbb{K}$, $i, j = 1, \dots, 2^n$, und sei k_n die beschränkte messbare (aber unstetige) Funktion

$$k_n(s,t) = \sum_{i,j=1}^{2^n} a_{ij}^{(n)} \chi_{I_i}(s) \chi_{I_j}(t)$$

und T_{k_n} der zugehörige Integraloperator auf $L^\infty[0,1]$. Wegen

$$T_{k_n} x = \sum_{i=1}^{2^n} \sum_{j=1}^{2^n} a_{ij}^{(n)} \int_{I_j} x(t)\, dt \; \chi_{I_i} \in \mathrm{lin}\{\chi_{I_i} \colon i = 1, \dots, 2^n\}$$

ist T_{k_n} ein Operator endlichen Ranges. Seine nukleare Norm kann folgendermaßen abgeschätzt werden. Setze

$$x_j'(x) = \int_{I_j} x(t)\, dt.$$

Dann gilt $\|x_j'\|_{(L^\infty)'} = \|\chi_{I_j}\|_{L^1} = 2^{-n}$. Man erhält

$$T_{k_n} = \sum_{j=1}^{2^n} x_j' \otimes \left(\sum_{i=1}^{2^n} a_{ij}^{(n)} \chi_{I_i} \right),$$

also wegen $\| \sum_i a_{ij}^{(n)} \chi_{I_i} \|_{L^\infty} = \max_i |a_{ij}^{(n)}|$

$$\|T_{k_n}\|_{\mathrm{nuk}} \le \sum_{j=1}^{2^n} 2^{-n} \max_i |a_{ij}^{(n)}|.$$

Das ist die diskretisierte Version von (VI.25).

Nun zum eigentlichen Beweis. Sei $\varepsilon > 0$ gegeben. Da k gleichmäßig stetig ist, existiert m_0 mit

$$\max\{|s_1 - s_2|, |t_1 - t_2|\} \le 2^{-m_0} \quad \Rightarrow \quad |k(s_1, t_1) - k(s_2, t_2)| \le \varepsilon. \qquad (VI.26)$$

Sei $n \geq m \geq m_0$, und sei $a_{ij}^{(n)} = k(i2^{-n}, j2^{-n})$. Betrachte den Operator $T_{k_n} - T_{k_m}$, wo T_{k_n} gemäß der Vorüberlegung gewählt ist. Auch dieser lässt sich in die Form

$$(T_{k_n} - T_{k_m})x = \sum_{i=1}^{2^n} \sum_{j=1}^{2^n} b_{ij}^{(n)} \int_{I_j} x(t)\, dt\ \chi_{I_i}$$

mit geeigneten $b_{ij}^{(n)}$ bringen.

Der springende Punkt dieser Darstellung ist, dass nach Definition von T_{k_n} und nach (VI.26) stets $|b_{ij}^{(n)}| \leq \varepsilon$ ist. Die Vorüberlegung liefert deshalb

$$\|T_{k_n} - T_{k_m}\|_{\mathrm{nuk}} \leq \sum_{j=1}^{2^n} 2^{-n} \max_i |b_{ij}^{(n)}| \leq \varepsilon.$$

Daher ist (T_{k_n}) eine Cauchyfolge bzgl. $\|.\|_{\mathrm{nuk}}$. Sei $S \in N(L^\infty[0,1])$ ihr Limes (Satz VI.5.3(c)). Da (Riemannsche Summe!)

$$\alpha_n := \sum_{j=1}^{2^n} 2^{-n} \sup_s |k(s, j2^{-n})| \to \int_0^1 \sup_s |k(s, t)|\, dt \quad \text{für } n \to \infty$$

und nach der Vorüberlegung $\|T_{k_n}\|_{\mathrm{nuk}} \leq \alpha_n$ gilt, folgt

$$\|S\|_{\mathrm{nuk}} \leq \int_0^1 \sup_s |k(s, t)|\, dt.$$

Um das Beispiel abzuschließen, ist noch $S = T_k$ zu zeigen. Da k stetig ist, gilt $\|k_n - k\|_\infty \to 0$ nach Definition von k_n. Nach (II.2) folgt

$$\|T_{k_n} - T_k\| = \|T_{k_n - k}\| \to 0.$$

Andererseits ist nach Satz VI.5.3(b)

$$\|T_{k_n} - S\| \leq \|T_{k_n} - S\|_{\mathrm{nuk}} \to 0,$$

woraus in der Tat $S = T_k$ folgt.

Ähnlich kann man (VI.25) für Integraloperatoren mit stetigem Kern auf $C[0,1]$ beweisen; man muss dann die unstetigen Funktionen χ_{I_i} in der Definition von k_n durch eine stetige *Zerlegung der Eins* ersetzen. Vergleiche die Symmetrie zwischen (II.3) und (VI.25)!

Der obige Beweis zeigt noch das analoge Ergebnis

$$T_k \in N(L^1[0,1]), \qquad \|T\|_{\mathrm{nuk}} \leq \int_0^1 \sup_t |k(s, t)|\, ds,$$

falls k ein stetiger Kern ist. Die Stetigkeit von k reicht aber nicht, um $T_k \in N(L^2[0,1])$ zu erzwingen (siehe S. 342); vgl. jedoch Beispiel VI.5(d) unten.

Im Rest des Abschnitts werden wir Hilbertraumoperatoren detaillierter untersuchen und erst in den Bemerkungen und Ausblicken die Banachraumsituation kommentieren. Sei also H ein reeller oder komplexer Hilbertraum, den wir der Einfachheit halber als separabel voraussetzen wollen. (Die Resultate bleiben auch im nichtseparablen Fall richtig, nur die Beweise werden ein wenig technischer.)

In Satz VI.3.6 wurde gezeigt, dass jedes $T \in K(H)$ in der Form

$$T = \sum_{n=1}^{\infty} s_n \langle \,.\,, e_n \rangle f_n \qquad (VI.27)$$

für geeignete Orthonormalsysteme (e_n) und (f_n) dargestellt werden kann. Die Zahlen $s_n = s_n(T) \geq 0$ sind die in ihrer Vielfachheit gezählten Eigenwerte des positiven selbstadjungierten Operators $|T| = (T^*T)^{1/2}$; sie heißen, wie bereits in Satz VI.3.6 bemerkt, die *singulären Zahlen* von T. Im Vergleich mit dem folgenden Satz beachte $(s_n(T)) \in c_0$ und $\|T\| = \max_n s_n(T) = \|(s_n(T))\|_{c_0}$.

Wir nennen (VI.27) die *kanonische Darstellung* von T.

Satz VI.5.5 *Ein Operator $T \in K(H)$ ist genau dann nuklear, wenn für die Folge der singulären Zahlen $(s_n(T)) \in \ell^1$ gilt. In diesem Fall ist*

$$\|T\|_{\mathrm{nuk}} = \sum_{n=1}^{\infty} s_n(T) = \|(s_n(T))\|_{\ell^1}.$$

Beweis. Gelte zunächst $(s_n(T)) \in \ell^1$. Dann ist die kanonische Darstellung eine nukleare Darstellung, und es gilt daher $\|T\|_{\mathrm{nuk}} \leq \sum_n s_n(T)$. Sei umgekehrt T nuklear, und sei

$$T = \sum_{n=1}^{\infty} a_n \langle \,.\,, x_n \rangle y_n$$

eine nukleare Darstellung mit $\|x_n\| = \|y_n\| = 1$ für alle n und $\sum_n |a_n| < \infty$; wir haben hier den Satz von Fréchet-Riesz V.3.6 benutzt. Es ist $\sum_n s_n(T) \leq \sum_n |a_n|$ zu zeigen, das zeigt nämlich $(s_n(T)) \in \ell^1$ und nach Übergang zum Infimum über alle nuklearen Darstellungen $\sum_n s_n(T) \leq \|T\|_{\mathrm{nuk}}$.

Sei also $T = \sum_{n=1}^{\infty} s_n \langle \,.\,, e_n \rangle f_n$ die kanonische Darstellung von T. Für jedes $m \in \mathbb{N}$ ist dann einerseits

$$Te_m = s_m f_m,$$

andererseits

$$Te_m = \sum_{n=1}^{\infty} a_n \langle e_m, x_n \rangle y_n$$

sowie nach der Cauchy-Schwarz-Ungleichung und der Besselschen Ungleichung

$$\sum_{m=1}^{\infty} s_m \le \sum_{m=1}^{\infty} \sum_{n=1}^{\infty} |a_n| \, |\langle e_m, x_n \rangle| \, |\langle y_n, f_m \rangle|$$

$$= \sum_{m,n=1}^{\infty} \left(|a_n|^{1/2} \, |\langle e_m, x_n \rangle| \right) \left(|a_n|^{1/2} \, |\langle y_n, f_m \rangle| \right)$$

$$\le \left(\sum_{m,n=1}^{\infty} |a_n| \, |\langle e_m, x_n \rangle|^2 \right)^{1/2} \left(\sum_{m,n=1}^{\infty} |a_n| \, |\langle y_n, f_m \rangle|^2 \right)^{1/2}$$

$$= \left(\sum_{n=1}^{\infty} |a_n| \sum_{m=1}^{\infty} |\langle e_m, x_n \rangle|^2 \right)^{1/2} \left(\sum_{n=1}^{\infty} |a_n| \sum_{m=1}^{\infty} |\langle y_n, f_m \rangle|^2 \right)^{1/2}$$

$$\le \left(\sum_{n=1}^{\infty} |a_n| \, \|x_n\|^2 \right)^{1/2} \left(\sum_{n=1}^{\infty} |a_n| \, \|y_n\|^2 \right)^{1/2}$$

$$\le \left(\sum_{n=1}^{\infty} |a_n| \right)^{1/2} \left(\sum_{n=1}^{\infty} |a_n| \right)^{1/2}$$

$$= \sum_{n=1}^{\infty} |a_n|.$$

Damit ist die gewünschte Abschätzung bewiesen. □

Als nächstes soll das Konzept der Spur einer Matrix verallgemeinert werden. Die Spur einer $(n \times n)$-Matrix (a_{ij}) ist bekanntlich $\sum_{i=1}^{n} a_{ii}$; sie ist invariant gegenüber orthogonalen (bzw. unitären) Transformationen, d. h. gegenüber einem Wechsel der Orthonormalbasis. Stellt (a_{ij}) eine lineare Abbildung T dar, so gilt für jede Orthonormalbasis

$$\sum_{i=1}^{n} a_{ii} = \sum_{i=1}^{n} \langle Te_i, e_i \rangle.$$

Das legt es nahe, auch für Operatoren auf unendlichdimensionalen Hilberträumen die Spur durch $\sum_{i=1}^{\infty} \langle Te_i, e_i \rangle$ für irgendeine Orthonormalbasis (e_i) von H definieren zu wollen. Es stellt sich hier jedoch die Frage nach der Konvergenz der Reihe und der Wohldefiniertheit, d. h., der Unabhängigkeit von der Wahl der Orthonormalbasis.

Lemma VI.5.6 *Sei $T \in N(H)$, (e_n) eine Orthonormalbasis von H, und sei*

$$T = \sum_{n=1}^{\infty} a_n \langle \, . \, , x_n \rangle y_n$$

irgendeine nukleare Darstellung von T mit $\|x_n\| = \|y_n\| = 1$ und $(a_n) \in \ell^1$. Dann gilt

$$\sum_{n=1}^{\infty} a_n \langle y_n, x_n \rangle = \sum_{n=1}^{\infty} \langle Te_n, e_n \rangle.$$

Dabei ist die Konvergenz der Reihen absolut.

Beweis. Wegen $(a_n) \in \ell^1$ und $|\langle y_n, x_n \rangle| \leq 1$ konvergiert die Reihe linker Hand absolut. Es folgt aus der Parsevalschen Gleichung (Satz V.4.9)

$$\begin{aligned}
\sum_{n=1}^{\infty} a_n \langle y_n, x_n \rangle &= \sum_{n=1}^{\infty} a_n \sum_{k=1}^{\infty} \langle y_n, e_k \rangle \langle e_k, x_n \rangle \\
&= \sum_{k=1}^{\infty} \sum_{n=1}^{\infty} a_n \langle y_n, e_k \rangle \langle e_k, x_n \rangle \\
&= \sum_{k=1}^{\infty} \langle Te_k, e_k \rangle.
\end{aligned}$$

Daher konvergiert auch die Reihe rechter Hand zum selben Limes, und zwar unbedingt, wie unser Argument zeigt. Also konvergiert auch diese Reihe absolut.   □

Das Lemma zeigt, dass folgende Definition sinnvoll ist.

▶ **Definition VI.5.7** Sei $T \in N(H)$. Die *Spur* von T ist definiert als

$$\mathrm{tr}(T) = \sum_{n=1}^{\infty} \langle Te_n, e_n \rangle, \tag{VI.28}$$

wo (e_n) irgendeine Orthonormalbasis von H ist. Es gilt

$$\mathrm{tr}(T) = \sum_{n=1}^{\infty} a_n \langle y_n, x_n \rangle, \tag{VI.29}$$

wo $T = \sum_{n=1}^{\infty} a_n \langle \,.\,, x_n \rangle y_n$ nuklear dargestellt ist. Insbesondere ist

$$\mathrm{tr}(T) = \sum_{n=1}^{\infty} s_n(T) \langle f_n, e_n \rangle, \tag{VI.30}$$

wenn man die kanonische Darstellung (VI.27) einsetzt.

Die nuklearen Operatoren bilden also die Klasse von Hilbertraumoperatoren, für die eine Spur erklärt ist; daher heißen sie auch manchmal Operatoren der Spurklasse. Die Bezeichnung tr erinnert übrigens an *trace*.

Satz VI.5.8

(a) tr *ist ein stetiges lineares Funktional auf* $N(H)$ *mit* $\|\mathrm{tr}\| = 1$.
(b) *Ein Operator* T *ist genau dann nuklear, wenn* T^* *nuklear ist. Ferner ist in diesem Fall* $\mathrm{tr}(T) = \overline{\mathrm{tr}(T^*)}$.
(c) *Ist* $T \in N(H)$ *und* $S \in L(H)$, *so gilt* $\mathrm{tr}(ST) = \mathrm{tr}(TS)$.

Beweis. (a) Die Linearität folgt aus (VI.28), die Stetigkeit aus (VI.30):

$$|\mathrm{tr}(T)| \leq \sum_{n=1}^{\infty} s_n(T) |\langle f_n, e_n \rangle| \leq \sum_{n=1}^{\infty} s_n(T) = \|T\|_{\mathrm{nuk}},$$

Letzteres wegen Satz VI.5.5. Der Operator $T = \langle\, . \,, e\rangle e$ zeigt sogar $\|\mathrm{tr}\| = 1$.

(b) folgt direkt aus den Definitionen.

(c) Ist $T = \sum_{n=1}^{\infty} a_n \langle\, . \,, x_n\rangle y_n$, so ist

$$ST - \sum_{n=1}^{\infty} a_n \langle\, . \,, x_n\rangle S y_n, \quad TS - \sum_{n=1}^{\infty} a_n \langle\, . \,, S^* x_n\rangle y_n,$$

folglich

$$\mathrm{tr}(ST) = \sum_{n=1}^{\infty} a_n \langle S y_n, x_n\rangle = \sum_{n=1}^{\infty} a_n \langle y_n, S^* x_n\rangle = \mathrm{tr}(TS). \qquad \square$$

Korollar VI.5.9 *Sei* $T \in K(H)$ *selbstadjungiert.* (λ_n) *bezeichne die in ihrer Vielfachheit gezählten Eigenwerte von* T, *d. h., jeder Eigenwert* μ *kommt* $\dim\ker(\mu - T)$-*mal vor. Dann ist* T *genau dann nuklear, wenn* $\sum_{n=1}^{\infty} |\lambda_n| < \infty$ *ist. In diesem Fall ist*

$$\|T\|_{\mathrm{nuk}} = \sum_{n=1}^{\infty} |\lambda_n| \quad und \quad \mathrm{tr}(T) = \sum_{n=1}^{\infty} \lambda_n.$$

Beweis. Nach dem Spektralsatz bilden die $|\lambda_n|$ genau die Folge der singulären Zahlen, und es existiert eine Orthonormalbasis aus Eigenvektoren von T. Korollar VI.5.9 folgt dann aus Satz VI.5.5 und (VI.28). $\qquad \square$

Beispiel

(d) Sei k eine stetige Funktion auf $[0, 1]^2$, und es gelte $k(s,t) = \overline{k(t,s)}$ für alle $s, t \in [0, 1]$. Dann ist der zugehörige Integraloperator auf $L^2[0, 1]$

$$(Tx)(s) = \int_0^1 k(s,t)x(t)\,dt \qquad \text{fast überall}$$

selbstadjungiert und kompakt (Beispiel II.3(c) und V.5(b)). Es wurde in Abschn. VI.4 die Darstellung

$$k = \sum_{n=1}^\infty \lambda_n\, e_n \otimes \overline{e_n} \tag{VI.31}$$

entwickelt (Bezeichnungen siehe dort, insbesondere (VI.9)). Wir setzen nun zusätzlich voraus, dass T positiv ist, also $\langle Tx, x\rangle \geq 0$ für alle $x \in L^2$ gilt. In diesem Fall sind alle $\lambda_n \geq 0$, und nach dem Satz von Mercer (Satz VI.4.2) ist die Konvergenz in (VI.31) absolut und gleichmäßig. Es folgt $(\lambda_n) \in \ell^1$ und die Nuklearität von T, denn es ist

$$k(s,s) = \sum_{n=1}^\infty \lambda_n e_n(s)\overline{e_n(s)} \qquad \forall s \in [0, 1],$$

daher wegen der gleichmäßigen Konvergenz

$$\infty > \int_0^1 k(s,s)\,ds = \sum_{n=1}^\infty \lambda_n \int_0^1 e_n(s)\overline{e_n(s)}\,ds = \sum_{n=1}^\infty \lambda_n.$$

Unter diesen Voraussetzungen ergibt sich in vollständiger Analogie zum endlichdimensionalen Fall nach Korollar VI.5.9

$$\mathrm{tr}(T) = \int_0^1 k(s,s)\,ds.$$

Leider ist es nicht einfach, die Voraussetzung $T_k \geq 0$ am Kern k abzulesen; insbesondere ist die Bedingung $k \geq 0$ dafür nicht hinreichend, siehe S. 306. Ferner sei nochmals darauf hingewiesen, dass die Stetigkeit von k allein nicht die Nuklearität von T_k auf L^2 impliziert (vgl. S. 342). Die obige Spurformel wird für eine größere Klasse von Kernen in Brislawns Arbeit in *Proc. Amer. Math. Soc.* 104 (1988) 1181–1190 bewiesen.

VI.6   Hilbert-Schmidt-Operatoren

Kommen wir nun zu einer größeren Klasse von Operatoren auf einem (separablen) Hilbertraum H, als es die nuklearen Operatoren sind.

► **Definition VI.6.1** Ein Operator $T \in K(H)$ heißt *Hilbert-Schmidt-Operator*, falls $\big(s_n(T)\big) \in \ell^2$ gilt. HS(H) bezeichne die Menge der Hilbert-Schmidt-Operatoren. Für einen Hilbert-Schmidt-Operator T setze

$$\|T\|_{\mathrm{HS}} = \|(s_n(T))\|_{\ell^2} = \left(\sum_{n=1}^{\infty} s_n(T)^2 \right)^{1/2}.$$

$\| \cdot \|_{\mathrm{HS}}$ heißt *Hilbert-Schmidt-Norm*.

Es ist auf Grund der Definition nicht klar, dass $\| \cdot \|_{\mathrm{HS}}$ tatsächlich eine Norm ist. Es gilt jedoch der folgende Satz.

Satz VI.6.2

(a) *Für $T \in K(H)$ sind äquivalent:*
   (i) *T ist ein Hilbert-Schmidt-Operator.*
   (ii) *Es gibt eine Orthonormalbasis (g_n) mit $\sum_{n=1}^{\infty} \|Tg_n\|^2 < \infty$.*
   (iii) *Für alle Orthonormalbasen (g_n) gilt $\sum_{n=1}^{\infty} \|Tg_n\|^2 < \infty$.*
   In diesem Fall ist für alle Orthonormalbasen (g_n)

$$\|T\|_{\mathrm{HS}} = \left(\sum_{n=1}^{\infty} \|Tg_n\|^2 \right)^{1/2}.$$

(b) *Ein Operator T ist ein Hilbert-Schmidt-Operator genau dann, wenn es T^* ist. In diesem Fall ist $\|T\|_{\mathrm{HS}} = \|T^*\|_{\mathrm{HS}}$.*
(c) *HS(H) ist ein linearer Raum, und $\| \cdot \|_{\mathrm{HS}}$ ist eine Norm auf HS(H). Außerdem ist HS(H) ein (nicht abgeschlossenes) Ideal in L(H). Ferner gilt $\|T\| \leq \|T\|_{\mathrm{HS}}$.*
(d) *Es ist N(H) $\subset$ HS(H) mit $\|T\|_{\mathrm{HS}} \leq \|T\|_{\mathrm{nuk}}$.*
(e) *Das Produkt von zwei Hilbert-Schmidt-Operatoren T_1 und T_2 ist nuklear, und es ist*

$$\|T_1 T_2\|_{\mathrm{nuk}} \leq \|T_1\|_{\mathrm{HS}} \|T_2\|_{\mathrm{HS}}.$$

(f) *Für $S, T \in$ HS(H) setze*

$$\langle S, T \rangle_{\mathrm{HS}} = \mathrm{tr}(T^*S).$$

$\langle . , . \rangle_{\mathrm{HS}}$ *ist ein Skalarprodukt, das die Hilbert-Schmidt-Norm induziert.* $\big(\mathrm{HS}(H), \| \cdot \|_{\mathrm{HS}}\big)$ *ist ein Hilbertraum. Ferner gilt für alle Orthonormalbasen (g_n)*

$$\langle S, T \rangle_{\mathrm{HS}} = \sum_{n=1}^{\infty} \langle Sg_n, Tg_n \rangle.$$

(g) *Die Operatoren endlichen Ranges liegen dicht in* HS(H) *bzgl. der Hilbert-Schmidt-Norm* $\| \cdot \|_{\text{HS}}$.

Beweis. (a) Sei $T = \sum_{n=1}^{\infty} s_n \langle \,.\,, e_n \rangle f_n$ die kanonische Darstellung von $T \in K(H)$. Dann gilt für jede Orthonormalbasis (g_n) nach der Parsevalschen Gleichung

$$\sum_{m=1}^{\infty} \|Tg_m\|^2 = \sum_{m=1}^{\infty} \left\| \sum_{n=1}^{\infty} s_n \langle g_m, e_n \rangle f_n \right\|^2$$

$$= \sum_{m=1}^{\infty} \sum_{n=1}^{\infty} s_n^2 |\langle g_m, e_n \rangle|^2$$

$$= \sum_{n=1}^{\infty} \sum_{m=1}^{\infty} s_n^2 |\langle g_m, e_n \rangle|^2$$

$$= \sum_{n=1}^{\infty} \|s_n e_n\|^2 = \sum_{n=1}^{\infty} s_n^2.$$

(Das Umsummieren ist erlaubt, da alle Terme positiv sind.) Das zeigt (a).

(b) Zunächst beobachten wir, dass $T^* = \sum_{n=1}^{\infty} s_n \langle \,.\,, f_n \rangle e_n$ gilt. Es sei (g_n) eine Orthonormalbasis, die das Orthonormalsystem (f_n) umfasst. Es folgt $T^* g_n = 0$ für die g_n, die nicht zu den f_n gehören. Folglich ist

$$\sum_{n=1}^{\infty} \|T^* g_n\|^2 = \sum_{n=1}^{\infty} \|T^* f_n\|^2 = \sum_{n=1}^{\infty} \|s_n e_n\|^2 = \sum_{n=1}^{\infty} s_n^2,$$

und (b) folgt aus (a).

(c) Dass HS(H) ein linearer Raum ist sowie die Dreiecksungleichung für $\| \cdot \|_{\text{HS}}$ folgen aus (iii) in (a) und der Dreiecksungleichung für die ℓ^2-Norm. Auch die Idealeigenschaft ergibt sich leicht aus (a) und (b). Ferner ist

$$\|T\| = \sup_n s_n(T) \le \left(\sum_{n=1}^{\infty} s_n(T)^2 \right)^{1/2} = \|T\|_{\text{HS}},$$

insbesondere

$$\|T\|_{\text{HS}} = 0 \quad \Rightarrow \quad \|T\| = 0 \quad \Rightarrow \quad T = 0.$$

Auch $\|\lambda T\|_{\text{HS}} = |\lambda| \, \|T\|_{\text{HS}}$ ist eine direkte Konsequenz aus (a).

(d) Nach Satz VI.5.5 ist für $T \in N(H)$

$$\|T\|_{\text{HS}} = \left(\sum_{n=1}^{\infty} s_n(T)^2 \right)^{1/2} \le \sum_{n=1}^{\infty} s_n(T) = \|T\|_{\text{nuk}},$$

da $\| \cdot \|_{\ell^2} \le \| \cdot \|_{\ell^1}$ gilt (Aufgabe I.4.10).

(e) Sei (g_n) eine Orthonormalbasis von H. Dann ist

$$T_2 x = \sum_{n=1}^{\infty} \langle T_2 x, g_n \rangle g_n \qquad \forall x \in H,$$

folglich

$$T_1 T_2 x = \sum_{n=1}^{\infty} \langle T_2 x, g_n \rangle T_1 g_n \qquad \forall x \in H,$$

d. h.

$$T_1 T_2 = \sum_{n=1}^{\infty} \langle \,.\,, T_2^* g_n \rangle T_1 g_n,$$

daher

$$\|T_1 T_2\|_{\mathrm{nuk}} \le \sum_{n=1}^{\infty} \|T_2^* g_n\| \, \|T_1 g_n\|$$

$$\le \left(\sum_{n=1}^{\infty} \|T_2^* g_n\|^2 \right)^{1/2} \left(\sum_{n=1}^{\infty} \|T_1 g_n\|^2 \right)^{1/2}$$

$$\overset{(a)}{=} \|T_2^*\|_{\mathrm{HS}} \|T_1\|_{\mathrm{HS}}$$

$$\overset{(b)}{=} \|T_2\|_{\mathrm{HS}} \|T_1\|_{\mathrm{HS}}.$$

(f) Es ist leicht zusehen, dass $\langle \,.\,,.\,\rangle_{\mathrm{HS}}$ ein Skalarprodukt ist; die Wohldefiniertheit folgt aus (e) und (b). (VI.28) impliziert für eine Orthonormalbasis (g_n)

$$\mathrm{tr}(T^* S) = \sum_{n=1}^{\infty} \langle T^* S g_n, g_n \rangle = \sum_{n=1}^{\infty} \langle S g_n, T g_n \rangle,$$

insbesondere

$$\langle T, T \rangle_{\mathrm{HS}} = \sum_{n=1}^{\infty} \|T g_n\|^2 = \|T\|_{\mathrm{HS}}^2.$$

Nun zur Vollständigkeit von HS(H). Sei (T_n) eine $\| \cdot \|_{\mathrm{HS}}$-Cauchyfolge. Wegen $\| \cdot \| \le \| \cdot \|_{\mathrm{HS}}$ ist (T_n) auch eine $\| \cdot \|$-Cauchyfolge; wegen der Vollständigkeit von $L(H)$ existiert der Limes T dieser Folge bzgl. der Operatornorm. Da alle T_n kompakt sind, ist auch T kompakt (Satz II.3.2(a)). Wir zeigen jetzt, dass T ein Hilbert-Schmidt-Operator ist. Sei dazu (g_n) eine Orthonormalbasis, und sei $N \in \mathbb{N}$ beliebig. Wähle m mit

$$\|T_m - T\| \le \frac{1}{\sqrt{N}}.$$

Da (T_n) eine $\| \cdot \|_{\mathrm{HS}}$-Cauchyfolge ist, ist

$$\alpha := \sup_n \|T_n\|_{\mathrm{HS}} < \infty.$$

Es folgt mit Hilfe der Dreiecksungleichung für die ℓ^2-Norm und nach (a)

$$\left(\sum_{n=1}^{N} \|Tg_n\|^2\right)^{1/2} \leq \left(\sum_{n=1}^{N} \|(T - T_m)g_n\|^2\right)^{1/2} + \left(\sum_{n=1}^{N} \|T_m g_n\|^2\right)^{1/2}$$

$$\leq \left(\sum_{n=1}^{N} \frac{1}{N}\right)^{1/2} + \|T_m\|_{\mathrm{HS}}$$

$$\leq 1 + \alpha,$$

folglich

$$\left(\sum_{n=1}^{\infty} \|Tg_n\|^2\right)^{1/2} \leq 1 + \alpha < \infty,$$

und T ist nach (a) ein Hilbert-Schmidt-Operator.

Es ist nun noch

$$\|T_n - T\|_{\mathrm{HS}} \to 0$$

zu zeigen. Wähle zu $\varepsilon > 0$ ein $m_0 \in \mathbb{N}$ mit $\|T_m - T_l\|_{\mathrm{HS}} \leq \varepsilon$ für alle $m, l \geq m_0$. Sei wieder $N \in \mathbb{N}$ beliebig und wähle $l = l(N) \geq m_0$ mit

$$\|T - T_l\| \leq \frac{\varepsilon}{\sqrt{N}}.$$

Es sei (g_n) eine Orthonormalbasis von H. Es folgt für $m \geq m_0$ ähnlich wie oben

$$\left(\sum_{n=1}^{N} \|(T - T_m)g_n\|^2\right)^{1/2} \leq \left(\sum_{n=1}^{N} \|(T - T_l)g_n\|^2\right)^{1/2}$$

$$+ \left(\sum_{n=1}^{N} \|(T_l - T_m)g_n\|^2\right)^{1/2}$$

$$\leq \left(\sum_{n=1}^{N} \frac{\varepsilon^2}{N}\right)^{1/2} + \|T_l - T_m\|_{\mathrm{HS}}$$

$$\leq 2\varepsilon$$

und daher auch

$$\|T - T_m\|_{\mathrm{HS}} = \left(\sum_{n=1}^{\infty} \|(T - T_m)g_n\|^2 \right)^{1/2}$$

$$= \sup_N \left(\sum_{n=1}^{N} \|(T - T_m)g_n\|^2 \right)^{1/2} \leq 2\varepsilon$$

für $m \geq m_0$.

(g) Wie in (b) sieht man für die Operatoren $T = \sum_{n=1}^{\infty} s_n \langle \,.\,, e_n \rangle f_n$ und $T_N = \sum_{n=1}^{N} s_n \langle \,.\,, e_n \rangle f_n$

$$\|T - T_N\|_{\mathrm{HS}} = \left(\sum_{n>N} s_n^2 \right)^{1/2} \to 0 \quad \text{für } N \to \infty. \qquad \square$$

Eine wichtige Beispielklasse stellt der nächste Satz vor.

Satz VI.6.3 *Für $T \in L(L^2[0, 1])$ sind äquivalent:*

(i) *Es gibt eine Funktion $k \in L^2([0, 1]^2)$ mit*

$$(Tx)(s) = (T_k x)(s) := \int_0^1 k(s, t) x(t)\, dt \qquad \text{fast überall.}$$

(ii) $T \in \mathrm{HS}(L^2[0, 1])$.

In diesem Fall ist

$$\|T\|_{\mathrm{HS}} = \left(\int_0^1 \int_0^1 |k(s, t)|^2 \, ds\, dt \right)^{1/2} = \|k\|_{L^2}.$$

Beweis. (i) $\Rightarrow$ (ii): Sei (e_n) (also auch $(\overline{e_n})$) eine Orthonormalbasis von $L^2[0, 1]$. Dann gilt:

$$\sum_{n=1}^{\infty} \|T_k e_n\|^2 = \sum_{n=1}^{\infty} \int_0^1 ds \left| \int_0^1 k(s, t) e_n(t)\, dt \right|^2$$

$$= \int_0^1 \sum_{n=1}^{\infty} |\langle k(s, .), \overline{e_n} \rangle|^2 \, ds$$

$$= \int_0^1 \|k(s, .)\|^2 \, ds \qquad \text{(Parsevalsche Gleichung)}$$

$$= \int_0^1 \int_0^1 |k(s, t)|^2 \, ds\, dt.$$

Das zeigt, dass T_k ein Hilbert-Schmidt-Operator mit $\|T_k\|_{HS} = \|k\|_{L^2}$ ist.

(ii) $\Rightarrow$ (i): Wir haben gerade gesehen, dass die Abbildung

$$L^2([0,1]^2) \to HS(L^2[0,1]), \quad k \mapsto T_k$$

eine Isometrie ist. Sie hat dichtes Bild, da jeder Operator endlichen Rangs $\sum_{n=1}^{N} \langle \,.\,,x_n\rangle y_n$
Kernoperator zum L^2-Kern

$$(s,t) \mapsto \sum_{n=1}^{N} y_n(s)\overline{x_n(t)}$$

ist (verwende Satz VI.6.2(g)). Eine isometrische Abbildung mit dichtem Bild zwischen vollständigen Räumen muss surjektiv sein, da ihr Bild ebenfalls vollständig, ergo abgeschlossen ist. Daher gilt (ii) $\Rightarrow$ (i). $\square$

Ein analoges Resultat gilt für beliebige Maßräume (Ω, Σ, μ) statt des Einheitsintervalls.

Die bisherigen Resultate zeigen einen engen Zusammenhang zwischen c_0 und $K(H)$, ℓ^1 und $N(H)$ sowie ℓ^2 und $HS(H)$; außerdem entspricht das Summenfunktional $(s_n) \mapsto \sum_n s_n$ der Spur $T \mapsto \operatorname{tr} T$. In den Bemerkungen zu diesem Kapitel wird darauf detaillierter eingegangen. Im nächsten Satz wird diese Analogie untermauert; beachte die frappante Ähnlichkeit seiner Aussage mit den isometrischen Isomorphismen $\ell^1 \cong (c_0)'$, $\ell^\infty \cong (\ell^1)'$ aus Satz II.2.3.

Satz VI.6.4

(a) *Die Abbildung* $\Phi\colon N(H) \to K(H)'$, $S \mapsto \Phi_S$ *mit* $\Phi_S(T) = \operatorname{tr}(ST)$ *ist ein isometrischer Isomorphismus; es gilt also* $K(H)' \cong N(H)$.

(b) *Die Abbildung* $\Psi\colon L(H) \to N(H)'$, $S \mapsto \Psi_S$ *mit* $\Psi_S(T) = \operatorname{tr}(ST)$ *ist ein isometrischer Isomorphismus; es gilt also* $N(H)' \cong L(H)$.

Beweis. Der Beweis folgt der Strategie des Beweises von Satz II.2.3.

(a) Zunächst ist Φ wohldefiniert und linear; die Abschätzung

$$|\Phi_S(T)| = |\operatorname{tr}(ST)| \le \|ST\|_{\mathrm{nuk}} \le \|S\|_{\mathrm{nuk}}\|T\|$$

(hier gingen die Sätze VI.5.8 und VI.5.4 ein) zeigt $\|\Phi_S\| \le \|S\|_{\mathrm{nuk}}$.

Zum Beweis, dass Φ injektiv ist, gelte $\operatorname{tr}(ST) = 0$ für alle $T \in K(H)$. Speziell folgt mit $T = \langle \,.\,,x\rangle y =: \overline{x} \otimes y$

$$0 = \operatorname{tr}(ST) = \operatorname{tr}(\overline{x} \otimes Sy) = \langle Sy,x\rangle \qquad \forall x,y \in H.$$

Also ist $S = 0$, und Φ ist injektiv.

Um den Beweis von (a) abzuschließen, ist nun noch Folgendes zu zeigen:

- *Zu $f \in K(H)'$ existiert $S \in N(H)$ mit $\Phi_S = f$ und $\|S\|_{\mathrm{nuk}} \leq \|f\|$.*

Dazu betrachte die Abbildung $(x, y) \mapsto f(\overline{y} \otimes x)$. Man sieht sofort, dass es sich um eine stetige Sesquilinearform handelt. Nach dem Satz von Lax-Milgram (Aufgabe V.6.18) existiert $S \in L(H)$ mit

$$\langle Sx, y \rangle = f(\overline{y} \otimes x) \qquad \forall x, y \in H.$$

Die eigentliche Schwierigkeit besteht nun darin, die Kompaktheit von S zu zeigen. Nach dem folgenden Lemma VI.6.5 reicht es zu beweisen, dass $(\langle Sg_n, h_n \rangle)$ für alle Orthonormalsysteme (g_n), (h_n) eine Nullfolge ist. Um das einzusehen, sei $(a_n) \in c_0$ beliebig. Der Operator $T = \sum_{n=1}^{\infty} a_n \overline{h_n} \otimes g_n$ ist dann kompakt mit $\|T\| = \sup_n |a_n|$. Da die Reihe für T normkonvergent ist, folgt

$$|f(T)| = \left| \sum_{n=1}^{\infty} a_n f(\overline{h_n} \otimes g_n) \right| = \left| \sum_{n=1}^{\infty} a_n \langle Sg_n, h_n \rangle \right|$$
$$\leq \|f\| \, \|T\| = \|f\| \, \|(a_n)\|_{\infty}.$$

Daher ist $(a_n) \mapsto \sum_{n=1}^{\infty} a_n \langle Sg_n, h_n \rangle$ ein stetiges Funktional auf c_0 mit Norm $\leq \|f\|$. Gemäß Satz II.2.3 wird es von einer ℓ^1-Folge dargestellt; nach Konstruktion ist $(\langle Sg_n, h_n \rangle)$ diese Folge. Daher gilt

$$\sum_{n=1}^{\infty} |\langle Sg_n, h_n \rangle| \leq \|f\|$$

und insbesondere $\langle Sg_n, h_n \rangle \to 0$, und S ist kompakt.

Betrachten wir nun die kanonische Darstellung $S = \sum_{n=1}^{\infty} s_n \overline{e_n} \otimes f_n$, so zeigt das obige Argument

$$(s_n) = (\langle Se_n, f_n \rangle) \in \ell^1, \qquad \sum_{n=1}^{\infty} s_n \leq \|f\|.$$

Nach Satz VI.5.5 ist S nuklear mit $\|S\|_{\mathrm{nuk}} \leq \|f\|$.

Schließlich beobachten wir, dass f und Φ_S auf allen Operatoren der Form $\overline{y} \otimes x$ übereinstimmen, daher auf deren linearer Hülle und wegen der Stetigkeit von f und Φ_S auf deren Abschluss, der nach Korollar VI.3.7 $K(H)$ ist. Es folgt $\Phi_S = f$, wie gewünscht. Damit ist der Beweis von Teil (a) vollständig.

(b) Der Beweis hier ist ähnlich wie (aber einfacher als) in Teil (a).   □

Es bleibt noch ein Lemma nachzutragen.

Lemma VI.6.5 *Sei* $S \in L(H)$. *Für je zwei Orthonormalsysteme* (g_n) *und* (h_n) *gelte* $\langle Sg_n, h_n \rangle \to 0$. *Dann ist* S *kompakt.*

Beweis. Falls S nicht kompakt wäre, existierte $\varepsilon > 0$ mit

$$\|S - T\| > \varepsilon \qquad \forall T \in K(H). \tag{VI.32}$$

Wir werden induktiv Orthonormalsysteme (g_n) und (h_n) mit

$$|\langle Sg_n, h_n \rangle| > \varepsilon \qquad \forall n \in \mathbb{N}$$

konstruieren.

Ist $n = 1$, so setze $T = 0$ in (VI.32) und finde g_1 und h_1 mit $\|g_1\| = \|h_1\| = 1$ und $|\langle Sg_1, h_1 \rangle| > \varepsilon$. Seien nun $g_1, \dots, g_n$ und $h_1, \dots, h_n$ (jeweils orthonormal) wie gewünscht bereits konstruiert. Sei E (bzw. F) die Orthogonalprojektion auf $\mathrm{lin}\{g_1, \dots, g_n\}$ (bzw. $\mathrm{lin}\{h_1, \dots, h_n\}$). Wende (VI.32) auf den kompakten Operator $T = SE + FS - FSE$ an und erhalte $x, y \in H$ mit

$$|\langle (\mathrm{Id} - F)S(\mathrm{Id} - E)x, y \rangle| = |\langle (S - T)x, y \rangle| > \varepsilon \|x\| \, \|y\|.$$

Insbesondere ist $Ex \neq x$, $Fy \neq y$. Setze nun

$$g_{n+1} = \frac{x - Ex}{\|x - Ex\|}, \quad h_{n+1} = \frac{y - Fy}{\|y - Fy\|}.$$

Es folgt $g_{n+1} \perp g_i$ und $h_{n+1} \perp h_i$ für $i \leq n$ sowie $|\langle Sg_{n+1}, h_{n+1} \rangle| > \varepsilon$.   □

Kehren wir abschließend zur Spektraltheorie zurück. Im Folgenden sei H ein *komplexer* Hilbertraum. Wir wollen das Eigenwertspektrum von nuklearen und Hilbert-Schmidt-Operatoren qualitativ untersuchen.

Der selbstadjungierte Fall – hier stimmen die Beträge der Eigenwerte des Operators in ihrer Vielfachheit mit den singulären Zahlen überein – folgt aus Korollar VI.5.9 bzw. der Definition eines Hilbert-Schmidt-Operators:

- *Wenn* T *selbstadjungiert und nuklear ist, konvergiert die Reihe der Eigenwerte absolut.*

- *Wenn* T *ein selbstadjungierter Hilbert-Schmidt-Operator ist, sind die Eigenwerte quadratisch summierbar.*

Diese Ergebnisse sollen im Folgenden für nicht notwendig selbstadjungierte (oder normale) Operatoren ebenfalls bewiesen werden.

Sei $T \in K(H)$. Das Spektrum besteht dann außer der 0 nur aus einer Nullfolge von Eigenwerten (evtl. ist die Menge der Eigenwerte endlich oder sogar leer), die man sich üblicherweise der Betragsgröße nach angeordnet denkt:

$$|\mu_1| \geq |\mu_2| \geq \ldots > 0.$$

Aus Theorem VI.2.5(c) folgt, dass für jeden Eigenwert $\mu \neq 0$ eine (nicht zwingend orthogonale) Zerlegung $H = N(\mu) \oplus R(\mu)$ existiert, wo $N(\mu)$ und $R(\mu)$ unter T wieder in sich selbst abgebildet werden; nach Konstruktion ist dabei (siehe Abschn. VI.2)

$$N(\mu) = \{x \colon \exists n \geq 1 \; (\mu - T)^n x = 0\},$$

und es ist $d_\mu := \dim N(\mu) < \infty$. $N(\mu)$ heißt der *verallgemeinerte Eigenraum* oder *Hauptraum* zum Eigenwert μ und d_μ dessen *algebraische Vielfachheit*.

Ist T selbstadjungiert, so ist (wie in der linearen Algebra) $N(\mu) = \ker(\mu - T)$ und d_μ gleich der bislang betrachteten geometrischen Vielfachheit $\dim \ker(\mu - T)$. Es gilt nämlich

$$(\mu - T)^2 x = 0 \quad \Rightarrow \quad (\mu - T)x = 0$$

für selbstadjungiertes T und reelles μ, denn

$$
\begin{aligned}
\|(\mu - T)x\|^2 &= \langle (\mu - T)x, (\mu - T)x \rangle \\
&= \langle (\mu - T)^*(\mu - T)x, x \rangle \\
&= \langle (\mu - T)^2 x, x \rangle.
\end{aligned}
$$

Die *Eigenwertfolge* $(\lambda_n(T))$ entsteht durch jeweils d_{μ_k}-faches Wiederholen des Eigenwerts μ_k; üblicherweise geschieht die Anordnung dieser Folge ebenfalls der Betragsgröße nach:

$$|\lambda_1(T)| \geq |\lambda_2(T)| \geq \ldots > 0.$$

Diese Folge ist das Analogon zur Folge (λ_k) aus dem Spektralsatz für selbstadjungierte Operatoren, Theorem VI.3.2.

Im folgenden Lemma wird eine schwache Version der Jordanschen Normalform eines kompakten Operators produziert.

Lemma VI.6.6 *Ist $T \in K(H)$, so existiert ein Orthonormalsystem (e_n) mit*

$$\langle Te_n, e_n \rangle = \lambda_n(T).$$

Beweis. Betrachte die Einschränkung von T auf $N(\mu_k)$. Diese Einschränkung $T_k = T|_{N(\mu_k)}$ kann als Operator von $N(\mu_k)$ in sich aufgefasst werden (siehe oben). Wähle eine Basis $(f_{k,l})_{l=1,\ldots,d_{\mu_k}}$ von $N(\mu_k)$, so dass T_k bzgl. dieser Basis Jordangestalt hat, d. h.

$$Tf_{k,l} = \mu_k f_{k,l} + \beta_{k,l} f_{k,l-1} \qquad \text{mit } \beta_{k,l} \in \{0,1\}.$$

Wir indizieren die $f_{k,l}$ nun um:

$$(f_1, f_2, \ldots) := (f_{1,1}, \ldots, f_{1,d_{\mu_1}}, f_{2,1}, \ldots, f_{2,d_{\mu_2}}, f_{3,1}, \ldots).$$

Dann sind die f_n linear unabhängig (Aufgabe VI.7.20), und es gilt nach Konstruktion

$$Tf_n = \lambda_n(T)f_n + \beta_n f_{n-1} \qquad \text{mit } \beta_n \in \{0,1\}.$$

Wendet man auf die f_n das Gram-Schmidt-Orthonormalisierungsverfahren (Satz V.4.2) an, erhält man ein Orthonormalsystem (e_n) mit

$$e_n = \alpha_n f_n + g_n,$$

wo $\alpha_n \neq 0$, $g_n \in \text{lin}\{e_1, \ldots, e_{n-1}\} = \text{lin}\{f_1, \ldots, f_{n-1}\}$, so dass auch $Tg_n \in \text{lin}\{e_1, \ldots, e_{n-1}\}$. Es folgt für alle $n \in \mathbb{N}$

$$
\begin{aligned}
\langle Te_n, e_n \rangle &= \langle \alpha_n Tf_n + Tg_n, e_n \rangle \\
&= \langle \alpha_n(\lambda_n(T)f_n + \beta_n f_{n-1}), e_n \rangle \\
&= \lambda_n(T)\langle \alpha_n f_n, e_n \rangle \\
&= \lambda_n(T)\langle \alpha_n f_n + g_n, e_n \rangle \\
&= \lambda_n(T). \qquad\qquad\qquad\qquad\qquad\quad \square
\end{aligned}
$$

Wir formulieren jetzt den Hauptsatz über das Eigenwertverhalten nicht selbstadjungierter kompakter Operatoren.

Satz VI.6.7 (Weylsche Ungleichung)
Sei $T \in K(H)$, $(\lambda_n(T))$ sei die Folge der in ihrer algebraischen Vielfachheit gezählten Eigenwerte von T, und $(s_n(T))$ sei die Folge der singulären Zahlen von T. Für $1 \leq p < \infty$ gilt dann

$$\sum_{n=1}^{\infty} |\lambda_n(T)|^p \leq \sum_{n=1}^{\infty} s_n(T)^p.$$

Beweis. Sei

$$T = \sum_{n=1}^{\infty} s_n(T)\langle \,.\,, f_n \rangle g_n$$

die kanonische Darstellung von T, und es sei (e_n) ein Orthonormalsystem wie in Lemma VI.6.6. Es folgt für alle $m \in \mathbb{N}$

$$\lambda_m(T) = \langle Te_m, e_m \rangle = \sum_{n=1}^{\infty} s_n(T)\langle e_m, f_n \rangle \langle g_n, e_m \rangle. \qquad (\text{VI.33})$$

Schreibe abkürzend

$$a_{mn} = \langle e_m, f_n \rangle \langle g_n, e_m \rangle.$$

Dann gelten

$$\sum_{m=1}^{\infty} |a_{mn}| \leq 1 \qquad \text{und} \qquad \sum_{n=1}^{\infty} |a_{mn}| \leq 1. \qquad (\text{VI.34})$$

Um das einzusehen, beachte nur

$$\sum_{m=1}^{\infty} |\langle e_m, f_n \rangle \langle g_n, e_m \rangle| \leq \left(\sum_{m=1}^{\infty} |\langle e_m, f_n \rangle|^2 \right)^{1/2} \left(\sum_{m=1}^{\infty} |\langle e_m, g_n \rangle|^2 \right)^{1/2}$$
$$\leq \|f_n\| \|g_n\| = 1,$$

wo wir die Cauchy-Schwarzsche und die Besselsche Ungleichung verwendet haben. Die zweite Behauptung wird genauso bewiesen.

Sei nun $\frac{1}{p} + \frac{1}{q} = 1$, und sei $M \in \mathbb{N}$ beliebig. Dann gilt (im Fall $p > 1$, der Fall $p = 1$ ist entsprechend zu modifizieren) die Abschätzung

$$\sum_{m=1}^{M} |\lambda_m(T)|^p \overset{(\text{VI.33})}{\leq} \sum_{m=1}^{M} \left(|\lambda_m(T)|^{p-1} \sum_{n=1}^{\infty} s_n(T)|a_{mn}| \right)$$
$$= \sum_{m,n} |a_{mn}|^{1/p} s_n(T) |a_{mn}|^{1/q} |\lambda_m(T)|^{p-1}$$
$$\leq \left(\sum_{m,n} |a_{mn}| s_n(T)^p \right)^{1/p} \left(\sum_{m,n} |a_{mn}| |\lambda_m(T)|^{(p-1)q} \right)^{1/q}$$
$$\overset{(\text{VI.34})}{\leq} \left(\sum_{n=1}^{\infty} s_n(T)^p \right)^{1/p} \left(\sum_{m=1}^{M} |\lambda_m(T)|^p \right)^{1/q};$$

im vorletzten Schritt verwende die Höldersche Ungleichung, und für den letzten Schritt bemerke $(p-1)q = p$. Daraus folgt die Behauptung. $\qquad \square$

Wir formulieren noch zwei Spezialfälle.

Korollar VI.6.8

(a) *Für einen nuklearen Operator T gilt*

$$\sum_{n=1}^{\infty} |\lambda_n(T)| \leq \|T\|_{\text{nuk}}.$$

(b) *Für einen Hilbert-Schmidt-Operator T gilt*

$$\left(\sum_{n=1}^{\infty} |\lambda_n(T)|^2\right)^{1/2} \leq \|T\|_{\text{HS}}.$$

VI.7 Aufgaben

Aufgabe VI.7.1 Bestimmen Sie das Spektrum des Shiftoperators

$$T: \ell^1 \to \ell^1, \quad (s_1, s_2, \ldots) \mapsto (s_2, s_3, \ldots)$$

sowie des adjungierten Operators $T': \ell^\infty \to \ell^\infty$. Welche Spektralwerte sind jeweils Eigenwerte? Wie ändern sich die Verhältnisse, wenn wir T als Operator von ℓ^2 in sich auffassen?

Aufgabe VI.7.2 (Resolventengleichung) Sei X ein Banachraum, und seien $S, T \in L(X)$. Zeigen Sie:

(a) $R_\lambda(T) - R_\mu(T) = (\mu - \lambda) R_\lambda(T) R_\mu(T) \qquad \forall \lambda, \mu \in \rho(T)$.
(b) $R_\lambda(S) - R_\lambda(T) = R_\lambda(S)(S - T) R_\lambda(T) \qquad \forall \lambda \in \rho(S) \cap \rho(T)$.

Aufgabe VI.7.3

(a) Sei M ein kompakter metrischer Raum und sei $h \in C(M)$. Berechnen Sie das Spektrum des Multiplikationsoperators $T_h: f \mapsto fh$ auf $C(M)$. Geben Sie notwendige und hinreichende Bedingungen dafür an, dass ein Element des Spektrums ein Eigenwert ist.

(b) Geben Sie notwendige und hinreichende Bedingungen dafür an, dass T_h kompakt ist. Beschreiben Sie insbesondere alle kompakten Multiplikationsoperatoren auf $C[0, 1]$.

Aufgabe VI.7.4 Sei K eine kompakte nichtleere Teilmenge von $\mathbb{K}$. Zeigen Sie, dass es einen Operator $T \in L(\ell^2)$ mit $\sigma(T) = K$ gibt.
(Tipp: Versuchen Sie $(s_n) \mapsto (a_n s_n)$.)

Aufgabe VI.7.5 Sei X ein Banachraum. Dann ist die Menge Ω aller stetig invertierbarer Operatoren auf X eine offene Teilmenge von $L(X)$, und die Abbildung $T \mapsto T^{-1}$ ist stetig auf Ω.
(Hinweis: Neumannsche Reihe!)

Aufgabe VI.7.6 Es sei $T \in L(X)$ ein Operator mit $\|T\| \in \sigma(T)$. Dann gilt $\|\mathrm{Id} + T\| = 1 + \|T\|$.

Aufgabe VI.7.7 (Courantsches Minimaxprinzip) Sei H ein Hilbertraum, $T \in K(H)$ sei selbstadjungiert. Man ordne die positiven Eigenwerte (inklusive Vielfachheiten) monoton fallend: $\lambda_1^+ \geq \lambda_2^+ \geq \ldots > 0$.

(a) Sei $\alpha > 0$, $n \in \mathbb{N}$. Dann sind folgende Aussagen äquivalent:
  (i) Inklusive Vielfachheiten hat T mindestens n Eigenwerte $\geq \alpha$.
  (ii) Es gibt einen n-dimensionalen Teilraum U von H mit

$$\langle Tx, x \rangle \geq \alpha \langle x, x \rangle \qquad \forall x \in U.$$

(b) Es gilt

$$\lambda_n^+ = \sup_U \min_{x \in U \setminus \{0\}} \frac{\langle Tx, x \rangle}{\langle x, x \rangle},$$

wobei U alle n-dimensionalen Unterräume durchläuft, für die $\langle Tx, x \rangle > 0$ für alle $x \in U$, $x \neq 0$ gilt. Wann wird das Supremum angenommen? Warum wird das Minimum in der obigen Formel angenommen?

(c) Ferner gilt

$$\lambda_n^+ = \min_V \max_{x \in V^\perp \setminus \{0\}} \frac{\langle Tx, x \rangle}{\langle x, x \rangle},$$

wenn die rechte Seite positiv ist. Das Minimum wird jetzt über alle $(n-1)$-dimensionalen Unterräume gebildet. Für welches V wird es angenommen?

Aufgabe VI.7.8 Sei $h \colon \mathbb{R} \to \mathbb{C}$ 2π-periodisch und $h|_{[0,2\pi]} \in L^2[0, 2\pi]$. Betrachten Sie den *Faltungsoperator*

$$T_h \colon L^2[0, 2\pi] \to L^2[0, 2\pi], \quad T_h f(s) = \int_0^{2\pi} f(t) h(s-t) \, \frac{dt}{2\pi}.$$

(a) T_h ist wohldefiniert, normal und kompakt.
(b) Durch Entwicklung von h in eine Fourierreihe bestimmen Sie die Eigenfunktionen und Eigenwerte von T_h.
(c) Bestimmen Sie die Spektralzerlegung von T_h.

Aufgabe VI.7.9 Seien H ein Hilbertraum, $(e_n)_{n\in\mathbb{N}}$ ein Orthonormalsystem und (λ_n) eine beschränkte Zahlenfolge. Setze

$$Tx = \sum_{n\in\mathbb{N}} \lambda_n \langle x, e_n \rangle e_n.$$

(a) $T \in L(H)$, und T ist normal.

(b) T ist kompakt genau dann, wenn $\lim_{n\to\infty} \lambda_n = 0$.

(c) Bestimmen Sie die Eigenwerte und Eigenvektoren von T.

Aufgabe VI.7.10 Sei H ein Hilbertraum und $T \in K(H)$. Dann stimmen die in Aufgabe II.5.32 definierten Approximationszahlen $a_n(T)$ mit den singulären Zahlen $s_n(T)$ überein.

Anleitung: Ausgehend von der kanonischen Darstellung $Tx = \sum_n s_n \langle x, e_n \rangle f_n$ definiere man Operatoren $U\colon H \to \ell^2$, $V\colon H \to \ell^2$ und $D\colon \ell^2 \to \ell^2$ durch

$$x \mapsto (\langle x, e_n \rangle), \qquad x \mapsto (\langle x, f_n \rangle), \qquad (\xi_n) \mapsto (s_n \xi_n).$$

Finden Sie den Zusammenhang zwischen D und T und zeigen Sie mit Hilfe von Aufgabe II.5.32(d)

$$a_n(T) \leq a_n(D) \leq s_n(T) \leq a_n(T).$$

Aufgabe VI.7.11 (Satz von Dunford über schwache und starke Analytizität) Sei X ein komplexer Banachraum, $G \subset \mathbb{C}$ offen und $f\colon G \to X$ eine Funktion, so dass $x' \circ f$ für jedes $x' \in X'$ analytisch ist. Dann ist f analytisch, d. h.

$$\lim_{\lambda \to \lambda_0} \frac{f(\lambda) - f(\lambda_0)}{\lambda - \lambda_0} =: f'(\lambda_0)$$

existiert für alle $\lambda_0 \in G$.

Beweisidee: Wir müssen zeigen, dass $x_n := \frac{f(\lambda_n) - f(\lambda_0)}{\lambda_n - \lambda_0}$ eine Cauchyfolge definiert, falls $\lambda_n \to \lambda_0$. Um das einzusehen, stelle man $x'(x_n - x_m)$ mit Hilfe der Cauchyformel dar, dann versuche man $\sup_{\|x'\| \leq 1} |x'(x_n - x_m)|$ abzuschätzen. Dazu ziehe man den Satz von Banach-Steinhaus heran.

Aufgabe VI.7.12 Seien X und Y Banachräume und H ein Hilbertraum.

(a) Wenn $T\colon X \to Y$ nuklear ist, ist auch $T'\colon Y' \to X'$ nuklear.

(b) $\|T'\|_{\mathrm{nuk}} \leq \|T\|_{\mathrm{nuk}}$.

(c) Ist Y reflexiv, gelten auch die Umkehrung von (a) und „$\geq$" in (b).

(d) Ist $T \in N(H)$, so gilt $\mathrm{tr}(T^*) = \overline{\mathrm{tr}(T)}$.

Aufgabe VI.7.13 Sei H ein Hilbertraum. Dann sind äquivalent:

(i) $T \in N(H)$,
(ii) $T = T_1 T_2$ mit geeigneten Hilbert-Schmidt-Operatoren T_1 und T_2.

Aufgabe VI.7.14

(a) Der Integrationsoperator $(Tx)(t) = \int_0^t x(s)\,ds$ ist ein Hilbert-Schmidt-Operator auf $L^2[0,1]$.
(b) Bestimmen Sie die singulären Zahlen von T und entscheiden Sie, ob T nuklear ist.

Aufgabe VI.7.15 Sei $k \in C^1([0,1]^2)$ und T_k der zugehörige Integraloperator auf $L^2[0,1]$, also

$$(T_k x)(s) = \int_0^1 k(s,t)x(t)\,dt.$$

Dann ist T_k nuklear.
(Hinweis: Partielle Integration und Aufgabe VI.7.13.)

Aufgabe VI.7.16 Sei $k \in C([0,1]^2)$ symmetrisch und $T_k \colon L^2[0,1] \to L^2[0,1]$ der zugehörige Integraloperator. Der Kern k heißt *positiv semidefinit*, wenn für alle $n \in \mathbb{N}$ und alle $s_1, \dots, s_n \in [0,1]$ die Matrix $\big(k(s_i, s_j)\big)_{i,j=1,\dots,n}$ positiv semidefinit ist.

(a) T_k ist genau dann positiv, wenn k positiv semidefinit ist.
(b) Ist k positiv semidefinit, so gilt

$$|k(s,t)|^2 \leq k(s,s)k(t,t) \qquad \forall s,t \in [0,1].$$

(c) Für $k(s,t) = |s-t|^\alpha$, $\alpha > 0$, ist T_k nicht positiv.

Aufgabe VI.7.17 Sei $T \in \mathrm{HS}(H)$ (H ein Hilbertraum) mit Spektralradius $r(T) < 1$. Dann ist $\mathrm{Id} - T$ bijektiv und $(\mathrm{Id} - T)^{-1} = \mathrm{Id} + R$ mit $R \in \mathrm{HS}(H)$.

Aufgabe VI.7.18 Sei $T \colon \ell^2 \to \ell^2$ der Multiplikationsoperator $(s_n) \mapsto (s_n/n)$ und sei $S \colon \ell^2 \to \ell^2$ der Rechtsshiftoperator $(s_1, s_2, \dots) \mapsto (0, s_1, s_2, \dots)$. Dann ist $R := ST$ kompakt. Geben Sie $|R|$ sowie die singulären Zahlen von R an. Wie sieht die Situation für den Linksshiftoperator $(s_1, s_2, \dots) \mapsto (s_2, s_3, \dots)$ aus?

Aufgabe VI.7.19

(a) Sei $\lambda \in \ell^1$ und $D_\lambda \colon \ell^\infty \to \ell^1$ der „Diagonaloperator" $(s_n) \mapsto (\lambda_n s_n)$. Zeigen Sie, dass D_λ nuklear ist, und bestimmen Sie die nukleare Norm.

(b) Ein Operator $T \in L(X, Y)$ ist genau dann nuklear, wenn es Operatoren $A \in L(X, \ell^\infty)$, $B \in L(\ell^1, Y)$ und $D_\lambda \in L(\ell^\infty, \ell^1)$ mit $\lambda \in \ell^1$ gibt, so dass das Diagramm

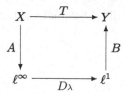

kommutiert. In diesem Fall gilt

$$\|T\|_{\text{nuk}} = \inf \|A\| \, \|B\| \, \|\lambda\|_{\ell^1},$$

wobei sich das Infimum über alle solche Faktorisierungen erstreckt.

(c) Faktorisieren Sie

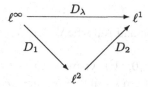

mit Hilfe geeigneter Diagonaloperatoren D_1 und D_2 und zeigen Sie, dass es zu $T \in N(X)$ Operatoren $S_1 \colon X \to \ell^2$, $S_2 \colon \ell^2 \to X$ mit $T = S_2 S_1$ gibt, für die $S_1 S_2$ ein Hilbert-Schmidt-Operator auf ℓ^2 ist.

Aufgabe VI.7.20 Sei X ein komplexer Banachraum, $T \in L(X)$, und es seien $\mu_1, \ldots, \mu_n$ paarweise verschiedene Eigenwerte von T. Für $j = 1, \ldots, n$ seien x_j von 0 verschiedene Elemente des Hauptraums $N(\mu_j)$. Dann sind $x_1, \ldots, x_n$ linear unabhängig.
Anleitung: Gelte $\sum_{j=1}^n \alpha_j x_j = 0$. Wählen Sie $k \in \mathbb{N}$ mit $(\mu_j - T)^k x_j = 0$ für alle j. Wählen Sie Polynome P und Q mit

$$P(\mu)(\mu_1 - \mu)^k + Q(\mu) \prod_{j \neq 1}(\mu_j - \mu)^k = 1 \qquad \forall \mu \in \mathbb{C}.$$

Setzen Sie in diese Gleichung T statt μ ein und werten Sie bei $\alpha_1 x_1$ aus.

VI.8 Bemerkungen und Ausblicke

Nach sechs Kapiteln sind wir nun da angekommen, wo die Funktionalanalysis ihren Ausgangspunkt nahm: bei der Lösungstheorie linearer Integralgleichungen. Um die

Jahrhundertwende war bekannt, dass diverse partielle Differentialgleichungen beherrscht werden können, indem man assoziierte Integralgleichungen löst. Allerdings gab es keine *allgemeine* Theorie der Integralgleichungen, sondern nur verschiedene Einzelbeiträge, und die Entwicklung einer solchen allgemeinen Theorie schien mit „unüberwindbaren Schwierigkeiten" verbunden (Dieudonné [1981], S. 97). Aber hier trog der Schein. Dieudonné schreibt weiter (a.a.O., S. 98):

It therefore came as a complete surprise when, in a short note published in 1900, Fredholm showed that the general theory of all integral equations [. . .] considered before him was in fact extremely simple [. . .].

Fredholm (*Öfversigt af Kongl. Svenska Vetenskaps-Akademiens Förhandlingar* 57 (1900) 39–46) gelangte zu seinen Resultaten, indem er eine Integralgleichung mit stetigem Kern

$$x(s) + \lambda \int_0^1 k(s,t)x(t)\,dt = y(s) \tag{VI.35}$$

diskretisiert, die Determinante des entstehenden linearen Gleichungssystems studiert, wieder zum Limes übergeht und so die Reihe

$$\Delta(\lambda) = \sum_{m=0}^{\infty} \frac{\lambda^m}{m!} \int_0^1 \cdots \int_0^1 K\left(\begin{matrix} s_1, \ldots, s_m \\ s_1, \ldots, s_m \end{matrix} \right) ds_1 \ldots ds_m$$

erhält; hier wird

$$K\left(\begin{matrix} s_1, \ldots, s_m \\ t_1, \ldots, t_m \end{matrix} \right) = \det\bigl(k(s_i, t_j)\bigr)_{i,j=1,\ldots,m}$$

gesetzt. Dann beweist er, dass (VI.35) eine stetige Lösung besitzt, wenn $\Delta(\lambda) \neq 0$ ist, und dass die (höchstens) eindeutige Lösbarkeit umgekehrt $\Delta(\lambda) \neq 0$ impliziert. In seiner nachfolgenden Arbeit (*Acta Math.* 27 (1903) 365–390) baut er diesen Ideenkreis zur vollen Fredholm-Alternative für die Gleichung (VI.35) aus, und er entwickelt aus seiner Determinantentheorie explizite Lösungsformeln für (VI.35).

In seiner 1. Mitteilung von 1904 (siehe die Bemerkungen und Ausblicke zu Kap. V) gelang es Hilbert, Fredholms Resultate für symmetrische stetige Kerne zu verfeinern. Er führt die Begriffe Eigenwert und Eigenfunktion für die nichttrivialen Lösungen der homogenen Gleichung (VI.35) ein; seine Eigenwerte sind also die Reziproken der heutigen Eigenwerte. Insbesondere wird der Entwicklungssatz VI.4.3 bewiesen, allerdings unter der einschränkenden Voraussetzung, dass – in den heutigen Begriffen – der Operator T_k: $C[0,1] \to C[0,1]$ dichtes Bild bzgl. der L^2-Norm hat. Ferner benötigt Hilbert zunächst die Annahme, dass alle Eigenwerte einfach sind, wovon er sich danach durch ein etwas umständliches Störungsargument befreit. Kurz darauf bewies Schmidt (*Math. Ann.* 63 (1907) 433–476) durch einen einfachen direkten determinantenfreien Zugang Hilberts

Sätze ohne weitere Einschränkungen an den (stetigen) Kern; er betrachtet auch unstetige, aber quadratisch integrierbare Kerne und so die ersten Hilbert-Schmidt-Operatoren. Die Zerlegung nicht selbstadjungierter kompakter Operatoren auf einem Hilbertraum, Satz VI.3.6, stammt im wesentlichen ebenfalls von Schmidt. Auch die in Abschn. VI.4 diskutierte Orthogonalentwicklung des Kerns wurde von Hilbert und Schmidt angegeben; Mercer bewies seinen Satz in *Phil. Trans. Roy. Soc. London* (A) 209 (1909) 415–446. Ein Analogon zur Singulärwertzerlegung aus Satz VI.3.6 auf gewissen Banachräumen (z. B. ℓ^P oder L^p) wurde kürzlich von Edmunds und Lang (*Studia Math.* 214 (2013) 265–278) bewiesen; siehe auch Edmunds/Evans [2013].

In seiner 4. Mitteilung von 1906 zeigte Hilbert den Spektralsatz VI.3.2 mit seiner Theorie der quadratischen Formen. Hier ist sein Zugang abstrakt und nicht auf Operatoren mit stetigem Kern beschränkt. Er behandelt sogar beschränkte, nicht kompakte Operatoren auf ℓ^2, denen wir uns in Kap. VII widmen werden; und das macht es nötig, mit dem allgemeinen Begriff des Spektrums statt der Eigenwerte zu operieren. Aber für den kompakten Fall gibt er ein unabhängiges Argument (S. 201ff. der 4. Mitteilung), dessen Kern der Beweis der Existenz des ersten Eigenwerts ist (vgl. Lemma VI.3.1(f)).

Wie schon in den Bemerkungen zu Kap. V erwähnt, betrachteten Hilbert und Schmidt statt Operatoren Bilinearformen, und sie arbeiteten nicht auf dem Hilbertraum $L^2[0, 1]$, sondern dem Prähilbertraum $C[0, 1]$. Eine detaillierte Analyse der Beweise des Spektralsatzes nach Hilbert und Schmidt gibt Siegmund-Schultze (*Arch. Hist. Exact Sci.* 36 (1986) 359–381); es ist auch ein Nachdruck ihrer wichtigsten Arbeiten erschienen (Hilbert/Schmidt [1989]). Für eine moderne Darstellung unendlichdimensionaler Determinanten siehe Kap. 4 in Pietsch [1987].

Die Motivation zur spektralen Zerlegung eines Operators entsprang zum Teil der Theorie der Sturm-Liouville-Probleme. Wir skizzieren dazu einen sehr einfachen Fall. Sei p: $[a, b] \to \mathbb{R}$ stetig differenzierbar, q: $[a, b] \to \mathbb{R}$ stetig, und es gelte $p(t) > 0$ für alle $t \in [a, b]$. Wir betrachten eine gewöhnliche Differentialgleichung in sog. selbstadjungierter Form

$$Ly := (py')' + qy = g,$$

wo $g \in C[a, b]$ gegeben und $y \in C^2[a, b]$ gesucht ist. Unter einem *regulären Sturm-Liouville-Problem* versteht man das Randwertproblem

$$Ly = g, \qquad y(a) = y(b) = 0. \tag{VI.36}$$

(Tatsächlich kann man noch allgemeinere Randvorgaben zulassen.) Wir setzen voraus, dass (VI.36) eindeutig lösbar ist, was unter qualitativen Gesichtspunkten keine Einschränkung ist, da man ansonsten statt q die Funktion $q + \lambda_0$ für ein geeignetes $\lambda_0 \in \mathbb{R}$ betrachtet. In der Theorie der gewöhnlichen Differentialgleichungen zeigt man, dass dann die Lösung von (VI.36) in der Form

$$y(s) = \int_a^b k(s, t) g(t)\, dt \qquad \forall s \in [a, b] \tag{VI.37}$$

angegeben werden kann. Die Funktion k heißt die *Greensche Funktion* des Sturm-Liouville-Problems (VI.36). Sie ist symmetrisch und stetig auf $[a, b] \times [a, b]$, so dass durch (VI.37) ein selbstadjungierter kompakter Operator T auf dem Prähilbertraum $(C[a, b], \| \cdot \|_{L^2})$ definiert wird, der invers zu L mit dem Definitionsbereich $\{y \in C^2[a, b]: y(a) = y(b) = 0\}$ ist. Der Spektralsatz garantiert nun, dass es eine Orthonormalbasis von $L^2[a, b]$ aus (stetigen) Eigenfunktionen von T (d. h. aus Eigenfunktionen von L) gibt; im Fall $p = q = 1$ ist das das trigonometrische System. Singuläre Sturm-Liouville-Probleme sind solche, wo statt eines kompakten Intervalls auch unbeschränkte Intervalle zugelassen sind oder wo p am Rand von $[a, b]$ verschwinden darf. Der Greensche Operator hierzu ist i. Allg. nicht kompakt, und zur funktionalanalytischen Analyse bedarf es der Spektralzerlegung beschränkter oder sogar unbeschränkter Operatoren, die im nächsten Kapitel durchgeführt wird.

Riesz' bereits in Kap. I und II genannte Arbeit aus *Acta Math.* 41 (1918) 71–98 enthält die Spektraltheorie kompakter Operatoren, wie sie in Abschn. VI.2 dargelegt ist. Obwohl er eigentlich nur kompakte Integraloperatoren auf $C[0, 1]$ betrachtet, sind seine Argumente vollkommen allgemein (siehe das auf S. 44 wiedergegebene Zitat); sie sind so elegant, dass sie bis heute nicht vereinfacht wurden. Seine Resultate wurden durch Schauder (*Studia Math.* 2 (1930) 183–196) komplementiert, der gleichzeitig den adjungierten Operator betrachtete. Riesz' Idee, Kern und Bild von $(\mathrm{Id} - T)^n$ zu analysieren, ist sicherlich durch die Konstruktion der Jordanschen Normalform einer Matrix nach dieser Methode inspiriert (siehe E. Weyr, *Monatshefte f. Math. u. Physik* 1 (1890) 163–236; in Büchern über lineare Algebra wird Lemma VI.2.2 im endlichdimensionalen Fall häufig Fitting zugeschrieben, der aber erst 10 Jahre alt war, als Riesz seine Arbeit schrieb). Die Klasse der Operatoren, auf die sich die Rieszsche Theorie erstreckt, umfasst außer den kompakten Operatoren noch solche, für die irgendeine Potenz T^m kompakt ist; siehe z. B. Pietsch [1987], S. 147.

Da sich das Spektrum eines kompakten Operators auf $\{0\}$ reduzieren kann, kann es vorkommen, dass aus Theorem VI.2.5 keine Aussagen über die Zerlegbarkeit eines kompakten Operators gewonnen werden können. Es stellt sich dann die Frage nach der Existenz von *invarianten Unterräumen* eines Operators $T \in L(X)$, d. h., ob es einen abgeschlossenen Unterraum $\{0\} \neq U \neq X$ mit $T(U) \subset U$ gibt. Hier gilt der gefeierte *Satz von Lomonosov* aus dem Jahre 1973:

- *Sei $S \neq 0$ ein kompakter Operator auf einem Banachraum X. Dann besitzt S einen invarianten Unterraum, der für jedes $T \in L(X)$, das mit S kommutiert, ebenfalls invariant ist. Insbesondere besitzt jeder Operator, für den irgendeine Potenz kompakt ist, einen invarianten Unterraum.*

Lomonosovs Beweis, der auf einem Fixpunktargument beruht, ist bei Bollobás [1990] und Heuser [1992] dargestellt; dort findet man auch eine spektraltheoretische Beweisvariante nach Hilden und Michaels. In der anderen Richtung war bis vor wenigen Jahren kein einziges Beispiel eines stetigen linearen Operators auf einem Banachraum bekannt, der keinen

invarianten Unterraum besitzt, und bis heute kennt man keine solchen Operatoren auf reflexiven Banachräumen. Das erste Gegenbeispiel stammt von Enflo; seine 1981 eingereichte
Arbeit erschien erst 1987 in *Acta Math.* 158 (1987) 213–313. Offenbar auf Grund ihrer im-
mensen Komplexität benötigten die Herausgeber mehrere Jahre, sie auf ihre Korrektheit
zu überprüfen. Mit einer anderen Methode hat Read (*Bull. London Math. Soc.* 16 (1984)
337–401, *J. London Math. Soc.* 33 (1986) 335–348) Gegenbeispiele konstruiert; er hat
auch gezeigt, dass auf jedem Banachraum, der einen zu ℓ^1 isomorphen komplementierten
Teilraum enthält (z. B. L^1), ein Operator ohne invariante Unterräume existiert. Zu diesem
Themenkomplex siehe Beauzamy [1988].

Nukleare Operatoren auf Hilberträumen wurden zuerst von Schatten und von Neumann
(*Ann. of Math.* 47 (1946) 608–630) studiert, auf Banachräumen kommen sie zuerst bei
Ruston (*Proc. London Math. Soc.* 53 (1951) 109–124) und Grothendieck (*C. R. Acad. Sc.
Paris* 233 (1951) 1556–1558) vor. Der Name „nuklear" leitet sich daher ab, dass diese
Operatoren im Zusammenhang mit L. Schwartz' *Satz vom Kern* aus der Distributionentheorie (Abschn. VIII.9) eine Rolle spielen. Schatten und von Neumann betrachten auch
die Klasse c_p derjenigen Operatoren auf Hilberträumen, deren singuläre Zahlen eine Folge
in ℓ^p bilden. Dies ist ein linearer Raum, auf dem $T \mapsto \left(\sum_n s_n(T)^p\right)^{1/p}$ eine Norm ist,
die c_p zu einem Banachraum macht. Diese *Schattenklassen* werden bisweilen als nichtkommutative ℓ^p- (oder L^p-) Räume bezeichnet, mit denen sie viele Eigenschaften teilen.
Z.B. ist analog zu Satz II.2.3 $(c_p)'$ zu c_q isometrisch isomorph, falls $\frac{1}{p} + \frac{1}{q} = 1$; hier spielt
das Spurfunktional tr dieselbe Rolle wie das Summenfunktional $\sum$ für Folgenräume und
das Integral $\int$ für Funktionenräume. Das nichtkommutative Analogon zur Aussage von
Aufgabe III.6.6 gilt ebenfalls: Jedes Funktional $\ell \in L(H)'$ kann als $\ell = \ell_1 + \ell_2$ mit
$\ell_1(T) = \text{tr}(ST)$ für ein $S \in N(H)$ und $\ell_2|_{K(H)} = 0$ geschrieben werden, und, was der
springende Punkt ist, es gilt $\|\ell\| = \|\ell_1\| + \|\ell_2\|$. Dies ist ein Resultat von Dixmier (*Ann. of
Math.* 51 (1950) 387–408).

In Analogie zur Spur von nuklearen Operatoren auf Hilberträumen liegt es auch bei
nuklearen Operatoren auf Banachräumen nahe, eine Spur durch

$$\text{tr}\, T = \sum_{n=1}^{\infty} x'_n(x_n) \quad \text{für} \quad T = \sum_{n=1}^{\infty} x'_n \otimes x_n$$

definieren zu wollen; hier gibt es jedoch das Problem der Wohldefiniertheit, denn es ist
nicht klar (und in der Tat im Allgemeinen falsch), dass $\sum_n x'_n(x_n)$ nur von T und nicht von
seiner Darstellung abhängt. Die Wohldefiniertheit gilt genau dann, wenn der Banachraum
X die Approximationseigenschaft (siehe S. 99) besitzt (Lindenstrauss/Tzafriri [1977],
S. 32).

Der Satz von Hahn-Banach garantiert, dass es auf jedem Banachraum „viele" stetige Funktionale gibt; aber er sagt nichts über die Reichhaltigkeit an Operatoren. Aus
Funktionalen kann man die eindimensionalen Operatoren $x' \otimes x$ basteln und aus diesen
absolut konvergente Reihen zusammensetzen. Daher garantiert der Satz von Hahn-Banach

zumindest, dass es auf jedem Banachraum „viele" nukleare Operatoren gibt, aber möglicherweise keine weiteren stetigen Operatoren (außer dem identischen Operator). Man vermutet, dass ein Banachraum X existiert, so dass jedes $T \in L(X)$ in der Form $\lambda \operatorname{Id} + S$ mit einem nuklearen Operator S geschrieben werden kann; aber solch einen Raum zu konstruieren ist bis heute noch niemandem gelungen. Das stärkste Resultat dieser Art wurde vor Kurzem von Argyros und Haydon geliefert (*Acta Math.* 206 (2011) 1–54): Es gibt einen Banachraum, auf dem jeder Operator von der Form $\lambda \operatorname{Id} + S$ mit einem kompakten Operator S ist. Die Konstruktion dieses Beispiels kombiniert Ansätze von Bourgain und Delbaen einerseits und Gowers und Maurey andererseits. In dieser Richtung ist auch ein Ergebnis von K. John bemerkenswert, der für die von Pisier (*Acta Math.* 151 (1983) 181–208) studierten Banachräume P zeigt, dass jeder kompakte Operator von P nach P' nuklear ist (*Math. Ann.* 287 (1990) 509–514).

Weyl bewies seine Ungleichung in *Proc. Nat. Acad. Sci. USA* 35 (1949) 408–411. Er zeigte sogar eine präzisere Form seiner Ungleichung, nämlich

- $$\sum_{n=1}^{N} |\lambda_n(T)|^p \le \sum_{n=1}^{N} |s_n(T)|^p \qquad \forall N \in \mathbb{N};$$

hierfür *müssen* die Folgen der Eigenwerte und der singulären Zahlen betragsmäßig fallend angeordnet sein. Der Beweis im Text, der Reed/Simon [1978], S. 318, folgt, impliziert die Vergleichbarkeit der endlichen Abschnitte nicht. Varianten der Weylschen Ungleichung für Operatoren auf Banachräumen wurden von H. König gezeigt und auf Fragen der Eigenwertverteilung von Integraloperatoren angewendet; darüber geben die Monographien von König [1986] und Pietsch [1987] Auskunft.

Für nukleare Operatoren auf Banachräumen gilt i. Allg. nicht mehr die Eigenwertabschätzung $(\lambda_n(T)) \in \ell^1$, sondern nur noch $(\lambda_n(T)) \in \ell^2$. Das folgt aus Aufgabe VI.7.19(c) und dem *Prinzip der verwandten Operatoren*, welches für Operatoren $S_1 \colon X \to Y$ und $S_2 \colon Y \to X$ besagt, dass $T = S_2 S_1 \in L(X)$ dieselben in ihrer algebraischen Vielfachheit gezählten Eigenwerte besitzt wie $S = S_1 S_2 \in L(Y)$, falls T kompakt ist (vgl. Pietsch [1987], S. 150); T und S heißen *verwandt*. Johnson, König, Maurey und Retherford (*J. Funct. Anal.* 32 (1979) 353–380) haben bewiesen, dass *nur* in Hilberträumen alle nuklearen Operatoren summierbare Eigenwerte haben:

- *Ist X ein Banachraum, so dass für jeden nuklearen Operator auf X die Eigenwertfolge in ℓ^1 liegt, so ist X zu einem Hilbertraum isomorph.*

Die Schlussfolgerung $(\lambda_n(T)) \in \ell^2$ für nukleare Operatoren auf Banachräumen kann – zumindest für $X = L^1$ oder $X = L^\infty$ – nicht verbessert werden. Das sieht man mit Hilfe von Aufgabe VI.7.8 so. Sei f eine stetige 2π-periodische Funktion. Deren Fourierkoeffizienten sind dann genau die Eigenwerte des assoziierten Faltungsoperators, und nach Beispiel VI.5(c) ist das ein nuklearer Operator auf $L^\infty[0, 2\pi]$ oder $L^1[0, 2\pi]$. Es bleibt, f so zu wählen, dass die Folge der Fourierkoeffizienten in keinem ℓ^p für $p < 2$ liegt. (Nach der Besselschen Ungleichung liegt sie auf jeden Fall in ℓ^2.) Das erste Beispiel einer solchen stetigen Funktion stammt von Carleman, der 1923 bewies, dass die Reihe

$$\sum_{n=2}^{\infty} \frac{e^{in\log n}}{n^{1/2}(\log n)^2} e^{int}$$

gleichmäßig konvergiert (Zygmund [1959], vol. I, S. 199). Dasselbe Beispiel zeigt nach Korollar VI.6.8(a), dass solch ein Operator nicht nuklear auf $L^2[0, 2\pi]$ sein kann, obwohl es sich um einen Integraloperator mit stetigem Kern handelt.

In Zusammenhang mit dem Beispiel von Carleman ist noch ein Resultat von Paley und Zygmund von 1932 erwähnenswert:

- *Ist $(c_n) \in \ell^2(\mathbb{Z})$ und gilt $\sum_{n=1}^{\infty} |c_n|^2 (\log |n|)^\beta < \infty$ für ein $\beta > 1$, so konvergiert $\sum_{n\in\mathbb{Z}} \pm c_n e^{int}$ für fast alle Wahlen von Vorzeichen gleichmäßig.*

(Zygmund [1959], vol. I, S. 219.) Damit ist Folgendes gemeint. Seien X_n, $n \in \mathbb{Z}$, unabhängige Zufallsvariable auf einem Wahrscheinlichkeitsraum Ω, die mit jeweils der Wahrscheinlichkeit $\frac{1}{2}$ den Wert $+1$ bzw. -1 annehmen. Es sei $A \subset \Omega$ die Menge derjenigen ω, für die $\sum_{n\in\mathbb{Z}} X_n(\omega) c_n e^{int}$ gleichmäßig konvergiert. Dann besitzt A die Wahrscheinlichkeit 1. Auch auf diese Weise erhält man also die Existenz von stetigen Funktionen, deren Fourierkoeffizienten in keinem ℓ^p für $p < 2$ liegen; aber man kann die passende Wahl der Vorzeichen nicht konkret angeben. Einen weiteren Existenzbeweis gibt Wojtaszczyk [1991], S. 100, der mit dem Baireschen Kategoriensatz und dem Satz vom abgeschlossenen Graphen argumentiert. Zu zufälligen trigonometrischen Reihen siehe Kahane [1985]. Dort findet man auch einen Beweis des nachstehenden Satzes von de Leeuw, Kahane und Katznelson (a.a.O., S. 63), der jede Hoffnung auf eine schärfere notwendige Bedingung an die Beträge der Fourierkoeffizienten einer stetigen Funktion als $(c_n) \in \ell^2(\mathbb{Z})$ zunichte macht.

- *Ist $(a_n) \in \ell^2(\mathbb{Z})$, so existiert eine Folge $(c_n) \in \ell^2(\mathbb{Z})$ mit $|c_n| \geq |a_n|$ für alle n, so dass $\sum_{n\in\mathbb{Z}} c_n e^{int}$ die Fourierreihe einer stetigen Funktion ist.*

Für Operatoren auf Hilberträumen ist noch der *Satz von Lidskiĭ* aus dem Jahre 1959 wichtig; er besagt

- $\operatorname{tr}(T) = \displaystyle\sum_{n=1}^{\infty} \lambda_n(T) \qquad \forall T \in N(H).$

Für selbstadjungiertes T folgt diese Formel unmittelbar aus der Definition der Spur und dem Spektralsatz; der Beweis des allgemeinen Falls ist sehr viel schwieriger. Man findet verschiedene Beweise z. B. in Reed/Simon [1978], S. 328, oder Pietsch [1987], S. 218.

In Abschn. VI.6 haben wir der Einfachheit halber nur Hilbert-Schmidt-Operatoren von einem Hilbertraum in sich selbst betrachtet; man könnte ebenso Operatoren zwischen verschiedenen Hilberträumen heranziehen. Im Zusammenhang mit dem Rellichschen Einbettungssatz V.2.13 ist dann die Tatsache erwähnenswert, dass für $k > n/2$ die identische Einbettung von $H_0^{m+k}(\Omega)$ nach $H_0^m(\Omega)$, $\Omega \subset \mathbb{R}^n$ offen und beschränkt, ein Hilbert-Schmidt-Operator ist (Adams [1975], S. 174). Als Analogon der Hilbert-Schmidt-Operatoren im Banachraumkontext sind die von Pietsch eingeführten *absolut 2-summierenden Operatoren* anzusehen, die durch die Forderung

$$\big(x'(x_n)\big) \in \ell^2 \quad \forall x' \in X' \qquad \Rightarrow \qquad \big(\|Tx_n\|\big) \in \ell^2$$

definiert sind. Diese Operatoren brauchen nicht mehr kompakt zu sein, aber ihr Quadrat ist es; in der Tat ist das Produkt zweier absolut 2-summierender Operatoren – wie bei Hilbert-Schmidt-Operatoren – stets nuklear. Für diese Operatorklasse sei ebenfalls auf König [1986], Pietsch [1987] sowie Wojtaszczyk [1991] verwiesen.

Spektralzerlegung selbstadjungierter Operatoren

VII.1 Der Spektralsatz für beschränkte Operatoren

In diesem Kapitel bezeichnet H stets einen *komplexen Hilbertraum*. Ist T ein normaler Operator auf $\mathbb{C}^n$, so kann – wie aus der linearen Algebra bekannt – T diagonalisiert werden, d. h., T ist unitär äquivalent zu einer Diagonalmatrix D:

$$UTU^{-1} = D$$

Eine andere Formulierung ist

$$T = \sum \mu_j E_j, \tag{VII.1}$$

wobei die μ_j die paarweise verschiedenen Eigenwerte von T und die E_j die Orthogonalprojektionen auf die zugehörigen Eigenräume sind. Hier ist eine weitere Formulierung: Ist T diagonalisierbar, so sind die Diagonalelemente der Matrix D genau die in ihrer Vielfachheit gezählten Eigenwerte von T, etwa $\lambda_1, \ldots, \lambda_n$. Damit ist für $x \in \mathbb{C}^n$ die i-te Komponente von $UTU^{-1}x$ nichts anderes als das λ_i-fache der i-ten Komponente von x:

$$(UTU^{-1}x)_i = \lambda_i x_i,$$

und D kann so als Multiplikationsoperator aufgefasst werden. Auf diese Weise kann man für stetige Funktionen f die Matrix $f(T)$ definieren, nämlich durch

$$(Uf(T)U^{-1}x)_i = f(\lambda_i)x_i,$$

vorausgesetzt, die Eigenwerte von T liegen im Definitionsbereich von f. (Man denke z. B. an $f(t) = e^t$ oder $f(t) = \sqrt{t}$!) Ist nun T ein kompakter normaler Operator auf einem

© Springer-Verlag GmbH Deutschland, ein Teil von Springer Nature 2018
D. Werner, *Funktionalanalysis*, Springer-Lehrbuch,
https://doi.org/10.1007/978-3-662-55407-4_7

Hilbertraum H, so gilt eine (VII.1) entsprechende Darstellung, wo die endliche Summe allerdings durch eine unbedingt konvergente unendliche Reihe ersetzt ist (siehe Korollar VI.3.3). Auch dieses Resultat kann so gedeutet werden, dass T unitär äquivalent zum Multiplikationsoperator mit der Folge der in ihrer Vielfachheit gezählten Eigenwerte auf ℓ^2 ist. Des weiteren haben wir diese Spektralzerlegung von T zum Anlass genommen, um $T^{1/2}$ zu definieren, falls $\sigma(T) \subset [0, \infty)$, vgl. Satz VI.3.4.

Ziel dieses Abschnitts ist es, analoge Resultate für selbstadjungierte beschränkte (d. h. stetige) Operatoren zu beweisen. (Die Beschränkung auf selbstadjungierte Operatoren erfolgt aus technischen Gründen, die Modifikation für normale Operatoren soll am Schluss kurz angesprochen werden.) Zuerst werden wir die Existenz eines Funktionalkalküls für selbstadjungierte Operatoren nachweisen, d. h. die Möglichkeit, $f(T)$ für geeignete Funktionen f zu definieren. Das wird es möglich machen, T zu einem Multiplikationsoperator auf einem geeigneten $L^2(\mu)$-Raum zu assoziieren und die zu (VII.1) analoge Darstellung zu erhalten (dann ist allerdings die Summe durch ein Integral bzgl. eines sog. Spektralmaßes zu ersetzen).

Wir beginnen mit einem einfachen Lemma. Für $T \in L(H)$ definiere den *numerischen Wertebereich $W(T)$* durch

$$W(T) = \{\langle Tx, x\rangle \colon \|x\| = 1\}.$$

$W(T)$ ist beschränkt, also $\overline{W(T)}$ kompakt. (Übrigens kann man zeigen, dass $W(T)$ stets konvex ist.)

Lemma VII.1.1 *Für $T \in L(H)$ gilt $\sigma(T) \subset \overline{W(T)}$.*

Beweis. Sei $\lambda \notin \overline{W(T)}$, also $d := \inf\{|\lambda - \mu| \colon \mu \in W(T)\} > 0$. Es folgt für $\|x\| = 1$

$$d \leq |\lambda - \langle Tx, x\rangle| = |\langle(\lambda - T)x, x\rangle| \leq \|(\lambda - T)x\|\,\|x\| = \|(\lambda - T)x\|.$$

Das zeigt, dass $\lambda - T$ injektiv ist und dass $(\lambda - T)^{-1}\colon \operatorname{ran}(\lambda - T) \to H$ stetig ist (mit Norm $\leq \frac{1}{d}$). Damit ist $\lambda - T$ ein Isomorphismus zwischen H und $\operatorname{ran}(\lambda - T)$, so dass $\lambda - T$ abgeschlossenes Bild besitzt. Wäre $\operatorname{ran}(\lambda - T)$ nicht dicht, gäbe es ein Element $x_0 \in \operatorname{ran}(\lambda - T)^{\perp}$ mit $\|x_0\| = 1$. Es folgte dann

$$0 = \langle(\lambda - T)x_0, x_0\rangle = \lambda - \langle Tx_0, x_0\rangle$$

und daher $\lambda \in W(T)$ im Gegensatz zur Wahl dieser Größe.

Daher ist $\operatorname{ran}(\lambda - T) = H$ und $\lambda \in \rho(T)$.   □

Für selbstadjungiertes T ist $W(T) \subset \mathbb{R}$, so dass wir folgendes Korollar erhalten.

Korollar VII.1.2 *Ist $T \in L(H)$ selbstadjungiert, so ist $\sigma(T) \subset \mathbb{R}$. Genauer gilt $\sigma(T) \subset [m(T), M(T)]$, wo $m(T) = \inf\{\langle Tx, x\rangle \colon \|x\| = 1\}$, $M(T) = \sup\{\langle Tx, x\rangle \colon \|x\| = 1\}$. Speziell ist $\sigma(T) \subset [0, \infty)$ für positives T.*

(Zur Erinnerung: T heißt positiv, falls stets $\langle Tx, x \rangle \geq 0$ gilt; nach Satz V.5.6 sind positive Operatoren auf komplexen Hilberträumen selbstadjungiert.)

Als nächstes versuchen wir, $f(T)$ für $f \in C(\sigma(T))$ zu definieren. Sei zunächst f ein Polynom (mit Koeffizienten in $\mathbb{C}$), etwa $f(t) = \sum_{k=0}^{n} a_k t^k$. Es ist klar, dass mit $f(T)$ dann nur der Operator $\sum_{k=0}^{n} a_k T^k$ (mit $T^0 = \text{Id}$) gemeint sein kann. (Das würde man bei irgendeinem Operator auf irgendeinem Banachraum nicht anders machen.) Bei einem selbstadjungierten Operator hat man jedoch zwei Zusatzinformationen. Zum einen wird sich für ein Polynom f (mit dieser Definition für $f(T)$) $\|f(T)\| = \|f|_{\sigma(T)}\|_\infty$ erweisen (siehe unten). Zum anderen liegen die Polynomfunktionen auf $\sigma(T)$ dicht in $C(\sigma(T))$. Dazu verwende den Weierstraßschen Approximationssatz, der allerdings bis jetzt nur für Funktionen auf einem Intervall bewiesen wurde (Satz I.2.11). Da jedoch jede stetige Funktion auf $\sigma(T)$ zu einer stetigen Funktion auf dem $\sigma(T)$ umfassenden Intervall $[m(T), M(T)]$ fortgesetzt werden kann (Satz B.1.5), folgt die behauptete Dichtheit. Das sind die wesentlichen Ingredienzien im Beweis des folgenden Satzes.

Wir bezeichnen mit $\mathbf{t}$ die identische Funktion $t \mapsto t$ und mit $\mathbf{1}$ die konstante Funktion $t \mapsto 1$.

Satz VII.1.3 (Stetiger Funktionalkalkül)
Sei $T \in L(H)$ selbstadjungiert. Dann existiert genau eine Abbildung $\Phi\colon C(\sigma(T)) \to L(H)$ mit

(a) $\Phi(\mathbf{t}) = T$, $\Phi(\mathbf{1}) = \text{Id}$,
(b) Φ *ist ein involutiver Algebrenhomomorphismus, d. h.*
  - Φ *ist linear,*
  - Φ *ist multiplikativ ($\Phi(f \cdot g) = \Phi(f) \circ \Phi(g)$),*
  - Φ *ist involutiv ($\Phi(\bar{f}) = \Phi(f)^*$),*
(c) Φ *ist stetig.*

Φ *heißt der stetige Funktionalkalkül von T. Wir schreiben $f(T) := \Phi(f)$ für $f \in C(\sigma(T))$.*

Beweis. Eindeutigkeit: Nach (c) ist Φ durch seine Werte auf dem dichten Unterraum der Polynomfunktionen eindeutig bestimmt. Wegen der Linearität bestimmen die $\Phi(\mathbf{t}^n)$, $n \geq 0$, Φ eindeutig, wegen der Multiplikativität reicht es schließlich, $\Phi(\mathbf{t})$ und $\Phi(\mathbf{1})$ zu kennen, und die sind in (a) vorgeschrieben.

Existenz: Wir versuchen, das obige Argument rückwärts zu lesen, und definieren daher zunächst für ein Polynom $f\colon t \mapsto \sum_{k=0}^{n} a_k t^k$ den Operator $\Phi_0(f) = \sum_{k=0}^{n} a_k T^k$. Wir fassen dabei f als Polynom im Sinn der Algebra bzw. als Polynomfunktion auf $\mathbb{R}$, nicht aber als Polynomfunktion auf $\sigma(T)$ auf, denn hier könnte ein Wohldefiniertheitsproblem entstehen: Ist z. B. $\sigma(T) = \{0, 1\}$, so erzeugen die Polynome t und t^2 dieselbe Polynomfunktion auf $\sigma(T)$, aber es ist nicht a priori klar, dass auch $T = T^2$ gilt.

Dass dieses Problem in Wahrheit nicht entsteht, ergibt sich sofort aus

$$\|\Phi_0(f)\| = \sup_{\lambda \in \sigma(T)} |f(\lambda)| = \|f|_{\sigma(T)}\|_\infty. \tag{VII.2}$$

Zum Beweis dieser Behauptung benötigen wir die Aussage

$$\sigma(\Phi_0(f)) = \{f(\lambda): \lambda \in \sigma(T)\}, \tag{VII.3}$$

die einstweilen akzeptiert sei. Mit Hilfe von (VII.3) schließt man nämlich, da Φ_0 nach Definition (a) und (b) erfüllt:

$$\begin{aligned}
\|\Phi_0(f)\|^2 &= \|\Phi_0(f)^* \Phi_0(f)\| \\
&= \|\Phi_0(\bar{f}f)\| \\
&\overset{(*)}{=} \sup\{|\lambda|: \lambda \in \sigma(\Phi_0(\bar{f}f))\} \\
&\overset{(**)}{=} \sup\{|(\bar{f}f)(\lambda)|: \lambda \in \sigma(T)\} \\
&= \sup\{|f(\lambda)|^2: \lambda \in \sigma(T)\}.
\end{aligned}$$

Bei $(*)$ haben wir uns der Sätze VI.1.6 und VI.1.7 bedient und bei $(**)$ die Gleichung (VII.3) auf $\bar{f}f$ angewandt; beachte, dass $\Phi_0(\bar{f}f)$ selbstadjungiert ist.

Kommen wir nun zum Beweis von (VII.3), das für konstante Polynome offensichtlich gilt. Ohne Einschränkung hat f also echt positiven Grad. Sei $\lambda \in \sigma(T)$. Da λ Nullstelle von $f-f(\lambda)$ ist, gilt $f(t)-f(\lambda) = (t-\lambda)g(t)$ für ein Polynom g. Daher ist $\Phi_0(f)-f(\lambda) = (T-\lambda)\Phi_0(g)$ und, falls $f(\lambda) \in \rho(\Phi_0(f))$ wäre, folgte

$$\text{Id} = (T - \lambda)\Phi_0(g)\big(\Phi_0(f) - f(\lambda)\big)^{-1} = \big(\Phi_0(f) - f(\lambda)\big)^{-1}\Phi_0(g)(T - \lambda)$$

(bemerke, dass die Operatoren in $\text{ran}(\Phi_0)$ kommutieren). Es wäre dann $\lambda \in \rho(T)$. Daher muß $f(\lambda) \in \sigma(\Phi_0(f))$ sein. Sei umgekehrt $\mu \in \sigma(\Phi_0(f))$. Faktorisiere das Polynom $f - \mu$ ($\neq 0$):

$$f(t) - \mu = a(t - \lambda_1) \cdots (t - \lambda_n).$$

Dann ist

$$\Phi_0(f) - \mu = a(T - \lambda_1) \cdots (T - \lambda_n).$$

Wären alle $\lambda_i \in \rho(T)$, wäre auch $\mu \in \rho(\Phi_0(f))$; also muss $\lambda_i \in \sigma(T)$ für ein i sein. Wegen $f(\lambda_i) = \mu$ ist $\mu \in \{f(\lambda): \lambda \in \sigma(T)\}$.

In (VII.2) haben wir nicht nur gezeigt, dass Φ_0 als Abbildung vom Raum V_0 der Polynomfunktionen auf $\sigma(T)$ nach $L(H)$ wohldefiniert ist, sondern auch die Stetigkeit (sogar die Isometrie) von $\Phi_0\colon (V_0, \|\,.\,\|_\infty) \to L(H)$ nachgewiesen. Daher ist Φ_0 eindeutig auf $C(\sigma(T))$ fortsetzbar, so dass die Fortsetzung (die Φ heiße) stetig ist. Ein einfaches Limesargument zeigt, dass Φ auch (b) erfüllt. Um etwa die Involutivität von Φ zu sehen, approximiere $f \in C(\sigma(T))$ durch eine Folge von Polynomen (f_n). Dann ist

$$
\begin{aligned}
\Phi(\bar{f}) &= \Phi\left(\overline{\lim_{n\to\infty} f_n}\right) \\
&= \Phi\left(\lim_{n\to\infty} \overline{f_n}\right) && (\text{da } g \mapsto \bar{g} \text{ stetig ist}) \\
&= \lim_{n\to\infty} \Phi(\overline{f_n}) && (\text{da } \Phi \text{ stetig ist}) \\
&= \lim_{n\to\infty} \Phi_0(\overline{f_n}) \\
&= \lim_{n\to\infty} \Phi_0(f_n)^* \\
&= \left(\lim_{n\to\infty} \Phi_0(f_n)\right)^* && (\text{da } S \mapsto S^* \text{ stetig ist}) \\
&= \left(\Phi\left(\lim f_n\right)\right)^* \\
&= \Phi(f)^*.
\end{aligned}
$$

Damit ist Satz VII.1.3 bewiesen.   □

In Korollar IX.3.8 werden wir einen anderen Beweis der Existenz des stetigen Funktionalkalküls für selbstadjungierte (sogar normale) Operatoren mit Hilfe der Theorie der Banachalgebren geben.

Als nächstes stellen wir einige Eigenschaften des stetigen Funktionalkalküls zusammen. Einen abgeschlossenen Unterraum von $L(H)$, der mit zwei Operatoren S und T auch ST enthält, nennen wir eine *Algebra* von Operatoren.

Satz VII.1.4 *Sei $T \in L(H)$ selbstadjungiert, $f \mapsto f(T)$ der stetige Funktionalkalkül auf $C(\sigma(T))$. Dann gelten:*

(a) $\|f(T)\| = \|f\|_\infty \;(= \sup_{\lambda \in \sigma(T)} |f(\lambda)|)$.

(b) *Ist $f \geq 0$, so ist $f(T) \geq 0$ (d. h. $f(T)$ ist positiv).*

(c) *Aus $Tx = \lambda x$ folgt $f(T)x = f(\lambda)x$.*

(d) *Spektralabbildungssatz: $\sigma\big(f(T)\big) = f\big(\sigma(T)\big) \big(= \{f(\lambda)\colon \lambda \in \sigma(T)\}\big)$.*

(e) $\{f(T)\colon f \in C(\sigma(T))\}$ *ist eine kommutative Algebra von Operatoren. Alle $f(T)$ sind normal, $f(T)$ ist genau für reellwertige f selbstadjungiert.*

Beweis. (a) ist bereits mit (VII.2) gezeigt, denn die Polynome liegen dicht.

(b) Sei $f \geq 0$. Schreibe $f = g^2$ mit $g \in C(\sigma(T))$, $g \geq 0$. Dann ist für alle $x \in H$

$$\langle f(T)x, x \rangle = \langle g(T)x, g(T)^*x \rangle = \langle g(T)x, \overline{g}(T)x \rangle$$
$$= \langle g(T)x, g(T)x \rangle = \|g(T)x\|^2 \geq 0.$$

(c) ist klar, wenn f ein Polynom ist, und folgt ansonsten durch das übliche Limesargument.

(d) Ist f ein Polynom, so erhält man gerade (VII.3). Sei $\mu \notin f(\sigma(T))$. Dann ist $g := (f - \mu)^{-1} \in C(\sigma(T))$, und es ist

$$g(f - \mu) = (f - \mu)g = \mathbf{1}.$$

Folglich

$$g(T)(f(T) - \mu) = (f(T) - \mu)g(T) = \mathrm{Id},$$

also $\mu \in \rho(f(T))$. Das zeigt die Inklusion „$\subset$". Umgekehrt sei $\mu = f(\lambda)$ für ein $\lambda \in \sigma(T)$. Wähle ein Polynom g_n mit $\|f - g_n\|_\infty \leq \frac{1}{n}$, so dass auch $|f(\lambda) - g_n(\lambda)| \leq \frac{1}{n}$ und $\|f(T) - g_n(T)\| \leq \frac{1}{n}$ sind. Nach (VII.3) ist $g_n(\lambda) \in \sigma(g_n(T))$, also existiert $x_n \in H$ mit $\|x_n\| = 1$ und $\|(g_n(T) - g_n(\lambda))(x_n)\| \leq \frac{1}{n}$ (Aufgabe VII.5.9). Dann ist

$$\|(f(T) - \mu)x_n\| \leq \frac{2}{n} + \|(g_n(T) - g_n(\lambda))x_n\| \leq \frac{3}{n},$$

also kann $f(T) - \mu$ nicht stetig invertierbar sein (wenn überhaupt!). Daher folgt $\mu \in \sigma(f(T))$. Alternativ kann man auch so schließen: $\mu - f(T)$ ist Limes der Folge $\big(g_n(\lambda) - g_n(T)\big)$, die aus nicht stetig invertierbaren Operatoren besteht. Nach Aufgabe VI.7.5 ist auch $\mu - f(T)$ nicht stetig invertierbar.

(e) ist jetzt klar. $\qquad\qquad\qquad\qquad\qquad\qquad\qquad\qquad\qquad\qquad\qquad\qquad\square$

Sei nun T kompakt und selbstadjungiert, und sei

$$T = \sum_{k=0}^{\infty} \mu_k E_k$$

seine Spektralzerlegung gemäß Korollar VI.3.3. Hier setzen wir $\mu_0 = 0 \in \sigma(T)$ und $E_0 = $ die Orthogonalprojektion auf $\ker(T)$. $(\mu_k)_{k \geq 1}$ bezeichnet die Folge der Eigenwerte $\neq 0$.

Aus den Ergebnissen von Abschn. VI.3 folgt, dass die Abbildung $f \mapsto \sum_{k=0}^{\infty} f(\mu_k)E_k$ die Eigenschaften (a), (b) und (c) aus Satz VII.1.3 besitzt und daher den stetigen Funktionalkalkül von T beschreibt (hier ist natürlich $f \in C(\sigma(T))$). Mit Hilfe des Funktionalkalküls kann man die Projektionen E_k zurückgewinnen: Da $\sigma(T)$ bis auf 0 nur isolierte Punkte hat, ist die Funktion ($j \geq 1$)

$$f_j \colon \sigma(T) = \{0\} \cup \{\mu_1, \mu_2, \ldots\} \to \mathbb{R}, \quad f_j(\mu_j) = 1, \, f_j(t) = 0 \text{ sonst}$$

stetig, und es gilt

$$f_j(T) = \sum_{k=1}^{\infty} f_j(\mu_k)E_k = E_j.$$

Um auch für beschränkte selbstadjungierte Operatoren die (wie auch immer) in ihnen steckenden Orthogonalprojektionen zu erhalten, kann man versuchen, für $\{0, 1\}$-wertige Funktionen f auf $\sigma(T)$ einen Operator $f(T)$ zu definieren. Leider werden i. Allg. solche Funktionen auf $\sigma(T)$ nicht stetig sein, so dass der stetige Funktionalkalkül noch nicht ausreicht. Im weiteren werden wir $f(T)$ für beschränkte messbare Funktionen auf $\sigma(T)$ definieren. Dazu sei an die im Anhang A zusammengestellten Begriffe und Resultate aus der Integrationstheorie erinnnert.

Sei $M \subset \mathbb{C}$ kompakt. Mit $B(M)$ bezeichne den Vektorraum der beschränkten messbaren Funktionen auf M. Wir werden folgendes Ergebnis benötigen.

Lemma VII.1.5

(a) *$B(M)$, versehen mit $\| . \|_\infty$, ist ein Banachraum.*
(b) *$U \subset B(M)$ habe die Eigenschaft:*

> *Falls $f_n \in U$, $\sup_n \|f_n\|_\infty < \infty$ und $f(t) := \lim_{n \to \infty} f_n(t)$*
> *für alle $t \in M$ existiert, dann ist $f \in U$.*   (∗)

Dann folgt $U = B(M)$, wenn nur $C(M) \subset U$.

Beweis. (a) ist klar (vgl. Satz A.1.5(c)).

(b) Sei V der Schnitt über alle Mengen S, $C(M) \subset S \subset B(M)$, die die Eigenschaft (∗) besitzen. Das System dieser S ist nicht leer, da $B(M)$ dazugehört; es folgt $C(M) \subset V$. Als erstes wird gezeigt, dass V ein Vektorraum ist. Zu $f_0 \in V$ setze $V_{f_0} = \{g \in B(M): f_0 + g \in V\}$. Sei nun $f_0 \in C(M)$; dann ist $C(M) \subset V_{f_0}$, und V_{f_0} hat (∗). Daher gilt $V \subset V_{f_0}$; d. h.

$$f_0 \in C(M), \ g \in V \ \Rightarrow \ f_0 + g \in V.$$

Sei nun $g_0 \in V$. Nach dem gerade Bewiesenen ist $C(M) \subset V_{g_0}$. Daher gilt $V \subset V_{g_0}$, da V_{g_0} (∗) hat. Es folgt

$$g_0 \in V, \ g \in V \ \Rightarrow \ g \in V_{g_0} \ \Rightarrow \ g + g_0 \in V.$$

Genauso zeigt man: $\alpha \in \mathbb{C}, \ g \in V \ \Rightarrow \ \alpha g \in V$.

Nun werden wir beweisen, dass alle Treppenfunktionen in V liegen. Daraus folgt dann $V = B(M)$, wie behauptet, da die Menge der Treppenfunktionen sogar $\| . \|_\infty$-dicht in

$B(M)$ liegt (Satz A.1.5(e)). Es bezeichne Σ die σ-Algebra der Borelmengen von M. Es ist nur $\chi_E \in V$ für alle $E \in \Sigma$ zu zeigen, da V ein Vektorraum ist. Wir betrachten $\Delta = \{E \in \Sigma: \chi_E \in V\}$. Δ umfasst alle (relativ) offenen Mengen, da für offenes E stetige f_n mit $0 \le f_n \le 1$ und $\lim_{n \to \infty} f_n(t) = \chi_E(t)$ für alle t existieren. Also umfasst Δ einen durchschnittsstabilen Erzeuger von Σ. Nach einem Resultat der Maßtheorie genügt es, folgende Bedingungen an Δ zu verifizieren, um $\Delta = \Sigma$ zu zeigen:[1]

(1) $E, F \in \Delta, E \subset F \Rightarrow F \setminus E \in \Delta$.

(2) $E_1, E_2, \ldots \in \Delta$ paarweise disjunkt $\Rightarrow E := \bigcup_{n=1}^{\infty} E_n \in \Delta$.

Die Bedingung (1) folgt wegen $\chi_{F \setminus E} = \chi_F - \chi_E$ aus der Vektorraumeigenschaft von V, und (2) gilt wegen $\chi_E = \sum \chi_{E_n}$ (punktweise Konvergenz).

Daher gilt $\Delta = \Sigma$, was zu zeigen war.   □

Teil (b) besagt, dass $B(M)$ der kleinste Funktionenraum ist, der abgeschlossen gegenüber punktweisen Limiten von gleichmäßig beschränkten Folgen ist und alle stetigen Funktionen enthält.

Nun zur Erweiterung des Funktionalkalküls. Seien $x, y \in H$ sowie $f \in C(\sigma(T))$, wo $T \in L(H)$ selbstadjungiert ist. Betrachte

$$\ell_{x,y}(f) = \langle f(T)x, y \rangle.$$

Dann ist $\ell_{x,y}: C(\sigma(T)) \to \mathbb{C}$ linear (da $f \mapsto f(T)$ linear) und wegen

$$|\ell_{x,y}(f)| \le \|f(T)\| \, \|x\| \, \|y\| = \|f\|_\infty \|x\| \, \|y\|$$

stetig. Es existiert also nach dem Rieszschen Darstellungssatz II.2.5 ein komplexes Maß $\mu_{x,y}$ mit

$$\langle f(T)x, y \rangle = \int_{\sigma(T)} f \, d\mu_{x,y} \qquad \forall f \in C(\sigma(T)). \tag{VII.4}$$

Beachte, dass die Abbildung

$$H \times H \to M(\sigma(T)), \quad (x, y) \mapsto \mu_{x,y}$$

sesquilinear ist (also bis auf $\mu_{x,\lambda y} = \bar{\lambda} \mu_{x,y}$ bilinear); des weiteren ist sie wegen $\|\mu_{x,y}\| = \|\ell_{x,y}\| \le \|x\| \, \|y\|$ (siehe oben) stetig. ($\|\mu\|$ ist die Variationsnorm des Maßes μ, siehe Beispiel I.1(j).) Die rechte Seite der Gleichung (VII.4) ist jedoch auch für $f \in B(\sigma(T))$ sinnvoll, und das gibt Anlass, auch für solche f einen Operator $f(T)$ zu definieren.

---

[1]Vgl. Bauer [1990], S. 8, oder Behrends [1987], S. 26. Ein Mengensystem mit (1) und (2) heißt *Dynkinsystem*.

Satz VII.1.6 (Messbarer Funktionalkalkül)

*Sei $T \in L(H)$ selbstadjungiert. Dann gibt es genau eine Abbildung $\widehat{\Phi} \colon B(\sigma(T)) \to L(H)$
mit:*

(a) $\widehat{\Phi}(\mathbf{t}) = T$, $\widehat{\Phi}(\mathbf{1}) = \mathrm{Id}$,

(b) $\widehat{\Phi}$ *ist ein involutiver Algebrenhomomorphismus,*

(c) $\widehat{\Phi}$ *ist stetig,*

(d) $f_n \in B(\sigma(T))$, $\sup_n \|f_n\|_\infty < \infty$ *und* $f_n(t) \to f(t)$ *für alle* $t \in \sigma(T)$ *implizieren*
$\langle \widehat{\Phi}(f_n)x, y \rangle \to \langle \widehat{\Phi}(f)x, y \rangle$ *für alle* $x, y \in H$.

Beweis. Eindeutigkeit: Nach Satz VII.1.3 bestimmen (a), (b) und (c) $\widehat{\Phi}(f)$ für $f \in C(\sigma(T))$
eindeutig; (d) und Lemma VII.1.5 zeigen dann die Eindeutigkeit für $f \in B(\sigma(T))$.

Existenz: Seien $f \in B(\sigma(T))$, $x, y \in H$. Konstruiere die Maße $\mu_{x,y}$ wie oben und
betrachte die Abbildung

$$(x, y) \mapsto \int_{\sigma(T)} f \, d\mu_{x,y}.$$

Das ist eine stetige Sesquilinearform, denn

$$\left| \int_{\sigma(T)} f \, d\mu_{x,y} \right| \le \|f\|_\infty \|\mu_{x,y}\| \le \|f\|_\infty \|x\| \|y\|.$$

Nach dem Satz von Lax-Milgram (Aufgabe V.6.18) existiert ein eindeutig bestimmter
stetiger Operator, der mit $\widehat{\Phi}(f)$ bezeichnet werde, mit $\|\widehat{\Phi}(f)\| \le \|f\|_\infty$ und

$$\langle \widehat{\Phi}(f)x, y \rangle = \int_{\sigma(T)} f \, d\mu_{x,y} \qquad \forall x, y \in H.$$

Es sind noch (a), (b), (c) und (d) zu verifizieren; beachte, dass nach Konstruktion $\widehat{\Phi}(f) =$
$\Phi(f) = f(T)$ für stetige f ist. Daraus folgt bereits (a), und (c) ist auch schon gezeigt.

Zu (d): Nach dem Lebesgueschen Konvergenzsatz folgt sofort

$$\langle \widehat{\Phi}(f_n)x, y \rangle \to \langle \widehat{\Phi}(f)x, y \rangle$$

für $x, y \in H$ unter den Voraussetzungen von (d).

Zu (b): Nach Konstruktion ist $\widehat{\Phi}$ linear, und es gilt $\widehat{\Phi}(f \cdot g) = \widehat{\Phi}(f) \circ \widehat{\Phi}(g)$ für stetige f
und g.

Sei nun g stetig. Setze $U = \{f \in B(\sigma(T)) \colon \widehat{\Phi}(fg) = \widehat{\Phi}(f) \circ \widehat{\Phi}(g)\}$. Nach der Vorbemerkung gilt $C(\sigma(T)) \subset U$. Um $U = B(\sigma(T))$ zu schließen, verwende Lemma VII.1.5(b):
Seien $f_n \in U$, $\sup_n \|f_n\|_\infty < \infty$, und gelte $f_n(t) \to f(t)$ für alle $t \in \sigma(T)$. Nach (d) ist
einerseits

$$\lim_{n \to \infty} \langle \widehat{\Phi}(f_n)(\widehat{\Phi}(g)x), y \rangle = \langle \widehat{\Phi}(f)(\widehat{\Phi}(g)x), y \rangle$$

und andererseits

$$\lim_{n\to\infty} \langle \widehat{\Phi}(f_n)(\widehat{\Phi}(g)x), y \rangle = \lim_{n\to\infty} \langle \widehat{\Phi}(f_n g)x, y \rangle = \langle \widehat{\Phi}(fg)x, y \rangle,$$

da $f_n \in U$. Da x und y beliebig waren, folgt $f \in U$. Mit Lemma VII.1.5(b) schließen wir $U = B(\sigma(T))$.

Als nächstes sei f messbar und beschränkt. Setze $V = \{g \in B(\sigma(T)): \widehat{\Phi}(fg) = \widehat{\Phi}(f)\widehat{\Phi}(g)\}$. Nach dem ersten Beweisschritt ist $C(\sigma(T)) \subset V$, und wie oben sieht man mit Hilfe von Lemma VII.1.5 $V = B(\sigma(T))$. Das heißt aber, dass $\widehat{\Phi}$ multiplikativ ist.

Mit einer ähnlichen Technik zeigt man $\widehat{\Phi}(\bar{f}) = \widehat{\Phi}(f)^*$ für $f \in B(\sigma(T))$. $\qquad\square$

Wiederum werden wir die Schreibweise $f(T)$ statt $\widehat{\Phi}(f)$ verwenden. Beachte, dass die $f(T)$ paarweise kommutieren, denn $f(T)g(T) = (fg)(T) = (gf)(T) = g(T)f(T)$, und normal sind. $f(T)$ ist selbstadjungiert für reellwertiges f.

Teil (d) aus Satz VII.1.6 kann noch verbessert werden, es gilt nämlich sogar:

(d') $f_n \in B(\sigma(T))$, $\sup_n \|f_n\|_\infty < \infty$ und $f_n(t) \to f(t)$ für alle $t \in \sigma(T)$ implizieren $f_n(T)x \to f(T)x$ für alle $x \in H$.

Beweis. Zunächst zeige $\|f_n(T)x\| \to \|f(T)x\|$:

$$\begin{aligned}
\|f_n(T)x\|^2 &= \langle f_n(T)x, f_n(T)x \rangle \\
&= \langle f_n(T)^* f_n(T)x, x \rangle \\
&= \langle (\bar{f}_n f_n)(T)x, x \rangle \\
&\to \langle (\bar{f}f)(T)x, x \rangle = \|f(T)x\|^2;
\end{aligned}$$

hier haben wir (d) auf $\bar{f}_n f_n$ angewandt. Da in einem Hilbertraum nach Aufgabe V.6.5

$$z_n \to z \text{ schwach}, \|z_n\| \to \|z\| \Rightarrow z_n \to z$$

gilt, folgt nun (d') aus (d). $\qquad\square$

Wir werden insbesondere an den Operatoren $\chi_A(T)$ für Borelmengen A interessiert sein und formulieren dazu zwei Lemmata.

Lemma VII.1.7 *Für Borelmengen $A \subset \sigma(T)$ ist $E_A := \chi_A(T)$ eine Orthogonalprojektion.*

Beweis. Wegen $\chi_A^2 = \chi_A$ gilt $E_A^2 = E_A$ und wegen $\overline{\chi_A} = \chi_A$ gilt $E_A^* = E_A$ (beachte noch Satz V.5.9). $\qquad\square$

Lemma VII.1.8 *Sei $T \in L(H)$ selbstadjungiert. Dann gilt:*

(a) $\chi_\emptyset(T) = 0$, $\chi_{\sigma(T)}(T) = \mathrm{Id}$.

(b) *Für paarweise disjunkte Borelmengen $A_1, A_2, \ldots \subset \sigma(T)$ und $x \in H$ ist*

$$\sum_{i=1}^{\infty} \chi_{A_i}(T)x = \chi_{\bigcup_{i=1}^{\infty} A_i}(T)x.$$

(c) $\chi_A(T)\chi_B(T) = \chi_{A \cap B}(T)$ *für Borelmengen $A, B \subset \sigma(T)$.*

Beweis. (a) folgt aus Satz VII.1.6(a), (b) aus Satz VII.1.6(d′) (siehe S. 354) mit $f_n = \sum_{i=1}^{n} \chi_{A_i}$ und (c) aus $\chi_A \cdot \chi_B = \chi_{A \cap B}$ und Satz VII.1.6(b). □

Im Allgemeinen ist $\sum \chi_{A_i}(T) = \chi_{\bigcup A_i}(T)$ *falsch*, da ja fast nie $\|\chi_{A_i}(T)\| \to 0$ gilt (wann nämlich nur?). Die Lemmata VII.1.7 und VII.1.8 besagen, dass die Abbildung

$$E: A \mapsto \chi_{A \cap \sigma(T)}(T) \tag{VII.5}$$

im Sinne der folgenden Definition ein Spektralmaß ist.

▶ **Definition VII.1.9**   Sei Σ die Borel-σ-Algebra auf $\mathbb{R}$. Eine Abbildung $E: \Sigma \to L(H)$, $A \mapsto E_A$ heißt *Spektralmaß*, falls alle E_A Orthogonalprojektionen sind und

(a) $E_\emptyset = 0$, $E_\mathbb{R} = \mathrm{Id}$,

(b) für paarweise disjunkte $A_1, A_2, \ldots \in \Sigma$

$$\sum_{i=1}^{\infty} E_{A_i}(x) = E_{\bigcup A_i}(x) \qquad \forall x \in H$$

gelten. Ein Spektralmaß E hat *kompakten Träger*, falls eine kompakte Menge K mit $E_K = \mathrm{Id}$ existiert.

Man zeigt leicht, dass automatisch $E_A E_B = E_B E_A = E_{A \cap B}$ gilt (Aufgabe VII.5.7). Als nächstes soll erklärt werden, wie eine beschränkte messbare Funktion f bezüglich eines Spektralmaßes integriert wird. Dazu geht man wie bei der skalaren Integration in mehreren Schritten vor. Im 1. Schritt sei $f = \chi_A$, $A \in \Sigma$, eine Indikatorfunktion. Dann soll natürlich

$$\int f \, dE = E_A$$

sein. 2. Schritt: Sei $f = \sum_{i=1}^{n} \alpha_i \chi_{A_i}$ eine Treppenfunktion. Dann setze

$$\int f \, dE = \sum_{i=1}^{n} \alpha_i E_{A_i}.$$

Es ist nun zu überprüfen, dass diese Definition wirklich nur von f und nicht von der Darstellung $\sum \alpha_i \chi_{A_i}$ abhängt. (Das ist sehr einfach.) 3. Schritt: Sei f beschränkt und messbar. Dann existiert eine Folge (f_n) von Treppenfunktionen, die gleichmäßig gegen f konvergiert (Satz A.1.5(e)). Man ist nun versucht,

$$\int f \, dE = \lim_{n \to \infty} \int f_n \, dE \qquad (\text{VII.6})$$

zu setzen. Das ist gerechtfertigt durch das folgende Lemma.

Lemma VII.1.10 *Für eine Treppenfunktion f gilt $\| \int f \, dE \| \leq \|f\|_\infty$.*

Beweis. Sei $\|x\| \leq 1$ und $f = \sum_{i=1}^n \alpha_i \chi_{A_i}$, wobei die A_i ohne Einschränkung paarweise disjunkt seien. Dann ist

$$\left\| \left(\int f \, dE \right)(x) \right\|^2 = \left\| \sum \alpha_i E_{A_i}(x) \right\|^2 = \sum \|\alpha_i E_{A_i}(x)\|^2$$

$$= \sum |\alpha_i|^2 \|E_{A_i}(x)\|^2$$

$$\leq \sup_i |\alpha_i|^2 \sum \|E_{A_i}(x)\|^2$$

$$= \|f\|_\infty^2 \left\| \sum E_{A_i} x \right\|^2 = \|f\|_\infty^2 \|E_{\bigcup A_i}(x)\|^2$$

$$\leq \|f\|_\infty^2 \|x\|^2,$$

wobei zweimal der Satz von Pythagoras benutzt wurde.   □

Im Hinblick auf (VII.6) impliziert Lemma VII.1.10, dass $(\int f_n \, dE)$ eine Cauchyfolge in $L(H)$ ist (da ja (f_n) eine $\|\cdot\|_\infty$-Cauchyfolge ist) und folglich einen Limes besitzt. Gleichzeitig folgt, dass $\int f \, dE$ durch (VII.6) wohldefiniert, d. h. unabhängig von der approximierenden Folge (f_n) ist.

Für das so definierte Integral benutzen wir die Bezeichnungen

$$\int f \, dE, \quad \int f(\lambda) \, dE_\lambda, \quad \int_{\mathbb{R}} f \, dE \text{ etc.}$$

Hat E kompakten Träger, etwa $E_K = \text{Id}$, und ist $f \colon K \to \mathbb{C}$ eine beschränkte messbare Funktion, so definieren wir $\int f \, dE := \int_K f \, dE$ durch $\int_{\mathbb{R}} \chi_K f \, dE$; beachte, dass diese Definition von der Wahl von K unabhängig ist, denn für $E_K = \text{Id}$ und $K \cap A = \emptyset$ gilt $E_A = 0$ und deshalb $\int \chi_A f \, dE = 0$.

Der folgende Satz fasst zusammen, was wir über die Integration bezüglich eines Spektralmaßes entwickelt haben.

Satz VII.1.11 *Für ein Spektralmaß E und eine beschränkte messbare Funktion f existiert $\int f \, dE \in L(H)$. Die Abbildung $f \mapsto \int f \, dE$ ist linear und stetig, genauer gilt $\| \int f \, dE \| \leq$*

$\|f\|_\infty$. *Ist f reellwertig, so ist $\int f\,dE$ selbstadjungiert. Ist $K \subset \mathbb{R}$ eine kompakte Menge mit $E_K = \mathrm{Id}$, so genügt es, dass f auf K definiert und beschränkt ist.*

Sei jetzt E ein Spektralmaß mit kompaktem Träger. Da alle Polynome auf kompakten Mengen beschränkt sind, ist $\int f\,dE$ für Polynome f erklärt. Speziell existiert $T := \int \lambda\,dE_\lambda \in L(H)$, und T ist selbstadjungiert. Wir haben also in (VII.5) einem beschränkten selbstadjungierten Operator ein Spektralmaß mit kompaktem Träger zugeordnet, und soeben haben wir zu einem Spektralmaß mit kompaktem Träger einen beschränkten selbstadjungierten Operator assoziiert. Wir werden beweisen, dass das zueinander inverse Operationen sind.

Zunächst sei E ein Spektralmaß mit kompaktem Träger, und sei $T = \int \lambda\,dE_\lambda$. Es ist zu zeigen, dass das Spektralmaß von T, d. h. $A \mapsto \chi_{A\cap\sigma(T)}(T)$, mit E übereinstimmt. Sei f: $\sigma(T) \to \mathbb{C}$ beschränkt und messbar. Setze f auf $\mathbb{R} \setminus \sigma(T)$ durch 0 fort und bezeichne die so auf $\mathbb{R}$ fortgesetzte Funktion mit $\widehat{f}$. Nach Satz VII.1.11 existiert der Operator

$$\Psi(f) := \int \widehat{f}\,dE,$$

und $\Psi: B(\sigma(T)) \to L(H)$ ist linear und stetig. Ψ ist auch multiplikativ (für Treppenfunktionen ist das klar wegen $E_A E_B = E_{A\cap B}$, allgemein folgt es durch Approximation) und involutiv (ähnliches Argument). Um zu zeigen, dass auch (d) aus Satz VII.1.6 gilt, bemerke, dass für $x, y \in H$ die Abbildung $\nu_{x,y}: A \mapsto \langle E_A x, y \rangle$ ein komplexes Maß ist und dass

$$\langle \Psi(f)x, y \rangle = \int f\,d\nu_{x,y} \qquad\qquad\qquad\text{(VII.7)}$$

gilt (klar für Treppenfunktionen und einfach sonst); man braucht dann nur noch den Lebesgueschen Konvergenzsatz anzuwenden. Es bleibt zu überlegen, dass auch

$$\mathrm{Id} = \Psi(\mathbf{1}) \quad \text{und} \quad T = \Psi(\mathbf{t})$$

gelten. Die erste Behauptung ist äquivalent zu $E_{\sigma(T)} = \mathrm{Id}$, und daraus folgt dann $\Psi(\mathbf{t}) = \int_{\sigma(T)} \lambda\,dE_\lambda = T$ nach Satz VII.1.11.

Um $E_{\sigma(T)} = \mathrm{Id}$ zu zeigen, wähle ein (aus technischen Gründen) halboffenes Intervall $(a, b]$ mit $E_{(a,b]} = \mathrm{Id}$. Sei $\mu \in \rho(T)$. Wir werden zuerst $E_U = 0$ für eine geeignete Umgebung U von μ zeigen. Da $\mu - T$ invertierbar ist, existiert nach Aufgabe VI.7.5 ein $\delta > 0$ mit

$$\|S - (\mu - T)\| \le \delta \;\Rightarrow\; S \text{ invertierbar und } \|S^{-1}\| \le C := \|(\mu - T)^{-1}\| + 1.$$

Wir dürfen $\delta = \frac{b-a}{N}$ und $\delta < \frac{1}{C}$ annehmen, setzen $a_k = a + k\delta$ für $k = 0, \ldots, N$ und betrachten die Treppenfunktion $f = \sum_{k=1}^{N} a_k \chi_{(a_{k-1}, a_k]}$. Satz VII.1.11 impliziert

$$\left\| T - \int f\,dE \right\| = \left\| T - \sum_{k=1}^{N} a_k E_k \right\| \le \delta,$$

wo $E_k = E_{(a_{k-1}, a_k]}$. Also gilt wegen $\sum_{k=1}^{N} E_k = \text{Id}$

$$\left\| (\mu - T) - \sum_{k=1}^{N} (\mu - a_k) E_k \right\| \leq \delta.$$

Nach Wahl von δ bedeutet das, dass $\sum_{k=1}^{N} (\mu - a_k) E_k$ invertierbar und die Norm des inversen Operators $\leq C$ ist. Diese Norm ist jedoch andererseits $\sup\{|\mu - a_k|^{-1} : E_k \neq 0\}$. Daher gilt $E_k = 0$, falls $|\mu - a_k| < \frac{1}{C}$; also ist in der Tat $E_U = 0$ für eine Umgebung von μ.

Sei jetzt $K \subset \rho(T)$ kompakt. Nach dem gerade Bewiesenen existieren zu $\mu \in K$ Umgebungen U_μ mit $E_{U_\mu} = 0$. Da K kompakt ist, gibt es endlich viele $\mu_1, \ldots, \mu_n$ mit $K \subset \bigcup_{i=1}^{n} U_{\mu_i}$; es folgt $E_K = 0$. Da die positiven Maße $A \mapsto \langle E_A x, x \rangle$ regulär sind (Satz I.2.15), ist $\langle E_{\rho(T)} x, x \rangle = 0$ für alle x; mit Korollar V.5.8 folgt $E_{\rho(T)} = 0$, d. h. $E_{\sigma(T)} = \text{Id}$.

Damit haben wir die Bedingungen (a)–(d) aus Satz VII.1.6 verifiziert und erhalten den folgenden Satz.

Satz VII.1.12 *Ist E ein Spektralmaß auf $\mathbb{R}$ mit kompaktem Träger und T der selbstadjungierte Operator $T = \int \lambda \, dE_\lambda$, so ist*

$$\Psi : B(\sigma(T)) \to L(H), \quad f \mapsto \int_{\sigma(T)} f \, dE$$

der (gemäß Satz VII.1.6 eindeutig bestimmte) messbare Funktionalkalkül. Insbesondere ist $E_{\sigma(T)} = \text{Id}$.

Speziell ergibt sich für messbare $A \subset \sigma(T)$

$$\chi_A(T) = \Psi(\chi_A) = \int \chi_A \, dE = E_A,$$

d. h. das gemäß (VII.5) zu T assoziierte Spektralmaß stimmt mit dem T definierenden Spektralmaß überein.

Ist *umgekehrt* ein selbstadjungierter Operator T gegeben, E sein assoziiertes Spektralmaß (gemäß (VII.5)) und schließlich S definiert durch $\int \lambda \, dE_\lambda$, so ist $S = T$: Zunächst hat E kompakten Träger wegen $\chi_{\sigma(T)}(T) = E_{\sigma(T)} = \text{Id}$. Wähle eine Treppenfunktion f auf $\sigma(T)$ mit $\|f - \mathbf{t}\|_\infty \leq \varepsilon$. Dann ist

$$\|T - S\| \leq \|T - f(T)\| + \|f(T) - \Psi(f)\| + \|\Psi(f) - S\| \leq 2\varepsilon$$

(hier bezeichnet $f(T)$ den Funktionalkalkül von T (Satz VII.1.6), $\Psi(f)$ den von S (Satz VII.1.12)), da nach Satz VII.1.6

$$\|T - f(T)\| \leq \|\mathbf{t} - f\|_\infty \leq \varepsilon$$

sowie nach Satz VII.1.11

$$\|S - \Psi(f)\| = \left\| \int_{\sigma(T)} (\mathbf{t} - f)\, dE \right\| \le \|\mathbf{t} - f\|_\infty \le \varepsilon$$

gelten; außerdem ist

$$f(T) - \Psi(f) = \sum \alpha_i \chi_{A_i}(T) - \sum \alpha_i E_{A_i} = 0$$

für $f = \sum \alpha_i \chi_{A_i}$ nach Definition, denn $E_{A_i} = \chi_{A_i}(T)$.

Die bisherige Diskussion fasst der *zentrale Satz* dieses Abschnitts zusammen.

Theorem VII.1.13 (Spektralsatz für selbstadjungierte beschränkte Operatoren)
Sei $T \in L(H)$ selbstadjungiert. Dann existiert ein eindeutig bestimmtes Spektralmaß mit kompaktem Träger E auf $\mathbb{R}$ mit

$$T = \int_{\sigma(T)} \lambda\, dE_\lambda. \tag{VII.8}$$

Die Abbildung $f \mapsto f(T) = \int f(\lambda)\, dE_\lambda$ definiert den meßbaren Funktionalkalkül. $f(T)$ ist bestimmt durch (vgl. (VII.7))

$$\langle f(T)x, y \rangle = \int_{\sigma(T)} f(\lambda)\, d\langle E_\lambda x, y \rangle.$$

(VII.8) ist die $T = \sum_{i=1}^{\infty} \lambda_i E_{\lambda_i}$ verallgemeinernde Formel! Sie zeigt, dass T aus den Orthogonalprojektionen E_A, $A \subset \sigma(T)$, zusammengesetzt ist, jedoch i. Allg. auf „kontinuierliche" Weise, nämlich als Integral und nicht als Summe. Noch etwas zur Bezeichnung: Das Symbol $d\langle E_\lambda x, y \rangle$ bezeichnet die Integration bzgl. des Borelmaßes $A \mapsto \langle E_A x, y \rangle$, es ist dasselbe Maß, das in (VII.4) mit $\mu_{x,y}$ bezeichnet wurde.

Sei nun $S \in L(H)$ ein weiterer beliebiger Operator. Die Mengenfunktion $A \mapsto \langle S E_A x, y \rangle = \langle E_A x, S^* y \rangle$ ist dann ebenfalls ein Maß.

Korollar VII.1.14 *Sei $T \in L(H)$ selbstadjungiert und E sein Spektralmaß. Ein Operator $S \in L(H)$ vertauscht genau dann mit T (d. h. $ST - TS = 0$), wenn S mit allen E_A vertauscht.*

Beweis. S vertauscht mit T genau dann, wenn S mit allen T^n, $n \ge 0$, vertauscht, und das heißt

$$\langle S T^n x, y \rangle = \langle T^n S x, y \rangle \qquad \forall x, y \in H,\ n \ge 0.$$

Dies wiederum ist äquivalent zu

$$\int \lambda^n\, d\langle S E_\lambda x, y \rangle = \int \lambda^n\, d\langle E_\lambda S x, y \rangle \qquad \forall x, y \in H,\ n \ge 0,$$

denn es gilt

$$\langle ST^n x, y \rangle = \langle T^n x, S^* y \rangle = \int \lambda^n \, d\langle E_\lambda x, S^* y \rangle = \int \lambda^n \, d\langle SE_\lambda x, y \rangle$$

und analog $\langle T^n Sx, y \rangle = \int \lambda^n \, d\langle E_\lambda Sx, y \rangle$. Damit stimmen die beiden Maße $d\langle SE_\lambda x, y \rangle$ und $d\langle E_\lambda Sx, y \rangle$, aufgefasst als Funktionale auf $C(\sigma(T))$, auf den Polynomen überein und damit auch auf deren Abschluss. Mit Hilfe des Weierstraßschen Approximationssatzes und des Rieszschen Darstellungssatzes schließt man daraus, dass S genau dann mit T vertauscht, wenn

$$\langle SE_A x, y \rangle = \langle E_A Sx, y \rangle \qquad \forall x, y \in H, \ A \in \Sigma$$

gilt, d. h. $E_A S = SE_A$ für alle Borelmengen A. $\qquad\qquad\qquad\qquad\qquad\qquad\qquad$ $\square$

Beispiele

(a) H sei endlichdimensional, also $H = \mathbb{C}^n$. Besitzt der selbstadjungierte Operator T die m paarweise verschiedenen Eigenwerte $\mu_1, \ldots, \mu_m$, so gilt bekanntlich

$$T = \sum_{i=1}^{m} \mu_i E_{\{\mu_i\}}, \tag{VII.9}$$

wo $E_{\{\mu_i\}}$ die Orthogonalprojektion auf den Eigenraum $\ker(\mu_i - T)$ von μ_i ist. Das Spektralmaß von T ist dann ($A \in \Sigma$)

$$E_A = \sum_{\{i:\ \mu_i \in A\}} E_{\{\mu_i\}},$$

und Theorem VII.1.13 reduziert sich auf die Formel (VII.9).

(b) H sei beliebig und T selbstadjungiert und kompakt. Nach dem Spektralsatz für kompakte Operatoren ist (Korollar VI.3.3)

$$T = \sum_{i=1}^{\infty} \mu_i E_{\{\mu_i\}} \tag{VII.10}$$

(μ_i in der Bedeutung wie oben); auch das Spektralmaß schreibt sich wie oben als $E_A = \sum_{\mu_i \in A} E_{\{\mu_i\}}$, wobei diese Reihe *nur punktweise konvergiert*, nicht in der Operatornorm. ((VII.10) konvergiert in der Normtopologie.)

(c) Sei $H = L^2[0, 1]$, $(Tx)(t) = t \cdot x(t)$. T ist selbstadjungiert mit $\sigma(T) = [0, 1]$. T besitzt keine Eigenwerte, d. h. $\sigma(T) = \sigma_c(T)$ (vgl. Aufgabe VII.5.8). Die Spektralzerlegung von T sieht so aus: Zu $A \in \Sigma$ setze $E_A x = \chi_{A \cap [0,1]} x$. Es ist leicht zu sehen, dass E ein Spektralmaß mit kompaktem Träger ist. E stellt T dar:

$$\int \lambda \, d\langle E_\lambda x, y \rangle = \int \lambda x(\lambda) \overline{y(\lambda)} \, d\lambda = \langle Tx, y \rangle,$$

da $\langle E_A x, y \rangle = \int_{A \cap [0,1]} x(\lambda) \overline{y(\lambda)} \, d\lambda = \int_0^1 \chi_A(\lambda) x(\lambda) \overline{y(\lambda)} \, d\lambda$; $d\langle E_\lambda x, y \rangle$ hat also bzgl. des Lebesguemaßes die Dichte $x\bar{y} \in L^1$. Das zeigt $T = \int \lambda \, dE_\lambda$.

(d) $T \in L(H)$ sei positiv, dann ist die Wurzelfunktion auf $\sigma(T)$ definiert und stetig (vgl. Korollar VII.1.2). Man kann also $T^{1/2}$ gemäß Satz VII.1.3 (oder Theorem VII.1.13, was auf dasselbe hinausläuft) definieren. Nach Satz VII.1.4 ist $T^{1/2}$ positiv, und (das war ja der Sinn der Sache) $(T^{1/2})^2 = T$. Sei S ein weiterer positiver Operator mit $S^2 = T$. Wir werden $S = T^{1/2}$ zeigen. Dazu benötigen wir den folgenden Satz.

Satz VII.1.15 $S \in L(H)$ *sei selbstadjungiert,* $g \colon \sigma(S) \to \mathbb{R}$ *und* $f \colon \mathbb{R} \to \mathbb{R}$ *seien messbar und beschränkt. Dann ist*

$$(f \circ g)(S) = f\big(g(S)\big).$$

Beweis. Zunächst ist $f \circ g$ messbar, also $(f \circ g)(S)$ gemäß Theorem VII.1.13 wohldefiniert. Da g reellwertig ist, ist $g(S)$ selbstadjungiert und besitzt ein eindeutig bestimmtes Spektralmaß E. Das Spektralmaß von S sei F. Es reicht nun, die Behauptung für Indikatorfunktionen $f = \chi_A$ $(A \in \Sigma)$ zu beweisen, da mit der schon mehrfach verwandten Technik so auf Treppenfunktionen und anschließend auf messbare f zu schließen ist. Wegen $\chi_A \circ g = \chi_{g^{-1}(A)}$ ist zu zeigen (bemerke $g^{-1}(A) \in \Sigma$ für $A \in \Sigma$):

$$F_{g^{-1}(A)} = E_A \qquad \forall A \in \Sigma.$$

Nach der Definition heißt das, dass die Übereinstimmung der Maße

$$\mu_{x,y}(A) = \langle E_A x, y \rangle$$
$$\nu_{x,y}(A) = \langle F_{g^{-1}(A)} x, y \rangle$$

gezeigt werden muß. Für $n \geq 0$ gilt nun

$$\int \lambda^n \, d\nu_{x,y} = \int g(\lambda)^n \, d\langle F_\lambda x, y \rangle,$$

denn $\nu_{x,y}$ ist das sog. *Bildmaß* von $d\langle F_\lambda x, y \rangle$ unter g; die obige Gleichung ist dann als *Transformationssatz für Bildmaße* in der Maßtheorie bekannt; siehe z. B. Bauer [1990], S. 125, oder Behrends [1987], S. 131. Also gilt

$$\int \lambda^n \, d\nu_{x,y} = \langle (g(S))^n x, y \rangle = \int \lambda^n \, d\langle E_\lambda x, y \rangle = \int \lambda^n \, d\mu_{x,y}.$$

Wie im Beweis von Korollar VII.1.14 liefern die Sätze von Riesz und Weierstraß die Behauptung.   □

Um Beispiel (d) abzuschließen, verwenden wir $g(t) = t^2$ und $f(t) = \left(t\chi_{\sigma(T)}(t)\right)^{1/2}$. Da $\sigma(S) \subset [0, \infty)$ gefordert war, ist $f \circ g = t$. Satz VII.1.15 liefert dann

$$S = (f \circ g)(S) = f\big(g(S)\big) = f(T) = T^{1/2}.$$

Genauso sieht man:

Korollar VII.1.16 *Zu positivem $T \in L(H)$ und $n \in \mathbb{N}$ existiert genau ein positives $S \in L(H)$ mit $S^n = T$.*

Wie im kompakten Fall setzt man $|T| = (T^*T)^{1/2}$, und wie im kompakten Fall erhält man die Polarzerlegung eines beschränkten Operators:

Korollar VII.1.17 *Zu $T \in L(H)$ existiert eine partielle Isometrie U mit $T = U|T|$.*

Beweis. Wörtlich wie bei Satz VI.3.5.   □

Als nächstes sollen Spektrum und Resolventenmenge eines selbstadjungierten Operators durch sein Spektralmaß beschrieben werden.

Satz VII.1.18 *Sei $T \in L(H)$ selbstadjungiert und E sein Spektralmaß.*

(a) *Es ist $\lambda \in \rho(T)$ genau dann, wenn eine offene Umgebung U von λ mit $E_U = 0$ existiert.*

(b) *λ ist ein Eigenwert von T genau dann, wenn $E_{\{\lambda\}} \neq 0$. In diesem Fall projiziert $E_{\{\lambda\}}$ auf den Eigenraum von λ.*

(c) *Isolierte Punkte[2] λ von $\sigma(T)$ sind Eigenwerte.*

Beweis. (a) Nach Konstruktion von E ist $E_{\rho(T)} = 0$. Zum Beweis der Umkehrung sei U eine Umgebung von λ mit $E_U = 0$. Setze $f(t) = \frac{1}{\lambda - t}$ für $t \notin U$, $f(t) = 0$ sonst. Dann ist f messbar und auf $\sigma(T)$ beschränkt. Dasselbe gilt für $g(t) = \lambda - t$. Es folgt

$$f(T)(\lambda - T) = f(T)g(T) = (fg)(T) = \chi_{\complement U}(T) = E_{\complement U} = \mathrm{Id},$$

da $E_U = 0$. Genauso zeigt man $(\lambda - T)f(T) = \mathrm{Id}$, daher ist $\lambda \in \rho(T)$.

---

[2] D. h.: Es existiert eine offene Umgebung U von λ mit $U \cap \sigma(T) = \{\lambda\}$. (Anders gesagt: $\{\lambda\}$ ist offen bzgl. der Relativtopologie von $\sigma(T)$.)

(b) Alles folgt aus $\mathrm{ran}(E_{\{\lambda\}}) = \ker(\lambda - T)$. Zum Beweis hierfür sei $x \in \mathrm{ran}(E_{\{\lambda\}})$, d. h. $E_{\{\lambda\}}x = x$. Dann gilt

$$\langle(\lambda - T)x, y\rangle = \langle(\lambda - T)E_{\{\lambda\}}x, y\rangle = \int (\lambda - t)\chi_{\{\lambda\}}(t)\, d\langle E_t x, y\rangle = 0$$

für alle $y \in H$, da $(\lambda - t)\chi_{\{\lambda\}}(t) = 0$. Es folgt $x \in \ker(\lambda - T)$. Ist umgekehrt $Tx = \lambda x$, so ist für stetige f nach Satz VII.1.4(c) $f(T)x = f(\lambda)x$. Mit Lemma VII.1.5(b) folgt, dass diese Gleichung auch für beschränkte messbare f gilt. Setzt man speziell $f = \chi_{\{\lambda\}}$, so erhält man $E_{\{\lambda\}}x = x$.

(c) Wähle eine offene Menge U mit $U \cap \sigma(T) = \{\lambda\}$. Da $U \setminus \{\lambda\} \subset \rho(T)$ gilt, muss $E_{U\setminus\{\lambda\}} = 0$ sein. Wäre auch $E_{\{\lambda\}} = 0$, so folgte $E_U = 0$ und deshalb nach (a) $\lambda \in \rho(T)$. $\square$

Korollar VII.1.19 *Ist $T \in L(H)$ selbstadjungiert und E sein Spektralmaß, so ist $\sigma(T)$ die kleinste kompakte Menge mit $E_{\sigma(T)} = \mathrm{Id}$.*

Beweis. Ist K kompakt, $\lambda \notin K$ und $E_K = \mathrm{Id}$, also $E_{\mathbb{R}\setminus K} = 0$, so impliziert Satz VII.1.18(a) $\lambda \in \rho(T)$. Also gilt $\sigma(T) \subset K$. $\square$

Als nächstes soll eine Form des Spektralsatzes besprochen werden, die zeigt, dass Beispiel (c) den typischen selbstadjungierten Operator beschreibt. Sei zunächst T selbstadjungiert und $x \in H$ ein *zyklischer Vektor* von T, d. h. $H = \overline{\mathrm{lin}}\{x, Tx, T^2x, \ldots\}$. Sei μ das endliche positive Maß $d\langle E_\lambda x, x\rangle$ auf $\mathbb{R}$ (oder $\sigma(T)$); dabei ist E natürlich das Spektralmaß von T. Dann gilt folgender Satz.

Satz VII.1.20 *Sei $x \in H$ ein zyklischer Vektor des selbstadjungierten Operators $T \in L(H)$. Dann existiert ein unitärer Operator $U: H \to L^2(\mu)$ (μ wie oben) mit*

$$(UTU^{-1}\varphi)(t) = t \cdot \varphi(t) \qquad \mu\text{-fast überall.}$$

Beweis. Sei $\varphi \in C(\sigma(T))$. Dann gilt

$$\begin{aligned}
\int_{\sigma(T)} |\varphi(t)|^2\, d\mu(t) &= \int_{\sigma(T)} \overline{\varphi(t)}\varphi(t)\, d\langle E_t x, x\rangle \\
&= \langle\varphi(T)^*\varphi(T)x, x\rangle \\
&= \|\varphi(T)x\|^2.
\end{aligned}$$

Die lineare Abbildung $\tilde{V}: C(\sigma(T)) \to H$, $\varphi \mapsto \varphi(T)x$, ist also isometrisch bzgl. der Norm von $L^2(\mu)$. Sie gestattet daher (denn C liegt dicht in L^2; vgl. Satz I.2.13) eine Fortsetzung $V: L^2(\mu) \to H$; diese ist linear und isometrisch, und sie hat dichtes Bild, denn $V(L^2(\mu))$ umfasst die $T^n x$, $n \geq 0$. V ist also surjektiv und deshalb unitär. Wegen

$$T(V(\varphi)) = T(\varphi(T)x) = (T \circ \varphi(T))x = V(\mathbf{t} \cdot \varphi) \qquad \forall \varphi \in C(\sigma(T))$$

ist

$$(V^{-1}TV)(\varphi) = \mathbf{t} \cdot \varphi \qquad \forall \varphi \in C(\sigma(T));$$

Aus Dichtheitsgründen überträgt sich diese Aussage auf alle $\varphi \in L^2(\mu)$. Die Behauptung folgt nun mit $U = V^{-1} = V^*$. $\qquad\qquad\qquad\qquad\qquad\qquad\qquad\qquad$ □

Leider besitzt nicht jeder selbstadjungierte Operator zyklische Vektoren (betrachte z. B. $T = \mathrm{Id}$), allgemein gilt jedoch:

Satz VII.1.21 (Multiplikationsoperatorversion des Spektralsatzes)
Jeder selbstadjungierte Operator ist unitär äquivalent zu einem Multiplikationsoperator. Genauer gilt: Es existieren ein (im Fall separabler Hilberträume σ-endlicher) Maßraum (Ω, Σ, μ), eine beschränkte messbare Funktion $f : \Omega \to \mathbb{R}$ und ein unitärer Operator U: $H \to L^2(\mu)$ mit

$$(UTU^{-1})\varphi = f \cdot \varphi \qquad \mu\text{-fast überall.}$$

Zum Beweis nehmen wir zusätzlich an, dass H separabel ist, um einige notationstechnische Komplikationen zu vermeiden. Die Bezeichnung $H = \bigoplus_2 H_i$ bedeutet, dass jedes $x \in H$ eindeutig als $x = \sum_{i<N} x_i$ mit $x_i \in H_i$ und $\|x\|^2 = \sum_{i<N} \|x_i\|^2$ geschrieben werden kann; dabei ist $N \in \mathbb{N}$ oder $N = \infty$. Wir werden x mit der (endlichen oder unendlichen) Folge $(x_i)_{i<N}$ identifizieren. Anders gesagt sind die H_i paarweise orthogonale Unterräume von H, deren lineare Hülle dicht liegt.

Lemma VII.1.22 *Sei H separabel und $T \in L(H)$ selbstadjungiert. Dann existiert eine Zerlegung $H = \bigoplus_2 H_i$, so dass $T(H_i) \subset H_i$ gilt und der eingeschränkte Operator T_i: $H_i \to H_i$ einen zyklischen Vektor x_i besitzt.*

Beweis. Wir verwenden das Zornsche Lemma. Sei $\mathscr{H}$ die Menge aller höchstens abzählbaren Familien (H_i) von paarweise orthogonalen abgeschlossenen Unterräumen H_i mit $T(H_i) \subset H_i$ und $H_i = \overline{\mathrm{lin}}\{T^n x_i : n \geq 0\}$ für ein geeignetes $x_i \in H_i$. Es ist $\mathscr{H} \neq \emptyset$, denn $\{\{0\}\} \in \mathscr{H}$. $\mathscr{H}$ ist durch Inklusion teilweise geordnet.

Ist $\mathscr{K}$ eine Kette in $\mathscr{H}$, so schreibe ein Element k von $\mathscr{K}$ als $k = \{H_{ik} : i < N_k\}$. Es ist

$$h_0 := \bigcup_{k \in \mathscr{K}} k = \{H_{ik} : i < N_k, \; k \in \mathscr{K}\} \in \mathscr{H},$$

denn da H separabel ist, kann h_0 nur höchstens abzählbar viele verschiedene H_{ik} enthalten, weil es sonst ein überabzählbares Orthonormalsystem gäbe. Diese sind natürlich T-invariant und liefern zyklische Vektoren für die Einschränkungen von T.

Sei h ein maximales Element von $\mathscr{H}$, das den Nullraum umfasst. Setze $U = \overline{\mathrm{lin}} \bigcup_{K \in h} K$. Wäre $U \neq H$, so existierte $x \in U^\perp \setminus \{0\}$. Sei $V = \overline{\mathrm{lin}}\{T^n x : n \geq 0\}$. Nach Konstruktion ist

$T(V) \subset V$, und x ist ein zyklischer Vektor zu $T|_V \colon V \to V$. Also gilt $h \le h \cup \{V\}$ und, da h maximal war, $V \in h$ und $x \in U$, folglich $x = 0$ (Widerspruch). Das zeigt $U = H$, und die gesuchte Zerlegung ist erreicht. $\qquad\square$

Beweis von Satz VII.1.21. Verwende die Zerlegung in Lemma VII.1.22 und Satz VII.1.20, um für geeignete unitäre $U_i \colon H_i \to L^2(\mu_i)$ und beschränkte messbare $f_i \colon \sigma(T_i) \to \mathbb{R}$

$$(U_i T_i U_i^{-1})(\varphi_i) = f_i \cdot \varphi_i$$

zu schließen. Hier ist μ_i auf der Borel-σ-Algebra von $\sigma(T_i) \subset \mathbb{R}$ definiert. Wir gehen nun zu den paarweise disjunkten Kopien $\Omega_i = \sigma(T_i) \times \{i\} \subset \mathbb{R}^2$ über und stellen uns μ_i als Maß auf der Borel-σ-Algebra von Ω_i vor. Es sei $\Omega = \bigcup_{i<N} \Omega_i$; darauf betrachten wir die σ-Algebra $\Sigma = \{A \subset \Omega \colon A \cap \Omega_i \text{ Borelmenge } \forall i\}$ und das Maß

$$\mu \colon \Sigma \to [0, \infty], \quad \mu(A) = \sum_{i<N} \mu_i(A \cap \Omega_i).$$

Setze $f(t) = f_i(t)$, falls $t \in \Omega_i$; dann ist f beschränkt und messbar. Wir schreiben $f = (f_i)$, genauso $\varphi = (\varphi_i)$. Der Operator $U \colon H \to L^2(\mu)$ sei durch

$$U\big((x_i)_{i<N}\big) = (U_i x_i)_{i<N}.$$

definiert. Dann ist U unitär und $(UTU^{-1})\varphi = f\varphi$. $\qquad\square$

Es sei ausdrücklich betont, dass die Wahl von μ nicht eindeutig ist!

Beispiel

Sei $f \in L^2(\mathbb{R}) \cap L^1(\mathbb{R})$. Zu $x \in L^2(\mathbb{R})$ betrachte

$$y(s) = \int_{\mathbb{R}} f(s-t) x(t) \, dt.$$

Dieses Integral existiert, da $f \in L^2(\mathbb{R})$ ist. Ferner lehrt die Maß- und Integrationstheorie, dass y messbar ist. y heißt die *Faltung* von f und x, in Zeichen $y = f * x$ (vgl. auch den Beweis von Lemma V.1.10). Da f jedoch auch in $L^1(\mathbb{R})$ liegt, ist $y \in L^2(\mathbb{R})$. Es ist nämlich

$$|y(s)|^2 = \left| \int f(s-t) x(t) \, dt \right|^2$$

$$= \left| \int x(s-t) f(t) \, dt \right|^2$$

$$\le \left(\int |x(s-t)| \, |f(t)|^{1/2} |f(t)|^{1/2} \, dt \right)^2$$

$$\le \int |f(t)| \, dt \int |x(s-t)|^2 |f(t)| \, dt$$

nach der Cauchy-Schwarz-Ungleichung, also folgt mit Hilfe des Satzes von Fubini

$$\int |y(s)|^2 \, ds \leq \|f\|_{L^1} \int ds \int dt \, |x(s-t)|^2 |f(t)|$$

$$= \|f\|_{L^1} \int dt \int ds \, |x(s-t)|^2 |f(t)|$$

$$= \|f\|_{L^1} \int dt \, |f(t)| \, \|x\|_{L^2}^2$$

$$= \|f\|_{L^1}^2 \, \|x\|_{L^2}^2.$$

Damit ist gezeigt: Für $f \in L^2(\mathbb{R}) \cap L^1(\mathbb{R})$ ist der *Faltungsoperator* $T_f \colon L^2(\mathbb{R}) \to L^2(\mathbb{R})$, $T_f(x) = f * x$ wohldefiniert und stetig mit $\|T_f\| \leq \|f\|_{L^1}$.

Setzt man $k(s,t) = f(s-t)$, so hat T_f (wie früher) die Gestalt

$$(T_f x)(s) = \int k(s,t) x(t) \, dt,$$

im Unterschied zu den bisher betrachteten Situationen ist hier $k \notin L^2(\mathbb{R}^2)$, denn

$$\int_{\mathbb{R}} ds \int_{\mathbb{R}} dt \, |k(s,t)|^2 = \int_{\mathbb{R}} ds \, \|f\|_{L^2}^2 = \infty$$

(es sei denn, $f = 0$). Faltungsoperatoren sind daher keine Hilbert-Schmidt-Operatoren, sie sind nicht einmal kompakt.

Aus der obigen Darstellung ergibt sich, dass T_f genau dann selbstadjungiert ist, wenn $k(s,t) = \overline{k(t,s)}$ f.ü. gilt, d.h. wenn $f(s) = \overline{f(-s)}$ f.ü. gilt. Speziell ist T_f selbstadjungiert, wenn f eine gerade reellwertige Funktion ist.

Wie sieht die Spektralzerlegung von T_f aus? Zunächst sei an die Definition der Fouriertransformation (Definition V.2.1) erinnert: Für $f \in L^1(\mathbb{R})$ ist

$$(\mathscr{F}f)(s) = \frac{1}{\sqrt{2\pi}} \int_{\mathbb{R}} f(t) e^{-ist} \, dt.$$

In Kap. V wurde gezeigt, wie man einen unitären Operator $\mathscr{F} \colon L^2(\mathbb{R}) \to L^2(\mathbb{R})$ gewinnen kann, so dass sich im Fall $f \in L^2 \cap L^1$ die Fouriertransformierte $\mathscr{F}f$ nach der obigen Formel berechnen lässt (siehe Satz V.2.8 und Satz V.2.9). Wir benötigen folgendes Resultat der Fourieranalyse (siehe Aufgabe VII.5.10):

$$\mathscr{F}(f * g) = \sqrt{2\pi} \, \mathscr{F}f \cdot \mathscr{F}g \qquad \forall f \in L^1 \cap L^2, \ g \in L^2. \tag{VII.11}$$

Setzt man $h = \sqrt{2\pi} \, \mathscr{F}f$, so ist $h \in C_0(\mathbb{R})$ nach Satz V.2.2, also ist der Multiplikationsoperator $M_h \colon g \mapsto h \cdot g$ auf $L^2(\mathbb{R})$ wohldefiniert, und es gilt

$$\mathscr{F} T_f \mathscr{F}^{-1} = M_h.$$

(das ist nichts anderes als (VII.11)). Daher ist (vgl. Aufgabe VII.5.8) $\sigma(T_f) = \sigma(M_h) = h(\mathbb{R}) \cup \{0\}$. λ ist genau dann Eigenwert, wenn $\{t: h(t) = \lambda\}$ positives Maß hat. Ist speziell $f(t) = e^{-t^2/2}$, so ist nach Lemma V.2.6 $h(t) = \sqrt{2\pi}\,e^{-t^2/2}$, d.h. T_f hat keinen Eigenwert. Und doch: Sei $e_\lambda(t) = e^{i\lambda t}$, also $e_\lambda \in L^\infty$. Man berechnet

$$(f * e_\lambda)(s) = \int f(s-t)e^{i\lambda t}\,dt = \int f(t)e^{i\lambda(s-t)}\,dt$$

$$= e^{i\lambda s}(\mathscr{F}f)(\lambda) \cdot \sqrt{2\pi} = h(\lambda)e_\lambda(s).$$

Formal ist e_λ Eigenfunktion von T_f zum Eigenwert $h(\lambda)$, aber natürlich ist $e_\lambda \notin L^2$ und damit nicht im Definitionsbereich von T_f! Den Physiker stört das im übrigen wenig, er tut einfach so, als wäre $e_\lambda \in L^2$ (und fährt nicht einmal schlecht damit). Solche „verallgemeinerten" Eigenfunktionen treten typischerweise beim stetigen Spektrum auf; wir werden in Abschn. VIII.9 noch einmal darauf zurückkommen.

Zum Schluss noch eine Anwendung des Spektraltheorems. Man nennt $J \subset L(H)$ ein *Ideal*, wenn J ein Untervektorraum mit

$$S \in J,\ R, T \in L(H)\ \Rightarrow\ RST \in J$$

ist. Wir beginnen mit einem Lemma.

Lemma VII.1.23 *Sei $T = \int \lambda\,dE_\lambda$ ein selbstadjungierter Operator. Setze $A_n = \{t: |t| \geq \frac{1}{n}\}$. Sind alle $\mathrm{ran}(E_{A_n})$ endlichdimensional, so ist T kompakt.*

Beweis. Mit Hilfe von Theorem VII.1.13 erhält man

$$\|T - TE_{A_n}\| = \left\|\int (t - t\chi_{A_n}(t))\,dE_t\right\| \leq \sup_{t \in \sigma(T)} |t - t\chi_{A_n}(t)| \leq \frac{1}{n}.$$

Damit ist T Limes von Operatoren mit endlichdimensionalem Bild und folglich (Korollar II.3.3) kompakt. $\square$

Satz VII.1.24 *Sei H separabel. Dann besitzt $L(H)$ außer $\{0\}$ und $L(H)$ nur noch $K(H)$ als abgeschlossenes Ideal.*

Beweis. Natürlich ist $K(H)$ ein abgeschlossenes Ideal (siehe Satz II.3.2). Sei nun J ein abgeschlossenes Ideal mit $\{0\} \neq J \neq L(H)$.

$K(H) \subset J$: Betrachte den Operator $(u, v \in H)$

$$\overline{u} \otimes v: x \mapsto \langle x, u\rangle v.$$

Wegen $K(H) = \overline{\mathrm{lin}}\{\overline{u} \otimes v: u, v \in H\}$ (Korollar VI.3.7) reicht es, $\overline{u} \otimes v \in J$ zu zeigen. Wähle dazu $0 \neq T \in J$ sowie $x_0, y_0 \in H$ mit $Tx_0 = y_0 \neq 0$ und setze $S = \overline{u} \otimes x_0$, $R = \frac{1}{\|y_0\|^2}\overline{y_0} \otimes v$. Dann zeigt eine leichte Rechnung $\overline{u} \otimes v = RTS \in J$.

$J \subset K(H)$: Wäre dem nicht so, so wäre, wie jetzt gezeigt werden wird, $\mathrm{Id} \in J$ und somit $J = L(H)$, was ausgeschlossen war. Wir nehmen also die Existenz eines $T \in J$, $T \notin K(H)$ an. Dann ist $T_0 = T^*T$ ein selbstadjungiertes Element von $J \setminus K(H)$. Dass $T_0 \in J$ ist, ist klar, weil J ein Ideal ist. Wäre $T^*T \in K(H)$, so wäre auch $T \in K(H)$, denn die für alle $x \in H$ gültige Ungleichung $\|Tx\|^2 = \langle T^*Tx, x \rangle \leq \|T^*Tx\| \|x\|$ zeigt, dass (Tx_n) eine Cauchy-Teilfolge besitzt, wenn (T^*Tx_n) dies tut. Nach Lemma VII.1.23 existiert dann $\varepsilon > 0$ derart, dass $P = E_{[\varepsilon,\infty)}$ unendlichdimensionales Bild hat, wo $T_0 = \int \lambda \, dE_\lambda$.

Setze

$$S = \int \frac{1}{\lambda} \chi_{[\varepsilon,\infty)}(\lambda) \, dE_\lambda,$$

dann ist

$$ST_0 = \int \frac{1}{\lambda} \chi_{[\varepsilon,\infty)}(\lambda) \lambda \, dE_\lambda = E_{[\varepsilon,\infty)} = P,$$

also $P \in J$. Da H und $\mathrm{ran}(P)$ unendlichdimensionale separable Hilberträume sind, existiert ein unitärer Operator $U: H \to \mathrm{ran}(P)$ (Satz V.4.12). Schreibe noch $i: \mathrm{ran}(P) \to H$ für die Einbettung, so dass iU von H nach H abbildet. Daher ist $\mathrm{Id}_H = (iU)^*P(iU) \in J$, denn $P \in J$, und J ist ein Ideal.					$\square$

Die Operatoren mit endlichdimensionalem Bild, die nuklearen Operatoren und die Hilbert-Schmidt-Operatoren bilden zwar Ideale, diese sind jedoch nicht abgeschlossen. Die Separabilität ist für die Gültigkeit des Satzes wesentlich: Auf einem inseparablen Hilbertraum ist

$$\{T: \mathrm{ran}(T) \text{ ist separabel}\}$$

ein weiteres abgeschlossenes Ideal.

Der Spektralsatz lässt sich auf *normale Operatoren* ausdehnen. Ist T normal, so setze

$$S_1 = \frac{T + T^*}{2}, \quad S_2 = \frac{T - T^*}{2i}.$$

Dann ist $T = S_1 + iS_2$, S_1, S_2 sind selbstadjungiert, und, was entscheidend ist, S_1 und S_2 kommutieren, denn T und T^* kommutieren. Sei E (bzw. F) das Spektralmaß von S_1 (bzw. S_2). Nach Korollar VII.1.14 kommutieren alle E_A und F_B ($A, B \in \Sigma$). Schreibe $G_{A \times B} = E_A F_B$. Die $G_{A \times B}$ sind Orthogonalprojektionen ($G_{A \times B}^2 = E_A F_B E_A F_B = E_A^2 F_B^2 = E_A F_B = G_{A \times B}$, $G_{A \times B}^* = F_B^* E_A^* = F_B E_A = E_A F_B = G_{A \times B}$). Man kann zeigen, dass die Mengenfunktion $A \times B \mapsto \langle G_{A \times B} x, y \rangle$ σ-additiv auf der Menge der „Rechtecke" ist und daher zu einem Maß auf der Borel-σ-Algebra $\Sigma(\mathbb{R}^2)$ von $\mathbb{R}^2$ fortgesetzt werden kann. Wenn man jetzt $\mathbb{R}^2$ mit $\mathbb{C}$ durch $(x, y) \mapsto x + iy$ identifiziert und G auf der Borel-σ-Algebra von $\mathbb{C}$ betrachtet, kann man den Spektralsatz für normale Operatoren (fast) wörtlich wie für selbstadjungierte Operatoren formulieren. Wir übergehen die Einzelheiten.

Satz VII.1.25 (Spektralsatz für normale Operatoren)
Zu jedem normalen Operator T existiert ein eindeutig bestimmtes Spektralmaß G mit kompaktem Träger auf der Borel-σ-Algebra von $\mathbb{C}$ mit $T = \int_{\sigma(T)} z \, dG_z$. $f(T) = \int f(z) \, dG_z$ definiert den eindeutig bestimmten messbaren Funktionalkalkül. Jeder normale Operator ist unitär äquivalent zu einem Multiplikationsoperator mit einer beschränkten messbaren komplexwertigen Funktion.

Dieser Satz lässt sich insbesondere für unitäre Operatoren anwenden. Dabei ist das folgende Resultat von Interesse.

Lemma VII.1.26 *Ist $U \in L(H)$ unitär, so ist $\sigma(U) \subset \mathbb{T} = \{z \in \mathbb{C} \colon |z| = 1\}$.*

Beweis. Es ist $0 \in \rho(U)$, da U bijektiv ist. Ist $|\lambda| > 1$, so ist $\lambda \in \rho(U)$, da $\|U\| = 1$ (Satz VI.1.3(c)). Ist $0 < |\lambda| < 1$, so ist ebenfalls $\lambda \in \rho(U)$, denn $(\lambda - U) = (-\lambda U)(\frac{1}{\lambda} - U^*)$ ist als Produkt bijektiver Operatoren bijektiv (beachte $\|U^*\| = 1 < \frac{1}{|\lambda|}$). $\qquad\square$

VII.2 Unbeschränkte Operatoren

Will man die bisherige Theorie auf Differentialoperatoren anwenden, so stellt man zweierlei Hindernisse fest: *Erstens* sind Differentialoperatoren in aller Regel keine Operatoren, die auf einem Hilbertraum definiert sind und diesen in sich abbilden, sondern sie sind nur auf einem Teilraum definiert, *zweitens* sind sie dortselbst nicht stetig (also unbeschränkt). Ein Beispiel: Sei $H = L^2[0, 1]$. Auf dem dichten Unterraum $C^1[0, 1]$, nicht aber auf ganz H, ist der Ableitungsoperator $\frac{d}{dt}$ definiert, er ist bezüglich der L^2-Norm auf C^1 nicht stetig. Beachte, dass eine gewisse Willkür in der Wahl des Definitionsbereichs liegt, andere Vorschläge könnten $C^2[0, 1]$, $\mathscr{D}(0, 1)$ oder $\{x \in C^1[0, 1] \colon x(0) - x(1) = 0\}$ sein. Ein Teil dieses Abschnitts wird davon handeln, den „richtigen" Definitionsbereich eines unbeschränkten Operators zu finden. Betrachte nun $i\frac{d}{dt}$ auf dem letztgenannten Definitionsbereich; die Nützlichkeit des Faktors i wird sich sofort zeigen. Dann gilt (partielle Integration)

$$\int_0^1 i \frac{dx}{dt}(t) \overline{y(t)} \, dt = ix(t)\overline{y(t)} \Big|_{t=0}^{t=1} - \int_0^1 ix(t) \overline{\frac{dy}{dt}(t)} \, dt = \int_0^1 x(t) \overline{i\frac{dy}{dt}(t)} \, dt$$

da ja $x(0) = x(1) = 0 = y(0) = y(1)$.

Mit Hilfe des L^2-Skalarproduktes können wir also sagen: Der Operator $T = i\frac{d}{dt}$, definiert auf dem Definitionsbereich $\text{dom}(T) := \{x \in C^1[0, 1] \colon x(0) = x(1) = 0\}$, ist linear und erfüllt die Symmetriebeziehung $\langle Tx, y \rangle = \langle x, Ty \rangle$ für $x, y \in \text{dom}(T)$. (Um die Symmetrie zu erhalten, brauchte man den Faktor i in der Definition von T.)

Derartige Operatoren tauchen typischerweise im Zusammenhang mit Randwertproblemen bei gewöhnlichen oder elliptischen partiellen Differentialgleichungen, in der mathematischen Physik etc. auf. Im Folgenden sollen die Rudimente der Theorie solcher Operatoren entwickelt werden.

Der Begriff Operator erfährt in diesem Abschnitt einen leichten Bedeutungswandel, nämlich (H bezeichnet stets einen komplexen Hilbertraum):

▶ **Definition VII.2.1**

(a) Ein *Operator* $T: H \supset \mathrm{dom}(T) \to H$ ist eine lineare Abbildung, deren Definitionsbereich $\mathrm{dom}(T)$ ein (i. Allg. nicht abgeschlossener) Unterraum von H ist. Man sagt, T sei *dicht definiert in H*, falls $\overline{\mathrm{dom}(T)} = H$ ist.

(b) Ein Operator $S: H \supset \mathrm{dom}(S) \to H$ heißt *Erweiterung* von $T: H \supset \mathrm{dom}(T) \to H$, falls $\mathrm{dom}(T) \subset \mathrm{dom}(S)$ und $Sx = Tx$ für $x \in \mathrm{dom}(T)$ gelten. Wir schreiben $T \subset S$.

(c) Zwei Operatoren sind gleich, $T = S$, falls $T \subset S$ und $S \subset T$; mit anderen Worten, falls $\mathrm{dom}(T) = \mathrm{dom}(S)$ und $Tx = Sx$ für alle $x \in \mathrm{dom}(T)$.

▶ **Definition VII.2.2** Ein Operator $T: H \supset \mathrm{dom}(T) \to H$ heißt *symmetrisch*, falls

$$\langle Tx, y \rangle = \langle x, Ty \rangle \qquad \forall x, y \in \mathrm{dom}(T).$$

Wir haben oben gesehen, dass $T = i\frac{d}{dt}$ auf $\mathrm{dom}(T) = \{x \in C^1[0,1]: x(0) = x(1) = 0\}$ symmetrisch ist. $S = i\frac{d}{dt}$ auf $\mathrm{dom}(S) = \{x \in C^1[0,1]: x(0) = x(1)\}$ ist ebenfalls symmetrisch, und es ist $T \subset S$.

Nach dem Satz von Hellinger-Toeplitz (Satz V.5.5) ist ein symmetrischer Operator mit $\mathrm{dom}(T) = H$ stetig, also selbstadjungiert ($T = T^*$). Als nächstes definieren wir den adjungierten Operator eines dicht definierten Operators T. Betrachte den Unterraum (!)

$$\mathrm{dom}(T^*) := \{y \in H: x \mapsto \langle Tx, y \rangle \text{ stetig auf } \mathrm{dom}(T)\}.$$

Für $y \in \mathrm{dom}(T^*)$ kann demnach $x \mapsto \langle Tx, y \rangle$ eindeutig zu einem stetigen linearen Funktional auf H fortgesetzt werden, das nach dem Darstellungssatz von Fréchet-Riesz (Theorem V.3.6) in der Form $\langle \cdot, z \rangle$, $z \in H$, geschrieben werden kann, also $\langle Tx, y \rangle = \langle x, z \rangle$ für $x \in \mathrm{dom}(T)$. Da $\mathrm{dom}(T)$ dicht liegt, ist z eindeutig durch y festgelegt; wir schreiben $z = T^*y$. Auf diese Weise wird ein Operator

$$T^*: H \supset \mathrm{dom}(T^*) \to H$$

definiert, es gilt

$$\langle Tx, y \rangle = \langle x, T^*y \rangle \qquad \forall x \in \mathrm{dom}(T), \; y \in \mathrm{dom}(T^*).$$

▶ **Definition VII.2.3**

(a) Ist T dicht definiert, so heißt der oben beschriebene Operator T^* der *adjungierte Operator* von T.

(a) T heißt *selbstadjungiert*, falls $T = T^*$.

Ist T stetig, stimmt Definition VII.2.3 mit der alten Definition von T^* überein. Im unbeschränkten Fall ist die Wahl des Definitionsbereichs wesentlich dafür, ob ein Operator selbstadjungiert ist, denn $T = T^*$ impliziert insbesondere $\mathrm{dom}(T) = \mathrm{dom}(T^*)$.

Im unbeschränkten Fall ist es ganz wichtig, zwischen symmetrischen und selbstadjungierten Operatoren zu unterscheiden. (Nur für die letzteren gilt der Spektralsatz, siehe Abschn. VII.3.) Offensichtlich sind selbstadjungierte Operatoren symmetrisch, und für einen symmetrischen dicht definierten Operator T ist stets $T \subset T^*$. Insbesondere ist für einen solchen Operator $\mathrm{dom}(T^*)$ dicht, so dass auch T^{**} definiert ist.

Im nichtsymmetrischen Fall kann jedoch sogar $\mathrm{dom}(T^*) = \{0\}$ vorkommen. Dies zeigen Aufgabe VII.5.12 sowie das folgende einfache Beispiel, auf das mich J. Brasche aufmerksam gemacht hat. (Vgl. jedoch Aufgabe VII.5.16.)

Beispiel

Sei (e_n) eine Orthonormalbasis von $L^2(\mathbb{R})$. Wir betrachten den Operator

$$T\colon L^2(\mathbb{R}) \supset \mathscr{D}(\mathbb{R}) \to L^2(\mathbb{R}), \quad T\varphi = \sum_{n-1}^{\infty} \varphi(n)e_n.$$

Da φ einen kompakten Träger besitzt, ist diese Summe in Wirklichkeit nur eine endliche Summe, und T ist wohldefiniert. Sei nun $\psi \in L^2(\mathbb{R})$, $\psi \neq 0$. Wir zeigen, dass $\varphi \mapsto \langle T\varphi, \psi \rangle$ nicht stetig auf $\mathscr{D}(\mathbb{R})$ ist, so dass in der Tat $\mathrm{dom}(T^*) = \{0\}$ ist.

Wegen $\psi \neq 0$ existiert $n_0 \in \mathbb{N}$ mit $\langle \psi, e_{n_0} \rangle \neq 0$. Wähle eine Folge (φ_k) in $\mathscr{D}(\mathbb{R})$ mit $\mathrm{supp}(\varphi_k) \subset [n_0 - \frac{1}{2}, n_0 + \frac{1}{2}]$, $\varphi_k(n_0) = 1$ für alle k und $\|\varphi_k\|_{L^2} \to 0$. Dann gilt

$$\langle T\varphi_k, \psi \rangle = \sum_{n=1}^{\infty} \varphi_k(n)\langle e_n, \psi \rangle = \langle e_{n_0}, \psi \rangle \neq 0,$$

obwohl $\varphi_k \to 0$.

Zwischen T und T^* besteht folgender Zusammenhang, wenn T dicht definiert ist. (Vgl. Abschn. IV.4 für den Begriff des abgeschlossenen Operators.)

Satz VII.2.4 $T\colon H \supset \mathrm{dom}(T) \to H$ *sei dicht definiert.*

(a) T^* *ist abgeschlossen.*

(b) *Ist T^* dicht definiert (z. B. falls T symmetrisch ist), so ist $T \subset T^{**}$.*

(c) *Ist T^* dicht definiert und S eine abgeschlossene Erweiterung von T, so ist $T^{**} \subset S$. In diesem Fall ist T^{**} die sog. Abschließung von T, d. h. die kleinste abgeschlossene Erweiterung.*

Beweis. (a) Es ist zu zeigen: Wenn $y_n \in \mathrm{dom}(T^*)$, $y_n \to y \in H$, $T^*y_n \to z \in H$, dann $y \in \mathrm{dom}(T^*)$, $z = T^*y$ (vgl. Definition IV.4.1). Es ist

$$\langle Tx, y \rangle = \lim \langle Tx, y_n \rangle = \lim \langle x, T^*y_n \rangle = \langle x, z \rangle,$$

also $x \mapsto \langle Tx, y \rangle$ stetig. Folglich gilt $y \in \mathrm{dom}(T^*)$ sowie $T^*y = z$.

(b) Ist $x \in \mathrm{dom}(T)$ und $y \in \mathrm{dom}(T^*)$, so ist

$$\langle Tx, y \rangle = \langle x, T^*y \rangle,$$

also $y \mapsto \langle T^*y, x \rangle$ stetig auf $\mathrm{dom}(T^*)$, und das heißt $x \in \mathrm{dom}(T^{**})$ sowie $\langle x, T^*y \rangle = \langle T^{**}x, y \rangle$ für $y \in \mathrm{dom}(T^*)$. Da $\mathrm{dom}(T^*)$ dicht ist, folgt insgesamt

$$Tx = T^{**}x \qquad \forall x \in \mathrm{dom}(T),$$

d. h. $T \subset T^{**}$.

(c) Zunächst sei an die Definition des Graphen eines Operators S erinnert:

$$\mathrm{gr}(S) = \{(x, Sx) : x \in \mathrm{dom}(S)\}.$$

S ist genau dann abgeschlossen, wenn $\mathrm{gr}(S)$ abgeschlossen in $H \times H$ ist (Lemma IV.4.2). $\langle (u, v), (x, y) \rangle = \langle u, x \rangle + \langle v, y \rangle$ definiert ein Skalarprodukt auf $H \times H$, das $H \times H$ zu einem Hilbertraum macht, dessen Norm $\|(u, v)\| = (\|u\|^2 + \|v\|^2)^{1/2}$ zur üblicherweise betrachteten äquivalent ist. Die Behauptung von (c) folgt dann aus

$$\overline{\mathrm{gr}(T)} = \mathrm{gr}(T^{**}).$$

„$\subset$": Das ergibt sich aus (a) und (b).

„$\supset$": Es reicht, $\mathrm{gr}(T)^{\perp} \subset \mathrm{gr}(T^{**})^{\perp}$ zu zeigen ($\perp$ bezieht sich natürlich auf das Skalarprodukt von $H \times H$). Sei also $(u, v) \in \mathrm{gr}(T)^{\perp}$, d. h. gelte $\langle x, u \rangle + \langle Tx, v \rangle = 0$ für alle $x \in \mathrm{dom}(T)$. Das liefert $v \in \mathrm{dom}(T^*)$ und $T^*v = -u$. Für $(z, T^{**}z) \in \mathrm{gr}(T^{**})$ ist dann

$$\langle (z, T^{**}z), (u, v) \rangle = \langle z, u \rangle + \langle T^{**}z, v \rangle$$
$$= \langle z, u \rangle + \langle z, T^*v \rangle$$
$$= \langle z, u + T^*v \rangle = 0,$$

wie behauptet. $\qquad\qquad\qquad\qquad\qquad\qquad\qquad\qquad\qquad\qquad\qquad\qquad\qquad$ □

Aus diesem Satz und den Definitionen ergibt sich ein unmittelbares Korollar.

Korollar VII.2.5 $T: H \supset \mathrm{dom}(T) \to H$ *sei dicht definiert.*

(a) *T ist genau dann symmetrisch, wenn $T \subset T^*$. In diesem Fall ist $T \subset T^{**} \subset T^* = T^{***}$, und auch T^{**} ist symmetrisch.*
(b) *T ist genau dann abgeschlossen und symmetrisch, wenn $T = T^{**} \subset T^*$.*
(c) *T ist genau dann selbstadjungiert, wenn $T = T^{**} = T^*$.*

Zwischen (a) und (c) stehen Operatoren mit folgender Eigenschaft.

▶ **Definition VII.2.6** Ein symmetrischer, dicht definierter Operator heißt *wesentlich selbstadjungiert*, wenn seine Abschließung selbstadjungiert ist.

Es gilt also:

T ist genau dann wesentlich selbstadjungiert, wenn $T \subset T^{**} = T^*$.

Es sei nochmals auf die Notwendigkeit hingewiesen, zwischen symmetrischen Operatoren und selbstadjungierten zu unterscheiden. Nur für die letztgenannten können die zentralen Sätze bewiesen werden. Damit ein symmetrischer Operator T selbstadjungiert ist, muss der „richtige" Definitionsbereich gewählt werden. Manchmal genügt es zu wissen, dass T eine selbstadjungierte Erweiterung besitzt (was nicht immer der Fall ist); ein wesentlich selbstadjungierter Operator besitzt natürlich genau eine solche Erweiterung.

Beispiele

(a) Wir betrachten $i\frac{d}{dt}$ auf diversen Definitionsbereichen. Sei $T = i\frac{d}{dt}$ auf $\mathrm{dom}(T) = \{x \in C^1[0, 1]: x(0) = x(1) = 0\} \subset L^2[0, 1]$. Wie bereits festgestellt, ist T symmetrisch, aber nicht abgeschlossen (siehe Beispiel IV.4(b)), also erst recht nicht selbstadjungiert. Als nächstes bestimmen wir T^*. Dazu setzen wir (vgl. Beispiel IV.4(c))

$$AC[0, 1] = \left\{x \in C[0, 1]: x \text{ absolutstetig mit } \frac{dx}{dt} \in L^2[0, 1]\right\}$$

und behaupten

$$\mathrm{dom}(T^*) = AC[0, 1], \quad T^* = i\frac{d}{dt}.$$

(Es sei daran erinnert, dass für absolutstetige Funktionen die Ableitung fast überall existiert, siehe Satz A.1.10.)

Sei $x \in \mathrm{dom}(T^*)$ und $y = T^* x$. Setze $F(t) = \int_0^t y(s)\,ds$. Wegen $y \in L^2[0, 1] \subset L^1[0, 1]$ ist nach Satz A.1.10 F absolutstetig mit $F' = y$ fast überall. Es folgt für $z \in \mathrm{dom}(T)$ (die partielle Integration ist auch hier erlaubt)

$$\langle Tz, x \rangle = \langle z, y \rangle = \langle z, F' \rangle = -\langle z', F \rangle = \langle Tz, -iF \rangle.$$

Also gilt

$$x + iF \in \mathrm{ran}(T)^{\perp} = \mathrm{lin}\{\mathbf{1}\}.$$

Um die letzte Gleichheit einzusehen, beachte, dass

$$\mathrm{ran}(T) = \left\{ w \in C[0,1] \colon \int_0^1 w(s)\,ds = 0 \right\}$$

und deshalb

$$\overline{\mathrm{ran}(T)} = \left\{ w \in L^2[0,1] \colon \int_0^1 w(s)\,ds = 0 \right\} = \{\mathbf{1}\}^{\perp},$$
$$\mathrm{ran}(T)^{\perp} = \{\mathbf{1}\}^{\perp\perp} = \mathrm{lin}\{\mathbf{1}\}.$$

Damit ist $x = -iF + \alpha\mathbf{1}$ absolutstetig und $i\frac{dx}{dt} = y = T^*x \in L^2$. Ist umgekehrt $x \in \mathrm{AC}[0,1]$ und $y \in L^2$ die fast überall existierende Ableitung, so ist wie oben (partielle Integration)

$$\langle Tz, x \rangle = \langle z, iy \rangle \qquad \forall z \in \mathrm{dom}(T),$$

also $x \in \mathrm{dom}(T^*)$. T^* ist nicht symmetrisch, T also nicht einmal wesentlich selbstadjungiert. Mit derselben Methode wie oben zeigt man

$$\mathrm{dom}(T^{**}) = \{x \in \mathrm{AC}[0,1] \colon x(0) = x(1) = 0\}$$

und $T^{**} = i\frac{d}{dt}$. (T^{**} ist nicht selbstadjungiert.) Hingegen ist $S = i\frac{d}{dt}$ auf $\{x \in \mathrm{AC}[0,1] \colon x(0) = \lambda x(1)\}$ für $|\lambda| = 1$ eine selbstadjungierte Erweiterung von T; man kann zeigen, dass jede selbstadjungierte Erweiterung von dieser Form ist (siehe Beispiel (e) unten).

(b) Sei (Ω, Σ, μ) ein Maßraum und $f \colon \Omega \to \mathbb{R}$ messbar. Betrachte $Tx = f \cdot x$ auf $\mathrm{dom}(T) = \{x \in L^2(\mu) \colon f \cdot x \in L^2(\mu)\}$. T ist symmetrisch (klar) und dicht definiert. Denn für $\Omega_n := \{\omega \colon |f(\omega)| \leq n\}$ enthält $\mathrm{dom}(T)$ alle $x \in L^2(\mu)$, die außerhalb eines Ω_n verschwinden. Wegen $\bigcup_n \Omega_n = \Omega$ bilden solche x einen dichten Unterraum. T ist selbstadjungiert: Wegen $T \subset T^*$ ist nur $\mathrm{dom}(T^*) \subset \mathrm{dom}(T)$ zu zeigen. Sei $x \in \mathrm{dom}(T^*)$ und $\chi_n = \chi_{\Omega_n} \in L^{\infty}(\mu)$. Dann sind $\chi_n T^*x \in L^2(\mu)$ und $\chi_n f \cdot x \in L^2(\mu)$ (da $\chi_n f \in L^{\infty}(\mu)$). Für $z \in \mathrm{dom}(T)$ gilt wegen $\chi_n z \in \mathrm{dom}(T)$

$$\langle z, \chi_n T^*x \rangle = \langle \chi_n z, T^*x \rangle = \langle T(\chi_n z), x \rangle = \langle f\chi_n z, x \rangle = \langle z, \chi_n fx \rangle$$

d. h. $\chi_n T^*x = \chi_n fx$ fast überall. Nun konvergiert $\chi_n \to \mathbf{1}$ punktweise, daher ist $T^*x = fx$ fast überall. Aber T^*x liegt in $L^2(\mu)$, also auch fx, d. h. $x \in \mathrm{dom}(T)$.

In Satz VII.3.1 wird gezeigt, dass jeder selbstadjungierte unbeschränkte Operator zu einem solchen Multiplikationsoperator unitär äquivalent ist.

Wir steuern jetzt auf ein wichtiges Kriterium für Selbstadjungiertheit zu. Zunächst ein Lemma. Dort setzen wir $\text{dom}(\lambda - T) = \text{dom}(T)$ für $\lambda \in \mathbb{C}$.

Lemma VII.2.7 *$T: H \supset \text{dom}(T) \to H$ sei dicht definiert.*

(a) *Es gilt* $\ker(T^* \mp i) = \text{ran}(T \pm i)^\perp$. *Insbesondere:*

$$\ker(T^* \mp i) = \{0\} \Leftrightarrow \text{ran}(T \pm i) \text{ dicht in } H.$$

(b) *T sei abgeschlossen und symmetrisch. Dann sind* $\text{ran}(T \pm i)$ *abgeschlossen.*

Beweis. (a) Beachte zunächst $(T + i)^* = T^* - i$. Für die Inklusion „$\supset$" sei $y \in \text{ran}(T + i)^\perp$. Dann gilt $\langle (T + i)z, y \rangle = 0$ für alle $z \in \text{dom}(T)$, also $y \in \text{dom}(T^*)$ und $0 = \langle z, (T^* - i)y \rangle$ für alle $z \in \text{dom}(T)$. Es folgt $y \in \ker(T^* - i)$. (Für das andere Vorzeichen geht's genauso!)

Um die Inklusion „$\subset$" zu erhalten, lese man das obige Argument rückwärts!

(b) Da T symmetrisch ist, ist stets $\langle Tx, x \rangle \in \mathbb{R}$. Deshalb ist

$$
\begin{aligned}
\|(T + i)x\|^2 &= \|Tx\|^2 + \|x\|^2 + 2\,\text{Re}\langle Tx, ix \rangle \\
&= \|Tx\|^2 + \|x\|^2 \geq \|x\|^2.
\end{aligned}
\tag{VII.12}
$$

Das zeigt, dass $(T + i)^{-1}: \text{ran}(T + i) \to \text{dom}(T)$ existiert und stetig ist. Sei nun (x_n) eine Folge in $\text{dom}(T)$ mit $(T+i)x_n \to y \in \overline{\text{ran}(T + i)}$. Folglich ist $\big((T+i)x_n\big)$ eine Cauchyfolge in $\text{ran}(T+i)$ und deshalb (x_n) eine Cauchyfolge in $\text{dom}(T)$. Es existiert dann $x := \lim_{n\to\infty} x_n \in H$, und es gilt $Tx_n \to y - ix$. Da T abgeschlossen ist, ist $x \in \text{dom}(T)$ und $y - ix = Tx$, d. h. $y = (T + i)x \in \text{ran}(T + i)$. Das Argument für $T - i$ geht genauso. $\quad\square$

Satz VII.2.8 *Für einen symmetrischen dicht definierten Operator T sind äquivalent:*

(i) *T ist selbstadjungiert.*

(ii) *T ist abgeschlossen und* $\ker(T^* \pm i) = \{0\}$.

(iii) $\text{ran}(T \pm i) = H$.

Beweis. (i) $\Rightarrow$ (ii): T ist abgeschlossen nach Satz VII.2.4. Gelte $(T^* + i)x = 0$. Da T^* symmetrisch ist, gilt (siehe (VII.12)) $x = 0$. Genauso ergibt sich $\ker(T^* - i) = \{0\}$.

(ii) $\Rightarrow$ (iii): Siehe Lemma VII.2.7!

(iii) $\Rightarrow$ (i): Wegen $T \subset T^*$ ist nur $\text{dom}(T^*) \subset \text{dom}(T)$ zu zeigen. Sei $y \in \text{dom}(T^*)$. Schreibe mit (iii) $(T^* - i)y = (T - i)x$ für ein $x \in \text{dom}(T)$. Wegen $T \subset T^*$ ist dann $(T^* - i)y = (T^* - i)x$, also (Lemma VII.2.7(a)) $y = x \in \text{dom}(T)$. $\quad\square$

Mit Teil (iii) dieses Satzes sieht man sofort, dass der Multiplikationsoperator aus Beispiel (b) selbstadjungiert ist.

Korollar VII.2.9 *Für einen symmetrischen dicht definierten Operator T sind äquivalent:*

(i) *T ist wesentlich selbstadjungiert.*
(ii) $\ker(T^* \pm i) = \{0\}$.
(iii) $\operatorname{ran}(T \pm i)$ *ist dicht in H.*

Beweis. (i) $\Leftrightarrow$ (ii): Benutze Satz VII.2.8 für T^{**} und $T^* = T^{***}$ (Korollar VII.2.5).

(ii) $\Leftrightarrow$ (iii): Siehe Lemma VII.2.7. $\square$

Man nennt $\dim \ker(T^* \pm i)$ die *Defektindizes* von T. Mit dim ist hierbei die Hilbertraumdimension gemeint, also die Kardinalität einer Orthonormalbasis. Wir werden als nächstes zeigen, dass ein symmetrischer Operator genau dann eine selbstadjungierte Erweiterung besitzt, wenn seine Defektindizes übereinstimmen. Man beachte, dass $\ker(T^* \pm i) = \big(\operatorname{ran}(T \mp i)\big)^\perp$ (Lemma VII.2.7).

Satz VII.2.10 *Sei $T\colon H \supset \operatorname{dom}(T) \to H$ symmetrisch und dicht definiert. Genau dann besitzt T eine selbstadjungierte Erweiterung, wenn $\dim \ker(T^* + i) = \dim \ker(T^* - i)$ gilt.*

Beweis. Zuerst nehmen wir die Gleichheit der Defektindizes an. Es gilt nach (VII.12)

$$\|(T + i)x\| = \|(T - i)x\| \qquad \forall x \in \operatorname{dom}(T).$$

Also wird durch $U\colon \operatorname{ran}(T-i) \to \operatorname{ran}(T+i)$, $(T-i)x \mapsto (T+i)x$, ein wohldefinierter, isometrischer, surjektiver Operator erklärt. Da die Orthogonalräume von $\operatorname{ran}(T \pm i)$ nach Annahme dieselbe Hilbertraumdimension besitzen, kann man nach Satz V.4.12 den Operator U zu einem unitären Operator $V\colon H \to H$ fortsetzen. Wir zeigen jetzt, dass $V - \operatorname{Id}$ injektiv ist. Gelte also $Vy = y$; nach Lemma V.5.10 ist dann auch $V^*y = y$. Für alle $x \in \operatorname{dom}(T)$ ist daher

$$2i\langle x, y\rangle = \langle (T+i)x - (T-i)x, y\rangle = \langle (V - \operatorname{Id})(T-i)x, y\rangle$$
$$= \langle (T-i)x, V^*y - y\rangle = 0.$$

Deswegen ist y orthogonal zu $\operatorname{dom}(T)$ und folglich $y = 0$.

Wir können daher den Operator

$$S\colon H \supset \operatorname{ran}(V - \operatorname{Id}) \to H, \quad Vz - z \mapsto i(Vz + z)$$

definieren; mit anderen Worten ist $S = i(V + \operatorname{Id})(V - \operatorname{Id})^{-1}$ auf $\operatorname{ran}(V - \operatorname{Id})$. Unser Ziel ist es, S als selbstadjungierte Erweiterung von T zu erkennen. Zunächst gilt $T \subset S$, denn für $x \in \operatorname{dom}(T)$ ist $(V - \operatorname{Id})(T - i)x = 2ix$ und deshalb $x \in \operatorname{dom}(S)$ sowie $Sx = Tx$.

S ist symmetrisch, denn für $x \in \mathrm{dom}(S)$, sagen wir $x = Vy - y$, gilt

$$\begin{aligned}
\langle Sx, x \rangle &= \langle i(V + \mathrm{Id})y, (V - \mathrm{Id})y \rangle \\
&= i\big(\langle Vy, Vy \rangle + \langle y, Vy \rangle - \langle Vy, y \rangle - \langle y, y \rangle \big) \\
&= i\big(\langle y, Vy \rangle - \langle Vy, y \rangle \big) \\
&= -2 \, \mathrm{Im} \langle y, Vy \rangle \in \mathbb{R}.
\end{aligned}$$

Aufgabe VII.5.11 impliziert die Symmetrie von S.

Um schließlich die Selbstadjungiertheit von S zu zeigen, verwenden wir Satz VII.2.8. Danach ist nur zu zeigen, dass $\mathrm{ran}(S \pm i) = H$ gilt. Wegen $S - i = 2i(V - \mathrm{Id})^{-1}$ bzw. $S + i = 2iV(V - \mathrm{Id})^{-1}$ (jeweils auf $\mathrm{dom}(S)$) lässt sich in der Tat jedes $z \in H$ als

$$z = (S - i)(V - \mathrm{Id})\Big(\frac{z}{2i} \Big) = (S + i)(V - \mathrm{Id})V^* \Big(\frac{z}{2i} \Big)$$

darstellen.

Umgekehrt wollen wir jetzt annehmen, dass T eine selbstadjungierte Erweiterung S besitzt. Wir definieren $V = (S+i)(S-i)^{-1}$ auf $\mathrm{dom}(V) = H$ (das ist möglich wegen Satz VII.2.8) und $U = (T + i)(T - i)^{-1}$ auf $\mathrm{dom}(U) = \mathrm{ran}(T - i)$. Wegen $T \subset S$ gilt auch $U \subset V$, und V ist unitär, denn (VII.12) zeigt, dass $V: (S - i)x \mapsto (S + i)x$ isometrisch ist, und Satz VII.2.8 liefert die Surjektivität. Nach Konstruktion bildet V den Teilraum $\mathrm{ran}(T - i)$ auf $\mathrm{ran}(T + i)$ ab; als unitärer Operator bildet V folglich auch die entsprechenden Orthogonalräume aufeinander ab. Lemma VII.2.7 liefert, dass $V \ker(T^* + i)$ unitär auf $\ker(T^* - i)$ abbildet; diese Kerne müssen folglich dieselbe Hilbertraumdimension haben. □

Die im vorangegangenen Beweis definierte isometrische Abbildung $U = (T + i)(T - i)^{-1}$ heißt die *Cayley-Transformierte* von T; vgl. Aufgabe V.6.36 für den Fall beschränkter T. Die hier zugrundeliegende Idee ist, dass $t \mapsto \frac{t+i}{t-i}$ eine Bijektion zwischen $\mathbb{R}$ und $\{z \in \mathbb{C}: |z| = 1, z \neq 1\}$ vermittelt, deren Inverse $u \mapsto i\frac{u+1}{u-1}$ ist. Weiteres zum Zusammenhang zwischen T und U wird in Abschn. VII.6 referiert.

Beispiele

(c) Sei $\mathbb{R}^+ = (0, \infty)$, $\mathrm{dom}(T) = \mathscr{D}(\mathbb{R}^+) \subset L^2(\mathbb{R}^+)$ und $T = i\frac{d}{dt}$. Mit einer ähnlichen Technik wie in Beispiel (a) zeigt man $\mathrm{dom}(T^*) = \{x \in L^2(\mathbb{R}^+): x|_I \in \mathrm{AC}(I)$ für alle kompakten Teilintervalle $I \subset \mathbb{R}^+$, $\frac{dx}{dt} \in L^2(\mathbb{R}^+)\}$ und $T^* = i\frac{d}{dt}$. Wir berechnen $\ker(T^* \pm i)$. Es gilt $(T^* \pm i)y = 0$ genau dann, wenn $y' \pm y = 0$, also $y(t) = \alpha_\pm e^{\mp t}$. Wegen $e^t \notin L^2(\mathbb{R}^+)$ ist

$$\ker(T^* - i) = \{0\}, \quad \ker(T^* + i) = \mathrm{lin}\{e^{-t}\} \neq \{0\}.$$

(Gemeint sind natürlich die *Funktionen* $t \mapsto e^t$ bzw. $t \mapsto e^{-t}$.) Nach Korollar VII.2.9 ist T nicht wesentlich selbstadjungiert, Satz VII.2.10 liefert sogar, dass T keine selbstadjungierte Erweiterung besitzt.

(d) Die Greenschen Formeln zeigen, dass der Laplaceoperator $T = -\Delta$ auf dom$(T) =$ $\mathscr{S}(\mathbb{R}^n) \subset L^2(\mathbb{R}^n)$ symmetrisch ist. T ist wesentlich selbstadjungiert, und dom(T^{**}) ist der Sobolevraum $W^2(\mathbb{R}^n)$. Es ist $T^{**} = -\Delta$, wo die auftretenden Ableitungen im schwachen Sinn aufzufassen sind (Definition V.1.11). Diese Aussagen werden fast offensichtlich, wenn man sie mit Hilfe der Fouriertransformierten übersetzt. Das soll im Folgenden kurz skizziert werden. Nach Lemma V.2.4 gilt (mit $x^2 := \sum x_j^2$)

$$\big(\mathscr{F}(-\Delta)\mathscr{F}^{-1}\varphi\big)(x) = x^2\,\varphi(x)$$

für $x \in \mathbb{R}^n$, $\varphi \in \mathscr{S}(\mathbb{R}^n)$. Beachte, dass diese Formel nach Lemma V.2.11 im L^2-Sinn auch für $\varphi \in W^2(\mathbb{R}^n)$ gilt. Der Multiplikationsoperator M mit der Funktion $x \mapsto x^2$ ist nach Korollar VII.2.9 auf $\mathscr{S}(\mathbb{R}^n)$ wesentlich selbstadjungiert, denn ran$(M \pm i)$ enthält $\mathscr{D}(\mathbb{R}^n)$. Seine Abschließung ist (lax geschrieben) $\overline{M}\colon \varphi \mapsto x^2\varphi$ auf $\{\varphi \in L^2(\mathbb{R}^n)\colon x^2\varphi \in L^2(\mathbb{R}^n)\}$, und dieser Raum ist nach Satz V.2.14 das Fourierbild von $W^2(\mathbb{R}^n)$. Daher ist $-\Delta$ auf $W^2(\mathbb{R}^n)$ unitär äquivalent zu $\overline{M}$ mit dem obigen Definitionsbereich.

(e) Wir versuchen in diesem Beispiel, selbstadjungierte Erweiterungen des Operators T aus Beispiel (a) zu konstruieren. Geht man den Beweis von Satz VII.2.10 an Hand dieses Operators durch, so stellt man Folgendes fest. U bildet für $x \in C^1[0, 1]$ mit $x(0) = x(1) = 0$ die Funktion $i(x' - x)$ auf $i(x' + x)$ ab. Um eine unitäre Fortsetzung V zu konstruieren, müssen wir die Defekträume ker$(T^* \pm i)$ kennen. Nach Beispiel (a) sind das – wieder etwas lax geschrieben – die jeweils eindimensionalen Räume $\{\alpha e^{\mp t}\colon \alpha \in \mathbb{C}\}$. Wir wählen nun $\alpha_{\mp} > 0$ so, dass die durch $e_{\mp}(t) = \alpha_{\mp}e^{\mp t}$ definierten Funktionen die L^2-Norm 1 haben. Jede unitäre Fortsetzung V von U ist dann durch die Forderung $V(e_-) = \gamma e_+$, wo $|\gamma| = 1$, eindeutig bestimmt. Man bestätigt nun, dass für $x \in$ ran$(V-\mathrm{Id})$ stets $x(0) = \lambda x(1)$ für ein $|\lambda| = 1$, nämlich $\lambda = -\gamma(e-\gamma)/(\overline{e-\gamma})$, gilt; für $x \in$ ran$(U-\mathrm{Id})$ ist ja sogar $x(0) = x(1) = 0$ nach Definition von dom(T), und man muss daher nur noch $Ve_- - e_-$ bei 0 und 1 vergleichen. Wir erhalten also die in Beispiel (a) bereits genannten selbstadjungierten Erweiterungen.

Eine wichtige Klasse von symmetrischen Operatoren, die selbstadjungierte Erweiterungen besitzen, sind die *halbbeschränkten Operatoren*, die eine Ungleichung der Form

$$\langle Tx, x\rangle \geq C\|x\|^2 \qquad \forall x \in \mathrm{dom}(T) \tag{VII.13}$$

bzw.

$$\langle Tx, x\rangle \leq C\|x\|^2 \qquad \forall x \in \mathrm{dom}(T) \tag{VII.14}$$

für ein $C \in \mathbb{R}$ erfüllen. Beachte, dass nach Aufgabe VII.5.11 halbbeschränkte Operatoren symmetrisch sind. Zum Beispiel ist der Laplaceoperator aus Beispiel (d) halbbeschränkt.

Satz VII.2.11 (Friedrichs-Erweiterung)
Jeder dicht definierte halbbeschränkte Operator besitzt eine selbstadjungierte Erweiterung. Genauer gilt: Erfüllt $T\colon H \supset \mathrm{dom}(T) \to H$ die Ungleichung (VII.13) *bzw.* (VII.14),

so existiert eine selbstadjungierte Erweiterung, die dieser Ungleichung mit derselben Konstanten genügt.

Der Kern des Beweises ist das folgende Lemma.

Lemma VII.2.12 *Seien H und K Hilberträume, und sei $J \in L(K, H)$ ein injektiver Operator mit dichtem Bild. Dann ist $JJ^* \in L(H)$ ein injektiver Operator mit dichtem Bild, und der Umkehroperator $S\colon H \supset \mathrm{ran}(JJ^*) \to H$ ist selbstadjungiert.*

Beweis. Weil J dichtes Bild hat, ist J^* und deshalb auch JJ^* injektiv (Satz V.5.2(g)). Als selbstadjungierter Operator hat JJ^* daher dichtes Bild, und S ist dicht definiert. Die Selbstadjungiertheit von S schließen wir aus Satz VII.2.8. Es ist klar, dass S symmetrisch ist, und um die Surjektivität von $S \pm i$ zu zeigen, sind bei gegebenem $y \in H$ die Gleichungen $(S \pm i)x = y$ in $\mathrm{dom}(S)$ zu lösen. Diese sind äquivalent zu $(\mathrm{Id} \pm iJJ^*)x = JJ^*y$, und da der selbstadjungierte Operator JJ^* reelles Spektrum hat, gibt es Lösungen in H, die wegen $x = JJ^*(y \mp ix)$ in $\mathrm{dom}(S) = \mathrm{ran}(JJ^*)$ liegen. $\qquad\square$

Beweis von Satz VII.2.11. Indem man statt T Operatoren der Gestalt $\pm T + \lambda$ für ein $\lambda \in \mathbb{R}$ betrachtet, darf man annehmen, dass T der Ungleichung $\langle Tx, x\rangle \geq \|x\|^2$ genügt. Betrachte nun die durch

$$[x, y] = \langle Tx, y\rangle$$

auf $\mathrm{dom}(T) \times \mathrm{dom}(T)$ definierte Sesquilinearform, die wegen $[x, x] \geq \|x\|^2$ für alle $x \in \mathrm{dom}(T)$ positiv definit ist. So erhält $\mathrm{dom}(T)$ die Struktur eines Prähilbertraums, dessen Vervollständigung K genannt werde; die induzierte Norm sei $\|\|x\|\| = [x, x]^{1/2}$.

Offensichtlich ist der identische Operator von $(\mathrm{dom}(T), \|\|\,.\,\|\|)$ nach H kontraktiv, daher existiert eine kontraktive Fortsetzung $J \in L(K, H)$ (vgl. Satz II.1.5). Es gilt

$$[x, y] = \langle Tx, Jy\rangle \qquad \forall x \in \mathrm{dom}(T),\ y \in K,$$

denn für $y \in \mathrm{dom}(T)$ gilt dies definitionsgemäß, und für die übrigen $y \in K$ folgt es durch stetige Ausdehnung. Insbesondere ist J injektiv, da aus $Jy = 0$ die $[\,.\,,\,.\,]$-Orthogonalität von y auf dem dichten Teilraum $\mathrm{dom}(T)$ von K folgt.

Wir sind also in der Situation von Lemma VII.2.12 und betrachten den dort als selbstadjungiert erkannten Operator S; dieser leistet das Gewünschte. Es gilt nämlich für $x \in \mathrm{dom}(T), y \in K$

$$[x, y] = \langle Tx, Jy\rangle = [J^*Tx, y],$$

also $x = J^*Tx = JJ^*Tx$, denn $J = \mathrm{Id}$ auf $\mathrm{dom}(T)$. Das zeigt $\mathrm{dom}(T) \subset \mathrm{dom}(S)$, und da nach Konstruktion ebenfalls $x = JJ^*Sx$ gilt und JJ^* injektiv ist, erhält man $T \subset S$. Schließlich ist $\langle Sx, x\rangle \geq \|x\|^2$ auf $\mathrm{dom}(S)$ zu zeigen. Schreibt man $x = JJ^*\xi$, so ergibt sich dies aus

$$\langle Sx, x \rangle = \langle \xi, JJ^*\xi \rangle = [J^*\xi, J^*\xi] = \||J^*\xi\||^2 \geq \|JJ^*\xi\|^2 = \|x\|^2,$$

da J kontraktiv ist.   □

Korollar VII.2.13 *Sei A: $H \supset \mathrm{dom}(A) \to H$ ein abgeschlossener dicht definierter Operator. Dann ist der Operator A^*A mit dem Definitionsbereich $\mathrm{dom}(A^*A) = \{x \in \mathrm{dom}(A): Ax \in \mathrm{dom}(A^*)\}$ dicht definiert und selbstadjungiert.*

Beweis. Es ist klar, dass A^*A auf dem genannten Definitionsbereich symmetrisch ist; weit weniger klar ist, dass dieser dicht ist. Um das einzusehen, versehen wir $\mathrm{dom}(A)$ mit dem Skalarprodukt

$$[x, y] = \langle x, y \rangle + \langle Ax, Ay \rangle;$$

da A abgeschlossen ist, wird $\mathrm{dom}(A)$ so zu einem Hilbertraum, der mit K bezeichnet sei. Ferner sei $J \in L(K, H)$ der Inklusionsoperator.

Wir zeigen nun $\mathrm{ran}(JJ^*) \subset \mathrm{dom}(A^*A)$; weil JJ^* dichtes Bild hat (vgl. Lemma VII.2.12), folgt daraus die behauptete Dichtheit. Sei also $y \in H$ und $x = JJ^*y = J^*y \in \mathrm{ran}(JJ^*)$. Dann ist nach Definition von J^* natürlich $x \in K = \mathrm{dom}(A)$. Um zu zeigen, dass Ax in $\mathrm{dom}(A^*)$ liegt, ist die Stetigkeit von $\xi \mapsto \langle A\xi, Ax \rangle$ in der Norm von H zu beweisen; diese ergibt sich aus

$$\langle A\xi, Ax \rangle = [\xi, x] - \langle \xi, x \rangle = [\xi, J^*y] - \langle \xi, x \rangle$$
$$= \langle J\xi, y \rangle - \langle \xi, x \rangle = \langle \xi, y - x \rangle.$$

Damit ist auch der Operator $T = \mathrm{Id} + A^*A$ dicht definiert und halbbeschränkt. Konstruiert man die Friedrichs-Erweiterung wie im Beweis von Satz VII.2.11, so haben die Symbole J und K hier dieselbe Bedeutung wie dort. Die Friedrichs-Erweiterung S ist nun auf $\mathrm{dom}(S) = \mathrm{ran}(JJ^*)$ definiert; folglich gilt $S = T$, und T selbst und damit auch A^*A ist selbstadjungiert.   □

Abschließend soll das Spektrum eines unbeschränkten Operators definiert werden.

▶ **Definition VII.2.14** T: $H \supset \mathrm{dom}(T) \to H$ sei dicht definiert.

(a) $\rho(T) = \{\lambda \in \mathbb{C}: \lambda - T: \mathrm{dom}(T) \to H$ ist bijektiv, und $(\lambda - T)^{-1} \in L(H)\}$ heißt die *Resolventenmenge* von T.

(b) $R: \rho(T) \to L(H)$, $R_\lambda = (\lambda - T)^{-1}$ heißt die *Resolventenabbildung*.

(c) $\sigma(T) = \mathbb{C} \setminus \rho(T)$ heißt das *Spektrum* von T.

Ist T abgeschlossen und $\lambda - T$ bijektiv, so gilt die Stetigkeit des inversen Operators $(\lambda - T)^{-1}$ automatisch (Satz IV.4.4). Ist T nicht abgeschlossen, so gilt stets $\sigma(T) = \mathbb{C}$; siehe Aufgabe VII.5.32 oder Beispiel (g) unten. Deshalb sollte man das Spektrum nur für abgeschlossene Operatoren studieren.

Wörtlich wie für beschränkte Operatoren zeigt man:

Satz VII.2.15 $T: H \supset \mathrm{dom}(T) \to H$ *sei dicht definiert.*

(a) $\rho(T)$ *ist offen.*

(b) *Die Resolventenabbildung ist analytisch, und es gilt*

$$R_\lambda - R_\mu = (\mu - \lambda) R_\lambda R_\mu.$$

(c) $\sigma(T)$ *ist abgeschlossen.*

Im unbeschränkten Fall braucht jedoch $\sigma(T)$ nicht kompakt zu sein, ferner kann $\sigma(T) = \emptyset$ vorkommen!

Beispiele

(f) Sei $T = i\frac{d}{dt}$, $\mathrm{dom}(T) = \{x \in \mathrm{AC}[0,1]: x(0) = 0\} \subset L^2[0,1]$. Dann ist $\sigma(T) = \emptyset$. Für $\lambda \in \mathbb{C}$ setze nämlich

$$S_\lambda(x)(t) = i \int_0^t e^{-i\lambda(t-s)} x(s)\, ds;$$

dann ist $(\lambda - T)S_\lambda = \mathrm{Id}$, $S_\lambda(\lambda - T) = \mathrm{Id}|_{\mathrm{dom}(T)}$. (Die Formel für S_λ erhält man, wenn man die gewöhnliche Differentialgleichung $\lambda y - iy' = x$ mit der Methode der Variation der Konstanten löst.) Da T abgeschlossen ist (Beweis wie bei Beispiel IV.4(c)), folgt nach der obigen Bemerkung $\lambda \in \rho(T)$, also $\rho(T) = \mathbb{C}$ und $\sigma(T) = \emptyset$. (Man kann die Stetigkeit der S_λ natürlich auch direkt zeigen.)

(g) Sei $Tx = fx$, wo $f \in C^\infty(\mathbb{R})$, $\mathrm{dom}(T) = \mathscr{D}(\mathbb{R}) \subset L^2(\mathbb{R})$. Für $\lambda \in \mathbb{C}$ ist dann $\mathrm{ran}(\lambda - T) \subset \mathscr{D}(\mathbb{R})$, also $\lambda - T$ nie surjektiv (dank der Wahl des Definitionsbereichs $\mathscr{D}(\mathbb{R})$). Daher ist in diesem Fall $\sigma(T) = \mathbb{C}$.

Dieses Beispiel zeigt, dass das Spektrum eines symmetrischen Operators nicht reell zu sein braucht (siehe dazu Satz VII.2.16 unten).

(h) Sei (Ω, Σ, μ) ein Maßraum, $f: \Omega \to \mathbb{R}$ messbar und $T: x \mapsto fx$ der zugehörige Multiplikationsoperator auf $\mathrm{dom}(T) = \{x \in L^2(\mu): xf \in L^2(\mu)\}$. Nach Beispiel (b) ist T selbstadjungiert. Dann ist $\sigma(T) = \{\lambda \in \mathbb{R}: \forall \varepsilon > 0 \text{ hat } f^{-1}[\lambda - \varepsilon, \lambda + \varepsilon] \text{ positives Maß}\}$. (Das ist der sog. *wesentliche Wertebereich* von f.) Ist nämlich λ nicht im wesentlichen Wertebereich, so ist $\frac{1}{\lambda - f} \in L^\infty(\mu)$, und $(\lambda - f)x = y$ gilt genau dann, wenn $\frac{y}{\lambda - f} = x$. Zu $y \in L^2(\mu)$ existiert demnach genau ein $x \in L^2(\mu)$ mit $(\lambda - f)x = y$. Es ist auch $x \in \mathrm{dom}(T)$, denn $fx = (-1 + \frac{\lambda}{\lambda - f})y \in L^2(\mu)$, weil $(-1 + \frac{\lambda}{\lambda - f}) \in L^\infty(\mu)$ ist. Da T

abgeschlossen ist, ist $\lambda \in \rho(T)$. Das zeigt „$\subset$". Sei nun $\lambda \in \rho(T)$. Dann ist notwendig $(\lambda - T)^{-1} = M_h$, dem Multiplikationsoperator mit $h = \frac{1}{\lambda - f}$. Wir behaupten

$$|h| \leq \|M_h\| < \infty \text{ fast überall.}$$

Sei nämlich $a > 1$, und wähle eine messbare Menge $E \subset \{t: |h(t)| > a\|M_h\|\}$ endlichen Maßes. Es folgt

$$\|M_h \chi_E\|^2 \leq \|M_h\|^2 \|\chi_E\|^2 = \|M_h\|^2 \mu(E)$$

sowie andererseits

$$\|M_h \chi_E\|^2 = \int_E |h(\omega)|^2 d\mu(\omega) \geq a^2 \|M_h\|^2 \mu(E).$$

Folglich gilt $\mu(E) = 0$, und da $a > 1$ beliebig war, ergibt sich unsere Behauptung. Insbesondere ist $h \in L^\infty(\mu)$, und λ liegt nicht im wesentlichen Wertebereich.

Satz VII.2.16 *Für selbstadjungiertes T ist $\sigma(T) \subset \mathbb{R}$.*

Beweis. Sei $z = \lambda + i\mu \in \mathbb{C} \setminus \mathbb{R}$, also $\mu \neq 0$. Sei $S = \frac{T}{\mu} - \frac{\lambda}{\mu}$ auf $\mathrm{dom}(S) = \mathrm{dom}(T)$; dann ist S selbstadjungiert. Wegen (VII.12) gilt $\|(z - T)x\|^2 = \mu^2 \|Sx - ix\|^2 \geq \mu^2 \|x\|^2$, also existiert $(z - T)^{-1}: \mathrm{ran}(z - T) = \mathrm{ran}(i - S) \to \mathrm{dom}(T)$ und ist stetig. Nach Satz VII.2.8 schließlich ist $\mathrm{ran}(z - T) = H$. $\qquad\square$

Zur Umkehrung dieses Satzes siehe Aufgabe VII.5.20.

VII.3   Der Spektralsatz für unbeschränkte Operatoren

Wir beginnen mit dem Analogon zu Satz VII.1.21.

Satz VII.3.1 (Spektralsatz, Multiplikationsoperatorversion)
Sei $T: H \supset \mathrm{dom}(T) \to H$ selbstadjungiert. Dann existieren ein (im separablen Fall σ-endlicher) Maßraum (Ω, Σ, μ), eine messbare Funktion $f: \Omega \to \mathbb{R}$ sowie ein unitärer Operator $U: H \to L^2(\mu)$ mit

(a) $x \in \mathrm{dom}(T) \Leftrightarrow f \cdot Ux \in L^2(\mu)$.
(b) $UTU^*\varphi = f \cdot \varphi =: M_f(\varphi)$ *für* $\varphi \in \mathrm{dom}(M_f) = \{\varphi \in L^2: f\varphi \in L^2\}$.

Wir wissen bereits aus Beispiel VII.2(b), dass der Operator M_f selbstadjungiert ist; umgekehrt besagt Satz VII.3.1, dass M_f im Wesentlichen das einzige Beispiel für einen selbstadjungierten Operator ist.

Beweis. Da T selbstadjungiert ist, ist $\sigma(T) \subset \mathbb{R}$ (Satz VII.2.16), also existiert $R := (T + i)^{-1} \in L(H)$. Wir zeigen zuerst, dass R normal ist. Seien $z_1, z_2 \in H$. Nach Satz VII.2.8 existieren $x, y \in \mathrm{dom}(T)$ mit $z_1 = (T + i)x$, $z_2 = (T - i)y$. Dann ist

$$\langle Rz_1, z_2 \rangle = \langle x, (T - i)y \rangle = \langle (T + i)x, y \rangle = \langle z_1, (T - i)^{-1}z_2 \rangle,$$

also $R^* = [(T + i)^{-1}]^* = (T - i)^{-1}$, und Satz VII.2.15(b) impliziert $RR^* = R^*R$. Nach Satz VII.1.25 ist

$$URU^* = M_g$$

für eine beschränkte messbare Funktion $g \colon \Omega \to \mathbb{C}$ und einen unitären Operator $U \colon H \to L^2(\mu)$.

Um daraus eine Darstellung für T zu gewinnen, werden wir die Überlegung

$$\frac{1}{\tau + i} = \gamma \quad \Leftrightarrow \quad \tau = \frac{1}{\gamma} - i \qquad \forall \tau, \gamma \in \mathbb{C}, \ \tau \neq -i, \ \gamma \neq 0$$

zu übertragen versuchen.

Wir betrachten $f(\omega) = \frac{1}{g(\omega)} - i$. Da R injektiv ist, ist M_g injektiv, daher $\{\omega \colon g(\omega) = 0\}$ eine Nullmenge, und f ist fast überall definiert.

Als nächstes zeigen wir Teil (a). Sei $x \in \mathrm{dom}(T)$. Da R den Hilbertraum H auf $\mathrm{dom}(T)$ abbildet, kann man $x = Ry$ für ein $y \in H$ schreiben, also

$$Ux = URy = g \cdot Uy$$

und

$$f \cdot Ux = f \cdot g \cdot Uy \in L^2(\mu),$$

da $f \cdot g$ beschränkt ist. Ist umgekehrt $f \cdot Ux \in L^2(\mu)$, so existiert $y \in H$ mit $Uy = (f + i)Ux$, also gilt $g \cdot Uy = Ux$ und $x = (U^*M_gU)y = (T + i)^{-1}y \in \mathrm{dom}(T)$.

Um (b) zu zeigen, bemerke $\mathrm{dom}(M_f) = U(\mathrm{dom}(T))$ sowie ($x = Ry$ wie oben, daher $Tx = y - ix$)

$$UTx = Uy - iUx = \left(\frac{1}{g} - i\right)Ux = f \cdot Ux;$$

das zeigt Teil (b). Mit T muss dann auch M_f symmetrisch sein, was schließlich beweist, dass f fast überall reellwertig ist. $\square$

Beispiel

Betrachte $T = -i\frac{d}{dt}$ auf dem Schwartzraum $\mathrm{dom}(T) = \mathscr{S}(\mathbb{R})$ (Definition V.2.3). T ist wesentlich selbstadjungiert, und $T^* = -i\frac{d}{dt}$ auf $\mathrm{dom}(T^*) = \{x \in L^2(\mathbb{R}) \colon x|_I \in \mathrm{AC}(I)$ für alle kompakten Teilintervalle $I \subset \mathbb{R}$ und $dx/dt \in L^2(\mathbb{R})\}$ (vgl. Aufgabe VII.5.22).

Die Fouriertransformation $\mathscr{F}$ erfüllt

$$(\mathscr{F}T\mathscr{F}^{-1}\varphi)(t) = t\varphi(t) \qquad\qquad \text{(VII.15)}$$

für $\varphi \in \mathscr{S}(\mathbb{R})$ nach Lemma V.2.4. Via $\mathscr{F}$ ist T also unitär äquivalent zu dem Multi-plikationsoperator $M_{\mathbf{t}}$ auf $\mathscr{S}(\mathbb{R}) \subset L^2(\mathbb{R})$, denn $\mathscr{F}(\text{dom}(T)) = \mathscr{S}(\mathbb{R})$. Man kann zeigen, dass (VII.15) auch für den selbstadjungierten Operator T^* und $\varphi \in L^2(\mathbb{R})$ mit $\mathbf{t} \cdot \varphi \in L^2(\mathbb{R})$ gilt.

Abschließend soll die Spektraldarstellung eines unbeschränkten selbstadjungierten Operators skizziert werden. Wir beginnen mit dem selbstadjungierten Operator M_f, $\text{dom}(M_f) = \{\varphi \in L^2(\mu): f\varphi \in L^2(\mu)\}$. Ist $h: \mathbb{R} \to \mathbb{C}$ beschränkt und messbar, so ist $h(M_f) := M_{h\circ f} \in L(L^2(\mu))$ normal. Die Abbildung $h \mapsto h(M_f)$ ist stetig und multiplikativ. Ist $A \subset \mathbb{R}$ eine Borelmenge, so existiert insbesondere

$$F_A = \chi_A(M_f) = M_{\chi_A \circ f} = M_{\chi_{f^{-1}(A)}}.$$

$A \mapsto F_A$ ist ein Spektralmaß, hat aber i. Allg. keinen kompakten Träger. Ferner gilt $h(M_f) = \int_{\mathbb{R}} h(\lambda)\,dF_\lambda$. Des weiteren ist F durch die letzte Gleichung eindeutig festgelegt. Sei $T: H \supset \text{dom}(T) \to H$ selbstadjungiert und $UTU^* = M_f$ gemäß Satz VII.3.1 dargestellt. Setze $E_A = U^*F_A U$, dann ist E ein Spektralmaß auf $\mathbb{R}$ (i. Allg. ohne kompakten Träger), und für beschränkte messbare h gilt

$$h(T) := \int_{\mathbb{R}} h(\lambda)\,dE_\lambda = U^*h(M_f)U. \qquad\qquad \text{(VII.16)}$$

Die Abbildung $h \mapsto h(T)$ hat die üblichen Eigenschaften eines Funktionalkalküls. All das lässt sich genauso zeigen wie im beschränkten Fall.

Sei nun $h: \mathbb{R} \to \mathbb{R}$ messbar, aber nicht notwendig beschränkt. Setze $D_h = \{x \in H: \int |h(\lambda)|^2\,d\langle E_\lambda x, x\rangle < \infty\}$. ($d\langle E_\lambda x, x\rangle$ ist ein positives Maß!) Dann ist D_h ein dichter Unterraum von H. Um diese und die folgenden Aussagen zu beweisen, ist es notwendig, sie vom „abstrakten" Hilbertraum H mittels des unitären Operators U in den „konkreten" Hilbertraum $L^2(\mu)$ zu übersetzen. Betrachten wir dazu noch einmal den Zusammenhang der Spektralmaße E und F. Schreibt man $Ux = \varphi$ und $Uy = \psi$, so ist

$$\langle E_A x, y\rangle = \langle F_A \varphi, \psi\rangle = \int_{f^{-1}(A)} \varphi\overline{\psi}\,d\mu.$$

Setzt man $\nu(B) = \int_B \varphi\overline{\psi}\,d\mu$, so gilt also $\langle E_A x, y\rangle = \nu(f^{-1}(A))$; die auf S. 361 zitierte Transformationsformel für Bildmaße liefert daher für integrierbare Funktionen $g: \mathbb{R} \to \mathbb{R}$

$$\int_{\mathbb{R}} g(\lambda)\,d\langle E_\lambda x, y\rangle = \int_\Omega g \circ f\,d\nu = \int_\Omega (g \circ f)\varphi\overline{\psi}\,d\mu. \qquad\qquad \text{(VII.17)}$$

Nun zurück zu D_h. Offenbar ist wegen (VII.17) $x \in D_h$ genau dann, wenn $\varphi = Ux$

$$\int_\Omega |h \circ f|^2 |\varphi|^2 \, d\mu < \infty$$

erfüllt, und in Beispiel VII.2(b) wurde gezeigt, dass solche φ einen dichten Unterraum von $L^2(\mu)$ bilden. Also ist auch D_h ein dichter Unterraum von H.

Des weiteren existiert für $x \in D_h$, $y \in H$ das Integral

$$\int_\mathbb{R} h(\lambda) \, d\langle E_\lambda x, y \rangle,$$

genauer gilt

$$\left| \int_\mathbb{R} h(\lambda) \, d\langle E_\lambda x, y \rangle \right| \le \left(\int_\mathbb{R} |h(\lambda)|^2 \, d\langle E_\lambda x, x \rangle \right)^{1/2} \|y\|.$$

In der Tat impliziert (VII.17), genauer ein Analogon für die Variation,

$$\begin{aligned}
\int_\mathbb{R} |h(\lambda)| \, d|\langle E_\lambda x, y \rangle| &= \int_\Omega |(h \circ f) \varphi \overline{\psi}| \, d\mu \\
&\le \left(\int_\Omega |h \circ f|^2 |\varphi|^2 \, d\mu \right)^{1/2} \|\psi\| \\
&= \left(\int_\mathbb{R} |h(\lambda)|^2 \, d\langle E_\lambda x, x \rangle \right)^{1/2} \|y\| < \infty;
\end{aligned}$$

es gilt ja $x \in D_h \Leftrightarrow (h \circ f)\varphi \in L^2(\mu)$. Daher existiert ein Element, das wir $h(T)x \in H$ nennen wollen, mit

$$\langle h(T)x, y \rangle = \int_\mathbb{R} h(\lambda) \, d\langle E_\lambda x, y \rangle \qquad \forall x \in D_h, \, y \in H. \tag{VII.18}$$

Der so definierte Operator $h(T) \colon D_h \to H$ wird mit $h(T) = \int h(\lambda) \, dE_\lambda$ bezeichnet. Im Gegensatz zum Fall beschränkter h existiert dieses Integral nicht im Sinn der Operatornormkonvergenz wie in Satz VII.1.11, sondern nur im Sinn von (VII.18).

Setzt man speziell $h = \mathbf{t}$, so ergibt sich

$$\int_\mathbb{R} \lambda \, d\langle E_\lambda x, y \rangle = \int_\Omega f \varphi \overline{\psi} \, d\mu = \langle M_f \varphi, \psi \rangle = \langle U^* M_f Ux, y \rangle = \langle Tx, y \rangle$$

für $x \in \mathrm{dom}(T)$, d.h. (Satz VII.3.1) $f \cdot Ux \in L^2(\mu)$, d.h. $x \in D_\mathbf{t}$ nach (VII.17). Es ist also $D_\mathbf{t} = \mathrm{dom}(T)$ und $T = \int \lambda \, dE_\lambda$. Genauso zeigt man

$$\langle U^* M_{h \circ f} Ux, y \rangle = \langle h(T)x, y \rangle \qquad \forall x \in D_h, \, y \in H.$$

Wir fassen zusammen.

Theorem VII.3.2 (Spektralzerlegung selbstadjungierter Operatoren)
Sei $T: H \supset \mathrm{dom}(T) \to H$ *selbstadjungiert. Dann existiert ein eindeutig bestimmtes Spektralmaß E mit*

$$\langle Tx, y \rangle = \int_{\mathbb{R}} \lambda \, d\langle E_\lambda x, y \rangle \qquad \forall x \in \mathrm{dom}(T), \; y \in H.$$

Ist $h: \mathbb{R} \to \mathbb{R}$ *messbar und* $D_h = \{x \in H: \int |h(\lambda)|^2 \, d\langle E_\lambda x, x \rangle < \infty\}$, *so definiert*

$$\langle h(T)x, y \rangle = \int_{\mathbb{R}} h(\lambda) \, d\langle E_\lambda x, y \rangle$$

einen selbstadjungierten Operator $h(T): H \supset D_h \to H$.

VII.4   Operatorhalbgruppen

Für eine $(n \times n)$-Matrix A wird die Lösung des Anfangswertproblems für eine gewöhnliche Differentialgleichung

$$u' = Au, \quad u(0) = x_0 \tag{VII.19}$$

bekanntlich durch die $\mathbb{C}^n$-wertige Funktion $u(t) = e^{tA}x_0$ gegeben. Auch partielle Differentialgleichungen können häufig in der Form (VII.19) geschrieben werden; dann ist A jedoch ein (unbeschränkter) Operator in einem Banach- oder Hilbertraum. In diesem Abschnitt soll die Frage untersucht werden, für welche Operatoren A das Exponential e^{tA} definiert werden kann. Für selbstadjungierte Operatoren $A: H \supset \mathrm{dom}(A) \to H$ mit nach oben beschränktem Spektrum und $t \geq 0$ ist das nach dem Spektralsatz VII.3.2 der Fall, da dann $a \mapsto e^{ta}$ eine stetige beschränkte Funktion auf dem Spektrum $\sigma(A)$ ist. Die e^{tA}, $t \geq 0$, sind beschränkte Operatoren mit

$$e^{sA}e^{tA} = e^{(s+t)A}, \quad s, t \geq 0;$$

sie bilden also eine Halbgruppe von Operatoren. Dass man im unendlichdimensionalen Fall nur positive t betrachtet, liegt in der Natur der Sache; z. B. ist das Anfangswertproblem der Wärmeleitungsgleichung $u' = \Delta u$ für negative Zeiten i. Allg. nicht lösbar.

Halbgruppen von Operatoren auf Banachräumen bilden den Gegenstand dieses Abschnitts, in dem X stets einen komplexen Banachraum bezeichnet.

▶ **Definition VII.4.1** Eine *stark stetige Operatorhalbgruppe* (oder *C_0-Halbgruppe*) ist eine Familie $T_t: X \to X$, $t \geq 0$, von stetigen linearen Operatoren auf einem Banachraum X mit folgenden Eigenschaften:

(1) $T_0 = \mathrm{Id}$,
(2) $T_{s+t} = T_s T_t$ für alle $s, t \geq 0$,

(3) $\lim\limits_{t\to 0} T_t x = x$ für alle $x \in X$.

Gilt statt (3) die stärkere Forderung

(3') $\lim\limits_{t\to 0} \|T_t - \mathrm{Id}\| = 0$,

so spricht man von einer *normstetigen Halbgruppe*.

In Abschn. VIII.1 werden wir die starke Operatortopologie auf $L(X)$ einführen; die Bedingung (3) bedeutet dann die Stetigkeit von $t \mapsto T_t$ in dieser Topologie bei $t = 0$. Analog besagt (3') die Stetigkeit von $t \mapsto T_t$ bei $t = 0$ in der Operatornormtopologie. Beachte noch, dass wegen (2) die Operatoren einer Halbgruppe notwendig kommutieren.

Beispiele

(a) Sei $A \in L(X)$ und

$$T_t = e^{tA} := \sum_{n=0}^{\infty} \frac{t^n A^n}{n!}.$$

Die Reihe konvergiert absolut in $L(X)$; daher definiert sie einen stetigen linearen Operator. $(T_t)_{t\geq 0}$ ist eine normstetige Halbgruppe: (1) ist trivial, (2) zeigt man wie in der Analysisvorlesung die Funktionalgleichung $e^{x+y} = e^x e^y$ der Exponentialfunktion, und für (3') beachte nur

$$\|T_t - \mathrm{Id}\| = \left\| \sum_{n=1}^{\infty} \frac{t^n A^n}{n!} \right\| \leq \sum_{n=1}^{\infty} \frac{\|A\|^n}{n!} t^n = e^{t\|A\|} - 1 \to 0$$

mit $t \to 0$. In diesem Beispiel erhalten wir sogar eine Gruppe, wenn wir $t \in \mathbb{R}$ zulassen.

(b) Wir betrachten die *Translationshalbgruppe*

$$(T_t f)(x) = f(x + t)$$

auf $L^p(\mathbb{R})$, $L^p[0, \infty)$, $C_0(\mathbb{R})$ oder $C_0[0, \infty)$. Es ist klar, dass jeweils (1) und (2) erfüllt sind. (3) sieht man auf $C_0(\mathbb{R})$ so: Ist $f \in C_0(\mathbb{R})$, so ist f gleichmäßig stetig (Beweis?). Zu $\varepsilon > 0$ existiert dann ein $\delta > 0$ mit

$$|x - y| \leq \delta \quad \Rightarrow \quad |f(x) - f(y)| \leq \varepsilon.$$

Daher gilt für $0 < t \leq \delta$

$$\|T_t f - f\|_\infty = \sup_{x\in\mathbb{R}} |f(x + t) - f(x)| \leq \varepsilon.$$

Im L^p-Fall für $1 \le p < \infty$ zeigt man zuerst $T_t f \to f$ auf dem dichten Unterraum aller stetigen Funktionen mit kompaktem Träger und schließt daraus mittels $\sup_t \|T_t\| < \infty$, dass (3) gilt; vgl. Aufgabe II.5.5. Für $p = \infty$ gilt (3) nicht, wie man am Beispiel $f = \mathbf{1}_{[0,1]}$ sieht.

Ist die Grundmenge $[0, \infty)$, sind die Beweise identisch; im Fall von $\mathbb{R}$ erhält man aber sogar eine Gruppe von Operatoren, wenn man auch negative t zulässt.

(c) Die *Wärmeleitungshalbgruppe* ist durch $T_0 = \mathrm{Id}$ bzw.

$$(T_t f)(x) = \frac{1}{(4\pi t)^{d/2}} \int_{\mathbb{R}^d} \exp\left(-\frac{|x-y|^2}{4t}\right) f(y)\, dy \qquad (\text{VII.20})$$

auf diversen Funktionenräumen auf $\mathbb{R}^d$ erklärt. Wir behandeln den Fall $L^p(\mathbb{R}^d)$, $1 \le p < \infty$. Setzt man

$$\gamma_t(x) = \frac{1}{(4\pi t)^{d/2}} \exp\left(-\frac{|x|^2}{4t}\right), \quad x \in \mathbb{R}^d,\ t > 0,$$

so kann (VII.20) mittels der Faltung als

$$T_t f = \gamma_t * f$$

geschrieben werden. Die Youngsche Ungleichung (Satz II.4.4, sie gilt für $\mathbb{R}^d$ wie für $\mathbb{T}$) zeigt

$$\|T_t f\|_p \le \|\gamma_t\|_1 \|f\|_p = \|f\|_p;$$

daher sind alle T_t stetige lineare Operatoren mit Norm ≤ 1 auf $L^p(\mathbb{R}^d)$. Die Eigenschaft (1) einer C_0-Halbgruppe gilt definitionsgemäß, und Eigenschaft (3) zeigt man mit einer ähnlichen Technik wie in Aufgabe II.5.6. Es bleibt, (2) nachzurechnen, das wegen der Assoziativität der Faltung auf

$$\gamma_{s+t} = \gamma_s * \gamma_t \qquad \forall s, t > 0$$

hinausläuft. Diese Gleichung kann elementar verifiziert werden, wenn man nur

$$\int_{\mathbb{R}^d} \exp(-a^2 y^2 + 2by - c^2)\, dy = \frac{\pi^{d/2}}{a^d} \exp\left(-c^2 + \frac{b^2}{a^2}\right), \quad a, c \in \mathbb{R},\ b \in \mathbb{R}^d,$$

berücksichtigt; alternativ kann man mittels Fouriertransformation und Aufgabe VII.5.10 argumentieren.

(VII.20) definiert auch auf dem Raum $C_0(\mathbb{R}^d)$ eine C_0-Halbgruppe (Aufgabe VII.5.26). Sie wird wegen des Zusammenhangs zur Brownschen Bewegung auch

Brownsche Halbgruppe genannt. Der Name Wärmeleitungshalbgruppe reflektiert den engen Zusammenhang dieses Beispiels zur Wärmeleitungsgleichung, vgl. Satz VII.4.7.

(d) Auch in der Theorie der Delay-Gleichungen (Differentialgleichungen mit nacheilendem Argument) treten Operatorhalbgruppen auf. Bei einer gewöhnlichen Differentialgleichung erster Ordnung hängt $u'(t)$ nur von $u(t)$ ab, bei einer Delay-Gleichung jedoch von den $u(s)$ in einem Intervall $t-\sigma \le s \le t$. Diese $u(s)$ bilden die Vorgeschichte von $u(t)$. Wir betrachten ein lineares autonomes Delay-Anfangswertproblem der Form

$$u'(t) = \ell(u^{(t)}), \quad u(0) = \varphi \in C[-\sigma, 0]; \tag{VII.21}$$

dabei bezeichnet $u^{(t)}(s) = u(s+t)$, $-\sigma \le s \le 0$, und ℓ ein stetiges lineares Funktional auf dem Banachraum $C[-\sigma, 0]$. Ein einfaches Beispiel erhält man mit $\ell = \delta_{-\sigma}$, dann lautet die Gleichung $u'(t) = u(t - \sigma)$.

Aus der Theorie der Delay-Gleichungen ist bekannt, dass (VII.21) genau eine Lösung besitzt[3]; diese wollen wir in der Form $u^{(t)} = T_t\varphi$ mit einem Lösungsoperator T_t schreiben. Die T_t sind dann lineare Abbildungen auf $C[-\sigma, 0]$, und aus der Eindeutigkeit der Lösung für jeden Anfangswert folgt die Halbgruppeneigenschaft $T_{s+t} = T_s T_t$. Nach Konstruktion gilt $T_0 = \mathrm{Id}$ sowie für $t > 0$ und $-\sigma \le s \le 0$

$$(T_t\varphi)(s) = \begin{cases} \varphi(s + t) & \text{falls } s + t \le 0, \\ \varphi(0) + \int_0^{s+t} \ell(T_\vartheta \varphi)\, d\vartheta & \text{falls } s + t > 0. \end{cases} \tag{VII.22}$$

Daraus folgt die Abschätzung

$$\|T_t\varphi\|_\infty \le \|\varphi\|_\infty + \|\ell\| \int_0^t \|T_\vartheta\varphi\|_\infty \, d\vartheta$$

(beachte $s + t \le t$) und weiter nach der Gronwallschen Ungleichung (siehe z. B. Walter [1993], S. 257)

$$\|T_t\varphi\|_\infty \le e^{\|\ell\|t} \|\varphi\|_\infty \quad \forall \varphi \in C[-\sigma, 0].$$

Das liefert die Stetigkeit der T_t auf $C[-\sigma, 0]$ und mit (VII.22) auch noch $\lim_{t\to 0} \|T_t\varphi - \varphi\|_\infty = 0$. Damit ist gezeigt, dass die T_t, $t \ge 0$, eine stark stetige Operatorhalbgruppe auf $C[-\sigma, 0]$ bilden.

Wir wollen nun zwei einfache Eigenschaften einer C_0-Halbgruppe kennenlernen.

---

[3]Vgl. J. Hale, S. M. Verduyn Lunel, *Introduction to Functional Differential Equations*, Springer-Verlag 1993, Theorem 6.1.1.

Lemma VII.4.2 *Ist* $(T_t)_{t\geq 0}$ *eine* C_0*-Halbgruppe auf einem Banachraum* X*, so existieren* $M \geq 1$, $\omega \in \mathbb{R}$ *mit*

$$\|T_t\| \leq Me^{\omega t} \qquad \forall t \geq 0. \tag{VII.23}$$

Beweis. Wir zeigen zuerst, dass ein $\tau > 0$ mit

$$K := \sup_{0\leq t\leq \tau} \|T_t\| < \infty \tag{VII.24}$$

existiert. Wäre das falsch, gäbe es eine Nullfolge (t_n) mit $\|T_{t_n}\| \rightarrow \infty$. Nach dem Satz von Banach-Steinhaus existierte dann ein $x \in X$ mit $\|T_{t_n}x\| \rightarrow \infty$ im Widerspruch zur Eigenschaft (3) einer C_0-Halbgruppe.

Seien nun K und τ wie in (VII.24). Schreibe eine Zahl $t \geq 0$ als $t = n\tau + \vartheta$ mit $n \in \mathbb{N}_0$ und $0 \leq \vartheta < \tau$; dann gilt

$$\|T_t\| = \|T_\tau^n T_\vartheta\| \leq \|T_\tau\|^n \|T_\vartheta\| \leq K^{n+1} \leq K(K^{1/\tau})^t,$$

Letzteres wegen $n \leq t/\tau$, $K \geq \|T_0\| = 1$. Also ist (VII.23) mit $M = K$ und $\omega = (\log K)/\tau$ erfüllt. $\qquad\square$

Das Infimum über die in (VII.23) zulässigen ω, genauer

$$\omega_0 := \inf\{\omega\colon \exists M = M(\omega) \text{ mit (VII.23)}\}, \tag{VII.25}$$

heißt der *Typ* oder die (exponentielle) *Wachstumsschranke* der Halbgruppe. Das Infimum braucht übrigens nicht angenommen zu werden und kann $-\infty$ sein (Aufgaben VII.5.28 und VII.5.29).

Wenn man in (VII.23) $M = 1$ und $\omega = 0$ wählen kann, mit anderen Worten wenn $\|T_t\| \leq 1$ für alle $t \geq 0$ gilt, heißt die C_0-Halbgruppe (T_t) eine *Kontraktionshalbgruppe*.

Lemma VII.4.3 *Ist* (T_t) *eine* C_0*-Halbgruppe auf einem Banachraum* X*, so ist die Abbildung*

$$[0,\infty) \times X \rightarrow X, \quad (t,x) \mapsto T_t x$$

stetig, und zwar gleichmäßig in t *auf kompakten Teilmengen von* $[0,\infty)$*. Insbesondere ist für jedes* $x \in X$ *die vektorwertige Funktion* $u\colon t \mapsto T_t x$ *stetig; in Zeichen* $u \in C([0,\infty), X)$.

Beweis. Seien $x \in X$ und $t_0 > 0$. Zu $\delta > 0$ wähle $h_0 > 0$ mit

$$\|T_h x - x\| \leq \delta \qquad \forall 0 \leq h \leq h_0.$$

Für den Beweis des Satzes reicht es, für eine gewisse Konstante C die Abschätzung

$$\|x - y\| \leq \delta, \ 0 \leq s \leq t \leq t_0, \ t - s \leq h_0 \quad \Rightarrow \quad \|T_t x - T_s y\| \leq C\delta$$

zu beweisen. Seien dazu M und ω wie in (VII.23); es folgt

$$\begin{aligned}
\|T_t x - T_s y\| &\leq \|T_t x - T_s x\| + \|T_s x - T_s y\| \\
&\leq \|T_s\| \, \|T_{t-s} x - x\| + \|T_s\| \, \|x - y\| \\
&\leq M e^{\omega s} \delta + M e^{\omega s} \delta.
\end{aligned}$$

Man setze also $C = 2M$, falls $\omega \leq 0$, und $C = 2M e^{\omega t_0}$, falls $\omega > 0$. $\qquad \square$

Wir wollen einer C_0-Halbgruppe einen (in der Regel unbeschränkten) Operator, ihren Erzeuger, zuordnen. Eine Hauptaufgabe der Halbgruppentheorie ist, den Zusammenhang dieser beiden Objekte zu studieren.

Für eine Halbgruppe $(e^{tA})_{t \geq 0}$ wie in Beispiel (a) würde man A als „Erzeuger" der Halbgruppe ansehen. Um nun A aus der Exponentialfunktion e^{tA} zurückzuerhalten, muss man diese differenzieren. Diese Idee steht bei der folgenden Definition Pate.

▶ **Definition VII.4.4** Sei $(T_t)_{t \geq 0}$ eine C_0-Halbgruppe auf einem Banachraum X. Der *infinitesimale Erzeuger* (kurz *Erzeuger*) von (T_t) ist der Operator

$$Ax = \lim_{h \to 0} \frac{T_h x - x}{h}$$

auf dem Definitionsbereich

$$\mathrm{dom}(A) = \left\{ x \in X \colon \lim_{h \to 0} \frac{T_h x - x}{h} \text{ existiert} \right\}.$$

Mit Hilfe der vektorwertigen Funktionen $u_{(x)} \colon t \mapsto T_t x$ lässt sich $\mathrm{dom}(A)$ als $\{x \colon u'_{(x)}(0)$ existiert$\}$ und Ax als (rechtsseitige) Ableitung $u'_{(x)}(0)$ deuten.

Wir berechnen die Erzeuger der Halbgruppen aus den obigen Beispielen. Dabei stellt sich heraus, dass A wirklich in der Regel ein unbeschränkter Operator ist; siehe dazu auch Satz VII.4.9.

Beispiele

(a) Der Erzeuger der Halbgruppe (e^{tA}) ist A selbst; es gilt ja

$$\left\| \frac{e^{hA} - \mathrm{Id}}{h} - A \right\| = \left\| \sum_{n=2}^{\infty} \frac{h^{n-1} A^n}{n!} \right\| \leq \sum_{n=2}^{\infty} \frac{h^{n-1} \|A\|^n}{n!} \leq h \|A\|^2 e^{h\|A\|} \to 0.$$

Ferner ist hier der Definitionsbereich des Erzeugers ganz X.

(b) Bei der Translationshalbgruppe gilt punktweise

$$\lim_{h \to 0^+} \frac{T_h f(x) - f(x)}{h} = \lim_{h \to 0^+} \frac{f(x+h) - f(x)}{h} = \frac{d^+ f}{dx}(x);$$

d^+/dx bezeichnet die rechtsseitige Ableitung. Daher ist zu vermuten, dass der Erzeuger A der Ableitungsoperator $f \mapsto f'$ ist. Wir bestätigen das in dem Fall, dass die T_t auf $C_0(\mathbb{R})$ (oder $C_0[0, \infty)$) erklärt sind:

$$\text{dom}(A) = \{ f \in C_0(\mathbb{R}) \colon f' \text{ existiert und } f' \in C_0(\mathbb{R}) \},$$
$$Af = f'.$$

Sei als erstes $f \in C_0(\mathbb{R})$ differenzierbar mit $f' \in C_0(\mathbb{R})$. Dann ist f' gleichmäßig stetig, woraus mit $h \to 0^+$

$$\left| \frac{f(x+h) - f(x)}{h} - f'(x) \right| = \left| \frac{1}{h} \int_x^{x+h} f'(y)\, dy - f'(x) \right|$$
$$\le \frac{1}{h} \int_x^{x+h} |f'(y) - f'(x)|\, dy \;\to\; 0$$

gleichmäßig in x folgt. Das heißt $f \in \text{dom}(A)$ und $Af = f'$.

Ist umgekehrt $f \in \text{dom}(A)$, so zeigt das punktweise Argument, dass f rechtsseitig differenzierbar ist; und da Af definitionsgemäß in $C_0(\mathbb{R})$ liegt, ist die rechtsseitige Ableitung stetig. Daraus folgt aber die Differenzierbarkeit von f schlechthin[4].

In der L^p-Theorie ist der Definitionsbereich des Erzeugers schwieriger zu beschreiben. Es sei an den Begriff der absolutstetigen Funktion erinnert (Definition A.1.9) und daran, dass eine solche Funktion fast überall differenzierbar ist (Satz A.1.10). Dann kann man für den Erzeuger der Translationshalbgruppe auf $L^p(\mathbb{R})$, $1 \le p < \infty$, zeigen:

$$\text{dom}(A) = \{ f \in L^p(\mathbb{R}) \colon f \text{ ist absolutstetig und } f' \in L^p(\mathbb{R}) \},$$
$$Af = f'.$$

(c) Der Erzeuger der Wärmeleitungshalbgruppe ist der Laplaceoperator. Wir betrachten im Detail den Fall $p = 2$; hier sieht man das am schnellsten mittels der Fouriertransformation ein. Zunächst ist festzustellen, dass alle $\gamma_t \in \mathscr{S}(\mathbb{R}^d)$ sind. Da die Faltung zweier Schwartzfunktionen wieder eine Schwartzfunktion ist (Aufgabe VII.5.10), gilt $T_t\big(\mathscr{S}(\mathbb{R}^d)\big) \subset \mathscr{S}(\mathbb{R}^d)$ für alle $t > 0$. Als erstes wird nun

$$\lim_{h \to 0} \frac{\gamma_h * f - f}{h} = \Delta f \qquad \forall f \in \mathscr{S}(\mathbb{R}^d) \tag{VII.26}$$

---

[4]Siehe W. Walter, *Analysis I*, Springer-Verlag 1985, Satz 12.25.

(mit Konvergenz in $L^2(\mathbb{R}^d)$) behauptet. Da die Fouriertransformation ein Isomorphismus auf $L^2(\mathbb{R}^d)$ ist, der den Schwartzraum invariant lässt (Satz V.2.8), ist (VII.26) wegen Aufgabe VII.5.10 äquivalent zu

$$\lim_{h \to 0} \frac{\sqrt{2\pi}^d \, \mathscr{F}\gamma_h \cdot \mathscr{F}f - \mathscr{F}f}{h} = \mathscr{F}(\Delta f) \qquad \forall f \in \mathscr{S}(\mathbb{R}^d).$$

Weiter gelten nach Lemma V.2.6 und Lemma V.2.4

$$\mathscr{F}\gamma_t(\xi) = \frac{1}{(2\pi)^{d/2}} e^{-t\xi^2}, \quad \mathscr{F}(\Delta f)(\xi) = -\xi^2 \mathscr{F}f(\xi),$$

und da die Fouriertransformation ein Isomorphismus auf $\mathscr{S}(\mathbb{R}^d)$ ist, ist (VII.26) schließlich zu

$$\lim_{h \to 0} \frac{e^{hq}g - g}{h} = qg \qquad \forall g \in \mathscr{S}(\mathbb{R}^d) \tag{VII.27}$$

äquivalent, wo $q(\xi) = -\xi^2$ gesetzt und wieder die Konvergenz in $L^2(\mathbb{R}^d)$ gemeint ist. Um (VII.27) einzusehen, betrachte die Hilfsfunktion

$$\Phi(z) = \frac{e^z - 1}{z} - 1 = \sum_{n=2}^{\infty} \frac{z^{n-1}}{n!};$$

damit gilt

$$\left\| \frac{e^{hq}g - g}{h} - qg \right\|_2^2 = \|(\Phi \circ (hq)) \cdot qg\|_2^2 = \int_{\mathbb{R}^d} |\Phi(-h\xi^2)|^2 |\xi^2 g(\xi)|^2 \, d\xi \to 0$$

mit $h \to 0$ nach dem Lebesgueschen Konvergenzsatz, denn der Integrand strebt punktweise gegen 0 und wird von der integrierbaren Funktion $|qg|^2$ majorisiert (beachte $-1 \le \Phi(z) \le 0$ für $z \le 0$). Mehr noch: das Argument zeigt, dass (VII.26) für alle $f \in L^2$ gilt, für die $q \cdot \mathscr{F}f$ in L^2 liegt, und das ist genau für die f aus dem Sobolevraum $W^2(\mathbb{R}^d)$ der Fall (Satz V.2.14); hier ist der Laplaceoperator natürlich im Sinn der schwachen Ableitungen zu verstehen. Damit ist für $p = 2$

$$\mathrm{dom}(A) = W^2(\mathbb{R}^d), \quad Af = \Delta f$$

gezeigt. Im Fall $p \ne 2$ kann man den Definitionsbereich von Δ als $\{f \in L^p \colon \Delta f \in L^p\}$ beschreiben; hier werden Ableitungen im Distributionensinn aufgefasst, siehe Abschn. VIII.5. Für $1 < p < \infty$ stimmt $\mathrm{dom}(\Delta)$ mit dem auf Seite 275 angesprochenen Sobolevraum $W^{2,p}(\mathbb{R}^d)$ überein, aber nicht für $p = 1$.

(d) In diesem Beispiel ist der Erzeuger der Ableitungsoperator $A\varphi = \varphi'$ auf dem Definitionsbereich

$$\mathrm{dom}(A) = \{\varphi \in C^1[-\sigma, 0] \colon \varphi'(0) = \ell(\varphi)\}.$$

Ist nämlich zunächst $\varphi \in \text{dom}(A)$, so folgt aus (VII.22)

$$(A\varphi)(s) = \lim_{h \to 0} \frac{T_h \varphi(s) - \varphi(s)}{h} = \begin{cases} \dfrac{d^+\varphi}{dt}(s) & -\sigma \leq s < 0, \\ \ell(\varphi) & s = 0. \end{cases} \tag{VII.28}$$

Da $A\varphi$ stetig ist, muss φ (beidseitig) stetig differenzierbar sein (vgl. das Argument in Beispiel (b)); also ist $\varphi \in C^1[-\sigma, 0]$, $\varphi(0) = \ell(\varphi)$ und $A\varphi = \varphi'$. Dass umgekehrt ein solches φ zu $\text{dom}(A)$ gehört, ergibt sich aus der gleichmäßigen Konvergenz bzgl. s in (VII.22).

Als nächstes werden einige Eigenschaften des infinitesimalen Erzeugers A einer C_0-Halbgruppe studiert. Aus der Definition von $\text{dom}(A)$ ergibt sich nicht unmittelbar, dass $\text{dom}(A)$ mehr als die 0 enthält. Unser erstes Ziel ist zu zeigen, dass A stets dicht definiert und abgeschlossen ist. Dazu wird das Riemannintegral für banachraumwertige stetige Funktionen benötigt. Dieses kann wie im skalaren Fall als Grenzwert von Riemannschen Summen erklärt werden; es gelten dann sämtliche vertrauten Rechenregeln (Linearität, $\int_a^b + \int_b^c = \int_a^c$ etc.) inklusive des Hauptsatzes

$$\lim_{h \to 0} \frac{1}{h} \int_t^{t+h} u(s)\,ds = u(t) \tag{VII.29}$$

für stetige Funktionen mit Werten in einem Banachraum. Die Beweise dieser Aussagen erfolgen wie im skalaren Fall. Ferner gilt für stetige lineare Operatoren T

$$T\left(\int_a^b u(s)\,ds \right) = \int_a^b T(u(s))\,ds. \tag{VII.30}$$

Zuerst nun ein wichtiges Lemma.

Lemma VII.4.5 *Sei A der Erzeuger der C_0-Halbgruppe (T_t) auf dem Banachraum X, und sei $t > 0$.*

(a) $\displaystyle\int_0^t T_s x\,ds \in \text{dom}(A)$ *für alle $x \in X$, und $A\left(\int_0^t T_s x\,ds \right) = T_t x - x$.*

(b) $T_t(\text{dom}(A)) \subset \text{dom}(A)$.

(c) $T_t A x = A T_t x$ *für alle $x \in \text{dom}(A)$.*

(d) $T_t x - x = \displaystyle\int_0^t T_s A x\,ds$ *für alle $x \in \text{dom}(A)$.*

Beweis. Beachte, dass die Funktionen $t \mapsto T_t x$ nach Lemma VII.4.3 stetig sind.

(a) Es gilt nach (VII.30) und (VII.29)

$$\frac{1}{h}\left(T_h\left(\int_0^t T_s x\,ds\right) - \int_0^t T_s x\,ds\right) = \frac{1}{h}\left(\int_0^t T_{s+h} x\,ds - \int_0^t T_s x\,ds\right)$$

$$= \frac{1}{h}\left(\int_t^{t+h} T_s x\,ds - \int_0^h T_s x\,ds\right)$$

$$\to T_t x - T_0 x = T_t x - x$$

mit $h \to 0$; daraus folgt (a).

(b), (c) Sei $x \in \mathrm{dom}(A)$. Dann konvergiert mit $h \to 0$

$$\frac{T_h(T_t x) - T_t x}{h} = T_t\left(\frac{T_h x - x}{h}\right) \to T_t A x,$$

denn T_t ist stetig. Also ist $T_t x \in \mathrm{dom}(A)$ und $A T_t x = T_t A x$.

(d) Sei $x \in \mathrm{dom}(A)$. Unter (a) wurde bewiesen

$$T_t x - x = A \int_0^t T_s x\,ds = \lim_{h \to 0} \frac{1}{h}\left(T_h \int_0^t T_s x\,ds - \int_0^t T_s x\,ds\right)$$

$$= \lim_{h \to 0} \int_0^t T_s\left(\frac{T_h x - x}{h}\right) ds.$$

Wegen $x \in \mathrm{dom}(A)$ konvergiert

$$T_s\left(\frac{T_h x - x}{h}\right) \to T_s A x$$

für $h \to 0$, und zwar wegen $\sup_{s \le t} \|T_s\| < \infty$ (Lemma VII.4.2) gleichmäßig auf $[0, t]$. Daraus folgt

$$\lim_{h \to 0} \int_0^t T_s\left(\frac{T_h x - x}{h}\right) ds = \int_0^t T_s A x\,ds,$$

und (d) ist bewiesen. $\square$

Es ist zu bemerken, dass in Beispiel (c) sogar $T_t x \in \mathrm{dom}(A)$ für alle $x \in X$ gilt, nicht jedoch in Beispiel (b). Aussage (a) aus Lemma VII.4.5 kann so interpretiert werden, dass „im Mittel" $T_t x$ stets in $\mathrm{dom}(A)$ liegt; im Kontext von Beispiel (b) sieht man erneut die glättende Wirkung der Integration.

Satz VII.4.6 *Der Erzeuger einer C_0-Halbgruppe ist dicht definiert und abgeschlossen.*

Beweis. Sei A der Erzeuger von (T_t). Zu $x \in X$ und $t > 0$ betrachte $x_t := \frac{1}{t} \int_0^t T_s x\,ds$. Dann ist nach Lemma VII.4.5(a) $x_t \in \mathrm{dom}(A)$, und es gilt nach (VII.29) $\lim_{t \to 0} x_t = x$. Deshalb ist A dicht definiert.

Zum Beweis der Abgeschlossenheit von A betrachte eine Folge (x_n) in dom(A) mit $x_n \to x, Ax_n \to y \in X$. Es ist $x \in$ dom(A) und $Ax = y$ zu zeigen. Das folgt aus

$$
\begin{aligned}
\frac{T_h x - x}{h} &= \lim_{n \to \infty} \frac{T_h x_n - x_n}{h} \\
&= \lim_{n \to \infty} \frac{1}{h} \int_0^h T_s A x_n \, ds \qquad \text{(Lemma VII.4.5(d))} \\
&= \frac{1}{h} \int_0^h T_s y \, ds \\
&\qquad \text{(da } T_s A x_n \to T_s y \text{ gleichmäßig in } s \in [0, t]) \\
&\to y
\end{aligned}
$$

mit $h \to 0$. $\qquad\qquad\qquad\qquad\qquad\qquad\qquad\qquad\qquad\qquad\qquad\qquad$ $\square$

Lemma VII.4.5 liefert Informationen über die Lösungen eines abstrakten Cauchyproblems

$$
u' = Au, \quad u(0) = x_0. \tag{VII.31}
$$

Satz VII.4.7 *Es sei A der Erzeuger der C_0-Halbgruppe (T_t) auf einem Banachraum X, und es sei $x_0 \in$ dom(A). Dann ist die Funktion $u: [0, \infty) \to X$, $u(t) = T_t x_0$, stetig differenzierbar, dom(A)-wertig und eine Lösung von (VII.31). Ferner ist u die einzige Lösung von (VII.31) mit diesen Eigenschaften, und $u(t)$ hängt stetig vom Anfangswert x_0 ab.*

Beweis. Nach Lemma VII.4.5(b) ist $T_t x_0 \in$ dom(A) für alle $t > 0$, also ist $A(u(t))$ wohldefiniert. Für die rechtsseitige Ableitung von u gilt

$$
\lim_{h \to 0^+} \frac{u(t + h) - u(t)}{h} = \lim_{h \to 0^+} \frac{T_{t+h} x_0 - T_t x_0}{h} = \lim_{h \to 0^+} T_t \left(\frac{T_h x_0 - x_0}{h} \right)
$$
$$
= T_t A x_0 = A T_t x_0 = A(u(t))
$$

und für die linksseitige ebenfalls

$$
\lim_{h \to 0^+} \frac{u(t - h) - u(t)}{-h} = \lim_{h \to 0^+} T_{t-h} \frac{T_h x_0 - x_0}{h} = T_t A x_0 = A(u(t)).
$$

Im vorletzten Schritt geht ein, dass wegen $\sup_{s \leq t} \|T_s\| < \infty$ die T_{t-h} gleichgradig stetig sind; mit der Abkürzung $A_h = \frac{1}{h}(T_h - \text{Id})$ lautet die Abschätzung explizit

$$
\begin{aligned}
\|T_{t-h} A_h x_0 - T_t A x_0\| &\leq \|T_{t-h} A_h x_0 - T_{t-h} A x_0\| + \|T_{t-h} A x_0 - T_t A x_0\| \\
&\leq \|T_{t-h}\| \, \|A_h x_0 - A x_0\| + \|T_{t-h} A x_0 - T_t A x_0\| \\
&\to 0
\end{aligned}
$$

nach Definition von A sowie Lemma VII.4.3. Außerdem zeigt dieses Lemma wegen $u'(t) = A T_t x_0 = T_t A x_0$, dass u' stetig ist.

Sei nun v eine weitere Lösung von (VII.31). Dann liefert die „Produktregel" der Differentiation (Beweis wie in der Analysis) für $0 \le t \le s$

$$\frac{d}{dt}T_{s-t}v(t) = (-1)AT_{s-t}v(t) + T_{s-t}v'(t) \quad \left(\text{denn } \frac{d}{d\tau}T_\tau x = AT_\tau x\right)$$
$$= -T_{s-t}Av(t) + T_{s-t}Av(t) = 0.$$

Daraus folgt die Konstanz der Funktion $\Phi\colon [0,s] \to X$, $\Phi(t) = T_{s-t}v(t)$; denn für alle Funktionale $\ell \in X'$ ist

$$\frac{d}{dt}(\ell \circ \Phi) = \ell \circ \frac{d\Phi}{dt} = 0,$$

so dass $\ell(\Phi(0)) = \ell(\Phi(t))$ für alle $t \in [0,s]$, insbesondere für $t = s$. Der Satz von Hahn-Banach impliziert $\Phi(0) = \Phi(s)$, d.h. $T_s x_0 = v(s)$. Da s beliebig war, ist die Eindeutigkeit der Lösung gezeigt.

Die stetige Abhängigkeit von $u(t)$ von x_0 ist nichts anderes als die Stetigkeit der Operatoren T_t. □

Korollar VII.4.8 *Zwei C_0-Halbgruppen mit demselben Erzeuger stimmen überein.*

Beweis. Haben (S_t) und (T_t) denselben Erzeuger A, so lösen sowohl $t \mapsto S_t x$ als auch $t \mapsto T_t x$ das Anfangswertproblem

$$u'(t) = Au(t), \quad u(0) = x \in \mathrm{dom}(A).$$

Die eindeutige Lösbarkeit impliziert $S_t|_{\mathrm{dom}(A)} = T_t|_{\mathrm{dom}(A)}$ für alle $t \ge 0$ und, da die S_t und T_t stetig sind und $\mathrm{dom}(A)$ dicht liegt (Satz VII.4.6), $S_t = T_t$. □

Will man Satz VII.4.7 auf ein konkretes Cauchyproblem mit einem gegebenen Differentialoperator A anwenden, benötigt man Kriterien, mit deren Hilfe man einem abgeschlossenen Operator ansehen kann, ob er eine C_0-Halbgruppe erzeugt. Solche Kriterien werden im Folgenden hergeleitet.

Wir behandeln zuerst den Fall normstetiger Halbgruppen. Bei einer normstetigen Halbgruppe (T_t) ist die Abbildung $t \mapsto T_t$ bzgl. der Operatornorm stetig, wie aus der für $0 \le s \le t \le t_0$ gültigen Abschätzung

$$\|T_t - T_s\| = \|T_s(T_{t-s} - \mathrm{Id})\| \le \|T_s\| \, \|T_{t-s} - \mathrm{Id}\| \le C\|T_{t-s} - \mathrm{Id}\|$$

folgt. Daher konvergiert das Riemannintegral $\int_0^t T_s \, ds$ in der Operatornorm, und wir können die Operatoren

$$M_t = \frac{1}{t}\int_0^t T_s \, ds \qquad (t > 0) \tag{VII.32}$$

definieren. Da $T \mapsto Tx$ ein stetiger linearer Operator von $L(X)$ nach X ist, gilt

$$M_t x = \frac{1}{t} \int_0^t T_s x \, ds \qquad \forall x \in X.$$

Satz VII.4.9 *Für eine C_0-Halbgruppe (T_t) mit Erzeuger A sind folgende Aussagen äquivalent:*

  (i) *(T_t) ist normstetig.*

  (ii) *A ist stetig.*

  (iii) *$\mathrm{dom}(A) = X$.*

Sind diese Bedingungen erfüllt, gilt $T_t = e^{tA}$ für alle $t \geq 0$.

Beweis. (i) $\Rightarrow$ (iii): Wir verwenden die obige Notation. Ist (T_t) normstetig, folgt aus (VII.29) $\|M_t - \mathrm{Id}\| \to 0$, denn $t \mapsto T_t$ ist stetig. Für hinreichend kleines τ ist deshalb M_τ invertierbar und insbesondere surjektiv (Neumannsche Reihe, Satz II.1.12). Nun ist nach Lemma VII.4.5(a) $\mathrm{ran}(M_\tau) \subset \mathrm{dom}(A)$; folglich ist $\mathrm{dom}(A) = X$.

    (iii) $\Rightarrow$ (ii): Da A nach Satz VII.4.6 abgeschlossen ist, folgt diese Implikation aus dem Satz vom abgeschlossenen Graphen.

    (ii) $\Rightarrow$ (i): Betrachte die Halbgruppe $S_t = e^{tA}$; nach Beispiel (a) ist (S_t) normstetig und hat A als Erzeuger. Wegen Korollar VII.4.8 ist $T_t = e^{tA}$, und damit ist auch der Zusatz gezeigt. $\qquad\qquad\square$

Beachte, dass die Äquivalenz von (ii) und (iii) für jeden dicht definierten abgeschlossenen Operator in einem Banachraum gültig ist.

Um den fundamentalen Satz von Hille-Yosida über die Erzeugung von C_0-Halbgruppen zu formulieren, benötigen wir Grundbegriffe der Spektraltheorie unbeschränkter Operatoren in einem Banachraum. Diese sind vollkommen analog zu denen aus Definition VII.2.14 für Hilbertraum-Operatoren; auch Satz VII.2.15 gilt entsprechend.

Wir wenden uns als erstes den Kontraktionshalbgruppen zu, also den C_0-Halbgruppen mit $\|T_t\| \leq 1$ für alle $t \geq 0$.

Satz VII.4.10 *Sei A der Erzeuger der Kontraktionshalbgruppe (T_t).*

  (a) *$\{\lambda\colon \mathrm{Re}\,\lambda > 0\} \subset \rho(A)$.*

  (b) *$(\lambda - A)^{-1}x = \displaystyle\int_0^\infty e^{-\lambda s} T_s x \, ds$ für alle λ mit $\mathrm{Re}\,\lambda > 0$.*

  (c) *$\|(\mathrm{Re}\,\lambda)(\lambda - A)^{-1}\| \leq 1$ für alle λ mit $\mathrm{Re}\,\lambda > 0$.*

Beweis. Sei $\mathrm{Re}\,\lambda > 0$; dann ist $\lim_{t\to\infty} \|e^{-\lambda t} T_t\| = 0$, da $\|T_t\| \leq 1$. Wendet man Lemma VII.4.5 auf die Halbgruppe $(e^{-\lambda t} T_t)$ an, die den Erzeuger $A - \lambda$ mit Definitionsbereich dom(A) hat, folgt

$$e^{-\lambda t} T_t x - x = \begin{cases} (A - \lambda) \displaystyle\int_0^t e^{-\lambda s} T_s x \, ds & \forall x \in X, \\[2ex] \displaystyle\int_0^t e^{-\lambda s} T_s (A - \lambda) x \, ds & \forall x \in \mathrm{dom}(A). \end{cases}$$

Der Grenzübergang $t \to \infty$ liefert

$$x = \begin{cases} (\lambda - A) \displaystyle\int_0^\infty e^{-\lambda s} T_s x \, ds & \forall x \in X, \\[2ex] \displaystyle\int_0^\infty e^{-\lambda s} T_s (\lambda - A) x \, ds & \forall x \in \mathrm{dom}(A). \end{cases}$$

Daher ist $\lambda - A\colon \mathrm{dom}(A) \to X$ bijektiv und $\lambda \in \rho(A)$, und der inverse Operator hat die in (b) angegebene Gestalt. Schließlich folgt (c) aus

$$\|(\lambda - A)^{-1} x\| \leq \int_0^\infty e^{-\mathrm{Re}\,\lambda s} \|T_s\| \, \|x\| \, ds \leq \int_0^\infty e^{-\mathrm{Re}\,\lambda s} \, ds \cdot \|x\| = \frac{\|x\|}{\mathrm{Re}\,\lambda}. \qquad \square$$

Teil (b) kann man so deuten, dass die Resolvente von A die Laplacetransformation der Halbgruppe ist.

Wir kommen zum ersten Hauptergebnis, wonach die Umkehrung von Satz VII.4.10 ebenfalls richtig ist.

Theorem VII.4.11 (Satz von Hille-Yosida für Kontraktionshalbgruppen)
Ein Operator A ist genau dann Erzeuger einer Kontraktionshalbgruppe, wenn A dicht definiert und abgeschlossen ist, $(0, \infty) \subset \rho(A)$ gilt und

$$\|\lambda(\lambda - A)^{-1}\| \leq 1 \qquad \forall \lambda > 0. \tag{VII.33}$$

Beweis. Die Notwendigkeit der Bedingungen wurde in Satz VII.4.6 und Satz VII.4.10 bewiesen. Der Beweis der Umkehrung nach Yosida beruht auf folgender Idee: Definiere für $\lambda > 0$ beschränkte Operatoren A_λ und die zugehörigen Halbgruppen (e^{tA_λ}); dann zeige, dass $T_t x = \lim_{\lambda \to \infty} e^{tA_\lambda} x$ existiert und eine Kontraktionshalbgruppe mit Erzeuger A definiert.

Für $\lambda > 0$ definieren wir also die *Yosida-Approximation*

$$A_\lambda := \lambda A(\lambda - A)^{-1} = \lambda^2(\lambda - A)^{-1} - \lambda \in L(X)$$

und die zugehörige normstetige Halbgruppe (e^{tA_λ}); beachte

$$A_\lambda x = \lambda(\lambda - A)^{-1} A x \qquad \forall x \in \mathrm{dom}(A).$$

Die Operatoren e^{tA_λ} sind kontraktiv wegen

$$\|e^{tA_\lambda}\| \leq e^{-\lambda t}\|e^{\lambda^2(\lambda - A)^{-1}t}\| \leq e^{-\lambda t}e^{\|\lambda^2(\lambda - A)^{-1}\|t} \leq e^{-\lambda t}e^{\lambda t} = 1;$$

im zweiten Schritt wurde die für einen beschränkten Operator S gültige Abschätzung

$$\|e^S\| = \left\|\sum_{n=0}^{\infty} \frac{S^n}{n!}\right\| \leq \sum_{n=0}^{\infty} \frac{\|S\|^n}{n!} = e^{\|S\|}$$

und im vorletzten die Voraussetzung (VII.33) benutzt.

Wir möchten nun das Verhalten von $A_\lambda x$ und $e^{tA_\lambda}x$ für $\lambda \to \infty$ untersuchen. Dazu wird zuerst

$$\lim_{\lambda \to \infty} A_\lambda x = Ax \qquad \forall x \in \text{dom}(A) \qquad\qquad \text{(VII.34)}$$

gezeigt. Ist nämlich $y \in \text{dom}(A)$, so erhält man

$$\lim_{\lambda \to \infty} \lambda(\lambda - A)^{-1}y = \lim_{\lambda \to \infty} (y + A(\lambda - A)^{-1}y) = y, \qquad\qquad \text{(VII.35)}$$

denn

$$\|A(\lambda - A)^{-1}y\| = \|(\lambda - A)^{-1}Ay\| \leq \frac{\|Ay\|}{\lambda} \to 0$$

mit $\lambda \to \infty$ wegen (VII.33). Nun ist nach Voraussetzung die Familie der Operatoren $\lambda(\lambda - A)^{-1}$ beschränkt, so dass (VII.35) sogar für alle $y \in X$ gilt. Setzt man speziell $y = Ax$ ein, erhält man (VII.34).

Seien jetzt $x \in X$ und $t \geq 0$. Wir zeigen, dass $\lim_{\lambda \to \infty} e^{tA_\lambda}x$ existiert, und beweisen dazu die Cauchy-Eigenschaft. Wir gehen aus von

$$\frac{d}{ds}e^{s(A_\lambda - A_\mu)}x = e^{s(A_\lambda - A_\mu)}(A_\lambda - A_\mu)x,$$

integrieren von 0 bis t und wenden dann e^{tA_μ} an; das liefert

$$e^{tA_\lambda}x - e^{tA_\mu}x = \int_0^t e^{sA_\lambda}e^{(t-s)A_\mu}(A_\lambda - A_\mu)x\,ds.$$

Hier ist zu beachten, dass für kommutierende beschränkte Operatoren S und T auch e^S, e^T, S und T kommutieren und dass $e^{S+T} = e^Se^T$ gilt (Aufgabe VII.5.30). Man erhält jetzt für $x \in \text{dom}(A)$

$$\|e^{tA_\lambda}x - e^{tA_\mu}x\| \leq \int_0^t \|e^{sA_\lambda}\|\,\|e^{(t-s)A_\mu}\|\,\|A_\lambda x - A_\mu x\|\,ds$$
$$\leq t\|A_\lambda x - A_\mu x\| \to 0$$

mit $\lambda, \mu \to \infty$ wegen (VII.34). Aber da stets $\|e^{tA_\lambda}\| \leq 1$ gilt, schließen wir, dass $\lim_{\lambda \to \infty} e^{tA_\lambda} x$ sogar für alle $x \in X$ und nicht bloß auf dom(A) existiert; beachte außerdem, dass die Konvergenz gleichmäßig auf beschränkten t-Intervallen ist. Für jedes $t \geq 0$ und jedes $x \in X$ kann man daher

$$T_t x := \lim_{\lambda \to \infty} e^{tA_\lambda} x \qquad (\text{VII.36})$$

definieren. Dann sind die T_t stetige Operatoren mit Norm ≤ 1, da die e^{tA_λ} es sind. Der nächste Schritt ist zu zeigen, dass $(T_t)_{t \geq 0}$ eine Kontraktionshalbgruppe ist. Hier sind die Forderungen (1) und (2) aus Definition VII.4.1 klar, und die starke Stetigkeit ergibt sich aus der gleichmäßigen Konvergenz in (VII.36) auf beschränkten Intervallen.

Schließlich ist A als der Erzeuger von (T_t) zu identifizieren, der einstweilen mit B bezeichnet sei. Wir behaupten zuerst

$$\text{dom}(A) \subset \text{dom}(B), \quad Bx = Ax \text{ für } x \in \text{dom}(A). \qquad (\text{VII.37})$$

Für $x \in \text{dom}(A)$ zeigt Lemma VII.4.5 nämlich

$$T_t x - x = \lim_{\lambda \to \infty} e^{tA_\lambda} x - x = \lim_{\lambda \to \infty} \int_0^t e^{sA_\lambda} A_\lambda x \, ds = \int_0^t T_s Ax \, ds,$$

denn

$$\left\| \int_0^t e^{sA_\lambda} A_\lambda x \, ds - \int_0^t T_s Ax \, ds \right\| \leq \int_0^t \|e^{sA_\lambda}\| \, \|A_\lambda x - Ax\| \, ds$$
$$+ \int_0^t \|e^{sA_\lambda} Ax - T_s Ax\| \, ds,$$

und das erste Integral strebt nach (VII.34) mit $\lambda \to \infty$ gegen 0 und das zweite wegen der gleichmäßigen Konvergenz der Integranden.

Andererseits ist $1 \in \rho(A)$ nach Voraussetzung und $1 \in \rho(B)$ nach Satz VII.4.10. Wegen (VII.37) ist $x = (\text{Id} - B)(\text{Id} - A)^{-1} x$ für alle $x \in X$, so dass auch $(\text{Id} - B)^{-1} x = (\text{Id} - A)^{-1} x$ für alle x gilt, und das zeigt dom$(B) = \text{dom}(A)$.

Damit ist der Satz von Hille-Yosida bewiesen. $\qquad \square$

Das nächste Ziel wird sein, den Satz von Hille-Yosida auf beliebige C_0-Halbgruppen auszudehnen. Dazu wird eine Umnormierungstechnik verwandt; beachte, dass die starke Stetigkeit einer Halbgruppe, also Forderung (3) aus Definition VII.4.1, bei Übergang zu einer äquivalenten Norm erhalten bleibt, und auch der Erzeuger ändert sich dabei nicht.

Hier ist als erstes die notwendige Spektralbedingung an den Erzeuger einer C_0-Halbgruppe, die sich in Theorem VII.4.13 auch als hinreichend erweisen wird.

Satz VII.4.12 *Sei (T_t) eine C_0-Halbgruppe mit $\|T_t\| \leq Me^{\omega t}$ für alle $t \geq 0$ und A ihr Erzeuger. Dann gelten*

(a) $\{\lambda \colon \operatorname{Re}\lambda > \omega\} \subset \rho(A)$,

(b) $(\lambda - A)^{-1}x = \displaystyle\int_0^\infty e^{-\lambda s}T_s x\, ds$ *für alle* λ *mit* $\operatorname{Re}\lambda > \omega$,

(c) $\|(\operatorname{Re}\lambda - \omega)^n(\lambda - A)^{-n}\| \le M$ *für alle* λ *mit* $\operatorname{Re}\lambda > \omega$, $n \in \mathbb{N}$.

Beweis. Wir betrachten zuerst den Spezialfall $\omega = 0$, so dass stets $\|T_t\| \le M$ vorausgesetzt ist. Der Ausdruck

$$\|\|x\|\| = \sup_{t \ge 0} \|T_t x\|$$

definiert eine Norm, die wegen $\|x\| \le \|\|x\|\| \le M\|x\|$ zur ursprünglichen Norm äquivalent ist. Die zugehörige Operatornorm bezeichnen wir ebenfalls mit diesem Symbol, also $\|\|S\|\| = \sup_{\|\|x\|\| \le 1} \|\|Sx\|\|$. In der neuen Norm ist (T_t) eine Kontraktionshalbgruppe, denn

$$\|\|T_t x\|\| = \sup_{\tau \ge 0} \|T_{\tau+t}x\| \le \|\|x\|\|.$$

Satz VII.4.10 impliziert daher $\{\lambda \colon \operatorname{Re}\lambda > 0\} \subset \rho(A)$ und

$$\|\|(\operatorname{Re}\lambda)^n(\lambda - A)^{-n}\|\| \le \|\|(\operatorname{Re}\lambda)(\lambda - A)^{-1}\|\|^n \le 1$$

für alle $\operatorname{Re}\lambda > 0$, $n \in \mathbb{N}$, und Satz VII.4.12 ist in diesem Spezialfall gezeigt, denn $\|S\| \le M\|\|S\|\|$ für alle $S \in L(X)$.

Im allgemeinen Fall gehen wir zur Halbgruppe $S_t = e^{-\omega t}T_t$ mit dem Erzeuger $A - \omega$ über, für die $\|S_t\| \le M$ für alle $t \ge 0$ gilt. Nach dem bereits Bewiesenen ist $\{\mu \colon \operatorname{Re}\mu > 0\} \subset \rho(A - \omega) = \{\lambda - \omega \colon \lambda \in \rho(A)\}$ und $\|(\operatorname{Re}\mu)^n(\mu - (A - \omega))^{-n}\| \le M$ für alle $\operatorname{Re}\mu > 0$ und $n \in \mathbb{N}$. Schreibt man $\mu = \lambda - \omega$, so liefert das sofort die Behauptung. Der Beweis der Formel für die Resolvente ist wie in Satz VII.4.10. $\square$

Wir kommen zur Umkehrung.

Theorem VII.4.13 (Satz von Hille-Yosida im allgemeinen Fall)
Ein Operator A ist genau dann Erzeuger einer C_0-Halbgruppe, wenn er dicht definiert und abgeschlossen ist und Konstanten $\omega \in \mathbb{R}$, $M \ge 1$ existieren, so dass $(\omega, \infty) \subset \rho(A)$ und

$$\|(\lambda - \omega)^n(\lambda - A)^{-n}\| \le M \qquad \forall \lambda > \omega,\ n \in \mathbb{N}. \tag{VII.38}$$

In diesem Fall erfüllt die erzeugte Halbgruppe die Abschätzung $\|T_t\| \le Me^{\omega t}$ *für alle* $t \ge 0$.

Beweis. Die Notwendigkeit der Bedingungen wurde gerade in Satz VII.4.12 bewiesen. Die Hinlänglichkeit wird wieder zuerst im Spezialfall $\omega = 0$ untersucht. Die Idee für den

Beweis ist, durch eine geschickte Umnormierung (VII.38) in (VII.33) zu überführen und dann Theorem VII.4.11 anzuwenden.

Wir führen zuerst zu jedem $\mu > 0$ die durch

$$\|x\|_\mu = \sup_{n \geq 0} \|\mu^n (\mu - A)^{-n} x\|$$

definierte Norm $\|\,.\,\|_\mu$ auf X ein. Dies ist eine äquivalente Norm, denn (VII.38) liefert

$$\|x\| \leq \|x\|_\mu \leq M \|x\|; \qquad\qquad\qquad (VII.39)$$

außerdem gilt nach Konstruktion

$$\|\mu(\mu - A)^{-1}\|_\mu \leq 1. \qquad\qquad\qquad (VII.40)$$

Wir werden zeigen, dass $\|x\|_\mu$ mit μ monoton wächst. Dazu wird als erstes

$$\|\lambda(\lambda - A)^{-1}\|_\mu \leq 1 \qquad \forall 0 < \lambda \leq \mu \qquad\qquad (VII.41)$$

behauptet; das ergibt sich folgendermaßen aus der Resolventengleichung (vgl. Satz VII.2.15(b)):

$$\|(\lambda - A)^{-1}\|_\mu = \|(\mu - A)^{-1} + (\mu - \lambda)(\mu - A)^{-1}(\lambda - A)^{-1}\|_\mu$$
$$\leq \frac{1}{\mu} + \frac{\mu - \lambda}{\mu} \|(\lambda - A)^{-1}\|_\mu \qquad \text{(nach (VII.40))}$$
$$= \|(\lambda - A)^{-1}\|_\mu + \frac{1}{\mu}\Big(1 - \|\lambda(\lambda - A)^{-1}\|_\mu\Big).$$

Weiter hat man für $0 < \lambda \leq \mu$ und $n \in \mathbb{N}$ wg. (VII.39) und (VII.41)

$$\|\lambda^n(\lambda - A)^{-n} x\| \leq \|\lambda^n(\lambda - A)^{-n} x\|_\mu \leq \|\lambda(\lambda - A)^{-1}\|_\mu^n \|x\|_\mu \leq \|x\|_\mu$$

und daher

$$\|x\|_\lambda \leq \|x\|_\mu \qquad \forall 0 < \lambda \leq \mu.$$

Wir können deshalb die äquivalente Norm

$$\|\|x\|\| = \lim_{\mu \to \infty} \|x\|_\mu$$

einführen, die ebenfalls

$$\|x\| \leq \|\|x\|\| \leq M \|x\| \qquad\qquad\qquad (VII.42)$$

erfüllt. (VII.41) liefert $\||\lambda(\lambda - A)^{-1}\|| \leq 1$, also die Hille-Yosida-Bedingung (VII.33); man lasse nämlich in

$$\|\lambda(\lambda - A)^{-1}x\|_\mu \leq \|x\|_\mu$$

$\mu \to \infty$ streben.

Theorem VII.4.11 garantiert jetzt, dass A der Erzeuger einer C_0-Halbgruppe mit $\||T_t\|| \leq 1$ ist; (VII.42) liefert $\|T_t x\| \leq \||T_t x\|| \leq \||x\|| \leq M\|x\|$, also $\|T_t\| \leq M$, und Theorem VII.4.13 ist im Fall $\omega = 0$ gezeigt.

Im Fall eines beliebigen ω betrachten wir $B = A - \omega$. Nach dem gerade Bewiesenen erzeugt B eine C_0-Halbgruppe mit $\|S_t\| \leq M$. Der Operator A erzeugt dann die Halbgruppe $T_t = e^{\omega t} S_t$, und die erfüllt $\|T_t\| \leq M e^{\omega t}$.

Damit ist das Theorem vollständig bewiesen. □

Die Bedingungen im Satz von Hille-Yosida können so verstanden werden, dass die in einem geeigneten Sinn „nach oben beschränkten" Operatoren C_0-Halbgruppen erzeugen und „negative" Operatoren Kontraktionshalbgruppen.

Obwohl die Theoreme VII.4.11 und VII.4.13 in theoretischer Hinsicht sehr befriedigend sind, sind sie in der Praxis häufig schwierig anzuwenden, da man eine explizite Kenntnis der Resolvente benötigt. Deshalb soll jetzt ein praktikableres Kriterium aufgestellt werden. Die dabei auftauchenden dissipativen Operatoren können als Analoga der negativen selbstadjungierten Operatoren im Kontext eines Banachraums verstanden werden.

▶ **Definition VII.4.14**

(a) Die *Dualitätsabbildung* auf einem Banachraum X ist die mengenwertige Abbildung $J: X \to \mathfrak{P}(X')$ mit

$$J(x) = \{x': \|x'\| = \|x\| \text{ und } x'(x) = \|x\|^2\}.$$

(b) Ein linearer Operator A in X heißt *dissipativ*, falls

$$\forall x \in \text{dom}(A) \ \exists x' \in J(x) \quad \text{Re}\, x'(Ax) \leq 0. \tag{VII.43}$$

(c) Ein linearer Operator A in X heißt *akkretiv*, falls $-A$ dissipativ ist.

Nach dem Satz von Hahn-Banach ist stets $J(x) \neq \emptyset$. Im Fall eines Hilbertraums H, wo H' wie üblich mit H identifiziert wird, ist $J(x) = \{x\}$, und ein Operator ist genau dann dissipativ, wenn $\text{Re}\langle Ax, x\rangle \leq 0$ auf $\text{dom}(A)$ gilt. Insbesondere trifft das auf selbstadjungierte Operatoren mit negativem Spektrum zu (vgl. Aufgabe VII.5.24).

Auch für $X = L^p$ mit $1 < p < \infty$ ist $J(f) \subset L^q \cong (L^p)'$ stets einelementig, nämlich $J(f) = \{g\}$ mit $g(\omega) = \|f\|_p^{2-p}\overline{f(\omega)}|f(\omega)|^{p-2}$ bzw. $g(\omega) = 0$ für $f(\omega) = 0$. Für $p = 1$ oder

$p = \infty$ sowie $X = C[0, 1]$ ist J i. Allg. tatsächlich mengenwertig; für $X = C[0, 1]$ ist z. B. $J(1)$ die Menge aller Wahrscheinlichkeitsmaße auf $[0, 1]$.

Beispiel

Sei $X = C_0(\mathbb{R}^d)$, und betrachte den Laplaceoperator mit dem Definitionsbereich $\mathrm{dom}(\Delta) = \mathscr{S}(\mathbb{R}^d)$. Dann ist Δ dissipativ: Zu $\varphi \in \mathscr{S}(\mathbb{R}^d)$ existiert eine Stelle x_0, so dass $\|\varphi\|_\infty = |\varphi(x_0)|$. Setze $\alpha = \overline{\varphi(x_0)}$ und betrachte das Funktional $\ell = \alpha \delta_{x_0}$. Dann ist $\ell \in J(\varphi)$ klar, und weiter gilt

$$\mathrm{Re}\, \ell(\Delta \varphi) = \mathrm{Re}\, \alpha (\Delta \varphi)(x_0) \leq 0,$$

denn die reellwertige Funktion $\psi = \mathrm{Re}\, \alpha \varphi$ nimmt bei x_0 ihr Maximum an, und dann müssen bei x_0 alle $\partial^2 \psi / \partial x_j^2 \leq 0$ sein.

Satz VII.4.15 *Ein linearer Operator A ist genau dann dissipativ, wenn*

$$\|(\lambda - A)x\| \geq \lambda \|x\| \qquad \forall \lambda > 0, \ x \in \mathrm{dom}(A). \tag{VII.44}$$

Beweis. Sei A dissipativ. Zu $x \in \mathrm{dom}(A)$ wähle $x' \in J(x)$ mit $\mathrm{Re}\, x'(Ax) \leq 0$; für alle $\lambda > 0$ folgt dann

$$\|(\lambda - A)x\| \, \|x'\| \geq |x'((\lambda - A)x)| \geq \mathrm{Re}\, x'((\lambda - A)x)$$
$$\geq \lambda \,\mathrm{Re}\, x'(x) = \lambda \|x\|^2,$$

was wegen $\|x'\| = \|x\|$ (VII.44) ergibt.

Umgekehrt sei (VII.44) vorausgesetzt. Zu $x \in \mathrm{dom}(A)$ und $\lambda > 0$ sei ein beliebiges $x'_\lambda \in J(\lambda x - Ax)$ gewählt. Für $y'_\lambda = x'_\lambda / \|x'_\lambda\|$ gilt dann nach (VII.44) bzw. nach Wahl von x'_λ

$$\lambda \|x\| \leq \|\lambda x - Ax\| = y'_\lambda(\lambda x - Ax) = \lambda \,\mathrm{Re}\, y'_\lambda(x) - \mathrm{Re}\, y'_\lambda(Ax).$$

Daraus folgen die beiden Ungleichungen

$$\|x\| \leq \mathrm{Re}\, y'_\lambda(x) + \frac{\|Ax\|}{\lambda}, \qquad \mathrm{Re}\, y'_\lambda(Ax) \leq 0.$$

Sei $E = \mathrm{lin}\{x, Ax\} \subset X$ und $z'_n = y'_n|_E$. Dann besitzt die beschränkte Folge (z'_n) des endlichdimensionalen Raums E' einen Häufungspunkt z'; sei $y' \in X'$ eine Hahn-Banach-Fortsetzung von z'. (Leserinnen und Leser, die mit dem Satz von Alaoglu aus dem nächsten Kapitel (Korollar VIII.3.12) bereits vertraut sind, können an dieser Stelle einfach einen Schwach*-Häufungspunkt y' der y'_n, $n \in \mathbb{N}$, wählen.) Auf jeden Fall folgt damit $\|y'\| \leq 1$, $\|x\| \leq \mathrm{Re}\, y'(x)$, $\mathrm{Re}\, y'(Ax) \leq 0$, so dass $x' := \|x\| y' \in J(x)$ und $\mathrm{Re}\, x'(Ax) \leq 0$. $\qquad \square$

Jetzt können wir eine weitere Charakterisierung der Erzeuger von Kontraktionshalbgruppen beweisen.

Theorem VII.4.16 (Satz von Lumer-Phillips)
Sei A ein dicht definierter linearer Operator in einem Banachraum X. Genau dann erzeugt A eine Kontraktionshalbgruppe, wenn A dissipativ ist und $\lambda_0 - A$ für ein $\lambda_0 > 0$ surjektiv ist.

Beweis. Erzeugt A eine Kontraktionshalbgruppe, so gilt $(0, \infty) \subset \rho(A)$, und die Hille-Yosida-Bedingung (VII.33) impliziert sofort (VII.44), so dass A dissipativ ist.

Umgekehrt sei A dissipativ und $\lambda_0 - A$ surjektiv. Aus (VII.44) folgt, dass $\lambda_0 - A$ auch injektiv mit stetiger Inverser ist. Insbesondere ist $(\lambda_0 - A)^{-1}$ abgeschlossen und deshalb auch $\lambda_0 - A$ sowie A, vgl. Aufgabe IV.8.16.

Wenn gezeigt werden kann, dass *alle* $\lambda - A$ für $\lambda > 0$ surjektiv sind, so zeigt die obige Überlegung $(0, \infty) \subset \rho(A)$, und da (VII.44) für den dissipativen Operator A (VII.33) impliziert, ist der abgeschlossene Operator A nach dem Satz von Hille-Yosida Erzeuger einer kontraktiven Halbgruppe. Wir betrachten daher

$$\Lambda = \{\lambda \in (0, \infty): \lambda - A \text{ ist surjektiv}\} = (0, \infty) \cap \rho(A).$$

Offensichtlich ist Λ eine offene Teilmenge von $(0, \infty)$ und $\neq \emptyset$, denn $\lambda_0 \in \Lambda$. Wir werden zeigen, dass Λ in der Relativtopologie von $(0, \infty)$ auch abgeschlossen ist, was, wie gewünscht, $\Lambda = (0, \infty)$ liefert.

Sei also (λ_n) eine Folge in Λ mit $\lambda_n \to \lambda \in (0, \infty)$. Wegen (VII.44) folgt mit Aufgabe VII.5.1, deren Aussage auch für unbeschränkte Operatoren gilt, dass

$$\text{dist}(\lambda_n, \sigma(A)) \geq \frac{1}{\|(\lambda_n - A)^{-1}\|} \geq \lambda_n$$

und daher auch

$$\text{dist}(\lambda, \sigma(A)) \geq \lambda > 0,$$

d. h. $\lambda \in \rho(A)$. $\square$

Als *Beispiel* behandeln wir ein einfaches Anfangsrandwertproblem:

$$\left. \begin{array}{rcll} v_t & = & v_{xx} & \text{für } t \geq 0,\ 0 \leq x \leq 1, \\ v(0, x) & = & f_0(x) & \text{für } 0 \leq x \leq 1, \\ v(t, 0) = v(t, 1) & = & 0 & \text{für } t \geq 0. \end{array} \right\} \tag{VII.45}$$

Dieses Problem übersetzen wir in ein abstraktes Cauchyproblem wie folgt: Setze $X = \{f \in C[0, 1]: f(0) = f(1) = 0\}$ mit der Supremumsnorm, $Af = f''$ mit $\text{dom}(A) = \{f \in C^2[0, 1] \cap X: f'' \in X\}$ und $(u(t))(x) = v(t, x)$. Statt eine skalarwertige Lösung v von (VII.45) zu bestimmen, versucht man, eine vektorwertige Lösung $u: [0, \infty) \to X$ von

$$u' = Au, \quad u(0) = f_0 \tag{VII.46}$$

zu finden. Eine solche Lösung existiert nach Satz VII.4.7, wenn A eine C_0-Halbgruppe auf X erzeugt und $f_0 \in \mathrm{dom}(A)$. Ersteres folgt aus dem Satz von Lumer-Phillips: Zunächst ist es nicht schwierig zu zeigen, dass A abgeschlossen und dicht definiert ist; die Technik aus Lemma V.1.10 zeigt nämlich, dass $\mathscr{D}(0,1)$ dicht in X liegt. Die Dissipativität von A folgt wie im obigen Beispiel des Laplaceoperators. Schließlich ist $\mathrm{Id} - A$ surjektiv; diese Aussage ist dazu äquivalent, dass für jedes $g \in X$ das Randwertproblem $f - f'' = g$, $f(0) = f(1) = 0$, eindeutig lösbar ist. Das ist jedoch ein bekannter Satz aus der Theorie gewöhnlicher Differentialgleichungen (siehe z. B. Walter [1993], S. 219).

Dies ist natürlich nur die Spitze des Eisbergs; auch wesentlich allgemeinere Anfangs-randwertprobleme für gleichmäßig stark elliptische Differentialoperatoren in L^p können mit Halbgruppenmethoden gelöst werden, siehe etwa Pazy [1983].

VII.5 Aufgaben

Es bezeichne H stets einen komplexen Hilbertraum und X einen komplexen Banachraum.

Aufgabe VII.5.1 Sei $T \in L(X)$. Für $\lambda \in \rho(T)$ gilt

$$\| (\lambda - T)^{-1} \| \geq \frac{1}{\mathrm{dist}(\lambda, \sigma(T))}.$$

Ist $T \in L(H)$ selbstadjungiert, gilt sogar Gleichheit.

Aufgabe VII.5.2 Zeigen Sie mittels eines Beispiels, dass der numerische Wertebereich eines Operators nicht abgeschlossen zu sein braucht.

Aufgabe VII.5.3 Sei $T \in L(H)$ selbstadjungiert.

(a) Zeigen Sie, dass die Abbildung $\widehat{\Phi}$ aus Satz VII.1.6 involutiv ist.
(b) Für $f \in B(\sigma(T))$ ist $f(T)(x) = f(\lambda)x$, falls $Tx = \lambda x$.
(c) Gilt $f(\sigma(T)) = \sigma(f(T))$ für $f \in B(\sigma(T))$?

Aufgabe VII.5.4 (Analytischer Funktionalkalkül)
Es sei $T \in L(X)$ ein Operator auf einem Banachraum, und es definiere $f(z) = \sum_{n=0}^{\infty} a_n z^n$ eine Potenzreihe mit Konvergenzradius $> r(T)$.

(a) Dann konvergiert die Reihe $f(T) := \sum_{n=0}^{\infty} a_n T^n$ in $L(X)$.
(b) Ist $g(z) = \sum_{n=0}^{\infty} b_n z^n$ eine weitere Potenzreihe mit Konvergenzradius $> r(T)$, so gilt $(fg)(T) = f(T)g(T)$.
(c) Es gilt der Spektralabbildungssatz $\sigma\big(f(T)\big) = f\big(\sigma(T)\big)$.

(d) Ist T ein selbstadjungierter Operator auf einem Hilbertraum, so stimmt der soeben definierte Operator $f(T)$ mit dem aus Satz VII.1.3 überein.

Aufgabe VII.5.5 Ist $T \in L(H)$ selbstadjungiert und gilt $\sigma(T) = \{0, 1\}$, so ist T eine Orthogonalprojektion.

Aufgabe VII.5.6 Für zwei Orthogonalprojektionen E_1 und E_2 sind äquivalent:

  (i) $\mathrm{ran}(E_1) \subset \mathrm{ran}(E_2)$,
 (ii) $\ker(E_2) \subset \ker(E_1)$,
(iii) $E_1 E_2 = E_2 E_1 = E_1$,
 (iv) $E_2 - E_1 \geq 0$.

Aufgabe VII.5.7 $A \mapsto E_A$ sei ein Spektralmaß. Zeigen Sie $E_A E_B = E_B E_A = E_{A \cap B}$ für A, $B \in \Sigma$ sowie $E_A \leq E_B$ (d. h. $E_B - E_A \geq 0$), falls zusätzlich $A \subset B$. (Verwenden Sie Aufgabe VII.5.6.)

Aufgabe VII.5.8

(a) Sei $h \in C_0(\mathbb{R})$ und M_h der Multiplikationsoperator $\varphi \mapsto h\varphi$ auf $L^2(\mathbb{R})$. Bestimmen Sie das Spektrum von M_h. Geben Sie notwendige und hinreichende Bedingungen dafür an, dass ein Spektralwert ein Eigenwert ist.
(b) Behandeln Sie dasselbe Problem für $h \in L^\infty(\mathbb{R})$.

Aufgabe VII.5.9 Sei $T \in L(H)$ ein normaler Operator und $\lambda \in \sigma(T)$. Dann existiert eine Folge (x_n) in H mit $\|x_n\| = 1$, so dass $T x_n - \lambda x_n \to 0$. (Man sagt, λ sei ein *approximativer Eigenwert* von T.)

Aufgabe VII.5.10

(a) Seien $f, g \in \mathscr{S}(\mathbb{R}^d)$. Dann ist die Faltung $f * g \in \mathscr{S}(\mathbb{R}^d)$, und es gilt

$$\mathscr{F}(f * g) = (2\pi)^{d/2} \, \mathscr{F}f \, \mathscr{F}g.$$

(b) Beweisen Sie diese Formel für $f \in L^1(\mathbb{R}^d) \cap L^2(\mathbb{R}^d)$, $g \in L^2(\mathbb{R}^d)$.

Aufgabe VII.5.11 Sei $T \colon H \supset \mathrm{dom}(T) \to H$ dicht definiert. Zeigen Sie, dass T symmetrisch ist, wenn $\langle Tx, x \rangle \in \mathbb{R}$ für alle $x \in \mathrm{dom}(T)$ ist. (Hinweis: Betrachten Sie $\langle T(x + y), x + y \rangle$.)

Aufgabe VII.5.12

(a) Sei $T_1 = d/dt$ auf dem Definitionsbereich

$$\text{dom}(T_1) = \left\{ f \in L^2[0,1]: \frac{df}{dt} \text{ existiert f.ü. und gehört zu } L^2[0,1] \right\}.$$

Dann ist $\text{dom}(T_1^*) = \{0\}$.
(Tipp: Approximieren Sie durch stückweise konstante Funktionen.)

(b) Sei $T_2 = d/dt$ auf dem Definitionsbereich $\text{dom}(T_2) = \text{dom}(T_1) \cap C[0,1]$. Auch dann ist $\text{dom}(T_2^*) = \{0\}$.
(Hinweis: Es ist hilfreich zu wissen, dass nicht konstante stetige monotone Funktionen f mit $f' = 0$ f.ü. existieren, siehe Rudin [1986], S. 144.)

Aufgabe VII.5.13 Sei $T: H \supset \text{dom}(T) \to H$ dicht definiert.

(a) Aus $T \subset S$ folgt $S^* \subset T^*$.
(b) Wenn T wesentlich selbstadjungiert ist, besitzt T genau eine selbstadjungierte Erweiterung.
(c) Wenn T selbstadjungiert ist, besitzt T keine echte symmetrische Erweiterung.

Aufgabe VII.5.14 Sei $T: H \supset \text{dom}(T) \to H$ dicht definiert und symmetrisch. Dann ist T genau dann wesentlich selbstadjungiert, wenn T^* symmetrisch ist.

Aufgabe VII.5.15 Seien $T: H \supset \text{dom}(T) \to H$ und $S: H \supset \text{dom}(S) \to H$ dicht definiert. Setze $\text{dom}(ST) = \{x \in \text{dom}(T): Tx \in \text{dom}(S)\}$, und auch $ST: H \supset \text{dom}(ST) \to H$, $x \mapsto S(Tx)$, sei dicht definiert. Dann gilt $T^*S^* \subset (ST)^*$, wo $\text{dom}(T^*S^*)$ analog erklärt ist. Ist $S \in L(H)$, so gilt sogar $T^*S^* = (ST)^*$.

Aufgabe VII.5.16 Sei $T: H \supset \text{dom}(T) \to H$ dicht definiert und abgeschlossen, und sei $V: H \times H \to H \times H$ durch $(x,y) \mapsto (-y,x)$ definiert.

(a) V ist unitär bzgl. des kanonischen Skalarprodukts von $H \times H$.
(b) $\text{gr}(T) = \left[V(\text{gr}(T^*)) \right]^{\perp}$.
(c) Ist $z \in \text{dom}(T^*)^{\perp}$, so gilt $(z,0) \in \text{gr}(T^*)^{\perp}$ sowie $(0,z) \in \text{gr}(T)$.
(d) T^* ist dicht definiert.
(e) $T = T^{**}$.

Aufgabe VII.5.17 Bestimmen Sie die Objekte $[\,.\,,\,.\,]$, J, K, J^* und S aus dem Beweis von Satz VII.2.11 explizit, falls T der Operator $\text{Id} - \Delta$ auf $\mathscr{D}(\mathbb{R}^n)$ ist.
(Hinweis: Satz V.2.14.)

Aufgabe VII.5.18 Zeigen Sie, dass die im Beweis von Satz VII.2.11 konstruierte Friedrichs-Erweiterung S

$$\operatorname{dom}(S) = \operatorname{dom}(T^*) \cap J(K), \quad S = T^*|_{\operatorname{dom}(T^*) \cap J(K)}$$

erfüllt.

Aufgabe VII.5.19 (Satz vom abgeschlossenen Bild)
In dieser Aufgabe soll der Satz vom abgeschlossenen Bild (Theorem IV.5.1) für unbeschränkte Operatoren diskutiert werden. Sei $T: H \supset \operatorname{dom}(T) \to H$ dicht definiert und abgeschlossen. Dann sind folgende Bedingungen äquivalent:

  (i) $\operatorname{ran}(T)$ ist abgeschlossen.
 (ii) $\operatorname{ran}(T) = \ker(T^*)^{\perp}$.
(iii) $\operatorname{ran}(T^*)$ ist abgeschlossen.
 (iv) $\operatorname{ran}(T^*) = \ker(T)^{\perp}$.

Anleitung: (ii) $\Rightarrow$ (i) und (iv) $\Rightarrow$ (iii) sind trivial. Für die Umkehrung dieser Implikationen zeige man zuerst, dass für einen abgeschlossenen dicht definierten Operator stets $\operatorname{ran}(T)$ dicht in $\ker(T^*)^{\perp}$ und $\operatorname{ran}(T^*)$ dicht in $\ker(T)^{\perp}$ ist; beachten Sie dafür die Aufgaben IV.8.14 und VII.5.16. Die Äquivalenz (i) $\Leftrightarrow$ (iii) wird auf die entsprechende Äquivalenz in Theorem IV.5.1 zurückgeführt. Dazu betrachten Sie den Hilbertraum $H \times H$ und dessen abgeschlossenen Unterraum $G = \operatorname{gr}(T)$. Definieren Sie $S: G \to H$ durch $S: (x, Tx) \mapsto Tx$. Offensichtlich ist $\operatorname{ran}(T) = \operatorname{ran}(S)$, und S ist stetig. Daher reicht es zu zeigen, dass $\operatorname{ran}(T^*)$ genau dann abgeschlossen ist, wenn $\operatorname{ran}(S^*)$ ($\subset H \times H$) es ist. Das erzielt man durch folgende Überlegungen.

(a) $\langle S(x, Tx), y \rangle_H = \langle (x, Tx), (0, y) \rangle_{H \times H} \quad \forall x \in \operatorname{dom}(T), y \in H$.
(b) $S^* y - (0, y) \in G^{\perp} \quad \forall y \in H$.
(c) $(\xi, \eta) \in G^{\perp} \Leftrightarrow \eta \in \operatorname{dom}(T^*), \xi = -T^* \eta$.
(d) $\forall y \in H \, \exists \eta \in \operatorname{dom}(T^*) \quad S^*(y) = (-T^* \eta, y + \eta)$.
(e) $\operatorname{ran}(S^*) = \operatorname{ran}(T^*) \times H$.

Aufgabe VII.5.20 Sei $T: H \supset \operatorname{dom}(T) \to H$ abgeschlossen, dicht definiert und symmetrisch. Dann ist T genau dann selbstadjungiert, wenn $\sigma(T) \subset \mathbb{R}$ gilt.

Aufgabe VII.5.21 Sei $T: H \supset \operatorname{dom}(T) \to H$ selbstadjungiert. Es existiere $\lambda \in \rho(T)$, so dass $(\lambda - T)^{-1}$ kompakt ist. (Man sagt, T habe eine *kompakte Resolvente*.)

(a) Dann ist für *alle* $\lambda \in \rho(T)$ die Resolvente $(\lambda - T)^{-1}$ kompakt.
(b) $\sigma(T)$ besteht nur aus Eigenwerten endlicher Vielfachheit, die keinen Häufungspunkt besitzen.

Aufgabe VII.5.22 Der Operator $i\frac{d}{dt}$ ist auf $\mathscr{S}(\mathbb{R})$ wesentlich selbstadjungiert, und seine Abschließung ist $i\frac{d}{dt}$ auf $\{x \in L^2(\mathbb{R}): x|_I \in \mathrm{AC}(I)$ für alle kompakten Teilintervalle $I \subset \mathbb{R}$ und $dx/dt \in L^2(\mathbb{R})\}$.

Aufgabe VII.5.23 Sei $f \in L^2(\mathbb{R})$, und gelte $f(t) = \overline{f(-t)}$ fast überall. Dann ist der Faltungsoperator $T\colon \varphi \mapsto f * \varphi$ auf $\mathrm{dom}(T) = \{\varphi \in L^2(\mathbb{R}): f * \varphi \in L^2(\mathbb{R})\}$ selbstadjungiert. Diskutieren Sie die Spektralzerlegung von T.

Aufgabe VII.5.24 Sei $T\colon H \supset \mathrm{dom}(T) \to H$ dicht definiert. Der *numerische Wertebereich* von T ist

$$W(T) = \{\langle Tx, x\rangle : x \in \mathrm{dom}(T), \|x\| = 1\}.$$

(a) Ist $\lambda \notin \overline{W(T)}$, so gilt

$$0 < \mathrm{dist}(\lambda, W(T)) \le \|(\lambda - T)x\| \qquad \forall x \in \mathrm{dom}(T), \|x\| = 1.$$

(b) Ist $\lambda \notin \overline{W(T)}$ und $\lambda \in \rho(T)$, so gilt

$$\|(\lambda - T)^{-1}\| \le \frac{1}{\mathrm{dist}(\lambda, W(T))}.$$

(c) Ist T selbstadjungiert, so gilt $\sigma(T) \subset \overline{W(T)}$ sowie $\inf \sigma(T) = \inf W(T)$, $\sup \sigma(T) = \sup W(T)$.
(Tipp: Ist $\inf \sigma(T) = 0$, zeige man $\langle (\lambda - T)^{-1}y, y\rangle \le 0$ für $\lambda < 0$; dann setze man $y = (\lambda - T)x$ und lasse $\lambda \to 0$ streben.)

Aufgabe VII.5.25 Sei (T_t) eine Familie stetiger linearer Operatoren auf einem Banachraum, die (2) bzw. (2) und (3) aus Definition VII.4.1 erfüllt. Gilt dann auch (1)?

Aufgabe VII.5.26 Zeigen Sie, dass die Wärmeleitungshalbgruppe (siehe (VII.20)) eine C_0-Halbgruppe auf $C_0(\mathbb{R}^d)$ ist.

Aufgabe VII.5.27 Sei $q\colon \mathbb{R}^d \to \mathbb{R}$ eine nach oben beschränkte stetige Funktion. Betrachten Sie die Operatoren $(T_t f)(x) = e^{tq(x)}f(x)$ auf $C_0(\mathbb{R}^d)$ oder $L^p(\mathbb{R}^d)$, $1 \le p < \infty$. Zeigen Sie, dass (T_t) eine C_0-Halbgruppe ist. Was ist ihr Erzeuger? Wann erhält man auch für $p = \infty$ eine C_0-Halbgruppe?

Aufgabe VII.5.28 Sei $X = \{f \in C[0,1]: f(1) = 0\}$, und die Operatoren $T_t\colon X \to X$ seien durch $(T_t f)(x) = f(x + t)$ für $0 \le x + t \le 1$ und $(T_t f)(x) = 0$ sonst erklärt. Zeigen Sie, dass $(T_t)_{t \ge 0}$ eine C_0-Halbgruppe auf X ist, und bestimmen Sie ihren Erzeuger sowie ihre Wachstumsschranke.

Aufgabe VII.5.29 Sei $X = \mathbb{R}^2$ mit der Summennorm, $A(x_1, x_2) = (x_2, 0)$ und $T_t = e^{tA}$. Bestimmen Sie die Wachstumsschranke von (T_t). Wird das Infimum in (VII.25) angenommen?

Aufgabe VII.5.30 Seien $S, T \in L(X)$ kommutierende Operatoren. Dann gilt $e^{S+T} = e^S e^T$.

Aufgabe VII.5.31 Betrachten Sie die Operatoren $Af = f'''$ und $Bf = f''' - f''$ jeweils mit dem Definitionsbereich $W^3(\mathbb{R}) \subset L^2(\mathbb{R})$. Dann erzeugt A eine C_0-Halbgruppe, B jedoch nicht.
(Tipp: Fouriertransformation!)

Aufgabe VII.5.32 Sei $A: X \supset \mathrm{dom}(A) \to X$ ein dicht definierter Operator mit $\rho(A) \neq \emptyset$. Dann ist A abgeschlossen.

Aufgabe VII.5.33 Sei $A: X \supset \mathrm{dom}(A) \to X$ ein dicht definierter dissipativer Operator mit $(0, \infty) \cap \rho(A) \neq \emptyset$. Dann gilt

$$\forall x \in \mathrm{dom}(A) \; \forall x' \in J(x) \quad \mathrm{Re}\, x'(Ax) \leq 0.$$

Aufgabe VII.5.34 Ein Operator $A: X \supset \mathrm{dom}(A) \to X$ heißt *abschließbar*, falls A eine abgeschlossene Erweiterung besitzt.

(a) A ist genau dann abschließbar, wenn aus $x_n \to 0$, (Ax_n) Cauchyfolge auch $Ax_n \to 0$ folgt.
(b) Ist A abschließbar, so ist der Abschluss des Graphen $\mathrm{gr}(A) \subset X \oplus X$ der Graph eines abgeschlossenen Operators $\overline{A}$. $\overline{A}$ heißt die *Abschließung* von A und ist offenbar die kleinste abgeschlossene Erweiterung von A.
(c) Geben Sie ein Beispiel eines nicht abschließbaren Operators.

Aufgabe VII.5.35 Ein *determinierender* oder *wesentlicher Bereich* (engl. *core*) eines dicht definierten abgeschlossenen Operators $A: X \supset \mathrm{dom}(A) \to X$ ist ein Untervektorraum $D \subset \mathrm{dom}(A)$, der bzgl. der Graphennorm $\|x\|_A = \|x\| + \|Ax\|$ dicht in $\mathrm{dom}(A)$ liegt. Zeigen Sie, dass D genau dann ein determinierender Bereich für A ist, wenn A die Abschließung von $A|_D$ ist. Ist $\lambda \in \rho(A)$, trifft das genau dann zu, wenn $(\lambda - A)(D)$ dicht in X liegt.

Aufgabe VII.5.36 Sei $A: X \supset \mathrm{dom}(A) \to X$ ein dicht definierter dissipativer Operator.

(a) Dann ist A abschließbar, und $\overline{A}$ ist ebenfalls dissipativ.
(b) Hat für ein $\lambda_0 > 0$ der Operator $\lambda_0 - A$ dichtes Bild, so ist $\lambda_0 - \overline{A}$ surjektiv, und $\overline{A}$ ist der Erzeuger einer Kontraktionshalbgruppe.

Aufgabe VII.5.37 Hat ein Banachraum einen strikt konvexen Dualraum (siehe Aufgabe I.4.13), so ist die Dualitätsabbildung stets einelementig.

Aufgabe VII.5.38 Sei $X = C[0, 1]$ und $Af = f''$ mit dem Definitionsbereich $\operatorname{dom}(A) = \{f \in C^2[0, 1]: f'(0) = f'(1) = 0\}$. Dann erzeugt A eine Kontraktionshalbgruppe auf X.

Aufgabe VII.5.39 (Operatorgruppen)

(a) Sei $A: H \supset \operatorname{dom}(A) \to H$ selbstadjungiert. Sei $T_t := e^{itA}$ gemäß (VII.16) definiert. Dann ist $(T_t)_{t \in \mathbb{R}}$ eine Gruppe von unitären Operatoren, d. h. es ist $T_{s+t} = T_s T_t$ für $s, t \in \mathbb{R}$, für die

$$\lim_{t \to 0} T_t x = x \qquad \forall x \in H$$

gilt. (Wegen dieser Eigenschaft nennt man (T_t) wieder *stark stetig*.) Ferner ist

$$\lim_{t \to 0} \frac{T_t x - x}{t} = iAx \qquad \forall x \in \operatorname{dom}(A).$$

(Tipp: Analysieren Sie zuerst den Fall $A = M_f$.)

(b) Ist A ein stetiger selbstadjungierter Operator, so gilt sogar

$$\lim_{t \to 0} \|T_t - \operatorname{Id}\| = 0.$$

(c) Sei A die selbstadjungierte Erweiterung von $i\frac{d}{dt}$ auf $\mathscr{S}(\mathbb{R})$ (siehe Aufgabe VII.5.22). Was sind in diesem Fall die T_t?

(d) (Satz von Stone)
Jede stark stetige Gruppe unitärer Operatoren kann als $\{e^{itA}: t \in \mathbb{R}\}$ mit einem selbstadjungierten Operator A geschrieben werden; man nennt häufig A – statt iA – den Erzeuger der Operatorgruppe. Zeigen Sie diesen Satz mit Hilfe des Satzes von Lumer-Phillips.

VII.6 Bemerkungen und Ausblicke

Das Kernstück der in den vorangegangenen Kapiteln bereits erwähnten 4. Mitteilung von Hilbert aus dem Jahre 1906 ist sein Beweis des Spektralsatzes für beschränkte selbstadjungierte Operatoren (bzw. in seiner Sprache für beschränkte symmetrische Bilinearformen). Die Tatsache, dass im Fall beschränkter Operatoren außer einer Reihendarstellung noch ein Integral auftaucht, war ein vollkommen unvorhergesehenes Phänomen. Hilberts Darstellung sieht freilich von der heutigen verschieden aus; statt eines Spektralmaßes erscheint bei ihm ein Stieltjes-Integral, wobei man sich in Erinnerung rufen muss, dass Stieltjes sein Integral erst 1894 im Rahmen seiner Untersuchung von Kettenbrüchen einführte. In der Zeit nach Hilbert wurden Beweise des Spektralsatzes für beschränkte und unbeschränkte

Operatoren von Riesz (*Acta. Sci. Math. Szeged* 5 (1930–1932) 23–54), Lengyel und Stone (*Ann. Math.* 37 (1936) 853–864) und anderen gegeben; eine erschöpfende Liste von Literaturverweisen findet man in Dunford/Schwartz [1963], S. 927. Darüber hinaus erwähnen wir den Beweis von Leinfelder (*Math. Ann.* 242 (1979) 85–96) im unbeschränkten Fall. Der im Text gegebene Beweis des Spektralsatzes orientiert sich stark an Reed/Simon [1980]. Ein wesentlicher Teil dieses Beweises war der Entwicklung des Funktionalkalküls gewidmet. Die Essenz des Satzes VII.1.3 ist, dass die Algebra $C(\sigma(T))$ in allen Strukturen zur von Id und dem selbstadjungierten Operator $T \in L(H)$ erzeugten abgeschlossenen Unteralgebra von $L(H)$ isomorph ist. Eine sehr elegante Methode, dieses Resultat sogar gleich für normale Operatoren zu zeigen, stellt die Theorie der Banachalgebren bereit; siehe Korollar IX.3.8.

Die Theorie der unbeschränkten Operatoren ist das Werk J. von Neumanns (*Math. Ann.* 102 (1929) 49–131) sowie, kurz darauf und weitgehend unabhängig von diesem, M. H. Stones (Stone [1932]). (Es sei daran erinnert, dass erst in diesen Arbeiten Hilbert-räume abstrakt definiert wurden.) Als Vorarbeiten hierzu sind Weyls Untersuchungen über Eigenfunktionen von Randwertproblemen (1910) und Carlemans Studien singulärer Integraloperatoren (1923) zu nennen. Von Neumann ist es, der als erster die Notwendigkeit erkennt, zwischen symmetrischen und selbstadjungierten Operatoren zu unterscheiden, da sich nur letztere spektral zerlegen lassen. In seiner Nomenklatur heißen die symmetrischen Operatoren *hermitesch*, und von Neumann stellt zunächst fest, dass „infolge einer willkürlichen Einengung des Definitionsbereiches" (a.a.O., S. 57) die Forderung der Symmetrie zu schwach ist. Es ist wichtig, dass der Operator *maximal hermitesch* ist, d. h. keine symmetrische Erweiterung zulässt. Aber auch das ist noch nicht hinreichend. Um den Spektralsatz zu beweisen, braucht man die Selbstadjungiertheit des Operators, die von von Neumann auf Anregung Schmidts (a.a.O., S. 62) unter dem Namen *Hypermaximalität* definiert wird. (Glücklicherweise hat sich der von Stone geprägte Begriff *selbstadjungiert* gegenüber der eher an die Werbebranche erinnernden Bezeichnung „hypermaximal" durchgesetzt.)

Mit Hilfe der Cayley-Transformation führt von Neumann den Spektralsatz für unbeschränkte selbstadjungierte Operatoren auf den Spektralsatz für beschränkte unitäre Operatoren zurück. Die Cayley-Transformation gestattet es von Neumann ebenfalls, die nicht selbstadjungierten maximal hermiteschen Operatoren zu untersuchen. Der Zusammenhang zwischen einem symmetrischen Operator T und seiner Cayley-Transformierten $U_T = (T + i)(T - i)^{-1}$ ist der: Zunächst ist T dann und nur dann abgeschlossen, wenn U_T es ist, und in diesem Fall sind sowohl $\mathrm{dom}(U_T) = \mathrm{ran}(T - i) = \big(\ker(T^* + i)\big)^\perp$ als auch $\mathrm{ran}(U_T) = \mathrm{ran}(T + i) = \big(\ker(T^* - i)\big)^\perp$ abgeschlossene Teilräume. U_T ist stets isometrisch und genau dann unitär, wenn T selbstadjungiert ist. Umgekehrt existiert zu jedem auf einem Teilraum von H definierten isometrischen Operator V, für den $V - \mathrm{Id}$ dichtes Bild hat, genau ein dicht definierter symmetrischer Operator T mit $V = U_T$. Da $T \subset S$ äquivalent zu $U_T \subset U_S$ ist, ist Satz VII.2.10 vor diesem Hintergrund evident, und die maximal hermiteschen nicht selbstadjungierten Operatoren sind dadurch gekennzeichnet, dass genau ein Defektindex = 0 ist. Ferner kann gezeigt werden, dass der Operator, dessen Cayley-Transformierte unitär äquivalent zum Shift $(s_1, s_2, \ldots) \mapsto (0, s_1, s_2, \ldots)$ auf ℓ^2 ist, der Archetyp solcher Operatoren ist. (In Beispiel VII.2(c) haben wir einen Differentialoperator mit den Defektindizes 0 und 1 kennengelernt.)

Satz VII.2.11 wurde von Friedrichs (1934) und Stone (1932) gezeigt, der Beweis im Text folgt der Methode von Friedrichs (*Math. Ann.* 109 (1934) 465–487). Vorher hatte von Neumann eine etwas schwächere Form dieses Satzes bewiesen, nämlich: Ist T halbbeschränkt mit $\langle Tx, x \rangle \geq C\|x\|^2$, so existiert für jedes $c < C$ eine selbstadjungierte Erweiterung S_c mit $\langle S_c x, x \rangle \geq c\|x\|^2$. Sein Beweis ist in der 1. Auflage dieses Buchs zu finden.

In zwei weiteren Arbeiten (*Math. Ann.* 102 (1929) 370–427, *Ann. Math.* 33 (1932) 294–310) erweitert von Neumann seine Resultate auf unbeschränkte normale Operatoren. (Den Fall beschränkter normaler Operatoren hatte er im Anhang seiner Arbeit von 1929 erledigt.) Auch im unbeschränkten Fall heißt ein Operator normal, wenn $T^*T = TT^*$ gilt, nur muss man jetzt auf die Definitionsbereiche achtgeben; der Definitionsbereich für eine Komposition ST ist dabei als $\{x \in \text{dom}(T): Tx \in \text{dom}(S)\}$ erklärt. Außerdem zeigt er, dass für einen dicht definierten abgeschlossenen Operator T die Komposition T^*T stets selbstadjungiert ist (Korollar VII.2.13).

Nach Aufgabe VII.5.13(a) besteht das Problem, eine selbstadjungierte Erweiterung eines symmetrischen Operators T zu finden, darin, $\text{dom}(T^*)$ passend einzuschränken. Falls T ein Differentialoperator ist, führt das dazu, T^* passenden Randbedingungen zu unterwerfen. Für den Fall gewöhnlicher Differentialoperatoren wird dieser Problemkreis vollständig von der *Weyl-Kodaira-Theorie* behandelt, siehe Dunford/Schwartz [1963], Kap. XIII. Insbesondere liefert diese Theorie die Entwicklung nach Eigenfunktionen eines Differentialoperators in größter Allgemeinheit (a.a.O., S. 1330–1333).

Wir wollen noch auf den Zusammenhang zwischen Spektralmaßen und der älteren Variante, Spektralintegrale als Stieltjes-Integrale nach „Spektralscharen" aufzufassen, eingehen. Eine Funktion $\lambda \mapsto E(\lambda)$ von $\mathbb{R}$ nach $L(H)$ heißt eine *Spektralschar*, wenn sie folgende Eigenschaften besitzt:

(a) $E(\lambda)$ ist stets eine Orthogonalprojektion.

(b) $E(\cdot)$ ist monoton wachsend, d. h. $\lambda \leq \mu \Rightarrow E(\lambda) \leq E(\mu)$.

(c) $\lim\limits_{\lambda \to \infty} E(\lambda)x = x$, $\lim\limits_{\lambda \to -\infty} E(\lambda)x = 0$ $\quad \forall x \in H$.

(d) $E(\cdot)$ ist rechtsseitig stetig in der Topologie der punktweisen Konvergenz, d. h.

$$\lim_{\varepsilon \to 0^+} E(\lambda + \varepsilon)x = E(\lambda)x \qquad \forall x \in H.$$

(e) $E(\cdot)$ hat kompakten Träger, wenn m und M existieren mit

$$E(\lambda) = 0 \text{ für } \lambda < m, \quad E(\lambda) = \text{Id für } \lambda \geq M.$$

Ist $E(\cdot)$ eine Spektralschar und $f: \mathbb{R} \to \mathbb{C}$ eine stetige Funktion, so kann man $\int f(\lambda)\, d\langle E(\lambda)x, x \rangle$ als (Riemann-)Stieltjes-Integral definieren, d. h. als Limes von Riemannsummen $\sum_{i=1}^{n} f(\xi_i)\big(\langle E(t_{i+1})x, x \rangle - \langle E(t_i)x, x \rangle\big)$. Der Spektralsatz behauptet dann eine eineindeutige Zuordnung zwischen selbstadjungierten [beschränkten] Operatoren und Spektralscharen [mit kompaktem Träger]. Ist E ein Spektralmaß, so definiert $\lambda \mapsto E_{(-\infty,\lambda]}$ eine Spektralschar, und die entsprechenden Integrale stimmen überein. Umgekehrt lehrt die Maßtheorie, dass jede Spektralschar ein Spektralmaß induziert, so dass beide Formen des Spektralsatzes äquivalent sind. Die Spektralmaßversion des Spektralsatzes wurde offenbar zuerst von Halmos [1951] dargestellt.

Eine Spektralschar braucht nicht linksseitig stetig zu sein; sie ist bei λ genau dann linksseitig stetig (und daher stetig), wenn (in unserer Darstellung) $E_{\{\lambda\}} = 0$ ist. Damit lautet Satz VII.1.18

$$\lambda \in \rho(T) \iff E(\cdot) \text{ in einer Umgebung von } \lambda \text{ konstant,}$$

$$\lambda \in \sigma_p(T) \iff E(\cdot) \text{ bei } \lambda \text{ unstetig,}$$

$$\lambda \in \sigma_c(T) \iff E(\cdot) \text{ bei } \lambda \text{ stetig, aber nicht konstant.}$$

An einem Punkt des stetigen Spektrums wächst die Spektralschar also stetig!

Für manche Anwendungen in der mathematischen Physik ist eine andere Aufspaltung des Spektrums als in Definition VI.1.1 nützlich. Sei T ein (eventuell unbeschränkter) selbstadjungierter Operator in einem Hilbertraum H und E sein Spektralmaß. Wir betrachten zu $x \in H$ die positiven Borelmaße $A \mapsto \mu_x(A) := \langle E_A x, x \rangle$. Es folgt aus Satz VII.1.18, dass μ_x eine Summe von Diracmaßen ist, wenn x eine Linearkombination von Eigenvektoren von T ist. Steht x senkrecht auf der linearen Hülle aller Eigenvektoren, so ist $\mu_x(\{t\}) = 0$ für alle $t \in \mathbb{R}$, so dass also $t \mapsto \mu_x((-\infty, t])$ eine stetige Funktion ist; in diesem Fall wollen wir μ_x selbst *stetig* nennen. Ist μ_x stetig, so lehrt die Maßtheorie, dass $\mu_x = \mu_{x,\text{ac}} + \mu_{x,\text{sing}}$ mit einem Maß $\mu_{x,\text{ac}}$, das bzgl. des Lebesguemaßes λ absolutstetig ist, und einem stetigen Maß $\mu_{x,\text{sing}}$, das bzgl. des Lebesguemaßes singulär ist, geschrieben werden kann. (Ein positives Maß μ heißt absolutstetig, wenn $\lambda(N) = 0 \Rightarrow \mu(N) = 0$ für alle Borelmengen gilt, und es heißt singulär, wenn eine Borelmenge N mit $\lambda(N) = 0$, $\mu(\complement N) = 0$ existiert.) Es sei $H_{\text{ac}} = \{x \in H : \mu_x \text{ ist absolutstetig}\}$ und $H_{\text{sing}} = \{x \in H : \mu_x \text{ ist singulär, aber stetig}\}$. Dies sind abgeschlossene Unterräume von H, und es gilt $T(H_{\text{ac}}) \subset H_{\text{ac}}$ sowie $T(H_{\text{sing}}) \subset H_{\text{sing}}$. Man nennt das Spektrum der Restriktion $T : H_{\text{ac}} \to H_{\text{ac}}$ das *absolutstetige Spektrum* $\sigma_{\text{ac}}(T)$ und das Spektrum der Restriktion $T : H_{\text{sing}} \to H_{\text{sing}}$ das *singulär-stetige Spektrum* $\sigma_{\text{sing}}(T)$. Es gilt $\sigma(T) = \overline{\sigma_p(T)} \cup \sigma_{\text{ac}}(T) \cup \sigma_{\text{sing}}(T)$; jedoch braucht diese Zerlegung nicht disjunkt zu sein, da es vorkommen kann, dass $\sigma_{\text{ac}}(T) \cup \sigma_{\text{sing}}(T)$ Eigenwerte von T enthält. Das singulär-stetige Spektrum ist der Anteil, der die meisten Komplikationen in sich birgt, und in vielen konkreten Fällen gilt in der Tat $\sigma_{\text{sing}}(T) = \emptyset$. Um so überraschender ist ein kürzlich erschienenes Resultat von Simon, dass die „meisten" (im Baireschen Kategoriensinn) selbstadjungierten Operatoren rein singulär-stetiges Spektrum haben, d. h. $H = H_{\text{sing}}$ (*Ann. Math.* 141 (1995) 131–145).

Von Neumanns Studien waren zum großen Teil motiviert von der mathematischen Physik, nämlich der sich in den zwanziger Jahren rasant entwickelnden Quantenmechanik eine adäquate mathematische Formulierung zu geben. Dies kann in der Tat mit Hilfe der Theorie der selbstadjungierten Operatoren in Hilberträumen erreicht werden, was jetzt kurz skizziert werden soll. (Dazu siehe etwa Triebel [1972], Kap. VII, und natürlich von Neumanns klassische Monographie *Die mathematischen Grundlagen der Quantenmechanik* aus dem Jahre 1932[5].) Ein *Zustand* eines quantenmechanischen Systems wird durch einen normierten Vektor eines Hilbertraums beschrieben; dabei sollen die Zustände φ und $\lambda\varphi$ (wo $|\lambda| = 1$) identisch sein. Physikalische Größen werden durch selbstadjungierte Operatoren (*Observable*) ausgedrückt. Beim Wasserstoffatom (ohne Spin, nichtrelativistisch) betrachtet man $H = L^2(\mathbb{R}^3)$, die x-Koordinate des Orts wird durch den Operator $\varphi \mapsto \big((x,y,z) \mapsto x\varphi(x,y,z)\big)$ beschrieben, die x-Koordinate des Impulses durch $\varphi \mapsto i\frac{\partial\varphi}{\partial x}$ etc. Auf diese Funktionsvorschriften kommt man durch physikalische Überlegungen; dass die entstehenden Operatoren (auf dem richtigen Definitionsbereich!) selbstadjungiert sein sollen, hat mathematische Gründe.

Die Messung einer physikalischen Größe in einem Zustand φ ist dann mathematisch Folgendes: Sei $T = \int \lambda\, dE_\lambda$ die Spektralzerlegung der Observablen T. Die Zahl $\int_A d\langle E_\lambda\varphi, \varphi\rangle$ wird dann als *Wahrscheinlichkeit* dafür interpretiert, dass der Messwert von T im Zustand φ in der Menge A liegt. In Analogie zu Satz VII.1.18 ist diese Wahrscheinlichkeit im Fall $A = \{\lambda_0\}$ genau dann positiv, wenn λ_0 Eigenwert von T ist. Daher sind genau die Eigenwerte von T einer scharfen Messung zugänglich. Da der Ortsoperator keinen Eigenwert, sondern nur das stetige Spektrum $\sigma(T) = \sigma_c(T) = \mathbb{R}$ hat (vgl. Beispiel VII.2(h)), kann der Ort eines Teilchens nicht scharf gemessen werden.

Die Energie und damit die zeitliche Entwicklung des Systems werden durch den *Hamiltonoperator* $\mathscr{H}$ ausgedrückt. Im Fall des Wasserstoffatoms ist das (bis auf physikalische Konstanten) der Operator

$$\mathscr{H}\varphi = -\Delta\psi - \frac{1}{r}\varphi \qquad (\text{wo } r = (x^2 + y^2 + z^2)^{1/2})$$

auf $\mathrm{dom}(\mathscr{H}) = W^2(\mathbb{R}^3) \subset L^2(\mathbb{R}^3)$, dem Sobolevraum der Ordnung 2. (Ableitungen sind hier im schwachen Sinn, Definition V.1.11, zu verstehen.) $\mathscr{H}$ besitzt die Eigenwerte $(-R/n^2)_{n\in\mathbb{N}}$ ($R > 0$ eine Konstante) sowie das stetige Spektrum $[0, \infty)$.

Die zeitliche Entwicklung eines quantenmechanischen Systems wird mit Hilfe der *Schrödingergleichung*

$$i\frac{d}{dt}\varphi(t) = \mathscr{H}\big(\varphi(t)\big), \qquad \varphi(0) = \varphi_0 \in \mathrm{dom}(\mathscr{H})$$

beschrieben. Die Lösung dieser Gleichung kann in der Form

$$\varphi(t) = e^{-it\mathscr{H}}\varphi_0$$

angegeben werden. *Stationäre Zustände*, d. h. solche, die sich zeitlich nicht ändern, sind die Eigenfunktionen von $\mathscr{H}$. Das Wasserstoffatom besitzt stationäre Zustände zu den Energieniveaus $E_n = -R/n^2$, $n \in \mathbb{N}$, wie eben berichtet wurde. Das Bohrsche Postulat

---

[5]Ein Nachdruck erschien 1996 im Springer-Verlag.

fordert, dass beim Übergang vom Energieniveau E_m zum Energieniveau E_n, $m > n$, elektromagnetische Wellen der Frequenz $v_{n,m} = \frac{1}{h}(E_m - E_n)$ (h = Plancksches Wirkungsquantum) ausgesandt werden. Das liefert (zumindest im Fall $n = 2$) sichtbare Spektrallinien. Hier kann man das Spektrum eines Operators wirklich sehen! Als Hilbert 1906 den Begriff des Spektrums prägte, konnte er nicht ahnen, wie eng sein Spektrum mit dem physikalischen Spektrum verwandt ist.

Wir haben oben die Selbstadjungiertheit des Hamiltonoperators $\mathscr{H} = -\Delta - M_V$, wo M_V der Multiplikationsoperator mit dem Coulombpotential $\frac{1}{r}$ ist, auf $W^2(\mathbb{R}^3)$ erwähnt. Da nach Beispiel VII.2(d) $-\Delta$ auf $W^2(\mathbb{R}^3)$ selbstadjungiert ist, können wir die Selbstadjungiertheit von $\mathscr{H}$ so ausdrücken, dass die Störung von $-\Delta$ durch M_V an dessen Selbstadjungiertheit nichts ändert, also in gewisser Weise „klein" ist. Solche Phänomene werden systematisch in der Störungstheorie linearer Operatoren untersucht. Das erste Resultat in dieser Richtung geht auf Rellich (1939) zurück; es wurde von Kato verallgemeinert. Der *Störungssatz von Rellich* besagt folgendes.

- *Sei $T\colon H \supset \operatorname{dom}(T) \to H$ selbstadjungiert und S ein symmetrischer Operator mit $\operatorname{dom}(S) \supset \operatorname{dom}(T)$. Es sollen $0 < a < 1$, $b \in \mathbb{R}$ mit*

$$\|Sx\| \le a\|Tx\| + b\|x\| \qquad \forall x \in \operatorname{dom}(T)$$

  existieren. Dann ist $T + S$ auf $\operatorname{dom}(T)$ selbstadjungiert. Ist T nur wesentlich selbstadjungiert, so ist auch $T + S$ wesentlich selbstadjungiert.

Hier ist die Voraussetzung $a < 1$ wesentlich; die Existenz irgendeines $a \in \mathbb{R}$ wird vom Satz vom abgeschlossenen Graphen impliziert. Man kann zeigen, dass die obige Situation im Fall $T = -\Delta$, $\operatorname{dom}(T) = W^2(\mathbb{R}^3)$ und $S = M_V$ vorliegt, wenn V ein Potential ist, das sich als $V = V_2 + V_\infty$ mit $V_2 \in L^2(\mathbb{R}^3)$, $V_\infty \in L^\infty(\mathbb{R}^3)$ schreiben lässt. (Offenbar ist das Coulombpotential von dieser Gestalt, denn mit B = Einheitskugel von $\mathbb{R}^3$ gilt $\frac{1}{r} = \chi_B \frac{1}{r} + (1 - \chi_B)\frac{1}{r} \in L^2 + L^\infty$.) Zu diesem Themenkomplex vgl. Reed/Simon [1975], Kap. X, oder Triebel [1972], Kap. VII; die Selbstadjungiertheit komplizierterer quantenmechanischer Operatoren wurde erstmals von Kato (*Trans. Amer. Math. Soc.* 70 (1951) 195–211) bewiesen. Zur Mathematik der Quantenmechanik insgesamt siehe Hall [2013].

Abschließend soll kurz der Fall von Operatoren auf Banachräumen zur Sprache kommen. Auch hier gibt es Klassen von Operatoren, die wie selbstadjungierte Operatoren auf Hilberträumen spektral zerlegt werden können; Dunford/Schwartz [1971] beschäftigen sich intensiv mit dieser Problematik. Für einen beliebigen Operator auf einem komplexen Banachraum kann man mit Mitteln der Funktionentheorie einen Funktionalkalkül für *analytische* Funktionen aufbauen. Der einfachste Fall eines solchen symbolischen Kalküls ist in Aufgabe VII.5.4 beschrieben; wesentlich weitgehendere Resultate erhält man jedoch, wenn man den Cauchyschen Integralsatz benutzt. Diese Idee geht auf F. Riesz (1913) zurück und wurde von N. Dunford (1943) in größerer Allgemeinheit ausgeführt. Sei $T \in L(X)$. Man bezeichne mit $\mathscr{O}(T)$ die Menge der in einer offenen Umgebung von $\sigma(T)$ definierten analytischen komplexwertigen Funktionen. Der Definitionsbereich U_f

von $f \in \mathcal{O}(T)$ variiert mit f und braucht nicht zusammenhängend zu sein – das Spektrum kann schließlich eine beliebige kompakte Teilmenge von $\mathbb{C}$ bilden –, und der Definitionsbereich von $f + g$ bzw. fg ist natürlich $U_f \cap U_g$. Ist U_f nicht zusammenhängend, so wird der Analytizitätsbegriff übrigens lokal verstanden: Jeder Punkt besitzt eine Umgebung, auf der f im elementaren Sinn analytisch ist. Für eine Funktion $f \in \mathcal{O}(T)$ lässt sich nun mit Hilfe eines Umlaufintegrals ein Operator $f(T)$ definieren. Dazu sei $\Gamma \subset U_f \setminus \sigma(T)$ eine endliche Vereinigung geschlossener Kurven (ein „Zykel"), so dass die Umlaufzahl von Γ um jeden Punkt von $\sigma(T)$ gleich $+1$ ist („Γ umrundet $\sigma(T)$ genau einmal im positiven Sinn"). Solche Zykeln existieren stets, können jedoch beliebig kompliziert aussehen, insbesondere, wenn $\sigma(T)$ unzusammenhängend ist. Man setze nun

$$f(T) := \frac{1}{2\pi i} \oint_{\Gamma} f(\lambda) R_{\lambda}(T) \, d\lambda.$$

So ein operatorwertiges Integral definiert man genau wie in der Funktionentheorie, und offensichtlich stand die Cauchysche Integralformel Pate bei der Definition von $f(T)$. Man kann zeigen, dass $f(T)$ nicht von der speziellen Wahl von Γ abhängt und dass die üblichen Eigenschaften eines Funktionalkalküls gelten:

- $f(T) = \mathrm{Id}$ *für* $f = \mathbf{1}$, $f(T) = T^n$ *für* $f(z) = z^n$,
- $(f + g)(T) = f(T) + g(T) \quad \forall f, g \in \mathcal{O}(T)$,
- $(fg)(T) = f(T)g(T) \quad \forall f, g \in \mathcal{O}(T)$,
- $\sigma\big(f(T)\big) = f\big(\sigma(T)\big) \quad \forall f \subset \mathcal{O}(T)$,
- $(f \circ g)(T) = f\big(g(T)\big) \quad \forall g \in \mathcal{O}(T), f \in \mathcal{O}\big(g(T)\big)$.

Insbesondere sind Wurzeln oder der Logarithmus eines Operators erklärt, wenn $\sigma(T)$ etwa in der geschlitzten Ebene $\mathbb{C} \setminus \{z: \operatorname{Im} z = 0, \operatorname{Re} z \le 0\}$ liegt.

Für einen selbstadjungierten Operator kann man zu jeder abgeschlossenen Teilmenge A des Spektrums eine Projektion assoziieren; das gelingt im allgemeinen Fall nicht mehr, wohl aber, wenn $\sigma(T) \setminus A$ ebenfalls abgeschlossen ist. (Außer $\emptyset$ und $\sigma(T)$ gibt es solche A nur, wenn $\sigma(T)$ nicht zusammenhängend ist.) In diesem Fall betrachte eine Funktion f, die auf einer Umgebung von A den Wert 1 und auf einer Umgebung von $\sigma(T) \setminus A$ den Wert 0 annimmt. Da dann $f^2 = f$ ist, ist auch $f(T)^2 = f(T)$; also ist $f(T)$ eine Projektion, die im übrigen mit T kommutiert. Besonders wichtig ist der Fall eines isolierten Punkts λ_0 des Spektrums. Die zugehörige Spektralprojektion kann nun durch

$$P = \frac{1}{2\pi i} \oint_{\gamma} R_{\lambda}(T) \, d\lambda$$

definiert werden, wo γ ein hinreichend kleiner positiv orientierter Kreis um λ_0 ist. Die Resolventenabbildung besitzt jetzt bei λ_0 eine isolierte Singularität, die wie in der Funktionentheorie durch die Laurentreihe als Pol oder als wesentliche Singularität klassifiziert werden kann. Falls es sich um einen Pol der Ordnung p handelt, ist λ_0 ein Eigenwert, und ran(P) ist der Hauptraum ker($\lambda_0 - T$)^p zum Eigenwert λ_0, im Fall eines einfachen Pols also der Eigenraum. Diese Resultate kann man z. B. bei Conway [1985], Dunford/Schwartz [1958] oder Heuser [1992] nachlesen.

Im Unterschied zu Satz VII.1.24 ist die Idealstruktur von $L(X)$ im Fall separabler Banachräume i. Allg. recht kompliziert. Nur für $X = \ell^p$, $1 \leq p < \infty$, oder $X = c_0$ weiß man, dass $K(X)$ das einzige nichttriviale zweiseitige abgeschlossene Ideal in $L(X)$ ist (siehe Pietsch [1980], Abschnitt 5); die abgeschlossenen zweiseitigen Ideale von $L(H)$ im nichtseparablen Fall wurden von Gramsch (*J. Reine Angew. Math.* 225 (1967) 97–115) und Luft (*Czechoslovak. Math. J.* 18 (1967) 595–605) vollständig beschrieben.

Zum Spektralsatz sind die Übersichtsartikel von Halmos (*Amer. Math. Monthly* 70 (1963) 241–247) und Steen (*Amer. Math. Monthly* 80 (1973) 359–381) erwähnenswert, zu von Neumann siehe Halmos' Artikel in *Amer. Math. Monthly* 80 (1973) 382–394.

Das fundamentale Theorem VII.4.11 über die Charakterisierung der Erzeuger von Kontraktionshalbgruppen wurde 1948 unabhängig und fast gleichzeitig von Yosida (*J. Math. Soc. Japan* 1 (1948) 15–21) und Hille (in der von ihm allein verfassten 1. Auflage von Hille/Phillips [1957]) bewiesen. Der Beweis im Text beschreibt den Zugang von Yosida, während Hilles Beweis von der Formel $e^{ta} = 1/e^{-ta} = \lim_{n\to\infty}(1 - ta/n)^{-n}$ ausgeht. Diesen Term kann man nämlich auch für einen unbeschränkten Operator A als Potenz der Resolvente $[(\mathrm{Id} - \frac{t}{n}A)^{-1}]^n$ interpretieren und auf Konvergenz untersuchen; hingegen ergeben die naheliegenden Kandidaten $\lim_n(\mathrm{Id} + \frac{t}{n}A)^n$ und $\sum_n t^n A^n/n!$ für unbeschränkte Operatoren i. Allg. keinen Sinn. Kurze Zeit darauf erhielten 1952 – wiederum unabhängig und fast gleichzeitig – Feller, Miyadera und Phillips die allgemeine Version des Theorems VII.4.13, das in der Literatur gelegentlich Satz von Hille-Yosida-Phillips genannt wird. Lumer und Phillips bewiesen Theorem VII.4.16 in *Pac. J. Math.* 11 (1961) 679–698; der Satz von Stone über unitäre Operatorgruppen (Aufgabe VII.5.39) wurde erstmals in Stone [1932] gezeigt.

Operatorhalbgruppen finden u. a. in der Wahrscheinlichkeitstheorie Anwendung (dazu siehe z. B. Lamperti [1977]), in der mathematischen Physik (Reed/Simon [1975]) und bei den partiellen Differentialgleichungen (Pazy [1983]). Detaillierte Darstellungen der Halbgruppentheorie findet man bei Davies [1980], Engel/Nagel [1999], Goldstein [1985], Pazy [1983] und natürlich in der klassischen Quelle Hille/Phillips [1957].

Viele in den Anwendungen vorkommende Halbgruppen (T_t) besitzen die Zusatzeigenschaft, zu einer in einem Sektor $\Sigma_\alpha^0 = \Sigma_\alpha \cup \{0\} = \{z \in \mathbb{C}: |\arg(z)| < \alpha\} \cup \{0\}$ der komplexen Ebene definierten Halbgruppe (T_z) ausgedehnt werden zu können, so dass $z \mapsto T_z x$ eine banachraumwertige analytische Funktion im offenen Sektor Σ_α ist. Dabei nimmt die starke Stetigkeit bei $z = 0$ die Form $\lim_{z\to 0} T_z x = x$ an, wo die z in einem Teilsektor Σ_β^0, $\beta < \alpha$, von Σ_α^0 bleiben müssen. Solche Halbgruppen werden *analytische Halbgruppen* genannt und ihre Erzeuger *sektorielle Operatoren*. In diesem Kontext gilt folgender Satz vom Hille-Yosida-Typ:

- *Ein dicht definierter abgeschlossener Operator A erzeugt genau dann eine analytische Halbgruppe $(T_z)_{z\in\Sigma_\alpha^0}$, die in allen Teilsektoren Σ_β^0, $\beta < \alpha$, beschränkt bleibt,* *wenn* $\Sigma_{\alpha+\pi/2} \subset \rho(A)$ *und für alle* $\beta < \alpha$ *eine Konstante* C_β *existiert mit*

$$\|\lambda(\lambda - A)^{-1}\| \leq C_\beta \qquad \forall \lambda \in \Sigma_{\beta+\pi/2}.$$

Zum Beispiel erzeugt der Laplaceoperator eine analytische Halbgruppe auf $L^p(\mathbb{R}^d)$ mit dem Winkel $\alpha = \pi/2$. Eine interessante Eigenschaft analytischer Halbgruppen ist, dass $T_t x \in \text{dom}(A)$ für alle $x \in X$ und nicht nur für $x \in \text{dom}(A)$; entsprechend ist das Cauchyproblem (VII.31) sogar für alle $x_0 \in X$ lösbar mit Lösung $u(t) = T_t x_0$ in $C([0, \infty), X) \cap C^\infty((0, \infty), X)$.

Bei der Diskussion eines Cauchyproblems ist man natürlich nicht nur an der Lösbarkeit schlechthin interessiert, sondern auch an den Eigenschaften der Lösung, z. B. an deren asymptotischem Verhalten. Im Endlichdimensionalen gilt für jede Lösung von $u' = Au$ bekanntlich $u(t) \to 0$ mit $t \to \infty$, wenn $s_0 := \sup\{\text{Re}\,\lambda\colon \lambda \in \sigma(A)\}$, die *Spektralschranke* von A, negativ ist; genauer ist hier die Wachstumsschranke ω_0 gleich der Spektralschranke. Im unendlichdimensionalen Fall gilt $\omega_0 = s_0$ z. B. für jede analytische Halbgruppe und für positive Halbgruppen auf L^p (Weis, *Proc. Amer. Math. Soc.* 123 (1995) 3089–3094 oder *Proc. Amer. Math. Soc.* 126 (1998) 3253–3256), aber nicht immer. (Ein Operator T auf einem Funktionenraum heißt positiv im Sinn von „positivitätserhaltend", wenn $f \geq 0 \Rightarrow Tf \geq 0$.) Damit eng verwandt ist der spektrale Abbildungssatz für Halbgruppen.

- *Ist* (T_t) *eine* C_0-*Halbgruppe mit Erzeuger* A, *für die* $t \mapsto T_t$ *auf einem Intervall* $[t_0, \infty)$ *normstetig ist (z. B. eine analytische Halbgruppe), so gilt*

$$e^{t\sigma(A)} := \{e^{t\lambda}\colon \lambda \in \sigma(A)\} = \sigma(T_t) \setminus \{0\}.$$

In diesem Fall folgt $\omega_0 = s_0$.

Eine andere hinreichende Voraussetzung für die Gültigkeit des spektralen Abbildungssatzes ist, dass für $t \geq t_0$ alle T_t kompakt sind. Ohne weitere Voraussetzungen gelten aber nur $e^{t\sigma(A)} \subset \sigma(T_t) \setminus \{0\}$ und $\omega_0 \geq s_0$, selbst wenn die T_t positive Operatoren auf einem Funktionenraum sind. Arendt (*Diff. Int. Eq.* 7 (1994) 1153–1168) gibt dafür folgendes einfache Beispiel: Sei $X = L^p(1, \infty) \cap L^r(1, \infty)$, wo $1 \leq p < r < \infty$, mit der Norm $\|f\| = \max\{\|f\|_p, \|f\|_r\}$ und $T_t f(x) = f(xe^t)$. Dann ist $(Af)(x) = xf'(x)$ und $s_0 = -1/p < -1/r = \omega_0$. Im übrigen liefert der *Satz von Datko-Pazy* ein wichtiges Kriterium für die Stabilität der Lösung (Pazy [1983], S. 116):

- *Es gilt* $\omega_0 < 0$ *genau dann, wenn für ein* $p \geq 1$

$$\int_0^\infty \|T_t x\|^p \, dt < \infty \qquad \forall x \in X.$$

Eine wichtige Frage über Erzeuger von Operatorhalbgruppen lautet: Wenn A eine C_0-Halbgruppe erzeugt und B ein weiterer Operator ist, ist dann auch $A + B$ ein Erzeuger? Wenn B beschränkt ist, trifft das zu. Für Kontraktionshalbgruppen gilt das folgende Kriterium:

- Sei *A der Erzeuger einer Kontraktionshalbgruppe. Ferner sei B ein dissipativer Operator mit* $\mathrm{dom}(B) \supset \mathrm{dom}(A)$, *für den Konstanten* $0 \leq a < 1$ *und* $b \geq 0$ *mit*

$$\|Bx\| \leq a\|Ax\| + b\|x\| \qquad \forall x \in \mathrm{dom}(A)$$

existieren. Dann erzeugt auch $A + B \colon X \supset \mathrm{dom}(A) \to X$ *eine Kontraktionshalbgruppe.*

Die Ähnlichkeit dieses Resultats zum Störungssatz von Rellich (siehe oben) ist frappant; in der Tat kann man den Rellichschen Satz aus diesem herleiten, wenn man $A = \pm iT$ und $B = \pm iS$ setzt.

Manchmal kann man die von $A + B$ erzeugte Halbgruppe explizit beschreiben, z. B. in der folgenden *Trotter-Formel*, die ein unendlichdimensionales Analogon zu der auf Lie zurückgehenden Formel für Matrizen $e^{A+B} = \lim_{n\to\infty}(e^{A/n}e^{B/n})^n$ darstellt.

- *Es seien A, B und die Abschließung von* $A + B$ *Erzeuger der Kontraktionshalbgruppen* (S_t), (T_t) *und* (U_t). *(Der Definitionsbereich von* $A + B$ *ist* $\mathrm{dom}(A) \cap \mathrm{dom}(B)$.*) Dann gilt*

$$\lim_{n\to\infty}(S_{t/n}T_{t/n})^n x = U_t x \qquad \forall x \in X, \ t \geq 0.$$

Ein überraschender Aspekt der Halbgruppentheorie auf L^∞ ist der Satz von Lotz (*Math. Z.* 190 (1985) 207–220), wonach jede C_0-Halbgruppe auf L^∞ automatisch normstetig ist; mit anderen Worten ist jeder Erzeuger einer C_0-Halbgruppe hier automatisch beschränkt. Es ist übrigens nicht ganz einfach, überhaupt einen dicht definierten abgeschlossenen unbeschränkten Operator in L^∞ zu definieren. Ein Beispiel erhält man so: Nach Aufgabe II.5.15 existiert ein isometrischer Operator $J\colon \ell^2 \to L^1(\mathbb{R})$. Der adjungierte Operator $J'\colon L^\infty(\mathbb{R}) \to \ell^2$ ist dann eine Quotientenabbildung und insbesondere surjektiv. Setze $\mathrm{dom}(A) = \{f \in L^\infty(\mathbb{R}) \colon J'f \in \ell^1\}$ und $A\colon L^\infty(\mathbb{R}) \supset \mathrm{dom}(A) \to \ell^1$, $Af = J'f$; dieser Operator hat die gewünschten Eigenschaften. Der Satz von Lotz gilt auch für ℓ^∞ und den Banachraum H^∞ aller beschränkten analytischen Funktionen im Einheitskreis.

Lokalkonvexe Räume

VIII.1 Definition lokalkonvexer Räume; Beispiele

Wir haben bislang Vektorräume betrachtet, worin auf sinnvolle Weise die Konvergenz einer Folge von Elementen durch eine (Halb-) Norm definiert war, z. B. die gleichmäßige Konvergenz in $C[0, 1]$ durch die Supremumsnorm. Das Konzept der punktweisen Konvergenz ordnet sich diesem System nicht unter. Man kann jedoch folgenden Standpunkt einnehmen: Setzt man für $t \in [0, 1]$ und eine Funktion $x: [0, 1] \to \mathbb{C}$

$$p_t(x) = |x(t)|,$$

so bedeutet „(x_n) konvergiert punktweise gegen 0" nichts anderes als

$$p_t(x_n) \to 0 \qquad \forall t.$$

Die wesentliche Beobachtung ist nun, dass die p_t Halbnormen sind und die punktweise Konvergenz nicht durch das Bestehen *allein einer* Halbnormkonvergenz, sondern das simultane Bestehen *mehrerer* Halbnormkonvergenzen ausgedrückt wird. Wir werden es daher im Folgenden mit Vektorräumen X und Familien von Halbnormen auf X (anstatt einer einzigen Norm) zu tun haben.

Aus diesen Ingredienzien wird die Theorie der lokalkonvexen Räume aufgebaut, deren elementarer Teil in mancher Hinsicht parallel zur Theorie normierter Räume verlaufen wird. Die Theorie lokalkonvexer Räume verlangt allerdings eine rudimentäre Kenntnis der Prinzipien (oder zumindest des Vokabulars) topologischer Räume, die im Anhang B.2 dargestellt sind.

Kommen wir nun zur Definition eines lokalkonvexen Vektorraums. X sei ein Vektorraum und P eine Menge von Halbnormen auf X, die einem ungeschriebenen Gesetz zufolge

© Springer-Verlag GmbH Deutschland, ein Teil von Springer Nature 2018
D. Werner, *Funktionalanalysis*, Springer-Lehrbuch,
https://doi.org/10.1007/978-3-662-55407-4_8

mit p bzw. p_i bezeichnet werden. Sei nun F eine *endliche* Teilmenge von P und $\varepsilon > 0$. Setze

$$U_{F,\varepsilon} = \{x \in X \colon p(x) \leq \varepsilon \ \forall p \in F\}$$

sowie

$$\mathfrak{U} = \{U_{F,\varepsilon} \colon F \subset P \text{ endlich}, \ \varepsilon > 0\}.$$

Das System $\mathfrak{U}$ ist das Substitut der Menge aller Kugeln $\{x \colon \|x\| \leq \varepsilon\}$ im normierten Fall. Es hat folgende Eigenschaften:

(1) $0 \in U$ für alle $U \in \mathfrak{U}$.

(2) Zu $U_1, U_2 \in \mathfrak{U}$ existiert $U \in \mathfrak{U}$ mit $U \subset U_1 \cap U_2$ („$\mathfrak{U}$ ist abwärts filtrierend"), denn $U_{F_1 \cup F_2, \min(\varepsilon_1, \varepsilon_2)} \subset U_{F_1, \varepsilon_1} \cap U_{F_2, \varepsilon_2}$.

(3) Zu $U \in \mathfrak{U}$ existiert $V \in \mathfrak{U}$ mit[1] $V + V \subset U$; es gilt nämlich $U_{F,\varepsilon/2} + U_{F,\varepsilon/2} \subset U_{F,\varepsilon}$.

(4) Alle $U \in \mathfrak{U}$ sind absorbierend (Definition III.2.1), denn $x_0 \in \lambda U_{F,\varepsilon}$, falls $\lambda > \frac{1}{\varepsilon} \cdot \max_{p \in F} p(x_0)$.

(5) Zu $U \in \mathfrak{U}$ und $\lambda > 0$ existiert $V \in \mathfrak{U}$ mit $\lambda V \subset U$. Es gilt nämlich $\lambda U_{F,\varepsilon/\lambda} \subset U_{F,\varepsilon}$, ja sogar „$=$".

Wir benötigen folgende Definition.

▶ **Definition VIII.1.1**

(a) Eine Teilmenge A eines Vektorraums heißt *kreisförmig*, falls

$$\{\lambda \colon |\lambda| \leq 1\} \cdot A \subset A.$$

(b) A heißt *absolutkonvex*, falls A konvex und kreisförmig ist.

Man zeigt leicht, dass A genau dann absolutkonvex ist, wenn

$$x, y \in A, \ |\lambda| + |\mu| \leq 1 \ \Rightarrow \ \lambda x + \mu y \in A$$

ist. Speziell gilt für unser System $\mathfrak{U}$:

(6) Jedes $U \in \mathfrak{U}$ ist kreisförmig.

---

[1] Hier wie im Folgenden benutzen wir die suggestive Symbolik

$$A + B = \{a + b \colon a \in A, \ b \in B\}, \quad \Lambda A = \{\lambda a \colon \lambda \in \Lambda, \ a \in A\}.$$

Achtung: i. Allg. ist $A + A \neq 2A$! (Beispiel?)

Sogar:

(7) Jedes $U \in \mathfrak{U}$ ist absolutkonvex.

Wir werden sehen, dass man mit Hilfe der Eigenschaften (1)–(6) auf X eine Vektor-raumtopologie definieren kann, bezüglich derer die algebraischen Operationen Addition und Skalarmultiplikation stetig sind. Den entscheidenden Schritt, nämlich den Satz von Hahn-Banach in verallgemeinerter Form zu zeigen, wird allerdings erst Eigenschaft (7) zulassen (dazu siehe Abschn. VIII.2).

Zunächst sei nun $\mathfrak{U}$ irgendein nichtleeres Mengensystem mit den Eigenschaften (1)–(6) (diese Eigenschaften sind teilweise redundant, z. B. folgt (1) aus (4)). Wir definieren dann folgendermaßen eine Topologie auf X:

$$O \subset X \text{ offen} \iff \forall x \in O \; \exists U \in \mathfrak{U} \; x + U \subset O.$$

Es ist noch zu verifizieren, dass in der Tat eine Topologie definiert wird:

- $\emptyset$ und X sind offen (klar!).
- Seien O_1 und O_2 offen und $x \in O_1 \cap O_2$. Dann existieren $U_1, U_2 \in \mathfrak{U}$ mit $x + U_i \subset O_i$. Wähle nach (2) $U \in \mathfrak{U}$ mit $U \subset U_1 \cap U_2$, dann ist $x + U \subset O_1 \cap O_2$, und $O_1 \cap O_2$ ist offen.
- Seien O_i, $i \in I$, offen und $x \in \bigcup_{i \in I} O_i$, etwa $x \in O_{i_0}$. Dann existiert $U \in \mathfrak{U}$ mit $x + U \subset O_{i_0} \subset \bigcup_{i \in I} O_i$, und $\bigcup_{i \in I} O_i$ ist offen.

Nach Konstruktion ist $\mathfrak{U}$ eine *Nullumgebungsbasis*, d. h. jede Umgebung der Null um-fasst ein $U \in \mathfrak{U}$ (das ist klar), und alle $U \in \mathfrak{U}$ sind Nullumgebungen. Um Letzteres einzusehen, beachte man nur, dass für eine Menge $A \subset X$ die Menge $O = \{x \in A$: es existiert $W \in \mathfrak{U}$ mit $x + W \subset A\}$ offen ist; ist nämlich $x + W \subset A$ und wählt man $V \in \mathfrak{U}$ mit $V + V \subset W$, so ist für $y \in x + V$ stets $y + V \subset A$, d. h. $x + V \subset O$. Ferner sind konstruktionsgemäß bei festem $x \in X$ die Abbildungen $y \mapsto x + y$ stetig, es sind so-gar *Homöomorphismen*, was definitionsgemäß bedeutet, dass auch die Umkehrabbildung ($y \mapsto -x + y$) stetig ist. Darüber hinaus gilt:

Lemma VIII.1.2 *In der oben beschriebenen Topologie sind*

(a) *Addition:* $X \times X \to X$, $(x, y) \mapsto x + y$,
(b) *Skalarmultiplikation:* $\mathbb{K} \times X \to X$, $(\lambda, x) \mapsto \lambda x$,

stetige Abbildungen. Dabei tragen $X \times X$ und $\mathbb{K} \times X$ jeweils die Produkttopologie.

Beweis. Sei $O \subset X$ offen. Es ist zu zeigen:

(a) $\tilde{O} := \{(x, y)$: $x + y \in O\}$ ist offen,
(b) $\widehat{O} := \{(\lambda, x)$: $\lambda x \in O\}$ ist offen.

Zum Beweis von (a) sei $(x, y) \in \tilde{O}$. Wähle $U \in \mathfrak{U}$ mit $x + y + U \subset O$ und V gemäß Eigenschaft (3). Dann ist $(x + V) \times (y + V) \subset \tilde{O}$ und deshalb (x, y) ein innerer Punkt von $\tilde{O}$. Das zeigt die Offenheit von $\tilde{O}$.

Zum Beweis von (b) sei $(\lambda, x) \in \widehat{O}$. Wähle $U \in \mathfrak{U}$ mit $\lambda x + U \subset O$. Wir werden $\varepsilon > 0$ und $W \in \mathfrak{U}$ mit $\{\mu\colon |\lambda - \mu| < \varepsilon\} \cdot (x + W) - \{\lambda x\} \subset U$, d. h. $\{\mu\colon |\lambda - \mu| < \varepsilon\} \times (x + W) \subset \widehat{O}$, angeben. Wähle zunächst $V \in \mathfrak{U}$ mit $V + V \subset U$ (Eigenschaft (3)), und bestimme dann $\varepsilon > 0$ mit $\varepsilon x \in V$ (Eigenschaft (4)). Da V kreisförmig ist, gilt

$$(\mu - \lambda)x \in V, \text{ falls } |\lambda - \mu| < \varepsilon.$$

Nun wähle $W \in \mathfrak{U}$ mit

$$\mu W \subset V, \text{ falls } |\mu| \leq |\lambda| + \varepsilon$$

(Eigenschaften (5) und (6)). Dann folgt für $|\lambda - \mu| < \varepsilon$ und $w \in W$

$$\mu(x + w) - \lambda x = (\mu - \lambda)x + \mu w \in V + V \subset U. \qquad \square$$

▶ **Definition VIII.1.3** X sei ein Vektorraum und τ eine Topologie auf X.

(a) Sind Addition und Skalarmultiplikation stetig bzgl. τ, so heißt (X, τ) *topologischer Vektorraum*.
(b) Sei P eine Menge von Halbnormen auf X und τ die oben beschriebene Topologie, für die eine Nullumgebungsbasis aus den $U_{F,\varepsilon} = \{x\colon p(x) \leq \varepsilon \ \forall p \in F\}$, $\varepsilon > 0$, $F \subset P$ endlich, besteht. (X, τ) heißt dann *lokalkonvexer* topologischer Vektorraum (oder kürzer lokalkonvexer Raum).

Nach Lemma VIII.1.2 ist ein lokalkonvexer Raum wirklich ein topologischer Vektorraum! Ferner sollte ausdrücklich bemerkt werden, dass ein Vektorraum, der eine Topologie trägt, nicht automatisch ein topologischer Vektorraum ist: Versieht man nämlich irgendeinen Vektorraum X mit der diskreten Topologie (in der jede Menge offen ist), so ist die Skalarmultiplikation nicht stetig. (Sonst wäre für jedes $x \neq 0$ bereits $\lim_{n \to \infty} \frac{1}{n} x = 0$, aber in einem diskreten Raum konvergieren nur Folgen, die schließlich konstant werden.) Es gibt zwar Beispiele nicht lokalkonvexer topologischer Vektorräume, aber fast alle Topologien auf Vektorräumen, die für Anwendungen wichtig sind, sind lokalkonvex.

Beispiele

(a) Sei T eine Menge und X ein Vektorraum von Funktionen auf T (z. B. $T = \mathbb{R}^n$, $X = C^b(\mathbb{R}^n)$). Betrachte die Halbnormen $p_t(x) = |x(t)|$ ($t \in T$). Die von der Familie $P = \{p_t\colon t \in T\}$ erzeugte lokalkonvexe Topologie heißt *Topologie der punktweisen Konvergenz*.

(b) Sei T ein topologischer Raum und X ein Vektorraum von stetigen Funktionen auf T. Betrachte die Halbnormen

$$p_K(x) = \sup_{t \in K} |x(t)|, \quad K \subset T \text{ kompakt.}$$

Die von $P = \{p_K \colon K \subset T \text{ kompakt}\}$ erzeugte lokalkonvexe Topologie heißt *Topologie der gleichmäßigen Konvergenz auf Kompakta.*

(c) Sei $X = C^\infty(\mathbb{R})$ und

$$p_{K,m}(x) = \sup_{t \in K} |x^{(m)}(t)|$$

für $m \geq 0$, $K \subset \mathbb{R}$ kompakt. $P = \{p_{K,m} \colon K \subset \mathbb{R} \text{ kompakt}, m \in \mathbb{N}_0\}$ erzeugt eine lokalkonvexe Topologie auf X. Wird $C^\infty(\mathbb{R})$ mit dieser Topologie versehen, schreibt man häufig $\mathscr{E}(\mathbb{R})$. Analog definiert man die Topologie von $\mathscr{E}(\mathbb{R}^n)$ und von $\mathscr{E}(\Omega)$ für offenes $\Omega \subset \mathbb{R}^n$.

(d) Der Schwartzraum $\mathscr{S}(\mathbb{R}^n)$ (Definition V.2.3) wird durch die Halbnormen

$$p_{\alpha,m}(\varphi) = \sup_{x \in \mathbb{R}^n} (1 + |x|^m) |(D^\alpha \varphi)(x)|$$

topologisiert. (Hier ist α ein Multiindex und $m \in \mathbb{N}_0$.)

(e) Sei $\Omega \subset \mathbb{R}^n$ offen und $K \subset \Omega$ kompakt. Es sei

$$\mathscr{D}_K(\Omega) := \{\psi \colon \Omega \to \mathbb{C} \colon \varphi \in C^\infty(\Omega), \text{ supp}(\varphi) \subset K\}.$$

(Zur Existenz solcher Funktionen siehe Lemma V.1.10.) $\mathscr{D}_K(\Omega)$ wird durch die Halbnormen

$$p_\alpha(\psi) = \sup_{x \in \Omega} |(D^\alpha \varphi)(x)|,$$

α ein Multiindex, topologisiert.

(f) Die soeben beschriebene Topologie könnte man auch auf $\mathscr{D}(\Omega)$ betrachten; aus verschiedenen Gründen ist das jedoch nicht angemessen. Unter anderem möchte man nämlich auf $\mathscr{D}(\Omega)$ eine Topologie betrachten, die die Tatsache, dass $\mathscr{D}(\Omega) = \bigcup_K \mathscr{D}_K(\Omega)$ ist (hier wird über alle kompakten Teilmengen von Ω vereinigt), reflektiert. Eine solche lokalkonvexe Topologie kann so definiert werden. Sei τ_K die Topologie von $\mathscr{D}_K(\Omega)$. Es sei P die Menge aller Halbnormen p auf $\mathscr{D}(\Omega)$, für die alle Restriktionen $p|_{\mathscr{D}_K}$ bezüglich τ_K stetig sind. Auf $\mathscr{D}(\Omega)$ betrachtet man dann die von P erzeugte lokalkonvexe Topologie.

Die Beispiele (c)–(f) sind fundamental für die Distributionentheorie (Abschn. VIII.5).

(g) X sei ein Vektorraum und p eine Norm auf X. Die von $P = \{p\}$ erzeugte lokalkonvexe Topologie ist die Normtopologie auf X.

(h) X sei ein normierter Raum. Betrachte die Halbnormen

$$p_{x'}(x) = |x'(x)| \qquad (x' \in X').$$

Diese Halbnormen erzeugen die *schwache Topologie* $\sigma(X, X')$ auf X. Die schwache Topologie ist fast immer von der Normtopologie verschieden. (Näheres dazu in Abschn. VIII.3.)

(i) Auf dem Dualraum X' eines normierten Raums definieren die Halbnormen

$$p_x(x') = |x'(x)| \qquad (x \in X)$$

die *schwach*-Topologie* $\sigma(X', X)$, die sowohl von der Normtopologie als auch von der schwachen Topologie $\sigma(X', X'')$ zu unterscheiden ist (auch hierzu siehe Abschn. VIII.3).

(j) Auf dem Raum $L(X, Y)$ (X und Y normierte Räume) sind außer der Normtopologie zwei weitere Topologien von Interesse: die *starke Operatortopologie*, die von den Halbnormen

$$p_x(T) = \|Tx\| \qquad (x \in X)$$

erzeugt wird, sowie die *schwache Operatortopologie*, die durch die Halbnormen

$$p_{x,y'}(T) = |y'(Tx)| \qquad (x \in X, \; y' \in Y')$$

definiert wird. (Diese Topologie kam implizit im Kap. VII bei der Diskussion von Spektralmaßen vor; vgl. Satz VII.1.6(d).)

(k) In der Wahrscheinlichkeitstheorie ist auf dem Raum $M(\mathbb{R})$ aller endlichen signierten Maße diejenige lokalkonvexe Topologie von Bedeutung, die von den Halbnormen

$$p_f(\mu) = \left| \int_{\mathbb{R}} f \, d\mu \right| \qquad (f \in C^b(\mathbb{R}))$$

erzeugt wird. Sie wird in der Wahrscheinlichkeitstheorie ebenfalls *schwache Topologie* genannt, ist aber von der funktionalanalytischen schwachen Topologie aus Beispiel (h) verschieden.

(l) $P = \{0\}$ erzeugt auf jedem Vektorraum X die *chaotische Topologie*, in der nur $\emptyset$ und X offen sind.

Das letzte Beispiel zeigt auf dramatische Weise, dass ein lokalkonvexer Raum nicht die Hausdorffsche Trennungseigenschaft (d. h. verschiedene Punkte besitzen disjunkte Umgebungen) zu haben braucht. Diese Eigenschaft ist für lokalkonvexe Räume leicht zu charakterisieren.

Lemma VIII.1.4 *Die Halbnormfamilie P erzeuge auf X die lokalkonvexe Topologie τ. Dann sind äquivalent:*

(i) *(X, τ) ist Hausdorffraum.*
(ii) *Zu $x \neq 0$ existiert $p \in P$ mit $p(x) \neq 0$.*
(iii) *Es gibt eine Nullumgebungsbasis $\mathfrak{U}$ mit $\bigcap_{U \in \mathfrak{U}} U = \{0\}$.*

Beweis. (i) $\Rightarrow$ (ii): Sei $x \neq 0$. Wähle Nullumgebungen U und V mit $(x + U) \cap V = \emptyset$. Nach Definition der Topologie τ darf man annehmen, dass V von der Form $V = U_{F,\varepsilon} = \{u: p(u) \leq \varepsilon$ für alle $p \in F\}$ mit einer endlichen Teilmenge $F \subset P$ ist. Wegen $x \notin V$ ist dann $p(x) \neq 0$ für ein $p \in F$.

(ii) $\Rightarrow$ (iii) gilt wegen $x \in \bigcap_{F,\varepsilon} U_{F,\varepsilon} \Leftrightarrow p(x) = 0$ für alle $p \in P$.

(iii) $\Rightarrow$ (i): Sei $x \neq y$. Wähle $U \in \mathfrak{U}$ mit $x - y \notin U$. Da die Differenzbildung stetig ist, existieren Nullumgebungen V und W mit $W - V \subset U$. Es folgt $(x + V) \cap (y + W) = \emptyset$. $\qquad\square$

Das Lemma zeigt, dass alle obigen Beispiele (bis auf (l)) Hausdorffräume sind; bei (h) (und (j)) folgt das aus dem Satz von Hahn-Banach, bei (k) aus der Regularität von μ. Auf Beispiel (f) werden wir noch detaillierter eingehen.

Der nächste Satz erklärt, warum lokalkonvexe Räume „lokalkonvex" heißen.

Satz VIII.1.5 *(X, τ) sei ein topologischer Vektorraum. X ist genau dann lokalkonvex, wenn es eine Nullumgebungsbasis aus absolutkonvexen absorbierenden Mengen gibt.*

Beweis. Nach Konstruktion besitzt ein lokalkonvexer Raum eine solche Nullumgebungsbasis. Sei nun $\mathfrak{U}$ eine Nullumgebungsbasis, so dass alle $U \in \mathfrak{U}$ absolutkonvex und absorbierend sind. Wir betrachten die Minkowskifunktionale

$$p_U(x) := \inf\{\lambda > 0: x \in \lambda U\}$$

(Definition III.2.1). Da U absorbierend ist, ist stets $p_U(x) < \infty$ (das ist gerade die Definition der Absorbanz); da U konvex ist, ist p_U sublinear (Lemma III.2.2(b); dort war zwar vorausgesetzt, dass X normiert und 0 innerer Punkt von U ist, der Beweis macht davon allerdings keinen Gebrauch). Schließlich folgt aus der Kreisförmigkeit

$$p_U(\lambda x) = |\lambda| p_U(x) \qquad \forall \lambda \in \mathbb{K}, \tag{VIII.1}$$

so dass insgesamt p_U eine Halbnorm ist. [Beweis von (VIII.1): Da (VIII.1) für $\lambda \geq 0$ richtig ist (p_U ist sublinear), darf o.E. $|\lambda| = 1$ vorausgesetzt werden. Die Kreisförmigkeit von U liefert dann $\lambda U = U$, also $p_U(\lambda x) = p_{\lambda U}(\lambda x) = p_U(x)$.]

Betrachte nun die von der Halbnormfamilie $P = \{p_U: U \in \mathfrak{U}\}$ erzeugte lokalkonvexe Topologie $\tilde{\tau}$ mit der kanonischen Nullumgebungsbasis $\tilde{\mathfrak{U}} = \{U_{F,\varepsilon}: F \subset P$ endlich, $\varepsilon > 0\}$.

Es ist dann nicht schwer zu verifizieren, dass $\tau = \tilde{\tau}$ gilt; die Details seien den Leserinnen und Lesern überlassen. □

Satz VIII.1.5 sagt aus, dass lokalkonvexe Räume geometrisch (durch Angabe einer Nullumgebungsbasis) oder analytisch (durch Angabe einer Halbnormfamilie) beschrieben werden können. Wir werden hier weitgehend dem analytischen Zugang folgen.

VIII.2   Stetige Funktionale und der Satz von Hahn-Banach

In noch stärkerem Maße als für normierte Räume ist die Kenntnis von stetigen Funktionalen für lokalkonvexe Räume von Bedeutung. In der Tat ist es gerade die Existenz *konvexer* Nullumgebungen, die die Existenz von stetigen Funktionalen im Satz von Hahn-Banach garantieren wird.

Das folgende Lemma ist der Dreh- und Angelpunkt unserer Untersuchungen.

Lemma VIII.2.1 *Die Halbnormfamilie P erzeuge die lokalkonvexe Topologie τ auf X.*

(a) *Für eine Halbnorm $q\colon X \to [0, \infty)$ sind äquivalent:*
   (i) q ist stetig.
  (ii) q ist stetig bei 0.
 (iii) $\{x\colon q(x) \leq 1\}$ ist eine Nullumgebung.
(b) *Alle $p \in P$ sind stetig.*
(c) *Eine Halbnorm q ist genau dann stetig, wenn $M \geq 0$ und eine endliche Teilmenge $F \subset P$ mit*

$$q(x) \leq M \max_{p \in F} p(x) \qquad \forall x \in X$$

existieren.

Beweis. (a) Die Implikationen (i) $\Rightarrow$ (ii) $\Rightarrow$ (iii) sind trivial. Gelte (iii), und seien $x \in X$ und $\varepsilon > 0$. Wir zeigen für $U = \varepsilon \cdot \{y\colon q(y) \leq 1\} = \{y\colon q(y) \leq \varepsilon\}$

$$q(x + U) \subset \{a \in \mathbb{R}\colon |a - q(x)| \leq \varepsilon\},$$

was die Stetigkeit von q bei x zeigt. In der Tat gilt für $y \in U$

$$|q(x + y) - q(x)| \leq q\big((x + y) - x\big) = q(y) \leq \varepsilon,$$

wobei wir die umgekehrte Dreiecksungleichung benutzt haben, die für Halbnormen genauso wie für Normen gilt.

(b) Nach Definition von τ sind die $\{x\colon p(x) \leq 1\}$ Nullumgebungen.

(c) Nach (iii) in (a) ist q genau dann stetig, wenn es $\varepsilon > 0$ und endliches $F \subset P$ mit $U_{F,\varepsilon} \subset \{x\colon q(x) \leq 1\}$ gibt. Das heißt aber

$$q(x) \leq \frac{1}{\varepsilon} \max_{p \in F} p(x) \qquad \forall x \in X. \qquad \square$$

Korollar VIII.2.2 *Die Halbnormfamilie P erzeuge die lokalkonvexe Topologie τ auf X, und es sei $P \subset Q \subset \{q\colon q \text{ ist } \tau\text{-stetige Halbnorm}\}$. Dann erzeugt Q ebenfalls die Topologie τ.*

Beweis. Das folgt sofort aus Lemma VIII.2.1.   □

Wir behandeln nun lineare Abbildungen. Die von einer Halbnormfamilie P erzeugte lokalkonvexe Topologie werden wir mit τ_P bezeichnen.

Satz VIII.2.3 *Seien (X, τ_P) und (Y, τ_Q) zwei lokalkonvexe Räume und $T\colon X \to Y$ linear. Dann sind äquivalent:*

(i) *T ist stetig.*
(ii) *T ist stetig bei 0.*
(iii) *Ist q eine stetige Halbnorm auf Y, so ist $q \circ T$ eine stetige Halbnorm auf X.*
(iv) *Für alle $q \in Q$ existieren endliches $F \subset P$ und $M \geq 0$ mit*

$$q(Tx) \leq M \max_{p \in F} p(x) \qquad \forall x \in X.$$

Beweis. (i) ⟺ (ii): „⟹" ist klar. Für „⟸" bemerke, dass T genau dann stetig bei x ist, wenn für alle Nullumgebungen $V \subset Y$ eine Nullumgebung $U \subset X$ mit $T(x+U) (= Tx + T(U)) \subset Tx + V$ existiert.

(ii) ⟹ (iii) gilt wegen Lemma VIII.2.1(a) und der Tatsache, dass die Komposition stetiger Abbildungen stetig ist.

(iii) ⟹ (iv) gilt wegen Lemma VIII.2.1(b) und (c).

(iv) ⟹ (ii): Es ist zu zeigen: Zu einer Nullumgebung $V \subset Y$ existiert eine Nullumgebung $U \subset X$ mit $T(U) \subset V$. O.E. ist V von der Form $V = \{y\colon q_i(y) \leq \varepsilon, \ i = 1, \ldots, n\}$, wo $q_1, \ldots, q_n \in Q$ sind. Wähle F_i und M_i zu q_i gemäß (iv) und setze $F = \bigcup_{i=1}^{n} F_i$, $M = \max_{i=1,\ldots,n} M_i$. Dann gilt

$$\max_{i=1,\ldots,n} q_i(Tx) \leq M \max_{p \in F} p(x) \qquad \forall x \in X,$$

d. h. $T(U_{F, \varepsilon/M}) \subset V$.   □

Beachte die Analogie von (iv) zur Formel $\|Tx\| \leq M \|x\|$. Wir notieren noch explizit einen Spezialfall von Satz VIII.2.3.

Korollar VIII.2.4 *Sei (X, τ_P) ein lokalkonvexer Raum. Eine lineare Abbildung $\ell\colon X \to \mathbb{K}$ ist genau dann stetig, wenn es endlich viele $p_1, \ldots, p_n \in P$ und $M \geq 0$ mit*

$$|\ell(x)| \leq M \max_{i=1,\ldots,n} p_i(x) \qquad \forall x \in X$$

gibt.

Wie bei normierten Räumen führt man nun den Dualraum ein.

▶ **Definition VIII.2.5** Die Menge der stetigen linearen Funktionale auf einem lokalkonvexen Raum (X, τ) heißt *Dualraum* von X und wird mit X' oder, um die Abhängigkeit von der Topologie τ zu betonen, $(X_\tau)'$ bezeichnet. $L(X, Y)$ (bzw. $L(X_{\tau_1}, Y_{\tau_2})$) bezeichnet die Menge der stetigen linearen Abbildungen zwischen den lokalkonvexen Räumen (X, τ_1) und (Y, τ_2).

Aus Satz VIII.2.3 folgt sofort, dass $L(X, Y)$ und X' ihrerseits Vektorräume sind. Auf die Möglichkeit, auf X' eine geeignete lokalkonvexe Topologie zu erklären, werden wir in Abschn. VIII.3 eingehen.

Es ist noch ein Spezialfall von Satz VIII.2.3 von Interesse, nämlich der Fall $X = Y$ und $T = \mathrm{Id}$, wenn zwei lokalkonvexe Topologien auf X definiert sind. (Man denke z. B. an einen normierten Raum X, der außer mit der Normtopologie mit der zugehörigen schwachen Topologie $\sigma(X, X')$ (vgl. Beispiel VIII.1(h)) versehen werden kann.) Es ist häufig wichtig, diese Topologien zu vergleichen.

Sind τ_1 und τ_2 lokalkonvexe Topologien auf X, so heißt τ_1 *feiner* als τ_2 (und τ_2 *gröber* als τ_1), falls jede τ_2-offene Menge auch offen bzgl. τ_1 ist, wenn also $\tau_2 \subset \tau_1$ gilt. Äquivalent dazu ist

$$\mathrm{Id} \in L(X_{\tau_1}, X_{\tau_2}),$$

und Satz VIII.2.3 gibt leicht zu verifizierende Kriterien dafür. Natürlich stimmen die zwei Topologien auf X überein, wenn $\mathrm{Id} \in L(X_{\tau_1}, X_{\tau_2})$ und $\mathrm{Id} \in L(X_{\tau_2}, X_{\tau_1})$ gelten.

Ist τ_1 feiner als τ_2, so hat τ_1

- mehr offene Mengen,
- mehr abgeschlossene Mengen, aber
- weniger kompakte Mengen,
- mehr stetige Abbildungen nach $\mathbb{K}$ (oder in irgendeinen anderen topologischen Raum),
- weniger konvergente Folgen.

(Diese Aufzählung betrifft natürlich nicht nur lokalkonvexe Vektorräume, sondern allgemein topologische Räume.)

Beispiel

Sei $X = C(\mathbb{R}^n)$ und $\tau_1 =$ Topologie der punktweisen Konvergenz, $\tau_2 =$ Topologie der gleichmäßigen Konvergenz auf Kompakta (Beispiele VIII.1(a) und (b)). Dann ist τ_2 feiner als τ_1, da man sofort das Kriterium in Satz VIII.2.3(iv) für Id: $X_{\tau_2} \to X_{\tau_1}$ nachprüft:

$$p_t(x) \leq 1 \cdot p_{\{t\}}(x).$$

(Bezeichnungen wie in den Beispielen VIII.1(a) und (b); natürlich gilt sogar „=".)

Ein weiteres Beispiel: Die Normtopologie eines normierten Raums ist stets feiner als die schwache Topologie $\sigma(X, X')$, da (Beispiel VIII.1(h))

$$p_{x'}(x) = |x'(x)| \leq \|x'\| \, \|x\| \qquad \forall x \in X, \; x' \in X',$$

also $\mathrm{Id} \in L(X_{\|\cdot\|}, X_{\sigma(X,X')})$.

Als nächstes soll kurz über Konvergenz in lokalkonvexen Räumen gesprochen werden; zur Definition der Konvergenz in topologischen Räumen siehe Anhang B.2. Dort wird bemerkt, dass sich topologische Begriffe im Allgemeinen nur unzureichend durch Folgen beschreiben lassen. Wir geben dazu jetzt ein Beispiel im Kontext der lokalkonvexen Räume, das auf von Neumann zurückgeht.

Beispiel

Betrachte $X = \ell^2$ mit der schwachen Topologie $\sigma(X, X')$ und $A = \{e_m + m e_n : 1 \leq m < n\}$, wo natürlich e_n der n-te Einheitsvektor ist. Dann ist $0 \in \overline{A}$, aber keine Folge in A konvergiert gegen 0 (alles bzgl. $\sigma(X, X')$ und nicht bzgl. der Normtopologie).

Zum Beweis hierfür sei U eine Nullumgebung; wir haben dann $U \cap A \neq \emptyset$ zu zeigen. Ohne Einschränkung sei $U = \{x \in \ell^2 : |\langle x, y_i \rangle| \leq \varepsilon \; (i = 1, \ldots, r)\}$ für $y_1, \ldots, y_r \in \ell^2$. Wähle m so groß, dass $|y_i(m)| \leq \frac{\varepsilon}{2}$ für $i = 1, \ldots, r$ ist, und anschließend $n > m$ mit $|y_i(n)| \leq \frac{\varepsilon}{2m}$ für $i = 1, \ldots, r$. Dann ist

$$|\langle e_m + m e_n, y_i \rangle| \leq |y_i(m)| + m|y_i(n)| \leq \varepsilon,$$

also $e_m + m e_n \in U$. Daher gilt $0 \in \overline{A}$.

Sei nun $(e_{m_k} + m_k e_{n_k})_{k \in \mathbb{N}}$ eine Folge in A. Wäre es eine Nullfolge, so wäre, da $x \mapsto |\langle x, y \rangle|$ für alle $y \in \ell^2$ eine stetige Halbnorm ist (Lemma VIII.2.1(b)), für alle $y \in \ell^2$

$$\lim_{k \to \infty} |y(m_k) + m_k y(n_k)| = 0. \qquad (\text{VIII.2})$$

Ist die Folge $(m_k)_{k \in \mathbb{N}}$ beschränkt, liefert ein geeignetes $y = e_l$ einen Widerspruch zu (VIII.2). Ist $(m_k)_{k \in \mathbb{N}}$ unbeschränkt, so dürfen $(n_k)_{k \in \mathbb{N}}$ und $(m_k)_{k \in \mathbb{N}}$ als streng monoton wachsend angenommen werden, und dann liefert $y \in \ell^2$ mit $y(j) := \frac{1}{k}$ für $j = n_k$ und $y(j) = 0$ sonst einen Widerspruch.

Für die lokalkonvexe Theorie ist das folgende Resultat wichtig; es zeigt, dass die Bezeichnungen der Beispiele VIII.1(a) und (b) zu Recht bestehen.

Satz VIII.2.6 *(X, τ_P) sei ein lokalkonvexer Raum. Ein Netz $(x_i)_{i \in I}$ konvergiert genau dann gegen x, wenn $\lim p(x_i - x) = 0$ für alle $p \in P$ gilt.*

Beweis. Das Netz (x_i) konvergiert genau dann gegen x, wenn $(x_i - x)$ gegen 0 konvergiert; also dürfen wir ohne Einschränkung $x = 0$ annehmen. Aus $\lim x_i = 0$ folgt dann wegen Lemma VIII.2.1(b) und Satz B.2.3 bereits $\lim p(x_i) = 0$ für $p \in P$. Gelte umgekehrt diese

Bedingung, und sei U (o.E. $= U_{F,\varepsilon}$) eine Nullumgebung. Zu $p \in P$ existiert dann ein $i_p \in I$ mit

$$p(x_i) \leq \varepsilon \qquad \forall i \geq i_p.$$

Die Gerichtetheit von I liefert ein j mit $j \geq i_p$ für alle $p \in F$, denn F ist endlich. Für $i \geq j$ und $p \in F$ folgt $p(x_i) \leq \varepsilon$, d. h. $x_i \in U_{F,\varepsilon}$ für $i \geq j$. Das zeigt $\lim x_i = 0$. $\qquad\square$

Hier ist eine Illustration der Netztechnik.

Satz VIII.2.7 *In einem lokalkonvexen Raum ist der Abschluss einer konvexen Menge konvex. (Desgleichen für absolutkonvexe Mengen.)*

Beweis. Sei C konvex, seien $x, y \in \overline{C}$, $0 \leq \lambda \leq 1$. Nach Satz B.2.1 existieren Netze $(x_i)_{i \in I}$ und $(y_i)_{i \in I}$ in C mit $\lim x_i = x$, $\lim y_i = y$. (Als Indexmenge kann jeweils $I = \mathfrak{U}$, eine Nullumgebungsbasis, gewählt werden.) Da Addition und Skalarmultiplikation stetig sind, folgt

$$\lim(\lambda x_i + (1 - \lambda)y_i) = \lambda x + (1 - \lambda)y \in \overline{C}. \qquad\square$$

Man hätte Satz VIII.2.7 natürlich auch ohne Netze, also direkt nach Definition VIII.1.3, beweisen können (Aufgabe VIII.8.1 bittet darum, das zu tun), aber so geht es vermutlich schneller.

Nun folgen noch einige Beispiele für stetige Funktionale.

Beispiele

(a) Betrachte den Raum $\mathscr{S}(\mathbb{R}^n)$ (Beispiel VIII.1(d)). Elemente des Dualraums, der mit $\mathscr{S}'(\mathbb{R}^n)$ bezeichnet wird, heißen *temperierte Distributionen* und werden in Abschn. VIII.5 detaillierter studiert. Wir zeigen $L^p(\mathbb{R}^n) \subset \mathscr{S}'(\mathbb{R}^n)$ für $1 \leq p \leq \infty$, genauer, für $f \in L^p(\mathbb{R}^n)$ definiert

$$T_f(\varphi) = \int_{\mathbb{R}^n} f(x)\varphi(x)\, dx \qquad \forall \varphi \in \mathscr{S}(\mathbb{R}^n)$$

ein Funktional $T_f \in \mathscr{S}'(\mathbb{R}^n)$. Nach der Hölderschen Ungleichung gilt für $p > 1$ und $\frac{1}{p} + \frac{1}{q} = 1$ mit den Bezeichnungen aus Beispiel VIII.1(d)

$$\begin{aligned}
|T_f(\varphi)| &\leq \|f\|_{L^p} \|\varphi\|_{L^q} \\
&\leq \|f\|_{L^p} \left(\int_{\mathbb{R}^n} \frac{dx}{(1 + |x|^{n+1})^q} \right)^{1/q} \sup_{x \in \mathbb{R}^n} (1 + |x|^{n+1})|\varphi(x)| \\
&= M\, p_{0,n+1}(\varphi);
\end{aligned}$$

der Fall $p = 1$ ist analog zu behandeln.

(b) Als nächstes berechnen wir den Dualraum eines normierten Raums X bezüglich seiner schwachen Topologie $\sigma(X, X')$.

Behauptung: $(X_{\|.\|})' = (X_{\sigma(X,X')})'$, mit anderen Worten, ein lineares Funktional ist genau dann normstetig, wenn es schwach stetig ist.

Zunächst gilt „$\supset$", da die Normtopologie feiner als die schwache Topologie ist (siehe S. 432). Umgekehrt gilt „$\subset$", da jedes $x' \in (X_{\|.\|})'$ nach Korollar VIII.2.4 schwach stetig ist, denn

$$|x'(x)| \le p_{x'}(x) \qquad \forall x \in X$$

(sogar =, Bezeichnung nach Beispiel VIII.1(h)). In Korollar VIII.3.4 wird gezeigt, dass der Dualraum von $(X', \sigma(X', X))$ (Beispiel VIII.1(i)) genau aus den Auswertungs-funktionalen $x' \mapsto x'(x)$ besteht, also $(X'_{\sigma(X',X)})' = X$ ist, wo X als Unterraum von X'' ($= (X'_{\|.\|})'$) aufgefasst ist.

(c) X und Y seien normierte Räume. Wir versehen $L(X, Y)$ mit der starken Operator-topologie (Beispiel VIII.1(j)) und bezeichnen den so topologisierten Operatorraum mit $L_{\mathrm{st}}(X, Y)$.

Behauptung: $\Phi \in (L_{\mathrm{st}}(X, Y))'$ genau dann, wenn Φ von der Form $\Phi(T) = \sum_{i=1}^{n} y_i'(Tx_i)$ für geeignete $n \in \mathbb{N}$, $x_i \in X$, $y_i' \in Y'$ ist.

„$\Leftarrow$" ist klar wegen Korollar VIII.2.4. Zu „$\Rightarrow$": Nach Korollar VIII.2.4 existieren $x_1, \ldots, x_n \in X$ und $M \ge 0$ mit

$$|\Phi(T)| \le M \max_i \|Tx_i\|. \qquad \text{(VIII.3)}$$

$\ell_n^{\infty}(Y)$ bezeichne den normierten Raum $Y \oplus_{\infty} \cdots \oplus_{\infty} Y$ aller n-Tupel in Y mit der Maximumsnorm $\|(y_i)\| = \max_i \|y_i\|$. Setze $\Psi \colon L(X, Y) \to \ell_n^{\infty}(Y)$, $\Psi(T) = (Tx_i)$. (VIII.3) impliziert dann, dass durch

$$\ell\big((Tx_i)\big) = \Phi(T)$$

ein wohldefiniertes stetiges lineares Funktional auf $\mathrm{ran}(\Psi)$ erklärt wird. Nach dem Satz von Hahn-Banach (für normierte Räume) kann ℓ zu einem stetigen linearen Funktional $L \in (\ell_n^{\infty}(Y))'$ fortgesetzt werden. Wie im Fall $Y = \mathbb{K}$ zeigt man, dass L eine Darstellung

$$L\big((y_i)\big) = \sum_{i=1}^{n} y_i'(y_i)$$

mit $y_1', \ldots, y_n' \in Y'$ besitzt. Es folgt

$$\Phi(T) = \ell\big((Tx_i)\big) = L\big((Tx_i)\big) = \sum_{i=1}^{n} y_i'(Tx_i).$$

Wir kommen nun zum Satz von Hahn-Banach für lokalkonvexe Räume. Ausgehend vom algebraischen Hahn-Banach-Satz III.1.2 bzw. III.1.4 lassen sich die Beweise vom normierten auf den lokalkonvexen Fall (fast) wörtlich übertragen, wenn man „Norm" durch „stetige Halbnorm" und „Kugel" durch „absolutkonvexe Nullumgebung" ersetzt.

Satz VIII.2.8 (Fortsetzungssatz von Hahn-Banach)
Sei X ein lokalkonvexer Raum und U ⊂ X ein Untervektorraum sowie ℓ ∈ U'. Dann existiert eine Fortsetzung L von ℓ mit L ∈ X'.

Beweis. Zunächst bemerke, dass die Topologie von U von $\{p|_U \colon p \in P\}$ erzeugt wird, wenn P die von X erzeugt. Zuerst sei $\mathbb{K} = \mathbb{R}$. Nach Korollar VIII.2.4 existiert dann eine stetige Halbnorm p auf X (nämlich $p = M \max_{i \le n} p_i$) mit

$$\ell(x) \le |\ell(x)| \le p(x) \qquad \forall x \in U.$$

Nach Satz III.1.2 existiert eine lineare Fortsetzung $L \colon X \to \mathbb{R}$ von ℓ mit

$$L(x) \le p(x) \qquad \forall x \in X.$$

Also ist $L \in X'$, denn es gilt auch $L(-x) \le p(x)$ und deshalb $|L(x)| \le p(x)$.

Für $\mathbb{K} = \mathbb{C}$ erhalten wir aus $\operatorname{Re} \ell(x) \le p(x)$ $(x \in U)$ ein lineares $L \colon X \to \mathbb{C}$ mit $\operatorname{Re} L(x) \le p(x)$ $(x \in X)$, also mit Lemma III.1.3(c)

$$|L(x)| \le p(x)$$

und wieder $L \in X'$.   □

Die jetzt folgenden Hahn-Banach-Trennungssätze bilden das Kernstück der lokalkonvexen Theorie. Wir notieren zunächst ein Lemma.

Lemma VIII.2.9 *W sei eine absolutkonvexe Nullumgebung des lokalkonvexen Raumes X. Dann ist das Minkowskifunktional p_W eine stetige Halbnorm.*

Beweis. Dass p_W eine Halbnorm ist, wurde im Beweis von Satz VIII.1.5 bemerkt. Die Stetigkeit folgt aus Lemma VIII.2.1(a).   □

Lemma VIII.2.10 *Sei X ein lokalkonvexer Raum, V ⊂ X konvex und offen und 0 ∉ V. Dann existiert x' ∈ X' mit*

$$\operatorname{Re} x'(x) < 0 \qquad \forall x \in V.$$

Beweis. (Vgl. Lemma III.2.3.) Sei $x_0 \in V$, $y_0 = -x_0$ und $U = y_0 + V$. Dann ist U offen und konvex, $y_0 \notin U$ und $0 \in U$. Betrachte das Minkowskifunktional p_U zu U. Da U offen ist, existiert eine absolutkonvexe absorbierende Nullumgebung $W \subset U$. Nach Lemma III.2.2 (das für lokalkonvexe Räume wie für normierte gilt) ist p_U sublinear und $p_U(y_0) \ge 1$.

Setze $Y = \lim\{y_0\}$ und $y' \colon Y \to \mathbb{K}$, $y'(ty_0) = tp_U(y_0)$. Wie bei Lemma III.2.3 folgt $\operatorname{Re} y'(y) \le p_U(y)$. Nach dem algebraischen Satz von Hahn-Banach III.1.4 existiert eine lineare Fortsetzung $x' \colon X \to \mathbb{K}$ mit

$$\operatorname{Re} x'(x) \le p_U(x) \le p_W(x) \qquad \forall x \in X,$$

also auch

$$|x'(x)| \leq p_W(x) \qquad \forall x \in X.$$

Nach Lemma VIII.2.9 und Satz VIII.2.3 (mit einem Seitenblick auf Korollar VIII.2.2) ist $x' \in X'$. Wie bei Lemma III.2.3 zeigt man, dass x' das Gewünschte leistet. $\square$

Theorem VIII.2.11 (Trennungssatz von Hahn-Banach; Version I)
Seien X ein lokalkonvexer Raum, $V_i \subset X$ konvex ($i = 1, 2$) und V_1 offen. Gelte $V_1 \cap V_2 = \emptyset$. Dann existiert $x' \in X'$ mit

$$\mathrm{Re}\, x'(x_1) < \mathrm{Re}\, x'(x_2) \qquad \forall x_1 \in V_1, \; x_2 \in V_2.$$

Beweis. Wörtlich wie bei Theorem III.2.4! $\square$

Theorem VIII.2.12 (Trennungssatz von Hahn-Banach; Version II)
Sei X ein lokalkonvexer Raum, $V \subset X$ sei abgeschlossen und konvex, und es sei $x \notin V$. Dann existieren $x' \in X'$ und $\varepsilon > 0$ mit

$$\mathrm{Re}\, x'(x) < \mathrm{Re}\, x'(x) + \varepsilon \leq \mathrm{Re}\, x'(v) \qquad \forall v \in V.$$

Ist V zusätzlich absolutkonvex, so existieren $x' \in X'$ und $\varepsilon > 0$ mit

$$|x'(v)| + \varepsilon \leq \mathrm{Re}\, x'(x) \qquad \forall v \in V. \tag{VIII.4}$$

Beweis. Wähle absolutkonvexes offenes U mit $(x + U) \cap V = \emptyset$. Nach Theorem VIII.2.11 existiert $x' \in X'$ mit

$$\mathrm{Re}\, x'(x) + \mathrm{Re}\, x'(u) < \mathrm{Re}\, x'(v) \qquad \forall u \in U, \; v \subset V.$$

Setze $\varepsilon = \sup\{\mathrm{Re}\, x'(u) \colon u \in U\}$. Da U absorbierend ist, ist $\varepsilon > 0$, und die Behauptung folgt. (Warum ist $\varepsilon < \infty$?) Der Zusatz ist klar, da man durch Übergang zu $-x'$ auch „$>$" und $-\varepsilon$ in der obigen Ungleichung erhalten kann. $\square$

Korollar VIII.2.13 *Wenn X ein lokalkonvexer Hausdorffraum ist, trennt X' die Punkte von X, d. h., zu $x \neq y$ existiert $x' \in X'$ mit $x'(x) \neq x'(y)$.*

Beweis. Wende Theorem VIII.2.12 auf $V = \{y\}$ an, was konvex und abgeschlossen ist. $\square$

VIII.3 Schwache Topologien

In den Beispielen VIII.1(h) und (i) wurden die schwache Topologie eines normierten Raums und die schwach*-Topologie eines Dualraums eingeführt. Diese Topologien werden jetzt detaillierter studiert; dabei werden wir einen etwas allgemeineren Standpunkt einnehmen.

Seien nun X und Y Vektorräume (ohne eine Topologie!) und $(x, y) \mapsto \langle x, y \rangle \in \mathbb{K}$ eine bilineare Abbildung auf $X \times Y$. (Nicht zufällig erscheint hier dasselbe Symbol wie für ein Skalarprodukt. Aber Achtung: X und Y können jetzt natürlich verschieden sein, und auch im Fall $\mathbb{K} = \mathbb{C}$ wird *Bi-* und nicht Sesquilinearität verlangt.) Die Elemente von Y induzieren dann lineare Abbildungen auf X vermittels der Formel

$$\ell_y(x) = \langle x, y \rangle.$$

Genauso wirken die Elemente von X als lineare Abbildungen auf Y.

▶ **Definition VIII.3.1** (X, Y) (genauer $(X, Y, \langle \, . \, , . \, \rangle))$ heißt ein *duales Paar*, falls

$$\forall x \in X \setminus \{0\} \; \exists y \in Y \quad \langle x, y \rangle \neq 0,$$

$$\forall y \in Y \setminus \{0\} \; \exists x \in X \quad \langle x, y \rangle \neq 0.$$

Sind X und Y vorgelegt, so ist es meistens klar, welche bilineare Abbildung auf $X \times Y$ zu betrachten ist. Sie wird daher i. Allg. nicht weiter spezifiziert werden. Des weiteren können wir bei einem dualen Paar (X, Y) den Raum Y (bzw. X) stets mit einem punktetrennenden Unterraum des algebraischen Dualraums von X (bzw. Y) *identifizieren*, denn $x \mapsto \langle x, \, . \, \rangle$ und $y \mapsto \langle \, . \, , y \rangle$ sind injektiv, und das werden wir auch tun.

Beispiele

(a) Sei X ein lokalkonvexer Hausdorffraum und X' (wie üblich) sein Dualraum. Nach dem Satz von Hahn-Banach ist (X, X') mit der bilinearen Abbildung $(x, x') \mapsto x'(x)$ ein duales Paar.

(b) Genauso ist in dieser Situation (X', X) mit $(x', x) \mapsto x'(x)$ ein duales Paar.

(c) Sei $X = C^b(\mathbb{R})$ und $Y = M(\mathbb{R})$, der Raum aller (regulären) endlichen signierten (bzw. komplexen) Borelmaße, sowie

$$\langle f, \mu \rangle = \int_{\mathbb{R}} f \, d\mu.$$

Die Regularität der Maße zeigt, dass (X, Y) ein duales Paar ist.

(d) Zu einer Funktion $f \colon \mathbb{R} \to \mathbb{R}$, also $f \in \mathbb{R}^{\mathbb{R}}$, betrachte das Auswertungsfunktional $\delta_t \colon f \mapsto f(t)$. $(\mathbb{R}^{\mathbb{R}}, \mathrm{lin}\{\delta_t \colon t \in \mathbb{R}\})$ ist dann ein duales Paar, wobei natürlich

$$\left\langle f, \sum_{i=1}^{n} \lambda_i \delta_{t_i} \right\rangle = \sum_{i=1}^{n} \lambda_i f(t_i).$$

(e) Seien X und Y normierte Räume. Schreibe abkürzend

$$X \otimes Y' = \left\{ u\colon X' \to Y'\colon u(x') = \sum_{i=1}^{n} x'(x_i)y_i', \ n \in \mathbb{N}, \ x_i \in X, \ y_i' \in Y' \right\};$$

man kann übrigens $X \otimes Y'$ wirklich als Tensorprodukt von X und Y' auffassen. $(L(X, Y), X \otimes Y')$ ist dann ein duales Paar unter der bilinearen Abbildung

$$\langle T, u \rangle = \sum_{i=1}^{n} y_i'(Tx_i).$$

Das zeigt der Satz von Hahn-Banach.

(f) Wie bei (a) und (b) kann man auch im Allgemeinen die Rollen von X und Y vertauschen.

Sei (X, Y) ein duales Paar. Zu $y \in Y$ betrachte die Halbnorm $p_y(x) = |\langle x, y \rangle|$, und setze $P = \{p_y\colon y \in Y\}$.

▶ **Definition VIII.3.2** Die von P auf X erzeugte lokalkonvexe Topologie heißt $\sigma(X, Y)$-*Topologie. Analog wird die $\sigma(Y, X)$-Topologie erklärt.*

Aus Lemma VIII.1.4 folgt, dass für ein duales Paar die $\sigma(X, Y)$-Topologie stets Hausdorffsch ist. Nach Satz VIII.2.6 konvergiert eine Folge (bzw. ein Netz) (x_i) genau dann gegen 0 bzgl. $\sigma(X, Y)$, wenn $\langle x_i, y \rangle \to 0$ für alle $y \in Y$ gilt. Die schwache Konvergenz aus Definition III.3.6 entsteht so als Spezialfall. Fasst man also die x_i als Funktionale auf Y auf, so handelt es sich genau um die punktweise Konvergenz.

Betrachten wir noch einmal die obigen Beispiele.

(a) Die hier entstehende Topologie nennen wir die *schwache Topologie* des lokalkonvexen Raums X; sie ist, wie im normierten Fall, gröber als die Ausgangstopologie und von ihr i. Allg. zu unterscheiden.

(b) $\sigma(X', X)$ ist die Topologie der punktweisen Konvergenz auf X, wie im normierten Fall wollen wir sie *schwach*-Topologie* nennen.

(c) Die $\sigma(M(\mathbb{R}), C^b(\mathbb{R}))$-Topologie ist die schwache Topologie der Wahrscheinlichkeitstheorie aus Beispiel VIII.1(k).

(d) Hier erhalten wir die Topologie der punktweisen Konvergenz aus Beispiel VIII.1(a).

(e) $\sigma(L(X, Y), X \otimes Y')$ ist die schwache Operatortopologie aus Beispiel VIII.1(j).

Als nächstes soll der Dualraum von $X_{\sigma(X,Y)}$ bestimmt werden. Dazu benötigen wir das folgende Lemma.

Lemma VIII.3.3 *Sei X ein Vektorraum, und seien $\ell, \ell_1, \ldots, \ell_n\colon X \to \mathbb{K}$ linear. Setze $N = \{x\colon \ell_i(x) = 0 \ \forall i = 1, \ldots, n\}$. Dann sind äquivalent:*

(i) $\ell \in \mathrm{lin}\{\ell_1, \ldots, \ell_n\}$.

(ii) *Es gibt $M \geq 0$ mit*

$$|\ell(x)| \leq M \max_{i \leq n} |\ell_i(x)| \qquad \forall x \in X.$$

(iii) $\ell(x) = 0$ *für* $x \in N$, *d. h.* $\bigcap_{i \leq n} \ker(\ell_i) \subset \ker(\ell)$.

Beweis. Die Implikationen (i) $\Rightarrow$ (ii) $\Rightarrow$ (iii) sind klar.

(iii) $\Rightarrow$ (i): Sei $V := \{(\ell_i(x))_{i \leq n} : x \in X\} \subset \mathbb{K}^n$. Nach (iii) ist die Abbildung ϕ: $(\ell_i(x))_i \mapsto \ell(x)$ wohldefiniert und linear auf V. Daher (lineare Algebra!) existiert eine lineare Fortsetzung $\widehat{\phi} \colon \mathbb{K}^n \to \mathbb{K}$, die folglich von der Form $\widehat{\phi}((\xi_i)) = \sum_{i=1}^n \alpha_i \xi_i$ ist. Es folgt $\ell(x) = \sum_{i=1}^n \alpha_i \ell_i(x)$ für $x \in X$ bzw. $\ell = \sum_{i=1}^n \alpha_i \ell_i$. $\qquad\square$

Dieses Lemma ist das Kernlemma der schwachen Topologien, impliziert es doch sofort das nächste Korollar.

Korollar VIII.3.4 *Ein Funktional auf X ist genau dann $\sigma(X, Y)$-stetig, wenn es von der Form $x \mapsto \langle x, y \rangle$ ist. Es gilt also*

$$(X_{\sigma(X,Y)})' = Y.$$

Beweis. Benutze Korollar VIII.2.4 und Lemma VIII.3.3. $\qquad\square$

Zwei Spezialfälle sind besonders erwähnenswert (der erste wurde, zumindest im normierten Fall, schon in Beispiel VIII.2(b) behandelt): (X, τ) sei ein lokalkonvexer Raum, z. B. ein normierter Raum.

- *Ein lineares Funktional auf X ist genau dann schwach stetig, wenn es τ-stetig ist.*
- *Ein lineares Funktional auf X' ist genau dann schwach* stetig, wenn es ein Auswertungsfunktional $x' \mapsto x'(x)$ ist.*

Satz VIII.3.5 *Seien τ_1 und τ_2 zwei lokalkonvexe Topologien auf X, und es sei $(X_{\tau_1})' = (X_{\tau_2})'$. Dann ist eine konvexe Menge C genau dann τ_1-abgeschlossen, wenn sie τ_2-abgeschlossen ist.*

Beweis. Sei C etwa τ_2-abgeschlossen und $x_0 \notin C$. Wir werden

$$(x_0 + U) \cap C = \emptyset$$

für eine geeignete τ_1-Nullumgebung U und damit $x_0 \notin \overline{C}^{\tau_1}$ zeigen, so dass $\overline{C}^{\tau_1} \subset C$ gilt und daher C auch τ_1-abgeschlossen ist. Wähle mit Hahn-Banach (Theorem VIII.2.12) ein τ_2-stetiges x' und $\varepsilon > 0$ mit

$$\operatorname{Re} x'(x_0) + \varepsilon \leq \operatorname{Re} x'(y) \qquad \forall y \in C.$$

Da x' nach Voraussetzung auch τ_1-stetig ist, ist $U = \{x\colon \operatorname{Re}x'(x) < \varepsilon\}$ die gewünschte Umgebung. $\square$

Ohne die vorausgesetzte Konvexität von C wird der Satz natürlich falsch! Wichtige Spezialfälle sind:

- (X, τ) lokalkonvex, $\tau_1 = \tau$ und $\tau_2 = \sigma(X, X')$ (Korollar VIII.3.4); im normierten Fall vgl. Satz VIII.3.5 mit Satz III.3.8!
- $L(X, Y)$ mit der schwachen und der starken Operatortopologie (Beispiel (e), Korollar VIII.3.4 und Beispiel VIII.2(c)).

Wir erwähnen noch eine wichtige Eigenschaft der schwachen Topologien.

Satz VIII.3.6 *Die schwache Topologie $\sigma(X, Y)$ ist initial bezüglich Y, d. h., ist T ein topologischer Raum und $f\colon T \to X_{\sigma(X,Y)}$ eine Funktion, so ist f genau dann stetig, wenn alle Kompositionen*

$$y \circ f\colon T \xrightarrow{f} X \xrightarrow{y} \mathbb{K} \qquad (y \in Y),$$

d. h. alle Abbildungen $t \mapsto \langle f(t), y\rangle$, stetig sind. Insbesondere ist $\sigma(X, Y)$ die gröbste Topologie auf X, für die alle $y \in Y$ stetig sind.

Beweis. Die Bedingung ist notwendig nach Korollar VIII.3.4. Seien nun alle $y \circ f$ stetig, und sei $t \in T$. Ist U eine $\sigma(X, Y)$-Nullumgebung, so ist

$$f(W) \subset f(t) + U$$

für eine geeignete Umgebung W von t zu zeigen. O.E. ist

$$U = \{x\colon |\langle x, y_i\rangle| \le \varepsilon,\ i = 1, \ldots, n\}.$$

Da $y_i \circ f$ nach Voraussetzung stetige Funktionen sind, existieren Umgebungen W_i von t mit

$$|\langle f(t) - f(s), y_i\rangle| \le \varepsilon \qquad \forall s \in W_i.$$

Daher ist $W = \bigcap_{i=1}^{n} W_i$ die gewünschte Umgebung. $\square$

Wir kommen zu einem neuen Begriff.

▶ **Definition VIII.3.7** Es seien (X, Y) ein duales Paar, $A \subset X$, $B \subset Y$. Die *Polare von A* ist

$$A^\circ = \{y \in Y\colon \operatorname{Re}\langle x, y\rangle \le 1\ \forall x \in A\},$$

die *Polare von B* ist

$$B^\circ = \{x \in X\colon \operatorname{Re}\langle x, y\rangle \le 1\ \forall y \in B\}.$$

Die Polaren sind stets bezüglich eines fest vorgegebenen dualen Paars definiert! Insbesondere ist damit $A^{\infty} \subset X$ definiert.

Achtung: Viele Autoren definieren A° als die *absolute Polare* $\{y \in Y: |\langle x, y \rangle| \leq 1 \ \forall x \in A\}$.

Ist z. B. X ein normierter Raum und $Y = X'$, so ist $(B_X)^\circ = B_{X'}$ und $(B_{X'})^\circ = B_X$; und für einen Unterraum $U \subset X$ stimmt U° mit dem in (III.4) definierten Annihilator $U^\perp$ überein (Aufgabe VIII.8.20).

Wir kommen nun zu einigen elementaren Eigenschaften. $\mathrm{co}\, B$ bezeichnet dabei die konvexe Hülle von B (das ist der Schnitt aller konvexen Mengen, die B enthalten) und $\overline{\mathrm{co}}\, B$ ihren Abschluss. Nach Satz VIII.2.7 ist $\overline{\mathrm{co}}\, B$ die kleinste abgeschlossene konvexe Menge, die B umfasst.

Lemma VIII.3.8 *Sei (X, Y) ein duales Paar und seien $A, A_i \subset X$, wo i eine Indexmenge I durchläuft.*

(a) A° *ist konvex und* $\sigma(Y, X)$*-abgeschlossen,* $A^\circ = (\overline{\mathrm{co}}\, A)^\circ$.

(b) *Es gilt stets* $0 \in A^\circ$, $A \subset A^{\infty}$ *und* $A_1 \subset A_2 \Rightarrow A_2^\circ \subset A_1^\circ$.

(c) *Ist A kreisförmig, so ist* $A^\circ = \{y \in Y: |\langle x, y \rangle| \leq 1 \ \forall x \in A\}$.

(d) $(\lambda A)^\circ = \frac{1}{\lambda} A^\circ$ *für* $\lambda > 0$.

(e) $\left(\bigcup_{i \in I} A_i \right)^\circ = \bigcap_{i \in I} A_i^\circ$.

(f) $\left(\bigcap_{i \in I} A_i \right)^\circ \supset \overline{\mathrm{co}} \bigcup_{i \in I} A_i^\circ$ *(Abschluss in der $\sigma(Y, X)$-Topologie!).*

Beweis. (a) $A^\circ = \bigcap_{x \in A} \{y: \mathrm{Re}\langle x, y \rangle \leq 1\}$ ist als Schnitt bzgl. $\sigma(Y, X)$ abgeschlossener und konvexer Mengen abgeschlossen und konvex. Genauso folgt $A^\circ = (\overline{\mathrm{co}}\, A)^\circ$, und (b)–(e) sind klar.

(f) Setze $A = \bigcap_i A_i$. Wegen $A \subset A_i$ für alle $i \in I$ folgt aus (b) $A_i^\circ \subset A^\circ$ für alle $i \in I$, also $\bigcup_i A_i^\circ \subset A^\circ$. (a) liefert dann $\overline{\mathrm{co}} \bigcup_i A_i^\circ \subset A^\circ$. $\square$

Satz VIII.3.9 (Bipolarensatz)
Für ein duales Paar (X, Y) und $A \subset X$ gilt

$$A^{\infty} = \overline{\mathrm{co}}(A \cup \{0\}),$$

wo der Abschluss bzgl. $\sigma(X, Y)$ zu nehmen ist.

Beweis. Nach Lemma VIII.3.8(a) und (b) folgt sofort $\overline{\mathrm{co}}(A \cup \{0\}) \subset A^{\infty}$. Nimm nun an, dass diese Inklusion echt ist. Dann existiert $x_0 \in A^{\infty}$, $x_0 \notin \overline{\mathrm{co}}(A \cup \{0\}) =: V$. Nach Konstruktion ist V konvex und abgeschlossen; x_0 und V können daher durch ein $\sigma(X, Y)$-stetiges Funktional getrennt werden (Satz von Hahn-Banach, Theorem VIII.2.12). Mit Korollar VIII.3.4 heißt das: Es existiert $y \in Y$ mit

$$\mathrm{Re}\langle x_0, y \rangle > 1 \geq \mathrm{Re}\langle x, y \rangle \qquad \forall x \in A.$$

Die zweite Ungleichung besagt $y \in A^\circ$ und daher die erste $x_0 \notin A^{\circ\circ}$, das ist ein Widerspruch.   □

Korollar VIII.3.10 *Sei (X, Y) ein duales Paar und $C \subset X$ konvex mit $0 \in C$. Genau dann ist C $\sigma(X, Y)$-abgeschlossen, wenn es $B \subset Y$ mit $C = B^\circ$ gibt.*

Beweis. Setze $B = C^\circ$.   □

Als nächstes beweisen wir eine fundamentale Aussage der Funktionalanalysis. Wir betrachten einen lokalkonvexen Raum X und das duale Paar (X, X').

Theorem VIII.3.11 (Satz von Alaoglu-Bourbaki)
Für eine Nullumgebung U ist U° $\sigma(X', X)$-kompakt.

Beweis. Wir haben bereits bemerkt, dass die $\sigma(X', X)$-Topologie auf X' genau die Topologie der punktweisen Konvergenz auf X ist (siehe S. 439). Die natürliche Einbettung von X' in $\mathbb{K}^X$, die Menge aller Funktionen von X nach $\mathbb{K}$, ist daher eine homöomorphe Einbettung, wenn $\mathbb{K}^X$ die Topologie der punktweisen Konvergenz τ_p trägt. So weit, so gut. In $(\mathbb{K}^X, \tau_p)$ liefert der Satz von Tikhonov (Theorem B.2.10) ein leicht zu handhabendes Kompaktheitskriterium – das ist der springende Punkt. Bevor wir zu den Einzelheiten kommen, sei bemerkt, dass o.E. U absolutkonvex ist; in der Tat enthält jede Nullumgebung U eine absolutkonvexe Nullumgebung V, und wegen $U^\circ \subset V^\circ$ folgt mit Lemma VIII.3.8(a) die Kompaktheit von U° aus der von V°.

Nun betrachten wir die Abbildung

$$\Phi: (X', \sigma(X', X)) \to (\mathbb{K}^X, \tau_p), \quad \Phi(x')(x) = \langle x', x \rangle.$$

Es ist klar, dass Φ injektiv ist. Ferner ist die Umkehrabbildung

$$\Phi^{-1}: (\Phi(X'), \tau_p) \to (X', \sigma(X', X))$$

nach Definition dieser Topologien stetig. Daher reicht es, die τ_p-Kompaktheit von $\Phi(U^\circ)$ zu zeigen.

Sei dazu $x \in X$. Da U absorbierend ist, existiert $\lambda_x > 0$ mit $x \in \lambda_x U$; ist $x \in U$, können und werden wir $\lambda_x \leq 1$ wählen. Da U absolutkonvex ist, folgt

$$|\langle x', x \rangle| \leq \lambda_x \quad \forall x' \in U^\circ.$$

Betrachte $K_x = \{\lambda \in \mathbb{K}: |\lambda| \leq \lambda_x\}$. K_x ist kompakt. Nach dem Satz von Tikhonov ist

$$K := \{f \in \mathbb{K}^X: f(x) \in K_x \ \forall x \in X\}$$

τ_p-kompakt, und wir haben oben

$$\Phi(U^\circ) \subset K$$

gezeigt. Es steht nun noch aus, die τ_p-Abgeschlossenheit von $\Phi(U^\circ)$ in K zu zeigen. Sei $f \in K$ im τ_p-Abschluss von $\Phi(U^\circ)$. Weil der punktweise Limes eines Netzes linearer Abbildungen linear ist (Stetigkeit der Addition und Skalarmultiplikation), ist f eine lineare Abbildung auf X. Da wir $\lambda_x \leq 1$ für $x \in U$ gewählt haben, folgt $f(U) \subset \{\lambda: |\lambda| \leq 1\}$. Daher ist f sogar eine stetige lineare Abbildung, also $f \in \Phi(X')$. Weil $\Phi(U^\circ)$ in $\Phi(X')$ abgeschlossen ist (denn U° ist es in X'), ist in der Tat $f \in \Phi(U^\circ)$. Also ist $\Phi(U^\circ)$ eine abgeschlossene Teilmenge des Kompaktums K und daher selbst kompakt. $\quad\square$

Als Korollar erhalten wir den ursprünglichen *Satz von Alaoglu*.

Korollar VIII.3.12 *Ist X ein normierter Raum, so ist $B_{X'}$ $\sigma(X', X)$-kompakt.*

Beweis. Wende Theorem VIII.3.11 mit $U = B_X$ an. Diejenigen Leser, die nur an diesem Korollar interessiert sind, sollten den obigen Beweis mit $U = B_X$, $U^\circ = B_{X'}$ und $\lambda_x = \|x\|$ lesen. $\quad\square$

Der Satz von Alaoglu impliziert nicht, dass eine beschränkte Folge von Funktionalen eine $\sigma(X', X)$-konvergente Teilfolge besitzt; als Gegenbeispiel betrachte auf ℓ^∞ die Folge der Funktionale $x'_n: x \mapsto x(n)$. (Hierzu siehe auch Aufgabe VIII.8.17(d).) Es sei daran erinnert, dass Kompaktheit in topologischen Räumen dadurch charakterisiert ist, dass jedes Netz ein konvergentes Teilnetz hat (Satz B.2.9); auch die obige Folge hat nur ein schwach*-konvergentes Teilnetz.

Korollar VIII.3.13 *Jeder Banachraum X ist isometrisch isomorph zu einem abgeschlossenen Unterraum eines Raums $C(K)$ stetiger Funktionen auf einem Kompaktum K.*

Beweis. Setze $K = B_{X'}$ mit der $\sigma(X', X)$-Topologie. Nach dem Satz von Hahn-Banach (Korollar III.1.7) ist die Abbildung $X \to C(K)$, $x \mapsto f_x$, wo $f_x(x') = \langle x', x \rangle$, isometrisch und hat daher $\| . \|_\infty$-abgeschlossenes Bild. $\quad\square$

Korollar VIII.3.14 *Ist X ein normierter Raum und $\varphi: B_{X'} \to \mathbb{R}$ eine schwach*-stetige Funktion, so nimmt φ sein Infimum und sein Supremum an.*

Wir kommen jetzt zu einem nichttrivialen Kriterium für die $\sigma(X', X)$-Abgeschlossenheit. Sei X ein normierter Raum. Ist $C \subset X'$ schwach*-abgeschlossen, so ist $C \cap tB_{X'}$ für alle $t > 0$ schwach*-abgeschlossen. Überraschenderweise gilt für konvexe Mengen C und Banachräume X auch die Umkehrung dieses Sachverhalts. (Konvexität und Vollständigkeit sind hierfür wesentlich.) Das ist nicht selbstverständlich, denn $B_{X'}$ ist keine $\sigma(X', X)$-Nullumgebung.

Theorem VIII.3.15 (Satz von Krein-Shmulyan)
Ist X ein Banachraum und $C \subset X'$ konvex, so ist C genau dann schwach-abgeschlossen, wenn $C \cap tB_{X'}$ für alle $t > 0$ schwach*-abgeschlossen ist.*

Beweis. Eine Richtung ist klar. Umgekehrt nehmen wir an, dass alle $C \cap tB_{X'}$ schwach*-abgeschlossen sind. Wir setzen nun zunächst zusätzlich $0 \in C$ voraus. In diesem Fall werden wir C als $C = K^{\circ}$ für geeignetes $K \subset X$ darstellen, was nach Lemma VIII.3.8 den Satz beweist. Wir werden das Argument hierfür in einige Zwischenschritte aufteilen.

Setze

$$C_n = C \cap 2^{n+1} B_{X'}, \quad K_n = C_n^{\circ} \subset X \quad \forall n \in \mathbb{N}.$$

Nach Voraussetzung über C ist dann $K_n^{\circ} = C_n^{\circ\circ} = C_n$ (Satz VIII.3.9).

(1) *Es ist $K_n \subset K_{n+1} + 2^{-n}$ int B_X für alle $n \in \mathbb{N}$.*

Sonst existiert $x \in K_n$ mit

$$K_{n+1} \cap \{y \in X: \|y - x\| < 2^{-n}\} = \emptyset.$$

K_{n+1} ist (als Polare) konvex und $\sigma(X, X')$-abgeschlossen, also erst recht $\|.\|$-abgeschlossen, $\{y: \|x-y\| < 2^{-n}\}$ ist $\|.\|$-offen und konvex, also liefert der Satz von Hahn-Banach (Theorem III.2.4 oder VIII.2.11) ein $\|.\|$-stetiges Funktional x' und $a \in \mathbb{R}$ mit

$$\operatorname{Re} x'(z) \leq a < \operatorname{Re} x'(y) \quad \forall z \in K_{n+1}, \ \|x-y\| < 2^{-n}. \tag{VIII.5}$$

Wegen $0 \in K_{n+1}$ ist $a \geq 0$. Betrachtet man statt x' ein positives Vielfaches davon, darf man $a = 1$ oder $a = 0$ annehmen, und im letzteren Fall kann man $\operatorname{Re} x'(x) > 1$ erzwingen, was im ersteren Fall automatisch gilt (setze $y = x$). Aus der ersten Ungleichung in (VIII.5) folgt dann $x' \in K_{n+1}^{\circ} = C_{n+1} \subset C$, aber es ist wegen $\operatorname{Re} x'(x) > 1$ und $x \in K_n$ andererseits $x' \notin K_n^{\circ} = C_n$ und deshalb $\|x'\| > 2^{n+1}$. Wir können daher $u \in X$ mit $\|u\| < 2^{-n}$ und $\operatorname{Re} x'(u) > 2$ finden. Für $y_0 = x - u$ ergibt sich jetzt aus (VIII.5)

$$\operatorname{Re} x'(x) = \operatorname{Re} x'(u) + \operatorname{Re} x'(y_0) > \operatorname{Re} x'(u) > 2. \tag{VIII.6}$$

Das liefert nun den erwünschten Widerspruch: (VIII.6) zeigt $\frac{1}{2} x' \notin K_n^{\circ} = C_n$; andererseits ist C konvex und enthält 0 und x', daher $\frac{1}{2} x' \in C$ und folglich $\frac{1}{2} x' \in C_n$, denn $\|x'\| \leq 2^{n+2}$.

(2) *Mit $K = \bigcap_{n \in \mathbb{N}} K_n$ gilt $K_n \subset K + 2^{-n+1} B_X$ für alle $n \in \mathbb{N}$.*

Sei $n \in \mathbb{N}$. Schreibe $x_n \in K_n$ nach Behauptung (1) als

$$x_n = x_{n+1} + z_n, \quad \text{wo } x_{n+1} \in K_{n+1}, \ \|z_n\| \leq 2^{-n}$$

sowie

$$x_{n+1} = x_{n+2} + z_{n+1}, \quad \text{wo } x_{n+2} \in K_{n+2}, \ \|z_{n+1}\| \leq 2^{-(n+1)}$$

etc. Das liefert für $k > n$ die Darstellung

$$x_n = x_k + (z_n + \cdots + z_{k-1}).$$

Nach Wahl der z_n existiert $u = \sum_{k=n}^{\infty} z_k$ im Banachraum X, und es ist $\|u\| \leq 2^{-n+1}$ (Lemma I.1.8). Daher existiert $x := \lim_{k \to \infty} x_k$, und $x \in \bigcap_{m \in \mathbb{N}} K_m = K$, denn $K_n \supset K_{n+1} \supset \ldots$, und alle K_m sind abgeschlossen. Nach Konstruktion ist $x_n = x + u$.

(3) *Für $A, B \subset X$ und $\varepsilon > 0$ gilt $A + B \subset (1 + \varepsilon) \operatorname{co}(A \cup \frac{1}{\varepsilon} B)$.*

Es ist nämlich $a + b = (1 + \varepsilon)\left((1 - \lambda)a + \lambda \frac{b}{\varepsilon}\right)$ mit $\lambda = \frac{\varepsilon}{1+\varepsilon}$.

(4) *Es ist $K^{\circ} \supset C \supset \frac{1}{1+\varepsilon} K^{\circ}$ für alle $\varepsilon > 0$.*

Behauptung (2) und (3) liefern

$$K \subset K_n \subset K + 2^{-n+1} B_X \subset (1 + \varepsilon) \operatorname{co}(K \cup 2^{-n+1} \varepsilon^{-1} B_X),$$

also folgt mit Lemma VIII.3.8

$$K^{\circ} \supset K_n^{\circ} = C_n \supset \frac{1}{1 + \varepsilon}(K^{\circ} \cap 2^{n-1} \varepsilon B_{X'})$$

für alle $n \in \mathbb{N}$. Vereinigung über n zeigt Behauptung (4).

(5) *Es gilt $C = K^{\circ}$.*

Das erhält man aus Behauptung (4), denn C ist $\|.\|$-abgeschlossen, wenn alle $C \cap t B_{X'}$ schwach*-abgeschlossen (folglich $\|.\|$-abgeschlossen) sind.

Zum Schluss lösen wir uns von der Zusatzvoraussetzung $0 \in C$. Dazu zeigen wir:

(6) *$C \cap t B_{X'}$ ist genau dann für alle $t > 0$ schwach*-abgeschlossen, wenn $C \cap (x' + t B_{X'})$ für alle $t > 0$, $x' \in X'$ schwach*-abgeschlossen ist.*

Da die Richtung „$\Leftarrow$" trivial ist, brauchen wir nur „$\Rightarrow$" zu zeigen. Seien also $t > 0$ und $x' \in X'$. Wähle $r > 0$ mit $x' + t B_{X'} \subset r B_{X'}$. Dann ist nach Voraussetzung $C \cap r B_{X'}$ schwach*-abgeschlossen und daher auch $C \cap (x' + t B_{X'}) = (C \cap r B_{X'}) \cap (x' + t B_{X'})$.

Um den Satz von Krein-Shmulyan für beliebiges konvexes C zu zeigen, wähle irgendein $x_0' \in C$ und betrachte $\tilde{C} := -x_0' + C$. Nach (6) trifft die Voraussetzung des Satzes von Krein-Shmulyan auch auf $\tilde{C}$ zu, und wegen $0 \in \tilde{C}$ ist $\tilde{C}$ nach (5) schwach*-abgeschlossen. Da $x' \mapsto x' + x_0'$ ein $\sigma(X', X)$-Homöomorphismus ist, ist auch C schwach*-abgeschlossen. $\square$

Das folgende Korollar ist als *Satz von Banach-Dieudonné* bekannt.

Korollar VIII.3.16 *Sei X ein Banachraum. Ein Untervektorraum U von X' ist genau dann schwach*-abgeschlossen, wenn seine abgeschlossene Einheitskugel es ist.*

Beweis. Es ist $B_U = U \cap B_{X'}$, und $x' \mapsto tx'$ ist für alle $t > 0$ ein Homöomorphismus bzgl. $\sigma(X', X)$. $\qquad\square$

Nach dem Studium der schwach*-Topologie wollen wir abschließend kurz auf die schwache Topologie $\sigma(X, X')$ eines Banachraums eingehen. Die entscheidende Beobachtung ist die folgende: Identifiziert man X durch $(i(x))(x') = x'(x)$ mit einem Unterraum von X'' (vgl. Abschn. III.3), so ist i ein Homöomorphismus zwischen $(X, \sigma(X, X'))$ und $(i(X), \sigma(X'', X'))$.

Zunächst beweisen wir den *Satz von Goldstine*.

Satz VIII.3.17 *Für einen normierten Raum X ist $i(B_X)$ $\sigma(X'', X')$-dicht in $B_{X''}$ und folglich $i(X)$ $\sigma(X'', X')$-dicht in X'' (aber jeweils $\|\,.\,\|$-abgeschlossen, wenn X vollständig ist).*

Beweis. Das folgt sofort aus dem Bipolarensatz VIII.3.9, angewandt auf $i(B_X)$ und das duale Paar (X'', X'). $\qquad\square$

Als Konsequenz erhält man folgendes Reflexivitätskriterium. (Reflexive Banachräume wurden in Definition III.3.3 eingeführt.)

Satz VIII.3.18 *Für einen Banachraum X sind äquivalent:*

(i) *X ist reflexiv.*
(ii) *B_X ist $\sigma(X, X')$-kompakt.*

Beweis. (i) $\Rightarrow$ (ii): Nach dem Satz von Alaoglu ist $B_{X''}$ stets $\sigma(X'', X')$-kompakt (Korollar VIII.3.12). Die Bemerkung vor Satz VIII.3.17 zeigt die behauptete Implikation.

(ii) $\Rightarrow$ (i): Wieder nach obiger Vorbemerkung ist $i(B_X)$ $\sigma(X'', X')$-kompakt, also erst recht abgeschlossen. Andererseits ist nach Satz VIII.3.17 $i(B_X)$ $\sigma(X'', X')$-dicht in $B_{X''}$. Daher ist $i(B_X) = B_{X''}$, und X ist reflexiv. $\qquad\square$

Zum Vergleich von Satz VIII.3.18 mit Theorem III.3.7 siehe Korollar VIII.6.4. Beachte:

- Für jeden normierten Raum X ist $B_{X'}$ $\sigma(X', X)$-kompakt (Satz von Alaoglu, Korollar VIII.3.12).
- Genau für reflexive X ist B_X $\sigma(X, X')$-kompakt (Satz VIII.3.18).
- Genau für endlichdimensionale X ist B_X $\|\,.\,\|$-kompakt (Satz I.2.8).

Am Schluss dieses Abschnitts wollen wir ein in Abschn. IV.7 gemachtes Versprechen einlösen und die Reflexivität gleichmäßig konvexer Räume zeigen (Satz IV.7.12).

Sei X ein nicht reflexiver Banachraum. Wir fassen X als abgeschlossenen Unterraum von X'' auf und unterscheiden nicht zwischen X und $i(X)$. Weil X ein echter abgeschlossener Unterraum von X'' ist, existiert nach dem Rieszschen Lemma zu $\eta > 0$ ein $x_0'' \in X''$ mit $\|x_0''\| = 1$ und

$$d(x_0'', X) = \inf\{\, \|x_0'' - x\| : x \in X \,\} > 1 - \eta.$$

Weiterhin existieren ein $x_0' \in X'$ mit $\|x_0'\| = 1$ und $x_0''(x_0') > 1 - \eta$ sowie ein $x_0 \in X$ mit $\|x_0\| = 1$ und $x_0'(x_0) > 1 - \eta$. Da nach Wahl von x_0'' die Abschätzung $\|x_0'' - x_0\| > 1 - \eta$ gilt, kann man noch ein $y_0' \in X'$ mit $\|y_0'\| = 1$ und $(x_0'' - x_0)(y_0') > 1 - \eta$ wählen. Betrachte jetzt die schwach*-offene Menge $O = \{x'' \in X'' : (x'' - x_0)(y_0') > 1 - \eta,\ x''(x_0') > 1 - \eta\}$, die $x_0'' \in B_{X''}$ enthält. Nach dem Satz von Goldstine (Satz VIII.3.17) ist $O \cap B_X \neq \emptyset$; daher existiert $y_0 \in B_X$ mit $y_0'(y_0 - x_0) > 1 - \eta$ und $x_0'(y_0) > 1 - \eta$; insbesondere ist $\|y_0 - x_0\| > 1 - \eta$ und $\|\frac{1}{2}(x_0 + y_0)\| \geq \frac{1}{2}x_0'(x_0 + y_0) > 1 - \eta$. Diese beiden Ungleichungen zeigen, dass X nicht gleichmäßig konvex sein kann.

Genauer zeigen diese Ungleichungen für den Konvexitätsmodul δ_X (siehe Definition IV.7.9) $\delta_X(1 - \eta) < \eta$ für alle $\eta > 0$, und da δ_X monoton wachsend ist, folgt $\delta_X(a) = 0$ für alle $a < 1$.

Daher hat der Beweis sogar folgendes Resultat geliefert:

- *Ist $\delta_X(a) > 0$ für ein $a < 1$, so ist X reflexiv.*

Wenn man weiß, dass δ_X auf $[0, 2)$ stetig ist (siehe Goebel/Kirk [1990], S. 54), kann man sogar griffiger formulieren:

- *Ist $\delta_X(1) > 0$, so ist X reflexiv.*

VIII.4   Extremalpunkte und der Satz von Krein-Milman

In diesem Abschnitt studieren wir (in der Regel kompakte) konvexe Teilmengen eines lokalkonvexen Raums durch ausgezeichnete Punkte, die Extremalpunkte; siehe Abb. VIII.1.

Abb. VIII.1 Konvexe Menge
mit einigen Extremalpunkten

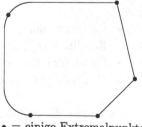

$\bullet$ = einige Extremalpunkte

▶ **Definition VIII.4.1** Sei X ein Vektorraum und $K \subset X$ konvex.

(a) $F \subset K$ heißt *Seite* von K, falls F konvex ist und

$$x_1, x_2 \in K, \ 0 < \lambda < 1, \ \lambda x_1 + (1 - \lambda)x_2 \in F \ \Rightarrow \ x_1, x_2 \in F$$

gilt.

(b) $x \in K$ heißt *Extremalpunkt* von K, falls $\{x\}$ eine Seite von K ist, mit anderen Worten, falls

$$x_1, x_2 \in K, \ 0 < \lambda < 1, \ \lambda x_1 + (1 - \lambda)x_2 = x \ \Rightarrow \ x_1 = x_2 = x$$

gilt. ex K bezeichnet die Menge der Extremalpunkte von K.

Es ist leicht zu sehen, dass man sich in der obigen Definition auf $\lambda = \frac{1}{2}$ beschränken kann, denn K ist konvex. Mit anderen Worten sind die Extremalpunkte von K dadurch charakterisiert, dass sie nicht als Mittelpunkt einer (nicht ausgearteten) Strecke in K auftreten. Also ist $x \in K$ genau dann ein Extremalpunkt, wenn

$$x = \frac{1}{2}(x_1 + x_2), \ x_1, x_2 \in K \ \Rightarrow \ x_1 = x_2 = x$$

bzw.

$$x \pm y \in K \ \Rightarrow \ y = 0.$$

Der Beweis des folgenden Lemmas ist klar; es wurde nur des einfacheren Zitierens wegen separat formuliert.

Lemma VIII.4.2 *Ist K konvex, $F \subset K$ eine Seite in K und $G \subset F$ eine Seite in F, so ist G eine Seite in K. Speziell gilt ex $F = ($ex $K) \cap F$.*

Beispiele

(a) Hier zunächst ein triviales Beispiel: In $X = \mathbb{R}$ gilt ex$[a, b] = \{a, b\}$ sowie ex$(a, b) = \emptyset$.

(b) Ist $X = \mathbb{C}$ und $K = \{\lambda : |\lambda| \leq 1\}$, so gilt ex $K = \{\lambda : |\lambda| = 1\}$.

(c) Sei $X = C[0, 1]$ und $K = \{x : 0 \leq x(t) \leq 1 \ \forall t\}$. Dann besteht ex K nur aus den konstanten Funktionen **0** und **1** (beachte die formale Analogie zu Beispiel (a)!): ex $K = \{\mathbf{0}, \mathbf{1}\}$. Hier ist „$\supset$" klar. Zum Beweis von „$\subset$" sei $x \notin \{\mathbf{0}, \mathbf{1}\}$. Wir zeigen, dass x Mittelpunkt einer Strecke in K ist. Die Voraussetzung über x impliziert, dass $\{t : x(t) \notin \{0, 1\}\}$ eine nichtleere offene Menge ist. Betrachte ein t_0 mit $0 < x(t_0) < 1$ und eine offene Umgebung U von t_0 mit $\varepsilon \leq x(t) \leq 1 - \varepsilon$ für $t \in U$, wobei ε hinreichend

Abb. VIII.2 Zu Beispiel (c)

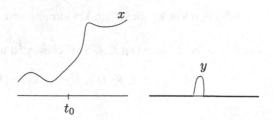

klein ist, etwa $\varepsilon = \frac{1}{2}\min\{x(t_0), 1 - x(t_0)\}$. Schließlich wähle $y \in C[0, 1]$ mit $\|y\|_\infty = \varepsilon$, $y(t_0) = \varepsilon$ und $y|_{\complement U} = 0$. Dann ist $x \pm y \in K$, also $x \notin \mathrm{ex}\, K$. (Siehe Abb. VIII.2.)

Als Beispiel einer Seite in K erwähnen wir $F := \{x \in K : x|_{[0, \frac{1}{2}]} = 1\}$.

(d) Mit derselben Technik zeigt man für einen Maßraum (Ω, Σ, μ), $X = L^\infty(\mu)$ und $K = \{x \in L^\infty(\mu) : 0 \le x(t) \le 1\,\mathrm{f.\,ü.}\}$

$$\mathrm{ex}(K) = \{\chi_E : E \in \Sigma\}.$$

(e) Ist X ein normierter Raum, so ist es häufig wichtig, die Extremalpunkte der abgeschlossenen Einheitskugel B_X von X zu kennen. Zunächst gilt stets $\mathrm{ex}\, B_X \subset S_X = \{x : \|x\| = 1\}$, denn $x = \lambda \frac{x}{\|x\|} + (1 - \lambda)0$, falls $\lambda = \|x\|$.

Wir betrachten einige Spezialfälle:

- $X = C[0, 1]$: Im Fall $\mathbb{K} = \mathbb{R}$ ist dann $\mathrm{ex}\, B_X = \{-\mathbf{1}, \mathbf{1}\}$, und im Fall $\mathbb{K} = \mathbb{C}$ ist $\mathrm{ex}\, B_X = \{x : |x(t)| = 1\, \forall t\}$. (Das ist im wesentlichen Beispiel (c)).

- $X = $ Hilbertraum: Hier ist $\mathrm{ex}\, B_X = S_X$, denn aus $x \in S_X$, $x \pm y \in B_X$ folgt

  $$1 \ge \|x \pm y\|^2 = 1 \pm 2\,\mathrm{Re}\langle x, y\rangle + \|y\|^2,$$

  daher $\|y\|^2 \le \mp 2\,\mathrm{Re}\langle x, y\rangle$, so dass $\|y\|^2 = 0$ und folglich $y = 0$.

- $X = L^p$ oder ℓ^p, $1 < p < \infty$: In diesem Fall gilt ebenfalls $\mathrm{ex}\, B_X = S_X$ (Aufgabe I.4.13). Gilt $\mathrm{ex}\, B_X = S_X$, so heißt X *strikt konvex*.

- $X = c_0$: Hier ist $\mathrm{ex}\, B_X = \emptyset$; es gibt also in unendlichdimensionalen normierten Räumen beschränkte abgeschlossene konvexe Mengen ohne Extremalpunkte. Sei nämlich $x \in S_{c_0}$ (andere x kommen ja als Extremalpunkte sowieso nicht in Frage). Wähle n mit $|x(n)| =: \varepsilon \le \frac{1}{2}$. Dann ist $x \pm \varepsilon e_n \in B_{c_0}$.

- Auch für $X = L^1[0, 1]$ ist $\mathrm{ex}\, B_X = \emptyset$. Gelte nämlich $\int_0^1 |f(t)|\, dt = 1$. Da $s \mapsto \int_0^s |f(t)|\, dt$ stetig ist (Satz A.1.10), existiert s_0 mit $\int_0^{s_0} |f(t)|\, dt = \frac{1}{2}$. Für $f_1 = 2\chi_{[0, s_0]}f$, $f_2 = 2\chi_{[s_0, 1]}f$ gilt dann $\|f_i\| = 1$, $f_1 \ne f_2$, aber $f = \frac{1}{2}(f_1 + f_2)$.

  Allgemeiner kann man $\mathrm{ex}\, B_{L^1(\mu)} = \emptyset$ für alle „atomfreien" Maßräume (siehe S. 456) zeigen (Aufgabe VIII.8.29).

(f) Ein weiteres wichtiges Beispiel im Zusammenhang mit Beispiel (e) ist $X = M(T)$, wo T ein kompakter topologischer Hausdorffraum ist und $M(T)$ den Raum der regulären Borelmaße auf T bezeichnet. Der Rieszsche Darstellungssatz II.2.5 besagt

$C(T)' \cong M(T)$, wo $\mu \in M(T)$ das Funktional $x \mapsto \int x \, d\mu$ zugeordnet wird. Im Folgenden ist unter Maß stets „reguläres Borelmaß" zu verstehen.

- $\mathrm{ex}\, B_{M(T)} = \{\alpha \delta_t \colon t \in T, \ |\alpha| = 1\}$.

(Hier ist δ_t wie üblich das Diracmaß $\delta_t(A) = 1$ für $t \in A$, $\delta_t(A) = 0$ sonst; es stellt das Funktional $x \mapsto x(t)$ dar.)

„$\supset$": O.E. ist $\alpha = 1$. Wir setzen

$$P(T) = \{\mu \in M(T) \colon \mu \geq 0, \ \mu(T) = 1\},$$

die (konvexe!) Menge der Wahrscheinlichkeitsmaße. Es ist nicht schwer zu sehen, dass $P(T)$ eine Seite in $B_{M(T)}$ ist. Nach Lemma VIII.4.2 ist nur

$$\delta_t \in \mathrm{ex}\, P(T)$$

zu zeigen. Gelte $\delta_t \pm \mu \in P(T)$. Schreibe $\mu = r\delta_t + \nu$, wo $r = \mu(\{t\})$ und $\nu(A) = \mu(A \setminus \{t\})$. Dann ist

$$(1 \pm r)\delta_t \pm \nu \in P(T),$$

und das liefert sofort $r = 0$ und $\nu = 0$ (berechne den Wert der obigen Maße für $A = \{t\}$ und $A \subset T \setminus \{t\}$). Also ist $\mu = 0$.

„$\subset$": μ sei nicht von der Form $\alpha \delta_t$; wir werden μ echt konvex kombinieren. Die Maßtheorie lehrt, dass in diesem Fall $|\mu|$, die Variation von μ, nicht $\{0, 1\}$-wertig ist. [Beweis: Falls $|\mu|$ nur die Werte 0 und 1 annimmt, betrachte $\mathscr{C} = \{C \subset T \text{ kompakt} \colon |\mu|(C) = 1\}$. Wir setzen $C_0 := \bigcap_{C \in \mathscr{C}} C$ und behaupten $C_0 \in \mathscr{C}$. Sonst wäre nämlich $|\mu|(C_0) = 0$, und wegen der Regularität von $|\mu|$ existierte eine offene Menge $O \supset C_0$ mit $|\mu|(O) = 0$. Das liefert $\complement O \in \mathscr{C}$, also $C_0 \subset \complement O$: Widerspruch, denn wegen der endlichen Durchschnittseigenschaft ist $C_0 \neq \emptyset$. Hätte C_0 mehr als einen Punkt, gäbe es kompakte $A, B \neq C_0$ mit $A \cup B = C_0$. Da nicht beides Nullmengen sein können, ergibt sich ein Widerspruch zur Minimalität von C_0. Also ist $C_0 = \{t\}$ für ein $t \in T$, und es folgt $|\mu| = \delta_t$ sowie $\mu = \alpha \delta_t$.]

Wähle nun eine messbare Menge A mit $0 < |\mu|(A) =: \lambda < 1$. Ferner sei $\mu_1(B) = \frac{1}{\lambda} \mu(A \cap B)$, $\mu_2(B) = \frac{1}{1-\lambda} \mu(\complement A \cap B)$. Dann sind $\mu_i \in B_{M(T)}$, $\mu_1 \neq \mu_2$, aber $\mu = \lambda \mu_1 + (1-\lambda) \mu_2$.

Wir haben mitbewiesen:

- *Für die Menge $P(T)$ der Wahrscheinlichkeitsmaße gilt*

$$\mathrm{ex}\, P(T) = \{\delta_t \colon t \in T\}.$$

Der folgende Satz von Krein-Milman gibt an, ob und wie K aus der Menge seiner Extremalpunkte zurückgewonnen werden kann. Beachte, dass $\mathrm{ex}\, K = \emptyset$ vorkommen kann!

Daher ist das Zurückgewinnen nur unter Zusatzvoraussetzungen zu erzielen. Wir werden sehen, dass eine topologische Voraussetzung (die Kompaktheit) in lokalkonvexen Hausdorffräumen die rein geometrische Konsequenz ex $K \neq \emptyset$ nach sich zieht. Mehr noch: ex K wird sich sogar als hinreichend umfangreich erweisen.

Vorher wird ein Lemma bewiesen, das von eigenem Interesse ist.

Lemma VIII.4.3 *Sei X ein lokalkonvexer Raum, und seien $K_1, \ldots, K_n \subset X$ konvex und kompakt. Dann ist $K = \mathrm{co}(K_1 \cup \ldots \cup K_n)$ kompakt.*

Beweis. Sei

$$\Delta_n = \left\{ (\lambda_1, \ldots, \lambda_n) \in \mathbb{R}^n : 0 \leq \lambda_i \leq 1, \ \sum_{i=1}^{n} \lambda_i = 1 \right\}$$

sowie

$$f : \Delta_n \times K_1 \times \cdots \times K_n \to X, \quad f(\lambda_1, \ldots, \lambda_n, x_1, \ldots, x_n) = \sum_{i=1}^{n} \lambda_i x_i.$$

Dann ist f stetig (warum?), und das Bild von f stimmt mit K überein (hierzu benötigt man die Konvexität der K_i). Da $\Delta_n \times K_1 \times \cdots \times K_n$ kompakt ist, ist folglich K kompakt. $\square$

Für kompaktes, nicht konvexes S braucht $\mathrm{co}(S)$ nicht kompakt zu sein! (Beispiel?)

Theorem VIII.4.4 (Satz von Krein-Milman)
Sei X ein lokalkonvexer Hausdorffraum, und $K \subset X$ sei kompakt, konvex und nicht leer.

(a) ex $K \neq \emptyset$.
(b) $K = \overline{\mathrm{co}}\,\mathrm{ex}\,K$.
(c) *Gilt $K = \overline{\mathrm{co}}\,B$, so ist ex $K \subset \overline{B}$.*

Beweis. Der Beweis fußt auf dem Zornschen Lemma und dem Satz von Hahn-Banach.

(a) Es sei $\mathscr{F}$ die Menge aller abgeschlossenen, nicht leeren Seiten von K. Es ist $\mathscr{F} \neq \emptyset$, da $K \in \mathscr{F}$. Bezüglich der Inklusion ist $\mathscr{F}$ induktiv (nach unten) geordnet, denn der Schnitt abgeschlossener Seiten ist eine abgeschlossene Seite und, da K kompakt ist, nicht leer (endliche Durchschnittseigenschaft!). Sei F_0 ein minimales Element von $\mathscr{F}$, das ja nach dem Zornschen Lemma existiert. Wir zeigen, dass F_0 aus nur einem Punkt, der dann Extremalpunkt von K sein muss, weil F_0 eine Seite ist, besteht.

Wir nehmen an, das wäre nicht so. Nach dem Satz von Hahn-Banach (Korollar VIII.2.13; hier geht ein, dass X ein Hausdorffraum ist) existieren dann $x_0, y_0 \in F_0$, $x' \in X'$ mit

$$\mathrm{Re}\,x'(x_0) < \mathrm{Re}\,x'(y_0).$$

Betrachte nun

$$F_1 = \left\{ x \in F_0 : \ \operatorname{Re} x'(x) = \sup_{y \in F_0} \operatorname{Re} x'(y) \right\}.$$

Dann ist $F_1 \neq \emptyset$, da F_0 kompakt und x' stetig ist. Ferner ist F_1 abgeschlossen sowie eine Seite in F_0 (scharf hinsehen!). Nach Lemma VIII.4.2 ist F_1 auch eine Seite in K, also $F_1 \in \mathscr{F}$; aber wegen $x_0 \notin F_1$ ist $F_1 \subsetneqq F_0$ im Widerspruch zur Minimalität von F_0.

(b) Setze $K_1 = \overline{\operatorname{co}} \operatorname{ex} K$. Dann ist K_1 kompakt, konvex und nach (a) nicht leer. Ferner ist natürlich $K_1 \subset K$. Wäre $K_1 \neq K$, so existierte $x_0 \in K \setminus K_1$ und deshalb nach dem Satz von Hahn-Banach $x' \in X'$, $\varepsilon > 0$ mit

$$\operatorname{Re} x'(x) \leq \operatorname{Re} x'(x_0) - \varepsilon \qquad \forall x \in K_1. \tag{VIII.7}$$

Betrachte $F = \{x \in K : \ \operatorname{Re} x'(x) = \sup_{y \in K} \operatorname{Re} x'(y)\}$.

Wie oben sieht man, dass F eine abgeschlossene Seite in K und nicht leer ist. Nach (a) ist $\operatorname{ex} F \neq \emptyset$, und nach Lemma VIII.4.2 gilt $\operatorname{ex} F \subset \operatorname{ex} K$. Andererseits ist nach (VIII.7) $(\operatorname{ex} K) \cap F \subset K_1 \cap F = \emptyset$, das liefert einen Widerspruch.

(c) Sei $x \in \operatorname{ex} K$ und U eine (o.E. absolutkonvexe und abgeschlossene) Nullumgebung. Wir werden $(x + U) \cap \overline{B} \neq \emptyset$ zeigen.

Da $\overline{B}$ kompakt ist, existieren $x_1, \dots, x_n \in \overline{B}$ mit

$$\overline{B} \subset \bigcup_{i=1}^{n} (x_i + U).$$

Setze $K_i = \overline{\operatorname{co}}\big((x_i + U) \cap B\big) \subset \overline{\operatorname{co}} B = K$; also sind die K_i kompakt und konvex. Ferner ist $\overline{B} \subset \bigcup_{i=1}^{n} K_i$. Lemma VIII.4.3 impliziert nun

$$K - \overline{\operatorname{co}} B = \overline{\operatorname{co}} \overline{B} \subset \overline{\operatorname{co}} \bigcup_{i=1}^{n} K_i = \operatorname{co} \bigcup_{i=1}^{n} K_i \subset K,$$

d. h. $K = \operatorname{co} \bigcup_{i=1}^{n} K_i$.

Der gegebene Punkt $x \in \operatorname{ex} K$ muss daher in einem der K_i liegen. Da U absolutkonvex und abgeschlossen ist, erhält man $K_i \subset x_i + U$ und daher $x \in x_i + U$ für ein i. Das liefert $x_i \in (x + U) \cap \overline{B}$ und unsere Behauptung.

Damit ist gezeigt, dass $\operatorname{ex} K$ im Abschluss von $\overline{B}$ liegt; also liegt $\operatorname{ex} K$ in $\overline{B}$ selbst. $\qquad\square$

Dieser Satz ist ein weiterer fundamentaler Satz der Funktionalanalysis; Teil (b) ist der eigentliche Satz von Krein-Milman, während Teil (c) auch die Milmansche Umkehrung des Satzes von Krein-Milman genannt wird. Eine Verschärfung von Teil (a) wird in Aufgabe VIII.8.33 vorgestellt. Wir haben bereits darauf hingewiesen, dass (b) die Reichhaltigkeit von $\operatorname{ex} K$ garantiert. Andererseits ist in vielen Beispielen die Menge $\operatorname{ex} K$ vergleichsweise klein, so dass Probleme über K effektiv auf $\operatorname{ex} K$ reduziert werden können. (Siehe Aufgabe VIII.8.34 für eine Illustration dieser Strategie.)

Um den Satz von Krein-Milman anwenden zu können, benötigt man kompakte Mengen; der Satz von Alaoglu ist häufig ein probates Mittel, Kompaktheit zu beweisen. Vor einem Fehler sei gewarnt: Der Abschluss in (b) (und (c)) bezieht sich auf dieselbe Topologie, in der K kompakt ist. Ist z. B. X ein normierter Raum und $K \subset X'$ $\sigma(X', X)$-kompakt, so sagt (b) nicht $K = \overline{\mathrm{co}}^{\|\cdot\|} \mathrm{ex}\, K$, sondern nur $K = \overline{\mathrm{co}}^{\sigma(X', X)} \mathrm{ex}\, K$. (Es sei denn, K ist sogar $\|\cdot\|$-kompakt.) Dies soll an folgendem Beispiel illustriert werden. Sei K die Menge aller Wahrscheinlichkeitsmaße auf $[0, 1]$; K ist dann $\sigma(M[0, 1], C[0, 1])$-kompakt und konvex. Nach Beispiel (f) besteht $\mathrm{co}\, \mathrm{ex}\, K$ genau aus den Konvexkombinationen der Diracmaße. Also lässt sich das Lebesguemaß λ durch solche diskreten Maße approximieren, jedoch nicht in der Normtopologie, da ja $\|\lambda - \sum_{i=1}^{n} \rho_i \delta_{t_i}\| = 2$ ($\rho_i \geq 0$, $\sum_{i=1}^{n} \rho_i = 1$). Man kann nur in der schwach*-Topologie approximieren, das heißt, jede schwach*-Umgebung von λ, sagen wir $\{\mu: |\int f_j d\mu - \int f_j d\lambda| \leq \varepsilon, j = 1, \ldots, n\}$ mit $f_j \in C[0, 1]$, enthält solch ein Maß. Insbesondere bedeutet das, dass zu $f \in C[0, 1]$ und $\varepsilon > 0$ Punkte $t_i \in [0, 1]$ und $\rho_i \geq 0$, $\sum \rho_i = 1$, mit

$$\left| \int_0^1 f(t)\, dt - \sum_{i=1}^{n} \rho_i f(t_i) \right| \leq \varepsilon$$

existieren; der Satz von Krein-Milman besagt also in diesem Kontext nichts anderes als die Approximierbarkeit von $\int_0^1 f(t)\, dt$ durch Riemannsche Summen.

Wir formulieren einen wichtigen Spezialfall des Satzes von Krein-Milman.

Korollar VIII.4.5 *Ist X ein normierter Raum, so ist $B_{X'} = \overline{\mathrm{co}}\, \mathrm{ex}\, B_{X'}$, wobei sich der Abschluss auf die schwach*-Topologie bezieht.*

Beweis. Nach dem Satz von Alaoglu ist $B_{X'}$ $\sigma(X', X)$-kompakt. $\square$

Korollar VIII.4.6 *Die Räume c_0 und $L^1[0, 1]$ sind nicht zu einem Dualraum eines normierten Raums isometrisch isomorph.*

Beweis. Sonst besäßen die abgeschlossenen Einheitskugeln Extremalpunkte, was nach Beispiel (e) nicht der Fall ist. $\square$

Wir kommen zu einigen Anwendungen. Zuerst geben wir einen funktionalanalytischen Beweis des Satzes von Stone-Weierstraß, der eine Verallgemeinerung der klassischen Weierstraßschen Approximationssätze (I.2.11 und IV.2.12) ist.

Ist T ein kompakter topologischer Raum, so nennen wir einen Untervektorraum A von $C(T)$ eine *Algebra* (oder *Unteralgebra*), wenn

$$f, g \in A \;\Rightarrow\; f \cdot g \in A$$

gilt. Es ist leicht zu sehen, dass der Abschluss (bzgl. $\|\cdot\|_\infty$) einer Algebra eine Algebra ist.

Satz VIII.4.7 (Satz von Stone-Weierstraß)
Sei T ein kompakter Raum und $A \subset C(T)$ eine Algebra mit

(1) *A enthält die konstanten Funktionen,*
(2) *A ist punktetrennend, d. h., zu $s, t \in T$, $s \neq t$, existiert $f \in A$ mit $f(s) \neq f(t)$,*

sowie im Fall $\mathbb{K} = \mathbb{C}$

(3) *A ist selbstadjungiert, d. h. $f \in A \Rightarrow \bar{f} \in A$.*

Dann ist A dicht in $C(T)$ bzgl. $\|\cdot\|_\infty$.

Ohne (3) gilt der Satz im Komplexen nicht; man denke an die Disk-Algebra aus Beispiel I.1(e).

Beweis. Zuerst zum Fall $\mathbb{K} = \mathbb{R}$. Wäre A nicht dicht, so wäre nach dem Satz von Hahn-Banach

$$K := \left\{ \mu \in M(T) \colon \|\mu\| \leq 1, \int f \, d\mu = 0 \quad \forall f \in A \right\} \neq \{0\}.$$

Aber K ist $\sigma(M(T), C(T))$-kompakt (Satz von Alaoglu und Rieszscher Darstellungssatz), denn K ist der Schnitt von $B_{C(T)'}$ und A°; da A ein Unterraum ist, stimmt A° mit dem in (III.4) eingeführten Annihilator $A^\perp$ überein. Daher existiert nach dem Satz von Krein-Milman ein Extremalpunkt μ von K; es ist dann $\|\mu\| = 1$. Sei $S = \mathrm{supp}(\mu)$ der Träger von μ, das ist die kleinste abgeschlossene Menge mit $|\mu|(S) = \|\mu\|$.

Sei nun $f \in A$ mit $0 < f(s) < 1$ für alle $s \in S$. Betrachte die Maße $d\mu_1 = f \, d\mu$, $d\mu_2 = (1-f) \, d\mu$. Es folgt $\mu_1 \neq 0$, $\mu_2 \neq 0$ und, da A eine Algebra ist, $\tilde{\mu}_i := \frac{\mu_i}{\|\mu_i\|} \in K$. Ferner ist nach Konstruktion $\|\mu_1\| \, \tilde{\mu}_1 + \|\mu_2\| \, \tilde{\mu}_2 = \mu$ sowie

$$\|\mu_1\| + \|\mu_2\| = \int (f + 1 - f) \, d|\mu| = \|\mu\| = 1.$$

Wegen $\mu \in \mathrm{ex}\, K$ folgt $\mu = \tilde{\mu}_1$, d. h. $\|\mu_1\| \, d\mu = f \, d\mu$, und aus der Stetigkeit von f ergibt sich $f|_S = \mathrm{const}$.

Nach geeigneter Skalierung folgt daher stets (gehe von f über zu $\alpha + \beta f$)

$$f \in A \quad \Rightarrow \quad f|_S = \mathrm{const}.$$

Wegen (2) muss deshalb $S = \{t\}$ für ein t sein, d. h. $\mu = \lambda \delta_t$ für ein $|\lambda| = 1$. Wegen $\mathbf{1} \in A$ folgt dann aber aus $\mu \in A^\perp$ der Widerspruch $1 = |\int \mathbf{1} \, d\mu| = 0$.

Im Fall $\mathbb{K} = \mathbb{C}$ garantiert (3), dass die reellwertigen Funktionen in A punktetrennend sind ($f = \frac{1}{2}(f + \bar{f}) + i \frac{1}{2i}(f - \bar{f})$), und der Beweis funktioniert wie oben. $\square$

Für eine zweite Anwendung benötigen wir den Begriff des atomfreien Maßes. Ein endliches Maß μ auf einer σ-Algebra Σ heißt *atomfrei*, falls es zu $A \in \Sigma$ mit $|\mu|(A) > 0$ stets $B \in \Sigma$, $B \subset A$ mit $0 < |\mu|(B) < |\mu|(A)$ gibt. Das Lebesguemaß λ auf $\mathbb{R}^n$ und alle Maße der Form $A \mapsto \int_A f \, d\lambda$ mit $f \in L^1(\mathbb{R}^n)$ sind atomfrei.

Satz VIII.4.8 (Satz von Lyapunov)

(a) *Ist* $\mu\colon \Sigma \to [0, \infty)$ *ein atomfreies endliches Maß auf einer σ-Algebra Σ und sind* $f_1, \ldots, f_n$ *reellwertige integrierbare Funktionen, so ist*

$$R := \left\{ \left(\int_A f_1 \, d\mu, \ldots, \int_A f_n \, d\mu \right) : A \in \Sigma \right\} \subset \mathbb{R}^n$$

kompakt und konvex.

(b) *Sind* $\mu_1, \ldots, \mu_n\colon \Sigma \to \mathbb{R}$ *atomfreie signierte Maße, so ist*

$$\{(\mu_1(A), \ldots, \mu_n(A)) : A \in \Sigma\} \subset \mathbb{R}^n$$

kompakt und konvex.

Beweis. Mit Hilfe des Satzes von Radon-Nikodým (Satz A.4.6) kann man (b) auf (a) zurückführen (setze $\mu = |\mu_1| + \cdots + |\mu_n|$ und schreibe $d\mu_i = f_i \, d\mu$), daher braucht nur (a) gezeigt zu werden.

Dazu betrachte den linearen Operator

$$T\colon L^\infty(\mu) \to \mathbb{R}^n, \quad Tg = \left(\int g f_i \, d\mu \right)_{i=1,\ldots,n}.$$

T ist nach Korollar VIII.3.4 stetig, wenn $L^\infty(\mu)$ die schwach*-Topologie trägt (zur Erinnerung: $(L^1(\mu))' = L^\infty(\mu)$, Satz II.2.4), denn die f_i sind Elemente von $L^1(\mu)$.

Setzt man $K = \{g \in L^\infty(\mu)\colon 0 \leq g \leq 1\}$, so ist nach Beispiel (d)

$$R = T(\text{ex}\, K).$$

Nun ist K konvex und schwach*-kompakt, denn

$$K = B_{L^\infty(\mu)} \cap \bigcap_{\substack{f \in L^1(\mu) \\ f \geq 0}} \left\{ g\colon \int fg \, d\mu \geq 0 \right\},$$

und deshalb ist $T(K) \subset \mathbb{R}^n$ ebenfalls kompakt und konvex.

Um den Satz von Lyapunov zu beweisen, reicht es daher,

$$R = T(\text{ex}\, K) = T(K)$$

zu zeigen. Zum Beweis hierfür sei $p \in T(K)$. Setze $K_p = \{g \in K: Tg = p\}$. Auch $K_p = K \cap T^{-1}(\{p\})$ ist schwach*-kompakt und konvex, nach dem Satz von Krein-Milman gilt daher $\operatorname{ex} K_p \neq \emptyset$. Die Behauptung ist also gezeigt, wenn $\operatorname{ex} K_p \subset \operatorname{ex} K$ gezeigt ist. In der Tat: Ist $g_0 \in K_p$ kein Extremalpunkt von K, d. h. nach Beispiel (d) keine Indikatorfunktion, so existieren $A \in \Sigma$ und $\varepsilon > 0$ mit $\varepsilon \leq g_0(t) \leq 1-\varepsilon$ für $t \in A$ und $\mu(A) > 0$. Da μ atomfrei ist, gilt

$$\dim\{g \in L^\infty(\mu): g|_{\complement A} = 0\} > n;$$

folglich existiert $g \in L^\infty(\mu)$ mit $g \neq 0$, $g|_{\complement A} = 0$ und mit $Tg = 0$. O.E. darf man $\|g\|_{L^\infty} \leq \varepsilon$ annehmen, so dass dann $g_0 \pm g \in K_p$ gilt. Also ist solch ein g_0 kein Extremalpunkt von K_p. $\qquad\square$

Hier ist eine Anwendung des Satzes von Lyapunov. Nehmen wir an, k Personen wollen sich einen Kuchen teilen, der mit verschiedenen Obstsorten belegt ist, die sich auch überlappen dürfen. Gibt es (zumindest theoretisch) eine „gerechte" Aufteilung? Mathematisch gesehen können die Belegungen als Wahrscheinlichkeitsmaße $\mu_1, \ldots, \mu_n$ auf einem messbaren Raum (Ω, Σ) angesehen werden. Das Problem der gerechten Aufteilung besteht dann darin, Ω in paarweise disjunkte $A_1, \ldots, A_k \in \Sigma$ so zu zerlegen, dass stets $\mu_i(A_j) = \frac{1}{k}$ ist. Da es offenkundige Schwierigkeiten gibt, Kirschkerne gerecht zu verteilen, wenn ihre Anzahl nicht durch k teilbar ist, nehmen wir die μ_i als atomfrei an. Nun ist $\big(\mu_1(\Omega), \ldots, \mu_n(\Omega)\big) = (1, \ldots, 1)$ und $\big(\mu_1(\emptyset), \ldots, \mu_n(\emptyset)\big) = (0, \ldots, 0)$, daher liegt $(\frac{1}{k}, \ldots, \frac{1}{k})$ in der konvexen Hülle dieser Vektoren. Nach dem Satz von Lyapunov existiert $A_1 \in \Sigma$ mit $\mu_1(A_1) = \cdots = \mu_n(A_1) = \frac{1}{k}$. Indem man diese Prozedur mit $\Omega \setminus A_1$ statt Ω wiederholt, findet man sukzessive die gewünschten $A_1, \ldots, A_k$. Das Aufteilungsproblem ist also theoretisch lösbar; jedoch haben wir mit dieser Methode nichts über die Geometrie der A_j sagen können. Das Modell kann auch anders interpretiert werden: es seien nämlich atomfreie Wahrscheinlichkeitsmaße $\mu_1, \ldots, \mu_k$ vorgelegt, so dass $\mu_i(A)$ die Präferenz von Person i für das Kuchenstück A misst. Das Resultat ist dasselbe: es gibt eine Aufteilung, die alle subjektiv als gerecht empfinden.

VIII.5 Einführung in die Distributionentheorie

Die Grundidee der Distributionentheorie ist es, Funktionen f als Funktionale T_f mittels

$$T_f(\varphi) = \int f(x)\varphi(x)\,dx \tag{VIII.8}$$

auf geeigneten Funktionenräumen aufzufassen (vgl. Beispiel VIII.2(a)) und so einen Rahmen zu schaffen, um auch allgemeinere Situationen zu behandeln. Z. B. wird in der theoretischen Physik bisweilen die Existenz einer „Deltafunktion" $\delta: \mathbb{R} \to [-\infty, \infty]$

postuliert, die auf $\mathbb{R}\backslash\{0\}$ verschwindet und die Eigenschaft $\int_{-\infty}^{\infty} \delta(x)\,dx = 1$ besitzt. (Natürlich gibt es keine solche Funktion.) Mit etwas Courage lässt sich dann die Formel

$$\varphi(0) = \int \delta(x)\varphi(x)\,dx \qquad (\text{VIII.9})$$

ableiten. Nun ist es so, dass man nirgends an einem Funktionswert $\delta(x)$ interessiert ist, einzig von Bedeutung sind die Integrale vom Typ (VIII.9). Heaviside, Dirac und andere haben einen symbolischen Kalkül für Deltafunktionen entwickelt, um Integrale der Form (VIII.9) wie klassische Integrale der Form (VIII.8) zu behandeln; unter anderem wird durch formales partielles Integrieren die Ableitung $\delta'(x)$ gewonnen. L. Schwartz ist es gelungen, einen solchen symbolischen Kalkül mathematisch zu rechtfertigen, indem er den Funktionsstandpunkt aufgab und (VIII.8) und (VIII.9) als lineare *Funktionale* $\varphi \mapsto \int f(x)\varphi(x)\,dx$ bzw. $\varphi \mapsto \varphi(0)$ interpretierte.

Der Funktionenraum X, dem die φ entstammen, muss nun topologisiert werden, um Methoden der Funktionalanalysis anwenden zu können. Damit möglichst viele Integrale des Typs (VIII.8) existieren und daher möglichst viele Funktionen im neuen Kontext interpretiert werden können, sollte X „klein" sein; da wir andererseits weniger an X als an X' interessiert sind, sollte die Topologie von X möglichst fein sein, damit X' „groß" ist.

Es zeigt sich, dass der Raum $\mathscr{D}(\Omega)$ mit der in Beispiel VIII.1(f) beschriebenen lokalkonvexen Topologie einen idealen Rahmen abgibt. (Hier ist $\Omega \subset \mathbb{R}^n$ offen.) Im Folgenden bezeichnen wir diese Topologie mit τ; die Topologie von $\mathscr{D}_K(\Omega)$ (Beispiel VIII.1(e)) wird mit τ_K bezeichnet. Letztere kann äquivalent durch die Halbnormfamilie $\{p_0, p_1, p_2, \ldots\}$ mit

$$p_m(\varphi) = \sup_{|\alpha| \leq m} \sup_{x \in \Omega} |(D^\alpha \varphi)(x)|$$

erzeugt werden. Beachte $\mathscr{D}_{K_1}(\Omega) \subset \mathscr{D}_{K_2}(\Omega)$ für $K_1 \subset K_2$; ferner ist $\mathscr{D}_{K_1}(\Omega)$ τ_{K_2}-abgeschlossen in $\mathscr{D}_{K_2}(\Omega)$. Die Topologie τ wird definitionsgemäß von der Familie P derjenigen Halbnormen auf $\mathscr{D}(\Omega)$ erzeugt, für die $p|_{\mathscr{D}_K(\Omega)}$ stets τ_K-stetig ist; explizit sind das die p, die

$$\forall K \subset \Omega \text{ kompakt } \exists c, m \geq 0 \; \forall \varphi \in \mathscr{D}_K(\Omega) \quad p(\varphi) \leq c\, p_m(\varphi) \qquad (\text{VIII.10})$$

erfüllen (Lemma VIII.2.1). Das folgende Lemma beschreibt einige Eigenschaften von τ; wir verwenden im Beweis die oben eingeführten Bezeichnungen P und p_m.

Lemma VIII.5.1

(a) *Die Relativtopologie von τ auf $\mathscr{D}_K(\Omega)$ stimmt mit τ_K überein.*

(b) *$\mathscr{D}_K(\Omega)$ ist τ-abgeschlossen in $\mathscr{D}(\Omega)$.*

(c) *$(\mathscr{D}(\Omega), \tau)$ ist ein Hausdorffraum.*

(d) *Sei Y ein lokalkonvexer Raum und $L\colon \mathscr{D}(\Omega) \to Y$ eine lineare Abbildung. Dann ist L genau dann τ-stetig, wenn für alle kompakten $K \subset \Omega$ die Restriktion $L|_{\mathscr{D}_K(\Omega)}$ τ_K-stetig ist.*

Beweis. (a) Die Relativtopologie wird definitionsgemäß von $Q = \{p|_{\mathscr{D}_K(\Omega)} : p \in P\}$ erzeugt. Nach Konstruktion gilt $\{p_0, p_1, \ldots\} \subset Q \subset \{q : q \text{ ist } \tau_K\text{-stetige Halbnorm auf } \mathscr{D}_K(\Omega)\}$; es bleibt, Korollar VIII.2.2 anzuwenden.

(b) Sei $x \in \Omega$. Die Halbnorm $\pi_x : \varphi \mapsto |\varphi(x)|$ gehört zu P und ist daher τ-stetig. Also ist $\mathscr{D}_K(\Omega) = \bigcap_{x \notin K} \ker \pi_x \;\tau$-abgeschlossen.

(c) Ist $\varphi \neq 0$, etwa $\varphi(x) \neq 0$, so bildet die gerade beschriebene Halbnorm π_x die Testfunktion φ nicht auf 0 ab. Nach Lemma VIII.1.4 ist $\mathscr{D}(\Omega)$ ein Hausdorffraum.

(d) Die Bedingung ist notwendig, wie aus (a) folgt. Dass sie hinreichend ist, ergibt sich aus Satz VIII.2.3: Sei nämlich q eine stetige Halbnorm auf Y. Dann ist $q \circ L|_{\mathscr{D}_K(\Omega)}$ nach Annahme für alle Kompakta K eine stetige Halbnorm auf $\mathscr{D}_K(\Omega)$, d.h. $q \circ L \in P$. Insbesondere ist $q \circ L \;\tau$-stetig, und (iii) aus Satz VIII.2.3 ist erfüllt. □

Nun widmen wir uns der Konvergenz von Folgen in $\mathscr{D}(\Omega)$. Im nächsten Satz ist es wesentlich, dass (φ_n) eine Folge und kein Netz ist.

Satz VIII.5.2 *Sei (φ_n) eine Folge in $\mathscr{D}(\Omega)$. Dann sind äquivalent:*

(i) $\varphi_n \to 0$ *bzgl.* τ.

(ii) *Es existiert ein Kompaktum $K \subset \Omega$ mit $\varphi_n \in \mathscr{D}_K(\Omega)$ für alle $n \in \mathbb{N}$ sowie $\varphi_n \to 0$ bzgl.* τ_K.

(iii) *Es existiert ein Kompaktum $K \subset \Omega$ mit $\mathrm{supp}(\varphi_n) \subset K$ für alle $n \in \mathbb{N}$, und für alle Multiindizes α konvergiert $(D^\alpha \varphi_n)$ gleichmäßig gegen 0.*

Beweis. Da (iii) nur eine Umschreibung von (ii) und (ii) ⇒ (i) trivial ist, reicht es, (i) ⇒ (ii) zu beweisen. Ist dort die Existenz von K gezeigt, folgt der Rest aus Lemma VIII.5.1(a).

Nehmen wir an, es gäbe kein K wie unter (ii). Dann existieren eine Folge $K_1 \subset K_2 \subset \ldots \subset \Omega$ von Kompakta mit $\bigcup_n \mathrm{int}\, K_n = \Omega$ und eine Teilfolge (ψ_n) von (φ_n) mit $\psi_n \in \mathscr{D}_{K_n}(\Omega)$, $\psi_n \notin \mathscr{D}_{K_{n-1}}(\Omega)$. Wähle $x_n \in K_n \setminus K_{n-1}$ mit $\alpha_n := |\psi_n(x_n)| > 0$. Im letzten Beweis haben wir gesehen, dass die Halbnormen $\pi_n : \varphi \mapsto \alpha_n^{-1}|\varphi(x_n)| \;\tau$-stetig sind. Betrachte nun die Halbnorm $\pi = \sum_{n=1}^\infty \pi_n$. Jede kompakte Teilmenge liegt bereits in einem der K_n, denn $\bigcup_n \mathrm{int}\, K_n = \Omega$, also gilt $\mathscr{D}(\Omega) = \bigcup_n \mathscr{D}_{K_n}(\Omega)$. Weil $\pi_n|_{\mathscr{D}_{K_m}(\Omega)} = 0$ für $n > m$ ist, ist daher $\pi(\varphi)$ für jedes $\varphi \in \mathscr{D}(\Omega)$ eine endliche Summe. Die Halbnorm π ist also wohldefiniert, und dieselbe Überlegung zeigt

$$\pi|_{\mathscr{D}_{\tilde{K}}(\Omega)} = \sum_{n=1}^N \pi_n|_{\mathscr{D}_{\tilde{K}}(\Omega)}, \quad \text{falls } \tilde{K} \subset K_N.$$

Es ist daher $\pi \in P$; insbesondere ist $\pi \;\tau$-stetig. Einerseits ist nun $\pi(\psi_n) \geq \pi_n(\psi_n) = 1$; andererseits impliziert $\varphi_n \to 0$ jedoch $\pi(\psi_n) \to \pi(0) = 0$. Das ist ein Widerspruch, und die Existenz von K ist gezeigt. □

Sowohl Lemma VIII.5.1(d) als auch Satz VIII.5.2 lassen erkennen, dass $\mathscr{D}(\Omega)$ nicht nur mengentheoretisch, sondern auch „topologisch" aus den $\mathscr{D}_K(\Omega)$ aufgebaut ist.

Wir haben bereits bemerkt, dass unser eigentliches Interesse dem Dualraum von $\mathscr{D}(\Omega)$ gilt, den wir nun einführen.

▶ **Definition VIII.5.3** Der Dualraum von $(\mathscr{D}(\Omega), \tau)$ wird mit $\mathscr{D}'(\Omega)$ bezeichnet. Seine Elemente heißen *Distributionen* auf Ω.

Da der Wert einer Distribution bei den $\varphi \in \mathscr{D}(\Omega)$ „getestet" wird, tragen diese Funktionen den Namen Testfunktionen.

Nach den bisherigen Resultaten dieses Abschnitts können Distributionen wie folgt charakterisiert werden; Bedingung (iii) ist dabei die handlichste.

Satz VIII.5.4 *Für eine lineare Abbildung* $T \colon \mathscr{D}(\Omega) \to \mathbb{C}$ *sind äquivalent:*

(i) $T \in \mathscr{D}'(\Omega)$.

(ii) *Für alle kompakten* $K \subset \Omega$ *ist* $T|_{\mathscr{D}_K(\Omega)} \in (\mathscr{D}_K(\Omega))'$.

(iii) *Für alle kompakten* $K \subset \Omega$ *existieren* $m \in \mathbb{N}_0$ *und* $c \geq 0$ *mit*

$$|T\varphi| \leq c\, p_m(\varphi) = c \sup_{|\alpha| \leq m} \sup_{x \in \Omega} |(D^\alpha \varphi)(x)| \qquad \forall \varphi \in \mathscr{D}_K(\Omega).$$

(iv) *Gilt* $\varphi_n \to 0$ *in* $\mathscr{D}(\Omega)$, *so folgt* $T\varphi_n \to 0$ *in* $\mathbb{C}$.

Beweis. (i) ⇔ (ii) ist ein Spezialfall von Lemma VIII.5.1(d).

(ii) ⇔ (iii) folgt aus Korollar VIII.2.4.

(i) ⇒ (iv) gilt nach Definition.

(iv) ⇒ (ii): Bedingung (iv) impliziert, dass $T|_{\mathscr{D}_K(\Omega)}$ stets folgenstetig ist. Aber τ_K wird von einer abzählbaren Halbnormfamilie erzeugt und ist daher nach Aufgabe VIII.8.16 metrisierbar, so dass $T|_{\mathscr{D}_K(\Omega)}$ sogar stetig ist.   □

Beachte, dass in (iii) m im Allgemeinen von K abhängt; das ist z. B. in Beispiel (e) so. Sollte das nicht der Fall sein (wie in den Beispielen (a)–(d) unten), nennt man das kleinstmögliche m die *Ordnung* von T.

Beispiele

(a) Ist $f \colon \Omega \to \mathbb{C}$ eine messbare Funktion, für die für alle kompakten $K \subset \Omega$ das Integral $\int_K |f(x)|\, dx$ endlich ist, nennt man f *lokal integrierbar*; diese Funktionen bilden den Vektorraum $\mathscr{L}^1_{\mathrm{lok}}(\Omega)$. Identifiziert man zwei fast überall übereinstimmende Funktionen, erhält man den zugehörigen Raum von Äquivalenzklassen $L^1_{\mathrm{lok}}(\Omega)$. (Wie üblich werden wir die $f \in L^1_{\mathrm{lok}}(\Omega)$ doch als Funktionen ansehen.) Insbesondere sind stetige Funktionen und Funktionen in $L^p(\Omega)$ lokal integrierbar. Für $f \in L^1_{\mathrm{lok}}(\Omega)$ definiere nun

$$T_f(\varphi) = \int_\Omega f(x)\varphi(x)\, dx \qquad \forall \varphi \in \mathscr{D}(\Omega).$$

Da f lokal integrierbar ist, ist T_f wohldefiniert und linear. Um zu zeigen, dass T_f eine Distribution ist, sei $K \subset \Omega$ kompakt. Dann gilt

$$|T_f(\varphi)| \leq \int_K |f(x)| \, dx \, \sup_{x \in K} |\varphi(x)| \qquad \forall \varphi \in \mathscr{D}_K(\Omega);$$

damit ist (iii) aus Satz VIII.5.4 erfüllt. T_f heißt die zu f gehörige *reguläre Distribution*.

Wir beobachten noch, dass $f \mapsto T_f$ injektiv ist, so dass wir eine Funktion $f \in L^1_{\text{lok}}(\Omega)$ mit der Distribution $T_f \in \mathscr{D}'(\Omega)$ *identifizieren* können. Ist nämlich $\int_\Omega f(x)\varphi(x) \, dx = 0$ für alle Testfunktionen φ, so gilt $f = 0$ fast überall. [Beweis hierfür: Ist $K \subset \Omega$ kompakt und m hinreichend groß, so definiert

$$\Phi_m(x) = \int_{K_m} \varphi_{1/m}(x - y) \, dy$$

mit $\varphi_{1/m}$ wie im Beweis von Lemma V.1.10 und $K_m := \{x \in \Omega : d(x, K) \leq \frac{1}{m}\}$ eine Folge von Testfunktionen mit $\Phi_m \to \chi_K$ punktweise. Der Konvergenzsatz von Lebesgue impliziert nun

$$\int_K f(x) \, dx = \lim_{m \to \infty} \int_\Omega f(x)\Phi_m(x) \, dx = 0.$$

Da die kompakten Teilmengen einen durchschnittsstabilen Erzeuger der Borel-σ-Algebra von Ω bilden, folgt $\int_A f(x) \, dx = 0$ für alle Borelmengen $A \subset \Omega$ (Bauer [1990], S. 26, Behrends [1987], S. 23). Das liefert $f = 0$ fast überall.]

(b) Sei $x_0 \in \Omega$ fest gewählt, und betrachte das Funktional $\delta_{x_0} \colon \varphi \mapsto \varphi(x_0)$. Wegen $|\varphi(x_0)| \leq p_0(\varphi)$ ist δ_{x_0} auf allen $\mathscr{D}_K(\Omega)$ stetig, also ist δ_{x_0} eine Distribution, die man *Deltadistribution* nennt. Ist $x_0 = 0$, schreibt man einfach δ. Dass δ_{x_0} keine reguläre Distribution ist, kann man so einsehen. Sei $\Omega_0 = \Omega \setminus \{x_0\}$. Dann ist $\delta_{x_0}|_{\mathscr{D}(\Omega_0)} = 0$. Wäre $\delta_{x_0} = T_f$, so wäre, da $f \mapsto T_f$ injektiv ist, $f|_{\Omega_0} = 0$ fast überall, also $f = 0$ fast überall; es wäre also $\delta_{x_0} = 0$, was nicht der Fall ist.

(c) Allgemeiner lassen sich alle Borelmaße mit $|\mu|(K) < \infty$ für kompakte K durch $T_\mu(\varphi) = \int_\Omega \varphi \, d\mu$ als Distributionen auffassen. Das Argument von (a) zeigt, dass auch $\mu \mapsto T_\mu$ injektiv ist.

(d) Bei der Behandlung des Dipols in der Elektrodynamik spielt die Distribution $\varphi \mapsto \varphi'(0)$ auf $\mathscr{D}(\mathbb{R})$ eine Rolle. In der Tat handelt es sich wegen $|\varphi'(0)| \leq p_1(\varphi)$ um eine Distribution.

(e) Das Funktional $T \colon \varphi \mapsto \sum_{n=0}^\infty \varphi^{(n)}(n)$ ist auf $\mathscr{D}(\mathbb{R})$ wohldefiniert und linear. T ist eine Distribution, denn für Testfunktionen mit $\text{supp}(\varphi) \subset [-N, N]$ gilt

$$|T\varphi| \leq \sum_{n=0}^{N-1} |\varphi^{(n)}(n)| \leq N p_{N-1}(\varphi).$$

Der mathematische Gewinn der Distributionentheorie ist, dass sich viele für Funktionen definierte Operationen auf Distributionen übertragen lassen und im Distributionensinn häufig leichter zu handhaben sind.

Wir werden hier etwas genauer auf die Differentiation und die Fouriertransformation von Distributionen eingehen, aber vorher einen etwas allgemeineren Standpunkt einnehmen, indem wir wie im normierten Fall den Begriff des adjungierten Operators einführen.

▶ **Definition VIII.5.5**   Es seien X und Y lokalkonvexe Räume und $L \in L(X, Y)$. Zu $y' \in Y'$ betrachte $L'(y') := y' \circ L \in X'$. Die so definierte lineare Abbildung $L' \colon Y' \to X'$ heißt der *zu L adjungierte Operator.*

Aus Satz VIII.3.6 und Korollar VIII.3.4 folgt sofort, dass L' $\sigma(Y', Y)$-$\sigma(X', X)$-stetig ist.

Nun kommen wir zur Differentiation von Distributionen. In Definition V.1.11 haben wir bereits für gewisse L^2-Funktionen eine verallgemeinerte Ableitung definiert. Dieselbe Idee führt nun dazu, allen Distributionen und damit *allen* (lokal integrierbaren) *Funktionen* eine Ableitung zuzuordnen; der Preis, den man für diese Flexibilität zu zahlen hat, ist, dass diese Ableitungen i. Allg. keine Funktionen mehr sind, sondern nur noch Distributionen. Die Rechnung, die uns auf Definition V.1.11 geführt hat, liefert im Kontext der Distributionentheorie für stetig differenzierbares $f \colon \mathbb{R} \to \mathbb{C}$

$$T_{f'}(\varphi) = -T_f(\varphi') \qquad \forall \varphi \in \mathscr{D}(\mathbb{R});$$

eine analoge Formel gilt für höhere oder partielle Ableitungen. Das suggeriert folgende Definition.

▶ **Definition VIII.5.6**   Für $T \in \mathscr{D}'(\Omega)$ und einen Multiindex α setze

$$(D^{(\alpha)}T)(\varphi) = (-1)^{|\alpha|} T(D^{\alpha}\varphi).$$

Lemma VIII.5.7   *Die Abbildung $D^{(\alpha)} \colon \mathscr{D}'(\Omega) \to \mathscr{D}'(\Omega)$ ist wohldefiniert und $\sigma(\mathscr{D}', \mathscr{D})$-stetig.*

Beweis. Nach Definition ist $D^{(\alpha)} = (-1)^{|\alpha|} (D^{\alpha})'$, also bis auf das Vorzeichen der zu D^{α} adjungierte Operator. Es ist also nur zu verifizieren, dass $D^{\alpha} \colon \mathscr{D}(\Omega) \to \mathscr{D}(\Omega)$ stetig ist, d. h. nach Lemma VIII.5.1(a) und (d), dass $D^{\alpha} \colon \mathscr{D}_K(\Omega) \to \mathscr{D}_K(\Omega)$ stetig ist, und das ist wegen $p_m(D^{\alpha}\varphi) \leq p_{m+|\alpha|}(\varphi)$ klar.   □

Beispiele

(f) Wir haben bereits bemerkt, dass dank des Faktors $(-1)^{|\alpha|}$ für stetig differenzierbare Funktionen $D^{(\alpha)}T_f = T_{D^{\alpha}f}$ gilt. Daher ist der Operator $D^{(\alpha)}$ eine Fortsetzung des klassischen Differentialoperators D^{α}.

(g) Die *Heavisidefunktion* $H: \mathbb{R} \to \mathbb{C}$ ist die Indikatorfunktion des Intervalls $[0, \infty)$, also $H(x) = 1$ für $x \geq 0$ und $H(x) = 0$ für $x < 0$. Ihre Ableitung im Distributionensinn ist ($\varphi \in \mathscr{D}(\mathbb{R})$)

$$T'_H(\varphi) = -T_H(\varphi') = -\int_{-\infty}^{\infty} H(x)\varphi'(x)\,dx$$

$$= -\int_0^{\infty} \varphi'(x)\,dx = \varphi(x)\Big|_{\infty}^{0} = \varphi(0);$$

also $T'_H = \delta$, was der heuristischen Interpretation der „Deltafunktion" entspricht.

(h) Die Ableitung der Deltadistribution ist

$$\delta'(\varphi) = -\delta(\varphi') = -\varphi'(0),$$

also ist δ' im Wesentlichen die „Dipoldistribution" aus Beispiel (d).

(i) Betrachte die Funktion f, $f(x) = -\frac{1}{4\pi}|x|^{-1}$ auf $\mathbb{R}^3\backslash\{0\}$ und $f(0) = 0$, wo $|x| = (x_1^2 + x_2^2 + x_3^2)^{1/2}$. Dann ist $f \in L^1_{\text{lok}}(\mathbb{R}^3)$, und wir können den Laplaceoperator Δ im Distributionensinn auf T_f anwenden. In Aufgabe VIII.8.38 ist $\Delta T_f = \delta$ zu zeigen; man nennt T_f eine *Grundlösung* für den Laplaceoperator.

In Abschn. VIII.9 wird mehr über diesen Begriff und den Zusammenhang zur Theorie partieller Differentialgleichungen berichtet.

In Abschn. V.2 wurde die Fouriertransformierte $\mathscr{F}f$ einer Funktion $f \in L^1(\mathbb{R}^n)$ bzw. $f \in \mathscr{S}(\mathbb{R}^n)$ bzw. $f \in L^2(\mathbb{R}^n)$ erklärt. Hier liefert die Distributionentheorie die Möglichkeit einer umfassenderen Betrachtungsweise. Leider ist der Raum $\mathscr{D}'(\mathbb{R}^n)$ nicht der geeignete Rahmen, da für $\varphi \in \mathscr{D}(\mathbb{R}^n)$ nicht unbedingt $\mathscr{F}\varphi \in \mathscr{D}(\mathbb{R}^n)$ ist (tatsächlich ist das bis auf $\varphi = 0$ *nie* der Fall). Hingegen wurde in Satz V.2.8 bewiesen, dass $\mathscr{F}$ eine Bijektion von $\mathscr{S}(\mathbb{R}^n)$ auf sich ist. Das legt es nahe, den adjungierten Operator auf dem Dualraum $\mathscr{S}'(\mathbb{R}^n)$ zu betrachten.

Wir werden als nächstes überlegen, dass das wirklich sinnvoll ist. Dazu beweisen wir zuerst ein Lemma. Es sei daran erinnert, dass gemäß Beispiel VIII.1(d) $\mathscr{S}(\mathbb{R}^n)$ mittels der Halbnormen

$$p_{\alpha,m}(\varphi) = \sup_{x\in\mathbb{R}^n}(1 + |x|^m)|(D^\alpha\varphi)(x)|$$

topologisiert wird. Ein äquivalentes Halbnormsystem, das technisch manchmal Vorzüge bietet, wird von den Halbnormen

$$q_{\alpha,Q}(\varphi) = \sup_{x\in\mathbb{R}^n}|Q(x)(D^\alpha\varphi)(x)|$$

gebildet, wo Q ein Polynom und α nach wie vor ein Multiindex ist (vgl. (V.9)–(V.11)).

Lemma VIII.5.8

(a) *Für jeden Multiindex α ist der Multiplikationsoperator $\varphi \mapsto x^\alpha \varphi$ wohldefiniert und stetig auf $\mathscr{S}(\mathbb{R}^n)$.*

(b) *Für jeden Multiindex β ist der Differentialoperator $\varphi \mapsto D^\beta \varphi$ wohldefiniert und stetig auf $\mathscr{S}(\mathbb{R}^n)$.*

(c) *Es gibt eine Konstante $c \geq 0$ mit*

$$|(\mathscr{F}\varphi)(\xi)| \leq c\, p_{0,n+1}(\varphi) \qquad \forall \varphi \in \mathscr{S}(\mathbb{R}^n),\ \xi \in \mathbb{R}^n.$$

Beweis. (a) folgt sofort aus der Leibnizformel, und (b) ist klar. Für (c) bemerke nur

$$(2\pi)^{n/2}|(\mathscr{F}\varphi)(\xi)| = \left| \int_{\mathbb{R}^n} e^{-ix\xi}\, \varphi(x)\, dx \right| \leq \int_{\mathbb{R}^n} \frac{dx}{1 + |x|^{n+1}}\, p_{0,n+1}(\varphi). \qquad \square$$

Satz VIII.5.9 *Die Fouriertransformation $\mathscr{F}$ und ihre Inverse $\mathscr{F}^{-1}$ sind stetig auf $\mathscr{S}(\mathbb{R}^n)$.*

Beweis. Wir haben nach Satz VIII.2.3 für ein Polynom Q, $Q(\xi) = \sum a_\gamma \xi^\gamma$, und einen Multiindex α

$$q_{\alpha,Q}(\mathscr{F}\varphi) = \sup_{\xi \in \mathbb{R}^n} \left| Q(\xi) \big(D^\alpha (\mathscr{F}\varphi) \big)(\xi) \right|$$

abzuschätzen. Definiert man den Differentialoperator $Q(D) = \sum a_\gamma D^\gamma$, so ist nach Lemma V.2.4 und Lemma VIII.5.8(c)

$$\left| Q(\xi) \big(D^\alpha (\mathscr{F}\varphi) \big)(\xi) \right| = \left| \mathscr{F} \big(Q(D)(x^\alpha \varphi) \big)(\xi) \right| \leq c\, p_{0,n+1} \big(Q(D)(x^\alpha \varphi) \big),$$

und nach Lemma VIII.5.8(a) und (b) kann man diesen Term gegen eine geeignete Halbnorm $c'\max p_{\beta_j,m_j}(\varphi)$ abschätzen. Zusammen hat man

$$q_{\alpha,Q}(\mathscr{F}\varphi) \leq c' \max p_{\beta_j,m_j}(\varphi) \qquad \forall \varphi \in \mathscr{S}(\mathbb{R}^n),$$

was zu zeigen war. Wegen Lemma V.2.7 ist auch $\mathscr{F}^{-1}$ stetig. $\qquad \square$

▶ **Definition VIII.5.10**

(a) Ein Funktional $T \in \mathscr{S}'(\mathbb{R}^n)$ heißt *temperierte Distribution*.

(b) Für $T \in \mathscr{S}'(\mathbb{R}^n)$ ist die Fouriertransformierte $\mathscr{F}T$ durch

$$(\mathscr{F}T)(\varphi) = T(\mathscr{F}\varphi) \qquad \forall \varphi \in \mathscr{S}(\mathbb{R}^n)$$

erklärt.

Da $\mathscr{F}\colon \mathscr{S}(\mathbb{R}^n) \to \mathscr{S}(\mathbb{R}^n)$ stetig ist, ist $\mathscr{F}T = T \circ \mathscr{F}$ ein stetiges lineares Funktional; es ist also $\mathscr{F}T$ nichts anderes als der adjungierte Operator $\mathscr{F}'$ angewandt auf T. Weil mit einem Operator auch dessen Adjungierter bijektiv ist, ist wegen Satz V.2.8 die Fouriertransformation eine Bijektion auf $\mathscr{S}'(\mathbb{R}^n)$.

Wir wollen nun den Zusammenhang zwischen $\mathscr{D}'$ und $\mathscr{S}'$ klären.

Satz VIII.5.11

(a) *Die identische Einbettung $j\colon \mathscr{D}(\mathbb{R}^n) \to \mathscr{S}(\mathbb{R}^n)$ ist stetig und hat dichtes Bild.*

(b) *$j'\colon \mathscr{S}'(\mathbb{R}^n) \to \mathscr{D}'(\mathbb{R}^n)$, $T \mapsto T|_{\mathscr{D}(\mathbb{R}^n)}$, ist injektiv.*

Beweis. (a) Die Stetigkeit von j ist klar, denn wegen Lemma VIII.5.1(d) ist nur die Stetigkeit der Inklusion von $\mathscr{D}_K(\mathbb{R}^n)$ in $\mathscr{S}(\mathbb{R}^n)$ zu beobachten. Sei nun $\varphi \in \mathscr{S}(\mathbb{R}^n)$. Wähle $\Phi \in \mathscr{D}(\mathbb{R}^n)$ mit $0 \leq \Phi \leq 1$, $\Phi(x) = 1$ für $|x| \leq 1$, $\Phi(x) = 0$ für $|x| \geq 2$. Setzt man $\varphi_k(x) = \varphi(x)\Phi\left(\frac{x}{k}\right)$, so ist $\varphi_k \in \mathscr{D}(\mathbb{R}^n)$, und es gilt $\varphi_k \to \varphi$ bzgl. der Topologie von $\mathscr{S}(\mathbb{R}^n)$, wie man unschwer nachweist.

(b) ist eine Konsequenz von (a).   □

Das Bild von j' besteht aus genau denjenigen Distributionen in $\mathscr{D}'(\mathbb{R}^n)$, die noch bezüglich einer gröberen Topologie als der von $\mathscr{D}(\mathbb{R}^n)$, nämlich der von $\mathscr{S}(\mathbb{R}^n)$, stetig sind. Insofern kann die Ableitung $D^{(\alpha)}T$ im Sinn von Definition VIII.5.6 verstanden werden. Nach Lemma VIII.5.8(b) ist $D^{(\alpha)}T$ wieder eine temperierte Distribution, wenn T es ist. Genauso ist nach Lemma VIII.5.8(a) $x^\alpha T\colon \varphi \mapsto T(x^\alpha \varphi)$ temperiert. Aus Lemma V.2.4 folgt nun eine Verallgemeinerung von Lemma V.2.11.

Satz VIII.5.12 *Ist $T \in \mathscr{S}'(\mathbb{R}^n)$, so gilt $\mathscr{F}(D^{(\alpha)}T) = i^{|\alpha|}x^\alpha \mathscr{F}T$.*

Abschließend sollen einige Beispiele diskutiert werden.

Beispiele

(j) Sei $1 \leq p \leq \infty$ und $f \in L^p(\mathbb{R}^n)$. Dann definiert

$$T_f(\varphi) = \int_{\mathbb{R}^n} f(x)\varphi(x)\,dx$$

nach Beispiel VIII.2(a) eine temperierte Distribution. Für $p = 1$ ist definitionsgemäß

$$(\mathscr{F}T_f)(\varphi) = T_f(\mathscr{F}\varphi) = \int f(x)(\mathscr{F}\varphi)(x)\,dx$$

$$= \int (\mathscr{F}f)(x)\varphi(x)\,dx = T_{\mathscr{F}f}(\varphi);$$

wir haben hier das Analogon zu Gleichung (V.13) benutzt. Also ist die Fouriertransformation temperierter Distributionen eine Ausdehnung der klassischen Fouriertransformation. Dieselbe Zeile zeigt im Fall $p = 2$, dass die Fouriertransformation
auf $\mathscr{S}'(\mathbb{R}^n)$ auch die Fourier-Plancherel-Transformation fortsetzt. Wegen $L^p(\mathbb{R}^n) \subset$
$\mathscr{S}'(\mathbb{R}^n)$ (Beispiel VIII.2(a)) ist jetzt die Fouriertransformation für alle L^p-Funktionen
erklärt, aber im Unterschied zum Fall $p \leq 2$ (Satz V.2.10) ist für $2 < p \leq \infty$ die
Fouriertransformierte i. Allg. keine Funktion mehr, sondern nur noch eine temperierte
Distribution. (Beispiel (l) diskutiert einen speziellen Fall, wo dieser Effekt auftritt.)

(k) Für $a \in \mathbb{R}^n$ ist $\delta_a \in \mathscr{S}'(\mathbb{R}^n)$, wie man leicht sieht. Es ist

$$(\mathscr{F}\delta_a)(\varphi) = \delta_a(\mathscr{F}\varphi) = (\mathscr{F}\varphi)(a) = \frac{1}{(2\pi)^{n/2}} \int_{\mathbb{R}^n} e^{-iax}\varphi(x)\,dx.$$

Also ist $\mathscr{F}\delta_a$ die zur L^∞-Funktion $x \mapsto \frac{1}{(2\pi)^{n/2}} e^{-iax}$ gehörige temperierte Distribution,
in etwas laxer Schreibweise

$$(\mathscr{F}\delta_a)(x) = \frac{1}{(2\pi)^{n/2}} e^{-iax}.$$

(l) Wir berechnen die Fouriertransformierte der konstanten Funktion $\mathbf{1}$ im Distributionensinn. Die naheliegende Argumentation, $(\mathscr{F}T_1)(\varphi)$ definitionsgemäß zu berechnen, scheitert, weil sie auf ein nicht absolut konvergentes Integral führt und der Satz von
Fubini nicht anwendbar ist. (Versuchen Sie es!) Wir verwenden daher einen Kunstgriff.
Setzt man $\varphi^*(x) = \varphi(-x)$, so gilt nämlich nach Lemma V.2.7 und Beispiel (k)

$$(\mathscr{F}T_1)(\varphi) = (2\pi)^{n/2}(\mathscr{F}\mathscr{F}\delta)(\varphi) = (2\pi)^{n/2}\delta(\mathscr{F}\mathscr{F}\varphi) = (2\pi)^{n/2}\delta(\varphi^*)$$
$$= (2\pi)^{n/2}\varphi(-0) = (2\pi)^{n/2}\delta(\varphi),$$

also lax

$$\mathscr{F}\mathbf{1} = (2\pi)^{n/2}\delta.$$

VIII.6   Schwache Kompaktheit

Wir kehren zur Thematik von Abschn. VIII.3 zurück und studieren jetzt einige Aspekte
der schwachen Topologie eines Banachraums, insbesondere des Raums L^1.
   Im Folgenden seien $X, Y, \ldots$ stets Banachräume. Eine *schwach kompakte* Menge $A \subset X$
ist eine bezüglich der schwachen Topologie $\sigma(X, X')$ kompakte Menge, und A heißt *rela-*
tiv schwach kompakt, wenn der Abschluss $\overline{A}^\sigma$ von A bezüglich der schwachen Topologie
kompakt ist. Solche Mengen und die mit ihnen zusammenhängenden linearen Operatoren
sollen nun studiert werden.

Obwohl die schwache Topologie im Allgemeinen nicht metrisierbar ist (Aufgabe VIII.8.16) sind die topologischen Eigenschaften einer schwach kompakten Menge denen eines kompakten metrischen Raums sehr ähnlich. Dies ist der Inhalt des folgenden tiefliegenden Satzes.

Theorem VIII.6.1 (Satz von Eberlein-Shmulyan)
Sei X ein Banachraum, und sei A ⊂ X.

(a) *A ist genau dann relativ schwach kompakt, wenn jede Folge in A eine schwach konvergente Teilfolge (mit Grenzwert in X) besitzt.*
(b) *Ist A relativ schwach kompakt und $x \in \overline{A}^\sigma$, so existiert eine Folge in A, die schwach gegen x konvergiert.*
(c) *A ist genau dann schwach kompakt, wenn A schwach folgenkompakt ist; Letzteres bedeutet, dass jede Folge in A eine schwach konvergente Teilfolge mit Grenzwert in A besitzt.*

Bevor wir zum *Beweis* dieses Satzes kommen, ein paar Bemerkungen und Vorbereitungen. Wäre die schwache Topologie auf $\overline{A}^\sigma$ metrisierbar, so wären diese Aussagen klar; siehe dazu auch Satz B.1.7. Für allgemeine nichtmetrisierbare topologische Räume brauchen sie jedoch nicht zuzutreffen; im Anschluss an Korollar VIII.3.12 haben wir zum Beispiel einen kompakten Raum kennengelernt, der nicht folgenkompakt ist.

Die Metrisierbarkeit von relativ schwach kompakten Mengen gilt in separablen Räumen; dies wird der erste Schritt zum Beweis des Satzes von Eberlein-Shmulyan sein. Um dies im nächsten Lemma zu zeigen, beobachten wir zuvor die Beschränktheit relativ schwach kompakter Mengen A: Für jedes $x' \in X'$ ist $x'(A)$ nämlich relativ kompakt, also beschränkt, und die Beschränktheit von A folgt nach Korollar IV.2.4 aus dem Satz von Banach-Steinhaus.

Lemma VIII.6.2 *Sei Y ein separabler Banachraum, und sei B ⊂ Y eine schwach kompakte Teilmenge. Dann ist die schwache Topologie auf B metrisierbar.*

Beweis. Die Folge (y_n) liege dicht in Y. Wähle mit dem Satz von Hahn-Banach Funktionale $y'_n \in S_{Y'}$ mit $y'_n(y_n) = \|y_n\|$. Betrachte nun für $y, \tilde{y} \in B$

$$d(y, \tilde{y}) = \sum_{n=1}^\infty 2^{-n} |y'_n(y - \tilde{y})|.$$

Da B beschränkt ist, konvergiert die Reihe, und man sieht sofort, dass d eine Metrik definiert. (Die Definitheit von d folgt daraus, dass $z = 0$ ist, sobald alle $y'_n(z) = 0$ sind.) Nun ist die identische Abbildung von $(B, \sigma(Y, Y'))$ nach (B, d) stetig: Seien $y \in B$ und $\varepsilon > 0$; ferner setze $M = \sup_{b \in B} \|b\|$. Wähle k mit $2^{-k} \cdot 2M < \varepsilon/2$; dann folgt für $\tilde{y} \in B$ mit $|y'_n(y - \tilde{y})| \leq \varepsilon/2$ für $n = 1, \ldots, k$ (was eine schwache Umgebung von y definiert)

$d(y, \tilde{y}) < \varepsilon$. Da $(B, \sigma(Y, Y'))$ kompakt ist, ist die Identität nach Lemma B.2.7 sogar ein Homöomorphismus, und $(B, \sigma(Y, Y'))$ ist metrisierbar. $\square$

Nun können wir die einfachere Richtung von Aussage (a) aus dem Satz von Eberlein-Shmulyan beweisen, in der vorausgesetzt ist, dass A relativ schwach kompakt ist. Sei (a_n) eine Folge in A. Setze $Y = \overline{\lin}\{a_1, a_2, \ldots\}$, $B = \overline{A}^\sigma \cap Y$. Nach Satz VIII.3.5 ist Y in X schwach abgeschlossen, und der Satz von Hahn-Banach liefert, dass die Einschränkung der $\sigma(X, X')$-Topologie auf Y genau die $\sigma(Y, Y')$-Topologie ist. Lemma VIII.6.2 impliziert nun, dass $(B, \sigma(Y, Y'))$ ein kompakter metrischer Raum ist, und (a_n) besitzt eine schwach konvergente Teilfolge. (Wegen der obigen Beobachtung, die wir noch häufiger anwenden werden, ist es unerheblich, ob man sich auf die schwache Topologie des Banachraums Y oder die von X bezieht.)

Jetzt beweisen wir die Rückrichtung in (a). Es wird also vorausgesetzt, dass jede Folge in A eine schwach konvergente Teilfolge besitzt. Auch diese Voraussetzung impliziert, dass A beschränkt ist. Denn sonst gäbe es $x_n \in A$ mit $\|x_n\| \geq n$, und diese Folge kann keine schwach konvergente Teilfolge haben, da schwach konvergente Folgen beschränkt sind (Korollar IV.2.3). Wir sehen nun X kanonisch als Unterraum von X'' an und verwenden die Dualitätsklammern des dualen Paars (X', X''). Sei $\tilde{A} := \overline{A}^{\sigma(X'', X')} \subset X''$. Da A beschränkt ist, ist $\tilde{A}$ nach dem Satz von Alaoglu $\sigma(X'', X')$-kompakt. Unsere Strategie wird sein, die Inklusion $\tilde{A} \subset X$ nachzuweisen, woraus dann die Behauptung folgt, denn in diesem Fall ist $\tilde{A} = \overline{A}^{\sigma(X, X')}$.

Dazu bedienen wir uns der *Whitleyschen Konstruktion*. Wir beginnen wieder mit einem vorbereitenden Lemma.

Lemma VIII.6.3 *Sei Y ein Banachraum, und sei $E \subset Y'$ ein endlichdimensionaler Unterraum. Dann existieren endlich viele $y_1, \ldots, y_n \in S_Y$ mit*

$$\frac{1}{2}\|y'\| \leq \max_{i=1,\ldots,n} |y'(y_i)|$$

für alle $y' \in E$.

Beweis. Die Einheitssphäre S_E ist norm-kompakt. Daher existiert ein endliches $\frac{1}{4}$-Netz, d. h. $y_1', \ldots, y_n' \in S_E$ mit $S_E \subset \bigcup_{i=1}^n (y_i' + \frac{1}{4}B_{Y'})$. Zu y_i' wähle $y_i \in S_Y$ mit $|y_i'(y_i)| \geq \frac{3}{4}$. Es folgt für $y' \in S_E$ und geeignetes i

$$|y'(y_i)| \geq |y_i'(y_i)| - |(y' - y_i')(y_i)| \geq \frac{3}{4} - \frac{1}{4} = \frac{1}{2},$$

was zu zeigen war. $\square$

Sei nun $x'' \in \tilde{A}$; wir wollen zeigen, dass x'' tatsächlich in X liegt. Sei dazu $x_1' \in S_{X'}$ beliebig, und betrachte die schwach*-Umgebung von x''

$$U_1 = \{z'' : |\langle z'' - x'', x_1' \rangle| \leq 1\}.$$

Weil A schwach*-dicht in $\tilde{A}$ ist, existiert ein $a_1 \in A \cap U_1$. Nun betrachte den endlichdimensionalen Unterraum $E_1 = \mathrm{lin}\{x'', a_1\} \subset X''$. Nach Lemma VIII.6.3, angewandt auf $Y = X'$, existieren $x_2', \ldots, x_{n_2}' \in S_{X'}$ mit

$$\frac{1}{2}\|z''\| \leq \max_{2 \leq i \leq n_2} |\langle z'', x_i' \rangle| \leq \max_{i \leq n_2} |\langle z'', x_i' \rangle| \qquad \forall z'' \in E_1.$$

Im nächsten Schritt definiere

$$U_2 = \{z'' : |\langle z'' - x'', x_i' \rangle| \leq \tfrac{1}{2} \text{ für } i = 1, \ldots, n_2\}$$

und finde ein Element $a_2 \in A \cap U_2$. Setze $E_2 = \mathrm{lin}\{x'', a_1, a_2\}$, Lemma VIII.6.3 liefert $x_{n_2+1}', \ldots, x_{n_3}' \in S_{X'}$ mit

$$\frac{1}{2}\|z''\| \leq \max_{i \leq n_3} |\langle z'', x_i' \rangle| \qquad \forall z'' \in E_2.$$

Im dritten Schritt definiere

$$U_3 = \{z'' : |\langle z'' - x'', x_i' \rangle| \leq \tfrac{1}{3} \text{ für } i = 1, \ldots, n_3\},$$

finde ein Element $a_3 \in A \cap U_3$, betrachte $E_3 = \mathrm{lin}\{x'', a_1, a_2, a_3\}$ und finde Funktionale $x_{n_3+1}', \ldots, x_{n_4}' \in S_{X'}$ mit

$$\frac{1}{2}\|z''\| \leq \max_{i \leq n_4} |\langle z'', x_i' \rangle| \qquad \forall z'' \in E_3,$$

etc. Auf diese Weise werden Folgen (a_n) in A und (x_n') in $S_{X'}$ definiert mit

$$\frac{1}{2}\|z''\| \leq \sup_{i \in \mathbb{N}} |\langle z'', x_i' \rangle| \qquad\qquad\qquad \text{(VIII.11)}$$

für alle $z'' \in F_0 := \mathrm{lin}\{x'', a_1, a_2, \ldots\}$. Es ist klar, dass (VIII.11) auch für den Norm-Abschluss $F = \overline{F_0}$ gilt.

Nach Voraussetzung besitzt (a_n) eine schwach konvergente Teilfolge, sagen wir mit Grenzwert x. Wegen $x \in \overline{\mathrm{lin}}^\sigma \{a_1, a_2, \ldots\} = \overline{\mathrm{lin}}^{\|.\|}\{a_1, a_2, \ldots\}$ (vgl. Satz VIII.3.5) ist $x \in F$, und deshalb gilt (VIII.11) für $z'' = x'' - x$. Wir zeigen jetzt $x'' = x$ und damit $x'' \in X$, wie gewünscht.

Seien dazu $\varepsilon > 0$ und $i \in \mathbb{N}$ beliebig. Sei $k \geq \max\{i, 1/\varepsilon\}$. Dann gilt

$$|\langle x'' - a_k, x_i'\rangle| \leq \frac{1}{k} \leq \varepsilon,$$

da $a_k \in U_k$ und $i \leq k \leq n_k$. Da andererseits x schwacher Häufungspunkt der a_n ist, kann man k noch so wählen, dass $|\langle a_k - x, x_i'\rangle| \leq \varepsilon$ ist. Zusammen folgt

$$|\langle x'' - x, x_i'\rangle| \leq 2\varepsilon$$

und daher nach (VIII.11) auch $\frac{1}{2}\|x'' - x\| \leq 2\varepsilon$. Deshalb ist $x = x''$, und der Beweis von (a) ist erbracht.

Der Beweis von (b) ist in dem obigen Argument bereits enthalten: Ist nämlich A relativ schwach kompakt (und damit relativ schwach folgenkompakt) und a im schwachen Abschluss von A, so liefert die auf a anstelle von x'' angewandte Whitleysche Konstruktion eine Folge in A mit gegen a schwach konvergenter Teilfolge.

Teil (c) folgt nun aus (a) und (b). Dass schwach kompakte Mengen folgenkompakt sind, ergibt sich sofort aus (a). Für die Umkehrung ist wegen (a) nur die schwache Abgeschlossenheit zu zeigen. Sei also $a \in \overline{A}^\sigma$; nach (b) existiert eine Folge in A mit schwachem Grenzwert a. Wegen der vorausgesetzten schwachen Folgenkompaktheit hat diese Folge eine schwach konvergente Teilfolge mit Grenzwert in A; aber dieser Grenzwert muss a sein.   □

Als Korollar erhalten wir die Umkehrung von Theorem III.3.7.

Korollar VIII.6.4

(a) *Ein Banachraum X ist genau dann reflexiv, wenn jede beschränkte Folge eine schwach konvergente Teilfolge hat.*

(b) *Ein Banachraum X ist genau dann reflexiv, wenn jeder abgeschlossene separable Unterraum reflexiv ist.*

Beweis. (a) folgt aus Satz VIII.3.18, wenn man $A = B_X$ im Satz von Eberlein-Shmulyan setzt.

(b) Dass jeder abgeschlossene Unterraum ebenfalls reflexiv ist, wurde in Satz III.3.4 gezeigt. Wenn umgekehrt jeder abgeschlossene separable Unterraum reflexiv ist und (a_n) eine beschränkte Folge in X ist, so liegt diese insbesondere im separablen Unterraum $\overline{\lin}\{a_1, a_2, \ldots\}$. Dort existiert eine schwach konvergente Teilfolge, die dann auch in X schwach konvergiert.   □

Schwach kompakte Teilmengen von $C(K)$ sind nun leicht zu beschreiben. Da für beschränkte Folgen in $C(K)$ schwache Konvergenz gegen 0 dasselbe ist wie punktweise Konvergenz (siehe Seite 120), erhält man:

Korollar VIII.6.5 *Eine beschränkte Teilmenge $A \subset C(K)$ ist genau dann relativ schwach kompakt, wenn jede Folge in A eine punktweise konvergente Teilfolge mit stetiger Grenzfunktion enthält.*

Um schwache Kompaktheit in $L^1(\mu)$ zu charakterisieren, benötigen wir einen neuen Begriff.

▶ **Definition VIII.6.6** Eine Teilmenge $H \subset L^1(\mu)$ heißt *gleichgradig integrierbar*, wenn es zu jedem $\varepsilon > 0$ ein $\delta > 0$ gibt, so dass

$$\sup_{h \in H} \left| \int_E h \, d\mu \right| < \varepsilon,$$

falls $\mu(E) < \delta$.

Beispiele

(a) Einpunktige Mengen Sind gleichgradig integrierbar. Zu gegebenem $h \in L^1(\mu)$ setze nämlich $E_n = \{\omega \colon |h(\omega)| \geq n\}$. Dann gilt $|h| \mathbf{1}_{E_n} \to 0$ punktweise, also nach dem Lebesgueschen Konvergenzsatz $\int_{E_n} |h| \, d\mu \to 0$. Zu $\varepsilon > 0$ wähle nun n mit $\int_{E_n} |h| \, d\mu < \varepsilon/2$. Für $\mu(E) < \delta := \varepsilon/(2n)$ hat man in der Tat

$$\left| \int_E h \, d\mu \right| \leq \left(\int_{E \cap E_n} |h| \, d\mu \right) + \left(\int_{E \setminus E_n} |h| \, d\mu \right) < \frac{\varepsilon}{2} + n\mu(E) < \varepsilon.$$

(b) Da endliche Vereinigungen gleichgradig integrierbarer Mengen offenbar ebenfalls gleichgradig integrierbar sind, sind auch endliche Mengen gleichgradig integrierbar.

(c) Relativkompakte (bezüglich der L^1-Norm) Mengen sind gleichgradig integrierbar: Man braucht eine solche Menge nur durch endlich viele $\varepsilon/2$-Kugeln zu überdecken und (b) anzuwenden.

(d) Die Menge $\{n\mathbf{1}_{[0,1/n]} \colon n \in \mathbb{N}\} \subset L^1[0,1]$ ist nicht gleichgradig integrierbar.

Wir wollen beweisen, dass eine beschränkte Teilmenge von $L^1[0,1]$ genau dann relativ schwach kompakt ist, wenn sie gleichgradig integrierbar ist. Dazu überlegen wir vorbereitend, dass man die σ-Algebra eines endlichen Maßraums auf kanonische Weise zu einem vollständigen metrischen Raum machen kann.

Sei (Ω, Σ, μ) ein endlicher Maßraum. Zu $E_1, E_2 \in \Sigma$ betrachte die symmetrische Differenz $E_1 \triangle E_2 = (E_1 \setminus E_2) \cup (E_2 \setminus E_1)$ und setze

$$d_\mu(E_1, E_2) = \mu(E_1 \triangle E_2).$$

Dies ist eine Pseudometrik, d. h. d_μ ist symmetrisch und erfüllt die Dreiecksungleichung. Identifiziert man wie beim Übergang von $\mathscr{L}^1$ zu L^1 zwei fast überall übereinstimmende Mengen, so erhält man einen metrischen Raum, der Σ_μ genannt werde. Dass dieser Raum vollständig ist, sieht man am einfachsten so. Da $d_\mu(E_1, E_2) = \|\mathbf{1}_{E_1} - \mathbf{1}_{E_2}\|_{L^1}$ gilt, kann man Σ_μ mit der Menge der Indikatorfunktionen identifizieren. Es reicht nun zu überlegen, dass letztere in $L^1(\mu)$ abgeschlossen ist. Gelte also $\|\mathbf{1}_{E_n} - f\|_{L^1} \to 0$. Dann konvergiert eine Teilfolge von $(\mathbf{1}_{E_n})$ fast überall gegen f; daher nimmt die Grenzfunktion fast überall nur die Werte 0 und 1 an und ist selbst eine Indikatorfunktion.

Nun können wir ein wichtiges Lemma zeigen.

Lemma VIII.6.7 *Sei μ ein endliches Maß, und sei (h_n) eine Folge in $L^1(\mu)$, so dass für alle $E \in \Sigma$ der Grenzwert $\lim_{n\to\infty} \int_E h_n\, d\mu$ existiert. Dann ist die Menge $\{h_n: n \in \mathbb{N}\}$ gleichgradig integrierbar.*

Beweis. Sei $\varepsilon > 0$. Wir betrachten die Mengen

$$H_k = \left\{ E: \left|\int_E (h_n - h_m)\, d\mu\right| \le \varepsilon \; \forall m, n \ge k \right\} \subset \Sigma_\mu, \quad k = 1, 2, \ldots.$$

Nach Voraussetzung über die Folge (h_n) ist $\bigcup_{k=1}^\infty H_k = \Sigma_\mu$. Ferner sind die H_k abgeschlossen; dazu reicht es einzusehen, dass für festes h die Abbildung $E \mapsto \int_E h\, d\mu$ auf Σ_μ stetig ist, und das folgt aus der Abschätzung

$$\left| \int_{E_1} h\, d\mu - \int_{E_2} h\, d\mu \right| \le \int_{E_1 \triangle E_2} |h|\, d\mu$$

und Beispiel (a) oben.

Nach dem Baireschen Kategoriensatz (Korollar IV.1.4) enthält ein H_p einen inneren Punkt; es existieren also ein $E_0 \in H_p$ und ein $\delta_1 > 0$ mit

$$E' \in \Sigma, \; d_\mu(E', E_0) < \delta_1 \;\Rightarrow\; E' \in H_p.$$

Gelte nun $\mu(E) < \delta_1$. Es ist $E = (E_0 \cup E) \setminus (E_0 \setminus E)$ und

$$d_\mu(E_0 \cup E, E_0) = \mu((E_0 \cup E) \triangle E_0) \le \mu(E) < \delta_1$$

sowie

$$d_\mu(E_0 \setminus E, E_0) = \mu((E_0 \setminus E) \triangle E_0) \le \mu(E) < \delta_1,$$

da die symmetrischen Differenzen jeweils Teilmengen von E sind. Daher liegen $E_1 = E_0 \cup E$ und $E_2 = E_0 \setminus E$ in H_p. Das bedeutet nach Definition von H_p

$$\left| \int_{E_j} (h_n - h_m)\, d\mu \right| \le \varepsilon \quad \text{für } n, m \ge p.$$

Speziell folgt für $n \geq p$

$$\left| \int_E (h_n - h_p) \, d\mu \right| = \left| \int_{E_1} (h_n - h_p) \, d\mu - \int_{E_2} (h_n - h_p) \, d\mu \right| \leq 2\varepsilon.$$

Weil die Menge $\{h_p\}$ gleichgradig integrierbar ist, existiert ein $\delta_2 > 0$ mit

$$\left| \int_E h_p \, d\mu \right| < \varepsilon$$

für $\mu(E) < \delta_2$. Also hat man für $\mu(E) < \min\{\delta_1, \delta_2\}$

$$\left| \int_E h_n \, d\mu \right| < 3\varepsilon$$

für $n \geq p$, und da $\{h_1, \ldots, h_{p-1}\}$ gleichgradig integrierbar ist, folgt die Behauptung des Lemmas. $\qquad\square$

Die Voraussetzung von Lemma VIII.6.7 ist insbesondere erfüllt, wenn (h_n) schwach konvergiert bzw. allgemeiner, wenn (h_n) eine schwache Cauchyfolge ist, denn $h \mapsto \int_E h \, d\mu$ ist ein stetiges lineares Funktional auf $L^1(\mu)$. (Dieser Begriff wurde in Aufgabe IV.8.12 eingeführt; zur Erinnerung: Eine Folge (x_n) in einem Banachraum heißt *schwache Cauchyfolge*, wenn für jedes Funktional $x' \in X'$ die skalare Folge $(x'(x_n))$ eine skalare Cauchyfolge ist oder, was auf dasselbe hinausläuft, konvergiert.) Das soll explizit festgehalten werden.

Korollar VIII.6.8 *Sei μ ein endliches Maß; dann ist jede schwache Cauchyfolge und insbesondere jede schwach konvergente Folge in $L^1(\mu)$ gleichgradig integrierbar.*

Die Aussage gilt sogar in jedem Maßraum. Nun zur schwachen Kompaktheit in $L^1(\mu)$.

Satz VIII.6.9 *Sei μ ein endliches Maß, und sei H eine beschränkte Teilmenge von $L^1(\mu)$. Genau dann ist H relativ schwach kompakt, wenn H gleichgradig integrierbar ist.*

Beweis. Sei zuerst H relativ schwach kompakt. Wäre H nicht gleichgradig integrierbar, so gäbe es Folgen (h_n) in H und (E_n) in Σ sowie ein $\varepsilon_0 > 0$ derart, dass $\mu(E_n) < 1/n$, aber $|\int_{E_n} h_n \, d\mu| \geq \varepsilon_0$ für alle n ist. Dann ist auch keine Teilfolge von (h_n) gleichgradig integrierbar. Aber (h_n) besitzt eine schwach konvergente Teilfolge nach dem Satz von Eberlein-Shmulyan, und man erhält einen Widerspruch zu Korollar VIII.6.8.

Umgekehrt sei H als gleichgradig integrierbar vorausgesetzt. Wir fassen wie im Beweis des Satzes von Eberlein-Shmulyan H als Teilmenge von $L^1(\mu)''$ auf und betrachten dort den $\sigma(L^1(\mu)'', L^1(\mu)')$-Abschluss $\tilde{H}$ von H. Da H beschränkt ist, ist $\tilde{H}$ schwach* kompakt. Sei $\Phi \in \tilde{H}$; wir werden $\Phi \in L^1(\mu)$ zeigen, so dass $\tilde{H} \subset L^1(\mu)$ und damit die relative schwache Kompaktheit von H folgt.

Setze $\nu(E) = \Phi(\mathbf{1}_E)$ für $E \in \Sigma$. Da Φ linear ist, ist ν eine additive Mengenfunktion. Des weiteren existiert ein Netz (f_α) in H mit $f_\alpha \to \Phi$ bzgl. $\sigma(L^1(\mu)'', L^1(\mu)')$. Zu $\varepsilon > 0$ wähle gemäß der gleichgradigen Integrierbarkeit ein $\delta > 0$ mit $\sup_\alpha |\int_E f_\alpha \, d\mu| < \varepsilon$ für $\mu(E) < \delta$. Wegen $\nu(E) = \lim_\alpha \int_E f_\alpha \, d\mu$ folgt die Implikation

$$\mu(E) < \delta \quad \Rightarrow \quad |\nu(E)| < \varepsilon. \tag{VIII.12}$$

Daraus können wir jetzt die σ-Additivität der Mengenfunktion ν herleiten. Es ist dafür nur zu zeigen, dass für eine absteigende Folge $E_1 \supset E_2 \supset \ldots$ in Σ mit $\bigcap_{n=1}^\infty E_n = \emptyset$ die Konvergenz $\nu(E_n) \to 0$ folgt. Wegen (VIII.12) ist dafür $\mu(E_n) \to 0$ hinreichend, aber für endliche Maße μ folgt das aus $E_n \searrow \emptyset$. (Hier haben wir einige maßtheoretische Grundtatsachen benutzt.)

Also ist ν ein signiertes (oder komplexes) Maß, und es ist klar, dass ν bzgl. μ absolutstetig ist: $\nu \ll \mu$. Nach dem Satz von Radon-Nikodým (Satz A.4.6) existiert eine Dichte $h \in L^1(\mu)$, d. h.

$$\int_E h \, d\mu = \nu(E) = \Phi(\mathbf{1}_E) \qquad \forall E \in \Sigma.$$

Daher gilt $\int_\Omega h g \, d\mu = \Phi(g)$ für alle Treppenfunktionen g, und da die Treppenfunktionen dicht in L^∞ liegen und Φ norm-stetig ist, gilt dies sogar für alle $g \in L^\infty(\mu)$. Deshalb stimmt Φ mit dem Auswertungsfunktional bei h überein und liegt in $L^1(\mu)$. $\qquad \square$

Die Endlichkeit von μ ist im letzten Satz wesentlich. Ohne Beweis sei bemerkt, dass bei unendlichen Maßen zusätzlich zur Beschränktheit und gleichgradigen Integrierbarkeit die Bedingung

$$\forall \varepsilon > 0 \; \exists E \in \Sigma, \mu(E) < \infty \colon \; \sup_{h \in H} \int_{\Omega \setminus E} |h| \, d\mu \le \varepsilon$$

zur Charakterisierung der relativen schwachen Kompaktheit benötigt wird.

Eine Konsequenz von Satz VIII.6.9 ist die schwache Folgenvollständigkeit von $L^1(\mu)$; ein Banachraum heißt *schwach folgenvollständig*, wenn jede schwache Cauchyfolge schwach konvergiert. Um diesen Begriff zu analysieren, sei eine schwache Cauchyfolge (x_n) in X vorgelegt. Dann ist

$$\Phi_{(x_n)} \colon X' \to \mathbb{K}, \quad \Phi_{(x_n)}(x') = \lim_{n \to \infty} x'(x_n)$$

eine wohldefinierte lineare Abbildung, die nach Korollar IV.2.5 stetig ist: $\Phi_{(x_n)} \in X''$. Daher ist X genau dann schwach folgenvollständig, wenn all diese $\Phi_{(x_n)}$ Auswertungsfunktionale sind. Damit ist klar, dass reflexive Räume schwach folgenvollständig sind.

Satz VIII.6.10 $L^1(\mu)$ *ist schwach folgenvollständig.*

Beweis. Ist μ ein endliches Maß und $(h_n) \subset L^1(\mu)$ eine schwache Cauchyfolge, so ist (h_n) gleichgradig integrierbar (Korollar VIII.6.8) und beschränkt (Aufgabe IV.8.12). Im Beweis von Satz VIII.6.9 wurde gezeigt, dass das zugehörige Funktional $\Phi_{(h_n)}$ in $L^1(\mu) \subset L^1(\mu)''$ liegt.

Ist μ σ-endlich, kann man Ω in disjunkte Teilmengen $\Omega_1, \Omega_2, \ldots$ endlichen Maßes zerlegen und dann die Folgen $(h_n|_{\Omega_k})_n$ betrachten.

Dies enthält bereits den allgemeinen Fall, denn bei gegebener Folge $(h_n) \subset L^1(\mu)$ ist der „Gesamtträger" der h_n σ-endlich: $\Omega_{n,k} = \{\omega\colon k \le |h_n(\omega)| < k+1\}$, $n \ge 1$, $k \ge 0$, bildet eine Zerlegung von $\Omega' = \bigcup_n \{\omega\colon h_n(\omega) \ne 0\}$ in abzählbar viele paarweise disjunkte Mengen endlichen Maßes, und außerhalb von Ω' verschwinden alle h_n. $\qquad\square$

In reflexiven Räumen ist *jede* beschränkte Menge relativ schwach kompakt; am anderen Ende der Skala steht der Folgenraum ℓ^1. Dort stimmen nämlich schwache Kompaktheit und Kompaktheit überein, wie aus dem nächsten Satz, dem *Schurschen Lemma*, und dem Satz von Eberlein-Shmulyan folgt.

Satz VIII.6.11 *Jede schwach konvergente Folge in ℓ^1 ist konvergent.*

Beweis. Ohne Einschränkung gelte $x_n \to 0$ schwach in ℓ^1. Wir schreiben das Element $x_n \in \ell^1$, das ja eine Folge von Zahlen ist, in der Form $x_n = (x_n(m))_m$. Ebenso werden Elemente des Dualraums ℓ^∞ als $y = (y(m))_m$ notiert, und y wirkt auf x_n gemäß $\langle y, x_n \rangle = \sum_m y(m)x_n(m)$.

Sei nun $\varepsilon > 0$. Setze

$$F_k = \bigcap_{n \ge k} \{y \in B_{\ell^\infty}\colon |\langle y, x_n \rangle| \le \varepsilon\}, \quad k = 1, 2, \ldots.$$

Da (x_n) schwach gegen 0 konvergiert, gilt $B_{\ell^\infty} = \bigcup_{k=1}^\infty F_k$. Wir versehen B_{ℓ^∞} mit der schwach*-Topologie $\sigma(\ell^\infty, \ell^1)$; nach Aufgabe VIII.8.17 ist diese Topologie auf B_{ℓ^∞} metrisierbar und stimmt dort mit der Topologie der koordinatenweisen Konvergenz überein. So wird B_{ℓ^∞} zu einem vollständigen metrischen (da kompakten) Raum. Da die x_n als schwach*-stetige Funktionale auf ℓ^∞ wirken, sind die F_k schwach* abgeschlossen. Nach dem Baireschen Kategoriensatz besitzt eine dieser Mengen, sagen wir F_p, einen relativ zu B_{ℓ^∞} inneren Punkt y_*; nach der obigen Diskussion existieren also $\delta > 0$ und $r \in \mathbb{N}$ mit

$$\{y \in B_{\ell^\infty}\colon |y(m) - y_*(m)| \le \delta \text{ für } m = 1, \ldots, r\} \subset F_p. \qquad \text{(VIII.13)}$$

Weiter impliziert die schwache Konvergenz $\lim_{n\to\infty} x_n(m) = 0$ für alle m; daher existiert eine natürliche Zahl N mit

$$\sum_{m=1}^{r} |x_n(m)| \leq \varepsilon \quad \text{für } n \geq N.$$

Wir zeigen jetzt $\|x_n\|_{\ell^1} \leq 3\varepsilon$ für $n \geq \max\{p, N\}$ und damit $\|x_n\|_{\ell^1} \to 0$.

Zu $n \geq \max\{p, N\}$ definiere $y_n \in B_{\ell^\infty}$ durch

$$y_n(m) = y_*(m) \text{ für } m \leq r, \quad y_n(m) = \frac{|x_n(m)|}{x_n(m)} \text{ für } m > r$$

(mit der Konvention $0/0 = 0$). Aus (VIII.13) ersieht man, dass $y_n \in F_p$ gilt, also wegen $n \geq p$

$$|\langle y_n, x_n \rangle| = \left| \sum_{m=1}^{r} y_*(m) x_n(m) + \sum_{m>r} |x_n(m)| \right| \leq \varepsilon.$$

Es folgt

$$\sum_{m>r} |x_n(m)| \leq \varepsilon + \left| \sum_{m=1}^{r} y_*(m) x_n(m) \right| \leq \varepsilon + \sum_{m=1}^{r} |x_n(m)|$$

sowie

$$\|x_n\|_{\ell^1} \leq \varepsilon + 2 \sum_{m=1}^{r} |x_n(m)| \leq 3\varepsilon,$$

Letzteres wegen $n \geq N$. Das war zu zeigen. $\square$

Das in diesem Satz ausgesprochene Phänomen nennt man die *Schur-Eigenschaft* von ℓ^1. Die Schur-Eigenschaft darf nicht dahingehend missverstanden werden, dass die Normtopologie und die schwache Topologie auf ℓ^1 übereinstimmten; das ist nicht der Fall. Nur sind Folgen für die Beschreibung der schwachen Topologie vollkommen unangemessen.

VIII.7   Schwach kompakte Operatoren

Wir untersuchen nun die zu den schwach kompakten Mengen zugehörige Operatorklasse; X, Y, etc. bezeichnen stets Banachräume.

▶ **Definition VIII.7.1** Ein linearer Operator zwischen Banachräumen, $T \in L(X, Y)$, heißt *schwach kompakt*, wenn $T(B_X)$ relativ schwach kompakt ist. Die Menge aller schwach kompakten Operatoren von X nach Y wird mit $W(X, Y)$ bezeichnet.

Nach dem Satz von Eberlein-Shmulyan (Theorem VIII.6.1) ist ein Operator $T: X \to Y$ genau dann schwach kompakt, wenn für jede beschränkte Folge (x_n) die Bildfolge (Tx_n) eine schwach konvergente Teilfolge enthält.

Beispiele

(a) Offensichtlich ist jeder stetige lineare Operator $T: X \to Y$ schwach kompakt, wenn Y reflexiv ist, denn in reflexiven Räumen sind beschränkte Mengen relativ schwach kompakt, oder wenn X reflexiv ist. Beachte für Letzteres, dass T schwach-schwach stetig ist (Aufgabe VIII.8.10) und deshalb die schwach kompakte Menge B_X auf eine schwach kompakte Menge abbildet. Der identische Operator Id: $X \to X$ ist genau dann schwach kompakt, wenn X reflexiv ist.

(b) Jeder kompakte Operator ist schwach kompakt.

(c) Der Integrationsoperator

$$T_p: L^1[0,1] \to L^p[0,1], \quad (T_p f)(s) = \int_0^s f(t)\, dt$$

ist kompakt für $1 \le p < \infty$ [Beweis?]. Als Operator nach $C[0,1]$ oder $L^\infty[0,1]$ ist er jedoch nicht schwach kompakt: Für $h_n = n\mathbf{1}_{[0,1/n]}$ besitzt die Bildfolge keine schwach konvergente Teilfolge.

(d) Die kanonische Inklusion von $L^\infty[0,1]$ nach $L^1[0,1]$ ist schwach kompakt (das sieht man am einfachsten mit Hilfe des nächsten Satzes), ohne kompakt zu sein.

(e) Es ist nicht ganz einfach, schwach kompakte Operatoren von L^1 nach L^1 anzugeben, die nicht kompakt sind; warum das so ist, erklärt Satz VIII.7.12. Hier ist ein solches Beispiel. Sei $k: [0,1] \times [0,1] \to \mathbb{R}$ beschränkt und messbar. Dann ist der Integraloperator

$$T_k: L^1[0,1] \to L^1[0,1], \quad (T_k f)(s) = \int_0^1 k(s,t)f(t)\, dt$$

wohldefiniert und stetig mit $\|T_k\| \le \sup_t \int_0^1 |k(s,t)|\, ds$. Der Operator ist sogar schwach kompakt; das folgt aus der Abschätzung (λ ist das Lebesguemaß)

$$\int_E |T_k f(s)|\, ds \le \lambda(E) \sup_{s,t} |k(s,t)|\, \|f\|_{L^1},$$

die zeigt, dass $T_k(B_{L^1})$ gleichgradig integrierbar und deshalb (Satz VIII.6.9) relativ schwach kompakt ist.

Wir betrachten nun den speziellen Kern

$$k(s,t) = \sum_{l=0}^\infty \sum_{j=0}^{2^l-1} \mathbf{1}_{((2j+1)2^{-(l+1)},(2j+2)2^{-(l+1)}]}(s)\mathbf{1}_{(2^{-(l+1)},2^{-l}]}(t);$$

k ist die Indikatorfunktion einer Teilmenge von $[0,1] \times [0,1]$ [Skizze?]. Der entsprechende Integraloperator T_k ist also schwach kompakt, aber nicht kompakt; für die Funktionen $f_n = 2^{n+1} 1_{(2^{-(n+1)}, 2^{-n}]}$, $n = 0, 1, 2, \ldots$, gilt nämlich $\|f_n\|_{L^1} = 1$, aber $\|T_k f_n - T_k f_m\|_{L^1} = 1/2$ für $n \neq m$, so dass $(T_k f_n)$ keine konvergente Teilfolge besitzt.

Weitere Beispiele erhält man aus dem folgenden einfachen Satz, der genauso wie die entsprechenden Aussagen über kompakte Operatoren (siehe Satz II.3.2) gezeigt wird.

Satz VIII.7.2 *Seien V, X, Y, Z Banachräume.*

(a) *$W(X, Y)$ ist ein Untervektorraum von $L(X, Y)$.*
(b) *Sind $R \in L(V, X)$, $S \in W(X, Y)$ und $T \in L(Y, Z)$, so ist $TSR \in W(V, Z)$.*

Um jetzt die schwache Kompaktheit der Inklusion $j_{\infty,1}$ von $L^\infty[0,1]$ nach $L^1[0,1]$ zu begründen, schreiben wir $j_{\infty,1}$ als Produkt der Inklusionen $j_{\infty,2}: L^\infty[0,1] \to L^2[0,1]$ und $j_{2,1}: L^2[0,1] \to L^1[0,1]$: $j_{\infty,1} = j_{2,1} j_{\infty,2}$. Da L^2 reflexiv ist, sind beide Faktoren schwach kompakt und erst recht das Produkt.

Das folgende Kriterium ist sehr nützlich.

Satz VIII.7.3 *Seien X und Y Banachräume. Für $T \in L(X, Y)$ sind äquivalent:*

(i) *T ist schwach kompakt.*
(ii) *Der adjungierte Operator $T': Y' \to X'$ ist $\sigma(Y', Y)$-$\sigma(X', X'')$-stetig.*
(iii) *$T''(X'') \subset Y$.*

Beweis. (ii) $\Leftrightarrow$ (iii): Beide Bedingungen bedeuten, dass $y' \mapsto \langle T''x'', y'\rangle = \langle x'', T'y'\rangle$ schwach*-stetig ist.

(i) $\Rightarrow$ (iii): Nach dem Satz von Goldstine ist der $\sigma(X'', X')$-Abschluss von B_X gleich $B_{X''}$, und da T'' schwach*-schwach* stetig ist (vgl. Aufgabe VIII.8.11) folgt

$$T''(B_{X''}) \subset \overline{T''(B_X)}^{\sigma(Y'',Y')} = \overline{T(B_X)}^{\sigma(Y'',Y')}.$$

Aber $T(B_X)$ ist nach Voraussetzung relativ schwach kompakt, daher

$$\overline{T(B_X)}^{\sigma(Y'',Y')} = \overline{T(B_X)}^{\sigma(Y,Y')} \subset Y.$$

Es folgt $T''(X'') \subset Y$.

(iii) $\Rightarrow$ (i): Der Operator T'' ist schwach*-schwach* stetig, daher und wegen des Satzes von Alaoglu ist $T''(B_{X''})$ $\sigma(Y'', Y')$-kompakt. Diese Menge liegt nach Voraussetzung in Y und ist folglich schwach kompakt. Wegen $T(B_X) \subset T''(B_{X''})$ (vgl. Lemma III.4.3) folgt (i). $\qquad\square$

Korollar VIII.7.4 (Satz von Gantmacher)
Ein Operator T zwischen Banachräumen ist genau dann schwach kompakt, wenn es sein Adjungierter T' ist.

Beweis. Wenn $T: X \to Y$ schwach kompakt ist, ist nach Teil (ii) des letzten Satzes in Verbindung mit dem Satz von Alaoglu $T'(B_{Y'})$ schwach kompakt. Ist umgekehrt T' schwach kompakt, so nach dem gerade Bewiesenen auch T'' und deshalb T, denn Y ist norm- und schwach abgeschlossen in Y''. $\square$

Korollar VIII.7.5 *Seien X und Y Banachräume. Dann ist $W(X, Y)$ abgeschlossen in $L(X, Y)$ und daher selbst ein Banachraum.*

Beweis. Seien $T_n \in W(X, Y)$, $T \in L(X, Y)$ mit $T_n \to T$. Dann gilt auch $T_n'' \to T''$ und insbesondere $T_n'' x'' \to T'' x''$ für alle $x'' \in X''$. Nach Satz VIII.7.3(iii) liegen die $T_n'' x''$ in Y, also gilt auch $T'' x'' \in Y$. Eine erneute Anwendung von Satz VIII.7.3 liefert $T \in W(X, Y)$.
                                                                                 $\square$

Es ist leicht zu sehen, dass ein kompakter Operator $T: X \to Y$ schwache Nullfolgen auf Norm-Nullfolgen abbildet (Aufgabe III.6.17). 1940 zeigten Dunford und Pettis, dass für $X = L^1(\mu)$ auch schwach kompakte Operatoren diese Eigenschaft haben. Das soll als nächstes diskutiert werden. Wir benötigen dazu eine Definition.

▶ **Definition VIII.7.6**

(a) Ein Operator $T: X \to Y$ heißt *vollstetig*, falls T schwache Nullfolgen in Norm-Nullfolgen überführt. Die Menge aller vollstetigen Operatoren von X nach Y wird mit $V(X, Y)$ bezeichnet.
(b) Ein Banachraum X hat die *Dunford-Pettis-Eigenschaft*, wenn jeder schwach kompakte Operator auf X mit Werten in einem beliebigen Banachraum Y vollstetig ist, mit anderen Worten, wenn $W(X, Y) \subset V(X, Y)$ für alle Banachräume Y gilt.

Offensichtlich haben endlichdimensionale Räume die Dunford-Pettis-Eigenschaft, und nach Satz VIII.6.11 hat auch ℓ^1 die Dunford-Pettis-Eigenschaft. Andererseits ist der identische Operator auf unendlichdimensionalen reflexiven Räumen nicht vollstetig (da er sonst kompakt wäre), aber schwach kompakt, so dass diese Räume nicht die Dunford-Pettis-Eigenschaft haben.

Unser nächstes Ziel wird es sein, die Dunford-Pettis-Eigenschaft für $C(K)$- und $L^1(\mu)$-Räume zu zeigen. Wir beginnen mit einem Lemma.

Lemma VIII.7.7 *Die folgenden Aussagen über einen Banachraum X sind äquivalent:*

(i) *X hat die Dunford-Pettis-Eigenschaft.*
(ii) *Jeder schwach kompakte Operator auf X mit Werten in einem beliebigen Banachraum Y bildet schwache Cauchyfolgen auf norm-konvergente Folgen ab.*
(iii) *Aus $x_n \to 0$ bzgl. $\sigma(X, X')$ und $x_n' \to 0$ bzgl. $\sigma(X', X'')$ folgt $\langle x_n', x_n \rangle \to 0$.*

(iv) *Jeder schwach kompakte Operator auf X mit Werten in einem beliebigen Banachraum*
     Y bildet schwach kompakte Mengen auf normkompakte Mengen ab.

Beweis. (i) $\Rightarrow$ (ii): Dem Beweis dieser Richtung schicken wir eine elementare Vorüberlegung voraus: Eine Folge (z_n) in einem normierten Raum ist genau dann eine Cauchyfolge,
wenn für jede Teilfolge die Differenzfolge $(z_{n_{k+1}} - z_{n_k})_k$ eine Nullfolge ist. [Das ist nur
eine geschickte Umschreibung der Definition einer Cauchyfolge.] Indem man zu $(\langle z', z_n \rangle)$
übergeht, erhält man eine analoge Aussage für schwache Cauchyfolgen.

Nun gelte (i), sei $T \in W(X, Y)$, und sei (x_n) eine schwache Cauchyfolge. Also gilt für
alle Teilfolgen, dass $x_{n_{k+1}} - x_{n_k} \to 0$ schwach. Weil T vollstetig ist, hat man auch, dass
$Tx_{n_{k+1}} - Tx_{n_k} \to 0$ bzgl. der Norm. Also ist (Tx_n) eine Cauchyfolge im Banachraum Y und
deshalb konvergent.

(ii) $\Rightarrow$ (iv) folgt aus dem Satz von Eberlein-Shmulyan.

(iv) $\Rightarrow$ (i) ist klar.

(i) $\Rightarrow$ (iii): (x_n) und (x'_n) seien schwache Nullfolgen in X bzw. X'. Definiere

$$T\colon X \to c_0, \quad Tx = (\langle x'_n, x \rangle);$$

da (x'_n) eine schwache und daher auch eine schwach*-Nullfolge ist, bildet T wirklich nach
c_0 ab. Wir behaupten, dass T schwach kompakt ist. Der adjungierte bzw. biadjungierte
Operator hat nämlich die Form

$$T'\colon \ell^1 \to X', \quad T'(\xi_n) = \sum_n \xi_n x'_n$$

bzw.

$$T''\colon X'' \to \ell^\infty, \quad T''x'' = (\langle x'_n, x'' \rangle),$$

wie leicht nachzurechnen ist. Aber weil (x'_n) nicht nur schwach*, sondern schwach gegen 0
konvergiert, gilt sogar $T''(X'') \subset c_0$, und T ist nach Satz VIII.7.3 schwach kompakt. Wegen
(i) gilt daher $Tx_n \to 0$, und (iii) folgt aus

$$|\langle x'_n, x_n \rangle| \le \sup_k |\langle x'_k, x_n \rangle| = \|Tx_n\|.$$

(iii) $\Rightarrow$ (i): Nehmen wir an, dass (i) falsch ist. Dann existieren ein Banachraum Y,
$T \in W(X, Y)$, $\varepsilon > 0$ sowie $(x_n) \subset X$ mit $x_n \to 0$ schwach, aber $\|Tx_n\| \ge \varepsilon$ für alle n. Wähle
Funktionale $y'_n \in B_{Y'}$ mit $\|Tx_n\| = \langle y'_n, Tx_n \rangle = \langle T'y'_n, x_n \rangle$. Nach eventuellem Übergang
zu einer Teilfolge darf nach Korollar VIII.7.4 angenommen werden, dass $(T'y'_n)$ schwach
konvergiert, etwa gegen x'. Das liefert für hinreichend große n

$$|\langle T'y'_n - x', x_n \rangle| \ge |\langle T'y'_n, x_n \rangle| - |\langle x', x_n \rangle| \ge \varepsilon - \frac{\varepsilon}{2} = \frac{\varepsilon}{2}$$

im Widerspruch zu (iii). $\square$

Aus Teil (iii) des Lemmas folgt sofort:

Korollar VIII.7.8 *Wenn X' die Dunford-Pettis-Eigenschaft hat, hat auch X die Dunford-Pettis-Eigenschaft.*

Die Umkehrung gilt nicht, siehe Aufgabe VIII.8.56.
Wir diskutieren jetzt die klassischen Funktionenräume $C(K)$ and $L^1(\mu)$.

Satz VIII.7.9 *Sei K ein kompakter Hausdorffraum. Dann hat $C(K)$ die Dunford-Pettis-Eigenschaft.*

Zum Beweis benötigen wir ein Lemma.

Lemma VIII.7.10 *Seien $\mu_n \in M(K) = C(K)'$, und es gelte $\mu_n \to 0$ bzgl. $\sigma(M(K), M(K)')$. Dann existiert ein positives Maß μ mit*

$$\forall \varepsilon > 0 \; \exists \delta > 0 \; \forall E: \quad \mu(E) \le \delta \;\Rightarrow\; \sup_n |\mu_n|(E) \le \varepsilon.$$

Beweis. Betrachte das endliche Maß $\mu = \sum_n 2^{-n}|\mu_n|$. Hier bezeichnet $|\mu_n|$ die Variation von μ_n; μ ist endlich, da die schwach konvergente Folge (μ_n) beschränkt ist. Offensichtlich gilt $\mu_n \ll \mu$ für alle n; also existieren nach dem Satz von Radon-Nikodým Dichten $h_n \in L^1(\mu)$ mit $\mu_n(E) = \int_E h_n \, d\mu$ für alle Borelmengen E. Beachte, dass dann auch $|\mu_n|(E) = \int_E |h_n| \, d\mu$ gilt. Wenn wir via $h \mapsto h \, d\mu$ den Raum $L^1(\mu)$ als abgeschlossenen Unterraum von $M(K)$ ansehen, besagt die Voraussetzung über (μ_n), dass (h_n) eine schwache Nullfolge in $L^1(\mu)$ ist. Nach Korollar VIII.6.8 ist (h_n) gleichgradig integrierbar, und Aufgabe VIII.8.47 liefert die Behauptung des Lemmas. □

Kommen wir nun zum *Beweis* von Satz VIII.7.9. Wir zeigen Bedingung (iii) aus Lemma VIII.7.7. Gelte also $f_n \to 0$ bzgl. $\sigma(C(K), C(K)')$ und $\mu_n \to 0$ bzgl. $\sigma(M(K), M(K)')$. Wähle μ gemäß Lemma VIII.7.10. Da (f_n) insbesondere punktweise konvergiert, existiert nach dem Satz von Egorov aus der Maßtheorie (siehe z. B. Satz IV.6.7 in Werner [2009]) zu $\delta > 0$ eine Borelmenge E mit $\mu(K \setminus E) < \delta$ so, dass (f_n) auf E gleichmäßig konvergiert.

Im Weiteren sei ohne Einschränkung $\|f_n\| \le 1$ und $\|\mu_n\| \le 1$ angenommen. Sei $\varepsilon > 0$ vorgelegt. Wähle δ wie in Lemma VIII.7.10 und dazu E wie im Satz von Egorov. Dann folgt

$$
\begin{aligned}
|\langle f_n, \mu_n \rangle| &= \left| \int_K f_n \, d\mu_n \right| \\
&\le \int_E |f_n| \, d|\mu_n| + \int_{K \setminus E} |f_n| \, d|\mu_n| \\
&\le \sup_{t \in E} |f_n(t)| \cdot |\mu_n|(E) + \sup_{t \notin E} |f_n(t)| \cdot |\mu_n|(K \setminus E) \\
&\le \varepsilon \cdot 1 + 1 \cdot \varepsilon = 2\varepsilon
\end{aligned}
$$

für hinreichend große n, denn (f_n) konvergiert auf E gleichmäßig gegen 0 und $|\mu_n|(K \backslash E) \leq \varepsilon$, weil $\mu(K \backslash E) \leq \delta$.   □

Korollar VIII.7.11 *Ist μ σ-endlich, so haben der Raum $L^1(\mu)$ und sein Dualraum $L^\infty(\mu)$ die Dunford-Pettis-Eigenschaft.*

Beweis. Es reicht nach Korollar VIII.7.8 zu zeigen, dass $L^\infty(\mu)$ die Dunford-Pettis-Eigenschaft besitzt. In Korollar IX.3.5 wird aber gezeigt, dass $L^\infty(\mu)$ zu einem Raum $C(K)$ isometrisch isomorph ist, und die Dunford-Pettis-Eigenschaft folgt aus Satz VIII.7.9. (Strenggenommen ist dieses Argument nur im Fall komplexer Skalare perfekt; aber der Isomorphismus von $L^\infty(\mu)$ auf $C(K)$ in Korollar IX.3.5 bildet reellwertige Funktionen auf reellwertige Funktionen ab, und daher ist auch der reelle Fall abgedeckt.)   □

Korollar VIII.7.11 gilt sogar für jeden Maßraum, da man zeigen kann, dass zu jedem Maßraum (Ω, Σ, μ) ein Maßraum (Ω', Σ', μ') mit $L^1(\mu) \cong L^1(\mu')$ und $(L^1(\mu'))' \cong L^\infty(\mu')$ existiert.

Auf Räumen mit der Dunford-Pettis-Eigenschaft sind die schwach kompakten Operatoren recht nah an den kompakten Operatoren.

Satz VIII.7.12 *Hat X die Dunford-Pettis-Eigenschaft und sind $S, T: X \to X$ schwach kompakt, so ist ST kompakt. Insbesondere ist das Quadrat eines schwach kompakten Operators von X nach X kompakt.*

Beweis. Sei (x_n) eine beschränkte Folge in X. Dann hat (Tx_n) eine schwach konvergente Teilfolge (Tx_{n_k}), weil T schwach kompakt ist. Da S nach Voraussetzung vollstetig ist, ist (STx_{n_k}) konvergent.   □

Aus diesem Satz folgt übrigens, dass für schwach kompakte Operatoren $T: C(K) \to C(K)$ bzw. $T: L^1(\mu) \to L^1(\mu)$ die Rieszsche Eigenwerttheorie gilt; diese gilt nämlich nicht nur für kompakte Operatoren, sondern auch, wenn nur eine Potenz kompakt ist (vgl. Pietsch [1987], S. 147).

Es ergibt sich noch eine interessante Anwendung auf die Unterraumstruktur von $C(K)$ und $L^1(\mu)$. Es sei an den Begriff des komplementierten Unterraums aus Definition IV.6.4 erinnert.

Korollar VIII.7.13 *Sei X ein Banachraum mit der Dunford-Pettis-Eigenschaft, und sei U ein reflexiver komplementierter Unterraum. Dann ist U endlichdimensional.*

Beweis. Sei $P: X \to X$ eine stetige Projektion von X auf U. Weil U reflexiv ist, ist P schwach kompakt. Nach Satz VIII.7.12 ist $P = P^2$ sogar kompakt. Weil $P|_U$ der identische Operator ist, muss U endlichdimensional sein.   □

Nach Aufgabe III.6.24 ist jeder separable reflexive Banachraum isometrisch zu einem Unterraum von ℓ^∞ (sogar von $C[0,1]$), und ℓ^∞ hat die Dunford-Pettis-Eigenschaft (Korollar VIII.7.11); ferner wurde in Aufgabe II.5.15 gezeigt, dass L^1 einen zu ℓ^2 isometrischen Unterraum besitzt. Wegen des letzten Korollars kann keiner dieser reflexiven Unterräume komplementiert sein.

Es folgt noch eine überraschende Aussage über Teilräume von $L^p[0,1]$.

Satz VIII.7.14 *Für $1 \le p < \infty$ gibt es keinen unendlichdimensionalen abgeschlossenen Unterraum von $L^p[0,1]$, der nur aus (wesentlich) beschränkten Funktionen besteht.*

Beweis. Sei zunächst $p > 1$. Sei H ein abgeschlossener Unterraum von $L^p[0,1]$, der gleichzeitig Teilraum von $L^\infty[0,1]$ ist. Da die kanonische Inklusion $j_{\infty,p}\colon L^\infty[0,1] \to L^p[0,1]$ stetig ist, ist $H = j_{\infty,p}^{-1}(H)$ abgeschlossen in $L^\infty[0,1]$. Die Identität von $(H, \|\,.\,\|_\infty)$ nach $(H, \|\,.\,\|_p)$ ist also eine stetige Bijektion zwischen Banachräumen und folglich ein Isomorphismus. Deshalb ist H ein reflexiver Unterraum von $L^\infty[0,1]$, und der schwach kompakte Operator $j_{\infty,p}$ bildet die schwach kompakte Menge B_H auf eine kompakte Menge ab, denn $L^\infty[0,1]$ hat die Dunford-Pettis-Eigenschaft. Daher ist H endlichdimensional.

Im Fall $p = 1$ betrachte die Inklusionen $(H, \|\,.\,\|_\infty) \hookrightarrow (H, \|\,.\,\|_2) \hookrightarrow (H, \|\,.\,\|_1)$, um auch hier auf die Reflexivität von H zu schließen. $\square$

VIII.8 Aufgaben

Aufgabe VIII.8.1 Sei X ein topologischer Vektorraum.

(a) Ist $O \subset X$ offen, so auch die konvexe Hülle von O.

(b) Zeigen Sie ohne Benutzung von Netzen: Ist $C \subset X$ konvex, so auch der Abschluss $\overline{C}$.

Aufgabe VIII.8.2 Sei X ein normierter Raum. Die Einheitssphäre S_X liegt dann $\sigma(X, X')$-dicht in der Einheitskugel B_X, falls X unendlichdimensional ist.

Aufgabe VIII.8.3 Ein Beispiel für einen nicht lokalkonvexen topologischen Vektorraum: Betrachten Sie zu $0 < p < 1$ den Vektorraum $L^p[0,1]$, der wie üblich definiert ist. Man setze

$$d(f,g) := \int_0^1 |f(t) - g(t)|^p \, dt.$$

(a) d definiert eine Metrik auf $L^p[0,1]$.

(b) Mit dieser Metrik versehen wird $L^p[0,1]$ zu einem topologischen Vektorraum.

(c) Sei $V \subset L^p[0,1]$ eine offene konvexe Nullumgebung. Dann ist $V = L^p[0,1]$.
(Hinweis: Wähle $\varepsilon > 0$ mit $\{f: d(f,0) \leq \varepsilon\} \subset V$. Sei $f \in L^p[0,1]$. Betrachten Sie nun für großes n eine Zerlegung von $[0,1]$ in n Intervalle $I_1, \ldots, I_n$ und die Funktionen $g_j := n\chi_{I_j}f$.)
(d) Zeigen Sie, dass $f \mapsto 0$ das einzige stetige lineare Funktional auf $L^p[0,1]$ für $p < 1$ ist.

Aufgabe VIII.8.4 Sei X ein Vektorraum und P die Menge *aller* Halbnormen auf X. (X, τ_P) ist dann ein lokalkonvexer Raum, und es gelten:

(a) (X, τ_P) ist ein Hausdorffraum.
(b) Alle linearen Abbildungen in einen weiteren lokalkonvexen Raum Y sind stetig.
(c) Jeder Unterraum ist abgeschlossen.

Aufgabe VIII.8.5

(a) Auf $\mathbb{R}^n$ stimmt jede lokalkonvexe Hausdorfftopologie mit der Normtopologie überein.
(b) Ein endlichdimensionaler Unterraum eines lokalkonvexen Hausdorffraums ist abgeschlossen.

Aufgabe VIII.8.6 Sei X ein lokalkonvexer Vektorraum. Eine Teilmenge $B \subset X$ heißt *beschränkt*, wenn es zu jeder Nullumgebung U ein $\alpha > 0$ gibt mit $B \subset \alpha U$. (Was sind die in diesem Sinn beschränkten Teilmengen eines normierten Raums?) Folgende Bedingungen sind dann äquivalent:

 (i) B ist beschränkt.
(ii) Für jede Folge (x_n) in B und jede Nullfolge (α_n) in $\mathbb{K}$ ist $(\alpha_n x_n)$ eine Nullfolge in X.

(Bemerkung: Kolmogorov hat gezeigt, dass die Topologie eines lokalkonvexen Hausdorffraums genau dann von einer einzigen Norm erzeugt werden kann, wenn es eine beschränkte Nullumgebung gibt (*Kolmogorovsches Normierbarkeitskriterium*).)

Aufgabe VIII.8.7 Man betrachte den Schwartzraum $\mathscr{S}(\mathbb{R})$.

(a) Der Ableitungsoperator $D^k: \mathscr{S}(\mathbb{R}) \to \mathscr{S}(\mathbb{R})$, $\varphi \mapsto \varphi^{(k)}$ ist stetig.
(b) Sei $g \in \mathscr{S}(\mathbb{R})$. Dann ist der Faltungsoperator $C_g: \mathscr{S}(\mathbb{R}) \to \mathscr{S}(\mathbb{R})$,

$$(C_g\varphi)(x) = (g * \varphi)(x) = \int_{\mathbb{R}} \varphi(y)g(x-y)\,dy$$

stetig.

Aufgabe VIII.8.8 Überprüfen Sie die folgenden Funktionale und Operatoren des Schwartzraums $\mathscr{S}(\mathbb{R})$ auf Wohldefiniertheit und Stetigkeit:

(a) $T(\varphi) = \int_{-\infty}^{\infty} \varphi(t) \psi(t)\, dt$ für $\psi \in L^{\infty}(\mathbb{R})$.

(b) $T(\varphi) = \varphi(s)$ für $s \in \mathbb{R}$.

(c) $T(\varphi) = \varphi \cdot \psi$ für $\psi \in \mathscr{S}(\mathbb{R})$.

Aufgabe VIII.8.9 Sei $K \subset \mathbb{R}$ kompakt, und betrachten Sie auf $\mathscr{D}_K(\mathbb{R})$ die drei Halbnormfamilien

- $P = \{p_0, p_1, p_2, \ldots\}$ mit $p_n(\varphi) = \sup_{x \in K} |\varphi^{(n)}(x)|$,
- $Q = \{q_0, q_1, q_2, \ldots\}$ mit $q_n(\varphi) = \int_K |\varphi^{(n)}(x)|\, dx$,
- $R = \{r_0, r_1, r_2, \ldots\}$ mit $r_n(\varphi) = \left(\int_K |\varphi^{(n)}(x)|^2\, dx\right)^{1/2}$.

Zeigen Sie, dass alle drei Familien dieselbe Topologie erzeugen.

Aufgabe VIII.8.10 X und Y seien normierte Räume, $T\colon X \to Y$ sei linear. Dann sind äquivalent:

(i) T ist $\|\cdot\|$-$\|\cdot\|$-$\|\cdot\|$-stetig.

(ii) T ist $\sigma(X,X')$-$\sigma(Y,Y')$-stetig.

(Hinweis: Satz von Banach-Steinhaus!)

Aufgabe VIII.8.11 X und Y seien normierte Räume, und es sei $T \in L(Y', X')$. Genau dann ist T $\sigma(Y', Y)$-$\sigma(X', X)$-stetig, wenn $S \in L(X, Y)$ mit $S' = T$ existiert.
(Tipp: Satz VIII.3.6.)

Aufgabe VIII.8.12 X und Y seien normierte Räume, und es sei $T \in L(X, Y)$. Genau dann ist T $\sigma(X, X')$-$\|\cdot\|$-stetig, wenn T einen endlichdimensionalen Bildraum hat. Warum widerspricht dieses Resultat nicht Aufgabe III.6.17(b)?
(Hinweis: Beweis von Lemma VIII.3.3.)

Aufgabe VIII.8.13 Seien X und Y Banachräume und $T \in L(X, Y)$. Dann sind äquivalent:

(i) T ist kompakt.

(ii) $T'|_{B_{Y'}}\colon B_{Y'} \to X'$ ist $\sigma(Y', Y)$-$\|\cdot\|$-stetig.

Aufgabe VIII.8.14 Verschwinden L^2-Funktionen im Unendlichen?
Auf $L^2(\mathbb{R})$ betrachte man zu $t \in \mathbb{R}$ die Operatoren T_t, definiert durch $T_t\varphi(s) = \varphi(t + s)$ fast überall. Untersuchen Sie, ob $\lim_{t \to \infty} T_t$ existiert

(a) in der Operatornormtopologie,

(b) in der starken Operatortopologie,

(c) in der schwachen Operatortopologie.

Aufgabe VIII.8.15 Betrachten Sie die durch $x_n = \sqrt{n}e_n$ definierte Folge (x_n) in ℓ^2. Zeigen Sie, dass 0 im schwachen Abschluss der Menge der x_n liegt, aber dass keine Teilfolge von (x_n) schwach gegen 0 konvergiert.

Aufgabe VIII.8.16 (Metrisierbarkeit lokalkonvexer Topologien)

(a) Die Halbnormfamilie $P = \{p_1, p_2, \ldots\}$ erzeuge die Topologie des lokalkonvexen Hausdorffraums X. Zeigen Sie, dass durch

$$d(x, y) = \sum_{n=1}^{\infty} 2^{-n} \frac{p_n(x-y)}{1 + p_n(x-y)}$$

eine Metrik definiert wird, die dieselbe Topologie erzeugt.
(Hinweis: Zeigen Sie zunächst $a/(1+a) \le b/(1+b)$ für $0 \le a \le b$.)

(b) Ist ein lokalkonvexer Raum metrisierbar, so kann seine Topologie von einer abzählbaren Halbnormfamilie erzeugt werden.
(Hinweis: Imitieren Sie den Beweis von Satz VIII.1.5 für eine abzählbare Nullumgebungsbasis.)

(c) Eine schwache Topologie $\sigma(X, Y)$ ist genau dann metrisierbar, wenn Y eine höchstens abzählbare Vektorraumbasis besitzt.

(d) Ist X ein unendlichdimensionaler Banachraum, so ist weder die schwache Topologie auf X noch die schwach*-Topologie auf X' metrisierbar.
(Hinweis: Aufgabe IV.8.2.)

Aufgabe VIII.8.17

(a) Sei X ein normierter Raum, und $U \subset X$ sei ein dichter Unterraum. Dann stimmt auf beschränkten Teilmengen von X' die $\sigma(X', X)$-Topologie mit der $\sigma(X', U)$-Topologie überein.

(b) Auf B_{ℓ^∞} stimmt die $\sigma(\ell^\infty, \ell^1)$-Topologie mit der Topologie der punktweisen (= koordinatenweisen) Konvergenz überein.

(c) Ist X ein separabler normierter Raum, so ist die schwach*-Topologie auf $B_{X'}$ metrisierbar.
(Hinweis: $d(x', y') = \sum 2^{-n}|(x' - y')(x_n)|$ für geeignete x_n.)

(d) Mit Hilfe von (c) und dem Satz von Alaoglu löse man erneut Aufgabe III.6.19.

Aufgabe VIII.8.18 Sei X ein separabler Banachraum, und sei $A \subset X'$ eine schwach*-kompakte Teilmenge. Dann ist $(A, \sigma(X', X))$ (linear-) homöomorph zu einer norm-kompakten Teilmenge eines Hilbertraums. Anleitung: Sei $(x_n) \subset S_X$ eine dichte Folge; setze $T: \ell^2 \to X$, $(a_n) \mapsto \sum_{n=1}^{\infty} 2^{-n} a_n x_n$. Zeigen Sie, dass T kompakt ist, und benutzen Sie Aufgabe VIII.8.13, um zu schließen, dass $(A, \sigma(X', X))$ und $(T'(A), \|\cdot\|_2)$ homöomorph sind.

Aufgabe VIII.8.19

(a) $C[0, 1]$ ist $\sigma(L^\infty[0, 1], L^1[0, 1])$-dicht in $L^\infty[0, 1]$.
(b) $L^1[0, 1]$ ist $\sigma(M[0, 1], C[0, 1])$-dicht in $M[0, 1]$. (Hier ist $f \in L^1[0, 1]$ mit $f\, d\lambda \in M[0, 1]$ zu identifizieren.)

Aufgabe VIII.8.20

(a) (X, Y) sei ein duales Paar, und es sei $A \subset X$. Dann gilt $A^{\circ\circ\circ} = A^\circ$.
(b) X sei normiert; betrachten Sie das duale Paar (X, X'). Dann gelten $B_X^\circ = B_{X'}$ und $B_{X'}^\circ = B_X$. Für jeden Unterraum U von X gilt $U^\circ = U^\perp = \{x': x'|_U = 0\}$.

Aufgabe VIII.8.21 Sei X ein reflexiver Banachraum. Dann ist $B_{L(X)}$ kompakt in der schwachen Operatortopologie.
(Tipp: Versuchen Sie den Beweis des Satzes von Alaoglu zu imitieren!)

Aufgabe VIII.8.22 (Satz von Mackey-Arens)
Sei (E, F) ein duales Paar. Eine lokalkonvexe Topologie τ auf E heißt mit der Dualität dieses dualen Paares verträglich, falls, nach kanonischer Identifizierung, $(E_\tau)' = F$ gilt. Die von den Halbnormen $p_K(x) = \sup_{y \in K} |\langle x, y \rangle|$, wo $K \subset F$ $\sigma(F, E)$-kompakt und konvex ist, induzierte lokalkonvexe Topologie auf E wird Mackey-Topologie genannt; Bezeichnung $\mu(E, F)$. Ziel der Aufgabe ist der *Satz von Mackey-Arens*:

- *Eine lokalkonvexe Topologie τ auf E ist genau dann mit der Dualität von (E, F) verträglich, wenn $\sigma(E, F) \subset \tau \subset \mu(E, F)$ gilt.*

(a) $\mathfrak{U} := \{B^\circ: B \subset F$ konvex und $\sigma(F, E)$ kompakt$\}$ bildet eine $\mu(E, F)$-Nullumgebungsbasis.
(b) Sei $\ell: E \to \mathbb{K}$ linear und $\mu(E, F)$-stetig. Dann existiert eine absolutkonvexe und $\sigma(F, E)$-kompakte Menge $K \subset F$ mit

$$|\ell(x)| \leq \sup_{y \in K} |\langle x, y \rangle| \qquad \forall x \in E.$$

(c) Mit den Bezeichnungen von (b) gilt $\ell \in K$ bei kanonischer Inklusion $F \subset E^* := \{\varphi: E \to \mathbb{K}: \varphi$ linear$\}$.
(Hinweis: Arbeiten Sie mit dem dualen Paar (E, E^*) und verwenden Sie den Satz von Hahn-Banach.)
(d) Zeigen Sie $(E_{\mu(E,F)})' = F$.
(e) Gelte $(E_\tau)' = F$, und sei U eine abgeschlossene konvexe τ-Nullumgebung. Dann ist $U \in \mathfrak{U}$ (siehe Teil (a)).
(Hinweis: Betrachten Sie U°.)
(f) Beweisen Sie den Satz von Mackey-Arens.

(g) Sei E ein Banachraum, und betrachten Sie das duale Paar (E, E'). Was ist die Mackey-Topologie $\mu(E, E')$?

Aufgabe VIII.8.23 (Lemma von Farkas)
Sei X ein reeller lokalkonvexer Raum, und seien $x', x_1', \ldots, x_n' \in X'$. Es gelte

$$x_1'(x) \geq 0, \ldots, x_n'(x) \geq 0 \implies x'(x) \geq 0$$

für alle $x \in X$. Zeigen Sie, dass Skalare $a_j \geq 0$ mit $x' = \sum_{j=1}^{n} a_j x_j'$ existieren.
(Tipp: Betrachten Sie die Menge C all dieser Linearkombinationen und zeigen Sie mit dem Satz von Hahn-Banach, dass $x' \in C$ gilt; beachten Sie noch Aufgabe VIII.8.5.)

Aufgabe VIII.8.24 Es sei K eine kompakte konvexe nichtleere Teilmenge eines lokalkonvexen Hausdorffraums X. Mit $A(K)$ bezeichne man den Banachraum (!) aller affinen stetigen reellwertigen Funktionen auf K, versehen mit der Supremumsnorm. [Eine Funktion $x \colon K \to \mathbb{R}$ heißt affin, falls $x(\lambda p_1 + (1-\lambda)p_2) = \lambda x(p_1) + (1-\lambda)x(p_2)$ für alle $p_1, p_2 \in K$, $0 \leq \lambda \leq 1$ gilt.] Man definiere $\delta_p(x) = x(p)$.

(a) $\widehat{K} := \{\delta_p \colon p \in K\}$ ist eine schwach*-kompakte konvexe Teilmenge von $A(K)'$.
(b) $\widehat{K} = \{x' \in A(K)' \colon x'(\mathbf{1}) = 1 = \|x'\|\}$.
     (Hinweis: Satz von Hahn-Banach!)
(c) Schließen Sie, dass es für jedes reguläre Borelwahrscheinlichkeitsmaß μ auf K einen eindeutig bestimmten Punkt $p \in K$ mit

$$\ell(p) = \int_K \ell \, d\mu \quad \forall \ell \in X'$$

gibt. (p heißt der *Schwerpunkt* von μ. [Warum wohl?])

Aufgabe VIII.8.25 Sei d der Raum der abbrechenden Folgen, versehen mit der Supremumsnorm. d ist also dicht in c_0, und $d' = (c_0)' = \ell^1$. Betrachten Sie den Unterraum $U = \{(s_n) \colon \sum 2^{-n} s_n = 0\}$ von ℓ^1. Dann ist B_U $\sigma(\ell^1, d)$-abgeschlossen, aber U ist es nicht. Man kann also auf die Vollständigkeit beim Satz von Krein-Shmulyan nicht verzichten.

Aufgabe VIII.8.26 Es sei K eine konvexe Teilmenge eines Vektorraums und $x \in K$.

(a) Sei F eine konvexe Teilmenge von K. Wenn F eine Seite ist, ist $K \setminus F$ konvex.
(b) Die Umkehrung gilt nicht.
(c) $x \in \operatorname{ex} K$ genau dann, wenn $K \setminus \{x\}$ konvex ist.

Aufgabe VIII.8.27

(a) Zeigen Sie $B_X = \overline{\operatorname{co}} \operatorname{ex} B_X$ (Normabschluss) für $X = \ell^1$ und $X = \ell^\infty$. Folgt das aus dem Satz von Krein-Milman?

(b) Zeigen Sie, dass $\operatorname{ex} B_X$ für $X = \ell^\infty = (\ell^1)'$ schwach*-abgeschlossen, jedoch für $X = L^\infty[0,1] = (L^1[0,1])'$ schwach*-dicht in B_X ist.

Aufgabe VIII.8.28 Sei H ein Hilbertraum.

(a) $\{T \in L(H): T \text{ oder } T^* \text{ ist Isometrie}\} \subset \operatorname{ex} B_{L(H)}$.
(b) $\operatorname{ex} B_{K(H)} = \emptyset$, falls H unendlichdimensional ist.
  (Hinweis: Satz VI.3.6.)

Aufgabe VIII.8.29 Es sei (Ω, Σ, μ) ein Maßraum. Eine Teilmenge $A \in \Sigma$ heißt *Atom*, falls für $B \subset A$, $B \in \Sigma$, entweder $\mu(B) = 0$ oder $\mu(A \setminus B) = 0$ ist. Zeigen Sie

$$\operatorname{ex} B_{L^1(\mu)} = \{\alpha \chi_A: A \text{ Atom}, 0 < \mu(A) < \infty, |\alpha| = 1/\mu(A)\}.$$

Aufgabe VIII.8.30 Sei X ein reflexiver Banachraum, $K \subset X$ konvex, beschränkt und abgeschlossen. Dann gilt $K = \overline{\operatorname{co}}^{\|\ \|} \operatorname{ex} K$.

Aufgabe VIII.8.31 Sei $K \subset \mathbb{R}^2$ beschränkt, abgeschlossen und konvex. Dann ist $\operatorname{ex} K$ abgeschlossen. Gilt dies auch im $\mathbb{R}^3$?

Aufgabe VIII.8.32 Sei X ein normierter Raum und $Y \subset X$ ein Unterraum. Sei $y' \in \operatorname{ex} B_{Y'}$. Dann existiert $x' \in \operatorname{ex} B_{X'}$ mit $x'|_Y = y'$.
(Tipp: Betrachten Sie die Menge aller Hahn-Banach-Fortsetzungen!)

Aufgabe VIII.8.33 Sei K eine kompakte konvexe Teilmenge eines lokalkonvexen Hausdorffraums X. Eine Teilmenge $E \subset K$ heißt *extremal*, wenn sie die eine Seite definierende Bedingung erfüllt; sie braucht nicht konvex zu sein. Zeigen Sie, dass jede abgeschlossene extremale Teilmenge von K einen Extremalpunkt von K enthält.
(Hinweis: Imitieren Sie den Beweis von Teil (a) des Satzes von Krein-Milman.)

Aufgabe VIII.8.34 (Bauersches Maximumprinzip)
Sei K eine kompakte konvexe Teilmenge eines lokalkonvexen Hausdorffraums X. Dann nimmt jede stetige konvexe Funktion $f: K \to \mathbb{R}$ ihr Supremum an einem Extremalpunkt von K an. [Eine Funktion $f: K \to \mathbb{R}$ heißt konvex, falls $f(\lambda x_1 + (1 - \lambda)x_2) \leq \lambda f(x_1) + (1 - \lambda)f(x_2)$ für alle $x_1, x_2 \in K$, $0 \leq \lambda \leq 1$ gilt.]
(Tipp: Betrachten Sie $\{x \in K: f(x) = \sup f(K)\}$ und verwenden Sie Aufgabe VIII.8.33.)

Aufgabe VIII.8.35 Definieren folgende Abbildungsvorschriften Distributionen $T \in \mathscr{D}'(\Omega)$?

(a) $\Omega = (0,1)$, $T\varphi = \sum_{n=2}^\infty \varphi^{(n)}(\frac{1}{n})$.
(b) $\Omega = \mathbb{R}$, $T\varphi = \sum_{n=1}^\infty \varphi^{(n)}(\frac{1}{n})$.

(c) $\Omega = \mathbb{R}^2$, $T\varphi = \int_0^{2\pi} \varphi(\cos\alpha, \sin\alpha)\,d\alpha$.

(d) Gibt es eine Distribution $S \in \mathscr{D}'(\mathbb{R})$, die T aus (a) fortsetzt (man beachte $\mathscr{D}(0,1) \subset \mathscr{D}(\mathbb{R})$)? Widerspricht das dem Satz von Hahn-Banach?

Aufgabe VIII.8.36 Zeigen Sie, dass durch den Cauchyschen Hauptwert

$$T\varphi = \text{CH-}\int_{-\infty}^{\infty} \frac{\varphi(x)}{x}\,dx := \lim_{\varepsilon \to 0}\left[\int_{-\infty}^{-\varepsilon} \frac{\varphi(x)}{x}\,dx + \int_{\varepsilon}^{\infty} \frac{\varphi(x)}{x}\,dx\right]$$

eine Distribution $T \in \mathscr{D}'(\mathbb{R})$ definiert wird. Ist T regulär?

Aufgabe VIII.8.37 (Multiplikation von Funktionen und Distributionen)

(a) Sei $\Omega \subset \mathbb{R}^n$ offen. Ist $f \in C^\infty(\Omega)$ und $T \in \mathscr{D}'(\Omega)$, so setze $(fT)(\varphi) = T(f\varphi)$ für $\varphi \in \mathscr{D}(\Omega)$. Zeigen Sie, dass fT eine Distribution ist.

(b) Im Fall $n = 1$ gilt die Produktregel $(fT)' = f'T + fT'$.

(c) Welche $f \in C^\infty(\mathbb{R})$ erfüllen $f\delta' = 0$, und welche erfüllen $f\delta'' = 0$?

(Bemerkung: L. Schwartz hat gezeigt, dass das Produkt von zwei beliebigen Distributionen nicht auf sinnvolle Weise erklärt werden kann; siehe *C. R. Acad. Sc. Paris* **239** (1954) 847–848.)

Aufgabe VIII.8.38 Definieren Sie eine Funktion $f\colon \mathbb{R}^3 \to \mathbb{R}$ durch $f(x) = -\frac{1}{4\pi}|x|^{-1}$ für $x \neq 0$ und $f(0) = 0$. Zeigen Sie $f \in L^1_{\text{lok}}(\mathbb{R}^3)$ und $\Delta T_f = \delta$ im Distributionensinn. (Hinweis: $T_f(\Delta\varphi) = \lim_{\varepsilon \to 0}\int_{\{|x| \geq \varepsilon\}} f(x)\Delta\varphi(x)\,dx$ und Greensche Formel (= partielle Integration).)

Aufgabe VIII.8.39

(a) Sei $f\colon \mathbb{R}^n \to \mathbb{C}$ eine messbare Funktion, die für geeignete Konstanten $N \in \mathbb{N}$ und $c \geq 0$ einer Abschätzung $|f(x)| \leq c(1 + |x|^N)$ für alle $x \in \mathbb{R}^n$ genügt. (Solch eine Funktion heißt *langsam wachsend*.) Dann ist T_f eine temperierte Distribution.

(b) Zeigen Sie, dass die Funktion $x \mapsto e^x \cos(e^x)$ ($x \in \mathbb{R}$) eine temperierte Distribution definiert (wie?), $x \mapsto e^x$ aber nicht.

Aufgabe VIII.8.40 Für eine Folge (M_n) positiver reeller Zahlen und eine Folge (m_n) nichtnegativer ganzer Zahlen definiere man eine Halbnorm auf $\mathscr{D}(\mathbb{R})$ durch

$$q_{(M_n),(m_n)}(\varphi) = \sum_{n=1}^{\infty}\left(M_n \sup_{|x| \geq n-1} \sum_{k=0}^{m_n} |\varphi^{(k)}(x)|\right).$$

Dann erzeugt das System Q all dieser Halbnormen die Topologie von $\mathscr{D}(\mathbb{R})$.

Anleitung: Dass τ_Q gröber ist, ist einfach. Umgekehrt ist eine auf allen $\mathscr{D}_K(\mathbb{R})$ stetige Halbnorm p durch endlich viele $q \in Q$ abzuschätzen. Dazu arbeite man mit einer Zerlegung der Eins, das sind $\varphi_n \in \mathscr{D}(\mathbb{R})$ mit $\sum_{n=1}^{\infty} \varphi_n = 1$, $0 \leq \varphi_n \leq 1$, so dass supp$(\varphi_n) \subset \{x: n-1 \leq |x| \leq n+1\}$.

Aufgabe VIII.8.41 (Lokale Darstellbarkeit von Distributionen)

(a) Sei $T \in \mathscr{D}'(\mathbb{R})$. Zu jeder kompakten Menge $K \subset \mathbb{R}$ gibt es eine Funktion $f \in C(\mathbb{R})$ und eine Zahl $k \in \mathbb{N}_0$, so dass

$$T\varphi = \int_{\mathbb{R}} f(x) \frac{d^k \varphi}{dx^k}(x)\, dx \qquad \forall \varphi \in \mathscr{D}_K(\mathbb{R}). \tag{VIII.14}$$

Kurz: Jede Distribution kann lokal durch mehrfaches Ableiten einer stetigen Funktion gewonnen werden.
(Anleitung: Setze $D := \frac{d}{dx}$. Wähle m so, dass $|T\varphi| \leq C \max\{|D^n \varphi(x)|: x \in \mathbb{R}, n \leq m\}$ für $\varphi \in \mathscr{D}_K(\mathbb{R})$. Zeigen Sie dann $|T\varphi| \leq C' \int_K |D^{m+1}\varphi|$, und setzen Sie das auf $D^{m+1}(\mathscr{D}_K(\mathbb{R}))$ durch $D^{m+1}\varphi \mapsto T\varphi$ erklärte Funktional auf $L^1(K)$ fort. Beachten Sie noch $(L^1(K))' \cong L^\infty(K)$.)

(b) Betrachten Sie $T \in \mathscr{D}'(\mathbb{R})$, $T\varphi = \sum_{n=0}^{\infty} \varphi^{(n)}(n)$. Zeigen Sie, dass es nicht möglich ist, für T eine Darstellung (VIII.14) anzugeben, die für alle $\varphi \in \mathscr{D}(\mathbb{R})$ gilt.

(c) Untersuchen Sie, ob es für $T \in \mathscr{S}'(\mathbb{R})$ eine Darstellung (VIII.14) gibt, die für alle $\varphi \in \mathscr{S}(\mathbb{R})$ gilt.

Aufgabe VIII.8.42 (Distributionen mit kompaktem Träger)

(a) Man sagt, eine Distribution $T \subset \mathscr{D}'(\Omega)$ habe *kompakten Träger*, falls es ein Kompaktum $K \subset \Omega$ gibt, so dass $T\varphi = 0$ gilt, falls supp$(\varphi) \cap K = \emptyset$. Sei $f \in C(\Omega)$. Dann hat die reguläre Distribution T_f kompakten Träger genau dann, wenn f kompakten Träger hat.

(b) $\mathscr{D}(\Omega)$ liegt dicht in $\mathscr{E}(\Omega)$. ($\mathscr{E}(\Omega)$ wurde in Beispiel VIII.1(c) erklärt.)

(c) $T \in \mathscr{D}'(\Omega)$ hat genau dann kompakten Träger, wenn T stetig bezüglich der Topologie von $\mathscr{E}(\Omega)$ ist.

(d) Es gibt einen Isomorphismus zwischen $\mathscr{E}'(\Omega)$ und $\{T \in \mathscr{D}'(\Omega): T$ hat kompakten Träger$\}$.

(e) Es gilt $\mathscr{E}'(\mathbb{R}^n) \subset \mathscr{S}'(\mathbb{R}^n)$ in natürlicher Weise.

Aufgabe VIII.8.43 Jede schwach kompakte Teilmenge von $L^\infty[0,1]$ ist norm-separabel. (Hinweis: Benutzen Sie, dass $L^\infty[0,1]$ der Dualraum eines separablen Raums ist; zeigen Sie zuerst die schwache Separabilität.)

Aufgabe VIII.8.44

(a) Ist X schwach folgenvollständig und $U \subset X$ ein abgeschlossener Unterraum, so ist auch U schwach folgenvollständig.

(b) c_0 ist nicht isomorph zu einem abgeschlossenen Unterraum von $L^1[0,1]$.

Aufgabe VIII.8.45 Eine Teilmenge A eines Banachraums ist genau dann relativ schwach kompakt, wenn für jede Folge (a_n) in A der Schnitt $\bigcap_n \overline{\text{co}}\{a_k: k \geq n\}$ nicht leer ist.
(Hinweis: Für eine Richtung verwende man die Whitleysche Konstruktion, für die andere beachte man Korollar III.3.9.)

Aufgabe VIII.8.46 (Shmulyan)
Eine abgeschlossene konvexe Teilmenge C eines Banachraums ist genau dann schwach kompakt, wenn für jede absteigende Folge $C \supset C_1 \supset C_2 \supset \ldots$ abgeschlossener konvexer nichtleerer Teilmengen $\bigcap_n C_n \neq \emptyset$ gilt.
(Verwenden Sie Aufgabe VIII.8.45.)

Aufgabe VIII.8.47 Eine Teilmenge $H \subset L^1[0, 1]$ ist genau dann gleichgradig integrierbar, wenn $\{|h|: h \in H\}$ gleichgradig integrierbar ist.
(Hinweis: Zerlegen Sie h in Real- und Imaginärteil und letztere in Positiv- und Negativteil.)

Aufgabe VIII.8.48 Sei μ ein endliches Maß. Eine Teilmenge $H \subset L^1(\mu)$ ist genau dann beschränkt und gleichgradig integrierbar, wenn

$$\sup_{h \in H} \int_{\{|h| \geq K\}} |h|\, d\mu \to 0$$

für $K \to \infty$.

Aufgabe VIII.8.49

(a) Sei $g \in L^1[0, 1]$. Zeigen Sie, dass $\{h \in L^1[0, 1]: |h| \leq g\}$ gleichgradig integrierbar ist.
(b) Sei $p > 1$. Zeigen Sie, dass $\{h \in L^1[0, 1]: \int_0^1 |h(t)|^p\, dt \leq 1\}$ gleichgradig integrierbar ist.

Aufgabe VIII.8.50 Jeder schwach kompakte Operator von c_0 in einen Banachraum Y ist kompakt.

Aufgabe VIII.8.51 Sei X ein Banachraum und K ein kompakter Hausdorffraum.

(a) Es besteht eine eineindeutige Zuordnung zwischen stetigen linearen Operatoren $T: X \to C(K)$ und Funktionen $\tau: K \to X'$, die $\sigma(X', X)$-stetig sind, gemäß

$$\langle \tau(k), x \rangle = (Tx)(k).$$

(b) T ist genau dann schwach kompakt, wenn τ $\sigma(X', X'')$-stetig ist.
(c) T ist genau dann kompakt, wenn τ norm-stetig ist.

Aufgabe VIII.8.52 Für Banachräume X und Y ist $V(X, Y)$ ein abgeschlossener Unterraum von $L(X, Y)$.

Aufgabe VIII.8.53 Wenn X die Dunford-Pettis-Eigenschaft hat, hat auch jeder komplementierte Unterraum die Dunford-Pettis-Eigenschaft.

Aufgabe VIII.8.54 Hat $K(\ell^2)$ die Dunford-Pettis-Eigenschaft?

Aufgabe VIII.8.55 Jeder schwach kompakte Operator von $C(K)$ in einen Banachraum Y ist strikt singulär.
(Strikt singuläre Operatoren wurden in Aufgabe IV.8.29 definiert. Argumentieren Sie wie bei Satz VIII.7.14.)

Aufgabe VIII.8.56

(a) Die ℓ^1-Summe $X = \bigoplus_1 \ell^2(n)$ hat die Schur-Eigenschaft. (Diese direkte Summe wurde in Aufgabe II.5.30 eingeführt.)

(b) Der Dualraum von X enthält eine komplementierte Kopie von ℓ^2.
(Anleitung. Der Dualraum von X ist $X' = \bigoplus_\infty \ell^2(n)$. – Zu $y = (s_1, s_2, s_3, \ldots) \in \ell^2$ betrachte man $y_n = (s_1, \ldots, s_n) \in \ell^2(n)$ sowie das Element $\mathbf{y} = (y_n)$ von $\bigoplus_\infty \ell^2(n)$. Die lineare Abbildung $y \mapsto \mathbf{y}$ von ℓ^2 nach X' ist isometrisch; ihr Bild Y ist also zu ℓ^2 isometrisch isomorph. – Um eine Projektion von X' auf Y zu definieren, benötigt man die nicht konstruktive Methode der universellen Teilnetze (siehe Anhang B.2) oder alternativ der freien Ultrafilter. Sei $(n_i)_{i \in I}$ ein universelles Teilnetz der Folge $(1, 2, 3, \ldots)$; siehe Lemma B.2.8. Sei $\mathbf{z} = (z_n)$ ein Element von X' mit Norm $\sup_n \|z_n\|_{\ell^2(n)} \le \lambda$. (z_n) kann als Folge in der schwach kompakten Menge $\Lambda = \{z \in \ell^2 : \|z\| \le \lambda\}$ aufgefasst werden. Nach Satz B.2.9 ist das Netz $(z_{n_i})_{i \in I}$ schwach konvergent, etwa gegen $y = \lim_i z_{n_i} \in \ell^2$. Sei $\mathbf{y}$ wie oben; dann ist die Abbildung $\mathbf{z} \mapsto \mathbf{y}$ die gesuchte lineare (!) Projektion; sie ist von λ unabhängig.)

(c) Die Umkehrung von Korollar VIII.7.8 gilt nicht.

VIII.9 Bemerkungen und Ausblicke

Die „offizielle" Definition eines lokalkonvexen Raums taucht zuerst bei von Neumann (*Trans. Amer. Math. Soc.* 37 (1935) 1–20) auf; er geht von einem System $\mathfrak{U}$ mit den Eigenschaften (1)–(7) aus Abschn. VIII.1 aus und zeigt die äquivalente Beschreibung mittels Halbnormen. Bereits vorher (*Math. Ann.* 102 (1929) 370–427) hatte er die schwache Topologie eines Hilbertraums H studiert, mit Hilfe des Beispiels von S. 433 gezeigt, dass Folgen in diesem Kontext inadäquat sind, und die starke und schwache Operatortopologie auf $L(H)$ eingeführt. Kurz darauf beobachtete Wehausen (*Duke Math. J.* 4 (1938) 157–169), dass auch für lokalkonvexe Räume der Satz von Hahn-Banach zur Verfügung steht.

Die eigentliche Theorie der lokalkonvexen Räume wurde zwischen 1935 und 1955 von J. Dieudonné, A. Grothendieck, G. Köthe und L. Schwartz entwickelt. Sie setzten sich das Ziel, die für die Analysis relevanten Räume zu untersuchen und ihre strukturell wesentlichen Eigenschaften herauszustellen. Eine auch heute noch lesenswerte Zusammenstellung der Resultate aus dieser Epoche findet sich in Dieudonnés Artikel in *Bull. Amer. Math. Soc.* 59 (1953) 495–512. Hier wollen wir nur kurz auf einige die Distributionentheorie betreffende Ergebnisse eingehen.

Sei (X, τ_P) ein lokalkonvexer Raum. Er wird *vollständig* genannt, wenn jedes Cauchynetz (das ist ein Netz (x_i), das

$$\forall p \in P \ \forall \varepsilon > 0 \ \exists i_0 \in I \ \forall i, j \geq i_0 \quad p(x_i - x_j) \leq \varepsilon$$

erfüllt) konvergiert. In diesem Sinn ist $\mathscr{D}(\Omega)$ vollständig, was einen Hinweis darauf gibt, dass die auf $\mathscr{D}(\Omega)$ betrachtete Topologie die „richtige" ist. Ist P abzählbar, so ist X gemäß Aufgabe VIII.8.16 metrisierbar, und X ist genau dann vollständig, wenn X mit der dort betrachteten Metrik d als metrischer Raum vollständig ist, und das wiederum ist äquivalent dazu, dass *jede* Metrik d, die die Topologie erzeugt und translationsinvariant ist (d. h. $d(x, y) = d(x+z, y+z)$ für alle $x, y, z \in X$), vollständig ist. In diesem Fall nennt man X einen *Fréchetraum*; Beispiele für Frécheträume sind die Räume $\mathscr{D}_K(\Omega)$, $\mathscr{S}(\mathbb{R}^n)$ und $\mathscr{E}(\Omega)$. Da in Frécheträumen nach Satz IV.1.1 der Bairesche Kategoriensatz gilt, überrascht es nicht, dass die Sätze aus Kap. IV, insbesondere der Satz von der offenen Abbildung und der Satz vom abgeschlossenen Graphen, auch für diese Räume gültig sind. Korollar IV.2.5 kann man leicht auf eine noch größere Klasse von lokalkonvexen Räumen ausdehnen, die wie folgt erklärt ist. Nach Bourbaki wird eine abgeschlossene absorbierende absolutkonvexe Teilmenge eines lokalkonvexen Raums X eine *Tonne* genannt, und X heißt *tonneliert*, falls jede Tonne eine Nullumgebung ist. Der Bairesche Kategoriensatz liefert unmittelbar, dass jeder Fréchetraum tonneliert ist, und es ist nicht schwer, folgenden Satz zu zeigen.

- *Ist X tonneliert und ist (ℓ_n) eine Folge von stetigen linearen Funktionalen auf X, die punktweise gegen das lineare Funktional ℓ konvergiert, so ist auch ℓ stetig.*

(Der Beweis ergibt sich daraus, dass $V := \bigcap_n \{x : |\ell_n(x)| \leq \varepsilon\}$ eine Tonne ist und $|\ell(x)| \leq \varepsilon$ für $x \in V$ gilt.) Die Nützlichkeit dieses Satzes liegt nun darin, dass z. B. $\mathscr{D}(\Omega)$ tonneliert ist, ohne ein Fréchetraum zu sein.

Um Ersteres einzusehen, beschreiben wir die Topologie von $\mathscr{D}(\Omega)$ erneut von einem abstrakten Standpunkt aus. Die Topologie von $\mathscr{D}(\Omega)$ war ja aus denen aller $\mathscr{D}_K(\Omega)$ „zusammengesetzt"; man überlegt sich nun, dass man dieselbe Topologie erhält, wenn man statt *aller* $\mathscr{D}_K(\Omega)$ irgendeine Folge von kompakten Teilmengen von Ω mit $K_1 \subset \operatorname{int} K_2 \subset K_2 \subset \ldots \subset \Omega$ und $\bigcup_m K_m = \Omega$ betrachtet und nur die $X_m := \mathscr{D}_{K_m}(\Omega)$ auswählt. Abstrakt gesehen, liegt nun folgende Situation vor. Gegeben ist ein Vektorraum $X \ (= \mathscr{D}(\Omega))$ und eine aufsteigende Folge von Untervektorräumen (X_m) mit $\bigcup_m X_m = X$. Jedes X_m trägt eine lokalkonvexe Topologie τ_m, so dass die Relativtopologie von τ_{m+1} auf X_m stets mit τ_m übereinstimmt. Dann generiert die Menge P aller Halbnormen p auf X, für die $p|_{X_m}$ stets τ_m-stetig ist, eine lokalkonvexe Topologie auf X, die die Topologie des *strikten induktiven Limes* genannt wird. Für diese Topologie gilt Lemma VIII.5.1 entsprechend. Sind alle X_m

Frécheträume, so nennt man X einen strikten (LF)-Raum. Diese Konstruktion stammt von Dieudonné und Schwartz (*Ann. Inst. Fourier* 1 (1950) 61–101), die zeigen, dass ein strikter (LF)-Raum praktisch alle Eigenschaften eines Fréchetraums besitzt, ohne selbst einer zu sein. Insbesondere ist ein strikter (LF)-Raum ebenfalls tonneliert, und deshalb gilt:

- *Der Limes einer punktweise konvergenten Folge von Distributionen ist eine Distribution.*

Diese Aussage kann man auch direkt beweisen; sie soll uns hier als Illustration der Prinzipien der allgemeinen lokalkonvexen Theorie dienen, die detailliert z. B. bei Köthe [1966, 1979], Trèves [1967] oder Meise/Vogt [1992][2] beschrieben ist.

Die wohl profundeste Aussage der Distributionentheorie ist der *Kernsatz von Schwartz*, der folgendes besagt.

- *Sei $B: \mathscr{D}(\Omega) \times \mathscr{D}(\Omega) \to \mathbb{C}$ eine partiell stetige Bilinearform. Dann existiert eine Distribution $K \in \mathscr{D}'(\Omega \times \Omega)$ mit*

$$B(\varphi, \psi) = K(\varphi \otimes \psi) \qquad \forall \varphi, \psi \in \mathscr{D}(\Omega).$$

Dabei ist $(\varphi \otimes \psi)(x,y) = \varphi(x)\psi(y)$.

Ein analoger Satz gilt für temperierte Distributionen.

Bevor wir auf die Bedeutung dieses Satzes zu sprechen kommen, soll seine Stellung in der lokalkonvexen Theorie kommentiert werden. Grothendieck („Produits tensoriels topologiques et espaces nucléaires", *Mem. Amer. Math. Soc.* 16 (1955)) ist es nämlich gelungen, eine Eigenschaft des Raums $\mathscr{D}(\Omega)$, Nuklearität genannt, zu isolieren, die er als für die Gültigkeit des Kernsatzes entscheidend erkannt hat. Diese ist so definiert. Sei p eine stetige Halbnorm auf einem lokalkonvexen Raum X. Auf dem Quotientenvektorraum $X/\ker(p)$ induziert p eine Norm, und wir betrachten die Vervollständigung X_p dieses normierten Raums. Ist $q \geq p$ eine weitere stetige Halbnorm, so kann ein kanonischer Operator $I_{q,p}: X_q \to X_p$ als stetige Fortsetzung der Abbildung

$$x + \ker(q) \mapsto x + \ker(p)$$

definiert werden. (X, τ_P) wird *nuklear* genannt, wenn für alle $p \in P$ eine Halbnorm $q \in P$, $q \geq p$, existiert, so dass $I_{q,p}$ ein nuklearer Operator (Definition VI.5.1) zwischen den Banachräumen X_q und X_p ist. Beispiele nuklearer Räume sind $\mathscr{D}(\Omega)$, $\mathscr{S}(\mathbb{R}^n)$, $\mathscr{E}(\Omega)$ und ihre Dualräume (mit der schwach*-Topologie). Die Eigenschaften nuklearer Räume lassen diese den endlichdimensionalen Räumen weit ähnlicher erscheinen, als es etwa die Hilberträume sind; z. B. sind in vollständigen nuklearen Räumen beschränkte

---

[2]Das Material zu lokalkonvexen Räumen ist in der gedruckten Fassung der 2. Auflage von 2011 nicht mehr enthalten, aber online frei verfügbar.

(Aufgabe VIII.8.6) abgeschlossene Mengen kompakt. Einen Beweis des Kernsatzes von diesem abstrakten Standpunkt aus findet man etwa bei Trèves [1967], direktere Argumente geben Dieudonné [1982] und Hörmander [1990].

Seien X und Y lokalkonvexe Funktionenräume auf Ω, so dass die kanonischen Einbettungen von $\mathscr{D}(\Omega)$ nach X und von Y nach $\mathscr{D}'(\Omega)$ (mit der schwach*-Topologie) stetig sind. Ist $u\colon X \to Y$ ein stetiger Operator, so induziert u einen stetigen Operator $v\colon \mathscr{D}(\Omega) \to X \to Y \to \mathscr{D}'(\Omega)$ und weiter eine partiell stetige Bilinearform $B\colon (\varphi, \psi) \mapsto (v(\varphi))(\psi)$. Nach dem Kernsatz kann B durch eine Kerndistribution K dargestellt werden. Ist z. B. $X = Y = L^2(\mathbb{R})$ und u ein Hilbert-Schmidt-Operator mit L^2-Kern k (vgl. Satz VI.6.3), so ist K nichts anderes als die zu k gehörige reguläre Distribution. Will man aber den identischen Operator auf $L^2(\mathbb{R})$ als Integraloperator mit einem Kern darstellen, scheitert man; der Kern ist nun eine „δ-Funktion auf der Diagonalen", nämlich die Distribution

$$K(\phi) = \int_{\mathbb{R}} \phi(x,x)\,dx \qquad \forall \phi \in \mathscr{D}(\mathbb{R}^2).$$

Der Kernsatz gestattet es also, praktisch alle Operatoren zwischen Funktionenräumen als Kernoperatoren mit Distributionskernen darzustellen.

Solche Kerne tauchen in den Anwendungen oft als Greensche Funktionen für Differentialgleichungen auf. Mit dem Kernsatz hat man in der Regel als erstes einen Existenzsatz für „Greensche Distributionen", durch weitere Analysen kann man dann versuchen zu zeigen, dass eine solche Distribution außerhalb der Diagonalen eine C^∞-Funktion ist. Hier hat sich der Kalkül der Pseudodifferentialoperatoren als sehr hilfreich erwiesen. Für Einzelheiten sei auf die Spezialliteratur (etwa Dieudonné [1982, 1983]) verwiesen; einen Überblick gibt Dieudonné [1981], S. 252ff.

Die Greenschen Funktionen sind eng verwandt mit den Grundlösungen für Differentialoperatoren. Ist L ein linearer Differentialoperator mit C^∞-Koeffizienten auf $\mathscr{D}'(\mathbb{R}^n)$, so bezeichnet man eine Distribution E_a mit $L(E_a) = \delta_a$ als *Grundlösung* für L im Punkt a. Um die Bedeutung dieses Begriffs zu erkennen, betrachte man den adjungierten Operator L' auf $\mathscr{D}(\mathbb{R}^n)$. Ist $\varphi \in \mathscr{D}(\mathbb{R}^n)$ eine Lösung von $L'(\varphi) = \psi$, wo $\psi \in \mathscr{D}(\mathbb{R}^n)$ vorausgesetzt ist, so gilt notwendig

$$E_a(\psi) = E_a(L'(\varphi)) = (LE_a)(\varphi) = \delta_a(\varphi) = \varphi(a). \qquad \text{(VIII.15)}$$

Mit diesem Begriff werden die klassischen Grundlösungen $\frac{-1}{4\pi}|x|^{-1}$ des Laplaceoperators bzw. $(4\pi t)^{-3/2}\exp(-|x|^2/4t)$ des Wärmeleitungsoperators $\frac{\partial}{\partial t} - \Delta$ auf $\mathbb{R}^3$ verallgemeinert (vgl. Aufgabe VIII.8.38). Hat L konstante Koeffizienten, kann man mit Hilfe der von Schwartz eingeführten Faltung von Distributionen eine (VIII.15) entsprechende Formel zeigen, nämlich

$$L(E_0 * \psi) = \psi,$$

die eine Lösung von $L(T) = \psi$ angibt, aber nur im Distributionensinn. Daher ist es wichtig zu wissen, ob ein Differentialoperator Grundlösungen besitzt. Der *Satz von Ehrenpreis-Malgrange* beantwortet diese Frage.

- *Ist $L \neq 0$ ein linearer Differentialoperator mit konstanten Koeffizienten, so besitzt L Grundlösungen $E_a \in \mathcal{D}'$.*

Dieser Satz wird z. B. in Rudin [1991] bewiesen; an entscheidender Stelle wird der Satz von Hahn-Banach benutzt. Tatsächlich gibt es sogar Grundlösungen in $\mathcal{S}'$, wie von Hörmander 1958 und Łojasiewicz 1959 gezeigt wurde. Verschiedene andere Beweismethoden werden von Ortner und Wagner in ihrer Note in S. Dierolf, S. Dineen, P. Domański (Hg.), *Functional Analysis*, de Gruyter 1996, S. 343–352, gegenübergestellt; insbesondere bringen sie eine Variante von Königs Beweis (*Proc. Amer. Math. Soc.* 120 (1994) 1315–1318), der eine explizite Formel für eine Grundlösung angibt. Man beachte auch Wagners Note in *Amer. Math. Monthly* 116 (2009) 457–462.

Gerade wurde bemerkt, dass für einen linearen Differentialoperator $L = \sum_{|\alpha| \leq m} a_\alpha D^{(\alpha)}$ mit konstanten Koeffizienten die Gleichung $L(T) = \psi$ für $\psi \in \mathcal{D}(\mathbb{R}^n)$ eine Lösung in $\mathcal{D}'(\mathbb{R}^n)$ besitzt. Es erhebt sich die Frage, wann jede solche Distributionenlösung eine klassische Lösung, d. h. $\in \mathcal{E}(\mathbb{R}^n)$ ist. Differentialoperatoren mit dieser Eigenschaft werden *hypoelliptisch* genannt, sie können mit Hilfe der Nullstellenmenge des assoziierten Polynoms $P(x) = \sum_{|\alpha| \leq m} a_\alpha x^\alpha$ charakterisiert werden (Satz von Hörmander). Beispiele solcher Operatoren sind die elliptischen Differentialoperatoren, die durch die Forderung $\sum_{|\alpha|=m} a_\alpha x^\alpha \neq 0$ für $x \neq 0$ definiert sind, insbesondere der Laplaceoperator. Auch parabolische Operatoren wie der Wärmeleitungsoperator $\partial/\partial t - \Delta$ sind hypoelliptisch; hingegen sind der zeitabhängige Schrödingeroperator $\partial/\partial t - i\Delta$ oder hyperbolische Operatoren wie der Wellenoperator $\partial^2/\partial t^2 - \Delta$ nicht hypoelliptisch. Beim Beweis solcher Regularitätssätze spielt das Lemma von Sobolev, Satz V.2.12, eine entscheidende Rolle. Die dort verwendeten Sobolevräume lassen sich übrigens jetzt leichter handhaben, denn die $W^m(\Omega)$ lassen sich als Hilberträume von (regulären) Distributionen auffassen.

Es sollte noch erwähnt werden, dass Sobolev der erste war, der Distributionen und ihre Ableitungen definiert hat; unser Satz VIII.5.4(iii) ist seine Definition (*Mat. Sbornik* 1 (1936) 39–72). Jedoch war es Schwartz, der einen allgemein anwendbaren geschmeidigen Kalkül entwickelt hat; insbesondere hat er die Räume $\mathcal{S}$ und $\mathcal{S}'$ eingeführt und so der Fouriertransformation einen vollkommen neuen Aspekt verliehen. Weitere Beiträge von ihm sind die Räume $\mathcal{E}$ und $\mathcal{E}'$, die Faltung und das Tensorprodukt von Distributionen, auf die dieser Text nicht eingeht. Geschichte und Vorgeschichte der Distributionentheorie (der Name „Distribution" stammt übrigens von Schwartz) werden von Lützen [1982] analysiert; er schreibt (S. 64): „Thus Sobolev invented distributions, but it was Schwartz who created the theory of distributions." Weitergehende Darstellungen findet man in Schwartz' klassischer, erstmals 1950/51 erschienener Monographie (Schwartz [1966]) sowie bei Rudin [1991], Trèves [1967], Hörmander [1990] oder in dem einführenden Text von Al-Gwaiz [1992].

Im Beispiel des Abschn. VII.1 sind wir auf das Phänomen der „verallgemeinerten Eigenvektoren" gestoßen. Die Distributionentheorie und die Theorie der nuklearen Räume (siehe oben) gestatten es, die Diagonalisierung eines Operators mittels solcher Elemente präzise zu formulieren. Es seien H ein Hilbertraum und $T : H \supset \mathrm{dom}(T) \to H$ ein dicht definierter symmetrischer Operator, der dom(T) in sich überführt. T besitze eine selbstadjungierte Erweiterung $S: H \supset \text{dom}(S) \to H$. Wir nehmen ferner an, dass $X := \text{dom}(T)$ eine lokalkonvexe Topologie τ trägt, so dass $T: (X, \tau) \to (X, \tau)$ und die identische Einbettung $i: (X, \tau) \to (H, \| . \|)$ stetig sind. Dann ist $i': H' \to X'$ injektiv und schwach*-stetig, und wenn man H nach dem Satz von Fréchet-Riesz mit H' identifiziert, erhält man Inklusionen $X \subset H \subset X'$; man beschreibt diese Situation als *Gelfandschen Dreier*. Als Beispiel denke man an $\mathscr{S}(\mathbb{R}) \subset L^2(\mathbb{R}) \subset \mathscr{S}'(\mathbb{R})$ oder $\mathscr{D}(\mathbb{R}) \subset L^2(\mathbb{R}) \subset \mathscr{D}'(\mathbb{R})$ und $(T\varphi)(t) = t\varphi(t)$. Für einen Physiker ist nun klar, dass dieser Operator δ-Funktionen als Eigenfunktionen besitzt: $T\delta_\lambda = \lambda\delta_\lambda$. Natürlich ist diese Gleichung sinnlos, aber wenn man statt T den adjungierten Operator T' auf $\mathscr{S}'$ betrachtet, ist $T'\delta_\lambda = \lambda\delta_\lambda$ eine sinnvolle (und wahre) Aussage über temperierte Distributionen. In der allgemeinen Situation wird man also versucht sein, nicht Eigenvektoren von T, sondern solche von T' zu suchen. Ist (X, τ) nuklear (wie z.B. $\mathscr{D}$ oder $\mathscr{S}$), kann man tatsächlich zeigen, dass es ein „vollständiges" System solcher verallgemeinerter Eigenvektoren gibt.

Um dieses Resultat zu beschreiben, nehmen wir der Einfachheit halber an, die selbstadjungierte Erweiterung S von T besitze einen zyklischen Vektor $\xi \in X$, d.h. $\overline{\text{lin}}\{\xi, S\xi, S^2\xi, \ldots\} = H$. Es sei E das Spektralmaß von S und μ wie in Satz VII.1.20 das endliche positive Maß $d\langle E_\lambda \xi, \xi\rangle$; beachte, dass S diesmal unbeschränkt sein darf. Dann gilt folgender *Satz von Gelfand und Kostyuchenko* (siehe Gelfand/Vilenkin [1964], S. 103ff.):

- *Wenn X nuklear ist, existieren für alle $\lambda \in \sigma(S)$ verallgemeinerte Eigenvektoren $x'_\lambda \in X'$, $T'x'_\lambda = \lambda x'_\lambda$, so dass*

$$\langle x, y\rangle = \int_{\sigma(S)} x'_\lambda(x)\overline{x'_\lambda(y)}\, d\mu(\lambda) \qquad \forall x, y \in X,$$

$$\langle Tx, y\rangle = \int_{\sigma(S)} \lambda x'_\lambda(x)\overline{x'_\lambda(y)}\, d\mu(\lambda) \qquad \forall x, y \in X.$$

Schreibt man $\langle x, x'_\lambda\rangle$ für $x'_\lambda(x)$, so sind diese Formeln vollkommen denen der Entwicklung in eine Orthonormalbasis bzw. der Diagonalisierung eines kompakten selbstadjungierten Operators analog:

$$\langle x, y\rangle = \sum_{k=1}^{\infty} \langle x, e_k\rangle\langle e_k, y\rangle, \quad \langle Tx, y\rangle = \sum_{k=1}^{\infty} \lambda_k\langle x, e_k\rangle\langle e_k, y\rangle.$$

Es sei jedoch betont, dass die verallgemeinerten Entwicklungsformeln nicht mehr für alle Elemente von H gelten, sondern nur noch auf dem kleineren Raum X. Ist T ein elliptischer Differentialoperator auf $X = \mathscr{D}(\Omega)$, kann man sogar zeigen, dass die x'_λ C^∞-Funktionen sind (Satz von Mautner, Gårding und Browder; siehe Dunford/Schwartz [1963], S. 1709, oder Dieudonné [1982], S. 250).

Alaoglu bewies Korollar VIII.3.12 in *Ann. Math.* 41 (1940) 252–267, Krein und Shmulyan Theorem VIII.3.15 in *Ann. Math.* 41 (1940) 556–583 und Goldstine die Sätze VIII.3.17 und VIII.3.18 in *Duke Math. J.* 4 (1938) 125–131. Auch der enigmatische Bourbaki kündigte 1938 in einer Comptes-Rendus-Note einen Beweis dieser Aussagen (mit Korollar VIII.3.16 statt des Satzes von Krein-Shmulyan) an; seine Beweise wurden 1942 von Dieudonné (*Ann. Sci. École Norm. Sup.* 59 (1942) 107–139) „avec l'autorisation de l'auteur" (a.a.O., S. 128) veröffentlicht. Der Beweis des Satzes von Krein-Shmulyan im Text folgt einer Idee von Pryce (siehe Day [1973], S. 50).

Jedoch hatte Banach in seinem Buch (Banach [1932]) bereits Versionen dieser Sätze gezeigt. Banach bedient sich aber nicht der schwachen oder schwach*-*Topologie*, sondern bleibt ganz im Rahmen der schwach oder schwach* konvergenten Folgen, die ja ganz naiv definiert werden können (siehe Definition III.3.6). Daher sind seine Versionen von Korollar VIII.3.12 und Satz VIII.3.18 nur für separable Räume formuliert; vgl. die Aufgaben III.6.19 und VIII.8.17(d) für das Erstere. Bemerkenswerterweise gelingt es ihm aber, einen zu Korollar VIII.3.16 äquivalenten Satz für *alle* Banachräume, ob separabel oder nicht, zu beweisen (a.a.O., S. 118–122); dieser ist mit Hilfe eines Ad-hoc-Konzepts von „transfiniten Folgen" formuliert und lautet „Jeder transfinit abgeschlossene Unterraum von X' ist regulär abgeschlossen."

Banachs Version von Satz VIII.3.18 besagt, dass ein separabler Banachraum, in dem jede beschränkte Folge eine schwach konvergente Teilfolge besitzt, reflexiv ist (a.a.O., S. 189). (Die Umkehrung hatten wir in Theorem III.3.7 gezeigt.) Da jedoch Kompaktheit und Folgenkompaktheit verschiedene Dinge sind, ist nicht a priori klar, dass Satz VIII.3.18 dies als Spezialfall enthält. Das ergibt sich jedoch aus dem Satz von Eberlein-Shmulyan.

Dass schwach kompakte Mengen schwach folgenkompakt sind, wurde von Shmulyan (*Mat. Sbornik* 7 (1940) 425–444) bewiesen und die Umkehrung von Eberlein (*Proc. Nat. Acad. Sci. USA* 33 (1947) 51–53). Tatsächlich zeigte Eberlein etwas Allgemeineres: Schwache Kompaktheit und abzählbare schwache Kompaktheit sind äquivalent. (Ein topologischer Raum heißt abzählbar kompakt, wenn jede abzählbare offene Überdeckung eine endliche Teilüberdeckung besitzt. In T_1-Räumen, insbesondere in Hausdorffräumen, ist das äquivalent dazu, dass jede abzählbare Teilmenge einen Häufungspunkt besitzt.) Der Beweis des Satzes von Eberlein-Shmulyan im Text, der von Whitley stammt (*Math. Ann.* 172 (1967) 116–118), zeigt auch diese Variante. Vogt (*Arch. Math.* 95 (2010) 31–34) hat die Whitleysche Konstruktion benutzt, um zu zeigen, dass A genau dann relativ schwach kompakt ist, wenn für jede Folge (a_n) in A der Schnitt $\bigcap_n \overline{\mathrm{co}}\{a_k : k \geq n\}$ nicht leer ist; siehe Aufgabe VIII.8.45.

Wegen ihrer erstaunlichen Eigenschaften hat man topologischen Räumen, die zu schwach kompakten Teilmengen von Banachräumen homöomorph sind, einen eigenen Namen gegeben; man nennt sie *Eberlein-kompakt*. Eng damit zusammenhängend sind die schwach kompakt erzeugten Banachräume; ein Banachraum X heißt *schwach kompakt erzeugt*, wenn es eine schwach kompakte Teilmenge $A \subset X$ gibt mit $X = \overline{\mathrm{lin}}\, A$. Diese Raumklasse bildet eine Verallgemeinerung der separablen und der reflexiven Räume. Schwach kompakt erzeugten Räumen kommen Eigenschaften zu, die in allgemeinen Banachräumen nicht zutreffen, zum Beispiel ist die duale Einheitskugel eines schwach kompakt erzeugten Banachraums sogar schwach* folgenkompakt. Ein $C(K)$-Raum ist genau dann schwach kompakt erzeugt, wenn K Eberlein-kompakt ist. Zu schwach kompakt erzeugten Räumen siehe zum Beispiel Fabian et al. [2011].

Die Charakterisierung schwach kompakter Teilmengen von L^1 durch ihre gleich-gradige Integrierbarkeit stammt von Dunford und Pettis (*Trans. Amer. Math. Soc.* 47 (1940) 323–392). Sie zeigten auch die Dunford-Pettis-Eigenschaft von $L^1(\mu)$, natürlich ohne diesen Begriff zu verwenden, der von Grothendieck (*Canad. J. Math.* 5 (1953) 129–173) eingeführt wurde und auf den die meisten Resultate aus Abschn. VIII.7 zu-rückgehen. Von Grothendieck stammt auch das folgende Resultat, das man heute die *Grothendieck-Eigenschaft* von L^∞ nennt:

- *Eine schwach* konvergente Folge im Dualraum von $L^\infty(\mu)$ ist schwach konvergent.*

Auch der Raum der beschränkten analytischen Funktionen H^∞ und der Operatorraum $L(\ell^2)$ besitzen die Grothendieck-Eigenschaft (Bourgain, *Studia Math.* 75 (1983) 193–216, und Pfitzner, *Math. Ann.* 298 (1994) 349–371).

Der Ansatz von Dunford und Pettis basiert auf ihrer Darstellung schwach kompak-ter Operatoren auf L^1 durch vektorwertige Integrale, sogenannte Bochner-Integrale. Ein solcher Operator $T\colon L^1(\mu) \to Y$ kann nämlich, ähnlich wie ein Funktional, durch ein Integral

$$Th = \int_\Omega hg\,d\mu$$

dargestellt werden, wobei $g\colon \Omega \to Y$ eine beschränkte, in einem geeigneten Sinn messbare Y-wertige Funktion ist. Dieser Darstellungssatz ist bei Diestel/Uhl [1977] beschrieben.

Der Zusammenhang von gleichgradiger Integrierbarkeit und schwacher Kompakt-heit ist in der Wahrscheinlichkeitstheorie von Interesse; zum Beispiel findet man bei Kopp [1984] eine funktionalanalytisch inspirierte Herleitung der Martingalkonvergenz-sätze. Übrigens ist der Spezialfall des Satzes von Alaoglu für $X = C_0(\mathbb{R})$, also $X' = M(\mathbb{R})$, als *Satz von Helly-Bray* in der Wahrscheinlichkeitstheorie bekannt.

Eine weitere, außerordentlich tiefliegende Charakterisierung schwach kompakter Mengen stammt von James (1964).

- *Eine schwach abgeschlossene beschränkte Teilmenge A eines reellen Banach-raums ist genau dann schwach kompakt, wenn jedes stetige lineare Funktional sein Supremum auf A annimmt.*

In diesem Zusammenhang ist noch der *Satz von Bishop-Phelps* (1961) erwähnenswert.

- *Sei X ein reeller Banachraum und $C \subset X$ konvex, beschränkt und abgeschlossen. Dann ist die Menge aller stetigen linearen Funktionale, die ihr Supremum auf C annehmen, $\| \cdot \|$-dicht in X'.*

Diese Sätze werden in Holmes [1975] bewiesen.

Die einfachste Methode, um die schwache Kompaktheit eines Operators zu zeigen, ist, ihn über einen reflexiven Raum zu faktorisieren. Dass dies immer möglich ist, ist der Inhalt des Satzes von Davis, Figiel, Johnson und Pełczyński (*J. Funct. Anal.* 17 (1974) 311–327):

- *Sei $T: X \to Y$ schwach kompakt. Dann existieren ein reflexiver Banachraum Z und stetige Operatoren $T_1: X \to Z$, $T_2: Z \to Y$ mit $T = T_2 T_1$.*

Lima, Nygaard und Oja (*Israel J. Math.* 119 (2000) 325–348) haben gezeigt, dass man die Faktorisierung sogar isometrisch einrichten kann, so dass auch $\|T\| = \|T_2\| \|T_1\|$ gilt.

Die Benutzung der schwachen Topologien eröffnet einen neuen Blick auf den Satz vom abgeschlossenen Bild (Theorem IV.5.1). Man kann ihn jetzt so formulieren.

- *Seien X und Y Banachräume und $T \in L(X, Y)$. Dann sind äquivalent:*
  (i) ran(T) ist abgeschlossen.
  (ii) ran(T') ist $\| \, . \, \|$-abgeschlossen.
  (iii) ran(T') ist schwach* abgeschlossen.

Mit Methoden dieses Kapitels kann der Beweis so geführt werden. Wir fügen die Zwischenbehauptungen

(iv) $T: X \to \mathrm{ran}(T)$ *ist eine offene Abbildung bzgl. der Normtopologien.*
(v) $T: X \to \mathrm{ran}(T)$ *ist eine offene Abbildung bzgl. der schwachen Topologien.*

ein. Dann zeigt der Satz von der offenen Abbildung (i) $\Leftrightarrow$ (iv). Mit Hilfe der Aufgabe VIII.8.10 und der kanonischen Faktorisierung aus Lemma IV.5.2 kann man (iv) $\Leftrightarrow$ (v) einsehen. Der Bipolarensatz liefert (v) $\Leftrightarrow$ (iii) (Details in Köthe [1979], S. 5), und (iii) $\Rightarrow$ (ii) ist trivial. Die Umkehrung folgt aus dem Satz von Krein-Shmulyan: Zunächst impliziert der Satz von der offenen Abbildung die Existenz eines $\varepsilon_0 > 0$ mit

$$\varepsilon_0 B_{X'} \cap \mathrm{ran}(T') \subset T'(B_{Y'}),$$

falls $U := \mathrm{ran}(T') \, \| \, . \, \|$-abgeschlossen ist, und das heißt

$$B_U = B_{X'} \cap \mathrm{ran}(T') = B_{X'} \cap T'(\varepsilon_0^{-1} B_{X'}).$$

Da T' schwach*-stetig ist, ist B_U schwach*-abgeschlossen, also nach Korollar VIII.3.16 U selbst schwach*-abgeschlossen.

Krein und Milman bewiesen ihren Satz in *Studia Math.* 9 (1940) 133–138 für schwach*-kompakte konvexe Teilmengen des Duals eines Banachraums. Der Beweis im Text stammt von Kelley und ist der heute generell verwandte; ein alternatives Argument fand Léger (*C. R. Acad. Sc. Paris* 267 (1968) 92–93). Es war lange ein offenes Problem, ob der Satz von Krein-Milman auch in nicht lokalkonvexen topologischen Vektorräumen gilt.

Das erste, sehr komplizierte Gegenbeispiel wurde von Roberts (*Studia Math.* 60 (1977) 255–266) konstruiert; es gibt sogar Gegenbeispiele in $L^p[0, 1]$ für $0 < p < 1$ (siehe Kalton/Peck/Roberts [1984], S. 211).

Bessaga und Pełczyński (*Israel J. Math.* 4 (1966) 262–264) fanden eine Verschärfung des Satzes von Krein-Milman für gewisse Banachräume, in der die Kompaktheit keine Rolle mehr spielt.

- *Ist X ein Banachraum mit separablem Dualraum und $K \subset X'$ nicht leer, $\|\,.\,\|$-abgeschlossen und beschränkt, so gilt $K = \overline{\mathrm{co}}^{\|\,\|} \mathrm{ex}\, K$.*

Der Satz von Bessaga und Pełczyński ist z. B. auf die Dualräume von $X = c_0$ oder von $X = K(\ell^2)$ anwendbar. Lindenstrauss hat diesen Satz 1975 auf eine größere Klasse von Banachräumen ausgedehnt, siehe Phelps' Arbeit in *J. Functional Anal.* 16 (1974) 78–90.

In einer anderen Richtung wurde der Satz von Krein-Milman durch Choquet verallgemeinert. Betrachten wir eine kompakte konvexe Teilmenge K eines lokalkonvexen Hausdorffraums X und $T := \overline{\mathrm{ex}\, K}$. Mit der Nomenklatur von Aufgabe VIII.8.24 ist die Restriktionsabbildung $a \mapsto a|_T$ von $A(K)$ nach $C(T)$ isometrisch; dies folgt aus dem Satz von Krein-Milman, denn $\{x \in K: a(x) = \sup a(K)\}$ ist eine abgeschlossene Seite. Das Funktional $a \mapsto a(x_0)$, $x_0 \in K$ beliebig, lässt sich dann normgleich auf $C(T)$ fortsetzen und nach dem Rieszschen Darstellungssatz durch ein reguläres Borelmaß μ auf T darstellen. Da das Funktional positiv ist und die konstante Funktion $\mathbf{1}$ auf 1 abbildet, ist μ ein Wahrscheinlichkeitsmaß. Mit anderen Worten existiert zu jedem $x_0 \in K$ ein Wahrscheinlichkeitsmaß auf K mit $\mu(\overline{\mathrm{ex}\, K}) = 1$, so dass

$$a(x_0) = \int_{\mathrm{ex}\, K} a(x)\, d\mu(x) \qquad \forall a \in A(K),$$

wofür man symbolisch

$$x_0 = \int_{\mathrm{ex}\, K} x\, d\mu(x)$$

schreibt. Der *Satz von Choquet* sagt aus, dass für metrisierbare K sogar solch ein Maß mit $\mu(\mathrm{ex}\, K) = 1$ gefunden werden kann, symbolisch

$$x_0 = \int_{\mathrm{ex}\, K} x\, d\mu(x).$$

Diese Formel beschreibt wesentlich präziser als der Satz von Krein-Milman, wie jeder Punkt von K als „Mischung" von Extremalpunkten zu repräsentieren ist. Der Satz von Choquet hat bedeutende Anwendungen; wir verweisen auf die Übersicht von Phelps in Bartle [1980], S. 115–157, sowie die Monographien von Phelps [1966] und Choquet [1969].

Der Beweis des Satzes von Stone-Weierstraß im Text stammt von de Branges (*Proc. Amer. Math. Soc.* 10 (1959) 822–824) und der des Satzes von Lyapunov von Lindenstrauss

(*J. Math. Mech.* 15 (1966) 971–972). Brosowski und Deutsch geben ein sehr elementares Argument für den Satz von Stone-Weierstraß in *Proc. Amer. Math. Soc.* 81 (1981) 89–92. Anwendungen des Satzes von Lyapunov auf das Bang-Bang-Prinzip der Kontrolltheorie diskutiert Holmes [1975], S. 109, und Anwendungen in der Wahrscheinlichkeitstheorie findet man bei Hill, „Partitioning Inequalities in Probability and Statistics", in M. Shaked, Y. L. Tong (Hg.) *Stochastic Inequalities* (1992), S. 116–132. Für die Aufteilung eines Kuchens siehe Dubins und Spanier, *Amer. Math. Monthly* 68 (1961) 1–17.

Mit Hilfe eines Extremalpunktarguments kann man auch den folgenden *Satz von Banach-Stone* beweisen.

- *Sind S und T kompakte Hausdorffräume, für die die Banachräume $C(S)$ und $C(T)$ isometrisch isomorph sind, so sind S und T homöomorph.*

Ist nämlich $I: C(S) \to C(T)$ ein isometrischer Isomorphismus, so ist $I': C(T)' \to C(S)'$ ebenfalls einer; daher bildet I' die Extremalpunkte der Einheitskugel von $M(T) = C(T)'$ auf Extremalpunkte der Einheitskugel von $M(S) = C(S)'$ ab. Diese wurden in Beispiel VIII.4(f) beschrieben; folglich ist $I'(\delta_t)$ von der Form $h(t)\delta_{\varphi(t)}$. So wird eine Funktion $\varphi: T \to S$ definiert, und man beweist, dass φ ein Homöomorphismus ist. (Dazu ist es hilfreich zu wissen, dass S und $\{\delta_s: s \in S\}$, versehen mit der schwach*-Topologie, homöomorph sind, was aus Satz VIII.3.6 und Lemma B.2.7 folgt.) Die Umkehrung des Satzes von Banach-Stone ist ebenfalls richtig (und sehr einfach).

Der Satz von Goldstine impliziert lax gesprochen, dass es zu $x'' \in B_{X''}$ (X ein normierter Raum) und zu einem endlichdimensionalen Teilraum $F \subset X'$ ein Element $x \in B_X$ gibt, das „längs F" mit x'' fast übereinstimmt. Eine Verschärfung dieser Aussage macht das *Prinzip der lokalen Reflexivität* von Lindenstrauss und Rosenthal (*Israel J. Math.* 7 (1969) 325–349):

- *Seien X ein normierter Raum, $E \subset X''$ und $F \subset X'$ endlichdimensionale Teilräume, und sei $\varepsilon > 0$. Dann existiert ein linearer Operator $T: E \to X$ mit*
  (a) $Tx = x \quad \forall x \in E \cap X$.
  (b) $x'(Tx'') = x''(x') \quad \forall x'' \in E, \; x' \in F$.
  (c) $(1 - \varepsilon)\|x''\| \leq \|Tx''\| \leq (1 + \varepsilon)\|x''\| \quad \forall x'' \in E$.

(Hier wurde, wie üblich, X als Unterraum von X'' aufgefasst.) Alle Beweise dieses Satzes fußen auf dem Satz von Hahn-Banach; die einfachsten Argumente fanden Dean (*Proc. Amer. Math. Soc.* 40 (1973) 146–148), Stegall (*Proc. Amer. Math. Soc.* 78 (1980) 154–156), Behrends (*Studia Math.* 100 (1991) 109–128) und Martínez-Abejón (*Proc. Amer. Math. Soc.* 127 (1999) 1397–1398). Man spricht hier von *lokaler* Reflexivität, da (c) zeigt, dass, obwohl X'' i. Allg. ein echter Oberraum von X ist, jeder endlichdimensionale Teilraum von X'' – bis auf ε – zu einem endlichdimensionalen Teilraum von X isometrisch ist. Das Attribut „lokal" bezieht sich in der Banachraumtheorie auf die endlichdimensionale Struktur.

Banachalgebren

IX.1 Grundbegriffe und Beispiele

In diesem Kapitel untersuchen wir Banachräume, die neben den Vektorraumoperationen Addition und Skalarmultiplikation eine innere Multiplikation zulassen (wie es z. B. für den Banachraum $C(T)$ der Fall ist).

▶ **Definition IX.1.1** Es seien A ein komplexer Banachraum und $(x, y) \mapsto x \cdot y =: xy$ eine bilineare assoziative Abbildung von $A \times A$ nach A („Multiplikation") mit

$$\|x \cdot y\| \leq \|x\| \cdot \|y\| \qquad \forall x, y \in A. \tag{IX.1}$$

Dann heißt A (genauer $(A, \cdot, \|\,.\,\|)$) eine *Banachalgebra*. Gilt $xy = yx$ für alle $x, y \in A$, so heißt A *kommutativ*. Ein Element $e \in A$ mit $ex = xe = x$ für alle $x \in A$ und

$$\|e\| = 1 \tag{IX.2}$$

heißt *Einheit* von A.

Die algebraischen Forderungen an eine Multiplikation lauten explizit

$$x(y + z) = xy + xz, \qquad (x + y)z = xz + yz,$$

$$x(yz) = (xy)z, \qquad \lambda(xy) = (\lambda x)y = x(\lambda y)$$

für alle $x, y, z \in A$, $\lambda \in \mathbb{C}$. Eine Banachalgebra hat höchstens eine Einheit (denn sind e und $\tilde{e}$ Einheiten, so gilt $e = e\tilde{e} = \tilde{e}$). Die Beschränkung auf komplexe Skalare erfolgt, da nur für komplexe Algebren die fundamentalen Darstellungssätze (siehe Abschn. IX.2 und Satz IX.1.3 sowie IX.1.4) gelten.

© Springer-Verlag GmbH Deutschland, ein Teil von Springer Nature 2018
D. Werner, *Funktionalanalysis*, Springer-Lehrbuch,
https://doi.org/10.1007/978-3-662-55407-4_9

Beispiele

(a) Ist X ein komplexer Banachraum, so sind $L(X)$ und $K(X)$ Banachalgebren. (Hier ist die Norm natürlich die Operatornorm und die Multiplikation die Komposition.) Für $\dim(X) > 1$ sind sie nicht kommutativ. $L(X)$ enthält eine Einheit (nämlich Id), $K(X)$ im Fall $\dim X = \infty$ nicht. [Beweis hierfür: Ist e Einheit von $K(X)$, so muß $e = \mathrm{Id}$ sein (betrachte Operatoren mit eindimensionalem Bild!). Also gilt $\mathrm{Id} \in K(X)$ und folglich (Satz I.2.8) $\dim X < \infty$.]

(b) Die klassischen Funktionenalgebren $C(T)$ (T kompakter Hausdorffraum), $L^\infty(\mu)$ und H^∞ und $A(\mathbb{D})$ aus Beispiel I.1(e) sind kommutative Banachalgebren mit Einheit $\mathbf{1}$. (Die Multiplikation ist natürlich punktweise definiert, und als Norm betrachten wir die [im Fall L^∞ wesentliche] Supremumsnorm.) $C_0(\mathbb{R})$ ist eine kommutative Banachalgebra ohne Einheit.

(c) Es sei W der Vektorraum der 2π-periodischen stetigen Funktionen von $\mathbb{R}$ nach $\mathbb{C}$, deren Fourierreihe absolut konvergiert: Zu 2π-periodischem f betrachte die Fourierkoeffizienten $c_n = c_n(f) = \frac{1}{2\pi} \int_0^{2\pi} f(t)e^{-int}\,dt$ ($n \in \mathbb{Z}$); dann ist

$$f \in W \quad \Leftrightarrow \quad \big(c_n(f)\big)_{n \in \mathbb{Z}} \in \ell^1(\mathbb{Z}).$$

($\ell^1(\mathbb{Z})$ ist der Banachraum aller „zweiseitigen" absolut summierbaren Folgen $(c_n)_{n \in \mathbb{Z}}$ mit der Norm $\|(c_n)\|_{\ell^1} = \sum_{n \in \mathbb{Z}} |c_n|$.) Insbesondere folgt

$$f(s) = \sum_{n \in \mathbb{Z}} c_n(f)e^{ins} \qquad \text{(gleichmäßige Konvergenz!)}$$

für $f \in W$. Die Multiplikation in W wird punktweise erklärt. Wir versehen W mit der Norm $\|f\|_W = \sum_{n \in \mathbb{Z}} |c_n(f)|$. Nachrechnen zeigt, dass $\| . \|_W$ wirklich eine Norm und $(W, \| . \|_W)$ ein Banachraum ist. [Oder man argumentiert so: $f \mapsto \big(c_n(f)\big)$ ist ein isometrischer Isomorphismus zwischen W und dem Banachraum $\ell^1(\mathbb{Z})$.] $(W, \cdot, \| . \|_W)$ ist eine Banachalgebra, die sog. *Wieneralgebra*; W ist kommutativ und hat das Einselement $\mathbf{1}$. Es ist dafür zu verifizieren: Sind $f, g \in W$, so gilt $fg \in W$ mit $\|fg\|_W \le \|f\|_W \|g\|_W$. Dazu berechne

$$\begin{aligned}
c_n(fg) &= \frac{1}{2\pi} \int_0^{2\pi} f(t)g(t)e^{-int}\,dt \\
&= \frac{1}{2\pi} \int_0^{2\pi} \Big(\sum_{k \in \mathbb{Z}} c_k(f)e^{ikt}\Big)\Big(\sum_{l \in \mathbb{Z}} c_l(g)e^{ilt}\Big)e^{-int}\,dt \\
&= \sum_{k,l \in \mathbb{Z}} c_k(f)c_l(g) \frac{1}{2\pi} \int_0^{2\pi} e^{i(k+l-n)t}\,dt
\end{aligned}$$

(erlaubt wegen absoluter und gleichmäßiger Konvergenz!)

$$= \sum_{k+l=n} c_k(f)c_l(g)$$

$$= \sum_{k\in\mathbb{Z}} c_k(f)c_{n-k}(g).$$

Also gilt (die Vertauschung der Summationsreihenfolge ist wegen der absoluten Konvergenz erlaubt)

$$\sum_n |c_n(fg)| \le \sum_n \sum_k |c_k(f)|\,|c_{n-k}(g)|$$

$$= \sum_k \sum_n |c_k(f)|\,|c_{n-k}(g)|$$

$$= \sum_k |c_k(f)| \sum_n |c_{n-k}(g)|$$

$$= \sum_k |c_k(f)| \sum_n |c_n(g)|$$

$$= \|f\|_W \|g\|_W.$$

(d) Auf $\ell^1(\mathbb{Z})$ führen wir als Multiplikation die *Faltung* $x * y$ ein:

$$(x * y)_n = \sum_{k\in\mathbb{Z}} x_k y_{n-k} \quad \text{für } x = (x_n)_n,\ y = (y_n)_n.$$

Dasselbe Argument wie unter (c) zeigt, dass $(\ell^1(\mathbb{Z}), *, \|\,.\,\|_{\ell^1})$ eine kommutative Banachalgebra mit Einselement $e_0 = (\ldots, 0, 1, 0, \ldots)$ (1 steht beim Index 0) ist. In der Tat ist der Isomorphismus $f \mapsto (c_n(f))$ von W auf $\ell^1(\mathbb{Z})$ nicht nur ein isometrischer Isomorphismus von Banachräumen, sondern sogar von Banachalgebren (d. h. er ist multiplikativ), denn $f \cdot g \mapsto (c_n(f)) * (c_n(g))$. Die Wieneralgebra ist also nichts anderes als eine andere Darstellung der Faltungsalgebra $\ell^1(\mathbb{Z})$. Solche Darstellungen von Banachalgebren zu finden ist das Thema von Abschn. IX.2.

(e) Analog zu (d) definieren wir für $f, g \in L^1(\mathbb{R})$

$$(f * g)(t) = \int_{\mathbb{R}} f(s)g(t-s)\,ds.$$

Direktes Nachrechnen zeigt, dass $(L^1(\mathbb{R}), *, \|\,.\,\|_{L^1})$ eine kommutative Banachalgebra ist, die allerdings keine Einheit besitzt.

Gemeinsamer Hintergrund der Beispiele (d) und (e) ist, dass sowohl $\mathbb{Z}$ als auch $\mathbb{R}$ lokalkompakte topologische Gruppen sind; solche Gruppen G studiert man in der harmonischen Analyse z. B. mit Hilfe der Algebra $L^1(G, \mu)$, wo μ ein „translationsinvariantes" (sog. Haarsches) Maß auf der Borel-σ-Algebra von G ist.

Bedingung (IX.1) aus Definition IX.1.1 garantiert, dass die Multiplikation eine stetige Abbildung ist. Ist umgekehrt $(A, \|\,.\,\|)$ ein Banachraum mit einer Multiplikation

$(x, y) \mapsto x \cdot y$, die partiell stetig ist (d.h. alle Abbildungen $x \mapsto x \cdot y$ $(y \in A)$ und $x \mapsto y \cdot x$ $(y \in A)$ sind stetig), so existiert eine Konstante c mit $\|xy\| \leq c \|x\| \|y\|$ (siehe Aufgabe IV.8.13), so dass die Multiplikation sogar stetig ist. Setzt man $\|\|x\|\| = \sup_{\|y\| \leq 1} \|xy\|$, so erhält man eine Halbnorm, die (IX.1) erfüllt; das sieht man am schnellsten, wenn man beachtet, dass $\|\|x\|\|$ die Norm des Multiplikationsoperators $y \mapsto x \cdot y$ auf $(A, \| . \|)$ ist. Besitzt A eine Einheit, so ist $\|\| . \|\|$ sogar eine äquivalente Norm, die auch (IX.2) erfüllt. Das zeigt, dass die Normbedingungen aus Definition IX.1.1 bei Vorliegen einer partiell stetigen Multiplikation durch Übergang zu einer äquivalenten Norm erzwungen werden können.

Wie im Spezialfall $A = L(X)$ definieren wir nun das Spektrum eines Elements einer Banachalgebra.

▶ **Definition IX.1.2** Sei A eine Banachalgebra mit Einheit e.

(a) $x \in A$ heißt *invertierbar* (in A), falls es $y \in A$ gibt mit $xy = yx = e$. Schreibweise: $y = x^{-1}$ (beachte, dass y eindeutig bestimmt ist).

(b) $\rho(x) = \{\lambda \in \mathbb{C}: \lambda - x := \lambda e - x$ ist invertierbar in $A\}$ heißt *Resolventenmenge* von x. (Um die Algebra zu kennzeichnen, schreibt man auch $\rho_A(x)$.)

(c) $\sigma(x) = \mathbb{C} \setminus \rho(x)$ heißt *Spektrum* von x. (Präziser schreibt man $\sigma_A(x)$.)

(d) $R: \rho(x) \to A, \lambda \mapsto (\lambda - x)^{-1}$ heißt *Resolventenabbildung*.

(e) $r(x) = \inf_{n \in \mathbb{N}} \|x^n\|^{1/n}$ heißt *Spektralradius* von x.

Als einfaches Beispiel betrachte die Banachalgebra $C(T)$; das Spektrum einer stetigen Funktion f ist dann $\sigma(f) = \{f(t): t \in T\}$ (Aufgabe IX.4.4).

Wörtlich wie für $A = L(X)$ zeigt man (vgl. die Sätze II.1.12, VI.1.3 und VI.1.6):

Satz IX.1.3 *Sei A eine Banachalgebra mit Einheit e, und sei $x \in A$.*

(a) *Falls $\|x - e\| < 1$, ist x invertierbar; genauer gilt (mit $y^0 = e$)*

$$x^{-1} = \sum_{n=0}^{\infty} (e - x)^n \qquad (\text{Neumannsche Reihe}).$$

(b) *$\rho(x)$ ist offen, und R ist analytisch.*

(c) *$\sigma(x)$ ist kompakt, genauer gilt $|\lambda| \leq \|x\|$ für $\lambda \in \sigma(x)$.*

(d) *$\sigma(x) \neq \emptyset$.*

(e) *$\sup\{|\lambda|: \lambda \in \sigma(x)\} = \lim_{n \to \infty} \|x^n\|^{1/n} = r(x)$.*

Die Teile (d) und (e) verlangen komplexe Skalare; für $\mathbb{R}$-Algebren sind (d) und (e) i. Allg. falsch.

Neu ist hingegen der folgende Satz.

Satz IX.1.4 (Satz von Gelfand-Mazur)
Eine Banachalgebra mit Einheit e, in der jedes von Null verschiedene Element invertierbar ist, ist eindimensional: $A = \mathbb{C} \cdot e$.

Beweis. Sei $x \in A$. Wähle $\lambda \in \sigma(x)$; das ist möglich nach Satz IX.1.3(d). Dann ist definitionsgemäß $\lambda - x$ nicht invertierbar, also nach Voraussetzung $\lambda - x = 0$, d. h. $x = \lambda e$. $\qquad\square$

Das folgende Lemma über das Spektrum eines Produkts wird in Abschn. IX.3 benötigt.

Lemma IX.1.5 *Sei A eine Banachalgebra mit Einheit e. Dann gilt*

$$\sigma(xy)\backslash\{0\} = \sigma(yx)\backslash\{0\} \qquad \forall x, y \in A.$$

Beweis. Ist $\lambda \in \rho(xy)\backslash\{0\}$, existiert $z \in A$ mit $z(\lambda - xy) = (\lambda - xy)z = e$. Wegen (nachrechnen!)

$$(e + yzx)(\lambda - yx) = (\lambda - yx)(e + yzx) = \lambda e$$

ist dann auch $\lambda - yx$ invertierbar, d. h. $\lambda \in \rho(yx)\backslash\{0\}$. $\qquad\square$

IX.2 Die Gelfandsche Darstellungstheorie

Wir wissen bereits aus Korollar VIII.3.13, dass jeder Banachraum A als abgeschlossener Unterraum eines Raums stetiger Funktionen dargestellt werden kann: Wir betrachten $B_{A'}$, versehen mit der $\sigma(A', A)$-Topologie ist $B_{A'}$ ein kompakter Hausdorffraum nach dem Satz von Alaoglu. Ferner betrachten wir die Abbildung $A \to C(B_{A'})$, $x \mapsto \hat{x}$, wo $\hat{x}(x') = x'(x)$ ist. Ist A eine Banachalgebra, so ist $\{\hat{x}: x \in A\} \subset C(B_{A'})$ keine Unteralgebra der Banachalgebra $C(B_{A'})$, da nicht jedes Funktional multiplikativ ist. Will man die Algebra A als eine Funktionenalgebra darstellen, wird man also auf die multiplikativen Funktionale geführt. Es stellt sich natürlich sofort die Frage nach der Existenz und der Vielfalt dieser Funktionale. Ein Ergebnis der Gelfandschen Theorie ist, dass man tatsächlich viele Banachalgebren durch die Menge ihrer multiplikativen Funktionale beschreiben kann (geradeso, wie man einen Banachraum X durch X' beschreiben kann – das ist der Satz von Hahn-Banach).

Wir werden diese Ideen systematisch entwickeln und beginnen mit einer Definition.

▶ **Definition IX.2.1** A_1 und A_2 seien Banachalgebren. Eine Abbildung $\Phi: A_1 \to A_2$ heißt *Algebrenhomomorphismus*, falls Φ linear und multiplikativ ist. Im Fall $A_2 = \mathbb{C}$ spricht man kürzer von [komplexen] Homomorphismen (oder Charakteren).

In Definition IX.2.1 ist die Stetigkeit von Φ nicht verlangt; überraschenderweise ergibt sie sich häufig automatisch.

Lemma IX.2.2 *Sei A eine Banachalgebra [mit Einheit]. Dann ist jeder Homomorphismus* $\varphi\colon A \to \mathbb{C}$ *stetig; genauer gilt* $\|\varphi\| \leq 1$ *[bzw.* $\|\varphi\| = 1$ *oder* $\varphi = 0$*].*

Beweis. Wäre $1 < \|\varphi\| \leq \infty$, so gäbe es $x \in A$ mit $\|x\| < 1$, $\varphi(x) = 1$. Setze $y = \sum_{n=1}^{\infty} x^n$. Es folgt $y = x + xy$ und damit der Widerspruch

$$\varphi(y) = \varphi(x) + \varphi(x)\varphi(y) = 1 + \varphi(y).$$

Besitzt A eine Einheit e und ist $\varphi \neq 0$, so existiert $x \in A$ mit $\varphi(x) = 1$. Es folgt

$$1 = \varphi(x) = \varphi(ex) = \varphi(e)\varphi(x) = \varphi(e),$$

also $\|\varphi\| \geq 1$, da $\|e\| = 1$. $\square$

Beispiele

(a) Sei T ein kompakter Hausdorffraum und $A = C(T)$. Zu $t \in T$ setze $\varphi_t(x) = x(t)$. Dann ist φ_t ein Homomorphismus. Wir werden sehen, dass es (außer 0) keine weiteren Homomorphismen als die φ_t, $t \in T$, gibt.

(b) Sei A die Faltungsalgebra $\ell^1(\mathbb{Z})$ (Beispiel IX.1(d)). Zu $z \in \mathbb{C}$ mit $|z| = 1$ setze $\varphi_z(x) = \sum_{n \in \mathbb{Z}} x_n z^n$. Dann ist φ_z ein komplexer Homomorphismus, denn

$$\varphi_z(x * y) = \sum_n (x * y)_n z^n = \sum_n \sum_k x_k y_{n-k} z^n$$

$$= \sum_k x_k z^k \left(\sum_n y_{n-k} z^{n-k} \right) \quad \text{(absolute Konvergenz!)}$$

$$= \varphi_z(x) \cdot \varphi_z(y).$$

Umgekehrt sei $\varphi \neq 0$ ein Homomorphismus. Nach Lemma IX.2.2 ist $\|\varphi\| = 1$. Nun gilt für den k-ten Einheitsvektor e_k, wo $k \in \mathbb{Z}$, $e_k * e_l = e_{k+l}$. Setze $z = \varphi(e_1)$, dann folgt $\varphi(e_k) = z^k$ für $k \in \mathbb{Z}$. Insbesondere gilt

$$|z| = |\varphi(e_1)| \leq \|e_1\| = 1, \quad |z^{-1}| = |\varphi(e_{-1})| \leq \|e_{-1}\| = 1,$$

so dass $|z| = 1$. Da auch $\varphi_z(e_k) = z^k$ und ergo die stetigen Abbildungen φ und φ_z auf der dichten Menge $\lim\{e_k\colon k \in \mathbb{Z}\}$ übereinstimmen, gilt $\varphi = \varphi_z$.

(c) Da $f \mapsto \big(c_n(f)\big)$ ein Homomorphismus der Wieneralgebra W auf $\ell^1(\mathbb{Z})$ ist, sind die von Null verschiedenen Homomorphismen von W genau die $\tilde\varphi_t\colon f \mapsto f(t), 0 \le t \le 2\pi$. (Beachte $f(t) = \sum_n c_n(f)e^{int}$.)

(d) Man kann zeigen, dass die Homomorphismen $L^1(\mathbb{R}) \to \mathbb{C}$ genau die

$$\varphi_t(f) = \int_{\mathbb{R}} f(s)e^{-ist}\, ds$$

bzw. $\varphi = 0$ sind, also $\varphi_t(f)$ im Wesentlichen die Fouriertransformation $(\mathscr{F}f)(t)$ ist; siehe z. B. Conway [1985], S. 231.

Wir wollen als nächstes zeigen, dass eine kommutative Banachalgebra (mit Einheit) viele Homomorphismen besitzt. Dazu benötigen wir eine weitere Definition.

▶ **Definition IX.2.3**

(a) Ein *Ideal J* einer Banachalgebra A ist ein Untervektorraum mit

$$x \in J,\ y \in A \quad \Rightarrow \quad xy \in J \text{ und } yx \in J.$$

Im Falle $J \ne A$ heißt J *echtes Ideal*.

(b) Ein *maximales Ideal J* ist ein echtes Ideal mit

$$J \underset{\ne}{\subsetneq} \tilde J,\ \tilde J \text{ Ideal} \quad \Rightarrow \quad \tilde J = A.$$

Lemma IX.2.4 *Es sei A eine Banachalgebra.*

(a) *Der Abschluss eines Ideals ist ein Ideal.*

(b) *Ist J ein abgeschlossenes Ideal der Banachalgebra A, so ist A/J, versehen mit der Quotientennorm, eine Banachalgebra. (Die Multiplikation zweier Äquivalenzklassen ist natürlich $[x][y] = [xy]$; und das ist wohldefiniert.) Ist A kommutativ, so ist es auch A/J.*

Beweis. (a) folgt aus der Stetigkeit der Multiplikation.

(b) Die algebraischen Forderungen bestätigt man durch Nachrechnen. Zu (IX.1) aus Definition IX.1.1: Für $u, v \in J$ ist $xy + uy + xv + uv \in [xy]$, also

$$\|[xy]\| \le \|xy + uy + xv + uv\| = \|(x + u)(y + v)\| \le \|x + u\|\,\|y + v\|,$$

daher $\|[xy]\| \le \|[x]\|\,\|[y]\|$. $\qquad\square$

(e) Der Kern eines Homomorphismus φ ist ein maximales Ideal, falls $\varphi \neq 0$, denn die Kodimension ist = 1. Wegen Lemma IX.2.2 ist es abgeschlossen.

(f) Für einen separablen Hilbertraum H unendlicher Dimension sind nach Satz VII.1.24 $\{0\}$ und $K(H)$ die einzigen echten abgeschlossenen Ideale von $L(H)$. Insbesondere ist 0 der einzige Homomorphismus von $L(H)$ nach $\mathbb{C}$.

(g) Sei T ein kompakter Hausdorffraum. Dann ist $J \subset C(T)$ genau dann ein abgeschlossenes Ideal, wenn eine abgeschlossene Teilmenge $D \subset T$ mit

$$J = J_D := \{x \in C(T): x|_D = 0\}$$

existiert.

Dass die J_D Ideale sind, ist klar. Zum Beweis der Umkehrung setzen wir $D = \{t \in T: x(t) = 0 \ \forall x \in J\}$. Dann ist D abgeschlossen, und es gilt $J \subset J_D$ nach Konstruktion. Sei umgekehrt $x \in J_D$; wir werden $x \in \bar{J}$ zeigen. Zunächst gilt

$$\forall t \in T \ \exists x_t \in J \quad x_t(t) = x(t).$$

Ist nämlich $t \in D$, so wähle $x_t = 0$. Ist $t \notin D$, so existiert $\tilde{x}_t \in J$ mit $\tilde{x}_t(t) \neq 0$; wähle ein geeignetes Vielfaches von $\tilde{x}_t$.

Sei nun $\varepsilon > 0$. Setze $U_t = \{s: |x(s) - x_t(s)| < \varepsilon\}$. Nach Wahl von x_t ist U_t eine offene Umgebung von t. Wegen der Kompaktheit von T existiert eine endliche Teilüberdeckung $U_{t_1}, \ldots, U_{t_n}$. Sei $\{f_1, \ldots, f_n\} \subset C(T)$ eine dieser Teilüberdeckung untergeordnete Zerlegung der Eins, d. h. $0 \leq f_i \leq 1$, $\sum_{i=1}^n f_i = 1$ und $f_i(t) = 0$ für $t \notin U_{t_i}$.[1] Wegen der Idealeigenschaft ist $y := \sum_{i=1}^n f_i x_{t_i} \in J$. Dann ist

$$|y(s) - x(s)| \leq \sum_{i=1}^{n} f_i(s) |x_{t_i}(s) - x(s)| \leq \sum_{i=1}^{n} f_i(s) \varepsilon = \varepsilon,$$

denn der i-te Summand ist = 0 (falls $s \notin U_{t_i}$) oder $\leq f_i(s)\varepsilon$ (falls $s \in U_{t_i}$); daher folgt $\|y - x\| \leq \varepsilon$. Da $\varepsilon > 0$ beliebig war, ergibt sich $x \in \bar{J} = J$.

Wir werden jetzt den Zusammenhang zwischen Homomorphismen und maximalen Idealen in kommutativen Banachalgebren mit Einheit studieren. Dazu benötigen wir eine Verschärfung von Lemma IX.2.4.

---

[1] Die Existenz solcher Funktionen weist man mit Hilfe des Satzes von Tietze-Urysohn (Theorem B.2.4) nach; im vorliegenden Fall argumentiert man am einfachsten durch Induktion nach n. Für eine Verallgemeinerung siehe z. B. Pedersen [1989], S. 40.

Lemma IX.2.5 *A sei eine kommutative Banachalgebra mit Einheit e.*

(a) *Ein echtes Ideal von A liegt nicht dicht.*

(b) *Maximale Ideale sind abgeschlossen.*

(c) *Jedes echte Ideal ist in einem maximalen Ideal enthalten.*

(d) *Ist J ein echtes abgeschlossenes Ideal, so hat A/J eine Einheit.*

(e) *Ist J ein maximales Ideal, so ist A/J eindimensional.*

Beweis. (a) folgt aus Satz IX.1.3(a) und der Tatsache, dass echte Ideale keine invertierbaren Elemente enthalten.

(b) folgt aus (a) und Lemma IX.2.4(a).

(c) ergibt sich aus einer Standardanwendung des Zornschen Lemmas: Beachte nur, dass für eine Kette (bzgl. der Inklusionsordnung) $\{J_i\colon i \in I\}$ von echten Idealen $\bigcup_{i \in I} J_i$ ein echtes Ideal ist. (Sonst wäre $e \in \bigcup_i J_i$, also $e \in J_{i_0}$ für ein i_0, und J_{i_0} wäre nicht echtes Ideal.)

(d) $[e]$ ist Einheit von A/J. Zu (IX.2) aus Definition IX.1.1: Es ist $\|[e]\| = \inf_{x \in J} \|e - x\| = 1$, denn ≤ 1 ist klar; aber < 1 kann wegen Satz IX.1.3(a) nicht gelten (sonst enthielte J ein invertierbares Element und folglich die Einheit von A).

(e) Nach (b) und (d) ist A/J eine kommutative Banachalgebra mit Einheit. Nach dem Satz von Gelfand-Mazur (Satz IX.1.4) reicht es,

$$\forall x \in A \setminus J \; \exists y \in A \quad xy \in e + J = [e]$$

zu zeigen. Zu $x \in A \setminus J$ setze

$$J_x = \{xa + b\colon a \in A, \; b \in J\}.$$

Dann ist J_x ein Ideal (nachrechnen!), und es gelten $J \subset J_x$ (setze $a = 0$) sowie $J \neq J_x$ (setze $a = e$, $b = 0$). Da J ein maximales Ideal ist, ist $J_x = A$, d. h. es existieren $y \in A$, $b \in J$ mit $xy + b = e$, also $xy \in e + J$. □

Man mache sich klar, für welche Teile von Lemma IX.2.5 die Kommutativität wesentlich ist.

▶ **Definition IX.2.6** *A sei eine kommutative Banachalgebra mit Einheit.*

(a) Dann heißt

$$\Gamma_A := \{\varphi\colon A \to \mathbb{C}\colon \varphi \neq 0, \; \varphi \text{ Homomorphismus}\}$$

Gelfandraum (oder *Spektrum* [vgl. Satz IX.2.7(c)]) oder *maximaler Ideal-Raum* [vgl. Satz IX.2.7(b)] von A.

(b) Zu $x \in A$ und $\varphi \in \Gamma_A$ setze $\widehat{x}(\varphi) = \varphi(x)$. Die Abbildung $x \mapsto \widehat{x}$ heißt *Gelfandtransformation.*

Nach Lemma IX.2.2 gilt $\Gamma_A \subset B_{A'}$, sogar $\Gamma_A \subset S_{A'}$. Wir können daher Γ_A mit der $\sigma(A', A)$-Topologie versehen.

Satz IX.2.7 *A sei eine kommutative Banachalgebra mit Einheit.*

(a) Γ_A, *versehen mit der schwach*-Topologie $\sigma(A', A)$, ist ein kompakter Hausdorffraum, und es ist $\widehat{x} \in C(\Gamma_A)$.*
(b) *$J \subset A$ ist genau dann ein maximales Ideal, wenn J der Kern eines $\varphi \in \Gamma_A$ ist.*
(c) *Es ist $\Gamma_A \neq \emptyset$. Genauer gilt $\sigma(x) = \{\varphi(x): \varphi \in \Gamma_A\}$ für alle $x \in A$.*

Beweis. (a) Es gilt

$$\Gamma_A = \bigcap_{x,y \in A} \{\varphi \in A': \varphi(xy) - \varphi(x)\varphi(y) = 0\} \cap \{\varphi: \varphi(e) = 1\}.$$

Da die Abbildungen $\varphi \mapsto \varphi(a)$, $a \in A$, $\sigma(A', A)$-stetig sind, ist Γ_A eine schwach*-abgeschlossene Teilmenge der schwach*-kompakten Einheitskugel, also selber schwach*-kompakt. Da die Gelfandtransformierte $\widehat{x}$ eine Einschränkung der nach Korollar VIII.3.4 schwach*-stetigen Abbildung $x' \mapsto x'(x)$ ist, ist sie selbst eine stetige Funktion.

(b) Sei J ein maximales Ideal. Nach Lemma IX.2.5(e) ist $A/J = \mathbb{C} \cdot [e] \cong \mathbb{C}$, und die Quotientenabbildung ist ein Homomorphismus, dessen Kern mit J übereinstimmt. Umgekehrt ist für $\varphi \in \Gamma_A$ der Kern $\ker(\varphi)$ ein 1-kodimensionales, also maximales Ideal.

(c) Es ist $\Gamma_A \neq \emptyset$ nach (b), da es laut Lemma IX.2.5(c) maximale Ideale gibt. Ist $\lambda \in \rho(x)$, also $\lambda - x$ invertierbar, so sind alle $\varphi(\lambda - x) = \lambda - \varphi(x)$, $\varphi \in \Gamma_A$, in $\mathbb{C}$ invertierbar (d. h. $\neq 0$), denn φ ist multiplikativ. Folglich gilt $\lambda \notin \{\varphi(x): \varphi \in \Gamma_A\}$. Ist $\lambda \in \sigma(x)$, so ist $J = \{(\lambda - x)a: a \in A\}$ ein echtes Ideal, das nach Lemma IX.2.5(c) in einem maximalen Ideal liegt. Nach (b) existiert also $\varphi \in \Gamma_A$ mit $\lambda - x \in J \subset \ker(\varphi)$, d. h. $\lambda = \varphi(x)$. $\qquad\square$

Theorem IX.2.8 (Gelfandscher Darstellungssatz)
A sei eine kommutative Banachalgebra mit Einheit e, Γ_A, versehen mit der schwach*-Topologie, der zugehörige Gelfandraum und $x \mapsto \widehat{x}$ die Gelfandtransformation von A nach $C(\Gamma_A)$.

(a) *Die Gelfandtransformation ist ein wohldefinierter stetiger Algebrenhomomorphismus mit $\widehat{e} = \mathbb{1}$. Es ist*

$$\|\widehat{x}\|_\infty = r(x) \leq \|x\|. \tag{IX.3}$$

(b) *Es gilt $\sigma(x) = \sigma(\widehat{x})$ für $x \in A$.*

Beweis. (a) Es ist alles klar (siehe noch Satz IX.2.7(a)) bis auf (IX.3), worauf wir gleich zurückkommen.

(b) folgt aus Satz IX.2.7(c) und daraus, dass für $C(T)$ stets $\sigma(f) = \{f(t)\colon t \in T\}$ gilt (Aufgabe IX.4.4). Insbesondere ist $r(f) = \|f\|_\infty$. Zurück zu (IX.3): Mit (b) und Satz IX.1.3 schließt man jetzt

$$\|\widehat{x}\|_\infty = r(\widehat{x}) = r(x) \leq \|x\|. \qquad \square$$

Beispiele

(h) Wir betrachten zuerst $A = C(T)$. Nach Beispiel (a) ist $\varphi_t \in \Gamma_A$ für $t \in T$. Ist umgekehrt $\varphi \in \Gamma_A$, so ist der Kern $\ker(\varphi)$ ein maximales Ideal, also nach Beispiel (g) von der Form $J_{\{t\}}$. Es folgt $\varphi = \varphi_t$. Wir können also $\Gamma_{C(T)}$ (als Menge) mit T identifizieren; aber andererseits ist $t \mapsto \varphi_t$ ein Homöomorphismus (kombiniere Satz VIII.3.6 und Lemma B.2.7). Also sind T und $\Gamma_{C(T)}$ homöomorph. Die Gelfandtransformation ist $\widehat{x}(\varphi_t) = x(t)$; es folgt, dass $C(T)$ und $\widehat{C(T)} := \{\widehat{x}\colon x \in C(T)\}$ isometrisch algebrenisomorph sind.

(i) Als zweites Beispiel betrachte $A = \ell^1(\mathbb{Z})$. Wir wissen aus Beispiel (b), dass $\Gamma_A = \{\varphi_z\colon z \in \mathbb{T}\}$, wo $\mathbb{T} = \{z \in \mathbb{C}\colon |z| = 1\}$. Die Abbildung $z \mapsto \varphi_z$ ist sogar ein Homöomorphismus, denn sie ist injektiv (klar) und stetig nach Satz VIII.3.6, denn $z \mapsto \varphi_z(x)$ ist stetig für alle x, und weil $\mathbb{T}$ kompakt ist, ist auch die Umkehrabbildung stetig (Lemma B.2.7). Die Gelfandtransformation ist $\widehat{x}(\varphi_z) = \sum x_n z^n$; und das heißt $\widehat{\ell^1(\mathbb{Z})} = W$, wenn man $\Gamma_{\ell^1(\mathbb{Z})}$ mit $\mathbb{T}$ und die Wieneralgebra mit der entsprechenden Algebra von Funktionen auf $\mathbb{T}$ identifiziert. Hier ist die Gelfandtransformation nicht isometrisch (Beispiel?), wohl aber injektiv, und nach dem Satz von Stone-Weierstraß liegt W dicht in $C(\mathbb{T})$.

(j) Die Diskussion unter (i) zeigt: Die identische Einbettung von W in $C(\mathbb{T})$ „ist" die Gelfandtransformation. Diese Bemerkung liefert auf einen Schlag ein gefeiertes Resultat von Wiener.

Korollar IX.2.9 (Satz von Wiener)
Hat $f \in C(\mathbb{T})$ eine absolut konvergente Fourierreihe und ist stets $f(z) \neq 0$, so besitzt auch $1/f$ eine absolut konvergente Fourierreihe.

Beweis. Nach Voraussetzung ist $f \in W$ mit $0 \notin \sigma_{C(\mathbb{T})}(f)$. Die Behauptung ist $0 \notin \sigma_W(f)$; und das stimmt nach Theorem IX.2.8(b) und den vorhergehenden Überlegungen, denn $\sigma_{C(\mathbb{T})}(f) = \sigma(\widehat{f})$. $\qquad \square$

Eine kommutative Banachalgebra wird *halbeinfach* genannt, wenn ihre Gelfandtransformation injektiv ist. A ist also genau dann halbeinfach, wenn

$$\mathrm{Rad}(A) := \bigcap_{\varphi \in \Gamma_A} \ker(\varphi) = \{0\}$$

ist. Rad(A) heißt das *Radikal* von A. Wir erwähnen noch:

Lemma IX.2.10 *Gilt* $\|x^2\| = \|x\|^2$ *für alle* $x \in A$, *so ist die Gelfandtransformation isometrisch und insbesondere A halbeinfach.*

Beweis. Durch Induktion folgt $\|x^{2^k}\| = \|x\|^{2^k}$ und daher $\|\widehat{x}\|_\infty = r(x) = \lim_{k \to \infty} \|x^{2^k}\|^{1/2^k} = \|x\|$. $\qquad\qquad\qquad\qquad\qquad\qquad\qquad\qquad\qquad\qquad\qquad\qquad\qquad\qquad\qquad\Box$

IX.3 C^*-Algebren

Die Algebra der beschränkten Operatoren auf einem Hilbertraum trägt neben der Algebrenstruktur noch eine Involution $T \mapsto T^*$. Die Eigenschaften dieser Sternbildung geben zu folgenden Begriffen Anlass.

▶ **Definition IX.3.1**   Sei A eine Banachalgebra.

(a) Eine Abbildung $x \mapsto x^*$, die

$$(x + y)^* = x^* + y^*, \quad (\lambda x)^* = \overline{\lambda} x^*, \quad x^{**} = x, \quad (xy)^* = y^* x^*$$

für alle $x, y \in A$, $\lambda \in \mathbb{C}$ erfüllt, heißt *Involution*.

(b) Besitzt A eine Involution mit

$$\|x^* x\| = \|x\|^2 \qquad \forall x \in A,$$

so heißt A eine C^*-*Algebra*.

(c) Ein Algebrenhomomorphismus Φ zwischen C^*-Algebren A und B heißt *-*Homomorphismus* (oder *involutiv*), falls $\Phi(x^*) = (\Phi(x))^*$ für alle $x \in A$ gilt. Ein bijektiver *-Homomorphismus heißt *-*Isomorphismus*.

Man kann zeigen, dass injektive *-Homomorphismen stets isometrisch sind; den bei uns vorkommenden injektiven *-Homomorphismen wird man die Isometrie immer direkt ansehen können.

Im Folgenden bezeichnet H einen komplexen Hilbertraum.

Beispiele

(a) $L(H)$ und $K(H)$ sind C^*-Algebren; wegen der Normbedingung siehe Satz V.5.2(f).

(b) Ist $T \in L(H)$ normal, so ist alg(T, T^*), die kleinste abgeschlossene Unteralgebra von $L(H)$, die Id, T und T^* enthält, eine kommutative C^*-Algebra. Es ist alg(T, T^*) der Abschluss von $\left\{ \sum_{n,m=0}^{N} a_{n,m} T^n (T^*)^m : a_{n,m} \in \mathbb{C}, N \in \mathbb{N}_0 \right\}$.

(c) $C(T)$ und $L^\infty(\mu)$ mit der Involution $f^*(t) = \overline{f(t)}$ sind kommutative C^*-Algebren.

(d) Da $K(H)$ ein abgeschlossenes Ideal in $L(H)$ ist, ist $L(H)/K(H)$ nach Lemma IX.2.4(b) eine Banachalgebra, die sog. *Calkin-Algebra*. Die Norm $\|[T]\|$ einer Äquivalenzklasse in der Calkin-Algebra wird häufig mit $\|T\|_e$ bezeichnet und *wesentliche Norm* von T genannt. Wir versehen den Quotienten $L(H)/K(H)$ mit der (wohldefinierten!) Involution $[T]^* = [T^*]$ und zeigen, dass man so eine C^*-Algebra erhält. Wir führen den Beweis nur für separable H. Da die algebraischen Eigenschaften der Involution erfüllt sind, reicht es, die Normbedingung $\|T^*T\|_e = \|T\|_e^2$ zu zeigen.

„$\leq$" folgt aus $\|T^*T\|_e \leq \|T^*\|_e \|T\|_e$ und $\|T\|_e = \inf_{K \in K(H)} \|T - K\| = \inf_{K \in K(H)} \|T^* - K^*\| = \inf_{K \in K(H)} \|T^* - K\| = \|T^*\|_e$.

„$\geq$": Sei hierzu $\{e_1, e_2, \ldots\}$ eine Orthonormalbasis von H und P_n die Orthogonalprojektion $P_n x = \sum_{k=1}^n \langle x, e_k \rangle e_k$. Dann gilt $P_n x \to x$ für alle $x \in H$. Hieraus folgt (vgl. den Beweis von Satz II.3.6), dass (P_n) auf jeder kompakten Teilmenge von H gleichmäßig gegen Id konvergiert. Ist also $K \in K(H)$ und $C = \overline{K(B_H)}$, so gilt

$$\|P_n K - K\| = \sup_{x \in B_H} \|P_n K x - K x\| = \sup_{y \in C} \|P_n y - y\| \to 0$$

und ferner

$$\|K P_n - K\| = \|(K P_n - K)^*\| = \|P_n K^* - K^*\| \to 0.$$

Nun setze $Q_n = \mathrm{Id} - P_n$. Dann ist

$$\lim_{n \to \infty} \|Q_n S\| = \|S\|_e \qquad \forall S \in L(H);$$

denn „$\geq$" ist klar, da P_n stets kompakt ist, und „$\leq$" folgt aus ($K \in K(H)$ beliebig) $\|Q_n K\| \to 0$ und

$$\|Q_n S\| \leq \|Q_n(S - K)\| + \|Q_n K\| \leq \|S - K\| + \|Q_n K\|,$$

so dass $\limsup \|Q_n S\| \leq \|S\|_e$. Daraus schließt man

$$
\begin{aligned}
\|T\|_e^2 = \|T^*\|_e^2 &= \lim_{n \to \infty} \|Q_n T^*\|^2 \\
&= \lim_{n \to \infty} \|T Q_n\|^2 \quad (\text{denn } (Q_n T^*)^* = T Q_n) \\
&= \lim_{n \to \infty} \|(T Q_n)^*(T Q_n)\| = \lim_{n \to \infty} \|Q_n T^* T Q_n\| \\
&\leq \lim_{n \to \infty} \|Q_n T^* T\| = \|T^* T\|_e.
\end{aligned}
$$

Wir werden in Theorem IX.3.15 beweisen, dass es zu jeder C^*-Algebra A einen Hilbertraum H und einen isometrischen *-Homomorphismus $\Phi: A \to L(H)$ gibt. Jede C^*-Algebra „ist" also eine Algebra von Operatoren auf einem geeigneten Hilbertraum. (Für das Beispiel (d) ist das überhaupt nicht offensichtlich.)

Unser erstes Ziel ist es, kommutative C^*-Algebren mit Einheit zu charakterisieren. Dazu definieren wir:

▶ **Definition IX.3.2** Sei A eine C^*-Algebra.

(a) $x \in A$ heißt *selbstadjungiert*, falls $x^* = x$.
(b) $x \in A$ heißt *normal*, falls $xx^* = x^*x$.

Lemma IX.3.3 *Sei A eine C^*-Algebra (mit Einheit für Teile (b) und (c)) und $x \in A$.*

(a) $\|x\| = \|x^*\|$, $\|xx^*\| = \|x\|^2$.
(b) *Ist x normal, so gelten $\|x\|^2 = \|x^2\|$ sowie $r(x) = \|x\|$.*
(c) *Ist x selbstadjungiert, so ist $\sigma(x) \subset \mathbb{R}$.*

Beweis. (a) Wegen $\|x\|^2 = \|x^*x\| \leq \|x^*\|\,\|x\|$ folgt $\|x\| \leq \|x^*\|$ und $\|x^*\| \leq \|x^{**}\| = \|x\|$. Ferner gilt $\|xx^*\| = \|x^{**}x^*\| = \|x^*\|^2 = \|x\|^2$.

(b) Wörtlich wie Satz VI.1.7; siehe auch Lemma IX.2.10.

(c) Zunächst ist $e^* = e$ (warum?). Sei $\alpha + i\beta \in \sigma(x)$; wir werden $\beta = 0$ zeigen. Für alle $\lambda \in \mathbb{R}$ gilt $\alpha + i(\beta + \lambda) \in \sigma(x + i\lambda)$, so dass $|\alpha + i(\beta + \lambda)| \leq \|x + i\lambda\|$ (Satz IX.1.3(c)). Es folgt

$$
\begin{aligned}
\alpha^2 + (\beta + \lambda)^2 = |\alpha + i(\beta + \lambda)|^2 &\leq \|x + i\lambda\|^2 \\
&= \|(x + i\lambda)^*(x + i\lambda)\| \\
&= \|x^2 + \lambda^2 e\| \leq \|x^2\| + \lambda^2,
\end{aligned}
$$

so dass $\alpha^2 + \beta^2 + 2\beta\lambda \leq \|x^2\|$ für alle $\lambda \in \mathbb{R}$. Daher gilt $\beta = 0$. □

Theorem IX.3.4 (Satz von Gelfand-Naimark, kommutative Version)
*A sei eine kommutative C^*-Algebra mit Einheit. Dann ist die Gelfandtransformation ein isometrischer *-Isomorphismus; es gilt*

$$
\widehat{x^*} = \overline{\widehat{x}} \qquad \forall x \in A. \tag{IX.4}
$$

Es ist also A in allen Strukturen isomorph zu $C(\Gamma_A)$.

Beweis. Da A kommutativ ist, können wir die Gelfandsche Darstellungstheorie anwenden und $\widehat{A} = \{\widehat{x} : x \in A\} \subset C(\Gamma_A)$ betrachten. Nach Lemma IX.3.3(b) und (IX.3) ist $x \mapsto \widehat{x}$ isometrisch; daher ist $\widehat{A}$ abgeschlossen in $C(\Gamma_A)$. Wir benutzen nun den Satz von Stone-Weierstraß (Satz VIII.4.7), um zu zeigen, dass $\widehat{A}$ dicht liegt. Es ist klar, dass $\widehat{A}$ eine Unteralgebra ist, dass $\widehat{A}$ die Punkte von Γ_A trennt und dass $\mathbf{1} \in \widehat{A}$ ist. Wenn (IX.4) gezeigt ist, folgt mit dem Satz von Stone-Weierstraß die behauptete Dichtheit und $\widehat{A} = C(\Gamma_A)$.

Nun zu (IX.4). Sei zunächst x selbstadjungiert. Dann ist (IX.4) äquivalent dazu, dass $\widehat{x}$ reellwertig ist; und das folgt aus Lemma IX.3.3(c) sowie Satz IX.2.7(c). Ein beliebiges x zerlege in $x = y + iz = \frac{x+x^*}{2} + i\frac{x-x^*}{2i}$. Dann sind y und z selbstadjungiert, und (IX.4) folgt aus der Vorüberlegung. $\qquad\square$

Korollar IX.3.5 *Es existieren kompakte Hausdorffräume T und T_μ und isometrische *-Isomorphismen $\ell^\infty \cong C(T)$, $L^\infty(\mu) \cong C(T_\mu)$.*

Nach dem in Abschn. VIII.7 diskutierten Satz von Banach-Stone sind T und T_μ bis auf Homöomorphie eindeutig bestimmt.

Nun kommen wir noch einmal auf die C^*-Algebra aus Beispiel (b) zurück. Allgemeiner sei A eine C^*-Algebra mit Einheit e, es sei $x \in A$ ein normales Element und A_0 die von e, x und x^* erzeugte C^*-Unteralgebra von A. Nach dem Satz von Gelfand-Naimark kann A_0 als $C(\Gamma_{A_0})$ dargestellt werden. Um diese Darstellung etwas transparenter zu machen, zeigen wir folgenden Satz.

Satz IX.3.6

(a) Γ_{A_0} *ist homöomorph zu $\sigma(x)$.*
(b) *Dieser Homöomorphismus induziert isometrische *-Isomorphismen*

$$C(\sigma(x)) \cong C(\Gamma_{A_0}) \cong A_0,$$

so dass **t** *(bzw.* $\bar{\mathbf{t}}$ *bzw.* **1**$) \in C(\sigma(x))$ *auf x (bzw. x^* bzw. e) $\in A$ abgebildet werden.*

Beweis. (a) Nach Theorem IX.2.8 ist $\sigma_{A_0}(x) = \sigma(\widehat{x}) = \{\varphi(x)\colon \varphi \in \Gamma_{A_0}\}$, so dass $\widehat{x}$ eine stetige Funktion von Γ_{A_0} auf $\sigma_{A_0}(x)$ ist. Es bleibt $\sigma_{A_0}(x) = \sigma(x)$ $(= \sigma_A(x))$ und die Injektivität von $\widehat{x}$ zu zeigen, da dann aus Lemma B.2.7 (Γ_{A_0} ist kompakt) Teil (a) folgt. Die Gleichheit der Spektren wird im folgenden Lemma bewiesen. Nun zur Injektivität von $\widehat{x}$. Gelte also $\varphi(x) = \psi(x)$ für $\varphi, \psi \in \Gamma_{A_0}$. Dann ist auch

$$\varphi(x^*) = (\widehat{x^*})(\varphi) = \overline{\widehat{x}(\varphi)} = \overline{\varphi(x)} = \overline{\psi(x)} = \psi(x^*).$$

Daher stimmen φ und ψ auf endlichen Summen der Form $\sum a_{n,m} x^n (x^*)^m$ überein; also gilt $\varphi = \psi$ aus Stetigkeitsgründen.

(b) folgt sofort aus (a). $\qquad\square$

Satz IX.3.6 eröffnet – wie in Kap. VII – die Möglichkeit, Funktionen von normalen, insbesondere selbstadjungierten Elementen x einer C^*-Algebra zu bilden; man nennt dieses Verfahren den *Funktionalkalkül* von x.

Es ist noch ein Lemma nachzutragen; übrigens kann man auf die Normalität von x in Lemma IX.3.7 verzichten, aber wir benötigen nur die folgende Fassung.

Lemma IX.3.7 *Sei A eine C^*-Algebra mit Einheit e, $x \in A$ normal und $B \subset A$ eine C^*-Unteralgebra von A mit $e, x \in B$. Dann ist $\sigma_B(x) = \sigma_A(x)$.*

Beweis. „$\supset$" ist klar, und es reicht, die umgekehrte Inklusion für $B = A_0$ zu zeigen. Es sei $\Phi \colon C(\sigma_{A_0}(x)) \to A_0$ der *-Isomorphismus aus Satz IX.3.6. (Die Existenz dieses *-Isomorphismus ist wirklich bereits bewiesen.) Nehmen wir an, es gäbe $\lambda \in \sigma_{A_0}(x) \setminus \sigma_A(x)$. Dann existiert $y := (\lambda - x)^{-1} \in A$. Seien $m > \|y\|$ und $f \in C(\sigma_{A_0}(x))$ derart, dass $f(\lambda) = m$ und $|f(t)(\lambda - t)| \leq 1$ für alle $t \in \sigma_{A_0}(x)$. Es folgt mit $g(t) = f(t)(\lambda - t)$

$$m \leq \|f\|_\infty = \|\Phi(f)\| = \|\Phi(f)(\lambda - x)y\|$$
$$\leq \|\Phi(g)\| \, \|y\| = \|g\|_\infty \|y\| \leq \|y\|$$

im Widerspruch zur Wahl von m.   □

Spezialisiert man diese Betrachtungen auf die C^*-Algebra $A = L(H)$ und einen normalen Operator $T \in L(H)$, so erfüllt der *-Isomorphismus $\Phi \colon C(\sigma(T)) \to A_0 = \text{alg}(T, T^*) \subset L(H)$ aus Satz IX.3.6 $\Phi(\mathbf{t}) = T$, $\Phi(\bar{\mathbf{t}}) = T^*$, $\Phi(\mathbf{1}) = \text{Id}$. Hiermit haben wir das Analogon zu Satz VII.1.3 für normale Operatoren gefunden. Ausgehend von Satz IX.3.6(b) kann man nun (wie in Kap. VII) direkt die spektrale Zerlegung $T = \int \lambda \, dE_\lambda$ eines normalen Operators finden, statt wie in Satz VII.1.25 auf die Maßtheorie und den Spektralsatz für selbstadjungierte Operatoren zurückzugreifen. Zusammenfassend erhalten wir:

Korollar IX.3.8 (Spektralsatz für normale beschränkte Operatoren)
*Sei $T \in L(H)$ normal. Dann existiert ein isometrischer *-Homomorphismus $\Phi \colon C(\sigma(T)) \to L(H)$ mit $\Phi(\mathbf{t}) = T$, $\Phi(\bar{\mathbf{t}}) = T^*$, $\Phi(\mathbf{1}) = \text{Id}$.*

Im letzten Teil dieses Kapitels wollen wir uns den nichtkommutativen C^*-Algebren widmen und zeigen, dass diese stets *-isomorph zu Unteralgebren von $L(H)$, H ein geeigneter Hilbertraum, sind. Der Beweis dieses Darstellungssatzes (Theorem IX.3.15) stützt sich – ähnlich wie im kommutativen Fall – auf die Analyse gewisser Funktionale, die als nächstes definiert werden.

▶ **Definition IX.3.9** Sei A eine C^*-Algebra mit Einheit e. Ein Funktional $\omega \in A'$ heißt *Zustand*, falls $\omega(e) = \|\omega\| = 1$ gilt. Die Menge aller Zustände wird mit $S(A)$ bezeichnet[2].

Es ist klar, dass $S(A)$ stets eine konvexe schwach*-kompakte Teilmenge von A' ist, denn $S(A) = B_{A'} \cap \{\omega \colon \omega(e) = 1\}$.
Ist $A = C(K)$, so sind genau die Wahrscheinlichkeitsmaße auf K Zustände auf A. Beispiele für Zustände auf $A = L(H)$ sind die *Vektorzustände* $\omega \colon T \mapsto \langle T\xi, \xi \rangle$ für $\xi \in H$, $\|\xi\| = 1$, bzw. allgemeiner $\omega \colon T \mapsto \sum_{k=1}^\infty \langle T\xi_k, \xi_k \rangle$ für $\sum_{k=1}^\infty \|\xi_k\|^2 = 1$.

---

[2]S wie *state*.

Wir benötigen einen weiteren Begriff.

▶ **Definition IX.3.10** Sei A eine C^*-Algebra mit Einheit e. Ein selbstadjungiertes Element $x \in A$ heißt *positiv*, falls $\sigma(x) \subset [0, \infty)$ gilt.

Nach Aufgabe IX.4.4 sind die in diesem Sinn positiven Elemente von $A = C(K)$ tatsächlich die positiven Funktionen. Ferner sind die positiven Elemente von $A = L(H)$ genau die bislang positiv genannten Operatoren T, die $\langle T\xi, \xi \rangle \geq 0$ für alle $\xi \in H$ erfüllen (Aufgabe IX.4.16).

Lemma IX.3.11 *Sei A eine C^*-Algebra mit Einheit e, und seien $x, y \in A$ selbstadjungiert.*

(a) *Es ist $\omega(x) \in \mathbb{R}$ für alle $\omega \in S(A)$, und für alle $\lambda \in \sigma(x)$ existiert ein Zustand ω mit $\omega(x) = \lambda$.*

(b) *x ist genau dann positiv, wenn $\omega(x) \geq 0$ für alle Zustände ω gilt.*

(c) *Mit x und y ist auch $x + y$ positiv.*

(d) *Es existieren positive $x_+, x_- \in A$ mit $x = x_+ - x_-$ und $x_+ x_- = x_- x_+ = 0$.*

(e) *x ist genau dann positiv, wenn $u \in A$ mit $x = u^* u$ existiert.*

Beweis. Wir beginnen mit einer Vorbemerkung. Wir werden die von x und e erzeugte C^*-Algebra $A_0 = \mathrm{alg}(x)$ betrachten. Da nach Lemma IX.3.7 $\sigma_A(x) = \sigma_{A_0}(x)$ gilt, ist x genau dann in A positiv, wenn x in A_0 positiv ist. Nach Satz IX.3.6 ist A_0 *-isomorph zu $C(\sigma(x))$, so dass x der identischen Funktion $\mathbf{t}$ entspricht. Diese Aussagen werden im Folgenden stillschweigend benutzt.

(a) Ist x selbstadjungiert und $\omega \in S(A)$, so ist $\widehat{x} = \mathbf{t} \in C(\sigma(x))$ reellwertig (Lemma IX.3.3) und $\omega_0 := \omega|_{A_0} \in S(A_0)$, d. h. ω_0 ist mit einem Wahrscheinlichkeitsmaß μ auf $\sigma(x)$ zu identifizieren. Es folgt $\omega(x) = \int \widehat{x}\, d\mu \in \mathbb{R}$. Sei umgekehrt $\lambda \in \sigma(x) = \sigma(\widehat{x})$; das Funktional ω_0: $a \mapsto \widehat{a}(\lambda)$ ist dann ein Zustand auf A_0. Sei ω eine Hahn-Banach-Fortsetzung von ω_0 auf A. Es gilt dann $\|\omega\| = \|\omega_0\| = \omega(e) = 1$, also $\omega \in S(A)$, und es ist $\omega(x) = \widehat{x}(\lambda) = \lambda$.

(b) Wie unter (a) sieht man $\omega(x) \geq 0$ für $\omega \in S(A)$ und positives x; die Umkehrung ist ein Spezialfall von (a).

(c) ist klar nach (b).

(d) Da es solch eine Zerlegung in $A_0 \cong C(\sigma(x))$ gibt, ist (d) evident.

(e) Ist x positiv, so auch $\widehat{x}$; wähle also $u \in A_0$ mit $\widehat{u} = \sqrt{\widehat{x}}$. Die Umkehrung ist wesentlich schwieriger zu beweisen, weil u nicht als selbstadjungiert vorausgesetzt ist. Zunächst ist

$x = u^*u$ stets selbstadjungiert, und wir schreiben $x = x_+ - x_-$ wie unter (d). Wegen $x_+x_- = x_-x_+ = 0$ folgt

$$(ux_-)^*(ux_-) = x_-u^*ux_- = x_-(x_+ - x_-)x_- = -x_-^3,$$

so dass $-(ux_-)^*(ux_-)$ positiv ist. Nun kann jedes Element z einer C^*-Algebra als $z = a + ib$ mit selbstadjungierten a und b geschrieben werden (nämlich $a = \frac{1}{2}(z + z^*)$, $b = \frac{1}{2i}(z - z^*)$). Wendet man diese Beobachtung für $z = ux_-$ an, erhält man

$$(ux_-)^*(ux_-) = (a + ib)^*(a + ib) = a^2 + b^2 + i(ab - ba)$$
$$(ux_-)(ux_-)^* = (a + ib)(a + ib)^* = a^2 + b^2 + i(ba - ab)$$
$$= 2(a^2 + b^2) + \left(-(ux_-)^*(ux_-)\right),$$

und als Summe positiver Elemente ist dieser Ausdruck nach (c) positiv. Wir wissen nun

$$\sigma\left((ux_-)^*(ux_-)\right) \subset (-\infty, 0], \quad \sigma\left((ux_-)(ux_-)^*\right) \subset [0, \infty).$$

Aber nach Lemma IX.1.5 hängt das Spektrum (bis auf die 0) nicht von der Reihenfolge der Faktoren ab. Daher folgt

$$\sigma(-x_-^3) = \sigma\left((ux_-)^*(ux_-)\right) = \{0\},$$

d. h. $x_- = 0$, und x ist positiv, wie behauptet.   □

Dieses Lemma wird es gestatten, zu einem Zustand ω ein Skalarprodukt und damit einen Hilbertraum zu assoziieren. Wir setzen

$$[x, y]_\omega = \omega(y^*x) \qquad \forall x, y \in A.$$

Es ist klar, dass $[\,.\,,.\,]_\omega$ sesquilinear ist, und es gilt

$$\overline{[x, y]_\omega} = \overline{\omega(y^*x)} = \overline{\omega(a + ib)} = \omega(a) - i\omega(b) = \omega(a - ib)$$
$$= \omega\left((a + ib)^*\right) = \omega(x^*y) = [y, x]_\omega;$$

hier haben wir $y^*x = a + ib$ mit selbstadjungierten $a, b \in A$ geschrieben und Lemma IX.3.11(a) benutzt. Lemma IX.3.11(b) und (e) zeigen $[x, x]_\omega \geq 0$ für alle $x \in A$, so dass die einzige Eigenschaft eines Skalarprodukts, die $[\,.\,,.\,]_\omega$ noch fehlt, die Definitheit ist. In der Tat braucht $[x, x]_\omega = 0$ nicht bloß für $x = 0$ zu gelten; daher definieren wir

$$I_\omega = \{x \in A: [x, x]_\omega = 0\}$$

und werden zum Quotientenraum A/I_ω übergehen. Bevor das geschieht, formulieren wir ein weiteres Lemma, in dem die obigen Bezeichnungen beibehalten werden.

Lemma IX.3.12

(a) (Cauchy-Schwarzsche Ungleichung)
$$\left|[x,y]_\omega\right| \leq [x,x]_\omega^{1/2}[y,y]_\omega^{1/2} \qquad \forall x,y \in A$$

(b) *Es gilt* $[x,x]_\omega = 0$ *genau dann, wenn* $[x,y]_\omega = 0$ *für alle* $y \in A$ *gilt.*

(c) *Es gilt*

$$[ax,ax]_\omega \leq \|a\|^2 [x,x]_\omega \qquad \forall a,x \in A.$$

(d) I_ω *ist ein Untervektorraum mit*

$$a \in A,\ x \in I_\omega \quad \Rightarrow \quad ax \in I_\omega;$$

mit anderen Worten ist I_ω *ein Linksideal in* A.

Beweis. (a) Im Fall $[y,y]_\omega \neq 0$ ist der Beweis genauso wie bei der Cauchy-Schwarz-Ungleichung in Satz V.1.2. Falls $[y,y]_\omega = 0$, zeigt der dortige Beweis

$$0 \leq [x,x]_\omega + \lambda\overline{[x,y]_\omega} + \overline{\lambda}[x,y]_\omega \qquad \forall \lambda \in \mathbb{C}.$$

Indem man $\lambda = \pm t$, $\lambda = \pm it$ mit $t \to \infty$ setzt, schließt man $[x,y]_\omega = 0$, was zu zeigen war.

(b) folgt aus (a).

(c) Es ist $[ax,ax]_\omega = \omega(x^*a^*ax)$, $\|a\|^2[x,x]_\omega = \omega(x^*\|a\|^2 x)$. Nun gilt $\|a^*a\| = \|a\|^2$ und deshalb $\sigma(a^*a) \subset [-\|a\|^2, \|a\|^2]$, weswegen $\sigma(\|a\|^2 - a^*a) \subset [0,\infty)$ folgt. Nach Lemma IX.3.11(e) kann man $\|a\|^2 - a^*a = u^*u$ für ein $u \in A$ schreiben. Damit schließt man

$$\|a\|^2[x,x]_\omega - [ax,ax]_\omega = \omega(x^*u^*ux) = \omega\big((ux)^*(ux)\big) \geq 0;$$

im letzten Schritt wurden Lemma IX.3.11(b) und (e) benutzt.

(d) Teil (b) zeigt, dass I_ω ein Untervektorraum ist, und (c) impliziert die linksseitige Idealeigenschaft. $\qquad\square$

Nun sind wir berechtigt, den Quotientenvektorraum A/I_ω zu betrachten und

$$\langle x + I_\omega, y + I_\omega \rangle_\omega := [x,y]_\omega$$

zu definieren. Nach Konstruktion ist $\langle\,.\,,.\,\rangle_\omega$ ein Skalarprodukt auf A/I_ω; die Vervollständigung des Prähilbertraums A/I_ω bezeichnen wir mit H_ω. Das auf H_ω fortgesetzte Skalarprodukt wird weiterhin als $\langle\,.\,,.\,\rangle_\omega$ geschrieben.

Damit ist es gelungen, einem Zustand ω kanonisch einen Hilbertraum H_ω zuzuordnen. Wir werden überlegen, dass die Elemente der C^*-Algebra A kanonisch als Operatoren auf H_ω wirken. Dazu definieren wir die lineare Abbildung

$$\tilde{\pi}_\omega \colon A \to L(A/I_\omega), \quad \tilde{\pi}_\omega(a)(x + I_\omega) = ax + I_\omega.$$

Die $\tilde{\pi}_\omega(a)$ sind nach Lemma IX.3.12(d) wohldefiniert, und sie sind stetig nach Lemma IX.3.12(c); genauer zeigt dieses Lemma $\|\tilde{\pi}_\omega(a)\| \le \|a\|$. In der anderen Richtung ist $\|\tilde{\pi}_\omega(a)\| \ge \|ae + I_\omega\| = [a,a]_\omega^{1/2}$, denn $\|e + I_\omega\| \le 1$ (sogar $= 1$, denn $e \notin I_\omega$; verwende die Neumannsche Reihe). Die $\tilde{\pi}_\omega(a)$ können also zu Operatoren von H_ω in sich fortgesetzt werden, die mit $\pi_\omega(a)$ bezeichnet werden.

Lemma IX.3.13 $\pi_\omega \colon A \to L(H_\omega)$ *ist ein stetiger* *-Homomorphismus, und es gilt*

$$[a,a]_\omega^{1/2} \le \|\pi_\omega(a)\| \le \|a\| \qquad \forall a \in A.$$

Beweis. Es ist nur noch zu verifizieren, dass π_ω ein *-Homomorphismus ist. Nach Konstruktion ist

$$\pi_\omega(ab)(x + I_\omega) = abx + I_\omega = \pi_\omega(a)(bx + I_\omega) = \pi_\omega(a)\big(\pi_\omega(b)(x + I_\omega)\big),$$

also $\pi_\omega(ab) = \pi_\omega(a)\pi_\omega(b)$ für alle $a, b \in A$. Außerdem gilt

$$\begin{aligned}
\langle x + I_\omega, \pi_\omega(a^*)(y + I_\omega)\rangle_\omega &= \langle x + I_\omega, a^*y + I_\omega\rangle_\omega \\
&= \omega(y^*ax) \\
&= \langle ax + I_\omega, y + I_\omega\rangle_\omega \\
&= \langle \pi_\omega(a)(x + I_\omega), y + I_\omega\rangle_\omega,
\end{aligned}$$

was $\pi_\omega(a^*) = \big(\pi_\omega(a)\big)^*$ zeigt. (Da A/I_ω dicht in H_ω liegt, durften wir uns auf Elemente der Form $x + I_\omega$ beschränken.) $\square$

Das einzige Hindernis, das es jetzt noch zu überwinden gilt, besteht darin, dass π_ω nicht isometrisch zu sein braucht. Um einen isometrischen *-Homomorphismus von A nach $L(H)$ zu erhalten, bilden wir die „Summe" der π_ω. Genauer betrachten wir den Hilbertraum

$$H = \bigoplus_{\omega \in S(A)}^2 H_\omega = \left\{ (\xi_\omega)_{\omega \in S(A)} \colon \xi_\omega \in H_\omega, \sum_{\omega \in S(A)} \langle \xi_\omega, \xi_\omega\rangle_\omega < \infty \right\}$$

mit dem Skalarprodukt

$$\langle (\xi_\omega), (\eta_\omega)\rangle = \sum_{\omega \in S(A)} \langle \xi_\omega, \eta_\omega\rangle_\omega.$$

Die Summation ist hier im Sinn von Definition V.4.6 zu verstehen. Es ist elementar zu überprüfen, dass H tatsächlich ein Hilbertraum ist; H ist die Hilbertsche Summe der H_ω. Nun erklären wir einen Operator

$$\pi \colon A \to L(H), \quad \pi(a)\big((\xi_\omega)_\omega\big) = \big(\pi_\omega(a)(\xi_\omega)\big)_\omega.$$

Da alle π_ω *-Homomorphismen sind, ist auch π ein *-Homomorphismus. Ferner ist es einfach zu zeigen, dass

$$\|\pi(a)\| = \sup_{\omega \in S(A)} \|\pi_\omega(a)\|$$

gilt; beachte, dass die $\pi(a)$ als „Diagonaloperatoren" auf $H = \bigoplus_{\omega \in S(A)}^2 H_\omega$ wirken. Aus Lemma IX.3.13 folgt daher

$$\sup_{\omega \in S(A)} [a, a]_\omega^{1/2} \leq \|\pi(a)\| \leq \|a\| \qquad \forall a \in A.$$

Das nächste Lemma impliziert, dass π isometrisch ist.

Lemma IX.3.14 *Zu jedem $a \in A$ existiert ein Zustand ω mit $[a, a]_\omega^{1/2} = \|a\|$.*

Beweis. Wir suchen einen Zustand ω mit $\omega(a^*a) = \|a\|^2 = \|a^*a\|$. Betrachte die von e und $x := a^*a$ erzeugte C^*-Algebra A_0, die zu $C(\sigma(x))$ *-isomorph ist. Da x selbstadjungiert und positiv ist, liegt $\|x\| = r(x)$ in $\sigma(x)$. Lemma IX.3.11(a) liefert einen Zustand ω mit $\omega(x) = \|x\|$, was zu zeigen war. $\square$

Damit ist insgesamt folgendes Theorem bewiesen. (Man kann nach Aufgabe IX.4.14 auf die Forderung einer Einheit von A verzichten.)

Theorem IX.3.15 (Satz von Gelfand-Naimark, nichtkommutative Version)
*Ist A eine C^*-Algebra mit Einheit, so existieren ein Hilbertraum H und ein isometrischer *-Homomorphismus $\pi \colon A \to L(H)$.*

Die Konstruktion, die zu den Hilberträumen H_ω führt, wird nach den Initialen von Gelfand, Naimark und Segal, der ebenfalls Beiträge zur Darstellungstheorie von C^*-Algebren lieferte, *GNS-Konstruktion* genannt.

Eine *Darstellung* (H, π) einer C^*-Algebra A ist ein *-Homomorphismus $\pi \colon A \to L(H)$, wo H ein Hilbertraum ist; ist π isometrisch, heißt sie *treu*. Die in Theorem IX.3.15 konstruierte treue Darstellung wird *universelle Darstellung* genannt, da man zeigen kann, dass sie jede andere Darstellung enthält. Der Preis dieser Universalität ist, dass der der universellen Darstellung zugrundeliegende Hilbertraum höchst inseparabel und deshalb häufig nicht der natürlichste Darstellungsraum ist.

Beispiel

Wir wollen nun ein Beispiel einer GNS-Konstruktion durchrechnen, um diesen Effekt zu studieren. Wir betrachten die endlichdimensionale C^*-Algebra $A = L(\mathbb{C}^n)$; es sei $\{e_1, \ldots, e_n\}$ die kanonische Einheitsvektorbasis des $\mathbb{C}^n$. Sei

$$\omega(T) = \frac{1}{n} \sum_{k=1}^{n} \langle Te_k, e_k \rangle = \frac{1}{n} \operatorname{tr}(T);$$

tr bezeichnet die Spur. Diesem Zustand ω wird die Sesquilinearform

$$[S, T]_\omega = \omega(T^*S) = \frac{1}{n} \sum_{k=1}^{n} \langle Se_k, Te_k \rangle$$

zugeordnet. Hier ist $I_\omega = \{T: \omega(T^*T) = 0\} = \{0\}$; also ist $[\,.\,,.\,]_\omega$ in diesem Fall bereits ein Skalarprodukt, und man braucht nicht den Quotientenraum A/I_ω heranzuziehen. Dieses Skalarprodukt ist wohlbekannt: Bis auf den Faktor $\frac{1}{n}$ ist es nichts anderes als das Hilbert-Schmidt-Skalarprodukt aus Satz VI.6.2(f). Des weiteren ist $H_\omega = A$, aber mit dem $1/\sqrt{n}$-fachen der Hilbert-Schmidt-Norm $\|\,.\,\|_{\mathrm{HS}}$ versehen, und nicht mit der Operatornorm. Die C^*-Algebra A wirkt auf H_ω (= sich selbst) mittels $\pi_\omega(T)(S) = TS$, $T \in A$, $S \in H_\omega$, und für die Norm gilt

$$\|\pi_\omega(T)\| = \sup_S \frac{\|TS\|_{\mathrm{HS}}}{\|S\|_{\mathrm{HS}}} = \|T\| \qquad \forall T \in A,$$

wie man unschwer bestätigt. Daher ist π_ω selbst isometrisch und stellt $L(\mathbb{C}^n)$ treu über dem n^2-dimensionalen Hilbertraum $\mathrm{HS}(\mathbb{C}^n)$ der Hilbert-Schmidt-Operatoren auf $\mathbb{C}^n$ dar. Für die universelle Darstellung erhält man einen nicht separablen Hilbertraum, da es überabzählbar viele Zustände gibt.

Zum Schluss notieren wir ein Beispiel einer C^*-Algebra, die *nur* auf nicht separablen Hilberträumen treu dargestellt werden kann. (Für ein positives Resultat vgl. Aufgabe IX.4.19.)

Satz IX.3.16 *Ist $\pi: L(\ell^2)/K(\ell^2) \to L(H)$ ein isometrischer *-Homomorphismus auf der Calkin-Algebra, so ist der Hilbertraum H nicht separabel.*

Beweis. Die Calkin-Algebra $L(\ell^2)/K(\ell^2)$ wurde in Beispiel (d) eingeführt. Für eine Teilmenge $N \subset \mathbb{N}$ bezeichne P_N die Orthogonalprojektion von ℓ^2 auf $\overline{\mathrm{lin}}\{e_k: k \in N\}$. Dann hat $Q_N := P_N + K(\ell^2) \in L(\ell^2)/K(\ell^2)$ die Eigenschaften $Q_N^2 = Q_N$, $Q_N^* = Q_N$. $\pi(Q_N)$ besitzt nun dieselben Eigenschaften und ist daher eine Orthogonalprojektion in $L(H)$. Bemerke, dass Q_N genau für endliche $N \subset \mathbb{N}$ verschwindet. In Lemma IV.6.6 wurde eine überabzählbare Familie von unendlichen Teilmengen $N_i \subset \mathbb{N}$ konstruiert, so dass $N_i \cap N_j$ für $i \neq j$ endlich ist. Es ist also $Q_{N_i}Q_{N_j} = Q_{N_j}Q_{N_i} = 0$ für $i \neq j$ und $Q_{N_i} \neq 0$ für alle i. Folglich gibt es überabzählbar viele Orthogonalprojektionen $\neq 0$ mit paarweise orthogonalen Bildern in $L(H)$, und H kann nicht separabel sein. $\qquad\square$

IX.4 Aufgaben

Aufgabe IX.4.1 Betrachten Sie auf $C^1[0, 1]$ die punktweise Multiplikation $(fg)(t) = f(t)g(t)$ und die Normen $\|f\| = \max\{\|f\|_\infty, \|f'\|_\infty\}$ sowie $\|\|f\|\| = \|f\|_\infty + \|f'\|_\infty$. Welche dieser Normen macht $C^1[0, 1]$ zu einer Banachalgebra?

Aufgabe IX.4.2 Auf ℓ^p, $1 \leq p < \infty$, definiere man die Multiplikation $(xy)(n) = x(n)y(n)$. Zeigen Sie, dass ℓ^p mit der kanonischen Norm so zu einer Banachalgebra wird. Bestimmen Sie alle Homomorphismen $\varphi \colon \ell^p \to \mathbb{C}$.

Aufgabe IX.4.3 Auf dem Raum $M(\mathbb{R})$ aller komplexen Borelmaße auf $\mathbb{R}$, versehen mit der Variationsnorm, erklärt man das Faltungsprodukt durch

$$(\mu * \nu)(E) = \int_\mathbb{R} \int_\mathbb{R} \chi_E(s + t) \, d\mu(s) d\nu(t),$$

wo $E \subset \mathbb{R}$ eine Borelmenge ist.

(a) Beweisen Sie, dass $M(\mathbb{R})$ mit dem Faltungsprodukt eine kommutative Banachalgebra ist. Besitzt sie eine Einheit?
(b) Der Operator von $L^1(\mathbb{R})$ nach $M(\mathbb{R})$, der $f \in L^1(\mathbb{R})$ auf das absolutstetige Maß μ: $E \mapsto \int_E f(t) \, dt$ abbildet, ist ein isometrischer Algebrenhomomorphismus bzgl. der Faltungsprodukte.
(c) Auf diese Weise kann $L^1(\mathbb{R})$ mit einem abgeschlossenen Ideal von $M(\mathbb{R})$ identifiziert werden.

Aufgabe IX.4.4 Zeigen Sie $\sigma(f) = \{f(t) \colon t \in T\}$ für $f \in C(T)$, wo T ein kompakter Hausdorffraum ist und $C(T)$ mit der punktweisen Multiplikation und der Supremumsnorm versehen ist.

Aufgabe IX.4.5 Zeigen Sie, dass in einer Banachalgebra im Allgemeinen $\sigma(xy) \neq \sigma(yx)$ gilt.

Aufgabe IX.4.6 Sei A eine Banachalgebra mit Einheit und $a \in A$. Der Operator $L_a \colon A \to A$ sei durch $L_a(x) = ax$ erklärt. Zeigen Sie $\|L_a\| = \|a\|$ und $\sigma(L_a) = \sigma(a)$.

Aufgabe IX.4.7 Betrachten Sie die Faltungsalgebra $A = \ell^1(\mathbb{Z})$ und die Unteralgebra $B = \{(s_n) \in \ell^1(\mathbb{Z}) \colon s_n = 0 \,\forall n < 0\} = \ell^1(\mathbb{N}_0)$. Zeigen Sie $\sigma_A(e_1) \neq \sigma_B(e_1)$.

Aufgabe IX.4.8 Auf dem Raum A aller komplexen Folgen $x = (x_n)_{n \geq 0}$ mit $\|x\| := \sum_{n=0}^\infty |x_n| e^{-n^2} < \infty$ betrachte man die Faltung $(x * y)_n = \sum_{k=0}^n x_k y_{n-k}$ als Multiplikation.

(a) $(A, *, \|\,.\,\|)$ ist eine kommutative Banachalgebra mit Einheit.
(b) $J = \{x \colon x_0 = 0\}$ ist ein maximales Ideal, und jedes $x \in J$ hat den Spektralradius $r(x) = 0$.

(c) Für $x = (x_0, x_1, x_2, \ldots)$ ist $\sigma(x) = x_0$.

(d) Die Gelfandtransformation verschwindet auf J; insbesondere ist sie nicht injektiv.

Aufgabe IX.4.9 Auf der Faltungsalgebra $A = \ell^1(\mathbb{Z})$ definiere man $x^*(n) = \overline{x(-n)}$. Dann ist $x \mapsto x^*$ eine isometrische Involution. Macht sie $\ell^1(\mathbb{Z})$ zu einer C^*-Algebra?

Aufgabe IX.4.10 In dieser Aufgabe diskutieren wir den Quaternionenschiefkörper $\mathbb{H}$. Das ist der Raum $\mathbb{R}^4$, der mit folgender Multiplikation ausgestattet wird: Man schreibe $(a, b, c, d) \in \mathbb{R}^4$ als $a + ib + jc + kd$, definiere

$$i^2 = j^2 = k^2 = -1, \; ij = -ji = k, \; jk = -kj = i, \; ki = -ik = j$$

und setze linear fort. Versieht man $\mathbb{H}$ mit der euklidischen Norm des $\mathbb{R}^4$, gilt $\|xy\| \leq \|x\| \, \|y\|$ für alle $x, y \in \mathbb{H}$. Man kann nun $\mathbb{H}$ auch als zweidimensionalen komplexen Raum auffassen, so dass wir eine zweidimensionale komplexe Banachalgebra erhalten, in der jedes Element invertierbar ist. Das widerspricht aber dem Satz von Gelfand-Mazur. Was stimmt hier nicht?

(Über Quaternionen kann man in H.-D. Ebbinghaus et al., *Zahlen*, Springer 1983, nachlesen.)

Aufgabe IX.4.11 Sei $A(\mathbb{D})$ die Disk-Algebra aus Beispiel I.1(e).

(a) Zu $f \in A(\mathbb{D})$ und $0 < r < 1$ definiere man $f_r(z) = f(rz)$. Dann ist $f_r \in A(\mathbb{D})$ und $\lim_{r \to 1} f_r = f$.

(b) Die Menge U aller Funktionen $f \in A(\mathbb{D})$, die in einer (von f abhängigen) offenen Umgebung von $\overline{\mathbb{D}}$ analytisch sind, bilden einen dichten Unterraum von $A(\mathbb{D})$.

(c) Für $|z| \leq 1$ ist $\varphi_z \colon f \mapsto f(z)$ ein komplexer Homomorphismus auf $A(\mathbb{D})$.

(d) Jeder komplexe Homomorphismus $\varphi \neq 0$ auf $A(\mathbb{D})$ ist von der Gestalt φ_z, $|z| \leq 1$, und $\Gamma_{A(\mathbb{D})}$ ist homöomorph zu $\overline{\mathbb{D}}$.

(Hinweis: Betrachten Sie die identische Funktion $\zeta \colon z \mapsto z$ und setzen Sie $z_0 = \varphi(\zeta)$. Zeigen Sie dann zuerst $\varphi = \varphi_{z_0}$ auf U; betrachten Sie dazu die Potenzreihe der $f \in U$.)

(e) Beschreiben Sie die Gelfandtransformation auf $A(\mathbb{D})$.

Aufgabe IX.4.12 Beschreiben Sie die Gelfandtransformation der Algebra B aus Aufgabe IX.4.7.

Aufgabe IX.4.13 Eine mit einer Involution $x \mapsto x^*$ versehene Banachalgebra A, die

$$\|x^*x\| \geq \|x\|^2 \qquad \forall x \in A$$

erfüllt, ist eine C^*-Algebra.

Aufgabe IX.4.14 Sei A eine Banachalgebra ohne Einheit und $A_1 = A \oplus \mathbb{C}$.

(a) Definiert man auf A_1 das Produkt $(a, s)(b, t) = (ab + ta + sb, st)$ und die Norm $\|(a, s)\| = \|a\| + |s|$, so ist $(A_1, \| \cdot \|)$ eine Banachalgebra mit Einheit, und $a \mapsto (a, 0)$ ist ein isometrischer Algebrenhomomorphismus von A auf das Ideal $A \oplus \{0\}$ von A_1.

(b) Ist A sogar eine C^*-Algebra, so definiert $(a, s)^* = (a^*, \bar{s})$ eine isometrische Involution auf $(A_1, \| \cdot \|)$, aber $(A_1, \| \cdot \|)$ ist keine C^*-Algebra.

(c) Man kann auf folgende Weise eine C^*-Algebrennorm auf A_1 erhalten, so dass $a \mapsto (a, 0)$ ist ein isometrischer $*$-Homomorphismus ist. Wir fassen A als Unteralgebra von A_1 auf. Betrachte zu $a \in A_1$ den Operator $L_a : A \to A$, $L_a(x) = ax$. Zeigen Sie als erstes $\|L_a\| = \|a\|$ für alle $a \in A$. Setzen Sie nun $\|\|a\|\| = \|L_a\|$ für alle $a \in A_1$ und beweisen Sie, dass es sich um eine C^*-Algebrennorm handelt; begründen Sie insbesondere, warum $\|\| \cdot \|\|$ eine Norm ist.

Kurz gesagt kann also jede C^*-Algebra ohne Einheit zu einer C^*-Algebra mit Einheit erweitert werden.

Aufgabe IX.4.15 Zeigen Sie, dass ein kompakter Hausdorffraum K mit $C^b((0, 1]) \cong C(K)$ existiert. Kann $K = [0, 1]$ gewählt werden?

Aufgabe IX.4.16 Sei H ein Hilbertraum und $T \in L(H)$ selbstadjungiert. Dann ist $\langle T\xi, \xi \rangle \geq 0$ für alle $\xi \in H$ genau dann, wenn $\omega(T) \geq 0$ für alle Zustände auf $L(H)$ gilt. Schließen Sie, dass T positiv im Sinn von Definition IX.3.10 genau dann ist, wenn $\langle T\xi, \xi \rangle \geq 0$ für alle $\xi \in H$ gilt.
(Hinweis: Man setze $\omega_\xi(S) = \langle S\xi, \xi \rangle$ für $\|\xi\| = 1$ und zeige $S(L(H)) = \overline{\mathrm{co}}\{\omega_\xi : \|\xi\| = 1\}$ (schwach*-Abschluss). Dazu verwende man den Satz von Hahn-Banach und Lemma VII.1.1.)

Aufgabe IX.4.17 (Die CAR-Algebra)
Sei $n \in \mathbb{N}_0$ und $M \in L(\mathbb{C}^{2^n})$, also eine $(2^n \times 2^n)$-Matrix. Wir werden einen Operator T_M auf ℓ^2 definieren, der als „Inflation" der Matrix M entsteht. Es sei $\{e_1, e_2, \ldots\}$ die Einheitsvektorbasis des ℓ^2 und $U_{k,n} = \mathrm{lin}\{e_{(k-1)2^n+1}, \ldots, e_{k2^n}\}$; dann ist $\ell^2 \cong \bigoplus_{k \in \mathbb{N}}^2 U_{k,n}$. Identifiziert man jedes $U_{k,n}$ kanonisch mit $\mathbb{C}^{2^n}$, wird durch

$$T_M : (u_{k,n})_k \mapsto (Mu_{k,n})_k, \quad u_{k,n} \in U_{k,n},$$

ein Operator $T_M \in L(\ell^2)$ definiert. (Es ist hilfreich, sich T_M als unendliche Matrix vorzustellen.) Setze $A_n = \{T_M : M \in L(\mathbb{C}^{2^n})\}$.

(a) A_n ist eine C^*-Unteralgebra von $L(\ell^2)$, die zu $L(\mathbb{C}^{2^n})$ $*$-isomorph ist.

(b) Es gilt $A_0 \subset A_1 \subset A_2 \subset \ldots$, $A_\infty := \bigcup_n A_n$ ist eine Algebra, und $A := \overline{A_\infty}$ ist eine C^*-Algebra.

(c) Es existiert ein Zustand $\omega \in A'$ mit

$$\omega(T) = \lim_{m \to \infty} \frac{1}{m} \sum_{l=1}^{m} \langle Te_l, e_l \rangle \qquad \forall T \in A.$$

(Untersuchen Sie die rechte Seite zuerst für $T \in A_n$.)

(d) Dieser Zustand erfüllt $\omega(ST) = \omega(TS)$ für alle $S, T \in A$, weswegen er *Spurzustand* genannt wird. (Vgl. die entsprechenden Eigenschaften der Spur tr aus Satz VI.5.8(c); jedoch ist tr nicht auf der ganzen C^*-Algebra $L(\ell^2)$ definiert, sondern nur auf $N(\ell^2)$.)

Die Algebra A wird *CAR-Algebra* (oder *Fermionenalgebra*) genannt, da in ihr die Fermionen auszeichnenden *canonical anticommutator relations* formuliert werden können. Sie hat einige bemerkenswerte Eigenschaften, von denen eine in Teil (d) vorkommt. Die CAR-Algebra wird detailliert in Bratteli/Robinson [1981] und Kadison/Ringrose [1986] studiert.

Aufgabe IX.4.18 Betrachten Sie den Vektorzustand $\omega\colon T \mapsto \langle T\xi, \xi \rangle$ auf der C^*-Algebra $L(H)$. Führen Sie die GNS-Konstruktion für diesen Zustand durch.

Aufgabe IX.4.19 Sei A eine separable C^*-Algebra mit Einheit. Dann existiert ein isometrischer $*$-Homomorphismus $\pi\colon A \to L(\ell^2)$.
(Hinweis: Verwenden Sie die GNS-Konstruktion und betrachten Sie $H = \bigoplus_{\omega \in \Omega}^2 H_\omega$ für eine geeignete abzählbare Teilmenge Ω von Zuständen.)

Aufgabe IX.4.20 (Toeplitz-Operatoren)
Sei H der von den Funktionen $z \mapsto z^n, n \geq 0$, aufgespannte abgeschlossene Unterraum von $L^2(\mathbb{T})$ und P die Orthogonalprojektion von $L^2(\mathbb{T})$ auf H. Für $f \in C(\mathbb{T})$ heißt der Operator $T_f\colon H \to H, \varphi \mapsto P(f\varphi)$, *Toeplitz-Operator*. Zeigen Sie, dass $\pi\colon C(\mathbb{T}) \to L(H)/K(H)$, $\pi(f) = T_f + K(H)$, ein stetiger $*$-Homomorphismus der C^*-Algebra $C(\mathbb{T})$ in die Calkin-Algebra ist. Ist auch $f \mapsto T_f$ ein stetiger $*$-Homomorphismus?
(Hinweis: Untersuchen Sie zunächst $f(z) = z^r, r \in \mathbb{Z}$.)

IX.5   Bemerkungen und Ausblicke

Die Theorie der Banachalgebren wurde 1941 von Gelfand entwickelt (*Mat. Sbornik* 9 (1941) 3–24); diese Arbeit enthält praktisch alle Resultate der Abschn. IX.1 und IX.2. Wiener bewies Korollar IX.2.9 in *Ann. Math.* 33 (1932) 1–100, insbesondere S. 10–14, mit Methoden der „harten" Analysis; der elegante banachalgebraische Beweis stammt von Gelfand (*Mat. Sbornik* 9 (1941) 51–66). Der Satz von Gelfand-Mazur wurde auch von Mazur (*C. R. Acad. Sc. Paris* 207 (1938) 1025–1027) angekündigt, jedoch veröffentlichte er keinen Beweis. Seine Arbeit inklusive vollständiger Beweise war nämlich zu umfangreich, um in den *Comptes Rendus* zu erscheinen; daher verlangten die Herausgeber eine Straffung des Texts. Diese Informationen findet man in Żelazko [1973], S. 18, der fortfährt: „The only sensible way of a shortening was to leave out all the proofs, and the paper was finally so published." Erst 35 Jahre später wurde Mazurs Beweis tatsächlich veröffentlicht, und zwar auf S. 19–22 in Żelazkos Buch. Mazurs Zugang funktioniert auch im reellen Fall und zeigt, dass die einzigen Banachalgebren über dem Körper $\mathbb{R}$, in denen jedes von 0 verschiedene Element ein Inverses besitzt, endlichdimensional und daher nach dem Satz von Frobenius $\mathbb{R}$, $\mathbb{C}$ und die Quaternionenalgebra $\mathbb{H}$ sind. Zur Darstellung von Mazurs Originalbeweis siehe auch P. Mazet, *Gaz. Math., Soc. Math. de France*, 111 (2007) 5–11.

Die Darstellungstheorie für kommutative Banachalgebren lässt sich auch für Algebren ohne Einheit durchführen. Allerdings muss man sich jetzt auf gewisse Ideale beschränken, die man *modular* nennt, denn im Allgemeinen ist nun nicht mehr jedes Ideal in einem maximalen Ideal enthalten. (Bourbaki gibt in *Théories Spectrales*, S. 95, Aufgabe 2, das Beispiel des Ideals d aller abbrechenden Folgen in c_0.) Es stellen sich jedoch die maximalen modularen Ideale als genau die Kerne der von 0 verschiedenen komplexen Homomorphismen heraus. Definiert man den Gelfandraum und die Gelfandtransformation wie im Fall der kommutativen Algebren mit Einheit, erhält man einen lokalkompakten Raum Γ_A und eine Abbildung $\wedge\colon A \to C_0(\Gamma_A)$. Im Fall $A = L^1(\mathbb{R})$ ist, wie in Beispiel IX.2(d) erwähnt, Γ_A homöomorph zu $\mathbb{R}$ vermöge

$$\varphi \in \Gamma_A \quad \Leftrightarrow \quad \varphi(f) = \varphi_t(f) = \int_{\mathbb{R}} e^{-ist} f(s)\, ds,$$

es ist also $\widehat{f}(\varphi_t) = \int e^{-ist} f(s)\, ds$. Die Fouriertransformation ist daher ein Spezialfall der Gelfandtransformation; die Aussage $\widehat{f} \in C_0(\mathbb{R})$ ist das klassische Riemann-Lebesgue-Lemma (Satz V.2.2) und fällt hier als Nebenprodukt ab. Details hierzu kann man etwa bei Conway [1985] nachlesen.

1943 veröffentlichten Gelfand und Naimark (*Mat. Sbornik* 12 (1943) 197–213) ihre Theorie der C^*-Algebren, wie in Abschn. IX.3 dargelegt. Die Tatsache, dass u^*u stets positiv ist, taucht bei ihnen noch als eines der Axiome für C^*-Algebren auf, und 1953 konnte Kaplansky zeigen, dass diese Zusatzvoraussetzung automatisch erfüllt ist (vgl. Lemma IX.3.11(e)). Vorher hatte Calkin (*Ann. Math.* 42 (1941) 839–873) mit Hilfe von Banachlimiten (Aufgabe III.6.5) bereits einen nichtseparablen Hilbertraum H und einen isometrischen *-Homomorphismus der Calkin-Algebra $L(\ell^2)/K(\ell^2)$ nach $L(H)$ konstruiert. Der „kommutative" Satz von Gelfand-Naimark, Theorem IX.3.4, ist eines der Lemmata aus ihrer Arbeit. Ist A eine kommutative C^*-Algebra ohne Einheit, so kann man zeigen, dass A isometrisch *-isomorph zu $C_0(\Gamma_A)$ ist. Übrigens werden C^*-Algebren in der älteren Literatur auch B^*-Algebren genannt.

Segal (*Bull. Amer. Math. Soc.* 53 (1947) 73–88) perfektionierte die Darstellungstheorie für C^*-Algebren mit Hilfe der GNS-Konstruktion. Als besonders wichtig erweisen sich die *reinen Zustände*, d. h. die $\omega \in \mathrm{ex}\, S(A)$, die nach dem Satz von Krein-Milman (Theorem VIII.4.4) ja stets in ausreichender Zahl existieren. Genau für solche ω haben nämlich die Darstellungen π_ω: $A \to L(H_\omega)$ die Eigenschaft, dass $K = \{0\}$ und $K = H_\omega$ die einzigen abgeschlossenen Unterräume von H_ω mit $\big(\pi_\omega(a)\big)(K) \subset K$ für alle $a \in A$ sind. Diese Eigenschaft nennt man *Irreduzibilität* der Darstellung.

Die Normeigenschaft $\|x^*x\| = \|x\|^2$ für Elemente einer C^*-Algebra A mag harmlos aussehen; tatsächlich impliziert sie jedoch eine sehr enge Kopplung der algebraischen und der metrischen Eigenschaften von A, wie aus Lemma IX.3.3(b) folgt. Dieses Lemma liefert nämlich

$$\|x\| = \|x^*x\|^{1/2} = \big(r(x^*x)\big)^{1/2} \qquad \forall x \in A,$$

und hier ist die rechte Seite allein durch algebraische Größen bestimmt, während in die linke Seite nur die Norm eingeht. Es folgt, dass es höchstens eine Norm auf einer involutiven Banachalgebra (mit Einheit) gibt, die diese zu einer C^*-Algebra macht, und dass jeder *-Homomorphismus Φ zwischen C^*-Algebren (mit Einheit) stetig ist und sogar $\|\Phi\| \leq 1$ erfüllt. In der allgemeinen Banachalgebrentheorie macht der sehr viel schwierigere *Eindeutigkeitssatz von B. Johnson* (1967) eine verwandte Aussage.

- *Ist A eine halbeinfache Banachalgebra mit Einheit, so sind je zwei Banachalgebrennormen auf A äquivalent.*

Einen kurzen Beweis hierfür gibt Ransford, *Bull. London Math. Soc.* 21 (1989) 487–488. (Im nichtkommutativen Fall heißt eine Banachalgebra mit Einheit halbeinfach, wenn der Schnitt aller maximalen Linksideale nur die 0 umfasst.)

In Korollar IX.3.5 wurde als Folge des Satzes von Gelfand-Naimark beobachtet, dass die Algebra ℓ^∞ als $C(T)$ dargestellt werden kann. Schreibt man die Gelfandtransformation für diesen Fall auf, sieht man folgende bizarre Eigenschaft des topologischen Raums T. Zunächst enthält T die Homomorphismen δ_n: $x \mapsto x(n)$, $n \in \mathbb{N}$. Die Menge T_0 dieser δ_n ist in der schwach*-Topologie homöomorph zu $\mathbb{N}$. Ferner folgt aus dem Satz von Tietze-Urysohn, dass T_0 dicht in T liegt. Nach der Identifizierung von T_0 mit $\mathbb{N}$ können wir T als kompakten Hausdorffraum ansehen, in dem $\mathbb{N}$ dicht liegt; man nennt T die *Stone-Čech-Kompaktifizierung* von $\mathbb{N}$ und schreibt $T = \beta\mathbb{N}$. Vermittels der Gelfandtransformation erkennt man, dass jede beschränkte Folge (= jede stetige beschränkte Funktion auf $\mathbb{N}$) zu einer stetigen beschränkten Funktion auf $\beta\mathbb{N}$ fortgesetzt werden kann; offenbar hat die einfachste Kompaktifizierung $\mathbb{N} \cup \{\infty\}$ diese Eigenschaft nicht. Genauso kann man für einen normalen Hausdorffraum (oder allgemeiner einen sog. vollständig regulären topologischen Raum) T_0 und die C^*-Algebra $C^b(T_0)$ argumentieren und so die Stone-Čech-Kompaktifizierung βT_0 erhalten, der dieselbe Fortsetzungseigenschaft zukommt. βT_0 ist ein recht kompliziertes Gebilde. Es ist nie metrisierbar (es sei denn, T_0 ist bereits kompakt (und metrisierbar)), und der Abschluss einer offenen Teilmenge von $\beta\mathbb{N}$ ist selbst offen; diese letzte Eigenschaft stellt einige Anforderungen an die Vorstellungskraft.

Bereits vor Gelfand hatte von Neumann gewisse (konkrete) C^*-Unteralgebren von $L(H)$ untersucht, die man heute von-Neumann-Algebren nennt. Sein Ausgangspunkt war sein Bikommutantensatz (*Math. Ann.* 102 (1929) 370–427). Die *Kommutante* einer Teilmenge $M \subset L(H)$ ist als

$$M^\sharp = \{T \in L(H) \colon TS = ST \quad \forall S \in M\}$$

definiert. (Dieses Objekt wird in der Literatur meistens mit M' bezeichnet, was jedoch mit unserem Symbol für einen Dualraum kollidiert.) Es ist klar, dass $M^\sharp$ stets eine Unteralgebra von $L(H)$ ist, die in der schwachen Operatortopologie abgeschlossen ist und den identischen Operator enthält.

- (Bikommutantensatz)
  Für eine C^*-Unteralgebra A von $L(H)$ mit Id $\in A$ sind äquivalent:
    (i) A ist in der starken Operatortopologie abgeschlossen.
    (ii) A ist in der schwachen Operatortopologie abgeschlossen.
    (iii) $A = A^{\sharp\sharp}$.

Ist eine dieser Bedingungen erfüllt, heißt A eine *von-Neumann-Algebra* (oder W^*-*Algebra*). Sakai gelang es 1956, von-Neumann-Algebren abstrakt zu charakterisieren.

- *Genau dann besitzt eine C^*-Algebra A eine treue Darstellung als von-Neumann-Algebra, wenn A als Banachraum isometrisch isomorph zu einem Dualraum ist, d. h., wenn ein Banachraum X mit $A \cong X'$ existiert.*

Ist $\pi \colon A \to L(H)$ die universelle Darstellung einer C^*-Algebra A, so ist $\pi(A)^{\sharp\sharp}$ eine von-Neumann-Algebra, die man die universell einhüllende von-Neumann-Algebra nennt. Sie ist – als Banachraum – isometrisch isomorph zum Bidualraum A'' von A.

Im Gegensatz zu C^*-Algebren von Operatoren enthalten von-Neumann-Algebren stets Projektionen. Ist z. B. $A \subset L(H)$ eine von-Neumann-Algebra, $T \in A$ selbstadjungiert und $T = \int \lambda \, dE_\lambda$ die spektrale Zerlegung von T, so liegt für alle Borelmengen $B \subset \sigma(T)$ die Orthogonalprojektion E_B in A. In einer Reihe von Arbeiten analysierten Murray und von Neumann in den dreißiger Jahren von-Neumann-Algebren mit Hilfe des Verbands der in ihnen enthaltenen Orthogonalprojektionen. Sie widmeten sich insbesondere den maximal nichtkommutativen Algebren, den *Faktoren*, die durch die Forderung $A \cap A^\sharp = \mathbb{C} \cdot \mathrm{Id}$ definiert sind, und sie zeigten, dass diese in drei Klassen, die die technischen Bezeichnungen Typ I, II und III tragen, zerfallen. Ein Faktor vom Typ I ist *-isomorph zu $L(H_0)$ für einen geeigneten Hilbertraum H_0, der eventuell endlichdimensional ist. Wesentlich interessanter sind die Faktoren vom Typ II, denn diese lassen Funktionale mit ähnlichen Eigenschaften wie die Spur tr zu, die Anlass zu einer „nichtkommutativen Integrationstheorie" geben. Die Feinstruktur der Faktoren vom Typ III wurde von Connes studiert (*Ann. Sci. École Norm. Sup.* 6 (1973) 133–252); diese sind für die Quantenfeldtheorie besonders bedeutsam.

Die Untersuchungen von Neumanns waren, zumindest zum Teil, durch die theoretische Physik motiviert. In den Bemerkungen und Ausblicken zu Kap. VII wurde dargelegt, wie sich die Quantenmechanik selbstadjungierte Operatoren (= Observable) und normierte Vektoren im Hilbertraum (= Zustände) zunutze macht. In diesem Bild wirken die Observablen auf die Zustände; häufig ist auch die duale Formulierung, in der Zustände auf

Observablen wirken, wichtig, insbesondere in der Quantenfeldtheorie. In dem dualen Bild geht man von einer C^*-Algebra oder von-Neumann-Algebra A aus, die die Gesamtheit der für das physikalische System relevanten Observablen umfasst; ein Zustand (im physikalischen Sinn) ist dann ein Zustand im Sinn von Definition IX.3.9. Man beachte, wie ein Vektorzustand auf $L(H)$ die auf S. 417 erhobene Forderung, dass ξ und $\lambda\xi$, $|\lambda| = 1$, denselben Zustand repräsentieren sollen, erfüllt, da ja

$$\omega_\xi(T) = \langle T\xi, \xi \rangle = \langle T(\lambda\xi), \lambda\xi \rangle = \omega_{\lambda\xi}(T).$$

Die Dynamik des Systems wird nun durch eine Gruppe $\{\sigma_t : t \in \mathbb{R}\}$ von *-Isomorphismen der Algebra A ausgedrückt. Die tiefliegende Tomita-Takesaki-Theorie gestattet es, zu Zuständen auf von-Neumann-Algebren Automorphismengruppen zu assoziieren.

An dieser Stelle mag man einwenden, dass die typischen Operatoren der Quantenmechanik unbeschränkt sind. Man hilft sich, indem man beschränkte Funktionen solcher Operatoren bildet. Ist etwa T ein unbeschränkter selbstadjungierter Operator und $h \in C^b(\sigma(T))$, so ist nach Theorem VII.3.2 ein beschränkter Operator $h(T)$ erklärt. Man betrachtet dann $\{h(T) : h \in C^b(\sigma(T))\}$. (Die entsprechende Konstruktion für mehrere nicht kommutierende Operatoren ist schwieriger.)

Einen Einstieg in die C^*-Algebrentheorie bieten Murphy [1990] oder Kadison/Ringrose, Band 1 [1983]; weitergehende Darstellungen findet man in Pedersen [1979] und Kadison/Ringrose, Band 2 [1986]. Überblicksartikel versammelt der von Doran herausgegebene Band *C^*-Algebras: 1943–1993*, Contemporary Math. 167 (1994); man beachte auch Bonsalls Übersicht zu Banachalgebren schlechthin in *Bull. London Math. Soc.* 2 (1970) 257–274. Für die Bedeutung der C^*- und von-Neumann-Algebren für die Physik sei auf Bratteli/Robinson [1979, 1981] verwiesen.

Die Auflösungstheorie von Operatorgleichungen der Form $Tx = y$ bedient sich der Spektraltheorie in der Banachalgebra $L(X)$, insbesondere wenn kompakte Operatoren beteiligt sind. Für gewisse singuläre Integralgleichungen spielt auch die Calkin-Algebra eine große Rolle. Um diesen Zusammenhang zu erläutern, benötigt man den Begriff des Fredholmoperators. Ein Operator T auf einem Banachraum X heißt *Fredholmoperator* (in der russischen Literatur nach F. Noether auch *Noetheroperator* genannt), falls ran(T) abgeschlossen ist und ker(T) und $X/\mathrm{ran}(T)$ endlichdimensional sind; übrigens folgt die erste dieser Eigenschaften nach einem Satz von Kato automatisch aus der letzten. Die ganze Zahl ind$(T) = \dim\ker(T) - \dim X/\mathrm{ran}(T)$ $(= \dim\ker(T) - \dim\ker(T'))$ heißt dann der *Index* von T. Ist z. B. T_f der Toeplitz-Operator aus Aufgabe IX.4.20 und verschwindet f nirgends, so ist T_f ein Fredholmoperator, dessen Index gleich dem Negativen der aus der Funktionentheorie bekannten Umlaufzahl der durch $t \mapsto f(e^{it})$, $0 \le t \le 2\pi$, parametrisierten Kurve um 0 ist. Man kann zeigen, dass die Komposition von zwei Fredholmoperatoren U und T wieder ein Fredholmoperator mit dem Index ind$(UT) = \mathrm{ind}(U) + \mathrm{ind}(T)$ ist, und der adjungierte Operator T' ist ein Fredholmoperator mit ind$(T') = -\mathrm{ind}(T)$. Ferner ist die Menge aller Fredholmoperatoren offen, und der Index ist eine stetige $\mathbb{Z}$-wertige Funktion. Das bedeutet mit anderen Worten, dass es zu einem Fredholmoperator T ein $\varepsilon > 0$ gibt, so dass jeder Operator S mit $\|S - T\| < \varepsilon$ ebenfalls ein Fredholmoperator mit demselben Index ist; der Index bleibt also unter „kleinen" Störungen invariant. Ein anderes Störungsresultat bezieht sich auf kompakte Operatoren: Ist K kompakt, so gilt $\mathrm{ind}(T + K) = \mathrm{ind}(T)$. Dieses Resultat schließt insbesondere den Satz von Riesz-Schauder (Satz VI.2.1) ein; man muss nur $T = \mathrm{Id}$ setzen. Eine wichtige Charakterisierung von Fredholmoperatoren liefert der *Satz von Atkinson*:

- *Ein Operator $T \in L(X)$ ist genau dann ein Fredholmoperator, wenn ein Operator $S \in L(X)$ existiert, so dass $ST - \mathrm{Id}$ und $TS - \mathrm{Id}$ kompakt sind.*

Ein solcher Operator S wird Fredholm-Inverse oder Parametrix genannt. Der Satz von Atkinson lässt sich besonders durchsichtig mittels der Quotienten-Banachalgebra $L(X)/K(X)$ formulieren:

- *$T \in L(X)$ ist genau dann ein Fredholmoperator, wenn die entsprechende Äquivalenzklasse $[T]$ in der Banachalgebra $L(X)/K(X)$ invertierbar ist.*

Die Untersuchung des Spektrums von $[T]$ gestattet weitere Aufschlüsse über das Spektrum eines Operators; man nennt $\sigma_{\mathrm{ess}}(T) := \sigma([T])$ das *wesentliche Spektrum* von T. (Dieser Begriff wird in der Literatur nicht einheitlich verwendet.) Zum Beispiel ist jedes Element von $\partial\sigma(T) \setminus \sigma_{\mathrm{ess}}(T)$ ein isolierter Punkt des Spektrums und ein Eigenwert von T. Detaillierte Informationen zu Fredholmoperatoren findet man unter anderem in Heuser [1992], Jörgens [1970] oder Conway [1985].

Anhang A Maß- und Integrationstheorie

A.1 Das Lebesgueintegral für Funktionen auf einem Intervall

Dieser Anhang umreißt in groben Zügen diejenigen Teile der Maß- und Integrationstheorie, die für das Verständnis dieses Buches wesentlich sind. Alle hier ausgesparten Einzelheiten können in diversen Lehrbüchern nachgelesen werden; es seien etwa Bauer [1990], Behrends [1987], Cohn [1980] oder Rudin [1986] genannt.

Wenn man das Riemannintegral $\int_0^1 f(t)\,dt$ für eine beschränkte Funktion f definieren will, geht man bekanntlich folgendermaßen vor. Der *Urbildbereich* $[0, 1]$ wird in kleine Teilintervalle der Länge $< \delta$ zerlegt und f durch eine Treppenfunktion φ_δ, die auf dem Inneren der Teilintervalle konstant ist, approximiert (siehe Abb. A.1). Anschließend definiert man auf kanonische Weise $\int_0^1 \varphi_\delta(t)\,dt$ und zeigt, dass für eine große Klasse von Funktionen (u. a. alle stetigen Funktionen auf $[0, 1]$) $\lim_{\delta \to 0} \int_0^1 \varphi_\delta(t)\,dt$ existiert und unabhängig von der approximierenden Folge (φ_δ) ist; diese Zahl wird dann mit $\int_0^1 f(t)\,dt$ bezeichnet. (Die Einführung über Ober- und Untersummen ist nur eine technische Modifikation dieses Konzepts.)

Die Stärken des Riemannintegrals sind bekannt: die Einführung ist sehr anschaulich, und man kann mit recht geringem Aufwand wichtige Resultate, z. B. den Hauptsatz der Differential- und Integralrechnung, beweisen.

In der höheren Analysis erweist sich das Riemannsche Integral jedoch als sehr schwerfällig. Zum einen ist die Definition des Riemannintegrals auf Bereichen $\Omega \subset \mathbb{R}^d$ schon weitaus schwieriger zu verdauen, was als Konsequenz sehr technische Beweise für Resultate wie etwa den Satz von Fubini (selbst im Fall stetiger Integranden) nach sich zieht. Zum anderen zeigt sich die Notwendigkeit, Limes- und Integralbildung zu vertauschen; man braucht also Kriterien, die

$$\lim_{n \to \infty} \int_0^1 f_n(t)\,dt = \int_0^1 \lim_{n \to \infty} f_n(t)\,dt$$

© Springer-Verlag GmbH Deutschland, ein Teil von Springer Nature 2018
D. Werner, *Funktionalanalysis*, Springer-Lehrbuch,
https://doi.org/10.1007/978-3-662-55407-4_10

Abb. A.1 Approximation
durch Treppenfunktionen

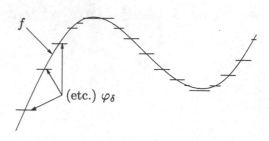

sicherstellen. (Hinreichend ist natürlich die gleichmäßige Konvergenz.) Das entscheidende
Manko des Riemannintegrals ist nun, dass selbst für stetige f_n die Grenzfunktion $f(t) :=$
$\lim_{n\to\infty} f_n(t)$ im Riemannschen Sinn nicht integrierbar zu sein braucht.

H. Lebesgue hat in seiner 1902 erschienenen Dissertation gezeigt, wie ein Integral-
begriff einzuführen ist, der die Vorteile des Riemannintegrals übernimmt, aber seine
Nachteile vermeidet. Wir schildern sein Verfahren zunächst für Funktionen auf einem
Intervall.

Sei $J \subset \mathbb{R}$ ein Intervall, das auch unbeschränkt sein darf, und $f: J \to [0, \infty]$ eine
Funktion. (Aus technischen Gründen werden zunächst positive Funktionen, die auch den
Wert ∞ annehmen dürfen, betrachtet.) Lebesgues Idee ist es, den *Bildbereich* von f in
kleine Teilintervalle zu zerlegen, f durch eine Treppenfunktion φ zu approximieren, in natürlicher Weise ein Integral $\int \varphi$ zu definieren und dann $\int f$ durch einen Grenzprozess zu
erklären. Es ist nun eine überraschende Tatsache, dass dieses Verfahren für so gut wie alle
denkbaren Funktionen (die „messbaren" Funktionen) durchführbar ist und nach Überwin-
dung der anfänglich auftauchenden Hürden zu einem sehr geschmeidigen Integralbegriff
führt, der das Riemannintegral verallgemeinert; insbesondere ergibt sich nirgendwo die
Notwendigkeit, „uneigentliche" Integrale zu betrachten.

Um die genannten Anfangsschwierigkeiten zu erklären, betrachten wir zu einer Funktion f (von der wir momentan $0 \leq f \leq 1$ annehmen) die Mengen

$$E_{k,n} = \left\{ t: \frac{k}{n} \leq f(t) < \frac{k+1}{n} \right\}$$

und Funktionen der Gestalt

$$\varphi_n(t) = \frac{k}{n} \quad \text{falls } t \in E_{k,n}.$$

Sollten die $E_{k,n}$ Intervalle sein, ist klar, wie $\int \varphi_n$ zu definieren ist, nämlich als
$\sum_k \frac{k}{n} \lambda(E_{k,n})$, wo $\lambda(E_{k,n})$ die Länge des Intervalls $E_{k,n}$ ist. Für den Fall, dass $E_{k,n}$ eine disjunkte Vereinigung endlich vieler Intervalle $I_1, \dots, I_r$ ist (wie in Abb. A.2), würde man
$\lambda(E_{k,n}) = \sum_{i=1}^{r} \lambda(I_i)$ setzen. Da die Funktion f beliebig ist (einstweilen zumindest), können
jedoch die Mengen $E_{k,n}$ ebenfalls irgendwelche Teilmengen von J sein, und dann ist es
absolut unklar, was unter $\lambda(E_{k,n})$ sinnvollerweise zu verstehen ist; als relativ harmlosen Fall

Abb. A.2 Die Mengen $E_{k,n}$

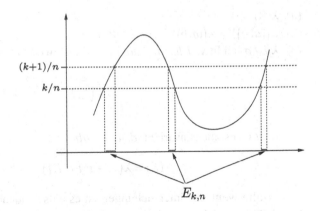

$(k+1)/n$

k/n

$E_{k,n}$

betrachte man etwa die Dirichletsche Sprungfunktion. Daher stellt sich zunächst einmal das Problem, möglichst vielen Teilmengen von $\mathbb{R}$ auf eine solche Weise ein „Maß" zuzuordnen, dass die Maßbildung viele natürliche Eigenschaften wie Monotonie, Additivität, Translationsinvarianz etc. besitzt.

Leider stellt sich heraus, dass man nicht alle Teilmengen von $\mathbb{R}$ auf natürliche Weise (was das heißt, wird gleich präzisiert) „messen" kann und folglich nicht jede Funktion dem obigen Verfahren unterworfen werden kann. Der hier zu skizzierende Zugang zur Integrationstheorie stützt sich auf folgende Begriffe.

▶ **Definition A.1.1** Sei T eine Menge, und sei Σ ein System von Teilmengen von T mit den Eigenschaften

(a) $\emptyset \in \Sigma$,

(b) $E \in \Sigma \;\Rightarrow\; T \setminus E \in \Sigma$,

(c) $E_1, E_2 \subset \Sigma \;\Rightarrow\; E_1 \cup E_2 \in \Sigma$.

Dann heißt Σ eine *Algebra*. Gilt statt (c)

$$(c)^* \quad E_1, E_2, \ldots \in \Sigma \;\Rightarrow\; \bigcup_{i=1}^{\infty} E_i \in \Sigma,$$

so heißt Σ eine *σ-Algebra*.

Man beweist leicht, dass der Schnitt von σ-Algebren wieder eine σ-Algebra ist. Daher existiert eine kleinste σ-Algebra von Teilmengen von $\mathbb{R}$, die alle Teilintervalle $I \subset \mathbb{R}$ enthält. Diese σ-Algebra heißt die σ-Algebra der *Borelmengen* von $\mathbb{R}$, und es stellt sich heraus, dass es die Borelmengen sind, die man „messen" kann.

Satz A.1.2 *Es sei Σ die σ-Algebra der Borelmengen von $\mathbb{R}$. Dann gibt es genau eine Abbildung $\lambda\colon \Sigma \to [0, \infty]$ mit den Eigenschaften:*

(a) $\lambda(\emptyset) = 0$.

(b) $\lambda([a,b]) = \lambda((a,b)) = b - a$ *falls* $a < b$.

(c) λ *ist* σ-additiv, *d. h., sind die* $E_i \in \Sigma$ *paarweise disjunkt, so ist*

$$\lambda\left(\bigcup_{i=1}^{\infty} E_i\right) = \sum_{i=1}^{\infty} \lambda(E_i).$$

(d) λ *ist* translationsinvariant, *d. h., es gilt*

$$\lambda(E) = \lambda(\{s + t : t \in E\}) \qquad \forall s \in \mathbb{R}, \; E \in \Sigma.$$

Für alle weiteren Untersuchungen ist es entscheidend, dass man die Bedingung in (c) für abzählbar viele E_i und nicht bloß für endlich viele hat. (Deswegen ist man auch an σ-Algebren und nicht an Algebren von Teilmengen interessiert.)

▶ **Definition A.1.3** Die Abbildung λ aus Satz A.1.2 heißt *Lebesguemaß*, genauer *Lebesgue-Borel-Maß*.

Wir beschreiben jetzt die Konstruktion des Lebesguemaßes. Zunächst sei daran erinnert, wie der Riemann-Jordansche Inhalt einer beschränkten Menge A definiert ist; üblicherweise betrachtet man $A \subset \mathbb{R}^d$, aber hier sind wir nur an $A \subset \mathbb{R}$ interessiert. Man überdeckt A mit endlich vielen Intervallen und nennt das Infimum der Gesamtlängen der an solchen Überdeckungssystemen beteiligten Intervalle den *äußeren Inhalt* $m_a(A)$:

$$m_a(A) := \inf\left\{\sum_{i=1}^{n} |I_i| : A \subset \bigcup_{i=1}^{n} I_i, \; n \in \mathbb{N}\right\}.$$

($|I|$ bezeichnet die Länge des Intervalls I.) Ähnlich definiert man einen inneren Inhalt $m_i(A)$ und nennt A Jordan-messbar, falls $m_i(A) = m_a(A)$ ist.

Leider ist das System der Jordan-messbaren Mengen nur schwer zu handhaben; z. B. ist nicht jede abgeschlossene Menge Jordan-messbar, ebensowenig ist es die Menge $\mathbb{Q} \cap [0,1]$, die doch „offensichtlich" den Inhalt 0 haben sollte.

Lebesgues Ansatz, der auf Ideen von Borel aufbaut, sieht nun vor, statt endlich vieler überdeckender Intervalle unendlich viele (genauer abzählbar viele) zu nehmen; und damit werden die Verhältnisse grundlegend geändert. Für jedes $A \subset \mathbb{R}$ wird also das äußere Lebesguesche Maß $\lambda^*(A)$ durch

$$\lambda^*(A) := \inf\left\{\sum_{i=1}^{\infty} |I_i| : A \subset \bigcup_{i=1}^{\infty} I_i\right\}$$

definiert. Lebesgue definiert auch ein inneres Maß λ_* (dessen Definition *nicht* analog zum Jordanschen Inhalt ist) und nennt Mengen A messbar, falls $\lambda_*(A) = \lambda^*(A) =: \lambda(A)$ gilt. Ferner zeigt er die nicht offensichtliche Tatsache, dass λ auf dem System der messbaren Mengen σ-additiv ist. Später hat Carathéodory mit einer sehr allgemeinen Methode gezeigt, wie man die Existenz des Lebesguemaßes allein aus dem äußeren Maß ableitet. Seine Idee ist, das Mengensystem

$$\mathfrak{A} := \{A \subset \mathbb{R}: \lambda^*(B) = \lambda^*(B \cap A) + \lambda^*(B \setminus A) \quad \forall B \subset \mathbb{R}\}$$

zu betrachten. $\mathfrak{A}$ enthält also all die Mengen A, die jede Menge B so in zwei Teile $B \cap A$ und $B \setminus A$ zerlegen, dass das Ganze ($= \lambda^*(B)$) die Summe seiner Teile ($= \lambda^*(B \cap A) + \lambda^*(B \setminus A)$) wird. Man zeigt dann, dass $\mathfrak{A}$ eine die Intervalle enthaltende σ-Algebra ist, also $\Sigma \subset \mathfrak{A}$ gilt, und $\lambda^*|_{\mathfrak{A}}$ σ-additiv ist. (Analog kann man in vielen anderen Situationen vorgehen, insbesondere beim d-dimensionalen Lebesguemaß oder in noch allgemeineren Fällen, siehe etwa den Beweis des Rieszschen Darstellungssatzes II.2.5.)

Satz A.1.2 liefert also ein umfangreiches System von Mengen, die „gemessen" werden können. In der Tat umfasst dieses System fast alle Mengen, die von Interesse sind, z. B. alle abgeschlossenen Mengen, alle offenen Mengen, abzählbare Vereinigungen und Schnitte davon etc. Es muss jedoch betont werden, dass Σ echt kleiner als die Potenzmenge von $\mathbb{R}$ ist, und mit dem Zornschen Lemma kann man zeigen, dass es keine Abbildung gibt, die auf der ganzen Potenzmenge von $\mathbb{R}$ definiert ist und die Eigenschaften (a)–(d) aus Satz A.1.2 besitzt.[1]

Kehren wir zurück zu unserem Versuch, ein Integral zu definieren. Falls f so beschaffen ist, dass die oben definierten Mengen $E_{k,n}$ Borelmengen sind, so ist $\lambda(E_{k,n})$ definiert, und man kann $\int \varphi_n$ durch $\sum_k \frac{k}{n} \lambda(E_{k,n})$ erklären. Die Klasse solcher f soll als nächstes eingeführt werden.

▶ **Definition A.1.4** Eine Funktion $f: J \to \mathbb{R}$ (bzw. $f: J \to [0, \infty]$) heißt (Borel-) *messbar*, falls $f^{-1}([a, b))$ für alle $a, b \in \mathbb{R}$ eine Borelmenge ist. Eine Funktion $f: J \to \mathbb{C}$ heißt messbar, falls $\operatorname{Re} f$ und $\operatorname{Im} f$ messbar sind.

Eine Funktion f ist genau dann messbar, wenn $f^{-1}(A)$ für jede Borelmenge $A \subset \mathbb{R}$ (bzw. $[0, \infty]$ bzw. $\mathbb{C}$) eine Borelmenge ist, was daraus folgt, dass $\{A: f^{-1}(A)$ ist Borelmenge$\}$ eine σ-Algebra bildet.

Eine Funktion der Gestalt

$$\chi_E(t) = \begin{cases} 1 & t \in E \\ 0 & t \notin E \end{cases}$$

heißt *Indikatorfunktion* der Menge E. Eine Funktion der Gestalt

$$f = \sum_{i=1}^{n} \alpha_i \chi_{E_i}$$

---

[1]Jedoch hat Banach mit Hilfe des Satzes von Hahn-Banach (genauer gesagt einem Vorläufer davon) die Existenz einer Mengenfunktion auf der Potenzmenge von $\mathbb{R}$ bewiesen, die (a)–(d) bis auf die Tatsache erfüllt, dass (c) nur für endliche Summen gilt (siehe Mukherjea/Pothoven [1986], S. 24). Solch eine Mengenfunktion gibt es auch für $\mathbb{R}^2$, nicht jedoch für höhere Dimensionen.

mit $E_i \in \Sigma$ wird *Treppenfunktion* genannt. Allgemeiner als in der Riemannschen Theorie brauchen die „Stufen" E_i keine Intervalle zu sein, sondern sind beliebige messbare Mengen.

Satz A.1.5 *Seien $f, f_n, g: J \to \mathbb{K}$ Funktionen auf einem Intervall J.*

(a) *Sind f und g messbar, so sind $f + g$, fg, f/g (falls $g(s) \neq 0$ für alle s), αf (wo $\alpha \in \mathbb{K}$), $|f|$ sowie im Fall $\mathbb{K} = \mathbb{R}$ auch $\max\{f, g\}$ und $\min\{f, g\}$ messbar.*
(b) *Stetige Funktionen sind messbar.*
(c) *Sind $f_1, f_2, \ldots$ messbar und existiert $f(t) = \lim_{n \to \infty} f_n(t)$ für alle t, so ist f messbar.*
(d) *Ist f messbar, so existiert eine Folge von Treppenfunktionen (φ_n) mit*

$$f(t) = \lim_{n \to \infty} \varphi_n(t) \qquad \forall t \in J$$

und, falls $f \geq 0$ ist,

$$\varphi_1(t) \leq \varphi_2(t) \leq \ldots.$$

(e) *Ist f messbar und beschränkt, so existiert eine Folge von Treppenfunktionen (φ_n), die gleichmäßig gegen f konvergiert.*

Die messbaren Funktionen bilden also einen Vektorraum, der unter der Bildung von punktweisen Limiten abgeschlossen ist. Diese Eigenschaft ist ein entscheidender Gewinn im Lebesgueschen Ansatz. Wieder gilt die Bemerkung, dass fast alle Funktionen, auf die man in Anwendungen stoßen kann, messbar sind.

Jetzt können wir für $[0, \infty]$-wertige messbare Funktionen f das Integral $\int f \, d\lambda$ definieren, das allerdings $= \infty$ sein kann. Zunächst definiert man für Treppenfunktionen $f = \sum_{i=1}^{n} \alpha_i \chi_{E_i}$

$$\int f \, d\lambda = \sum_{i=1}^{n} \alpha_i \lambda(E_i). \tag{A.1}$$

Hier ist die rechte Seite erklärt, da die E_i Borelmengen sind, und man zeigt, dass für jede andere Darstellung $f = \sum_{i=1}^{m} \beta_i \chi_{F_i}$ dieselbe Zahl in (A.1) herauskommt; für Treppenfunktionen ist das Integral also wohldefiniert. Ist nun f messbar und $[0, \infty]$-wertig, so wähle (φ_n) wie in Satz A.1.5(d). Dann ist die Zahlenfolge $(\int \varphi_n \, d\lambda)$ monoton wachsend und daher in $[0, \infty]$ konvergent. Ist (ψ_n) eine andere solche Folge, so kann man

$$\lim_{n \to \infty} \int \varphi_n \, d\lambda = \lim_{n \to \infty} \int \psi_n \, d\lambda$$

zeigen, was nicht ganz trivial ist. Auf jeden Fall ist dann

$$\int f \, d\lambda := \lim_{n \to \infty} \int \varphi_n \, d\lambda$$

wohldefiniert.

▶ **Definition A.1.6**

(a) Eine messbare Funktion $f\colon J \to [0,\infty]$ heißt *integrierbar* (genauer Lebesgue-integrierbar), wenn $\int f\, d\lambda < \infty$ ist.

(b) Eine messbare Funktion $f\colon J \to \mathbb{R}$ heißt integrierbar, falls $f^{+} := \max\{f, 0\}$ und $f^{-} := \max\{-f, 0\}$ integrierbar sind. Man setzt

$$\int f\, d\lambda = \int f^{+}\, d\lambda - \int f^{-}\, d\lambda.$$

(c) Eine messbare Funktion $f\colon J \to \mathbb{C}$ heißt integrierbar, falls $\operatorname{Re} f$ und $\operatorname{Im} f$ integrierbar sind. Man setzt

$$\int f\, d\lambda = \int \operatorname{Re} f\, d\lambda + i \int \operatorname{Im} f\, d\lambda.$$

Andere Bezeichnungen für das Integral sind

$$\int_{J} f(t)\, d\lambda(t), \quad \int_{a}^{b} f(t)\, d\lambda(t), \quad \int_{a}^{b} f(t)\, dt, \quad \text{etc.}$$

Dass die letzte Bezeichnung sinnvoll ist, zeigt der nächste Satz, der auch zeigt, dass der Wert des Lebesgueintegrals mit dem des Riemannintegrals übereinstimmt.

Satz A.1.7

(a) *Die Summe integrierbarer Funktionen ist integrierbar mit*

$$\int (\alpha f + \beta g)\, d\lambda = \alpha \int f\, d\lambda + \beta \int g\, d\lambda.$$

(b) *Ist $f\colon J \to \mathbb{K}$ stetig und $|f|$ uneigentlich Riemann-integrierbar, so ist f integrierbar mit*

$$\int f\, d\lambda = \text{Riemann-} \int_{a}^{b} f(t)\, dt.$$

Bevor wir als nächstes den Hauptsatz der Differential- und Integralrechnung formulieren, müssen zwei Begriffe erklärt werden.

▶ **Definition A.1.8** Man spricht von *fast überall* (f.ü.) (genauer λ-fast überall) bestehenden Eigenschaften einer Funktion, wenn es eine Borelmenge E mit $\lambda(E) = 0$ gibt, so dass f die fragliche Eigenschaft (z. B. differenzierbar, ≥ 0, ...) an allen Stellen $t \notin E$ besitzt. Solch eine Menge wird Borelsche Nullmenge genannt.

Für die Integrationstheorie macht es praktisch keinen Unterschied, ob eine Eigenschaft überall oder fast überall vorliegt. Es sei jedoch ein technisches Detail erwähnt, das die Formulierung des Konvergenzsatzes von Lebesgue (Satz A.3.2) berührt. Sind die f_n messbar und gilt $\lim_{n\to\infty} f_n = f$ fast überall, so braucht f nicht messbar zu sein. Vergrößert man jedoch die vorgelegte σ-Algebra um alle Teilmengen von Nullmengen, so gilt noch die Messbarkeit bezüglich dieser größeren σ-Algebra.

▶ **Definition A.1.9** Eine Funktion $f: [a, b] \to \mathbb{K}$ heißt *absolutstetig*, wenn zu jedem $\varepsilon > 0$ ein $\delta > 0$ existiert, so dass für alle $a \le a_1 < b_1 \le a_2 < b_2 \le \ldots \le a_n < b_n \le b, n \in \mathbb{N}$ beliebig, die Implikation

$$\sum_{k=1}^{n} (b_k - a_k) < \delta \quad \Rightarrow \quad \sum_{k=1}^{n} |f(b_k) - f(a_k)| < \varepsilon$$

gilt.

Es ist einfach zu zeigen, dass Lipschitz-stetige Funktionen absolutstetig sind.

Satz A.1.10 (Hauptsatz der Differential- und Integralrechnung)

(a) *Ist $f: [a, b] \to \mathbb{K}$ absolutstetig, so existiert die Ableitung f' fast überall, f' ist auf $[a, b]$ integrierbar, und es gilt*

$$f(t) - f(s) = \int_{s}^{t} f' \, d\lambda \qquad \forall s, t \in [a, b].$$

   (Dabei sei $\int_{s}^{t} = -\int_{t}^{s}$ für $s > t$.)

(b) *Ist $g: [a, b] \to \mathbb{K}$ integrierbar und $f(t) := \int_{a}^{t} g \, d\lambda$, so ist f absolutstetig, f' existiert fast überall, und es gilt $f' = g$ fast überall.*

A.2   Das *d*-dimensionale Lebesguemaß und abstrakte Integration

Nachdem das Maßproblem mit Satz A.1.2 einmal gelöst war, war es für die Definition des Integrals $\int f \, d\lambda$ vollkommen unerheblich, dass es sich um eine Funktion auf einem Intervall handelte; wichtig war nur die Existenz des Lebesguemaßes auf der σ-Algebra der Borelmengen. In der Tat kann das Integral als Linearisierung des Maßes aufgefasst werden.

Hier ist die Definition des abstrakten Maßbegriffs.

▶ **Definition A.2.1** Sei Σ eine σ-Algebra auf einer Menge T. Eine Abbildung $\mu: \Sigma \to [0, \infty]$ heißt *Maß*, wenn

(a) $\mu(\emptyset) = 0$,

(b) μ σ-additiv ist, d. h., wenn für paarweise disjunkte $E_1, E_2, \ldots \in \Sigma$

$$\mu\left(\bigcup_{i=1}^{\infty} E_i\right) = \sum_{i=1}^{\infty} \mu(E_i).$$

Man nennt (T, Σ, μ) dann einen *Maßraum*. Ist $\mu(T) < \infty$, spricht man von einem *endlichen* Maß bzw. Maßraum und im Fall $\mu(T) = 1$ von einem *Wahrscheinlichkeitsmaß* bzw. einem *Wahrscheinlichkeitsraum*. Gibt es eine Folge $(E_n) \subset \Sigma$ mit $\mu(E_n) < \infty$ und $\bigcup_{n=1}^{\infty} E_n = T$, so heißen das Maß bzw. der Maßraum σ-*endlich*.

In der Analysis ist die folgende σ-Algebra die am häufigsten benutzte.

▶ **Definition A.2.2** Sei T ein metrischer (oder bloß topologischer) Raum. Die kleinste σ-Algebra, die die offenen Teilmengen von T enthält, heißt die *Borel-σ-Algebra*; die $E \in \Sigma$ heißen *Borelmengen*.

Ist $T \subset \mathbb{R}$ ein Intervall, so ist die soeben definierte Borel-σ-Algebra mit der in Abschn. A.1 betrachteten identisch.

Satz A.2.3 *Sei Σ die Borel-σ-Algebra des $\mathbb{R}^d$. Dann existiert genau ein translationsinvariantes Maß λ^d auf Σ mit*

$$\lambda^d \big([a_1, b_1] \times \cdots \times [a_d, b_d]\big) = (b_1 - a_1) \cdot \cdots \cdot (b_d - a_d).$$

λ^d heißt d-dimensionales Lebesguemaß. Insbesondere ist λ^d σ-endlich.

Mit denselben Ideen wie im vorigen Abschnitt (messbare Funktionen, Integral für Treppenfunktionen, Integral für positive messbare Funktionen, schließlich integrierbare Funktionen und ihr Integral) führt man $\int_{\Omega} f \, d\lambda^d$ für Borelmengen $\Omega \subset \mathbb{R}^d$ bzw. im allgemeinen Fall $\int_E f \, d\mu$ für $E \in \Sigma$ ein. Die Sätze A.1.5 und A.1.7(a) gelten dann entsprechend.

Beispiele

(a) Ist $g \colon \mathbb{R} \to \mathbb{R}^+$ messbar, so definiert

$$\mu(E) = \int_E g \, d\lambda$$

ein Maß auf den Borelmengen von $\mathbb{R}$. (Das folgt aus dem Satz von Beppo Levi, Satz A.3.1.) Eine messbare Funktion f ist genau dann μ-integrierbar, wenn fg λ-integrierbar ist. In diesem Fall ist

$$\int f \, d\mu = \int fg \, d\lambda.$$

(b) Sei T eine Menge, Σ eine σ-Algebra auf T und $t_0 \in T$. Das *Diracmaß* δ_{t_0} ist definiert durch

$$\delta_{t_0}(E) = \begin{cases} 1 & \text{falls } t_0 \in E, \\ 0 & \text{falls } t_0 \notin E, \end{cases}$$

wo $E \in \Sigma$. Für messbare Funktionen gilt

$$\int f \, d\delta_{t_0} = f(t_0).$$

(c) Analog gilt für eine Summe von Diracmaßen $\mu = \sum_{i=1}^{n} \alpha_i \delta_{t_i}$

$$\int f \, d\mu = \sum_{i=1}^{n} \alpha_i f(t_i).$$

Endliche Summen können also als Integrale für sehr einfache Maße angesehen werden.

(d) Auch unendliche Reihen ordnen sich dem abstrakten Integrationskonzept unter. Auf der Potenzmenge von $\mathbb{N}$ betrachte das zählende Maß μ, das jeder Teilmenge von $\mathbb{N}$ die Anzahl ihrer Elemente ($\in \mathbb{N} \cup \{0\} \cup \{\infty\}$) zuordnet. Eine Funktion $f \colon \mathbb{N} \to \mathbb{C}$, $f(n) = a_n$, ist genau dann integrierbar, wenn $(a_n) \in \ell^1$ ist, und dann gilt

$$\int f \, d\mu = \sum_{n=1}^{\infty} a_n.$$

Zur Berechnung mehrdimensionaler Integrale benutzt man den Satz von Fubini, der in der Lebesgueschen Theorie besonders durchsichtig formuliert und gezeigt werden kann. Es folgt die Fassung für $d = 2$.

Satz A.2.4 (Satz von Fubini)
Sei $f \colon \mathbb{R}^2 \to \mathbb{K}$ eine messbare Funktion.

(a) *Für alle $s \in \mathbb{R}$ ist $t \mapsto f(s, t)$ messbar, und für alle $t \in \mathbb{R}$ ist $s \mapsto f(s, t)$ messbar. Ferner sind die $[0, \infty]$-wertigen Funktionen $s \mapsto \int |f(s,t)| \, d\lambda(t)$ und $t \mapsto \int |f(s,t)| \, d\lambda(s)$ messbar.*
(b) *Ist*

$$\int_{\mathbb{R}} \left(\int_{\mathbb{R}} |f(s,t)| \, d\lambda(s) \right) d\lambda(t) < \infty,$$

so ist f integrierbar.
(c) *Ist f integrierbar, so ist $f_t \colon s \mapsto f(s, t)$ für fast alle t integrierbar,*

$$h \colon t \mapsto \begin{cases} \int f_t \, d\lambda & \text{falls } f_t \text{ integrierbar,} \\ 0 & \text{sonst} \end{cases}$$

ist messbar und integrierbar, und es gilt

$$\int_{\mathbb{R}^2} f \, d\lambda^2 = \int_{\mathbb{R}} h \, d\lambda.$$

In aller Kürze besagt der Satz von Fubini also

$$\int_{\mathbb{R}^2} f(s, t)\, ds\, dt = \int_{\mathbb{R}} \left(\int_{\mathbb{R}} f(s, t)\, ds \right) dt.$$

Im Satz von Fubini dürfen die Rollen von s und t natürlich vertauscht werden. Daher darf man für integrierbare Funktionen f die Integrationsreihenfolge bei den iterierten Integralen vertauschen:

$$\int_{\mathbb{R}} \left(\int_{\mathbb{R}} f(s, t)\, ds \right) dt = \int_{\mathbb{R}} \left(\int_{\mathbb{R}} f(s, t)\, dt \right) ds.$$

Das zweidimensionale Lebesguemaß ist in gewisser Hinsicht das Produkt des eindimensionalen Lebesguemaßes mit sich selbst. Seien allgemeiner (T_1, Σ_1, μ_1) und (T_2, Σ_2, μ_2) σ-endliche Maßräume. Sei $\Sigma_1 \otimes \Sigma_2$ die von den Mengen $E_1 \times E_2$, $E_1 \in \Sigma_1$, $E_2 \in \Sigma_2$, erzeugte σ-Algebra auf $T_1 \times T_2$. Dann existiert genau ein Maß μ auf $\Sigma_1 \otimes \Sigma_2$ mit $\mu(E_1 \times E_2) = \mu_1(E_1)\mu_2(E_2)$; μ heißt *Produktmaß* von μ_1 und μ_2 und wird mit $\mu_1 \otimes \mu_2$ bezeichnet. Für $\mu_1 \otimes \mu_2$-integrierbares $f : T_1 \times T_2 \to \mathbb{K}$ gilt ein Satz A.2.4 entsprechender allgemeiner Satz von Fubini.

A.3 Konvergenzsätze

Die Lebesguesche Integrationstheorie liefert tatsächlich die Konvergenzsätze, deren Fehlen einen Mangel des Riemannintegrals ausmacht. Es sei (T, Σ, μ) ein beliebiger Maßraum, z. B. $T = \mathbb{R}$, $\Sigma = $ Borel-σ-Algebra, $\mu = $ Lebesguemaß. Wir formulieren jetzt die beiden wichtigsten Konvergenzsätze.

Satz A.3.1 (Satz von Beppo Levi)
Seien $f_1, f_2, \ldots : T \to \mathbb{R}$ messbare Funktionen mit $0 \le f_1 \le f_2 \le \ldots$. Es sei $f(t) := \lim_{n \to \infty} f_n(t)$ ($\in [0, \infty]$). Dann ist f messbar mit

$$\lim_{n \to \infty} \int f_n \, d\mu = \int f \, d\mu \in [0, \infty].$$

Satz A.3.2 (Konvergenzsatz von Lebesgue)
Seien $f_1, f_2, \ldots : T \to \mathbb{K}$ integrierbar, und es existiere eine messbare Funktion f mit $f(t) = \lim_{n \to \infty} f_n(t)$ fast überall. Es existiere ferner eine integrierbare Funktion g mit

$$|f_n| \le g \quad \text{fast überall}$$

für alle $n \in \mathbb{N}$. Dann ist f integrierbar, und es gilt

$$\lim_{n \to \infty} \int f_n \, d\mu = \int f \, d\mu.$$

Im Fall $\mu(T) < \infty$ ist die Voraussetzung insbesondere erfüllt, wenn

$$\exists M \geq 0 \ \forall n \in \mathbb{N} \quad |f_n| \leq M \quad \text{fast überall.}$$

Wegen der vorausgesetzten Messbarkeit von f siehe die auf Definition A.1.8 folgende Bemerkung.

Der Satz von Beppo Levi heißt auch *Satz von der monotonen Konvergenz* und der Konvergenzsatz von Lebesgue *Satz von der dominierten Konvergenz*. Diese Sätze zählen zu den wichtigsten Aussagen der Integrationstheorie; man vergleiche insbesondere, mit welch einfachen Voraussetzungen sie im Vergleich zu (speziell uneigentlichen) Riemannintegralen auskommen.

Mit dem Konvergenzsatz von Lebesgue lassen sich sehr handliche Kriterien für die „Differentiation unter dem Integral" beweisen. Im folgenden Korollar notieren wir Punkte des $\mathbb{R}^{d+1}$ als (t, x), $t \in \mathbb{R}$, $x \in \mathbb{R}^d$.

Korollar A.3.3 *Sei $f \colon \mathbb{R}^{d+1} \to \mathbb{C}$ stetig differenzierbar, und $x \mapsto f(t,x)$ sei für alle t integrierbar. Für alle $t_0 \in \mathbb{R}$ existiere eine Umgebung U und eine integrierbare Funktion $g \colon \mathbb{R}^d \to \mathbb{R}$ mit*

$$\left| \frac{\partial f}{\partial t}(t,x) \right| \leq g(x) \qquad \forall t \in U, \ x \in \mathbb{R}^d.$$

Dann gilt

$$\frac{d}{dt} \int_{\mathbb{R}^d} f(t,x)\,dx = \int_{\mathbb{R}^d} \frac{\partial f}{\partial t}(t,x)\,dx \qquad \forall t \in \mathbb{R}.$$

A.4   Signierte und komplexe Maße

In diesem Abschnitt widmen wir uns der Integration nach reell- oder komplexwertigen Maßen.

▶ **Definition A.4.1** Ist Σ eine σ-Algebra, so heißt eine Abbildung $\mu \colon \Sigma \to \mathbb{R}$ (bzw. $\mu \colon \Sigma \to \mathbb{C}$) *signiertes* (bzw. *komplexes*) *Maß*, falls μ σ-additiv ist (vgl. Definition A.2.1).

Es ist dann automatisch $\mu(\emptyset) = 0$, denn $\mu(\emptyset) = \mu(\emptyset \cup \emptyset) = \mu(\emptyset) + \mu(\emptyset)$.

▶ **Definition A.4.2** Sei μ ein signiertes oder komplexes Maß auf Σ und $E \in \Sigma$. Setze

$$|\mu|(E) = \sup \sum_{k=1}^{n} |\mu(E_k)|,$$

wo das Supremum über alle endlichen Zerlegungen $E = E_1 \cup \ldots \cup E_n$ mit paarweise disjunkten $E_k \in \Sigma$ zu bilden ist. $|\mu|(E)$ heißt *Variation* von μ auf E.

Satz A.4.3 *Ist μ ein signiertes oder komplexes Maß, so definiert $E \mapsto |\mu|(E)$ ein positives endliches Maß.*

Satz A.4.4 (Hahn-Jordan-Zerlegung)
Sei Σ eine σ-Algebra über einer Menge T und $\mu\colon \Sigma \to \mathbb{R}$ ein signiertes Maß.

(a) *Es existiert ein bis auf eine $|\mu|$-Nullmenge eindeutig bestimmtes $E^+ \in \Sigma$ mit*
   - $0 \le \mu(E) \le \mu(E^+) \qquad \forall E \in \Sigma,\ E \subset E^+$,
   - $0 \ge \mu(E) \ge \mu(E^-) \qquad \forall E \in \Sigma,\ E \subset E^- := T \setminus E^+$.

(b) *$\mu^+ := \chi_{E^+}\mu$ und $\mu^- := -\chi_{E^-}\mu$ sind positive endliche Maße mit $\mu = \mu^+ - \mu^-$.*

(c) *$|\mu|(E) = \mu^+(E) + \mu^-(E) \qquad \forall E \in \Sigma$.*

Die Zerlegung $T = E^+ \cup E^-$ heißt *Hahn-Zerlegung*, und die Zerlegung $\mu = \mu^+ - \mu^-$ heißt *Jordan-Zerlegung*.

Beispiel

Sei λ das Lebesguemaß auf $\mathbb{R}$ und $g\colon \mathbb{R} \to \mathbb{R}$ λ-integrierbar. $\mu(E) = \int_E g\,d\lambda$ definiert dann ein signiertes Maß. Es kann

$$E^+ = \{t\colon g(t) \ge 0\}, \quad E^- = \{t\colon g(t) < 0\}$$

gewählt werden, und es ist

$$\mu^+(E) = \int_E g^+\,d\lambda, \quad \mu^-(E) = \int_E g^-\,d\lambda.$$

▶ **Definition A.4.5** Sei μ ein signiertes Maß, $\mu = \mu^+ - \mu^-$ seine Jordan-Zerlegung und $f\colon T \to \mathbb{R}$ messbar. Dann heißt f *μ-integrierbar*, falls f $|\mu|$-integrierbar ist. Man setzt

$$\int f\,d\mu = \int f\,d\mu^+ - \int f\,d\mu^-.$$

Komplexe Maße zerlegt man in Real- und Imaginärteil $\mu = \mu_1 + i\,\mu_2$ und setzt für $|\mu|$-integrierbares f

$$\int f\,d\mu = \int f\,d\mu_1 + i \int f\,d\mu_2.$$

Es gilt für $|\mu|$-integrierbare Funktionen f die wichtige Ungleichung

$$\left| \int f\,d\mu \right| \le \int |f|\,d|\mu|. \tag{A.2}$$

Die nichttriviale Richtung im folgenden Satz ist (i) $\Rightarrow$ (ii); um die Kraft dieses Satzes zu würdigen, mache man sich klar, wie schwach die Voraussetzung (i), wie stark hingegen die Behauptung (ii) ist.

Satz A.4.6 (Satz von Radon-Nikodým)

Sei Σ eine σ-Algebra auf einer Menge T, μ ein σ-endliches positives Maß und v ein signiertes (bzw. komplexes) Maß auf Σ. Dann sind folgende Bedingungen äquivalent:

(i) *Ist $E \in \Sigma$ mit $\mu(E) = 0$, so ist auch $v(E) = 0$.*

(ii) *Es existiert eine μ-integrierbare Funktion $g \colon T \to \mathbb{R}$ (bzw. $\mathbb{C}$) mit*

$$v(E) = \int_E g \, d\mu \qquad \forall E \in \Sigma.$$

Man sagt, dass v *absolutstetig* bzgl. μ ist, und schreibt $v \ll \mu$, wenn (i) erfüllt ist.

J. von Neumann hat einen Beweis dieses Satzes gefunden, der auf dem Darstellungssatz von Fréchet-Riesz (Theorem V.3.6) beruht; siehe z. B. Rudin [1986], S. 122.

Abschließend sei erwähnt, dass es noch den Aufbau der Integrationstheorie à la Bourbaki gibt, der aber trotz seiner zugegebenermaßen größeren mathematischen Eleganz für die Lernenden schwerer zugänglich zu sein scheint. Diese Methode wird z. B. bei Choquet [1969], Dieudonné [1987], Floret [1981], Meise/Vogt [1992] und Pedersen [1989] dargestellt.

Anhang B Metrische und topologische Räume

B.1 Metrische Räume

In diesem Teil des Anhangs werden die wichtigsten Tatsachen über metrische Räume zusammengestellt; auf topologische Räume wird im nächsten Abschnitt eingegangen. Hier sollen nur die Stellen angemerkt werden, wo die Theorie topologischer Räume signifikant von der Theorie metrischer Räume abweicht. Die Aussagen dieses Anhangs sind mit eventueller Ausnahme der Sätze B.1.5 und B.1.7 in jedem Lehrbuch der Analysis zu finden; bis auf die genannten Ausnahmen sind sie so einfach, dass sie sich praktisch „von allein" beweisen.

Eine Menge T, versehen mit einer Abbildung $d\colon T \times T \to \mathbb{R}$ mit den Eigenschaften ($s, t, u \in T$ beliebig)

(a) $d(s, t) \geq 0$,
(b) $d(s, t) = d(t, s)$,
(c) $d(s, u) \leq d(s, t) + d(t, u)$,
(d) $d(s, t) = 0 \longleftrightarrow s = t$,

wird *metrischer Raum* und d eine *Metrik* genannt. Gilt in (d) nur „$\Leftarrow$", so spricht man von einem *halbmetrischen Raum*. In einem metrischen (oder halbmetrischen) Raum betrachte die Kugeln

$$U_\varepsilon(t) = \{s \in T\colon d(s, t) < \varepsilon\}.$$

Sei $M \subset T$. Ein Punkt $t \in M$ heißt *innerer Punkt* von M, und M heißt *Umgebung* von t, falls

$$\exists \varepsilon > 0 \quad U_\varepsilon(t) \subset M.$$

Eine Teilmenge $O \subset T$, für die jedes $t \in O$ innerer Punkt ist, heißt *offen*.

© Springer-Verlag GmbH Deutschland, ein Teil von Springer Nature 2018
D. Werner, *Funktionalanalysis*, Springer-Lehrbuch,
https://doi.org/10.1007/978-3-662-55407-4_11

Satz B.1.1 *Sei (T, d) ein metrischer Raum und τ die Menge aller offenen Teilmengen von T.*

(a) $\emptyset \in \tau$, $T \in \tau$.
(b) *Sind $O_1 \in \tau$ und $O_2 \in \tau$, so gilt $O_1 \cap O_2 \in \tau$.*
(c) *Ist I eine beliebige Indexmenge und sind $O_i \in \tau$ $(i \in I)$, so ist $\bigcup_{i \in I} O_i \in \tau$.*

Allgemeiner nennt man ein System von Teilmengen einer Menge T, welches die obigen Bedingungen (a)–(c) erfüllt, eine *Topologie* auf T und spricht von T als topologischem Raum. Metrische Räume wurden zuerst von Fréchet (1906) und topologische Räume zuerst von Hausdorff (1914) betrachtet.

Eine Teilmenge A eines metrischen Raums heißt *abgeschlossen*, wenn ihr Komplement $T \setminus A$ offen ist. Analog zu Satz B.1.1 gelten also:

(a) $\emptyset$ und T sind abgeschlossen.
(b) Die Vereinigung zweier abgeschlossener Mengen ist abgeschlossen.
(c) Der Schnitt beliebig vieler abgeschlossener Mengen ist abgeschlossen.

Bedingung (c) impliziert, dass für jede Teilmenge $M \subset T$ eine kleinste abgeschlossene Menge existiert, die M umfasst. Diese wird mit $\overline{M}$ bezeichnet und *Abschluss* von M genannt:

$$\overline{M} := \bigcap_{\substack{A \supset M \\ A \text{ abgeschlossen}}} A$$

Analog ist das *Innere* von M

$$\operatorname{int} M := \bigcup_{\substack{O \subset M \\ O \text{ offen}}} O$$

die größte offene Menge, die in M liegt. Offenbar besteht $\operatorname{int} M$ genau aus den inneren Punkten von M.

Der *Rand* von M ist

$$\partial M := \{t \in T : U_\varepsilon(t) \cap M \neq \emptyset \text{ und } U_\varepsilon(t) \cap T \setminus M \neq \emptyset \quad \forall \varepsilon > 0\}.$$

∂M ist stets abgeschlossen, und es gilt $\overline{M} = M \cup \partial M$ sowie $\partial M = \overline{M} \setminus \operatorname{int} M$.

Eine Folge (t_n) in einem metrischen Raum T heißt *konvergent* gegen $t \in T$, falls

$$\forall \varepsilon > 0 \; \exists N \in \mathbb{N} \; \forall n \geq N \quad d(t_n, t) \leq \varepsilon.$$

t heißt *Limes* von (t_n). Es ist leicht zu sehen, dass der Limes einer konvergenten Folge eindeutig bestimmt ist. (Das gilt nicht mehr in halbmetrischen Räumen.) Man schreibt

$t_n \to t$ oder $\lim_{n\to\infty} t_n = t$. Besitzt t nur die Eigenschaft, dass jede Umgebung von t unendlich viele Folgenglieder enthält, heißt t *Häufungspunkt* von (t_n).

Satz B.1.2 *Folgende Bedingungen sind in einem metrischen Raum äquivalent:*

(i) $t \in \overline{M}$.

(ii) *Es existiert eine Folge* (t_n) *in M mit* $t_n \to t$.

In topologischen Räumen ist die Implikation (i) $\Rightarrow$ (ii) im Allgemeinen *falsch*.
Seien (T_1, d_1) und (T_2, d_2) metrische Räume. Dann definiert

$$d\big((s_1, s_2), (t_1, t_2)\big) = d_1(s_1, t_1) + d_2(s_2, t_2)$$

eine Metrik auf dem Produktraum $T_1 \times T_2$. Eine Folge $\big((x_n, y_n)\big)$ in $T_1 \times T_2$ konvergiert genau dann gegen (x, y), wenn $x_n \to x$ und $y_n \to y$ gelten.
Sei nun $f: T_1 \to T_2$ eine Abbildung zwischen metrischen Räumen. Dann heißt f *stetig an der Stelle* $t_0 \in T_1$, falls

$$\forall \varepsilon > 0 \; \exists \delta > 0 \quad d_1(t, t_0) < \delta \Rightarrow d_2\big(f(t), f(t_0)\big) < \varepsilon.$$

Man erhält eine äquivalente Definition, wenn man „$\leq$" statt „$<$" verwendet. Offenbar ist f genau dann stetig bei t_0, wenn für jede Umgebung V von $f(t_0)$ das Urbild $f^{-1}(V)$ eine Umgebung von t_0 ist.

Satz B.1.3 *Sei* $f: T_1 \to T_2$ *eine Abbildung zwischen metrischen Räumen. Dann sind folgende Bedingungen äquivalent:*

(i) f *ist stetig bei* t_0.

(ii) $t_n \to t_0 \Rightarrow f(t_n) \to f(t_0)$ *für alle Folgen* (t_n).

In topologischen Räumen ist diesmal die Implikation (ii) $\Rightarrow$ (i) im Allgemeinen *falsch*.
Eine Abbildung $f: T_1 \to T_2$ heißt schlechthin *stetig*, falls sie an jeder Stelle $t_0 \in T_1$ stetig ist. Nach Definition ist die Stetigkeit also eine lokale Eigenschaft; denn es geht an jeder Stelle t_0 nur das Verhalten von f in einer Umgebung von t_0 ein.

Satz B.1.4 *Für eine Abbildung f zwischen metrischen Räumen T_1 und T_2 sind äquivalent:*

(i) f *ist stetig.*

(ii) *Für alle offenen* $O \subset T_2$ *ist* $f^{-1}(O)$ *offen in* T_1.

(iii) *Für alle abgeschlossenen* $A \subset T_2$ *ist* $f^{-1}(A)$ *abgeschlossen in* T_1.

Wir formulieren jetzt einen bedeutenden Existenzsatz für reellwertige stetige Funktionen.

Satz B.1.5 (Satz von Tietze-Urysohn für metrische Räume)
Sei T ein metrischer Raum und $A \subset T$ eine abgeschlossene Teilmenge. Zu jeder stetigen Funktion $f: A \to [a,b]$ existiert eine stetige Fortsetzung $F: T \to [a,b]$. Insbesondere existiert zu $t_0 \notin A$ eine stetige Funktion $\varphi: T \to [0,1]$ mit $\varphi|_A = 0$ und $\varphi(t_0) = 1$.

Beweis. Offensichtlich reicht es, den Fall $a = 1$, $b = 2$ zu behandeln. In diesem Fall setzt man $F(t) = f(t)$ für $t \in A$ und

$$F(t) = \frac{\inf\{f(s)d(s,t): s \in A\}}{\inf\{d(s,t): s \in A\}}$$

für $t \notin A$. Es ist nicht schwer zu verifizieren, dass F wirklich stetig ist.

Zum Zusatz: Setze die auf $A_0 = A \cup \{t_0\}$ stetige Funktion $\varphi_0: A_0 \to [0,1]$ mit $\varphi_0|_A = 0$ und $\varphi_0(t_0) = 1$ fort.   □

Dieser Satz gilt nicht für alle topologischen Räume, sondern nur für die sog. normalen Räume. Insbesondere gilt er für alle kompakten Hausdorffräume.

Für Anwendungen in der Funktionalanalysis ist folgende Fassung nützlich.

Korollar B.1.6 *Sei T ein metrischer Raum und $A \subset T$ eine abgeschlossene Teilmenge. Sei $f: A \to \mathbb{K}$ eine beschränkte stetige Funktion. Dann existiert eine beschränkte stetige Fortsetzung $F: T \to \mathbb{K}$ mit $\|F\|_\infty = \|f\|_\infty$.*

Beweis. Im Fall $\mathbb{K} = \mathbb{R}$ handelt es sich hier nur um eine Umformulierung des Satzes von Tietze-Urysohn. Im komplexen Fall wähle stetige Fortsetzungen g bzw. h von $\mathrm{Re}\,f$ bzw. $\mathrm{Im}\,f$. Sei $r: \mathbb{C} \to \mathbb{C}$ durch $r(z) = z$ für $|z| \leq \|f\|_\infty$ und $r(z) = \|f\|_\infty z/|z|$ sonst definiert. Dann ist r stetig, und

$$F: T \to \mathbb{C}, \quad F(t) = r\big(g(t) + i\,h(t)\big)$$

ist die gewünschte Fortsetzung.   □

Eine Metrik induziert nicht nur eine topologische Struktur, sondern auch eine *uniforme Struktur*, die sich in den Begriffen Cauchyfolge, Vollständigkeit und gleichmäßige Stetigkeit manifestiert. Eine *Cauchyfolge* in einem metrischen Raum (T, d) ist durch die Forderung

$$\forall \varepsilon > 0 \; \exists N \in \mathbb{N} \; \forall n, m \geq N \quad d(t_n, t_m) \leq \varepsilon$$

definiert. Ein metrischer Raum heißt *vollständig*, wenn jede Cauchyfolge konvergiert. Mit T_1 und T_2 ist auch $T_1 \times T_2$ vollständig.

Es ist zu beachten, dass verschiedene Metriken auf einer Menge zwar dieselbe Topologie, aber unterschiedliche uniforme Strukturen erzeugen können. Wird z. B. $\mathbb{R}$ mit der Metrik $d_2(s, t) = |\arctan s - \arctan t|$ versehen, so sind die d_2-offenen Mengen genau die üblichen offenen Mengen; jedoch ist die Folge (n) der natürlichen Zahlen eine nicht konvergente Cauchyfolge. Daher ist $(\mathbb{R}, d_2)$ nicht vollständig.

Eine Abbildung $f \colon T_1 \to T_2$ heißt *gleichmäßig stetig*, wenn

$$\forall \varepsilon > 0 \; \exists \delta > 0 \; \forall s, t \in T_1 \quad d_1(s,t) < \delta \Rightarrow d_2\big(f(s), f(t)\big) < \varepsilon.$$

Bei der Definition der Stetigkeit darf δ vom betrachteten Punkt t abhängen; bei der gleichmäßigen Stetigkeit hat man δ unabhängig von t zu wählen. Im Gegensatz zur Stetigkeit handelt es sich hier also um eine globale Eigenschaft.

Ein zentraler topologischer Begriff ist der der Kompaktheit. Ein metrischer (oder topologischer) Raum T heißt *kompakt*, wenn jede offene Überdeckung eine endliche Teilüberdeckung besitzt. Mit anderen Worten, wenn (O_i) eine Familie offener Mengen mit $T = \bigcup_{i \in I} O_i$ ist, so existieren endlich viele $O_{i_1}, \dots, O_{i_n}$ mit $T = \bigcup_{k=1}^{n} O_{i_k}$.

Ist (T, d) ein metrischer Raum und $S \subset T$, so kann (S, d) als eigenständiger metrischer Raum angesehen werden. Ist T kompakt und $S \subset T$ abgeschlossen, so ist auch S kompakt. Ist T ein beliebiger metrischer Raum und $S \subset T$ kompakt, so ist S abgeschlossen. Beachte, dass die Abgeschlossenheit nur mit Bezug auf einen größeren Raum formuliert werden kann (S ist abgeschlossen *in* T); hingegen ist die Kompaktheit ein intrinsischer Begriff.

Wenn $f \colon T_1 \to T_2$ eine stetige Abbildung zwischen metrischen Räumen ist und T_1 kompakt ist, so ist auch $f(T_1)$ kompakt. Ferner ist unter diesen Voraussetzungen f gleichmäßig stetig.

Im Fall metrischer Räume kann die Kompaktheit äquivalent als *Folgenkompaktheit* beschrieben werden. Im folgenden Satz bleibt im Allgemeinen *keine* der Implikationen (i) $\Rightarrow$ (ii) bzw. (ii) $\Rightarrow$ (i) für topologische Räume richtig; (iii) ist dort sinnlos.

Satz B.1.7 *Für einen metrischen Raum (T, d) sind äquivalent:*

(i) *T ist kompakt.*
(ii) *Jede Folge in T hat eine konvergente Teilfolge („T ist folgenkompakt").*
(iii) *T ist totalbeschränkt, d. h. für alle $\varepsilon > 0$ existieren endlich viele $t_1, \dots, t_N \in T$ mit $T = \bigcup_{k=1}^{N} U_\varepsilon(t_k)$, und T ist vollständig.*

Beweis. (i) $\Rightarrow$ (ii): Falls (t_n) eine Folge ohne konvergente Teilfolge ist, kann kein $t \in T$ Häufungspunkt von (t_n) sein. Für jedes $t \in T$ existiert also $\varepsilon_t > 0$ derart, dass $U_{\varepsilon_t}(t)$ nur endlich viele t_n enthält. Da $T = \bigcup_{t \in T} U_{\varepsilon_t}(t)$ gilt, reichen nach (i) endlich viele der $U_{\varepsilon_t}(t)$ aus, um T zu überdecken. Also enthielte T nur endlich viele der t_n: Widerspruch!

(ii) $\Rightarrow$ (iii): Wäre T nicht totalbeschränkt, gäbe es ein $\varepsilon > 0$, so dass für alle $n \in \mathbb{N}$ und alle $t_1, \dots, t_n \in T$

$$\bigcup_{k=1}^{n} U_\varepsilon(t_k) \subsetneq T$$

gilt. Wir werden nun induktiv eine Folge ohne konvergente Teilfolge konstruieren. Sei dazu $t_1 \in T$ beliebig. Wegen $U_\varepsilon(t_1) \neq T$ existiert $t_2 \in T$ mit $d(t_2, t_1) \geq \varepsilon$. Nun ist auch

$U_\varepsilon(t_1) \cup U_\varepsilon(t_2) \neq T$, also existiert $t_3 \in T$ mit $d(t_3, t_k) \geq \varepsilon$ für $k = 1, 2$. So fortfahrend, erhält man eine Folge (t_n) in T, für die $d(t_n, t_k) \geq \varepsilon$ für alle $k < n$ gilt. Es ist klar, dass keine Teilfolge von (t_n) eine Cauchyfolge sein kann; daher enthält (t_n) erst recht keine konvergente Teilfolge.

Deshalb ist T totalbeschränkt. Da eine Cauchyfolge, die eine konvergente Teilfolge besitzt, selbst konvergiert, ist T auch vollständig.

(iii) $\Rightarrow$ (i): Nehmen wir an, es gäbe eine offene Überdeckung (O_i), die keine endliche Teilüberdeckung besitzt. Sei $\varepsilon_1 = 1$, und wähle $t_1^{(1)}, \ldots, t_{N_1}^{(1)}$ gemäß der Totalbeschränktheit von T. Mindestens eine der Kugeln $U_{\varepsilon_1}(t_k^{(1)})$ kann dann nicht endlich überdeckbar sein, sagen wir $U_{\varepsilon_1}(t_1^{(1)})$. Nun sei $\varepsilon_2 = \frac{1}{2}$, und es seien $t_1^{(2)}, \ldots, t_{N_2}^{(2)}$ gemäß der Totalbeschränktheit von T zu ε_2 gewählt. Es folgt

$$U_{\varepsilon_1}(t_1^{(1)}) = \bigcup_{k=1}^{N_2} \left(U_{\varepsilon_1}(t_1^{(1)}) \cap U_{\varepsilon_2}(t_k^{(2)}) \right),$$

und eine dieser Mengen, sagen wir $U_{\varepsilon_1}(t_1^{(1)}) \cap U_{\varepsilon_2}(t_1^{(2)})$, kann nicht endlich überdeckbar sein. Nun wenden wir die Totalbeschränktheit mit $\varepsilon_3 = \frac{1}{4}$ an, und wir erhalten einen Punkt $t_1^{(3)}$, so dass

$$U_{\varepsilon_1}(t_1^{(1)}) \cap U_{\varepsilon_2}(t_1^{(2)}) \cap U_{\varepsilon_3}(t_1^{(3)})$$

nicht endlich überdeckbar ist. Nach diesem Schema konstruieren wir mit $\varepsilon_n = 2^{1-n}$ Punkte s_n, so dass $\bigcap_{k=1}^n U_{\varepsilon_k}(s_k)$ für kein $n \in \mathbb{N}$ endlich überdeckbar ist. Insbesondere ist stets $U_{\varepsilon_n}(s_n) \cap U_{\varepsilon_{n+1}}(s_{n+1}) \neq \emptyset$.

Betrachte die so entstandene Folge (s_n). Sie ist wegen $d(s_{n+1}, s_n) \leq \varepsilon_n + \varepsilon_{n+1} \leq 2^{2-n}$ eine Cauchyfolge, also nach Voraussetzung konvergent, etwa $s_n \to s_0$. Wähle i_0 mit $s_0 \in O_{i_0}$. Da O_{i_0} offen ist, ist

$$\eta := \inf\{d(s_0, s) \colon s \notin O_{i_0}\} > 0.$$

Wähle n so groß, dass $d(s_n, s_0) < \eta/2$ und $2^{1-n} < \eta/2$ ausfällt. Dann ist

$$U_{\varepsilon_1}(s_1) \cap \ldots \cap U_{\varepsilon_n}(s_n) \subset U_{\varepsilon_n}(s_n) \subset U_\eta(s_0) \subset O_{i_0},$$

also $U_{\varepsilon_1}(s_1) \cap \ldots \cap U_{\varepsilon_n}(s_n)$ endlich überdeckbar (nämlich durch ein einziges O_i) im Widerspruch zur Konstruktion der s_n.

Damit ist die Implikation (iii) $\Rightarrow$ (i) bewiesen. $\qquad\square$

B.2   Topologische Räume

Jetzt beschreiben wir die Grundzüge der Theorie der topologischen Räume in dem Umfang, wie es für das Verständnis von Kap. VIII notwendig ist. Wieder gilt, dass die hier nicht bewiesenen Aussagen mit Ausnahme von Lemma B.2.5 ohne größere Mühen zu begründen sind. Was hier nur angedeutet wird, findet sich z. B. in den Büchern von Dugundji [1966], Kelley [1955] oder Willard [1970]. Sehr lesenswert ist die Einführung in die mengentheoretische Topologie im ersten Kapitel von Pedersen [1989].

Eine *Topologie* τ auf einer Menge T ist ein System von Teilmengen von T mit den Eigenschaften:

(a) $\emptyset \in \tau, T \in \tau$.

(b) Sind $O_1 \in \tau$ und $O_2 \in \tau$, so gilt $O_1 \cap O_2 \in \tau$.

(c) Ist I eine beliebige Indexmenge und sind $O_i \in \tau$ ($i \in I$), so ist $\bigcup_{i \in I} O_i \in \tau$.

Man nennt (T, τ) (oder kürzer T) einen *topologischen Raum* und die in τ versammelten Mengen *offen*. In Satz B.1.1 wurde beobachtet, dass die offenen Mengen eines metrischen Raums eine Topologie bilden; eine Topologie, die auf diese Weise von einer Metrik abgeleitet werden kann, heißt *metrisierbar*.

Der Begriff des topologischen Raums verallgemeinert also den des metrischen Raums. Es zeigt sich, dass sich wesentliche Konzepte wie Konvergenz, Stetigkeit oder Kompaktheit aus dem Kontext der metrischen Räume in den Rahmen der topologischen Räume übertragen lassen. Bisweilen kann man Begriffe wörtlich übernehmen, manchmal ist es notwendig, sie zuerst in eine Sprache „ohne ε und δ" zu übersetzen, und hier und da gibt es vollkommen neue Effekte.

Absolut problemlos sind die Begriffe abgeschlossene Menge, Abschluss und Inneres, denn diese sind genauso wie im metrischen Fall erklärt. Also: Eine Teilmenge A eines topologischen Raums T heißt *abgeschlossen*, wenn ihr Komplement $T \setminus A$ offen ist; nach wie vor gelten also:

(a) $\emptyset$ und T sind abgeschlossen.

(b) Die Vereinigung zweier abgeschlossener Mengen ist abgeschlossen.

(c) Der Schnitt beliebig vieler abgeschlossener Mengen ist abgeschlossen.

Der *Abschluss* einer Menge $M \subset T$ ist

$$\overline{M} := \bigcap_{\substack{A \supset M \\ A \text{ abgeschlossen}}} A$$

und ihr *Inneres*

$$\operatorname{int} M := \bigcup_{\substack{O \subset M \\ O \text{ offen}}} O.$$

Eine *Umgebung* eines Punkts t eines topologischen Raums T ist eine Menge U, so dass eine offene Menge O mit $t \in O \subset U$ existiert. (Eine Umgebung braucht selbst nicht offen zu sein.) Eine *Umgebungsbasis* von t ist ein System $\mathfrak{U}$ von Umgebungen von t, so dass jede Umgebung V ein $U \in \mathfrak{U}$ umfasst. Im metrischen Fall bilden die Kugeln um t eine Umgebungsbasis; eine kleinere abzählbare Umgebungsbasis besteht aus den Kugeln mit dem Radius $\frac{1}{n}$. Jetzt ist klar, was man unter dem *Rand* ∂M von M verstehen wird, nämlich die Menge aller $t \in T$, so dass $U \cap M \neq \emptyset$ und $U \cap \mathsf{C}M \neq \emptyset$ für alle Umgebungen U von t gilt; es reicht, das für alle U, die eine Umgebungsbasis von t durchlaufen, zu fordern.

Eine Folge (t_n) in einem topologischen Raum T heißt *konvergent gegen* $t \in T$, falls – mit der Bezeichnung $\mathfrak{U}_t$ für die Menge aller Umgebungen eines Punkts t –

$$\forall U \in \mathfrak{U}_t \; \exists N \in \mathbb{N} \; \forall n \geq N \quad t_n \in U.$$

Wir schreiben wieder $t_n \to t$. Nun kommen wir zur ersten Abweichung vom metrischen Fall. Zum einen braucht der Grenzwert t nicht mehr eindeutig bestimmt zu sein; ein drastisches Beispiel ist $\tau = \{\emptyset, T\}$, denn hier konvergiert jede Folge gegen jeden Punkt in T. Zum anderen – und das wiegt weitaus schwerer – lässt sich Satz B.1.2 nicht auf topologische Räume ausdehnen; für ein konkretes Gegenbeispiel siehe S. 433. Zwar ist die Implikation (ii) $\Rightarrow$ (i) nach wie vor gültig; jedoch benutzt das Argument für (i) $\Rightarrow$ (ii) im metrischen Fall die Existenz abzählbarer Umgebungsbasen, denn man wählt ja $t_n \in U_{1/n}(t) \cap M$. Man kann also sagen, dass die Folge (t_n) in Satz B.1.2(ii) „eigentlich" nicht mit $\mathbb{N}$, sondern mit einer geeigneten Umgebungsbasis von t indiziert ist; und das suggeriert, in topologischen Räumen mit komplizierterer Umgebungsstruktur einen allgemeineren Konvergenzbegriff zu studieren.

Die mengentheoretische Topologie kennt hier die Filterkonvergenz und die Netzkonvergenz. Beide Konzepte sind äquivalent; da jedoch die Netzkonvergenz einfacher zu erklären ist und den Bedürfnissen der Analysis angepasster erscheint, soll nur auf diese eingegangen werden. Eine *gerichtete Menge* ist eine mit einer Relation $\leq$ versehene Menge I, welche

(a) $i \leq i \quad \forall i \in I$,

(b) $i \leq j, \; j \leq k \Rightarrow i \leq k$,

(c) $\forall i_1, i_2 \in I \; \exists j \in I \quad i_1 \leq j, \; i_2 \leq j$

erfüllt. Ein *Netz* in einer Menge T ist eine Abbildung von einer gerichteten Menge I nach T; man schreibt $(t_i)_{i \in I}$ oder kürzer (t_i). Offensichtlich ist $\mathbb{N}$ mit der üblichen Ordnung gerichtet, so dass jede Folge ein Netz ist. Ein weiteres Beispiel einer gerichteten Menge ist eine Umgebungsbasis $\mathfrak{U}$ eines Punkts in einem topologischen Raum mit der Richtung $U \geq V \Leftrightarrow U \subset V$; (c) ist erfüllt, da der Schnitt zweier Umgebungen eine Umgebung ist.

Ein Netz (t_i) in einem topologischen Raum T heißt konvergent gegen t, falls ($\mathfrak{U}_t$ wie oben)

$$\forall U \in \mathfrak{U}_t \; \exists j \in I \; \forall i \geq j \quad t_i \in U.$$

Wählt man im zuletzt genannten Beispiel zu $V \in \mathfrak{U}$ ein beliebiges $t_V \in V$, konvergiert (t_V) gegen t. Liegt t im Abschluss einer Menge M, kann man $t_V \in V \cap M$ wählen, und man erhält folgende Beschreibung des Abschlusses in topologischen Räumen.

Satz B.2.1 *Folgende Bedingungen sind in einem topologischen Raum äquivalent:*

(i) $t \in \overline{M}$.

(ii) *Es existiert ein Netz (t_i) in M mit $t_i \to t$.*

Kommen wir nun zur Stetigkeit von Abbildungen. Seien T_1 und T_2 (genauer (T_1, τ_1) und (T_2, τ_2)) topologische Räume und $f: T_1 \to T_2$ eine Abbildung. Wir erheben nun die ε-δ-freie Charakterisierung der Stetigkeit im metrischen Fall zur Definition: f heißt *stetig bei t_0*, falls für jede Umgebung V von $f(t_0)$ das Urbild $f^{-1}(V)$ eine Umgebung von t_0 ist. Äquivalenterweise hat man nach Wahl von Umgebungsbasen $\mathfrak{U}$ von t_0 und $\mathfrak{V}$ von $f(t_0)$ folgendes „ε-δ-Kriterium": f ist genau dann bei t_0 stetig, wenn

$$\forall V \in \mathfrak{V} \; \exists U \in \mathfrak{U} \quad t \in U \Rightarrow f(t) \in V.$$

Wie im metrischen Fall sagt man, $f: T_1 \to T_2$ sei stetig, falls f an jeder Stelle stetig ist, und man erhält das folgende Analogon zu Satz B.1.4.

Satz B.2.2 *Für eine Abbildung f zwischen topologischen Räumen T_1 und T_2 sind äquivalent:*

(i) *f ist stetig.*

(ii) *Für alle offenen $O \subset T_2$ ist $f^{-1}(O)$ offen in T_1.*

(iii) *Für alle abgeschlossenen $A \subset T_2$ ist $f^{-1}(A)$ abgeschlossen in T_1.*

Anders als im metrischen Fall braucht die Stetigkeit nicht durch Folgenkonvergenz wie in Satz B.1.3(ii) charakterisiert zu sein; diese Eigenschaft wird *Folgenstetigkeit* genannt. Wieder erhält man eine Äquivalenz, wenn man mit Netzen statt Folgen operiert.

Satz B.2.3 *Sei $f: T_1 \to T_2$ eine Abbildung zwischen topologischen Räumen. Dann sind folgende Bedingungen äquivalent:*

(i) *f ist stetig bei t_0.*

(ii) *$t_i \to t_0 \Rightarrow f(t_i) \to f(t_0)$ für alle Netze (t_i).*

Die Sätze B.2.1 und B.2.3 deuten darauf hin, dass man in topologischen Räumen mit Netzen genauso hantieren kann wie mit Folgen im metrischen Fall. Dieser Eindruck ist weitgehend korrekt, und der Vorzug der Netze liegt darin, dass sich mit ihrer Hilfe Beweise oft mechanisieren lassen (siehe etwa Satz VIII.2.7). Es muss jedoch betont werden, dass es sehr wohl Konvergenzphänomene gibt, die sich nur auf Folgen beziehen. So ist etwa der Konvergenzsatz von Lebesgue (Satz A.3.2) für Netze statt Folgen im Allgemeinen falsch, und auch Korollar IV.2.5 braucht nicht mehr für Netze zu gelten. Beachte ferner in diesem Zusammenhang, dass selbst in $\mathbb{R}$ konvergente Netze nicht beschränkt zu sein brauchen, etwa $(t_i) = (\frac{1}{i})$ auf der mit $\leq$ gerichteten Menge $(0, \infty)$.

Ist (T, τ) ein topologischer Raum und $S \subset T$, so kann S mit der *Relativtopologie* $\tau_S = \{O \cap S : O \in \tau\}$ zu einem eigenständigen topologischen Raum gemacht werden. Ist R ein weiterer topologischer Raum und $f : R \to S$ eine Abbildung, so ist $f : R \to S$ genau dann τ_S-stetig, wenn $f : R \to T$ τ-stetig ist.

Ist $f : T_1 \to T_2$ eine bijektive stetige Abbildung, für die auch f^{-1} stetig ist, nennt man f einen *Homöomorphismus* und T_1 und T_2 *homöomorph*; die Räume T_1 und T_2 sind dann vom topologischen Standpunkt nicht zu unterscheiden.

Wie das bereits erwähnte Beispiel der Topologie $\{\emptyset, T\}$ zeigt, garantiert die Definition eines topologischen Raums noch nicht, dass es auch viele offene Mengen gibt. Die mengentheoretische Topologie kennt eine ganze Hierarchie von „Trennungsaxiome" genannten Reichhaltigkeitsbedingungen, die von den meisten der für die Analysis relevanten Topologien allesamt erfüllt werden. Hier interessieren uns nur zwei dieser Bedingungen. Ein topologischer Raum T heißt *Hausdorffraum*, wenn je zwei verschiedene Punkte disjunkte Umgebungen besitzen, explizit, wenn es zu $s \neq t$ disjunkte offene Mengen U und V mit $s \in U$, $t \in V$ gibt. Das garantiert, dass jede endliche Menge abgeschlossen ist und jede konvergente Folge bzw. jedes konvergente Netz genau einen Grenzwert besitzt.

Damit ist aber noch nicht gesagt, dass es nichttriviale reellwertige Funktionen auf einem solchen Raum gibt; in der Tat hat Urysohn (*Math. Ann.* 94 (1925) 262–295) einen Hausdorffraum T konstruiert, auf dem jede stetige Funktion $f : T \to \mathbb{R}$ konstant ist; vgl. auch Pedersen [1989], S. 29, für eine einfachere Konstruktion nach Bing. Man braucht dazu also eine schärfere Bedingung. Ein topologischer Raum T heißt *normal*, wenn je zwei disjunkte abgeschlossene Mengen disjunkte Umgebungen besitzen, genauer, wenn es zu disjunkten abgeschlossenen Mengen A und B disjunkte offene Mengen U und V mit $A \subset U$ und $B \subset V$ gibt. (Beachte, dass definitionsgemäß ein normaler Raum nicht notwendig ein Hausdorffraum ist, da einpunktige Mengen nicht abgeschlossen zu sein brauchen.) Es ist leicht zu sehen, dass metrische Räume und kompakte Hausdorffräume normal sind.

Hier ist der relevante Satz über normale Räume.

Theorem B.2.4 (Satz von Tietze-Urysohn)
Für einen topologischen Raum T sind äquivalent:

(i) *T ist normal.*
(ii) *Sind A und B disjunkte abgeschlossene Teilmengen von T, so existiert eine stetige Funktion $f : T \to [0, 1]$ mit $f|_A = 0$ und $f|_B = 1$.*
(iii) *Zu jeder abgeschlossenen Teilmenge A von T und jeder bzgl. der Relativtopologie auf A stetigen Funktion $f : A \to [a, b]$ existiert eine stetige Fortsetzung $F : T \to [a, b]$.*

Den „üblichen" Beweis dieses Theorems entnehme man der angegebenen Literatur (etwa Pedersen [1989], S. 24); man beachte auch die Beweisvarianten von Mandelkern in *Arch. Math.* 60 (1993) 364–366 und von Ossa in *Arch. Math.* 71 (1998) 331–332. Ein etwas anderer Beweis beruht auf folgendem „Sandwichlemma".

Lemma B.2.5 (Lemma von Tong)
Sei T ein normaler topologischer Raum, und seien $\varphi_1, \varphi_2\colon T \to [a,b]$ Funktionen, so dass $\{t\colon \varphi_1(t) < \alpha\}$ für alle $\alpha \in \mathbb{R}$ offen ist (φ_1 ist „halbstetig von oben"), $\{t\colon \varphi_2(t) > \alpha\}$ für alle $\alpha \in \mathbb{R}$ offen ist (φ_2 ist „halbstetig von unten") und $\varphi_1 \leq \varphi_2$ gilt. Dann existiert eine stetige Funktion $\varphi\colon T \to [a,b]$ mit $\varphi_1 \leq \varphi \leq \varphi_2$.

Beweise dieses Lemmas findet man in Tongs Originalarbeit (*Duke Math. J.* 19 (1952) 289–292) oder in Lacey [1974], S. 27f. Wenn man Lemma B.2.5 akzeptiert, folgt Theorem B.2.4 sofort: Die Implikationen (iii) $\Rightarrow$ (ii) $\Rightarrow$ (i) sind klar, und für (i) $\Rightarrow$ (iii) setze einfach

$$\varphi_1(t) = \begin{cases} f(t) & t \in A, \\ a & t \notin A, \end{cases} \qquad \varphi_2(t) = \begin{cases} f(t) & t \in A, \\ b & t \notin A. \end{cases}$$

Wie im metrischen Fall erhält man eine Aussage über normerhaltende Fortsetzungen.

Korollar B.2.6 *Sei T ein normaler topologischer Raum und $A \subset T$ eine abgeschlossene Teilmenge. Sei $f\colon A \to \mathbb{K}$ eine beschränkte stetige Funktion. Dann existiert eine beschränkte stetige Fortsetzung $F\colon T \to \mathbb{K}$ mit $\|F\|_\infty = \|f\|_\infty$.*

Nun wollen wir uns den kompakten topologischen Räumen widmen. Wie im metrischen Fall nennen wir einen topologischen Raum *kompakt*, wenn jede offene Überdeckung eine endliche Teilüberdeckung besitzt[1]. Ein topologischer Raum heißt *lokalkompakt*, wenn jeder Punkt eine Umgebungsbasis aus kompakten Mengen besitzt.

Ist T ein kompakter Raum und $S \subset T$ abgeschlossen, so ist S in der Relativtopologie kompakt; ist T ein Hausdorffraum, gilt auch die Umkehrung. Die Kompaktheit eines Teilraums S eines topologischen Raums T kann man äquivalent so beschreiben: Ist (O_i) eine Familie offener Teilmengen von T mit $S \subset \bigcup_{i \in I} O_i$, so existieren endlich viele $O_{i_1}, \ldots, O_{i_n}$ mit $S \subset \bigcup_{k=1}^n O_{i_k}$; denn die $\tilde{O}_i := O_i \cap S$ bilden eine offene Überdeckung von S bzgl. der Relativtopologie im bisherigen Sinn.

Ist $f\colon T_1 \to T_2$ stetig und T_1 kompakt, so ist $f(T_1)$ kompakt. Das folgende Lemma über kompakte Hausdorffräume ist zwar einfach, aber nützlich; es folgt unmittelbar aus den obigen Bemerkungen und Satz B.2.2(iii).

---

[1]Manche Autoren nennen diese Eigenschaft *quasikompakt* und fordern zur Kompaktheit zusätzlich die Hausdorffeigenschaft.

Lemma B.2.7 *Sind T_1 und T_2 Hausdorffräume, $f\colon T_1 \to T_2$ stetig und bijektiv sowie T_1 kompakt, so ist f^{-1} stetig. Mit anderen Worten, T_1 und T_2 sind homöomorph.*

Es sollen verschiedene äquivalente Umformungen des Kompaktheitsbegriffs beschrieben werden. Wie bereits im Zusammenhang mit Satz B.1.7 bemerkt wurde, sind Kompaktheit und Folgenkompaktheit für topologische Räume völlig verschiedene Eigenschaften (siehe auch S. 444). Wieder muss man Netze ins Spiel bringen. Leider ist der adäquate Begriff eines Teilnetzes etwas kompliziert. Sei $(t_i)_{i \in I}$ ein Netz, J eine weitere gerichtete Menge und $\varphi\colon J \to I$ eine Abbildung mit

$$\forall i \in I \ \exists j_0 \in J \ \forall j \geq j_0 \quad \varphi(j) \geq i.$$

Dann heißt $(t_{\varphi(j)})_{j \in J}$ ein *Teilnetz* von $(t_i)_{i \in I}$. Jedes Teilnetz eines konvergenten Netzes konvergiert gegen denselben Grenzwert. Ein Teilnetz eines Netzes (t_i) enthält manche der t_i, diese jedoch eventuell sehr häufig, was das Konzept des Teilnetzes von dem einer Teilfolge unterscheidet. In der Tat werden wir im Beweis von Lemma B.2.8 ein Teilnetz angeben, das jedes der t_i unendlich oft enthält.

Für den folgenden Satz ist noch ein Begriff wichtig. Ein Netz (t_i) liegt *schließlich* in einer Menge $M \subset T$, falls ein $i_0 \in I$ mit $t_i \in M$ für alle $i \geq i_0$ existiert. Eine Netz heißt *universell*, wenn es für alle $M \subset T$ entweder schließlich in M oder schließlich in $T \backslash M$ liegt. Universelle Netze sind schwer zu visualisieren, und tatsächlich ist es noch niemandem gelungen, ein solches (außer den schließlich konstanten Netzen) konkret anzugeben. Mit Hilfe des Zornschen Lemmas kann man aber ihre Existenz beweisen.

Lemma B.2.8 *Jedes Netz besitzt ein universelles Teilnetz.*

Beweis. Sei (t_i) ein Netz in T. Betrachte die „Schwänze" $S_i = \{t_{i'}\colon i' \geq i\}$ sowie $\mathfrak{S} = \{S_i\colon i \in I\}$. Nennt man eine Familie $\mathfrak{F}$ von Teilmengen von T eine *Filterbasis*, falls kein $F \in \mathfrak{F}$ leer ist und zu $F_1, F_2 \in \mathfrak{F}$ ein $F \in \mathfrak{F}$ mit $F \subset F_1 \cap F_2$ existiert, so ist $\mathfrak{S}$ eine Filterbasis. Sei X das System aller $\mathfrak{S}$ umfassenden Filterbasen. Bezüglich der Inklusion ist X induktiv geordnet, und das Zornsche Lemma liefert eine maximale Familie $\mathfrak{U} \in$ X; die Maximalität von $\mathfrak{U}$ impliziert insbesondere $T \in \mathfrak{U}$.

Als nächstes beobachten wir, dass $\mathfrak{U}$ die bizarre Eigenschaft zukommt, für jede Teilmenge von T entweder diese selbst oder ihr Komplement zu enthalten. Ist nämlich $M \subset T$, so gilt $M \cap U \neq \emptyset$ für alle $U \in \mathfrak{U}$ oder $\complement M \cap U \neq \emptyset$ für alle $U \in \mathfrak{U}$, denn andernfalls existierten $U, V \in \mathfrak{U}$ mit $M \cap U = \emptyset$ und $\complement M \cap V = \emptyset$, so dass U und V disjunkt sind im Widerspruch zur Definition von X. Nehmen wir $M \cap U \neq \emptyset$ für alle $U \in \mathfrak{U}$ an, so ist $\mathfrak{U} \cup \{U \cap M\colon U \in \mathfrak{U}\} \in$ X, und wegen der Maximalität von $\mathfrak{U}$ gilt $M = T \cap M \in \mathfrak{U}$. Im verbleibenden Fall erhält man analog $\complement M \in \mathfrak{U}$.

Nun versehen wir $\Phi = \{(U, i) \in \mathfrak{U} \times I\colon t_i \in U\}$ mit der Relation $(U, i) \geq (V, j)$, falls $U \subset V$ und $i \geq j$. Φ ist eine gerichtete Menge, denn zu $(U_1, i_1), (U_2, i_2) \in \Phi$ wähle $V \in \mathfrak{U}$

mit $V \subset U_1 \cap U_2$ und $j \in I$ mit $j \geq i_1, j \geq i_2$. Da $S_j \in \mathfrak{U}$, ist $S_j \cap V \neq \emptyset$; d. h. es existiert $k \geq j$ mit $t_k \in V$. Also dominiert $(V, k) \in \Phi$ sowohl (U_1, i_1) als auch (U_2, i_2). Mittels $\varphi \colon \Phi \to I$, $(U, i) \mapsto i$, wird ein Teilnetz $(t_{\varphi(U,i)})$ von (t_i) definiert, das nach Konstruktion schließlich in allen $U \in \mathfrak{U}$ verläuft. Die im letzten Absatz gemachte Beobachtung liefert, dass es ein universelles Teilnetz ist. □

Das im vorigen Beweis „konstruierte" Mengensystem $\mathfrak{U}$ ist ein Beispiel eines *Ultrafilters*.

Satz B.2.9 *Für einen topologischen Raum T sind äquivalent:*

(i) *T ist kompakt.*
(ii) *T hat die endliche Durchschnittseigenschaft, d. h., sind A_i ($i \in I$) abgeschlossene Teilmengen von T mit $\bigcap_{i \in I} A_i = \emptyset$, so existieren endliche viele Indizes $i_1, \ldots, i_n$ mit $\bigcap_{k=1}^{n} A_{i_k} = \emptyset$.*
(iii) *Jedes universelle Netz in T konvergiert.*
(iv) *Jedes Netz in T hat ein konvergentes Teilnetz.*

Beweis. (i) ⇔ (ii) folgt sofort durch Komplementbildung.

(i) ⇒ (iii): Wir nehmen an, es existiere ein nicht konvergentes universelles Netz (t_i). Für alle $t \in T$ gibt es dann eine offene Umgebung U_t, so dass (t_i) nicht schließlich in U_t liegt; weil das Netz universell ist, muss (t_i) schließlich in $\complement U_t$ liegen. Wählt man eine endliche Teilüberdeckung $U_{t_1} \cup \ldots \cup U_{t_n}$ der offenen Überdeckung $\bigcup_{t \in T} U_t$, erhält man den Widerspruch, dass (t_i) schließlich in $\complement U_{t_1} \cap \ldots \cap \complement U_{t_n} = \emptyset$ liegt.

(iii) ⇒ (iv) ist klar nach Lemma B.2.8.

(iv) ⇒ (i): Nehmen wir an, (iv) gelte, aber T sei nicht kompakt. Dann existiert eine offene Überdeckung $\bigcup_{i \in I} U_i$, die keine endliche Teilüberdeckung zulässt. Bezeichnet Φ die Menge der endlichen Teilmengen von I, so existiert also zu jedem $F \in \Phi$ ein $t_F \in T \setminus \bigcup_{i \in F} U_i$. Da Φ in natürlicher Weise eine gerichtete Menge ist, haben wir so ein Netz definiert. Wäre $(t_{\varphi(j)})_{j \in J}$ ein konvergentes Teilnetz, so existierte ein Grenzwert t und weiter ein Index i mit $t \in U_i$. Aber $t_{\varphi(j)} \notin U_i$, falls $\varphi(j) \geq \{i\}$, im Widerspruch zur angenommenen Konvergenz. □

Die wohl wichtigste Stabilitätsaussage über kompakte Räume ist der Satz von Tikhonov. Um ihn zu formulieren, brauchen wir das Konzept der *Produkttopologie*. Es sei A eine Indexmenge, und T_α sei für jedes $\alpha \in$ A ein topologischer Raum. Das mengentheoretische Produkt der T_α ist

$$\prod_{\alpha \in A} T_\alpha = \left\{ f \colon A \to \bigcup T_\alpha \colon f(\alpha) \in T_\alpha \quad \forall \alpha \in A \right\}.$$

Stimmen alle T_α überein, sagen wir $T_\alpha = T$, schreibt man auch T^A; T^A besteht also aus allen Funktionen von A nach T. Das Auswahlaxiom impliziert, dass $\prod T_\alpha$ nicht leer ist. Nun beschreiben wir die Produkttopologie. Eine Teilmenge $O \subset \prod T_\alpha$ heißt offen (in der Produkttopologie), wenn es für alle $t \in O$ endlich viele Indizes $\alpha_1, \ldots, \alpha_k$ und in T_{α_j} offene Mengen O_{α_j} ($j = 1, \ldots, k$) mit

$$t \in \left\{ s \in \prod T_\alpha : s(\alpha_j) \in O_{\alpha_j} \ \forall j = 1, \ldots, k \right\} \subset O$$

gibt. (Mit anderen Worten haben wir so eine Umgebungsbasis von t beschrieben.) Bezeichnet π_β die kanonische Abbildung $\prod T_\alpha \to T_\beta$, $t \mapsto t(\beta)$, so ist eine Abbildung f: $S \to \prod T_\alpha$ (S ein topologischer Raum) genau dann stetig, wenn es alle $\pi_\beta \circ f \colon S \to T_\beta$ sind, und ein Netz $(t_i)_{i \in I}$ konvergiert genau dann in $\prod T_\alpha$ gegen t, wenn alle $\big(\pi_\beta(t_i)\big)_{i \in I}$ in T_β gegen $\pi_\beta(t)$ konvergieren. Die Produkttopologie ist also die Topologie der punktweisen (oder koordinatenweisen) Konvergenz.

Nun können wir den fundamentalen Satz von Tikhonov formulieren und beweisen.

Theorem B.2.10 (Satz von Tikhonov)

Das Produkt $\prod T_\alpha$ kompakter Räume ist kompakt.

Beweis. Der Beweis kann schnell mit Hilfe von Satz B.2.9 geführt werden. Sei $(t_i)_{i \in I}$ ein universelles Netz in $\prod T_\alpha$. Für jedes $\alpha \in A$ ist dann $\big(\pi_\alpha(t_i)\big)_{i \in I}$ ein universelles Netz in T_α, also nach Satz B.2.9 konvergent. Gemäß der Vorbemerkung ist $(t_i)_{i \in I}$ selbst konvergent. Eine nochmalige Anwendung von Satz B.2.9 liefert die Behauptung des Theorems.   □

Für eine Beweisvariante sei auf Chernoffs Note in *Amer. Math. Monthly* 99 (1992) 932–934 verwiesen.

„Ich habe bemerkt", *sagte Herr K.*, *„daß wir viele abschrecken von unserer Lehre dadurch, daß wir auf alles eine Antwort wissen. Könnten wir nicht im Interesse der Propaganda eine Liste der Fragen aufstellen, die uns ganz ungelöst erscheinen?"*

B. BRECHT, Geschichten vom Herrn Keuner[1]

---

[1] „Überzeugende Fragen", aus: Bertolt Brecht, Werke. Große kommentierte Berliner und Frankfurter Ausgabe, Band 18: Prosa 3. © Bertolt-Brecht-Erben / Suhrkamp Verlag 1995.

© Springer-Verlag GmbH Deutschland, ein Teil von Springer Nature 2018
D. Werner, *Funktionalanalysis*, Springer-Lehrbuch,
https://doi.org/10.1007/978-3-662-55407-4

Symbolverzeichnis

$X, Y, Z, \dots$	normierte, Banach- oder lokalkonvexe Räume
X_τ	X, versehen mit der Topologie τ
$H, K, \dots$	Hilberträume
$A, B, \dots$	Banachalgebren
X'	Dualraum von X
$(X_\tau)'$	Dualraum von X, versehen mit der Topologie τ
X/U	Quotientenraum
$X \oplus Y, X \oplus_p Y$	direkte Summe, ℓ^p-direkte Summe (Satz I.3.3)
$\bigoplus_{i \in I}^{2} H_i$	Hilbertsche Summe der Hilberträume H_i (Seite 524)
$X \simeq Y$	X und Y sind isomorph
$X \cong Y$	X und Y sind isometrisch isomorph
$U^\perp, V_\perp$	Annihilatoren ((III.4) und (III.5)); im Hilbertraumkontext: orthogonales Komplement
B_X	abgeschlossene Einheitskugel: $\{x: \|x\| \le 1\}$
S_X	Einheitssphäre: $\{x: \|x\| = 1\}$
i_X	kanonische Isometrie von X nach X'' (Satz III.3.1)
$\mathbb{K}$	$\mathbb{R}$ oder $\mathbb{C}$
$\mathbb{T}$	$\{z \in \mathbb{C}: |z| = 1\}$
$\mathbb{D}$	$\{z \in \mathbb{C}: |z| < 1\}$
$\mathrm{Re}\, z$	Realteil von z
$\mathrm{Im}\, z$	Imaginärteil von z
$x\xi$	$\sum_{k=1}^{n} x_k \xi_k$, wo $x, \xi \in \mathbb{R}^n$
x^α	$\prod_{k=1}^{n} x_k^{\alpha_k}$, wo $x \in \mathbb{R}^n$, α ein Multiindex
$\| \cdot \|, \|\| \cdot \|\|$	generische Normen
$\| \cdot \|_\infty$	Supremumsnorm
$\| \cdot \|_p, \| \cdot \|_{\ell^p}, \| \cdot \|_{L^p}$	kanonische Norm auf ℓ^p bzw. L^p
$\|T\|, \|T\|_{\mathrm{nuk}}, \|T\|_{\mathrm{HS}}$	Operatornorm, nukleare Norm, Hilbert-Schmidt-Norm von T
$\langle \,.\,,\,.\,\rangle$	Skalarprodukt

© Springer-Verlag GmbH Deutschland, ein Teil von Springer Nature 2018
D. Werner, *Funktionalanalysis*, Springer-Lehrbuch,
https://doi.org/10.1007/978-3-662-55407-4

τ_P	von P erzeugte lokalkonvexe Topologie
$\sigma(X, X')$	schwache Topologie auf X, X lokalkonvex
$\sigma(X', X)$	schwach*-Topologie auf X', X lokalkonvex
$\sigma(X, Y)$	schwache Topologie des dualen Paars (X, Y) auf X
$\ell^\infty(T)$	Raum aller beschränkten Funktionen auf T
$B(T)$	Raum der beschränkten messbaren Funktionen auf T
$C^b(T), C(T), C_0(T)$	Räume stetiger Funktionen (Beispiel I.1(c))
$C_{2\pi}$	Raum der 2π-periodischen stetigen Funktionen
$C^k(\Omega), C^k(\overline{\Omega})$	Räume differenzierbarer Funktionen (Beispiel I.1(d))
d, c_0, c, ℓ^∞	Folgenräume (Beispiel I.1(f))
$\ell^p, \ell^p(n)$	ℓ^p-Folgenraum, n-dimensionaler ℓ^p-Raum (Beispiel I.1(g))
$\ell^2(I)$	ℓ^2-Raum über beliebiger Indexmenge (Beispiel V.1(e))
$\mathscr{L}^p(\mathbb{R}), \mathscr{L}^p(\mu)$	$\mathscr{L}^p$-Raum (Beispiele I.1(h) und (i))
$L^p(\mathbb{R}), L^p(\mu)$	zugehöriger Raum von Äquivalenzklassen
$L^1_{\text{lok}}(\Omega)$	Raum der (Äquivalenzklassen von) lokal integrierbaren Funktionen
$AC[a, b]$	$\{f: [a, b] \to \mathbb{C}: f \text{ absolutstetig}, df/dt \in L^2[a, b]\}$
$M(T, \Sigma), M(T)$	Räume von Maßen (Beispiel I.1(j) und Definition I.2.14)
$AP^2(\mathbb{R})$	Raum der fastperiodischen Funktionen (Beispiel V.1(f))
$W^m(\Omega), H^m_0(\Omega)$	Soboleviäume (Definition V.1.12)
$\mathscr{K}(\Omega)$	Raum aller stetigen Funktionen mit kompaktem Träger (Aufgabe II.5.5)
$\mathscr{D}(\Omega)$	Raum der Testfunktionen auf Ω, d. h. der C^∞-Funktionen mit kompaktem Träger (Definition V.1.9)
$\mathscr{D}_K(\Omega)$	Raum der Testfunktionen auf Ω mit Träger in K
$\mathscr{D}'(\Omega)$	Raum der Distributionen auf Ω
$\mathscr{E}(\Omega)$	Raum der C^∞-Funktionen auf Ω
$\mathscr{E}'(\Omega)$	Raum der Distributionen auf Ω mit kompaktem Träger (Aufgabe VIII.8.42)
$\mathscr{S}(\mathbb{R}^n)$	Schwartzraum (Definition V.2.3)
$\mathscr{S}'(\mathbb{R}^n)$	Raum der temperierten Distributionen
$L(X, Y)$	Raum der linearen stetigen Operatoren von X nach Y
$K(X, Y)$	Raum der kompakten Operatoren von X nach Y
$F(X, Y)$	Raum der linearen stetigen Operatoren von X nach Y mit endlichdimensionalem Bild
$N(X, Y)$	Raum der nuklearen Operatoren von X nach Y
$W(X, Y)$	Raum der schwach kompakten Operatoren von X nach Y
$V(X, Y)$	Raum der vollstetigen Operatoren von X nach Y
$L(X), K(X), \ldots$	entsprechender Raum von Operatoren von X nach X
$HS(H)$	Raum der Hilbert-Schmidt-Operatoren auf H
Id, Id_X	identischer Operator auf X
T'	adjungierter Operator
T^*	im Hilbertraumsinn adjungierter Operator
$\lambda - T$	$\lambda \,\text{Id} - T$
$\ker(T)$	Kern von T: $\{x: Tx = 0\}$
$\text{ran}(T)$	Bild von T: $\{Tx: x \in X\}$
$\text{dom}(T)$	Definitionsbereich von T

$\mathrm{gr}(T)$	Graph von T: $\{(x, Tx): x \in \mathrm{dom}(T)\}$
$S \subset T$	T ist Erweiterung von S
$\sigma(T)$, $\sigma(x)$, $\sigma_A(x)$	Spektrum eines Operators oder eines Elements einer Banachalgebra A
$\sigma_p(T)$, $\sigma_c(T)$, $\sigma_r(T)$	Punkt-, stetiges und Restspektrum eines Operators
$\rho(T)$, $\rho(x)$	Resolventenmenge
$R_\lambda(T)$, $R_\lambda(x)$	Resolventenabbildung
$r(T)$, $r(x)$	Spektralradius
$\lambda_n(T)$	n-ter Eigenwert von T, gemäß der Vielfachheit gezählt
$s_n(T)$	n-te singuläre Zahl von T
$\mathrm{tr}(T)$	Spur von T
$x' \otimes y$	Operator $x \mapsto x'(x)y$ auf einem Banachraum
$\bar{e} \otimes f$	Operator $x \mapsto \langle x, e \rangle f$ auf einem Hilbertraum
$\mathscr{F}$	Fouriertransformation
$\mathscr{F}_2$	Fourier-Plancherel-Transformation (Satz V.2.9)
P_U	im Hilbertraumkontext: Orthogonalprojektion auf U
$f(T)$	Funktion eines selbstadjungierten Operators (Theorem VII.1.13)
E_A	Spektralmaß, ausgewertet bei der Borelmenge A
$d\langle E_\lambda x, x \rangle$	Integration nach einem Spektralmaß
$\overline{A}$	Abschluss von A
$\mathrm{int}\, A$	Inneres von A
$\mathrm{lin}\, A$	lineare Hülle von A
$\overline{\mathrm{lin}}\, A$	abgeschlossene lineare Hülle von A
$\mathrm{co}\, A$	konvexe Hülle von A
$\overline{\mathrm{co}}\, A$	abgeschlossene konvexe Hülle von A
$\complement A$	Komplement von A
$A + B$	$\{a + b: a \in A,\ b \in B\}$
ΛA	$\{\lambda a: \lambda \in \Lambda,\ a \in A\}$
$A^\cup$, $A^{\cup\cup}$	Polare, Bipolare von A
$\mathrm{ex}\, A$	Menge der Extremalpunkte von A
λ, λ^d	Lebesguemaß
δ_x	Diracmaß oder Deltadistribution
$\mu \otimes \nu$	Produktmaß von μ und ν
$\nu \ll \mu$	ν ist absolutstetig bzgl. μ
$\int f\, d\lambda$, $\int f(t)\, dt, \ldots$	Lebesguesches Integral
Γ_A	Gelfandraum einer Banachalgebra
$\widehat{x}$	Gelfandtransformierte von x
$x \mapsto x^*$	Involution
$\mathrm{alg}(x, x^*)$	kleinste abgeschlossene Unteralgebra A_0 mit $e, x, x^* \in A_0$
$S(A)$	Menge der Zustände auf einer C^*-Algebra A
(H_ω, π_ω)	GNS-Darstellung bzgl. des Zustands ω
$[x]$, $x + U$	Äquivalenzklasse von x in X/U
$x_n \overset{\sigma}{\to} x$	schwache Konvergenz
$U_{F,\varepsilon}$	$\{x: p(x) \le \varepsilon\ \forall p \in F\}$ (Kapitel VIII)

$x \perp y$	Orthogonalität
$d(x, A)$	Abstand von x zu A (Definition I.3.1)
$\sum_{i \in I} x_i$	unbedingt konvergente Reihe
p_A	Minkowskifunktional
χ_A	Indikatorfunktion von A (S. 541)
$\mathbf{1}$	konstante Funktion oder Folge mit dem Wert 1
$\mathbf{t}$	identische Funktion $t \mapsto t$
$D^\alpha f$	partielle Ableitung der Ordnung α, α ein Multiindex
$D^{(\alpha)} f$	schwache Ableitung der Ordnung α (Definition V.1.11)
$D^{(\alpha)} T$	Distributionenableitung der Ordnung α von T
T_f	zu f gehörige reguläre Distribution
δ, δ_x	Deltadistribution
$\mathrm{supp}(f)$	Träger von f: $\overline{\{t : f(t) \neq 0\}}$
$f * g$	Faltung von f und g
X^I	Menge aller Funktionen von I nach X

Literaturverzeichnis

Das Literaturverzeichnis enthält einführende Bücher zur Funktionalanalysis, die mit dem Symbol ▶ gekennzeichnet sind, sowie speziellere Monographien zu Teilgebieten der Funktionalanalysis und Lehrbücher anderer Gebiete, die im Text genannt werden.

ADAMS, R.A.: Sobolev Spaces. Academic Press, New York-San Francisco-London (1975)

AKSOY, A.G., KHAMSI, M.A.: Nonstandard Methods in Fixed Point Theory. Springer, New York (1990)

ALBIAC, F., KALTON, N.J.: Topics in Banach Space Theory, 2. Aufl. Springer, Cham (2016)

AL-GWAIZ, M.A.: Theory of Distributions. Marcel Dekker, New York (1992)

▶ALT, H.W.: Lineare Funktionalanalysis, 5. Aufl. Springer, Berlin (2006)

AMIR, D.: Characterizations of Inner Product Spaces. Birkhäuser, Basel (1986)

▶APPELL, J.: VÄTH, M.: Elemente der Funktionalanalysis. Vieweg, Wiebaden (2005)

ARIAS DE REYNA, J.: Pointwise Convergence of Fourier Series. Springer, Berlin (2002)

▶AUBIN, J.-P.: Applied Functional Analysis. Wiley, New York (1979)

BALAKRISHNAN, A.V.: Applied Functional Analysis. Springer, New York-Heidelberg-Berlin (1976)

BANACH, S.: Théorie des Opérations Linéaires. Monografie Matematyczne, Warschau (1932)

BARTLE, R.G., (Hg.): Studies in Functional Analysis. Mathematical Association of America, Washington, DC (1980)

BAUER, H.: Maß- und Integrationstheorie. De Gruyter, Berlin (1990)

BAUER, H.: Wahrscheinlichkeitstheorie, 4. Aufl. De Gruyter, Berlin (1991)

BEAUZAMY, B.: Introduction to Banach Spaces and their Geometry, 2.Aufl. North-Holland, Amsterdam (1985)

BEAUZAMY, B.: Introduction to Operator Theory and Invariant Subspaces. North-Holland, Amsterdam (1988)

BEHRENDS, E.: Maß- und Integrationstheorie. Springer, Berlin (1987)

BENNETT, C., SHARPLEY, R.: Interpolation of Operators. Academic Press, New York-San Francisco-London (1988)

BENYAMINI, Y., LINDENSTRAUSS, J.: Geometric Nonlinear Functional Analysis. American Mathematical Society, Providence, RI (2000)

▶BERBERIAN, S.K.: Lectures in Functional Analysis and Operator Theory. Springer, New York-Heidelberg-Berlin (1974)

BERGH, J., LÖFSTRÖM, J.: Interpolation Spaces. Springer, New York-Heidelberg-Berlin (1976)

BESICOVITCH, A.: Almost Periodic Functions. Cambridge University Press, Cambridge (1932)

BOHR, H.: Fastperiodische Funktionen. Springer, Berlin (1932)

© Springer-Verlag GmbH Deutschland, ein Teil von Springer Nature 2018
D. Werner, *Funktionalanalysis*, Springer-Lehrbuch,
https://doi.org/10.1007/978-3-662-55407-4

►BOLLOBÁS, B.: Linear Analysis. Cambridge University Press, Cambridge (1990)

►BOWERS, A., KALTON, N.J.: An Introductory Course in Functional Analysis. Springer, New York (2014)

BRATTELI, O., ROBINSON, D.W.: Operator Algebras and Quantum Statistical Mechanics, Bd. I und II. Springer, New York (1979, 1981)

►BREZIS, H.: Analyse Fonctionnelle, 4. Aufl. Masson, Paris (1993)

BUTTAZZO, G., GIAQUINTA, M., HILDEBRANDT, S.: One-Dimensional Variational Problems. Clarendon Press, Oxford (1998)

CAROTHERS, N.: A Short Course on Banach Space Theory. Cambridge University Press, Cambridge (2005)

►CHACÓN, G.R., RAFEIRO, H., VALLEJO, J.C.: Functional Analysis. A Terse Introduction. De Gruyter, Berlin (2017)

CHENEY, E.W.: Introduction to Approximation Theory, 2. Aufl. Chelsea, Providence, RI (1982)

CHOQUET, G.: Lectures on Analysis I–III. Benjamin, Reading, Mass. (1969)

COHN, D.L.: Measure Theory. Birkhäuser, Boston (1980)

►COLEMAN, R.: Calculus on Normed Vector Spaces. Springer, London (2012)

►CONWAY, J.B.: A Course in Functional Analysis. Springer, New York (1985)

COURANT, R., HILBERT, D.: Methoden der Mathematischen Physik, 3. Aufl., Bd. I und II. Springer, Berlin (1968)

DACOROGNA, B.: Direct Methods in the Calculus of Variations. Springer, Berlin (1989)

DAUBECHIES, I.: Ten Lectures on Wavelets. SIAM, Philadelphia, PA (1992)

DAVIES, E.B.: Linear Operators and Their Spectra. Cambridge University Press, Cambridge (2007)

DAVIES, E.B.: One-Parameter Semigroups. Academic Press, New York-San Francisco-London (1980)

DAY, M.M.: Normed Linear Spaces, 3. Aufl. Springer, Berlin-Heidelberg-New York (1973)

DEIMLING, K.: Nonlinear Functional Analysis. Springer, Berlin (1985)

DEVILLE, R., GODEFROY, G., ZIZLER, V.: Smoothness and Renormings in Banach Spaces. Longman, Harlow (1993)

DIESTEL, J., UHL, J.J.: Vector Measures. American Mathematical Society, Providence, RI (1977)

DIEUDONNÉ, J.: Grundzüge der modernen Analysis. Vieweg, Wiesbaden. 9 Bände. Insbesondere: Band 1, 3. Aufl. (1985), Band 2, 2. Aufl. (1987), Band 7 (1982), Band 8 (1983)

DIEUDONNÉ, J.: History of Functional Analysis. North-Holland, Amsterdam (1981)

►DOBROWOLSKI, M.: Angewandte Funktionalanalysis. Springer, Berlin (2006)

DUDA, R.: Pearls From A Lost City. The Lvov School of Mathematics. American Mathematical Society, Providence, RI (2014)

DUGUNDJI, J.: Topology. Allyn and Bacon, Boston (1966)

DUNFORD, N., SCHWARTZ, J.T.: Linear Operators. Wiley, New York. 3 Bände. Part I: General Theory (1958), Part II: Spectral Theory (1963), Part III: Spectral Operators (1971)

EDMUNDS, D.E., EVANS, W.D.: Spectral Theory and Differential Operators. Clarendon Press, Oxford (1987)

EDMUNDS, D.E., EVANS, W.D.: Representations of Linear Operators Between Banach Spaces. Birkhäuser, Basel (2013)

►EIDELMAN, YU., MILMAN, V., TSOLOMITIS, A.: Functional Analysis. American Mathematical Society, Providence, RI (2004)

ENGEL, K.-J., NAGEL, R.: One-Parameter Semigroups for Linear Evolution Equations. Springer, Berlin (2000)

FABIAN, M., HÁJEK, P., HABALA, P., MONTESINOS, V., ZIZLER, V.: Banach Space Theory. Springer, Berlin (2011)

FLORET, K.: Maß- und Integrationstheorie. Teubner, Stuttgart (1981)

FOLLAND, G.B.: Introduction to Partial Differential Equations, 2. Aufl. Princeton University Press, Princeton (1995)

GAMELIN, T.W.: Uniform Algebras, 2. Aufl. Chelsea , Providence, RI (1984)

GELFAND, I.M., VILENKIN, N. YA.: Generalized Functions, Bd. 4. Academic Press, New York-San Francisco-London (1964)

GOEBEL, K., KIRK, W.A.: Topics in Metric Fixed Point Theory. Cambridge University Press, Cambridge (1990)

GOLDSTEIN, J.A.: Semigroups of Linear Operators and Applications. Oxford University Press, Oxford (1985)

GRANAS, A., DUGUNDJI, J.: Fixed Point Theory. Springer, New York (2003)

GUERRE-DELABRIÈRE, S.: Sequences in Classical Banach Spaces. Marcel Dekker, New York (1992)

►HAASE, M.: Functional Analysis. American Mathematical Society, Providence, RI (2014)

►HABALA, P., HÁJEK, P., ZIZLER, V.: Introduction to Banach Spaces. Matfyzpress, Prag (1996)

HALL, B.C.: Quantum Theory for Mathematicians. Springer, New York (2013)

HALMOS, P.: Introduction to Hilbert Space and the Theory of Spectral Multiplicity. Chelsea, New York (1951)

►HALMOS, P.: A Hilbert Space Problem Book, 2. Aufl. Springer, New York-Heidelberg-Berlin (1982)

►HEUSER, H.: Funktionalanalyis, 3. Aufl. Teubner, Stuttgart (1992)

HILBERT, D., SCHMIDT, E.: Integralgleichungen und Gleichungen mit unendlich vielen Unbekannten. Teubner-Archiv zur Mathematik, Leipzig (1989)

HILLE, E., PHILLIPS, R.S.: Functional Analysis and Semi-Groups, 2. Aufl. American Mathematical Society, Providence, RI (1957)

►HIRZEBRUCH, F., SCHARLAU, W.: Einführung in die Funktionalanalysis. B. I., Mannheim (1971)

HOLMES, R.B.: Geometric Functional Analysis and its Applications. Springer, New York-Heidelberg-Berlin (1975)

HÖRMANDER, L.: The Analysis of Linear Partial Differential Operators I, 2. Aufl. Springer, Berlin (1990)

JAKIMOWICZ, E., MIRANOWICZ, A. (Hg.): Stefan Banach: Remarkable Life, Brilliant Mathematics, 3. Aufl. Gdańsk University Press und American Mathematical Society, Providence, RI (2011)

►JAMESON, G.J.O.: Topology und Normed Spaces. Chapman and Hall, London (1974)

JÖRGENS, K.: Lineare Integraloperatoren. Teubner, Stuttgart (1970)

JØRSBOE, O.G., MEJLBRO, L.: The Carleson-Hunt Theorem on Fourier Series. Lecture Notes in Mathematics 911. Springer, Berlin-Heidelberg-New York (1982)

JOST, J.: Partielle Differentialgleichungen. Springer, Berlin (1998)

JOST, J., LI-JOST, X.: Calculus of Variations. Cambridge University Press, Cambridge (1999)

►KABALLO, W.: Grundkurs Funktionalanalysis. Spektrum-Verlag, Heidelberg (2011)

►KABALLO, W.: Aufbaukurs Funktionalanalysis und Operatortheorie. Springer Spektrum, Berlin (2014)

KADETS, M.I., KADETS, V.M.: Series in Banach Spaces. Birkhäuser, Basel (1997)

KADISON, R.V., RINGROSE, J.R.: Fundamentals of the Theory of Operator Algebras, Bd. I und II. Academic Press, New York-San Francisco-London (1983, 1986)

KAHANE, J.-P.: Some Random Series of Functions, 2. Aufl. Cambridge University Press, Cambridge (1985)

KALTON, N.J., PECK, N.T., ROBERTS, J.W.: An F-Space Sampler. Cambridge University Press, Cambridge (1984)

KAŁUŻA, R.: The Life of Stefan Banach. Birkhäuser, Basel (1996)

KANIUTH, E.: A Course in Commutative Banach Algebras. Springer, New York (2009)

KELLEY, J.L.: General Topology. Van Nostrand, Toronto-New York-London (1955)

KÖNIG, H.: Eigenvalue Distribution of Compact Operators. Birkhäuser, Basel (1986)

KOPP, P.: Martingales and Stochastic Integrals. Cambridge University Press, Cambridge (1984)

KÖRNER, T.W.: Fourier Analysis. Cambridge University Press, Cambridge (1988)

KÖTHE, G.: Topologische lineare Räume I, 2. Aufl. Springer, Berlin-Heidelberg-New York (1966)

KÖTHE, G.: Topological Vector Spaces II. Springer, New York-Heidelberg-Berlin (1979)

LACEY, H.E.: The Isometric Theory of Classical Banach Spaces. Springer, Berlin-Heidelberg-New York (1974)

LAMPERTI, J.: Stochastic Processes. Springer, New York-Heidelberg-Berlin (1977)

►LAX, P.D.: Functional Analysis. Wiley, Chichester (2002)

LINDENSTRAUSS, J., TZAFRIRI, L.: Classical Banach Spaces, Bd. I und II. Springer, Berlin-Heidelberg-New York (1977, 1979. Nachdruck 1996)

LOOMIS, L.H.: An Introduction to Abstract Harmonic Analysis. Van Nostrand, Toronto-New York-London (1953)

LÜTZEN, J.: The Prehistory of the Theory of Distributions. Springer, New York (1982)

►MACCLUER, B.: Elementary Functional Analysis. Springer, New York (2009)

MARTI, J.T.: Introduction to Sobolev Spaces and Finite Element Solution of Elliptic Boundary Value Problems. Academic Press, New York-San Francisco-London (1986)

►MATHIEU, M.: Funktionalanalysis. Spektrum-Verlag, Heidelberg (1998)

MAULDIN, R.D., (Hg.): The Scottish Book. Mathematics from the Scottish Café, 2. Aufl., 2015. Birkhäuser, Boston (1981)

MEGGINSON, R.B.: An Introduction to Banach Space Theory. Springer, New York (1998)

►MEISE, R., VOGT, D.: Einführung in die Funktionalanalysis, 2. Aufl., 2011. Vieweg, Wiesbaden (1992)

MEYER, Y.: Wavelets and Operators. Cambridge University Press, Cambridge (1992)

MONNA, A.F.: Dirichlet's Principle. A Mathematical Comedy of Errors and its Influence on the Development of Analysis. Oosthoek Publishing Company, Utrecht (1975)

MONNA, A.F.: Functional Analysis in Historical Perspective. Oosthoek Publishing Company, Utrecht (1973)

►MUKHERJEA, A., POTHOVEN, K.: Real and Functional Analysis, Bd. I und II, 2. Aufl. Plenum Press, New York-London (1984, 1986)

MURPHY, G.J.: C^*-Algebras and Operator Theory. Academic Press, New York-San Francisco-London (1990)

NARICI, L., BECKENSTEIN, E.: Topological Vector Spaces. Marcel Dekker, New York-Basel (1985)

OSBORNE, M.S.: Locally Convex Spaces. Springer, Cham (2014)

OXTOBY, J.C.: Measure and Category, 2. Aufl. Springer, New York-Heidelberg-Berlin (1980)

PAZY, A.: Semigroups of Linear Operators and Applications to Partial Differential Equations. Springer, New York (1983)

PEDERSEN, G.K.: C^*-Algebras and their Automorphism Groups. Academic Press, New York-San Francisco-London (1979)

►PEDERSEN, G.K.: Analysis Now. Springer, New York (1989)

PHELPS, R.: Convex Functions, Monotone Operators and Differentiability, 2. Aufl. Springer, Berlin (1993)

PHELPS, R.R.: Lectures on Choquet's Theorem. Van Nostrand, Princeton-Toronto-New York-London (1966), 2. Aufl. Springer, Berlin 2001.

PIETSCH, A.: Operator Ideals. North-Holland und Deutscher Verlag der Wissenschaften, Berlin (1980)

PIETSCH, A.: Eigenvalues and s-Numbers. Cambridge University Press und Geest & Portig, Leipzig (1987)

PIETSCH, A.: History of Banach Spaces and Linear Operators. Birkhäuser, Basel (2007)

►REED, M., SIMON, B.: Methods of Modern Mathematical Physics. Academic Press, New York-San Francisco-London.
I: Functional Analysis, 2. Aufl. (1980)
II: Fourier Analysis, Self-Adjointness (1975)
III: Scattering Theory (1979)
IV: Analysis of Operators (1978)

►RIESZ, F., SZ.-NAGY, B.: Vorlesungen über Funktionalanalysis. Deutscher Verlag der Wissenschaften, Berlin (1968)

RUDIN, W.: Fourier Analysis on Groups. Wiley, New York-London (1962)

RUDIN, W.: Principles of Mathematical Analysis, 3. Aufl. McGraw-Hill, New York (1976)

RUDIN, W.: Real and Complex Analysis, 3. Aufl. McGraw-Hill, New York (1986)

►RUDIN, W.: Functional Analysis, 2. Aufl. McGraw-Hill, New York (1991)

RUŽIČKA, M.: Nichtlineare Funktionalanalysis. Springer, Berlin (2004)

►SAXE, K.: Beginning Functional Analysis. Springer, New York (2002)

SCHARLAU, W.: Wer ist Alexander Grothendieck? Band 1: Anarchie. Band 3: Spiritualität. Books on Demand, Norderstedt (2007, 2010)

►SCHECHTER, M.: Principles of Functional Analysis, 2. Aufl. American Mathematical Society, Providence, RI (2002)

►SCHMÜDGEN, K.: Unbounded Self-adjoint Operators on Hilbert Space. Springer, Dordrecht (2012)

►SCHRÖDER, H.: Funktionalanalysis. Akademie-Verlag, Berlin (1997)

SCHWARTZ, J.T.: Nonlinear Functional Analysis. Gordon and Breach, New York-London-Paris (1969)

SCHWARTZ, L.: Théorie des distributions, 2. Aufl. Hermann, Paris (1966)

SOBOLEV, S.L.: Partial Differential Equations of Mathematical Physics. Pergamon Press, Oxford-London-New York-Paris-Frankfurt (1964)

►STEIN, E., SHAKARCHI, R.: Princeton Lectures in Analysis. Princeton University Press, Princeton, NJ 4 Bände. Fourier Analysis (2003), Complex Analysis (2003), Real Analysis (2005), Functional Analysis (2011)

STEINHAUS, H.: Mathematician For All Seasons, 2 Bde. Birkhäuser, Basel (2015/2016)

STONE, M.H.: Linear Transformations in Hilbert Space, American Mathematical Society, Providence, RI (1932)

►SUNDER, V.S.: Functional Analysis: Spectral Theory. Birkhäuser, Basel (1998)

►TAYLOR, A.E., LAY, D.C.: Introduction to Functional Analysis, 2. Aufl. Wiley, New York-Chichester-Brisbane (1980)

TRÈVES, F.: Topological Vector Spaces, Distributions and Kernels. Academic Press, New York-San Francisco-London (1967)

TRIEBEL, H.: Höhere Analysis. Deutscher Verlag der Wissenschaften, Berlin (1972)

TRIEBEL, H.: Interpolation Theory, Function Spaces, Differential Operators. Deutscher Verlag der Wissenschaften, Berlin (1978)

TROUTMAN, J.L.: Variational Calculus and Optimal Control, 2. Aufl. Springer, New York (1996)

WALTER, W.: Gewöhnliche Differentialgleichungen, 5. Aufl. Springer, Berlin (1993)

WEIDMANN, J.: Lineare Operatoren in Hilberträumen. Teubner, Stuttgart (1976)

WERNER, D.: Einführung in die höhere Analysis, 2. Aufl. Springer, Berlin (2009)

WIENER, N.: I Am a Mathematician. Doubleday & Co, Garden City (1956)

WILLARD, S.: Topology. Addison-Wesley, Reading, Mass. (1970)

WLOKA, J.: Partielle Differentialgleichungen. Teubner, Stuttgart (1982)

WOJTASZCZYK, P.: Banach Spaces for Analysts. Cambridge University Press, Cambridge (1991)

WOJTASZCZYK, P.: A Mathematical Introduction to Wavelets. Cambridge University Press, Cambridge (1997)

▶YOSIDA, K.: Functional Analysis, 6. Aufl. Springer, Berlin-Heidelberg-New York (1980, Nachdruck 1995)

▶YOUNG, N.: An Introduction to Hilbert Space. Cambridge University Press, Cambridge (1988)

ZEIDLER, E.: Applied Functional Analysis, 2 Bde. Springer, New York (1995)

ZEIDLER, E.: Nonlinear Functional Analysis and Its Applications. Bd. I: Fixed Point Theorems. Springer, New York (1986)

ŻELAZKO, W.: Banach Algebras. Elsevier, Amsterdam (1973)

ZIMMER, R.J.: Essential Results of Functional Analysis. The University of Chicago Press, Chicago (1990)

ZYGMUND, A.: Trigonometric Series, 2. Aufl., Vol. 1 and 2 combined. Cambridge University Press, Cambridge (1959)

Stichwortverzeichnis

A

Abbildung
  asymptotisch reguläre, 185
  demiabgeschlossene, 184
  kompakte, 195
  kondensierende, 200
  nichtexpansive, 182
  verdichtende, 200
Abbildungsgrad, 216
abgeschlossene Menge, 552, 557
Abschließung eines Operators, 372, 412
Abschluss einer Menge, 552, 557
absolute Konvergenz, 17, 253
absolutkonvex, 424
absolutstetig, 544, 550
absorbierend, 114
affine Funktion, 141, 488
Algebrenhomomorphismus, 347, 509
Annihilator, 111
Approximation, beste, 142, 243
Approximationseigenschaft, 99
Approximationszahlen, 97, 334
approximativer Eigenwert, 408
äquivalente Norm, 26, 94, 170
Asplundraum, 150
Atom eines Maßraums, 489
Auerbach, H., 46
Auerbachbasis, 70
Auswertungsfunktional, 440

B

B^*-Algebra, 531
Bairescher Kategoriensatz, 155

Banach, S., 43–46, 145–146, 148, 211, 213, 499
Banachalgebra, 505
  halbeinfache, 515, 532
  ohne Einheit, 529, 531
Banachlimes, 140
Banach-Mazur-Abstand, 101
Banach-Mazur-Spiel, 202
Banachraum, 2
  endlichdimensionaler, 27–29, 53, 69, 70, 93, 101, 141, 179, 212
  isomorphe Banachräume, 59, 148
  reflexiver, 118, 190, 447, 470
Banachverband, 266
Bauersches Maximumprinzip, 489
Bergmanraum, 270
Bernsteinpolynome, 32
beschränkte Menge, 484
Besselsche Ungleichung, 252, 253
Bidualraum, 117
Bikommutantensatz, 533
bilineare Abbildung, 135, 204, 495
Bipolarensatz, 442
Borelmaß, 34
Borelmengen, 539, 545
Bourbaki, N., 101, 494, 498, 550

C

C_0-Halbgruppe, 386
C^*-Algebra, 516
Calkin-Algebra, 517, 526
CAR-Algebra, 529
Cauchy-Schwarzsche Ungleichung, 22, 220, 523

© Springer-Verlag GmbH Deutschland, ein Teil von Springer Nature 2018
D. Werner, *Funktionalanalysis*, Springer-Lehrbuch,
https://doi.org/10.1007/978-3-662-55407-4

Printed in the United States
By Bookmasters